Literaturwissenschaft und Wissenschaftsforschung

Germanistische Symposien
Berichtsbände

Im Auftrag der Germanistischen Kommission
der Deutschen Forschungsgemeinschaft und in Verbindung
mit der »Deutschen Vierteljahrsschrift
für Literaturwissenschaft und Geistesgeschichte«

herausgegeben von
Wilfried Barner
XXI

LITERATURWISSENSCHAFT UND WISSENSCHAFTSFORSCHUNG

Herausgegeben von
Jörg Schönert

Verlag J. B. Metzler
Stuttgart · Weimar

Germanistische Symposien
Berichtsbände, XXI

Die Deutsche Bibliothek – CIP-Einheitsaufnahme

Deutsche Forschungsgemeinschaft
DFG-Symposion ... – Stuttgart ; Weimar : Metzler
Früher nicht als Gesamttitel einer zeitschr.-artigen Reihe, sondern als
Zusatz des jeweiligen Stücktitels erfasst

1998. Literaturwissenschaft und Wissenschaftsforschung. – 2000

Literaturwissenschaft und Wissenschaftsforschung / hrsg. von Jörg Schönert. –
Stuttgart ; Weimar : Metzler, 2000
(DFG-Symposion ... ; 1998)
(Germanistische-Symposien-Berichtsbände ; 21)
ISBN 978-3-476-01751-2

ISBN 978-3-476-01751-2
ISBN 978-3-476-05573-6 (eBook)
DOI 10.1007/978-3-476-05573-6

Ursprünglich erschienen bei J. B. Metzlersche Verlagsbuchhandlung
und Carl Ernst Poeschel Verlag GmbH in Stuttgart 2000
www.metzlerverlag.de
info@ metzlerverlag.de

Inhalt

II.
Fallstudien zur Geschichte der Literaturwissenschaft 1890–1950

III.
Fallstudien zur Geschichte der Literaturwissenschaft 1950–1995

IV.
Normative Aspekte in der Wissenschaftsforschung zur Literaturwissenschaft

Vorbemerkung des Herausgebers

Das Symposion zu »Literaturwissenschaft und Wissenschaftsforschung«, das vom 21. bis 24. September 1998 im Internationalen Wissenschaftsforum Heidelberg (IWH) stattfand, war das 21. Symposion in der Veranstaltungsreihe, die Albrecht Schöne begründet hatte und die jetzt von Wilfried Barner betreut wird. Es war zugleich das letzte Symposion, das noch von der Germanistischen Kommission der Deutschen Forschungsgemeinschaft zu prüfen und zu beraten war. Diese Kommission ist nun aufgelöst, die Veranstaltungsreihe wird jedoch fortgeführt. Mein Dank gilt Wilfried Barner und den Mitgliedern der ehemaligen Germanistischen Kommission, die zuversichtlich waren, daß es mir gelingen würde, das 21. Symposion zu organisieren und mit dem gewählten Thema zum Fortgang der Forschungsdiskussionen beizutragen.

Der Erfolg einer solchen Unternehmung erwächst aus dem Zusammenwirken mit den Kuratoren bei der Vorbereitung, Durchführung und Auswertung des Symposions. Daß ich auf meine Anfrage bei den Kuratoren, die ich mir gewünscht hatte, sogleich eine Zusage erhielt, hat mich für die gemeinsame Planung des Unternehmens beflügelt. Ich bin sehr froh über die guten Erfahrungen aus der kollegialen Kooperation.

Bereits im Ablauf des Symposions, mehr noch in seiner Auswertung sowie in der Vorbereitung der Publikation werden Verantwortung und Belastung für die Redaktoren sichtbar, die jeweils von den Kuratoren ausgewählt wurden. Aus ihrer individuellen Sicht setzten sie in den Zusammenfassungen der Diskussionen Akzente und besorgten die Redaktion der endgültigen Druckvorlagen für die Beiträge der Teilnehmenden. Für ihre engagierte Mitwirkung bedanke ich mich sehr bei den Redaktoren – insbesondere bei Michael Schlott, der zusätzliche Aufgaben in der Abstimmung des gemeinsamen Vorgehens übernahm. Unerklärliche Probleme in der Abrechnung von Kosten für das Symposion bei der DFG haben leider in einem Einzelfall zu Verzögerungen im Einreichen des Protokolltextes geführt, so daß der Band nicht mehr – wie vorgesehen – 1999 erscheinen konnte.

In der Gestaltung der Einführungen zu den einzelnen Sektionen und in der Ausführlichkeit der Diskussionsberichte sollten weder die Kuratoren noch die Redaktoren auf ein für alle verbindliches Muster verpflichtet werden. Die unterschiedlichen Verfahrensweisen, die gewählt wurden, verweisen auf mögliche

Varianten in den Zugängen zu der Problemlage und den Debatten des Symposions sowie deren Einschätzung durch die Redaktoren. Der Diskussionsbericht zur Sektion I wurde von Jürgen Kaube in der hier vorliegenden Form zum Druck bestimmt; Michael Schlott und ich haben ihn dem Protokoll-Modus der anderen Diskussionsberichte angeglichen.

Zu Beginn des Jahres 1997 wurde in Fachzeitschriften mehrerer Disziplinen und auf den Internet-Seiten der DFG die Konzeption des Symposions mit dem ›call for papers‹ veröffentlicht.

Ankündigung eines Symposions

Literaturwissenschaft und Wissenschaftsforschung

Im Auftrag der Germanistischen Kommission der Deutschen Forschungsgemeinschaft soll vom 21. bis 24. September 1998 im Internationalen Wissenschaftsforum Heidelberg ein internationales und interdisziplinäres Symposion zum Thema »Literaturwissenschaft und Wissenschaftsforschung« stattfinden. Es folgt in seiner Organisation dem Muster der DFG-Symposien, deren Reihe mit dem Barock-Symposion des Jahres 1974 begonnen wurde.

1973 eröffnete das »Memorandum zur Förderung der Wissenschaftsforschung in der Bundesrepublik Deutschland« (herausgegeben vom Stifterverband für die Deutsche Wissenschaft) Perspektiven zu einer ›Wissenschaftswissenschaft‹. In ihrem Rahmen sollten die Rekonstruktionen von Wissenschaftsentwicklungen, ihren Bedingungen und ihren Strukturen zu Einsichten führen, mit deren Hilfe auch die Zukunft von Disziplinen zu gestalten wäre. Wissenschaftsforschung ist also sowohl unter empirischen und analytischen als auch unter normativen Vorgaben zu betreiben. Bis heute sind freilich eher die Probleme eines solchen Programms verdeutlicht als stabile Positionen erarbeitet worden.

Insbesondere bleibt – nicht zuletzt für die Germanistik – konzeptuell und untersuchungspraktisch zu klären, ob Wissenschaftsgeschichte, Wissenschaftssoziologie, Wissenschaftsphilosophie/-theorie und Wissenssoziologie nur als ›zuliefernde‹ Disziplinen und unterschiedlich zu aktivierende Untersuchungsprogramme für ›Wissenschaftsforschung‹ anzusehen sind oder ob sie in einer noch zu begründenden disziplinären Einheit als ›Wissenschaftswissenschaft‹ verbunden werden müßten. Das Schwerpunktprogramm ›Wissenschaftsforschung‹, das von der Deutschen Forschungsgemeinschaft 1989 eingerichtet wurde, hat auch diese Fragen aufgenommen und dazu aufgefordert, die Konzeptionen zur ›Wissenschaftsforschung‹ zu überprüfen – war doch in der Bundesrepublik Wissenschaftsforschung vielfach mit Wissenschaftssoziologie gleichgesetzt worden. Das bevorzugte Untersuchungsfeld bildeten dabei die Naturwissenschaften – in Orientierung an den Gegenständen und Interessen der ›science studies‹, wie sie vor allem in den englischsprachigen Wissenschaftskulturen erarbeitet worden waren.

Wie in anderen Disziplinen hat in der germanistischen Literaturwissenschaft ›Selbstreflexion‹ als notwendiges Element wissenschaftlicher Tätigkeit in den zurückliegenden drei Jahrzehnten erheblich an Bedeutung gewonnen. Schon 1972 wurde auf Initiative des Deutschen Germanistenverbandes beschlossen, im Deutschen Literaturarchiv Marbach eine Arbeitsstelle für die Erforschung der Geschichte der Germanistik einzurichten. Seither haben das Engagement von einzelnen Wissenschaftlerinnen und Wissenschaftlern für die Fachgeschichte, Projekte von Forschergruppen sowie Unternehmungen des »Marbacher Arbeitskreises für die Erforschung der Geschichte der Germanistik« dazu beigetragen, die Erfahrungsbereiche von Literaturwissenschaft und Wissenschaftsgeschichte aufeinander zu beziehen.

Dabei ist freilich noch nicht entschieden genug gefragt worden, wie sich die Wissenschaftsgeschichte der Germanistik (und anderer kulturwissenschaftlicher Disziplinen) mit den Vorgaben und Verfahrensweisen einer – die Disziplinen übergreifenden – Wissenschaftsforschung verbinden ließe und welcher Nutzen daraus für zukünftige disziplinäre Entwicklungen zu gewinnen sei. Deshalb schlagen die Kuratoren und der Unterzeichnete für die vier Arbeitstage des Symposions folgende vier Problembereiche vor.

Sektion 1: Theorien und Methoden der Wissenschaftsforschung und die Reichweite ihrer Anwendung in kulturwissenschaftlichen Disziplinen (Rudolf Stichweh)

Für die Sektion 1 soll als Auswahlkriterium entscheidend sein, daß eine für die Wissenschaftsforschung wichtige Fragestellung, Theorie oder Methode das Vorgehen bestimmt. Der Schwerpunkt der Darstellung kann in Forschungen liegen, die mit Bezug auf die Natur- und Sozialwissenschaften durchgeführt worden sind; es sollen aber in der Ausarbeitung die möglichen Anwendungen auf eine kulturwissenschaftliche Disziplin (insbesondere auf die Literaturwissenschaft) sichtbar werden.

Geschichte und kognitiver Status der Wissenschaftsforschung: zum Beispiel Selbstreflexion der Fächer versus szientifische Fremdbeschreibung; normative Ansprüche; Beziehungen zur Wissenschaftstheorie.

Wissenschaftsforschung und Epistemologie: zum Beispiel Modelle der Entwicklung wissenschaftlichen Wissens (Paradigma, Theoriendynamik etc.), Kriterien zur Evaluation von Theorien der Wissenschaftsforschung.

Gegenstandsbereiche zum Erproben von Theorien und Methoden: interne Differenzierungen der Wissenschaft (und Entdifferenzierungen); Wissenschaft und ihre gesellschaftliche Umwelt; Erzeugung wissenschaftlichen Wissens: Forschung über Arbeitsorte der Wissenschaft (auch Akademien, Archive, Museen, Drittmittelprojekte und anderes), die Produktion wissenschaftlicher Texte: Textgenres, Rhetorik, Darstellungsformen; Kommunikation und Evaluation von Wissen: Status von Wissen, Formen der Publikation von Wissen; Codes und Nebencodes der Evaluation (zum Beispiel Wahrheit, Reputation).

Sektion 2: Wissenschaftsforschung in der Literaturwissenschaft: Fallstudien zum Zeitraum seit etwa 1890 (Jürgen Fohrmann)

In den Fallstudien sollte nach Möglichkeit ein Bezug zur Sektion 1 hergestellt werden; insbesondere wären die theoretischen Prämissen und untersuchungsleitenden Kategorien, die Abgrenzung des Bezugsbereichs und seine Repräsentativität sowie die Wahl der wissenschaftshistorischen Darstellungsformen zu reflektieren.

Politische Implikationen des Gegenstandsbereiches als Problem für die Wissenschaftsforschung.

(Wissenschafts-)Politische Interessen und wissenschaftshistorisches Konzept; disziplinäre Reformen und wissenschaftsgeschichtliches Engagement.

Akademische Sozialisationen/Karrieren und Karrieretypen im wissenschaftsgeschichtlichen Untersuchungsrahmen; Einschreibungen in wissenschaftliche und wissenschaftshistorische Traditionen (zum Beispiel die Extremformen von Hagiographie und ›Vätermord‹), Ausgrenzungen von Personen und Verfahrensweisen, Wissenschaftsforschung als Autobiographik.

Fallstudien zu Leistungen und Grenzen einer textbezogenen Fachgeschichte, einer Sozial- beziehungsweise Institutionengeschichte der Wissenschaft, einer Ideen-, Mentalitäts- oder Diskursgeschichte, einer Psychohistorie oder Ideologiekritik, einer systemtheoretisch geleiteten Wissenschaftsforschung.

Fallstudien zu den Verfahren von Periodisierung, Paradigmenwechsel und ›Schulen‹-Kämpfen.

Rolle empirisch-quantifizierender Analysetechniken (zum Beispiel Bibliometrie, Zitationsanalysen), Fallstudien zur Kombination der Verfahren; Bedeutung von Analysen rhetorischer Muster (zum Beispiel in wertenden Texten).

Zielsetzungen der Selbstreflexion: zum Beispiel zur Konzeptualisierung von Wissenschaftsgeschichte.

Sektion 3: Konstellationen und Prozesse in der Literaturwissenschaft seit etwa 1960 (Frank-Rutger Hausmann)

Auch in diesen Vorlagen wird ein Anteil zur methodologischen Reflexion des Vorgehens erwartet; im Vordergrund sollte die Relevanz für die Wissenschaftsforschung zur ›jüngsten Geschichte‹ der Literaturwissenschaft (eingeschlossen die Mediävistik) stehen; vorzugsweise wären Bezugspunkte in der Germanistik zu suchen (gegebenenfalls mit Ausgriffen in die Linguistik).

Organisatorische Einheiten, typische Interaktionen, disziplinäre Strukturen: wissenschaftliche Milieus, Regionen und Kulturen im deutschsprachigen Raum; spezifische Konstellationen von Lehrenden und Studierenden (Schulen); einzelne Institutionen; Zeitschriften, Forschungsarchive und -bibliotheken, Fachverbände, Organisationen der Forschungsförderung usf. – Aus- und Binnendifferenzierung der Fächer; Konzepte des Zusammenhangs von Literaturwissenschaft und Linguistik, Älterer und Neuerer deutscher Literatur sowie von Fachwissenschaft und Fachdidaktik; Fächergruppen (zum Beispiel die Neuphilologien) und ›Großdisziplinen‹ (Allgemeine und vergleichende Literaturwissenschaft, Kulturwissenschaft, Medienwissenschaft).

Leitende Kategorien, Begriffe und Argumentationsstrategien; Methodenkämpfe und Methodenpluralismus.

Postulate der Wissenschaftlichkeit, Gegenstandsbegriff und Wissenschaftsverständnis; Literaturwissenschaft und ihre Anleihen bei anderen Disziplinen usf.

Kontinuität und Diskontinuität: zum Beispiel das Vorbild der ›Väter‹; akademische Biographien im Zeichen des Theorienwechsels; Etappen des ›Theorie- und Paradigmawechsels‹ (Phasenbildung); Wissenschaftsentwicklung durch Bevorzugung von einzelnen Objektbereichen, durch Änderungen der institutionellen Bedingungen (zum Beispiel durch Reform der ›Ordinarienuniversität‹).

›Vergleichende Wissenschaftsforschung‹: zum Beispiel Entwicklungen in den Nationalphilologien, in Muttersprachen- und Fremdsprachenphilologie (insbesondere Germanistik im Ausland), in der BRD und DDR.

Sektion 4: Konsequenzen der Wissenschaftsforschung – insbesondere für die Literaturwissenschaft (Lutz Danneberg)

Erwartet werden Fallstudien und konzeptuelle Entwürfe, die sich auf Umsetzungen oder Reflexion der normativen Leistungen von Wissenschaftsforschung für die Literaturwissenschaft beziehen.

Für die interne Selbstverständigung der Disziplin (Selbstbezug): die Geschichte der Literaturwissenschaft als Schatzhaus von vergessenen oder nur unzureichend genutzten Forschungsperspektiven; Auszeichnung von Wissenschaftsentwicklungen und -traditionen, um aktuelle Wissensansprüche zu bewerten; Akzeptanz und Resistenz gegenüber Ergebnissen der Wissenschaftsforschung; Relationen von wachsender disziplinärer Komplexität und Selbstreflexivität in der Literaturwissenschaft; Wissenschaftsforschung und disziplinäre Geltung: normative wissenschaftstheoretische, wissenschaftsethische und wissenschaftspolitische Argumentationshilfen.

Für die externen Beurteilungen und Impulse zur disziplinären Entwicklung (Außenbezug): Wissenschaftsforschung und Wissenschaftspolitik; Visibilität und Ansehen der Disziplin (insbesondere in der Wahrnehmung durch Presse etc.); Kriterien und Verfahren zur Selbst- und Fremd-Evaluation von Forschung und Lehre; Zuweisung und Verweigerung von Ressourcen; Bedeutung von Kontinuität und Diskontinuität disziplinärer Prozesse für die externe Wahrnehmung; Beziehungen zwischen Selbst- und Außenwahrnehmung.

Lernen aus Wissenschaftsforschung? Leistungen der Wissenschaftsforschung (zum Beispiel Grundlegungen für Wissenschaftspolitik und Wissenschaftsethik, Reflexionsformen zur Heteronomie und Autonomie von Wissenschaft); Selbststeuerung der Wissenschaftsforschung oder Lenkung durch extern erzeugte Bedürfnislagen; Gründe für Präferenzen und Vernachlässigungen bestimmter Disziplinen durch die Wissenschaftsforschung; Zusammenhänge von deskriptiven und normativen Leistungen der Wissenschaftsforschung.

Aufgefordert zur Teilnahme am Symposion werden insbesondere Wissenschaftlerinnen und Wissenschaftler aus den Neuphilologien (auch aus der Linguistik), den Kunstwissenschaften, aus Soziologie und Sozialgeschichte, aus Wissenschaftstheorie und Wissenschaftsgeschichte.

Die mit den Kuratoren vollzogene Auswahl der Vorlagen für das Symposion war angesichts der zahlreichen und unterschiedlich orientierten Exposés nicht einfach. Viele verheißungsvolle Vorschläge konnten nicht weiterverfolgt werden, weil ihnen die korrespondierenden Beiträge fehlten, die für die Kohärenz des Programms notwendig gewesen wären. Gerne hätten wir die mediävistische Literaturwissenschaft oder an die Literaturwissenschaft angrenzende Disziplinen wie Linguistik, Philosophie oder Soziologie stärker berücksichtigt, doch fehlten hierzu geeignete Angebote. Es kamen nur wenige Exposés aus der Fachgeschichte anderer Disziplinen; sie waren zumeist auf die jeweiligen Fachprobleme begrenzt, so daß es ihnen für die Aufnahme in das Programm des Symposions an den notwendigen Verknüpfungen zu den literaturwissenschaftlichen Fragestellungen mangelte.

Auch bei den Vorschlägen, die zu Vorlagen des Symposions ausgearbeitet werden sollten, waren vielfach die – im engeren Sinne – fachgeschichtlichen Aspekte bestimmend. Wir hätten uns ein noch entschiedeneres Interesse an den weiterführenden Fragen der Wissenschaftsforschung gewünscht – etwa im Vorhaben, die Perspektiven von Wissenschaftsforschung und Fachgeschichte vermittelnd aufeinander zu beziehen. So waren dann auch der zweite und dritte Tag des Symposions in erster Linie nach der Chronologie der Fachgeschichte anzulegen, wobei Fragen, wie sie die Wissenschaftsforschung stellt, mit unterschiedlicher Intensität angeschlossen werden konnten. Der erste Tag sollte Modellen und Kategorien gelten, die unter den übergreifenden Aspekten der Wissenschaftsforschung für den Gegenstandsbereich ›Literaturwissenschaft‹ Relevanz beanspruchen können, während der vierte Tag die Möglichkeiten normativer Konsequenzen der Wissenschaftsforschung für die disziplinären Entwicklungen in den Philologien zum Thema haben sollte. Der hier vorgelegte Band dokumentiert den Ablauf des Symposions. Jeder Sektion waren sechs Vorlagen zugeordnet. Auf der Grundlage der Erfahrungen aus den Diskussionen der Heidelberger Veranstaltung hätte man für die Publikation die eine oder andere Umstellung vornehmen können. Darauf wurde jedoch im Sinne des ›Berichtsbandes‹ verzichtet. Lediglich in der Sektion 1 folgt die Vorlage von Elena Esposito, die am ersten Symposionstag als sechster Beitrag diskutiert worden war, nun der Studie von Thomas Broman.

Als Modifikation zum bewährten Programmschema der Symposien hatten wir vorgesehen, an jedem Tag nur sechs Vorlagen zu diskutieren, um im Anschluß daran Zeit für eine Diskussionsrunde zu haben, die eine Bilanz des Tages zieht und zugleich Fragen für die nachfolgenden Diskussionen entwickelt. Es ist zu hoffen, daß der besondere Stellenwert dieser (Tages-)Abschlußdiskussionen in den jeweiligen Protokollen deutlich wird. In allen Aufzeichnungen zu den Diskussionen wurden die Argumente nicht einzelnen Personen zugeordnet, sondern die allgemein bestimmenden Probleme bezeichnet, die Wege der Problemerörterungen beschrieben und entsprechende Ergebnisse festgehalten.

An den Diskussionen des Symposions haben sich Manfred Briegel und Wolfgang Rohe als leitende Mitarbeiter der Deutschen Forschungsgemeinschaft und damit als Experten für Organisation und Reflexion von Wissenschaftsprozessen in hilfreicher Weise beteiligt; ihnen gilt besonderer Dank. Daß Renate Mayntz, bis 1997 Direktorin des Max-Planck-Instituts für Gesellschaftsforschung in Köln, unserer Einladung zu einem öffentlichen Abendvortrag in der Heidelberger Akademie der Wissenschaften gefolgt ist, war den Organisatoren und allen Beteiligten eine besondere Freude, nicht zuletzt weil Aufbau und Entwicklung der Wissenschaftsforschung in der Bundesrepublik Deutschland während der 1960er und 1970er Jahre in nachhaltiger Weise mit dem Engagement von Renate Mayntz verknüpft sind.

Für den Fortgang der Wissenschaftsforschung auf dem Gebiet der Literaturwissenschaft und der angrenzender Disziplinen erschien es uns wichtig, daß im Kreis der Teilnehmenden des Heidelberger Symposions eine stattliche Zahl von denjenigen vertreten war, die dem ›Wissenschaftlichen Nachwuchs‹ zugerechnet werden. Das Zusammenspiel von ›jung und wagemutig‹ mit ›erfahren und umsichtig‹ hat sich bewährt. So ist zu hoffen, daß die Veröffentlichung der Vorlagen und der Diskussionen des Symposions dem Projekt ›Wissenschaftsforschung‹ in der Literaturwissenschaft die notwendigen Impulse geben kann.

Wie in der Folge dieser Symposien üblich, wurden in Heidelberg keine Vorträge gehalten, sondern die eingereichten Vorlagen nach der einführenden Einschätzung eines vorab bestellten Korreferenten und der Antwort des Autors der Vorlage diskutiert. Für die Drucklegung konnten die Vorlagen in Details noch überarbeitet werden, sofern der Bezug zum Inhalt der Diskussionen nicht aufgebrochen oder verstellt wurde. Von dieser Möglichkeit haben nicht alle Autoren Gebrauch gemacht. Gerne hätten wir gesehen, wenn beispielsweise der Beitrag von Rembert Hüser zu unterschiedlichen Öffentlichkeiten in der gegenwärtigen Wissenschaftsentwicklung einen expliziten Bezug auf die Bilanz von Thomas Broman zu Konstellationen der kritisch-reflexiven Öffentlichkeit im ausgehenden 18. Jahrhundert gehabt hätte. Den Verantwortlichen für das Symposion war der Spannungsbogen von der Vorlage Broman zur Vorlage Hüser wichtig; der Beitrag von Rembert Hüser sollte nicht als Wiederholung des »Na und«-Gestus erscheinen, mit dem er den Band *Literaturwissenschaft* (hrsg. von Jürgen Fohrmann und Harro Müller, München 1995, S. 343–378) beschlossen hatte. Doch wollte Rembert Hüser an dem ›exzentrischen‹ Status seines Beitrags nichts ändern.

Gerade im gelassenen Austragen der notwendigen Kontroversen und im entschiedenen Nachfragen zu den Möglichkeiten für Konsens zeichnete sich das Symposion aus. Beste Voraussetzungen für eine solche Konstellation hat die vielfach bewährte ›Infrastruktur‹ des Internationalen Wissenschaftsforums Heidelberg geschaffen; wir bedanken uns bei den Mitarbeiterinnen und Mitarbeitern – und bei Wilhelm Kühlmann, dem ›Verbindungsmann‹ zum IWH, der wegen einer Verpflichtung zu Vorträgen in China bei unserem Symposion dann leider nicht dabeisein konnte.

Tanja Lange (Universität Hamburg) hat die aufwendigen Arbeiten der inhaltlichen Schlußredaktion besorgt und die technische Gestaltung der umfangreichen Textdatei für den Verlag übernommen. Ihre Kompetenz und ihr Engagement haben es ermöglicht, den Berichtsband in dem vorgegebenen Zeitraum fertigzustellen. Herzlich sei ihr für die Zusammenarbeit gedankt. Dank gilt ebenso Wilhelm Schernus (Universität Hamburg), der die Umbruchkorrektur durchführte und das Personenregister erstellte. Für die verständnisvolle und hilfreiche Betreuung bei der Drucklegung des Bandes bedanke ich mich bei Ute Hechtfischer, der Lektorin des Metzler-Verlags. Die Deutsche Forschungsgemeinschaft hat in dankenswerter Weise eine Beihilfe zu den Druckkosten bewilligt.

Hamburg, im Juli 2000 Jörg Schönert

Einführung zum Symposion

Jörg Schönert

Sobald sich in den Philologien die Wissenschaft selbst zum Gegenstand wird, scheiden sich die Geister. Die einen sehen darin die Aktion einer dauerhaft notwendigen Selbstreflexion zur Selbstbestimmung und Weiterentwicklung der Disziplinen, die anderen verstehen solche Unternehmungen als Fahnenflucht vor dem ›eigentlichen philologischen Auftrag‹. So wird 1983 im Titel eines Suhrkamp-Taschenbuches mit dem Blick auf den »Diskurs der Literatur- und Sprachhistorie« Wissenschaftsgeschichte als »Innovationsvorgabe« angesehen,[1] dagegen bedeutet 1997 für Thomas Steinfeld die verstärkte Hinwendung der Germanistik zur Fachgeschichte nichts weniger als das »Ende der Philologie«:[2] weil der Wissenschaft ihr eigentlicher Gegenstand nichts mehr wert sei,

---

1 Bernard Cerquiglini/Hans Ulrich Gumbrecht: *Der Diskurs der Literatur- und Sprachhistorie. Wissenschaftsgeschichte als Innovationsvorgabe*. Frankfurt a. M. 1983.

2 Thomas Steinfeld: »Das Ende der Philologie«. In: *Merkur* 51 (1997), S. 204–214. – Um prinzipielle Probleme in der Vermittlung von Feuilleton und Fachwissenschaft zu illustrieren, sei auszugsweise eine Kontroverse mit Thomas Steinfeld dokumentiert. Ausgangspunkt war seine Kolumne »Neues von der Germanistik. Fremdes Licht« vom 9.9.1998 in der *Frankfurter Allgemeinen Zeitung*. Ich zitiere: »Wo ist die Germanistik geblieben? Man blättert durch die Herbstkataloge der Verlage, und es fällt auf, daß die Literaturwissenschaft und die Germanistik aus den Programmen der großen Verlage verschwunden zu sein scheinen. [...] Erst wenn man sich in die Welt der Druckkostenzuschüsse und der Sammelbände begibt, taucht die Germanistik wieder auf. Seit wann ist das so? Noch vor zwanzig Jahren gab es Bücher, die jeder Student der Literaturwissenschaft – es waren fast so viele wie heute – in den ersten Semestern erwarb: Peter Szondis *Poetik und Geschichtsphilosophie*, Heinz Schlaffers *Der Bürger als Held*, Hans Robert Jauß' *Literaturgeschichte als Provokation*, ganz zu schweigen von den Klassikern des Genres, von Georg Lukács, Erich Auerbach oder den frühen Strukturalisten. [...] Unter den Publikationen, die in den letzten Jahren innerhalb des Fachs einige Bekanntheit erreichten, gehörten viele zur Geschichtsschreibung der Germanistik. Man kann dafür eine wissenschaftsinterne Erklärung finden und auf die späte Rezeption einer historischen Erkenntniskritik verweisen, für die vor allem Michel Foucault stand. Aber man kann das Phänomen auch anders verstehen, als letzte Vergewisserung eines in seine Bestandteile zerfallenen Faches, das als einziges Indiz seines inneren Zusammenhangs und als hilflosen Anspruch auf öffentliche Berücksichtigung die eigene Geschichte vor sich her trägt. [...] Einst schrieben die Ordinarien Bücher für beide Welten, für das Fach und für die Öffentlichkeit, Pflicht und Kür. Das beherrschen heute nur noch wenige. Peter

beschäftige sie sich mit sich selbst.[3] Dem für ›Literatur und literarisches Leben‹ verantwortlichen Redakteur der *Frankfurter Allgemeinen Zeitung* gilt – man weiß es – Literaturwissenschaft als die Hohe Schule der (sich selbst rechtfertigenden) Schöngeisterei; dem Wissenschaftsforscher muß hingegen Literaturwissenschaft als ein gesellschaftliches Produkt erscheinen, das – wie ein jedes dieser Art – ständig überprüft und erneuert werden muß.

Wie aber ist unter diesem Aspekt das Schlagwort ›Wissenschaftsforschung‹ zu verstehen? Zunächst einmal verweist es auf eine Beobachterposition: Die Wissenschaft wird nach Maßstäben und Verfahrensweisen der Wissenschaft beobachtet – im Sinne einer Wissenschaftswissenschaft (›science studies‹, ›science of science‹ etc.). Einem solchen komplexen Gegenstand der Beobachtung wird nur ein interdisziplinärer Verbund gerecht: Wissenschaftsforschung versteht sich programmatisch als das Miteinander von Wissenschaftstheorie, Wissenschafts-

von Matt ist einer von ihnen, wenn er über die Themen des bürgerlichen Trauerspiels, Liebe und Ehebruch, Töchter und Söhne schreibt, und immer enthalten seine Werke so viel Literaturgeschichte, daß sie sich als Hausbücher eignen. [...] In den Niederungen der Qualifikationsarbeiten wird ein gemeinsames Thema erkennbar. Es wirkt neu, dabei ist es alt: die Motiv- und Toposforschung. Man findet sie in Arbeiten wie *Figuren des Zitats. Eine Untersuchung zum Funktionieren übertragener Rede*, in *Dienende Menschen bei Hermann Lenz*, in *Giftmord und Giftmörderinnen* oder in *Kindsbraut als Phantasma der Goethezeit*. Daß es sich dabei um neue Bücher handelt, erkennt man an ihrer Verwandtschaft mit der Kulturgeschichte und der historischen Anthropologie. Aber das Prinzip dieser Arbeiten stammt aus dem neunzehnten Jahrhundert. [...] Nachdem das Fach sich aufgegeben hat, beginnen seine abtrünnigen Schüler von vorn.« Nach dem Symposion in Heidelberg, am 28. 9. 1999, habe ich der *Frankfurter Allgemeinen Zeitung* zur Kolumne von Thomas Steinfeld geschrieben: »[...] Mich verwundert immer wieder, mit welcher Selbstherrlichkeit Thomas Steinfeld seine höchst begrenzte Wahrnehmung der Dinge als Berichte ›zur Lage der Disziplin‹ zu vermitteln vermag. Daß ein beachtlicher Anteil der Publikationen, die in den letzten Jahren im Fach ›einige Bekanntheit‹ erreichten, sich der Geschichtsschreibung der Germanistik widmen, ist richtig – nicht aber die Implikation, die nahegelegt wird: daß nämlich alles andere in Vergessenheit unterginge. Mit Thomas Steinfeld bin ich darin einig, daß Germanisten auch für die kulturelle Öffentlichkeit schreiben sollten. Doch müßten das nicht dieselben Bücher sein, die das Fachgespräch tragen. So verfährt man etwa in der Geschichtswissenschaft. Wenn Thomas Steinfeld schließlich in die ›Niederungen der Qualifikationsarbeiten‹ steigt (denen er einst in Richtung ›Feuilleton‹ entstiegen ist), ersetzt er mit ›Hand-Auflegen‹ die Lektüre. Schon am Titel erkennt der selbsternannte Diagnostiker das ›Prinzip dieser Arbeiten‹, nämlich bares 19. Jahrhundert. Wie es der Zufall will, sind mir drei der hier angesprochenen vier Neu-Erscheinungen aus der Druckvorlage vertraut. Sie sind so deutlich von den methodologischen Entwicklungen der letzten 15 Jahre geprägt, daß Thomas Steinfelds Einordnungen aufgrund von Mutmaßungen sich als blanke Fehleinschätzungen erweisen. Doch was läßt sich schon von einem Germanisten erwarten, der bereits in den 1970er Jahren offenkundig nicht die ›richtigen‹ Bücher gekauft und gelesen hat. – Nichts gegen Szondi und Schlaffer, aber für die Neuerungen der Folgezeit kann nur Jaußens Aufsatzsammlung einstehen. Ein wenig mehr fachgeschichtliches Wissen könnte auch im Feuilleton nichts schaden. Der Informationsstand von Thomas Steinfeld läßt seine Interventionen in das germanistische Fachgeschehen erscheinen wie die Einrede der TV-Wetterfrau/des TV-Wettermanns gegen das Publikationsverhalten in der Geophysik.«

3 Ebd., S. 214.

soziologie und Wissenschaftsgeschichte, ergänzt durch psychologische, politologische und sozio-ökonomische Fragestellungen.[4] Für Wissenschaftsforschung zur Literaturwissenschaft ist dieses Programm bislang nur in eingeschränkter Weise beansprucht worden. Für unser Symposion sollte es zunächst durch das Zusammenwirken der Kuratoren vertreten werden: Jürgen Fohrmann und Frank-Rutger Hausmann stehen insbesondere für die Fachgeschichte der Philologien ein, Rudolf Stichweh für die Wissenschaftssoziologie und Lutz Danneberg für die Wissenschaftstheorie.

Beobachtungsbereiche der Wissenschaftsforschung sind unter anderem die Verschränkungen von Gesellschaft, Wissenschaft und Technologie, das Hervorbringen, die Distribution und die Rezeption des wissenschaftlichen Wissens, die entsprechenden Organisationsformen, Kommunikationsstrukturen und Darstellungsweisen der Wissenschaften, der Habitus von Mitgliedern der ›scientific community‹, die Normen und Formen der Selbstreflexion des wissenschaftlichen Handelns[5] – oder vereinfachend formuliert – der kommunikative, soziale und epistemologische Status der Wissenschaft sowie seine Veränderungen und Entwicklungen, die mehr einschließen als Veränderungen von methodologischen Konzepten und disziplinären Paradigmen. Die multi- und interdisziplinäre Beobachtung solcher Konstellationen und Prozesse kann konzeptuell in unterschiedlicher Weise organisiert werden – so folgt man beispielsweise Luhmanns systemtheoretischen Entwürfen zu Wissenschaft in der Gesellschaft (und untersucht die Kommunikationsabläufe) oder man bedient sich handlungssoziologischer Konzepte und fragt nach Akteuren und Institutionen[6] oder nimmt sich ökonomische Prinzipien von Investition und Erfolg, von Impuls und Leistung zum Maßstab.

Wissenschaftsforschung wurde bislang insbesondere in den angelsächsischen Wissenschaftskulturen entwickelt. In den Diskussionen der deutschsprachigen Länder sind gegenwärtig zum wissenschaftsorganisatorischen Status der Wissenschaftsforschung noch keine klaren Entscheidungen getroffen worden. Zum einen wird sie als junge und auszubauende Disziplin angesehen,[7] zum anderen als ein »integratives Forschungsgebiet«[8] oder als ein »interdisziplinärer Zugang«,[9] der heute vor allem von Praxisorientierungen im Sinne einer angewandten Wissenschaftsforschung bestimmt wird.[10] Es werden sowohl apriorisch-normative Verfahren wie auch historisch-hermeneuti-

---

4 Ulrike Felt u. a.: *Wissenschaftsforschung. Eine Einführung.* Frankfurt a. M./New York 1995, S. 24. – Vgl. zur Entwicklung dieses multidisziplinären Verbundes: Stefan Hornbostel: *Wissenschaftsindikatoren: Bewertungen in der Wissenschaft.* Opladen 1997, S. 94–157.

5 Vgl. hierzu auch die Beschreibung und Analyse von Anerkennungs-, Belohnungs- und Ausgrenzungsverfahren.

6 Wolfgang Krohn/Günter Küppers: *Die Selbstorganisation der Wissenschaft.* Bielefeld 1987, dazu Hornbostel (Anm. 4), S. 148.

7 Felt (Anm. 4), S. 18.

8 Ebd., S. 15.

9 Ebd., S. 19.

10 Ebd., S. 20.

sche und empirisch-deskriptive eingesetzt.[11] Noch weithin ungeklärt ist, wie Problemformulierungen und Verfahren zur Problembearbeitung von der Meta-Ebene der allgemeinen Wissenschaftsforschung auf die disziplinspezifische Ebene zu übertragen und zu modifizieren sind – nicht zuletzt mit dem Ziel, daß disziplinäre Entwicklungen durch Wissenschaftsforschung ausgelöst und begleitet werden. Auf Fragen zur disziplinspezifischen Ausrichtung von Wissenschaftsforschung für die Literaturwissenschaft war die Konzeption des Heidelberger Symposions angelegt. Zu klären war also, welche Probleme, Fragen und Kategorien auf der disziplinenübergreifenden (Meta-)Ebene der Wissenschaftsforschung in welcher Form von Generalisierbarkeit erarbeitet sind oder entwickelt werden müssen und wie sie – fokussierend – auf die Ebene der disziplinären Erfahrungen zu übertragen wären. Ausgegangen wurde von der Annahme, daß Wissenschaftsforschung im Bezug auf die jeweiligen Disziplinen nicht nur als Meta-Ebene denkbar ist und daß eine ›Wissenschaftsforschung zur Literaturwissenschaft‹ in Kooperation von Wissenschaftsforschern und Literaturwissenschaftlern ausgearbeitet werden muß. Bei einer solchen disziplinspezifischen Übertragung wäre auf jeden Fall die interdisziplinäre Orientierung von Wissenschaftsforschung zu erhalten, das heißt: Wissenschaftsforschung mit Blick auf Literaturwissenschaft müßte nach Möglichkeit wissenschaftstheoretische, wissenschaftssoziologische und wissenschaftsgeschichtliche Aspekte verbinden. Damit wäre das derzeit dominierende fachgeschichtliche Interesse wesentlich zu erweitern, um nicht nur zu rekonstruieren, sondern um auch in die aktuelle wissenschaftliche Praxis einzuwirken (›zu intervenieren‹) und Vorgaben für disziplinäre Entwicklungen zu erarbeiten.

Entscheidend ist also, der ›Mehrdimensionalität‹,[12] der Mehrfachperspektivierung von Wissenschaftsforschung zu folgen und sie für die jeweilige disziplinspezifische Wissenschaftswissenschaft zu erhalten. Der Zusammenhang von Wissenschaftsforschung und Literaturwissenschaft schließt Studien zur Fachgeschichte ein, erschöpft sich aber nicht darin. Nicht alles Wissen der Fachgeschichte kann für die Wissenschaftsforschung Bedeutung haben, und nicht alle bisherigen Erfahrungen der Wissenschaftsforschung werden für entsprechende literaturwissenschaftliche Projekte von Nutzen sein. Zudem sieht die Wissenschaftsforschung bis heute in der Literaturwissenschaft keinen besonders zu beachtenden Gegenstand. Daraus sollte jedoch nicht folgen, daß die Philologien die bislang erarbeiteten Theorien und Ergebnisse der Wissenschaftsforschung nicht prüfend zur Kenntnis nehmen. Die bestehenden Konstellationen zu verändern – sowohl durch Bezugnahmen der Literaturwissen-

11 Carl F. Gethmann: »Wissenschaftsforschung: auf Wiedervorlage«. In: Clemens Burrichter (Hrsg.): *Theorie und Praxis der Wissenschaftsforschung. Praxis und Konzepte. Beiträge vom XIV. Erlanger Werkstattgespräch 1985*. Erlangen/Nürnberg 1987, S. 13–48, hier S. 30.

12 Vgl. Wilhelm Voßkamp: »Zur Wissenschaftsgeschichte der deutschen Literaturwissenschaft in der Bundesrepublik«. In: Jürgen Fohrmann/W. V. (Hrsg.): *Wissenschaft und Nation. Studien zur Entstehungsgeschichte der deutschen Literaturwissenschaft*. München 1991, S. 17–28, hier S. 27.

schaft auf das Programm der Wissenschaftsforschung als auch durch Appelle an die Wissenschaftsforschung im Blick auf die aktuellen Probleme der Literaturwissenschaft –, war Ziel dieses Symposions. Es sollte zu klären versuchen, welche Konzeptionen von Wissenschaftsforschung in den Philologien, insbesondere in der Literaturwissenschaft, erfolgreich sein können und was sich die Literaturwissenschaft von der Wissenschaftsforschung erwartet. Mit den entsprechenden Akzentsetzungen wurde das Symposion ausgeschrieben. Dennoch verstehen sich viele der eingereichten Vorlagen vor allem als Beiträge zur Fachgeschichte. Dieses ließe sich vor allem daraus erklären, daß Philologen das Terrain der Historiographie als eine ›vertraute Gegend‹ betrachten und sich nur zögernd auf die komplexen und abstraktionsfreudigen Fragestellungen der Wissenschaftsforschung einlassen.

Wie aber kann angesichts der gegenwärtig bestimmenden Tendenzen im professionellen Beobachten von Wissenschaftsentwicklungen in der Literaturwissenschaft das Untersuchungsprogramm erweitert werden? Sollen Literaturwissenschaftlerinnen und Literaturwissenschaftler beispielsweise Zusatzqualifikationen in Wissenschaftssoziologie und Wissenschaftstheorie erwerben? Sind Kooperationen mit Soziologen und Politologen unabdingbar? Wie auch immer – Wissenschaftsforschung zur Literaturwissenschaft sollte mehr sein als die historiographische Erschließung der literaturwissenschaftlichen Theorie und Praxis. Fallstudien (vgl. den Beitrag von Ralf Klausnitzer) könnten als kleinste Einheit für die interdisziplinäre Perspektivierung und als methodologisches Experimentierfeld so genutzt werden, daß solche begrenzten Untersuchungen nicht nur als Bausteine zur Fachgeschichte, sondern zugleich als Impuls zur Erweiterung der wissenschaftswissenschaftlichen Konzepte in der Literaturwissenschaft zu verstehen sind.

Wo es um die Fachgeschichte im engeren Sinne geht, kann sich die germanistische Literaturwissenschaft durchaus sehen lassen. Die Eröffnung der Marbacher Arbeitsstelle für die Erforschung der Geschichte der Germanistik am 14. 4. 1972 ist das markante Datum für das programmatisch entfachte Interesse an der Selbstreflexion der Disziplin zugunsten ihrer Selbstbestimmung. Die Diskussionen zum nationalistischen und nationalsozialistischen Engagement der Germanistik, die mit dem Münchner Germanistentag 1966 öffentlichkeitswirksam in Gang gesetzt wurden, hatten die bis dahin sporadischen fachgeschichtlichen Interessen als dauerhafte Aufgabe für die Disziplin ausgewiesen. Darüber hinaus ergab sich als prinzipielle Einsicht für Wissenschaftsentwicklung: eine Wissenschaft, die sich als wandlungsfähig versteht, kommt nicht ohne das Wissen ihrer Fachgeschichte aus. »Wissenschaftsgeschichte und Forschungsplanung«[13] – so lautete der Titel des Vortrags von Eberhard Lämmert zur Eröffnung der Arbeitsstelle.[14] An fachgeschichtlichen Unternehmungen und umfassenden Publikationen hat es im Zeitraum der zurückliegenden 30 Jahre

---

13 Eberhard Lämmert: »Wissenschaftsgeschichte und Forschungsplanung«. In: E. L.: *Das überdachte Labyrinth. Ortsbestimmungen der Literaturwissenschaft 1960–1990*. Stuttgart 1991, S. 86–107.

14 Vgl. auch Walter Müller-Seidels Stellungnahme in: W. M.-S. u. a. (Hrsg.): *Historizität in Sprach- und Literaturwissenschaft*. München 1974, S. 653–656.

nicht gefehlt.[15] Die Fachgeschichte hat sich heute auf einem hohen Niveau etabliert; mögliche ›Anwendungen‹ ihrer Ergebnisse für die Forschungsplanung und die disziplinäre Entwicklung im Sinne einer wissenschaftswissenschaftlich aufgeklärten Praxis lassen indes noch auf sich warten.

Im Rückblick kann die Perspektive »Forschungsplanung«, die in Lämmerts Ausführungen von 1972 erstmals für die Germanistik eröffnet wurde, in Verbindung gebracht werden mit einer ersten soziologisch bestimmten Konjunktur der Wissenschaftsforschung in der Bundesrepublik im Laufe der 1970er Jahre.[16] Es werden dabei Entwicklungen aufgenommen, die insbesondere in der angelsächsischen Wissenschaftswelt um 1960 eingesetzt hatten. 1973 erscheint – vom Stifterverband für die Deutsche Wissenschaft herausgegeben – das *Memorandum zur Förderung der Wissenschaftsforschung in Deutschland.* Um 1980 werden die wichtigen Sammelwerke von Burrichter, van den Daele u. a. und Janich zur Wissenschaftsforschung publiziert,[17] 1986 wird die *Zeitschrift für Wissenschaftsforschung* begründet.[18] 1989 richtet die Deutsche Forschungsgemeinschaft ein Schwerpunktprogramm »Wissenschaftsforschung«

---

15 Es hat etwa bis 1990 gedauert, bis sich die fachgeschichtliche Forschung in der Germanistik durchgesetzt hatte. Meilensteine auf diesem Weg sind die Publikationen der Arbeitsgruppe um Jürgen Fohrmann und Wilhelm Voßkamp – beginnend mit J. F. / W. V. (Hrsg.): *Von der gelehrten zur disziplinären Gemeinschaft. Sonderheft DVjs* 61 (1987); die Arbeiten von Klaus Weimar – u. a. K. W.: *Geschichte der deutschen Literaturwissenschaft bis zum Ende des 19. Jahrhunderts.* München 1989; der Arbeitsgruppe um Rainer Rosenberg und Petra Boden – u. a. R. R.: *Literaturwissenschaftliche Germanistik. Zur Geschichte ihrer Probleme und Begriffe.* Berlin 1989; P. B. / R. R. (Hrsg.): *Deutsche Literaturwissenschaft 1945–1965. Fallstudien zu Institutionen, Diskursen, Personen.* Berlin 1997; des Marbacher Arbeitskreises für die Erforschung der Geschichte der Germanistik um Christoph König – u. a. die Publikationen zusammen mit Wilfried Barner oder Eberhard Lämmert, zuletzt Ch. K. / E. L. (Hrsg.): *Konkurrenten in der Fakultät. Kultur, Wissen und Universität um 1900.* Frankfurt a. M. 1999. – Vgl. zur Bilanz und Reflexion des Erreichten etwa die Artikelserie in *IASL* 16 (1991) H. 1 mit Beiträgen von J. Fohrmann, P. U. Hohendahl und K. Weimar.

16 Vgl. u. a. Ina Spiegel-Rösing: *Wissenschaftsentwicklung und Wissenschaftssteuerung. Einführung und Material zur Wissenschaftsforschung.* Frankfurt a. M. 1973; Peter Weingart: *Wissenschaftsforschung. Eine Vortragsreihe.* [...]. Frankfurt a. M./New York 1975. Ich beziehe mich hier nur auf die Publikationen im deutschsprachigen Raum und vernachlässige dabei Diskussionen und Ergebnisse in der Wissenschaftssoziologie und Wissenschaftstheorie/Wissenschaftsphilosophie sowie der philosophisch orientierten Wissenschaftsgeschichte.

17 Clemens Burrichter (Hrsg.): *Grundlegung der historischen Wissenschaftsforschung.* Basel/Stuttgart 1979; Wolfgang van den Daele u. a. (Hrsg.): *Geplante Forschung. Vergleichende Studien über den Einfluß politischer Programme auf die Wissenschaftsentwicklung.* Frankfurt a. M. 1979; Peter Janich (Hrsg.): *Wissenschaftstheorie und Wissenschaftsforschung.* München 1981; dann Clemens Burrichter (Hrsg.): *Wissenschaftsforschung: neue Probleme, neue Aufgaben.* Erlangen 1985.

18 1993 wurde schließlich in Berlin das Max-Planck-Institut für Wissenschaftsgeschichte eingerichtet; die Forschungsarbeiten beziehen sich insbesondere auf die Geschichte der Naturwissenschaften; für das Leitungsgremium wurden die vor allem mathematisch und naturwissenschaftlich ausgewiesenen Lorraine Daston, Jürgen Renn und Lorenz Krüger vorgesehen.

ein, das nach Einschätzung des zuständigen Fachreferenten jedoch weniger Resonanz und Erfolg als erwartet gebracht hat. 1994 faßt Rudolf Stichweh »Soziologische Analysen« aus seinen Arbeiten zur Wissenschaftsforschung unter dem Titel *Wissenschaft, Universität, Professionen* für das ›suhrkamp taschenbuch wissenschaft 1146‹ zusammen. Alle diese Unternehmungen beziehen sich allerdings nur marginal auf die Geistes- und Kulturwissenschaften.

Für diese Wissenschaften gilt es heute, an den Erfahrungen der internationalen Wissenschaftsforschung teilzuhaben, sie disziplinär zu akzentuieren und zu vertiefen. Die gegenwärtigen wissenschaftspolitischen Bestrebungen zur umfassenden Leistungsbewertung von Wissenschaft müßten auch die Philologien veranlassen, aus sich heraus die wissenschaftswissenschaftlichen Grundlagen für Evaluation und Hochschulplanung zu erarbeiten und auf entsprechende externe Bewertungen zu beziehen (vgl. den Beitrag von Sonka Meier). Dafür wären auch die metadisziplinären Problemformulierungen, die Betrachtungs- und Erklärungsweisen der Wissenschaftsforschung heranzuziehen: beispielsweise zu der Korrelation von internalistischen und externalistischen Vorgaben,[19] zu den Orientierungen an den sozialen, kommunikativen und kognitiven Dimensionen der Wissenschaftsforschung[20] oder zu den Fragen von Kontinuität und Diskontinuität (Evolution und Revolution) in der Wissenschaftsentwicklung. Biographische Verfahrensweisen wären prosopographisch zu erweitern; szientometrische Untersuchungen in disziplinär ertragreichen Erhebungen zu adaptieren.[21] Disziplinspezifisch wären aber auch Leitkategorien der Wissenschaftsforschung zu bedenken und gegebenenfalls zu verändern, um sie in entsprechenden fachlichen Zusammenhängen mit Gewinn einsetzen zu können. Dies betrifft vor allem Fragen zu Ressourcen, zu Reputation/Prestige, zu ›reward‹, zu Visibilität (und zu den Problemen, wie hierzu quantitativ ermittelt und qualitativ gewichtet werden kann), zu Konstellationen von Anerkennung und Zurückweisung von Geltungsansprüchen für Forschungsleistungen, zu den Determinanten von Generation und Sozialisation (von Lebens- und Zeitstrukturen in ihrer Bedeutung für Wissenschaftsentwicklungen),[22] ferner zu dem Verständnis von Machtkartellen wie Schulen und Netzwerken,[23] zu den unter-

---

19 Vgl. zur aktuellen Diskussion Dietmar Braun: *Die politische Steuerung der Wissenschaft. Ein Beitrag zum »kooperativen Staat«*. Frankfurt a. M./New York 1997.

20 Vgl. auch entsprechende Perspektiven bei Jürgen Fohrmann: »Organisation, Wissen, Leistung. Konzeptionelle Überlegungen zu einer Wissenschaftsgeschichte der Germanistik«. In: *IASL* 16 (1991) H. 1, S. 139–148.

21 Vgl. etwa den Beitrag von Lutz Danneberg/Michael Schlott in den *Mitteilungen des Marbacher Arbeitskreises für die Erforschung der Geschichte der Germanistik* 7/8 von 1994, S. 8–17.

22 Vgl. dazu auch Ludwik Flecks Konzeptionen von ›Denkstil‹ und ›Denkkollektiv‹; als neueren Beitrag Karl Ulrich Mayer: *Generationsdynamik in der Forschung*. Frankfurt a. M./New York 1992.

23 Vgl. Jürgen Güdler: *Dynamik der Medienforschung: eine szientometrische Analyse auf der Grundlage sozialwissenschaftlicher Fachdatenbanken*. Bonn 1996. Güdler setzt für ›Netzwerke‹ das Zusammenwirken von mindestens sieben Personen an; vgl. auch die Konzepte von den sichtbaren und unsichtbaren Kollegien.

schiedlichen nationalen und internationalen Orientierungen von Wissenschaftsentwicklungen (vgl. die Beiträge von Peter Uwe Hohendahl und Larissa Polouboiarinova). Schließlich wären auch fachspezifische Kriterien für durchsetzungsfähige und förderungswürdige Wissensansprüche zu ermitteln.[24] Zu fragen ist also, wie das disziplinäre Wissenschaftswissen entsteht, wie es bewertet wird und Erfolg gewinnt (vgl. den Beitrag von Annette Simonis), ob kontinuitätsfreundliche (anschließbare) oder kontinuitätsfeindliche (abgrenzende) Innovationen entwickelt werden. Eine umsichtige fachgeschichtliche Rekonstruktion kann auch dramatisierende Einschätzungen durch die jeweils zeitgenössische Wissenschaft für Umbrüche oder beschleunigten Wandel sowohl im Blick auf Stifter-Legenden wie auf Opfer-Legenden in Frage stellen und gegebenenfalls korrigieren oder erfolgreiche vermeintliche Neuerer und erfolglose eigentliche Neuerer entdecken (vgl. die Beiträge von Klaus Weimar sowie von Tom Kindt und Hans-Harald Müller).

Für die Makroperspektive von Wissenschaftsentwicklung, in epistemologischer wie in institutioneller Sicht (in der Organisation von Wissenschaft), wären die fachspezifischen Verlaufsformen und Entwicklungsmuster herauszuarbeiten. Wissenschaftsforschung sieht Wissenschaftsentwicklung als erklärbaren und beeinflußbaren Prozeß an; sie gewinnt Reflexionswissen und Wissen, das zugunsten der Steuerung von Wissenschaftsentwicklungen genutzt wird (bis hin zum besseren ›Funktionieren‹ von Wissenschaft, zur Optimierung von Forschungsleistungen); in den Vorlagen und Diskussionsberichten zum Symposion wird dieser Sachverhalt mit dem Schlagwort ›Intervention‹ angesprochen. Dabei ist zu fragen, mit welchen Faktoren kreative und innovative Forschung bestimmt werden kann, ob sich wissenschaftliche Produktivität nach ökonomischen Aspekten betrachten und steigern läßt. Als eine mögliche Zielvorgabe für Wissenschaftsentwicklungen könnte gelten: Fähigkeit der Disziplin zu ständiger Innovation bei gleichzeitigem Erhalt disziplinärer Identität (etwa durch disziplingemäße ›Theorie-Importe‹, durch Abspaltungen und Ausgrenzungen zugunsten eines von langfristiger Kontinuität bestimmten ›main stream‹ der kodifizierenden Publikationen in Handbüchern etc.,[25] durch das Ausarbeiten ›hybrider‹ methodologischer Konzepte, durch die Pluralisierung von Geltungsansprüchen). Zu fragen wäre sodann, unter welchen Bedingungen und mit welchen Mitteln ein solches Gleichgewicht erreicht werden könnte,[26] wie viel ›Pluralisierung‹ möglich ist, ob die

---

24 Vgl. etwa Martina Krause: *Wissenschafts- und Forschungspreise als Instrument der Wissenschaftspolitik. Zur Funktion und Wirkung von Wissenschaftspreisen unter besonderer Berücksichtigung des G. W. Leibniz-Förderpreises der DFG*. Bielefeld 1988. – Zu fragen wäre beispielsweise, welche Zusammenhänge sich zwischen den Organisationsformen einer Disziplin und den disziplinspezifischen Förderungen von Wissenschaftsentwicklungen ergeben.

25 Vgl. dazu Manfred Engel: Rilke-Forschung heute. Einige Überlegungen zum Verhältnis von Autoren-Forschung und Fachgeschichte anläßlich einer Sammelrezension. In: *IASL* 24 (1999) H. 1, S. 106–131, hier S. 107.

26 Das sind Fragen zu normativen Aspekten in der Organisation von Wissen mit Hilfe der Institutionen der Wissenschaft.

Zahl unterschiedlicher Gegenstandsbestimmungen und methodologischer Positionen angesichts der Erwartungen an Identität und Stabilität einer Disziplin unbegrenzt sein kann.

Der normative Bereich der Wissenschaftsforschung und ihrer Anwendbarkeit bezieht sich neben den Fragen zur Steuerung von Prozessen und Organisationsformen auch auf die individuellen Einstellungen, auf die Verhaltensweisen in fachspezifischen Konfliktfällen, auf die Probleme der Wissenschaftsethik (und ihrer möglichen institutionellen Praxis wie den Ethik-Kommissionen) und – es war bereits davon die Rede – auf die Bewertung individueller und kollektiver Lehr- und Forschungsleistungen[27] zur leistungsgesteuerten Verteilung von Ressourcen sowie auf weitere Möglichkeiten positiver und negativer Sanktionen. Auch hier sind fachspezifische Modifikationen von generellen Verfahrensweisen (Selbsteinschätzung, ›peer-review‹, Szientometrie etc.) von Bedeutung, um intradisziplinär und interdisziplinär konsensfähige Konzeptionen zu erreichen. In diesem Feld der Wissenschaftsforschung dominieren derzeit das Engagement und die Erfahrungen der Natur- und Biowissenschaften. Die Deutsche Forschungsgemeinschaft hat die Herrmann-Affäre zum Anlaß genommen, eine Denkschrift auszuarbeiten: *Vorschläge zur Sicherung guter wissenschaftlicher Praxis* (1998); es sind die Empfehlungen einer Kommission »Selbstkontrolle in der Wissenschaft«. Sie wurde von Wolfgang Frühwald, dem damaligen Präsidenten der DFG, geleitet; die zwölf Mitglieder kamen nahezu ausschließlich aus den Natur- und Biowissenschaften; ein Wissenschaftsforscher oder Wissenschaftsphilosoph war nicht dabei.

Die Tugenden eines Philologen im Verständnis des ausgehenden 19. Jahrhunderts sind uns bekannt; wo aber findet sich eine Erhebung zu geforderten und erfolgreichen Verhaltensmustern in der Literaturwissenschaft in den 1980er und 1990er Jahren (vgl. dazu in diesem Band den Beitrag von Sebastian Neumeister); wie steht es mit dem Wissen über die – so nannte es Peter Brenner – »unbefragte ›Lebenswelt‹ jener Selbstverständlichkeiten, in denen sich die Literaturwissenschaftler in ihrem Handeln bewegen«,[28] wie lassen sich die bewährten Verfahren zu Personen-, Konzept-, Institutionen- und Funktionengeschichte sowie zu den Formen wissenschaftlicher Kommunikation[29] nicht nur miteinander verschränken, sondern auch konzeptuell aufeinander beziehen, um die textphilologische Orientierung in der Fachgeschichte der Literaturwissenschaftswissenschaft zu ergänzen? Wer untersucht beispielsweise einmal in einer mehrperspektivischen Fallstudie die Geschichte der Symposien der Germani-

---

27 Dazu Hornbostel (Anm. 4), S. 180–320. Ferner Rudolf Fisch/Hans-Dieter Daniel (Hrsg.): *Messung und Förderung von Forschungsleistung. Person – Team – Institution.* Konstanz 1986; Hans-Dieter Daniel/Rudolf Fisch (Hrsg.): *Evaluation von Forschung. Methoden, Ergebnisse, Stellungnahmen.* Konstanz 1988.

28 Peter Brenner: »Die ›Lebenswelt‹ der Literaturwissenschaft als Forschungsgegenstand«. In: P. B. (Hrsg.): *Geld, Geist und Wissenschaft. Arbeits- und Darstellungsformen von Literaturwissenschaft.* Frankfurt a. M. 1993, S. 7–17, hier S. 9.

29 Vgl. etwa Lutz Danneberg/Jürg Niederhauser (Hrsg.): *Darstellungsformen der Wissenschaften im Kontrast. Aspekte der Methodik, Theorie und Empirie.* Tübingen 1998.

stischen Kommission der DFG, dessen 21. in Heidelberg stattfand? Wer analysiert typische Prozesse der Wissenschaftsentwicklung mit Hilfe von ›Lockbegriffen‹ (wie ›Kultur‹ und ›Medien‹ in der gegenwärtigen Situation der Literaturwissenschaft), die unterschiedliche Interessen und Impulse nur durch Unschärfe miteinander verbinden können (vgl. den Beitrag von Sandra Pott)? Kurzum – wie wäre einzulösen, was Klaus Weimar 1991 hoffnungsfroh forderte: Wissenschaftsgeschichte solle zum »Stimulus der Selbstverständigung, der Selbsterneuerung und Selbstverbesserung der Literaturwissenschaft«[30] werden. Gegenwärtig haben wir angesichts vieler fachgeschichtlicher Unternehmungen keinen Mangel an Selbstverständigung, aber erheblichen Bedarf an Selbsterneuerung und Selbstverbesserung. Und über die Literaturwissenschaft hinaus gesehen: Wissen der Wissenschaftsforschung sollte heute als Basiswissen für alle diejenigen gelten, die in der Selbstverwaltung der Wissenschaft engagiert sind und Entscheidungen für Heute und Morgen zu treffen haben. Wissenschaftsforschung kann mit ihren Theorien und Modellen dazu verhelfen, Vergangenheit, Gegenwart und Zukunft einer Disziplin in sinnvolle Verbindungen zu setzen.

Wenn an die Leistungen der germanistischen Wissenschaftsgeschichtsschreibung in einer ebenso intensiven wie wohlbedachten Wissensproduktion zu neuesten und zukünftigen disziplinären Entwicklungen angeschlossen werden kann, dann müßten wir für die Literaturwissenschaft einen Standard der Selbstreflexion und Selbstexplikation erreichen, der nicht mehr länger das Feuilleton zum nahezu einzigen Ort für mehr oder weniger folgenreiche Kommunikationen über Zustand und Zukunft des Faches ausweist. Um nicht mißverstanden zu werden: Im Feuilleton sollen weiterhin Fragen der Wissenschaftsentwicklung verhandelt werden – aber nicht nur dort und nicht nur mit den eingangs beschriebenen Strategien des Feuilletons.*

---

30 Klaus Weimar: »Über das derzeitige Verhältnis der deutschen Literaturwissenschaft zu ihrer Geschichte«. In: *IASL* 16 (1991) H. 1, S. 149–156, hier S. 156.

* Ich danke Sandra Pott und Michael Schlott für hilfreiche Hinweise zur Ausarbeitung dieses Textes.

Autonomie oder Abhängigkeit: Externe Einflüsse auf Gehalt und Entwicklung wissenschaftlichen Wissens

Renate Mayntz

Eine der zentralen Auseinandersetzungen in der Wissenschaftsforschung (zu der ich hier auch die Wissenschaftsphilosophie rechne) geht um die Frage, wie weit die Wissenschaftsentwicklung von wissenschaftsinternen, kognitiven Faktoren oder aber von außerwissenschaftlichen, externen Faktoren bestimmt wird. Diese Debatte wurde vor allem in jüngerer Zeit unter anderem deshalb so heftig geführt, weil sich in ihr faktische mit wertenden Elementen mischten. Für die ›Internalisten‹ ging es in dieser Auseinandersetzung um die Freiheit der Wissenschaft, die nicht nur als Wert an sich behauptet wird, sondern die auch als unabdingbare Voraussetzung wissenschaftlicher Objektivität gilt. Wissenschaftliche Objektivität, also die Fähigkeit, wahre Aussagen zu machen, stellte und stellt heute noch das zentrale, ja das Wissenschaft geradezu definierende Merkmal dar, durch das sie sich von anderen Glaubens-, Meinungs- und Ideensystemen abgrenzt. Gleichzeitig rechtfertigt die besondere Leistung der Wissenschaft, eben die Produktion wahrer Aussagen, ihren besonderen Status und ihren Anspruch auf öffentliche Förderung. Überzeugte ›Externalisten‹ halten dagegen, daß Wissenschaft nicht nur faktisch durch äußere Einflüsse in ihrer Entwicklung geprägt wird, sondern daß sie gerade aufgrund ihrer Fähigkeit, zutreffende Aussagen über Wirklichkeit zu machen, eine gesellschaftliche Produktivkraft ersten Ranges, ja die Grundlage allen gesellschaftlichen Fortschritts darstellt und sich gerade deshalb an gesellschaftlichen Entwicklungszielen orientieren soll, daß sie, wie es heute heißt, gesellschaftlich relevant oder nützlich sein muß.

Zur Vermeidung von Mißverständnissen ist es an diesem Punkt nötig, kurz etwas zu den wichtigsten der hier benutzten Begriffe zu sagen. Das Wort ›Wissenschaft‹ verwende ich in einem weiten, auch die Geisteswissenschaften einschließenden Sinn. Alle Wissenschaft will Aussagen über einen Gegenstand machen, Aussagen, die bestimmten Kriterien genügen, die aber nicht unbedingt generalisierende Kausalaussagen sein müssen. Was die Begriffe ›intern‹ und ›extern‹ angeht, verwirrt nicht selten die Tatsache, daß ›intern‹ mit zwei unterschiedlichen Bedeutungen gebraucht wird: manchmal sind hiermit nur wissenschaftsinterne *kognitive* Tatbestände gemeint, manchmal werden aber auch soziale Merkmale des gesellschaftlichen Teilsystems Wissenschaft einbezogen. Tatsächlich haben wir es hier mit zwei getrennten Merkmalsdimensionen zu tun, die man – Soziologen tun das gern – zur groben Orientierung in Form einer Vierfeldertafel anordnen kann.

Schaubild 1

Ort / Aspekte	Wissenschaft	Andere Teilsysteme
ideell	**1** wissenschaftliche Inhalte	**2** kulturelle und ideologische Faktoren
sozial	**3** soziale Struktur des Wiss. systems	**4** ökon., politische etc. Faktoren

Dabei unterscheidet man zum einen zwischen dem Wissenschaftssystem und anderen gesellschaftlichen Teilsystemen, zum anderen zwischen ideellen Gehalten und faktischen sozialen Strukturen. Das gesellschaftliche Teilsystem Wissenschaft produziert, reproduziert und verfügt jeweils über einen Bestand an ideellen Gehalten – Begriffen, Aussagen, Theorien (Quadrant 1); es besitzt aber zugleich eine soziale Struktur (Quadrant 3). Zu dieser Struktur gehört es unter anderem, wieweit Wissenschaft und wissenschaftliche Forschung als Beruf akzeptiert sind, ob es spezielle Einrichtungen für wissenschaftliche Forschung gibt, wie die Beziehungen zwischen den Angehörigen derselben Disziplin sind, und wieweit Erkenntnisgewinn, also Forschung, und Erkenntnisvermittlung, also Bildung, so wie in heutigen Universitäten organisatorisch integriert oder in getrennten Einrichtungen betrieben werden. All diese wissenschaftsinternen, sozialen Faktoren beeinflussen die Entwicklung wissenschaftlichen Wissens, die kognitiven Gehalte und die kognitive Struktur einzelner Disziplinen. So haben zum Beispiel Richard Whitley (1984) und Stephan Fuchs (1992) Zusammenhänge zwischen der sozialen Organisation verschiedener Disziplinen und dem Ausmaß ihrer Fragmentierung in verschiedene Schulen und Forschungsrichtungen herauszuarbeiten versucht.[1]

Auch unter den externen Faktoren, die Wissenschaft beeinflussen, gibt es solche ideeller Natur (Quadrant 2). Dazu gehören religiöse und politische Ideologien, tradierte Weltbilder und kulturell geprägte Denkweisen.[2] Diese ideellen externen Faktoren sind analytisch von der Einflußnahme durch Geld, Recht

1 Richard Whitley: *The Intellectual and Social Organization of the Sciences.* Oxford 1984; Stephan Fuchs: *The Professional Quest for Truth. A Social Theory of Science and Knowledge.* Albany, New York 1992.

2 Vgl. u. a. Wolfgang van den Daele u. a. (Hrsg.): *Geplante Forschung. Vergleichende Studien über den Einfluß politischer Programme auf die Wissenschaftsentwicklung.* Frankfurt a. M. 1979.

oder Politik zu unterscheiden (Quadrant 4). Beispiele für die hier gemeinten externen Faktoren sind die finanzielle Förderung bestimmter Gebiete, die kaufkräftige Nachfrage nach spezifischen Erkenntnissen und eine Gesetzgebung, die bestimmte Forschungsmethoden untersagt oder restriktiven Regelungen unterwirft. Wie unschwer zu erkennen ist, ist das ganze Vierfelderschema aus der Perspektive der Wissenschaft konstruiert; so heißt ›intern‹ *wissenschafts*intern, und die Tatbestände in den Quadranten 2, 3 und 4 sind sämtlich als unabhängige Variablen auf den Quadranten 1, den Gehalt und die kognitive Struktur wissenschaftlichen Wissens, bezogen.

Nach dieser notwendigen Begriffsklärung läßt sich übersichtlicher zeigen, womit ich mich in meinem Vortrag befassen will. Ich werde zuerst kurz erläutern, was unter der internen Dynamik der Wissenschaftsentwicklung zu verstehen ist (I). Anschließend werde ich einen knappen Überblick über die wichtigsten soziologischen Ansätze zur Behandlung externer Einflüsse auf diese Entwicklung geben (II). Nach einem systematischen Zwischenspiel (III) werde ich mich schließlich ausführlicher mit zwei wichtigen externen Einflußfaktoren aus den Quadranten 2 und 4 und ihren Auswirkungen auf den kognitiven Gehalt verschiedener wissenschaftlicher Disziplinen beschäftigen.

I.

Arbeiten zur Wissenschaftsgeschichte vermitteln eine gute Vorstellung von der primär kognitiv bestimmten internen Dynamik der Wissenschaftsentwicklung. Solche Arbeiten sind im wesentlichen als Ideengeschichte abgefaßt, das heißt, im Mittelpunkt steht die Rekonstruktion der schrittweisen oder auch sprunghaften Veränderung von theoretischen Annahmen und empirischen Erkenntnissen. Diese Entwicklung wird vorangetrieben von dem Wechselspiel, der Interaktion zwischen Wissenschaftlern und ihrem Gegenstand. Der Wissenschaftler fragt, und der beispielsweise durch Beobachtungen oder Experimente befragte Gegenstand bestätigt oder widerspricht seinen Vermutungen. Das Bild, das eine Wissenschaft sich zu einem bestimmten Zeitpunkt von ihrem Gegenstand macht, wird so durch Beobachtungen, die in diesem Rahmen nicht erklärbar sind, oder durch den Aufweis von Inkonsistenzen in Frage gestellt. Derartige Vorstellungen liegen zum Beispiel Karl Poppers Falsifikationismus zugrunde.[3] Vermutlich kennt jeder Wissenschaftler auch aus eigener Erfahrung, wie eine empirische Feststellung an einer bislang für tragfähig gehaltenen Schlußfolgerung zweifeln läßt, oder wie bei der Verfolgung einer Forschungsfrage plötzlich Inkonsistenzen sichtbar werden, die zur Revision früherer Interpretationen zwingen. Popper zufolge können wissenschaftliche Hypothesen zwar durch empirische Feststellungen definitiv widerlegt (falsifiziert) werden; als positive Behauptungen über die Beschaffenheit von Wirklichkeit bleiben sie jedoch

3 Karl R. Popper: *The Logic of Scientific Discovery*. New York 1959.

immer vorläufig, da schon die nächste empirische Beobachtung sie als falsch enthüllen kann. Danach bestünde also die kognitive Dynamik wissenschaftlicher Entwicklung aus dem Wechselspiel von theoretischen Aussagen und Versuchen ihrer Falsifikation, wobei die *gescheiterte* Falsifikation das höchste Maß an Gewißheit liefert, das wir erreichen können.

Nun versuchen allerdings die meisten Wissenschaftler nicht ständig, ihre eigenen Hypothesen und Interpretationen zu falsifizieren, um ihre Geltung durch die – hoffentlich – mißlungene Widerlegung zu bekräftigen. Bestehende Theorien werden in der Praxis vor allem von denjenigen Wissenschaftlern zu falsifizieren versucht, deren eigenen Vorstellungen oder Theorien sie widersprechen.[4] Die wissenschaftsinterne Dynamik besteht also nicht allein aus der Interaktion zwischen dem einzelnen Forscher und seinem Gegenstand, dem Wechselspiel zwischen Theorie und Empirie, sondern sie wird zugleich vorangetrieben durch die Auseinandersetzung zwischen Wissenschaftlern, die verschiedene Theorien vertreten, also durch das Wechselspiel von These und Gegenthese. Eine solche Vorstellung von der wissenschaftsinternen Dynamik findet sich in Thomas Kuhns Modell der Wissenschaftsentwicklung.[5] Kuhn postuliert einen Entwicklungszyklus, der mit dem Entwurf eines neuen Paradigmas, eines neuen Ansatzes oder einer neuen theoretischen Modellierung des Gegenstandsbereichs, beginnt. Darauf folgt die Phase der Konsolidierung, in der dieses Paradigma weiterentwickelt, elaboriert und auf neue Tatbestände angewandt wird. Hierbei nun ergeben sich häufig Unstimmigkeiten, die eine neue Generation von Wissenschaftlern zum Anlaß nimmt, das alte Paradigma in Frage zu stellen und ihrerseits ein neues Paradigma zu entwickeln, das konsistenter und erklärungskräftiger erscheint als das bisherige. Derartige ›wissenschaftliche Revolutionen‹ ruhen also auf einem sozialen Prozeß der Auseinandersetzung zwischen verschiedenen Schulen oder Denkrichtungen auf.

II.

Auch ohne hier weiter ins einzelne zu gehen, dürfte das Gesagte genügen, um zu verdeutlichen, daß es eine interne Dynamik in der Entwicklung wissenschaftlichen Wissens gibt. Auch ohne externe Einflußnahme, beschränkt auf das Zwiegespräch mit seinem Gegenstand und den Arbeitsergebnissen seiner Kollegen, wird ein Wissenschaftler in seinen Forschungen von Frage zu Frage, von These zu These getrieben. Die Wissenschaft ist kein Unternehmen, das zum Stillstand kommt, wenn externe Impulse ausbleiben. Das aber bedeutet nicht, die Existenz und Wirksamkeit externer Einflüsse zu leugnen. Das tun natürlich auch Wissenschaftshistoriker nicht, die die Geschichte einer Disziplin (oder auch nur einer bestimmten Entdeckung) als Ideengeschichte schreiben. Es waren

4 David L. Hull: *Science as a Process*. Chicago/London 1988, S. 348.
5 Thomas S. Kuhn: *Die Struktur wissenschaftlicher Revolutionen*. Frankfurt a.M. 1967.

und sind jedoch Sozialwissenschaftler, die seit langem den Einfluß externer Faktoren nicht nur auf die institutionelle, sondern auch auf die inhaltliche (kognitive, ideelle) Wissenschaftsentwicklung betont haben.[6] Schon der amerikanische Vater der Wissenschaftssoziologie, Robert K. Merton, der häufig dafür kritisiert wurde, daß er in seiner Analyse der Wissenschaft als soziales System die kognitiven Aspekte vernachlässigt habe, hat in einer früheren Arbeit die Wirkungen praktischer (ökonomischer und militärischer) und ideeller (Puritanismus) externer Faktoren auf die Entwicklung der modernen Wissenschaft im England des 17. Jahrhunderts untersucht.[7] In dieser Arbeit zeichnete Merton genau nach, wie das Weltbild des Puritanismus unausgesprochen die Vorstellung von der Eigenart und dem Zweck wissenschaftlicher Tätigkeit prägte und dazu diente, die moderne experimentelle Naturwissenschaft zu legitimieren. Ökonomische und militärische Interessen haben dann die Wahl von Forschungsfragen beeinflußt, was zu Schwerpunktverschiebungen unter den existierenden Wissenschaftsgebieten führte. Merton zufolge beeinflussen also externe Faktoren die wissenschaftliche Arbeit, allerdings lediglich in dem sog. Entdeckungszusammenhang. *Ob* in einem bestimmten Gebiet Entdeckungen gemacht werden oder nicht, hängt unter anderem von der finanziellen Förderung des betreffenden Gebiets ab. *Was* dann jedoch in dem so geförderten Gebiet herausgefunden wird, war für Merton ganz klar das Ergebnis wissenschaftlicher Tätigkeit, von systematischer Beobachtung, Datensammlung und Hypothesenprüfung.

Im Gefolge von Mertons Arbeiten über Wissenschaft als soziales System haben Wissenschaftssoziologen sich in den 1950er und 1960er Jahren vorzugsweise mit der Institutionalisierung von Wissenschaft, der Herausbildung der Berufsrolle des Wissenschaftlers und Fragen der Wissenschaftsorganisation beschäftigt. Merton selbst interessierte sich besonders für die sozialen Normen, an denen Wissenschaftler sich orientieren und auf denen der Geltungsanspruch wissenschaftlicher Aussagen und die Autonomie von Wissenschaft als System beruhen. Fragen nach dem Einfluß externer Faktoren auf den kognitiven Gehalt von Wissenschaft wurden in der Folge im Rahmen der sogenannten Finalisierungstheorie wieder aufgegriffen.[8] Dabei interessierte die Autoren vor allem die Wirkung externer Einflußnahme in den verschiedenen Entwicklungsphasen einer wissenschaftlichen Disziplin. Kuhn folgend unterschieden die Finalisierungstheoretiker zwischen einer vor-paradigmatischen, einer paradigmatischen und einer post-paradigmatischen Phase. In der ersten und zweiten Phase, wo es um den Entwurf und die Konsolidierung einer neuen Theorie geht, besteht zwar die Möglichkeit externer Interventionen, doch stören diese den Wissenschafts-

6 Raymond Boudon: *Le Juste et le Vrai. Etudes sur l'Objectivité des Valeurs et de la Connaissance.* Paris 1995, S. 465.

7 Robert K. Merton: *Science, Technology and Society in Seventeenth-Century England.* New York 1970.

8 Gernot Böhme u. a.: »Finalization of Science«. In: *Social Science Information* 15 (1976), S. 307-330; Gernot Böhme u. a.: *Finalization in Science. The Social Orientation of Scientific Progress.* Dordrecht 1983.

prozeß. Wenn das Paradigma aber erst einmal ausgearbeitet und konsolidiert ist, können in der dritten, post-paradigmatischen Phase externe Einflüsse für die Entwicklung im positiven Sinne prägend werden, denn durch sie werden Anregungen für die nutzbringende Anwendung des etablierten Paradigmas vermittelt. So setzen äußere Einflüsse in dieser Phase Forschungsprioritäten und tragen dazu bei, die Richtung der weiteren wissenschaftlichen Arbeit zu bestimmen.

Diese Theorie rief, was heute nur schwer nachvollziehbar ist, in den 1970er Jahren eine heftige Kontroverse und den wütenden Widerspruch von Wissenschaftlern, zumal Naturwissenschaftlern hervor, die durch sie den Autonomieanspruch der Wissenschaft untergraben sahen. Die alles andere als wertfrei geführte Kontroverse behinderte die Weiterentwicklung der Finalisierungstheorie, die sich außerdem als modifizierungsbedürftig erwies, sobald man das am Beispiel von Chemie und Physik entwickelte Modell auf weitere Forschungsfelder übertrug. In den 1980er Jahren wurde dann ein neuer Ansatz in der Wissenschaftsforschung vorherrschend, der sogenannte Sozialkonstruktivismus, dessen Programm darauf zielt, »to bring the substantive content of science into the proper domain of a full-blown sociology of scientific knowledge«.[9] In der sozialkonstruktivistischen Wissenschaftssoziologie wird das Entstehen neuer Wissensinhalte als ein sozialer Prozeß gesehen, in dem Tatsachen nicht entdeckt, sondern vielmehr konstruiert werden.[10] Das heißt, sogenannte Tatsachen sind nichts weiter als Interpretationen, auf die Menschen sich in einem sozialen Aushandlungsprozeß geeinigt haben. Die Sozialkonstruktivisten vertreten damit einen epistemologischen Relativismus, der noch über den Skeptizismus von Popper und Kuhn hinausgeht. Dieser epistemologische Relativismus wurde – auch von soziologischer Seite – heftig kritisiert.[11] Tatsächlich gibt es in der wissenschaftlichen Forschung sehr verschieden große Spielräume für Interpretation; je indirekter der Zugang zum Forschungsgegenstand und je unvollständiger unsere praktisch erprobte Kenntnis, um so größer ist dieser Spielraum naturgemäß, und um so einflußreicher können sozial beeinflußte Deutungsprozesse sein.

Die Sozialkonstruktivisten untersuchten das tägliche Forschungshandeln in Labors, die Geschichte einzelner Entdeckungen und den Verlauf wissenschaftlicher Kontroversen und rekonstruierten damit im Detail den tatsächlichen Prozeß der Hervorbringung wissenschaftlichen Wissens.[12] Dabei zeigten sie, wie dieser Prozeß sowohl durch die sozialen Beziehungen innerhalb der Wissenschaft wie auch durch Einwirkungen aus Wirtschaft und Politik beeinflußt wird.

9 David Edge: »Reinventing the Wheel«. In: Sheila Jasanoff u. a. (Hrsg.): *Handbook of Science and Technology Studies*. Thousand Oaks 1995, S. 3–23, hier S. 16.

10 Vgl. z. B. Bruno Latour/Steve Woolgar: *Laboratory Life: The Social Construction of Scientific Facts*. Beverly Hills 1979; Karin Knorr-Cetina: *Die Fabrikation von Erkenntnis. Zur Anthropologie der Naturwissenschaften*. Frankfurt a. M. 1984.

11 So etwa Paul R. Gross/N. Leavitt: *Higher Superstition. The Academic Left and its Quarrels with Science*. Baltimore, Maryland 1994, ebenso Boudon (Anm. 6).

12 Vgl. u. a. Karin Knorr-Cetina/M. J. Mulkay (Hrsg.): *Science Observed. Perspectives on the Social Study of Science*. London 1983.

Die externen Einflüsse sind dabei nicht auf die Themenwahl beschränkt, sondern greifen viel tiefer in den Erkenntnisprozeß ein. So prägt etwa die durch finanzielle Überlegungen motivierte Wahl eines bestimmten Organismus die theoretischen Fragen, die damit beantwortbar sind, und das, was gleichzeitig an Zusammenhängen nicht in den Blick geraten kann. Ähnliches gilt für wissenschaftliche Apparaturen. Besondere Aufmerksamkeit haben die Sozialkonstruktivisten auch den jeweiligen kulturellen Rahmenbedingungen geschenkt und herausgearbeitet, wie das je vorherrschende Naturverständnis, ja selbst die traditionelle Auffassung vom Unterschied zwischen den Geschlechtern die Begriffe, mit denen Wissenschaftler operieren, und die Fragen, die sie stellen, beeinflußt.

III.

Die sozialkonstruktivistische Wissenschaftssoziologie vermittelt eine realistischere Vorstellung vom wissenschaftlichen Forschungsprozeß speziell in den Naturwissenschaften, indem sie sich auf die Mikroprozesse konzentriert, die in der Interaktion zwischen den Forschern und ihrem Gegenstand, zwischen verschiedenen Wissenschaftlern und zwischen ihnen und Repräsentanten anderer gesellschaftlicher Teilsysteme ablaufen. Wegen dieser Mikro-Orientierung eignet sich der sozialkonstruktivistische Ansatz aber nicht für die systematische Untersuchung externer Einflüsse auf den kognitiven Gehalt und die kognitive Struktur ganzer Wissenschaftsgebiete. Die sozialkonstruktivistischen Untersuchungen sind überwiegend Fallstudien; ihre abhängigen Variablen sind Einzelelemente aus dem Quadranten 1 und nicht der Inhalt und die kognitive Struktur ganzer Wissensgebiete oder Disziplinen. Begibt man sich, wie im Folgenden geschehen soll, auf diese höhere Aggregationsebene, also die Ebene ganzer Disziplinen, dann muß man natürlich analytische Kategorien für eine vergleichende Beschreibung ihres kognitiven Gehalts und damit zugleich für die Identifikation verschiedener Ansatzpunkte der Einflußnahme besitzen. Trotz einiger Versuche in diese Richtung fehlt bis heute ein entsprechendes analytisches Raster. Autoren, die die besonderen kognitiven Merkmale verschiedener Wissensgebiete vergleichend beschreiben wollen, konzentrieren sich – im Unterschied zu Wissenschaftshistorikern, die Inhalte beschreiben – vor allem auf formale Merkmale. Besonders beachtet wird dabei die Art von Aussagen, die für ein bestimmtes Wissenschaftsgebiet charakteristisch sind (beispielsweise deskriptive, taxonomische oder erklärende/kausale Aussagen[13]), aber auch der Grad der Quantifizierung und Formalisierung.

Ich werde im Folgenden zwischen konstitutiven, formalen und inhaltlichen kognitiven Merkmalen einer Disziplin beziehungsweise eines Wissensgebiets unterscheiden. Konstitutives Merkmal einer Disziplin ist vor allem ihr Gegen-

13 Charles Ragin/David Zaret: »Theory and Method in Comparative Research: Two Strategies«. In: *Social Forces* 61 (1983), S. 731–754.

stand, der Weltausschnitt, über den etwas ausgesagt werden soll, sowie das grundlegende Erkenntnisinteresse, das sich auch in der Art der angestrebten Aussagen manifestiert – also zum Beispiel ob eine Disziplin kausal-empirisch oder hermeneutisch vorgeht. Zu den formalen Merkmalen kann man das funktionelle Selbstverständnis einer Disziplin und damit die Art und Intensität ihres Anwendungsbezugs rechnen. Weiter gehören dazu der Grad an Mathematisierung und Formalisierung sowie das Maß paradigmatischer Integration beziehungsweise Fragmentierung; mit diesem Merkmal ist die interne Differenzierung einer Disziplin in verschiedene Richtungen oder Schulen angesprochen. Anders als Kuhn meinte, ist die Koexistenz verschiedener Paradigmen in einer Disziplin nämlich nicht eine den revolutionären Paradigmenwechsel einläutende Ausnahme, sondern fast die Regel.[14] Bei den inhaltlichen Merkmalen kann es auf der Meso-Ebene der Betrachtung ganzer Wissensgebiete nicht um einzelne Aussagen gehen, sondern zum einen um ihr Themenprofil und zum anderen um ihren paradigmatischen Kern. Beim Themenprofil einer Disziplin handelt es sich um die verschiedenen inhaltlichen Schwerpunkte oder Teilgebiete. Der paradigmatische Kern einer Disziplin umfaßt ihre zentralen Begriffe, zentrale theoretische Aussagen, die quasi als Axiome fungieren, die kennzeichnenden Fragestellungen und schließlich die Methode der disziplinären Erkenntnisgewinnung.

Schaubild 2

Kognitive Merkmale von Wissenschaften

I. Konstitutive Merkmale
Gegenstand
Erkenntnisinteresse

II. Formale Merkmale
Funktionelles Selbstverständnis
Quantifizierung/Formalisierung
Paradigmatische Integration

III. Inhaltliche Merkmale
Paradigmatischer Kern
Themenprofil

Wenn man auf diese Weise den Inhalt des Quadranten 1, also die abhängige Variable der hier angestellten Betrachtungen, aufgliedert, dann kann man in einem zweiten Schritt nach ihrer Beziehung zu den unabhängigen Variablen, den Prä-

14 Gerhard Schurz/Paul Weingartner (Hrsg.): *Koexistenz rivalisierender Paradigmen. Eine Post-Kuhnsche Bestandsaufnahme zur Struktur gegenwärtiger Wissenschaft.* Wiesbaden/Opladen 1998.

gefaktoren aus den Quadranten 2 bis 4 fragen. Ich will mich dabei auf die beiden Kategorien externer Einflußfaktoren konzentrieren. Ohne zunächst ins einzelne zu gehen läßt sich grob zusammenfassend (und zugegebenermaßen ein wenig spekulativ) feststellen, daß die *konstitutiven* kognitiven Merkmale einer Disziplin wie die Festlegung des Weltausschnitts, auf den sie sich bezieht, und die Eigenart ihres Erkenntnisinteresses kurzfristigen externen Einflüssen gegenüber relativ unempfindlich sind; längerfristig hat aber der allgemeine kulturelle Kontext, haben vor allem die geläufigen Vorstellungen vom Sinn und Zweck wissenschaftlicher Arbeit hier eine prägende Wirkung.

Dasselbe gilt teilweise auch für die *formalen* kognitiven Merkmale, und hier insbesondere für den Wert, den man der Formalisierung und Quantifizierung beimißt. Dagegen ist das funktionelle Selbstverständnis einer Disziplin, das heißt das Maß ihrer bewußten Anwendungs- oder Grundlagenorientierung, sowohl vermittelt über ihre finanzielle Abhängigkeit als auch durch politischen Druck sogar relativ kurzfristig von außen zu beeinflussen. In diesem Zusammenhang mag man sich daran erinnern, wie die sozialistische Auffassung von Wissenschaft als einem Produktionsfaktor, der eine zentrale Rolle für die Entfaltung der Produktivkräfte spielt, in der DDR einen generellen Anwendungsdruck erzeugte, dem sogar ein guter Teil der Geisteswissenschaften unterworfen wurden – und sei es, daß sie wie die Philosophie der allgemeinen sozialistischen Bewußtseinsbildung und der Bestätigung und theoretischen Weiterentwicklung des marxistisch-leninistischen Fundaments der sozialistischen Gesellschaft dienen mußten. Heute wird auch in der Bundesrepublik von politischer Seite auf beweisbare Nützlichkeit wissenschaftlicher Forschung gedrängt, wobei Geld, die selektive Förderung für wachstumsfördernd angesehener Wissenschaftsgebiete, der wichtigste Mechanismus der Einflußnahme ist. Von den Geisteswissenschaften wird Nützlichkeit zwar nicht programmatisch verlangt, aber an ihrer oft zögerlichen finanziellen Förderung lassen sich die herrschenden Prioritäten unschwer erkennen.

Ein Wort schließlich noch zur paradigmatischen Integration. Wie schon angedeutet, wird sie von der sozialen Organisation eines Fachs beeinflußt, unter anderem von der Existenz einer Mehrzahl von Forschungsstätten mit konkurrierenden Arbeitsprogrammen und von der Bedeutung, die Innovation oder aber die Arbeit im Rahmen eines existenten Paradigmas für die individuelle Wissenschaftlerkarriere haben. In beiden Hinsichten wirkte sich die Forschungsplanung in der DDR in fast allen Fächern zugunsten einer relativ hohen paradigmatischen Integration aus. Wo derartige, die soziale Organisation eines Faches beeinflussende externe Faktoren fehlen, ist die paradigmatische Integration wenigstens teilweise eine Folge der Selbstorganisationsfähigkeit einer Disziplin und differiert oft stark zwischen verschiedenen Fächern.

Damit kommen wir zur letzten Gruppe der *inhaltlichen* Merkmale. Hier wirken ideelle Faktoren – herrschende Weltbilder, tradierte Denkkategorien und Begriffsraster sowie religiöse oder ideologische Glaubenssysteme – insbesondere auf Elemente des paradigmatischen Kerns einer Disziplin ein, also auf ihre zentralen Begriffe, Axiome und Fragestellungen. Eine gezielte wissenschaftspolitische Einflußnahme sowie Art und Ausmaß kaufkräftiger Nachfrage wirken sich dagegen vor allem auf die Wahl von Forschungsthemen und damit auf das Themenprofil einer Disziplin aus. Der Einfluß besteht überwiegend in der selektiven Förderung erwünschter Forschung; seltener sind gezielte negative Interventionen, mit denen das Verfolgen bestimmter Fragestellungen *und/oder* die Anwendung bestimmter Methoden (zum Beispiel Embryonenforschung) verboten werden sollen.

IV.

Im letzten Teil meines Vortrags will ich nun auf zwei der vielleicht interessantesten externen Faktoren und ihren Einfluß auf inhaltliche kognitive Merkmale (also auf den paradigmatischen Kern und das Themenprofil von Disziplinen) näher eingehen. Und zwar werde ich zum einen die Wirkung einer kaufkräftigen Nachfrage aus der Praxis, zum anderen die Wirkung einer mit dem Anspruch auf absolute Geltung auftretenden politischen Ideologie behandeln. In beiden Fällen geht es mir sowohl um die Mechanismen der Einflußnahme wie auch um Unterschiede im Ausmaß externer Beeinflussung zwischen verschiedenen Disziplinen.

Um mit dem ersten Faktor zu beginnen, wer fragt eigentlich wissenschaftliches Wissen nach, wonach wird gefragt, und wie läuft der Wissenstransfer tatsächlich ab? Gerade auf dem Hintergrund der heute höchst aktuellen Diskussion um die Nützlichkeit von Wissenschaft wird hier vielfach eine recht simple Beziehung unterstellt: Auf der einen Seite steht die Praxis, die bestimmte Probleme lösen will und zu diesem Zweck Wissen nachfragt, und auf der anderen Seite stehen die wissenschaftlichen Einrichtungen, die mehr oder weniger bereitwillig, oft weniger bereitwillig, auf diese Forderungen eingehen. Diese recht geläufige Vorstellung ist in mehrfacher Hinsicht revisionsbedürftig.

Zunächst zu den Nachfragern. Hier wird in der Regel vor allem an die Wirtschaft, das Militär, das Gesundheitswesen und die öffentlichen Infrastruktursysteme für Verkehr und Kommunikation beziehungsweise den Staat als ihren Träger gedacht. Dabei wirkt sich nur die aktuelle Nachfrage von zahlungskräftigen Nachfragern *direkt* auf die wissenschaftliche Themenwahl aus. Direktkontakt zwischen Nutzern und Forschern ist aber keineswegs die Regel. Aus praktischen Erwägungen wünschenswerte Forschung, für die es unter den potentiellen Nutzern keine zahlungskräftige Nachfrage gibt, muß durch Vermittlung von Advokaten gefördert werden. Die staatliche Forschungsförderung ebenso wie Förderorganisationen, die öffentliche Mittel aufgrund politisch gesetzter Forschungsprioritäten verteilen, sind hier die typischen Vermittlungsinstanzen.[15] Der Großteil dieser Förderangebote dient nicht der Befriedigung eines unmittelbaren Wissensbedarfs von Politikern und Administratoren bei der Ausübung ihrer ureigensten Aufgaben, sondern soll die öffentliche Gesundheit

15 Dietmar Braun: *Die politische Steuerung der Wissenschaft. Ein Beitrag zum »kooperativen Staat«*. Frankfurt a. M. 1997.

und das Wirtschaftswachstum fördern, die Energieverwendung in eine bestimmte Richtung steuern usw., also der Verwirklichung bestimmter politischer Ziele dienen.

Das insbesondere von der Wirtschaft gezielt nachgefragte Wissen ist mehr oder weniger unmittelbar anwendungsbezogen. Das heißt aber nicht, daß kein Interesse an den Ergebnissen der Grundlagenforschung besteht. Im Gegenteil: Wie Meyer-Krahmer und Schmoch (1998) in einer großangelegten Untersuchung der Beziehungen zwischen Universitätsforschung und einigen als besonders wissensbasiert geltenden Industriezweigen nachgewiesen haben, wird von seiten der Praxis auch Grundlagenwissen nachgefragt.[16] Vertreter der Industrie suchen im Kontakt mit Wissenschaftlern keineswegs nur unmittelbar anwendbare Problemlösungen, sondern interessieren sich ebensosehr für Informationen über den neuesten Stand der Forschung in allen Gebieten, die auch nur entfernt für sie von praktischer Bedeutung sein oder werden könnten. Diese Art der Nachfrage ist aber thematisch weniger spezifisch als die Nachfrage nach ganz konkreten Problemlösungen; sie richtet sich auf größere Wissensgebiete, denen eine potentielle Anwendungsrelevanz zugeschrieben wird. Selbst wo diese Art von Nachfrage sich nicht in finanziellen Zuwendungen niederschlägt, signalisiert sie den Wissenschaftlern die Existenz gewinnträchtiger Forschungsfelder. Auch die Politik will häufig keine praktischen Vorschläge von der Wissenschaft, sondern die jeweils neuesten Kenntnisse über den Zustand und die Entwicklung in bestimmten Wirklichkeitsbereichen – zum Beispiel über Jugendkriminalität, demographische Entwicklungen, Umweltverschmutzung, die Ausbreitung von AIDS oder die neuesten Möglichkeiten der Biogenetik. Auch hier regt die Existenz eines generellen Interesses für ein bestimmtes Thema oder Gebiet die wissenschaftliche Themenwahl an – und zwar auch unabhängig von der Existenz von konkreten Forschungsaufträgen.

Dasselbe gilt verstärkt für das Interesse des breiten Publikum an Wissen, das zur allgemeinen Orientierung in der Welt dient. Orientierungswissen zu liefern ist, anders als oft unterstellt, keineswegs ein Privileg der Geisteswissenschaften. Die Newtonsche Physik hat zum Beispiel zu ihrer Zeit einen weit über diesen disziplinären Bereich hinausreichenden Einfluß auf das Denken gehabt; man spricht geradezu vom Newtonschen Weltbild. Später hat die Biologie den Einfluß der Physik auf das zeitgenössische Denken verdrängt. Für eine gewisse Zeit haben nach dem Zweiten Weltkrieg auch die Sozialwissenschaften eine wichtige Orientierungsrolle gespielt. Sprach- und Literaturwissenschaft haben dagegen wohl niemals eine ähnliche Breitenwirkung entfaltet. Die Nachfrage nach Orientierungswissen ist in der Regel noch weniger spezifisch als die Nachfrage der Praxis nach Grundlagenwissen und kann demzufolge das Themenprofil einer Disziplin kaum nachhaltig beeinflussen. Meist bestimmt vielmehr das Angebot die Nachfrage, das heißt, interessierte Individuen wollen sich

16 Frieder Meyer-Krahmer/Ulrich Schmoch: »Science-based Technologies: University-industry Interactions in Four Fields«. In: Renate Mayntz/Uwe Schimank (Hrsg.): *Research Policy*, Special Issue 27 (1998), S. 835–851.

über die jeweils neuesten und vor allem die besonders bahnbrechenden Ergebnisse der Forschung informieren. Die kaufkräftigen Nachfrager, die im direkten Kontakt mit der Wissenschaft stehen, sind hier nicht die ›Nutzer‹, sondern die Medien, die einen Markt für Bildungsgüter schaffen. Die Medien allerdings sortieren das Wissensangebot nach dem Grad des vermuteten Leser-, Hörer- und Zuschauerinteresses und können auf diese Weise als ausgesprochen selektiver Verstärker wirken. Das von ihnen der Wissenschaft präsentierte Bild des öffentlichen Interesses kann am Ende durchaus einen Einfluß auf die wissenschaftliche Themenwahl haben.[17]

Aber selbst die Nachfrage der Praxis nach anwendungsrelevantem Wissen entsteht nicht unvermittelt aus praktischen Bedürfnissen heraus, sondern ist weitgehend eine Reaktion auf das Angebot von Forschungsleistungen. Die Erwartungen, die potentielle Nutzer an die Wissenschaft richten, sind bereits geprägt durch das Wissen oder zumindest die Hypothesen der Wissenschaftler. Der sogenannte Nachfragesog (demand pull) muß also immer im Zusammenhang mit dem wissenschaftlich-technischen Angebotsdruck (supply push) gesehen werden. Gewiß kann utopisches Denken der wissenschaftlichen und technischen Innovation Impulse geben, aber es ist doch immer notwendig, zuerst einmal zu wissen, was überhaupt möglich ist, ehe man Anforderungen formulieren kann, die spezifisch genug sind, um das Forschungshandeln beeinflussen zu können. Das aber bedeutet, daß es in einer Welt, in der einer verbreiteten Meinung nach der Nachfragesog regiert und auch regieren sollte, sehr viel mehr wissenschaftlicher Angebotsdruck im Spiel ist, als man glaubt.

Wenn auf der einen Seite die Wissenschaft mitbestimmt, wonach die Praxis fragt, dann wirkt umgekehrt die Praxis nicht nur durch explizite Nachfrage in die Entwicklung der Wissenschaft hinein. Durch Erfahrungsberichte aus der Praxis und eigene Beobachtung lernen beispielsweise Wirtschaftswissenschaftler von realen Entwicklungstendenzen und neu auftauchenden ökonomischen Problemen, die sie zu neuer Theoriebildung herausfordern. Die Praktiker selbst, also im wesentlichen Unternehmer und Manager, waren oft nicht fähig, die von den Wissenschaftlern wahrgenommenen Probleme adäquat zu artikulieren. Auch bei der versuchten Anwendung natur- und ingenieurwissenschaftlichen Wissens in technischen Großprojekten wie zum Beispiel großen Deponien oder Kläranlagen ist es zunächst die Wissenschaft, die von der Praxis lernt.[18] Das wissenschaftliche Wissen besteht häufig aus Verallgemeinerungen, die vereinfachen, indem sie von variablen Randbedingungen abstrahieren. Es ist insofern typischerweise unvollständig und oft wenig geeignet, komplexe Anwendungen, bei denen gerade die vernachlässigten Randbedingungen eine zentrale Rolle spielen, zu leiten. Die entsprechenden Versuche sind für die Wissenschaft nicht nur ein Ersatz für – in solchen Fällen praktisch unmögliche – Laborexperimente. Sie konfrontieren sie auch mit neuen Fragen, dem Hinweis auf zunächst

17 Peter Weingart: »Science and the Media«. In: Mayntz/Schimank (Anm. 16), S. 869–879.

18 Wolfgang van den Daele/Wolfgang Krohn: »Experimental Implementation as a Linking Mechanism in the Process of Innovation«. In: Mayntz/Schimank (Anm. 16), S. 853–868.

unverstandene Wechselwirkungen und der Notwendigkeit, ihre idealisierten Modelle durch Berücksichtigung zusätzlicher Faktoren und Wechselwirkungen wirklichkeitsnäher zu machen. Die Verbindung zwischen Wissenschaft und Praxis ist damit heute in allen wissensbasierten Praxisfeldern nicht anders als es die Beziehung zwischen Wissenschaft und Technik seit dem 17. Jahrhundert war, nämlich eine Straße mit Gegenverkehr.

Faßt man kurz zusammen, was das bisher Gesagte für die Bedeutung der Nachfrage auf die Richtung der Wissensentwicklung heißt, dann wird man erstens feststellen, daß es eine ›Nachfrage‹ nicht nur nach anwendungsrelevantem Wissen gibt, daß aber vor allem die Nachfrage nach praktisch nutzbarem Wissen einen unmittelbaren Einfluß auf das Themenprofil wissenschaftlicher Disziplinen hat. Die Entwicklung jener Gebiete der naturwissenschaftlichen Grundlagenforschung, die in Zukunft möglicherweise anwendungsrelevant sein könnten, wird durch das Interesse potentieller Nutzer angeregt und gefördert, ohne daß sich das auf Einzelheiten des Themenprofils auswirkt. Die potentielle Praxisrelevanz variiert zwischen Disziplinen in Abhängigkeit von ihren konstitutiven Merkmalen – ihrem Gegenstand und der Art ihres Erkenntnisinteresses. Die Praxisrelevanz der Molekularbiologie ist heute sehr groß, die einer Disziplin, deren Gegenstand Literatur und deren Erkenntnisinteresse ein hermeneutisches ist, ausgesprochen gering. Je geringer die potentielle Praxisrelevanz, um so geringer dementsprechend der richtungweisende Einfluß eines externen Interesses an den Forschungsergebnissen einer Disziplin. Aber dieses Mehr an Autonomie wird durch ein Weniger an finanzieller Förderung erkauft, wenn Geld vor allem für praxisrelevante Forschung gegeben wird.

Wenden wir uns damit dem zweiten Einflußfaktor zu, über dessen Einwirkung auf den kognitiven Gehalt von Wissenschaft ich sprechen wollte. Zur Illustration des Einflußfaktors ›politische Ideologie‹ nehme ich den Marxismus/Leninismus (ML), wobei ich mich speziell auf eine Reihe von Untersuchungen über die Wissenschaft in der ehemaligen DDR stütze.[19] Der ML ist im wesentlichen eine Gesellschafts- und Geschichtstheorie, für die in der DDR absolute Wahrheitsgeltung beansprucht wurde. Die Lehren des ML wurden der gesamten Bevölkerung – und damit auch künftigen Wissenschaftlern – von früher Jugend an durch das Bildungssystem und die Jugendorganisation FDJ vermittelt; dieser organisierte Bildungsprozeß setzte sich bis ins Studium fort. Auf diese Weise konnte auch das im ML verankerte Wissenschaftsverständnis das Denken zumindest der meisten der in der DDR aufgewachsenen Wissenschaftler prägen. Verstärkt wurde die gewissermaßen anerzogene Bindung der Wissenschaftler an den ML durch direkte politische Steuerung. Die wissenschaftspolitische Steuerung zielte zwar vor allem auf eine starke Anwendungsorientierung der Forschung, doch wurden im Prozeß der zentralen Forschungsplanung auch inhaltliche Prioritäten – und Posterioritäten! – gesetzt.

---

19 Vgl. vor allem Jürgen Kocka/Renate Mayntz (Hrsg.): *Wissenschaft und Wiedervereinigung. Disziplinen im Umbruch.* Berlin 1998.

Die ideologische Bindung an den ML beeinflußte den kognitiven Gehalt verschiedener Disziplinen unterschiedlich stark. Die Wirkung des ML war überall dort besonders groß, wo der Erkenntnisgegenstand einer Disziplin zugleich Gegenstand der als verbindliche Wahrheit geltenden Theorie des ML war. Bei diesen Disziplinen wurde sowohl das Themenprofil wie der paradigmatische Kern vom ML geprägt. Da der ML vor allem eine Gesellschafts- und Geschichtstheorie ist, gilt dies besonders für die sogenannten Gesellschaftswissenschaften. Die Inhalte der Natur- und Technikwissenschaften wurden von der generellen Verpflichtung auf den ML weit weniger berührt, denn die herrschende Lehre sagte nur in Ausnahmefällen etwas über naturwissenschaftliche Gegenstände.

Der paradigmatische Kern der Philosophie war zweifellos von der Bindung an den ML am stärksten betroffen;[20] aber auch die Geschichtswissenschaft war davon in ihrem kognitiven Kernbereich geprägt. Beide Disziplinen arbeiteten im wesentlichen an der Elaborierung, Bestätigung und Vermittlung des ML. Die Aufgabe der Wirtschaftswissenschaft war praktischer, aber der Einfluß auf den paradigmatischen Kern war hier ähnlich stark, denn schließlich gehört die Wirtschaft zum zentralen Bereich marxistischer Lehre. Zentrale Aussagen des ML zum Beispiel zu den quasi naturgesetzlichen Entwicklungstendenzen des Kapitalismus und der prinzipiellen ökonomischen Überlegenheit der Planwirtschaft galten als wirtschaftswissenschaftliche Axiome.[21] Selbst die Asien- und Afrikawissenschaften konnten in ihrem paradigmatischen Kern vom ML nicht unberührt bleiben. Wo sie sich mit der Geschichte und der gegenwärtigen Verfassung der ihren Gegenstand bildenden Länder beziehungsweise Regionen beschäftigten, mußten sie dies vom Standpunkt der weltweiten Auseinandersetzung zwischen Kapitalismus und Sozialismus aus tun. Es gab aber unter den Geisteswissenschaften in der DDR auch einige, die am Rande oder gar außerhalb des theoretischen Wahrheitsanspruchs der herrschenden Lehre lagen. Das galt zum Beispiel für die Philologie, wenngleich auch sie eine bestimmte Aufgabe für die sozialistische Gesellschaft erfüllen mußte und sich, wie die Linguistik, nicht allzu eng an den aktuellen Forschungsrichtungen in westlichen Ländern orientieren durfte. Bei den Natur- und Ingenieurwissenschaften wirkte die herrschende Lehre des ML sich schließlich vor allem durch die besondere Betonung ihres Anwendungsbezugs aus und ließ, von wenigen Ausnahmen abgesehen, ihren paradigmatischen Kern unberührt. Ein solcher Ausnahmefall war die auf eine Stalinsche Marx-Interpretation gestützte Vererbungslehre von Lyssenko, die zeitweise für die biologische Forschung verbindlich wurde.

Je stärker die Bindung an den ML den paradigmatischen Kern einer Disziplin berührte, um so stärker war auch ihr Themenprofil davon betroffen – und zwar sowohl positiv durch die Vorgabe zu behandelnder Themen als auch negativ durch die geringere Betonung oder Ausschließung bestimmter Fragestellungen.

---

20 Reinhard Mocek/Hans-Jürgen Mende (Hrsg.): *Gestörte Vernunft? Gedanken zu einer Standortbestimmung der DDR-Philosophie*. Berlin 1996.

21 Günter Krause: *Wirtschaftswissenschaft in der SBZ/DDR von 1945 bis 1990*. Studie für das Projekt »Wirtschaftswissenschaft und Systemwandel in Mittel- und Osteuropa«: Manuskript für die Konferenz »Economics and System-Change«, Berlin 27.–30. 6. 1996.

Am stärksten hat die Bindung an den ML offenbar das Themenprofil der Philosophie beeinflußt, die sich von den meisten klassischen philosophischen Themen löste. Erhalten blieben lediglich einige Teilgebiete wie die philosophische Logik und die Philosophiegeschichte.[22] Dagegen rückten zum Beispiel Probleme der Überbau/Basis-Relation ins Zentrum des Interesses. Die Themen der Rechtswissenschaft spiegelten die Eigenart ihres sozialistisch geprägten Gegenstands wider; so gab es ein Recht der LPG, aber kein Immobiliarpfandrecht. Der Wirtschaftswissenschaft waren Fragen der ökonomischen Planung und Leitung vorgegeben, und der Geschichtswissenschaft die Untersuchung der historischen Ausprägung der verschiedenen ›Formationen‹. Die kritische Auseinandersetzung mit den wesentlichen Inhalten der marxistischen Gesellschafts- und Geschichtstheorie war dagegen tabu. In der Wirtschaftswissenschaft konnte keine liberale Ordnungstheorie vertreten und kein empirischer Systemvergleich von Planwirtschaft und Marktwirtschaft durchgeführt werden,[23] und Marxismuskritik konnte kein Teilgebiet im Themenprofil der Philosophie sein.

Neben dem Inhalt der herrschenden Lehre wirkten sich in verschiedenen Disziplinen auch andere, von dieser Lehre legitimierte Forderungen und Verbote auf die Themenwahl aus. Das gilt im positiven Sinne für die allen Disziplinen verordnete Anwendungsorientierung, die auch in den Natur- und Ingenieurwissenschaften, für die der ML keine Themenvorgaben machte und keine Fragestellungen verbot, das Themenprofil beeinflußte. In der Wirtschaftswissenschaft bestimmte beispielsweise die Aufgabe, das theoretische und methodische Instrumentarium der Planwirtschaft zu entwickeln, die thematischen Schwerpunkte. Restriktiv wirkte sich dagegen die Abschottung von der internationalen ›scientific community‹ für die Themenwahl aus. In der Philologie zum Beispiel begünstigte diese Abschottung die thematische Konzentration auf den eigenen Sprachraum und führte zum Vorherrschen einer ›Nationalphilologie‹. »In Literatur und Sprache stand so die Theorie des nationalen Erbes gegen die weltbürgerliche Vorstellung der Aufklärungstradition; ein germanistisch dominierter Neuhumanismus trat gegen die eher romanistisch geprägte Aufklärungsforschung an.«[24]

Der hier am Beispiel der DDR aufgewiesene Einfluß eines von wissenschaftsexternen politischen Institutionen getragenen Ideensystems auf die kognitiven Gehalte wissenschaftlicher Disziplinen ist kein exotischer Sonderfall und auch kein Spezifikum des Staatssozialismus. Das historische Beispiel eignet sich nur besonders gut, die Wirkungsweise ideeller externer Faktoren auf wissenschaftliche Inhalte zu veranschaulichen; denn zum einen ist der ML ein besonders klar artikuliertes Ideensystem, und zum anderen bietet sich hier die Möglichkeit eines systematischen Vergleichs mit den Inhalten der entsprechenden Disziplinen in einer Gesellschaft, in der dieser besondere externe Ein-

22 Mocek/Mende (Anm. 20).
23 Krause (Anm. 21).
24 Wolfgang Frühwald: »Zwei Ansichten – Kunst und Wissenschaft im Prozeß der deutschen Einigung«. In: *Jahres- und Tagungsbericht der Görresgesellschaft 1995*. Paderborn 1996, S. 23–38, hier S. 27.

flußfaktor fehlt – der alten Bundesrepublik. Festzuhalten ist jedoch, daß *jedes* System von Aussagen über bestimmte Aspekte von Natur oder Gesellschaft, die als letztgültige Wahrheit geglaubt werden müssen, also sozial sanktioniert sind, den paradigmatischen Kern und das Themenprofil aller Disziplinen beeinflußt, die sich gleichfalls mit dem Gegenstand dieser Aussagen befassen. Das galt auch für die Rassenlehre der Nationalsozialisten und zu bestimmten Zeiten – beziehungsweise in bestimmten Gruppen in den USA heute noch – für die christliche Schöpfungslehre. Ein solches Glaubenssystem kann im übrigen sehr wohl auf Aussagen zurückgehen, die zuerst von Wissenschaftlern gemacht, dann jedoch von wissenschaftsexternen Instanzen aufgegriffen, generalisiert und als absolute Wahrheit vertreten wurden. Die Beziehung zwischen ideellen externen Einflußfaktoren und der Wissenschaft ist ebensowenig eine Einbahnstraße wie die Beziehung zwischen nachfragender Praxis und Wissenschaft. Es geht insofern auch nicht um Autonomie *oder* Abhängigkeit, wie der Titel meines Vortrags suggeriert; Wissenschaft ist beides – abhängig und unabhängig, prägend und geprägt zugleich.

I.
Modelle und Kategorien für die Wissenschaftsforschung zur Literaturwissenschaft

Einführende Überlegungen zu Wissenschaftsforschung und Literaturwissenschaft

RUDOLF STICHWEH

In der Unterscheidung von Wissenschaftsforschung und Literaturwissenschaft, die der hier dokumentierten Tagung als Leitunterscheidung gedient hat, kann ich mich sinnvoll nur auf der Seite der Wissenschaftsforschung plazieren und von dort aus einige Beobachtungen vorschlagen. ›Wissenschaftsforschung‹ meint bekanntlich Wissenschaftstheorie, Wissenschaftsgeschichte und Wissenschaftssoziologie, und in diesem Fall macht die Zusammenführung in dem Sammelbegriff ›Wissenschaftsforschung‹ tatsächlich Sinn, weil sich unter Titeln wie ›Science Studies‹ ein Kommunikationszusammenhang herausgebildet hat, dem man fast eigendisziplinären Status zuschreiben würde, weil er diese drei verschiedenen Perspektiven immer wieder in einzelnen Studien verschmilzt oder zumindest füreinander produktiv werden läßt.

Welche Rolle spielt die Literaturwissenschaft oder spielen allgemeiner die Geisteswissenschaften in diesem Komplex namens Wissenschaftsforschung? Ohne provokativ wirken zu wollen, möchte ich sagen, sie spielen so gut wie keine Rolle. Zwar gibt es heute viel Wissenschaftsforschung, insbesondere Wissenschaftsgeschichte in den Literaturwissenschaften, aber die Umkehrung dieser Behauptung gilt nicht: die Literaturwissenschaft ist als ein Teil der Wissenschaftsforschung so gut wie nicht präsent. Oder in einer anderen Formulierung: die Literaturwissenschaft importiert mittlerweile Wissenschaftsforschung in einem erheblichen Maße, aber sie exportiert kaum.

Man kann an diese Feststellung einer Asymmetrie – wenn man die Möglichkeit ihrer Richtigkeit konzediert – Fragen anschließen: Wie erklärt sich die Entstehung dieser Asymmetrie? Kann man an ihr etwas ändern? Sollte man an ihr etwas ändern? Welches sind die Folgen oder Kosten dieser Asymmetrie für die Wissenschaftsforschung?

Zunächst wenige Worte zu den Ursachen: Wissenschaftsforschung in den Naturwissenschaften hat offensichtlich einen völlig anderen Entstehungshintergrund als die Wissenschaftsforschung in der Literaturwissenschaft. Gerade wenn man sich die ›History of Science‹, in vielen Hinsichten das Kernfach der ›Science Studies‹, ansieht, fällt auf, daß ihre Institutionalisierung von Motiven wie ›Propädeutik‹ und ›Popularisierung‹ getragen wurde. Man kann am Beispiel der Biographien von bekannten Wissenschaftshistorikern wie Thomas S. Kuhn und Gerald Holton studieren, daß diese in der Universitätslehre zunächst damit befaßt waren, einem nicht hinreichend dafür vorbereiteten Publikum – beispielsweise von ›undergraduates‹ – einen Zugang zum Verständnis eines nicht leicht zu durchdringenden Wissenssystems zu verschaffen. Die Historisierung dieses Wissenssystems bewährte sich dann als eine darstellungstechnische Entscheidung bei dem Versuch zur Erleichterung des Zugangs.[1]

Ein vergleichbares Entstehungs- und Institutionalisierungsmotiv ist für die Literaturwissenschaft kaum denkbar. Der Kontakt zu einem Publikum, das sich nicht als Fachpublikum qualifiziert, ist für die Literaturwissenschaft in ihren normalen Produktionen vorstellbar, auch wenn ein solcher Kontakt nicht von jedem einzelnen Autor, der in den Literaturwissenschaften publiziert, gesucht wird. Wissenschaftsgeschichte und Wissenschaftsforschung in der Literaturwissenschaft haben nichts mit Popularisierung und Propädeutik zu tun; bei ihnen handelt es sich eher um die reflexive Rückwendung einer wissenschaftlichen Disziplin auf sich selbst, die in dieser Rückwendung ihre Erkenntnisstrategien prüft.

Dieser erste Unterschied in den Institutionalisierungsmotiven verbindet sich unmittelbar mit einem zweiten Unterschied, der die Institutionalisierungsformen betrifft. In den Naturwissenschaften scheidet jemand, der Wissenschaftsforschung betreibt, unweigerlich aus der von ihm beobachteten Disziplin aus. Historisierung und reflexive Distanzierung des Wissens einerseits, seine Weiterentwicklung an Forschungsfronten andererseits sind inkompatible Tätigkeiten. In der Literaturwissenschaft sucht jemand, der Wissenschaftsforschung betreibt, in der Regel einen Wiedereintritt in die Disziplin. Die Unterscheidungen, mit deren Hilfe er die Disziplin beobachtet, will er normalerweise für deren systematische Weiterentwicklung geltend machen. Es ist auch mit Bezug auf die hier dokumentierte Tagung eine interessante Frage, inwieweit sich dieses Motiv des Wiedereintritts in den systematischen Fragezusammenhang der Disziplin bei ihr als bestimmend erwiesen hat.

Man könnte aus Unterschieden, wie ich sie hier mit wenigen Strichen angedeutet habe, folgern, daß die Asymmetrie von Literaturwissenschaft und Wissenschaftsforschung unhintergehbar ist. Wissenschaftsforschung in den Naturwissenschaften ist im Verhältnis zu den von ihr beobachteten Disziplinen dem Kommunikationszusammenhang und dem Leistungsanspruch nach in einem Grade ausdifferenziert, der im Fall der Literaturwissenschaft gerade nicht angestrebt wird.

Muß man sich also aus Gründen dieses Typs damit begnügen, daß die Literaturwissenschaft in ihrer Beziehung zur Wissenschaftsforschung in der Regel als Importeur und nur selten als Exporteur auftritt? Muß man die Verarmung hinnehmen, die daraus für die Wissenschaftsforschung resultiert, weil in dem ausgefeiltesten Bild der Wissenschaft, das die moderne Gesellschaft in der Form von Wissenschaftsforschung entwirft, ein großer Teil der Wissenschaften – die Geistes- und die Literaturwissenschaften – so gut wie nicht vorkommen?

---

1 Vgl. dazu Gerald Holton/Stephen G. Brush: *Introduction to Concepts and Theories in Physical Science*. 2nd ed. Reading, Massachusetts 1973; Thomas S. Kuhn: »Professionalization Recollected in Tranquility«. In: *Isis* 75 (1984), S. 29–32.

Ich will diese Fragen in diesen nur als einleitend konzipierten Bemerkungen nicht zu beantworten versuchen, und ich könnte dies auch gar nicht tun. Sie sollen nur einen Beobachtungsvorschlag motivieren und begründen, den ich mit Blick auf die Ergebnisse dieser Tagung, aber auch mit Blick auf die Wissenschaftsforschung in der Literaturwissenschaft allgemein formulieren möchte: Entdeckt die Literaturwissenschaft, wenn sie sich selbst in der Form von Wissenschaftsforschung beobachtet, an sich selbst generalisierungsfähige Strukturen und/oder nur ihr eigentümliche Institutionen, deren Analyse nicht nur das Bild verändert, das die Literaturwissenschaft von sich selbst hat, sondern auch das Bild betrifft, das die moderne Gesellschaft von ihrer Wissenschaft hat? Ist es beispielsweise denkbar, daß, ähnlich wie die ›Science Studies‹ in den letzten zwei Jahrzehnten eine Mikrosoziologie des Labors und des Experiments etabliert haben, jetzt die Geisteswissenschaften eine Mikrosoziologie des Archivs und der Bibliothek als – für den Vergleich von Wissenschaften instruktive – Orte empirischer Arbeit in den Wissenschaften entwerfen? Dazu gibt es meines Erachtens bisher allenfalls Einzelstudien und Einzelbemerkungen, aber keine systematische Forschung.[2] Ist eine Wissenschaftsforschung denkbar, die beispielsweise die Hermeneutik als eine wissenschaftliche Praxis mit dem distanzierten Blick des Ethnographen betrachtet und auf diese Weise die Geisteswissenschaftler besser versteht, als sie sich selbst verstehen? Diese Fragen können hier nicht näher verfolgt werden; aber es dürfte deutlich geworden sein, daß es um einen mir zentral scheinenden Anspruch geht: Daß wir am Ende die Wissenschaft der modernen Gesellschaft – in dieser Allgemeinheit und in der dann einzuführenden Diversität dieses Begriffs – besser verstehen wollen, wenn wir Wissenschaftsforschung in der Literaturwissenschaft betreiben.

---

2 Siehe zu Archiven Richard C. Cobb: »Modern French History in Britain«. In: *Proceedings of the British Academy* 60 (1974), S. 271–293; Arlette Farge: *Le gout de l'archive*. Paris 1989.

On the Epistemology of Criticism. Science, Criticism and the German Public Sphere 1760–1800

THOMAS BROMAN

To an English-speaking observer, the German preoccupation with the possibility of a ›Wissenschaftswissenschaft‹ and the associated concern with ›Wissenschaftsforschung‹ is a fascinating phenomenon for two reasons. The first attraction of this project is the opportunities it offers for interdisciplinary dialogue and study. If all forms of academic knowledge are indeed ›Wissenschaften‹, an attempt to determine the semantic and conceptual field occupied by the term ›Wissenschaft‹ holds out promise of new insight into the creation and meanings of such knowledge. Needless to say, such a comprehensive project would be scarcely conceivable in an Anglo-American academic environment, so strongly do we allow the term ›science‹ to be delimited by the empirical, laboratory sciences.[1] The second fascinating aspect of this project is the extent to which disciplines such as ›Germanistik‹ have comprehended their own disciplinary evolution and coalescence in terms of Luhmann's systems theory. Instead of employing any of the other available models of historical change, such as Foucault's concept of genealogy or even a commonplace concept of change by means of historical contingency, ›Germanisten‹ have found in Luhmann's theory perhaps the nearest approach yet devised to the elusive goal of a ›Wissenschaftswissenschaft‹. It is not hard to see why, for systems theory offers an account of both the pattern of modern scientific knowledge and the location and configuration of such knowledge within modern society. To a certain extent as well, systems theoretical concepts can be applied to explaining the contents of that knowledge.[2]

From the perspective of the historian, one thing that systems theory does not explain is how the scientific disciplines have acquired and maintained their legitimacy in the process of their development. That is, although systems theory can account for the evolving patterns of disciplinary knowledge, it cannot explain why the increasingly complex partitioning of esoteric knowledge in mo-

1 Indeed, the possibility that English-speaking scholars have to think as academics from »outside« the standpoint of science is one major factor contributing to the so-called ›science wars‹ that have embroiled American universities during the past decade.

2 See, for example, Rudolf Stichweh: *Zur Entstehung des modernen Systems wissenschaftlicher Disziplinen. Physik in Deutschland 1740–1890.* Frankfurt a. M. 1984.

dern society remains authoritative, nor why the experts empowered by that knowledge receive social license both to speak scientific truths about the way the world is and to put those truths to work in a variety of practices. This creation of scientific authority as a form of public knowledge is the theme of this paper.

The Enlightenment is an obvious place to locate the origins of science as public knowledge, because Enlightenment ideology featured both an exaltation of empirical science as the key to discovering reliable truths about the world and the programmatic conviction that such knowledge should be put to work in combating prejudice, reforming morals, and creating a better society. In describing the relationship between Enlightenment ideology and the natural sciences, most writers have assumed that the sciences provided a crucial source of intellectual authority and useful knowledge for the Enlightenment ›project‹. The revolutionary accomplishments of natural philosophers in overthrowing Aristotelian metaphysics, the marvelous empirical discoveries provided by new instruments of observation such as the microscope and by European expansion into previously unknown parts of the world, all provided the foundation, so it is claimed, on which the programs of enlightened intellectuals could be conceived and articulated. On this basis, Anglo-American historians have for some years now been investigating how the sciences were popularized in the 18th century. The large majority of that work has treated popularization as a social phenomenon, focusing on how certain individuals and groups created a circulation of scientific ideas in society and an audience for science.[3] Yet popularization involves considerably more than the mobilization of receptive audiences; it also demands the creation of discourses and patterns of cultural practice through which science can be rendered authoritative. Thus instead of assuming that the natural sciences presented a ›pre-packaged‹ source of authority for Enlightenment culture requiring only a means of distribution to be effective, we might more usefully ask how their authority was established in the evolving 18th-century public sphere.

While not assuming that the final answer to this question will be a simple one, what I will do here is to isolate one part of the story and explore the role of critical discourse in the creation of this new authority of science. The centrality of literary criticism in 18th-century cultural history has long been recognized by scholars in a variety of disciplines. Alongside other forms of what has been labeled the ›new forms of sociability‹ in the 18th century, represented by coffee houses, masonic lodges and reading societies, the new periodical media of the

3 Jan Golinski: *Science as Public Culture. Chemistry and Enlightenment in Britain, 1760–1820.* Cambridge 1992; Larry Stewart: *The Rise of Public Science. Rhetoric, Technology and Natural Philosophy in Newtonian Britain, 1660–1750.* Cambridge 1992; Simon Schaffer: »Natural Philosophy and Public Spectacle in the Eighteenth Century«. In: *History of Science* 21 (1983), S. 1–43; Roy Porter: »Science, Provincial Culture and Public Opinion in Enlightenment England«. In: *British Journal for Eighteenth-Century Studies* 3 (1980), S. 20–46; and Steven Shapin: »The Audience for Science in the Eighteenth Century Edinburgh«. In: *History of Science* 12 (1974), S. 95–121. For France, see Michael R. Lynn: *Enlightenment in the Republic of Science. The Popularization of Natural Philosophy in Eighteenth-Century France.* Phil. Diss. University of Wisconsin, Madison 1997.

period and the critical discourse they offered helped form the collective voice of members of civil society as ›public opinion‹. More broadly, literary and cultural historians have located both the emergence of literary criticism and the formation of the public sphere within the context of the German ›Aufklärung‹. Criticism is the instrument of ›Aufklärung‹, a point made by numerous writers in the 18th century and ever afterward.[4]

The role of critical discourse in shaping the authority of science should not be understood merely as one in which certain critics praised the natural sciences or upheld them as a model to be emulated. While this certainly happened, of greater interest for my purposes is how the formulation of critical discourse itself might have created a kind of cultural practice in which scientific authority could be articulated and constituted. What, in other words, were those conditions according to which it makes sense to speak of science as having authority, and how did those conditions arise historically? In suggesting answers to these questions, I will be focusing on two particular practices that were characteristic of literary criticism. The first concerns the kind of voice adopted in literary criticism, and is nicely illustrated by a passage from the notorious »Siebzehnten Brief« of the *Briefe, die neueste Litteratur betreffend*, a letter that marked an early moment in Gotthold Ephraim Lessing's long, bitter and increasingly defamatory campaign against the critical poetics of the Leipzig professor, Johann Christoph Gottsched:

> »Niemand«, sagen die Verfasser der *Bibliothek*, »wird verleugnen, daß die deutsche Schaubühne einen großen Theil ihrer ersten Verbesserungen dem Herrn Professor Gottsched zu danken habe.«
>
> Ich bin dieser Niemand; ich leugne es geradezu.[5]

Lessing's joke is obvious enough not to require further comment. But along with this manifest self-contradiction, the statement »ich bin dieser Niemand« expresses a more subtle and significant denial of its origins in an individual subject, for it is the voice generally adopted by critics in rendering their judgments about works of music, visual arts and literature. What supposedly gives those judgments validity beyond merely subjective reactions to art is, first, their reference to a general theory of art and second, their articulation by a speaker who, in a certain sense, speaks for the public as a whole. »Ich bin dieser Niemand«, therefore, can be taken as a slogan for the practice of literary criticism in general, a practice in which the writer adopts a voice that both affirms and denies its subjective origins. As we shall see below, the creation of this ›middle voice‹, as

---

4 Norbert Hinske: *Was ist Aufklärung? Beiträge aus der Berlinischen Monatsschrift*. Darmstadt 1973; Peter Uwe Hohendahl: *Literaturkritik und Öffentlichkeit*. München 1974, S. 10–21; Christa Bürger/Peter Bürger (Hrsg.): *Aufklärung und literarische Öffentlichkeit*. Frankfurt a.M. 1980; and Klaus Berghahn: »Von der klassizistischen zur klassischen Literaturkritik 1730–1806«. In: Peter Uwe Hohendahl (Hrsg.): *Geschichte der deutschen Literaturkritik (1730–1980)*. Stuttgart 1985, S. 10–75.

5 [Gotthold Ephraim Lessing]: »Siebzehnter Brief« (16. Februar 1759). In: *Briefe, die neueste Litteratur betreffend*. Dritte Aufl. Berlin/Stettin 1767, S. 97–104, hier S. 97. Future citations will give the number of the letter, its original date of publication, and the relevant page numbers from the third edition.

I shall call it here, also provided an essential foundation for establishing the authority of scientific knowledge in the public sphere.

Alongside the middle voice, a second characteristic feature of critical discourse was its explicit articulation of a discursive connection between theory and practice. To be sure, discourses that linked theory and practice had not been unknown in preceding centuries. That portion of philosophy known as ›practical philosophy‹, which for the Greeks had been comprehended under the rubric ›praxis‹, was the most prominent example of this, and had included subjects such as politics and ethics. Yet in these subjects the relationship between theory and practice is subordinated to the desired ends. In criticism, by contrast, the relationship between theory and practice is itself made into the object of consideration. Furthermore, once the rules of criticism have been articulated, it can be turned toward any desired purposes or goals, be they political, social or cultural. As criticism, therefore, it remains a discourse that constantly reasserts the links between theory and practice. The critical discourse of theory and practice extended to the natural sciences as well. It is a striking phenomenon that prior to the modern era, knowledge of the world provided by natural philosophy was not routinely used to inform everyday practice. Even in a subject area such as medicine, where one might expect a close connection between theory and practice, there was a clear gap between general theories of health and illness on the one side, and the knowledge that guided treatment of illness at the bedside. The latter was neither based upon, nor justified by, the former.[6]

In what follows, there will be three main sections. In the first, I will develop further the claim that the authority of the natural sciences in the Enlightenment needs to be explained, not just assumed. As I will show, the ability of scholars and other speakers to represent themselves as speaking for universal humanity in the public sphere provides one factor in the establishment of that authority. Then, in the second section, I will look more closely at the middle voice as it took shape in the literary criticism of the mid-18th century. This middle voice gave critics the ability to give their subjective reactions to a piece of art or literature the quality of being a universal response, a representation of themselves as speaking for universal humanity that would later help justify the place of science as public knowledge. Finally, in the third section I shall briefly look at the consequences of critical discourse and the middle voice for the sciences themselves, using medicine as my example.

I.

There can be little question that the Enlightenment has become highly contested terrain in the half century since the end of the Second World War. On one side stand the well-known critics of the Enlightenment, most notably Max Horkhei-

6 For a more extensive discussion, see Thomas Broman: »Rethinking Professionalization. Theory, Practice, and Professional Ideology in Eighteenth-Century German Medicine«. In: *The Journal of Modern History* 67 (1995), S. 835–872.

mer and Theodor Adorno, Reinhart Koselleck, and Michel Foucault. In various ways – and as much as Koselleck would object to being thrown in with the other three – each of these writers described how the critical practices of the Enlightenment, while appearing to foster intellectual freedom and individual liberation, in fact provided the pillars on which distinctively modern forms of repression would be established.[7] On the other side are those writers, such as Jürgen Habermas, Werner Schneiders, and Horst Möller, who have seen in the critical discourses that evolved during the 18th century the potential for producing authentic democracy and social progress, even if the historical record demonstrates that such potential is not easily realized.[8] The furious controversy that broke out among French historians on the occasion of the bicentennial of the French Revolution over whether ›ancien régime‹ France was already on the road to modern liberal democracy, a dispute touched off by historian François Furet's critical reappraisal of the Revolution, offers yet another version of this long-standing dispute.[9]

Interestingly, however, whatever their response to the Enlightenment all writers have agreed on one thing: that the natural sciences provided an important stimulus to the Enlightenment. This is believed to have happened in two ways. First, progress in scientific knowledge offered the prospect that it could be applied to the betterment of society. This was the motivation behind the founding of societies for economic improvement in various countries, the launching of public lecture courses in natural sciences, and the publication of mountains of periodicals, calendars, and almanacs dispensing useful knowledge to their readers. The second kind of influence from the natural sciences is thought to have come from the sciences as a method for obtaining knowledge. Horkheimer and Adorno leave little room for doubt that scientific knowledge was deeply implicated in the Enlightenment, although of course their analysis of the longer trajectory of enlightenment in Western culture does not restrict itself to the 18th-century movement. Significantly, they open their discussion with the 17th-century natural philosopher Francis Bacon, for whom, as they put it, »Macht und Erkenntnis sind synonym«.[10] Foucault's analysis of scientific and especially medical knowledge and the role of knowledge in disciplining beha-

---

7 Max Horkheimer/Theodor W. Adorno: *Dialektik der Aufklärung. Philosophische Fragmente*. 2. Aufl. Frankfurt a. M. 1969; Michel Foucault: »What is Enlightenment?« In: Paul Rabinow (Hrsg.): *The Foucault Reader*. New York 1984, S. 32–50; and Reinhart Koselleck: *Kritik und Krise. Ein Beitrag zur Pathogenese der bürgerlichen Gesellschaft*. 2. Aufl. Freiburg i. Br., München 1969.

8 Jürgen Habermas: *Strukturwandel der Öffentlichkeit. Untersuchungen zu einer Kategorie der bürgerlichen Gesellschaft*. 16. Aufl. Darmstadt, Neuwied 1986; Jürgen Habermas: *Theorie des kommunikativen Handelns*. 2 Bde. 3. Aufl. Frankfurt a. M. 1985; Werner Schneiders: *Die wahre Aufklärung. Zum Selbstverständnis der deutschen Aufklärung*. Freiburg i. Br./München 1974; and Horst Möller: *Vernunft und Kritik. Deutsche Aufklärung im 17. und 18. Jahrhundert*. Frankfurt a. M. 1986.

9 For a review of these debates, see Sarah Maza: »Politics, Culture, and the Origins of the French Revolution«. In: *The Journal of Modern History* 61 (1989), S. 705–723.

10 Horkheimer/Adorno (Anm. 7), S. 10.

vior offers a similar perspective, and forms a continuous thread from his earliest writings on madness to his last work on sexuality. Nor does one have to be a critic of the Enlightenment to hold this view. Rudolf Vierhaus, for example, has written that Enlightenment reformers' faith in the possibility of a rationally ordered social structure depended not only on philosophical systems of rationalism and empiricism, »sondern auch in den practischen Erfolgen der modernen Naturwissenschaften, wie sie durch Newton und Franklin beispielhaft repräsentiert wurden«.[11]

Yet the equation between knowledge and power (or, more benignly, between theory and practice) alluded to by these writers leaves an important question unanswered, and indeed unasked: how could this have happened? Let us take Foucault's idea of the disciplinary function of knowledge as an example. If by ›discipline‹ Foucault did not simply mean ›coercion‹, and he clearly did not, then we need to understand the process by which scientific knowledge could have acquired this modern disciplinary function. One possibility that began attracting attention as early as the 19th century is to invoke the ›absolutist state‹ as the responsible agent.[12] The state, it might be argued, turned to new sources of authority such as the natural sciences in the pursuit of its own absolutist policies. Yet in my opinion this does not get us very far. Even if the 18th-century state had at its disposal the power to reorder society and discipline behavior that has often been attributed to it by historians – something of which I am skeptical – we have merely transferred the question from how the disciplinary role of knowledge could have been implanted in society to how it could have been implanted in the state. Here again, the distinction between ›discipline‹ and ›coercion‹ is crucial. I would not deny that rulers and governments in various historical periods have been capable of coercing their subjects and citizens into fighting wars, paying taxes and keeping the peace. But Foucault's analysis of discipline is not about this kind of coercion; it concerns a rather less visible process by which power expresses itself through knowledge and knowledge through power.[13] Thus, if knowledge disciplines behavior and if patterns of knowledge largely conform to the contours of power in modern society, this can only have happened because those whose behavior is being disciplined have been recruited to the process in some way. There is nothing so very surprising in all this: it is the role of education, after all, to perform this dual function of recruitment to a belief system and social disciplining. But my point is that if the natural sciences began acquiring this disciplinary function in the 18th century,

---

11 Rudolf Vierhaus: »Aufklärung als Lernprozeß«. In: R. V.: *Deutschland im 18. Jahrhundert. Politische Verfassung, soziales Gefüge, geistige Bewegungen.* Göttingen 1987, S. 84–95, hier S. 85.

12 For general discussion, see Karl Otmar Freiherr von Aretin (Hrsg.): *Der aufgeklärte Absolutismus.* (Neue Wissenschaftliche Bibliothek). Köln 1974; and Rudolf Vierhaus: *Deutschland im Zeitalter des Absolutismus 1648–1763.* (Deutsche Geschichte, Bd. 6). Göttingen 1978.

13 See, for example, Michel Foucault: *Discipline and Punish. The Birth of the Prison.* Trans. Alan Sheridan. New York 1997.

through the educational system and other means, then we cannot assume that the mere existence of this knowledge somehow explains why it acquired its added authority.

It is here that all the scholarly work on the formation of the public sphere (›Öffentlichkeit‹) becomes relevant. As an intermediate region between the public authority of the state and the private realm of civil society, the public sphere has come to be represented as a particular center of cultural production, one expressing the generalized beliefs of ›the public‹. The actual products of this new institution, as Habermas and many others have shown, were enormously varied – newspapers, gossip, salon conversation, advertising circulars known in France as ›affiches‹, and, of course, literary criticism – but what they all share is their status as expression of a collective voice.[14] This voice makes itself present in one of two principal ways. Either a piece of writing displays itself as addressing the public, in the sense of a more or less undifferentiated audience. The ›privilegierte Zeitungen‹ published in a number of German principalities as early as the seventeenth century, which were actually official or semi-official news agencies, offer one example of this phenomenon, as do the moral weeklies and journals of popular enlightenment published in the18th century.[15] Or a writing can represent itself as speaking for the public, that is, as giving voice to what the public thinks. This is what the numerous periodicals of criticism that appeared during the second half of the 18th century attempted to do.

What is important for our understanding the discursive practice of the 18th-century public sphere is that both voices were constitutive of it and indeed could often be found alongside each other. For example, Holger Böning has described the role of ›Intelligenzblätter‹ in spreading popular enlightenment. Publications such as the *Wittenbergisches Wochenblatt* presented articles that encouraged the practice of ›Oekonomie‹ among its readers, and Böning shows that ›Oekonomie‹ involved not just the improvement of agricultural output, but also »ein ganzes Paket von Tugenden.« Such articles, he argues, were not written directly for the rural peasantry, but instead for an educated and more socially elite audience consisting of landlords and rural clergy, who would in turn

14 Habermas: *Strukturwandel der Öffentlichkeit* (Anm. 8); Dena Goodman: *The Republic of Letters. A Cultural History of the French Enlightenment.* Ithaca 1994; Colin Jones: »The Great Chain of Buying: Medical Advertisement, the Bourgeois Public Sphere, and the Origins of the French Revolution«. In: *American Historical Review* 101 (1996), S. 13–40; Steve Pincus: »›Coffee Politicians Does Create‹: Coffeehouses and Restoration Political Culture«. In: *The Journal of Modern History* 67 (1995), 807–834; Margaret C. Jacob: *Living the Enlightenment: Freemasonry and Politics in Eighteenth-Century Europe.* New York 1991; Helmut Reinalter (Hrsg.): *Aufklärung und Geheimgesellschaften. Zur politischen Funktion und Sozialstruktur der Freimaurerlogen im 18. Jahrhundert* München 1989; and Richard van Dülmen: *Die Gesellschaft der Aufklärer. Zur bürgerlichen Emanzipation und aufklärischen Kultur in Deutschland.* Frankfurt a. M. 1986.

15 Andreas Gestrich: *Absolutismus und Öffentlichkeit. Politische Kommunikation in Deutschland zu Beginn des 18. Jahrhunderts.* (Kritische Studien zur Geschichtswissenschaft 103). Göttingen 1994; Wolfgang Martens: *Die Botschaft der Tugend. Die Aufklärung im Spiegel der deutschen Moralischen Wochenschriften.* Stuttgart 1968.

inculcate the attitudes and practices of ›Oekonomie‹ in their tenants and parishioners.[16]

Here is captured in miniature all the wonderful complexity of the public sphere, revealing the contours of its characteristic discourses. In the first place, the program to spread knowledge of ›Oekonomie‹ among readers of the ›Wochenblatt‹ displays the social exclusivity of the ›public‹ and the shadowy existence of a mass of humanity outside the pale of enlightenment. While in some cases the concept of the public often referred to all of humanity collectively, at other moments it was in fact rather limited in its application, not only because of the social reality of the 18th-century world, but also because of the tensions built into the assumptions that undergirded it. Peasants did not remain outside the circle of the public merely because as peasants they were incapable of enlightenment, although certainly a number of 18th-century writers calling for removal of feudal obligations on the peasantry made this point. Something else here was at work here as well, something rooted in the discursive structure of the public. Anytime people could be described as a concrete and identifiable social group, as ›peasants‹ or as ›women‹ or as ›merchants‹, or indeed as almost any particular and finite group, the limitations thus placed on them by the category would immediately and necessarily make those people unrepresentative of the public. This, of course, was the assumption informing Kant's famous distinction between the public and private uses of reason in »Was ist Aufklärung?«. The public use of reason could be free precisely because as ›public‹ reason it was unfettered by the concrete realities of a speaker's situation – by the social categories, so to speak, through which the speaker could be defined and delimited. According to the same logic, meanwhile, as private individuals people could reasonably be compelled to do all sorts of unpleasant things, such as pay taxes and obey princes. The voices that are sounded in public discourse, therefore, are presented as the universalized voice of humanity.

What is interesting about this public voice is how certain categories of speakers could retain a kind of immunity against losing their privilege as representatives of generalized humanity. Thus it is of no small consequence for gender history that the label ›men‹ did not appear to have placed restrictions on its bearers in the same way that ›women‹ did for the other half of the human race. More to the point for my purposes are the striking claims to universality and representativeness made by scholars for themselves at the very end of the 18th century, and the apparent degree to which such claims were accepted in public. One of Kant's later essays, »Der Streit der Fakultäten«, argued that the universities' philosophical faculties were the only ones capable of attending exclusively to the interests of ›Wissenschaft‹ itself; the other, career-oriented university faculties were necessarily mired in less lofty pursuits.[17] The implication of

---

16 Holger Böning: »Das Intelligenzblatt als Medium praktischer Aufklärung«. In: *IASL* 12 (1987), S. 107–133, hier S. 109.

17 Immanuel Kant: »Der Streit der Fakultäten«. In: *Kants gesammelte Schriften*. Bd. 7. Berlin 1907. S. 18f.

this – surely one that Kant would not have discouraged – was that because of their disinterested pursuit of truth through ›Wissenschaft‹, philosophers and other scholars were freed from social determination, becoming as a result qualified to speak for universal humanity. As scholars, therefore, those individuals became fully ›public‹ people. The manufacture of such claims seems to have become something of a cottage industry in the German public sphere, with nearly every prominent intellectual at one time or another taking his turn at the mill. Friedrich Schiller's inaugural lecture as professor of history at the University of Jena in 1789 made its point of departure a distinction between the true scholar and the less estimable »Brodgelehrter,« whose education was pointed toward ends external to, and considerably less lofty than, the pure pursuit of truth.[18] Johann Gottlieb Fichte and Friedrich Wilhelm Schelling also produced prominent statements on this theme.

As public figures, therefore, scholars claimed to speak not only to the public but also in a certain sense for the public, because they alone were non-partisan, and they alone could be counted upon to represent universal humanity. Needless to say, this gave them a powerful rhetorical position from which to speak. Whether or not such claims were accepted without qualification by their contemporaries is another matter. Although I think the historical evidence points in the direction of the claim having been widely accepted – witness the appeal of the ›Bildungsideologie‹ among the educated elites in the 19th century, for example – I am more interested in the characteristics of the discourse in which such claims could even be formulated, not to mention be accepted. The question we must now take up is how this claim can be understood to have developed historically. With respect to historical circumstances it should be noted that university scholars were not the only ones making this claim to representativeness, nor indeed were they the first. They had already been anticipated in this respect by a new class of writers engaged in literary criticism.

II.

If literary criticism shared with university ›Wissenschaft‹ this property of representing itself as speaking for universalized humanity, the specific ways that it carried out this function nonetheless had to confront a set of unique problems in doing so, problems arising from the subjectivity of experience and the difficulty of demonstrating that judgments based on such experience could have general validity. The distinctive nature of the critic's task was perhaps nowhere better articulated than by Lessing in the introduction to his *Laokoon*, where he differentiated between three modes of experiencing an artwork. The first mode of interaction belongs to the amateur (›Liebhaber‹), someone »von feinem Ge-

18 Friedrich Schiller: *Was heißt und zu welchem Ende studiert man Universalgeschichte?* Neuausgabe. Jena 1984, S. 3.

fühle«, who finds that different works of art, be they poetry or visual art, produce the same pleasing sensations. A second mode defines the work of the philosopher (›Philosoph‹), someone who seeks out the common source from which such feelings flowed, and having described that source as ›Schönheit‹, then attempts to formulate its general principles. Lastly, Lessing described the critic (›Kunstrichter‹) as someone »welcher über den Werth und über die Vertheilung dieser allgemeinen Regeln nachdachte, [und] bemerkte, daß einige mehr in der Malerey, andere mehr in der Poesie herrschten«.[19]

Having defined these three relationships, Lessing then elaborated on their nature. The amateur and the philosopher, he pointed out, »konnten nicht leicht, weder von ihrem Gefühl, noch von ihrem Schlüssen, einen unrechten Gebrauch machen«. Although Lessing did not spell out the reasons why this would be the case, he presumably meant that the amateur simply has feelings when interacting with art, and those feelings, although possibly based on a false apprehension of the beautiful, nevertheless are real feelings. The philosopher, meanwhile, as philosopher does not attempt to make use of general principles of the beautiful, for such instances of application do not lie within the philosopher's task. »Hingegen bei den Bemerkungen des Kunstrichters«, Lessing observed, »beruhet das meiste in der Richtigkeit der Anwendung auf den einzeln Fall«.[20]

For Lessing, therefore, the central and defining task of criticism was to mediate between the general rules of beauty given by philosophy and individual works of art. As I pointed out above, this makes criticism a discourse of the relationship between theory and practice. And in making »das meiste« depend on the correctness of the application, Lessing thematized the problem of judgment that Kant would later place at the core of his *Kritik der Urteilskraft*. But there is also a second kind of mediation at work in this definition of criticism, one to which Lessing did not explicitly call attention. Criticism must take what begins as one person's subjective impressions of a poem, sculpture, or painting, and transform them into a general statement concerning the artwork's quality. This second mediation is what essentially characterizes criticism as a public discourse, because the attribution of quality was possible only under the assumption that it would be similarly beheld by others who would come into contact with it. Or, to put it another way, anyone can judge a work of art to be beautiful within the privacy of the mind. But such judgments only become criticism when they are given over to the public for acceptance or rectification.[21]

The ways that criticism was connected with the development of the public as an audience for literature were also recognized by Friedrich Nicolai as early as

---

19 Gotthold Ephraim Lessing: *Laokoon oder über die Grenzen der Malerei und Poesie*. In: *Lessings Werke*. Hrsg. von Kurt Wölfel. Bd. 3. Frankfurt a. M 1967, S. 7–171, hier S. 7.

20 Ebd. – For discussions of Lessing as a literary critic, see Berghahn (Anm. 4), S. 38–47; and Wolfgang Albrecht: »Kritik, Polemik und Ästhetik im Zeichen streitbarer Gelehrsamkeit. Lessings Beitrag zu den ›Briefen, die neueste Literatur betreffend‹«. In: W. A.: *Streitbarkeit und Menschlichkeit. Studien zur literarischen Aufklärung Lessings*. (Stuttgarter Arbeiten zur Germanistik, Nr. 277). Stuttgart 1993, S. 57–96.

21 Vgl. Hohendahl: *Literaturkritik und Öffentlichkeit* (Anm. 4).

1755, in his anonymously published *Briefe über den itzigen Zustand der schönen Wissenschaften in Teutschland.* In these letters, which provided something of a road map for his later career, Nicolai unmistakably drew the line between his public-oriented literary practice and the practices of those whom he chose to make his opponents:

> Ein Gelehrter, der aus dem Innersten seines Cabinets, einen neuen Geschmakk, eine neue Denkungsart etc. einführen will, und sich dabei gar nicht um die Gebräuche, um die Denkungsart, ja auch um die Vorurtheile seiner Landsleute bekümmert, ist wie ein Naturforscher, der einen Satz durch theoretische Schlüsse beweisen will, und sich die Mühe verdrüssen läßt, die Erfahrungen zu machen, die zu dessen Beweis nötig sind [...].[22]

As had been the case with Lessing, for Nicolai too criticism's primary task was a practical one, and to be successful it would have to have two characteristics. First, criticism must be built up from experience; like Lessing, Nicolai was unsympathetic toward the scholarly and academic systems of criticism introduced by Gottsched and those who followed his example. Second, and no less important, the critical program must take into account the audience for whom the criticism is produced. Truth no longer was to be understood as merely existing in a noumenal, Platonic world ›out there‹, waiting to be described and inserted into a rigorous system of such truths. The new kind of truths that Nicolai expected criticism to develop were truths that would maintain themselves in reference to the lives and habits of thought of a public composed of individuals who, like himself, were engaged in lives in civil society. This characteristic attitude toward criticism was one that Nicolai shared with his associates Lessing and Moses Mendelssohn, as well as other advocates of the new critical practice.

Along with displaying his insistence that criticism be matched to its audience, the passage from Nicolai quoted above declares that criticism be built upon experience, and represents one manifestation of the broad turn toward empiricist theories of knowledge in the 18th century. The development of aesthetics as a philosophy of art accompanied a growing interest by scholars in the relationship between knowledge and perception, an interest evident in the *Bibliothek der schönen Wissenschaften und der freyen Künste*, begun by Nicolai and Mendelssohn in 1757. In one article, »Betrachtungen über die Quellen und die Verbindungen der schönen Künste und Wissenschaften«, for example, the definition of what constitutes the arts was presented as a matter of empirical psychology. Echoing the associationism of John Locke and the Abbé de Condillac, the essay described all perceptions (›Empfindungen‹) as accompanied by either pleasure or antipathy. For this reason, our aesthetic sensibilities are connected at their source with the passions: »Ein jeder Begriff der Vollkommenheit, der Uebereinstimmung, und des Unfehlerhaften, wird von unserer Seele dem Mangelhaften, dem Unvollkommenen und Mißhelligen vorgezogen.«[23] »Ist nun die

22 Quoted in Pamela Eve Selwyn: *Philosophy in the Comptoir. The Berlin Bookseller-Publisher Friedrich Nicolai, 1733–1811.* Ph. D. Diss. Princeton University 1992, S. 18.

23 »Betrachtungen über die Quellen und die Verbindungen der schönen Künste und Wissenschaften«. In: *Bibliothek der schönen Wissenschaften und der freyen Künste* 1 (1757), S. 231–268, hier S. 235.

Erkennung dieser Vollkommenheit anschauend,« the article continued, »so wird sie Schönheit genannt.«[24]

The fact that art has the property of being »anschauend« has two distinct but associated meanings in this context. First, it refers to the perceptual origins of our ideas of beauty. Beautiful objects must be perceived sensually; they cannot be created out of our ideas alone. Second, beauty is apprehended by the observer directly, in a manner unmediated by our other mental faculties. Lessing alluded to this property in the passage from the *Laokoon* cited above. The ›Liebhaber‹ – who also stands for the first stage in our engagement with art – is aware only of certain sensations when confronted by art. Only later does the process of reasoned reflection begin that leads to a philosophy of art and, ultimately, to criticism.

In terms of its concepts, therefore, the understanding of art involved a three-cornered relationship between ›Empfindung‹, ›Leidenschaft‹, and ›Vernunft‹. Given the assumption that beautiful objects were defined by their ability to affect us in a certain way, it is not surprising that the practice of criticism often involved an assessment of whether in fact the product had achieved its desired end. In the *Bibliothek der schönen Wissenschaften und der freyen Künste* this usually meant the reproduction of portions of a writing, accompanied by pronouncements on its effects or its beauty. A review of one collection of ›Liebesgedichte‹ prompted the remark that the poems were empty because there was no real feeling of love at their source.[25] In this instance, the injunction placed on art to imitate nature led to the inference that because the poems had aroused no feelings in the reader and were therefore not beautiful, there must not have been a beautiful object as its inspiration. Another review discussed a collection of fables by Magnus Gottfried Lichtwer, in which the fables were divided into three groups, consisting of the ›erhabene‹, ›mittelmäßige‹, and ›schlechte‹. The review then presented one or more examples of fables in each category, but little specific was added to explain the judgments. About one of the ›erhabenen‹ fables the critic merely noted that the language was »kurz, edel und doch näturlich. Jeder Vers hält die strengste Kritik aus«. In response to another of the ›erhabenen‹ fables, their entire commentary consisted of »Welche gedrungene Kürze! Welche Nachdruck!«[26]

To be sure, expressions of this kind, although common in the *Bibliothek*, were not the only critical statements it offered. A review of the sixth through tenth cantos of Friedrich Gottlieb Klopstock's *Messias* offered a fairly detailed explanation of why the plotting used by Klopstock, in which certain characters were introduced in one canto and then reintroduced in another, was not as effective as it could have been. The review also criticized Klopstock for deploy-

24 Ebd., S. 236.

25 Review of [Anon.]: *Lieder und Scherzgedichte*. In: *Bibliothek der schönen Wissenschaften und der freyen Künste* 1 (1757), S. 390–400.

26 Review of Magnus Gottfried Lichtwer: *Vier Bücher Aesopischer Fabeln*. Neue Auflage. In: *Bibliothek der schönen Wissenschaften und der freyen Künste* 3 (1758), S. 57–73, hier S. 60f.

ing empty or opaque metaphors in his writing (»stolze Bewunderung« was one), a use of language that conveys no clear idea to the reader.[27] Yet even in these more extended engagements, the critical practice employed in the *Bibliothek* was directed toward describing the effectiveness of art, which at root meant that its reviews typically had to reproduce and give voice to the artwork's effect on the critic as reader.

Thus the *Bibliothek* performed the first of the two mediations of criticism that I described above, the mediation between individual works and a general theory of beauty, largely on the basis of the artwork's effect on the viewer/reader. It was an approach to criticism that fully conformed to the empiricism underlying Nicolai's and Mendelssohn's theory of knowledge. Yet, as I have repeatedly emphasized, criticism is a public discourse, and consequently the obvious problem arising from this practice was how to transform the responses of one reader to a poem into a statement of how any member of the public would react to it. This is the second mediation and a key step in the argument I have been presenting, for it is in performing this mediation that the ›middle voice‹ of criticism is articulated.

The middle voice found expression in the *Bibliothek* in a number of different ways. First and most obviously, its entire contents were published anonymously, in keeping with the common practice of the period. Even the »Vorbericht« that led off the last issue published under Nicolai's and Mendelssohn's direct leadership, in which they announced that they would be handing the journal over to another editor, only identified the two editors as »zween Freunde« who were not »Gelehrte von Profession«.[28] Anonymity had the same effect of removing social determinations from a critic that being a scholar did for Kant and Schiller. An anonymous speaker was no longer anyone in particular, and became a representative of the public. Second, the journal presented itself as initiating a discussion about art in which all parties would have an equal say. In such a conversation, validity of judgments would be assured, in principle at least, by agreements reached through reasoned exchange. In the »Vorläufige Nachricht« with which they opened the *Bibliothek*, Nicolai and Mendelssohn claimed that their criticism was aimed not at creators of art but rather at the readers of it. Their judgments therefore were not to be taken as »dictatorische Machtsprüche« over the quality of the works being discussed, but instead as invitations to readers to judge for themselves whether the critics had presented their interpretations convincingly.[29] Along the same lines, the review of Lichtwehr's fables began by telling readers that they should have the pleasure of deciding about their quality themselves, and for this reason each category would be illustrated with one or more examples.[30]

27 Review of Friedrich Gottlieb Klopstock: *Messias*. 6. –10. Gesänge. In: *Bibliothek der schönen Wissenschaften und der freyen Künste* 1 (1757), S. 297–331.

28 »Vorbericht«. In: *Bibliothek der schönen Wissenschaften und der freyen Künste* 4 (1759) Bd. 2, unpaginated.

29 »Vorläufige Nachricht, welche anfänglich besonders herausgekommen«[sic]. In: *Bibliothek der schönen Wissenschaften und der freyen Künste* 1 (1757), S. 1–16, hier S. 5.

30 Review of Lichtwer (Anm. 26), S. 59.

Yet, although Nicolai and Mendelssohn presented themselves as contributing to a larger discussion of the arts, it was clear that the critic's voice had a special place in the debate. This was unmistakably signaled in the »Vorläufige Nachricht«, where they assigned a pedagogical function to criticism, claiming that criticism alone could produce an elevated taste for beautiful objects among a people (›Volk‹).[31] Obviously, this undermined the claim that the *Bibliothek* was initiating an open debate about the fine arts. If readers first needed to be taught the principles and methods of criticism before they could acquire the ability to debate as equal parties, this circumstance would tend to postpone a truly open debate into a endlessly receding future. A comment made while reviewing Johann Georg Sulzer's *Pensées sur l'origine et les differens emplois des sciences et des beaux arts* pointed in the same direction. There, Sulzer had claimed that since the effect of art is based ultimately on sensory impressions of it, anyone is capable of judging beauty. The review took strong exception to this, saying that criticism also required a knowledge of theory, a broad familiarity with the ways that different kinds of arts achieve their effects, and the experience provided by acquaintance with a large number of works of art.[32]

As these considerations suggest, therefore, the discursive domain occupied by the middle voice was quite complex. On the one hand, the guarantee that criticism would yield true judgments about art was presented by Nicolai and Mendelssohn, and here they were certainly typical, as deriving from a free and public discussion of its merits. One speaker would make critical judgments and present reasons for them, to which readers would then respond with their own criticisms. Yet on the other hand, this seemingly ideal discursive democracy was ruptured by the emphatic claims made by certain speakers that their voices merited special weight and influence. To paraphrase George Orwell's famous line from *Animal Farm*, all voices in the public sphere were equal, but some were more equal than others.

The discursive complexity of the middle voice and its role in asserting the truth of critical judgments has, I think, been overlooked by most scholarship on the history of criticism. Following Habermas's lead, the overwhelming majority of writers have claimed that the operative model in the public sphere was of a debate among a group of reasonable people. Truth and consensus, which according to this model are identical, would emerge from the give-and-take of reasoned exchanged. Along the same lines, John McCarthy has recently described the evolution of the essay as a literary genre in the 18th century. According to McCarthy, essays characteristically present themselves as engaging the reader in a dialogue, and in the 18th century that dialogue stood for the larger process of self-enlightenment that McCarthy sees as central to the ›Aufklärung‹.[33] I certainly do not

31 »Vorläufige Nachricht« (Anm. 29), S. 4f.

32 Review of Johann Georg Sulzer: *Pensées sur l'origine et les differens emplois des sciences et des beaux arts*. In: *Bibliothek der schönen Wissenschaften und der freyen Künste* 1 (1757), S. 380–390, hier S. 385–387.

33 John A. McCarthy: *Crossing Boundaries. A Theory and History of Essay Writing in German 1680–1815*. Philadelphia 1989, hier S. 44–53. See also Albrecht (Anm. 20), S. 68–70; and Berghahn (Anm. 4), S. 37.

wish to deny that elements of dialogue were present and indeed prominent in 18th-century literary criticism. But at the same time, I believe there was another, less obvious model at work as well. According to this model, the authority of voices speaking in public derived from the assumption that the public sphere was the embodiment, within cultural exchange, of Reason itself. Thus the ultimate truth of critical discourse was guaranteed not by the fact that a majority of enlightened individuals would assent to it, but rather by the fact that the public itself was conceived of as an enlightened collectivity. Voices speaking in public could therefore cast themselves as the voices of Reason. Or to put it another way, according to this second model that I claim was present in critical discourse, the ›public‹ had no people in it – it was purely a transcendental category.[34] This is what made it possible for writers to speak of the public as if it stood for all of humanity, while also realizing that the actual number of people who would be reading what they wrote and who would qualify as ›enlightened‹ would be rather limited.

To explore this second, ›transcendental‹ model of the public a little further, let us turn to another prominent periodical of the mid-18th century, the *Briefe, die neueste Litteratur betreffend.* At first glance, the *Briefe* seem to differ markedly from the *Bibliothek* under Nicolai and Mendelssohn. To indicate only the most obvious differences, the *Briefe* reviewed recent literary developments more than individual books, the practice which had formed the centerpiece of the *Bibliothek*, and which of course would later constitute the core of Nicolai's great project, the *Allgemeine deutsche Bibliothek.* As a result of its more general orientation, criticism in the *Briefe* did not give so much emphasis to the question of how critical judgments are formed in specific cases. Furthermore, the range of literature covered by the *Briefe* was considerably broader than the *Bibliothek*, embracing not only the ›schöne Wissenschaften und Künste‹, but also history, metaphysics, and yes, even natural philosophy. Plainly, the most obvious departure from the established practice of the *Bibliothek* was that the *Briefe* were just that: letters. And as such, they contained all the qualities that have been traditionally attributed to the epistolary genre of writing, such as informality of exposition and the tone of conversational intimacy supported by a writing in which one person directly addresses another.

As much as the epistolary format of the *Briefe* was meant to invite readers to see them as contributions to a dialogue, however, a close inspection of their content reveals many of the same devices at work as in the *Bibliothek* to insure that the critical voice articulated in the *Briefe* would be the ultimate voice of authority. An interesting expression of this attitude can be found in the 16th letter:

---

34 Drawing upon the theory of the public first articulated by the sociologist Karl Mannheim, John McCarthy has also described the public as a transcendental category. Here too, McCarthy's (and Mannheim's) concept emphasizes communication in the public sphere as dialogical and intersubjective. My own sense of what is transcendental about it places less weight on its intersubjective aspects. See John A. McCarthy: »Reviewing Nation: The Book Review and the Concept of Nation«. In: Herbert Rowland/Karl J. Fink (Hrsg.): *The Eighteenth Century German Book Review.* (Beiträge zur neueren Literaturgeschichte. Dritte Folge. 135). Heidelberg 1995, S. 151–167, hier S. 156f.

> Die Güte eines Werks beruhet nicht auf einzeln Schönheiten; diese einzelne Schönheiten müssen ein schönes Ganze ausmachen, oder der Kenner kann sie nicht anders, als mit einem zürnenden Mißvergnügen lesen. Nur wenn das Ganze untadelhaft befunden wird, muß der Kunstrichter von einer nachtheiligen Zergliederung abstehen, und das Werk so, wie der Philosoph die Welt betrachten. Allein, wenn das Ganze keine angenehme Wirkung macht, wenn ich offenbar sehe, der Künstler hat angefangen zu arbeiten, ohne selbst zu wissen, was er machen will, alsdenn muß man so gutherzig nicht seyn [...].[35]

Noteworthy here is how the person referred to in this quote moves from being »der Kenner« to »der Kunstrichter« to »ich«. And »der Kenner« is an important figure in the critical program of the *Briefe*. In the 10th letter, for example, it is said that »die wahren Kenner der Dichtkunst« have everywhere and at all times been as rare as »die wahren Dichter selbst«.[36] Just what sort of character »der Kenner« is supposed to be is suggested by the 18th letter, where it is claimed that one must have devoted a great deal of thought to the ancients' use of meter in poetry in order to fully grasp Klopstock's remarks on the subject.[37] Interestingly, this claim for special insight comes amidst a response made in the 18th letter to a review of Klopstock previously published in the *Bibliothek der schönen Wissenschaften*. Here, then, is a criticism of criticism that mimics the discussions between Lessing, Mendelssohn and Nicolai that the latter claimed had been the inspiration for the *Briefe*. The way that the 18th letter displays the critic's credentials, however, leaves little doubt that the writer is »der wahre Kenner« in the exchange, even if not named as such. This tactic would reappear again and again in the *Briefe*, where evidence of deep knowledge of the subject are presented to the reader as evidence of the writer's special authority.

It should also be pointed out that the ›dialogue‹ established by the form of the *Briefe* is anything but that. In the first place, and most obviously, the opinions of the famous army officer, the »Herr von N**«, the ostensible recipient of the *Briefe*, were never directly presented. Secondly, the officer's opinions, when they were referred to at all, often took the form of concessions or responses made by the writer of a given letter. They never took a position that disagrees with that of the writer; indeed, the officer was most commonly used to mobilize support for the writer's critical judgments. In the 49th letter, for example, the officer was said to have approved of the first in a series of polemical letters directed at the moral weekly, *Der Nordische Aufseher* and to have agreed that its religious orientation was heterodox. Elsewhere in the same series of letters, he was cleverly used to pronounce a harsh judgment on the poetic talents of Johann Andreas Cramer, the author of the *Nordischer Aufseher*. »Herr Cramer ist der vortrefflichste Versificateur«, the letter proclaimed, »dafür erkennen wir ihn beyde.« But Cramer's poetic talent, »wenn man ihm überhaupt noch ein poetisches Genie zugestehen kann«, is very one dimensional, a fact that »wir oft beyde betauert [haben]«.[38]

---

35 »Sechzehnter Brief«, 8. Februar 1759, S. 92–96, hier S. 93.
36 »Zehnter Brief«, 25. Januar 1759, S. 49–55, hier S. 49.
37 »Achtzehnter Brief«, 8. Februar 1759, S. 107–112, hier S. 108.
38 »Einundfünfzigster Brief«, 16. August 1759, S. 97–112, hier S. 88.

In this manner, »Herr von N**« was made into a proxy for the public as a whole, an embodiment of all the complexities of the public in 18th-century critical discourse. He had enough critical insight and qualifications as a ›Kenner‹ to agree, for example, that the current state of historical writing in German was not a good one, that inept translators of English literature were unworthy of serious critical engagement, and that recent attempts to introduce hexameters into English verse had not proven fruitful.[39] At the same time, like the public the officer also required some instruction. He seemed not to have been acquainted with the writings of the seventeenth-century poet Friedrich von Logau, and to have a rather uninformed and prejudiced opinion of the Jewish Talmud.[40] Thus in its shifts between assimilation and instruction, the epistolary exchange that furnished the pretext for the *Briefe* exactly mirrored the structure of critical discourse in the 18th-century public sphere. Even there we can readily detect the pivotal role played by the middle voice in establishing the validity of critical judgments.

III.

Having described the important contours of critical discourse and the role of the middle voice in mediating between a speaker's subjectivity and the general validity of critical judgments, let us now turn to the relevance of critical discourse for the authority of science. To do so, I want to recall an aspect of critical discourse that was introduced at the outset of the essay, but has since been largely left aside: criticism as a discourse of theory and practice. The striking feature of the campaign to propagate useful knowledge during the Enlightenment was the novel belief that certain kinds of knowledge could, and more importantly should, be useful. As I pointed out above, some forms of theoretical knowledge had been linked since antiquity with practice through politics and ethics. But it is remarkable that the kind of theoretical knowledge that we today routinely think of as most useful in our world, namely knowledge of the natural sciences, did not belong in this category. Consequently, the question that must be addressed is how knowledge of the natural sciences came to be both public and useful.

One medium for the popularization of scientific knowledge came with the expansion of the audience for printed literature in the 18th century, which provided the opportunity for the new natural sciences to be presented in a form palatable to the public. A flood of books appeared in every major language, offering readers more or less simplified vernacular accounts of the new sciences. This represents the most obvious form of popularization. But more importantly,

39 »Vierzigster Brief«, 17. Mai 1759; »Zweiundfünfzigster Brief«, 23 August 1759; and »Siebenter Brief«, 18. Januar 1759.

40 »Fünfunddreißigster Brief«, 19. April 1759; »Sechsunddreißigster Brief«, 26. April 1759.

I think, scientific knowledge was treated in literary reviews (in the German ones, at least) as a topic no less suitable for critical inspection than Klopstock's *Messias* or Wieland's *Lady Johanna Grey*. It is conspicuous that the insatiable curiosity evinced in the *Briefe* by »Herr von N**« for everything novel in the world of letters extended to metaphysics, the latest theories of animal generation, debates over the origin of language, and the natural philosophy of the Croatian Jesuit Roger Boscowich. Furthermore, the letters on these topics, which have been completely ignored by literary historians because they were letters not authored by Lessing, offered not merely expositions of scientific ideas, but actual criticisms of them, on the assumption that critical judgment on such issues belonged within the domain of the enlightened public.[41] The comprehensiveness and inclusiveness of critical discourse was also a key feature of Nicolai's *Allgemeine deutsche Bibliothek*, which began publication in 1765, the same year that Nicolai shut down the *Briefe*. And although later generations of review periodicals, such as the *Allgemeine Literatur-Zeitung* and the *Heidelberger Jahrbücher der Literatur*, abandoned the *ADB*'s attempt to review each and every book published in Germany, an attempt soon abandoned by Nicolai as impossible, they maintained the breadth of coverage featured in the *ADB*.

The public criticism of scientific knowledge, furthermore, did not restrict itself to book reviews. A spectacular example of this took place in 1795, when a literary dispute broke out after the publication of a stinging criticism of medical knowledge published in the *Neuer Teutsche Merkur*, edited by Christoph Martin Wieland. It all began with an article titled »Ueber die Medicin. Arkesilas an Ekdemus«, written pseudonymously by Johann Benjamin Erhard, a physician and Kantian philosopher, who had earlier that year earned a measure of public notoriety with his book on democratic revolution, *Ueber das Recht des Volks zu einer Revolution*. Speaking in the voice of Arkesilas, an ancient Skeptic, Erhard criticized what he considered the uncertainty of medical knowledge and medicine's failure to measure up to the criteria of a philosophical ›Wissenschaft‹, based largely on Kantian crieteria. The problem lay in physicians' lack of a clear concept either of illness in general or of particular diseases. He noted how physicians routinely characterize illnesses on the basis of the symptoms observable in the patient, but when it comes to connecting those symptoms with the real changes occurring inside the body, the physician has no idea how to proceed.[42] The absence of a causal link seriously undermines the effectiveness of medical

41 It should be noted that Moses Mendelssohn, the author of the letters covering scientific and philosophical topics, took a decidedly ambiguous stance with respect to the public. In one contribution (Brief 20), he wrote, »Werden Sie [d. h. »Herr von N**«] mir nun bald einräumen, daß die Wahrheit die Sache des Publicums gar nicht sey? Sein Beyfall ist Leichtgläubigkeit, und sein Tadel Eigensinn.« Mendelssohn then followed this comment with a criticism of attempts to spread knowledge of philosophy and the natural sciences among the public. See »Zwanzigster Brief«, 1. März 1759, S. 129–134, hier S. 132.

42 [Johann Benjamin Erhard]: »Ueber die Medicin. Arkesilas an Ekdemus.« In: *Der neue Teutsche Merkur*. 8. Stück. August 1795, S. 337–378, hier S. 340.

practice, Erhard continued, because a physician's method of treatment depends on interpreting a patient's symptoms, first for identifying the disease, then for determining its probable course, and finally for taking remedial action. Erhard also discounted physicians' beliefs in the effectiveness of their therapies by presenting a list showing how various writers had cured a single disease with the most diverse assortment of drugs imaginable, and conversely, how a single drug was credited with therapeutic powers over a wide variety of ailments. As long as the nature of illness is not better understood, he concluded, experience will teach physicians little more than that one can ingest certain substances without dying.[43]

Such an uncompromising attack on the dignity of medical knowledge could not remain unanswered by the medical community, and two months later the *Teutscher Merkur* published a rejoinder from Christoph Wilhelm Hufeland, a professor of medicine at the University of Jena. Significantly, Hufeland's first response to the criticism, and one to which he kept returning, was that the *Teutscher Merkur* was not an appropriate place for such a criticism of medicine to be published.

> Eine Klage muß bey *dem* Forum angebracht werden, welches die Kenntniß der Sache hat. In einem medicinischen Journal wäre [der Auffsatz] ganz passend gewesen, [...]. Aber hier, wo er vors große Publikum gebracht wird, das ihn nur lesen aber nicht beurtheilen kann, hier kann er nur schaden (durch Erregung unaufgelöster Zweifel und irriger Meinungen) aber nicht nützen.[44]

So upset was Hufeland by this point that he returned to it later on, again mentioning the publication of this article in the *Teutscher Merkur* as evidence of the author's merely mischievous intentions.[45]

By first criticizing ›Arkesilas's‹ intentions instead of answering his arguments – although he did that too – Hufeland was not simply trying to preserve the dignity of his profession before what he feared would be a public made suspicious of medicine. His attempt to restrict the discussion within professional boundaries reflected as well his conception of medical knowledge. For Hufeland, medical practice must be based on knowledge that does not aim at philosophical comprehensiveness. Instead, practice must attempt to make comprehensible the particularities of illnesses in individual cases. The interpretation of a patient's symptoms and the choice of appropriate remedies requires that the physician take into consideration an enormous number of factors, among them the patient's age, sex, occupation, physical constitution, the patient's and family members' case histories, habits and idiosyncrasies, and environmental factors such as the quality of the air, clothing, and even his or her bedding.[46] This

43 Ebd. S. 358f.

44 Christoph Wilhelm Hufeland: »Ein Wort über den Angriff der razionellen Medicin im N. T. Merkur. August 1795«. In: *Der neue Teutsche Merkur*. 10. Stück. Oktober 1795, S. 138–153, hier S. 139.

45 Ebd., S. 145f.

46 Variations on this list were a staple in handbooks of medical practice. For examples, see Samuel Gottlieb Vogel: *Kurze Anleitung zum gründlichen Studium der Arzneywissenschaft*. Stendal 1791, S. 109; and August Friedrich Hecker: *Therapia generalis oder Handbuch der allgemeinen Heilkunde*, 2. Ausgabe. Erfurt 1805, S. 153–162.

kind of empirical knowledge cannot be deduced from first principles, nor can it be distilled into a set of general scientific laws. It can only be created through experience itself, and the public's lack of such experience literally made it incompetent to judge the state of medical knowledge.

Hufeland's appeal to a privileged domain of medical knowledge matched the insistence by Nicolai and Lessing that judgments of art were best left to a ›Kenner‹, whose theoretical knowledge, taste, and experience were the best guarantors of the reliability and truth of such judgments. The standards of knowledge held by Erhard, by contrast, appealed to a form of reason available to humanity in general, rather than an expert's experience. Thus they were grounded on the very ideological foundations of the public sphere. This gave him, as he told Hufeland in a response published several months later in the *Teutscher Merkur*, every right to publish his criticisms in a journal such as Wieland's. »Da ich die Medicin als eine der Menschheit überhaupt, und nicht einer besondern Zunft, angehörige Sache betrachtete«, he wrote, »so brauchte ich kein anderes Journal zu wählen, als ein solches, daß, der größern Anzahl nach, ein denkendes Publikum hat.«[47]

The debate between Erhard and Hufeland over the validity of medical knowledge thus exposed the tensions inherent in critical discourse, tensions that in most instances were held together by the middle voice. It made evident the fact that medicine and other sciences were very much matters of public interest, with a major point of dispute being whether medicine was also a matter for public judgment. The debate illustrates too how criticism worked as a discourse of theory and practice. Erhard's intentions in mounting his criticism in the first place were themselves practical: he wanted to change medical science. Moreover, the thrust of his criticism was to reform the relationship between theory and practice within medicine. In Erhard's understanding of medical science, practice should be transformed into applied theory, in which the unique circumstances of a individual case are subsumed under more general theoretical categories. The general issue of the relationship between theory and practice in medicine would become an issue of intense – and intensely public – controversy during the next decade. And however much the acrimony surrounding these controversies might suggest an absence of established scientific authority, I would urge that we look at them another way. The very possibility that scientific and medical knowledge could become an object of dispute in the public sphere, that they could be commented on and attacked in literary reviews and other periodicals, suggests how much science and medicine had become embedded in the new cultural practice of criticism.

By way of conclusion, let me leave the 18th century behind and discuss how debates like the one between Erhard and Hufeland contributed to the modern configuration of scientific authority, in which various professional groups have established discursive domains that they control more or less by themselves.

47 [Johann Benjamin Erhard]: »An Hrn. Rath D. Hufeland in Jena, über dessen Wort im N. T. Merkur 1795. 10. St. S. 168. Vom Verf. des Arkesilas«. *Der neue Teutsche Merkur*. 1. Stück. Januar 1796, S. 76–92, hier S. 76.

Medicine provides a prime example of this phenomenon: no one except a physician (and usually no one except a physician located in a university or research institute) has any voice in the establishment of medical truth. People outside medicine can criticize it in all sorts of ways, and they can even reject the system of knowledge entirely. In Germany, for example, homeopathy has long represented such an alternative. But while various people may or may not accept medical science, the public is not recognized as participating in the evaluation of medical truths.

One way of understanding how this happened is to consider the evolution of scientific periodicals and use them to think about the scientific communities that began forming at the opening of the 19th century. As we have seen, the spread of periodical literature in the second half of the 18th century provided a platform for the arts and sciences to become matters of public interest. At the same time, however, periodicals also opened the door to the formation of more specialized groups of readers. This process, as scholars in every discipline are aware, continues today unabated. Interestingly, however, the formation of these specialized journals and research communities was not accomplished by the scientists' disavowal of the public sphere. To the contrary, they continued to profess the openness and universality of audience that is the mark of the periodical. Anyone capable of speaking in public as a representative of universal humanity was also qualified to engage in the research and discussions contained in these new, specialized periodicals. There was only one condition, a stipulation that did not even need to be made explicit, because it had already become entrenched in critical discourse: that person had to be or become a ›Kenner‹.

Consequently, what has taken place over the course of the 19th and 20th centuries is a gradual sequestration of huge chunks of natural-scientific knowledge within regions of narrowly professional discourse. At the same time, however – and this is absolutely crucial – the knowledge is not thereby given up as belonging to the secret incantations of some weird, if also practically efficacious, cult, but continues to appear before the public and other scientists as open and scientific. The consequence is that even though countless numbers of disciplines effectively began to withdraw large regions of scientific knowledge from the public sphere almost as soon as it formed and to establish problem domains largely defined and regulated by themselves alone, the assumptions that originally motivated critical discourse in the public sphere have lost none of their prescriptive force. Scientists and professionals continue to speak as ›Kenner‹ before the public using the middle voice first developed in 18th-century critical discourse. They speak, that is, as if an enlightened public could validate the knowledge possessed by those scientists and professionals, and could appreciate how the expert practices of professionals have grown out of their theoretical knowledge, were the public in a position to know what the scientists themselves know. Far from being yet another example of the collapse of the 18th-century public sphere famously lamented by Habermas, therefore, the ever-expanding domain of professional and expert scientific discourses is evidence of its surprising endurance. The legitimacy of all ›Wissenschaften‹ depends in part on this ideology.

Kritischer Sinn und die Fähigkeit zum Vergessen. Das Verhältnis zu Texten bei Veränderungen von Struktur und Semantik der Gesellschaft

Elena Esposito

Aus soziologischer Sicht (wie auch in der Perspektive anderer Wissenschaften) ist der Übergang zur Modernität mit einer Reihe äußerst bedeutsamer Veränderungen verbunden. Eine davon betrifft das Verhältnis zu Texten – sowohl auf der physischen Ebene (Darstellung, Zusammenstellung, Organisation der Schriften) als auch auf der Beobachtungsebene (Beziehungen zwischen Autor, Leser und Referent). Der Soziologie steht diese Frage zu, weil die hier zu erörternden Probleme – wie wir sehen werden – auf Veränderungen der Gesellschaftsstruktur und der Kommunikationsform zurückgeführt werden können: auf die Kommunikation eben, die von geschriebenen Texten vermittelt wird. Die Frage ist außerdem wegen einer Reihe von Veränderungen aktuell, die in jüngster Zeit die moderne Form des geschriebenen Textes betreffen. Eine neue Reflexivität mit fortschreitender Einbeziehung der Perspektive des Beobachters (des Autors oder Lesers) innerhalb des Textes setzt sich durch. Und – wie in vielen anderen Fällen – reflektieren und begleiten die Kommunikationstechnologien die semantischen Veränderungen: Hypertexte und telematische Kommunikation führen heute anscheinend zur Überwindung der modernen Unterscheidung von Buch und Text. Um diese Tendenzen zu verstehen, halte ich es für wichtig, zuerst die Umwandlungen und Voraussetzungen zu betrachten, die in der frühen Neuzeit (17./18. Jahrhundert) zum aktuellen Textbegriff geführt haben. Dann kann die Frage gestellt werden, wie und unter welchen Aspekten dieser Textbegriff heute revidiert werden muß.

I.

Foucaults These in *Les mots et les choses* ist,[1] daß es bis zum Ende des 16. Jahrhunderts keine Differenz zwischen den Worten der Schrift und den sichtbaren Zeichen gab, die Gott auf den Dingen der Welt angebracht hat: In beiden Fällen ging es darum, die ›Signaturen‹ festzustellen, hinter denen eine verbor-

1 Vgl. Michel Foucault: *Les mots et les choses*. Paris 1966 (ital. Übers. *Le parole e le cose*. Milano 1967), insbes. Kap. II.

gene Bedeutung steckte. Die ganze Welt (eingeschlossen die Worte Gottes innerhalb der Welt) wurde als ein einziges großes Buch verstanden. Foucault bezieht sich hier auf den klassischen Topos des ›Liber naturae‹, der eine lange Tradition im westlichen Denken (insbesondere im Christentum) hat:[2] ›Liber scripturae‹ und ›Liber naturae‹ übermitteln beide das Wort Gottes, das auch in den Gegenständen der wahrnehmbaren Welt gelesen werden muß.[3]

Das Bild des Buches der Natur verbreitet sich im Humanismus und in der Renaissance, aber langsam verändert es sich: Die Lektüre des Buches der Welt (dessen Seiten durch Reisen umgeblättert werden) trennt sich allmählich von der Lektüre der Heiligen Schrift und erfordert eine eigene Methode und eigene Verfahren. Laut Galilei ist bekanntlich die Sprache der Natur diejenige der Zahlen, die anders als die verbale Sprache der Bücher ist: Im ersten Fall braucht man eine experimentelle und beobachtende Einstellung, während im zweiten Fall Interpretation nötig ist. Im 18. Jahrhundert wird schließlich die Idee konzipiert, daß beide Register sich auch widersprechen können.[4]

Von einer von Ähnlichkeiten regierten Welt geht man zum Interesse an und zur Aufwertung der Differenzen über. Aber die erste Differenz, aus der dann alle anderen generiert werden können, besteht in einer neuen Auffassung der Beziehung zwischen der Sprache und den Gegenständen: von der Analogie (d. h. der Wiederaufnahme der Differenzen in einer grundlegenden Homogenität) zur Signifikation (d. h. der Distanz und Andersheit von Name und genanntem Gegenstand). Das erfordert eine andersartige Methode in der Auseinandersetzung mit der Welt, die kein zu interpretierendes Buch mehr ist, sondern ein zu analysierendes Universum – weil Analyse die Differenzen sucht und vermehrt.

Diese Trennung von Buch und Welt hat eine neue Freiheit auf beiden Seiten der Unterscheidung zur Folge. Die Möglichkeiten der experimentellen Methode in der Auseinandersetzung mit einer von den Worten unabhängigen Welt eröffnen sich und führen zur Entwicklung der modernen empirischen Wissenschaften, die sich nunmehr selbst aufrechterhalten müssen. Die Wissenschaft kann nicht mehr in der Schrift nach Bestätigung suchen – aber ge-

2 Vgl. Ernst Robert Curtius: *Europäische Literatur und lateinisches Mittelalter*. Bern 1948, § XVI,7.

3 Die komplementäre Position ist diejenige des auf die Thora zentrierten rabbinischen Judentums. Die Grundidee ist, daß die geschriebene Thora den Bauplan der Schöpfung beinhaltet. Wer das Buch richtig kennt und interpretiert, versteht dann auch die Welt. Das Geschriebene ist für die Rabbiner eine Erfahrungswelt mit höherer Valenz als die empirische Welt, vgl. Peter Schäfer: »Text, Auslegung und Kommentar im rabbinischen Judentum«. In: Jan Assmann/Burkhard Gladigow (Hrsg.): *Text und Kommentar. Archäologie der Literarischen Kommunikation IV*. München 1995, S. 163–186; Arnold Goldberg: »Formen und Funktionen von Schriftauslegung in der früh-rabbinischen Literatur«. In: Jan Assmann/Burkhard Gladigow (Hrsg.): *Text und Kommentar. Archäologie der Literarischen Kommunikation IV*. München 1995, S. 187–198.

4 Vgl. Elizabeth L. Eisenstein: *The Printing Press as an Agent of Change. Communications and Cultural Transformations in Early-Modern Europe*. Cambridge 1979, zit. nach der ital. Übers. *La rivoluzione inavvertita: la stampa come fattore di mutamento*. Bologna 1985, S. 523ff.

rade deshalb fängt sie an, über eigene Kriterien und Verfahren zu verfügen.[5] Die Worte sind ihrerseits nicht mehr dazu verpflichtet, den Dingen der Welt zu ähneln – aber gerade deshalb können sie eigene Welten schaffen. Die Sprache generiert jetzt Realitäten, die jedoch dem Universum der Worte intern bleiben, das von der ›realen Realität‹ der empirischen Welt getrennt ist. Es handelt sich um fiktionale Realitäten.[6] Gegen Mitte des 16. Jahrhunderts gehört der Versuch, das Buch des Universums zu lesen, nicht mehr zur Wissenschaft, sondern wird zu einer Eigenschaft der Esoterik[7] – ein Bereich, der als solcher erst jenseits des Mittelalters in der ›Neuzeit‹ abzugrenzen ist. Mittlerweile gelten die Versuche als illegitim, Analogien und Korrespondenzen innerhalb der Welt sowie zwischen Worten und empirischen Objekten zu suchen und aufzuwerten.[8]

Aus diesem Komplex von Veränderungen kann die moderne Auffassung von ›Text‹ entstehen: ein ›Objekt aus Worten‹, das seine Autonomie hat und sich der Vermischung mit der Welt der Objekte entzieht – mit der es jedoch in komplexen Beziehungen steht, die untersucht werden können. Man setzt sich nun mit den Texten als Texten auseinander (in der neuen Dimension der literarischen Hermeneutik: vom Kommentar zur kritischen Interpretation), als »kinds of things«[9] (in den Veränderungen in der physischen Gestaltung der Bücher, mit Titelblättern, Registern, Seitennumerierung usw.) und auch als Signifikanten zu (von ihnen getrennten realen oder nicht-realen) Objekten.

II.

Die neue Autonomie der Texte ist mit einer folgenreichen Veränderung der Semantik der Gesellschaft verbunden. Die vormoderne Semantik beruhte – wie dargestellt – auf Wiederholungen, auf der Suche nach Ähnlichkeiten – unter der Voraussetzung einer vorgegebenen Ordnung. Die Form des Wissens war die Gelehrsamkeit, welche (auf der Suche nach Generalisierungen für die Zukunft) Beispiele aus der Vergangenheit imitierte und nachbildete, vorgegebene Formen kommentierte und reproduzierte. Es handelte sich insgesamt um ein von der Rhetorik geführtes Kognitionsfeld; denn die Rhetorik orientiert sich an Imitation und Reproduktion von beispielhaften Modellen.

---

5 Aus soziologischer Sicht spricht man von Ausdifferenzierung des Wissenschaftssystems, vgl. Niklas Luhmann: *Die Wissenschaft der Gesellschaft*. Frankfurt a. M. 1990.

6 Siehe dazu (anstatt vieler) Gianni Celati: *Finzioni occidentali*. (1975). 2. Aufl. Torino 1986. Einen Versuch, über die implizierten modalen Kategorien nachzudenken, findet man in Thomas G. Pavel: *Fictional Worlds*. Cambridge, Massachusetts 1986.

7 Vgl. Paolo Rossi: *Clavis universalis. Arti mnemoniche e logica combinatoria da Lullo a Leibniz*. Milano/Napoli 1960, insbes. S. 36ff.

8 Vgl. Antoine Faivre: *L'ésotérisme*. Paris 1992.

9 Ramus' Innovation laut Ong, vgl. z. B. Walter J. Ong: »Ramist Method and the Commercial Mind«. In: *Studies in the Renaissance* 8 (1961), S. 155–172, hier S. 165.

Die oben beschriebenen Veränderungen haben auch zur Auflösung des kompakten Universums der Rhetorik geführt und nach einigen Jahrhunderten der Verwirrung und des Übergangs den Weg zur modernen Semantik eröffnet, die demgegenüber auf Neuigkeit, Differenz, Kreativität, Kontingenz als Quelle der Ordnung beruht.[10] Von den Forschern wird die Fähigkeit zum strengen kausalen Denken verlangt, die erlaubt, sich mit einer ständig entwickelnden Welt auseinanderzusetzen – einer Welt also, die mehr und mehr anders wird, als sie vorher war.

Wie ist es aber zu solchen tiefreichenden Veränderungen gekommen? Aus soziologischer Sicht müssen diese Umwandlungen auf zwei Klassen von Faktoren zurückgeführt werden. Zunächst gilt es, die Form der Differenzierung der Gesellschaft zu berücksichtigen, mit dem Übergang von der Stratifikation zur funktionalen Differenzierung. Dieser Übergang, den Niklas Luhmann mehrmals beschrieben hat, führte zur Auflösung der hierarchischen Organisation der Gesellschaft, die ihrerseits einer hierarchischen Vorstellung des Kosmos entsprach. Von einer stratifizierten Gesellschaft mit ihrer Ordnung, die für jedes Objekt einen Platz aufgrund seiner Natur und für jeden Mensch aufgrund seiner Geburt vorsah, geht man zu einer an Funktionen (Wirtschaft, Politik, Recht, Wissenschaft, Erziehung usw.) orientierten Unterscheidung über, wo jede Funktion eigene Kriterien hat, die auf die anderen nicht übertragen werden können und von keinem vereinigenden Metakriterium geleitet sind. An die Stelle einer notwendigen Organisation des Kosmos tritt die ›Herrschaft der Kontingenz‹. Die Rhetorik mit ihrer Hierarchie der Autoren und mit der Wiederverwendung derselben Formen in unterschiedlichen Situationen reflektiert eine Semantik der ersten Sorte – eine Semantik, die Varietät der Konstanz unterordnet und unangemessen wird, wenn Unordnung und Zufall, Evolution der Formen und Genese des Neuen behandelt werden müssen.[11]

Neben den Formen der Gesellschaftsdifferenzierung ist es jedoch für die Behandlung der Veränderungen der Semantik nötig, eine weitere Klasse von Faktoren zu berücksichtigen, die mit den zunächst genannten zusammenwirken: die Umwandlungen der Formen von Kommunikation als Folge der Technologien,

---

10 Es ist die Zeit der Proliferation der Paradoxien (vgl. z. B. Rosalie L. Colie: *Paradoxia Epidemica. The Renaissance Tradition of Paradox*. Princeton, New Jersey 1966), des widersprüchlichem Gebrauchs der gedruckten Texte für die Verbreitung der (grundsätzlich mündlichen) Formen der Rhetorik und der ›ars memoriae‹ – vgl. Lina Bolzoni: »Gedächtniskunst und allegorische Bilder. Theorie und Praxis der ars memoriae in Literatur und bildender Kunst Italiens zwischen dem 14. und 16. Jahrhundert«. In: Aleida Assmann/Dietrich Harth (Hrsg.): *Mnemosyne. Formen und Funktionen der kulturellen Erinnerung*. Frankfurt a. M. 1991, S. 147–176, und dies.: *La stanza della memoria. Modelli letterari e iconografici nell'età della stampa*. Torino 1995; Frances A. Yates: *The Art of Memory*. London 1966 (ital. Übs. *L'arte della memoria*. Torino 1993). Und es ist die Zeit der literarischen Formen zwischen ›romance‹ und modernem Roman mit dem ständigen Oszillieren des Beobachters von der Außenseite zur Innenseite des Textes (Rabelais, Cervantes).

11 Eine emanative Einstellung im Sinne Günthers – vgl. Gotthard Günther: »Logik, Zeit, Emanation und Evolution«. In: *Arbeitsgemeinschaft für Forschung des Landes Nordrhein-Westfalen* Nr. 136, 1967, S. 7–47. Auch in: *Beiträge zur Grundlegung einer operationsfähigen Dialektik*. Bd. 3. Hamburg 1980, S. 95–135.

mit denen Kommunikationen ermöglicht und verbreitet werden. Im Fall der modernen Semantik handelt es sich zuerst um die Durchsetzung des Buchdrucks, der zum Übergang vom Primat der mündlichen Kommunikation zum Primat der schriftlichen Kommunikation geführt hat.[12] Das Geschriebene bricht die Kompaktheit der mündlichen Kommunikation, in der die mimetische Einbeziehung der Teilnehmer keinen Abstand und keine Trennung zwischen der eigenen Perspektive und der Perspektive der laufenden Kommunikation zuläßt. Der Rezipient befindet sich dagegen in einem anderen Kontext als der Mitteilende und von ihm entfernt – eine Ferne, die Voraussetzungen für die Möglichkeit schafft, von der Kommunikation selbst Abstand zu halten und Kritik zu entwickeln. Im Unterschied dazu läßt gerade die (feste und unveränderliche) schriftliche Kommunikation und nicht – wie es auf den ersten Blick erscheinen kann – die mündliche Kommunikation Variation zu: das Geschriebene kann bei unterschiedlichen Gelegenheiten anders gelesen und benutzt werden. Von der dauernden Gegenwart der Tradition geht man damit zu einem Prozeß der ständigen Evolution über.[13] Auch in diesem Fall handelt es sich um Veränderungen, die mit den Formen der Rhetorik grundsätzlich inkompatibel sind, denn die Rhetorik entsprach den Eigenschaften und Bedürfnissen einer zuerst als lautes Sprechen verstandenen Kommunikation – selbst wenn es sich um Schrifttexte handelte, die offensichtlich auch vor dem Buchdruck verfaßt, aber hauptsächlich vorgelesen oder für eine mündliche Verbreitung konzipiert wurden.

Mit einer zusammenfassenden Formel: Im Lauf der Renaissance geht die Semantik von der ›Beobachtung erster Ordnung‹ zur ›Beobachtung zweiter Ordnung‹ (oder Beobachtung von Beobachtern) über. Luhmann hat diesen Übergang mit Bezug auf die Differenzierung der Funktionssysteme diskutiert. Wenn – wie in unserem Fall – die Umwandlungen der Semantik im Vordergrund stehen, kann die Auflösung des Universums der Rhetorik auch als Übergang ›von der Tradition zur Kritik‹ beschrieben werden, der die Beobachtung zweiter Ordnung voraussetzt und hinter dem Kulturbegriff steht, wie er sich seit Mitte des 18. Jahrhunderts durchgesetzt hat.[14]

---

12 Deshalb muß der Buchdruck nicht als ›Ursache‹ der betreffenden Veränderungen verstanden werden: Es handelt sich vielmehr um eine zirkuläre Beziehung, in der eine bestimmte Ordnung der Semantik schon im späten Mittelalter und im Humanismus das Terrain für den Erfolg der technologischen Innovation vorbereitet hatte, die ihrerseits zur Konsolidierung und Beschleunigung der Tendenzen der Semantik beigetragen hat. Diese »zweigleisige« (in Differenzierungsform und Kommunikationstechnologien) Einstellung ermöglicht, die Tautologie der monokausalen Erklärungen zu vermeiden, welche den Ursprung der Ursache nie erklären können. Die Mitwirkung (wenigstens) zweier Ordnungen von Faktoren, die unterschiedlich sind, aber sich gegenseitig unterstützen, erlaubt dagegen, die progressive Durchsetzung von neuen Formen in Rechnung zu stellen.

13 Vgl. Niklas Luhmann: »A Redescription of ›Romantic Art‹«. In: *MLN* 111 (1996), S. 506–522; Elena Esposito: »Interaktion, Interaktivität und die Personalisierung der Massenmedien«. In: *Soziale Systeme* 2 (1995), S. 223–259.

14 In der folgenden Diskussion des Kulturbegriffs werden wir uns laufend beziehen auf Niklas Luhmann: »Kultur als historischer Begriff«. In: N. L.: *Gesellschaftsstruktur und Semantik*. Bd. 4. Frankfurt a. M. 1995, S. 31–54.

Im Bereich der Rhetorik, die Bindungen und Bedürfnisse einer hauptsächlich mit mündlichen Mitteln tradierten Kultur reflektiert, stimmte Tradition mit Erinnerung überein und bestand in einer bewußten Aktualisierung der antiken Bildung: ›traditio‹ betraf im Grunde die ›doctrina‹. Die ›eloquentia‹ (das Objekt der Bildung) wurde der ›prudentia‹ vorgeordnet.[15] Tradition war noch kein – aufgrund der Differenz von gegenwärtiger und vergangener Gegenwart – reflektierter historiographischer Begriff: tradiert wurde nicht die Geschichte (die Diskontinuität), sondern das Gedächtnis, also die Kontinuität.

Tradition war Einheit; der moderne Kulturbegriff ist dagegen zuerst Duplikation. Kultur dient der Reflexion der Gesellschaft über sich selbst, die notwendig wird, wenn es nicht mehr darum geht, die Formen der Natur und des Seins festzustellen (in einer konstant bleibenden Welt), sondern Vergleiche (zwischen unterschiedlichen Weltzuständen) anzustellen. Dann wird ein Begriff nötig, der der Gesellschaft ermöglicht, sich selbst zu beobachten. Dazu dient der Kulturbegriff: Als Kultur kann die Gesellschaft sich selbst mit fernen und exotischen Formen (die auch Kulturen sind) vergleichen und zugleich Abstand von ihrer eigenen Vergangenheit nehmen. Diese Duplikation[16] produziert wie bei allen Formen der Beobachtung zweiter Ordnung zuerst Kontingenz (und die Möglichkeit der Auseinandersetzung mit dem Anderen ist die erste Folge davon): Die Kompaktheit des Seins wird gebrochen, wenn der Unterschied eingeführt wird, der es ermöglicht, ein zu beobachtendes Objekt (vor dem Hintergrund anderer Möglichkeiten) abzugrenzen.

Wenn die Auseinandersetzung der Gesellschaft mit sich selbst vom unreflektierten Begriff der Tradition zum reflektierten Begriff der Kultur übergeht, wird demzufolge die Notwendigkeit zur Kontingenz, die zuerst mit den Mitteln der Kritik behandelt wird.[17] Seit Ende des 18. Jahrhunderts[18] wird Rationalität als kritische Rationalität verstanden: als eine Einstellung, die Kontingenz voraussetzt, weil sie das Gegebene nicht akzeptiert und ihm andere Möglichkeiten gegenüberstellt. Zugleich aber begrenzt sie, weil diese Möglichkeiten durch eine normative Orientierung organisiert werden: Man weiß, was der anzustrebende ›richtige‹ Zustand ist.

---

15 Vgl. Siegfried Wiedenhofer: »Erinnerte Tradition und tradierte Erinnerung in Humanismus und Reformation«. In: Aleida Assmann/Dietrich Harth (Hrsg.): *Mnemosyne. Formen und Funktionen der kulturellen Erinnerung*. Frankfurt a. M. 1991, S. 305–318, hier S. 307.

16 Gerade wenn die Gesellschaft eine einzige ›Weltgesellschaft‹ wird: »Die Welt wird dupliziert als ›von innen gesehen‹ und ›von außen gesehen‹, dupliziert obwohl und gerade weil sie offensichtlich nur einmal vorhanden ist« – Niklas Luhmann: »Die Ausdifferenzierung der Religion«. In: *Gesellschaftsstruktur und Semantik: Studien zur Wissenssoziologie der modernen Gesellschaft*. Bd. 3. Frankfurt a. M. 1989, S. 259–357, hier S. 313.

17 Vgl. Foucault (Anm. 1), zit. nach der ital. Übers., S. 256 ff.

18 Noch heute sehr instruktiv ist diesbezüglich die Analyse in Jürgen Habermas: *Strukturwandel der Öffentlichkeit*. Neuwied 1962 – sowohl direkt (für die behandelten Fragen) als auch indirekt (als Beispiel einer Tendenz in der soziologischen Beschreibung historischer Konstellationen).

Von einer solchen Semantik geführt, zeigt die ›Moderne‹ eine konstitutive Ambiguität, die sich in die Tendenz übersetzt, sich selbst zu verneinen.[19] Das wird auch von der Durchsetzung eines evolutiven Modells bewiesen, das statt die Vergangenheit (wie in einem emanativen Rahmen) zu bestätigen, sie auf der Suche nach Neuem negiert – und dadurch auch die Gegenwart negiert, welche von einer noch unbekannten Zukunft (von der man jedoch weiß, daß sie anders als die Gegenwart sein wird) überholt werden wird. Die für Modernität typische Zuneigung zum Neuen kann auch als Zwang zum Neuen gedeutet werden: als ein Bedarf an ständigem Wechsel, der diejenige Orientierung liefert, die von der Formenkonstanz nicht mehr gesichert wird. Im Rahmen der Rhetorik war die Einstellung zur Zeit außerchronologisch – auf der Suche nach Beispielen und Figuren, aus denen Generalisierungen für die Zukunft gezogen werden konnten. Die ›Moderne‹ sucht dagegen keine zu imitierenden Beispiele, sondern eher Regeln, um eine Zukunft zu planen, die anders als die Gegenwart erwartet wird – und die Chronologie mißt eben diese Differenz.

III.

Wie wirken sich diese Veränderungen auf die Konzeption und den Gebrauch der Texte aus? Um das zu beschreiben, muß in einem weiteren Schritt der Begriff des Gedächtnisses eingeführt werden. Mit der ›Moderne‹ verändert sich die ›Form des Gedächtnisses‹ – auf eine Art, die die Verfügbarkeit gedruckter Bücher voraussetzt und ihrerseits dazu führt, sie in einer neuen Weise zu benutzen: eben als Texte. Darin geht die Relevanz des Buchdrucks von einem reinen quantitativen Aspekt (es gibt mehr zirkulierende Bücher) zu einem qualitativen Aspekt über: Gerade weil es so viele Bücher gibt, benutzt man sie nunmehr anders.

In vormoderner Zeit war die Organisation des Gedächtnisses auf das Erinnern zentriert, und die ganze Apparatur der Rhetorik förderte dies: Zweck war, eine Konstellation von einander unterstützenden Verweisungen zu schaffen und dadurch die Aufbewahrung der Inhalte – in den Köpfen der Menschen – zu begünstigen. Bekanntlich war Gedächtnis einer der Teile der klassischen Rhetorik (inventio, dispositio, elocutio, actio, memoria), aber auch außerhalb der explizit auf Memorierung gerichteten Techniken[20] war die Redekunst (mit der Anlage der ›loci‹, die Imitation der ›auctores‹ und den anderen oben beschriebenen Eigenschaften) so organisiert, um Wiederholung, Konstanz und Reproduktion der gefestigten Formen zu begünstigen – also die Erinnerung.

Daß die Rhetorik eine auf Mündlichkeit hin orientierte Technik ist, heißt nicht, daß es keine Bücher gab. Die Existenz der Bücher hatte jedoch bis zur

19 Vgl. Jaques Le Goff: *Storia e memoria*. Torino 1977–1982, S. 161.

20 Die ›memoria‹ ist allerdings (gerade infolge der Schrift) sehr früh abgeschafft worden, vgl. Roland Barthes: »L'ancienne Rhétorique«. In: *Communications* 16 (1970), S. 172–229, zit. nach der ital. Übers. *La retorica antica*. 3. Aufl. Milano 1996, S. 58ff.

Zeit des Buchdrucks nicht dazu geführt, einen oralen Kommunikationsbegriff zu verändern, dem die Schriften selbst untergeordnet waren. Auch die Bücher hatten zuerst die Funktion von Gedächtnisstützen: Sie dienten der Meditation und mußten nicht nachgeschlagen werden, sondern angeeignet werden, indem man sich in einer Art von mimetischer Einbeziehung davon einnehmen ließ. Das Buch als externes Objekt hatte keine Bedeutung; es mußte Teil der Erfahrung des Lesers werden.[21] In einer vorwiegend oralen Semantik waren die Bücher nicht der Sitz des Gedächtnis; sie waren nur eines der Instrumente, um Kenntnisse zu fixieren und sie nach Bedarf abrufen zu können. Dantes ›Inferno‹ war z. B. als mnemonisches System organisiert, um die Erinnerung der Strafen mit eindrucksvollen (auf eine geordnete Zahl von Plätzen verteilten) Bildern zu festigen – gemäß den Techniken der ›ars memoriae‹.[22] Sitz des Gedächtnisses blieben die Köpfe der Menschen. Und die Organisation der Bücher reflektierte (wie später noch ausgeführt werden soll) die Art und Weise, wie sie benutzt wurden.

Erst im 16. Jahrhundert ändert sich das Modell der Lektüre. Es beginnt sich eine Praxis abzuzeichnen, in der das Buch sich von seiner mnemonischen Funktion abkoppelt und zum Mittel der Generierung von Neuigkeiten wird: ein ›generative reading‹, in dem der Text nicht mimetisch wiederholt wird, sondern jeweils in einem anderen Kontext und in einer anderen Lage ›neu geschrieben‹ wird. [23] Während früher eher jeglicher Abstand zwischen Leser und Text negiert wurde,[24] ist seit Montaigne die Autonomie des Lesers explizit in die Komposition des Textes einbezogen.[25] Der Beobachter nimmt Abstand und stellt sich außerhalb des Textes – und wird dadurch zum Beobachter zweiter Ordnung.

In dieser Lage verändert sich die Struktur des Gedächtnisses grundlegend – dank einer neuen Rolle der geschriebenen Texte, die vom Kopf des Lesers getrennt bleiben. Das Buch hat jetzt nicht mehr die Funktion zu erinnern, sondern vergessen zu lassen. Wenn die Inhalte erst einmal niedergeschrieben worden sind, bleiben sie verfügbar, auch wenn man sie nicht auswendig kennt; denn sie können bei Bedarf wiedergefunden werden.[26] Das Gedächtnis hat nun seinen

---

21 Dazu – mit viel Material – Mary J. Carruthers: *The Book of Memory. A Study of Memory in Medieval Culture.* Cambridge 1990. Die Relevanz der Unterscheidung ›mnèmè/hypomnesis‹ schon bei Plato wird angesprochen in Jacques Derrida: »La Pharmacie de Platon«. In: *Tel Quel* Nr. 32 und 33, 1968, dazu Platon: *Phèdre.* Hrsg. von Luc Brisson. Paris 1989, S. 255–401

22 Vgl. Harald Weinrich: *Lethe. Kunst und Kritik des Vergessens.* München 1997; Yates (Anm. 10), zit. nach der ital. Übers., S. 87.

23 Vgl. Terence Cave: »The Mimesis of Reading in the Renaissance«. In: John D. Lyons/Stephen G. Nichols (Eds.): *MIMESIS. From Mirror to Method. Augustine to Descartes.* Hannover, New Hampshire 1984, S. 149–165.

24 Die Regeln des Heiligen Hieronymus empfehlen, das Lachen zu vermeiden, weil es zum Abstand und Desengagement des Lesers führt – zitiert in Carruthers (Anm. 21), S. 167.

25 »Ce n'est non plus selon Platon que selon moy, puis que luy et moi l'entendons et voyons de mesme« – Michel de Montaigne: *Essais*, I:XXVI.

26 Ein altes Argument, das auch schon bei Plato zu finden ist – vgl. *Phaidros* XXXI. Erst in der Moderne wird diese Eigenschaft der Schrift positiv bewertet.

Sitz in den Archiven und in den Büchersammlungen. Gefordert wird nicht die Fähigkeit, identische Inhalte zu reproduzieren, sondern die Fähigkeit, sich in diesem Universum von Texten so zu bewegen, daß immer neue und unvorgesehene Anschlüsse geschaffen werden. Die menschliche Intelligenz (nunmehr frei von der Last der Aufbewahrung der Inhalte) hat jetzt primär die Aufgabe, Inhalte auszuwählen und miteinander zu verbinden – und mit diesem Verfahren wird die (immer anders aussehende) Erinnerung produziert. Dies ist der moderne Gebrauch der Vergangenheit: ein der Innovation und der Neuheit offenes Gedächtnis, das an die Stelle der Imitation in der rhetorischen Tradition tritt.[27]

Dieses neue Verhältnis von Gedächtnis und Buch spiegelt sich auch in der Struktur und Zusammenstellung der Texte wider. Im Mittelalter hatte das ›layout‹ des Buches zuerst den Zweck, mnemonische Wirksamkeit durch Gebrauch aller verfügbaren Mittel zu erreichen. Die Bilder dienten z. B. als ›marks‹, um die Memorierung zu fördern.[28] Es handelte sich nicht um Illustrationen im modernen Sinne, sondern eher um Dekorationen, um die Buchseite durch die stärkere emotionale Wirkung der Bilder gegenüber den Wörtern memorabel zu machen. Oft jedoch hatten die Bilder am Rande des Textes nichts mit dem Inhalt des Buches zu tun, sondern sie sollten den Leser beeindrucken und sich ihm ins Gedächtnis einprägen, oder sie folgten den Vorschriften der ›ars memoriae‹ und boten ›Orte‹, mit denen sie verbunden werden konnten. Häufig wurden dafür stereotype Bilder benutzt, die von Text zu Text kopiert wurden und sich mehr und mehr von einer getreuen Darstellung der natürlichen Objekte entfernten. Doch war es keinesfalls das Interesse des Lesers beim Benutzen des Buches, einen Führer für die Beobachtung der Außenwelt zu haben. In den mittelalterlichen Manuskripten illustrierten die Bilder den Text und nicht die Natur. Dasselbe gilt für Diagramme, die Inhalte des Texts in einem mnemonischen Raum befestigten, sie zusammenfaßten und fixierten. Ihre Funktion war allegorisch, nicht logisch. Mit Ongs Worten: Es handelte sich nicht um »simplification-for-understanding« (wie im modernen Gebrauch), sondern um »simplification-for-recall«.[29]

Mit dem Buchdruck veränderte sich der Gebrauch der Register, die schon im Mittelalter existierten; nun erhielten sie jedoch eine grundsätzlich andere Funk-

27 Mit der Renaissance ändert sich auch der Sinn der Unterscheidung von natürlichem und künstlichem Gedächtnis – vgl. Joan Marie Lechner: *Renaissance Concepts of the Commonplaces*. New York 1962. Im klassischen Verständnis war das natürliche Gedächtnis das eingeborene, während das künstliche Gedächtnis durch Übung und Memorisierungstechniken verstärkt wurde. Um 1500 gehört dagegen zum natürlichen Gedächtnis alles, was sich im menschlichen Kopf ereignet, während das künstliche Gedächtnis sich der Bücher bedient. Deshalb das paradoxale Revival des Interesses für die ›ars memoriae‹, die man mit Hilfe der Texte zu stärken versucht: gerade, als der Buchdruck den klassischen Gedächtnisbegriff endgültig obsolet werden läßt – vgl. Bolzoni 1995 (Anm. 10), insbes. S. XX.

28 Vgl. Carruthers (Anm. 21), S. 256; Eisenstein (Anm. 4), zit. nach der ital. Übers., S. 290.

29 Vgl. Walter J. Ong: *Ramus. Method and the Decay of Dialogue. From the Art of Discourse to the Art of Reason*. (1958). 2. Aufl. New York 1979, S. 89.

tion. Die Registersysteme hatten die zweifache Aufgabe, das Finden der Texte zu ermöglichen und als mnemonische Haken zu fungieren, um Texte im Gedächtnis zu notieren. Es handelte sich also um keine arbiträren Systeme, sondern um Sammlungen von moralischen Beispielen, die eine Orientierung aufgrund von Sinnverbindungen und nicht aufgrund von abstrakten Faktoren (wie etwa einer alphabetischen Ordnung) bieten sollten. Ein solches Ordnungsmuster für Bücher hätte seinerzeit vermutlich so unsinnig ausgesehen wie für uns eine alphabetische Reihung der Monate oder von Zahlen.[30] Noch für Peter von Ravenna im 15. Jahrhundert mußten die Buchstaben des Alphabets (wenn sie überhaupt mnemotechnisch benutzt wurden) als ›clues‹ für die Memorierung dienen: Die unter einem Buchstaben (z. B. dem Anfangsbuchstaben C) gruppierten Worte waren dann ihrerseits nicht alphabetisch geordnet, sondern aufgrund anderer (vom Sinn bestimmten) Verbindungen.

Auch das Zitat war eine der Modernität vorhergehende Praxis, aber mit einer anderen Bedeutung. Das Verb ›quotare‹ hieß ›ein Buch zu numerieren‹, also in geordnete Sektionen aufzuteilen – wieder mit dem Zweck, dem Leser oder dem Publikum bei der Memorierung zu helfen:[31] Das ist eine ganz andere Haltung als diejenige, die zum modernen (völlig abstrakten) System der Seitennumerierung führt. Die einzig praktizierbare Form von ›Diskursdeixis‹ war die Wiedergabe der ›auctores‹, die eher einer Art Glosse als der modernen Form des freien Zitats entsprach (das ein ›re-writing‹ der Passage in einem anderen Kontext realisiert – also eine Innovation trotz der Wiederverwendung desselben Textes).

Die Veränderungen in der Organisation der Bücher in der Renaissance reflektierten offensichtlich ein neues Bewußtsein vom Inhalt der Texte, die früher bloß ›etwas sagten‹, während sie in den veränderten Konstellationen mit unterschiedlichen Referenzen ›etwas bedeuteten‹.[32] In diesem Prozeß trennt sich der Text von der geschriebenen Seite (vom Buch, das ihn trägt) und kann demzufolge viel freier verarbeitet werden. Zwischen 1500 und 1700 ist auch die Einteilung in Paragraphen und Abschnitte eingeführt worden, welche ein neues Bewußtsein der Eigentümlichkeit der geschriebenen Seite signalisiert. Es handelt sich jetzt darum, dem Text eine visuelle Gliederung zu geben, die die diskursive Gliederung der Argumentation ersetzt.[33] In diesem Zeitraum entstehen auch die abstrakt ordnenden Kataloge der Bibliotheken, die Nachschlagewerke, die kritischen Ausgaben, die Konkordanzen und alle modernen Arbeitsmittel für den Umgang mit Büchern.

---

30 Vgl. Ivan Illich: »Von der Prägung des Er-Innerns durch das Schriftbild. Überlegungen zur Arche Noah des Hugo von St. Victor«. In: Aleida Assmann/Dietrich Harth (Hrsg.): *Mnemosyne. Formen und Funktionen der kulturellen Erinnerung*. Frankfurt a. M. 1991, S. 45–56, hier S. 55; Eisenstein (Anm. 4), S. 105ff., zit. nach der ital. Übers.; Carruthers (Anm. 21), Kap. 3.

31 Vgl. Carruthers (Anm. 21), S. 102ff.

32 Wayne C. Booth (*The Rhetoric of Fiction*. Chicago/London 1961) unterscheidet in Bezug auf den modernen Roman zwischen ›showing‹ und ›telling‹.

33 Vgl. Roger Chartier: *L'ordre des livres. Lecteurs, auteurs, bibliothèques en Europe entre XIV et XVIII siècle*. Aix-en-Provence 1992, zit. nach der ital. Übers. *L'ordine dei libri*. Milano 1994, S. 25.

Zur gleichen Zeit ergibt sich zudem die Möglichkeit, sich in der Organisation des Textes von der Tradition zu befreien. Dies führt beispielsweise zum Übergang von den Strukturen der Epik zu den modernen Formen der ›fiction‹.[34] Die Abwertung des ›fingierten Wortes‹ der Rhetorik geht einher mit einer neuen Akzeptanz des ›Wortes der Fiktion‹, das den autonomen Bereich der Literatur bezeichnet.[35] Die literarische Duplikation der Welt in reale Welt und Welt der Fiktion entspricht der reflexiven Duplikation, die sich im modernen Begriff von Kultur mit ihrer eigentümlichen Vermehrung von ›möglichen Welten‹[36] ausdrückt – gerade wenn die reale Welt eindeutig wird (als Gegenstand der wissenschaftlichen Forschung) und die Proliferation der Meinungen sowie die Nicht-Eindeutigkeit der Rhetorik abwirft. Die Unterscheidung von Realem und Fiktion ist zur Grundunterscheidung der formalen Mechanismen der Literatur geworden und hat die Unterscheidung von Belanglosem und Erinnerungswürdigem, die in der Mündlichkeit getroffen wurde, abgelöst.

Im Laufe des 17. und 18. Jahrhunderts ersetzte die neue Form des Romans (›novel‹) den mündlich fundierten ›romance‹.[37] Die epischen Elemente, die aus der unmittelbaren Teilnahme und aus dem fehlenden Abstand vom Publikum (das damals aus Hörern statt aus Lesern bestand) resultierten, wurden aufgegeben. Die neue »Rhetorik der Fiktion«[38] verwirft die Techniken der klassischen Rhetorik, welche auf die Hineinziehen des Publikums abzielte. Der Roman beruht demgegenüber auf einem ständigen Verweisen auf das Bewußtsein und den kritischen Sinn des Lesers, der die Haltung des Beobachters zweiter Ordnung annehmen und Geschehnisse und Gefühle der Figuren von außen betrachten muß. Beispielhaft ist laut Celati die typisch moderne Form des Humors,[39] die

34 Ein viel diskutiertes Thema; siehe etwa die klassische Monographie von Ian Watt: *The Rise of the Novel*. London 1957, und – stärker auf die Selbständigkeit der fiktionalen Welt bezogen – Lennard J. Davis: *Factual Fictions. The Origins of the English Novel*. New York 1983. Ein anderer Aspekt ist die Entstehung der formellen Schriften, die von Leibniz systematisiert werden. Zu diesem Punkt, der hier nicht vertieft wird, siehe Sybille Krämer: *Symbolische Maschinen. Die Geschichte der Formalisierung in historischem Abriß*. Darmstadt 1988, und dies.: »Schrift und Episteme am Beispiel Descartes«. In: Peter Koch/S. K. (Hrsg.): *Schrift, Medien, Kognition*. Tübingen 1997, S. 105–126.

35 Zugleich wird nicht zufälligerweise das Wissenschaftssystem für die Unterscheidung wahr/falsch zuständig. Es kann sie nun nach eigenen, von den Bindungen an Moral und an Tradition befreiten Programmen verwalten. Voraussetzung ist auch in diesem Fall der Übergang zur Beobachtung zweiter Ordnung, die sowohl das Wahre als auch das Nicht-Wahre innerhalb der Wissenschaft zuzulassen erlaubt und die Möglichkeit eröffnet, ›falsches Wissen‹ vorzusehen. Dazu siehe Niklas Luhmann: *Die Wissenschaft der Gesellschaft*. Frankfurt a. M. 1990.

36 So seit Leibniz – vgl. Ingetrud Pape: »Von den ›möglichen Welten‹ zur ›Welt des Möglichen‹. Leibniz im modernen Verständnis«. In: *Studia Leibniziana Supplementa. Akten des internationalen Leibnizkongresses Hannover 14.–19. November 1966*. Wiesbaden 1968. Eine neuere Reflexion zu diesen Themen findet man in Pavel (Anm. 6).

37 Das ist das Thema von Celati (Anm. 6). Vgl. auch Davis (Anm. 34) über die Auslösung der »undifferenzierten Matrix« zu ›news/novel‹.

38 Booth (Anm. 32).

39 Am Beispiel von Bretons *Anthologie de l'humor noir*; vgl. Celati (Anm. 6).

das kathartische und reflexionslose Lachen der früheren Erzählungen (bis hin zu Rabelais) ersetzt. Im Humor entspringt das Lachen nicht aus dem Losbrechen der Leidenschaften, sondern aus ihrer Kontrolle; es wird produziert, wenn (für den Beobachter) ein Betrug oder ein Mißverständnis enthüllt wird. Humor und Ironie sind der Leitfaden des modernen Romans.

Der Aufbau der Handlung tritt an die Stelle der Struktur der ›Gemeinplätze‹, die bis dahin die Gliederung der Texte gestiftet hatten.[40] Der ›plot‹ muß für jede neue Erzählung jeweils neu sein. Die beständige Gegenwart der Rhetorik wird verlassen zugunsten einer Reflexion der Zeit in der Zeit, die die Spannung schafft, auf der die Planung des Romans beruht: eine eigene Zeit, die sowohl von der realen Zeit der Welt als auch von den repetitiven Zeiten der epischen Narrationen absieht. Die ›story‹ des Romans unterscheidet sich sowohl von der ›history‹ der Ereignisse der Welt als auch von der Sammlung von ›exempla‹ der Vergangenheit. Die zeitliche Perspektive entsteht aus der Auseinandersetzung mit einer in der Erzählung geschaffenen Vergangenheit.[41]

Die neue Autonomie der ›fiction‹ drückt sich zudem in der Konstruktion der Figuren aus, die nunmehr völlig anders als die Helden der epischen Tradition angelegt sind. Das Interessante am Helden bestand in seiner Funktion, als Beispiel gelten zu können, aus dem auch gültige Generalisierungen für andere Situationen gewonnen werden konnten: Die Identifikation beruhte auf Verallgemeinerung. Bei Defoe, Richardson, Fielding etc. sind die Romanfiguren dagegen Einzelmenschen, mit denen Leser sich identifizieren können, gerade weil sie die jeweils besondere Individualität anerkennen. Diese Figuren sind nicht als Beispiele für etwas anderes zu verstehen – sieht man davon ab, daß sie auf die Unmöglichkeit zu Generalisierungen verweisen. Sie müssen also nicht imitiert werden; man kann gegebenenfalls die Beobachtung ihrer Einstellungen und Handlungen dazu nutzen, um Erfahrungen für die Orientierung in den immer unterschiedlichen Fällen zu gewinnen, die das Leben bieten kann. (Hier ergibt sich eine Form von ›re-writing‹, die die Unterscheidungen vermehrt und nicht auslöscht.)

Der neuen Emphase für Kritik entsprechend, hält der moderne Roman die Positionen des Autors, der Figuren und des Lesers getrennt. Der Autor erscheint nicht mehr im Text – es sei denn in einer Verspottung der Roman-Illusion wie in Diderots *Jacques le fataliste*. Jede Verwechslung von realer und fiktionaler Welt muß vermieden werden, weil diese Unterscheidung gerade die Bedingung für die Möglichkeit der modernen Fiktion ist. Der Beobachter kann weitere Beobachter nur dann beobachten, wenn er in der Lage ist, seine Stellung als externer Beobachter aufrechtzuerhalten: Jeder Verstoß produziert bekanntlich ein unauflösliches Gewirr von Paradoxien.

---

40 Eingeschlossen die in den Debatten zur Oralität und Alphabetisierung viel diskutierten formularen Kompositionstechniken: siehe z. B. Albert B. Lord: *The Singer of Tales*. (1960). 2. Aufl. Cambridge, Massachusetts 1964; Eric Havelock: *Preface to Plato*. Cambridge, Massachusetts 1963; Paul Zumthor: *Introduction à la poésie orale*. Paris 1983.

41 Vgl. Niklas Luhmann: *Die Realität der Massenmedien*. Opladen 1996, insbes. S. 105.

IV.

Heute scheinen jedoch die neuen Formen der telematischen Textualität (z. B. der Hypertextualität) gerade die Regel der externen Lokalisierung des Beobachters zu verletzen. Der Leser wird zum ›Ko-Autor‹ und wird aufgefordert, sich aktiv an der Gestaltung der Kommunikation zu beteiligen und jeweils seinen einmaligen individuellen Text mit seiner eigenen Sequenz, seiner Verweisungsordnung, seiner Struktur von Verbindungen dadurch zu schaffen, daß er sich autonom in dem ihm angebotenen Netzwerk von ›links‹ bewegt. Die Perspektive der Autors wird zu einer der vielen Perspektiven, die vom Text ausgehend entwickelt werden können.[42] Gerade diejenige Mischung von Selbstreferenz und Fremdreferenz, von realer und virtueller Welt wird realisiert, die die moderne Fiktion mit allen Mitteln ausschließen mußte: Der Modebegriff ›virtuell‹ bezeichnet jenen Bereich, der zugleich Wirklichkeit und Fiktion, Kreation des Beobachters und unabhängige Welt ist. Zugleich ist es ein Bereich der Produktion und Reproduktion von Paradoxien.[43]

Handelt es sich tatsächlich um eine neue Form von Textualität? Und wenn ja, wie unterscheidet sie sich vom modernen Textbegriff? Wenn die Trennung von Buch und Welt Ergebnis des uns vertrauten Textes ist und mit einem Strukturwandel des Gedächtnisses der Gesellschaft verbunden war, welche Art von Gedächtnis zeichnet sich für eine über Telematik verfügende Gesellschaft ab?

Wir können hier nicht beanspruchen, diese Fragen zu beantworten, und müssen uns auf wenige Hinweise beschränken. Gehen wir vom Gedächtnis aus. Der Übergang zur Modernität war, wie gezeigt, mit der Priorität des Vergessens verbunden: Konstanz löste sich in Kontingenz auf. Bei genauerer Betrachtung scheint es jedoch, daß dieser Übergang nicht vollständig realisiert worden ist: Die einem distanzierten Beobachter erlaubte Form von Kontingenz führt nicht dazu, alles Feste aufzulösen. Der Text mußte fest bleiben und als Bezugspunkt für die offene Multiplizität der Interpretationen dienen.[44] Der Beobachter kann extern bleiben, weil der Text fest bleibt. Vom Gesichtspunkt des Gedächtnisses aus entspricht dies einem nur relativen Vergessen: Vom Leser wird nicht mehr verlangt, im Gedächtnis die Worte der Bücher aufzubewahren, sondern sich daran zu erinnern, wie man sich im Universum der verfügbaren Bücher orientieren kann – in einem Universum, das eine feste Ordnung nach Autoren und

42 Zu den Hypertexten siehe George S. Landow: *Hypertext. The Convergence of Contemporary Critical Theory and Technology*. Baltimore 1992; Mike Sandbothe: »Interaktivität – Hypertextualität – Transversalität. Eine medienphilosophische Analyse des Internet«. In: Stefan Münker/Alexander Roesler (Hrsg.): *Mythos Internet*. Frankfurt a. M. 1997, S. 56–82; Jay David Bolter: »Das Internet in der Geschichte der Technologien des Schreibens«. In: Stefan Münker/Alexander Roesler (Hrsg.): *Mythos Internet*. Frankfurt a. M. 1997, S 37–55.

43 Vgl. Elena Esposito: »Illusion und Virtualität. Kommunikative Veränderungen der Fiktion«. In: Werner Rammert (Hrsg.): *Soziologie und künstliche Intelligenz*. Frankfurt a. M. 1995, S. 187–210.

44 Dieses Thema ist ausführlicher behandelt worden in Elena Esposito: »Observing Interpretation: A Sociological View of Hermeneutics«. In: *MLN* 111 (1996), S. 593–619.

Titel aufweist. Wer über entsprechendes Wissen verfügt, kennt die allgemein bekannten Bücher und Autoren und versteht sich darauf, Verbindungen und Verweisungen herzustellen. Auch ohne daß die Wörter der Texte im Gedächtnis bewahrt sind, läßt sich bei der Orientierung im Universum der Bücher eine bekannte Spur der Text-Inhalte verfolgen. So bildet das Universum der Bücher einen stabilen gemeinsamen Bezug in den Repräsentationsformen der Modernität.

Alle oben angesprochenen Mittel der Textverarbeitung setzen das voraus. Die Einteilung in Kapitel und Abschnitte ist nur für einen Text mit sequentiellem ›lay-out‹ (wie für die gedruckten Texte) nützlich: Man kann sich nach vorne und nach hinten bewegen und Stellen überspringen, aber der Bezug bleibt jeweils erhalten. So ist es sinnvoll, Register herzustellen, Seiten zu numerieren, Passagen zu zitieren. Und genau deshalb zeigen im neuen telematischen Universum diese Mittel ihre Unzulänglichkeit. Um sich angesichts der im Internet verfügbaren Materialien zu orientieren, haben sich beispielsweise Register als unangemessen erwiesen; wirksame Mittel sind eher die sog. ›search engines‹ (wie Yahoo!, AltaVista, HotBot, Lycos und viele andere), weil sie nicht die Konstanz, sondern die ständige Variation der Materialien voraussetzen. Die Suchmaschinen werden aktiviert, um die interessierenden Informationen herauszufinden, und das Ergebnis ihrer Arbeit ist schließlich eine Art Register – aber ein Register, das immer wieder ein neues ist, weil es aus jeweils einer neuen Such- und Verarbeitungsoperation zu einer Sammlung von Texten resultiert, die sich ständig ändert.

Unter diesen Umständen vergißt das Gedächtnis viel radikaler. Was zählt, ist maximale Anschlußfähigkeit bei minimaler Aufbewahrung von Vergangenheit. Vergangenheit wird in jeder Gegenwart im Sinne der evolutiven Einstellung der Modernität neu geschrieben; zuvor hergestellte Vergangenheit wird vergessen. Was bleibt, ist nur die a-chronische Verfügbarkeit der zu benutzenden Materialien. Im Cyberspace gibt es keine Vergangenheit – und die Zukunft (wie man ständig hört) hat immer ›schon begonnen‹.[45]

Die ›Moderne‹ beruhte auf der Einmaligkeit und Autonomie der individuellen Perspektive: der Perspektive des Autors, der seine gleichermaßen autonomen Leser produziert. Das hat, wie dargestellt, zur Überwindung der rhetorischen Ordnungen der Orte und der Beispiele geführt, während der Roman sich (in der Handlung) seine eigene Zeit und eigene Figuren schafft. Die neuen Experimente interaktiver Literatur scheinen noch mehr Radikalität zu erfordern: Handlungen und Figuren sind für jeden Leser die eigenen, weil er die Möglichkeit hat, eine nie vorher gedachte Ereignisfolge zu generieren, die sich am Ende seiner ›Lektüre‹ wieder auflösen kann. Es hat den Anschein, als ob die Anerkennung der Autonomie des Beobachters bis zum Verzicht auf jeden Anspruch an gemeinsam geteilte Inhalte gehe: Die einzige Form von Kontakt be-

---

45 Zu diesem Thema und zu den Eigentümlichkeiten der Idee von ›realer Zeit‹ siehe Elena Esposito: »The Hypertrophy of Simultaneity in Telematic Communication«. In: *Thesis Eleven* 51 (1997), S. 17–36.

steht im Hervorbringen von ›Irritationen‹ und Reizen, auf die jeder auf eigene Weise reagiert.

Der äußerst beschränkte Erfolg der interaktiven ›fiction‹ zeigt allerdings, daß diese Hypothese bisher vor allem eine technische Möglichkeit darstellt. Die Vermutung, daß sie sich durchsetzen wird, ist eine ganz andere Sache. Im Fall der ›fiction‹ ist z. B. sehr wahrscheinlich, daß der Abstand des Beobachters, der andere Beobachter aus der Ferne beobachtet, unverzichtbar ist, und der Versuch, ihn abzuschaffen, gegen den Sinn dieser Form von Kommunikation verstößt. Man kann allgemein für alle Formen der telematischen Kommunikation sagen, daß die Erwartung, daß sie global die Kommunikationsformen der Modernität ersetzen, ganz unplausibel ist – so wie die schriftliche Kommunikation die mündliche Kommunikation weder ersetzt noch gelöscht hat. Was sich ergeben hat, ist eine neue ›Aufgabenteilung‹ zwischen dem Geschriebenen und dem Mündlichen, die zum Teil den Sinn beider Formen verändert hat. Vermutlich müssen wir mit einer solchen Neugestaltung rechnen. Es ist dann nötig, Voraussetzungen und Implikationen der verschiedenen Arten der Kommunikation für die Semantik der Gesellschaft im allgemeinen zu untersuchen. Aus soziologischer Sicht wird der Bezug auf das System der Massenmedien als spezifischer Kommunikationsbereich mit seinem Code und seinen Programmen unverzichtbar.[46]

Ein Aspekt kann auf jeden Fall schon jetzt angesprochen werden. Die Möglichkeit von computervermittelter Kommunikation betont die Grenzen der modernen Hypostasierung des kritischen Sinns. Die Autonomie des Individuums (der Milliarden von Individuen) impliziert nicht notwendigerweise die Fähigkeit zur Kritik, sondern verweist eher auf Zunahme von Komplexität, so daß jede normative Orientierung (auch die Kritik im Namen einer höheren Weisheit) unangemessen wird. Wie oben beschrieben, akzeptiert die Kritik die Kontingenz, sie beschränkt jedoch die Kontingenz von Anfang an. Sie akzeptiert also das Vorhandensein einer Mehrheit von Meinungen, aber sie versucht zugleich, ihnen eine Ordnung aufzuerlegen (sie also zu beschränken). Voraussetzung dafür ist, wie ausgeführt wurde, die externe Stellung des Beobachters. In der telematischen Kommunikation wird diese Beschränkung unhaltbar. Es kann dann sein, daß der Imperativ der telematischen Kommunikation und ihres auf Verbindungen bezogenen Gedächtnisses zu einer radikalen Vermehrung der Unterscheidungen führt, also zur Überwindung des modernen Kulturbegriffs gerade durch die Entwicklung seiner Voraussetzungen. Dann muß man auf den Anspruch eines Kritik fördernden Abstandes des externen Beobachters verzichten.

46 Vgl. Luhmann (Anm. 41). Es handelt sich also darum, die oben angegebene ›zweigleisige‹ Perpektive anzunehmen und neben den Kommunikationstechnologien die Formen der Gesellschaftsdifferenzierung zu untersuchen.

Raum und Zeit als Kategorien der Literaturwissenschaftsforschung

Michel Espagne

Wissenschaftsgeschichte der Literaturwissenschaft zu betreiben heißt, seit die ältere Heldengeschichte überwunden ist, den Differenzierungsprozeß der Forschungsgebiete zu untersuchen. Die institutionelle Dimension des wissenschaftlichen Lebens (Berufungssystem, Finanzierung, Gründung und Ausstattung der Institute und Bibliotheken) muß dabei mit innerwissenschaftlichen Tendenzen (Entstehung neuer Unterdisziplinen, wissenschaftliche Debatten, Schwerpunkte der Veröffentlichungen) in Einklang gebracht werden. So widersprüchlich die innerwissenschaftliche und die institutionell-organisatorische Ebene auch scheinen mögen, es geht in beiden Fällen um die synoptische Erfassung eines sozialen Systems. Daß dieses System entwicklungsfähig ist, wird zwar stillschweigend vorausgesetzt, spielt aber in den Darstellungsversuchen keine zentrale Rolle. Es wird meistens auch die Tatsache ausgeklammert, daß das Wissenschaftssystem als Konstrukt des Wissenschaftshistorikers etwas mit dessen Zeithorizont zu tun hat. Dabei macht zum Beispiel Klaus Weimar in seiner paradigmatischen *Geschichte der deutschen Literaturwissenschaft* von vornherein kein Hehl daraus, daß er von einer rückläufigen Zeitwahrnehmung ausgeht, das heißt die Komponenten des 1989 als Germanistik bezeichneten Lehr- und Forschungsbetriebs so weit wie möglich in die Vergangenheit zurückverfolgt.[1] Die Zeitdimension spielt in der Gestaltung der Fachgeschichte eine heimliche Rolle, der man jetzt näher auf die Spur gehen sollte.

I.

Eine Fachrichtung kann als eine Art Aufteilung des nationalen Raumes verstanden werden, die mehrere Institute in voneinander genau bestimmbarer Entfernung bestehen läßt. Die Vermehrung der Institute ist meistens auf eine Dynamik der Abtrennung und Verselbständigung zurückzuführen. Unabhängig

1 Klaus Weimar: *Geschichte der deutschen Literaturwissenschaft bis zum Ende des 19. Jahrhunderts*. München 1989.

davon gibt es auch eine Art räumlicher Aufteilung der Gegenstandsbereiche. Neben der Mediävistik, die zuerst die Übertragung altphilologischer Methoden auf moderne Literaturen geleistet hat, haben sich neue Schwerpunkte herausgelöst. Die philologische Arbeit erschöpft sich andererseits in der Edition und dem Kommentar von überlieferten Texten. Die Überlieferung selbst wird dadurch ermöglicht, daß es Nachlässe gibt, die in bestimmten Archivzentren aufbewahrt werden.[2] Es ist hier nicht der Ort, die Geschichte der Gründungen von Literaturarchiven und die Prinzipien ihrer inneren Einrichtung zu beschreiben. Wilhelm Diltheys bahnbrechender Aufsatz, der die Funktion der Literaturarchive im nationalen Rahmen beschrieb, ist nur ein Moment in diesem Prozeß, der viel tiefer reichende Wurzeln besitzt. Zu den Anfängen könnte man unter anderem Goethes Tendenz zur Selbstarchivierung seiner Lebens- und Werkzeugnisse rechnen. Indem Dichter wie Jean Paul oder etwa Montaigne im 16. Jahrhundert sich einen Dokumentationsfundus anlegten, auf den sie immer wieder zurückgegriffen haben, entwarfen sie schon eine räumliche Ordnung ihrer Materialien.

Zwar benutzt der Dichter seine Dokumentation als Quelle zur Gestaltung neuer Primärliteratur, während der Philologe einen Nachlaß als Grundlage editorischer oder interpretatorischer Überlegungen benutzt. Eine gewisse Parallelität zwischen dem öffentlichen und dem Privatarchiv bleibt jedoch unverkennbar. Eine weitere Verwandtschaft läßt sich beobachten zwischen Archivordnung und Bibliotheksordung. Dies hängt auch damit zusammen, daß in den frühesten Klosterbibliotheken lauter Handschriften aufbewahrt wurden und ihre thematische Verteilung im Bibliotheksraum die Ordnung des Wissens überhaupt widerspiegelte. Die Ordnung der mittelalterlichen Handschriftensammlungen setzte sich in die Ordnung der Bibliotheken fort. Sie war nicht ohne Wirkung auf die Materialiensammlungen das heißt vor allem Exzerptbücher von Schriftstellern. Deren Dokumentationsfundus, soweit er in seiner ursprünglichen Form erhalten bleiben konnte, ging nicht selten in die Ordnung eines in einem öffentlichen literarischen Archiv aufbewahrten Nachlasses über. Spätestens bei dieser Feststellung muß man sich fragen, inwieweit das Modell einer räumlichen Projektion der Archivbestände und der Nachlaßordnungen noch etwas taugt. Wenn nach Ableben eines Dichters dessen Entwurfshandschriften und Reinschriften von einem Archiv übernommen werden, verlieren sie einen Teil ihrer ursprünglichen räumlichen Kohärenz. Die manchmal rein zufälligen Merkmale des Arbeitstisches, der Ordner, der Privatbibliothek können nicht übernommen werden, und neue Signaturen behaupten den Vorrang einer Ordnung, die nicht mehr dem Literaturproduzenten, sondern dem Philologen zugänglich sein muß. Der literarische Nachlaß befindet sich in einem Schwebezustand zwischen zwei Ordnungen, die im Laufe der Überlieferungsgeschichte, etwa wenn das Archiv

2 Vgl. Michel Espagne: *De l'archive au texte. Recherches d'histoire génétique.* Paris 1998; ders.: »Genetische Textanalyse: Edition – Archiv – Anthropologie«. In: Christoph König/ Siegfried Seifert (Hrsg.): *Literaturarchiv und Literaturforschung. Aspekte neuer Zusammenarbeit.* München 1996, S. 83–103; ders.: »Zu den sozial- und kulturhistorischen Voraussetzungen der Handschrifteninterpretation«. In: *IASL* 21 (1996) H. 1, S. 31–56.

umstrukturiert wird, dupliziert werden können. Bei dieser Aufschichtung von Kohärenzformen ist es nicht so, daß eine Schicht die jeweils letztere ablöst, sondern Spuren aller vorherigen Schichten lassen sich noch in der jeweils neuesten erkennen. Wer eine kulturhistorische Perspektive auf diese Reihe miteinander verknüpfter Ordnungsschichten bezieht, muß auf die Prägnanz einer Zeitstruktur des Forschungsgegenstandes in der Literaturwissenschaft schließen. Wenn man aber davon ausgeht, daß die Annäherung an einen Gegenstand zwar von einem Erkenntnisinteresse, aber auch von der inneren Struktur des Forschungsgegenstandes vorgeprägt wird, so müßte die Rolle dieser inneren Zeitlichkeit bei der Definition der Facharbeit besser akzentuiert werden. Schließlich sind die überlieferten Texte Reservoirs von Gedächtnisschichten, die ineinander überspielen und die Aufteilung der wissenschaftlichen Felder in klar abgegrenzte Gebiete relativieren.

Die optische Darstellung einer Nachlaßstruktur, das heißt eines literaturwissenschaftlichen Forschungsgegenstandes, täuscht, insofern als sie ein Objekt, das selbst eine Dynamik auslöst, nach dem Modell naturwissenschaftlicher Tabellen der Aufklärungszeit als rein synchronische Struktur schematisiert. Dabei übernimmt jeder Nachlaß Bruchstücke schon verschollener Ordnungen privater oder öffentlicher Art, etwa des anwachsenden Dokumentationsfundus oder der öffentlichen Bibliotheken. Bedenkt man, daß der Sinn eines Überlieferungsträgers von seiner Einbettung in eine Kontextstruktur abhängt, dann ist die zeitliche Dimension dieses Kontextes ein wichtiger Bestandteil der Sinnbestimmung. Auf einer ganz konkreten Ebene geht es darum, die allmähliche Konstruktion der Archivbestände, als archäologische Spuren unterschiedlicher einander ablösender Kulturhorizonte zu verfolgen und insbesondere auf die noch bestehenden Hinweise auf frühere Verzeichnisse oder Ordnungsprinzipien in den neueren Katalogen aufmerksam zu werden. Meistens wurden diese Hilfsmittel der wissenschaftlichen Arbeit, vor allem wenn sie durch neue Kataloge abgelöst wurden, höchstens unter dem Gesichtspunkt eines Fortschritts der archivalischen Technik betrachtet. Der erste Historiker der Handschriftenabteilung der Pariser Nationalbibliothek Léopold Delisle (1826–1910), der seine Arbeit ab 1868 lieferte,[3] wußte es besser und bezeichnete die Entstehungsgeschichte der Handschriftenabteilung der Bibliothèque nationale als eine Geschichte des geistigen Lebens in Paris – eine Geschichte, die von der materiellen Herstellung des Buches bis hin zu rein literarischen Fragestellungen reiche. In seinem Verzeichnis der französischen Handschriften der Bibliothek nahm sich der Philologe und Historiker Paulin Paris (1800–1881) vor, die verschiedenen Vermutungen und Urteile, die über die Bestände geäußert worden waren, in deren Beschreibung einzubeziehen.[4] So wurden durch diese Entscheidung die Ansichten zu den einzelnen überlieferten Texten als Bestandteile der Überliefe-

3 Léopold Delisle: *Le cabinet des manuscrits de la bibliothèque impériale.* 4 Bde. Paris 1868–1881.

4 Paulin Paris: *Les manuscrits français de la bibliothèque du roi.* 7 Bde. Paris 1836–1848, Bd. 1, S. XIII–XIV.

rung betrachtet. Die zeitliche Dimension gehörte zum Kern des Erfassungsvorgangs. Der Katalogsaal der großen Handschriftensammlungen vermittelt den Eindruck einer chaotischen Zusammenstellung heterogener Angaben. Gerade daran läßt sich aber die kulturhistorische Tragweite der Teilordnungen beobachten, die die Vielfalt der Erkenntnisinteressen illustriert.

Die Entststehung der großen Literaturarchive findet in der Zeit der Entwicklung einer akademischen Literaturwissenschaft, das heißt im 19. Jahrhundert, statt. Diese Literaturarchive dokumentieren auf der Ebene der Traditionspflege ein gewisses nationales Selbstverständnis. Deshalb haben die angestrebten Klassifizierungen eine organische Einheit der ganzen Überlieferung insbesondere nach sprachlichen Kriterien zu betonen. Früher war die Sprache als Unterscheidungsmerkmal weniger relevant. Der Besitz literarischer Denkmäler exotischer Völker – etwa der Besitz chinesischer Handschriften – zeugte in Frankreich seit dem ausgehenden 17. Jahrhundert von einer universalen Neugierde, von dem Willen, die entfernten Literaturen in einen universalen Begriff der Literatur einzuordnen. Die Pariser Nationalbibliothek umfaßt beispielsweise eine solche Kulturschicht, die später von dem nationalen Erkenntnisinteresse abgelöst wurde. Seit der Mitte des 19. Jahrhunderts wurden lauter große Figuren der Nationalgeschichte aufgenommen. Die Aufschichtung der beiden Ansätze, wobei die obere Schicht die unteren Klassifizierungsentscheidungen nur oberflächlich überdeckt, entspricht einer zeitlichen Struktur. Unter Fachgeschichte wäre also der Versuch zu verstehen, nicht nur die Leistungen einzelner Figuren zu betrachten oder die synchrone Analyse von Momenten der Disziplin zu unternehmen, sondern die Nachwirkung früherer Denkansätze zu verfolgen. Man könnte an eine etymologische Untersuchung der Forschungsgegenstände denken, mit denen sich die Disziplin auseinandersetzt. Dabei ginge es weniger um die Entstehung des Gegenstandes selbst, sondern um die sozialen Definitionsansätze im Rahmen eines literarischen Archivs. Die Vielfalt der Klassifizierungsebenen ist geradezu eine Aufforderung zur genaueren Modellierung der kulturhistorischen Zeit in der Fachgeschichte.

II.

Die Fachgeschichte der Literaturwissenschaft ist eine geisteswissenschaftliche Rekonstruktion, welche die Abfolge wissenschaftlicher Werke dadurch zu erklären versucht, daß sie sie in einen chronologischen Raster einordnet. Alle Wendepunkte oder Differenzierungsstrategien kennzeichnen sich zuerst durch ihren spezifischen Ort in der zeitlich definierten Verkettung der publizierten Schriften. Nun ist diese Zeit keineswegs homogen. Im Gegensatz zu den Knotenpunkten, wo sich eine rege Diskussion entfaltet, gibt es Phasen der Leere oder der latenten Entwicklung, die gewöhnlich als irrelevant oder minder inhaltsreich betrachtet werden. So wird man oft dazu neigen, die 1950er Jahre als eine Zeit zu verstehen, in der textimmanente Analysen und reine Kunstbetrachtung eine allgemeine Verunsicherung übertünchen. Es geht der Wissenschaftsgeschichte wie der Literatur selbst. Neben Zeiten der fieberhaften Innovation gäbe es Zeiten des Winterschlafs, ungefähr wie Goethe-Zeit und Romantik von der Vormärzliteratur abgelöst werden, in der nur noch Heine und Büchner allgemein zur Kenntnis genommen werden. In vielen deutschen Literaturgeschichten nehmen daher die 1830er und 1840er Jahre einen viel geringeren Raum ein als etwa das Jahrzehnt zwischen 1790 und 1800. Eine solche langfristige Gewichtung kann allerdings in bestimmten Zeiten wieder nuanciert werden, so beispielsweise wenn es darum geht, die politischen Momente der deutschen Literaturtradition hervorzuheben. Dann wird sich die Aufmerksamkeit gerade auf den Vormärz konzentrieren. Die Wahlverwandtschaft zwischen dem Literarhistoriker und seinem Gegenstand beziehungsweise zwischen einem literarhistorischen Horizont und dem Gegenstand sollte näher untersucht werden, denn in ihr vollzieht sich eine Verzerrung der rein mathematischen Zeitstruktur. Eine ähnliche Verzerrung findet auch in der Wahrnehmung der Fachgeschichte statt. Die Entstehung der Wissenschaft mit ihren Akzentsetzungen wird retrospektiv rekonstruiert und signalisiert über die Zeiten hinweg gewisse Konvergenzen zwischen dem Literarhistoriker und dem Fachhistoriker. Das Interesse wendet sich keineswegs einer gleichmäßig verteilten wissenschaftlichen Produktion zu, sondern sucht sich Momente der Reflexion aus, die mit gegenwärtigen Fragestellungen einen Sinn produzieren.

Sehr charakteristisch scheint mir die jetzige Hinwendung zu Figuren des 19. Jahrhunderts, die lange Zeit als langweilige gedankenarme Rhetoriker verschmäht wurden. Zu denen gehört unbestritten Victor Cousin, der während der Restauration Philosophieprofessor wurde und unter der Julimonarchie zur allmächtigen grauen Eminenz des französischen Unterrichtswesens avancierte. Ihm ist nicht nur die Edition griechischer Autoren und eine sehr freie Interpretation der Hegelschen Philosophie zu verdanken. Er hat sich auch für die Literaturwissenschaft interessiert und beispielsweise eine philologische Auseinandersetzung mit Pascals Handschriften in Gang gebracht. Er gehört zu jenen schreibseligen Persönlichkeiten in der Wissenschaftsgeschichte, deren Produktion im nachhinein als wortreiche Anpassung an den Geist der Zeit betrachtet wurde. Nun erlebt man seit einem Jahrzehnt in Frankreich eine Cousin-Renaissance.[5] Die Fachhistoriker der Geisteswissenschaften nehmen keineswegs den Gedankenduktus seiner philosophischen oder literarhistorischen Beiträge ernst, wohl aber ihre Signalfunktion. Die Analyse Cousins wird als Zugang zum Verständnis des wissenschaftlichen Kontextes entdeckt. Ihn sieht man als Vertreter einer radikalen Überbrückung der Kluft zwischen Geisteswissenschaft und politischem Leben, zwischen der gelehrten Stube und der medienwirksamen Selbstprofilierung. Wenn Cousin lange Zeit eher eine leere Stelle in der Kontinuität der Wissenschaftsgeschichte bezeichnete, so hat sich diese Lücke geschlossen, und die Zeitstruktur hat sich durch die ermöglichte Rückprojizierung geändert.

---

5 Jean-Pierre Cotten: *Autour de Victor Cousin: Une politique de la philosophie*. Besançon 1992; Patrice Vermeren: *Victor Cousin. Le jeu de la philosophie et de l'Etat*. Paris 1995; Eric Fauquet (Hrsg.): *Victor Cousin Homo theologico-politicus. Philologie, philosophie, histoire littéraire*. Paris 1997.

Ein weiteres Beispiel liefert die Sainte-Beuve-Forschung, die neuerdings mit der großen Biographie von Wolf Lepenies um einen unerwarteten Beitrag bereichert wurde.[6] Sainte-Beuve war ein Literaturwissenschaftler in dem für das 19. Jahrhundert typisch französischen Sinne des Wortes. Er unterrichtete wenig, vermittelte seine Ansichten zur Literatur im gesellschaftlichen Austausch. Zwar wurde er 1854 als Professor für Lateinische Poesie am Collège de France berufen. Er wurde aber von den Studenten, die ihre Abneigung gegen das zweite Kaiserreich ausdrücken wollten, so arg angepöbelt, daß er seine Vorlesungen bald einstellen mußte. Sainte-Beuve war der unermüdliche Autor von Rezensionen und Berichten, die unter anderem in den *Causeries du lundi* (16 Bde.) und in den *Nouveaux lundis* (13 Bde.) gesammelt wurden. Er hat außerdem eine Geschichte der Literatur im 17. Jahrhundert im Umkreis von Port Royal geschrieben und dafür gesorgt, daß die Literatur des 17. Jahrhunderts der Maßstab blieb. Der leichte Stilist und Frauenverführer Sainte-Beuve war in politischer Hinsicht eher konservativ, beziehungsweise ging er auf Distanz zu den Revolutionen und sozialen Lawinen seiner Zeit und konnte sich mit der jeweiligen Obrigkeit, etwa mit dem Kaiser, gut arrangieren. Seine primärliterarischen Werke, zum Beispiel sein Roman *Volupté*, gelten und galten schon damals als eher mittelmäßige Erzeugnisse. Sainte-Beuve ist es nicht gelungen, die kritische Methode, die ihm vorschwebte, zu gestalten; dieser methodische Durchbruch blieb das Verdienst des jüngeren Hippolyte Taine. Der jetzige Leser erinnert sich jetzt an Sainte-Beuve vor allem, wenn es darum geht, die Entstehungsgeschichte von Prousts großem Romanwerk zu skizzieren. Denn Proust hat bekanntlich in einer Auseinandersetzung mit dem Kritiker Sainte-Beuve zu sich selbst gefunden.

Warum schreibt ein heutiger Soziologe wie Wolf Lepenies eine Sainte-Beuve-Biographie? Die Antwort auf diese Frage wird sozusagen mitgeliefert. »Heute nach dem Fall des Kommunismus beginnen Intellektuelle langsam zu erkennen, daß sie ihre Berufung keineswegs verleugnen, wenn sie sich einer Kultur des Kompromisses anschließen und einsehen, daß ein unbegrenztes Denken und ein Handeln auf mittlere Frist keine Gegensätze sein müssen. Unsere Welt mag daher in Zukunft langweiliger werden, aber es wird dann, so ist zu hoffen, eine glückliche Langeweile nach den Katastrophen sein, die das 20. Jahrhundert entfesselt hat. Sainte-Beuve hat auch diese Hoffnung vorausgeahnt.«[7] Die Fachgeschichte wäre also primär eine Form der Identifizierung des jetzigen Zustands der Geisteswissenschaften mit einer früheren Zeit. Und sie wird jetzt nicht mehr durch die Helden der Disziplin ermöglicht, sondern durch die durchschnittlichen Figuren, die eher zu den bisherigen Leerstellen in der Heldengalerie gehörten.

Interessanterweise wurde schon zu Beginn der 1970er Jahre vom kommunistischen Literaturwissenschaftler Roger Fayolle der Versuch unternommen, das Projekt einer Fachgeschichte der Literaturwissenschaft mit Sainte-Beuve zu koppeln.[8] Wenn Roger Fayolle sich mit Sainte-Beuve identifizierte, dann mit

6 Wolf Lepenies: *Sainte-Beuve. Auf der Schwelle zur Moderne*. München 1997.

7 Ebd., S. 569.

8 Roger Fayolle: *Sainte-Beuve et le 18e siècle ou comment les révolutions arrivent*. Paris 1972.

der unterschwelligen Selbstanklage des Hochschulprofessors kleinbürgerlicher Herkunft, der sich notgedrungen zum Lager der Anbeter ewiger literarischer Werte geschlagen habe. Es gehe darum, am negativen Beispiel von Sainte-Beuve die Möglichkeit einer soziologisch orientierten Literaturwissenschaft zu erforschen.

Cousin und Sainte-Beuve waren Zeitgenossen und gehören zu einer Zeit und einer Gruppe, welche die Fachgeschichte eher ignoriert hatte. Ferdinand Brunetière, dem der Literar- und Fachhistoriker Antoine Compagnon ein Buch gewidmet hat, war etwas jünger und starb erst 1906. Schon der Titel der Abhandlung hat eine programmatische Tragweite: »Connaissez-vous Brunetière?«,[9] denn kein Mensch kennt jetzt diesen Chefredaktor der *Revue des deux Mondes*, für die er mehrere Aufsätze schrieb. Als er die Leitung übernahm, war die wichtigste französische Literaturzeitschrift des 19. Jahrhunderts eher schon marginal geworden. Die Einleitung beginnt mit folgenden Betrachtungen: »Ferdinand Brunetière, der namhafteste Literaturkritiker des ausgehenden 19. Jahrhunderts, der Nachfolger von Sainte-Beuve und Taine hat jetzt niemandem etwas zu bedeuten, oder höchstens etwas Negatives. Brunetière scheint unrettbar zu sein: seine Theorie der darwinistischen Entwicklung literarischer Gattungen hat seinen literarischen Ruf in den Schatten gerückt. Als Akademiemitglied und Leiter der *Revue des deux Mondes* hatte er eine konservative und klerikale Gesinnung [...]. Ich habe nicht die Absicht, Brunetière zu retten, und doch macht mich diese Figur neugierig.«[10] Im Gegensatz zu vielen seiner Zeitgenossen hatte er sich den Gegnern des jüdischen Hauptmanns Dreyfus zugesellt, ohne als erklärter Antisemit aufzutreten. Sich eine genaue Untersuchung des Lebenslaufs des Kritikers Brunetière vorzunehmen, läuft darauf hinaus, gegen die etablierten Vorstellungen der Fachgeschichte zu schreiben und eine der ignorierten Niederungen des Fachs zu beleuchten. Diese Beleuchtung bricht die Kontinuität und weitet einen vergessenen Zeitabschnitt so aus, daß er plötzlich, wohl durch die Kollision mit gegenwärtigen Erkenntnisinteressen, eine neue Bedeutung gewinnt.[11] Die retrospektive Konstruktion, ob sie sich auf Cousin, auf Sainte-Beuve oder auf Brunetière bezieht, zeigt einerseits, wie unbeständig die Zeitstruktur ist. Andererseits bewirkt die Rückprojektion auch eine Relativierung der lange Zeit vorherrschenden Differenzierungen. Heute werden die Grenzen zwischen den Disziplinen in Frage gestellt und angefeindet. Indem die Überlegungen zur Fachgeschichte Persönlichkeiten bevorzugen, die nur in indirekter Verbindung mit der akademischen Übertragung der Tradition stehen und dazu fachübergreifend

9 Antoine Compagnon: *Connaissez-vous Brunetière? Enquête sur un antidreyfusard et ses amis*. Paris 1997.

10 Ebd., S. 7.

11 Diese Rückgewinnung der Zeit hatte Antoine Compagnon schon einmal erprobt, indem er der Figur von Proust, die einen Höhepunkt der französischen Literaturgeschichte darstellt, die Figur von Gustave Lanson gegenüberstellte, den man eher mit der Substanzlosigkeit der Literaturwissenschaft im ausgehenden 19. Jahrhundert identifiziert; vgl. Antoine Compagnon: *La Troisième République des Lettres. De Flaubert à Proust*. Paris 1983.

die Beziehungen der Geisteswissenschaften zum politischen Umfeld hervorheben, können eventuell auch frühere Formen der Kategorisierung rückgängig gemacht werden.

III.

Die literarhistorische Gründung nationaler Identität erfolgt erst dann, wenn gezeigt werden kann, daß die Gruppe schon in einer entfernten Vergangenheit bestand. Die Legitimität hängt mit der Sicherung dieser Zeitdimension zusammen. Dadurch erklärt sich, daß die Literaturhistoriker des 19. Jahrhunderts, die viel Wert auf die Legitimation legten, sich den frühesten Zeiten zuwandten. Indem sie die Literaturgeschichte von Zeiten untersuchten, als es überhaupt keine Literatur gab, konnten sie sie nach ihren momentanen Wunschvorstellungen gestalten und aus diesem Konstrukt die Kennzeichen der Nationalpsychologie deduzieren. Durch die Rückprojektion der gegenwärtigen Erwartungen in eine dunkle Vergangenheit läßt sich die organische Einheit der Nation am leichtesten nachweisen. 1839 publizierte Jean-Jacques Ampère eine dreibändige Literaturgeschichte Frankreichs vor dem 12. Jahrhundert. In der Einleitung begann er, damit seine Forschungsziele zu definieren, daß er auf die nationalen Interessen hinwies: »In der Literatur suchen wir, was immer die ernsthaftesten Forscher gesucht haben: wir haben vor, die geistige und moralische Entwicklung unserer Nation nachzuzeichnen. Ob diese Entwicklung sich in dieser oder jener Sprache ausdrückte, es ist unmöglich, über einen so beträchtlichen Teil zu schweigen.«[12] Für Ampère gibt es eine französische Nationalliteratur, noch bevor es eine französische Sprache gibt, das heißt diese Nationalliteratur ist von einem Sprachbereich unabhängig. Sogar das französische Mittelalter sprach überwiegend Latein, und das französische 17. Jahrhundert war vom lateinischen Modell abgeschrieben. So kann die französische Literaturtradition an die lateinische Literaturgeschichte anknüpfen. Sie ist berechtigt, diese Erbschaft anzutreten und wird durch eine solche um Jahrhunderte erweiterte Tradition legitimiert. Ampère erhebt mindestens Anspruch auf die lateinische Literatur, die auf französischem Boden entstanden ist, und projiziert damit in die Vergangenheit eine Art geistiges ›jus soli‹. Vor allem sieht er eine Notwendigkeit in der Auseinandersetzung mit der Urzeit, weil die Kohärenz späterer Kulturstufen erst durch das Verständnis der frühen Bestandteile ermöglicht wird: »Besonders nützlich, ja unbestritten notwendig ist es, sich in die Vorbereitungszeit zu vertiefen, als die verschiedenen Bestandteile, die erst später leben und sich gestalten sollen, auf vielerlei Weisen gären, sich vermischen und zusammenschließen. Unentbehrlich ist es für uns, sich in diese schöpferische Finsternis zu versenken, in diese lebendige Nacht, aus der ein neues Licht strahlen wird, in dieses fruchtbare Chaos, welches eine neue Welt gebären wird.«[13]

12 Jean-Jacques Ampère: *Histoire littéraire de la France avant le douzième siècle*. Paris 1839, Bd. 1, S. X.

13 Ebd., S. XI.

Zu den ersten Völkerstämmen, die Frankreich bewohnt haben, gehörten die Iberer, mit denen sich Wilhelm von Humboldt schon befaßt hatte. Ampère knüpft an die Betrachtungen Humboldts an, indem er die Ursprünglichkeit der iberischen Siedlungen etymologisch zu belegen versucht. Die Basken, die laut Humboldt die Nachfolger der Iberer sind, bezeichnen die Fremden mit der Vokabel ›Atzean‹, das heißt »diejenigen, die hinten stehen«, was ja zur Genüge beweisen dürfte, daß sie die ersten Bewohner gewesen sind. Wichtig ist für Ampère, daß man keine noch frühere Völkerschaft finden könnte, die die Reihe der Kulturträger so umgestalten könnte, daß eine andere Deutung der gegenwärtigen Literatur möglich würde. Als erste literarische Beschreibung des französischen Territoriums wird ein Fragment von Aischylos (aus der Trilogie *Prometheus*) zitiert, das das Rhônetal bei Arles erwähnt haben soll. In der griechischen Kolonie von Massalia (Marseille) lebte ungefähr 400 Jahre vor Christus Pytheas, den Ampère als den ersten Schriftsteller Frankreichs sehen möchte. Pytheas soll Forschungsreisen in den fernen Norden unternommen und sagenhafte Berichte entworfen haben: »An den echten oder erlogenen Berichten Pytheas' interessiert uns ganz besonders die Wirkung, die sie auf die Phantasie der Leute hatten: in der Literaturgeschichte muß man alles berücksichtigen, was der Einbildungskraft neue Bilder bietet. Nun hatte der Süden vor Pytheas nichts über den Norden in Erfahrung gebracht. Gerade Gallien, seine Heimat, hatte man sich als ein nördliches Land vorgestellt, dessen Ströme vereist seien. Pytheas legte zum ersten Mal dem erstaunten Süden das Wesen und die Dichtung der nördlichen Welt bloß. Seine wundersamen Erzählungen erregten die Geister und gaben Anlaß zu Werken der Phantasie.«[14] Durch Ampère wird Pytheas in die zeitgenössische Debatte um die nördlichen oder südlichen Literaturformen einbezogen, die für die ersten Jahrzehnte des 19. Jahrhunderts so kennzeichnend ist.

Am Ende seiner dreibändigen Untersuchung behandelt Ampère eine Strömung, die er als die Renaissance des 11. Jahrhunderts einstuft. Diese Renaissance habe sich durch eine philologische Pflege der Überlieferung gekennzeichnet, welche sich wie die Reformation ausgewirkt habe. »Die Reformation und die Philologie sind verschwistert – Luther, Melanchthon und Calvin machten die Gelehrsamkeit zum Werkzeug ihrer theologischen Unternehmungen. Der erste wurde zum Hebraisten, um die Bibel übersetzen zu können, der zweite war ein Schüler Reuchlins, des großen Erneuerers der gelehrten Studien, der dritte war zunächst Philologe, bevor er sich zum Reformator entwickelte. Im 11. Jahrhundert führte ein ähnliches Prinzip zu vergleichbaren Konsequenzen.«[15] Ampère geht eigentlich über diese Parallele hinaus, indem er nachweist, daß die sogenannten Philologen des 11. Jahrhunderts zuweilen dafür plädiert hätten, daß die Tradition von der Vernunft durchleuchtet werde. Hinter dieser Renaissance des 11. Jahrhunderts zeichnet sich die Religionskritik des 19. Jahrhunderts ab. Damit die nationale Gruppenidentität bewahrt wird, muß die literarische Tradition, für deren Echtheit sich die Literaturwissenschaft verbürgt,

14 Ebd., S. 141.
15 Ebd., Bd. 3, S. 462.

eine möglichst umfangreiche Zeitspanne umfassen. Am allerwichtigsten ist jedoch die Verfügbarkeit des Ursprungs, von dem die Gegenwart abgeleitet werden kann. Pytheas ist deswegen eine wichtige Etappe der französischen Literatur, weil er als erster da steht und kaum eine andere Spur als seinen Namen hinterlassen hat.

Die von Hippolyte Taine angestrebte Verwissenschaftlichung der Literaturkritik beruht ebenfalls auf dem Versuch, sich des Ursprungs zu bemächtigen und durch die spekulative Gestaltung eines ursprunglichen Paradigmas die Entwicklung der literarischen Motive nach den Bedürfnissen der Stunde zu gestalten. In seiner 1863 publizierten *Geschichte der englischen Literatur* bemühte sich Taine, eine Methode zu definieren, welche die Entstehung literarischer Werke auf das Zusammenspiel dreier Faktoren zurückführte, auf ›race‹, ›milieu‹, ›moment‹, das heißt Volksgruppe, Umwelt und Konjunktur. Dabei war die Literatur weniger ein selbständiges Forschungsobjekt als ein hermeneutisches Instrument zur Erforschung des jeweiligen Kulturhorizonts: »Man hat entdeckt, daß ein literarisches Werk keineswegs ein einfaches Spiel der Phantasie, die zusammenhanglose Grille eines erhitzten Kopfes ist, sondern die umgebenden Sitten nachahmt und eine Gesinnung kennzeichnet. Man hat die Konsequenz gezogen, daß man auf der Grundlage von literarischen Denkmälern herausbekommen könnte, wie die Menschen vor etlichen Jahrhunderten gefühlt und gedacht hatten. Man hat es versucht, und es ist gelungen.«[16] Taines Methode, die auf die Popularisierung Hegelscher Denkansätze hinausläuft, wurde zum Modell für alle Formen der Literaturgeschichtsschreibung im letzten Drittel des 19. Jahrhunderts. Dann hat sie die Literaturwissenschaftler, die einen deterministischen Erklärungsraster witterten, eher abgeschreckt. Als Literaturwissenschaftler dachte Taine mit zeitlichen Kategorien, wobei die entfernteste Urzeit, die so weit entfernt ist, daß man sie sich nach Belieben vorstellen kann, die Reihe der späteren Erscheinungen am meisten bestimmte. Die Urahnen der Engländer waren die Sachsen, die Tacitus in der *Germania* beschrieben hat. Taine entwarf ein Bild der ersten Figuren einer englischen Kultur- und Literaturgeschichte, die an die stereotypen Vorstellungen der Germanen erinnern. Dieses Bild von blondhaarigen und blauäugigen Germanen wurde sogar mit der aufklärerischen Theorie des freien Germanen bereichert: »Jeder ist auf seiner Scholle und in seiner Hütte sein eigener Herr, gerade und unangetastet steht er da, ohne sich zu beugen oder angreifen zu lassen. Wenn die Gemeinde etwas von ihm nimmt, dann nur weil er seine Zusage gab. Bei allen großen öffentlichen Anlässen steht er da unter Waffen und gibt seine Stimme ab. Er fällt Urteile in der Versammlung, schließt Bündnisse, führt Privatkriege, wandert aus, ist tätig und wagemutig. Der moderne Engländer ist schon ganz an diesem Sachsen zu erkennen.«[17] Taine untersucht insbesondere bei *Beowulf* die leichten Übergänge von der germanischen zur christlichen Welt. Von vornherein glaubt er aber herausfinden zu können, daß die Engländer sich durch eine ge-

16 Hippolyte Taine: *Histoire de la littérature anglaise*. Paris 1863, Bd. 1, S. III.
17 Ebd., S. 19.

wisse Gleichgültigkeit gegenüber dem Schönen und durch eine Leidenschaft für das Wahre hervortun. Der englische Empirismus zeichne sich im Frühmittelalter schon ab. Das Selbstverständnis der nationalen Literaturforschung kann die Dimension der Zeit nicht entbehren. Deshalb müßte auch die kulturhistorische Zeit ein Gegenstand der Wissenschaftsforschung werden.

IV.

Die von den Literaturhistorikern definierte Periodisierung entspricht der besonderen Betonung einer einzigen Zeitdimension. Nun werden die literarischen Perioden grundsätzlich nicht homogen, sondern unterschiedlich bemessen. Auf eine längere und als wenig bedeutend geltende Periode kann ein neuer kurzer Zeitabschnitt folgen. Die Frage der Periodisierung wirft das Problem der Konstitution einer kulturhistorischen Zeit auf. Die Periodisierung entsteht allerdings nicht auf der Grundlage der literarischen Texte selbst, sie ist nicht das einfache Ergebnis der Beobachtung unterschiedlicher literarischer Stilrichtungen, sondern sie wird in vielen Fällen aus Nachbardisziplinen importiert. Am naheliegendsten ist die Einhaltung der geschichtswissenschaftlichen Zeiteinteilung. In der französischen Literaturwissenschaft wird, erstaunlich genug für Fremde, vorausgesetzt, daß jedes Jahrhundert sein besonderes Merkmal besitzt, das es unverwechselbar macht. Die Literatur des 18. Jahrhunderts wird auf den Fluchtpunkt der Revolution bezogen, der die vorigen Stufen teleologisch erklärt. Eine parallele Entwicklung der historischen Ereignisse und der literarischen Werkproduktion wird in den meisten modernen Literaturgeschichten stillschweigend vorausgesetzt.

Die Naturwissenschaftsgeschichte hat ihrerseits nur wenig Modelle für die Periodisierung der Literaturwissenschaft geliefert. Man könnte höchstens daran erinnern, daß der Naturalismus in Beziehung zur Biologie und zum Darwinismus gesetzt wird. Viel wichtiger sind die Importe aus dem Gebiet der Kunstgeschichte. Schon bei Winckelmann ist ein Anfang signalisiert. Die archaische Kunst wird nicht mit irgendeiner Verwandtschaft mit der Literatur der archaischen Zeit belegt, sondern die Literatur illustriert im nachhinein Stilunterschiede, die an den griechischen Kunstwerken beziehungsweise an den späteren Nachbildungen dieser Kunstwerke erkannt wurden. Die Fortschritte der Kunstwissenschaft hatten den massiven Import von Periodenbezeichnungen aus ihrem Bereich zur Folge. Bekannt ist der Versuch von Fritz Strich, Wölfflins ästhetische Grundbegriffe auf die Literaturgeschichte zu übertragen. Oskar Walzel unterstreicht in seinem Buch *Gehalt und Gestalt im Kunstwerk des Dichters*, das als Einleitung zu einem mehrbändigen *Handbuch der Literaturwissenschaft* gedacht war, die Querverbindungen zwischen kunst- und literaturwissenschaftlicher Periodisierung. So bestimmt er den Unterschied von Klassischem und Gotischem anhand der Arbeit von Worringer: »Den Gegensatz des Klassischen und des Gotischen prüft Worringer an der Ornamentik, also an dem Zweige bildender Kunst, der am wenigsten von Stofflichem bestimmt ist, daher den Formwillen am reinsten zum Ausdruck bringt.«[18] Walzel beruft sich auf das Buch Simmels über Rembrandt, um einen germanischen Geist zu definieren, der sich durch den Verlust der scharfen Umrisse kennzeichne. Die Schwierigkeit sogenannter klassischer Epochen, die Kunst Rembrandts oder Shakespeares anzuerkennen, wäre auf diese germanische Unschärfe zurückzuführen. Oskar Walzel zieht aus einer solchen Parallele aus Kunst- und Literaturgeschichte die Schlußfolgerung, daß es einen umfassenden Forschungsgegenstand gibt: »Dies Gemeinsame zu erkennen und auszusprechen scheint mir nicht nur die eigentliche Aufgabe einer geisteswissenschaftlich bestimmten Forschung zu sein, auch eine lösbare Aufgabe.«[19] Dabei dürfe eine Grenze nicht überschritten werden: der naturwissenschaftliche Begriff von Ursache und Wirkung dürfe die Einheit eines Kulturhorizonts nicht zu einem Organismus verwandeln.

Die literarische Periode, die wir in Frankreich und in Deutschland unter dem Stilbegriff ›Rokoko‹ kennen, entspricht dem Begriffsarsenal der Kunstgeschichte. Termini wie ›Capriccio‹, die bei Wieland vorkommen, sind dem musikalischen Wortschatz entlehnt. Das Wort ›Barock‹ selbst bezieht sich ursprünglich auf den Verstoß gegen die schönen Proportionen. Unter ›Renaissance‹ versteht man ursprünglich die Anlehnung der italienischen Kunst an antike Modelle. Die Literaturwissenschaft hat zwar selbst bestimmte Begriffe zur Verfügung gestellt. Wenn man von Sturm-und-Drang-Musik oder sogar romantischer Musik spricht, dann in Anlehnung an die literarische Periodisierung. Wie Wölfflin es genau gespürt hatte, führt jedoch die Übertragung der Begrifflichkeit zu leichten Unstimmigkeiten, zu semantischen Verschiebungen, ja manchmal zu Verfälschungen. Der Import fachfremder Zeitlichkeit ist deshalb nicht nur eine Form der Metaphorisierung und begrifflichen Bereicherung. Er stellt ganz einfach die Eigenständigkeit der fachinternen Zeitlichkeit in Frage, ohne die Möglichkeit einer pauschalen Periodisierung erkennbar zu machen. Der Import und Export der Periodisierungen führt eher zu einem manchmal konfliktreichen Zusammenspiel der Zeitlichkeitsformen. Er zeigt außerdem am Beispiel der Zeitdimension, daß die Fachgrenzen überall durchlöchert sind und nur durch willkürliche Entscheidung eines Kollektivs aufrechterhalten bleiben.

Die gegenseitige Durchdringung von geschichtswissenschaftlicher, kunsthistorischer und literaturwissenschaftlicher Zeit ließe sich am besten am Beispiel von Jacob Burckhardts Buch über die Kultur der Renaissance in Italien beobachten. Burckhardt hatte bekanntlich einen Lehrstuhl für Geschichte inne und begann erst spät, daneben über Kunstwissenschaft zu unterrichten, obwohl er in seiner Jugend Umgang mit dem Kunsthistoriker Franz Kugler gepflegt hatte. Obwohl das Buch mit einem politischen Abschnitt über den Staat als Kunstwerk beginnt, gerät die Kunst bald ins Zentrum der Reflexion, aller-

18 Oskar Walzel: *Handbuch der Literaturwissenschaft. Gehalt und Gestalt im Kunstwerk des Dichters.* Berlin 1923, S. 297.
19 Ebd., S. 6.

dings die Kunst als Politikum. Im Unterschied zum Norden, wo die Bildung importiert werden mußte, konnte Italien sehr früh an die Antike anknüpfen, durch einfaches Bekenntnis zu einer noch halbwegs lebendigen Vorzeit: »Außerhalb Italiens handelt es sich um eine gelehrte, reflektierte Benutzung einzelner Elemente der Antike, in Italien um eine gelehrte und zugleich populäre sachliche Parteinahme für das Altertum überhaupt.«[20] Von der Voraussetzung dieser lebendigen Beziehung zur Antike leitet Burckhardt weitere Überlegungen über die Renaissance ab: »Wie sich in der bildenden Kunst das Antike regt, sobald die Barbarei aufhört, zeigt sich z. B. deutlich bei Anlaß der toskanischen Bauten des 12. und der Skulpturen des 15. Jahrhunderts.«[21] Auch in der Poesie soll sich laut Burckhardt Italien sehr früh an der Antike orientiert haben, wobei als zur Architektur paralleles Beispiel der damals unbekannte Autor der *Carmina Burana* irrtümlicher Weise angeführt wird. »Eine ungehemmte Freude an der Welt und ihren Genüssen« soll die organische Unmittelbarkeit dieser Texte dokumentieren. Daß Burckhardt sich, weil er sich von der Dynamik seiner Argumentation hinreißen läßt, eine falsche Zuweisung zuschulden kommen läßt, ist weniger wichtig als der Gedankenduktus, der ihn dazu führt, eine Zeitordnung in die andere zu übertragen und durch diese zielgerichtete Verlagerung der Perspektive seinen Kulturbegriff zu erarbeiten. Alle vermittelnden Instanzen der Gelehrsamkeit, von den Bibliotheken bis hin zu den philologischen Schulen, erleichtern die Übergänge.

Man weiß, daß Jacob Burckhardt zur Herausbildung eines kulturhistorischen Modells beigetragen hat, das die Fachhistorien miteinander verknüpft und dieselbe disziplinäre Unschärfe bei den Rezipienten bewirkt hat. Nach Burckhardt wurde etwa die Renaissance als primär kunsthistorische Kategorie zum zentralen Bestandteil der sich gerade entwickelnden französischen Italianistik als Fremdsprachenphilologie. Ebenfalls in Anlehnung an Burckhardt wurden die verschiedenen Disziplinen, die sich dem Italien der Renaissance zuwandten, gleichzeitig herangezogen. Die ersten französischen Italianisten im ausgehenden 19. Jahrhundert, Emil Gebhart und Jules Zeller, hatten eigentlich Burckhardt eingeführt und die Gesamtheit der italienischen Kultur der Renaissance als ihren eigentlichen Forschungsgegenstand erklärt.[22] Die nach Wölfflin vollzogene Übertragung kunsthistorischer Periodisierung und Begrifflichkeit auf das literarische Kunstwerk war eigentlich im Burckhardtschen Ansatz schon vorgeprägt. Zu fragen wäre allerdings noch, ob nicht in Burckhardts wissenschaftlichem Ansatz eine frühere, etwa literarisch-romantische Wahrnehmung der Renaissance nachspielt, was auf eine längere Tradition der Verknüpfung von unterschiedlichen disziplinären Ansätzen, von heterogenen Zeitlichkeitsformen hinweisen könnte.

---

20 Jacob Burckhardt: *Die Kultur der Renaissance in Italien: ein Versuch.* Stuttgart 1976, S. 163.

21 Ebd.

22 Vgl. Michel Espagne: *Le paradigme de l'étranger. Les chaires de littérature étrangère au 19e siècle.* Paris 1993.

V.

Wer sich der Wissenschaftsgeschichte zuwendet, wird von einem Erkenntnisinteresse geleitet, das selbst in Zusammenhang mit seinem wissenschaftlichen Standpunkt steht. Die Wissenschaftsgeschichte der Literaturwissenschaft als historisierende Verdoppelung der Fachrichtung ist sicherlich mit einem Identitätsverlust der in die Kulturwissenschaft übergehenden Germanistik verknüpft – mit einem Identitätsverlust, den der Rückgriff auf die Geschichte einzudämmen versucht. Ein Erkenntnisinteresse ist an sich ein Moment eines Wissenschaftssystems, das mit einer gewissen Zersplitterung konfrontiert wird. Die Fachgeschichte selbst gehört zu einem abgegrenzten Zeitabschnitt der Geschichte, auch wenn man eine Heldengeschichte der ersten Germanisten oder Romanisten immer schon geschrieben hat. Die Kluft zwischen Editionsphilologie und Medienwissenschaft, zwischen Journalistik und Sozialgeschichte der Literatur kann von keiner hermeneutisch verfahrenden Geistesgeschichte mehr überbrückt werden, wohl aber von der genetischen Untersuchung des Differenzierungsprozesses. Einerseits ist der Rückgriff auf die Geschichte aus Gründen der Konjunktur nicht zu umgehen. Andererseits verzerrt die Rückbetrachtung die Modellierung des Wissenschaftssystems früherer Perioden. Indem der Germanistentag 1966 die Frage der Kontinuität in der Geschichte der deutschen Literaturwissenschaft zum ersten Mal aufwarf, privilegierte er eine Fragestellung, vor deren Hintergrund ein Zeitabschnitt der Fachgeschichte nun analysiert werden sollte. Andererseits trug er den Erwartungen einer Generation Rechnung, die gerade dabei war, Benjamins gescheitertes Habilitationsverfahren und seine Lebens- und Werkgeschichte zu entdecken. Die Gegenwart formte sich eine Vergangenheit nach ihren momentanen Bedürfnissen, als wäre die Fachgeschichte ein Reservoir von Legitimationsformen. Als Wilfried Barner und Christoph König sich 1996 mit der Frage der Kontinuität um 1945 auseinandersetzten,[23] konnte nach langer Vorherrschaft der sozialgeschichtlich oder psychoanalytisch orientierten Interpretation eine Ehrenrettung der werkimmanenten Interpretation unternommen werden. Außerdem wurde die Frage der Kontinuität durch den Zusammenbruch der DDR um eine neue Dimension erweitert, die 1966 nicht behandelt werden konnte. Eine fachhistorische Untersuchung der Zeit nach 1945 mußte anders vorgenommen werden, je nachdem ob man sie in der Mitte der 1960er Jahre oder in der Mitte der 1990er Jahre unternahm. Dieselben Veränderungen wären festzustellen, wenn man die unterschiedlichen Perspektiven auf die Barockforschung oder die Mediävistik ins Auge fassen wollte. Aus der Wandelbarkeit der Urteile ließe sich schließen, daß die Beschreibung eines Moments der Fachentwicklung aus dem Zusammenprall zweier Zeithorizonte entsteht. Der anvisierte Zeitabschnitt wird zergliedert und tabellenartig, das heißt räumlich dargestellt. Wichtig ist das Zusammenspiel der Faktoren, die zu einem bestimmten, aus dem Zeitkontinuum entrückten Zeit-

23 Wilfried Barner/Christoph König (Hrsg.): *Zeitenwechsel. Germanistische Literaturwissenschaft vor und nach 1945*. Frankfurt a. M. 1996.

punkt ein bestimmtes Gleichgewicht begünstigen. Nur ist bei näherer Analyse die Wirkung späterer Einsichten bei den Akzentsetzungen und den Wertungen unübersehbar. Diese Zeit der Beobachtung, die sich mit der beobachteten Zeit vermengt, ist selbst im Wandel begriffen. Der Wandel der Beobachtungszeit bewirkt zwar eine ständige Änderung der Forschungsgegenstände (man sucht sich unwillkürlich Debatten aus, die der augenblicklichen Konjunktur besser entsprechen), gleichzeitig aber sukzessive Wahrnehmungen derselben Gegenstände. Die Fachgeschichte könnte dadurch auf die Untersuchung unterschiedlicher Zeitwahrnehmungen zurückgeführt werden. Die Zeit selbst als Substanz der identitätsstiftenden Erinnerung klammert zwar nicht die räumliche Beleuchtung einzelner punktuellen Gleichgewichtszustände aus. Es kommt aber vorzüglich auf die Auflösungserscheinungen der Strukturen mehr als auf ihren Bestand an. Während die systematische, räumlich synchrone Erfassung der Fachgeschichte eindimensional ist, ist die zeitliche Perspektive eher mehrdimensional, insofern als sie eine Reihe unterschiedlicher Gesichtspunkte zu untersuchen hat und den Gegenstand immer mit dem Beobachter konfrontieren muß.

Obwohl die Zeit nicht weniger als der Raum eine Form der Wahrnehmung ist, wird sie gerade in der historischen Wissenschaft oft zugunsten räumlicher Projektionen ausgegrenzt. Dabei ist sie nicht nur die Vorbedingung der historischen Erzählung, sondern selbst ein Gegenstand der historischen Forschung. Die Unterschiede zwischen physischer, mathematisch meßbarer Zeit und der Vielfalt erlebter Zeitformen hat schon Anlaß zu eingehenden Untersuchungen gegeben,[24] die aber nicht bis zur Wissenschaftsgeschichte selbst reichten. Die Entdeckung der Zeit in der Philosophiegeschichte (man denke nur an Bergson oder Husserl) hing oft mit Denkkonstellationen zusammen, wo der Historismus als Belastung, wenigstens als Hindernis auf dem Weg zur Sache selbst empfunden wurde. Man könnte somit einen Gegensatz zwischen der Fachgeschichte als Verräumlichung und einer weniger erforschten Zeit der Disziplin erkennen. Daß es bei einem derartigen Gegensatz nicht bleiben darf, der auf die Gegenüberstellung von Intuition und Konstruktion, von Erlebnis und Begriff hinauslaufen würde, ist klar. Eine perspektivische Korrektur an der synoptischen oder erzählerischen Darstellung der Disziplin könnte immerhin eine beträchtliche Erweiterung des Forschungsfeldes ermöglichen. Vor dem Hintergrund dieser Korrektur könnte die Erforschung der konjunkturbezogenen Aktualisierung, der fachspezifischen Gedächtnisbildung, des Imports fachfremder Periodisierungen oder der identitätsstiftenden Sicherung des Ursprungs um neue Einsichten bereichert werden.

24 Norbert Elias: *Über die Zeit*. Frankfurt a. M. 1984; Krzysztof Pomian: *L'ordre du temps*. Paris 1984.

Problemlösen und Dissens: Beschreibungsmodelle und Bewertungskriterien für Disziplinen im Wandel

GUSTAV FRANK

Die Geduld des Menschen vor der Autorität der Logik ist schier unerschöpflich und sie läßt sich höchstens mit seiner unwandelbaren Geduld vor der ärztlichen Kunst vergleichen, und so wie der menschliche Körper den unsinnigsten Kuren vertrauensvoll ausgesetzt wird und dabei sogar gesundet, so erträgt die Wirklichkeit auch das unmöglichste Theoriengebäude, – insolange die Theorie nicht selber ihren Bankrott erklärt, solange wird sie vom Vertrauen getragen und die Wirklichkeit ordnet sich ihr unter.
Hermann Broch

Der Mensch zeigt seine Vernunft nicht durch Festhalten an starren Ideen, stereotypen Verfahren oder unwandelbaren Begriffen, sondern dadurch, wie und wann er diese Ideen, Verfahren und Begriffe abändert.
Stephen Toulmin

Alles Wissen, im Augenblick seiner Entstehung, ist polemisches Wissen.
Gaston Bachelard

I. Konstellationen von Wissenschaftsforschung, Literaturwissenschaft und Literatur

Nahezu unbehelligt von der Literaturwissenschaft spielten sich in den 1920er Jahren die Urszenen der neueren Wissenschaftsforschung ab.[1] Mehrere der seit den späten 1880er und vor allem den 1890er Jahren anlaufenden Prozesse

---

1 Zu einer Ausnahme vgl. Dirk Hoeges: *Kontroverse am Abgrund: Ernst Robert Curtius und Karl Mannheim. Intellektuelle und »freischwebende Intelligenz« in der Weimarer Republik.* Frankfurt a. M. 1994. Dennoch ist auch die Literaturwissenschaft von denselben Problemen heimgesucht: Ansätze zum Pluralismus sich ausschließender und also zumindest implizit kritisierender methodischer Zugriffe kennzeichnen auch hier die 1920er Jahre.

der Wissenschaftsentwicklung trugen dazu bei, daß ›Wissen‹ und ›Wissenschaft‹ auf verschiedenen Ebenen zum Thema gemacht, Regeln entdeckt oder Reglements ersonnen wurden. Die Szene ist nicht wenig unübersichtlich und bewegt. Hier seien nur einige der Auslöser kurz in Erinnerung gerufen.

(1) Theoretische wie praktische Erfolge der ›neuen‹ Naturwissenschaften, vor allem der modernen nach-newtonschen Physik,[2] und eine fortgesetzte Ausdifferenzierung der Philosophischen Fakultät führten zusammen mit gesellschaftlich erfolgreicher Psychologie/-analyse und Soziologie zu einem Struktureinbruch der Philosophie.[3] Ihre grundlegenden Annahmen und sozialen Funktionen standen in Frage.[4] Hinzu kam eine weitere Abwanderung von Aufgaben in neue diskursive (»Weltanschauungsessayistik«[5]) und mediale Konfigurationen (Rundfunk, Film). In dieser Situation zeichneten sich mehrere für die Wissenschaftsforschung relevante Reaktionsmuster ab: die Ausbildung einer ›Synthesewissenschaft‹ zu den Bio- und Sozialwissenschaften in Form der ›philosophischen Anthropologie‹ (Scheler, Plessner, Gehlen); die Entstehung einer ›Grundlagenwissenschaft‹ als ›Wissenschaftstheorie‹ der Naturwissenschaften (Wittgensteins Traktat-Philosophie, Wiener Kreis); Versuche mit einer ›neuen Metaphysik‹ als Philosophie der »Lebensideologie«,[6] die auf der Entgrenzung philosophischer, mystischer und literarästhetischer Sprechformen und Sprachverfahren basierte.

(2) Als Provokation etablierter Geisteswissenschaft konstitutierte sich eine wissenschaftliche Beschäftigung mit der soziohistorischen Produktion und Verteilung von Wissen in der ›Wissenssoziologie‹ (Scheler, Mannheim, Weber). Diese minderte die Ideologieproduktion ihrer etablierten akademischen Konkurrenten zum Gegenstand der Erforschung herab.

(3) Anders als die Literaturwissenschaft geriet die Literatur der Zwischenkriegszeit unter den Druck der neuen Medien. Diese machten ihr Funktionen, insbesondere im Bereich des sozialen Probehandelns und der Einübung

---

2 Vgl. Rudolf Stichweh: »Physik an deutschen Hochschulen: Akademische Kultur und die Entstehung einer wissenschaftlichen Disziplin (1780–1920)«. In: R. St.: *Wissenschaft, Universität, Professionen. Soziologische Analysen.* Frankfurt a. M. 1994, S. 132–155.

3 Mit ähnlichem Befund etwa auch Richard Rorty: *Der Spiegel der Natur.* Frankfurt a. M. 1981. In dieser Perspektive erscheint das Feld ›Philosophie‹ selbst weitaus problematischer, als der Blick auf den Ansatz Diltheys als Einflußfaktor für Literaturwissenschaft der Jahrhundertwende nahelegt.

4 Vgl. z. B. die Institutionalisierung sozialwissenschaftlicher Wissensproduktion durch Konrad Adenauer – dazu Heine von Alemann: »Leopold von Wiese und das Forschungsinstitut für Sozialwissenschaften in Köln 1919 bis 1934«. In: Wolf Lepenies (Hrsg.): *Geschichte der Soziologie. Studien zur kognitiven, sozialen und historischen Identität einer Disziplin.* 4 Bde. Frankfurt a. M. 1981, Bd. 2, S. 349–389, hier S. 351f.

5 Peter Sloterdijk: »Weltanschauungsessayistik und Zeitdiagnostik«. In: Bernhard Weyergraf (Hrsg.): *Literatur der Weimarer Republik 1918–1933.* (Hansers Sozialgeschichte der deutschen Literatur 8). München 1995, S. 309–339.

6 Zur ›Lebensideologie‹ vgl. Martin Lindner: *Leben in der Krise. Zeitromane der neuen Sachlichkeit und die intellektuelle Mentalität der klassischen Moderne.* Stuttgart/Weimar 1994, S. 5–118.

von Wahrnehmungsmustern, streitig, so daß die Literatur begann, ihr Aufgabenfeld und ihre Formen zu verändern. Diese Neuorientierung richtete sich außer auf das Problem der ideologisch-politischen Ausdifferenzierung der Zeit vor allem auf die allgemeine Verunsicherung durch die Zerlegung des Wissens in heterogene, unvereinbare, heftig konkurrierende und konfligierende Komplexe. Spuren dieser neu angenommenen Aufgaben finden sich nicht nur in Brochs *Die Schlafwandler* (1930/32) und Musils *Der Mann ohne Eigenschaften* (1930; 1933, 1943), die Metatexte der epochalen Entwicklung darstellen. Canettis *Die Blendung* (1935) etwa verknüpft und evaluiert philologisches, empirisch-soziologisches und psychiatrisch-psychologisches Wissen. Und Brochs *Die Unbekannte Größe* (1933) und *Das unbekannte X* (Filmskript 1935) verbinden psychologischen und mathematisch-astronomischen Wissenserwerb mit der Kritik der Wissenschaft als restriktivem Sozialsystem. An Texten dieser Art ist abzulesen, daß Wissen und Wissenschaften in Literatur oft und vorwiegend komplex miteinander verknüpft vorgeführt wurden.

Wissen und Wissenschaft von Wissen und Wissenschaften entstanden in einer Transformationskrise des Denk- und Wissenssystems als Orientierungs- und Problemlösungsversuche. Dabei konstituierten sie sich weder einvernehmlich noch kohärent, sondern verdankten sich unterschiedlichen Herkünften und waren selbst funktional in Situationen der Ausdifferenzierung, der Konkurrenz, des Konflikts und der Verdrängung. Die Beteiligung der ›Literatur‹ zeugt von einer nur begrenzt diskursiv-disziplinären Ausarbeitung des Feldes, die zum Teil literarischen Formationen mit ihrer anderen Argumentationsstruktur, Verbindlichkeit und ›Halbwertszeit‹ übertragen wurde. Die Literatur veränderte sich in diesem Prozeß selbst(reflektiert), wie die Entdifferenzierung gegenüber publizistisch-essayistischen Formen und die Entstehung von literarischen Metatexten anzeigen. Die Wissens- und Wissenschaftswissenschaften entstanden aus unterschiedlichen Disziplinen, ohne daß in nennenswertem Umfang auch solche Elemente literatur- oder textwissenschaftlicher oder zeichentheoretischer Herkunft eingearbeitet wurden/werden konnten.

Während die Wissenschaftsforschung ›nach Kuhn‹ dann daran gegangen ist, Ansätze der Wissenschaftstheorie, -soziologie und -geschichte miteinander und mit der Tradition der Epistemologie zu verbinden, ist bislang nur durch fachgeschichtliche Anläufe literaturwissenschaftliches Wissen – wie etwa Annahmen zur Erzähltheorie – für die ansonsten »rezeptionsfreudige Wissenschaftsforschung«[7] zum Teil bedeutsam geworden.[8] Wenn man jedoch einräumt, daß »Klio dichtet«, so bedeutet das eben auch, daß zumindest in den Biographien/Geschichten von Wissenschaftlern und Wissenschaften, die die Wissenschaftsforschung erzählt, literarästhetisch ausgearbeitete Vertextungsstrategien seit langem am Werk sind.

---

7 Wolf Lepenies: »Vorbemerkung des Herausgebers«. In: Georges Canguilhem: *Wissenschaftsgeschichte und Epistemologie. Gesammelte Aufsätze.* Hrsg. von Wolf Lepenies. Frankfurt a. M. 1979, S. I.

8 Vgl. Hayden White: *Auch Klio dichtet.* Stuttgart 1986; Clifford Geertz: *Die künstlichen Wilden. Der Anthropologe als Schriftsteller.* München/Wien 1990.

So hätte die Literaturwissenschaft anzuerkennen, daß zumindest ihr Gegenstand nicht nur seit langem und vermehrt seit der Moderne sich neues wissenschaftliches Wissen interdiskursiv inkorporiert, sondern auch Wissen über Wissen und Wissenschaften hervorbringt, dessen Objekt sie wiederum werden kann. Und die Wissenschaftsforschung hätte zu akzeptieren, daß eine erhebliche Anzahl ihrer Quellen wie ihrer Schreibverfahren auf Regelmäßigkeiten fußt, die ebenfalls den literarischen Bereich regeln. Gerade jedoch wo es um die Herstellung historischer Identität von Disziplinen geht,[9] gelten auch für theoretisches Wissen und methodische Inventare andere Anwendungsgrundsätze als für ›reguläre‹ Gegenstände.[10] So verwundert es nicht, wenn an der Wissenschaftsforschung beobachtet werden kann, wie deren Arbeit von der Reputation ihres vorwiegenden naturwissenschaftlichen Gegenstandes profitiert hat, während sie Literaturwissenschaft als Gegenstand wie als Methodenlieferant ausschloß. Umgekehrt ist es nicht erstaunlich an der Disziplingeschichte der Literaturwissenschaft, wie sie sich dem Zugriff der in Wissenschaftsforschung importierten Theorien und Methodiken gern entzieht, um nicht zum Gegenstand von hierarchisch übergeordneten Wissenschaften herabgestimmt zu werden, die beanspruchen, in geisteswissenschaftlicher Unübersichtlichkeit zu orientieren. Das solchermaßen prekäre Verhältnis von Literaturwissenschaft und Wissenschaftsforschung wird nicht dadurch vereinfacht, daß sich beide in Prozessen des Wandels befinden, die die eine Seite als krisenhaft, die andere optimistisch beurteilt. Leistungsfähigkeit und Reichweite von Verfahren werden somit nach Maßgabe der Verträglichkeit mit Modellen der disziplinären Identität in diesem Wandel bewertet werden. Soll es also nicht nur zur ›Anwendung‹ beziehungsweise ›Ausblendung‹, sondern Kooperation kommen, ist von dieser nicht nur ursprünglich die Frühzeit der Wissenschaftsforschung prägenden Differenz und Konfliktlage auszugehen. Nicht nur die Literaturwissenschaft als Gegenstand, wie er im folgenden beschrieben werden soll, sondern schon die Beziehung von Wissenschaftsforschung, die das Beschreibungsmodell liefert, und Literaturwissenschaft ist als Feld von Konkurrenz und Kooperation zu betrachten.

Die Literaturwissenschaften wie überhaupt die Geisteswissenschaften haben im Entstehungsprozeß der ›science studies‹ gar keine Rolle gespielt; weder wurden von der einen Seite Methoden bereitgestellt und von der anderen angefragt, noch wurden sie einander zu Objekten des jeweiligen Forschungsinteresses. Wie Rudolf Stichweh ausgeführt hat, übernahm die Fachgeschichte für die Naturwissenschaften die Aufgabe der Zugangserleichterung in den Bereichen der Propädeutik und der Popularisierung. Die Literaturwissenschaften suchten oft selbst erfolgreich den Kontakt zu einer nichtfachlichen Öffentlichkeit. Wissenschaftsforschung in der grundlegenden Form der Fachgeschichte kamen hier deshalb Aufgaben der internen Selbstverständigung zu. Wo also

---

9 Auch wo nur der retrospektive Ausschluß oder die Relativierung einer negativen dominierenden Orientierung betrieben werden soll, als die z. B. die Geistesgeschichte und die Deutschwissenschaft heute zumeist eingeschätzt werden.

10 Vgl. die lange Zeit nicht-soziologische Wissenschaftsgeschichte der Soziologie.

der Wissenschaftsforscher der Literaturwissenschaften nicht mehr nur zur Fachöffentlichkeit spricht, fällt er aus der Rolle. Hinzu kommt eine institutionelle Schwierigkeit: Wo der Wissenschaftshistoriker nicht schon von vorneherein naturwissenschaftlich informierter Sozialwissenschaftler, sondern Naturwissenschaftler ist, verläßt er die aktuellen Forschungszusammenhänge seiner Herkunftswissenschaft, indem er ›science studies‹ zu betreiben beginnt. In der Literaturwissenschaft ist Wissenschaftsforschung, zumindest als Fachgeschichte, verträglich mit der Teilhabe am Forschungsprozeß des Fachs.[11] Solange also die Wissenschaftsforschung, die in den Geisteswissenschaften selbst entsteht, sich nicht professionalisiert, wird sie prekär bleiben für die, die sie über die Fachgeschichte hinaus betreiben wollen. Solange diese professionelle Wissenschaftsforschung nur von Nicht-Geisteswissenschaftlern getragen ist, wird sie dagegen defizitär bleiben, weil sie über zu wenig Kenntnisse über komplexe semiotische Objekte verfügt, die die eigentümlichen Strukturen und Institutionen der Geisteswissenschaften ausmachen,[12] analog etwa den Labors im naturwissenschaftlichen Bereich. Nicht nur wird diese ›externe‹ Wissenschaftsforschung keinen vollständigen Begriff davon hervorbringen können, was alles ›Wissenschaft‹ ist, sie wird dann auch auf den Feldern ihres vorrangigen Interesses mit unterkomplexen Begriffen arbeiten, wie es etwa die Systemtheorie mit einem ihrer zentralen Begriffe, dem der ›Kommunikation‹, tut.

II. Randall Collins' Netzwerk- und Konflikttheorie

Problemlösen auf der Gegenstandsebene gilt gemeinhin als ›normale Wissenschaft‹. Dissens und Konflikte dagegen werden als Indikatoren für den Wandel von Disziplinen aufgefaßt. Bei der Betrachtung von Disziplinen im Wandel tritt zur Beschreibung notwendig die Bewertung der wahrgenommenen oder prognostizierten Veränderung. Gegenwärtige Diagnosen zur Lage der Germanistik sprechen in ihrer Mehrzahl von einer besorgniserregenden Vervielfältigung methodischer Inventare, theoretischer Voraussetzungen und zulässiger Gegenstände. Besorgnis löst diese Wahrnehmung vor allem aus, weil in Verbindung mit einer befürchteten Schmälerung der institutionellen Ausstattung und Absicherung der Disziplin in Zeiten knapper Mittel Vervielfältigung als inhomogene, ›schwache‹ Außenseite im Wettbewerb mit Konkurrenten verstanden wird. Tatsächlicher oder vermuteter Druck verändert die disziplininterne Vervielfältigung zum Konflikt, der unterschiedliche Verlaufsformen aufweisen kann. Er kann die Form argumentativ ausgetragenen Dissenses um eine angemessene Objektkonstitution und -bearbeitung, eine angemessene Theorie und Praxis der Disziplin annehmen oder im Modus sozialer Praktiken geführt wer-

11 Klaus Weimar hat in seinem Beitrag in diesem Band die Grundlagen dieser Verträglichkeit, die um 1890 entwickelt werden, dargestellt.

12 Vgl. Michel Espagnes Beitrag in diesem Band zu den Zeit- und Raumordnungen des geisteswissenschaftlichen Wissens.

den oder in einer Kombination der verschiedenen Strategien bestehen. Eine angemessene Beschreibung des Einzelfalles hängt von den Voraussetzungen der Beteiligten ab.

Entgegen der schwindenden Neigung zur Tolerierung des Phänomens soll Dissens und/oder Konflikt hier sowohl festgestellt als auch als systemrationales Vorhalten von Varietäten der Problemerkennung und Problemlösung aufgefaßt werden. Im folgenden soll eine externe Beschreibungs- und Bewertungsvariante auf die germanistische Literaturwissenschaft der letzten 30 Jahre angewendet und dann mit disziplininternen Äußerungen zur Selbstorganisation und Identitätsstiftung konfrontiert werden. Diese Ebene der Äußerungen vermag diejenige der Prozeduren nicht annähernd vollständig zu erschließen, sie ermöglicht jedoch einen ersten Zugriff auf die publizierten ›Oberflächen‹, die Außenseiten der Disziplin.

Die Konsultation der Wissenschaftsforschung zur Untersuchung von Entwicklungen der Germanistik der 1970er bis 1990er Jahre greift auf den eher makrosoziologisch und -historisch argumentierenden Zugang von Randall Collins zurück.[13] Collins konzentriert seine Aufmerksamkeit auf einen Teilaspekt intellektuellen Wandels und bietet dafür ein soziologisches Modell an, das aus ausgreifenden historischen Untersuchungen gewonnen ist, ohne daß es in der vorgetragenen Form schon den Ansprüchen an ein Mehrebenen-Modell genügen würde. Zum einen werden nicht alle angelegten Ebenen auch detailliert, zum anderen werden Ebenen überhaupt nicht spezifiziert, etwa die Relation von Texten und Textproduzenten, von Intertexten und ihrer Voraussetzung in Gruppenstrukturen etc. So wird die Ebene der Wechselwirkungen zwischen dem intellektuellen Feld und seiner institutionellen Basis nicht ausgeführt, etwa durch die Anforderungen und die Leistungen. Und obwohl Collins Aktanten und nicht Systeme interagieren läßt, wird auch die Ebene der Handelnden nicht genauer bearbeitet. Insgesamt ist der Frage der Operationalisierung zuwenig Aufmerksamkeit gewidmet; sie wird nur am Ausgangsmaterial demonstriert und tritt deshalb meist hinter die Präsentation von Ergebnissen zurück: alles zunächst Schwierigkeiten der nicht-monographischen Ausarbeitung des Ansatzes. Dennoch liefert Collins eines der eher seltenen Beispiele neben den epistemologischen Arbeiten und der Wissenssoziologie, wo Prinzipien und Verfahrensweisen der Wissenschaftsforschung in den Bereich der ›Philosophie(n)‹ vordringen, so daß anhand dieser Anwendung überprüft werden kann, was genau hier ihre Leistungen und Grenzen sind. Obwohl Collins seine Hypothesen ursprünglich aus dem Bereich der ›Philosophien‹ gewinnt und auf Zeiträume langer Dauer bezieht, formuliert er hinreichend abstrakte Regeln, die für eine konkretisierende Anwendung auf die Ausdifferenzierungsmuster eines anderen intellektuellen Feldes, etwa einer Disziplin, übertragbar scheinen. Diese Übertragung kann sich auf mehrere Gründe stützen. Die schon oben beschriebene

13 Die folgenden Ausführungen orientieren sich, auch wo nicht explizit zitiert wird, an Randall Collins: »Toward a Theory of Intellectual Change: The Social Causes of Philosophies«. In: *Science, Technology, & Human Values* 14 (1989), S. 107–140.

Vervielfältigung von Wissen und die Beschleunigung seiner Erzeugung sowie Veränderung läßt eine Wissen(schaft)s- und Informationsgesellschaft entstehen. Diese vermehrt die Felder, die sie so reich institutionell dotiert, daß sie sich in nennenswertem Umfang ausdifferenzieren können. Zu den Bedingungen dieser Gesellschaftsform gehört der Verlust der Monopolstellung von ›Philosophie‹ als eines – auch wenn man Collins' weite Auslegung des Begriffs teilt – ranghöchsten Feldes kollektiver Selbstverständigung und Sinnproduktion, so daß die Literaturwissenschaften (wie die anderen Geisteswissenschaften) lange Zeit sich als legitime Erben von Teilaufgaben der Philosophie im Moment ihrer Aufsplitterung verstanden haben.

Alternativ ließe sich im Sinne der Systemtheorie Luhmanns derselbe Vorgang als Etappe des Prozesses der funktionalen Ausdifferenzierung in gesellschaftliche Teilsysteme Wissenschaft-Disziplin(en)-Neu/Subdisziplin(en) auffassen, der hier auf die Ebene von Subsystemen fortschreitet. Damit sind jedoch zweierlei Nachteile verknüpft. Zum einen eine Festlegung auf ein Theoriemodell ausschließlich für Prozesse einer westlichen Neuzeit, also auf eine Geschichtstheorie. Zum anderen ein Verlust von Frage-Ebenen, die die spezielle Funktionalität von Konflikten, der Problemlösungskapazität von Dissensmustern erschließen könnten. Konfliktlinien können historische Verläufe aufzeigen, die die Filiationen einer systemtheoretischen Konstruktion quer zu ihrer Entfaltungsrichtung verflechten und rückkoppeln. Gerade dies ist auch als geregelt und funktional rekonstruierbar. Die Diskussion wäre zu vertiefen. Meine Probe auf die Leistungsfähigkeit und die Leistungsgrenzen der Wissenschaftsforschung geschieht durch Übertragung des Regelwissens aus der Institutionengeschichte der Philosophien auf aktuelle Verhältnisse einer Disziplin ›Literaturwissenschaft‹.

Der makrosoziologische Zugriff hat für Gegenwartsprobleme den Vorzug, daß er sich inhaltlich-ideologische Interpretationen weitgehend erspart, indem er die Feststellung von Gegensätzen an die Kontrahenten und ihre Historiker delegiert.[14] Damit eröffnet er Perspektiven auf oft vernachlässigte, doch bis in die Strukturierung der Inhaltsebene wirksame institutionelle Rahmenbedingung. »What is needed is to capture the social organization of the intellectual world itself, instead of attempting to reduce ideas directly to the milieu of the surrounding society.«[15] Collins macht damit geltend, daß das ›Reich der Ideen‹

14 Dieser Ansatz hat ein großes Problem mit der in der Fachgeschichte und auch in diesem Band – etwa im Beitrag von Nikolaus Wegmann – namhaft gemachten Größe der ›schweigenden Mehrheit‹. Ist auch diese Größe eine ›Gruppe‹, also sozial verfaßt, und verfügt über Kooperationsmuster und Ausschlußverfahren? Stehen sich in der Literaturwissenschaft überhaupt nur zwei Großgruppen gegenüber, die sich entweder über die ›Sache‹ oder über die ›Theorie/Methode‹ formieren? Obwohl sie sich gerade durch die ausschließliche Teilhabe an einer ›Sache‹ und allenfalls an einer ›Redeform‹ identifizieren lassen und nicht in einem Sozial- und Symbolsystem ›Literaturwissenschaft‹ verorten lassen will, ist der ›schweigenden Mehrheit‹ gerade mit prosopographischen und szientometrischen Verfahren gut beizukommen: wo, in welchen Ko- und Kontexten und wie oft personifiziert sie sich und ›erscheint‹ sie, sind die Schlüsselfragen dazu.

15 Collins (Anm. 13), S. 108.

nicht nur einer sozioökonomischen Umgebung gegenübersteht, sondern selbst und eigenständig sozial verfaßt ist.

Collins schließt durch die Untersuchung der Philosophiengeschichte über Jahrtausende und Kulturräume hinweg bewußt die Möglichkeiten jeglicher inhaltsbezogenen Analyse zunächst aus, um so den Blick frei zu machen für die »generative structures« hinter den »varieties that meet us on the surface«.[16] Die soziale Konstruktion insbesondere neuer wissenschaftlicher Tatsachen konzentriert sich nach Collins auf einer intermediären Ebene der »intellectual communities«.[17] Das Interesse an der Geschichte dieser Gruppen und Gemeinschaften zielt auf die interne Entwicklungslogik des intellektuellen Feldes, ohne den jeweils eine Seite privilegierenden Kurzschluß von Denk- und Sozialsystem. Es zielt ferner auf die kultur- und epochenübergreifenden (ergänze: disziplinübergreifenden) Elemente in Wandlungsvorgängen. Polit-ökonomische Bedingungen beeinflussen in diesem Modell zwar die geistige Produktion mehr als umgekehrt, jedoch gefiltert durch die Strukturen intellektueller Gemeinschaften, die in diachronen Lehrer-Schüler-Ketten und synchronen Zirkeln vernetzt sind und in Bildungseinrichtungen ihre primäre organisatorische Basis und ihr institutionelles Fundament haben.

Collins' Hypothese ist, daß Wissenschaft als soziohistorischer Prozeß einem Konfliktmodell gehorcht: Dynamik in der Denkgeschichte ist das Produkt der konkurrierenden Aneignung und Ausarbeitung angesammelten geistigen Kapitals durch eine bestimmte Anzahl von Gruppen in einer bestimmten Phase.[18] Die vorherrschenden Prinzipien der Kreativität sind Opposition, Neukombination und Negation. Das Modell will auf synchron-strukturaler Ebene Regeln (A) angeben für die Anzahl, das Erscheinen, Verschwinden und die Entfaltung konkurrierender Positionen; auf diachron-inhaltlicher Ebene Regeln (B) für die Kumulation und Transformation des intellektuellen Kapitals formulieren.

(A. 1) »Major intellectual work tends to be concentrated in time, space, and social connections.«[19] Lehrer-Schüler-Ketten wie Zirkel gruppieren sich an wenigen Zentren um wenige zentrale, vielfach vernetzte Figuren mit Produktionsüberhang, während abnehmende Bedeutung durch geringere Vernetzung und

---

16 Ebd., S. 109.

17 Ebd.

18 Vgl. ebd., S. 112. Vor allem Klaus Weimars Beitrag zu diesem Band zeigt an dieser Stelle Präzisierungsbedarf an. Genauer auszuführen wäre, was die Akkumulation geistigen Kapitals bedeuten soll. Weimars Analyse einer Basisannahme ›Literatur*wissenschaft*‹ würde besagen, daß ein solches Programm zumindest bis nach 1960 gemeinsame Grundlage aller Positionen wäre, die dann als darin angelegte Entfaltungen erschienen. Jenseits des Konflikts wäre somit die Folie einer geteilten Basis auszuführen, auf der die Positionen zwar gegeneinander, doch gemeinsam agieren. Davon würde die vorhergehende ›philologische‹ Epoche bis 1890 und die nachfolgende ›posttheoretische‹ Epoche durch einen je revolutionären Umbruch abgetrennt. Damit ist das bei Collins durch den Blick auf Konstellationen der Makroebene eskamotierte Problem der historischen Kontinuität und Diskontinuität wieder eingeholt.

19 Collins (Anm. 13), S. 116.

Rezeptionsüberhang angezeigt wird. Die Relevanz von ›Schulhäuptern‹ resultiert also aus Leistungsvorteilen von strukturierten Gruppen[20] gegenüber Einzelnen und entsteht an Schnittstellen von Intergenerationen-Netzwerken.

(A. 2) Es gilt das Gesetz der ›kleinen Zahl‹[21] so, daß sich die Anzahl aktiver und rivalisierender Gruppen/Gemeinschaften/Schulen zwischen drei und sechs bewegt. Die Konfliktstruktur impliziert Unter- und Obergrenzen, wobei Positionen mit starker institutioneller Basis zur Aufsplitterung, die anderen zur Konsolidierung tendieren. Die untere Grenze ist streng, insofern Kreativität an Differenz und Wandel an Konflikt und labiles Gleichgewicht gebunden scheinen. Die obere Grenze ist flexibler und gilt strenger auf sozialer als auf intellektueller/textueller Ebene. Eine die Obergrenze überschreitende Vervielfältigung bedroht sowohl die institutionelle Fundierung – damit nicht nur die Tradierung, sondern die Existenz – als auch die soziale und intellektuelle Identität, statt derer sich ›Unübersichtlichkeit‹ einstellt.

(A. 3) Aufstieg und Verfall solcher Gemeinschaften hängt von den Schicksalen ihrer institutionellen Basis ab, nicht von der Überzeugungskraft ihrer Argumente. Damit ergibt sich ein Widerspruch zu kumulativen Fortschritts- und Innovationskonzepten: Eine institutionell starke und gesicherte Position findet immer Gelegenheit zu ihrer differenten argumentativen Rationalisierung. Und umgekehrt erscheinen unter institutionellem Druck gegensätzliche Positionen verträglich und können synkretistisch koalieren. Impliziert ist dadurch auch eine Kritik an Thomas S. Kuhns Konzept wissenschaftlicher Revolutionen: nicht die Anhäufung von Anomalien, sondern Veränderungen der unterstützenden Bedingungen eröffnen neuen Raum im intellektuellen Feld.

(A. 4) Zeiten großer organisatorischer Umschichtungen sind verknüpft mit Phasen größter geistiger Kreativität. Zeiten des ungefährdeten Gleichgewichts der Kräfte entsprechen Perioden geistiger Stabilität oder Stagnation.[22]

Als strukturelle Möglichkeitsbedingungen für die Gestalt der Positionen, die intellektuelle Gemeinschaften beziehen, leitet Collins ebenfalls Regularitäten ab.

(B. 1) Anhänger und Fortsetzer einer Tradition bringen – in Zeiten ungefährdeten Gleichgewichts der Kräfte – ein beständig anwachsendes Korpus von scholastischen Texten hervor wie Kompilationen der Klassiker, Ausarbeitungen, Kommentare, Klassifikationsschemata, historische Studien.

20 Collins gibt vier Grade für die Kohärenz solcher Gruppen an: 1. »certain individuals share similar modes of thought«. 2. »citation chains«, »footnote references«. 3. »personal relationships«: »vertical teacher-pupil-relations«, »contacts among contemporary thinkers«. 4. Institutionen: »school«, »formally organized religions or political movements« – ebd., S. 114f.

21 Ebd., S. 122.

22 Es ist wohl kein Zufall, daß Collins' Beispiele chronologisch nicht weiter als bis zum Anfang des 20. Jahrhunderts reichen und ›staatliche‹ Interventionen nicht zur Sprache bringen, wie sie Lothar Mertens' Beitrag aufzeigt und wie sie im Beitrag von Dagmar Ende und Mandy Funke als Vorgeschichte erscheinen.

(B. 2) Konflikte zwischen rivalisierenden Positionen schaffen eine Tendenz zur Abstraktion und selbstgenügsamen Reflexion der Gegenstände, die in erkenntnistheoretisch-epistemologischen Fragen und Selbstreflexion gipfeln.

(B. 3) Neue Gemeinschaften konstitutieren sich durch Negation (dominierender) bestehender Positionen bei größter institutioneller Konkurrenz. Auf dieser institutionellen Basis konkurrierende Positionen verfügen über parallele – homologe oder komplementäre – Struktur und vergleichbares Abstraktionsniveau bei maximal verschiedener Auffüllung durch ontologische und normative Elemente.

III. Übertragung und Modifikation der Konflikttheorie

Warum sollte man Collins' Konflikttheorie auf die Literaturwisenschaft übertragen, wenn man es denn kann? Ich denke, weil in den aktuellen Versuchen der Bestimmung und der Neubestimmung, was das Fach – entgegen dem Zustand der Unübersichtlichkeit, in dem es sich präsentiert – zu sein hätte, vielfach Aggression in Metaphern des Kampfes und Krieges zum Ausdruck gebracht wird. Deshalb ist die Nachfrage erlaubt, ob das Fach wirklich so unübersichtlich ist oder ob es von einer Konfliktstruktur organisiert wird, die einerseits Ausdifferenzierung begrenzt beziehungsweise reguliert, die andererseits eine rational sinnvolle Prozessualität darstellt. Wenn ein Feld aus sozialem Interesse so gut dotiert wird, weil es um das Vorhalten von Alternativen der Problemlösung geht, dann wäre ›Konflikt‹ als sinnvolle Prozedur aufzufassen.

Einwände gegen Collins' Netzwerk- und Konflikt-Modell sind leicht formuliert. Sie können, wie gesagt, vor allem an den unausgeführten Rändern ansetzen. Anlaß bieten die wenig spezifizierten Relationen der organisatorischen Ebene zu ihrer politisch-sozialen Umwelt, vor allem jedoch Zweifel daran, daß inhaltlich-ideologische Positionen in keiner Weise funktional rückgebunden sein sollten an einen gesellschaftlichen Bedarf an Problemlösungen oder zumindest an Selbstverständigung und Selbstversicherung. Collins scheint seine Position polemisch darauf zuzuspitzen, daß jede intellektuelle Gemeinschaft zunächst mit dem Lösen ihrer eigenen Probleme, der Optimierung ihrer internen Relationen wie der institutionellen Selbsterhaltung und Reproduktion, beschäftigt ist. Dabei ist übersehen, daß sowohl die Positionen als auch die Träger ihrer institutionellen Basis eine dauerhaft überzeugende Legitimation nur über (tatsächliche, das heißt erfolgreich behauptete und zugeschriebene) Problemlösungskompetenzen erhalten, die durch strukturiertes Wissen aus den Gemeinschaften fundiert werden. Collins' Rekurs darauf, daß es die sozialen Strukturen sind, die Kreativität (sozial anerkannte Innovation) und soziale Kooperation (also soziale Kompetenz) mit Erfolg honorieren, steht dieser Präzisierung jedoch nirgends entgegen. Es wären also über die in diesem Rahmen möglichen weitere Modifikationen vorzunehmen und Ergänzungen einzuarbeiten, um zu einem operationalisierbaren Mehrebenenmodell zu gelangen, das erst alle Verlaufsformen und Modi von ›Konflikt‹ wie Dissens, Konkurrenz etc.

beschreibbar und auf Handelnde, Institutionen, soziale und textuelle Konstellationen beziehbar machte.[23]

Vor allem durch Collins' Wahl eines von Theologien nicht unterschiedenen, ranghöchsten philosophischen Feldes gerät ins Dunkel, wie rangniedere Diskurse, die zwar den im ranghöchsten Feld geregelten Sachverhalten nicht widerstreiten, sich zueinander verhalten. Ohne bereits weiter auf die Mikroebene zu gehen, bleiben Defizite zu monieren hinsichtlich möglicher Regularitäten von Kommunikations-, Substitutions-, Koalitions- und Kompensationsverhältnissen im Interfeld bei solchen Konfliktlagen. Räumt man sie aus, ließe sich auch klären, was bei Überschreitungen des Gesetzes der ›kleinen Zahl‹ geschehen kann. Konflikte haben also zum einen eine komplexere Struktur als Collins andeutet; die sozialen Netzwerke, die sie austragen, verfügen über ein reichhaltiges Instrumentarium, sie variantenreich zu gestalten. Zu diesem Reichtum gehört das fakultative Operieren auf der sozial-institutionellen wie auf der textuellen Ebene, das je nach Lage geringere oder größere Effekte haben kann und soll. Die Konflikte bringen zum anderen eine komplexere Verlaufsform im Interfeld hervor von sich aus- und entdifferenzierenden Disziplinen und anderen benachbarten Formen der sozialen Selbstverständigung, der Produktion, Kombination, Speicherung und Verteilung von Wissen. So kann es, wie eingangs beschrieben, sogar zu einer zentralen Bedeutung von spezifischen (Teil-)Systemen der ›Literatur‹ kommen. Und gerade diese Art von Komplexität der Interfeldrelationen scheint mir zumindest die aktuelle Lage der Literaturwissenschaft zu kennzeichnen. Collins' Gesetz der ›kleinen Zahl‹ ist in diesem Sinne zu reinterpretieren: Neben den Polen der Kreativität – Differenzmaximierung auf der einen, Identitätsverlust auf der anderen Seite – ist zum einen mehr Gewicht auf Aspekte der Systemrationalität des Vorhaltens einiger erkennbar differenter Positionen zu legen. Sie wären aufzufassen als sinnvolle Vermehrung der Optionen auf eine ungewisse Zukunft (des Fachs wie seiner Objektbereiche), als akzeptierte Strategie der Reaktion auf gewußten, in seiner Form, Reichweite und Richtung aber nicht streng oder ›einfach‹ kausal prognostizierbaren Wandel. Zum anderen verdienen die Mechanismen mehr Aufmerksamkeit, die wirken können, um die Anzahl der Positionen in einem Feld zu regulieren. In Relation zu vorhandenen Ressourcen ergibt sich eine Vielzahl von verschiedenen Varianten statt einer ›einfachen‹ Verteilung nach ›rise and fall‹, wobei kompensatorische Anstrengungen sich mit solchen der Reorganisation überlagern beziehungsweise konkurrieren. Bei aller Kritik sollten also strategische Vorteile des Vorgehens von Collins nicht übersehen werden, so daß es durch Ergänzungen und Modifikationen ein durchaus aussagekräftiges Analyseinstrument neben anderen bilden könnte.

In diesem Sinne ergänzend wären zu beschreiben: die eher *internen* Muster der Reorganisation – wie (a) kognitive Identität: Synkretismus; hierarchisie-

---

23 Die Korrelation von Makro- und Mikroebene wäre ebenso differenzierter zu fassen wie die Ebene der unterstützenden äußeren Bedingungen; insbesondere wären neuere Erkenntnisse zur Materialität der Zeichen, zur Entwicklung der Medien(technologie) zu berücksichtigen und damit über die ›einfache‹ Fassung politischer und sozioökonomischer Faktoren hinauszugehen.

rende Integration; Ausschlußverfahren durch Normierung, was legitim wissenschaftliches Wissen ist hinsichtlich seiner Erzeugung, Präsentation und Kommunikation; (b) soziale Identität: Abgrenzung und hierarchische Positionierung einer intern pluralen, nicht hierarchischen, horizontal geordneten Disziplin in Relation zum Umfeld; positive Einschätzung der Vielfältigkeit und Flexibilität der Instrumentarien und Zuständigkeiten nicht zuletzt durch Pochen auf die Kapitalien durch (c) historische Identität: Restauration von Relevanz unter Berufung auf Anciennität der Disziplin oder ihres Gegenstandes; Abgrenzung einer ›guten‹ Gegenwart von einer ›schlechten‹ Vergangenheit; Erschließen von ungenutztem, marginalisiertem, aber gespeichertem beziehungsweise rekonstruierbarem intellektuellen Kapital der eigenen disziplinären Vergangenheit. Dazu die eher *externen* Verfahren – wie (d) Erschließen von intellektuellem Kapital erfolgreicher, prosperierender synchroner Disziplinen durch Theorie- und Methoden-Implementierung beziehungsweise Gegenstandsimport und dadurch Teilhabe an deren Reputation; (e) Signalisieren sozialer Kompetenz durch interdisziplinäre Kooperation(sfähigkeit); durch Ausdifferenzierung einer singulären Zuständigkeit für einen spezifischen (Problem-)Bereich (Verwissenschaftlichung); durch Entdifferenzierung gegenüber nicht-expertenkulturellen Formen sozialer Selbstverständigung (Popularisierung; Rückübersetzung); (f) Erschließen neuer Zuständigkeitsbereiche, Beanspruchen erweiterter Problemlösungskompetenz fakultativ in Konkurrenz und/oder Kooperation mit anderen Disziplinen; (g) Entlassen einer neuen (teil)autonomen (Teil-)Disziplin aus der Gemeinschaft(sverantwortung), das heißt, die Anwendung von Verfahren der Disziplin auf einen (neuen) Gegenstandsbereich wird selbstorganisierend; (h) Initiative zur Reorganisation eines übergeordneten Feldes aus mehreren Disziplinen unter dem Primat beziehungsweise der maßgeblichen Beteiligung der eigenen, mit relativ größerem institutionellen und/oder intellektuellen Kapital ausgestatteten Disziplin; (i) fakultative Perforation oder Tilgung von Grenzen zu anderen Modi sozialer Wissensproduktion und Selbstverständigung, was potentiell die Entgrenzung gegenüber der bisherigen Gegenstandsebene ein-schließt, also der Literaturwissenschaft gegenüber der Literatur beziehungsweise dem Literatursystem. Mit diesem keineswegs defensiven, sondern operativen strategischen Verfahren, das sich bei rationaler Rekonstruktion als streng geregelt erweist, geht eine qualitative Veränderung der Wissenschaft einher, auf die im folgenden noch zurückzukommen ist.

Es gilt festzuhalten, daß hier gegenüber Collins eine Verschiebung der Gewichte weg vom weiterhin vorausgesetzten Konflikt zwischen den intradisziplinären Positionen hin zu Varianten des Abbaus einer das Gesetz der ›kleinen Zahl‹ verletzenden Inhomogenität vorgenommen worden ist. Das Überwiegen der Möglichkeiten, interne Konflikte durch Externalisierung zu beseitigen, beruht selbst schon auf institutionellen Voraussetzungen und zeitigt wiederum Konsequenzen auf dieser Ebene. Externalisierungschancen von Konflikten überhaupt nutzen zu können, setzt eine insgesamt relativ starke institutionelle Fundierung der Disziplin – verglichen mit ihren Umgebungen – voraus, so daß Neugründungen, Überformungen anderer, also Grenzverletzungen jeglicher Art, ja Grenztilgungen durchsetzungsfähig werden. Zu Recht wird jedoch diese

Struktur des Wandels durch Grenzüberschreitungen ambivalent beurteilt; denn Rezeptionsprozesse von intellektuellem Kapital und Erweiterungen des Gegenstandsbereichs bedrohen, je nach Verlauf des Prozesses der ›Übersetzung‹, die kognitive Identität ebenso wie Neugründungen die institutionelle Basis schwächen können.

IV. Germanistische Literaturwissenschaft seit 1970 unter dem ›law of small numbers‹: die Perspektive der Wissenschaftsforschung

Ein ›Versuch‹ der Beschreibung der Literaturwissenschaft nach Maßgabe dieser reinterpretierten Vorgaben von Collins kann nicht ›vollständig‹ ausfallen. Er kann aber den doppelten Effekt haben, neue Erklärungen für einige bekannte Phänomene anzubieten und neuen Aspekten Aufmerksamkeit zu verschaffen. Eine solche Beschreibung nach Collins' Regeln lenkt die Aufmerksamkeit vor allem auf Entwicklungen des in einem weiten Sinn institutionellen Rahmens und der Formen der Arbeitsorganisation und der Selbstorganisation der Disziplin.

Wer in diesem Rahmen eine ›Geschichte‹ der Germanistik seit 1970 schreibt, erzählt zunächst eine Erfolgsgeschichte, die nicht zu trennen ist von der bekannten Erfolgsgeschichte der höheren Bildung und der Universität. Zwischen 1959 und 1989 verdreifacht sich die Zahl der Universitäten/Gesamthochschulen und versechsfacht sich die Zahl der Studenten von 205 346 auf 1 585 167.[24] Die Zahl der Studenten erreicht damit Ende der 1980er Jahre die Zahl der Auszubildenden. Der gleichzeitige »Personalzuwachs in Wissenschaft und Forschung ist im Rahmen des öffentlichen Dienstes ohne Beispiel«,[25] so daß schon 1980 74 000 Mitarbeiter im wissenschaftlichen und 150 000 im sonstigen Personal den Einrichtungen zur Verfügung stehen.[26] Führte in den 1950er Jahren auf einer relativ schmalen institutionellen Basis der geringe soziopolitische Umbau zu Stabilität und Stagnation, kommt es seit Mitte der 1960er Jahre zu verspäteten Reaktionen auf bereits angelaufene Prozesse des Wandels: Wachstumsraten bei Studenten und Personal ziehen eine erhebliche institutionelle Verbreiterung und Prosperität nach sich. Letztere ist rückgekoppelt mit den Sozialreformen, die nicht durchsetzbare Strukturreformen der Studien wie der Hochschulen ersetzen. Diese Sozialreformen, deren Ausdruck das 1969 einsetzende BAFöG wird, dem die nicht weniger wichtige Akademisierung der großen Berufsgruppe der Volksschullehrer zur Seite steht, sind es, die auch die Germanistik »aus einer relativ kleinen Disziplin in ein unüberschaubares Massenfach ver-

---

24 Studentenzahlen für das alte Bundesgebiet nach Thomas Ellwein: *Die deutsche Universität. Vom Mittelalter bis zur Gegenwart.* Lizenzausg. der 2. Aufl. 1992. Wiesbaden 1997, S. 249f.

25 Ebd., S. 257.

26 Ebd.

wandeln«.[27] Dieses Massenfach verfügt 1980 über ca. 60 000 Studenten[28] im Hauptfach, 1996/97 über ca. 80 000[29] – dies entspricht etwa der Gesamtzahl der Studenten des Jahres 1933.[30]

Auf die institutionelle Arbeitsorganisation konzentriert kommt es im wesentlichen zunächst zu einer Vervielfältigung wenig veränderter Strukturen. Eine Pluralisierung der theoretisch-methodologischen Orientierungen und der Ansätze zur Objekt- und Fachkonstitution – im folgenden kurz als Positionen bezeichnet – wird von dieser Vervielfältigung nicht erzwungen. Vielmehr resultieren Differenzierung und Pluralisierung gerade aus ›ererbten‹, das heißt institutionell sozialisierten Autonomie- und Subjektkonzepten als notwendigen Merkmalen der – jetzt vermehrten – (Funktions-)Positionen. Es sind also bereits vorhandene rollenspezifische Kreativitätsanforderungen und -muster, die zusammen mit dem quantitativen Sprung das Gesetz der ›kleinen Zahl‹ in Geltung setzen. Das angesammelte intellektuelle Kapital ist nicht nur in kognitiven Strukturen verankert, sondern ruht auf präsupponierten, auf unthematisierten sozialen Mustern der Reproduktion in der Wissensproduktion.[31] Durch die Vervielfältigung derselben Struktur entsteht dann gleichsam ein Vakuum, das einen enormen Sog auslöst, der sich auf Differenzmerkmale, insbesondere auf theoretisch-methodologische Inventare richtet. Die Verlaufsform der Pluralisierung ist ein komplexer Wechselwirkungsprozeß, in dem Anleihen bei relevanten Orientierungswissenschaften (vor allem bei den Sozialwissenschaften und ihren ideologischen Grundlagen) in der erweiterten Fachgeschichte (hier zunächst bei Formalismus und Strukturalismus, dann Poststrukturalismus) und, zum Teil bereits damit verwoben, bei transnationalen Debatten gemacht werden. In dieser Konstellation können sich dysfunktionale Systemzustände einstellen, die aus dem Widerspruch von reproduzierter Struktur und – aufgrund der Vervielfältigung notwendigerweise importierten – methodisch-thematischen Komponenten hervorgehen. Auf dieser Basis scheint mir etwa auch eine Ursache für das Scheitern[32] des in den 1970er Jahren inaugurierten Großprojekts ›Sozialgeschichte der Literatur‹ gut beschreibbar. Nicht nur war es ideologischen Vorbehalten ausgesetzt, die gegen eine weitgehende Veränderung des Gegenstandsbereichs und insbesondere seiner Dignität vorgebracht wurden, weil man davon Rückschlüsse auf die Dignität der eigenen wissenschaftlichen Tätigkeit befürchtete und Rückwirkungen in Form einer entautonomisierenden, kontextuellen Re-Definition des Fachs nicht ausschloß. Es waren vor allem institutionelle

---

27 Jost Hermand: *Geschichte der Germanistik*. Reinbek 1994, S. 170.

28 Ebd., S. 171.

29 Errechnet nach statistischen Angaben für das gesamte Bundesgebiet von »Der große Uni-Test, Teil 4: Germanistik, Anglistik«. In: *Focus* Nr. 19 vom 5. 5. 1997, S. 180–189.

30 Ellwein (Anm. 24), S. 232.

31 Möglicherweise handelt es sich um die von Klaus Weimar in diesem Band beschriebene ›Literatur*wissenschaft*‹ seit 1890; vgl. Anm. 18.

32 ›Scheitern‹ bedeutet hier, daß sich die ›Sozialgeschichte‹ zwar als legitimes Unternehmen mit Buchreihen, Zeitschrift etc. etabliert, ohne jedoch die Disziplin neuerlich zu vereinheitlichen.

Gründe, die zum Scheitern des ursprünglichen Projekts und zu seiner massiven Umwandlung beigetragen haben, so daß es heute Beiträge zusammenfassen kann, die sich selbst (inter)diskursanalytisch, mentalitäts- und kulturgeschichtlich und systemtheoretisch verstehen. Das Projekt ›Sozialgeschichte‹ hätte mit seiner Umgewichtung zugunsten quantitativer Fragestellungen und mit der seit langer Zeit ersten, nicht wenig umfänglichen Gegenstandserweiterung im Bereich der sozialen Kontexte größere Veränderungen im Bereich der Arbeitsformen und der institutionellen Arbeitsorganisation erfordert. Es hätte damit zwar die dramatisch gestiegene Zahl der in Lehre und Forschung Tätigen beschäftigt, jedoch wohl nicht in denselben sozialen Formationen.

Unlösbar von solchen Wechselwirkungen zwischen Rezeptions-/Adaptions- und Abstoßungsprozessen werden so erste Konfliktmuster etabliert wie Gegensätzlichkeit nationaler Traditionen und Rekurs auf einen spezifischen Begriff von Wissenschaft, etwa den der Geistesgeschichte oder der Hermeneutik oder der Linguistik oder der analytischen Wissenschaftstheorie. Internationalisierung und Verwissenschaftlichung stellen sich ebenso als Grenzüberschreitungs- und Importversuche dar wie erste Ansätze zu einer reflektierten und kritischen Fachgeschichte – etwa für NS-Zeit, Vormärz, Moderne – und die Anlehnung an als gesellschaftsrelevant erachtete Orientierungsdisziplinen. Aktualisiert werden die Konfliktmuster, als mit dem Verstoß gegen das Gesetz der ›kleinen Zahl‹ eine heftige »Theoriedebatte«[33] in Gang kommen kann. Es fällt schwer anzuerkennen, daß die Debatte zu Beginn der 1990er Jahre bereits zu einem Ende gekommen sein soll, wo sich aufgrund von Haushaltsumschichtungen die Bildungsinstitutionen als ›reformgefährdet‹ erweisen und Konkurrenz und Dissens sich eher zu verschärfen scheinen. Deshalb ist allenfalls zu diagnostizieren, daß sich der vorrangige Austragungsmodus des Dissenses von der Ebene der Debatte, des Argumentierens um Wahrheitswerte und Relevanz, auf die Ebene des ›sozialen‹ Austrags verlagert haben mag.

Ein zunehmend bedeutsames Element dieser Theoriedebatte ist die schon angesprochene fakultative Entgrenzung zu anderen Modi sozialer Wissensproduktion und Selbstverständigung, insbesondere zur Gegenstandsebene, die schon immer aufs engste verknüpft war mit dem Bestreben, zu einer weitgehenden Koinzidenz der Publika des Gegenstandes ›Literatur‹ und der Wissenschaft zu gelangen. Mehrere Momente und Etappen dieser Diskussion überlagern sich. Zum einen wird dabei das auch vorher schon verhandelte Thema ›Literaturwissenschaft als wissenschaftliche Disziplin‹ weitergeführt; es kreist um die Differenz von disziplininterner und öffentlicher Kommunikation über Literatur. Auf der einen Seite wird die ›zeitgemäße‹ literaturwissenschaftliche Expertenkultur favorisiert, die über eine theoretisch-methodisch geregelte Fachsprache verfügt und nur zur indirekten Kommunikation mit einer an ihren Ergebnissen interessierten/zu interessierenden Öffentlichkeit in der Lage ist. Diesem Bild einer Literaturwissenschaft mit interdiskursivem Über-

33 Lutz Danneberg/Friedrich Vollhardt (Hrsg.): *Vom Umgang mit Literatur und Literaturgeschichte. Positionen und Perspektiven nach der »Theoriedebatte«*. Stuttgart 1992.

setzungsbedarf zur popularisierenden Präsentation von Ergebnissen und zur Selbstrepräsentation ihrer Leistungen steht das andere Bild gegenüber, in dem eine nicht-fachsprachliche Artikulation sowohl disziplinintern und positionsübergreifend Kohärenz stiftet als auch für eine selbst verantwortete Darstellung in der Öffentlichkeit der ›Leser‹ und ›Gebildeten‹ sorgt, ohne daß Bedarf an – immer reduktiver – Übersetzung entsteht. Alles Wissen über ›Literatur‹ ließe sich, nach dem Verständnis dieser Gruppe, alltagssprachlich produzieren und kommunizieren, so daß die Differenz zwischen Wissenschaft, Literatur, ihrer Kritik und ihren Lesern in jedem Fall gering gehalten werden kann.

Kaum davon zu trennen ist zum anderen eine neue Qualität der Entgrenzung, die neben der eigentlichen institutionellen Basis der Wissenschaft eine fakultative zweite – abweichend verfaßte – Basis hat entstehen lassen. Diese zweite institutionelle Basis ist die durch den Anstieg der Studenten- und Absolventenzahlen und die vollständige Akademisierung der Lehrerbildung gleichsam selbstproduzierte breite Fachöffentlichkeit in der Gesellschaft. Diese auch in absoluten Zahlen breite Fachöffentlichkeit ist ein Markt für Publikationen – gegenwärtig vor allem noch der Printmedien. Indiz für diese Entwicklung ist das Erscheinen von immer mehr Sammelbänden und Readern zuerst und allein in Form von Taschenbüchern nicht mehr der spezialisierten Verlagsabteilungen, sondern der großen Taschenbuchverlage. Rückwirkungen der Gesetze, die diesen Markt regulieren, können nicht ausbleiben. Geringe Produktdifferenzen bei einer großen Zahl von Wettbewerbern tragen dazu bei, daß Mehrwert nurmehr auf der Basis differenter, individualisierender Zeichenwahl zu erzielen ist.[34] Markt und (Selbst-)Marketingstrategien lassen sich nur schwer trennen. War die erste Konfliktlinie dem Dissens um die Teilhabe entweder am Prestige der ›Wissenschaft‹ oder an dem der ›Literatur‹ verdankt, so geht es entlang dieser Konfliktlinie um eine institutionelle Nivellierung von Wissenschaft und Literatur auf der Basis der Institutionen des Marktes. ›Literatur‹, die in diese Konfliktlinie notwendig ganz anders gerät als in die vorherige, wird jetzt von zwei Seiten durch Ersetzung bedroht: durch die neuen Medien und Hypermedien, die sich erfolgreich einen Teil der Literatur-Formen aneignen und Literatur-Funktionen zuschreiben können und so wiederum Wissenschaftler veranlassen, ihre literaturwissenschaftliche Aufmerksamkeit auf diese Transfers auszudehnen, und durch eine neue Definition und Praxis der Wissenschaft selbst.[35] In ihren »post-theoretischen« Varianten gehorcht diese nämlich diskursiven Strategien, bei denen es sich »um argumentative Phänomene handelt, die als ›Kunstfehler‹ zwar auch im nicht-post-

34 Vgl. Helene Karmasin: »Mehrwert durch Zeichenwahl«. In: Michael Titzmann (Hrsg.): *Zeichen(theorie) in der Praxis*. Passau 1993, S. 73–87.

35 Zu einer bewußten und möglichen Reaktion der Literatur vgl. Gustav Frank: »Nach dem Ende der ›kleinen‹ und der ›großen Erzählungen‹: Anmerkungen zu Oralität und Gehör, Linearität und Gedächtnis im Werk Paul Wührs«. In: Sabine Kyora (Hrsg.): *falsches lesen. Über Poesie und Poetik Paul Wührs. Festschrift zum 70. Geburtstag*. Bielefeld 1997, S. 51–78, insb. S. 76–78.

theoretischen Diskurs vorkommen, nunmehr aber als konstitutive Konventionen des neuen Theoriediskurses fungieren«.[36] Wissenschaft dieser Art »nähert sich dem Status von Kunst«.[37]

V. Germanistische Literaturwissenschaft seit 1970 unter dem ›law of small numbers‹: die Perspektive der disziplinären Selbstverständigung

Zum Konfliktmodell gehören neben der Ebene des akuten Austrags auch die Versuche der impliziten oder expliziten Selbstorganisation der Disziplin und nicht zuletzt die Thematisierung der Situation auf diskursiv-textueller Ebene. Die Rekonstruktion von Wissenschaft – dies sei nur als Indiz für eine mögliche Relevanz semiotischer und literaturwissenschaftlicher Inventare am Rande vermerkt – ist in der Regel aufgrund ihres dominant retrospektiven Vorgehens auf die eine oder andere Form von Texten, Zeichen, Anzeichen/Artefakten und ihre Interpretation angewiesen. Wo der Dissens die Ebene der ›Debatte‹ verläßt, der zumindest Collins von vorneherein nur sekundären Charakter zugesteht, drohen die Quellen der Wissenschaftsforschung zu versiegen, und ›Wissenschaft‹ als komplexes Text-/Wissen-/Handlungsaggregat droht zur ›black box‹ zu werden. Unter dem Aspekt, welche Wege beschritten werden können, dem Gesetz der ›kleinen Zahl‹ Geltung zu verschaffen, möchte ich hier einige wenige Publikation bevorzugt neueren Datums als exemplarisch für die Verlaufsmuster der Diskussion sichten. Die Diskussionslage selbst ist dispers, weil dabei Versuche der (Re-)Konstruktion von kognitiver, sozialer und historischer Identität zum einen partiell interagieren und sich überlagern, zum anderen die Muster der internen (Re-)Organisation ebenso wie die Muster der disziplinären Grenzüberschreitung und -tilgung teilweise selbst thematisch werden.

Die Unübersichtlichkeit der theoretisch-methodologischen wie untersuchungspraktischen Orientierungen in der Germanistik seit den 1970er Jahren hat dazu geführt, daß die kognitive und soziale Identität der Disziplin intern wie extern zunehmend in Frage steht. Die zugrundeliegende Ausdifferenzierung hat einen Grad erreicht, der synchron nicht mehr in ein Identitätsmodell ›erträglicher‹ Differenz ›überschaubar‹ weniger Dissenter rückübersetzbar scheint: Auflösungen der Disziplin werden deshalb neben interner Komplexitätsreduktion erwogen. Da die Folgen solcher Prozesse weder disziplinär noch institutionell absehbar sind und neben Optimismus auch Verunsicherung ausgelöst haben, stehen neben dieser Option Versuche der Rekonstruktion einer historischen Identität der Disziplin durch ›Geschichte der Germanistik‹ hoch im Kurs. Je-

---

36 Klaus W. Hempfer: »Diskursmaximen des Poststrukturalismus«. In: *Zeitschrift für Semiotik* 15 (1993), S. 319–331, hier S. 319.

37 Roland Posner: »Semiotik diesseits und jenseits des Strukturalismus: Zum Verhältnis von Moderne und Postmoderne, Strukturalismus und Poststrukturalismus«. In: *Zeitschrift für Semiotik* 15 (1993), S. 211–233, hier S. 212.

doch auch diese Geschichte verfährt nicht mehr monistisch, sondern entfaltet neben der Anciennität auch die seit je vorhandene, wenn auch gelegentlich verschüttete Pluralität der Traditionen, so daß auch hier Rationalität der Entwicklung und Homogenität der Disziplin letztlich in Frage stehen. Dies gilt um so mehr, wo sich diese Fachgeschichte als kontaminiert erweist von einer weitgehend disziplinfremden Wissenschaftsforschung. Verknüpft mit der Ebene der Aussagesysteme in den ›großen‹ oder marginalisierten Texten der Tradition zeigt sich erstmals in dieser Breite ein Interesse an den sozialen Formen und den sozialen und ideologischen Kontexten, in denen sich diese Traditionen konstituieren konnten.

Als internalistische Muster der Reorganisation, das heißt des Abbaus wahrnehmbar differenter Positionen, lassen sich ein vertikales und ein horizontales Verfahren unterscheiden. Die »nach der Theoriedebatte«[38] seltenen Versuche der vertikalen Integration, das heißt der hierarchischen Unterordnung, stützen sich entweder (1) auf die Eingliederung ›benachbarter‹ Verfahren[39] oder (2) auf die Synthese zweier Verfahren in einer ›dritten‹ Position[40] oder (3) auf den Ausschluß nicht-wissenschaftlicher Vorgehensweisen im Sinne der analytischen Wissenschaftstheorie und die beiden Thesen (a) der prinzipiellen Übersetzbarkeit von dann legitimen Positionen und (b) der Pragmatik einer prinzipiellen additiven Erweiterbarkeit um zulässig erzeugte Fragen und Probleme.[41]

Das horizontale Verfahren, für das die Theorieübersichten stehen mögen, zeigt sich dagegen zwar »irritiert« von einer (aus der Perspektive dieser analytischen Wissenschaftstheorie betrachtet) vortheoretischen »Situation, mit der sich der Naturwissenschaftler zum Beispiel nicht zufrieden geben würde«, ordnet aber dennoch eine große Zahl von etwa zehn konkurrierenden Positionen nebeneinander, »weil die Zeit für Synthesenbildungen und Hegemonieansprüche in den Geistes- und Gesellschaftswissenschaften abgelaufen ist«.[42] Anerkannt werden hierbei sowohl die Grenzüberschreitungsstrategie nach dem Beuteholerschema des Theorie-Imports als auch ein sich einstellender »Methodenpluralismus«.[43] Letzterer hat jedoch gegenüber den 1970er Jahren, wo er für die Akzeptanz einer nicht durch Verdrängung von Positionen lösbaren Konkurrenz stand und zum Synonym von Koexistenz wurde, sein Gesicht in den 1990er Jahren verändert, wo er für »die Variation, Kombination und flexible Adaptation verschiedener theoretischer Ansätze üblich geworden ist, dogmati-

---

38 Vgl. Anm. 33.

39 So Oliver Jahraus: »Analyse und Interpretation. Zu Grenzen und Grenzüberschreitungen im struktural-literaturwissenschaftlichen Theorienkonzept.« In: *IASL* 19 (1994) H. 2, S. 1–51.

40 So Peter Rusterholz: »Über die (Un-)Interpretierbarkeit literarischer Texte«. In: *Zeitschrift für Semiotik* 15 (1993), S. 303–317.

41 So Michael Titzmann: »Towards a Systematic Outline of an Integrative Theory of Literary History«. In: Richard Sheppard (Hrsg.): *New Ways in Germanistik*. New York u. a. 1990, S. 58–70.

42 Klaus-Michael Bogdal: »Einleitung: Von der Methode zur Theorie. Zum Stand der Dinge in den Literaturwissenschaften«. In: K.-M. B. (Hrsg.): *Neue Literaturtheorien. Eine Einführung*. 2. Aufl. Opladen 1997, S. 10–31, hier S. 11.

43 Dorothee Kimmich u. a. (Hrsg.): *Texte zur Literaturtheorie der Gegenwart*. Stuttgart 1996, S. 11.

sche Abgrenzung aber eher selten« noch umfaßt.[44] Auch wo die Kombinatorik ›ursprünglicher‹ Theorieansätze ausdrücklich ausgeschlossen wird,[45] macht schon die Uneinheitlichkeit der Positionsbestimmungen und Zuordnungen von Vorgeschichten, Autoren und Intentionen, die zwischen den verschiedenen Methoden-Überblicken herrscht, deutlich, daß zum einen die Konfliktlinien nicht (ausschließlich) den eingezogenen Positionsgrenzen folgen, zum anderen die Positionsgrenzen zumeist eine Schnittklasse aus methodologisch-theoretischen und untersuchungspraktischen Inventaren ausschneiden, also doch latent synkretistische Positionen zusammenfassen. Differenzen, die so zwischen Positionen möglich werden, sind allenfalls durch eine quantitative Skalierung abzubilden, kaum als qualitative Sprünge festzuhalten.

Das erlaubt zweierlei Rückschlüsse: Zum einen wirkt latent das Gesetz der ›kleinen Zahl‹ und wird im Zuge der Verknappung institutioneller Ressourcen wohl zu einer Vereindeutigung von Dissensmustern führen. Die Möglichkeitsbedingungen einer solchen Reduktion auf drei bis sechs Kontrahenten im Feld sind die Mehrfachpräsenz von Autoren und die Zitierfähigkeit ihrer Werke in jetzt verschiedenen Positionen. Was zehn Jahre zuvor Fohrmann/Müller noch als »drei Blickrichtungen« »innerhalb des Projekts ›Diskurstheorie‹«[46] aufgrund abstrahierbarer Basisannahmen zusammensahen, nämlich (1) Lacan und Kristeva, (2) Derrida, Barthes und Paul de Man sowie (3) Foucaults Genealogie, erscheint jetzt in zumindest drei Theorieblöcke zerlegbar.

Zum anderen drückt sich die Unzufriedenheit über diese Unübersichtlichkeit und Uneindeutigkeit bereits in Versuchen aus, eine ›Geschichte‹ der literaturwissenschaftlichen Methoden(reflexion) zu installieren, die die Einführung von Metakriterien der Sortierung erlaubt und somit ebenfalls Reduktion ermöglicht, die mit Hilfe obiger Möglichkeitsbedingungen dann exekutiert werden soll. Deshalb werden sogar »unter bestimmten Gesichtspunkten Bündnisse und Verknüpfungen möglich, die noch vor wenigen Jahren ›unmöglich‹ schienen«.[47] Diese Gesichtspunkte werden auch kenntlich; denn die Rede von Harmonie und Toleranz »verdeckt die diskursiven Macht- und Verteilungskämpfe um das, was innerhalb der Institutionen zugelassen wird und was nicht«.[48] Ein erster der »Machteffekte«,[49] die von dieser Sortierung der Literaturwissenschaft ausgehen, richtet sich gegen solche Akteure, die »›freibeuterisch‹« (!) verfahren und

---

44 Ebd.

45 Klaus-Michael Bogdal: »Vorwort zur 2. Auflage«. In: Bogdal (Anm. 42), S. 8, schließt New Historicism, Gender Studies und Cultural Studies als nicht innovative und ausreichend differente Kombinatorik aus den von ihm erstellten Dezimalsystem der Theorien aus.

46 Jürgen Fohrmann/Harro Müller: »Einleitung. Diskurstheorien und Literaturwissenschaft«. In: J.F./H.M.: *Diskurstheorien und Literaturwissenschaft.* Frankfurt a.M. 1988, S. 9–21, hier S. 14.

47 Bogdal (Anm. 42), S. 23, spricht in diesem Sinn von einem ›Bruch‹, der eine »›Frontlinie‹« markiert und Aktanten dieseits und jenseits und um ihr Verhalten zum Bruch gruppiert.

48 Ebd., S. 24.

49 Ebd., S. 25.

illegitime kombinatorische Präferenzen entfalten.[50] Diese Korsaren sind als ephemere Parasiten nicht immer erwünschtes Indiz einer prosperierenden, institutionell gesicherten Disziplin, die zur Ausdifferenzierung neigt. Die institutionellen Zwänge zur Reduktion werden diese Akteure ganz sicher zuerst beseitigen, weil sie vereinzelt von Lehrer-Schüler-Ketten, transdisziplinären Zirkeln und quer zu Zitierkartellen operieren. Dennoch mögen sie schon jetzt unerwünscht sein, weil allein ihre dem ›Überfluß‹ verdankte Existenz institutionelle Aufmerksamkeit auf eine Disziplin lenken kann, die ihre Krise und Marginalität beteuert. Zudem deckt ihr Existenzprinzip illegitimer Grenzüberschreitung auf, wo die eigentlich ›harten‹ Grenzen liegen; denn ihr Teilhabe-Begehren zielt nicht auf das intellektuelle Kapital, dessen Relevanz ihre Grenzüberschreitungen deutlich negieren, sondern auf das institutionelle Potential. Darüber hinaus mag ihr Verhalten den Versuch von Positionen offenbaren, unter diversen Labels auf dem Markt zu operieren.

Bereits die in den Überblicksbänden bereitwillig eingeräumte Dominanz nicht genuin literaturwissenschaftlicher Theorieelemente verweist immer wieder auf die Problematik der Literaturwissenschaft seit den 1970er Jahren, die sie sich durch das Agieren über Grenzen im geistes- und sozialwissenschaftlichen Feld hinweg aufgeladen hat: Dem Gewinn erweiterter Handlungsspielräume stehen Gefahren des Verlusts eines kognitiven Profils und einer ranghohen Positionierung im Feld gegenüber. Hier soll die Aufmerksamkeit jedoch nicht weiter diesen Rezeptionsprozessen gelten, sondern auf offensive externalistische Strategien gelenkt werden. Die schon angesprochenen Überlegungen zu einer Auflösung der Disziplin verfolgen gegenwärtig zwei Optionen: (1) Verselbständigung von Teildisziplinen, zum Beispiel Medienwissenschaft, oder (2) Aufgehen in einer Metadisziplin, zum Beispiel (Medien-)Kulturwissenschaft. Die erste Option bedeutet mit der Auslagerung eines weiten Gegenstandsfeldes auch den Verlust von ›eigensinnigen‹ Theorie-Elementen, die den Gegenstand ›Literatur‹ aspektreicher in einem Verbund technischer Medien und Medientechniken diskutieren ließen. Es stellt sich die Frage, ob solcherart eine Dependance oder ein neuer Konkurrent im Interfeld entsteht. Deutlicher expansiv-hegemoniales Potential entfaltet die zweite Option, die sich anders als die erste auf in der Regel bereits gut bestellte Gegenstände von institutionell geringer ausgestatteten Disziplinen wie Ethnologie, Anthropologie, Kulturgeschichte richtet. Die literaturwissenschaftlich fundierte Reformulierung von deren Problemstellungen ist eine spezifische Form interdisziplinärer Kooperation. Mit dieser zweiten Option wäre die allgemein empfundene Problematik der Ausdifferenzierung der Disziplin implizit aufgegeben zugunsten einer Reorganisation auf der nächsthöheren Systemebene ›Geisteswissenschaften‹. Dies geschieht im Angesicht »der von Politikern vielfach erwünschten Stärkung der Fachhochschulen« und der »Rivalen im Verteilungskampf, der allenthalben entbrannt ist«.[51]

---

50 Ebd., S. 24.

51 Hartmut Böhme/Klaus R. Scherpe: »Zur Einführung«. In: H. B./K. Sch. (Hrsg.): *Literatur und Kulturwissenschaft. Positionen, Theorien, Modelle*. Reinbek 1996, S. 7–24, hier S. 7.

Generationen – zum Gebrauch eines alten Begriffes für die jüngste Geschichte der Literaturwissenschaft

Walter Erhart

I.

Von Generationen ist allenthalben die Rede: im alltäglichen Gespräch, aber auch in beliebigen und beliebten Diagnostiken einer Gesellschaft, die von Umbruchsituationen und dabei auch von Generationswechseln gekennzeichnet ist.[1] Die Allgegenwärtigkeit dieser Rede, ihre Abrufbarkeit und Selbstverständlichkeit, scheint einer wissenschaftlichen Betrachtung oder gar Indienstnahme eher hinderlich zu sein. Seit jeher muß die wissenschaftliche Rede über Generationen mit dem ersten bereitliegenden Einwand beginnen: Jeden Tag und jede Stunde wird schließlich eine neue Generation geboren.[2] An dieser Desillusionierung macht der Ernst exakter Wissenschaft erst einmal halt – bis Geistes- und Sozialwissenschaften nach den gesellschaftlichen und psychologischen Gesetzmäßigkeiten der Generationsbildung zu fragen beginnen.[3]

Wie schon in den 1920er Jahren ist gegenwärtig ein neuer verstärkter Transfer von der stets alltagsgeschichtlichen und auch journalistischen Präsenz des Generationenproblems in den Objektbereich der Wissenschaften zu beobachten. In der Politikwissenschaft werden politische Markierungen der Nachkriegsgeschichte unter dem Gesichtspunkt »politischer Generationen« rekonzeptualisiert.[4] Sozialwissenschaftler durchforsten die deutsche Mentalitätsgeschichte des 20. Jahrhunderts nach Generationsstilen und Generationsumbrüchen.[5] Die Jugend- und So-

1 Beispiele für Aktualität und Bandbreite des gegenwärtig verhandelten Themas etwa bei Annette Lepenies (Hrsg.): *Alt & Jung. Das Abenteuer der Generationen.* (Eine Publikation des Deutschen Hygiene-Museums Dresden). Basel/Frankfurt a. M. 1997.

2 Vgl. Wilhelm Pinder: *Das Problem der Generation in der Kunstgeschichte Europas.* 2. Aufl. Berlin 1928, S. 20.

3 So geschehen und dokumentiert bei Karl Mannheim: »Das Problem der Generationen«. In: *Kölner Vierteljahreshefte für Soziologie* NF 7 (1928), S. 157–185 und S. 309–330.

4 Vgl. Helmut Fogt: *Politische Generationen. Empirische Bedeutung und theoretisches Modell.* (Beiträge zur sozialwissenschaftlichen Forschung 32). Opladen 1982; Claus Leggewie: *Die 89er. Portrait einer Generation.* Hamburg 1995.

5 In aktualisierter Anknüpfung an Helmut Schelsky: *Die skeptische Generation. Eine Soziologie der deutschen Jugend.* Düsseldorf 1957; vgl. Heinz Bude: *Deutsche Karrieren. Lebenskonstruktionen sozialer Aufsteiger aus der Flakhelfer-Generation.* Frankfurt a. M.

zialisationsforschung revidiert die zwischenzeitlich üblich gewordene Kritik am Generationsbegriff und beginnt, das Konzept für eine historische und aktuelle Diagnostik des Generationenkonflikts erneut aufzugreifen.[6] ›Generation‹ bildet ein neues Stichwort in philosophischen und literaturwissenschaftlichen Enzyklopädien.[7] Die Wissenschaftsgeschichte selbst wird neuerdings und aus gegebenem Anlaß im Zeichen eines neuen Generationswechsels reflektiert.[8] Zwar scheint sich die Rede über Generationen zumeist immer noch im Feld jener eher feuilletonistisch-beiläufigen oder auch biographisch-lebensgeschichtlichen Randbemerkungen zu bewegen;[9] dennoch dient das Konzept der Generationen in den Sozial- und Kulturwissenschaften – damals wie heute – stets auch dazu, teils festgefahrene, teils diffundierende Theorien des gesellschaftlichen Wandels neu zu perspektivieren.[10]

Die Geschichtsschreibung der deutschen Literaturwissenschaft hat in den letzten Jahren vor allem eine »systematisch angestrebte Vielzahl von Blickrichtungen« entwickelt und die zuvor übliche und nun deutlich erkennbare »unzulässige Vereinfachung und Verkürzung der Fachgeschichte« mit einer neuen »Komplexität der unterschiedlichen Teilgebiete des Fachs« konfrontiert.[11] Freilich sind solche Differenzierungen mit der Ausbildung selbständiger und sepa-

---

1987; Heinz Bude: *Das Altern einer Generation. Die Jahrgänge 1938 bis 1948.* Frankfurt a. M. 1995; Albrecht Göschel: *Die Ungleichzeitigkeit in der Kultur. Wandel des Kulturbegriffs in vier Generationen.* Stuttgart u. a. 1991; Michael Wolf: *Kultureller Wandel und Generationen. Das Generationskonzept als Möglichkeit der Binnendifferenzierung sich wandelnder soziokultureller Systeme.* Diss. Berlin 1993.

6 Vgl. Ulrich Herrmann: »Das Konzept der ›Generation‹. Ein Forschungs- und Erklärungsansatz für die Erziehungs- und Bildungssoziologie und die Historische Sozialisationsforschung«. In: U. H. (Hrsg.): *Jugendpolitik in der Nachkriegszeit. Zeitzeugen – Forschungsberichte – Dokumente.* Weinheim/München 1993, S. 99–117.

7 Vgl. Manfred Riedel: »Generation«. In: *Historisches Wörterbuch der Philosophie.* Basel/Stuttgart 1973ff., Bd. 2 (1974), Sp. 274–278; Hans Ulrich Gumbrecht: »Generation«. In: *Reallexikon der deutschen Literaturwissenschaft.* Berlin/New York 1997ff., Bd. 1 (1997), S. 697–699.

8 Dieter Henrich: »Philosophie. Eine Kolumne. Eine Generation im Abgang«. In: *Merkur. Deutsche Zeitschrift für europäisches Denken* 50 (1996) H. 572, S. 1055–1063; Kerstin Harnisch: *Lebenskonstruktionen und individuelle Anpassungsformen in drei Generationen der DDR-Intelligenz.* Diss. Jena 1995; Devoney Looser/E. Ann Kaplan (Hrsg.): *Generations. Academic Feminists in Dialogue.* Minneapolis 1997.

9 Dazu gehört die journalistische und auch kulturkritische Nachfrage nach immer neuen Generationsangeboten; – vgl. etwa Reinhard Mohr: *Zaungäste. Die Generation, die nach der Revolte kam.* Frankfurt a. M. 1992; Matthias Politycki: »Kalbfleisch mit Reis! Die literarische Ästhetik der 78-Generation«. In: *Schreibheft. Zeitschrift für Literatur* 50 (1997), S. 3–9; Jochen Hörisch (Hrsg.): *Mediengenerationen.* Frankfurt a. M. 1997.

10 Der Skepsis über die theoretische Reichweite des Konzepts wird seit jeher mit dem empiristischen Verfahren der Generationsbefragung begegnet; – vgl. Mannheim (Anm. 3), S. 161, oder die aus Interviews bestehenden Forschungsprojekte von Göschel (Anm. 5), Bude (Anm. 5) und Wolf (Anm. 5).

11 Wilhelm Voßkamp: »Zur Wissenschaftsgeschichte der deutschen Literaturwissenschaft in der Bundesrepublik«. In: Jürgen Fohrmann/W. V. (Hrsg.): *Wissenschaft und Nation. Studien zur Entstehungsgeschichte der deutschen Literaturwissenschaft.* München 1991, S. 17–28, hier S. 27.

rater, auch isolierter Forschungszweige sowie einer Vielzahl unüberschaubarer mikroskopischer Einzelaufnahmen erkauft: An die Stelle einer ›Ideologiekritik‹ der Germanistik sind zahlreiche, zunehmend auch archivalische Studien zur Methodengeschichte,[12] zur Personengeschichte,[13] zur Interpretationspraxis[14] sowie zu germanistischen Institutionen,[15] etwa zu Deutschen Seminaren,[16] Publikationsorganen,[17] wissenschaftlichen Darstellungsformen und wissenschaftspolitischen Rahmenbedingungen[18] getreten. Vor allem die von zahlreichen Kontinuitäten und Diskontinuitäten geprägte Wissenschaftsgeschichte der Jahrzehnte zwischen 1920 und 1970 ist dadurch nicht allein komplexer, sondern zuweilen auch unübersichtlicher geworden. Zum einen scheint sich die Verbindung von Gesellschaftsgeschichte und Wissenschaftsgeschichte zunehmend zu lockern: Die Geschichte der germanistischen Methoden, Theorien und Institutionen läßt sich nicht mehr beziehungsweise immer weniger mit gesellschaftlichen und politischen Eckdaten – ob 1933, 1945 oder 1968 – korrelieren; dadurch geraten Beharrungskräfte und scheinbar autonome Wandlungsprozesse der universitären Institutionen neu in den Blick.[19] Zum anderen aber stimmen

---

12 Vgl. die Beiträge in Christoph König/Eberhard Lämmert (Hrsg.): *Literaturwissenschaft und Geistesgeschichte 1910 bis 1925*. Frankfurt a. M. 1993.

13 Vgl. Hartmut Gaul-Ferenschild: *National-völkisch-konservative Germanistik. Kritische Wissenschaftsgeschichte in personengeschichtlicher Darstellung*. Bonn 1993; Petra Boden: »Julius Petersen. Ein Wirtschaftsmanager auf dem Philologenthron«. In: *Euphorion* 88 (1994), S. 82–103; sowie zahlreiche Beiträge in Wilfried Barner/Christoph König (Hrsg.): *Zeitenwechsel. Germanistische Literaturwissenschaft vor und nach 1945*. Frankfurt a. M. 1996.

14 Vgl. auch dazu Klaus Weimar: *Geschichte der deutschen Literaturwissenschaft*. München 1989; sowie die unter dem Kapitel »Methoden und Werte« versammelten Beiträge in Barner/König (Anm. 13), S. 205–342.

15 Vgl. insgesamt Petra Boden/Rainer Rosenberg (Hrsg.): *Deutsche Literaturwissenschaft 1945–1965. Fallstudien zu Institutionen, Diskursen, Personen*. Berlin 1997; Petra Boden/Holger Dainat (Hrsg.): *Atta Troll tanzt noch. Selbstbesichtigungen der literaturwissenschaftlichen Germanistik im 20. Jahrhundert*. Berlin 1997.

16 Vgl. beispielsweise Wolfgang Höppner: »Eine Institution wehrt sich. Das Berliner Germanische Seminar und die deutsche Geistesgeschichte«. In: König/Lämmert (Anm. 12), S. 362–380; Christa Hempel-Küter/Hans-Harald Müller: »Zur Neukonstituierung der neueren deutschen Literaturwissenschaft an der Universität Hamburg nach 1945«. In: Barner/König (Anm. 13), S. 19–34.

17 Vgl. etwa Holger Dainat/Rainer Kolk: »Das Forum der Geistesgeschichte. Die ›Deutsche Vierteljahresschrift für Literaturwissenschaft und Geistesgeschichte‹ (1923–1944)«. In: Robert Harsch-Niemeyer (Hrsg.): *Beiträge zur Methodengeschichte der neueren Philologien*. Tübingen 1995, S. 111–134; Wolfgang Adam: »Einhundert Jahre Euphorion. Wissenschaftsgeschichte im Spiegel einer germanistischen Fachzeitschrift«. In: *Euphorion* 88 (1994), S. 1–72; Gunther Schandera u. a.: »Die ›Weimarer Beiträge‹ zwischen 1955 und 1961. Eine Zeitschrift auf dem Weg zum ›zentralen Organ der marxistischen Literaturwissenschaft in der DDR‹?«. In: Boden/Rosenberg (Anm. 15), S. 261–330.

18 Vgl. Peter J. Brenner (Hrsg.): *Geld, Geist und Wissenschaft. Arbeits- und Darstellungsformen von Wissenschaft*. Frankfurt a. M. 1993.

19 Vgl. Marcus Gärtner: *Kontinuität und Wandel in der neueren deutschen Literaturwissenschaft nach 1945*. Bielefeld 1997.

die unterschiedlichen Ebenen der Wissenschaftsforschung nicht unbedingt überein, bewegen sich Theorie-, Personen- und Institutionengeschichte nicht automatisch aufeinander zu.[20]

Mit der bequemen ideologischen oder ideologiekritischen Symmetrie von Theorie-Entwicklungen und gesamtgesellschaftlichen ›Niedergängen‹ oder ›Aufbrüchen‹ ist demnach auch ein Stück Orientierung in der Wissenschaftsgeschichte verlorengegangen.[21] Was nun eigentlich den Wandel von literaturwissenschaftlichen Theorien und den Austausch ihrer ›Paradigmen‹ im einzelnen motiviert, ist zumeist nicht mehr so leicht zu erkennen – vor allem in der jüngsten Wissenschaftsgeschichte sowie in einer Situation, wo die Klage über ebenso unerklärlich wie unnötig wechselnde literaturwissenschaftliche ›Moden‹ oftmals vergessen lassen möchte, daß auch dieses Lamento längst schon zur Signatur der Literaturwissenschaft im 20. Jahrhundert gehört.

Der einmal erreichte Grad der wissenschaftsgeschichtlichen Differenzierung und die damit verbundene »Mehrfachperspektivierung«[22] kann freilich nicht mehr rückgängig gemacht oder ›unterboten‹ werden; es bleibt jedoch die Frage, auf welchen Wegen oder mit welchen Mitteln die divergierenden Forschungsergebnisse wenn nicht zu einer einheitlichen Geschichte der Literaturwissenschaft zusammengeführt, so doch in unterschiedlich begrenzter Weise koordiniert und in Einzelfällen wieder aufeinander bezogen werden könnten. Ich möchte vorschlagen, den Begriff der wissenschaftlichen Generation für diese Problemlage fruchtbar zu machen: als eine Art ›Kitt‹ oder Transmissionsmittel für die auseinanderlaufenden Teilgebiete einer Wissenschaftsforschung, der daran gelegen sein muß, die Beziehungen zwischen Institutionen-, Theorie- und Personengeschichte durchlässig und operabel zu halten. In einem ersten Schritt werde ich zunächst die soziologische und kulturwissenschaftliche Generationsforschung der 1920er und 1930er Jahre rekapitulieren, um sodann deren Anschlußmöglichkeiten für die moderne Wissenschaftsforschung, speziell für eine Geschichtsschreibung der modernen Geisteswissenschaften zu prüfen. In einem zweiten Teil skizziere ich einige Modelle, wie die Geschichte der deutschen Literaturwissenschaft sich im Hinblick auf den akademischen Generationswandel beschreiben ließe: zunächst am Beispiel der 1920er und 1930er Jahre, dann aber vorallem an den bislang weitgehend unerforschten Markierungen der jüngsten Wissenschaftsgeschichte, von der sogenannten

20 Methoden und Interpretationspraktiken etwa können in ein- und derselben Forscherbiographie wechseln, innerhalb veränderter Institutionen aber kontinuierlich bestehen bleiben. Einschneidende ›Paradigmenwechsel‹ entpuppen sich bei näherem Blick als Oberflächenphänomene oder als bloße Wiederkehr verdrängter Traditionen. Daß die in der Literaturwissenschaft übliche Distanz zur »Generation der akademischen Väter« auch ein notorisch »kurzes Gedächtnis« provoziert, betont Klaus Weimar: »Über das derzeitige Verhältnis der deutschen Literaturwissenschaft zu ihrer Geschichte«. In: *IASL* 16 (1991) H. 1, S. 149–156, hier S. 149.

21 Ein Gegenbeispiel bietet Jost Hermand: *Geschichte der Germanistik*. Reinbek 1994.

22 Vgl. zuletzt Wolfgang Höppner: »Mehrfachperspektivierung versus Ideologiekritik. Ein Diskussionsbeitrag zur Methodik der Wissenschaftsgeschichtsschreibung«. In: *Zs. für Germanistik* NF 5 (1995), S. 624–633.

»wissenschaftlichen Wende«[23] der 1960er Jahre bis zur vielbeschworenen, jüngst vergangenen poststrukturalistischen *Herausforderung für die Literaturwissenschaft.*[24]

II.

Bereits in den 1920er Jahren scheint sich die Reflexion über das Generationen-Konzept einem zeitgeschichtlichen Bedürfnis zu verdanken. Zwar konnten François Mentré und Karl Mannheim jeweils an Überlegungen von Auguste Comte und Wilhelm Dilthey anschließen,[25] dennoch war der »Generationswechsel« offensichtlich auch »ein über das Fachwissenschaftliche hinausragendes Problem«.[26] Die Theorie über Generationen war selbst von einem Generationswechsel begleitet und motiviert: in den Universitäten[27] ebenso wie in der Literaturwissenschaft, wo das Problem der Generationen sogleich als ein neues geistesgeschichtliches Periodisierungsprinzip der Literaturgeschichte entdeckt wird.[28]

Dies alles wäre ein zeitgeschichtliches Phänomen geblieben, hätte Karl Mannheim aus dieser Debatte heraus nicht diejenigen Begriffe und analytischen Instrumente entwickelt, an denen sich auch die gegenwärtige Generationsforschung wieder orientiert.[29] Die Leistung von Mannheims Generationenkonzept liegt in der strukturellen Unterscheidung dreier Generationsmomente, mit deren Hilfe die biologistisch überformte Vorstellung von ›organisch‹ sich abwechselnden Generationen in ein soziologisches Konzept überführt wird. Zunächst läßt sich in Gesellschaften jeweils eine »Generationslagerung« hypostasieren, die – analog zur synchronen »Klassenlage« – eine diachronisch verlaufende und nach Alter segmentierte »Lagerung im sozialen Raum« anzeigt.[30] Diese

---

23 Rainer Baasner: *Methoden und Modelle der Literaturwissenschaft. Eine Einführung.* Berlin 1996, S. 81ff.

24 Gerhard Neumann (Hrsg.): *Poststrukturalismus. Herausforderung für die Literaturwissenschaft.* Stuttgart 1997.

25 Vgl. François Mentré: *Les Générations Sociales.* Paris 1920; Mannheim (Anm. 3), S. 163.

26 Mannheim (Anm. 3), S. 161; ebenso Richard Alewyn: »Das Problem der Generationen in der Geschichte«. In: *Zs. für deutsche Bildung* 5 (1925), S. 519–527.

27 Vgl. Kuno Mittenzwey: »Generationswechsel in der Wissenschaft«. In: *Der Neue Merkur. Monatshefte* 8 (1924–1925), S. 669–678

28 Vgl. dazu vor allem Julius Petersen: *Literaturgeschichte als Wissenschaft.* Heidelberg 1914; ders.: *Die Wesensbestimmung der deutschen Romantik. Eine Einführung in die moderne Literaturwissenschaft.* Leipzig 1926; ders.: »Die literarischen Generationen«. In: Emil Ermatinger (Hrsg.): *Philosophie der Literaturwissenschaft.* Berlin 1930, S. 130–187. Wichtige Stichworte zum germanistischen ›Generationenkonflikt‹ der 1920er Jahre bei Wilfried Barner: »Zwischen Gravitation und Opposition. Philologie in der Epoche der Geistesgeschichte«. In: König/Lämmert (Anm. 12), S. 201–231, hier S. 217–220.

29 Vgl. etwa Fogt (Anm. 4), Leggewie (Anm. 4) und Göschel (Anm. 5).

30 Mannheim (Anm. 3), S. 171f.

»Lagerung« wird soziologisch allerdings erst dann relevant, wenn »ein gemeinsamer historisch-sozialer Lebensraum« die »potentielle Partizipation an gemeinsam verbindenden Ereignissen und Erlebnisgehalten« in sich einschließt.[31] Die »Prädominanz der ersten Eindrücke« garantiert so den ersten sozialen Zusammenhang einer solchen »verwandten« Generationslagerung;[32] zu einer soziologisch bestimmbaren Generation wird diese Lagerung allerdings erst dann, wenn sie sich in einen »Generationszusammenhang« verwandelt: eine »Verbundenheit« durch die »Partizipation an den gemeinsamen Schicksalen dieser historisch-sozialen Einheit«.[33] Diese gemeinsamen Ereignisse erst stiften »eine reale Verbindung zwischen den in derselben Generationslagerung befindlichen Individuen«.[34] Dieser noch gleichsam latente Generationszusammenhang kann nun verschiedene, auch gleichzeitige »Generationseinheiten« hervorbringen, die sich dann eben nicht durch chronologisch meßbare Daten oder ›Rhythmen‹ auszeichnen, sondern durch ein »einheitliches Reagieren«,[35] also durch die Artikulation und Konstruktion eines künstlich geformten Generationsbewußtseins beziehungsweise eines Generationsstils.

Entscheidend an dieser Differenzierung von »Generationslagerung«, »Generationszusammenhang« und »Generationseinheit« ist die Möglichkeit, das Entstehen von Generationen nicht länger als biologisch determiniert zu betrachten,[36] sondern jeweils mit gesellschaftlich-sozialen Prozessen, »der auslösenden Kraft des gesellschaftlich-geistigen Zusammenhangs«,[37] zu koordinieren. So wie nicht jede Generationslagerung einen Zusammenhang oder eine Einheit konstituiert, so lassen sich verschiedene Generationen danach bestimmen, durch welche – mehr oder weniger einschneidende – Ereignisse sie geprägt sind und wie sie im Einzelfall darauf reagieren und dadurch Generationsbewußtsein erst erzeugen, welches gesellschaftliche »Tempo« Generationsbildungen beschleunigt oder verzögert, welche sozialen Faktoren das »Aktivwerden der in der Lagerung schlummernden Potentialität« provozieren,[38] welche »Kollektivereignisse« Generationseinheiten hervorbringen, aber auch verhindern – etwa »Zwischengenerationen« hervorbringen, die sich wiederum an bereits bestehende, frühere oder an spätere Generationszusammenhänge anlehnen.[39]

Mannheims »formalsoziologische Analyse«[40] hat eine ganze Reihe von Forschungsergebnissen und Forschungsmöglichkeiten eröffnet, die zum Teil erst

31 Ebd., S. 181.
32 Ebd., S. 182.
33 Ebd., S. 309.
34 Ebd., S. 310.
35 Ebd., S. 313.
36 Zur Kritik des »chronologischen Generationsbegriffs« vgl. bereits Alewyn (Anm. 26).
37 Mannheim (Anm. 3), S. 319.
38 Ebd., S. 316.
39 Ebd., S. 318.
40 Ebd., S. 329.

heute wieder aufgenommen und fortentwickelt werden.[41] Auf der einen Seite wird dabei das soziologische Vokabular und Instrumentarium geringfügig modifiziert beziehungsweise modernisiert.[42] Auf der anderen Seite läßt sich die Reichweite des Modells anhand einer historischen Beschreibung der Generationsabfolge im 20. Jahrhundert überprüfen. So entsteht eine nach Generationen klassifizierte Sozial- und Kulturgeschichte des 20. Jahrhunderts: die »Weimar- und NS«-Generation der bis 1925 Geborenen, die »skeptische« oder »Flakhelfer«-Generation (geb. 1925–1930), eine »Zwischengeneration« (geb. 1930–1940) und eine »68er«-Generation (geb. 1940–1950), die »Wohlstands«- oder »alternative« Generation (geb. 1955–1965) sowie die jüngsten Generationen, deren letzte auf die Jahreszahl 1989 getauft worden ist.[43]

Eine solche Geschichtsschreibung (im Mannheimschen Sinne: von »Generationszusammenhängen«) ist ebenso einleuchtend wie vage. Ihre Aussagekraft dürfte allerdings in dem Maße wachsen, wie sie auf konkrete »Generationseinheiten« sowie auf Strukturen und Wandlungsprozesse gesellschaftlicher Teilsysteme bezogen wird. Auf diese Weise ist es überhaupt erst möglich, die je nach System unterschiedlichen, gleichzeitigen und ungleichzeitigen Generationsbildungen zu berücksichtigen und dabei jeweils »Generationseinheiten« (wiederum nach Mannheim: die gemeinsame Reaktion auf Generationszusammenhänge) zu differenzieren.

Auch in der Wissenschaftsgeschichte lassen sich Generationsbewegungen zunächst als temporär auftretende Reaktionsmuster erkennen, durch die generationsspezifische Identitäten jeweils durch ›Absetzbewegungen‹ und Differenzierungen im Hinblick auf die vorgängige ›scientific community‹ erzeugt werden. Unterschiedliche Generationsstile können sich dort in habi-

---

41 Schon in den 1920er Jahren wurde die bei Mannheim erreichte Differenzierung wieder preisgegeben und zurückgenommen: Die biologistische Fundierung von ›Generationen‹ rückte erneut in den Vordergrund, die Diskussion verlor sich in jenen lebensphilosophischen und organizistischen Zusammenhängen, von denen sie (in Deutschland) nicht selten ihren Ausgang genommen hatte. Beispielhaft ist etwa die Kritik soziologischer und historischer Kategorien im Konzept der »Generation« bei Karl Hoppe: »Das Problem der Generation in der Literaturwissenschaft«. In: *Zs. für Deutschkunde* 44 (1930), S. 726–748. Eines der wenigen Beispiele für eine kritische und zugleich produktive soziologische Rezeption des Mannheim-Aufsatzes bei Joachim Matthes: »Karl Mannheims ›Das Problem der Generationen‹ neu gelesen«. In: *Zs. für Soziologie* 14 (1985), S. 363–372.

42 Die von Mannheim vorgegebene »Partizipation« an einem gemeinsamen »Schicksal« etwa wird durch die Kategorie der »selektiven Lücke« zwischen den Generationen ergänzt: Diskontinuitäten und Differenzen in biographischen und lebensgeschichtlichen Zusammenhängen; unterschiedliche Wahrnehmungen von sozialer Kontinutität und Diskontinuität; »politische Sozialisation« in institutionell wechselnden ›peer groups‹, bedeutsam zumeist in der Zeit »sensibler Prägung« zwischen dem 17. und dem 25. Lebensjahr; die im 20. Jahrhundert nachlassenden Kräfte homogener Klassen- und Gesellschaftsbildung bei gleichzeitiger und beschleunigter Ausprägung unterschiedlicher Generationsstile; vgl. dazu Fogt (Anm. 4), S. 50ff.; Herrmann (Anm. 6), S. 109.

43 Die Angaben wurden kompiliert aus den Darstellungen bei Göschel (Anm. 5), S. 15f. und Leggewie (Anm. 4), S. 84ff.

tualisierten Formen von Wissenschaftskulturen sedimentieren: in chronologischer Differenz, aber auch in synchroner Gleichzeitigkeit.[44] Von besonderer Bedeutung sind dabei auch die Zulassungs- und Selektionsmechanismen des Wissenschaftssystems: die für die Generationsforschung maßgeblichen ›ersten Prägungen‹, hier im Kontext akademischer Sozialisation; die historisch wechselnden Zulassungsbedingungen und -möglichkeiten für Nachwuchswissenschaftler, aufgrund derer jeweils Generationslücken und Generationsblockaden produziert werden;[45] schließlich der Zusammenhang von Innovationen, Paradigmen und Generationen in der »Struktur wissenschaftlicher Revolutionen«.

Schon Thomas S. Kuhn hat, zum Teil als Antwort auf seine Kritiker, darauf hingewiesen, daß eine Folgerung der von ihm angeregten Untersuchungen zur *Struktur wissenschaftlicher Revolutionen* vor allem in der soziologischen Frage nach der »Struktur von Gemeinschaften in den Wissenschaften«[46] besteht. Für Kuhn sind Kontinuitäten und Veränderungen in den Wissenschaften wesentlich durch Prozesse fachlicher Sozialisation vorgegeben; die Wahl zwischen »konkurrierenden Paradigmata« beschreibt eine »Wahl zwischen unvereinbaren Lebensweisen der Gemeinschaft«.[47] Auf diese Weise nähert sich Kuhn zugleich einer generationsspezifischen Erklärungsweise – zumal er seine Geschichtsschreibung der Naturwissenschaften ausdrücklich den Human- und Kulturwissenschaften entlehnt hat: dort nämlich, wo »Periodisierung durch revolutionäre Umbrüche von Stil, Geschmack und institutioneller Struktur« seit jeher zu den »Standardwerkzeugen« gehören.[48]

So sehr sich Kuhn hier auf das Modell der Kunst- und Literaturwissenschaften bezieht, so sehr ist die Übertragbarkeit seines eigenen Modells auf die Literaturwissenschaft kritisiert worden.[49] Statt eines geschlossenen und einzigen »Paradigmas« finde sich dort zumeist eine konstante, mehr oder minder große Zahl divergierender »Theorien«; nur in den Naturwissenschaften lasse sich von einer einheitlichen wissenschaftlichen Gemeinschaft sprechen, die weitgehend autonom und separat wissenschaftliche Detailprobleme unter einem gemeinsamen Paradigma bearbeitet und somit die Voraussetzungen ›normaler‹ Wissenschaft erfüllt; nirgends schließlich gebe es in den Literaturwissenschaft eine der

44 Zu unterschiedlichen akademischen Habitus-Formen vgl. etwa Pierre Bourdieu: *Homo Academicus*. Frankfurt a. M. 1988. Zur Ausbildung von Wissenschaftskulturen in funktionalen Gesellschaften vgl. insgesamt Rudolf Stichweh: *Wissenschaft, Universität, Professionen. Soziologische Analysen*. Frankfurt a. M. 1994.

45 Vgl. hierzu die aufschlußreichen Bemerkungen zu »Laufbahnkanälen« und »Laufbahnchancen« in Generationskonflikten in Norbert Elias: *Studien über die Deutschen. Machtkämpfe und Habitusentwicklung im 19. und 20. Jahrhundert*. Frankfurt a. M. 1992, S. 316ff.

46 Thomas S. Kuhn: *Die Struktur wissenschaftlicher Revolutionen*. 2., rev. (und um das Postskriptum von 1969 ergänzte) Aufl. Frankfurt a. M. 1976, S. 188.

47 Ebd., S. 106.

48 Ebd., S. 220.

49 Vgl. v. a. Kurt Bayertz: *Wissenschaftstheorie und Paradigmabegriff*. Stuttgart 1981, S. 106–118.

›hard science‹ vergleichbare fachliche Sozialisation zur Einübung und Ausbildung des herrschenden Paradigmas.[50] Die Literaturwissenschaft ist demnach in einer Situation kontinuierlicher »Revolution«, mit nur sehr eingeschränkter intersubjektiver Konsensfähigkeit, Kontrolle und Normalität.

Umgekehrt aber deutet der so beschriebene Sachverhalt gerade auf den latenten Einfluß generationsspezifischer Prozesse. Während Kuhn nämlich davon ausgeht, daß Veränderungen in den Naturwissenschaften durch innovative, einzelne Forschungsleistungen – in der Regel durch »jüngere« Forscher – evoziert werden und es dann zur Durchsetzung »manchmal einer ganzen Generation bedarf«,[51] scheint es in den Humanwissenschaften gerade umgekehrt zu sein. Dort hat der einzelne Forscher bei einer »immensen Vielfalt von Problemen« im Unterschied zum Naturwissenschaftler »ständig eine Anzahl von konkurrierenden und inkommensurablen Lösungen vor Augen«,[52] die sich nicht auf entweder ›normale‹ oder ›revolutionäre‹ Wissenschaftspraxis festlegen lassen. Wenn aber kontinuierliche Entscheidung und Wahl in den Literaturwissenschaften dergestalt zum ›normalen‹ Prozeß dieser Wissenschaften gehören, werden Veränderungen dort gerade nicht im Laufe einer Generation erst durchgesetzt und normalisiert, sondern durch eine jeweils ›neue‹ Generation produziert. In Ermangelung von Intersubjektivität, fachlich homogenen Lehrbeständen und kontrollierten Standards paradigmatischer Wissenschaft werden sowohl Normalisierungsprozesse als auch Revolutionen in den Literaturwissenschaften zumindest teilweise an bestimmte gruppenspezifische Generationsverhältnisse delegiert. Während in Kuhns Modell nämlich eine isolierte Forschertätigkeit ein neues Paradigma einleitet, das sich innerhalb einer Generation durchsetzt, steht in den Literaturwissenschaften am Anfang eine Entscheidung für bestimmte Problemlösungen, die eben nicht ein neues einheitliches Paradigma, sondern eher eine neue ›wissenschaftliche Gemeinschaft‹ konstituiert. Im diachronen Verlauf entsteht so eine neue Generation: wenn eine Gemeinschaft sich in der Differenz zu etablierten ›Vorgängern‹ artikuliert, wenn ein »Zeitpunkt des gemeinsamen Auftritts«[53] vorliegt, wenn eine Generation sich selbst als ›Einheit‹ wahrnimmt und als solche auch von anderen wahrgenommen wird.

Für die Entwicklung der deutschen Geisteswissenschaften im 20. Jahrhundert sind inzwischen eine ganze Reihe solcher Annahmen formuliert worden, wonach sich entscheidende ›Paradigmenwechsel‹ immer auch als Generationswechsel präsentiert haben. Werner Conze zum Beispiel verweist schon 1977 auf den für die bundesdeutsche Geschichtswissenschaft entscheidenden Generationswechsel um 1960, auf den »quantitativen Sprung und die durch ihn ruckartig ausgelöste Generationsverlagerung«.[54] Die Veränderung und Politisierung der Germanistik in den 1960er und 1970er Jahren mag viele gesellschaftliche

50 Ebd., S. 111.
51 Kuhn (Anm. 46), S. 163.
52 Ebd., S. 176.
53 Alewyn (Anm. 26), S. 520.
54 Werner Conze: »Deutsche Geschichtswissenschaft seit 1945«. In: *Historische Zeitschrift* 225 (1977), S. 1–28, hier S. 20.

und innerdisziplinäre Ursachen haben; zu den »eher vernachlässigten Gründen« wurde jüngst auch die »Generationenablösung innerhalb der Professorenschaft«[55] gezählt. Schließlich wird auch im deutsch-deutschen Wissenschaftsvergleich die »starke Generationsabhängigkeit«[56] sowohl von Erinnerungen und Retrospektiven als auch von Wissenschaftsentwicklungen selbst hervorgehoben: Ein Verständnis der Wissenschaftsgeschichte müßte zu diesem Zweck stets »die unterschiedlichen Generationsprägungen [...] in Rechnung«[57] stellen, um wissenschaftspolitischen wie wissenschaftshistorischen Verkürzungen zu entgehen.

Allerdings drohen solche Bestimmungen ähnlich vage zu bleiben wie die übliche Zuschreibung von Geschichtsprozessen zu ›immer auch‹ stattfindenden Generationswechseln. Die Formen der wissenschaftlichen Generationsbildung müßten sehr viel genauer nicht nur auf die Sozial- und Kulturwissenschaften, sondern auch auf die ihnen jeweils eigene Wissenschaftsgeschichte bezogen werden. Für die deutsche Literaturwissenschaft etwa wäre dabei von einem differenzierten Modell auszugehen, wie es Jürgen Fohrmann mit dem Schema von »Organisation, Wissen, Leistung« vorgelegt hat.[58] In jedem dieser Bereiche lassen sich Möglichkeiten generationsspezifischer Transformationen aufzeigen; jedes dieser komplexen Untersuchungsfelder legt von sich aus einen Zugang zum Generationenproblem nahe. Die »Organisation« jeder modernen Wissenschaft als einer disziplinär-universitären Gemeinschaft benötigt bestimmte Verfahren und Mechanismen der sozialen und institutionellen Reproduktion. Das durch diese Gemeinschaften jeweils festgelegte und geordnete »Wissen« in seinen Formen des »Gegenstands-, des konzeptionellen und des sozialen« Wissens[59] unterliegt in der Geschichte der Germanistik einem analogen Wandel: Mit neuen ›Gegenständen‹ profiliert sich jeweils eine neue universitäre Gemeinschaft – und eine Generationseinheit; im »konzeptionellen Wissen« werden jeweils neue kategoriale Vorentscheidungen über die selektive Nutzung der Gegensätze getroffen; im »sozialen Wissen« treten jeweils neue Formen, Generationsstile, im Habitus und im jeweiligen »Ethikangebot«[60] zutage. Schließ-

---

55 Chryssoula Kambas: »Germanistik: Eine Disziplin oder eine Gruppe von Disziplinen? Gemeinsamkeiten und Tendenzen zur Verselbständigung«. In: Ludwig Jäger (Hrsg.): *Germanistik. Disziplinäre Leistung und kulturelle Identität. Vorträge des deutschen Germanistentags 1994.* Weinheim 1995, S. 56–68, hier S. 58.

56 Matthias Middell: »Ostdeutsche Hochschulen zwischen Abwicklung und Integration in die gesamtdeutsche Wissenschaftslandschaft – Einige Erfahrungen und Vermutungen eines Leipziger Historikers«. In: Bernhard Muszynski (Hrsg.): *Wissenschaftstransfer in Deutschland. Erfahrungen und Perspektiven bei der Integration der gesamtdeutschen Hochschullandschaft.* Opladen 1993, S. 11–24, hier S. 15.

57 Ebd., S. 16.

58 Jürgen Fohrmann: »Organisation, Wissen, Leistung. Konzeptuelle Überlegungen zu einer Wissenschaftsgeschichte der Germanistik«. In: *IASL* 16 (1991) H. 1, S. 110–125.

59 Ebd., S. 115.

60 Zu dem im folgenden sehr wichtigen Begriff vgl. vor allem die Beiträge von Rainer Kolk: »Reflexionsformel und Ethikangebot. Zum Beitrag von Max Wehrli«. In: König/Lämmert (Anm. 12), S. 38–45; »›Repräsentative Theorie‹. Institutionengeschichtliche Beobachtungen zur Geistesgeschichte«. In: Boden/Dainat (Anm. 15), S. 81–101.

lich sind Generationswechsel in den modernen Geisteswissenschaften sehr häufig durch eine Rhetorik der ›Krise‹ und der gesellschaftlich-politischen ›Aufgaben‹ motiviert. Zur Debatte steht hier jeweils die »Leistung« des Faches für die angrenzenden gesellschaftlichen Systeme; die öffentliche Aufmerksamkeit solcher Debatten korreliert mit der Bedeutung, die der Durchsetzung neuer ›Leistungsziele‹ von seiten der disziplinären Gemeinschaft jeweils zugesprochen oder auch abgesprochen wird.

Diese Differenzierung der Organisations-, Wissens- und Leistungsformen eröffnet nicht nur ein mehrfach perspektiviertes Untersuchungsfeld sowie eine Integration zahlreicher wissenschaftsgeschichtlicher Einzelbefunde, sondern kann insbesondere auch dazu dienen, Wissenschaftsentwicklung und Generationswechsel aufeinander zu beziehen und in jeweils kontrollierter Weise zu koordinieren. Folgt man Thomas S. Kuhn, aber auch den Selbstbeschreibungen eines pluralisierten, den jeweils herrschenden Paradigmen ›ausgelieferten‹ Faches, dann besteht die »Struktur wissenschaftlicher Revolutionen« in den Kultur- und Literaturwissenschaften zunehmend darin, jeweils ›Neues‹ zu produzieren. Neben der Möglichkeit von Schulbildungen besteht so auch ein gewisser Zwang zur Bildung von Generationseinheiten, die sich jeweils als ›neu‹ auszuweisen haben. Statt demnach Wandlungsprozesse des Faches dahingehend zu beschreiben, daß daran ›immer auch‹ eine neue Generation oder ein Generationswechsel beteiligt ist, lassen sich Generationsbewegungen als entscheidende Relaisstationen der Wissenschaftsentwicklung begreifen. Entscheidend aber sind dabei die Wahlmöglichkeiten, die jeder Generation zur Verfügung stehen, um die Wissens- und Methodenbestände des Faches zu selektieren und jeweils neu zu gewichten.

Bevor Generationsbewegungen diagnostiziert werden, läßt sich demnach nach den Spielräumen akademischer und (literatur-)wissenschaftlicher Generationsbildung fragen: Welche Möglichkeiten besitzt eine neue Generation, um ›alte‹ Bestände der Wissenschaft zu delegitimieren, Neues aber – und damit auch sich selbst – zu legitimieren? Welche Selektionskriterien stehen jeweils zur Verfügung, um einen generationsspezifischen Wandel in der »Organisation« des Faches auch innerhalb der Wissens- und Leistungsformen anzumelden? Warum und auf welche Weise schließlich werden bestimmte Wissensformen herausgegriffen und ausgewählt; wie erklären sich dadurch Verschiebungen in der Bevorzugung und Auszeichnung unterschiedlicher Wissensbestände und Leistungskriterien?

Zu den wichtigsten Kriterien zählt dabei zweifellos die aus dem 19. Jahrhundert stammende Möglichkeit, literarische Texte entweder als Teil einer »diagnostischen Historie« literaturgeschichtlich einzuordnen, ihnen jeweils ein kollektives Substrat oder eine große ›Erzählung‹ zu unterlegen, oder aber einen »sinnfreien« Raum der literarischen Formenwelt zu etablieren, der seine Gesetzmäßigkeiten aus sich selbst beziehen soll.[61] Daran angelagert sind etwa die

---

61 Dies ist die Leitdifferenz in Klaus Weimars großer *Geschichte der deutschen Literaturwissenschaft (*München 1989). Vgl. dazu die Bemerkungen bei Jürgen Fohrmann: »Die Literaturwissenschaft beobachtet die Literaturwissenschaft. Zu Klaus Weimars Geschichte der deutschen Literaturwissenschaft und zur Ausrichtung wissenschaftshistorischer Forschung«. In: *IASL* 16 (1991) H. 1, S. 139–148.

oft spektakulär angekündigten Verschiebungen zwischen den ›Gegenständen‹ und den ›Methoden‹ beziehungsweise ›Theorien‹ sowie zwischen Literaturgeschichte und Interpretation, aber auch Kanon-Erweiterungen oder Kanon-Restriktionen. Des weiteren steht zuweilen die philologische Pluralität der ›Herangehensweisen‹ oder aber eine neue integrative Maßnahme unter der Ägide eines neuen, selektionsmächtigen ›Paradigmas‹ zur Disposition, verbunden oft mit dem Anspruch eines neuen Leistungs- und Ethikangebotes sowie einer neuen Begrifflichkeit und Wissenschaftssprache.

Die Wahlmöglichkeiten mögen unterschiedlich groß, miteinander verbunden oder aber frei kombiniert sein: Wesentlich scheint, daß ihre Aktualisierung sich nicht nur den Anstößen von außen verdankt, von politischen Zielen, gesellschaftlichen Einflüssen, institutionellen Vorgaben, sondern vielmehr der inneren Organisation beziehungsweise Reproduktion der eigenen Institution und disziplinären Gemeinschaft. Die Wahlentscheidungen dürften auf diese Weise von vielfältigen Generationslagerungen und Generationszusammenhängen geprägt sein: zunächst von den Zugangs- und Sozialisationsbedingungen innerhalb der disziplinären Gemeinschaft, von Zugehörigkeiten und ›Absetzbewegungen‹, aber auch von den Karrierechancen des wissenschaftlichen Nachwuchses in jeweils unterschiedlichen universitären beziehungsweise universitätspolitischen Rahmenbedingungen. Die Reaktion auf solche Zusammenhänge aber konstituiert jeweils diejenigen Generationseinheiten, die in den Wissenschaften eine sichtbare Verschiebung im disziplinären Gefüge von Organisation, Wissen und Leistung herbeiführen.

III.

Ein flüchtiger Blick auf die Wissenschaftsgeschichte der Germanistik im 20. Jahrhundert mag dazu verführen, an die alten Generationstheorien der 30-Jahre-Zyklen anzuknüpfen.[62] Eine erste Generation geistesgeschichtlich orientierter Germanisten – geboren etwa zwischen 1875 und 1892 – übernahm nach 1910 die germanistischen Lehrstühle und prägte in den 1920er Jahren die Literaturwissenschaft: institutionell, konzeptuell, methodisch. In den 1930er Jahren bis 1940 ›übernahm‹ die Generation der zwischen 1900 und 1910 geborenen Germanisten die Machtzentralen der Disziplin und dominierte die Germanistik der 1950er Jahre: Paul Böckmann (geb. 1899), Benno von Wiese (geb. 1903), Richard Alewyn (geb. 1902), Wolfdietrich Rasch (geb. 1903), Heinz Otto Burger (geb. 1903), Erich Trunz (geb. 1905), Wolfgang Kayser (geb. 1906), Günther Weydt (geb. 1906), Joachim Müller (geb. 1906), Emil Staiger (geb. 1908), Fritz Martini (geb. 1909), Friedrich Sengle (geb. 1909), Wilhelm Emrich (geb. 1909), Hans Ernst Schneider/Hans Schwerte (geb. 1909). Nach wiederum dreißig Jah-

62 Ein eher kurioses Beispiel etwa bei Hans von Müller: *Zehn Generationen deutscher Dichter und Denker*. Berlin 1928.

ren begannen in den späten 1960er Jahren die Lehrstuhlübernahmen der zwischen 1935 und 1945 geborenen Germanisten, die das Fach durch die 1970er und 1980er Jahren steuerten und in den nächsten Jahren ihre etwa dreißigjährigen Dienstzeiten beenden. Derlei Daten bemessen sich demnach an den zwischen Habilitation und Pensionierung liegenden akademischen Dienstjahren einerseits, den konjunkturell bedingten Phasen universitärer Öffnungs- und Zugangschancen andererseits. In der Mannheimschen Terminologie läßt sich dementsprechend von »Generationslagerungen« sprechen.

Über Wirksamkeit und Möglichkeiten des Generationenkonzepts in der Wissenschaftsgeschichte ist damit noch wenig gesagt. Entscheidender dürfte indes sein, den »Generationszusammenhang« einer wissenschaftlichen Generation zu bestimmen, nämlich die prägende Erfahrung einer gemeinsamen universitären und disziplinären Sozialisation. Daraus wiederum können sich von Fall zu Fall jene unterschiedlichen »Generationseinheiten« entwickeln, die sich je nach den ihnen zur Verfügung stehenden Wahlmöglichkeiten aufgrund neuer ›Wissens-oder ›Leistungsziele‹ zu profilieren suchen.

Die Vertreter der geistesgeschichtlichen Methodik in der Literaturwissenschaft haben zu Beginn des 20. Jahrhunderts nicht nur das literaturtheoretische Konzept der »Generationen« entdeckt; die Durchsetzung der Geistesgeschichte ist selbst Teil eines Generationenkonflikts, der als Produkt einer institutionellen und disziplinären Krise lesbar geworden ist: Überfüllung der Universitäten, knapper werdende Ressourcen, »Verelendung« der Studenten einerseits,[63] philologische Textarbeit, Zersplitterung der Forschungsgebiete, perspektivenloser ›Positivismus‹ andererseits.[64] Die integrative Kraft der geistesgeschichtlichen Methode, ihr Anspruch auf ein neues ›Ethos‹ und ihre Verpflichtung auf neue ›Werte‹, hat ihren Vertretern in der Literaturwissenschaft jenen Erfolg sowie jene öffentliche und fachinterne, auch studentische Resonanz beschert, über das die geistesgeschichtlich besetzten Lehrstühle rein quantitativ gar nicht verfügen konnten.[65]

Eine neue Generation von Germanisten, zu der etwa Benno von Wiese, Fritz Martini, Friedrich Sengle, Emil Staiger und Wolfgang Kayser gehörten, wurde in den 1920er und 1930er Jahren mit diesem bereits von ihren Lehrern etablierten geistesgeschichtlichen ›Paradigma‹ sozialisiert und konfrontiert.[66] Es gehört zum Kennzeichen dieser Generation, das Konzept der Geistesgeschichte

63 Vgl. Konrad H. Jarausch: *Deutsche Studenten 1870–1970*. Frankfurt a.M. 1984, S. 141ff.

64 Vgl. Holger Dainat: »›Erlösung von jenem ertötenden Historismus‹. Die Neuere deutsche Literaturwissenschaft zu Beginn der zwanziger Jahre«. In: Wolfgang Bialas/Gérard Raulet (Hrsg.): *Die Historismusdebatte in der Weimarer Republik*. Frankfurt a.M. u.a. 1996, S. 248–271.

65 Vgl. Kolk (Anm. 60), S. 84f.

66 Am Beispiel der Romantik etwa konstatiert Ralf Klausnitzer anhand der 1930er Jahre die »methodische Ausrichtung der Promovenden an der weiterhin dominierenden Geistesgeschichte, deren Prinzipien sie von ihren akademischen Lehrern übernommen haben« (die sie ihrerseits bereits den eigenen Lehrern verdanken) R.K.: »Blaue Blume unterm Hakenkreuz. Zur literaturwissenschaftlichen Romantikrezeption im Dritten Reich«. In: *Zs. für Germanistik* NF 3 (1997), S. 521–542.

einerseits zu erproben, andererseits das durch die Vorgängigkeit und Beliebigkeit der Kategorien diffundierende Konzept zu erneuern, zu ›retten‹ oder zu verabschieden – und dies alles in den Jahren zwischen 1930 und 1950, unter dem enormen Druck, Kontinuität und Diskontinuität des Faches in vielfältiger und inzwischen vielfach erforschter Weise auszubalancieren.[67]

Das in den 1930er Jahren vornehmlich von Paul Kluckhohn aus der Taufe gehobene Konzept der »Biedermeier«-Forschung läßt sich etwa als Versuch beschreiben, die geistesgeschichtliche Literaturgeschichtsschreibung durch ein neues Gegenstandswissen zu erproben und zu erneuern.[68] Die 1933 erfolgende ›Anbiederung‹ an die neuen Machthaber ist nicht allein dem Professionalisierungszwang hoffnungsvoller Privatdozenten geschuldet,[69] sondern zugleich auch jener fachinternen Hoffnung, durch eine neue politische ›Umwelt‹ die schon längst sichtbar gewordenen Aporien und Kategorienprobleme der geistesgeschichtlichen Pluralität zu bewältigen: durch das neue ›Leistungsprofil‹ einer ›deutschen Wissenschaft‹, die ihre Kategorien buchstäblich neu zu verankern sucht.[70] Die Enttäuschungen auf beiden Seiten sind dokumentiert; die Germanisten reagieren schon in den 1930er Jahren mit dem Versuch, die Disziplin wiederum nach außen hin zu immunisieren, von Geistesgeschichte auf Interpretation ›umzustellen‹.

Die vielfältigen Reaktionen dieser geistesgeschichtlich geprägten Germanisten – die mehrfachen ›Umstellungen‹ auf der Ebene des »Gegenstandswissens«, des konzeptuellen Wissens und der disziplinären »Leistungen«, haben diese Generation geprägt, scheinen zugleich auch ein wissenschaftliches »Ethos« geformt zu haben, das vor allem fachfremde ›Zumutungen‹ abweist. Dies mag die ›werkimmanente Interpretation‹ – auch in den ideologiekritischen Augen der Nachwelt – vor allem ausgezeichnet haben, ließ aber durchaus andere Orientierungen – »zwischen Interpretation und Geistesgeschichte«[71] – zu. Eine »werkimmanente Interpretation in Reinform« sei »höchst selten« gewesen – so resümiert Wolfgang Adam die *Euphorion*-Aufsätze von 1950 bis 1970.[72] Werner Hof spricht bereits 1952 von einer »jüngeren Generation«, die wieder historische Fakten berücksichtigen möchte.[73] Die »Biedermeier«-Forschung wird

---

67 Vgl. Holger Dainat: »Anpassungsprobleme einer nationalen Wissenschaft. Die Neuere deutsche Literaturwissenschaft in der NS-Zeit«. In: Boden/Dainat (Anm. 15), S. 103–126.

68 Vgl dazu die beiden instruktiven Beiträge von Petra Boden: »Im Käfig des Paradigmas. Biedermeierforschung 1928–1945 und in der Nachkriegszeit«. In: *Euphorion* 90 (1996), S. 432–444, und Dorothea Böck: »Archäologie in der Wüste. Jean Paul und das ›Biedermeier‹ – Eine Provokation für das Fach (ante portas)«. In: Boden/Dainat (Anm. 15), S. 241–269.

69 Vgl. Gärtner (Anm. 19), S. 181f.

70 Vgl. Dainat (Anm. 67), S. 108f.

71 So Horst Rüdiger im Jahre 1963: »Zwischen Interpretation und Geistesgeschichte. Zur gegenwärtigen Situation der deutschen Literaturwissenschaft«. In: *Euphorion* 57 (1963), S. 227–244.

72 Wolfgang Adam: »Die Zeitschrift ›Euphorion‹ in den Jahren 1950–1970«. In: Boden/Rosenberg (Anm. 15), S. 241–260, hier S. 245.

73 Werner Hof: »Zu Goethes Gedicht ›Der Bräutigam‹«. In: *Euphorion* 46 (1952), S. 301–306, hier S. 301.

in den 1950er Jahren – nicht nur bei Friedrich Sengle – fortgesetzt.[74] Die ›Diagnostik‹ der ›Geistesgeschichte‹ und die ›Kunst der Interpretation‹ befinden sich in einem Stadium der ›friedlichen Koexistenz‹.[75]

Die »Generationseinheit« der »nationalsozialistischen Generation«[76] etabliert und bewährt sich über institutionelle und theoriegeschichtliche Diskontinuität hinweg; zugleich läßt sich daran erkennen, daß Generationszusammenhänge mächtiger und wirksamer sein können als gesellschaftliche Zäsuren – wenn auch von diesen beeinflußt oder gesteuert –, ›übergreifender‹ auch als methodisch-theoretische Differenzierungen, die einerseits zwar für Generationsbewegungen instrumentiert, andererseits aber auch innerhalb einer einzigen Generation ›erprobt‹ werden können.

1954 beklagt Walter Boehlich eine in der deutschen Literaturwissenschaft derzeit »fehlende Generation«.[77] Die Mitglieder der hier in absentia angesprochenen »Flakhelfer-« oder »skeptischen Generation«[78] konnten aufgrund lebensgeschichtlicher und institutionengeschichtlicher Umstände dann allmählich und in noch geringer Zahl auf die in den späten 1950er und frühen 1960er Jahren freiwerdenden Professorenämter einrücken.[79] In der DDR rekrutierten sich aus dieser Generation die wichtigsten und einflußreichen DDR-Germanisten:[80]

---

74 Darüber würde eine Liste der mit diesem Thema befaßten Dissertationen Auskunft geben. Vgl. hier nur zwei Beispiele: Jost Hermand: *Die literarische Formenwelt des Biedermeier*. Diss. Gießen 1958; Heinz Schlaffer: *Die lyrische Welt in der Dichtung des 19. Jahrhunderts (Lyrik im Realismus: Studien über Raum und Zeit in den Gedichten Mörikes, der Droste und Liliencrons)*. Diss. Würzburg 1966. Friedrich Sengle und seine Generation befinden sich hierbei immer noch in einer Auseinandersetzung mit ihren geistesgeschichtlichen ›Vätern‹; vgl. etwa Sengle im Jahre 1971: »Kluckhohn ging immer davon aus, daß das Biedermeier mit der Metternichschen Restauration nichts zu tun habe, und als ich an seinem 70. Geburtstag (1956), nach langer Vorbereitung, die Biedermeierzeit endlich auf ihre politisch-historischen Füße stellte, war er enttäuscht« – Friedrich Sengle: *Biedermeierzeit*. Bd. 1. Stuttgart 1971, S. 121.

75 Ein Indiz für diese Koexistenz etwa ist die Fachkritik eines Walter Boehlich, der 1954 der Germanistik eine Rückkehr zum »geschichtlichen Denken« empfiehlt und dabei als Gewährsmann ausgerechnet Emil Staiger zitiert – Walter Boehlich: »Die fehlende Generation. Literaturgeschichte und -kritik«. In: Joachim Moras/Hans Paeschke (Hrsg.): *Deutscher Geist zwischen Gestern und Morgen. Bilanz der kulturellen Entwicklung seit 1945*. Stuttgart 1954, S. 382–397, hier S. 384 und S. 386.

76 So nennt Friedrich Sengle seine eigene Generation, wenn er selbst sich als einen »Angehörigen der nationalsozialistischen Generation« bezeichnet – F. S.: *Biedermeierzeit*. Bd. 3. Stuttgart 1980, S. 1024.

77 Boehlich (Anm. 75).

78 Bude (Anm. 5).

79 Zu ihr gehören etwa Walther Killy (geb. 1917), Walter Müller-Seidel (geb. 1918), Gerhart Baumann (geb. 1920), Wolfgang Preisendanz (geb. 1920), Hans Robert Jauß (geb. 1921), Walter Hinck (geb. 1922), Walter Jens (geb. 1923), Eberhard Lämmert (geb. 1924), Albrecht Schöne (geb. 1925), Karl Otto Conrady (geb. 1926).

80 Zu nennen sind etwa Ursula Wertheim (geb. 1919), Siegfried Streller (geb. 1921), Hans-Jürgen Geerdts (geb. 1922), Hans-Günther Thalheim (geb. 1924), Walter Dietze (geb. 1926), Hans Kaufmann (geb. 1926), Inge Diersen (geb. 1926), Werner Mittenzwei (geb. 1927), Claus Träger (geb. 1927), Hans Richter (geb. 1928), Hans-Georg Werner (geb. 1931).

eine zunächst »fehlende Generation«, die freilich zuvor schon auf Staatswegen selektiert worden ist und deshalb auch sehr schnell die zentralen Machtstellen der Wissenschaftsorganisation übernehmen konnte.[81]

Die zur Verfügung stehenden Möglichkeiten, sich als eine neue Generation zu artikulieren, waren dementsprechend unterschiedlich. In der DDR richtete sich der nach 1945 eingeleitete Wandel der Disziplin gleichzeitig auf die nun marxistisch ausgerichtete Methodik und Theorie sowie auf die Gegenstände der Literaturgeschichte, zu deren kanonischem Kern die im weitesten Sinne ›politische‹ Literatur, etwa die Vormärz-Tradition, hinzutrat. Aufgrund der Umorientierung in nahezu allen Bereichen der Wissenschaft – Gegenstandswissen, konzeptuelles Wissen, Organisation, Leistung – erfolgte die Auseinandersetzung der wissenschaftlichen Generationen sowie die ›Machtübernahme‹ der jüngeren Generation dementsprechend deutlich und ›multifunktional‹: institutionell,[82] in der Formierung und Schulung eines Ethikangebots,[83] im Streit um Gegenstände und Wissensformen.[84]

In der Bundesrepublik waren die Nachwuchswissenschaftler zwar ebenfalls mit der »nationalsozialistischen Generation« konfrontiert, wurden aber auf ganz andere Weise mit ihr – und von ihr – sozialisiert, und zwar – was die Wissensformen und konzeptuellen Kategorien anbelangt – in wiederum doppelter Hinsicht. Die Qualifikationsschriften verweisen einerseits auf literaturgeschichtliche Fragestellungen, mit einem deutlichen Schwerpunkt auf die Klassik und die »Biedermeier«-Zeit, andererseits auf die Anfänge einer eher formgeschichtlich orientierten Allgemeinen Literaturwissenschaft, mit Arbeiten zur *Spruchform in der Lyrik des alten Goethe*, zum *Satirischen Stil*, zur *Geschlossenen und offenen Form im Drama*, zu *Bauformen des Erzählens*, *Stil-*

---

81 Im Rückblick spricht z. B. Hans Richter von einer »Generation«, der »sehr früh sehr viel zugetraut worden« ist – mit dementsprechend »erstaunlich kurzen Qualifierungsprozessen«. Zur Geschichte der Germanistik in der DDR. Gespräch mit Hans Richter. In: Zs. *für Germanistik* 5 (1984), S. 297–308, hier S. 306f.

82 Vgl. dazu jetzt Petra Boden: »Universitätsgermanistik in der SBZ/DDR. Personalpolitik und struktureller Wandel 1945–1958«. In: Boden/Rosenberg (Anm. 15), S. 119–149.

83 Dies wird entsprechend deutlich etwa in den Interviews, die Anfang der achtziger Jahre mit Vertretern dieser Generation von DDR-Germanisten geführt worden sind: »Materialien zur Geschichte der marxistischen germanistischen Literaturwissenschaft in der DDR«. In: *Zs. für Germanistik* 3 (1982), S. 7–19 (Ursula Wertheim), S. 158–171 (Hans Kaufmann), S. 257–277 (Hans-Günther Thalheim); in: Zs. *für Germanistik* 4 (1983), S. 41–52 (Hans Jürgen Geerdts), S. 142–155 (Claus Träger), S. 290–298 (Inge Diersen), S. 389–404 (Alfred Klein); in: *Zs. für Germanistik* 5 (1984), S. 5–18 (Siegfried Streller), S. 297–308 (Hans Richter); in: *Zs. für Germanistik* 6 (1985), S. 5–17 (Horst Haase), S. 275–288 (Hans-Georg Werner).

84 Besonders aufschlußreich ist hier z. B. ein Streit um das ›Biedermeier‹ und Adalbert Stifter, mit dem die ältere Generation ›verabschiedet‹ wird. Joachim Müller hatte – neben zahlreichen Stifter-Aufsätzen – 1956 sein Buch *Adalbert Stifter. Weltbild und Dichtung (*Halle 1956) veröffentlicht. Demgegenüber steht die ›Abrechnung‹ von Walter Epping: »Stifters Revolutionserlebnis«. In: *Weimarer Beiträge* 1 (1955), S. 246–260. Zum Kontext dieser »Biedermeier«-Diskussion vgl. auch Gunter Schandera u. a. (Anm. 17), S. 277ff.

studien zur dramatischen Zeit und Sprache Georg Büchners und *Stiluntersuchungen* über *Zeichensetzung*.[85]

Der Generationswechsel vollzog sich demnach auch keineswegs derart deutlich und auf allen möglichen Ebenen wie in der DDR. Zunächst war er auch nicht durch einen Wandel des konzeptuellen oder des Gegenstandswissens motiviert: Schon in den 1950er Jahren wurden von Vertretern dieser Generation Dissertationen und Probevorlesungen über Musil, Brecht und Büchner geschrieben;[86] eine Auseinandersetzung oder gar Abrechnung mit den wissenschaftlichen ›Vätern‹ fand zunächst nicht statt.[87] Statt dessen artikuliert sich die neue Generation auf jenem Münchner Germanistentag, der die Fachgeschichte zur Disposition stellt: *Germanistik – eine deutsche Wissenschaft*.[88] Ein spürbarer und als solcher sofort wahrgenommener Generationswechsel schien sich hier zunächst wiederum als ein neues gesellschaftliches und wissenschaftliches »Ethikangebot« anzukündigen. Bezeichnend dafür ist vor allem, daß offenbar nicht die wissenschaftliche Auseinandersetzung mit den ›Vätern‹ – im Streit um Gegenstände und Theorien – gesucht wird, sondern die ›Sündenfälle‹ einer nationalen Wissenschaft und damit die ›Sündenfälle‹ der ›Großväter‹ aufgedeckt werden: Die Auseinandersetzung wird hier explizit etwa gegen Hermann August Korff, Karl Viëtor, Herbert Cysarz, Ernst Bertram, Heinz Kindermann, Friedrich von der Leyen und Hermann Pongs geführt.[89]

Die sich hier artikulierende ›junge‹ Generation, die bereits in den 1960er Jahren Professorenämter bekleidete, hat nicht nur einen Generationswechsel und

---

85 Kompiliert sind hier die Titel der Dissertationsschriften von Wolfgang Preisendanz (geb. 1920, Diss. Heidelberg 1951), Helmut Arntzen (geb. 1931, Diss. Köln 1960), Volker Klotz (geb. 1930, Diss. Frankfurt 1959). Eberhard Lämmert (geb. 1924, Diss. Bonn 1952). Hans-Peter Herrmann (geb. 1929, Diss. Freiburg 1955). Jürgen Stenzel (geb. 1937, Diss. Göttingen 1966).

86 Vgl. Helmut Arntzen: *Satirischer Stil. Zur Satire Robert Musils im ›Mann ohne Eigenschaften‹*. Diss. Köln 1960; Walter Hinck: *Probleme der Dramaturgie und Spielweise in Bert Brechts ›epischem Theater‹*. Diss. Göttingen 1956; Albrecht Schöne: »Bertolt Brecht. Theatertheorie und dramatische Dichtung«. In: *Euphorion* 52 (1958), S. 272–296 (Probevorlesung an der Universität Göttingen). – Zur Umorientierung des Kanons längst vor 1966 vgl. Walter Erhart: »Kanonisierungsbedarf und Kanonisierung in der deutschen Literaturwissenschaft (1945–1995)«. In: Renate von Heydebrand (Hrsg.): *Kanon Macht Kultur*. Stuttgart 1998, S. 97–121.

87 Zum fehlenden Generationskonflikt und dem harmonischen Verhältnis zwischen ›Vätern‹ und ›Söhnen‹ in der deutschen Nachkriegsgermanistik, mit Überlegungen zum Konzept der Generationen in der Wissenschaftsforschung, vgl. jetzt auch Gärtner (Anm. 19), S. 175ff.

88 So der Buchttitel der wenig später publizierten und entscheidenden Vorträge: *Germanistik – eine deutsche Wissenschaft*. Beiträge von Eberhard Lämmert, Walther Killy, Karl Otto Conrady und Peter v. Polenz. Frankfurt a. M. 1967.

89 Dies sind die bei Lämmert und Conrady ›behandelten‹ Autoren (Anm. 88). Bezeichnend auch der von Albrecht Schöne mit Hermann Pongs geführte Briefwechsel, aus Anlaß einer 1965 von Schöne gehaltenen Rede über »Politische Lyrik im 20. Jahrhundert«, vgl. Albrecht Schöne: *Über Politische Lyrik im 20. Jahrhundert. Mit einem Textanhang. Ergänzt durch einen Briefwechsel des Verfassers mit Gerhard Schumann und eine Antwort von Hermann Pongs*. Göttingen 1965.

einen Wandel der deutschen Literaturwissenschaft initiiert, sondern blieb ›federführend‹ für die weitere Geschichte der Disziplin. Es scheint in der Geschichte der westdeutschen Nachkriegsgermanistik demnach keine dem allgemeinen gesellschaftlichen Umbruch analoge »68er Generation« gegeben zu haben.[90] Vielmehr hat die gemeinsame Sozialisation der Assistenten, Doktoranden und Studierenden unter der »nationalsozialistischen Generation« vor 1968 bereits jene »Generationseinheit« – der zwischen 1920 und 1945 geborenen Germanisten – hervorgebracht, die sich in der vor allem ›ethischen‹ Distanz zur ›alten‹ Generation buchstäblich vereint. Zwar haben die in den späten 1960er Jahren erfolgte Öffnung der Universitäten, die universitären Neugründungen und die Vervielfältigung der Professoren- und Dozentenstellen eine neue Generation in ungeahntem Ausmaß in die Machtzentralen des Faches befördert; allerdings begann diese Generation mit ihren ›Vätern‹, den jungen Professoren einer ›skeptischen‹ Generation, sogleich eine wissenschaftliche Generationseinheit zu bilden – im Kampf gegen die ›Großväter‹.[91]

Erst gegen Ende der 1960er Jahre – und nur für relativ kurze Zeit – beginnen sich auch die Wissens- und Leistungsformen des Faches zu verschieben, und zwar gegen die doppelte – geistesgeschichtliche und werkimmanente – Orientierung der Nachkriegsgermanistik. So werden die *Ansichten einer künftigen Germanistik* (1969) von Jürgen Kolbe mit dem Projekt identifiziert, »in Zukunft« die vorherrschenden Modelle – »Literaturgeschichte und [...] ›Kunst‹ der Interpretation« – in den »Hintergrund« zu drängen – »zugunsten linguistischer Fragestellungen«.[92] Auf der Ebene des konzeptuellen Wissens verlagert die Disziplin ihren Schwerpunkt jedoch bald auf eine »diagnostische Historie«, in der die Texte auf ›Geschichtlichkeit‹, ›Geschichte‹ und (wenig später) auf ›Rezeptionstheorie‹ und ›Sozialgeschichte‹ orientiert werden.[93] Auf der Ebene des ›Gegenstandswissens‹ ergibt sich eine Umstellung vom herrschenden Kanon auf »jakobinische« und »Vormärz«-Literatur, auf das 18. Jahrhundert sowie auf Gebrauchstexte und Trivialliteratur. Auch hier jedoch wird dieser Weg weitgehend von den bereits zu Doktorvätern avancierten Professoren der

90 Die Rede ist hier nur von der bundesrepublikanischen Germanistik. In der DDR scheinen generationsspezifische Verwerfungen vor allem in den 1970er Jahren deutlich geworden zu sein: Modernisierung und Pluralisierung, auch Übernahme westdeutscher Theorien – eine freilich vergleichbare 68er-Bewegung, die in den 1980er Jahren wieder zurückgedrängt werden mußte; vgl. dazu Petra Boden: »›Es geht ums Ganze!‹ Vergleichende Beobachtungen zur germanistischen Literaturwissenschaft in beiden deutschen Staaten 1945–1989«. In: *Euphorion* 91 (1997), S. 247–275.

91 Dementsprechend spektakulär sind die jüngst bekannt gewordenen, freilich inkommensurablen Fälle von Hans Schneider/Schwerte und Hans Robert Jauß: In beiden Fällen werden ›Väter‹ gleichsam als ›Großväter‹ entlarvt!

92 Jürgen Kolbe: »Vorbemerkung des Herausgebers«. In: J. K. (Hrsg.): *Ansichten einer künftigen Germanistik*. München 1969, S. 5f.

93 Besonders deutlich etwa in den Bestandsaufnahmen bei Jost Hermand: *Synthetisches Interpretieren. Zur Methodik der Literaturwissenschaft*. München 1968; Martin Doehlemann: *Germanisten in Schule und Hochschule. Geltungsanspruch und soziale Wirklichkeit*. München 1975.

›mittleren‹ Generation vorbereitet und vorgezeichnet: von Wolfgang Iser, Hans Robert Jauß, Wolfgang Preisendanz oder Eberhard Lämmert, der 1969 in den *Ansichten einer künftigen Germanistik* bereits den »Ausbau der Rezeptionstheorie für literarische Texte« empfiehlt, »die über deren reale Verwendung und Verwendbarkeit erst wissenschaftliche Aussagen möglich macht«.[94]

Es läßt sich vermuten, daß die Erweiterung der disziplinären Gegenstände mit dem institutionellen Ausbau des Faches korreliert.[95] Die ›Machtübernahme‹ der ›neuen‹ Generation erfolgt so in einem relativ ›machtgeschützten‹ Raum, der eine pluralistische Vielfalt von Organisationsformen, Wissensbeständen und Leistungszielen ermöglicht. Auch hier relativieren Generationszusammenhänge und Generationseinheiten die auf den ersten Blick gravierenden gesellschaftlichen und institutionellen Zäsuren: Statt 1968 formt sich der hier entscheidende Generationszusammenhang innerhalb der Nachkriegsgermanistik sehr viel früher; die kurzzeitig sichtbar werdenden institutionellen und methodischen Turbulenzen – ›Macht die blaue Blume rot‹; ›Politisierung‹, ›Linguistisierung‹ – werden durch die institutionellen Reproduktionsmechanismen schnell in das Feld einer ›normalen‹ Wissenschaft zurückgelenkt; eine nicht mehr allzu neue Generation etabliert sich – vielleicht in dem Maße, wie sich ihr Generationsbewußtsein aufzulösen beginnt.

Ein Beispiel für die Ungleichzeitigkeit des Gleichzeitigen im Konzept der Generation[96] bildet jene Bewegung, die sich innerhalb der deutschen Literaturwissenschaft in den späten 1970er Jahren unter dem Etikett des Poststrukturalismus geformt hat. Gerade hier ist zu beobachten, wie sich aus Generationszusammenhängen eine Generationseinheit formiert, die ungeachtet der Geburtsjahrgänge und anderer gleichzeitiger Generationszusammenhänge als eine bestimmte ›Generation‹ sichtbar wird: aufgrund der gemeinsam erfahrenen akademischen Sozialisation durch eine ›ältere‹ Generation, in einer generationsspezifischen Absetzbewegung sowie im Zeitpunkt einer gemeinsamen Artikulation, schließlich auch in der (Fremd-)Wahrnehmung von außen.

Obwohl der Poststrukturalismus von Beginn an stets als ein ›so genannter‹ tituliert wird,[97] besteht sein Auftritt doch in der einheitlichen Artikulation eines Neuen, in einer Bewegung, die sich das neue ›label‹ auch zunutze macht: »Der Band [...] erprobt [...] ein neues Konzept der Humanwissenschaften [...] [;] die französische Theoriebildung der letzten Jahre (der soge-

94 Eberhard Lämmert: »Das Ende der Germanistik und ihre Zukunft«. In: Kolbe (Anm. 92), S. 77–102, hier S. 96f.

95 Vgl. Holger Dainat: »›... die Dinge selbst in Bewegung setzen‹. Fachentwicklung und Selbstreflexion in der bundesrepublikanischen Germanistik seit den sechziger Jahren«. In: Johannes Janota (Hrsg.): *Vorträge des Augsburger Germanistentags 1991*. Bd. 2: *Kultureller Wandel und die Germanistik in der Bundesrepublik*. Tübingen 1993, S. 207–216, hier S. 207f.

96 Darauf hat erstmals und ausführlich Wilhelm Pinder hingewiesen (Anm. 2), S. 1ff.

97 Vgl. etwa Friedrich A. Kittler: »Einleitung«. In: F. A. K. (Hrsg.): *Austreibung des Geistes aus den Geisteswissenschaften. Programme des Poststrukturalismus*. Paderborn u. a. 1980, S. 7–13, hier S. 12.

nannte Poststrukturalismus) hat ein Feld von sprachlichen Regelstrukturen erarbeitet.«[98]

Von Anfang an richtet sich das ›Neue‹ auch gegen eine von den Akteuren eben erst durchlaufene Institution, die nun mit einem neuen ›Paradigma‹ konfrontiert wird. Im Rückblick scheint die gemeinsame Frontstellung der späteren ›Poststrukturalisten‹ fast entscheidender als die zuweilen noch sehr unterschiedlich formulierten ›Programme‹: die »Austreibung des Geistes aus den Geisteswissenschaften« oder aber das Unternehmen, »Schlüsseltexte der Romantik [...] aus der Vereinnahmung durch die festgefahrene Tradition ihrer universitär institutionalisierten Interpretation zu lösen«.[99] Gerhard Neumann sieht zwanzig Jahre später die prinzipielle »Herausforderung« des »Poststrukturalismus« in genau jener Verunsicherung, die sich aus der institutionellen Veränderung der Interpretationspraxis ergeben hat: »Denn diese neue Situation führte zu einer Provokation der *Institution* Literaturwissenschaft *selbst* in ihrer Verankerung im Bildungssystem der Kultur.«[100]

Der Angriff gegen die »Institution« richtete sich auch gegen deren Vertreter, und dies zu einer Zeit, in der die Zugangschancen zur Universität für den wissenschaftlichen Nachwuchs in den Geisteswissenschaften weitgehend blockiert waren.[101] Die bekannten, aber bis heute wenig dokumentierten Ausgrenzungsbemühungen von seiten der ›etablierten‹ Disziplin mögen der ›revolutionären‹ und ›fremden‹ poststrukturalistischen Theorie, auch »der Mythenbildung über die ›Französische Theorie‹«, zuzuschreiben sein; daß aber »im etablierten Fach« eine neue Generation von Literaturwissenschaftlern »aufgrund [...] verschärfter Zugangskontrollen [...] auf Außenseiterpositionen verwiesen« wurde,[102] läßt sich zweifellos auch an den Karrierechancen des ›Nachwuchses‹ ablesen.

Deutlich wird die dadurch provozierte Gegenüberstellung von Generationen an der heftig geführten Auseinandersetzung mit der ›ersten‹ literaturwissen-

---

98 Friedrich A. Kittler/Horst Turk: »Vorwort der Herausgeber«. In: F. A. K./H. T. (Hrsg.): *Urszenen. Literaturwissenschaft als Diskursanalyse und Diskurskritik.* Frankfurt a. M. 1977, S. 7–8, hier S. 7.

99 So der Klappentext bei Jochen Hörisch: *Die fröhliche Wissenschaft der Poesie. Der Universalitätsanspruch von Dichtung in der frühromantischen Poetologie.* Frankfurt a. M. 1976.

100 Gerhard Neumann: »Einleitung und Vorbemerkung des Herausgebers«. In: G. N. (Anm. 24), S. 1–5, hier S. 4. Analog dazu spricht Anselm Haverkamp 1993 von einer »vorherrschenden Einschätzung der Literaturwissenschaften, und das heißt mutatis mutandis der sogenannten historisch-hermeneutischen Disziplinen« – Anselm Haverkamp: »Die Gerechtigkeit der Texte. *Memoria* – eine ›anthropologische Konstante‹ im Erkenntnisinteresse der Literaturwissenschaften?« In: A. H./Renate Lachmann (Hrsg.): *Vergessen und Erinnern.* München 1993, S. 17–28, hier S. 17f.

101 Vgl. dazu etwa Kathinka Korsloot: *Geisteswissenschaftler der 80er Jahre – eine verlorene Generation? Evaluation der Umschulungsmaßnahmen für arbeitslose Akademiker zu wissenschaftlichen Dokumentatoren als Beispiel für berufsbiographische Bewältigungsstrategien in diskontinuierlichen beruflichen Lebensläufen.* Frankfurt a. M. 1995.

102 Sigrid Weigel: »Einleitung«. In: Neumann (Anm. 24), S. 17–22, hier S. 17.

schaftlichen Nachkriegsgeneration, brennpunktartig etwa in der Schlußdiskussion einer *Poetik und Hermeneutik*-Tagung, in der Hans Robert Jauß die »Verweigerung hermeneutischer Zugänglichkeit« als ein »Schicksal der gegenwärtigen Mystiker wider Willen« apostrophiert,[103] Anselm Haverkamp im Gegenzug seinen ›Lehrern‹ Jauß und Iser ihrerseits eine Nähe zu Mythenbildung und »Nostalgie« attestiert.[104]

Die hier und anderswo spürbare Absetzbewegung ist nicht selten mit einer militärischen Rhetorik gekoppelt, die institutionelle und theoretische »Gegnerschaft« postuliert – wenn etwa die »Konfrontation zwischen der Hermeneutik und den Denkrichtungen, die man hierzulande gern als ›Poststrukturalismus‹ bezeichnet«,[105] nicht nur mit einer »Gebärde« der »Gewalt« einhergeht, sondern auch »mit den Waffen und im Lager des anderen (zu) kämpfen« gezwungen ist.[106] Werner Hamacher beginnt seine Einleitung zu Paul de Man mit den »Regeln einer Disziplin [...], die nur allzu häufig den Eindruck erweckt, sie könnte in geschlossenen Verbänden auf der gesicherten Heerstraße der Wissenschaft, im Gleichschritt und mit Troß, ins Gebiet ihres Gegenstandes, ihres Gegners – der Literatur – einrücken« – »ein Deckbild jenes Gewaltverhältnisses, das die Literaturwissenschaft herstellt, wenn sie ihre Form-, Geschichts- und Sinnbegriffe auf den Korpus der Literatur appliziert«.[107]

Dieser aus einigen programmatischen Äußerungen kompilierte Angriff auf eine »Institution« und eine »Disziplin«, die Absetzbewegung vom »etablierten Fach« und dessen Vertretern sowie der Gestus der neu formierten ›Außenseiter‹ bilden den Stil einer Generationseinheit, die sich hier zugleich durch ihr Verhältnis zu den ›Gegenständen‹ der Disziplin bestimmt. Kennzeichnend für Poststrukturalismus und Dekonstruktion dürfte die eben bei Werner Hamacher pointierte Aufmerksamkeit auf die »Literatur« und den »Text« sein: eine – im Blick auf die wissenschaftsgeschichtliche Tradition erkennbare – Rephilologisierung der Disziplin, zugleich aber eine Verteidigung des Text-»Korpus« gegenüber ›unrechtmäßigen‹ Eingriffen, eine Inthronisation der ›Auslegung‹ und ›Lektüre‹ gegenüber ›fremden‹ Ansprüchen sowie die damit verbundene Autorität der Exegeten, die sich, statt »Gewalt« am Text auszuüben, der figurativen Bewegung des Textes selbst anvertrauen.[108] »Wo aber Literaturwissenschaft sich

103 Hans Robert Jauß. In: Manfred Frank/Anselm Haverkamp (Hrsg.): *Individualität*. München 1988, S. 637.

104 Anselm Haverkamp. In: Frank/Haverkamp (Anm. 103), S. 644f.

105 Philippe Forget: »Leitfäden einer unwahrscheinlichen Debatte«. In: Ph. F. (Hrsg.): *Text und Interpretation*. München 1984, S. 7–23, hier S. 7.

106 So Philippe Forget wechselweise über Gadamer und Derrida – in: Forget (Anm. 105), hier S. 8 und S. 10.

107 Werner Hamacher: »Unlesbarkeit«. In: Paul de Man: *Allegorien des Lesens*. Frankfurt a. M. 1988, S. 7–26, hier S. 7.

108 Zu »Haltung« und »Autorität« der damit verbundenen, interpretationskritischen »Lektüren« vgl. auch die Darstellung bei Axel Spree: *Kritik der Interpretation. Analytische Untersuchungen zu interpretationskritischen Literaturtheorien*. Paderborn u. a. 1995, hier S. 181.

darauf beschränkt, ihre eigenen Ordnungsvorstellungen geltend zu machen, ohne deren Recht von der Literatur in Frage stellen zu lassen, gibt sie sich als Form der Erkenntnis auf. Sie tritt auf der Stelle. Soll sie, verändert, in Gang kommen, so ist vor allem geboten, die Muster, nach denen sie bislang betrieben wurde, und die Gründe für ihre Beharrlichkeit zu analysieren.«[109]

Die in der Disziplin mögliche Wahl zwischen Kontextualisierung – »diagnostische Historie« – und Interpretation – »sinnfreier Raum« – wird hier in geradezu exemplarischer Form vorgeführt und bis in das rhetorische Extrem hinein gleichsam ausgereizt: Die Außenseiter erklären sich zu den exklusiven Sachverwaltern der literaturwissenschaftlichen Gegenstände und schreiben sich dadurch selbst jene Bewegungsmöglichkeiten zu, mit denen sie sich als ›neu‹ und ›zukunftsträchtig‹, nicht auf-der-Stelle-tretend, als eine neue Generation ausweisen. Dahinter verbirgt sich wiederum ein ebenso starkes Ethikangebot wie eine Generation zuvor, mit der das Fach aus der fachgeschichtlichen nationalen ›Verstrickung‹ befreit wurde. Gegen die »Ordnung« einer längst ›verstandenen‹ Geschichte beziehungsweise einer »Konsens-Ideologie«[110] gilt es nun, die Zwiespältigkeit und das Mißverstehen, die ›Unordnung‹ der literarischen Texte zu schützen.

Fast idealtypisch scheint sich hier ein Generationsbewußtsein zu formieren, das über die Jahrgangsgrenzen und auch über manche biographische Diskontinuität hinweg die Künstlichkeit und Konstruktivität generationsspezifischer Bildungen in der Wissenschaftsgeschichte dokumentiert. Je ›älter‹ aber eine Generation wird, desto mehr verwandelt sich ihr ›revolutionärer‹ Gestus in etablierte Gesetze und in Bereichssicherungen, die neue generationsspezifische Verwerfungen provozieren. Die einst offensive Inanspruchnahme der Schrift-Räume und der Text-Korpora muß nun ihrerseits verteidigt werden.[111]

Eine Auflösung poststrukturalistischer Text-Fixierung mag sich derzeit und künftig wiederum mit dem Anspruch eines neuen Generationsbewußtseins verbinden: Kennzeichen sind die neue Bedeutung der Medien und der medialen Vermittlungsformen ›zwischen‹ Texten, die Auflösung des literarischen Textes in kulturwissenschaftliche Zusammenhänge – ›Kultur als Text‹ –, die Vernachlässigung der Text-Lektüre zugunsten performativer Kontextualisierung – ›cultural studies‹.

---

109 Hamacher (Anm. 107), S. 8.

110 Ebd., S. 18.

111 So wurde auf dem Symposion über die poststrukturalistische »Herausforderung« die von einem (jüngeren) Teilnehmer unternommene »Rehistorisierung des Schriftbegriffs« als ein »szientistisch-metaphysisches Programm« und damit als Rückfall qualifiziert, und es wurden in der dokumentierten Diskussion durchaus deutliche Diskursregeln und -verbote formuliert: »Gegenüber der sozialpsychologischen Argumentation der Vorlage [...] müßte stärker die Buchstäblichkeit des Textes betont werden«; der »Vorwurf der Sozialpsychologie« ließe sich auflösen, wenn die Elternkonstellation als Ausdruck diskursiver Regelungen gelesen wird; »[a]bzuweisen sind solche Lektüren, die die Büchnerschen Helden für die eine oder andere Position vereinnahmen wollen« – Udo Friedrich: »Diskussionsbericht. Text-Geschichte-Repräsentation«. In: Neumann (Anm. 24), S. 624–635, hier S. 631f.

IV.

Das Konzept der Generation in der Wissenschaftsforschung führt nicht zur Reduktion komplexer wissenschaftlicher Wandlungsprozesse, sondern zu deren Differenzierung und Perspektivierung. Statt eines mechanischen Kriteriums stellen akademische Generationen komplexe historische Phänomene dar: konstruierte Einheiten, die durch gesellschaftliche, universitäre und disziplinäre Strukturen und Sozialisationen determiniert sind, die es zugleich aber immer wieder ermöglichen, daß eine akademische Gemeinschaft sich überhaupt als eine neue Generation konstituiert. Generationseinheiten reagieren auf Generationslücken und Generationsdominanzen und greifen jeweils unterschiedlich in das Spektrum wissenschaftlicher Methoden, Theorien und Organisationsformen ein. Als »Deutungsmuster«[112] dient Generation sowohl der Selbstbeschreibung als auch der Analyse von sozialem und wissenschaftsgeschichtlichem Wandel, in dem »generationelle Verhältnisse« eine jeweils konstitutive Rolle übernehmen.[113] Die drei hier präsentierten beziehungsweise herauspräparierten Fallstudien zeigen etwa auf jeweils spezifische Weise, daß Generationseinheiten über historische Diskontinuitäten hinweg existieren, daß sich generationelle Verhältnisse in der Wissenschaftsgeschichte von analog konstruierten politisch-sozialen Generationseinheiten unterscheiden können, daß sich Generationseinheiten schließlich, auch in der Wissenschaftsgeschichte, in relationaler – ungleichzeitiger – Abgrenzung zu gleichzeitig existierenden ›Generationen‹ und Altersgenossen ›gründen‹ und legitimieren können. Auf diese Weise übernehmen Generationen einerseits eine aktive Rolle im Prozeß wissenschaftlicher Differenzierung, sind andererseits nur von Fall zu Fall als auftretende und sich artikulierende reagierende Generationen überhaupt sichtbar, können sich überlagern oder aber in vorausgegangenen oder späteren Generationen ›aufgehen‹. Statt erkennbar fixierte Gruppen zu statuieren, dienen Generationsverhältnisse eher dazu, »chronologisch gegeneinander versetzte Muster der Weltwahrnehmung wechselseitig identifizierbar zu machen«;[114] auch und besonders in der Wissenschaftsgeschichtsschreibung und in der Wissenschaftsforschung dürfte damit ein Instrument gewonnen sein, mit dessen Hilfe Prozesse wissenschaftlicher »Selbst-Verortung, Selbstbestimmung und Selbstverständigung«[115] auf die ihnen eigentümliche Zeitlichkeitsstruktur hin untersucht werden könnten. Es spricht einiges dafür, daß gerade in den Humanwissenschaften generationelle Verhältnisse in dem Maße – und immer dann? – an Bedeutung gewinnen, in dem dort Prozesse der Verzeitlichung – ›Paradigmenwechsel‹, Kontinuität/Dis-

112 Reinhold Sackmann: »Das Deutungsmuster ›Generation‹«. In: Michael Meuser/R. S. (Hrsg.): *Analyse sozialer Deutungsmuster: Beiträge zur empirischen Wissenssoziologie.* Pfaffenweiler 1992, S. 199–215.

113 Zum Gebrauch des Begriffs »generationelle Verhältnisse« als einer Alternative zum biologistisch und gruppensoziologisch überformten Begriff »Generation« vgl. die Überlegungen in Matthes (Anm. 41), S. 369.

114 Ebd., S. 369.

115 Ebd., S. 365.

kontinuität, Wissenschaftsgeschichte, ›Moden‹ – jeweils stärker wahrgenommen, beklagt oder aktiviert werden.

Die hier skizzierte Übersicht über Generationsbewegungen der deutschen Literaturwissenschaft im 20. Jahrhundert läßt den heuristischen Wert des Generationenkonzepts freilich nur erahnen: Zu ergänzen wären detaillierte, auch empirische Untersuchungen beziehungsweise Befragungen über das den Generationsbewegungen jeweils zugrundeliegende Generationsbewußtsein, das sich etwa in ›Lehrer‹/›Schüler‹-Verhältnissen sowie in biographischen Kontinuitäten und Diskontinuitäten ausgeprägt hat. Auch hier müßte also jene mikroskopische ›dichte Beschreibung‹ der Wissenschaftsforschung einsetzen, die es dann erst erlaubt, die großen Linien zu ziehen. Das Konzept der Generationen eröffnet so neue Möglichkeiten der detaillierten Wissenschaftsforschung, könnte andererseits jedoch dazu anregen, die lose gewordenen Fäden der wissenschaftlichen Theorien und disziplinären Institutionen wieder zu einer narrativ konstruierten Wissenschaftsgeschichte zu verknüpfen.

»[...] fast ein Handbuch zu finden«. Zum ›double bind‹ der Hermeneutik Heinrich Bosses und Friedrich Kittlers um 1980

ERHARD SCHÜTTPELZ

> Die neuere germanistische Wissenschaftsgeschichtsschreibung unterscheidet sich von der älteren durch ihren Respekt vor der Fremdheit des Vergangenen. Und wenn, wie es mir erlaubt zu sein scheint, die erwähnten Arbeiten wenigstens in ihrer Gesamtheit als Repräsentanten des Faches genommen werden, dann hat *das derzeitige Verhältnis der deutschen Literaturwissenschaft zu ihrer Geschichte* gewisse Züge eines Verhältnisses angenommen, wie es zwischen der modernen Ethnologie und ihrem ›Gegenstand‹ besteht: die Wissenschaftsgeschichte stellt sich dar als das Feld von früheren Varianten des gegenwärtigen Eigenen, die sich bisweilen verwandt oder seltsam bekannt ausnehmen, immer aber fremd und nicht selten auch befremdlich. [...] Da die gegenwärtige Literaturwissenschaft mit Hilfe der Wissenschaftsgeschichtsschreibung sich selbst wenigstens in einigen Aspekten im Spiegel ihrer Vergangenheit als deren Gespenst erscheint, wird dieser Effekt jedenfalls nicht ohne Umschweife ›Selbstvergewisserung‹ heißen können.[1]

Ich bleibe im folgenden bei der Frage einer ›Eigen-Ethnographie‹, die durch Literaturwissenschaft und Wissenschaftsforschung betrieben oder postuliert wird, und ich bleibe bei einigen ethnologischen Gespenstern, die – so unwahrscheinlich das vielleicht klingen wird – germanistische Seminare heimgesucht haben und noch heimsuchen werden. Wenn eine Wissenschaftsgeschichtsschreibung im Respekt vor der Fremdheit des Vergangenen beginnt, wie vergangen muß dieses dann sein? Genügt auch ein soeben Vergangenes für ihren »Effekt«, jene jüngste Vergangenheit, die verstorbene Zwillingsschwester der Gegenwart? Diese Fragen kamen mir ausgehend von Klaus Weimars Vergleich in den Sinn, als ich auf folgende Vergegenwärtigung einer jüngsten Vergangenheit stieß:

> Wenn wir aber heute von Naturwissenschaften reden, dann meinen wir Technologien, die Bilder generieren, also technisch-synthetische Verfahren und dann macht's nicht mehr so schreckliche Schwierigkeiten, die Kultur oder kulturelle Phänomene auch als eine Kulturtechnik zu beschreiben, wie das Marcel Mauss glaube ich zum ersten Mal begonnen hat. Oder anders ausgedrückt, das Schwimmen nicht mehr als eine Gottesgabe bei einem dreijährigen Kind anzunehmen, sondern zu beschreiben, wie den Leuten im Zuge der Entstehung von Nationalehren und von nationalen Marinen Schwimmen beigebracht worden ist. Und prompt hat man ein technisches Verhältnis zum Phänomen Sport oder Schwimmen oder Lesen oder Hören. Wenn dies alles Kulturtechniken sind, die an Medien und an historischen Begründungen hängen, dann kann man darüber reden. Solche Programmie-

1 Klaus Weimar: »Über das derzeitige Verhältnis der deutschen Literaturwissenschaft zu ihrer Geschichte«. In: *IASL* 16 (1991) H. 1, S. 149–156, hier S. 155.

> rungen sind halt ein wenig strikter als etwa Sinngebilde oder bedeutende Gebilde, und deshalb braucht man sie nicht so schrecklich zu interpretieren: Manchmal reicht das Handbuch, sofern es aufzutreiben ist. Wenn ich einmal richtig interpretiert und mich dabei wohlgefühlt habe (das ist mir nicht immer passiert, ich hatte auch Aversionen gegen die Interpretierwut meiner Vorgänger), dann war das so etwas wie ein ungeschriebenes Handbuch, zumindest ein konstruiertes, wenn man keines findet. Aber manchmal ging's eben, fast ein Handbuch zu finden. Meine persönliche Lieblingsinterpretation ist zum Beispiel ein Text über Don Carlos (überhaupt über Schillers frühe Dramen). Don Carlos wurde immer als ein freiheitspathetisches Produkt gegen den tyrannischen Herzog, unter dem er gross geworden war, gelesen, und ich habe mir einfach die Akten oder die Bücher über die Akten kommen lassen, in denen aufgeführt ist, wie der Herzog seine Schule, in der Schiller Schüler war, konzipiert hat. Es gab ein Programm für diese neue Schule, die 1770 als Reformschule gegründet wurde, da stand wie sie geplant wurde, welche alten und neuen Pflichten die Schüler hatten, welche Wissensformen ihnen beigebracht werden sollten etc. All das ist wie ein Computerprogramm, und wenn man es zusammen mit dem Text von Don Carlos liest, dann stellt sich heraus, dass Carlos natürlich die Karlsschule meint, wo Schiller selbst war, und dass Schiller einfach den Herzog abschreibt, statt gegen ihn zu protestieren. Mit anderen Worten, wenn mir das glückt, dass ein Text, der anscheinend eine Interpretation braucht, kombiniert werden kann mit einem Text, der die Regeln des Textes A angibt, dann implodiert das so schön und bildet sich aufeinander ab, und dann muss ich mich nicht mehr fragen, was fühlte Don Carlos, dann sage ich einfach, Don Carlos ist Schiller oder Don Carlos ist der Schüler sowieso in der Karlsschule.[2]

Hier bezieht sich ein Germanist für seine eigene Tätigkeit – und für das Schwimmenlernen – noch etwas direkter auf Ethnologie, im Eponym der Sozialanthropologie: Marcel Mauss.[3] Und der Vergleich wird durchlässig für seine Umkehrung: so wie seit oder bei Marcel Mauss lassen sich ›Kulturtechniken‹ auf ihre Programmierung hin darstellen. Germanistik und nicht nur ihre Wissenschaftsgeschichte wäre hier entweder Ethnologie oder einmal Ethnologie gewesen. Die Frage, die sich in einer solchen Fassung dessen stellt, was »anscheinend eine Interpretation« und vielmehr die Implosion eines Textes durch Abbildung seiner Regeln verlangt – der Blueprint zur Regelangabe der Programmierung von Kulturtechniken –, wäre eigentlich nur noch: Welchen Regeln, welcher Programmierung gehorcht diese Ethnologie? Meine philologische Aufgabe wird sich darauf beschränken, einige Abkürzungen aufzulösen, einige Zitate nachzuweisen und sie beim Wort zu nehmen.

I.

»Betrachten wir uns in diesem Augenblick einmal selbst. Alles in uns wird vorgegeben. Ich bin unter Ihnen der Vortragende, Sie erkennen dies an meiner sitzenden Haltung und an meiner Stimme, und Sie hören mir sitzend und ruhig

---

2 Friedrich A. Kittler/Stefan Banz: *Platz der Luftbrücke. Ein Gespräch.* Köln 1996, S. 10–12.

3 Auf die »Techniken des Körpers« verweist bereits Friedrich A. Kittler: »Über die Sozialisation Wilhelm Meisters«. In: Gerhard Kaiser/F. A. K.: *Dichtung als Sozialisationsspiel. Studien zu Goethe und Gottfried Keller.* Göttingen 1978, S. 13–133, hier S. 66; vgl. den ethnologischen Beginn S. 13.

zu.«[4] Kein Text von Marcel Mauss ist so eigen-ethnographisch wie »Die Techniken des Körpers«, und in keinem anderen seiner Texte wird der Unterschied zwischen europäischer und außereuropäischer Sozialisation so radikal eingeebnet – wenn auch nur fast. Mauss glaubte, in den Körpertechniken die direkteste Kopplung von Personen und kollektiven Normen gefunden zu haben, und sie ließ sich im Vortrag vor der Société de Psychologie am 17. 5. 1934 am eigenen Leibe demonstrieren. Was in dieser Demonstration erschien, war zum einen die Fremdsteuerung der entsprechenden Handlungen:

> Das Kind, auch der Erwachsene, imitiert Handlungen, die Erfolg hatten, die zudem bei Personen Erfolg hatten, in die es Vertrauen setzt, und die Autorität auf es ausüben. Das Verhalten wird von außen her, von oben vorgegeben, es sei denn, es handele sich um einen ausschließlich biologischen Vorgang, der den Körper betrifft. Das Individuum übernimmt den Bewegungsablauf aus dem Verhalten, das von anderen vor ihm oder mit ihm praktiziert wird (*Techniken*, S. 203).

Die Sozialität der Körpertechniken setzt eine Heteronomie des Individuums voraus – Durkheims Lehre –; sie ist ein Befehlscharakter, der jeder Nachahmung vorausgeht. »Genau in diesem Begriff des Prestiges der Person, die im Hinblick auf das nachahmende Individuum befiehlt, herrscht, bestimmt, befindet sich das ganze soziale Element. In der folgenden Nachahmung liegen das psychologische und das biologische Element« (ebd.).[5]

Kein Zufall, daß im Vortrag die militärischen Bewegungen zum Paradigma werden – wie die Eigenethnographie in diesem Vortrag vor allem aus einer Beschwörung von Weltkriegserinnerungen, aber auch – sehr viel unheimlicher – aus Bergsteigererlebnissen besteht: »die Erziehung zur Kaltblütigkeit, die es mir erlaubte, stehend auf einem winzigen Vorsprung am Rande des Abgrunds zu schlafen« (ebd., S. 219), war dieser Sozialanthropologie aus mehreren Gründen verschwistert. »Es geschieht aus Vernunftgründen, daß die französische Marine ihre Matrosen verpflichtet, schwimmen zu lernen« (ebd.).

Zum anderen – und hier komme ich auf einen unterschwelligen Zug dieser Theoriearbeit, der innerhalb ihrer Betonung sozialer Heteronomie eine eigentümliche Spannung aufwirft – verweist Mauss' Demonstration auf die grundsätzliche ›Arbitrarität‹ aller Körpertechniken, die in fast allen Beispielen Mauss' dadurch hervortritt, daß zwei solcher Techniken einander widersprechen und genau dann die Darstellung eines Scheiterns oder einer Ohnmacht und Einsatzstellen für ein mögliches Lachen des Vortragspublikums geben:

> Das Regiment von Worcester, das während der Schlacht an der Aisne Seite an Seite mit der französischen Infanterie bedeutende Gebietsgewinne gemacht hatte, bat um die königliche Erlaubnis, französische Schellen und Schlagzeug und eine Gruppe französischer Trompeter und Trommler einsetzen zu dürfen. Das Resultat war entmutigend. Fast sechs Monate lang sah ich in den Straßen von Bailleul [...] folgendes Schauspiel: das Regiment hatte seinen englischen Marschschritt behalten und paßte ihn dem französischen Takt an.

4 Marcel Mauss: »Die Techniken des Körpers«. In: M. M.: *Soziologie und Anthropologie*. 2 Bde. Frankfurt a. M. 1978, Bd. 2, S. 197–220, hier S. 206.

5 »Die Hierarchie ist eine ausschließlich soziale Angelegenheit« – Emile Durkheim: *Die elementaren Formen des religiösen Lebens*. Frankfurt a. M. 1994, S. 206.

> [...] Das unglückliche Regiment der großen Engländer konnte nicht defilieren. Der Marsch war ein einziger Mißklang. Wenn das Regiment im Gleichschritt zu marschieren versuchte, stimmte die Musik nicht mit dem Schritt überein. Daher war das Regiment von Worcester gezwungen, seine französischen Marschklänge aufzugeben (ebd., S. 201).

Der Ort, an dem die Heteronomie der Körpertechniken zur Erscheinung gebracht wird – die Phänomenalität eines Durkheimschen ›fait social‹ –, liegt bei Mauss weniger in ihrer Befolgung als in ihrer Zerreißprobe.

II.

Kittlers Versuch, die Programmierung des Schülers Schiller und seines Don Carlos durch die Karlsschule aus ihren Akten nachzuweisen, »in denen aufgeführt ist«, was seither deutsches Theater und Germanistik geworden ist, konnte bei seiner Publikation 1984[6] bereits als das Schulbeispiel einer Zeit erscheinen, die man vielleicht später einmal als einen Abschnitt zwischen 197X und 198X bestimmen wird, ›um 1980‹, oder wie jene mündlichen, dann verschriftlichten Markierungen lauten. Wie hätte Marcel Mauss die ›Kulturtechnik‹ des Interpreten und der von ihm angestrebten Implosion bestimmt? Ich glaube, daß Kittler recht hat: Es gibt eine Nachfahrenschaft oder Schülerschaft Kittlers in der Schule, aus der die »Techniken des Körpers« kamen. Bleibt nur der Nachweis aus den Akten des Jahrhunderts zu führen, daß fast ein Handbuch genügt, und wenn nicht das, so doch ein ungeschriebenes, zumindest ein konstruiertes.

Um nicht den Eindruck zu erwecken, daß es hier nur um einen einzelnen Germanisten geht, will ich ihn zumindest mit einem anderen (mit Heinrich Bosse) koppeln, mit dem er in der Zeit, die mich hier interessiert, zusammengearbeitet hat, und auf die Gemeinsamkeiten, die sich aus den Schriften dieser Zeit (mit noch einigen anderen, die ich hier unberücksichtigt lassen muß) herauslesen lassen. Ein Ausgangspunkt für beide war »um 1980« oder eher 1975ff. nachweislich Foucaults Frage nach den konstitutiven Bedingungen des Autors und insbesondere folgende Passage aus dem Vortrag vom 22. 2. 1969, in dem Foucault – mit deutlichen Parallelen zur Mauss'schen Vortragstechnik – den Autor des 18. Jahrhunderts vorstellte:

> Texte, Bücher, Reden haben wirkliche Autoren [...] in dem Maße, wie der Autor bestraft werden oder die Reden Gesetze übertreten konnten. [...] Historisch gesehen war sie eine gefahrenreiche Tat, bevor sie zu einem Gut im Einzugsbereich des Eigentums wurde. Und als man Eigentumsverhältnisse für Texte schuf, [...] wurde aus der Möglichkeit der Übertretung, die dem Schreibakt eigen war, immer mehr ein der Literatur eigener Imperativ. So als ob der Autor, seitdem er in das Eigentumssystem unserer Gesellschaft aufgenom-

---

6 Friedrich A. Kittler: »Carlos als Carlsschüler. Ein Familiengemälde in einem fürstlichen Hause«. In: Wilfried Barner u. a. (Hrsg.): *Unser Commercium. Goethes und Schillers Literaturpolitik.* (Veröffentlichungen der deutschen Schillergesellschaft Bd. 42). Stuttgart 1984, S. 241–273.

men wurde, den so erreichten Status kompensierte [...] durch systematische Übertretung, durch die Wiederherstellung der Gefahr beim Schreiben, dem man andererseits ja den Vorteil des Eigentums garantierte.[7]

Ist die Analyse der Autorschaft im 18. Jahrhundert seit diesen Sätzen vorangekommen? In welcher Richtung?

In Kittlers und Bosses Schriften zum Thema[8] findet man zumindest den Versuch, diese Analyse noch einmal zu verschärfen, indem der Wunsch der Autorschaft (Foucaults »Wiederherstellung«) mit einem heteronomen Befehl (Foucaults »Imperativ«) in eins gesetzt und so die gesamten Imperative zur Autonomie des Subjekts, die im 18. Jahrhundert als ›Selbstverhältnisse‹ und Wünsche einer ›Sprache des Herzens‹ formuliert werden, in eine antinomische Gleichung von Wunscherfüllung und Befehlsgehorsam getrieben werden. Die Analyse Foucaults wird außerdem verallgemeinert: das Subjekt als Autor, der Autor als Subjekt. Für beide läßt sich schematisch, aber stringent folgende Konstitution festsetzen – Kurzanalyse der zweiten Hälfte des 18. Jahrhunderts und ihres Alphabetisierungsschubs: A: ›Sei frei !‹, ein paradoxer Befehl. B: ›Fühle Dich gemeint!‹ (insbesondere von A). C: Sprich ›in eigenen Worten‹! (was auch qua B besagt: fühle Dich von Deinen [eigenen] Worten gemeint!). Und B und C gehorchen in ihren Wünschen dem Befehl A, der das Subjekt/den Autor zum Untertanen der Institutionen des (späteren) Nationalstaats macht (Schule, Universität, Psychiatrie usw.). Nicht in eigenen Worten, aber selektiv zitiert:

7 Michel Foucault: »Was ist ein Autor?«. In: M. F.: *Schriften zur Literatur*. Frankfurt a. M. 1979, 7–31, hier S. 18.

8 Um unnötiges Hin- und Herblättern zu vermeiden, werden die entsprechenden Schriften hier aufgelistet und im Text mit Kürzeln und Seitenzahl vermerkt: (*B1*) Heinrich Bosse: »Dichter kann man nicht bilden. Zur Veränderung der Schulrhetorik nach 1770«. In: *Jahrbuch für Internationale Germanistik* 10 (1978), S. 80–125; (*B2*) ders.: »Autorisieren. Ein Essay über Entwicklungen heute und seit dem 18. Jahrhundert«. In: *LiLi* 42 (1981), S. 120–134; (*B3*) ders.: *Autorschaft ist Werkherrschaft. Über die Entstehung des Urheberrechts aus dem Geist der Goethezeit*. Paderborn 1981; (*B4*) ders.: »›Die Schüler müßen selbst schreiben lernen‹ oder Die Einrichtung der Schiefertafel«. In: Dietrich Boueke/Norbert Hopster (Hrsg.): *Schreiben – Schreiben lernen. Rolf Sanner zum 65. Geburtstag*. Tübingen 1985, S. 164–199; (*B5*) ders.: »Der geschärfte Befehl zum Selbstdenken. Ein Erlaß des Ministers v. Fürst an die preußischen Universitäten im Mai 1770«. In: Friedrich A. Kittler u. a. (Hrsg.): *Diskursanalysen 2. Institution Universität*. Opladen 1990, S. 31–62. (*K1*) Friedrich A. Kittler/Horst Turk: »Einleitung«. In: F. A. K./H. T. (Hrsg.): *Urszenen. Literaturwissenschaft als Diskursanalyse und Diskurskritik*, Frankfurt a. M. 1977, S. 9–43; (*K2*) Friedrich A. Kittler: »Vergessen«. In: Ulrich Nassen (Hrsg.): *Texthermeneutik. Aktualität, Geschichte, Kritik*. Paderborn 1979, 195–221; (*K3*) ders.: »Wie man abschafft, wovon man spricht: Der Autor von *Ecce Homo*«. In: *Literaturmagazin* 12 (1980), S. 153–178; (*K4*) ders.: »In den Wind schreibend, Bettina« [Orig. »Writing into the Wind, Bettina«. In: *GLYPH* 7 (1980), S. 32–69]. In: F. A. K.: *Dichter Mutter Kind*. München 1991, S. 219–255; (*K5*) ders.: »Autorschaft und Liebe«. In: F. A. K. (Hrsg.): *Austreibung des Geistes aus den Geisteswissenschaften. Programme des Poststrukturalismus*. Paderborn 1980, S. 142–173. (*K6*) ders.: »Romantik – Psychoanalyse – Film: Eine Doppelgängergeschichte«. In: Jochen Hörisch/Georg Christoph Tholen (Hrsg.): *Eingebildete Texte. Affairen zwischen Psychoanalyse und Literaturwissenschaft*. München 1985, S. 118–135; (*K7*) ders.: *Aufschreibesysteme 1800/1900*. München 1985.

A: »Den paradoxen Befehl ›sprich spontan!‹ ausgeben« (*K5*, S. 159). »Wenn mir die frohe Botschaft ›Sei frei!‹ von einem Menschen zukommt, der größer und mächtiger ist als ich, [...] so verändert die Botschaft ihren Charakter und führt zu einer dauerhaften Verhaftung. Das heißt konkret, daß der Zögling das Gebot der Vernunft und das Gebot seines Erziehers nicht mehr unterscheiden kann« (*B5*, S. 47).

B: »Wer glaubt, daß Buchstaben ihn selber meinen, ist bloß verführt« (*K6*, S. 126); »seitdem Leute die Buchstaben nicht mehr als Gewalt und Fremdkörper spüren, seitdem können sie auch glauben, von Buchstaben gemeint zu sein« (*K6*, S. 124). »Hermeneutik ist das Verstehen und Anwenden eines Meinens« (*K5*, S. 150); die Durchführung der »pragmatischen Paradoxien und *double-binds* [...], die seit langem im Verstehensollen hausen« (*K2*, S. 212).

C: »Dasselbe 18. Jahrhundert, das die Selbstbefriedigung auf den medizinischen Begriff brachte, hat auch eine Selbstrednerschaft erfunden und als Funktion Autor in die literarischen Diskurse eingeführt« (*K5*, S. 148). »Die liebevolle und trickreiche Aufforderung, von den eigensten Neigungen zu sprechen, verschafft den Wissensmächten unserer Kultur Rückmeldungen über das, was sie selber hervorgelockt und hervorgerufen haben« (*K5*, S. 160). »Im Zuge der Verstaatlichung wird das Bildungsziel der Aufklärung verbindlich, die Schüler von der Fremdbestimmung zur Selbstbestimmung zu führen«; ihre Pädagogik besteht in »Selbstkorrektur« (*B4*, S. 164). »Die Forderung, das Verstandene mit eigenen Worten zu wiederholen«, führt in dieser Pädagogik (für alle Nicht-Dichter, also etwa für alle Schüler und Germanisten) in eine perennierende Paradoxie der Form A (*B1*, S. 123).

Die Motive dieser Analyse, der es in ihrer Gesamtheit tatsächlich gelungen ist, einen befremdeteren Blick auf die Autorschaft des 18. Jahrhunderts und ihre Folgen zu werfen, folgen der Foucaultschen Autorschaft und einer Foucaultschen Auffassung von Institutionen und Disziplinierungen. Allerdings wird die Vermittlung von »Imperativ« und »Übertretung«, die von Foucault dem Autor zugewiesen wurde, der ursprüngliche Befehl, in dem Wunsch und Befehl, Subjektivierung und Heteronomie in eins gesetzt werden, in fast allen Aufsätzen Bosses und Kittlers dieser Zeit aus einem anderen Handbuch übertragen und mehr oder minder wörtlich zitiert:

> Die vielleicht häufigste Form, in der sich Paradoxien in zwischenmenschlichen Beziehungen ergeben können, ist die einer Aufforderung zu bestimmtem Verhalten, das seiner Natur nach nur spontan sein kann. Der Prototyp dieser Aufforderungen ist daher: ›Sei spontan!‹ Diese Art von Aufforderung versetzt den Empfänger in eine unhaltbare Situation, da er, um ihr nachzukommen, spontan in einem Kontext von Gehorsam, von Befolgung, also von Nichtspontaneität, sein müßte.[9]

Auf das ›double bind‹ einer Hermeneutik, die besagt: »Man kann (sich) nicht nicht verstehen wollen!«, antwortet eine Hermeneutik – oder eine Theorie oder eine Historisierung – des ›double bind‹.

9 Paul Watzlawick u. a.: *Menschliche Kommunikation. Formen, Störungen, Paradoxien.* Bern 1969, S. 184.

Wenn man das Buch in die Hand nimmt und die Beziehung der *Menschlichen Kommunikation* zur Literaturwissenschaft befragt, wird zumindest zweierlei auffällig: (1) literarische Beispiele, Autoritäten, Dialoge werden im Handbuch unaufhörlich mit psychiatrischen vermischt, und sie häufen sich gerade an der hier zitierten Stelle (Styron, Genet, Sartre, Koestler, Dostojewski); (2) als »Interessenten« werden auf dem abwaschbaren Umschlag der deutschen Ausgabe unter anderem angegeben: »Psychologen, Soziologen, [...]; Literaturhistoriker, Literaten, Historiker«. – Mit anderen Worten: das Handbuch der Interpretation des 18. Jahrhunderts durch ›double bind‹ unter Foucaults ›Autorschaft‹ ließe sich relativ leicht konstruieren und niederschreiben; »manchmal ging's eben, fast ein Handbuch zu finden«, durch das sich Literaturwissenschaftler gemeint fühlen konnten, denn in diesem Falle wurde es in den Akten bereits als Anweisung zur Literaturwissenschaft und – auch bei Foucault – aus einer ebenso literarischen wie literaturwissenschaftlichen Lernbereitschaft heraus geschrieben.

III.

Eine Verpflichtung, die durch freiwillige Wünsche und gerade unter der Bedingung eines Wunsches nach unbedingter Freiwilligkeit und Autonomie erfolgt, wird durch eine Analyse ihres Imperativs als freiwilliges Befolgen, freiwilliges Verpflichtet(worden)sein, als Heteronomie kenntlich gemacht – so kann diese Analyse bestimmt werden. Und in jedem Einzelergebnis wird die Analyseform, zu der sich eine solche Betrachtung verpflichtet, noch einmal – freiwillig sozusagen – bestätigt. Kann eine (Ethno-)Soziologie dessen, was ihre Objekte oder Subjekte als ›Freiwilligkeit‹ wahrnehmen, anders vorgehen? »Es ist unsere Welt der sozialen Überdetermination, in der Handeln zugleich Entscheidung, Parteinahme bedeutet. Im Grunde werden wir zum Handeln bestimmt. Und damit dreht sich die Dialektik um: Wir werden besessen und werden ergriffen vom Handeln*müssen*.«[10] Liegt die Schwierigkeit aber dann nicht gerade darin, daß die Analyse schon weiß, was prinzipiell zu replizieren ist, und daß sie nur durch den Aufschub oder die Brechung ihrer Replikation noch etwas lernen kann?

Vielleicht liegt eine ethnologische Kunst der Analyse darin, Konzepte für den unaufgelösten Widerspruch von Freiwilligkeit und Verpflichtung zu finden. Auf ständig unterschätzte Weise geschieht dies etwa bei Marcel Mauss in jenem Aufsatz, der einer umfassenden Gesellschaftstheorie am nächsten kommt und sie seitdem nicht mehr verlassen hat: der ›Gabe‹. »Von [...] der Vielfalt der gesellschaftlichen Dinge wollen wir hier nur einen, zwar tiefgreifenden, doch isolierten Zug betrachten: nämlich den sozusagen freiwilligen, anscheinend selbst-

10 Wilhelm E. Mühlmann: »Ergriffenheit und Besessenheit als kulturanthropologisches Problem«. In: Jörg Zutt (Hrsg.): *Ergriffenheit und Besessenheit*. Bern 1972, S. 69–79, hier S. 69f.

losen und spontanen, aber dennoch zwanghaften und eigennützigen Charakter dieser Leistungen.«[11] Dieses Paradox scheint bei Mauss leicht aufzulösen, schließlich weiß schon die erste Seite, daß die Gaben nur »theoretisch freiwillig sind, in Wirklichkeit jedoch immer gegeben und erwidert werden *müssen*« (*Gabe*, S. 17). Dennoch kommt der Text von seinem Widerspruch nicht mehr los, denn die »Kraft«, die in der Gabe »bewirkt, daß der Empfänger sie erwidert« (ebd., S. 18), ob man sie mit den Maori als »hau« oder mit Mauss durch Formen der Untrennbarkeit oder »mélange« von Person und Sache zu bestimmen versucht, die archaische von modernen Gesellschaften und die ›Gabe‹ von modernem ›Geld‹ unterscheiden, bestimmt ihn mitsamt jener Untrennbarkeit von Mal zu Mal neu: zweifellos als Heteronomie, aber in einer Form der Spontaneität (und Manipulierbarkeit), die gängigen europäischen Bestimmungen – auch in ihrer Rückanwendung auf Europa – fremd bleiben soll. Erfahrungen der kollektiven und persönlichen Anomie sind in dieser Untrennbarkeit nirgendwo ausgeschlossen, sie stellen vielmehr eines der großen Themen Mauss' dar, insbesondere in seiner Beschäftigung mit der »Person, die sich selbst zerstört«,[12] der »Thanatomanie« von Einzelnen und Kollektiven.

Auch das »double bind«, durch das die »Verwirrung und Orientierungslosigkeit hervorrufende«[13] Unentrinnbarkeit eines Freiheitszwangs sprichwörtlich und Germanistik wurde, ist – ohne die verwickelte Genealogie dieses Terminus reduzieren zu wollen – vor allem die Arbeit eines Ethnologen oder Anthropologen gewesen. »Von 1949 bis 1962 führte ich den Titel ›Ethnologe‹ [›anthropologist‹] am Veterans Administration Hospital in Palo Alto, wo ich die einmalige Freiheit hatte, alles zu studieren, was ich für interessant hielt.«[14] Bereits Batesons Feldforschung bei den Iatmul und sein wichtigster Beitrag zur ethnologischen Theorie konzentrierten sich auf die Frage einer Kommunikation, in der Normalität und Pathologie nicht als ›Innen‹ und ›Außen‹ oder ›Struktur‹ und ›Ereignis‹ unterschieden werden können, auf die Voraussetzung einer ›Normalität der Anomie‹. Die Faktoren der Spaltung, durch die eine Gesellschaft wie die der Iatmul auseinanderbrechen würde – sich hochschaukelnde Antagonismen –, sind immer da; unwahrscheinlich – und von Bateson als Forschungsproblem weiterhin offengelassen (*Ökologie*, S. 110ff.) – wird daher die Balance und die Erhaltung der Einheit, das Ausbleiben einer Spaltung durch »Schismogenese« (so Batesons damaliger Term). Analog zu diesem Denken geht auch

11 Marcel Mauss: *Die Gabe. Form und Funktion des Austauschs in archaischen Gesellschaften*. Frankfurt a. M. 1990, S. 18.

12 Marcel Mauss: »Über die physische Wirkung der von der Gemeinschaft suggerierten Todesvorstellung auf das Individuum«. In: M. M.: *Soziologie und Anthropologie*. 2 Bde. Frankfurt a. M. 1978, Bd. 1, S. 175–195. – Zur Beziehung zu Durkheims »Theorie des anomischen Selbstmords« ebd., S. 195; zu ›Kollektive Anomie‹ ebd., S. 193f. – Zur Theorie kollektiver Anomie vgl. Emile Durkheim: *Über soziale Arbeitsteilung*. Frankfurt a. M., S. 437ff., insbes. S. 438, Anm. 25.

13 *Duden 5: Das Fremdwörterbuch*. 4. Aufl. Mannheim 1982.

14 Gregory Bateson: *Ökologie des Geistes*. Frankfurt a. M. 1981, S. 11.

Batesons Lerntheorie, der Zwischenschritt zum ›double bind‹, davon aus, daß ein »Lernen zu lernen«, durch das »die Geisteszustände, die wir ›freier Wille‹, instrumentelles Denken, Dominanz, Passivität usw. nennen«, bestimmt sind (ebd., S. 229), nur unter dem Risiko einer »Experimentalneurose« (des späteren ›double bind‹) (ebd., S. 234; 219, Anm.) möglich ist. In den Antinomien des Kretischen Lügners und ihrer Formalisierung durch Russells und Whiteheads Typentheorie glaubte Bateson die gültigste, weil universale Darstellung dieses Zusammenhangs von Kommunikation und (einer Unwahrscheinlichkeit der Vermeidung von) (logischer und sozialer) Anomie gefunden zu haben. Batesons Hypothese wurde, »daß die Mitteilung ›Das ist ein Spiel‹ einen paradoxen Rahmen errichtet, der mit Epimenides' Paradoxon vergleichbar ist« (ebd., S. 249), und alle Kommunikation steuernden Signale ebenso. Wenn man Batesons Überlegungen zum ›double bind‹ liest – und dies gilt in abgeschwächter Form auch noch für das Handbuch *Menschliche Kommunikation* –, stellt man fest, daß der berühmte ›double bind‹ vielleicht weniger eine bestimmte Lösung für klar umrissene Fragen als eine Formel (und zwar zweifellos die stärkste logische Formel, die man damals zitieren konnte) dafür ist, daß ein unaufgelöster kommunikativer Widerspruch jederzeit eintreten kann – die Unwahrscheinlichkeit der Nicht-Widersprüchlichkeit. ›Man kann nicht nicht kommunizieren‹, und es ist mehr als wahrscheinlich, daß man – in Freiheit, und in Nicht-Freiheit ohnehin – (selbst-)widersprüchlich kommuniziert. »Freiheit selbst hat paradoxe Merkmale.«[15]

IV.

Wenn man die Autorschaften und Subjektivitäten des 18. Jahrhunderts durch ihre Heteronomie, die sich durch Befehle der Form ›Sei spontan!‹/›Sei frei!‹ am eklatantesten nachweisen ließe, analysiert, was für ein Text, was für eine Autorschaft entsteht dabei? Die Selbstinterpretation der Karlsschule, das »anscheinend eine Interpretation« herstellende Programm Kittlers hat eines der Genres, in denen eine solche Analyse stattfinden konnte und kann, bereits ziemlich pointiert zusammengefaßt. Ist es das einzige? Bei Bosse und Kittler findet man im Zeitraum von etwa 1977 bis 1985 nicht eine, sondern mindestens vier keineswegs kongruente, aber ineinander übergehende Möglichkeiten der ›Implosion‹, erst einmal ad hoc und etwas kryptisch markiert:

(1) eine kontrastive historische Untersuchung (der neuen Befehle einer ›Subjektivierung‹), (2) eine Replikation (dieser Befehle), die zur Gegenwart hin als eine Art ›Eigenethnographie‹ ausläuft, (3) eine gleitende Replikation (der Befehle), die in fortlaufenden Zyklen Nachweise von Befehl und Befolgung, Programmschriften und Ausführungen koppelt (diese Form 3 entspricht der von Kittler für *Don Carlos* skizzierten), (4) der Nachweis einer ›Selbstanwen-

15 Watzlawick u. a. (Anm. 9), S. 184, Anm.

dung‹ oder eines ›Kurzschlusses‹ (durch Affirmation) der Unentscheidbarkeit von Befehl und Wunsch.[16] – Eine kurze Charakterisierung:

Zu 1: Die Stärke der Gruppe 1 liegt im kontrastiven Vergleich einer Alten und einer Neuen Ordnung, genauer gesagt darin, daß die Alte und die Neue Ordnung (hier: des Schreibens und Lesens, des Lernens und der Autorschaft) jeweils füreinander unwahrscheinlich erscheinen müssen, denn die Neue Ordnung war in der Alten höchstens als Abweichung vorgesehen, und in der Neuen Ordnung erscheint die Alte ›unnatürlich‹ oder ›unkreativ‹. Diese beiderseitige Unwahrscheinlichkeit oder Fremdheit bringt es mit sich, daß die Evolution von der einen zur anderen zwar sehr genau an bestimmten institutionellen Entwicklungen festgemacht werden kann und von Bosse in den beiden erwähnten Aufsätzen für solche Institutionen erhellend-detailliert vorgeführt wird, zugleich aber weiterhin ein Rätsel oder ein Forschungsproblem bleibt, das sich durch die detaillierte Durchführung eher noch verschärft – und eben darin liegt der Erkenntnisgewinn dieses Verfahrens. »Den Übergang von der Fremdbestimmung zur Selbstbestimmung kann die Schiefertafel bereits den Anfängern vermitteln; indem sie Selbstkorrektur an die Stelle von Fremdkorrektur setzen lehrt, bewirkt sie die eigentliche pädagogische Revolution« (*B4*, S. 164). Eine solche Aussage spielt zwar mit der Form einer (medientheoretischen oder an einer bestimmten kommunikativen Praxis orientierten) Reduktion, gibt aber im Text den Anlaß zu einer unabgeschlossenen Reihe von parallelen Kontrastierungen und deren aufschlußreicher Korrelation.

Zu 2: Kategorial sehr viel schwieriger – an der Oberfläche hingegen vielleicht eingängiger – gestaltet sich ein Text, sobald er versucht, jenseits des bloßen Kontrastes eines Vorher und Nachher von Wissensordnungen einen ganz bestimmten Befehl zu isolieren und seine Einsetzung, sei es institutionell, sei es medial zu verorten. In *Autorschaft ist Werkherrschaft* wird der Kontrast von Vorher und Nachher eher zu einer ›Kontrastfolie‹, die zur Erhellung der Neuen Ordnung, unter der Wissenschaft und Literatur seitdem stehen: der Welt des modernen Urheberrechts, anders als in den Aufsätzen von 1 keine prinzipielle Unwahrscheinlichkeit mehr beiträgt. Die juridisch-literarische Ordnung soll in ihrer Analyse durch eine Replikation kenntlich gemacht werden; und sie wird repliziert. Im Verlauf der Analyse zeigt sich dementsprechend, daß auch die von Foucault herrührende Analysekategorie (die ›Restkategorie‹ der Autorschaft: daß der Autor oder sein Werk ›immer noch etwas übrigbehalten‹) nur die Übersetzung einer bestimmten juridisch-literarischen Kategorie ist (der ›Unveräußerlichkeit‹ der Autorschaft, die nur eine »unvollständige Veräußerung« [*B3*, S. 51; pass.] zuläßt), so daß ihre analytische Qualität zugleich mit der Identifizierung ihrer Genealogie an die Grenzen ihrer Erklärungskraft gerät. Genau in diesem Moment geschieht daher einerseits ein Versuch, aus der juridischen

16 Folgende Texte scheinen mir die vier Gruppen mitsamt ihren möglichen Übergängen prototypisch zu erfüllen – hier ist auch die Chance, aus diesem Text noch einmal auszusteigen und einige seiner Quellen nachzulesen: 1 (*B1*), (*B4*). – (1 und) 2 (*B3*). – 3 (*B5*), (*K5*), (*K7*). – (2 und) 4 (*K2*). – 4 (*K3*), (*K4*).

Analyse noch einmal auszubrechen (mit Hilfe der Verankerung in ›industrieller Arbeit‹ [*B3*, S. 131] beziehungsweise in ›Papiermaschinen‹ [*B3*, S. 135]); andererseits bleiben – eigenethnographisch, sozusagen – Aussagen stehen, die der Selbstimplikation durch ein namenloses »ich« Rechnung tragen: »Indem ich schreibe, kommt die Werkherrschaft auf mich zu. [...] Jetzt erzähle ich meine Krise von damals« (*B3*, S. 124). »Solche Kontrollen sind mir unheimlich, ich kann aber mein Unbehagen nicht anders äußern, als indem ich das Urheberrecht begründe [...]« (*B3*, S. 129).[17]

Zu 3: Gerade dieser schwierige und ehrenhafte Text (*B3*) ist daher besonders lehrreich, denn er zeigt in seiner Unausgeglichenheit vielleicht, warum die Gruppe 3 sehr viel einfacher aufgebaut und leichter nachzuahmen ist: in einem ständigen Oszillieren von Befehlsnachweis und Nachweis der Befolgung, durch das beliebig lange oder kurze Texte zu organisieren sind, solange man die Analyse der Replikation von Programm und Ausführung – wiederum iterativ – immer genau in dem Moment abbricht, indem beide – wie dies Kittler für *Don Carlos* beschrieben hat – auf irgendeine Weise ›zur Deckung kommen‹. Die eigentliche Aufgabe dieses Genres besteht darin, Arten und Weisen des ›Zur-Deckung-Kommens‹ zu entwerfen und durchzuführen; das eigentümlich ›Schillernde‹ der Darstellung entsteht einerseits aus dem ständigen Abbruch der Analyse, die genau in dem Moment absetzt, in dem sie beginnt – was ihr Präzision zu verleihen scheint –, und darin, daß innerhalb der ›Deckung‹ oder ›Abbildung‹ (»dann implodiert das so schön und bildet sich aufeinander ab«) ganz verschiedene Arten der Entsprechung zugelassen sind, die aber allesamt auf der Prämisse aufruhen, daß *eine* Gebrauchsanweisung pro Befolgung genügt, um den ästhetischen Effekt der Darstellung auszulösen, daß hingegen zwei – und erst recht zwei einander widersprechende – ihn eher gefährden. Die von Kittler skizzierte ›Implosion‹ kann »so schön« nur funktionieren, solange die Analyse in dem Moment abbricht, in dem ihre Gebrauchsanweisung gegeben wurde; ›blinde Befolgung‹ ist daher als Thema vorprämiert, weil ihre Darstellung das Schema des Abbruchs zu garantieren scheint.

Akribie der Recherche ist notwendig, um lange Serien des Musters ›Befehl und Befolgung‹ schreiben zu können; in der Darstellung eines jeweiligen Details ist zu große Akribie hingegen unangebracht, denn sie würde den ästhetischen Effekt, auf den das Leporello im Ausklappen von Falte zu Falte (Befehl zu Befolgung) rechnet, wieder hintertreiben. Das verleiht der historischen Recherche – ganz anders als in der Gruppe 1 – eine prinzipielle Unsicherheit, die nur durch den unaufhörlichen Aplomb von Abbruch und Fortsetzung der Korrelationsreihe aufgefangen werden kann, und die auch als ein Risiko empfunden werden kann, das unaufhörlich gelingt. Exemplarisch ist hier neben *Aufschreibesysteme 1800/1900* auch Bosses Text über Friedrichs Befehl zum Selbstdenken – zum einen, weil die Akribie den Effekt stört, obwohl die Re-

17 Vgl. *B2*, S. 132. – Zum namenlosen Ich dieser Texte: Rembert Hüser: »Hand und Fuß«. In: Karl Heinz Bohrer (Hrsg.): *Ästhetik und Rhetorik. Lektüren zu Paul de Man*. Frankfurt a. M. 1993, S. 117–178.

cherche sich zum anderen auf eine bestimmte Folge von Befehl und Befolgung – Friedrichs Befehl an die Universitätsangehörigen zum Selbstdenken, Kants Befolgung durch seine Formulierung der Aufklärungsdefinition – konzentriert (*B5*). Ein Federzug von dieser Hand: die Analyse muß im Zentrum der (jeweiligen) Macht abbrechen, denn mitsamt ihrer ›Implosion‹ stünde auch ihre Zentralität in Frage, sobald gefragt würde, woher diese zitiert oder ihre Regeln zusammensetzt, und sobald die Befehlskette wieder in andere und womöglich dezentralere Herkünfte zerlegt würde.[18]

Die Gruppe 3 zielt auf den fortlaufenden Nachweis von Replikationen oder die Herstellung von ›Implosionen‹, die aus einem Zur-Deckung-Kommen von Programmen (wahlweise und kombinationsweise historischen Programmschriften und aktuellen Theorietexten) und Befolgungen entstehen. Ihre notwendige Spielregel, das Apriori ihrer Analyse besteht daher darin, daß die historischen Akteure und ihre Texte (»Don Carlos ist Schiller oder Don Carlos ist der Schüler sowieso in der Karlsschule«) keineswegs selbst zu einer entsprechenden Replikation oder ›Implosion‹ fähig waren oder wären, wie sie in der Analyse – die »anscheinend eine Interpretation« ersetzt – möglich wird. Die Gruppe 3 setzt daher diesen Ort einer bereits geschehenen Replikation einerseits – auch als Ort der Literatur – voraus, und kassiert ihn andererseits – durch die Archivierung als Dokument – wieder ein, um ihn dem Interpreten als Privileg seines Textes vorzubehalten. »Schiller, als sei ihm im unbewußten Archiv *Don Carlos* das Gesetz seines Lebens schriftlich und lesbar geworden, merzt in mühsamen Umschriften die Intimitäten der Urfassung mehr und mehr aus. [...] Und nachdem er seinem bürokratischen Gesetz ins blinde Auge geschaut hat, ist der Dramatiker reif dafür, sich durch Lektüre eines Philosophieprofessors das Gesetz vorgeben zu lassen, daß sich der Mensch selbst das Gesetz gibt.«[19] Das Auge bleibt blind, das Gesetz unbewußt, und die Autopsie des Archivs daran gebunden, den jeweiligen Nachweis einer historischen Selbstanalyse in den Konjunktiv zu setzen: als sei sie gar keine. Als sei der Ort der eigenen Analyse ein anderer als jenes »als sei«.[20]

Zu 4: Allerdings: Wenn man Schillers Text – als sei ihm im Archiv das Gesetz seines Lebens schriftlich und lesbar geworden – oder auch nur einer Textstelle, einer historischen Quelle, bereits das zuschriebe, was Ziel der Analyse ist – eine textuelle (und sei es unbewußte) ›Abbildung‹ von Regelangabe und Regelbefolgung – was entstünde dann? Zweifellos eine Sorte 4 von Text, die etwas andere und unausdenklichere Konsequenzen als die Sorte 3 zieht, deren

---

18 Kontrolle des Zitierens und Zitieren von Kontrolle sollen in diesen Texten zur Deckung kommen; bei weiterer Recherche und anderen Zitaten wird die Deckung löchrig, die Abbildung verschwimmt – das Schicksal nicht nur dieser Texte.

19 Kittler (Anm. 6), S. 273.

20 Kein Wunder daher, daß Kittler in seiner Analyse des *Don Carlos* den »Unterschied zur professionellen Literaturwissenschaft« mehrmals markiert, hingegen die Vorläuferschaft von »Heinrich Laube: Die Karlsschüler. Schauspiel in fünf Akten. In: Dramatische Werke. Bd. 6. Leipzig 1847« en passant anerkennt – Kittler (Anm. 6), S. 250, Anm. 32: »(Hinweis von Klaus Weimar/Zürich [auch diesmal, E. Sch.])«.

Spielregel aber bereits in dem zentralen Tabu von 3 (und in ihrem »als sei«) vorgesehen ist. Das Interessante ist, daß Kittler diese Sorte 4 – die explizite Aufhebung des Verbots der 3 – ebenfalls geschrieben, allerdings – wie mir scheint – nur in einer kurzen Zeit (1979/80) offensiv ins Zentrum von drei Texten gestellt hat. Diese drei Texte (*K2, K3, K4*) sind »Schlager von Klasse«, ein Umschlagen der ›grammar‹ des Programmierungsnachweises in puren germanistischen ›glamour‹; vielleicht deshalb, weil diese drei Texte es durch einen Trick oder durch eine Selbstüberlistung geschafft haben, noch einmal den Wunschtraum – und die Spielregeln des Wunschtraums – einer rein immanenten Interpretation zu schreiben, in der zugleich die Replikationsmuster der Sorte 3 nach allen Seiten auseinanderdriften, die implosive Reihe sich in einen explosiven »Kurzschluß« (*K4*, S. 230) verwandelt. Allerdings hat das Zugeständnis an die Möglichkeit 4 bei Kittler seinen Preis: sie wird nur privilegierten Momenten und Individuen zugestanden, Bettina aufgrund einer vorausgesetzten Unbewußtheit und Nicht-Autorschaft, Nietzsches *Ecce Homo* aufgrund der eigenmächtigen, aber eben deshalb nicht mehr zurechnungsfähigen Beendigung seiner Autorschaft – »es macht der ›Literatur‹ im exakten neuzeitlichen Wortsinn einfach dadurch ein Ende, daß ihre Regeln allesamt beim Wort genommen werden« (*K3*, S. 155). Eine Entprivilegierung dieses Moments würde das gesamte Programm der Replikation der Gruppen 3 und 2, vielleicht aber auch der Gruppe 1 gefährden, weil es in den fortlaufenden Nachweis der Heteronomie ein unkontrollierbares Moment von Anomie einträgt. »War der literarische Autor ein Subjekt im doppelten Wortsinn: frei im Erfinden fingierter Reden und Figuren, gesetzesunterstellt im Besitz seiner Werke, so wird Nietzsche ein Souverän. Der selber als das Gesetz auftritt, ist keinem Gesetz mehr untertan. Alles läuft wie in jenem alten Witz, der einem König erklärte, warum ein König nicht Sujet von Witzen sein kann: ›Le roi n'est pas sujet‹« (*K3*, S. 171f.). Womit dieser Text zugleich besagt, daß er nicht nur für Nietzsches, sondern auch für seine Analyse auf diesen Ort spekuliert, an dem ›das Gesetz‹ oder er selbst »als das Gesetz auftritt«, und dieses im Aufscheinen einer Replikation von Gesetz und Affirmation einer – selber keinem Gesetz mehr zurechenbaren? – Autopsie zugänglich wird. Woraus sich zugleich der paradoxe Umstand erklärt, daß der Nachweis einer Heteronomie programmatischer Autonomien (des 18. Jahrhunderts und danach) sich selbst als eine Art Befreiung vom Freiheitszwang (dem ›double bind‹), zumindest aber als eine Befreiung von dessen Illusionen – von der Fiktion, es handele sich um Fiktionen – durch die Autopsie eines unbezweifelbar Realen versteht.[21]

21 Wie es einige Jahre später mit einer thematischen Verschiebung und unmerklichen Inversion – von Durkheims ›fait social‹ zu McLuhans ›the media are nature‹ – heißen wird: »Wem es also gelingt, im Synthesizersound der Compact Discs den Schaltplan selber zu hören oder im Lasergewitter der Diskotheken den Schaltplan selber zu sehen, findet ein Glück. Ein Glück jenseits des Eises, hätte Nietzsche gesagt. Im Augenblick gnadenloser Unterwerfung unter Gesetze, deren Fälle wir sind, vergeht das Phantasma vom Menschen als Medienerfinder. Und die Lage wird erkennbar.« – Friedrich. A. Kittler: *Grammophon Film Typewriter*. Berlin 1986, S. 5f.

Die Sorte 4 hat – auch in ihrer überschwenglich-aufgelösten Textorganisation – keine Nachfolger gefunden; die *Aufschreibesysteme* folgen der Programmierung 3; und dementsprechend fällt dort auch die Darstellung der Autorschaft Bettinas aus: »selbstredend hindert im Reich der Zufälle auch nichts, daß Frauen die ihnen gemäße Bescheidenheitstopik vergessen. ›Ich mein als, ich könnt die ganze Welt auf die Welt bringen mit meinem Mund‹, schreibt Bettina Brentano an ihre [...] Freundin Günderode. Das sind die wilden Schwingungen einer Mündlichkeit, die das Verhältnis von Welt und Binnenweltlichkeit auf den Kopf stellt und damit scheinbar Autorenansprüche anmeldet. Aber weil Bettina Brentano ihren Diskurs[22] keinem Eigentumsgrundsatz und keiner Unifizierungsregel unterstellt, bleibt ihr Übermut der Autorschaft gleich fern wie Hubersche Bescheidenheitstopik« (*K7*, S. 134). Wo das Programm oder seine Programmschrift eine Dissimulation verlangt, bleibt seine Rezitation als Maske stehen; wo ein Programm sich (oder im Schein) erfüllt, kehrt seine Bestätigung zu ihrem Programm (oder seinem Schein) zurück; auch darin liegt ein ständiger – schillernder – Vorbehalt der Modalität, der nur in den Texten 4 offensiv ausgetragen wurde.

So fehlt nach dem Jahr 1980 auch eine Fortsetzung der eigenethnographischen Sätze aus »Vergessen« – einem Text, der in keinem literaturwissenschaftlichen Proseminar fehlen sollte –, die eine etwas andere Beziehung zur ›Hermeneutik‹ – dem Prügelknaben der Gattung 3 – oder eine andere ›Anti-Hermeneutik‹ ankündigen oder auch nur anzukündigen scheinen: »Seit einigen Jahren rätselt eine empirische Rezeptionsforschung, warum Schüler und Studenten verstummen, wenn sie interpretieren sollen. [...] Einfacher wäre es, einmal den anderen nachzuforschen, die andere interpretieren lassen. Dann käme vielleicht zu Wort, daß das Verstummen eine Antwort auf die pragmatischen Paradoxien und *double-binds* ist, die seit langem im Verstehensollen hausen. Zum Glück ist Verstummen nicht die einzige Antwort. Man kann unsere Leseriten auch parodieren« (*K2*, S. 211f.). »Ein Inventar abendländischer Exegesetechniken käme auf dieselbe Geschichte: lauter Stroboskopeffekte und keine Geschichte« (*K2*, S. 219). »Ums Schwimmen ist es zu tun. [...] Die Lesetechnik Hermeneutik versetzt in Diskursfelder ohne Ausweg, in ozeanische Medien ohne Rand« (*K2*, S. 207f.). »Ein Referat schreiben, Proseminar Literaturwissenschaft, vom Primärtext durch die Sekundärliteratur und wieder zurück – am Ende sahen die Bücherseiten alle wie Buchstabensalat aus. Die Geschichte steht nirgendwo, auch bei Borges nicht; ich hörte sie. Aber dieses sehr einfache Labyrinth zeigt, daß das Übermaß an Hermeneutik auch gegen sie immunisieren kann« (*K2*, S. 212). Die Rückführung eines Textes auf seine Regeln oder seine Programmierung scheint gegenüber diesen Sätzen und den in ihnen angedeuteten Konsequenzen – Stroboskopeffekte, Parodie, Schwimmen, Buchstabensalat

22 Die 3., vollst. überarb. Auflage von *Aufschreibesysteme* (München 1995) ersetzt an dieser Stelle (S. 162) – vielleicht um jedes Mißverständnis und jeden »Kurzschluß« (*K4*, 230) nach Art der Gruppe 4 (*K4*, 225) zu vermeiden – »ihren Diskurs« durch »ihre Wörter«, ihren Diskurs durch ihre Wörter. (An dieser Stelle Dank und Gruß an Georg Stanitzek und Ursula Geitner.)

– allemal die einfachere Lösung. Trotzdem scheint mir nur in diesen wenigen Sätzen ein Versuch unternommen worden zu sein, die Antinomie dessen, was damals das Versprechen dieser ›Diskursanalyse‹ hieß, auf den Punkt zu bringen. »Schwimmen-Können, Ins-Schwimmen-Kommen ist in dieser Perspektive für das Lesen und Schreiben vielleicht gar nicht so unproduktiv, wie es die Soldatenstiefelchen der Gelehrten (der Nichtschwimmer) gern suggerieren. Man muß es sich nur erlauben (gönnt sich ja sonst nichts). Schwimmen in der Höh?«[23] Und nicht zu knapp.

V.

Ich komme zu einem wie immer vorläufigen Ende, indem ich die mündliche Kombination einer bestimmten Kommentierungstechnik mit den »Techniken des Körpers« noch einmal – durch jenen kurzen historischen Moment hindurch, den ich seinem Vergessen entreißen wollte – abbilde oder auseinanderdividiere. »Mit anderen Worten, wenn mir das glückt, dass ein Text, der anscheinend eine Interpretation braucht, kombiniert werden kann mit einem Text, der die Regeln des Textes A angibt, dann implodiert das so schön und bildet sich aufeinander ab, und dann muß ich nicht mehr fragen, was fühlte [...]« (vgl. S. 102 in diesem Beitrag). Diese Regelangabe selbst verlangt anscheinend keine Interpretation, denn sie ließe sich höchstens ›abbilden‹ auf einen anderen Text, der ihre Regeln angibt – und was für ein Text könnte das sein?

Da sich eine Methodik der ›Anti-Hermeneutik‹ bisher nur angekündigt hat, dies allerdings mit nachweisbaren Effekten von Selbst- und Fremdzuschreibungen, will ich zumindest kurz und ganz im Sinne eines Handbuchs auf eine europäische Programmierung oder genauer: ein technisches Handbuch[24] eingehen, dem sie – oder ihr Gerücht, die Stille Post des Ungelesenen, ›scripti recitatione‹ – gehorcht:

> si a scripto dicemus, his locis utemur: secundum narrationem primum scriptoris conlaudatione, deinde scripti recitatione, deinde percontatione scirentne idonee adversarii id scriptum fuisse in lege aut testamento aut stipulatione aut quolibet scripto quod ad eam rem pertinebit; deinde conlatione quid scriptum sit, quid adversarii se fecisse dicant: quid iudicem sequi conveniat, utrum id quod diligenter perscriptum sit, an id quod acute sit excogitata et scripto adtributa contemnetur et infirmibatur. [...] et demonstrabitur scriptum illud esse dilucide, breviter, commode, perfecte, cum ratione certa (*Rhetorica ad Herennium* II. VIII, 13).

Alle diese (und noch einige andere) sind die klassischen Topoi der Anti-Interpretation: für das ›scriptum‹, gegen ›voluntas‹ oder ›sententia‹. Mit anderen Worten: Etwas, das man ›Anti-Hermeneutik‹ nennen könnte – das Wort ›Her-

---

23 Rembert Hüser: »Frozen Fritz«. In: Michael Jeismann (Hrsg.): *Obsessionen. Beherrschende Gedanken im wissenschaftlichen Zeitalter*. Frankfurt a. M. 1995, S. 116–153, hier S. 118.

24 ›Technisch‹ in eben dem Sinne, in dem auch Mauss das Technische der Körpertechniken verankerte – Mauss (Anm. 4), S. 205.

meneutik‹ für bestimmte Handbücher reicht in ihrer Geschichte ja nicht weiter als bis Dannhauer zurück –, ein detailliertes Rezept zur Interpretation durch ›Anti-Interpretation‹, durch die gekonnte Leugnung von Interpretationsbedürftigkeit, ist in der Kontroverse von ›Geist und Buchstabe‹ immer schon vorgesehen gewesen, seit Interpretationsbedürftigkeit überhaupt zum Thema einer Kontroverse gemacht werden konnte. Es gibt gar keine Hermeneutik, die nicht in der jeweiligen Unterscheidung von ›Geist und Buchstabe‹ den Raum einer ›Anti-Hermeneutik‹ – innerhalb ihrer und außerhalb ihrer zugleich eröffnet. ›Interpretation gegen Interpretation‹/Interpretation gegen Interpretationsbedürftigkeit ist zugleich immer eine ›Rhetorik gegen Rhetorik‹ – die bekanntlich eine Steigerung und/oder ein bewußtes Verstecken von Eloquenz erfordert. Und daß die meisten ›anti-hermeneutischen‹ auf Vorstellungen von einem Gesetz oder einer Vorschrift (also einer Programmierung, sei es als Kalkül, sei es als Vorschrift einer Macht oder einer Programmschrift) zielen, durch deren korrekte Rückbindung Interpretation oder auch nur alle andere Interpretation zu beenden oder zu einem Epiphänomen zu erklären wären, ist ja ebenfalls kein Zufall, sondern einfach der alten Topik ungelesen aber buchstabengetreu geschuldet. Wer dem Buchstaben des Gesetzes (oder einer Programmierung) – und dem ›Buchstaben‹ in einer Kontroverse von ›scriptum et voluntas‹ – folgt, braucht nicht zu interpretieren; alles, wessen es bedarf, ist die Autopsie (scripti recitatione) des Gesetzes; nur in der Nicht-(Weiter-)Interpretation der Regeln liegt die ›ein wenig striktere‹ Stabilität, auf die es ankommt und die durch Interpretation unnötig gefährdet oder mystifiziert wird; der Buchstabe erstickt auch (endlich) die verworrene Stimmenvielfalt der Interpreten, den ganzen Morast der Billigkeit und Unbilligkeit, Arbitrarität und Subjektivität; nur im anästhetischen Buchstaben (»muß ich nicht mehr fragen, was fühlte«) erscheint die ganze Vernunft (oder die ganze Unvernunft) und der Vorsatz des Gesetzes (oder Gesetzgebers); nur in einer Deckung von Auslegung und Gesetz – in der bewußten Abstandnahme und Abstinenz der Auslegung – kommt das Gesetz zur Erscheinung; nur der Nachweis des Programmiertseins kann die Zwietracht von ›Geist und Buchstabe‹ (und aller ihnen beigeordneten Dichotomien, etwa von Geist und Körper) überwinden und auf ihre Einheit zurückführen; meine Improvisation, in der ungezählte unnennbare Stimmen mitsprachen, könnte – modern, antik – noch stundenlang weitergehen, ohne den durch die klassische Topik von ›scriptum et voluntas‹ umrissenen Raum zu verlassen.

Das heißt keineswegs, daß es sich hier um einen homogenen Raum handelt. So macht es zweifellos einen Unterschied, ob man die Entscheidung über ›scriptum et voluntas‹ – wie dies Kittler für *Ecce Homo* tut – allein der ›Souveränität‹ des Gesetzgebers zuschreibt (›le roi, la loi‹), sie also einer äußersten Verknappung zuweist[25] – ein Federzug von dieser Hand; oder ob man sie – in

25 Zur – von Foucault selbst keineswegs homogen gehandhabten – Beziehung der ›Diskursanalyse‹ zur Kategorie der ›Knappheit‹ und ›Verknappung‹: Michel Foucault: *Die Ordnung des Diskurses*. München 1974, insbes. S. 36, 45 und 48; »Knappheit und Affirmation, Knappheit der Affirmation – und nicht kontinuierliche Großzügigkeit des Sinns, nicht Monarchie des Signifikanten« – ebd., S. 48.

Gestalt der ›Billigkeit‹, wie dies in der römisch-juristischen Tradition der Fall war – als die allgemeinste und bestverteilte Vorschrift jeder Gesetzesauslegung (und ihrer Stabilisierung durch Korrigierbarkeit) auffaßt. (Auch diese verschiedenen Auffassungen und ihre Termini verteilen sich, wie der letzte Satz, wieder anhand der Topik jener Kontroverse.)

Das ›double bind‹ der Hermeneutik hat einen historisch älteren Namen: ›scriptum et voluntas‹; wer ihrer Kontroverse enthoben zu sein meint, der wird sie blind befolgen (und sich vom ›scriptum‹ gemeint fühlen); wer sie – bewußt oder unbewußt – befolgt, den führt sie – über die Fragen der Verschriftlichung des Gesetzes (›nomos agraphos‹) – in Anomien der Schrift. Eine Darstellung dieser Seite dessen, was dann retrospektiv – zu Recht und zu Unrecht – ›Hermeneutik‹ und ›Anti-Hermeneutik‹ und mit größerer Gewißheit eine Geschichte von Kommentaren und Interpretationsanweisungen genannt werden kann, steht noch aus. In dieser Geschichte könnten dann auch Sätze stehen wie »Manchmal reicht ein Handbuch« oder »dann muß ich nicht mehr fragen, was fühlte Don Carlos« / »[w]enn ich einmal richtig interpretiert und mich dabei wohlgefühlt habe« oder die Anmerkung zur Beendigung von Anmerkungen: »Wenn die Semiotechnik des despotischen Familienbildes klar ist, bleibt über *Don Carlos* wenig anzumerken.«[26]

VI.

»[...] die Kultur oder kulturelle Phänomene auch als eine Kulturtechnik zu beschreiben, wie das Marcel Mauss glaube ich zum ersten Mal begonnen hat.« Es besteht im gesamten 20. Jahrhundert eine Kongruenz zwischen den verschiedenen Formen, in denen eine Untrennbarkeit sozialer Normen mit den Formen sozialer (aber auch epistemologischer) Anomie anerkannt, beschrieben, theoretisch gefaßt und methodisch untersucht werden konnte, und der Ethnologie. (Auch – worauf ich ein andermal zurückkommen werde – bei Foucault.) Und dort, wo nur die Vorsilbe ›Ethno-‹ oder eine imaginäre Ethnographie, die sich ihre Verwirklichung erträumte oder postulierte, übernommen wurde, geschah dies oft aus der Erfahrung einer solchen Anomie oder – wie bei Knorr-Cetinas Feldforschung im Labor[27] – mit dem Resultat der Beschreibung einer Anomie, die man sich vorher so nicht ausgedacht hätte. Stellvertretend für viele andere sei hier noch Harold Garfinkel zitiert, dessen Anstoß ganz unverblümt in der Herstellung anomischer Situationen bestand – obwohl die daraus entwickelte ›Ethnomethodologie‹ sich zugleich in der Vorstellung einer soziologischen ›Selbstauslegung‹ von Alltagsregeln niederlassen sollte, in der eine ›Normalität der Anomie‹ keinen Platz mehr hatte:

---

26 Kittler (Anm. 6), S. 258. »*Schiller.* ›[...] die deutsche Karlsschule ist die Mutter des Stücks, der Herzog von Württemberg ist der Vater desselben!‹ (Pause.) (Es donnert.)« – Laube (Anm. 20), IV. Akt, 5. Szene.

27 Karin Knorr-Cetina: *Die Fabrikation von Erkenntnis. Zur Anthropologie der Naturwissenschaft.* Frankfurt a. M. 1984.

> Procedurally it is my preference to start with familiar scenes and ask what can be done to make trouble. The operations that one would have to perform in order to multiply the senseless features of perceived environments; to produce and sustain bewilderment, consternation, and confusion; to produce the socially structured affects of anxiety, shame, guilt, and indignation; and to produce disorganized interaction should tell us something about how the structures of everyday activities are ordinarily and routinely produced and maintained.[28]

Eine solche Kongruenz der verschiedenen Formen sozialer Anomie mit einer Erkenntnis oder Verschriftlichung ihrer Regeln hat vielleicht in der Wissenschaftsgeschichte der Ethnologie und auch in dem, was dann als ›Ergebnis‹ von einer anderen Disziplin übernommen wird, keinen oder keinen methodisch gesicherten Ort, und konfrontiert sie (alle drei) mit ihrem eigenen Krisencharakter.[29] Was diese Kongruenz allerdings nicht zu beeinträchtigen vermag.[30] In der disziplinären Innenwirkung wie in ihrer Außenwirkung läßt sich immer wieder ein komplementärer Prozeß verfolgen, in dem – wenn man die Texte zurückliest – das Versprechen oder die Einsicht des jeweiligen anomischen Moments – auch das einer Ethnographie oder imaginären Ethnographie in der Wissenschaftsforschung (›bricolage‹, ›Paradigmenkrise‹, ›Anything goes‹, ›wildes Räsonieren‹, ›Wilde Philologie‹) – zugunsten einer Betonung verallgemeinerter

---

28 Harold Garfinkel: *Studies in Ethnomethodology*. Englewood Cliffs, New Jersey 1967, S. 38f.

29 So Thomas Hauschild: »Krise«. In: Hubert Cancik u. a. (Hrsg.): *Handbuch religionswissenschaftlicher Grundbegriffe*. Stuttgart 1993, Bd. 3, S. 461–473, insbes. S. 461 und 471.

30 Daher erscheint diese Kongruenz überall dort, wo die Erfahrung einer sozialen Anomie zum Thema gemacht wird – und dort werden dann ethnosoziologische Fragestellungen mitverhandelt. So etwa bei Heinrich Bosse in einem neueren Aufsatz über »Berufsprobleme der Akademiker im Werk von J. M. R. Lenz«. In: Inge Stephan/Hans-Gerd Winter (Hrsg.): *»Unaufhörlich Lenz gelesen ...« Studien zu Leben und Werk von J. M. R. Lenz*. Stuttgart 1994, S. 38–51. Es geht – zwischen ständischer Gelehrsamkeit und neuer ›Literatur‹ – um die Entstehung der Autorschaft »in einem psychosozialen Moratorium« (S. 45), den »Versuch, sein schöpferisches Moratorium noch einmal auszudehnen, am besten schlechterdings für immer« (S. 47). Diese persönliche Anomie hat allgemeine Bedingungen: »die schönen Wissenschaften machen in der ständischen Gesellschaft keinen Beruf aus« (ebd.), sie kann aber nicht eigenmächtig beendet werden: »Die Krise kann eigentlich nur von außen beendet werden, als Vernichtung oder als Rettung« (S. 46). Resultat dieser Zerreißprobe, in der die ständischen und akademischen Rahmenbedingungen (der körperschaftlichen Normen von Stand, Amt, ›Beruf‹, Familie, Ehe) keine und die »Umgestaltung der literarischen Öffentlichkeit« (S. 47) noch keine verbindlichen Anweisungen geben können, ist eine Erfahrung der Liminalität – ›bewilderment, consternation and confusion‹ –, eine »riskante Passage in die Erwachsenenwelt« (S. 48), die sich am besten schlechterdings endlos verlängern und scheitern kann und – in diesem Scheitern und ihrer Literatur – den sozialen wie den kosmologischen Außenraum erkundet (S. 46f. und 50, Anm. 22). – Diesem Aufsatz – exemplarischer Wissenschaftsforschung und Literaturgeschichte – gelingt es, einem ›double bind‹ einer Autorschaft des 18. Jahrhunderts mit Präzision – ethnographischer Präzision – beizukommen, unter anderem deshalb, weil anders als in den oben zitierten Schriften die Chiffren der Herauslösung aus ständischer Gebundenheit nicht ohne weiteres den Imperativen der Institutionen des späteren Nationalstaats gleichgesetzt werden.

Heteronomie (von Institutionen, Strukturen, Funktionen, Disziplinen, Disziplinierungen) zurücktritt oder zurücksinkt. Es scheint mir daher kein Zufall, daß der Terminus ›double bind‹ für einen bestimmten, jetzt schon historisch gewordenen und vielleicht vergessenen Moment bei den hier zitierten Germanisten so eine prägende und irritierende Rolle spielen konnte, obwohl er in dem, was als eine verallgemeinerte Heteronomie von Regeln und Befolgungen formuliert wurde, keine solche Rolle zu spielen scheint. »Der Begründungsakt selbst ist nämlich seinem Wesen nach so, daß er nur vergessen werden kann.«[31] Ob es andere Möglichkeiten gibt, mit den Erfahrungen von Normen umzugehen, deren Bedingungen zugleich einen Raum persönlicher und sozialer Anomie eröffnen – in der Germanistik und außerhalb –, bleibt abzuwarten; schließlich hat Marcel Mauss dargestellt, wie schwer es auch beim besten Willen fällt, sich den Zyklen, in denen man sozialisiert worden ist, den Gewohnheiten, die »von außen her, von oben« kamen, zu entziehen:

> Früher lernte man tauchen, nachdem man schwimmen gelernt hatte. Und als man uns tauchen lehrte, lehrte man uns, die Augen zu schließen und sie dann im Wasser zu öffnen. Heute ist die Technik genau umgekehrt. Man beginnt die ganze Schulung damit, indem man das Kind daran gewöhnt, sich im Wasser mit offenen Augen zu halten. [...] Zusätzlich hat man die Gewohnheit aufgegeben, Wasser zu schlucken und es wieder auszuspucken. Denn die Schwimmer zu meiner Zeit betrachteten sich als eine Art Dampfschiff. Das war dumm, aber ich vollziehe immer noch diese Geste: ich kann mich nicht von meiner Technik trennen.[32]

31 Foucault (Anm. 7), S. 27. – »1898 war ich mit jemandem befreundet, an dessen Initialen ich mich wohl, an dessen Namen ich mich aber nicht mehr erinnere. Ich bin zu faul gewesen, nachzuforschen. Er war es, der einen ausgezeichneten Artikel über das Schwimmen für die Ausgabe der *Encyclopedia Britannica* von 1902 verfaßte, die damals im Druck war. [...] Er hat in mir das historische und ethnographische Interesse an der Frage geweckt. Das wurde zum Ausgangspunkt, zum Beobachtungsrahmen« – Mauss (Anm. 4), S. 200.

32 Mauss (Anm. 4), S. 200f.

Diskussionsbericht

Jürgen Kaube

Vorlage von Thomas Broman (»On the Epistemology of Criticism. Science, Criticism and the German Public Sphere 1760–1800«)

Zusammenfassung des Korreferats (Elena Esposito): Elena Esposito stellte für die Vorlage heraus, daß Thomas Broman sich mit einer Epoche befasse, in der die Nahtstelle zwischen Wissenschaft und ihren Vorläufern noch erkennbar sei. Begriffe wie ›Urteilskraft‹ oder ›Kritik‹ bezeichnen diesen Übergang und finden ihren Weg von der Literatur in andere Bereiche des Wissens.

Replik des Referenten: Auf eine gesonderte Zusammenfassung der Erwiderungen (als Auftakt zur Diskussion) wurde in diesem Diskussionsbericht verzichtet.

An der *Diskussion* beteiligten sich: Elena Esposito, Jürgen Fohrmann, Sandra Pott, Walter Erhart, Sebastian Neumeister, Lutz Danneberg, Christoph König, Detlev Schöttker, Rudolf Stichweh.

In der Diskussion wurde hervorgehoben, daß die von Broman herausgearbeitete Stellung der ›middle voice‹ eine Situation bezeuge, in der mehrere Formen wissenschaftlicher Beobachtung zugelassen werden, aber zugleich ausgeschlossen werden soll, daß ihre Unterschiede zu einem ungeordneten Zustand des bloßen Nebeneinanders von Meinungen führen. Der Singular ›Öffentlichkeit‹ für diese Situation verdecke insofern, daß es sich tatsächlich bereits in diesem historischen Augenblick um mehrere Öffentlichkeiten handele. Habermas' Deutung zu ›Aufklärung und Öffentlichkeit im 18. Jahrhundert‹ enthalte deshalb einen sentimentalischen Rückblick auf ein vermeintlich integriertes Publikum. Andererseits sei die ›middle voice‹ der Kritik dadurch charakterisiert, daß es im Bereich der Gegenstände, für die sie eine Rolle spielt, kein technologisierbares Wissen und keine experimentelle Wissenschaft gebe, sondern nur regulative Ideen. Was die Gegenwart heute von jener Zeit trenne, sei einmal das Ende der Popularphilosophie im 18. Jahrhundert, zum anderen der Zusammenbruch des Bildungsbürgertums. Verwiesen wurde auf den literarischen Salon, in dem ein Austausch über alle möglichen Wissensgebiete stattgefunden habe und der deshalb als eine Institution des Übergangs vom privilegierten zum spezialisierten Wissen angesprochen werden könne. Dieses Ideal der Integration von Wissen und allgemeinem Publikum werde später nur als Spezialität – etwa im Feuilleton – fortgeführt.

Erinnert wurde an die Begriffsgeschichte von ›Kritik‹/›iudicium‹: Hier komme es zu einem Übergang von dem mit ›Kritik‹ verbundenen Anspruch auf ›Selbstdenken‹ zu einer Übertragung des kritischen Auftrages an besondere Vermittler, die professionellen Kritiker. Gefragt wurde in diesem Zusammenhang, ob nicht das Problem der Öffentlichkeit im 18. und frühen 19. Jahrhundert sei, daß die Öffentlichkeit selbst nicht auf die Kritik antworte. Hierzu gehörte auch der Hinweis auf eine Kritik, die sich von der Öffentlichkeit löse und in der Romantik zum Lob der Unverständlichkeit geführt habe. Der Übergang von einer repräsentativen zur bürgerlichen und spezialisierten Öffentlichkeit, den Habermas beschrieben hat, wird von Broman insofern anders gewendet: Die ›middle voice‹ der Kritik erscheint als spezifisch rhetorische Figur, die eine bereits spezialisierte Tätigkeit noch mit dem Anspruch umkleide, allgemeinverbindlich zu sein.

Abschließend wurde betont, daß die ›schöne Literatur‹ im 18. Jahrhundert kein Feld sei, das sich gegenüber anderen Bereichen öffentlicher Verständigung distinkt abgrenzen lasse. In den entsprechenden Journalen werde über literarische Texte ebenso referiert wie über nicht-literarische Texte aus unterschiedlichen Wissensgebieten. Der Wahrheitsbegriff sei noch nicht spezialisierter Bearbeitung unterworfen, aber bereits ›sozialisiert‹. Die Autoren würden zu einem Publikum sprechen, von dem sie unterstellten, daß ihm zweierlei ermangele: Ideen und Kontrollmöglichkeiten für Wahrheitsbehauptungen. Das ›echte Publikum‹, von dem Jürgen Habermas in seinen Studien zur Öffentlichkeit ausgehe, sei durchaus nicht ideologiefrei gewesen, die ›res publica litteraria‹ beruhe auf gegenseitiger Bekanntheit. Im Salon wiederum finde sich nicht ›das Publikum‹ ein; der Salon sei eher ein Geselligkeitsideal als eines der Kommunikation über und der Vermittlung von Wissen. Thomas Broman fragte schließlich, wie es der entstehenden Wissenschaft gelinge, sich auszudifferenzieren, ohne unverständlich zu werden und Realitätsverluste zu erleiden. Der Ausgriff auf ein Gesamtpublikum und das Ideal gegenseitiger Verständigung zwischen Wissenschaftlern und Laien sei ein Versuch, diese Frage zu beantworten.

Vorlage von Elena Esposito (»Kritischer Sinn und die Fähigkeit zum Vergessen. Das Verhältnis zu Texten bei Veränderungen von Struktur und Semantik der Gesellschaft«)

Zusammenfassung des Korreferats (Thomas Broman): Zur Vorlage werden eine Reihe von Fragen gestellt, die Zweifel an der vorgenommenen Verteilung historischer Zäsuren äußern.

An der *Diskussion* beteiligten sich: Lutz Danneberg, Jürgen Fohrmann, Jörg Schönert, Klaus Weimar, Sandra Pott.

Angemerkt wurde, daß sich etwa die Trennung von Buch und Welt nicht erst im 16. und 17. Jahrhundert ereigne. Dementsprechende Klagen begleiteten die Kulturgeschichte bereits zuvor. Buch-Register seien insofern eine frühe Innovation, die nicht dem ›Behalten‹, sondern dem Finden einschlägiger Stellen dienen. Der Begriff der Modernität werde über Gebühr ausgedehnt, wenn er sich auf Entwicklungen beziehen solle, die vom 14. bis ins 19. Jahrhundert reichen. Auch der Begriff des Textes, der das Resultat einer das Buch relativierenden Entwicklung sein soll, sei älter als in der Vorlage vermutet. Einzuwenden sei zudem, daß es auch im Mittelalter ein ›Fiktionsbewußtsein‹ gegeben habe. Es wäre daher zu fragen, ob die Duplikation der Welt in eine reale und eine fiktionale Welt tatsächlich als moderne Errungenschaft anzusprechen sei. Die Begriffe von telematischer Kommunikation und Textualität, mit denen jüngste Entwicklungen beschrieben wurden, seien noch genauer festzulegen. Dies gelte auch für die angesprochenen Konstellationen interaktiver Literatur.

Vorlage von Michel Espagne (»Raum und Zeit als Kategorien der Literaturwissenschaftsforschung«)

Zusammenfassung des Korreferats (Gustav Frank): Zu betonen sei für diese Vorlage das Interesse am Geschichtsbegriff der Literaturgeschichte. In welcher Verbindung steht Literaturgeschichte zu den Ordnungssystemen der Bibliotheken und der tabellarischen Auffassung von Epochen? Wieviel Rückprojektionen im Sinne einer ›whig history‹ gehen in sie ein? Inwiefern versucht die Literaturgeschichte die »Kontrolle über eine Zeit, die es gar nicht gibt: die Zeit der Anfänge« (Espagne)? Und an welchen Stellen gehen in ihre Periodisierungen Zeiteinteilungen aus anderen Disziplinen ein?

An der *Diskussion* beteiligten sich: Lutz Danneberg, Frank-Rutger Hausmann, Detlev Schöttker, Lothar Mertens, Christoph König, Michael Schlott, Rudolf Stichweh.

In der Diskussion wurde bezweifelt, daß die Vorlage einen einheitlichen Zeitbegriff entwickelt habe, von dem aus die temporalen Ordnungen der Literaturhistorie beurteilt werden könnten. Gefragt wurde, inwiefern es sich etwa bei tabellenförmigen Zusammenstellungen um ›naturwissenschaftliche‹ Ordnungsmuster handele. Vielleicht genüge auch anstelle von Epocheneinteilungen die zeitliche Ordnung literaturhistorischer Sachverhalte durch Begriffe wie ›früher‹, ›gleichzeitig‹ und ›später‹. Tatsächlich aber, so wurde auch aus der romanistischen Erfahrung bestätigt, seien Epochenzäsuren in hohem Maße Anlaß für das unterschiedliche Interesse an entsprechend begrenzten Gegenstandsbereichen. Erst in den 1920er Jahren habe etwa der romanistische Widerstand gegen die Befassung mit Literatur nach 1500 nachgelassen.

Zudem wurde gefragt, ob nicht der historisch arbeitende Forscher ohnehin ein Maximum an Archivalien verarbeiten müsse und es insofern keine ausschlaggebende Rolle spiele, wie diese durch Archiv und Bibliothek vorgeordnet seien. Dem widerspreche jedoch nicht nur die Bedeutung, mit der das Archiv im 19. Jahrhundert als »Illustration des Volkskörpers« (Espagne) aufgeladen wurde, sondern auch die Tatsache, daß die Ordnung des Archives bestimmend dafür sei, was überhaupt als ›Maximum an Archivalien‹ gelten könne. Der Historiker mag alles lesen wollen, was jedoch ›alles‹ ist, bestimmt der Archivar. Auch komme der historisch arbeitende Forscher in Bibliotheken und Archiven im Verlaufe seiner Studien zu der Annahme, selbst bei weiterer Sichtung von Materialien nicht mehr dazuzulernen, sondern nur noch Bestätigung zu erfahren, so daß auf die Kenntnisnahme eines Anteils des Gesamtmaterials verzichtet wird. Da eine solche Annahme auch trügerisch sein könne, sei es durchaus von Bedeutung für die erzielten Ergebnisse, welche Texte er – etwa aufgrund ihres Ortes in der vorgefundenen Ordnung – zuerst gesichtet habe.

Vorlage von Gustav Frank (»Problemlösen und Dissens: Beschreibungsmodelle und Bewertungskriterien für Disziplinen im Wandel«)

Zusammenfassung des Korreferats (Michel Espagne): Michel Espagne verwies auf die Ausgangsüberlegungen von Gustav Frank: Wenn Klio dichtet, wenn die Historiographie in ihren literarischen Formen erkennbar wird, dann stellt dies für die Geschichte der Dichtung – für die Literaturgeschichte – ein besonderes Problem dar. Das soziologische Konfliktmodell soll insofern eine erste heuristische Beschreibung der Entwicklung des literaturwissenschaftlichen Diskurses erlauben, der nicht vollständig abhängig von Selbstdarstellungen der Beteiligten ist.

An der *Diskussion* beteiligten sich: Lutz Danneberg, Michel Espagne, Rainer Kolk, Frank-Rutger Hausmann, Dagmar Ende, Klaus Weimar, Hans-Harald Müller, Rudolf Stichweh.

In der Diskussion wurde zunächst gefragt, ob ein Konfliktmodell dem gerecht werden könne, was an bloßer Heterogenität, nicht-konfligierendem Nebeneinander von Schulen, Lehrmeinungen, Texten in einer Disziplin zu beobachten sei. Schließlich gründe die Identität eines Faches nicht unbedingt auf der durch Konflikte erfolgenden Einigung über Methoden, sondern sei eher institutioneller Art. Weiterhin wurde diskutiert, wie sich die organisatorischen und inhaltlichen Aspekte literaturwissenschaftlicher Lehrmeinungen unterscheiden ließen. Wie etwa komme man zu Kriterien für die Relevanz und Irrelevanz von Theorien und was könne ›sozialer Erfolg‹ in de Geschichte von Theorien heißen?

Auch der Begriff der Krise wurde in seinem Informationswert bezweifelt: Die Identität einer Disziplin sei stets ungesichert, ›Krise‹ sei der Normalzustand. Aus organisatorischen Umschichtungen allein wiederum lasse sich nicht zwingend auf die Entbindung von Kreativität schließen, wie etwa die Jahre nach 1933 dokumentierten. Auch das Subjekt von Konflikten innerhalb einer Disziplin erscheine vielfältig bestimmbar, wenn sowohl Personen, Richtungen, Schulen und Konzepte miteinander konfligieren können. Teils entstammten wissenschaftliche Programme gar nicht der Wissenschaft selbst, sondern würden von außen, beispielsweise durch Verlage stimuliert. Zu klären wäre schließlich, wie sich im Rahmen von wissenschaftsgeschichtlichen Konflikt-Modellen Innovationen beziehungsweise der Niedergang von Theorien erklären lassen.

Vorlage von Walter Erhart (»Generationen – zum Gebrauch eines alten Begriffes für die jüngste Geschichte der Literaturwissenschaft«)

Zusammenfassung des Korreferats (Erhard Schüttpelz): In der Vorlage würden zwei Konzepte von ›Generation‹ entwickelt: eines, das sich an die teils fremd-, teils selbstzugeschriebenen Eigenschaften der betreffenden Gruppe halte, und eines, das ›performativen Akten‹ und Strategien der Durchsetzung eines Generationenprofils gelte. Vor allem in Konflikten seien Generationen aufeinander bezogen: als Selbstbeschreibung von Konfliktparteien, deren ›Eigenschaften‹ tatsächlich konfligieren könnten oder als konfligierend wahrgenommen würden.

An der *Diskussion* beteiligten sich: Lutz Danneberg, Michel Espagne, Gustav Frank, Hans-Harald Müller, Sandra Pott.

In der Diskussion wurde festgehalten, daß der Generationsbegriff wissenschaftlich und außerwissenschaftlich verwendbar sei. Bereits Mannheim habe ihn eigentümlicherweise im Wissen um seine weitgehende Unverwendbarkeit eingeführt. Vermutet wurde, der Begriff der Generation müsse unbestimmt und in ›wohltätiges Dunkel‹ gehüllt bleiben, um deutungskräftig zu bleiben. Genauerer Nachfrage halte er nicht stand, weil jene nähere Betrachtung Differenzen zwischen denjenigen hervortreibe, die zu einer Gruppe zusammengefaßt würden. Es wurde vorgeschlagen, diesen Begriff zu ersetzen durch soziale Netzwerke, Moden oder der ›Episteme‹. Demgegenüber wurde erwogen, ob der Begriff der Generation nicht den Vorteil besitze, quer zu Paradigmen, Disziplinen oder politischen Einstellungen beobachtbare Ähnlichkeiten deutbar zu machen. Freilich bleibe offen, ob dies für die Wissenschaftsgeschichte eine sinnvolle Strategie sei. Denn damit bezeichne ›Generation‹ oft wenig mehr als einen akademischen Habitus, der auf lebensgeschichtlichen Erfahrungen beruhe, aber gerade nicht zum wissenschaftlichen Niederschlag, der in Texten nachweisbar wäre, führt.

Vorlage von Erhard Schüttpelz (»›[...] fast ein Handbuch zu finden‹. Zum ›double bind‹ der Hermeneutik Heinrich Bosses und Friedrich Kittlers um 1980«)

Zusammenfassung des Korreferats (Walter Erhart): Walter Erhart wirft die Frage auf, ob die vorgestellten Hermeneutiken nicht Dokumente eines besonderen Stils in der Literaturwissenschaft und ihrer Geschichtsschreibung seien, der den Begriff ›Beobachtung‹ favorisiere und sich damit auf subtile Weise von der überlieferten Deutungsarbeit distanziere. Deutung werde nur mehr beobachtet, aber vorzugsweise nicht mehr selbst unternommen.

An der *Diskussion* beteiligten sich: Walter Erhart, Jürgen Fohrmann, Hans-Harald Müller, Rudolf Stichweh.

An die Vorlage wurden vor allem vier Fragen gerichtet: Sei das vorgestellte Modell einer auf die Aufschreibesysteme des frühen 19. Jahrhunderts zugeschnittenen (Anti-)Hermeneutik auch für das 20. Jahrhundert generalisierbar? Welche Rolle komme der Ethnographie in der Wissenschaftsgeschichte und für die Wissenschaftsforschung zu? Werde etwa die ›Laborforschung‹ der Tatsache gerecht, daß das Labor – im Fall der Literaturwissenschaft Schreibtisch und Bibliothek – nur einen Aspekt dessen biete, was wissenschaftlich an der Wissenschaft sei? Schließlich: Handele es sich bei der Diskursanalyse um einen Beschreibungsstil oder um eine Polemik gegen ihre Gegenstände?

Vermutet wurde, die gewählte Methode schwanke zwischen Antihermeneutik und traditioneller Sozialgeschichte. Einerseits würden heteronome Züge an den vermeintlich freien Produktionen festgehalten, beispielsweise ihre Abhängigkeit von bestimmten technologischen Entwicklungen, Familienformen, Eigentumsordnungen. Andererseits werde angenommen, diese Produktionen führten ein verborgenes, durch die Diskursanalyse zu Tage zu förderndes Programm aus, was die beobachtete Paradoxie der Unfreiheit des Freien wieder verschenke, weil zugunsten von Unfreiheit auflöse.

An der *Abschlußdiskussion* beteiligten sich: Peter Uwe Hohendahl, Christoph König, Hans-Harald Müller, Walter Erhart, Lutz Danneberg, Erhard Schüttpelz, Klaus Weimar, Rudolf Stichweh.

Die Diskussion versuchte eine erste Bestimmung des Interesses an Wissenschaftsgeschichte innerhalb der Literaturwissenschaften. Ein solches Interesse entspringe dem Vergleich zwischen verschiedenen nationalen Wissenschaftstraditionen und der Frage, weshalb eine einheitlich vorgehende, übernationalen Prinzipien verpflichtete Forschung gleichwohl regional voneinander deutlich abweichende Pfade einschlage. Auch die Kritik an bestehenden Normgefügen der Disziplin könne das Interesse an der Geschichte des Faches motivieren: teils weil diese Geschichte eine Fülle unrealisierter Möglichkeiten literaturwissenschaftlicher Perspektivnahme biete, teils weil der Blick auf die Entstehung vorherrschender Normen deren Kontingenz betone.

Eine zweite Frage betraf das Verhältnis von Wissenschaftsgeschichte und philologischem Sachbezug. Müsse nicht auch der Historiker eine Position ›zur Sache‹ voraussetzen, um die vergangenen Texte adäquat deuten zu können? Hierzu gehöre die Beobachtung, daß viele Disziplingeschichten sich gegenüber den Disziplinen verselbständigen. Wissenschaftsforschung und Wissenschaftsgeschichte rekrutiere sich aus Forschern, die in ihren angestammten Disziplinen nicht mehr tätig seien, oder gar aus solchen, die im entsprechenden Feld nie gearbeitet hätten, sondern als Historiker, Soziologen oder Philosophen sich in ›Fremdbeschreibung‹ übten. Könne aber ein Historiker der Literaturwissenschaft auf ähnliche Weise Abschied aus dem eigenen Fach nehmen, wie etwa ein Medizinhistoriker nicht mehr als Mediziner praktiziert und forscht? Und wenn er es kann, sollte er es? Und wenn er es sollte, welche Kosten hätte dies?

Schließlich wurde über das Verhältnis von Wissenschaftsgeschichte und den Forschungsbeiträgen anderer Disziplinen diskutiert. Da sich nicht nur die Methoden-, sondern auch die Geschichtsreflexion der Literaturwissenschaft häufig an Modelle der Soziologie, Historiographie oder Wissenschaftstheorie anlehne, wurde nach der Arbeitsgrundlage solcher ›Ehen auf Zeit‹ gefragt. Zugleich wurde als wichtige Frage festgehalten, welche ›Exporte‹ die Literaturwissenschaft ihrerseits an die Wissenschaftsgeschichtsschreibung leisten könne. Auch wenn solche Leistungen nicht erzwingbar seien, weil sie durch die aufnehmende Disziplin bestimmt werden: Die ›Metahistorie‹ von Hayden White etwa könnte als ein Beispiel eines solchen Exportes gelesen werden, indem dort literarische und literaturwissenschaftliche Befunde über Darstellungsformen die Disziplingeschichte der Historiographie bereichert hätten. Die Tatsache, daß Wissenschaft stets auf Texten beruhe, wäre insofern ein Ausgangspunkt für eine Bereicherung der Wissenschaftsforschung seitens literaturwissenschaftlicher Forschung und damit auch ein Beispiel dafür, daß Sachbezug und fachhistorisches Interesse nicht auseinanderfallen müßten.

II.
Fallstudien
zur Geschichte der Literaturwissenschaft
1890–1950

Einführung

JÜRGEN FOHRMANN

Ziel dieser Sektion sollte es sein, Fallstudien zur Literaturwissenschaft seit den 1890er Jahren in ihrer Bedeutung für die Wissenschaftsgeschichtsforschung zu bedenken. Was leisten Fallstudien wofür? Was für die Validierung von Konzepten? Was für die Spezifizierung eines Arbeitsrahmens? Welche Chance auf Generalisierung ergibt sich?

Was Fallstudien zu leisten vermögen, sollte zugleich und am besten im Rahmen einer Fallstudie dargeboten werden. Mit ihr verbunden wäre zugleich jenes Stück Selbstinquisition, das unser abendliches Spiegelstadium immer prägt: Habe ich hier eine Fallstudie vorgelegt, damit am Bau, Umbau oder Abbau einer Theorie gearbeitet? Oder handelt es sich um etwas anderes?

Dieses andere wäre – horrible dictu – keine Fall-, sondern eine Einzelstudie, also etwas, das nicht den Anspruch erhebt, den Charakter eines ›Experiments‹ für die Bewährung eines konzeptuellen Rahmens zu haben, sondern ... ja, wo läge die Differenz? Die Philologie, die wir natürlich hinter uns gelassen haben, hat für dieses Nichtwissen immer den Trost bereitgehalten, daß die Andacht zum Unbedeutenden gleichwohl, ja gerade am Bau der Ewigkeit mitwirkt.

Mit dieser Frage steht nicht nur die Art, wie ›Theorie‹ sich verstehen läßt, zur Diskussion sondern auch, wie denn die Entwicklung oder die ›Evolution‹ der Wissenschaftsgeschichte und der Wissenschaftsgeschichtsforschung zu rekonstruieren sind. Es geht mithin auch darum zu beobachten, wie andere beobachtet haben, die Beobachter beobachteten, also um Beobachtung dritter Ordnung. Fallstudien könnten für eine solche Evolutionsbeschreibung eine Rolle spielen, wenn ein Konzept entweder weiter evaluiert oder aber überhaupt noch erst gefunden werden muß.

Fallstudien wären eine Art Mitte zwischen Wissen und Nichtwissen. Genau in diesem Sinne werden sie zitiert, und sie werden gern zitiert, hat man mit ihnen doch schon die halbe Wahrheit im Haus der eigenen Argumente. Wie aber, wenn es in diesem Sinne gar keine Fallstudien gäbe? Ich stelle diese Frage, weil – sieht man von Ralf Klausnitzers Beitrag und von verstreuten Äußerungen in den anderen Texten einmal ab – niemand so recht eine solchermaßen ausgerichtete, das heißt die Bedingung ihrer Möglichkeit erörternde Falluntersuchung vorlegt, die Chancen und Grenzen dieses vermeintlichen

Genres auslotete. Zufall? Man könnte dies unserer aller menschlicher Schwäche zuschreiben oder aber – natürlich hier nicht zutreffend – der inzwischen eingespielten Regel des Konferenzbetriebs, die sagt, daß man sich nicht zu sehr auf das Tagungsthema einlassen soll, weil das nur von der eigenen Arbeit abhält, die eigentlich einer anderen Tagung zugedacht ist, die aber gerade nicht stattfindet.

Ich gebe mich mit diesen beruhigenden Argumenten allerdings nicht zufrieden, sondern versuche, meinen Befund nun meinerseits als ›Fallstudie‹ zu diesem Symposion auszugeben; diese Falluntersuchung vertritt die These, daß es selten oder nie Fallstudien gibt, und weil es sie nicht gibt, sieht die Sektion so aus, wie sie eben aussieht. Im Konzept ›Fallgeschichte‹ steckt also ein gescheiterter Anspruch. Im ›Fall‹ nämlich, folgt man dem *Deutschen Wörterbuch* der Grimms, findet sich nicht nur der ›casus‹, sondern auch der Fall als Niedergang, das Fallen, hier erläutert am Beispiel des ›gefallenen Mädchens‹ als Exempel der möglichen Fallhöhe, gleichsam – selbst hiermit wartet das Wörterbuch auf – als verborgene Falle; im Fall steckt aber zudem – last but not least – der Fall als ›ruina‹, als Ruine. Gerade die Ruine interessiert mich hier.

Ich muß ein wenig ausholen, um die Konstellation, an der ich weiterdenke, zu erläutern.

Die diskursiven Veränderungen, die sich im 18. Jahrhundert auf ganz unterschiedlichen Ebenen vollziehen, lassen sich auch rekonstruieren als die irreversible Emanzipation des Einzelfalls, wenn man so will, die Herauslösung der ›historia‹ aus dem Geltungsanspruch einer wie auch immer gearteten ›doxa‹. Die Programmreflexion der Poesie stellt in ihrem Gefolge auf Neuheit und Abweichung um, allerdings noch stets in der Hoffnung, die interessante, wunderbar abweichende Geschichte auf irgendeine Weise re-klassifizieren zu können. Daß diese Versuche scheitern, ist hier nicht Gegenstand der Darlegung; hervorgehoben werden soll ausschließlich, daß von nun an zwei unterschiedliche Modelle sich in Konkurrenz zueinander entfalten werden: Das eine versucht, Abweichung als Anomalie eines vorgängig sistierten Ordnungsmusters zu begreifen, die Logik der Abweichung zu verstehen, die Anomalie zu beheben. Das andere Modell hingegen prämiert den Einzelfall, kombiniert ihn mit analogen Konstruktionen, mit oder ohne die Hoffnung, dahinter – gleichsam durch einen Sprung – eine Ordnung höheren Grades aufzufinden.

Diese beiden Modelle organisieren auch – allerdings semantisch transformiert – die Forschungsimperative am Beginn der Disziplinenbildungen (philologisch-historischer Ausrichtung) um die Wende zum 19. Jahrhundert (etwa in der Differenz von spekulativer und scheinbar historischer Methode). Und beide Modelle blicken auf die Fallgeschichte mit großem Anspruch: Der spekulativen Hinsicht ist der Einzelfall jener glückliche Umstand, der eine hoffentlich gelingende Wette auf die Integrationsleistung der Theorie erlaubt; der historischen Hinsicht ist sie das Glücksversprechen des Details, das in einem paradoxen Akt der Selbstaufhebung am Ende der Geschichte das Allgemeine offenbaren soll. Ich möchte vorschlagen, beide Optionen zu verlassen und sich jenem Dritten zuzuwenden, das es ernst nimmt, daß die Welt alles das ist, was eben der Fall ist.

Legt man dies zugrunde, so geht es um eine Konfiguration aus Einzelfällen. Ihre Analyse ist nicht – oder jedenfalls nicht immer – an der Konstruktion eines Algorithmus interessiert, in dessen Regeln die Fächerentwicklung sich auflösen ließe. Man sollte auch die damit verbundene Semantik einfach aufgeben. Zu keiner Zeit ist in den Kulturwissenschaften ein Paradigma ›wohldefiniert‹, weiß eine Disziplin, was sie ist, was sie soll, wie sie ihren Umfang begrenzen kann usw., und weil dies so ist, gibt es auch keine Verfallsgeschichte disziplinärer Identität (oder es gibt sie immer); deren Lamento wäre höchstens selbst als diskurskonstitutives Faktum zu analysieren. Es gibt nur Transformationen.

Andererseits macht es wenig Sinn, die Welt als pure Ansammlung dessen, was der Fall ist, zu beschreiben, also Einzelfälle nur zu ›reihen‹. Dies ergäbe allein ungeordnete Komplexität. Von einer Position zwischen diesen beiden Alternativen ausgehend, möchte ich hier für die Analyse von Konfigurationen plädieren, die die Einzelfälle ›als ähnliche‹ zu behandeln suchen. Dabei werden beide oben genannten Modelle im Sinne wechselseitiger Beobachtungen zusammengeführt. Es geht darum, die Veränderungen eines Feldes nachzuvollziehen (das heißt natürlich auch immer: zu konstruieren). Damit verabschiede ich das Konzept ›Fallstudie‹ auf weite Strecken. ›Fallstudien‹ haben nur dort Bedeutung, wo eine formale Art der Rekurrenz erzwungen wird – also etwa dann, wenn es um die Untersuchung jener Bereiche von Institutionengeschichte geht, die juridisch genormt sind. Oder wo ein Element so stark überdeterminiert, das nichts anderes sich entwickeln kann, zum Beispiel in einem faschistischen System. Der Beitrag von Lothar Mertens könnte in diesem Sinne als Fallstudie gelesen werden. Hier wird berichtet, daß weniger Forschungsförderung im Mittelpunkt stand, sondern im wesentlichen die ›Gesinnungsselektion‹ zugunsten der nationalsozialistischen Bewegung die Basis für Entscheidungen bildete. Für alle anderen Zusammenhänge jedoch scheint mir das Konzept ›Fallstudie‹ nicht sehr produktiv. Es führt zu Ruinen, ohne das Ruinöse ernst zu nehmen.

Es ist nun durchaus nicht so, daß es jenseits der Beziehung von Konzept und Fall keine Ansätze gäbe und gegeben hat, deren Untersuchungen von kategorialen Annahmen gesteuert worden wären. Nach der Relationierung von Macht–Ideologie–Text in den 1970er Jahren haben wir etwa mit einem Modell gearbeitet, das ich vor einiger Zeit als Beziehung von Organisation–Wissen–Leistung zu beschreiben versucht habe.[1] Klaus Weimar hat – von der zeitgenössischen Literaturwissenschaft ausgehend – jene Elemente als Traditionszusammenhang charakterisiert, die wohl die Bedeutung der heutigen Literaturwissenschaft ausmachen. Oder ich erinnere an das Hamburger Projekt und an das Berliner. Die Kategorien dienten als Heuristik, um Beobachtungen zu bündeln und um gleichzeitig die These zu vertreten, daß die Beziehung gerade dieser Kategorien es ermöglicht, eine Disziplinengeschichte der deutschen Philologie, Literaturwissenschaft, Germanistik (was auch immer) zu schreiben. Die

---

1 Vgl. Jürgen Fohrmann: »Organisation, Wissen, Leistung. Konzeptuelle Überlegungen zu einer Wissenschaftsgeschichte der Germanistik«. In: *IASL* 16 (1991) H. 1, S. 110–125.

Forschung, die geleistet wurde, zielte gerade und genau auf diese Relation, nicht aber auf die Kategorien selbst. Sie bleiben formal – und müssen daher nicht erforscht werden.

Diese hier vertretene Position geht folglich davon aus, daß es ein historisches Apriori gibt und daß daher Ergebnisse der Wissenschafts*forschung* immer Ergebnisse der Wissenschafts*geschichte* sind. Und auch die Erforschung der Wissenschaftsforschung ist wiederum Teil dieser Wissenschaftsgeschichte. Will man ihre Untersuchungen differenzieren, so gelingt dies am besten nach dem Grad an Reichweite, den sie anstreben. Insbesondere hierdurch werden sie gezwungen, Gegenstände auf unterschiedlichen Abstraktionsebenen zu konfigurieren.

Sehe ich recht, so steht in der Wissenschaftsforschung bislang eine Rekonstruktion der Unterscheidungen, mit denen Wissenschaftsforschung in den letzten 20 Jahren betrieben wurde, aus. So weit ich es überblicke, hat sich in der wissenschaftsgeschichtlichen Arbeit allerdings weniger ein konzeptueller Neuansatz ergeben als vielmehr – wie transformiert auch immer – eine Nutzung der kurrenten Modelle. Dabei sind drei Tendenzen auffallend: (1) Einmal sind die Modelle in der Untersuchung jüngerer Abschnitte der Wissenschaftsgeschichte fortgeschrieben worden, also nun inzwischen bis in die 1960er Jahre. (2) Dies ist im wesentlichen auf der Ebene von Kolloquia geschehen, die sofort eine zentrifugale Kraft entfalten und nur notdürftig zusammengehalten werden können durch eine Ausfaltung des Gegenstandes in Zeitrahmen, durch Aufteilung nach mutmaßlichen Konzepten (oft Selbstbeschreibung von Gruppen, hierin Personen als ›Fälle‹) und manchmal durch institutionengeschichtliche Voraussetzungen als letztem Derivat der Sozialgeschichte. Die dabei auftretende zentrifugale Kraft verdankt sich dem Wind, der die gesamte Disziplin mit ihrer endlosen Zirkulation von ›Einzelbeiträgen‹ durchweht. (3) Zudem gibt es inzwischen eine Fülle von Arbeiten zu einzelnen Philologen; diese Arbeiten versuchen in letzter Zeit wieder einmal und endlich ›gründlich‹ das zu kompensieren, was den auf größere Überblicke abstellenden Untersuchungen unendlich mangelt: Sie wollen ein präzises Bild erstellen, sie wollen richtigstellen. Mit anderen Worten: Es handelt sich um die Verdopplung von Philologie *in* der Wissenschaftsgeschichtsforschung.

So weit die allgemeine Einleitung, nun konkret zur Sektion. Es ist auf der Basis des bislang Entwickelten nicht ganz einfach, die Sektionsbeiträge so zu verbinden, daß die Diskussion nicht zu heterogen gerät. Ich möchte einen Strukturierungsvorschlag machen, der in zweifacher Weise ausgerichtet ist: (1) Natürlich wird es um das ›Fallstudien‹-Problem in dieser Sektion zu gehen haben. Der Beitrag von Ralf Klausnitzer entfaltet es ja in wünschenswerter Deutlichkeit. Mit der Diskussion dieses Beitrags verbunden werden könnten die Anfangsüberlegungen, die der Text von Tom Kindt und Hans-Harald Müller vorführt. Wie valide und wie sinnvoll ist die Verallgemeinerungshypothese, die sagt, eine wissenschaftliche Genealogie wird eher in der Konsolidierungs- als in der Konstitutionsphase einer Bewegung ›gestiftet‹? Zu dieser eher theoretischen Diskussion wäre noch – gegen die Aufteilung in der Sektion – das Ende des Beitrags von Ralf Klausnitzer zu nehmen, weil hier – so sehe ich es jedenfalls – das Konzept ›Fallstudie‹ partiell zurückgenommen wird. (2) Das weitere Nachdenken darüber, was ›Fallstudien‹ für die Rekonstruktion literaturwissenschaftlicher Disziplinengeschichten leisten, könnte dann einen Umweg nehmen. Es könnte anhand der spezifischen Situation, in der sich das Fach nach der anti-philologischen Wende sah, zu diskutieren versucht werden. Dies ist zugleich auch der Ausgangspunkt für fast alle Beiträge der Sektion.

Klaus Weimar nennt zunächst den Namen, unter dem, ex- oder implizit, all diese Versuche stehen: Literaturwissenschaft. Dies gilt (zumindest in Teilen) für die Stilforschung und auch später für die Literatursoziologie eines Arnold Hirsch, die der Text von Annette Simonis vorführt; dies trifft für den Gestaltbegriff und seine Auswirkungen zu, die Ralf Klausnitzer analysiert, und ebenfalls für die Diltheysche Poetik, ich zitiere Kindt/Müller, »als Fundament einer ideengeschichtlichen Historiographie« und den hier besonders prämierten Lebensbegriff. Und dies berührt – allerdings ex negativo – auch noch das am Ende von Lothar Mertens Vorlage zu findende Friedrich Neumann-Zitat, in dem deutlich wird, daß auf alle Fälle die Diffundierung der Philologie rückgängig zu machen sei. Ob dieser Wissenschaftsanspruch – im Sinne von Literaturwissenschaft – auch (noch) für den George-Kreis und seine Texte reklamiert wird, wäre durch eine Anfrage an Rainer Kolk zu klären.

In fast allen Fällen scheint mir der Versuch vorzuliegen, das Fach konzeptuell zu strukturieren; und fast immer wird er über Substantialisierungen zu lösen versucht (wie etwa Stil, Form oder Leben; anders verfährt Hirsch); damit kann das Konzept aber zugleich transdisziplinär genutzt und ›metaphysiziert‹ werden, und je nach gewähltem Schwerpunkt ergeben sich andere Verbindungen, zugleich andere Allianzen. Auf diese Weise wird aber – Klaus Weimar hat es schon zu entwickeln versucht – das Gegenstandsfeld der Disziplin so erweitert bzw. transformiert, daß es nicht mehr auf den vorgängig philologischen Fokus abgebildet werden kann.

Zu diskutieren wäre nun, wie die disziplinäre Gemeinschaft (als Gemengelage) mit diesem Problem umgegangen ist. Die ›prinzipienwissenschaftliche‹ (Fach-)Enzyzlopädie ist die eine, der Selektionsrigorismus des George-Kreises, den Rainer Kolk nachzeichnet, die andere Antwort. Zwischen diesen beiden Polen liegen jedoch so viele Gemeinsamkeiten, daß es lohnend wäre, die Konfiguration der Unterscheidungen, ihre ›re-entrys‹ usw. genauer herauszuarbeiten. Dies wäre mein Interesse an der Sektion.

Die Frage ist doch – und so möchte ich sie stellen – *wie* sich die wissenschaftlichen Konzept- und Ethosdifferenzen, die wir in den Einzelstudien dieser Sektion ja genau, aber leider jeweils für sich, herausgearbeitet bekommen, in Unterscheidungen einbauen lassen, die auf einer höheren Abstraktions- oder Beobachtungsebene die Einheit der Differenzen im Unterschied zu einem vorausgehenden oder einem nachfolgenden zeitlichen Schnitt angeben können (etwa in einem allen Konzepten zugrundeliegenden Begriff von ›Bildung‹, der sich paradoxerweise ebenfalls gegen jenen ›Amerikanismus‹ differenzieren möchte, der ihm selbst wiederum von der Philologie zugeschrieben wurde – ich erinnere an das Zitat Konrad Burdachs im Beitrag von Klaus Weimar).

Damit ergäbe sich die Möglichkeit, doch einen Nexus zwischen den vorliegenden Texten zu konstruieren, sie also auf die Unterscheidungen zu befragen, die den Diskurs steuern, den sie untersuchen wollen. Es macht daher nichts, daß die Literaturwissenschaft eine paradigmalose Wissenschaft ist, also ohne harten Kern und daher auch ohne weiche Ränder. Dafür ist sie jedoch in allen ihren Äußerungen gleich unmittelbar zu Gott.

Die Begründung der Literaturwissenschaft

Klaus Weimar

1892 hat der Germanist Konrad Burdach, gerade zum Ordinarius in Halle ernannt, öffentlich alle Philologen und Historiker zum Zusammenschluß gegen zwei Privatdozenten und einen Nicht-Habilitierten aufgerufen.

> Man kann diese ›überflüssigen Gedanken der grünenden Jugend‹, wie sie in den Schriften von Wolff, Wetz, Jacobowski zu Tage treten, sich gefallen lassen als Symptome für das Streben nach Vertiefung der Methode der Litteraturgeschichte und in der Hoffnung, dass daraus dereinst vielleicht auch noch ›nothwendige Gedanken‹ hervorwachsen werden. Aber sie haben doch ihre sehr ernste Seite: sie zeigen alle die gleiche Geringschätzung und Unkenntniss der eigentlich *philologischen*, der echten *historischen* Arbeit. Da ists denn wahrlich Zeit, dass die Vertreter der klassischen Alterthumswissenschaft, dass Germanisten und Romanisten, dass auch die Historiker über alle trennenden Schranken ihrer Fächer hinaus eingedenk werden der *Einheit der Philologie*, gemeinsam an der tieferen Grundlegung und Festigung ihrer Theorie arbeiten, jede Hilfe, die von wahrer philosophischer Forschung kommt, dankbar verwerthen, aber jeden Eingriff schönrednerischer Phantasten, konstruktionslüsterner Pseudophilosophen und Pseudoreformatoren kräftig abwehren, damit nicht das dem Verfall der historisch-philologischen Wissenschaft nothwendig folgende Sinken der nationalen Bildung, damit nicht Amerikanismus und der Götzendienst der Phrase, diese beiden Grundübel unserer Zeit, noch weiter um sich fressen.[1]

Was Burdach (Jahrgang 1859) vorher an den »beiden redseligen Jüngsten«,[2] Wilhelm Wetz (Jahrgang 1858) und Eugen Wolff (Jahrgang 1863), direkt zu beanstanden hatte, war neben der »Trivialität« ihres Programms eigentlich nur ein Verhalten, das sich für Privatdozenten nicht schickt: lächerliche »Dreistigkeit« (dem nicht habilitierten Jacobowski wird »Keckheit« attestiert) und eine Polemik gegen »Meister litterarhistorischer Forschung« (Bernhard ten Brink, Wilhelm Scherer), die, verbunden mit unziemlichen »Komplimenten« an Erich

---

1 Konrad Burdach: Rez. von Bernhard ten Brink, Ueber die Aufgabe der Litteraturgeschichte; Wilhelm Wetz, Ueber Litteraturgeschichte; Eugen Wolff: Prolegomena der litterar-evolutionären Poetik; ders.: Das Wesen wissenschaftlicher Literaturbetrachtung; Ludwig Jacobowski, Die Anfänge der Poesie. In: *Deutsche Litteraturzeitung* 13 (1892), S. 1360–1365, hier S. 1364f.

2 Ebd., S. 1363.

Schmidt, »nur das Gefühl des Ekels« erregen könne.[3] Dem überläßt sich Burdach[4] und eröffnet mit der Rezension schon den Vollzug sozialer Sanktionen für Unehrerbietigkeit und Insubordination. Das erklärt noch nicht die Massivität des Aufgebots, das er in der Schlußpassage zu mobilisieren versucht.

Überangepaßte wie Burdach pflegen vor allem dann auszuschlagen (im Sinne von Seismographen *und* von nervösen Pferden), wenn sie mit dem sicheren Gespür zutiefst Unsicherer ein wesentlich schwereres Vergehen registriert haben. Die beiden dreisten Innovatoren[5] oder »Pseudoreformatoren« haben mit ihrem »Streben nach Vertiefung der Methode der Litteraturgeschichte« offenbar ein ›pudendum‹ berührt. Sie haben als habilitierte Philologen ein Begründungsdefizit der Philologie in Sachen Literaturgeschichte gerade dadurch sichtbar werden lassen, daß ihre Versuche einer Neubegründung nicht befriedigend ausgefallen sind. Sie haben in der ›Tiefe‹ eine Leere aufgedeckt, die nur erträglich gewesen wäre, wenn sie sie sogleich gefüllt hätten. So aber zwingen sie die gesamte Philologenschaft, sowohl das bisherige Versäumnis als auch die eigene Hilfsbedürftigkeit (»jede Hilfe [...] dankbar verwerthen«) einzugestehen und sich als Kollektiv der Gefahr aus der ›Tiefe‹ zu stellen (»gemeinsam an der tieferen Grundlegung und Festigung ihrer Theorie arbeiten«). Die Voraussetzung dieser Arbeit wird dadurch geschaffen, daß die gescheiterten Reformatoren als noch nie zugehörig ausgeschlossen (»Eingriffe« können nur von außen erfolgen) und die eigenen Reihen erneut geschlossen werden durch den Aufruf zur ›kräftigen Abwehr‹ unter der Androhung, daß andernfalls zumindest das philologische Abendland untergehen werde.

All diese apotropäischen Gesten sind zu spät gekommen. Denn Wetz und Wolff waren beileibe nicht die einzigen, die jenes Defizit entdeckt hatten. Ein Gymnasialprofessor beispielsweise konnte in der gesamten Goethephilologie »überhaupt keine Wissenschaft, sondern höchstens Dilettantensport«[6] sehen und ihre »angeblich streng wissenschaftliche Methode« nur als »eine ins System gebrachte wilde Hypothesenreiterei«[7] würdigen. Ein anderer Kritiker bringt schon keine Empörung mehr auf, sondern nur noch Resignation angesichts der Irrelevanz des Betriebs: »Muß man bei dieser ganz nutzlosen Akribie

---

3 Ebd., S. 1364. – Wolff hat sich (ungeschickterweise) gegen den Vorwurf verteidigt, er betreibe versteckte Polemik gegen den toten Scherer – *Deutsche Litteraturzeitung* 13 (1892), S. 1656f.; *Literarisches Centralblatt* 1893, Sp. 63f.; offenbar (und naiverweise) hat er nicht damit gerechnet, daß die Redaktionen Burdach beide Male Gelegenheit zum Nachtreten geben würden – *Deutsche Litteraturzeitung* 13 (1892), S. 1657f.; *Literarisches Centralblatt* 1893, Sp. 97f.

4 Wie man aus gleichem Anlaß (Wetz) zuerst den Ärger über das Sozialverhalten abladen und danach differenziert auf die Sache eingehen kann, demonstriert Gustav Körting: »Encyklopädie und Methodologie der romanischen Philologie«. In: *Kritischer Jahresbericht über die Fortschritte der Romanischen Philologie* 1 (1890), S. 147–156, hier S. 154f.

5 Burdach (Anm. 1), S. 1363: »Wolff und Wetz wollen eine neue Wissenschaft schaffen oder ausbreiten, die sie *vergleichende Litteraturgeschichte* nennen.«

6 Friedrich Braitmaier: *Göthekult und Göthephilologie.* (Beilage zum Programm des königl. Gymnasiums zu Tübingen). Tübingen 1892, S. 69.

7 Ebd., S. 5.

[...] nicht an jene verholzten Philologenseelen gemahnt werden, die aus den alten Dichtern nachwiesen, daß das Küssen und das Kinderkriegen auch bereits bei den alten Griechen und Römern vorkam?«[8]

Verallgemeinert: eine bestimmte Art Philologie genügt den geltenden wissenschaftlichen Standards nicht. Fachintern haben mehrere versucht, das Ungenügen zu beheben. Obwohl ihre Entwürfe sich nicht durchgesetzt haben und deshalb kaum noch bekannt sind,[9] wirken sie noch heute unerkannt fort. Sie markieren den Beginn einer Phase in der Geschichte der Literaturwissenschaft, die ebensowenig wie die vorhergehende in den Modellen der Wissenschaftsentwicklung unterzubringen ist, wie sie von der Wissenschaftsforschung entworfen worden sind.

I.

Die Art der Philologie, gegen die sich die Kritik und die Programme richten, ist die der älteren Schererschule (mit Erich Schmidt als dem anerkannten Oberhaupt). Wenn ihr direkt oder indirekt Wissenschaftlichkeit abgesprochen wird, so werden dabei ›Wissenschaft‹ oder ›wissenschaftlich‹ zunächst so verwendet, wie es seit Jahrhunderten üblich war: als Name der gewissesten Art der Erkenntnis. Des näheren umfaßt der Begriff ›Wissenschaft‹ im allgemeinen Gebrauch um 1890, anders als etwa zu Hegels Zeiten,[10] die Feststellung von ›Thatsachen‹ und ihre ›Erklärung‹ durch Rückführung auf ›Gesetze‹.

Vor diesem allgemein vorausgesetzten und besonders klar in der Dissertation von Ernst Grosse[11] exponierten Wissenschaftsbegriff hatte jene Philologie tatsächlich einen schweren Stand. Nicht einmal der Tatsachenfeststellung durch philologische Textkritik wurde überall und vorbehaltlos Wissenschaftlichkeit zuerkannt.[12] Auf jeden Fall war, was sie als Tatsache an und in Texten festzu-

---

8 Franz Sandvoß (Xanthippus): »Vergleichende Literaturgeschichte und beschreibende Ästhetik«. In: *Preußische Jahrbücher* 92 (1898), S. 361–373, hier S. 370.

9 Als bei weitem wichtigste Ausnahme ist zu erwähnen Holger Dainat: »Von der Neueren deutschen Literaturgeschichte zur Literaturwissenschaft. Die Fachentwicklung von 1890 bis 1913/14«. In: Jürgen Fohrmann/Wilhelm Voßkamp (Hrsg.): *Wissenschaftsgeschichte der Germanistik im 19. Jahrhundert.* Stuttgart/Weimar 1994, S. 494–537. Einig bin ich mit ihm darin, daß in der wissenschaftsgeschichtlichen Phase ab 1890 Entscheidendes passiert, uneinig darin, wann es passiert. Er setzt die ›Wende‹ an das Ende, ich an den Anfang; damit präzisiere und revidiere ich meine eigene frühere Darstellung – Klaus Weimar: *Geschichte der deutschen Literaturwissenschaft bis zum Ende des 19. Jahrhunderts.* München 1989, S. 476–484.

10 Einer der seltenen Hinweise darauf, daß die Komponenten des Begriffs ›Wissenschaft‹ historisch variabel sind, findet sich bei Eduard Grimm: »Wissenschaft und wissenschaftliche Methode«. In: *Protestantische Monatshefte* 2 (1898), S. 243–251.

11 Ernst Grosse: *Die Literatur-Wissenschaft. Ihr Ziel und ihr Weg.* Diss. Halle-Wittenberg 1887, S. 2 (allerdings ohne Erwähnung der Tatsachenfeststellung).

12 Die radikalste Kritik vorwiegend an einem zentralen Einzelbeispiel stammt von Reinhold Merbot: *Forschungsweisen der Literatur-Wissenschaft insbesondere dargelegt an den Grundlagen der Liedertheorie.* Frankfurt a. M. 1889.

stellen wußte, sicher weit weniger als das an literarischen Texten überhaupt Interessierende. In der wissenschaftlichen Erklärung von gesicherten literarischen Tatsachen, darin waren sich alle Kritiker und Neuerer einig, konnte die Philologie der Schererschule vor jenem Wissenschaftsbegriff nicht bestehen (außer vielleicht in Fällen vom Typ des Reims »neige/Schmerzensreiche«). Den Punkt des Ungenügens fixiert Wilhelm Wetz, zweifellos stellvertretend für viele, in seinem zustimmenden Referat der Arbeit Grosses:

> Auf den Namen einer Wissenschaft [...] kann die Literaturgeschichte noch keinen Anspruch erheben, wenn sie bloß historische Thatsachen feststellt und in ihrer Aufeinanderfolge zeigt, auch wenn sie damit eine moralische und ästhetische Beurteilung der einzelnen Werke verbindet. Zur Wissenschaft wird sie erst dann, wenn sie die Erscheinungen erklärt, sie als gesetzmäßig nachweist.[13]

Einig war man sich ferner darin, daß das Fach ›Literaturgeschichte‹ in falschen Händen sei. Sein »Abhängigkeitsverhältnis von der Philologie ist ungesund und die Zusammenkoppelung beider Fächer ebenso unnatürlich, als wollte man die Philosophie und die Chemie in eine Hand legen«.[14] Es wehte »ein *separatistischer Geist*«.[15] Voraussetzung der dringend gebotenen Verwissenschaftlichung des Faches ›Literaturgeschichte‹, auch das ein Konsens der inner- und außeruniversitären Kritiker, war eine Trennung von der Philologie und eine Neuordnung des Verhältnisses zu ihr. Der Würzburger Privatdozent Hubert Roetteken hat das 1896, wiederum stellvertretend, so formuliert:

> Auch ich halte philologische Schulung dem Litterarhistoriker für unentbehrlich, möchte es aber scharf und ausdrücklich auch an dieser Stelle betont sehen, dass die Litteraturgeschichte eine durchaus selbständige Wissenschaft ist, deren Verbindung mit der Philologie nur so verstanden werden darf, dass sie sich der Philologie als einer Hilfswissenschaft bedient.[16]

Die »durchaus selbständige Wissenschaft« ist genau diejenige, die Wetz und Wolff zu Burdachs Entsetzen hatten schaffen wollen. Was für Roetteken nach wie vor »Litteraturgeschichte« heißt und was Wetz »*vergleichende Literaturgeschichte* zu nennen vorschlägt, entspricht in der Hauptsache dem, was Hennequin ›*wissenschaftliche Kritik*‹,[17] und Grosse ›*Literaturwissenschaft*‹ nennt«.[18]

---

13 Wilhelm Wetz: »Literaturwissenschaft«. In: *Kritischer Jahresbericht über die Fortschritte der Romanischen Philologie* 1 (1890), S. 157–192, hier S. 169.

14 Ernst Groth: »Die Aufgabe der Litteraturgeschichte«. In: *Die Grenzboten* 50/III (1891), S. 260–276, hier S. 264.

15 Louis Paul Betz: »Kritische Betrachtungen über Wesen, Aufgabe und Bedeutung der vergleichenden Litteraturgeschichte«. In: *Zeitschrift für neufranzösische Sprache und Litteratur* 18 (1896), S. 141–156, hier S. 143.

16 Hubert Roetteken: Rez. von Ernst Elster, Die Aufgaben der Litteraturgeschichte. In: *Zeitschrift für Vergleichende Litteraturgeschichte* NF 9 (1896), S. 414–417, hier S. 415.

17 Wetz bezieht sich auf Emile Hennequin: *La critique scientifique* (1888). Deuzième édition. Paris 1890. Reprint hrsg. von Dirk Hoeges. (Reihe Siegen, Editionen 2). Heidelberg 1982; vgl. dazu Dirk Hoeges: *Literatur und Evolution. Studien zur französischen Literaturkritik im 19. Jahrhundert. Taine – Brunetière – Hennequin – Guyau.* (Beiträge zur neueren Literaturgeschichte III 49). Heidelberg 1980, S. 95–142.

18 Wetz (Anm. 13), S. 171.

Den Namen ›Literaturwissenschaft‹ hat Grosse zwar nicht erfunden,[19] aber klar und selbstbewußt als den einer neuen, genauer: überhaupt erst einer Wissenschaft gegen die herkömmliche Bezeichnung ›Literaturgeschichte‹ abgesetzt.

> Es ist vielleicht aufgefallen, dass wir es vermieden haben, unsere Wissenschaft als ›Literaturgeschichte‹ zu bezeichnen. [...] Wir haben also nicht das Recht, dieser pragmatischen literarhistorischen Darstellung ihren Namen streitig zu machen; wohl aber haben wir das Recht, für unsere Wissenschaft, die sich sehr wesentlich von jener alten ›Literaturgeschichte‹ unterscheidet, einen neuen Namen einzuführen. Die modernen Historiker haben der ›Geschichte‹ – der chronologischen Darstellung der Thatsachen, – die ›Sociologie‹ gegenüber gestellt. Genau in derselben Weise werden wir von jetzt an zwischen ›Literaturgeschichte‹ und ›Literaturwissenschaft‹ unterscheiden.[20]

Der neue Name dokumentiert besser als jeder andere den Anspruch, die Disziplin ›Literaturgeschichte‹ umzugestalten zu einer Wissenschaft, die Erklärungen für wissenschaftlich-philologisch festgestellte Tatsachen bietet und eben damit über die Philologie hinausgeht, ohne deren Dienste als Hilfswissenschaft zu verschmähen.

Den umfassendsten (und auch frühesten) Entwurf hat Ernst Grosse 1887 vorgelegt. Er entwickelt ihn in einem dezidiert theoretisch bleibenden Gedankenspiel über die Frage, wie jene Wissenschaft, sollte es sie jemals geben, aussehen müßte, welches ihre Aufgaben wären und welche davon sie mit einiger Aussicht auf Erfolg würde bearbeiten können. Im Hinblick auf die Maxime: »Die Aufgabe der modernen Literaturwissenschaft ist die Constatirung von Gesetzen«[21], unterscheidet Grosse für jede Wissenschaft Gesetze der »Statik« (»der wechselseitigen Abhängigkeit coexistirender Erscheinungen«) von solchen der »Dynamik« (»der Abhängigkeit der successiven Erscheinungen«).[22] Die Aufgabe der Literaturwissenschaft besteht demnach darin, auf dem Wege der Induktion drei Gesetze der Statik (Abhängigkeit des ›literarischen Werks‹ vom Charakter des Dichters, von seinem Organismus und von seiner Umwelt, sei es Familie, Nation, Kultur oder Klima)[23] und drei Gesetze der Dynamik zu ›constatiren‹ (»das Gesetz der Entwicklung des einzelnen poetischen Werkes – das Gesetz der Entwicklung des poetischen Schaffens des Individuums, – das Gesetz der Entwicklung der poetischen Literatur überhaupt«).[24] Das Durchspielen der Möglichkeiten, vom bereits vorliegenden und vom prinzipiell überhaupt erhältlichen Tatsachenmaterial aus zu den Gesetzen der Statik zu gelangen, führt zu einem negativen Zwischenergebnis:

> Von den drei Aufgaben, welche die Statik der Literaturwissenschaft enthält, sind die beiden ersten überhaupt nicht, und die dritte nur auf eine sehr unvollkommene Weise zu lösen. Es sieht so aus, als ob wir das Ziel einer wissenschaftlichen Literaturbetrachtung nur erkannt hätten, um zu erkennen, dass es für uns unerreichbar ist. Warum ist es uner-

19 Ältere Belege bei Weimar (Anm. 9), S. 133, 409, 482–484.
20 Grosse (Anm. 11), S. 12.
21 Ebd., S. 20.
22 Ebd., S. 8f.
23 Ebd., S. 10f.
24 Ebd., S. 12f.

> reichbar? Weil die Thatsachen, aus denen sich unser Stoff zusammensetzt, zu spärlich, weil sie zu complicirt und weil ausserdem die meisten von ihnen unzugänglich für unsere Beobachtung sind.[25]

Wo die Aufgabe nicht direkt gelöst werden kann, ist ein Umweg nötig und auch möglich: man gewinnt aus ›gleichartigen‹, aber weniger komplizierten, evolutionär früheren und leicht zugänglichen Erscheinungen induktiv deren Gesetze (sofern diese nicht schon von den zuständigen Wissenschaften ausgearbeitet worden sind) und deduziert dann aus diesen Gesetzen und nach den Vorgaben der ›Idee der Entwicklung‹ die Gesetze der komplizierteren Phänomene, in diesem Falle also: der Literatur.

> Es ist durchaus kein Paradoxon, wenn man behauptet, dass die Literaturwissenschaft aus der Beobachtung eines kleinen Mädchens, welches seiner Puppe eine Geschichte erzählt, vorläufig wenigstens weit mehr lernen kann als aus dem Studium der Werke Goethes. Nur durch die Untersuchung jener einfachen Formen sind die Gesetze aufzufinden, aus welchen die Gesetzmässigkeit der complicirteren Producte einer späteren Entwicklungsstufe deducirt werden muss.[26]

Der Umweg stellt nicht nur die einzige Möglichkeit dar, die Aufgabe doch noch zu lösen und die drei Gesetze der literaturwissenschaftlichen Statik aufzustellen, er ist auch gangbar und zumutbar, weil es in allen drei Fällen mindestens eine Wissenschaft gibt, die schon an der Erklärung der gleichartigen »einfachen Formen« gearbeitet hat. Die erste Aufgabe der literaturwissenschaftlichen Statik, das Gesetz der »Beziehungen zwischen der Eigenart eines Werks und der Eigenart des Dichters«[27] zu konstatieren, wird lösbar auf dem Umweg über die »Ethologie«, die »Wissenschaft von der Charakterbildung«.[28] Lösbar werden auch die zweite Aufgabe, die »Erforschung der Relationen zwischen dem psychischen Leben des Dichters und dem Leben seines Gesamtorganismus«, dank der gesammelten »Beobachtungen der Physiologie und der Pathologie« etwa über »die eigenthümlichen psychischen Vorgänge, welche nach dem Genuss von Haschisch und Opium auftreten«,[29] und schließlich die dritte Aufgabe, die Frage nach den Einflüssen der Umwelt, dank der Vorarbeiten von Soziologie und Ethnologie.[30]

In der »Dynamik der Literaturwissenschaft« liegen die Verhältnisse »ungleich günstiger als in der Statik«. Das gilt allerdings noch nicht für das »erste Gesetz, nach welchem die Dynamik sucht«: »das Gesetz der Entwicklung des einzelnen poetischen Werkes«; denn wir »sind verhältnissmässig sehr selten im Stande eine derartige Entwicklung zu verfolgen«.[31] Als hilfreich könnte sich die Betrachtung der Monomanie erweisen, und es könnte sein, »dass die Beobachtung der Entwicklung der Wahnideen eines Tages vielleicht ein ungeahntes

25 Ebd., S. 51.
26 Ebd., S. 58.
27 Ebd., S. 58.
28 Ebd., S. 59.
29 Ebd., S. 62f.
30 Ebd., S. 65.
31 Ebd., S. 66.

Licht über die Entwicklung der poetischen Ideen verbreiten wird«.[32] Dagegen sollte das von der ›Literaturgeschichte‹ bereits gelieferte Material grundsätzlich genügen für die Lösung der Aufgabe, einerseits »das Entwicklungsgesetz der ganzen poetischen Lebensthätigkeit eines Dichters« (das zweite Gesetz der Dynamik) und andererseits das Gesetz der poetischen Entwicklung der Nationen oder sogar der Menschheit (das dritte Gesetz der Dynamik) aufzustellen.

In dieses Panorama von Aufgaben und Lösungsmöglichkeiten, das wohl nur Wetz zur Kenntnis genommen hat,[33] fügen sich die wesentlich knapper gehaltenen Entwürfe der neu zu konzipierenden Wissenschaft ein, selbst wenn sie nicht schon durch die Wahl des Namens ›Literaturwissenschaft‹ die Zugehörigkeit zum unverabredet gemeinsamen Projekt signalisieren: eine Programmschrift des Germanisten Eugen Wolff (1890),[34] das programmatische Einleitungskapitel »Ueber Begriff und Wesen der vergleichenden Literaturgeschichte« im Shakespeare-Buch des Anglisten und Komparatisten Wilhelm Wetz (1890),[35] die Antrittsrede des Altphilologen Oskar Froehde als Privatdozent in Berlin (1893)[36] und die des Germanisten Ernst Elster als Extraordinarius in Leipzig (1894).[37] Gemeinsam ist auch die Ausrichtung auf Gesetzeserkenntnis, heiße sie nun »*causale Erklärung*« und »Nachweis der *Gesetze*«,[38] Erklärung »der Thatsachen mit Rücksicht auf bestimmte Gesetze und Normen«[39] oder »erforschung der bedingungen, unter denen die litteratur entsteht, der ursachen, weshalb ein litteraturwerk so und nicht anders beschaffen ist«.[40] Impliziert oder angedeutet ist ferner stets die Unterscheidung zwischen Gesetzen der Statik und der Dynamik, wobei nur Froehde mit »den gesetzen der gattung«, der eine Schrift angehört,[41] ein weiteres Moment der Statik einführt.

Die *Poetik* (1899) von Wolff[42] samt den zugehörigen *Prolegomena*[43] und »Vorstudien«[44] fällt in das Gebiet des dritten Gesetzes der Dynamik, während die übrigen größeren Ausarbeitungen im Rahmen des Projekts ebenso eindeutig

32 Ebd., S. 67.
33 Wetz (Anm. 13), S. 169–171.
34 Eugen Wolff: *Das Wesen wissenschaftlicher Literaturbetrachtung*. Kiel 1890.
35 Wilhelm Wetz: *Shakespeare vom Standpunkt der vergleichenden Litteraturgeschichte*. Worms 1890, S. 1–43.
36 Oskar Froehde: »Der begriff und die aufgabe der litteraturwissenschaft«. In: *Neue Jahrbücher für Philologie und Pädagogik* 147 (1893), S. 433–445.
37 Ernst Elster: *Die Aufgaben der Litteraturgeschichte. Akademische Antrittsrede*. Halle 1894.
38 Wetz (Anm. 35), S. 7.
39 Elster (Anm. 37), S. 2. – Die Ableitung der logischen, ethischen und formalen Normen, die von Dichtern einzuhalten und nach denen ihre Werke zu beurteilen sind, ist eine Spezialität Elsters, der er die Hälfte seiner Antrittsvorlesung widmet (S. 8–19).
40 Froehde (Anm. 36), S. 438.
41 Ebd., S. 438.
42 Eugen Wolff: *Poetik. Die Gesetze der Poesie in ihrer geschichtlichen Entwicklung. Ein Grundriß*. Oldenburg, Leipzig 1899.
43 Eugen Wolff: *Prolegomena der litterar-evolutionistischen Poetik*. Kiel 1890.
44 Eugen Wolff: »Vorstudien zur Poetik I–IV«. In: *Zeitschrift für Vergleichende Litteraturgeschichte* NF 6 (1893), S. 423–447.

dem ersten Gesetz der Dynamik zuzuordnen sind: die *Prinzipien der Litteraturwissenschaft* von Elster (1897)[45], die *Poetik* von Roetteken (1902)[46] und das Buch *Lyrik und Lyriker* (1890) des Lemberger Ordinarius' für deutsche Literatur, Richard Maria Werner.[47]

II.

Wollen und Vollbringen, ein Programm und seine Realisierung sind bekanntlich nicht notwendigerweise dasselbe. Zweimal ist auf die erste Programmschrift nur eine zweite gefolgt: bei Wetz eine Verdeutlichung einiger Punkte seines Konzepts in einer ausführlichen Polemik,[48] bei Froehde eine komparative wissenschaftssystematische Präzisierung.[49] Die Poetiken von Elster und Roetteken sind Fragment geblieben: Elster hat zwar nach langer Zeit einen zweiten Band vorgelegt,[50] der aber nur eine umfangreiche Neubearbeitung des letzten Kapitels (Stilistik) im ersten ist und die anfänglich vorgesehenen drei abschließenden Kapitel nicht enthält, und Roettekens Poetik ist nicht über den ersten von drei angekündigten Bänden hinaus gediehen.[51] Nur Werner und Wolff haben etwas Ganzes publiziert, aber auch das löst so wenig wie die Fragmente von Elster und Roetteken ein, was die voraufgegangenen oder im Werk vorhandenen programmatischen Deklarationen versprochen haben und versprechen.

Die Diskrepanz von Programm und Realisierung ist leicht zu benennen: weder sind die Ergebnisse in irgendeinem vertretbaren Sinne Gesetze, noch sind die Tatsachen solche, aus denen man Gesetze ableiten könnte. Das sei erläutert an den Versuchen von Werner und Elster, das – mit Grosses Worten – »Gesetz der Entwicklung des einzelnen poetischen Werkes« aufzustellen, ohne den nach Grosse allein gangbaren Umweg zu diesem Ziel einzuschlagen.

Werners erklärte Absicht ist, mit Beschränkung auf die Lyrik »eine neue Ästhetik im naturwissenschaftlichen Sinne zu begründen und aus genauer Be-

45 Ernst Elster: *Prinzipien der Litteraturwissenschaft. Erster Band.* Halle 1897.

46 Hubert Roetteken: *Poetik. Erster Teil.* München 1902.

47 Richard Maria Werner: *Lyrik und Lyriker. Eine Untersuchung.* (Beiträge zur Ästhetik 1). Hamburg/Leipzig 1890.

48 Wilhelm Wetz: *Ueber Litteraturgeschichte. Eine Kritik von ten Brink's Rede ›Ueber die Aufgabe der Litteraturgeschichte‹.* Worms 1891.

49 Oskar Froehde: »Litteratur-, kunst- und sprachwissenschaft«. In: *Neue Jahrbücher für Philologie und Pädagogik* 149 (1894), S. 1–13.

50 Ernst Elster: *Prinzipien der Literaturwissenschaft. Zweiter Band: Stilistik.* Halle 1911.

51 Dieser erste Band gehört allerdings nicht direkt in diesen Zusammenhang; denn Roetteken unterscheidet »zwei Existenzformen der Poesie, die in der Seele des Schaffenden und die in der Seele des Genießenden,« und stellt die Untersuchung der zweiten, die »Analyse des Genusses«, voran mit dem Argument, sie allein »kenne ich aus eigener Erfahrung« – Roetteken (Anm. 46), S. 36. Der erste Band ist also eine der damals aktuellen psychologischen Ästhetiken; im zweiten Band hätte sich eine gleichsinnige psychologische Analyse des dichterischen Schaffens anschließen sollen.

obachtung der Thatsachen zu einer Erfassung der Gesetze aufzusteigen«.[52] Den ›Aufstieg‹ stellt er in der Einleitung als hypothetische Verallgemeinerung einzelner Tatsachen dar, die an weiteren Tatsachen überprüft und allenfalls modifiziert wird, bis man endlich »vielleicht von Gesetz in naturwissenschaftlichem Sinne sprechen« darf.[53] Das Gesetz dieses Werdeprozesses formuliert Werner allerdings nicht direkt, sondern nur (aber immerhin) in einer physiologischen Analogie (»das Werden eines lyrischen Individuums bietet sehr viel Ähnlichkeit mit dem Werden eines neuen Wesens«[54]), aus deren knapper Erläuterung er die Gliederung seines Buches – es sollte eigentlich »Physiologie der Lyrik«[55] heißen – ableitet. Demgemäß gliedert sich der Werdeprozeß des lyrischen Gedichts in die Stadien (ich zitiere die Kapiteltitel) »Erlebnis«, »Stimmung«, »Befruchtung«, »inneres Wachstum«, »Geburt«, »äußere Form« und »äußeres Wachstum«. Die Analogie ist schon in dieser Form ungenau und wird zu wiederholten Malen durchbrochen durch eindeutig nicht-physiologische Elemente wie etwa (ich zitiere die Titel von Unterkapiteln) die »Vereinfachung oder Verdichtung«, »Ausgestaltung«, »Abrundung« und »Steigerung« im Verlaufe des ›inneren Wachstums‹ nach der ›Befruchtung‹. Und wenn das physiologische Äquivalent des Erlebnisses sowohl botanisch als Samen[56] als auch zoologisch als Eizelle[57] bestimmt wird, dann bricht die ohnehin schon durchlöcherte Analogie vollends zusammen und mit ihr der Anspruch, das Gesetz im Werdeprozeß des lyrischen Gedichts wenigstens ›per analogiam‹ dargelegt zu haben.

Das Tatsachenmaterial, aus dem das Gesetz gewonnen werden soll, bezieht Werner aus ›Geständnissen‹, Briefen, Tagebüchern zahlreicher Autoren, aus Aufzeichnungen von Gesprächen mit ihnen und aus Berichten Dritter. Es sind durchwegs *berichtete* Tatsachen, nicht vom Literaturwissenschaftler beobachtete und ihm selbst auch nicht einmal beobachtbare. Zudem stammen sie vorwiegend aus deutschen Texten des späten 18. und des 19. Jahrhunderts und sind sowohl für zahllose gleichzeitige als auch insbesondere für antike und mittelalterliche Autoren schlechterdings nicht erhältlich, weil nicht überliefert. Das heißt: Das Ziel der Konstatierung von Gesetzen ist unerreichbar, weil – wieder mit vorhin zitierten Worten Grosses – die Tatsachen »zu spärlich« und »unzugänglich für unsere Beobachtung« sind. Werners Schilderung des Werdeprozesses kann, entgegen seinem Anspruch, unmöglich auf »genauester Beobachtung des Vorhandenen« beruhen und »Thatsachen darstellen«.[58] Vorhanden sind nur die sorgfältig auszuwertenden Berichtstexte. Das zu erreichende Maximum unter diesen Umständen ist eine systematisierende Präsentation relativ weniger fremder Meinungen über die verschiedenen »Stadien im Werdeprozesse des lyrischen Gedichts überhaupt«.[59]

52 Werner (Anm. 47), S. VIIIf.
53 Ebd., S. 22.
54 Ebd., S. 47.
55 Ebd., S. XI.
56 Ebd., S. 48 Anm. 1.
57 Ebd., S. 49.
58 Ebd., S. 21.
59 Ebd., S. 23.

Doch auch wenn all die Defizite und Defekte behoben wären oder wenigstens behoben werden könnten, wäre das Ziel des Unternehmens, die Erklärung von Phänomenen durch Rückführung auf Gesetze, nicht erreicht. Denn diejenigen Tatsachen, zu deren Erklärung die berichteten Tatsachen dienen sollen, die poetischen Texte nämlich, kommen nur vor als unkommentiertes Zitat, als einfache Belege dafür, daß der jeweilige Werdeprozeß abgeschlossen ist. Gesetzt, der Werdeprozeß wäre als ein gesetzmäßiger erwiesen, so wäre damit immer noch nicht das Sosein eines bestimmten Textes, sondern bestenfalls sein Dasein, sein bloßes Vorhanden- und Gegebensein als notwendiges Resultat jenes Prozesses erklärt, – nein, nicht einmal das, weil ja das Gegebensein eines Textes zunächst kein anderes als das der Schrift ist, und die kommt bei Werner nicht vor.

Im Unterschied zu Werner setzt Elster nicht beim Werden des noch Ungewordenen an, sondern beim Gewordenen. »Aufgabe der Litteraturwissenschaft« sei neben und vor der ›historischen Synthese‹ »die Analyse der gegebenen Thatsachen«, und das müssen dann wohl die Texte sein; denn als »die Grundlage der Analyse gilt uns die *Interpretation*, die bis ins einzelne gehende Erläuterung des poetischen Objekts«,[60] worin sicher »die herstellung der litteraturdenkmäler auf grund des studiums ihrer überlieferung«[61] oder auch »die kritische Herstellung des Textes und die Feststellung des Wortsinnes«[62] eingeschlossen sein sollen. Die »Analyse der gegebenen Thatsachen« vollzieht sich einerseits als »Analyse der sprachlichen und metrischen Formen«, andererseits als »*Analyse des Inhalts* poetischer Erzeugnisse«[63] und ist darauf ausgerichtet, »die Grundbeschaffenheit des Objekts, mit dem wir uns zu befassen haben«,[64] und »die wichtigsten objektiven Eigenschaften«[65] festzustellen oder, was dasselbe sein dürfte, »die Eigenthümlichkeiten litterarischer Erscheinungen zu *erkennen*«.[66]

Nimmt man nun mit Elster an, daß man ›inhaltliche Eigenschaften‹ wie Aufbau der Handlung, Szenenfolge, Charakteristik der Personen, Versbau als eine Reihe von »objektiven Thatsachen« festgestellt hat,[67] so besteht die Aufgabe immerhin nicht mehr einfach darin, eine Erklärung für das Dasein des Textes zu finden. Vielmehr geht es darum, zu »einer tieferen kausalen Erkenntnis«[68] auch seiner Eigenschaften zu gelangen. Die objektiven textuellen Tatsachen müssen nach Elster erklärt werden als gesetzmäßige Folge psychischer Vorgänge. Diese scheint er allen Ernstes für empirisch beobachtbar zu halten; denn nachdem er die »*Hervorhebung des Gefühls*« als den »Grundzug der ästhetischen Anschauungsweise« beschrieben hat, bemerkt er: »Mit diesem stehen, wie ich meine,

60 Elster (Anm. 50), S. 3.
61 Froehde (Anm. 36), S. 439.
62 Roetteken (Anm. 16), S. 416.
63 Elster (Anm. 45), S. 4.
64 Ebd., S. 3.
65 Ebd., S. 7.
66 Wetz (Anm. 35), S. 7.
67 Elster (Anm. 45), S. 7.
68 Ebd., S. 2.

die empirischen Thatsachen in der schönsten Uebereinstimmung. Das Gefühl ist immer und überall der Ausgangspunkt jeder künstlerischen Bethätigung«.[69]

Aus der Beschreibung jedoch, wie man diese Tatsachen ermittelt, wird unwidersprechlich klar, daß sie etwas anderes sind. »Man muss nur stets seine Aufmerksamkeit auf die mannigfaltigen Formen des Vorstellungs- und Gefühlsverlaufs gerichtet halten, jede Aeusserung psychologisch interpretieren und einordnen«.[70] Die Kenntnis vom ›Vorstellungs- und Gefühlsverlauf‹ beruht auf psychologischer Interpretation der Äußerungen. Es mag sein, daß, wie Elster an derselben Stelle betont, diese Interpretation dank der modernen Psychologie wesentlich zuverlässiger geworden ist. Interpretation bleibt sie nach wie vor. Ihre Resultate sind interpretative Konstrukte, und aus denen kann man keine Gesetze ableiten. Die Erklärung objektiver Eigenschaften eines Textes durch etwas, das nur interpretativ aus ihm selbst abgeleitet sein kann, ist keine kausale Erkenntnis, sondern ein ganz ordinärer logischer Zirkelschluß.

III.

Gemessen an den Erfordernissen des Wissenschaftsbegriffs, in dessen Namen einige Literarhistoriker das Unternehmen einer Verwissenschaftlichung der ›Literaturgeschichte‹ angetreten haben, war es ein reiner Fehlschlag. Trotzdem war dieses Unternehmen der »aufstellung einer besondern, selbständigen *litteraturwissenschaft*«,[71] obwohl weitgehend vergessen, alles andere als folgenlos. Es hat einen neuen Typ Wissenschaft geschaffen, der sich bis heute gehalten, zwar nur im deutschen Sprachbereich den neuen Namen ›Literaturwissenschaft‹ angenommen, sich aber auch anderwärts zur selben Zeit bemerkbar gemacht hat.[72]

Für die klassische Philologie des 19. Jahrhunderts (und – mutatis mutandis – auch für die ›deutsche‹) war das Ziel der Erkenntnisbemühungen »*die Kenntnis der alterthümlichen Menschheit selbst*«[73] und die Literatur eines der *Mittel* dazu, für die Literaturwissenschaft ist die Literatur der einzige *Gegenstand* der Erkenntnis: »dem litteraturforscher ist die litteratur *selbstzweck*: er will aus ihr nicht das wesen der sprache oder der politischen vorgänge, sondern das *wesen der litteratur selbst* ergründen«.[74] Fast dasselbe auf Englisch: »More and more it is coming to be seen that literature is one of the great provinces of universal

---

69 Ebd., S. 16.

70 Ebd., S. 4.

71 Froehde (Anm. 36), S. 437.

72 Beispielsweise in Frankreich als die bereits erwähnte »critique scientifique« von Emile Hennequin (vgl. Anm. 17), die fortgeführt worden ist u. a. von Paul Lacombe (*Introduction à l'histoire littéraire*. Paris 1898) und Georges Renard (*La méthode scientifique de l'histoire littéraire*. Paris 1900).

73 Friedrich August Wolf: »Darstellung der Alterthums-Wissenschaft nach Begriff, Umfang, Zweck und Werth«. In: *Museum der Alterthums-Wissenschaft* 1 (1807), S. 1–145, hier S. 124f.

74 Froehde (Anm. 36), S. 438.

nature, just as language is, and that the only really satisfactory way to study it, is to study it as such.«[75]

Innerhalb des neuen und ganz offenen Vorhabens, die Literatur als solche zu untersuchen und wissenschaftlich zu erforschen, erfüllen die Poetiken eine Doppelfunktion: einerseits sind sie Vorgriffe auf den Abschluß der Forschung, andererseits Instrumente zu deren Legitimation und Begründung. Die zweite Funktion ist diejenige einer »Prinzipienwissenschaft der Litteraturgeschichte«[76] oder »Prinzipienlehre«[77] der Literaturwissenschaft, wie man sie unter Berufung auf Hermann Pauls *Prinzipien der Sprachgeschichte* (1880) genannt hat. In Oskar Froehdes Wissenschaftssystematik erhält die »principienwissenschaft« den Namen »allgemeine litteraturwissenschaft«. Im Unterschied zu jeder »besonderen litteraturwissenschaft« (zum Beispiel der ›deutschen‹) hat sie *nicht* »die litteratur zum object«;[78] sie hat die »besondere litteraturwissenschaft zum object und betrachtet dieselbe in dreifacher hinsicht«, woraus sich »die drei fächer der encyclopädie, geschichte und methodologie« ergeben.[79] »Die encyclopädie der litteraturwissenschaft untersucht den begriff oder den inhalt und umfang, die aufgabe und gliederung der besondern litteraturwissenschaft«, die »methodologie der litteraturwissenschaft« ist die »betrachtung der besondern litteraturwissenschaft, welche sich auf die in derselben verwirklichten oder anzuwendenden gesetze der litterarischen forschung bezieht«, sie ist, mit anderen Worten »die beobachtung des weges, auf dem die forschung« zu ihren Resultaten gelangt.[80] Die Poetiken von Werner, Elster, Wolff und Roetteken fungieren auch als Prinzipienwissenschaft, genauer: sie übernehmen Teile der Funktion der Enzyklopädie und in einem damit die Funktion der Methodologie.

Eine Funktion der Enzyklopädie ist es, den Begriff der besonderen Literaturwissenschaft und den ihres Gegenstandes zu bestimmen, also in Form eines Literaturbegriffs theoretisch festzulegen, was die Literaturwissenschaft erforschen soll und was außerhalb ihres Forschungsgegenstandes liegt. Dazu ist eine extensionale Ab- und Eingrenzung (Definition) des Wissenschaftsgegenstandes erforderlich und keine intensionale, eine Umfangsbestimmung und keine Wesensbestimmung. Indem die Poetiken eine Wesensbestimmung in Form einer Theorie der Produktion beziehungsweise Entstehung des Wissenschaftsgegenstandes anbieten, widerfährt ihnen, was Froehde an August Boeckhs *Encyklopädie und Methodologie der philologischen Wissenschaften* (1875) zu Recht beanstandet. Statt die Literaturwissenschaft zum Objekt theoretischer Reflexion

---

75 A. R. March: »The comparative study of literature«. In: *PMLA* 11 (1895), S. 151–170, hier S. 165.

76 Roetteken (Anm. 46), S. 2. So schon Eduard Eckhardt: »Typus und Individuum in der Litteratur«. In: *Zeitschrift für den deutschen Unterricht* 10 (1896), S. 169–185, hier S. 170.

77 Elster (Anm. 45), S. VI. So noch Rudolf Unger: *Gesammelte Studien. Erster Band: Aufsätze zur Prinzipienlehre der Literaturgeschichte.* (Neue Forschung 1). Berlin 1929.

78 Froehde (Anm. 49), S. 1.

79 Ebd., S. 2.

80 Ebd., S. 3.

zu machen, wiederholen sie deren vorläufige oder gar vorgreifende Resultate in Kurzfassung; sie liefern lediglich »eine allgemeine darstellung desselben stoffes [...], den die speciellen theile derselben ausführlich behandeln«. So gesehen, wären sie nur eine an sich entbehrliche Verdoppelung, weil »nach dieser ansicht« die Prinzipienwissenschaft von der Literaturwissenschaft »selbst begrifflich nicht verschieden« ist.[81] In der Tat scheint es denn auch keinen dauernden Schaden anzurichten, wenn die Prinzipienwissenschaft ›Poetik‹ sich als Fehlschlag erweist oder, wohl zutreffender, einfach als unbefriedigend empfunden wird. Das Ergebnis wäre in dieser Hinsicht nur, daß der Begriff des Wissenschaftsgegenstands ›Literatur‹ diffus bliebe, und das kann die Literaturwissenschaft überleben.

Sie überlebt das Desaster ihrer Prinzipienwissenschaft aber nur *als* Literaturwissenschaft, *sofern* sie eine Prinzipienwissenschaft hat und nötigenfalls die gescheiterte ersetzt durch eine andere; andernfalls würde sie wieder zur Diszplin ›Literaturgeschichte‹. Die Prinzipienwissenschaft, wie befriedigend oder dauerhaft sie auch ausfällt, ist Gründungsurkunde einer Wissenschaft neuen Typs, auch wenn sie nicht als deren Fundament taugt. Im historischen Sinne begründet sie die Literaturwissenschaft auf jeden Fall, obwohl sie sie im logischen oder wissenschaftstheoretischen Sinne durchaus nicht begründet. Seit mehr als einem Jahrhundert wird die Literaturwissenschaft verdoppelt durch wechselnde Wesensbestimmungen der Literatur in Gestalt von Theorien ihrer Entstehung beziehungsweise Produktion, die immer dasselbe leisten: sie halten die Erinnerung an die Notwendigkeit einer Gegenstandsbestimmung wach, indem sie diese verhindern, notfalls durch Verbreitung der derzeit wieder beliebten Meinung, man könne ›Literatur‹ gar nicht ›definieren‹. Aber noch das ist nur eine Extremvariante jener Erinnerung.

Nicht nur als Surrogat der Gegenstandsbestimmung, auch als Surrogat der Methodologie ist die prinzipienwissenschaftliche Poetik für die Literaturwissenschaft unentbehrlich. Nirgends erfährt man, wie die von Froehde erwähnten »gesetze der litterarischen forschung« aussehen, unter deren Einhaltung man doch wohl die relevanten Tatsachen ermittelt haben wird. Analyse poetischer Objekte und psychologische Interpretation wird gefordert, aber nicht beschrieben. Jegliche »beobachtung des weges, auf dem die forschung« zu ihren Resultaten gelangt, unterbleibt. Natürlich gehört dergleichen nicht in eine Poetik, wohl aber in eine Prinzipienwissenschaft, und in ihr findet es nicht statt, weil sie als Poetik auftritt.

Dennoch erfüllt die prinzipienwissenschaftliche Poetik gerade in und mit ihrer methodologischen Abstinenz die Funktion einer präskriptiven Methodologie. Unausdrücklich, aber wirkungsvoller, als es jede explizite Methodologie könnte, verpflichtet sie die ›wissenschaftliche Behandlung‹ der Texte darauf, ihren Vorgaben zu folgen und die behaupteten obligatorischen Momente der Entstehung von Texten als Ziel der Untersuchung jedes Einzelfalls zu adoptieren. Auch das hat sich seither im Wechsel der prinzipienwissenschaftlichen

81 Ebd., S. 3.

Produktionstheorien gehalten. Noch in der ›Methodendiskussion‹ der 1970er Jahre, in der materiale Theoriekomplexe wie ›Marxismus‹ oder ›Strukturalismus‹ als ›Methoden‹ firmierten, ging es bekanntlich nicht um Methoden als konkrete Verfahrensweisen der Textanalyse, sondern darum, durch produktionstheoretische Zielvorgaben jegliche Beschäftigung mit Literatur so zu steuern, daß die vorausgesetzte ›Literaturdefinition‹ nur bestätigt werden konnte. Argumente vom Typ ›Literatur ist nicht im luftleeren Raum entstanden, also muß man ...‹ ziehen ja auch heute noch, und ebenso hat die Negativvariante, daß nämlich eine bestimmte Zugangsweise ›der Literatur nicht gerecht‹ werde, wenig an Attraktivität eingebüßt. Die wissenschaftsgeschichtliche Epoche, die um 1890 mit den prinzipienwissenschaftlichen Poetiken begonnen hat, ist zumindest noch nicht allgemein und überall beendet.

IV.

Die Entwicklung hin zur Literaturwissenschaft[82] hat einen eigenartigen Verlauf genommen. Sie hat begonnen mit einer neuen Spezialphilologie, die für die nicht mehr gesprochenen Varianten der germanischen Sprachen und deren Literatur im weitesten Sinne (›Sprachdenkmäler‹) zuständig war. Bis in die ersten Jahrzehnte des 20. Jahrhunderts hat sie die englische Philologie, die Nordistik, die Niederlandistik und die Volkskunde aus ihrem Verband in die Selbständigkeit entlassen, ist also dem üblichen Zuge der Spezialisierung gefolgt, hat aber sozusagen im Gegenzug dazu auch die neuhochdeutsche Sprache in ihr Arbeitsgebiet aufgenommen. Die neuhochdeutsche Literatur war unterdessen zunächst einzelnen interessierten Philosophen und Historikern überlassen, bevor sich um 1840 für sie eine neue Spezialdisziplin namens ›Literaturgeschichte‹ gebildet hat. Sie wurde um 1860 mit der deutschen Philologie fusioniert und als Teilfach einer philologischen Gesamtwissenschaft etabliert, die erst seither auch ›Germanistik‹ heißt (präzise Daten über den Anfang dieser Selbstbezeichnung fehlen noch);[83] das selbständige Fach ›Literaturgeschichte‹ ist danach mit seinen letzten Vertretern bald gestorben. Diese Phase von Fusion und Teilung kann man personalisiert und genealogisch auch so fassen: »Die trockene Philologie verbündete sich mit dem geistreichen Feuilleton. W. Scherer heiratete H. Grimm. Scherer-Grimm zeugte E. Schmidt und die zahlreiche Schar zünftiger Göthephilologen«.[84] Zu korrigieren wäre nur: die ›Verbündung‹ von deutscher Philologie und ›ästhetischer Literaturgeschichte‹ war keine reine

---

82 Die nötigen Details zur extrem verknappten Skizze in diesem Absatz finden sich bei Weimar (Anm. 9), S. 215–219, 335–346, 411–418, 429–442.

83 Vgl. Klaus Weimar: »Germanistik«. In: *Reallexikon der deutschen Literaturwissenschaft. Neubearbeitung des Reallexikons der deutschen Literaturgeschichte.* Gemeinsam mit Harald Fricke, Klaus Grubmüller und Jan-Dirk Müller hrsg. von Klaus Weimar. Bd. 1. Berlin/New York 1997, S. 707.

84 Braitmaier (Anm. 6), S. 4.

Liebesehe, sondern gestiftet durch den Staat, der eine Ausbildungswissenschaft für Deutschlehrer haben wollte. Die staatliche Nachhilfe erklärt wohl die atypische Gegenläufigkeit zur ›Ausdifferenzierung‹ in der Wissenschaftsentwicklung.

Der Eintritt der Literaturwissenschaft in dieses Ensemble hat in seiner Plötzlichkeit (der erste programmatische Entwurf lag 1887 vor, der erste Versuch einer Ausführung 1890) durchaus den Charakter einer wissenschaftlichen Revolution, allerdings auch wieder einer wohl atypischen. Es ist nicht die Ablösung eines die Disziplin konstituierenden Sets von als relevant geltenden Fragestellungen *und* Methoden der Beantwortung durch ein anderes gewesen, sondern der Auftritt eines neuen Wissenschaftstyps, der weder den alten zum Verschwinden gebracht[85] noch ein verbindliches ›Paradigma‹ oder eine allgemein akzeptierte ›disziplinäre Matrix‹ etabliert hat. Der neue Wissenschaftstyp ist einer, der im Unterschied zum alten (das heißt zur Philologie) die Selbstthematisierung institutionalisiert hat als Prinzipienwissenschaft, allerdings in der obliquen oder auch verqueren Weise, daß sowohl die Methodologie als auch die theoretische Bestimmung des Wissenschaftsgegenstandes nur als Implikate einer Theorie von dessen Produktion in Erscheinung treten. Diese implikationsreiche Produktionstheorie kennt in unserem Jahrhundert zahlreiche und immer schneller aufeinander folgende Varianten, ohne daß eine davon jemals alleinherrschend gewesen oder geworden wäre und ohne daß sich, trotz aller Anstrengungen seit dem Russischen Formalismus, die Struktur dieses Wissenschaftstyps verändert hätte. Die Literaturwissenschaft ist nicht einmal eine Mehrparadigmen-Wissenschaft, sie ist eine paradigmenlose. Sie deshalb *nicht* als Wissenschaft zu bezeichnen, wäre gleich voreilig und unsinnig, wie wenn man einem Roman, nur weil er schlecht ist, die Zugehörigkeit zur Literatur absprechen wollte.

85 Auch in der gegenwärtigen Forschung z. B. zu den Märchen der Brüder Grimm oder zu Brentano gibt es kleine Aufsätze, die im Zentralorgan der älteren Schererschule, in der von Bernhard Seuffert herausgegebenen *Vierteljahrschrift für Litteraturgeschichte* nicht aufgefallen wären.

Konstruierte Ahnen. Forschungsprogramme und ihre ›Vorläufer‹. Dargestellt am Beispiel des Verhältnisses der geistesgeschichtlichen Literaturwissenschaft zu Wilhelm Dilthey

Tom Kindt/Hans-Harald Müller

In einer Situation, da es in den Kulturwissenschaften keine allgemein akzeptierte Theorie und Methodologie der Wissenschaftshistoriographie gibt, kommt empirischen Fallstudien immer noch eine gewisse Bedeutung zu, zumal dann, wenn sie nicht allein zur Erschließung unbekannten Materials beitragen, sondern zudem verallgemeinerbare Züge im Hinblick auf ihr Vorgehen beziehungsweise ihre Ergebnisse aufweisen. Eine solche Fallstudie hoffen wir im folgenden vorzulegen. Ihr Ziel ist die Kritik der sogenannten ›Dilthey-Legende‹, unter der wir die in der geistesgeschichtlichen Literaturwissenschaft und deren Historiographie dominante Lehrmeinung fassen wollen, daß Wilhelm Dilthey – insbesondere mit seiner Essay-Sammlung *Das Erlebnis und die Dichtung* – der wichtigste Vorläufer der geistesgeschichtlichen Literaturwissenschaft gewesen sei.[1]

In unserer Fallstudie werden wir dokumentieren, (I) welche kanonische Bedeutung Dilthey als Vorläufer in den Selbstdarstellungen der geistesgeschichtlichen Literaturwissenschaft der zehner und vor allem der zwanziger Jahre unseres Jahrhunderts erhielt und daß diese Selbstinterpretation von der Wissenschaftsgeschichte weitgehend unkritisch übernommen wurde. (II) In einer wissenschaftsgeschichtlichen Rekonstruktion werden wir darstellen, welchem Problemhintergrund die Aufsätze aus Diltheys *Das Erlebnis und die Dichtung* verpflichtet sind und daß die Aufsätze selbst dem Forschungsprogramm eines aufgeklärten ›literaturwissenschaftlichen Positivismus‹ – etwa in der Prägung Wilhelm Scherers – erheblich näherstehen als dem der geistesgeschichtlichen Literaturwissenschaft. (III) Daß dieser Sachverhalt dem größten Teil der akademischen Rezensenten von *Das Erlebnis und die Dichtung* be-

---

1 Systematische Untersuchungen zur Typologie, Funktion und Geschichte von Vorläufern scheint es in der Wissenschaftshistoriographie nicht zu geben. Erste Überlegungen finden sich bei Iris Sandler: »Some Reflections on the Protean Nature of the Scientific Precursor«. In: *History of Science* 17 (1979), S. 170–190. Für diesen Hinweis danken wir Ralf Klausnitzer. – Der Begriff der ›Dilthey-Legende‹ stammt von Frank Trommler, vgl. F. T.: »Germanistik und Öffentlichkeit«. In: Christoph König/Eberhard Lämmert (Hrsg.): *Literaturwissenschaft und Geistesgeschichte. 1910–1925*. Frankfurt a. M. 1993, S. 307–330, hier S. 310.

kannt war und nur eine sehr kleine Gruppe die Aufsatzsammlung als Vorbild für eine neue Literaturwissenschaft empfahl, zeigen wir in einer Untersuchung der Rezensionen zu *Das Erlebnis und die Dichtung* aus dem Zeitraum zwischen 1906 und 1913. (IV) Schließlich stellen wir in einer eigenen wissenschaftshistorischen Skizze einige Vermutungen darüber an, wieso gerade Wilhelm Dilthey zum Anwalt und Vorläufer der geistesgeschichtlichen Literaturwissenschaft gemacht wurde. (V) In einem Ausblick umreißen wir die Rolle von ›Fallstudien‹ in der Wissenschaftsgeschichte und die Funktion unserer Untersuchung.

Zu den verallgemeinerbaren Zügen beziehungsweise Ergebnissen gehören die beiden folgenden: (a) In den Geisteswissenschaften ermöglichen Studien zu Vorläufern von Forschungsprogrammen häufig nicht allein Korrekturen und Modifikationen von deren wissenschaftshistoriographischen Darstellungen, sondern eine materiale Kritik der Forschungsprogramme selbst (eine solche ist allerdings in unserem Beitrag nicht beabsichtigt); (b) es spricht sehr viel dafür, daß nicht allein im Fall der geistesgeschichtlichen Literaturwissenschaft die Konstruktion des abzulösenden Forschungsprogramms, vor allem aber die der eigenen Vorläufer nicht in der Entstehungs-, sondern erst in der Konsolidierungsphase des eigenen Programms vorgenommen wird.

I.

Die These, daß der Philosoph Wilhelm Dilthey der maßgebliche Vorläufer der geistesgeschichtlichen Literaturwissenschaft sei, geht auf diese selbst zurück. Diese Rolle erhielt Dilthey noch nicht in der Entstehungsphase der Geistesgeschichte zugewiesen, wenngleich einige seiner Arbeiten schon in den frühen programmatischen Texten führender Geistesgeschichtler lobend hervorgehoben wurden.[2] Mit Rudolf Unger formulierte zwar einer der prominentesten Propagandisten der geistesgeschichtlichen Wende bereits 1908, daß »wir keine schönere literarhistorische Essaysammlung als Diltheys Buch *Das Erlebnis und die Dichtung*«[3] besitzen, doch Ungers programmatischer Aufsatz »Philosophische Probleme in der neueren Literaturwissenschaft« machte, ähnlich wie andere zeitgenössische Manifeste der Geistesgeschichte, Dilthey noch nicht zur Leitfigur. Zum einen wurde er in einer Zeit »des Ringens um die Grundfragen und letzten Ziele«[4] der Literaturwissenschaft nicht als einziger Hoffnungsträger für deren Erneuerung angeführt; seine Schriften dienten vielmehr neben einer

2 Vgl. z.B. Rudolf Unger: »Philosophische Probleme in der neueren Literaturwissenschaft«. (1908). In: R. U.: *Gesammelte Studien.* 3 Bde. Darmstadt 1966 (Neudruck der Ausgabe Berlin 1929), Bd. 1, S. 1–32; Oskar Walzel: »Analytische und synthetische Literaturforschung«. (1910). In: O. W.: *Das Wortkunstwerk. Mittel seiner Erforschung.* Darmstadt 1968 (Neudruck der Ausgabe Leipzig 1926), S. 3–35; Julius Petersen: *Literaturgeschichte als Wissenschaft.* Heidelberg 1914.

3 Unger (Anm. 2), S. 13.

4 Ebd., S. 9.

ganzen Reihe von anderen als »Musterleistungen aus philosophischer Geistessphäre«[5]. Zum anderen waren die Programmatiker der Geistesgeschichte, sofern sie auf Dilthey Bezug nahmen, kaum einig darüber, was an seinen Studien musterhaft und wegweisend war.

In den bereits einige Jahre nach den Programmschriften einsetzenden Rückblicken der Geistesgeschichte auf ihre Entstehungsphase wandelte sich dieses Bild deutlich. So uneinig man noch immer in bezug auf Diltheys entscheidende Leistungen war, so einhellig wurde nun auf seine grundlegende Bedeutung für die Entstehung der Geistesgeschichte hingewiesen. In Rudolf Ungers Versuchen, die Entwicklung der »modernen Strömungen in der deutschen Literaturwissenschaft«[6] zu erläutern, galt Dilthey bald als »das große Vorbild«[7] der geistesgeschichtlichen Richtung, die nun zumeist von der ästhetischen und der (sozial-)psychologischen unterschieden wurde. Das »entscheidende Verdienst« Diltheys bestand Unger zufolge darin, »die Umbildung der philosophischen Literarhistorie – im älteren Sinne – zur geistesgeschichtlichen«[8] vorgenommen zu haben.[9] Auch Julius Petersen, der 1914 in seinem Aufsatz »Literaturgeschichte als Wissenschaft« Dilthey noch keine besondere Beachtung geschenkt hatte,[10] nannte in einem Vortrag von 1924 Dilthey als Vorläufer und dessen Sammlung *Das Erlebnis und die Dichtung* als »richtunggebenden Anstoß«: »In einer Zeit, da die Monographie zur Hauptaufgabe literarhistorischer Darstellung geworden schien [...], verhalf dieses Vorbild zur Befreiung von der Überlast des Stofflichen und zur Herausarbeitung des geistigen Gehaltes. So haben wir es denn in den letzten Jahrzehnten erlebt.«[11] Nach Diltheys Vorarbeiten war, wie Petersen mit einem Leitbegriff der Geistesgeschichte zusammenfaßte, »der Weg zu neuer Synthese offen«.[12] Mit der geistesgeschichtlichen Literaturwissenschaft setzte sich zugleich die Überzeugung durch, daß Dilthey ihr Vorläufer gewesen sei. Als solcher wurde er zum Beispiel in der von Erich Rothacker und Paul

5 Ebd., S. 13.

6 So der Titel einer Aufsatzreihe von Unger, vgl. R. U.: »Moderne Strömungen in der deutschen Literaturwissenschaft. Teil 1, Teil 2 (Über und um Conrad Ferdinand Meyer), Teil 3 (Erich Schmidts *Lessing* in vierter Auflage)«. In: *Die Literatur. Monatsschrift für Literaturfreunde* 21 (Oktober 1923 – Oktober 1924), S. 65–73, 321–324, 513–515.

7 Rudolf Unger: »Vom Werden und Wesen der neueren deutschen Literaturwissenschaft«. (1914). In: R. U.: *Gesammelte Studien* (Anm. 2), Bd. 1, S. 33–48, hier S. 45.

8 Unger (Anm. 6), S. 72.

9 Zur Auffassung der Geistesgeschichte als einer Wiederaufnahme der philosophisch orientierten Literaturgeschichte des 19. Jahrhunderts vgl. Holger Dainat: »Deutsche Literaturwissenschaft zwischen den Weltkriegen«. In: *Zs. für Germanistik* N. F. 1 (1991), S. 600–608, hier S. 602.

10 Vgl. Petersen (Anm. 2), S. 16, 30f., 36, 51.

11 Julius Petersen: »Literaturwissenschaft und Deutschkunde«. (1924). Zitiert nach: Gunter Reiß (Hrsg.): *Materialien zur Ideologiegeschichte der deutschen Literaturwissenschaft*. Tübingen 1973, Bd. 2, S. 24–34, hier S. 28.

12 Ebd. – Petersen hat diese Einlassungen 1939 auch in sein Buch *Die Wissenschaft von der Dichtung* übernommen, ergänzt um einen erklärenden Hinweis zum großen Erfolg von Diltheys *Das Erlebnis und die Dichtung*, vgl. J. P.: *Die Wissenschaft von der Dichtung*. 2. Aufl. Berlin 1944, S. 42.

Kluckhohn verfaßten Vorbemerkung zum 1923 erschienenen ersten Heft der *Deutschen Vierteljahrsschrift für Literaturwissenschaft und Geistesgeschichte* angeführt; der kurze Text nennt einige Schulen des Faches, aber nur einen einzigen Name: er spricht von »der geistesgeschichtlichen Richtung, vornehmlich Diltheyscher Schule«.[13]

Die in den späten 1920er Jahren zu einem wissenschaftsgeschichtlichen Gemeinplatz gewordene Verknüpfung von Diltheys Namen mit der Geistesgeschichte[14] überdauerte auch deren Ablösung als dominierende Forschungsrichtung der Literaturwissenschaft. Ob man die Geistesgeschichte wie Georg Lukács für eine überwundene Strömung hielt, deren Mängel nur kurz durch »die faszinierende Wirkung von Diltheys Werk *Das Erlebnis und die Dichtung*« verdeckt worden waren, das »in vielerlei Hinsicht Neuland« und »eine Gedankenwelt großangelegter Synthesen«[15] zu erschließen schien, oder ob man sie wie Erich Rothacker als im Grunde fruchtbares, aber leider »außer Mode«[16] gekommenes Unternehmen ansehen mußte, weil man »unter dem Eindruck von Diltheys *Dichtung und Erlebnis* [sic] aufgewachsen«[17] war – Dilthey stand als Vorläufer und Bahnbrecher der geistesgeschichtlichen Literaturwissenschaft fest.

Doch nicht nur die an einer Rekonstruktion von Einflußbeziehungen nicht interessierten Erinnerungen von Zeitzeugen, sondern auch die Historiographie der Philosophie und der Germanistik schrieben die ›Dilthey-Legende‹ der Geistesgeschichte meist unkritisch fort. Der philosophischen Dilthey-Forschung

---

13 Paul Kluckhohn u. a.: [Vorwort]. In: *DVjs* 1 (1923), S. V-VI, hier S. V. – Vgl. dazu auch Holger Dainat/Rainer Kolk: »Das Forum der Geistesgeschichte«. In: Robert Harsch-Niemeyer (Hrsg.): *Beiträge zur Methodengeschichte der neueren Philologien. Zum 125jährigen Bestehen des Max Niemeyer Verlages*. Tübingen 1995, S. 111–134, hier S. 117; Christoph König: »Individualität, Autonomie, Originalität. Zur Rezeption Diltheys in den ersten Jahren der *Deutschen Vierteljahrsschrift*«. In: *DVjs* 67 (1993), S. 197–220.

14 Dies zeigt sich in eher populären Überblicken ebenso wie in fachwissenschaftlichen Forschungsberichten; so bei Oskar Benda: *Der gegenwärtige Stand der deutschen Literaturwissenschaft. Eine Einführung in ihre Problemlage*. Wien/Leipzig 1928, S. 9f.: »Man kann geradezu zwei Ereignisse nennen, die das Ende der einen [positivistischen] und den Anbruch der andern [geistesgeschichtlichen] Epoche darstellen und zu einander wie Programm und Erfüllung stehen: K. Voßlers Schrift *Positivismus und Idealismus in der Sprachwissenschaft* (1904) [...] – und Diltheys Essaysammlung *Dichtung und Erlebnis* [sic] (1906), die bis heute das Vorbild durchgeistigter Literaturgeschichtsschreibung geblieben ist«, oder bei Walter Muschg: »Das Dichterporträt in der Literaturwissenschaft«. In: Emil Ermatinger (Hrsg.): *Philosophie der Literaturwissenschaft*. Berlin 1930, S. 277–314, hier S. 300: »Die große Tradition der geistesgeschichtlichen Betrachtung ruht [...] auf der bahnbrechenden Gestalt Wilhelm Diltheys und seiner Gefolgschaft.«

15 Georg Lukács: »Vorwort«. (1962). In: G. L.: *Theorie des Romans. Ein geschichtsphilosophischer Versuch über die Formen der großen Epik*. 3. Aufl. München 1994, S. 5–17, hier S. 7.

16 Vgl. Erich Rothacker: *Heitere Erinnerungen*. Frankfurt a.M./Bonn 1963, S. 71, dort heißt es: »Die Geistesgeschichte kommt außer Mode. Das Wort ›Mode‹ ist dabei zu unterstreichen. Allzu ernst sind solche ›Wandlungen‹ nicht immer zu nehmen.«

17 Ebd., S. 31.

zufolge stellte das Erscheinen von *Das Erlebnis und die Dichtung* nicht nur einen entscheidenden Einschnitt in der Rezeption der Diltheyschen Schriften dar, es markierte zugleich eine Zäsur in der Geschichte der Literaturwissenschaft.[18] In einem Überblick über den Verlauf der Dilthey-Edition und -Rezeption brachte Otto Friedrich Bollnow diese Überzeugung erstmals zum Ausdruck; Dilthey wurde, so Bollnow, durch die Publikation seiner literarhistorischen Essays nicht nur »in einer breiteren Öffentlichkeit«[19] bekannt: »Als Begründer der geistesgeschichtlichen Betrachtung hat Dilthey die Literaturgeschichte seiner Zeit [...] entscheidend bestimmt.«[20] *Das Erlebnis und die Dichtung*, so die philosophische ›opinio communis‹ zu Diltheys Wirkung, habe auf die Methode der Philologie »geradezu revolutionierend«[21] gewirkt, sein »unmittelbarer Einfluß« zeige sich »in der Entstehung der geistesgeschichtlichen Strömung der Literaturtheorie«.[22]

Auch innerhalb der Wissenschaftsgeschichte der Literaturwissenschaft fand diese Sichtweise eine bemerkenswert breite Zustimmung.[23] Entfernte man sich von den Selbstdarstellungen der Geistesgeschichte auch begrifflich, so blieb man diesen inhaltlich doch verpflichtet: Nach wie vor wurde angenommen, daß zu den – nun als »Paradigmawechsel [...] mit einer starken Hinwendung zur Philosophie«[24] bezeichneten – Entwicklungen in der Germanistik um 1910 Dilthey sowohl das Fundament der Konzeption von »Literaturwissenschaft als

---

18 Eine Kritik dieser Auffassung findet sich schon bei Kurt Müller-Vollmer: *Towards a Phenomenological Theory of Literature. A Study of Wilhelm Dilthey's* Poetik. The Hague 1963, S. 9, 33, 48. Vgl. außerdem auch Manfred Riedel: »Einleitung«. In: Wilhelm Dilthey: *Der Aufbau der geschichtlichen Welt in den Geisteswissenschaften*. 2. Aufl. Frankfurt a.M. 1993, S. 9–86, hier S. 17.

19 Otto Friedrich Bollnow: »Wilhelm Diltheys Stellung in der deutschen Philosophie. Zur Geschichte der Dilthey-Edition und Dilthey-Rezeption«. (1976). In: O. F. B.: *Studien zur Hermeneutik*. 2 Bde. Freiburg/München 1982, Bd. 1, S. 178–203, hier S. 185. Bollnow bemerkt weiter: »[...] das Wort ›Erlebnis‹ das dann zum Schlagwort der damaligen Jugend wurde, geht wohl im wesentlichen auf dies Buch zurück.«

20 Ebd.

21 Hans-Ulrich Lessing/Frithjof Rodi: »Einleitung«. In: H.-U. L./F. R. (Hrsg.): *Materialien zur Philosophie Wilhelm Diltheys*. Frankfurt a.M. 1984, S. 7–41, hier S. 8.

22 Rudolf A. Makkreel: *Dilthey, Philosoph der Geisteswissenschaften*. Frankfurt a.M. 1991, S. 185. – Auch Ferdinand Fellmann nennt in seinem Buch *Symbolischer Pragmatismus. Hermeneutik nach Dilthey* (Hamburg 1991) Diltheys *Erlebnis und Dichtung* eine »zum literaturwissenschaftlichen Programm gewordene Aufsatzsammlung« (S. 21).

23 Die ›opinio communis‹ wird zusammengefaßt bei Holger Dainat: »›Erlösung von jenem ertötenden Historismus‹. Die Neuere deutsche Literaturwissenschaft zu Beginn der zwanziger Jahre«. In: Wolfgang Bialas/Gérard Raulet (Hrsg.): *Die Historismusdebatte in der Weimarer Republik*. Frankfurt a.M. u.a. 1996, S. 248–271, hier S. 249. – Es finden sich allerdings auch Zweifel an dieser geistesgeschichtlichen Sichtweise, vgl. z.B. die Beiträge von Wilfried Barner, Hinrich C. Seeba und Frank Trommler in: König/Lämmert (Anm. 1.).

24 Karol Sauerland: »Paradigmawechsel unter dem Zeichen der Philosophie«. In: König/Lämmert (Anm. 1), S. 255–264, hier S. 255. Vgl. etwa auch Walter Müller-Seidel: »Literaturwissenschaft als Geistesgeschichte und literarische Moderne im wissenschaftsgeschichtlichen Kontext«. In: Ebd., S. 123–148, hier S. 133f.

Geistesgeschichte«[25] als auch die Musterbeispiele der Forschung[26] beigesteuert habe. »Auf die geistesgeschichtlich orientierten Germanisten vor dem Ersten Weltkrieg«, so lautete auch in der facheigenen Wissenschaftsgeschichtsschreibung die Lehrmeinung, »übte zweifellos Wilhelm Dilthey den größten Einfluß aus.«[27]

Um eine differenzierte Untersuchung dieser Einflüsse hat sich die Geschichte der Literaturwissenschaft erstaunlicherweise kaum bemüht. Dieser Mangel verblüfft um so mehr, weil die Frage nach dem Verhältnis zwischen Diltheys Positionen und den von Beginn an recht heterogenen Positionen der Geistesgeschichte schon in der Literaturwissenschaft selbst sehr früh aufgeworfen wurde. Bereits in der Zeit der geistesgeschichtlichen Wende wurde zum einen die Angemessenheit der sich häufenden Bezugnahmen auf Dilthey bestritten,[28] zum anderen wurde nachdrücklich auf das Fehlen innerfachlicher Konsequenzen von Diltheys *Das Erlebnis und die Dichtung* hingewiesen. Der Scherer-Schüler Richard Moritz Meyer etwa warnte schon 1914 davor, die Folgen der Diltheyschen Sammlung für die Ausrichtung des Fachs zu überschätzen:

> Dilthey hat seine größten Wirkungen erst durch die späteste Veröffentlichung, die unvergleichliche Essaysammlung *Das Erlebnis und die Dichtung* erreicht, auch dann eher in Nichtphilologen Simmel und Chamberlain (mit ihren Goethebüchern) ein Echo gefunden, als innerhalb der (wie man sagt) zünftigen Literaturgeschichte. Und auch diese waren weniger seine Schüler als seine Verwandten; so daß fast nur Gundolf mit seinem freilich bedeutenden Werke über Shakespeare und den deutschen Geist als Schüler Diltheys bezeichnet werden könnte.[29]

---

25 Vgl. Müller-Seidel (Anm. 24), S. 133: »Die Grundlegung dieser [der geistesgeschichtlichen] Literaturwissenschaft wird in hohem Maße Wilhelm Dilthey verdankt.« – Müller-Seidel versucht in seiner Untersuchung, Diltheys Vorstellungen von Literarhistorie und Poetik im Kontrast zu den Positionen Wilhelm Scherers zu verdeutlichen; ein solcher Kontrast ist zwar im Hinblick auf die ästhetischen Präferenzen, nicht aber im Hinblick auf die wissenschaftlichen Konzeptionen Scherers und Diltheys festzustellen. Vgl. auch Walter Müller-Seidel: »Diltheys Rehabilitierung Hölderlins. Eine wissenschaftsgeschichtliche Betrachtung«. In: Gerhard Kurz u. a. (Hrsg.): *Hölderlin und die Moderne*. Tübingen 1995, S. 41–73. – Die Nähe der Überlegungen Scherers und Diltheys hat hingegen Hans-Martin Kruckis mit wünschenswerter Klarheit dokumentiert, vgl. H.-M. K.: *»Ein potenziertes Abbild der Menschheit«. Biographischer Diskurs und Etablierung der Neugermanistik in der Goethe-Biographik bis Gundolf.* (Probleme der Dichtung Bd. 24). Heidelberg 1995, S. 228–237.

26 Wie unzulänglich die Übertragung Kuhnscher Begriffe auf die Entwicklung der Geistesgeschichte ist, zeigt sich vor allem in den Bemerkungen zu Diltheys ›Beispielhaftigkeit‹, die in keinem Zusammenhang zu Kuhns Konzept des ›gemeinsamen Beispiels‹ stehen, vgl. etwa Sauerland (Anm. 24), S. 257.

27 Jost Hermand: *Geschichte der Germanistik*. Hamburg 1994, S. 68. – Hermands Wissenschaftsgeschichte entbehrt nicht nur bei der Darstellung Diltheys die zuverlässigen philologischen Grundlagen.

28 So etwa schon Richard Moritz Meyer: »Alte und neue Literaturgeschichte«. In: *Germanisch-Romanische Monatsschrift* 2 (1910), S. 342–347, hier S. 347.

29 Richard Moritz Meyer: »Literaturforschung in Deutschland«. In: *Edda* 1 (1914), S. 19–32, hier S. 22.

Eine Bestätigung erfuhr diese Einschätzung bemerkenswerterweise von einem der Wortführer der Geistesgeschichte: im Vorwort zu seinem Buch *Das Wortkunstwerk* erinnerte Oskar Walzel 1926 an das Desinteresse der Philologie der Jahrhundertwende für die »Gedanken, die sich in einer Dichtung auswirken und aussprechen«; »Wilhelm Diltheys Aufsatzsammlung *Das Erlebnis und die Dichtung* von 1906 hätte, mächtig aufwühlend wie sie wirkte, diese Annahme wohl erschüttern sollen«,[30] sie fand aber, so Walzels resigniertes Resümee, als Buch eines Philosophen unter Philologen kaum Beachtung.

Wir wollen im folgenden den aufgeworfenen Fragen nachgehen. Bevor wir uns zu diesem Zweck der Untersuchung der Rezeption von *Das Erlebnis und die Dichtung* zuwenden, möchten wir zunächst durch die Betrachtung der Aufsätze dieser Sammlung in ihrem Entstehungszusammenhang in den sechziger und siebziger Jahren des 19. Jahrhunderts einen Hintergrund für die Bewertung der geistesgeschichtlichen Bezugnahmen auf Dilthey zu gewinnen suchen.

II.

Bei den von Dilthey für die Sammlung *Das Erlebnis und die Dichtung* von 1906 selbst ausgewählten Aufsätzen handelt es sich um Studien zu Lessing, Goethe, Novalis und Hölderlin, die mehrere Jahrzehnte zuvor entstanden, publiziert und für die Wiederveröffentlichung nur geringfügig geändert oder ergänzt worden waren.[31] Doch nicht allein die Texte, auch die ersten Pläne zu einer Aufsatzsammlung stammten bereits aus den sechziger Jahren des 19. Jahrhunderts. Als Dilthey die ursprüngliche Fassung des Aufsatzes über Lessing 1867 fertiggestellt hatte, eröffnete er Wilhelm Scherer, mit dem ihn freundschaftliche Beziehungen und gemeinsame Arbeitsvorhaben verbanden, seinen Plan, die literarhistorischen Aufsätze miteinander zu verbinden: »An Lessing konnte ich leider nichts mehr ändern [...]. Wenn Sie hier sind, will ich Ihnen einen Plan vorlegen, diese Aufsätze und andere, die halb fertig geschrieben daliegen, zu einem Ganzen (wie es wirklich vor den Teilen da war)

---

30 Oskar Walzel: »Vorwort«. (1926). In: O. W.: *Das Wortkunstwerk* (Anm. 2), S. VII-XIV, hier S. VII.

31 Wir können hier keinen anspruchsvollen Vergleich der verschiedenen Fassungen liefern, sondern nur kurz auf die Vorläufer der Aufsätze aus *Das Erlebnis und die Dichtung* hinweisen: Wilhelm Dilthey: »Novalis«. In: *Preußische Jahrbücher* (1865), Bd. 15, H. 6, S. 596–650; ders.: »Ueber Gotth[old] Ephr[aim] Lessing«. In: *Preußische Jahrbücher* (1867), Bd. 19, H. 2, S. 117–161, H. 3, S. 271–294; ders.: »Ueber die Einbildungskraft der Dichter«. In: *Zeitschrift für Völkerpsychologie und Sprachwissenschaft* (1878), Bd. 10, S. 42–104. – Für den Beitrag über Hölderlin fehlt eine entsprechende Vorlage, obgleich Dilthey auch in ihn einige Bemerkungen aus einem früheren Aufsatz übernommen hat, vgl. Wilhelm Hoffner [d. i. Wilhelm Dilthey]: »Hölderlin und die Ursachen seines Wahnsinnes«. In: *Westermanns Monatshefte* 22 (1867), S. 155–165.

zu verbinden, das für das Studium der Literaturgeschichte von Nutzen sein könnte.«[32]

Das ›Ganze‹, als dessen ›Teile‹ Diltheys literarhistorische Studien entstanden, war das Vorhaben einer Erneuerung der Wissenschaften von Geschichte und Gesellschaft, das durch drei miteinander verbundene Ziele bestimmt wurde: Dilthey ging es zunächst darum, eine empirischen Ansprüchen genügende Konzeption von Ideengeschichte zu entwickeln; darüber hinaus plante er, eine zeitgemäße Poetik zu konzipieren, die als Fundament einer solchen ideengeschichtlichen Historiographie im Bereich der Literatur dienen sollte; schließlich strebte er nicht nur für die Geschichte der Literatur, sondern für die Wissenschaften der Geschichte überhaupt eine Grundlegung an, die er in Form einer historisch-systematischen Wissenschaftslehre zu leisten hoffte.

Die große unvollendete Untersuchung zum *Leben Schleiermachers*[33] und die vielen verstreuten biographischen Skizzen[34] Diltheys verfolgten schon in historiographischer Hinsicht Ziele, die über die Ergänzung des positiven Wissens über die einzelnen Autoren hinausgingen. So ist zum Beispiel einem weiteren Brief an Scherer zu entnehmen, daß Dilthey in der Untersuchung von Schleiermachers Leben und Werk vor allem eine »moderne Analogie«[35] für die Analyse historisch entfernterer Zusammenhänge sah: »hier könnte doch allein aus zureichender Quelle durchschaut werden, was man in den ältern Zeiten diviniren müsse.«[36] Auch in der erstmals 1865 erschienenen Charakteristik von Novalis, der ältesten Studie aus dem Umkreis von *Das Erlebnis und die Dichtung*, wies Dilthey darauf hin, daß seine Beschäftigung mit Novalis kein Selbstzweck sei, sondern die »weitergreifende Hoffnung« anzeige, »an ihm einige der wichtigeren Motive der Weltansicht aufzuklären, welche in der auf Goethe, Kant und Fichte folgenden Generation hervortritt«[37]. Sein Ziel war es nicht zuletzt, wie er immer wieder hervorhob, »größere geschichtliche Kausalzusammenhänge aus genauen Detailstudien festzustellen«.[38]

---

32 Vgl. Clara Misch (Hrsg.): *Der junge Dilthey. Ein Lebensbild in Briefen und Tagebüchern 1852–1870.* Leipzig/Berlin 1933, S. 233 (Brief vom 10.3.1867). – Dilthey wies in den folgenden Jahren wiederholt auf diesen Plan hin, vgl. etwa Sigrid v. d. Schulenburg (Hrsg.): *Briefwechsel zwischen Wilhelm Dilthey und dem Grafen Paul York von Wartenburg 1877–1897.* Halle a.d.S. 1923, S. 181f. (Brief vom Frühjahr 1895).

33 Vgl. Wilhelm Dilthey: *Leben Schleiermachers.* Hrsg. von Martin Redeker. (Gesammelte Schriften Bde. 13 und 14). Göttingen 1979, 1985.

34 Vgl. etwa Wilhelm Dilthey: *Zur Geistesgeschichte des 19. Jahrhunderts. Portraits und biographische Skizzen. Quellenstudien und Literaturberichte zur Theologie und Philosophie im 19. Jahrhundert.* Hrsg. von Ulrich Herrmann. (Gesammelte Schriften Bd. 15). 2. Aufl. Göttingen 1981.

35 Misch (Anm. 32), S. 282 (Brief vom Mai 1870).

36 Ebd.

37 Wilhelm Dilthey: *Das Erlebnis und die Dichtung. Lessing – Goethe – Novalis – Hölderlin. Vier Aufsätze.* Leipzig 1906, S. 202. – Vgl. Dilthey: »Novalis« (Anm. 31), S. 597.

38 *Briefe Wilhelm Diltheys an Rudolf Haym 1861–1873.* Mitgeteilt von Prof. Dr. Erich Weniger in Frankfurt am Main. (Abhandlungen der preußischen Akademie der Wissenschaften. Jahrgang 1936. Philosophisch-historische Klasse. Nr. 9). Berlin 1936, S. 35 (Brief vom Juli 1873).

Aber Dilthey wollte mit seinen frühen Arbeiten nicht allein Bausteine zu einer umfassenderen Literaturgeschichte liefern; er erhoffte sich von ihnen auch in systematischer Hinsicht exemplarische Resultate. Die langjährige Beschäftigung mit Schleiermacher, die ihm, wie er selbst spottete, den Ruf eingebracht hatte, »[er] trüge sämtliche Schmerzen Schleiermachers auch in [s]einer weichgeschaffenen Seele«,[39] hatte für ihn nicht zuletzt heuristische Relevanz. Dilthey nahm sie zum Anlaß, die Grundlagen und Vorgehensweisen der historischen Forschung grundsätzlich zu überprüfen.[40] Dieses Vorhaben bildet denn auch den systematischen Problemhintergrund der literarhistorischen Essays und einer Reihe weiterer Untersuchungen Diltheys; im »Köhlerglauben an die Zukunft aller wahren, strengen Wissenschaft«[41] versuchte er die im Schleiermacher-Buch entwickelte »Methode an anderen Beispielen zu zeigen«.[42] Die Richtung seiner Auseinandersetzung mit den etablierten Methoden der historisch-philologischen Disziplinen umriß Dilthey in seinem Aufsatz zu Lessing, mit dem er »einen notwendigen Fortschritt in der Analyse der Entstehung unserer neueren deutschen Literatur über die bisherigen Behandlungen hinaus« anstrebte; während diese nämlich »ein Chaos zusammenstoßender Einwirkungen« zusammengetragen hätten, suchte Dilthey nun das »Lebensideal« der literarischen Entwicklungen seit Lessing aus der Vielzahl »historischer Bedingungen«[43] zu erklären. Der in solchen Formulierungen nur anklingende Anspruch einer Verwissenschaftlichung der geschichtlichen Fächer kam in den anderen Aufsätzen der Sammlung erheblich deutlicher zum Ausdruck: In der Novalis-Studie beschrieb Dilthey beispielsweise begeistert die »siegende Laufbahn«, auf der sich »der moderne wissenschaftliche Geist« befinde, »von der Entdeckung der Mechanik des Himmels ab bis auf diesen Tag, an welchem die Kräfte der Gesellschaft und der Geschichte unser begeistertes Studium beschäftigen«: »Die Erscheinungen Gesetzen unterwerfen, vermöge dieser Gesetze den Gang der Erscheinungen lenken, [...] das will dieser siegreiche Geist.«[44] Daß die von Dilthey vorgeschlagenen Verfahren und erhofften Ergebnisse einer neuen Literaturgeschichte offensichtlich von den naturwissenschaftlichen Disziplinen inspiriert waren, zeigte sich auch im Goethe-Essay: »Wie wir nun an einem Naturkörper seine chemische Zusammensetzung, seine Schwere, seinen Wärmezustand unterscheiden und für sich studieren, so sondern wir in dem darstellenden dichterischen Werke [...] voneinander Stoff, poe-

39 Misch (Anm. 32), S. 289 (Brief vom Juni 1870).

40 Vgl. ebd., S. 286 (Brief vom 2. 6. 1870).

41 *Briefe Wilhelm Diltheys an Bernhard und Luise Scholz. 1859–1864*. Mitgeteilt von Sigrid v. d. Schulenburg. (Sonderausgabe aus den Sitzungsberichten der preußischen Akademie der Wissenschaften. Jahrgang 1933. Philosophisch-historische Klasse. Nr. 10). Berlin 1933, S. 58 (Brief vom Frühling 1864).

42 Misch (Anm. 32), S. 287. – Dilthey bezieht sich hier auf das Vorhaben einer Rekonstruktion der Affektenlehre des 17. Jahrhunderts.

43 Dilthey (Anm. 37), S. 135. Vgl. auch Dilthey: »Ueber Gotth[old] Ephr[aim] Lessing« (Anm. 31), S. 293f.

44 Dilthey (Anm. 37), S. 249f. – Zum gemeinsamen ›Geist‹ von Natur- und Geisteswissenschaften vgl. auch ebd., S. 250f.

tische Stimmung, Motiv, Fabel, Charaktere und Darstellungsmittel.«[45] Nachdrücklicher aber als in den anderen der spät gesammelten Aufsätze stellte Dilthey hier auch heraus, daß eine Verwissenschaftlichung nur in Verbindung mit einer Grundlegung der literarhistorischen Methoden zu erreichen sei. Diltheys biographisch ausgerichtete Porträts zielten mit der Klärung des Verhältnisses zwischen Leben und Werk eines Dichters auf die allgemeine »Erforschung der dichterischen Phantasie« und damit auf die »naturgemäße Grundlegung des wissenschaftlichen Studiums der poetischen Literatur«.[46]

Die literarhistorischen Essays sollten beispielhafte Einblicke in größere geschichtliche Zusammenhänge eröffnen; darüber hinaus aber dienten sie dem Versuch, die Methoden und Fundamente der Wissenschaften von Geschichte und Gesellschaft grundsätzlich aufzuklären und weiterzuentwickeln. Die Aufsätze aus *Das Erlebnis und die Dichtung* waren mithin als Beiträge zu einer für die Literaturgeschichte grundlegenden ›Poetik‹ und zugleich zu einer für die geschichtlichen Fächer überhaupt fundamentalen ›Kritik der historischen Vernunft‹ entstanden.[47]

Von der Notwendigkeit einer solchen philosophischen Fundierung der historischen Wissenschaften war Dilthey schon früh überzeugt gewesen.[48] Gegenüber dem Jahrhundertbeginn hatte sich das Verhältnis zwischen der Philosophie und den Wissenschaften grundlegend gewandelt: Die ehemals als erste Wissenschaft angesehene Philosophie befand sich nach Hegels Tod in einer schweren Krise, die nicht zuletzt durch den rasanten Aufstieg der sich von ihr emanzipierenden empirischen Wissenschaften verursacht worden war.[49] Als das entscheidende Merkmal der nachidealistischen Epoche galt Dilthey, daß die Philosophie keinen Anspruch auf eine »Suprematie über die ›Einzelwissenschaften‹«[50] mehr erheben konnte. Dilthey war davon überzeugt, daß man auf diese Situation nicht mit dem Abschied von der Philosophie reagieren dürfe, sondern deren Aufgaben neu bestimmen müsse. In einem Gutachten, das er anläßlich der Gründung der Universität Straßburg verfaßte, formulierte er: »Die Philosophie

45 Dilthey (Anm. 37), S. 159f. Vgl. auch Dilthey: »Ueber die Einbildungskraft« (Anm. 31), S. 73f.

46 Dilthey (Anm. 37), S. 137.

47 Zum Begriff der ›Kritik der historischen Vernunft‹ vgl. Misch (Anm. 32), S. 80, und Wilhelm Dilthey: *Einleitung in die Geisteswissenschaften. Versuch einer Grundlegung für das Studium der Gesellschaft und der Geschichte.* Hrsg. von Bernhard Groethuysen. (Gesammelte Schriften Bd. 1). 8. Aufl. Stuttgart/Göttingen 1979.

48 1860 berichtete Dilthey Bernhard und Luise Scholz von Moritz Lazarus' Vorhaben, »die Methoden und Voraussetzungen der historischen und exakten Wissenschaften zu untersuchen«: »hier«, bemerkt Dilthey, »ist er in der That auf einem Weg, auf dem sich meine Gedanken mit ihm begegnen, ob ich gleich selbst erst in einem halben Dutzend Jahren wagen werde ihn zu betreten« – *Briefe Wilhelm Diltheys an Bernhard und Luise Scholz* (Anm. 41), S. 38 (Brief vom 31.10.1860).

49 Zur Krise der nachidealistischen Philosophie vgl. Herbert Schnädelbach: *Philosophie in Deutschland. 1831–1933.* Frankfurt a.M. 1991, und Karl Christian Köhnke: *Entstehung und Aufstieg des Neukantianismus. Die deutsche Universitätsphilosophie zwischen Idealismus und Positivismus.* Frankfurt a.M. 1993; vgl. auch Riedel (Anm. 18), S. 14–23.

50 Misch (Anm. 32), S. 81.

hat in der Wechselwirkung mit den Einzelwissenschaften ihr Leben.«[51] So wie der Idealismus nach Diltheys Auffassung daran gescheitert war, daß er Philosophie unter Absehung von den Ergebnissen der Einzelwissenschaften betrieben hatte, so waren von arbeitsteiligen Wissenschaften ohne philosophische Reflexion keine orientierenden Einsichten, ja nicht einmal interessante wissenschaftliche Resultate zu erwarten.[52] Während allerdings für die ›exakten Wissenschaften‹ schon Ansätze zu der erforderlichen Grundlegung vorhanden waren, fehlten diese im Bereich der ›historischen Wissenschaften‹. »Ein neuer Baco wird für das Gebiet der Geschichte festzustellen haben, welche Maßregeln der Historiker zu nehmen hat, um auf seinem Gebiete [...] zu positiven Resultaten zu gelangen«[53] – mit dieser Formulierung umriß Dilthey schon 1862 die Aufgabe, der er sich in den folgenden Jahren und Jahrzehnten widmete.

Entscheidenden Einfluß auf diese Versuche hatten die beiden für die Historiographie der Zeit einflußreichsten Richtungen, die von recht verschiedenen Voraussetzungen ausgingen, in der Ablehnung des Idealismus jedoch übereinstimmten: zum einen die deutsche historische Schule, der die Professionalisierung und Institutionalisierung der deutschen Historiographie zu verdanken war; zum anderen der französische Positivismus und der englische Empirismus, die die Aufgaben der nachidealistischen Philosophie erkannt und eine theoretische Grundlegung der historischen Wissenschaften gefordert und begonnen hatten.

Eine Bilanz von Diltheys frühen – zunächst eher exemplarischen, dann zunehmend systematischen – Bemühungen zog die 1883 erschienene *Einleitung in die Geisteswissenschaften*; sie sollte die theoretischen Defizite der historischen Schule durch eine »philosophische Grundlegung«[54] der Geschichts- und Gesellschaftswissenschaften beheben. Grenzte sich Dilthey dabei auch entschieden von den entsprechenden Konzeptionen der westeuropäischen Strömungen ab, denen er »das intime Gefühl der geschichtlichen Wirklichkeit«[55] absprach und »Generalisationswut«[56] vorwarf, so blieb deren Einfluß doch weiterhin deutlich erkennbar. Eine positivistische Orientierung zeigte sich nicht allein in dem Anspruch, daß für geschichtliche Erscheinungen Erklärungen geliefert werden müßten; an ihm hielt Dilthey ebenso fest wie an der Überzeugung, daß man in den Geisteswissenschaften tatsächlich zu Gesetzes-

---

51 Wilhelm Dilthey: »Entwurf zu einem Gutachten über die Gründung der Universität Straßburg«. (1871). In: *Die Erziehung. Monatsschrift für den Zusammenhang von Kultur und Erziehung in Wissenschaft und Leben* 16 (1941), S. 81–85, hier S. 83.

52 Vgl. dazu Hermann Useners Ausführungen über den mit ihm befreundeten Dilthey in einem Gutachten, in: Misch (Anm. 32), S. 251–254, hier S. 251f.

53 Wilhelm Dilthey: »Geschichte und Wissenschaft« [Rez. Henry Thomas Buckle: Geschichte der Civilisation in England. 2. Bde. Leipzig/Heidelberg 1860/1861]. (1862). In: W. D.: *Zur Geistesgeschichte des 19. Jahrhunderts. Aufsätze und Rezensionen aus Zeitungen und Zeitschriften 1859–1874*. Hrsg. von Ulrich Herrmann. (Gesammelte Schriften Bd. 16). 2. Aufl. Göttingen 1988, S. 100–106, hier S. 105.

54 Dilthey (Anm. 47), S. XVI.

55 Ebd., S. 23.

56 Ebd., S. 91.

wissen gelangen könne.[57] Jene Orientierung kam noch in dem Programm einer ›beschreibenden Psychologie‹ zum Ausdruck; auch wenn Dilthey diese in ausdrücklicher Abgrenzung gegen die ›erklärende Psychologie‹ der Naturwissenschaften als »erste und elementarste unter den Einzelwissenschaften des Geistes«[58] bestimmte, so versprach er sich doch von ihrer Verpflichtung auf ein induktives Vorgehen und ihrer Ausrichtung auf psychische Gesetzmäßigkeiten die Einlösung empiristischer Intentionen.[59]

Auch für Diltheys ›Poetik‹ von 1887, mit der er eine exemplarische Umsetzung seiner Bestimmung der Geisteswissenschaften lieferte,[60] blieben die Einflüsse der deutschen historischen Schule und des Positivismus bestimmend. Daß die Untersuchung der – wie es im Titel der ›Poetik‹ hieß – *Einbildungskraft des Dichters* dem für den ›literaturwissenschaftlichen Positivismus‹ der Zeit kennzeichnenden Versuch verpflichtet war, jene beiden Richtungen miteinander zu verbinden, zeigte sich schon in Diltheys Hoffnung, daß sich in einer am konzeptionellen Vorbild der Grammatik orientierten Poetik »die innere Erklärung eines geistig geschichtlichen Ganzen nach kausaler Methode«[61] durchführen lassen werde. Dilthey war der Überzeugung, daß die Poetik nach einer Periode idealistischer Spekulation endlich zu einer »modernen Erfahrungswissenschaft«[62] gemacht werden müsse: dazu gelte es, auf der Grundlage historischer Vergleiche und psychologischer Strukturbeschreibungen die in den biographischen Charakteristiken gemachten Beobachtungen zur Beziehung zwischen Leben und Werk von Dichtern zu systematisieren und so Gesetze der Umformung von Erlebnissen in Dichtungen zu extrapolieren. Als er mit der Niederschrift der Untersuchung begonnen hatte, schrieb er seinem Freund Graf York von Wartenburg: »Ich habe gezögert daranzugehen, definitiv zu schreiben, da ich stets glaubte eine Entdeckung wie die des Lautgesetzes auf dem Gebiet der Grammatik in Folge meiner analytisch hergestellten Elementarvorgänge nun machen zu können: sie schwebte vor mir her: ich muß [...] hoffen, daß später ein glücklicher Augenblick mich beschenkt.«[63]

Im Kontext der hier recht skizzenhaft rekonstruierten Versuche einer Grundlegung der Geschichts- und Gesellschaftswissenschaften im allgemeinen und

57 Ebd., S. 4, 68. Vgl. dazu auch Rudolf A. Makkreel: »Dilthey und die interpretierenden Wissenschaften: Die Rolle von Erklären und Verstehen«. In: *Dilthey-Jahrbuch* 1 (1983), S. 57–73.

58 Dilthey (Anm. 47), S. 33.

59 Vgl. dazu Wilhelm Dilthey, Brief an Wilhelm Scherer vom 20. 12. 1875. Für die Genehmigung zur Einsicht in die unveröffentlichten Dilthey-Briefe danken wir der Dilthey-Arbeitsstelle, Bochum. Vgl. zum Kontext auch Hans Sommerfeld: *Wilhelm Dilthey und der Positivismus. Eine Untersuchung zur »Einleitung in die Geisteswissenschaften.«* Diss. phil. Berlin 1926, vor allem S. 36f.

60 Vgl. Wilhelm Dilthey: »Die Einbildungskraft des Dichters. Bausteine für eine Poetik«. In: W. D.: *Abhandlungen zur Poetik, Ethik und Pädagogik.* Hrsg. von Georg Misch. (Gesammelte Schriften Bd. 6). 6. Aufl. Stuttgart/Göttingen 1978, S. 103–241; vgl. dazu Dilthey (Anm. 47), S. 88f.

61 Dilthey (Anm. 60), S. 125.

62 Ebd., S. 123.

63 Schulenburg (Anm. 32), S. 64 (Brief vom Dezember 1886).

der Literaturgeschichte im besonderen sind die biographischen Charakteristiken aus *Das Erlebnis und die Dichtung* entstanden, die unter ganz veränderten Bedingungen 30 Jahre später eine ungeahnte Wirkung erzielen sollten.

III.

Im folgenden werden wir knapp darstellen, welche typischen Charakterisierungen und Beurteilungen *Das Erlebnis und die Dichtung* in den Rezensionen erfuhr, die wir mit Hilfe der einschlägigen bibliographischen Hilfsmittel und der Durchsicht zeitgenössischer Zeitschriften ermitteln konnten. Es handelt sich um insgesamt 34 Rezensionen, die verschiedenen Auflagen von Diltheys Buch gewidmet wurden und im Zeitraum vom Jahresbeginn 1906 bis 1913 erschienen.[64] Die Zahl der – insbesondere in Tageszeitungen und entlegenen Zeitschriften – tatsächlich publizierten Rezensionen dürfte bei weitem höher sein als die von uns ermittelte; darauf lassen auch einige Rezensionen selbst schließen. So beginnt beispielsweise eine Anzeige aus der ersten Jahreshälfte 1906 mit dem Satz: »Dieses Buch ist der Aufmerksamkeit des Lesepublikums allerorten bereits so angelegentlich empfohlen worden, und ferner liegt der Zeitpunkt seines Erscheinens schon so weit zurück, daß es sich erübrigt, wenn nicht verbietet, auf einzelnes einzugehen« (*2*, S. 431). Zwei Rezensionen der zweiten Auflage weisen darauf hin, daß das Buch bei seinem Erscheinen »kein geringes Aufsehen machte« (*26*, S. 290).[65] Auffällig ist die für eine wissenschaftliche Veröffentlichung breite Streuung der Rezensionen: fünf erschienen in Tageszeitungen,[66] sechs in ›fachfremden‹,[67] zehn in fächerübergreifenden[68] und dreizehn in fachwissenschaftlichen Zeitschriften im weitesten Sinne.[69] Als ein Charakteristikum der Rezensionen muß schließlich angesehen werden, daß Diltheys Buch sehr häufig als Kunstwerk ›sui generis‹ gepriesen wurde. Der Dichter Richard Schaukal lobte es als »literarisches Ereignis ersten Ranges« (*11*), der Dichter Karl Henckell sah in ihm die »reine Höhenluft des Geistes« (*15*, S. 29) wehen, ein Rezensent empfand den letzten Aufsatz als »eine neue Offenbarung über Hölderlin« (*8*, S. 409), ein anderer meinte: »Dies Buch muß wie eine Befreiungstat wirken in unserer Zeit, in der Poesie und Poetik unter

---

64 Vgl. dazu die Aufstellung im Anhang, in der wir die Rezensionen in einer annähernd chronologischen Reihenfolge numeriert haben. Im Text werden wir im folgenden nur die Nummer der Rezension und gegebenenfalls die Zahl der zitierten Seite angeben. – Eine Anzahl bibliographisch ermittelter Rezensionen aus entlegenen Zeitungen oder Zeitschriften konnte nicht beschafft werden.

65 Vgl. auch *27*, S. 419.

66 *11, 13, 16, 33, 34* – Für die Überlassung einer Kopie der Rezension Jakob Minors (Nr. 33) haben wir Sebastian Meissl (Wien) zu danken.

67 *1, 6, 10, 18, 22, 27.*

68 *2, 4, 8, 9, 12, 14, 15, 20, 23, 32.*

69 *3, 5, 7, 17, 19, 21, 24, 25, 26, 28, 29, 30, 31.*

Literaturrichtungen und ästhetisierenden Abstraktionen zu ersticken drohen. Wer ein Herz hat für Poesie, dem muß Diltheys Arbeit ein Erlebnis bedeuten« (*14*, S. 74).

Wir haben die 34 Rezensionen für unsere Zwecke in die folgenden Gruppen eingeteilt:

(A) Referierende Rezensionen und Kurzanzeigen
In dieser Gruppe finden sich achtzehn Rezensionen beziehungsweise Kurzanzeigen,[70] die neutral bis wohlwollend über den Inhalt der Aufsätze aus *Das Erlebnis und die Dichtung* referieren, zumeist aber kaum Gesichtspunkte enthalten, die für eine wissenschaftsgeschichtliche Untersuchung von Bedeutung sind. Wir gehen auf diese Gruppe deshalb im folgenden genausowenig ein wie auf die der ›Ausreißer‹ Richard Schaukal und Karl Henckell (11, 15), die *Das Erlebnis und die Dichtung* im wesentlichen als Kunstwerk preisen.

(B) Historisch-rekonstruierende Rezensionen
Das Ziel der acht Rezensionen, die sich in dieser Gruppe befinden,[71] ist es, die Aufsätze aus *Das Erlebnis und die Dichtung* vor dem systematischen und/oder literarhistorischen Problemhintergrund zu charakterisieren, dem sie ihre Entstehung verdankten.

(C) Vorbildorientierende Rezensionen
Diese Gruppe umfaßt Rezensionen, die Diltheys Aufsätze als Vorbild für die gegenwärtige und zukünftige Literaturwissenschaft betrachten. Die Gruppe läßt sich in zwei Untergruppen differenzieren, nämlich eine eher konservative und eine eher avantgardistische Fraktion.

(C. 1) Die konservative Fraktion
umfaßt drei Rezensionen (*21*, *25*, *33*), die in Diltheys Aufsätzen ein Vorbild sehen, weil sie frei von jenen Mängeln sind, die gemeinhin mit den Epigonen der Scherer-Schule in Zusammenhang gebracht werden, wie etwa dem ›Biographismus‹.

(C. 2) Die avantgardistische Fraktion
umfaßt drei Rezensionen (*8*, *9*, *16*), die Diltheys Arbeiten als revolutionären Bruch mit der Literaturwissenschaft der Vergangenheit und als Vorbild für die der Zukunft betrachten.

Wenig problematisch ist die Gruppe der historisch-rekonstruierenden Rezensionen. Sie sind ausnahmslos von Wissenschaftlern verfaßt; neben den Literaturwissenschaftlern Erich Schmidt und seinem Schüler Robert Petsch rezensierten der Dilthey-Schüler und Kunsthistoriker Wilhelm Waetzoldt und die

70 *1*, *2*, *5*, *6*, *12*, *13*, *14*, *17*, *18*, *19*, *20*, *23*, *26*, *27*, *28*, *30*, *31*, *32*.
71 *3*, *4*, *7*, *10*, *22*, *24*, *29*, *34*.

beiden Philosophen Ferdinand Jakob Schmidt und Max Frischeisen-Köhler, von denen die beiden anspruchsvollsten Rezensionen stammen. Alle Rezensenten dieser Gruppe informieren, teils skizzenhaft wie Waetzoldt, teils ausführlich wie Schmidt und Frischeisen-Köhler, über die Entstehungszeit der Aufsätze aus *Das Erlebnis und die Dichtung* ebenso präzise wie über den systematischen Zusammenhang, der sie mit Diltheys ›Poetik‹ verbindet. Einige von ihnen versuchen den wissenschaftshistorischen Ort zu bestimmen, den Diltheys Aufsätze einnehmen. Petsch gedenkt in diesem Zusammenhang recht allgemein

> dankbar der Männer, [die] um die Wende des 19. Jahrhunderts von der Seite der Philosophie her die schwierigeren Probleme der Literaturgeschichte, wie die der Poetik anpackten und jüngere Germanisten dazu bewogen, in die Bahnen H. Hettners wieder einzulenken, aber dabei den in Scherers Schule geschärften Blick für das formale Element der Dichtung stetig zu üben. Zu jenen Männern gehören vor allem R. Eucken und W. Windelband, W. Dilthey und Joh. Volkelt (*22*, S. 213).

Frischeisen-Köhler liefert eine ausführlichere Skizze der Philologie im 19. Jahrhundert und charakterisiert die in *Das Erlebnis und die Dichtung* illustrierte psychologische Poetik Diltheys gleichsam als konzeptionelle Ergänzung des literaturwissenschaftlichen Positivismus der Scherer-Schule:

> Einmal liegen in dem übergreifenden geschichtlichen Zusammenhang, in dem Besitzstande der intellektuellen Kultur, den literarischen Traditionen, dem umgebenden Leben, den tatsächlichen Verhältnissen, gesellschaftlichen, politischen und anderen Zuständen die Bedingungen, welche auf die Bildung eines Einzelnen und seine Schöpfungen einwirken. In der Erkenntnis dieser Relationen, welche den Gang der literarischen Entwicklung bestimmen, hat die neuere Literaturforschung das Bedeutendste geleistet; so hat sie unter anderem in dem sorgfältigen Studium der Entstehungsgeschichte der Dichtungen ein ausgezeichnetes Hilfsmittel ihres genetischen Verständnisses sich geschaffen. Aber aus diesen Bedingungen allein ist eine erschöpfende Erklärung nicht möglich. Denn sie stellen nur Voraussetzungen dar, unter denen die Bildung einer dichterischen Individualität sich vollzieht; sie schließen wohl die Variabilität dessen, was sich bildet, in bestimmten Grenzen ein, aber sie erklären eben dieses sich Bildende nicht. Und doch ermöglicht erst das Verständnis dieser positiven und autonomen Realität, die in der geschichtlichen Individuation sichtbar wird, eine Abschätzung der Wirksamkeit der äußeren Bedingungen; nur in Verbindung mit ihr vermag deren Erkenntnis eine wirkliche Kausalerklärung herbeizuführen.
>
> [...]
>
> Für dies Problem der Auffassung menschlicher, insbesonderer dichterischer Individuation erweisen sich nun die literarhistorischen Aufsätze Diltheys als überaus wertvoll (*24*, Sp. 1159f.).

Die Rezensionen dieser Gruppe verdeutlichen vor allem, daß in der wissenschaftlichen Rezeption von *Das Erlebnis und die Dichtung* der systematische Zusammenhang von Diltheys Aufsätzen mit seiner eher ›positivistischen‹ psychologischen Poetik der 1870er und 1880er Jahre bekannt und unumstritten war.

Die Gruppe der vorbildorientierenden Rezensionen ist quantitativ etwa gleich stark wie die der historisch-rekonstruierenden. Die Untergruppe, die von der konservativen Fraktion gebildet wird, besteht aus zwei Rezensionen, die von dem Schmidt-Schüler Harry Maync und von Theodor A. Meyer stammen.

Maync hob hervor, daß Dilthey dem ›Biographismus‹ Herman Grimms und Bielschowskys fernstehe, und den eigentlichen Vorzug der Aufsätze aus *Das Erlebnis und die Dichtung* sah er in der Äquidistanz Diltheys zwischen einer verengten Literaturphilologie und einer spekulativen Literaturphilosophie:

> So bietet Dilthey der wahren Literatur*geschichte*, die allzusehr hinter einer untergeordneten bloßen Literaturphilologie hat zurückstehen müssen, hohe Muster. Nur weil diese geschichtliche Betrachtungsweise bisher nicht genug zu ihrem Rechte gekommen war, konnte z. B. die Dichtung von Novalis noch immer als verschwommen und unanalysierbar hingestellt werden, gerade wie seiner Zeit der zweite Teil des *Faust*. Und wie der Literaturphilologie, so tritt – und immer in produktiver Kritik – Dilthey, der zünftige Philosoph, zugleich auch derjenigen Richtung entgegen, die in der Literaturwissenschaft im Grunde eine Unterabteilung der Philosophie sehen will. Weltanschauungsgeschichte, nicht ästhetische Systematik führt zur Höhe; historisch geschulter, psychologisch feinfühliger vergleichender Impressionismus, nicht spekulativer Schematismus (*21*, S. 357).

Weniger genau in der Rekonstruktion der Position Diltheys hält Maync *Das Erlebnis und die Dichtung* für ein vorbildliches »Haupt- und Grundbuch für entwicklungsgeschichtliche Arbeit in der Literaturwissenschaft«, wenngleich er darauf hinweist, daß sich das Vorbild Diltheys nicht schlicht imitieren läßt, und »daß wir von einer wirklichen Literatur*geschichte* höchsten Ranges, die sich der Literaturphilologe wie der Literaturpsychologie nur als Hilfsmittel bedient, im allgemeinen noch recht weit entfernt sind« (*21*, S. 362). Ähnlich wie Maync beurteilt Meyer Diltheys Aufsatzsammlung; beide sind der Meinung, daß sie vorbildlich in der Vermeidung von Fehlern und Mängeln ist, welche die alten bewährten Konzeptionen haben – sie sprechen aber nicht davon, daß die Aufsätze aus *Das Erlebnis und die Dichtung* Vorbild für eine neue Konzeption der Literaturgeschichte sein könnten oder sollten.

Dieser letzteren Auffassung sind die drei Rezensionen aus der Gruppe, die wir als die avantgardistische Fraktion der vorbildorientierenden Rezensionen bezeichnen. Signifikant ist neben deren geringer Anzahl die Tatsache, daß nur einer der drei Rezensenten, Richard Weißenfels, Hochschullehrer war.[72] Mit diesen drei Rezensionen werden wir uns im Verhältnis zu den anderen Gruppen unverhältnismäßig ausführlich beschäftigen, um zu prüfen, welche Qualitäten der Aufsätze es sind, die die Rezensenten *Das Erlebnis und die Dichtung* als Vorbild für eine künftige Literaturwissenschaft empfehlen lassen.

Der Rezensent der *Deutschen Rundschau*, Richard Weißenfels, versichert, seine Rezension wolle »nur der Methode und dem großen kulturgeschichtlichen Zusammenhang der vier Abhandlungen« (8, S. 409) nachgehen. Was der Verfasser allerdings unter »Methode« versteht, wird nicht recht klar. Zu Beginn des Aufsatzes bezeichnet er nämlich Diltheys Methode als etwas »Subjektives«, das die Literaturwissenschaft übernehmen solle: »Was die Aufsätze zusammenhält, ist zunächst etwas *Subjektives*: die Methode, über die der Verfasser selbst innerhalb der Darstellung sich ausläßt, so dieser die feste theoretische Grund-

72 Richard Weißenfels war zunächst Privatdozent an der Universität Freiburg, später ordentlicher Professor in Göttingen. Für diesen Hinweis danken wir Klaus Weimar.

lage gebend und unserer Literaturwissenschaft Wege weisend, die sie nicht rasch genug begehen kann« (8, S. 400). Worin die wegweisende feste theoretische Grundlage für die Literaturwissenschaft besteht, darüber schweigt Weißenfels sich aus. Er weist zunächst darauf hin, daß Dilthey den ›Erlebnis‹-Begriff nicht etwa »in dem engen Sinne« definiere, »der gemeinhin, auch in der Literaturgeschichte damit verbunden wird«:

> Aber vielmehr begreift Dilthey unter Erlebnis etwa dasselbe wie Goethe in *Dichtung und Wahrheit*: die ganze geistige Existenz des Dichters als Produkt individueller Natur und der Eigenart der Zeitverhältnisse, in denen sie sich entwickelt. So erhalten wir in der Schilderung des Erlebnisses fest umrissene und farbige Bilder zugleich der Persönlichkeiten und Generationen, ihrer Zeiten. Für die kulturgeschichtliche Methode, nach der sie entworfen sind, ist die Einleitung zum Novalis-Aufsatz wichtig [...] (*8*, S. 400).

Weißenfels erkennt zwar, daß die »deskriptive Psychologie« die Grundlage von Diltheys Poetik darstellt (8, S. 402), aber weit mehr als der systematische Zusammenhang von Diltheys Überlegungen zur Poetik mit den Aufsätzen aus *Das Erlebnis und die Dichtung* interessiert ihn die vermeintliche »kulturgeschichtliche Methode« Diltheys, mit deren Hilfe dieser »fest umrissene und farbige Bilder zugleich der Persönlichkeiten und Generationen, ihrer Zeiten« malt. In dieser Charakteristik von Individuen und Zeitströmungen unterscheidet Weißenfels bei Dilthey eine ›theoretische‹ von einer ›praktischen Psychologie‹, wobei die letztere weitgehend auf Einfühlung und Nachempfindung basiert:

> Man kann dabei theoretische und praktische Psychologie unterscheiden: die persönlichen und die zeitgeschichtlichen Phänomene werden teils verstandesmäßig zergliedert und erklärt, teils nachempfunden. Wie Dilthey die Stimmung der Zeit Lessings und der jungen Romantik, wie er das eigenartige Seelenleben Hardenbergs und Hölderlins vergegenwärtigt, das ist nicht reines Verstandeswerk, vielmehr Einfühlung, ein Nacherleben mit intensivster Kraft des Gefühls und der Phantasie (*8*, S. 401).

Weißenfels teilt Diltheys Buch *Das Erlebnis und die Dichtung* gleichsam in zwei Schichten: den kognitiven Kern, den systematischen Zusammenhang, dem die Aufsätze ihre Entstehung verdanken, erkennt er noch; sein Interesse aber konzentriert sich auf Diltheys Charakteristiken von Individuen, Zeitströmungen und literarischen Gattungen, denen Weißenfels' ganze Bewunderung und der Hauptteil seiner Rezension gilt. Dieser Teil der Aufsätze Diltheys, in dem Weißenfels die Vorbildfunktion für die Literaturwissenschaft erblickt, ist nun in der Tat weitgehend »Subjektives«. Die »kulturgeschichtliche Methode«, die Weißenfels Diltheys Kunst der Charakteristik unterstellt, bleibt unexpliziert, und zudem wird ihr eine – Dilthey völlig fremde – praktische Psychologie unterstellt, die stark irrationale Züge trägt.

Daß die Einschätzung Diltheys als Schöpfer oder Anwalt einer neuen irrationalen Psychologie bei Weißenfels keine Ausnahme ist, erhellt sich aus den beiden anderen Rezensionen der Gruppe. Kurt Singer, der Diltheys Buch gemeinsam mit Rudolf Kassners Essays rezensiert, geht gar nicht mehr auf den Problemhintergrund der Diltheyschen Aufsätze ein, sondern konstatiert sofort:

> Man kennt ihn als Pfadfinder einer neuen Psychologie, der sich nie mit den Mechanismen eines Herbart oder Wundt zufriedengab, weil er überall das Lebendige, Irrationale sah,

dem man nicht mit Hebeln und Schrauben beikommen konnte. [...] Ihm konnte das Literaturhistorikergerede von Dichterschulen, Beeinflussung, großen Erlebnissen nicht genügen. Er sah den Menschen allseitig bedingt und bedingend, wußte, daß diese Bedingungen nur Schranken sind, in denen sich die unendliche Kraft des Individuums entfalten kann. Ja, er sah schließlich in Mensch und Welt nicht zwei fremde Komponenten, deren Resultante nach dem Parallelogramm der Kräfte gefunden werden kann; er sah sie als ein Ganzes, als eine natürliche Einheit, gleichwie ein organisches Wesen und seine anorganische Umwelt eins sind (*9*, S. 1276f.).

Während Singer Dilthey umstandslos als »Pfadfinder einer neuen Psychologie« und Alternative zur Literaturwissenschaft proklamiert, bemüht sich der Rezensent des *Leipziger Tageblatt[s]* zumindest noch zu erklären, weshalb die in so ferner Vergangenheit entstandenen Aufsätze Diltheys so modern sind. Für ihn beweist die Tatsache, daß die alten Aufsätze unter dem modernen Titel erscheinen und akzeptiert werden konnten, daß

der greise Philosoph heute, wo uns aus diesem Buch sein Bild als Literaturhistoriker klar entgegentritt, ein volles Anrecht hat, sich unter den Jungen seinen Platz zu suchen, und daß die Ehrerbietung, mit der sie sich vor ihm verneigt [sic] nichts von dem üblem Beigeschmack der traditionellen Pietät hat. Diltheys Buch zeigt die ganze Verinnerlichung, die wir heute fordern und das Hinabsteigen in die Tiefe der Persönlichkeit, soweit sie sich uns erschließen kann (*16*).

Um die Aktualität Diltheys zu untermauern, schreckt der Rezensent auch vor groben Verzeichnungen nicht zurück, etwa wenn er behauptet, die herkömmliche Psychologie stoße vor dem ›dichterischen Typus‹ an ihre Grenzen, hier helfe nur ›intuitives Schauen‹, das niemand so beherrsche wie Dilthey:

Wir sind im Gebiet einer neuen Psychologie, einer Psychologie komplizierterer Vorgänge, und einer neuen Poetik, wo wir heute nur erst tasten. In jenem Zwischenreich, wo uns nichts mehr als die Klarsichtigkeit intuitiven Schauens und das Bewußtsein einer kommenden Wissenschaft bleibt. Für die Gegenwart kann uns nur das erste weiterhelfen. Wenige besitzen es in so hohem Maße wie Dilthey. Aber gerade deshalb fühlen wir uns mit ihm auf um so festerem Boden, wo die praktische Anwendung der gewonnenen Ergebnisse auf die einzelne dichterische Individualität beginnt (*16*).

Die Gruppe der Rezensionen, die Diltheys *Das Erlebnis und die Dichtung* als Vorbild für die Literaturwissenschaft empfiehlt, ist quantitativ zu unbedeutend, als daß sich Verallgemeinerungen aus ihr ableiten ließen. Immerhin ist festzustellen, daß kaum Vertreter der akademischen Literaturwissenschaft oder Philosophie in ihr sind, daß der Problemhintergrund von Diltheys Aufsätzen in den Hintergrund gedrängt oder vergessen und Dilthey selbst als Anwalt einer neuen intuitionistischen Psychologie dargestellt wird.

IV.

Ein vorläufiges Fazit der vorangegangenen Rekonstruktionen läßt sich vielleicht wie folgt formulieren: Während der Entstehungsphase der Geistesgeschichte waren die Hinweise auf Dilthey als den entscheidenden Vorläufer einer grundlegend gewandelten Literaturwissenschaft überaus selten, und sie stammten überdies nicht von den Vertretern des Faches selbst. Erst in der Konsolidierungsphase der Geistesgeschichte änderten sich Zahl und Art der Bezugnahmen auf Dilthey auch innerhalb der akademischen Literaturwissenschaft; Dilthey wurde nun eine Schlüsselrolle für die geistesgeschichtliche Wende zugewiesen. Die Inanspruchnahme Diltheys durch die Geistesgeschichte war von vornherein und blieb problematisch, da sie dem Zusammenhang von Diltheys Gesamtwerk und dem Problemhintergrund seiner Essaysammlung keine hinreichende Beachtung schenkte.

Der entscheidende Grund dafür, daß Dilthey in den retrospektiven Selbstdarstellungen der Geistesgeschichte gleichwohl so selbstverständlich als maßgeblicher Vorläufer angeführt wurde, hängt – wie wir abschließend kurz umreißen wollen – mit den Legitimationsversuchen des geistesgeschichtlichen Programms zusammen.[73]

In dem in einem halben Jahrhundert entstandenen Werk Diltheys ließ sich für die Vertreter der Geistesgeschichte eine große Bandbreite von Anknüpfungspunkten für das eigene Programm finden – und dies zumal dann, wenn der interne Zusammenhang der Schriften ebenso unberücksichtigt blieb wie die Verträglichkeit von Diltheys Positionen mit den eigenen. Eine an Dilthey anschließende Richtung der Literaturwissenschaft verfügte über exemplarische literarhistorische Vorbilder, die, je nach Bedürfnislage, wahlweise verbunden werden konnten mit Ideengeschichte, wissenschaftstheoretischen Begründungsversuchen, psychologischer Einfühlung, strenger Wissenschaftlichkeit oder künstlerischer Intuition. Oskar Walzel etwa erschien eine Orientierung an Dilthey deshalb besonders attraktiv, weil dessen literarhistorische Essays »Kritik und zugleich Kritik der Kritik« liefern würden, »ausgeübt von einem Erkenntnistheoretiker, der die Wurzeln geisteswissenschaftlicher Arbeit aufzudecken gewohnt ist«.[74] Auf die umfassenden Möglichkeiten einer literaturwissenschaftlichen Strömung, die sich auf Dilthey berief, wies auch Unger wiederholt hin: War Dilthey zwar vor allem für die ideengeschichtliche Tradition von nicht zu überschätzender Bedeutung, so hatte er Unger zufolge doch

> seine Fähigkeit des schöpferischen Nacherlebens nach [...] drei Richtungen fast gleichmäßig ausgebildet, theoretisch geklärt und praktisch geübt: nach der religiös- oder philosophisch-weltanschaulichen, nach der ästhetischen und nach der sozialpsychologischen. Und eben diese Richtungen sind es nun vornehmlich, in denen die Generation des neuen Jahrhunderts ihren jugendlichen Erlebnisdrang auch wissenschaftlich auszuwirken versucht [...].[75]

Über dies vermutlich konkurrenzlose Spektrum möglicher Anschlüsse hinaus bot Diltheys Werk zusätzlich den Vorzug einer hohen Reputation. Die Aner-

---

73 Vgl. dazu auch Trommler (Anm. 1), S. 313.

74 Oskar Walzel: »Rez. Wilhelm Dilthey, Das Erlebnis und die Dichtung. Dritte Auflage«. In: *Euphorion* 19 (1912), S. 365–369, S. 366.

75 Unger (Anm. 6), S. 66.

kennung, die Dilthey mit seiner 1906 publizierten Essaysammlung und den seit 1914 erscheinenden *Gesammelten Schriften* fand, fehlte anderen in den Manifesten der Geistesgeschichte erwogenen Vorbildern wie etwa Rudolf Haym oder Heinrich Rickert. Diltheys Werk wurde nicht allein in der Philosophie und in verschiedenen kulturwissenschaftlichen Disziplinen diskutiert, sondern fand auch im außerakademischen Bereich einige Beachtung.[76] Mit dem Namen Diltheys konnte somit nicht allein die Hoffnung auf innerfachliche Anerkennung verbunden werden, sondern zugleich die Erwartung, das in der Öffentlichkeit geschwundene Ansehen der Philologie wiederzugewinnen. Deutlich wurden solche Hoffnungen etwa in Walzels Anmerkungen zur dritten Auflage von *Das Erlebnis und die Dichtung*, die sich wohl auch deshalb so ausführlich mit dem »starken buchhändlerischen Erfolg« der Sammlung befaßten, weil Walzel schmerzlich bewußt war, daß keine Wissenschaft »heute gleich stark unter der Ungunst des Publikums wie die neuere deutsche Literaturgeschichte«[77] leide. Aus den gleichen Gründen behauptete vermutlich auch Unger in seinen Bemerkungen zu den fünf ersten Bänden von Diltheys *Gesammelten Schriften*, daß die Leistungen Diltheys zunächst und bislang am nachdrücklichsten innerhalb der Literaturgeschichte anerkannt und umgesetzt worden seien; *Das Erlebnis und die Dichtung*, so betonte Unger, wirkte »wie eine Offenbarung und trug aufs wesentlichste dazu bei, der deutschen Literaturgeschichte neue Wege und Ziele zu weisen«.[78]

Schließlich diente die Berufung auf Dilthey – in Verbindung mit der Stilisierung Wilhelm Scherers zu dessen positivistischem Antipoden[79] – den Vertretern der Geistesgeschichte auch dazu, den Eindruck zu erwecken, sie vollzögen eine ›Revolution‹ in der Literaturwissenschaft, ohne doch die grundlegende Kontinuität der Disziplin zu gefährden. Diltheys Arbeiten nämlich wahrten nach Ansicht der geistesgeschichtlichen Literaturwissenschaftler einerseits die philologischen Standards des Fachs, anderseits ließen sich ihre ideengeschichtlichen Anteile modernisieren und den philosophischen Bedürfnissen der Gegenwart

76 Vgl. etwa Hofmannsthals Nachruf auf Dilthey – Hugo von Hofmannsthal: »Wilhelm Dilthey« [1911]. In: H. v. H.: *Gesammelte Werke in Einzelausgaben. Prosa III.* Frankfurt a. M. 1952, S. 53–56.

77 Walzel (Anm. 74), S. 367. – Vgl. auch *Wachstum und Wandel. Lebenserinnerungen von Oskar Walzel.* Aus dem Nachlaß herausgegeben von Carl Enders. Berlin 1956, S. 284; die Übernahme Diltheyscher Ansätze erscheint wie eine aus der Not geborene Anpassung: »Nun [in *Das Erlebnis und die Dichtung*] bekam man endlich wieder einmal zu lesen, was auch bei hervorragenden Fachleuten verschwiegen geblieben war, und entdeckte, daß dies hier Verschwiegene und von Dilthey stark Betonte das Eigentliche sei. Vorwürfe hagelten auf uns ›Literarhistoriker‹ herab.«

78 Rudolf Unger: »Moderne Strömungen der deutschen Literaturwissenschaft. Teil 4 (Wilhelm Diltheys Gesammelte Schriften), Teil 5 (Von den philologischen Grundlagen der Literaturgeschichte)«. In: *Die Literatur. Monatsschrift für Literaturfreunde* 22 (Oktober 1924 – Oktober 1925), S. 129–131, S. 321–324, hier S. 130.

79 Zum Scherer-Bild in der Geistesgeschichte vgl. Hans-Harald Müller: *Barockforschung: Ideologie und Methode. Ein Kapitel deutscher Wissenschaftsgeschichte 1870–1930.* Darmstadt 1973, S. 87f.

anpassen. Rudolf Unger sah es dementsprechend als das große Verdienst der von Dilthey vorbereiteten geistesgeschichtlichen Wende an, auch innerhalb der Literaturwissenschaft dem allgemeinen »Suchen und Sehnen nach überempirischen Wirklichkeiten und Werten«, dem grundsätzlichen Bedürfnis nach einer »tieferen Begründung und Zielsetzung des Lebens im Übermateriellen, Überzeitlichen, Übermenschlichen, Ewigen«[80] Rechnung getragen zu haben. Auch Julius Petersen erinnerte sich erleichtert, daß es nach Diltheys »essayistischen Meisterstücken« möglich geworden sei, neue, grundlegende Fragen zu formulieren: »Von der Stofflast belangloser Tatsächlichkeit befreit, drängte die Darstellung nun zur Herausbildung der zentralen Probleme, der Urgründe des Schaffens, der Wege des Verstehens und des Sinnes der Existenz.«[81]

Formulierungen wie die von Unger und Petersen – wie das programmtragende Vokabular der geistesgeschichtlichen Literaturwissenschaft insgesamt – lassen erkennen, daß die in ihm formulierten Ziele über die Behandlung disziplinärer Probleme weit hinausreichten. Mitunter wurde dies innerhalb der Geistesgeschichte auch unbefangen eingestanden, indem man die Bedeutung fachlicher Belange derjenigen allgemeiner historischer Umbrüche ausdrücklich unterordnete: »Nicht wissenschaftliche Reflexion und rationale Erkenntnis der Fehlerquellen unserer früheren Methoden, vielmehr die Sehnsucht nach neuer Sinngebung des Lebens, die im weitesten Sinn des Wortes ›religiöse‹ Begeisterung der jungen Generation für eine neue Wertordnung hat der literarhistorischen Revolution die sieghafte Stoßkraft verliehen.«[82]

Die Sehnsucht nach lebensphilosophischer Erneuerung, fundamentalistischer Orientierung und organischer Vereinheitlichung der sich immer stärker differenzierenden wissenschaftlichen Teildisziplinen war nun um die Jahrhundertwende bekanntlich kein innerfachliches germanistisches Spezifikum – es ist in nahezu allen Kulturwissenschaften der Zeit anzutreffen[83] und vermutlich am ehesten im Rahmen von allgemeinen denk- und sozialgeschichtlichen Szenarios zu erklären.[84] Daß zumindest sein Spätwerk mit den lebensphilosophischen Strömungen der Zeit verbunden war, trug zweifellos zur Wahl Diltheys als des entscheidenden Vorläufers der geistesgeschichtlichen Literaturwissenschaft bei – einer, wie wir gezeigt haben, nachträglichen Kür, der innerfachlich die Begründung fehlte und die wissenschaftshistorisch keine Plausibilität beanspruchen kann.

---

80 Vgl. Unger (Anm. 6), S. 65.

81 Petersen (Anm. 12), S. 42.

82 Otto Koischwitz: *Die Revolution in der Literaturwissenschaft. Vortrag gehalten vor dem Verein deutscher Lehrer von New York und Umgebung*. Berlin/New York 1928, S. 9.

83 Vgl. dazu die beiden Bände: *Kultur und Kulturwissenschaften um 1900*. Hrsg. von Rüdiger vom Bruch u. a. Stuttgart 1989, 1996.

84 Dazu erste Ansätze bei Martin Lindner: *Leben in der Krise. Zeitromane der neuen Sachlichkeit und die intellektuelle Mentalität der klassischen Moderne*. Stuttgart/Weimar 1994.

V.

Für wissenschaftshistoriographische Fallstudien in der Literaturwissenschaft bestehen gegenwärtig kaum Chancen auf eine unmittelbare Verknüpfung von Wissenschaftstheorie und Wissenschaftshistorie,[85] da die vorliegenden wissenschaftstheoretischen Konzeptionen – das haben die Übertragungsversuche des ›Paradigma‹-Begriffs eindrucksvoll gezeigt – bislang nur auf sehr problematische Weise auf die Geistes- und Kulturwissenschaften übertragen worden sind. In einer solchen Situation kommen Fallstudien im wesentlichen zwei Funktionen zu. Zum einen dienen sie der Kritik und Korrektur von vorliegenden historischen Arbeiten. Damit erübrigt sich für Beispieluntersuchungen zur Geschichte der Kulturwissenschaften allerdings nicht die Frage, wie sie zu modellieren sind, um Evaluationen anzuleiten; denn Fallbeispiele können mit wissenschaftshistorischen Darstellungen hinsichtlich der empirischen Ergebnisse und/oder der theoretischen Vorannahmen konfligieren. Zum anderen kann ihre Funktion darin bestehen, daß sie, über den einzelnen Fall hinaus, eine heuristische und problematisierende Funktion für die Wissenschaftshistoriographie der Literaturwissenschaft entfalten. Freilich sollten wissenschaftsgeschichtliche Fallstudien die Verpflichtung übernehmen, diese Funktionen auch aufzuzeigen.

Die problematisierende und heuristische Funktion unserer Untersuchung besteht im wesentlichen darin, daß sie auf die Bedeutung von ›Vorläufer‹-Studien bei der Untersuchung literaturwissenschaftlicher Forschungsprogramme hinweist. Solche Studien können in eine materiale Kritik literaturwissenschaftlicher Forschungsprogramme integriert werden. Eine entsprechende Kritik könnte – um im historischen Bereich unserer Studie zu verbleiben – sich z. B. auf die Angemessenheit der Kritik der geistesgeschichtlichen Literaturwissenschaft am ›literaturwissenschaftlichen Positivismus‹ erstrecken sowie auf die Berechtigung der Überbietungsansprüche, die die erstere gegenüber dem letzteren erhob. Wenn uns nicht alles täuscht, wird von einer solchen Kritik in jüngeren wissenschaftshistoriographischen Studien wenig Gebrauch gemacht; diese neigen dazu, alle Ansätze, Schulen, Richtungen und Orientierungen für Resultate eines naturwüchsigen Differenzierungsprozesses zu halten, den es zu beschreiben, aber nicht zu evaluieren gilt. Die retrospektive Entdeckung oder Erfindung von Vorläufern können zum anderen aber auch zu Untersuchungen Anlaß geben, die sich auf die unterschiedlichen Begründungen für neue literaturwissenschaftliche Forschungsprogramme in deren Anfangsphase und deren Konsolidierungsphase richten.

Speziell aus unserer Fallstudie lassen sich mehrere Folgerungen ziehen, die eine problematisierende und/oder heuristische Funktion besitzen. Der am wenigsten strittige Befund unserer Untersuchung dürfte die empirische Feststellung sein, daß Dilthey als Vorläufer der Geistesgeschichte nicht in deren Entstehungs-, sondern in der Konsolidierungsphase genannt wurde. Dieser Befund

85 Vgl. dazu auch den Beitrag von Ralf Klausnitzer im vorliegenden Band.

läßt sicher zahlreiche Interpretationen zu; es ist indes zu vermuten, daß es sich bei Reklamationen von Vorläufern um retrospektive Selbstzuschreibungen handelt, deren Funktion im wesentlichen in der Erzielung von Distinktionsgewinnen liegt – in welchem Umfang mit solchen Reklamationen auch Wahrheitsansprüche verbunden werden, bedarf weiterer Untersuchungen.[86]

Mindestens ebenso erklärungsbedürftig wie das Verhalten der geistesgeschichtlichen Literaturwissenschaftler, die Dilthey zum Vorläufer ihres Programms machten, ist aber das Verhalten der Wissenschaftshistoriographen, die diese Legende für ›bare Münze‹ nahmen. Nun gibt es sicher zahlreiche Mängel der Wissenschaftshistoriographie der Literaturwissenschaft und sicher ebenso zahlreiche Interpretationsmöglichkeiten für deren Erklärung. Wir vermuten aber, daß einer der Gründe für diese Mängel darin liegt, daß die Wissenschaftshistoriographie die konzeptionellen Selbstdeutungen zumeist weitgehend übernimmt, die die historischen Protagonisten für die Kritik alter und die Begründung neuer literaturwissenschaftlicher Forschungsprogramme geliefert haben. Hier tut vermutlich ein Wechsel des Rekonstruktionsrahmens not.

Anhang

Rezensionen zu Wilhelm Diltheys *Das Erlebnis und die Dichtung*

1 – B. In: *Pädagogische Blätter für Lehrerbildung und Lehrerbildungsanstalten* 35 (Gotha 1906), S. 480f.

2 – r. In: *Nation* (Berlin 1906), Nr. 27, S. 431f.

3 – Erich Schmidt. In: *Deutsche Literaturzeitung* 27 (6. 1. 1906), Nr. 1, Sp. 25–28.

4 – Ferdinand Jakob Schmidt. In: *Preußische Jahrbücher* 123 (Januar-März 1906), S. 201–219.

5 – M. K. In: *Literarisches Zentralblatt* 57 (7. 7. 1906), Nr. 28, Sp. 977f.

6 – Albert Zillessen. In: *Theologische Literaturzeitung* 31 (7. 7. 1906), Nr. 14, Sp. 514–516.

7 – Robert Petsch. In: *Jahrbuch der deutschen Shakespeare-Gesellschaft* 42 (1906), S. 228–230.

8 – Richard Weißenfels: »Erlebnis und Dichtung«. In: *Deutsche Rundschau* 128 (Juli-September 1906), S. 400–409.

9 – Kurt Singer: »Von tausend und einem Motive«. In: *Die neue Rundschau* 12 (Oktober 1906), H. 10, S. 1276–1278 (gemeinsam rezensiert mit Rudolf Kassner: *Motive. Essays*).

---

86 Vgl. dazu auch Hans-Harald Müller: »Wissenschaftsgeschichte und Rezeptionsforschung. Ein kritischer Essay über den (vorerst) vorletzten Versuch, die Literaturwissenschaft von Grund auf neu zu gestalten«. In: Jörg Schönert/Harro Segeberg (Hrsg.): *Polyperspektivik in der literarischen Moderne. Studien zur Theorie, Geschichte und Wirkung der Literatur. Karl Robert Mandelkow gewidmet.* (Hamburger Beiträge zur Germanistik Bd. 1). Frankfurt a. M./Bern 1988, S. 452–479.

10 – Wilhelm Waetzoldt. In: *Der Sämann. Monatsschrift für pädagogische Reform* 1906, S. 187–188.
11 – Richard Schaukal. In: *Wiener Abendpost* 1906, Nr. 116.
12 – Arthur Sewett. In: *Deutsche Monatsschrift für das gesamte Leben der Gegenwart* 10 (1906), S. 345–350.
13 – Adolf Stern. In: *Wissenschaftliche Beilage der Leipziger Zeitung* (19. 1. 1907), Nr. 3, S. 9–12.
14 – Herbert von Berger. In: *Die Hilfe* 1907, Nr. 5, 6, S. 74–76, 91f.
15 – Karl Henckell. In: *Das literarische Echo* 1907, Sp. 29–31.
16 – Paul Neuburger. In: *Natur und Geist. Wissenschaftliche Beilage zum Leipziger Tageblatt* (21. 4. 1907), Nr. 110.
17 – Otto Badke. In: *Die neueren Sprachen* 15 (Juni 1907), H. 3, S. 178f.
18 – J. Herter. In: *Literarische Rundschau für das katholische Deutschland* 1907, Nr. 3, Sp. 119–121.
19 – A. Brandl. In: *Archiv für das Studium der neueren Sprachen und Literaturen* 1907, S. 398–400.
20 – B. Irw. In: *Literarischer Handweiser* 44 (Freiburg 1907), Sp. 971f.
21 – Harry Maync: »Literaturphilologie – Literaturpsychologie – Literaturgeschichte«. In: *Neue Jahrbücher für das klassische Altertum, Geschichte und deutsche Literatur* 10 (1907), S. 356–362.
22 – Robert Petsch, [2. Aufl.]. In: *Das humanistische Gymnasium* 18 (1907), S. 212f.
23 – Anonym. In: *Hochland* 5 (1. 12. 1907), Nr. 3, S. 378.
24 – Max Frischeisen-Köhler, [2. Aufl.]. In: *Deutsche Literaturzeitung* 29 (9. 5. 1908), Nr. 19, Sp. 1157–1166.
25 – Theodor A. Meyer. In: *Zeitschrift für deutsche Philologie* 40 (1908), S. 240–242.
26 – Otto Weiß, [2. Aufl.]. In: *Zeitschrift für Philosophie und philosophische Kritik* 1908, S. 290–292.
27 – L. Zürn, [2. Aufl.]. In: *Zeitschrift für das Gymnasialwesen* 1908, S. 419–421.
28 – W. Oehl. In: *Allgemeines Literaturblatt* 17 (1908), Nr. 6, Sp. 177f.
29 – Hubert Roetteken. In: *Zeitschrift für vergleichende Literaturwissenschaft* 18 (1910), S. 115–123.
30 – Oskar Walzel, [3. und 4. Aufl.]. In: *Euphorion* 19 (1912), S. 365–369.
31 – W. Moog, [3. Aufl.]. In: *Literaturblatt für germanische und romanische Philologie* 34 (Januar 1913), Nr. 1, S. 1.
32 – Anonym, [4. Aufl.]. In: *Zeitschrift für Bücherfreunde* 5 (April 1913), H. 1, Beiblatt, S. 24.
33 – J[akob] Minor: »Diltheys Aufsätze« [2. Aufl.]. In: *Neue Freie Presse* Nr. 15539 (24. 11. 1907).
34 – Wilhelm Boehm: »Diltheys literarhistorische Aufsätze«. In: *Nationalzeitung* 61, Nr. 249 (23. 5. 1908), Sonntagsbeilage Nr. 21, S. 1f. und Nr. 283 (14. 6. 1908), Sonntagsbeilage Nr. 24, S. 2f.

Paradigmatische Innovationen und interne Differenzierung. Wandel durch Interdisziplinarität? Am Beispiel von Tendenzen der deutschen Literaturwissenschaft 1910–1930

Annette Simonis

I.

Die Frage, wie in den Wissenschaften neues, das heißt dem bisherigen Erkenntnisstand unbekanntes und möglicherweise inkommensurables Wissen entsteht, gehört zu den klassischen Fragen der Wissenschaftsforschung und -soziologie. Dabei ist klar, daß die Herausbildung des Neuen unter rein ideen- und mentalitätsgeschichtlichen Gesichtspunkten nicht zureichend beschrieben werden kann; die alte Vorstellung von Wissensgeschichte als einer kumulativen Serie von ingeniösen Einfällen und großen Entdeckungen darf wohl spätestens seit den Arbeiten Thomas S. Kuhns als überholt beziehungsweise revisionsbedürftig gelten. Grundlegend in diesem Zusammenhang ist vor allem die Einsicht, daß wissenschaftliche Ideen nicht in einem abgehobenen Raum gleichsam ungebundener Erkenntnisproduktion entstehen, sondern in Relation zu einem durch vorhergehende Selektionen strukturierten Feld hervorgebracht und entwickelt werden. Wissenschaftliche Innovation ist, mit anderen Worten, unabdingbar an spezifische Kontexte gebunden, die durch fachgeschichtliche Traditionen und etablierte Forschungskonventionen ebenso bestimmt werden wie durch institutionelle Bedingungen und Strukturen. Als ein möglicher Weg, den damit angesprochenen unhintergehbaren Kontextbezug wissenschaftlicher Erkenntnis zu konzeptualisieren, wird hier ein Modell wissenschaftlichen Wandels vorgeschlagen, das auf folgende Theorieelemente zurückgreift:

(1) Vorausgesetzt sei zunächst das Kuhnsche Konzept der paradigmageleiteten Form wissenschaftlichen Arbeitens: Das Paradigma – als zumeist unentwirrbares Ensemble von Theorieannahmen, Methodik, anerkannten Standards und klassischen Fallbeispielen – bestimmt die wissenschaftliche Praxis der ›scientific community‹.[1] Als weitere Kuhnsche Gesichtspunkte werden zudem der Leitbegriff der ›normalen‹ (im Unterschied zur ›außergewöhnlichen‹) Forschung sowie die Auffassung von disziplinärer Tradition als konstitutiver, mögliche Veränderung konditionierender Vorgabe zugrunde gelegt. (2) Es bietet

---

1 Vgl. Thomas S. Kuhn: *The Structure of Scientific Revolutions*. 2. Aufl. Chicago 1970, insbes. Kap. 5.

sich an, die besondere Form der Eigendynamik wissenschaftlicher Theorie- und Konzeptentwicklung im Rahmen eines systemtheoretischen Ansatzes zu beschreiben,[2] das heißt von der Vorstellung einer autopoietischen, systemförmigen Konstitutionsweise von Wissenschaft beziehungsweise wissenschaftlichen Disziplinen auszugehen.[3] Die interne Struktur des Gesamtsystems ›Wissenschaft‹ ergibt sich durch Prozesse der inneren Differenzierung des Systems in Teilsysteme (in die Einzeldisziplinen und deren Subsysteme), so daß auch innerhalb des Wissenschaftssystems eine Vielzahl von System – Umwelt – Relationen besteht. (3) Als weitere Theorieannahme sei ferner, was die Entstehung und Entwicklung wissenschaftlicher Ideen und Theorien betrifft, ein evolutionstheoretisches Konzept angenommen, wie es Stephen Toulmin für die Genese wissenschaftlichen Wissens,[4] Niklas Luhmann für die generelle gesellschaftliche Semantikevolution[5] postuliert haben. Den Ausgangspunkt bildet dabei die Vorstellung einer spontanen Eigenvariation des kulturellen beziehungsweise wissenschaftlichen Ideen- und Theoriebestands, wobei Veränderung als ein Effekt des Zusammenspiels von Variation und Selektion zu denken ist. Theorieannahmen, Methoden und wissenschaftliche Daten werden, mit anderen Worten, als eine »evolutionäre Masse« begriffen, die von sich aus Varianten und Innovationen erzeugt.[6]

Die damit angedeuteten theoretischen Annahmen sollen in der Analyse des Innovationsproblems als einander wechselseitig ergänzende Gesichtspunkte verwendet werden. Zunächst fällt auf, daß das genannte Problem unter dem Blickwinkel der hier angeführten Prämissen eine spezifische Akzentuierung erfährt: Erklärungsbedürftig erscheint nun weniger die Frage nach der *Entstehung* des Neuen (das Wissensmaterial produziert ja aus sich heraus Innovation); als entscheidendes Moment tritt nun vielmehr die Frage nach der *Durchsetzung* des Neuen, also des kommunikativen Erfolgs, hervor. Es ist ja, sowohl aus einer Kuhnschen als auch aus einer system- oder evolutionstheoretischen Sichtweise, keineswegs selbstverständlich, daß das wissensgeschichtlich Neue überhaupt

2 Vgl. Niklas Luhmann: »Die Ausdifferenzierung von Erkenntnisgewinn«. In: Nico Stehr/Volker Meja (Hrsg.): *Wissenssoziologie.* (Sonderheft 22 der Kölner *Zs. für Soziologie und Sozialpsychologie*). Opladen 1981, S. 101–139, und ders.: *Die Wissenschaft der Gesellschaft.* Frankfurt a. M. 1990.

3 Dies impliziert vor allem, daß sich Wissenschaft als ein selbstreferentiell geschlossener, eigenständiger Kommunikationszusammenhang aus einer nichtwissenschaftlichen Umwelt ausdifferenziert hat, der die Elemente, aus denen er besteht (i. e. publikationsförmige wissenschaftliche Kommunikation), selbst produziert. Vgl. Rudolf Stichweh: »Die Autopoiesis der Wissenschaft«. In: Dirk Baecker u. a. (Hrsg.): *Theorie als Passion. Niklas Luhmann zum 60. Geburtstag.* Frankfurt a. M. 1987, S. 447–481, hier S. 453.

4 Siehe Stephen Toulmin: »Die evolutionäre Entwicklung der Naturwissenschaft«. In: Werner Diederich (Hrsg.): *Theorien der Wissenschaftsgeschichte. Beiträge zur diachronen Wissenschaftstheorie.* Frankfurt a. M. 1974, S. 249–275.

5 Niklas Luhmann: »Gesellschaftliche Struktur und semantische Tradition«. In: N. L.: *Gesellschaftsstruktur und Semantik. Studien zur Wissenssoziologie der modernen Gesellschaft.* Bd. 1. Frankfurt a. M. 1980, S. 9–71, hier S. 41–58.

6 Niklas Luhmann: »Selbstreferenz und binäre Schematisierung«. In: N. L.: *Gesellschaftsstruktur und Semantik. Studien zur Wissenssoziologie der modernen Gesellschaft.* Bd. 1. Frankfurt a. M. 1980, S. 301–313, hier S. 303.

eine Formulierungs- und institutionelle Realisierungschance findet. Zwar geht es wissenschaftlicher Forschung – dem eigenen Selbstverständnis nach – um den Gewinn von Erkenntnis und damit von *neuem* Wissen, aber jenes Neue muß, um erfolgreich zu sein, auf vorangehende Selektionen bezogen bleiben und wird sich, im typischen Fall, in den Horizont einer spezifischen Erwartungsstruktur einfügen lassen. Auch wenn die rekursive, publikationsförmige Reproduktion wissenschaftlicher Kommunikation Möglichkeiten sowohl bestätigenden wie negierenden Anschließens eröffnet, wird sich erfolgreiche Innovation in der Regel im Rahmen eines durch vorausgesetzte Erwartungen und gemeinsame Annahmen definierten Spielraums möglicher Variation bewegen. Mit Kuhn gesprochen: Innovation bereitet keine Schwierigkeiten, sofern sie sich im Rahmen des vom Paradigma her gesehen Normalen, Erwartbaren und Assimilierbaren bewegt; sie ist problematisch und riskant, wenn sie gewissermaßen tiefer ansetzt und die konzeptuellen Grenzen des Paradigmas sprengt.[7] Man muß sich das paradoxe Moment des hier umrissenen Sachverhalts vor Augen führen: ›Normale‹ Forschung ist, obgleich sie sich dem Imperativ des Neuen und Innovativen unterstellt, zunächst einmal nicht dazu disponiert, tiefgreifende, radikale Neuerung anzuregen: »Normal science does not aim at novelties of fact or theory and, when successful, finds none.«[8] Innovation im Sinne der radikalen, bisherigen Forschungstopoi inkommensurablen Neuerung stellt demzufolge ein höchst unwahrscheinliches Geschehen dar. Es bedarf, so scheint es, besonderer, theoretischen Wandel begünstigender Bedingungen, damit ein neuer Theorieansatz, ein alternatives Paradigma, innerhalb einer etablierten Wissenschaftsdisziplin überhaupt eine Chance der konzeptuellen Ausarbeitung und des institutionellen Erfolgs erhalten kann. Zu diesen besonderen Bedingungen, die die Unwahrscheinlichkeit paradigmatischen Wandels herabsetzen, lassen sich (vor dem Hintergrund der skizzierten Theorieannahmen) folgende Thesen formulieren:

(1) Mit Kuhn ist zunächst davon auszugehen, daß paradigmatischer Wandel dann begünstigt ist, wenn das derzeit dominante Paradigma bereits einen Plausibilitätsverlust verzeichnet (nicht assimilierbare Beobachtungen, Inkonsistenzen, Anomalien). (2) Es besteht offenbar ein Zusammenhang der wechselseitigen Verstärkung zwischen Innendifferenzierung und paradigmatischer Innovation. Eine für theoretischen Wandel günstige Situation ist gegeben, wenn die (innere) Lage einer Disziplin so beschaffen ist, daß sie Innendifferenzierung ermöglicht beziehungsweise stimuliert. (Das erfordert eine gewisse Größe und Komplexität der Disziplin, eine Vielfalt von behandelten Problemzusammenhängen.) (3) Ein weiterer Gesichtspunkt, durch den sich die Unwahrscheinlichkeit der Durchsetzung des Neuen reduziert, hängt mit der inneren Umwelt disziplinärer Gemeinschaften und mit der Möglichkeit von Fremdbeobachtung zusammen. Theoretischer Wandel, so scheint es, hat dann eine größere Chance der Akzeptanz, wenn

---

7 Die innere Konsistenz und disziplinenweite Anerkennung des Paradigmas wirkt als Entmutigungsschwelle gegenüber Negation bzw. als ein Anreiz, innerhalb der sicheren Grenzen des Paradigmas zu bleiben.

8 Kuhn (Anm. 1), S. 52.

sie sich am Vorbild einer anerkannten Nachbardisziplin orientiert. Diese Form des Konzept- und Theorietransfers stellt eine auch in kulturwissenschaftlichen Gemeinschaften verbreitete Innovationsstrategie dar. Man beobachtet eine erfolgreiche Nachbardisziplin der innersystemischen Umwelt und adaptiert deren Konzepte und Verfahrensweisen, um so eigene, konstitutive Problemstellungen (in einer veränderten Einstellung) zu reformulieren. (4) Die Realisierungschance eines neuen (paradigmatischen) Ansatzes scheint zudem dann erhöht, wenn seine Durchsetzung eine Stärkung der Selbstreferenz der betreffenden Disziplin impliziert. Gemeint ist der Umstand, daß der neue Ansatz einen genaueren und prägnanteren Begriff von dem vermittelt, was die besondere Eigenart und Spezifik des Fachs beziehungsweise seines Gegenstandes ausmacht.

Die hier nur sehr abstrakt und vorgreifend angeführten Bedingungen und Parameter sollen in dem vorliegenden Beitrag anhand eines konkreten Beispiels näher erläutert und erprobt werden. Es geht dabei um eine bestimmte Phase in der Entwicklung der literaturwissenschaftlichen Disziplinen, nämlich die Jahre von etwa 1910 bis 1930. Diese Periode ist insofern interessant, als sie eine Phase des Umbruchs und Übergangs von der Philologie als dem bisher einzigen Paradigma der Disziplin zu einem jenem diametral entgegengesetzten geistesgeschichtlichen Ansatz darstellt. Die philologische Methode gerät bekanntlich gegen Ende des 19. Jahrhunderts in eine Krise: Sie vermag den Bedarf nach Zusammenhang und Synthese nicht zu decken, den sie selbst durch ihre fortschreitende Anhäufung mikrologischen Einzelwissens hervorruft. In dieser Situation bildet sich ein neuer Ansatz der geistesgeschichtlichen Literaturbetrachtung heraus,[9] der seine theoretischen Instrumente vorwiegend aus der Beobachtung und (selektiven) Nachahmung einer prominenten Nachbardisziplin bezieht, der Philosophie. Die weitreichende Etablierung der Geistesgeschichte als *dem* zentralen literaturwissenschaftlichen Paradigma der 1910er und 1920er Jahre ist wohl, zumindest zum Teil, auf die institutionelle Führungsrolle und die beträchtliche Reputation zurückzuführen, die ihr disziplinäres Vorbild, die Philosophie, unter den Kultur- und Geisteswissenschaften der Zeit behauptet. Und doch bleibt die Geistesgeschichte im zeitgenössischen Kontext nicht ohne konkurrierende, alternative Deutungsansätze. Schon um 1910, also noch im Vorfeld der eigentlichen Hochkonjunktur der Geistesgeschichte lassen sich Alternativangebote zu jener wenig später dominierenden paradigmatischen Richtung und zugleich Züge einer sich anbahnenden Pluralisierung der für die Fachgemeinschaft konstitutiven Theorien und Methoden beobachten.[10]

---

9 Vgl. die Beiträge des Bandes: Christoph König/Eberhard Lämmert (Hrsg.): *Literaturwissenschaft und Geistesgeschichte 1910 bis 1925*. Frankfurt a. M. 1993.

10 Die Bedingungen für Innendifferenzierung sind günstig: Die Literaturwissenschaft, insbesondere die Neugermanistik, verzeichnet gegen Ende des Jahrhunderts ein beachtliches Größenwachstum und eine Steigerung innerer Komplexität, vgl. Holger Dainat: »Von der Neueren Deutschen Literaturgeschichte zur Literaturwissenschaft. Die Fachentwicklung von 1890 bis 1913/14«. In: Jürgen Fohrmann/Wilhelm Voßkamp (Hrsg.): *Wissenschaftsgeschichte der Germanistik im 19. Jahrhundert*. Stuttgart/Weimar 1994, S. 494–537, hier S. 514.

Von den zu jener Zeit sich herausbildenden Alternativkonzepten zum geistesgeschichtlichen Paradigma verdienen insbesondere zwei Ansätze nähere Aufmerksamkeit: die Stilforschung und die Literatursoziologie. Die Stilforschung, die vor allem mit den Namen Oskar Walzel und Leo Spitzer assoziiert ist,[11] rückt erstmals die genaue, auch sprachwissenschaftlich und rhetorisch geschulte Beobachtung von Textstrukturen in den Mittelpunkt literaturwissenschaftlicher Forschung. Der Stil, das heißt die sprachliche Eigenart eines Textes, wird dabei zum entscheidenden Kriterium, das es erlaubt, den literarischen Gegenstand zu definieren und dessen relative Autonomie zu begründen beziehungsweise zu postulieren. Der Stilbegriff ist indessen nicht nur geeignet, die Identität des Gegenstands auf neue Weise zu bestimmen, er lenkt zugleich den Blick auf das, was die Spezifik einer literaturwissenschaftlichen Betrachtungsweise ausmacht. ›Stil‹ fungiert als Reflexionsbegriff, als ein Mittel der Selbst-Thematisierung und der Vergewisserung disziplinärer Identität. Daß der stilanalytische Ansatz trotz des skizzierten Reflexionsangebots im Untersuchungszeitraum nur eine (im Vergleich zum vorrangigen Paradigma) geringere institutionelle Bedeutung erlangt, ist wohl aus der insgesamt weitgehend unerschütterten Führungsposition der Geistesgeschichte zu erklären.

Noch schwieriger stellen sich die Startbedingungen und Anlaufchancen für das etwa zur gleichen Zeit in Ansätzen entworfene Konzept einer Literatursoziologie dar. Dieser seit etwa 1910 aufkommenden Richtung, die wichtige Anregungen aus den kultursoziologischen Analysen Georg Simmels und dem musiksoziologischen Entwurf Max Webers bezieht, sind vor allem Arbeiten des frühen Lukács, Levin Schückings, Paul Merkers und Arnold Hirschs zuzurechnen.[12] Was diesen Ansatz betrifft, läßt sich schon auf einer Ebene erster Annäherung bemerken, daß hier Gegenstand und fundierende Problemstellung des Fachs anders und in gewisser Hinsicht subtiler formuliert werden, als dies bei Geistesgeschichte und Stilforschung der Fall ist. Als leitender Gesichtspunkt dient nicht, wie bei der Stilanalyse, eine (inhärente) Eigenschaft der Textstruktur; es geht vielmehr um ein Relationierungsproblem, um die Art, wie (literarische) Form und (sozialer) Kontext aufeinander zu beziehen sind. Schon hier wird deutlich, daß damit kein Konzept bezeichnet ist, das sich in einfacher und eingängiger Weise als Formel disziplinärer Selbstverständigung und Identitätsbildung verwerten ließe. Noch in anderer Hinsicht sind die Möglichkeiten

---

11 Siehe besonders Oskar Walzel: *Gehalt und Gestalt im Kunstwerk des Dichters*. Berlin 1924, ders.: *Das Wortkunstwerk. Mittel zu seiner Erforschung*. Leipzig 1926, sowie Leo Spitzer: *Aufsätze zur romanischen Syntax und Stilistik*. Halle 1918, und ders.: *Romanische Stil- und Literaturstudien*. 2 Bde. Marburg 1931.

12 Georg Lukács: »Zur Theorie der Literaturgeschichte«. (1910). In: Ludwig Arnold (Hrsg.): *Georg Lukács*. Text+Kritik. Bd. 39/40, München 1973, S. 24–51; Levin L. Schücking: *Soziologie der literarischen Geschmacksbildung*. 1923, 2., erw. Aufl. Berlin/Leipzig 1931. Paul Merker: *Neue Aufgaben der deutschen Literaturgeschichte*. Leipzig, Berlin 1921, Arnold Hirsch: »Soziologie und Literaturgeschichte«. In: *Euphorion* 29 (1928), S. 74–82, ders.: *Bürgertum und Barock im deutschen Roman. Ein Beitrag zur Entstehungsgeschichte des bürgerlichen Weltbildes*. (Frankfurt a. M. 1934). 2. Aufl. besorgt von Herbert Singer. Köln/Graz 1957.

eines paradigmatischen Erfolgs jener Richtung begrenzt: Die frühe Literatursoziologie stellt – schon von der Logik ihres Ansatzes her – keine Reihe paradigmatischer Anschauungsbeispiele, keinen Kanon ›großer Werkinterpretationen‹ bereit, während sich demgegenüber die Geistesgeschichte nicht zuletzt durch eine Reihe einschlägiger Dichtermonographien die Aura des Wertvollen und Bedeutenden verleiht.[13]

Die hier nur thesenhaft skizzierte wissenschaftsgeschichtliche Konstellation ist im folgenden genauer zu untersuchen, insbesondere im Blick auf die Frage, warum Stilanalyse und Literatursoziologie, obgleich sie im konzeptuellen und theoretischen Inventar der Zeit als mögliche Alternativen gewissermaßen schon präsent sind, erst sehr viel später, mit der Ablösung des geistesgeschichtlichen Modells, eine weitreichendere institutionelle Realisierung erfahren.

II.

Die literatursoziologischen Ansätze, die sich in den ersten drei Jahrzehnten des 20. Jahrhunderts herausbildeten, lassen sich selbst im wissenschaftsgeschichtlichen Rückblick schwerlich auf einen Nenner bringen, denn sie waren nicht weniger gespalten und heterogen als die Anfänge der soziologischen Disziplin, die als methodisches Leitbild diente. Neben einer kulturhistorisch inspirierten soziologischen Literaturbetrachtung in der Nachfolge Karl Lamprechts gab es am anderen Pol des zeitgenössisch verfügbaren Spektrums beispielsweise literatursoziologische Analysen auf materialistischer und marxistischer Grundlage,[14] denen eine Institutionalisierung im damaligen disziplinären Kontext allerdings weitgehend verwehrt blieb. Schon aufgrund der irreduziblen Vielfalt der eingebrachten Vorschläge und Methoden konnte es im Falle der Literatursoziologie nicht zu einer ›Schulenbildung‹ im eigentlichen Sinne kommen. Vielmehr handelte es sich bei den Befürwortern jener Forschungsrichtung meist um Einzelgänger, die von dem stimulierenden Bewußtsein getragen wurden, Pionierarbeit zu leisten.

Stellvertretend für andere vergleichbare Initiativen einer fruchtbaren Kombination aus Literaturwissenschaft und soziologischer Theorie sollen im folgenden die Studien Arnold Hirschs näher betrachtet werden, deren Lektüre sich schon allein aufgrund ihrer methodischen Sensibilität und ihres vergleichsweise hohen theoretischen Niveaus lohnt. Die Rezeption von Hirschs Arbeiten blieb indessen eng auf die 1920er und frühen 1930er Jahre beschränkt, da jener sich 1933 zur Emigration gezwungen sah. Bis zu seinem Tod 1954 lehrte er in Frankreich an der ›Ecole Normale Supérieure‹.

---

13 Vgl. diesbezüglich den Überblicksessay von Wilhelm Voßkamp: »Literatursoziologie: Eine Alternative zur Geistesgeschichte? ›Sozialliterarische‹ Methoden in den ersten Jahrzehnten des 20. Jahrhunderts«. In: Christoph König/Eberhard Lämmert (Hrsg.): *Literaturwissenschaft und Geistesgeschichte 1910 bis 1925*. Frankfurt a.M. 1993, S. 291–306, hier S. 300.

14 Vgl. ebd., S. 291–295.

In seinem Beitrag »Soziologie und Literaturgeschichte«, der sich nichts weniger als eine Grundsatzklärung der angesprochenen Relation vornimmt, stellt der Autor zunächst die Frage, ob die zeitgenössische Soziologie »eine ihr eigentümliche Begriffsbildung« aufweise, die wiederum Voraussetzung eines eigenen disziplinären Formats wäre. Das Faszinierende der soziologischen Methode bestehe darin, daß sie »Typenbegriffe«[15] im Sinne Max Webers bilde und im Gegensatz zu einer vom Historismus geprägten Geschichtswissenschaft, die historische Entwicklungen individuellen, kulturtragenden Persönlichkeiten und Ereignissen zurechne, »generelle Regeln des Geschehens« suche. In ihrem Verallgemeinerungspotential, ihrer Eigentümlichkeit als »Wissenschaft von den allgemeinen Formen und Gesetzen des sozialen Seins und Geschehens« (Max Adler),[16] wird die Soziologie besonders für eine der Detailanalyse verhaftete Philologie attraktiv, die nach geeigneten Ordnungs- und Gliederungskonzepten für eine unübersichtlich gewordene Materialfülle Ausschau hält.

Die Tatsache, daß die soziologische Forschung im beginnenden 20. Jahrhundert von einem klaren disziplinären Profil selbst noch weit entfernt ist, scheint für die Begründung einer an ihrem Vorbild orientierten Literatursoziologie eher ungünstig, da sich letztere auf diese Weise von Anfang an Definitionsprobleme einhandelt. Dennoch setzt sich Hirsch zum Ziel, Ordnung in das »Gewirr der hundertfältigen Meinungen über das, was Soziologie sei, welche Methode sie anwende«[17] zu bringen. Es geht ihm um nichts weniger als eine Standortbestimmung der modernen Soziologie, deren disziplinäre Zuordnung in den Augen des damaligen Beobachters zwischen Naturwissenschaften und Geisteswissenschaften changierte. Hirsch verfolgt die Argumentationsstrategie, die Soziologie, die alles andere sei als eine bloße »Erweiterung der Biologie«[18], innerhalb der Geisteswissenschaften sicher zu verankern. Die Vorteile einer solchen Ausgangshypothese liegen auf der Hand. Denn sollte es gelingen, die Soziologie zweifelsfrei unter die geisteswissenschaftlichen Fächer zu subsumieren, dann würde diese nicht mehr als etwas schlechthin Fachfremdes erscheinen und der Weg wäre geebnet, ihre Methoden in größerem Umfang in den Literaturwissenschaften zur Anwendung zu bringen. Gleichzeitig würde es auf diese Weise gelingen, konkurrierende sozial-biologische Ansätze im Sinne Josef Nadlers aus einem solchen Soziologieverständnis von vornherein auszuschließen. Von daher versteht sich der theoretische Aufwand, den Hirsch auf jene prinzipielle Vorfrage verwendet.

In der Theoriediskussion seiner Zeit überaus belesen, kann Hirsch nicht nur auf namhafte Soziologen wie Alfred und Max Weber, sondern auch auf eine Vielzahl anderer Positionen (Wilhelm Dilthey, Heinrich Rickert und Ernst Cassirer) zurückgreifen. Die soziologische Betrachtung könne, so Hirschs Leitannahme, durchaus unter den Diltheyschen Verstehensbegriff subsumiert werden,

---

15 Hirsch: »Soziologie und Literaturgeschichte« (Anm. 12), S. 75.

16 Ebd., S. 75.

17 Ebd., S. 74.

18 Ebd., S. 75.

da sie nicht auf naturwissenschaftliche Kausalerklärungen im strengen Sinne ziele. Die Annäherung der Soziologie an die Kulturwissenschaften, wie sie Hirsch beobachtet beziehungsweise fordert, entspricht in der Tat einem vorherrschenden Trend der Soziologie zu Beginn dieses Jahrhunderts, die etwa in den Beiträgen Georg Simmels eine deutliche kulturtheoretische Ausrichtung erhält. In den Schriften Simmels läßt sich zudem eine interessante Verbindung von Kultursoziologie und Ästhetik erkennen, die von literaturwissenschaftlicher Seite grundsätzlich produktiv zu machen wäre.[19]

Auf welchem Wege soll sich der ›Import‹ soziologischer Kategorien und Methoden in den neuen literaturwissenschaftlichen Kontext vollziehen und auf welches Gesellschaftsmodell kann die von Hirsch projektierte Literatursoziologie zurückgreifen? Offenbar gibt es für Hirsch einen Zusammenhang zwischen sozialer ›Wirklichkeit‹ und literarischer Produktion, der sich allerdings nicht als ein einfaches (materialistisch gedachtes) Widerspiegelungsverhältnis begreifen läßt. Die literarische Dimension gewinnt in Hirschs Modell vor allem dadurch eine relative Unabhängigkeit von anderen gesellschaftlichen Teilbereichen, daß ihre Formen, Gattungen und Epochenströmungen einer eigenen Entwicklung folgen, die nicht ausschließlich durch soziologische Parameter bedingt ist und durch sie allein nicht hinreichend erklärt werden könne. Nur so ist zu verstehen, warum Hirsch, statt von einem einseitigen Ursache-Wirkungsverhältnis auszugehen, eine produktive reziproke Verbindung psychologischer, ästhetischer und soziologischer Beschreibungsansätze in Erwägung zieht.

Im Zentrum von Hirschs sozialliterarischen Bemühungen steht gleichwohl das Ziel, ein Konzept literarischer Evolution vorzulegen, das ohne eine soziologische Perspektive undenkbar sei beziehungsweise nicht plausibel gemacht werden könne. Dabei mag zunächst die Überzeugung, daß sich literarische Formen nicht abgehoben gleichsam im luftleeren Raum ausbilden, eine Rolle gespielt haben, wichtiger jedoch ist im argumentativen Kontext, daß die soziologische Deutung eine naheliegende Möglichkeit der ›Konsistenzstiftung‹, der Ausbildung von übergreifenden Zusammenhängen darstellt, ohne die Literaturgeschichtsschreibung nicht zu leisten wäre: »Die Soziologie wird für die Literaturgeschichte wichtig durch die Bildung allgemeiner, idealtypisch geformter Sinnbegriffe der gesellschaftlichen Kulturwirklichkeit, die als Mittel zur Erklärung des literarhistorischen Prozesses dienen.«[20] Mit anderen Worten: Die vorrangige Aufgabe der Literatursoziologie besteht darin, die Dynamik literarischer Evolution zu beschreiben, Gattungswandel und Epochentrends soziologisch zu erklären und zu plausibilisieren. Es liegt auf der Hand, daß ein solches Vorgehen die Krise der traditionellen Philologie, den mikrologischen Blick und

19 In jüngster Zeit hat besonders Klaus Lichtblau einen solchen Zusammenhang erörtert, vgl. K. L.: »Ästhetische Konzeptionen im Werk Georg Simmels«. In: *Simmel Newsletter* 1 (1991), S. 22–35. Vgl. ferner: Linda Simonis: »Reflexion der Moderne im Zeichen von Kunst. Max Weber und Georg Simmel zwischen Entzauberung und Ästhetisierung«. In: Gerhart v. Graevenitz (Hrsg.): *Konzepte der Moderne. DFG-Symposion 1997*. Stuttgart/Weimar 1999, S. 612–632.

20 Hirsch: »Soziologie und Literaturgeschichte« (Anm. 12), S. 81.

die damit verbundenen methodischen Engpässe ebenso zu überwinden vermag, wie es die Nachteile einer spekulativen philosophischen Ästhetik vermeidet, der eine angemessene soziologische oder empirische Grundlage fehlt. Unter sozialliterarischem Gesichtspunkt muß vor allem der autorzentrierte Ansatz, die Form der monumentalen Dichterbiographie überholungsbedürftig erscheinen. Ungeachtet dessen besteht eine gewisse Offenheit gegenüber psychologischen Perspektiven, da zwar die Vorstellung des genial schaffenden Autors obsolet geworden ist, nicht aber die des »sozial bedingten Individuums«.[21]

Die Stärke von Hirschs Zugehensweise liegt darin, daß er sich auf eine komplexere und subtile Analysemethode einzulassen bereit ist und Kurzschlüsse vermeidet, indem er keineswegs ein unmittelbares, gleichsam mimetisches Verhältnis von literarischen und sozialgeschichtlichen Daten annimmt. Dies zeigt sich nicht allein in der ausführlichen Methodendiskussion, sondern jene umsichtige Vorgehensweise bewährt sich auch in der Anwendung, wie die Untersuchung *Bürgertum und Barock im deutschen Roman* verdeutlicht. Am Beispiel der Überlegungen zur Gattungsgeschichte des pikaresken Romans läßt sich zeigen, inwieweit Hirschs Analyse ein hochdifferenziertes, alles andere als einseitiges oder reduktives Argumentationsmuster bevorzugt. Obwohl der Picaro-Roman als ein typisches frühbürgerliches Genre gilt, steht Hirsch interessanterweise zunächst einmal davon ab, in den frühen Ausprägungen jener Textsorte den Ausdruck bürgerlicher Lebensformen oder eines neuen Selbstbewußtseins dieser an Bedeutung gewinnenden sozialen Schicht erkennen zu wollen. Statt dessen beobachtet er, daß sich die Darstellung eines typisch frühbürgerlichen oder kaufmännischen Milieus im historischen Verlauf der Karriere des Schelmenromans auffallend verzögert niederschlägt.[22]

Die ›Verbürgerlichung‹ des Picaro erfolgt nicht schlagartig gleichsam über Nacht, sondern vollzieht sich schrittweise in allmählicher Abwandlung der vertrauten Gattungskonventionen. Erst im calvinistisch geprägten Ambiente – so Hirsch – kommt die neue soziologische Dimension überhaupt zum Tragen, denn erst hier artikuliert sich eine neuartige, als bürgerlich einzustufende Ethik, während der traditionelle Picaro-Roman dem Schema von Sünde und Vergebung vor dem heilsgeschichtlichen Horizont folgte: »Der Pikaroroman des Barock zeigt einen Zustand der Welt, der asketisch gedeutet ist: er versichert, daß die Welt verderbt und schlecht sei, daß der Mensch im Diesseits ständig sein Seelenheil gefährde und daß er deshalb seine Gedanken allein auf das Jenseits richten müsse. Der Pikaroroman des calvinistischen Bürgertums dagegen trägt eine völlig neue Lehre vor. Der Roman wird allein vom bürgerlichen Leben im Diesseits aus verständlich.«[23] Erst eine besondere mentalitäts- und diskursge-

---

21 Ebd., S. 82.

22 Vgl. Hirsch: *Bürgertum und Barock* (Anm. 12), S. 5: »Überprüft man, welche sozialen Räume überhaupt im Roman des 17. Jahrhunderts vorkommen, so zeigt sich, daß nicht allein im höfischen Staats- und Liebesroman und im adeligen Schäferroman, sondern sogar im Pikaroroman, der im Bürgertum entstand, die soziale Umwelt des Bürgers nirgends dargestellt wird.«

23 Ebd. S. 15.

schichtliche Konstellation, genauer: das Prinzip der innerweltlichen Askese, wie Hirsch in enger Anlehnung an Max Weber formuliert,[24] stellt die Folie bereit, vor der die ›Untugenden‹ und Schelmereien des Picaro nun auch gegenüber der weltlichen Justiz als ›Verbrechen‹ erscheinen: »Die Streiche und kleinen Diebstähle, Schelmenstücke und Gaunertricks des spanischen Pikaro werden nun zu Vergehen im kaufmännischen Leben, zu Unterschlagungen und Betrügereien.«[25] Ins frühe bürgerliche Denken transponiert, in dem sich eine bestimmte religiöse Haltung und moderne Effizienzkriterien unauflöslich verschränken, hat die zum integralen Bestandteil des Gattungsschemas gehörende hedonistische ›Genußsucht‹ des Picaro ihre souveräne Leichtigkeit sowie die unbeschwert positiven Konnotationen des ›carpe diem‹ verloren, um statt dessen nurmehr das »negative Gegenstück« jener neuen bürgerlichen ›Sittlichkeit‹ zu liefern.[26]

Es müssen also offensichtlich zusätzlich zu den manifesten sozialen Umbrüchen (dem Prestige- und Einflußgewinn der bürgerlichen Schichten) noch bestimmte mentalitätsgeschichtliche Faktoren hinzukommen, damit die Chance einer anderen als der bislang vertrauten Modellierung des prototypischen Gattungsbildes gegeben ist. Hirschs Ansatz orientiert sich, wie ersichtlich, keineswegs nur an sozialhistorischen ›Fakten‹ als solchen, da er sehr viel mehr daran interessiert ist, deren weiterreichende Auswirkungen, die Ausbildung einer bestimmten mentalen Struktur und deren diskursive Repräsentationen zu beobachten. Nicht die bloßen, realgeschichtlichen beziehungsweise soziologischen Tatsachen sind für sich betrachtet geeignet, Literaturgeschichte zu schreiben – in dieser Hinsicht nimmt Hirsch die Position des ›New Historicism‹ und der gegenwärtigen amerikanischen Kulturpoetik vorweg[27] –, vielmehr sind literarische Veränderungen nur aus dem komplexen Zusammenspiel und den vielfältigen Wechselwirkungen von sozialen Parametern, ästhetischen und ideengeschichtlichen Momenten zu begreifen. Soziale Gegebenheiten erweisen sich für den Literatursoziologen, paradox genug, in erster Linie als intellektuelle Konstruktionen, mentale Dispositionen und »psychologische Wirklichkeiten«.[28] Inmitten der literatursoziologischen Untersuchung eröffnet sich also unvermutet wieder die Möglichkeit, an ideengeschichtliche Momente anzuknüpfen und sich so der damaligen ›normal science‹, dem geistesgeschichtlichen Standard, wiederum anzunähern. Dabei wird der interdisziplinäre, an der Soziologie orientierte Ausgangspunkt indes keineswegs aus den Augen verloren, da insbesondere die religionsgeschichtlichen Studien von Max Weber bei der Hypothesenbildung Pate gestanden haben und die sozialtheoretische Grundlage bereitstellen, auf der die literaturwissenschaftliche Darstellung Hirschs sich allererst entfalten kann.

24 Vgl. Max Weber: »Die Protestantische Ethik und der Geist des Kapitalismus«. In: M. W.: *Gesammelte Aufsätze zur Religionssoziologie*. 9. Aufl. Tübingen 1988, Bd. 1, S. 17–206, hier S. 84–163.

25 Hirsch: *Bürgertum und Barock* (Anm. 12), S. 8.

26 Ebd., S . 21.

27 Vgl. Stephen Greenblatt: *Shakespearean Negotiations. The Circulation of Social Energy in Renaissance England*. Oxford 1988.

28 Hirsch: »Soziologie und Literaturgeschichte« (Anm. 12), S. 81.

III.

Auch die literaturwissenschaftliche Stilforschung, die sich seit der Jahrhundertwende formierte, verdankt ihre Entstehung interdisziplinären Anregungen, denn sie wäre ohne die Impulse aus der bildenden Kunst und die methodische Vorarbeit von namhaften Kunsthistorikern wie Alois Riegl, Wilhelm Worringer und Heinrich Wölfflin kaum denkbar gewesen. Als erste Vertreter einer am Vorbild der Kunstgeschichte orientierten literarischen Stilanalyse können unter den Philologen vor allem die Romanisten gelten, insbesondere Karl Vossler und Leo Spitzer. Dies mag nicht zuletzt daran liegen, daß der Umgang mit der Fremdsprache eo ipso die Aufmerksamkeit auf sprachliche und grammatikalische Details lenkt, auf die jeweilige Art und Weise der Darstellung. Erst die aus der Kunstgeschichte adaptierte ästhetische Beobachtungsperspektive ermöglicht indes jene programmatische Zuspitzung, welche die Stilanalyse emphatisch zu einer Betrachtung der »Sprache als Kunstwerk« erhebt.[29] Mit dem Begriff des Sprachstils, so Leo Spitzer, sei etwas ganz Ähnliches gemeint wie ›Baustil‹, ›Stil einer Persönlichkeit‹ usw.[30] So vollzieht die Stilforschung die Einordnung von Literatur in ein übergreifendes Kunstsystem, das die unterschiedlichsten künstlerischen Ausdrucksformen umfaßt und diese gewissermaßen gegen den Strom einer zunehmenden Spezialisierung der Gesellschaftsbereiche nochmals unter einem gemeinsamen Dach zusammenführt. Allerdings nimmt die literaturwissenschaftliche Stilanalyse jenen kunsthistorischen Horizont nur zum Anlaß, um ein analoges Instrumentarium zur Beobachtung und Beschreibung sprachlich-struktureller Phänomene zu entwickeln. Auf diese Weise zielt die Stilbetrachtung ungeachtet des interdisziplinären Auslösers auf ein im Grunde fachspezifisches Anliegen, wenn sie es unternimmt, die genuin literarischen beziehungsweise sprachlich-rhetorischen Momente von Literatur herauszuarbeiten. Dieses Vorhaben stärkt nicht allein die Selbstreferenz und, damit verbunden, das disziplinäre Selbstbewußtsein des Fachs, sondern stellt mit dem literarischen Stilbegriff zugleich eine Ordnungskategorie bereit, die in hohem Maße geeignet erscheint, aus der Unüberschaubarkeit philologischer Materialfülle herauszuführen, ohne dabei deren Ergebnisse und deren Anspruch auf wissenschaftliche Genauigkeit grundsätzlich preiszugeben. Mit solchen, an die Stilanalyse herangetragenen systematischen Erwartungen stimmt eine unter ihren frühen Vertretern beliebte Neigung überein, über die Stileigenheiten des Einzeltextes und den ›Tellerrand‹ der Werkkategorie hinauszublicken.

Schon Vossler unterscheidet neben einem Individualstil, der bestimmte Vorlieben oder Persönlichkeitsmerkmale eines Autors zu erkennen gibt, den Stil ganzer Epochen: »Es ist z. B. schwerlich ein reiner Zufall, daß im Zeitalter des Rationalismus und der Aufklärung das akustische Gefühl sich in den freien

---

29 Leo Spitzer: »›*Fait accompli*‹-Darstellung im Spanischen. Ein Versuch der Erfassung von Wesenszügen eines Sprachstils«. (1928). In: Helmut Hatzfeld (Hrsg.): Romanistische Stilforschung. Darmstadt 1975, S. 61–89, hier S. 77.

30 Ebd., S. 76.

Elfsilber verdünnte und verflüchtigte oder, wie in Frankreich geschah, zum Alexandriner erstarrte.«[31] Sofern es gelingt, ›Stil‹ als Kriterium der literaturgeschichtlichen Periodisierung einzusetzen, kann mit seiner Hilfe die mikrologische Ebene des Einzeltextes verlassen werden zugunsten der Beschreibung übergreifender Zusammenhänge und problemgeschichtlicher Abrisse. Dieses Fernziel schwebt der Stilforschung zu Beginn des Jahrhunderts (im Gegensatz etwa zur werkimmanenten Interpretation der 1950er und 1960er Jahre) offenbar auch dann vor Augen, wenn sie sich vorläufig darauf verlegt, einzelne Autoren und Werke zu untersuchen. Dahinter steht die Vorstellung einer stilistischen Eigendynamik, die von äußeren Faktoren relativ unabhängig ist und einen vergleichsweise autonomen Status annehmen kann. Stilwandel erweist sich vor dieser Folie als der verborgene Motor literarischer und künstlerischer Evolution. Solche stilistische Variabilität, an der evolutive Trends ansetzen können, zeigt sich, wie Vossler nachzuweisen sucht, noch in der Geschichte der traditionellen Verstypen und der metrisch strengen Gedichtformen, bei denen eigentlich keine große formalästhetische Flexibilität und mithin ein allenfalls geringes Entwicklungspotential zu erwarten wäre: »Die günstigsten Beobachtungsverhältnisse bieten uns die straffen traditionellen Formen, wie Oktave, Sonett oder Terzine, in denen sich der Reihe nach die verschiedensten Zeiten und Sprachstimmungen ausgesprochen haben, während das äußere Gerüst immer dasselbe blieb.«[32]

Auch in der germanistischen Literaturwissenschaft beginnt das Paradigma ›Stil‹ seine Karriere mit der Beobachtung zeitgenössischer kunstgeschichtlicher Tendenzen, wie die von Oskar Walzel am 3. 1. 1917 vor der Kantgesellschaft gehaltene Rede mit dem signifikanten Titel »Wechselseitige Erhellung der Künste« verdeutlicht.[33] Zusätzliche Autorität bezieht jenes Unternehmen nicht zuletzt aus der Berufung auf den klassischen Nationalautor Goethe, der in seinen kunstphilosophischen Beiträgen nicht anders verfahren sei, indem er »gern von dem Gestalten des bildenden Künstlers« ausgegangen sei.[34] Allerdings sollte auch im Umfeld der damaligen germanistischen Ansätze die Stilbetrachtung im Unterschied zu den frühen literatur-soziologischen Bemühungen den zu ihrer Gründung notwendigen interdisziplinären Horizont sehr bald hinter sich lassen, um sich statt dessen auf die besondere Eigenart des sprachlichen beziehungsweise ›literarischen Stils‹ zu konzentrieren. Gerade aufgrund der prekären Legitimationsbasis des Studiums der neueren Germanistik (das bis ins frühe 20. Jahrhundert noch im Schatten der Altgermanistik stand) schien es geboten, auf Spezialisierung und, damit verbunden, eine Förderung der disziplinären Eigenständigkeit zu setzen. Vorrangiges Ziel ist dementsprechend nicht, wie der Titel von Wal-

31 Karl Vossler: »Stil, Rhythmus und Reim in ihrer Wechselwirkung bei Petrarca und Leopardi«. (1903). In: Helmut Hatzfeld (Hrsg.): *Romanistische Stilforschung*. Darmstadt 1975, S. 10–35, hier S. 12.

32 Ebd., S. 12.

33 Oskar Walzel: *Wechselseitige Erhellung der Künste. Ein Beitrag zur Würdigung kunstgeschichtlicher Begriffe*. Berlin 1917.

34 Ebd., S. 91.

zels Essays suggeriert, eine intermediale Perspektive zu gewinnen beziehungsweise die unterschiedlichen Medien der Künste und die damit verbundenen Gestaltungsmöglichkeiten vergleichend ins Auge zu fassen. In erster Linie soll der Literaturwissenschaft eben jene stil- beziehungsweise gestaltorientierte Ausrichtung verliehen werden, die sich unter Kunsthistorikern seit längerem bewährt habe, der Germanistik aber bislang fehle. Eine solche Übertragung und Adaption ist gemeint, wenn Walzel empfiehlt, »bei den Kunsthistorikern in die Lehre zu gehen, um von ihnen erfolgreiche Handgriffe zur besseren Erfassung dichterischer Gestaltungsmöglichkeiten zu borgen«.[35] An Fritz Strichs Anwendung kunstgeschichtlicher Kategorien kritisiert Walzel, daß jener sich ›methodische Vorfragen‹ nicht gestellt habe und die betreffenden Konzepte einfach fortgeschrieben habe, ohne irgendeine Anpassung an den literarischen Gegenstand vorgenommen zu haben. Um eine erfolgreiche Übertragung durchzuführen, sei es hingegen notwendig, »erkenntnistheoretische Arbeit« zu leisten.[36]

Von der produktiven Aneignung kunsthistorischer Stilforschung verspricht sich Walzel nichts weniger als die Ausbildung einer eigenen Fachterminologie, die zweifellos zu einer Stärkung des wissenschaftlichen Profils der Philologien führen würde.[37] Vor allem die griffigen, von Heinrich Wölfflin vorgeschlagenen binären Schemata scheinen wegen ihrer eingängigen Kontrastwirkung und Prägnanz für ein solches Unterfangen geeignet. Teilweise antizipiert die wissenschaftliche Stilanalyse in ihrem Streben nach übersichtlicher, gleichsam tableauhafter Ordnung des Gegenstandsbereichs, sogar den klassifikatorischen und systematischen Impuls eines Lévi-Strauss. Als wissenschaftliche Zielprojektion schwebte den Stilforschern jedenfalls nichts Geringeres vor, als eine »Grammatik der künstlerischen Wirkungsmöglichkeiten«[38] zu erstellen, wie Spitzer es 1928 programmatisch formuliert. Dies ist der Grund, warum die Ausgangslage für die Stilisten eine ganz andere war als für die Literatursoziologen. Obwohl es in beiden Fällen um nichts weniger ging als die Gründung einer neuen Forschungsrichtung, konnte die Stilforschung gegenüber ihrem interdisziplinären Auslöser sehr viel rascher an Eigenständigkeit gewinnen und, damit verbunden, ein eigenes disziplinäres Profil sowie eine von dauernder interdisziplinärer Rückversicherung unabhängige Arbeitsweise erlangen. Ein weiterer Vorteil liegt darin, daß die Stilforschung an die Philologie anschlußfähig war, sich auf deren Vorarbeiten, was Methode und Gegenstand betraf, weit eher stützen konnte als die literatursoziologischen Ansätze. Damit schien die Situation für die Entstehung und Institutionalisierung des neuen Paradigmas der ›literarischen Stilforschung‹ eigentlich günstig.

Dennoch begegnete auch die literarische Stilanalyse erheblichen Widerständen und Schwierigkeiten, die einer genaueren Untersuchung bedürfen und im folgenden näher zu erörtern sind. Daß es auch die Stilforschung im ersten Drit-

35 Ebd., S. 25.

36 Vgl. ebd. S. 43, 57 und 63.

37 Vgl. ebd., S. 26.

38 Vgl. Leo Spitzer: »Wortkunst und Sprachwissenschaft«. In: *GRM* 13 (1928), S. 169–186, hier S. 171.

tel des zwanzigsten Jahrhunderts weder schaffte, eine wirklich konkurrenzfähige Alternative zur etablierten Geistesgeschichte zu bieten, noch die prägnanten Konturen einer Strukturanalyse vom Format des Russischen Formalismus erreichte, mag vor der Folie des bisher Gesagten auf den ersten Blick überraschen. Ein solcher, eher bescheidener Erfolg der Stilforscher auf der Ebene des Paradigmas liegt indes – wie noch im einzelnen zu zeigen ist – durchaus in der Logik ihrer Argumentationsstrategien, die sich durch Apologien und Kompromisse teilweise in gewisse Widersprüche und keine geringen Schwierigkeiten bei der Definition ihres Gegenstands verwickelten.

In seinem Aufsatz von 1917 zielte Walzel noch auf eine unzweideutige Abgrenzung gegenüber der Philosophie und der geistesgeschichtlichen Untersuchung. Im Kontext der Kantgesellschaft mußten seine entschiedenen Formulierungen am Schluß des Vortrags sogar unweigerlich eine polemische Stoßrichtung annehmen: »Ich lege der Kantgesellschaft eine Untersuchung vor, die einer Lieblingsneigung philosophischer Kunstbetrachtung zu widersprechen scheint. Der Philosoph geht auf das Innere, ich kehre die beobachtenden Augen dem Äußern des Kunstwerks zu. Der Philosoph sucht das Geistige, Seelische, Weltanschauliche, das hinter dem Kunstwerk steckt, ich gehe auf die künstlerischen Züge der sinnlich wirksamen Erscheinung.«[39] Nicht von ungefähr bedient sich Walzel einer ausgeprägten Innen-Außen-Dichotomie, die auf eine weitere suggestive Leitdifferenz, auf die gegensätzliche Semantik der Oberfläche und Tiefe, abgebildet werden kann. Im bewußten Verzicht auf den Versuch, die die künstlerische Leistung bedingenden psychologischen und intellektuellen Motivationen zu erraten, der die »letzte und höchste Aufgabe« bleiben mag, kapriziert sich Walzel auf das »bescheidenere« Ziel, »das Äußere so genau festzustellen wie nur möglich«.[40] Jene oft übergangene »äußere Schale« des literarischen Textes sei entgegen aller geläufigen Vorbehalte die »sicherste Grundlage«[41] und die eigentliche Voraussetzung, an der die wissenschaftliche Beobachtung ansetzen könne.

Walzel sollte diese entschiedene Position indessen sehr bald zurücknehmen, um an Stelle dessen nach einer Kompromißlösung Ausschau zu halten. Schon der Versuch, den künstlerischen ›Stil‹ in erster Linie als ›Gestalt‹ zu begreifen, enthält eine im Kern ganzheitliche Tendenz, die jene Konzentration auf die selbstreferentiellen rhetorischen Momente des Schreibens, um der es der Stilanalyse ihrem Ansatz nach zu tun war, langfristig und nachhaltig unterwandern sollte. Nicht von ungefähr beruft sich Walzel schon in der »Wechselseitigen Erhellung« auf die von Christian von Ehrenfels begründete ›Gestaltpsychologie‹,[42] die bekanntlich die Anwesenheit von irreduziblen ganzheitlichen Momenten im Wahrnehmungsprozeß entdeckt hat.[43] Unter dem Blick des Beobachters kommt

39 Walzel (Anm. 33), S. 86f.
40 Ebd., S. 87.
41 Ebd.
42 Vgl. ebd., S. 68f.
43 Vgl. Christian von Ehrenfels: »Über ›Gestaltqualitäten‹«. (1890). In: Chr. v. E.: *Philosophische Schriften*. Hrsg. von Reinhard Fabian. Mit einer Einleitung von Peter Simons. München/Wien 1988, Bd. 3: *Psychologie, Ethik, Erkenntnistheorie*, S. 128–155.

es demzufolge im Vollzug der Sinneswahrnehmung spontan zur Ausbildung von Totalitätsmomenten, die sich aus den gegebenen empirischen Einzelkomponenten additiv nicht berechnen ließen. An diesem Punkt nun glaubte die literarische Strukturanalyse ansetzen zu können, um zu erweisen, daß der literarische Stil ebenfalls eine ganzheitliche Erfahrung ausmacht, die diesseits oder jenseits aller mikrologischen Partialaspekte anzusiedeln sei. Die frühe Stilforschung ist somit durch einen auffallenden Synthese- oder Totalitätsbedarf gekennzeichnet, den sie paradoxerweise trotz ihrer analytischen Ausrichtung beibehält.

Die Genealogie des Gestaltkonzepts, die Walzel in einem frühen Aufsatz von 1909[44] entwickelte, führt nicht zufällig zurück ins 18. Jahrhundert zu Shaftesbury und Goethe. Der genannte Essay versucht, die richtungweisende Bedeutung des Begriffs der ›inward form‹, der ›inneren Gestalt‹, wie ihn Shaftesbury in Anlehnung an die Schule des Cambridger Neuplatonismus geprägt hatte, für die Epochen des Sturm und Drang und der deutschen Klassik nachzuweisen. Bei jenem Rekonstruktionsversuch geht es offenbar um mehr als ein rein historisches Erkenntnisinteresse, denn die ›innere Form‹ bewährte sich auch unter Literaturwissenschaftlern als bleibendes Faszinosum, weil sich in ihr gehaltliche, ideelle und materielle Aspekte in einem einzigen ästhetischen Totaleindruck wirkungsvoll verschränken. Durch die Aneignung einer solchen Formkonzeption neuplatonischer Provenienz werde – so Walzel – ein »ästhetisches Moment von vornherein in Shaftesburys Weltauffassung hereingetragen«. Folgt man dieser Perspektive, dann ist die formalästhetische Wendung in Shaftesburys philosophischen Schriften selbst angelegt: »Harmonische Form« sei »das Ziel von Shaftesburys Ethik«.[45] Walzel erläutert: »Wie in der Natur [...] so soll auch im Handeln des Menschen ein Einheitliches sich geltend machen, das die Einzelheiten zu einer Harmonie verknüpft. Dieses innere Maß heißt bei Shaftesbury: the interior numbers oder the inward form.«[46] Die besondere Dignität, die der Kategorie der inneren Form (im Gegensatz zur äußeren) beigemessen wurde, rührt nicht allein daher, daß man ihre Genealogie unter anderem auf Goethe zurückführen konnte; vielmehr begünstigte auch der entdeckte (spät)antike Ursprung jenes Konzepts dessen interessierte Aufnahme und vergleichsweise hohe Akzeptanz im geisteswissenschaftlichen Diskurs der Jahrhundertwende. Nicht von ungefähr betont Walzel: »Ohne Zweifel erhalten also Goethe und Herder durch Shaftesbury das Erbe von Jahrtausenden ausgeliefert.«[47] Auch in den 1920er Jahren hatte die Formel von der inneren Gestalt an Attraktivität kaum eingebüßt und schien besonders den literarischen Stilforschern bei ihrer Suche nach einem Weg aus der Mikrologie ein attraktives Problemlösungspotential zu versprechen.

---

44 Oskar Walzel: »Shaftesbury und das deutsche Geistesleben des 18. Jahrhunderts«. In: *GRM* 1 (1909), S. 416–437.

45 Ebd., S. 425.

46 Ebd.

47 Ebd., S. 423.

Die späteren Veröffentlichungen Walzels lassen schrittweise erkennen, daß er gegenüber der anfänglichen Konzentration auf sprachlich-strukturelle und rhetorische Parameter einen vorsichtigen Rückzieher macht und schließlich darum bemüht ist, die Stilforschung von der reinen Formanalyse (dem stets präsenten Schreckgespenst des ›bloßen Formalismus‹)[48] abzuheben, um sie denn doch wieder mit greifbaren Sinnangeboten anzureichern. In der Einleitung von *Gehalt und Gestalt* (1924) heißt es: »Rechtgefaßte Poetik will die großen Zusammenhänge und die grundlegenden Gegensätze ergründen, die zwischen den zahllosen Möglichkeiten des dichterischen Gestaltens bestehen [...] Künstlerische Gestalt des Dichtwerks und in ihr den *Ausdruck eines geistigen Gehalts* will sie erkennen lehren.«[49] Ausschlaggebend für eine gelungene Interpretation bleibt mithin auch für den Stilforscher in letzter Instanz die Orientierung an ideellen Werten, wie sie, so die Annahme, in den gegebenen Texten verkörpert und transportiert werden.

Weder die Detailergebnisse noch der literarische Stil als solcher können dem wissenschaftlichen Beobachter nunmehr als Ergebnis seiner Forschungen genügen. Sie sollen vielmehr nur als Grundlage dienen, von der aus weitreichende Schlußfolgerungen über Epochen und Schriftsteller- sowie Künstlerpersönlichkeiten entwickelt werden können. Weit davon entfernt, im philologischen ›Kleinkram‹ stecken zu bleiben, soll die Stilforschung das Ziel einer im wesentlichen ganzheitlich definierten Erkenntnis anstreben,[50] die mit psychologischen, anthropologischen und übergreifenden kulturdiagnostischen Erwägungen nicht eben enthaltsam umzugehen braucht. Das großangelegte Œuvre *Gehalt und Gestalt im Kunstwerk des Dichters*, das als 11. Band der von Walzel edierten, monumentalen Reihe mit dem unverfänglichen Titel ›Handbuch

48 Im Rahmen einer George-Interpretation aus dem Jahr 1925 notiert Walzel in diesem Sinne, den »Deutschen sei alles, was sich Form, vor allem künstlerische Form nennt, dank alter deutscher Abneigung gegen äußere Schranken unerträglich, fremd, ja geziert« – *Deutsche Dichtung der Gegenwart*. Leipzig 1925, S. 23.

49 Oskar Walzel: *Gehalt und Gestalt im Kunstwerk des Dichters*. Berlin 1924, S. 7, vgl. auch S. 14.

50 Mit diesem übergreifenden holistischen Trend der Stilforschung stimmt in der Einzelinterpretation eine bereits in den Arbeiten Vosslers vorherrschende Neigung überein, die richtige Proportion und das harmonische Zusammenstimmen von Selbstreferenz und Fremdreferenz als das Ausschlaggebende für das Gelingen des Werks anzusehen. Die Detailbeobachtungen müssen zusammen ›passen‹ und den Eindruck der ›Stimmigkeit‹ erwecken, der in Petrarcas Sonett X fehle: »*camino* und *pioggia* sind zweifellos zwei Reimworte mit stilistischem Hochton, dennoch sind sie nur durch die akustische Notwendigkeit eines Reims auf *appogia* und *latino* hereingekommen, denn, stilistisch betrachtet, passen sie absolut nicht zur Vorstellung der Säule: eine Säule kann nicht gehen, und Wind und Regen können sie nicht auf falsche Wege treiben. Der Fehler liegt in der Konzeption, im Stil, ist aber offenbar veranlaßt durch die akustische Forderung des Reims. Die Form hat den Inhalt zerbogen, der Fehler ist unheilbar« – Vossler (Anm. 31), S. 22f. Die größere Leistung bestehe zweifellos in der Genese von Ordnungsstrukturen als in deren Auflösung oder ›Dekonstruktion‹: »Das Volkslied schreitet auf dem leichteren Weg der Dekomposition, das Kunstlied sucht den schwierigeren der Rekomposition seiner rhythmischen Einheiten« – ebd., S. 28.

der Literaturwissenschaft‹ erschien, bildet den Höhepunkt und krönenden Schlußstein dieser vermittelnden Tendenz.

Auch die romanistischen Kollegen bleiben bei der reinen sprachlichen Strukturanalyse nicht stehen. Die Bestandsaufnahme sprachlich-stilistischer Details würde allein für sich genommen aus dem vertrauten Dilemma der philologischen Methodik nicht hinausführen, da auch sie eine Anhäufung von heterogenen Einzelanalysen und einer kaum noch zu bewältigenden Materialfülle mit sich bringt. Stil erweist sich auch in den romanistischen Arbeiten als das, was das bloß Strukturmäßige und das Einzelne auf eine Ganzheitserfahrung hin übersteigt. Spitzer verdeutlicht dieses übergreifende holistische Stilkonzept durch einen Vergleich beziehungsweise eine erkenntnisleitende Metapher. Der Sprachstil korrespondiere dem Gesamteindruck, den die feierlichen Prozessionen in der Karwoche, der ›semana santa‹, in Sevilla auf den Besucher hinterlassen: Dabei komme es zu einer Kombination von heterogenen Elementen aus den verschiedensten Kulturklimaten: »die *hermanos* in den Bußgewändern der Gegenreformation; die Holzfiguren der Barock- und Rokokozeit; die büßende Magdalena mit echten Frauenhaaren; die Empire- und noch moderneren Uniformen der die Prozession begleitenden Soldaten; [...] das Publikum der Gläubigen und auch vielleicht Ungläubigen; die rauchenden Herren, die schwitzenden *silleros*, die *¡Hay agua!* schreienden *Aguadores*, die *¡Hay globos!* rufenden Verkäufer von Kinderballons, [...] die *mantilla*-bekleideten Frauen.«[51]

Das auf den ersten Blick verworrene und unübersichtliche Zusammenspiel der zahllosen Details fügt sich nach Spitzer überraschenderweise zu einer spontanen Gesamtwahrnehmung zusammen, deren Zustandekommen in direkter Anlehnung an die schon von Walzel in Anspruch genommenen Ergebnisse der Gestaltpsychologie der Jahrhundertwende formuliert wird: »Das alles ergibt eine Summe, die nicht mit der Aufzählung der Summanden zu erschöpfen ist, einen Stil, eine Einheit, einen Gesamteindruck, der nicht definitions-, nur intuitionsweise zu erfassen ist.«[52] Mehr noch: Spitzer möchte noch einen Schritt weitergehen, indem er sich nachdrücklich dagegen wehrt, »den sprachlichen Kleinkram« aus seinem »Zusammenhang mit der Kultur des Volkes« zu lösen.[53] Jener übergreifende Kontext gleiche dem monumentalen Eindruck einer gotischen Kathedrale: »Die sprachlichen Erscheinungen müssen wir mit den sonstigen kulturellen zusammen zu einer Einheit verknüpfen. Jene gewinnen ihre besondere Bedeutung erst im Zusammenhang mit diesen, wie etwa die lateinischen Worte der Messe, die auf der ganzen Welt ertönen, wo Katholiken Gottesdienst abhalten, doch erst in der Bindung mit einer bestimmten Architektur, einem bestimmten Gesang und einer bestimmten Musik usw. den Stil des Gottesdienstes in einer bestimmten Kathedrale ergeben.«[54] Letztes und höchstes Ziel der Stilanalysen sei, die »Verknüpfung des Sprachlichen mit der besonde-

51 Spitzer (Anm. 29), S. 77.
52 Ebd.
53 Ebd., S. 78.
54 Ebd., S. 78f.

ren Volksart des Spaniers«[55] zu eruieren. Zudem erfolgt in den betreffenden Untersuchungen eine deutliche Anbindung des ›Stils‹ an ein Konzept von sogenannten ›Nationalcharakteren‹,[56] das in den Arbeiten Vosslers im Kern bereits angelegt ist.[57] Gegenüber jenem selbstverordneten Einheitsstreben bleibt dem Stilforscher indes noch der Ausweg, sich von der neuen Totalitätssuche wiederum ironisch zu distanzieren. Spitzer notiert in diesem Sinne: »Wundert man sich etwa darüber, daß das Bild eines Nationalstils nicht gleich ›harmonisch‹ aussieht und ›einfach‹ abzulesen ist? Es geht mit den Nationalcharakteren ebenso wie mit Unamunos Aufsätzen [...] Vielleicht ist also der hier angestellte Versuch selber eine donquijoteske oder unamuneske ‹*locura*›.«[58] Das Auffinden des jeweiligen Nationalstils bleibt – für Spitzer selbst – ein prekäres Unternehmen.

Blickt man zurück auf die bisherigen Überlegungen, so läßt sich eine allmähliche Aufweichung des ursprünglichen ›harten‹ Stilbegriffs erkennen, die wiederum durch verschiedene Faktoren bedingt ist, insbesondere aber durch die Bevorzugung einer ganzheitlichen Methode, einer holistischen Konzeption, die in den Beiträgen Walzels ihre morphologische Genealogie nicht verleugnet. Die Goethesche Aura verleiht dem neuen Modell der Stilanalyse, vornehmlich in germanistischen Fachkreisen, offenbar eine zusätzliche Dignität. Sie verhilft der sprachlichen Strukturbetrachtung darüber hinaus, dem Vorwurf eines vermeintlich ›leeren‹ Formalismus gewissermaßen schon im Vorfeld zu begegnen, um ihn wirkungsvoll zu entkräften. Nicht allein der ganzheitliche Ansatz als solcher bedeutet eine nachhaltige Modifikation des starken Stilbegriffs, auch die Ausweitung desselben auf vielfältige kulturhistorische Daten zeigt, daß den Stilforschern durchaus daran gelegen war, den Anschluß an die damalige Konjunktur der geistesgeschichtlichen Strömung zu finden. Jener Schulterschluß scheint nun allerdings so gut gelungen zu sein, daß eine klare konzeptuelle Unterscheidung und säuberliche Trennung zwischen literarischem (?) Stil und den Manifestationen des Geistes oder einer Idee in einer gegebenen Epoche kaum mehr möglich erscheint. Völlig zu Recht betont Erich Rothacker, daß ›Gestalt‹ keine bloße Strukturkategorie sei.[59] Es besteht – kritisch gewendet – die Gefahr, daß das neue Stilmodell sich, noch ehe es eine differenzierte Ausarbeitung gefunden und sich in der Anwendung bewährt hat, bereits wieder ins Konturenlose verflüchtigt und den Status eines eigenen Paradigmas verliert, um statt dessen in der Hauptströmung der geisteswissenschaftlichen Forschung mehr oder weniger bruchlos aufzugehen.

Bereits Vosslers Arbeiten umwerben ein Konzept des ›Sprachgeists‹, mittels dessen die sich auftuende Differenz zwischen Stilforschung und Geistesge-

---

55 Ebd., S. 79.

56 Ebd., S. 84.

57 Vgl. Vossler (Anm. 31), S. 10–12.

58 Spitzer (Anm. 29), S. 84.

59 Erich Rothacker: »Zur Philosophie des Geistes. Ein Literaturbericht«. In: *DVjs* 4 (1926), S. 315–337, hier S. 336.

schichte wiederum zu überbrücken wäre: »Insofern nun die einzelnen Sprachen einen gewissen dauernden Geistesinhalt, einen Sprachgeist, wie er den verschiedenen Völkern eigen ist, gleichsam versteinert in sich tragen, bieten sie an und für sich schon einige charakteristische Verschiedenheiten in ihrer Verknüpfungsweise von Laut und Sinn, von Klang und Gedanke, von Dichtung und Vers.«[60] Auch der romanistische Stilforscher möchte sich nicht darauf einlassen, die Einseitigkeit der reinen Sprachanalyse zu riskieren, sondern setzt auf Ausgleich und läßt sich auf den schwierigen Balanceakt ein, gleichzeitig minutiöse und genaue Beobachtung stilistischer Details zu bieten, ohne dabei auf übergreifende Sinnangebote geistesgeschichtlicher Provenienz vollends zu verzichten.[61] Gilt es doch, »die Klippe des pedantischen Formalismus glücklich [zu] vermeiden«, um sich nicht »im wogenden Ozean willkürlicher Ästhetisiererei zu verlieren«.[62]

Es entbehrt nicht der Ironie, daß gerade die Stilforscher, gleichwohl sie von ihrem Ansatz her eigentlich das selbstreferentielle Moment literarischer Texte zu erfassen suchten, nichtsdestoweniger eben jene um 1900 in Deutschland verbreiteten Vorbehalte gegenüber dem ›Formalismus‹ und ›Ästhetizismus‹ teilten und dadurch offenbar an einer konsequenten Verwirklichung ihres Paradigmas gehindert wurden. So vielversprechend das literarische Stilkonzept für die Ausdifferenzierung des Fachs anfänglich erschien, so läßt sich doch beobachten, daß die sich ankündigende Paradigmeninnovation in einem eher zaghaften Ansatz stecken zu bleiben drohte, weil sie ihre Beschreibungskategorien nun auch noch aus der konkurrierenden geistesgeschichtlich-kulturhistorischen Strömung entlehnte und infolgedessen mit dem damals dominierenden Trend in der innerdisziplinären Umwelt nahezu bis zur Ununterscheidbarkeit verschmolzen ist.

IV.

Die hier angeführten Beobachtungen zur Literatursoziologie und Stilforschung zeigen einmal mehr, daß der Prozeß der institutionellen Durchsetzung und Verankerung von (wissenschaftlichen) Innovationen meist mit besonderen Schwierigkeiten und Widerständen verbunden ist. Beide paradigmatischen Neuansätze verzeichnen im Untersuchungszeitraum indessen – trotz der Vorherrschaft der Geistesgeschichte – durchaus einen partiellen Erfolg.

Zum einen läßt sich erkennen, daß die Vertreter der neuen Richtungen zunächst zu einer recht präzisen Ausformulierung programmatischer Thesen

---

60 Vossler (Anm. 31), S. 11.

61 Manchmal geht die Rechnung, wie Vossler einräumen muß, jedoch nicht so glatt auf: »Bei der Wahl der metrischen Formen ist freilich in der Kunstperiode so viel Reflexion und Willkür beteiligt, daß oft gerade das Gegenteil des zu erwartenden Resultats eintritt: verstandesmäßig angelegte Epochen und Dichter gefallen sich oft genug in auffallendster Häufung akustischer Effekte« – Vossler (Anm. 31), S. 12.

62 Ebd., S. 35.

gelangten, zur argumentativen Konturierung eigenständiger Konzepte – man denke etwa an Walzels pointierte Thesen in seinem (vielzitierten) Essay von 1917 –, und daß sie somit, was die argumentativen Grundlagen und das erreichte Reflexionsniveau betrifft, grundsätzlich die Voraussetzungen einer breiteren institutionellen Anerkennung erfüllten. Zum anderen erschienen die betreffenden stiltypologischen und literatursoziologischen Beiträge, wie ersichtlich, an keineswegs marginaler, sondern überwiegend an wichtiger Stelle; sie wurden mitunter in renommierten Fachzeitschriften wie zum Beispiel in der *Germanisch-Romanischen-Monatsschrift* und im *Euphorion* publiziert, so daß eine angemessene Rezeption durch die disziplinäre Gemeinschaft gewährleistet war. Die Aufgabe, die entwickelten innovativen Vorschläge im Wissenschaftssystem zu institutionalisieren, war im ersten Drittel dieses Jahrhunderts so gesehen insgesamt bereits recht weit vorangeschritten. Im Falle der Literatursoziologie ist zudem zu berücksichtigen, daß auf die theoretische Konstitution des Ansatzes wenig später eine überzeugende literaturgeschichtliche Anwendung und Ausführung des neuen Konzepts folgte. Mit Hirschs Untersuchung *Bürgertum und Barock* legte die sozialliterarische Richtung eine einschlägige Monographie vor, der es gelang, in der Barockepoche ein wichtiges, gerade aktuelles Arbeitsfeld der Fachwissenschaft[63] neu zu beleuchten.

In Hinblick auf die innerdisziplinäre Umwelt, die durch eine Dominanz der geistesgeschichtlichen Forschung gekennzeichnet war, erwies sich die Selbstbehauptung beziehungsweise der Erhalt der neuen Paradigmen offenbar als schmale Gratwanderung, die sich zwischen einer erwünschten Anschlußfähigkeit und einer Tendenz zur Selbstaufhebung beziehungsweise Relativierung des eigenen Ansatzes bewegte. Während die Vertreter der Stilforschung bis zu einem gewissen Grade selbst der Faszination durch die Syntheseangebote der Geistesgeschichte nachgaben und somit zu einer vorübergehenden Entdifferenzierung und Aufweichung ihres Paradigmas beitrugen, hat die Unterbrechung der literatursoziologischen Forschung – wie im Falle Arnold Hirschs – offensichtlich andere, nämlich primär wissenschaftsexterne, politische Ursachen.

Auch im Blick auf die Rolle der Interdisziplinarität als ›Schrittmacher‹ von Innovation zeichnen sich zwischen Stilforschung und Literatursoziologie markante Unterschiede ab. Während die Stilanalyse von der zeitgenössischen bildenden Kunst lediglich eine (interdisziplinäre) Initialzündung erhielt, um dann zu eigenen, sprachwissenschaftlichen oder literarischen Definitionen des selbstreferentiellen Stilmoments überzugehen, behielt die sozialliterarische Richtung das interdisziplinäre Beobachtungsverhalten weit über den Augenblick ihrer Entdeckung und ersten Konstituierung hinaus weiterhin bei. Es kommt in diesem Fall zu einer auf Dauer gestellten Interdisziplinarität, liegt es doch gewis-

63 Vgl. dazu auch Wilhelm Voßkamp: »Deutsche Barockforschung in den zwanziger und dreißiger Jahren«. In: Klaus Garber (Hrsg.): *Europäische Barock-Rezeption*. Teil 1. (Wolfenbütteler Arbeiten zur Barockforschung. In Zusammenarbeit mit dem Internationalen Arbeitskreis für Barockliteratur hrsg. von der Herzog August Bibliothek 20). Wiesbaden 1991, S. 683–703.

sermaßen in der Natur der Sache, daß die Literatursoziologie ständig neue Anregungen aus der soziologischen Leitdisziplin beziehen muß, um auf der Höhe des aktuellen Forschungsniveaus zu bleiben. Dies zeigt sich nicht zuletzt bei der Neuformierung der literatursoziologischen Forschung in den 1960er und 1970er Jahren, die nun nicht allein (und nicht mehr in erster Linie) auf die ältere soziologische Generation, die ›Gründungsväter‹ der Soziologie wie Max Weber und Georg Simmel zurückgreift, sondern wichtige Impulse aus der soziologischen Ethnologie (Bourdieu), der neomarxistischen Theoriebildung (Lucien Goldmann), der Kritischen Theorie (besonders Walter Benjamin und Theodor W. Adorno) und wenig später der Systemtheorie (Talcott Parsons und Niklas Luhmann) empfängt und adaptiert.

Die literatursoziologischen und stilanalytischen Arbeiten der 1910er und 1920er Jahre lassen sich so als (partielle) Vorwegnahme eines sich zwar mit Verzögerung einstellenden, dafür aber disziplinenweiten Erfolgs lesen: Die Stilforschung findet bekanntlich eine (nachträgliche) Bestätigung in der sogenannten werkimmanenten Interpretation der 1950er Jahre; sie gibt damit den Anstoß zu einer sprach- und textanalytischen Tradition, die sich über den anglo-amerikanischen ›New Criticism‹ bis hin zu Paul de Mans dekonstruktiver Rhetorikanalyse verfolgen läßt. Wesentlich heterogener und unübersichtlicher ist die aktuelle Situation der soziologischen Strömungen in den Literaturwissenschaften, deren Untersuchungsfeld und Methoden sich durch die Ausweitung der Philologien zur Kulturwissenschaft und die produktive Aufnahme ethnologischer und kulturanthropologischer Perspektiven immer komplexer gestalten und sich kaum noch auf einen (mehr oder weniger prägnanten) programmatischen Kern, geschweige denn gemeinsamen Nenner zurückführen lassen. Hier handelt es sich allerdings nicht mehr allein um Schwierigkeiten, die bei der Definition eines einzelnen, begrenzten Paradigmas begegnen, sondern um weiterreichende Probleme, die die disziplinäre Identität und das Selbstverständnis des Fachs als Ganzes betreffen.

Von Gundolf zu Kantorowicz. Eine Fallstudie zum disziplinären Umgang mit Innovation

Rainer Kolk

Und ewige wahrheit bleibt nur das absurde
Stefan George

In den gegenwärtigen Debatten über zukünftige Aufgaben und Ziele der Hochschulen wird nicht selten die Forderung nach einer Generalrevision vorgetragen. Nicht um halbherzige Reformen dürfe es gehen, um zaghaftes Laborieren an altbekannten Symptomen, wo doch die deutsche Universität ihrer Struktur nach defizitär, ›verfault‹ sei. Zumindest in ihrer prinzipiellen Stoßrichtung, die sich mit Detailkorrekturen nicht begnügt, sind solche Postulate nicht neu, sondern begegnen mit ähnlich polemischen Untertönen in den kulturwissenschaftlichen Selbstreflexionsdebatten am Beginn unseres Jahrhunderts. Dabei haben zumal Wissenschaftler des George-Kreises solche konfliktträchtigen Pointierungen geliefert und sich nicht zuletzt hiermit einen Namen auch außerhalb ihrer Disziplinen gemacht.

Die folgenden Überlegungen fragen – vornehmlich am Beispiel Friedrich Gundolfs und der zeitgenössischen Germanistik – nach Voraussetzungen und Folgen derart ›irritierender‹ Einlassungen, die nicht auf kontinuierlichen ›wissenschaftlichen Fortschritt‹ setzen, sondern radikalen Bruch fordern. Es soll analysiert werden, welche disziplinären Bedingungen für den näher zu präzisierenden ›Erfolg‹ der Gundolf, Be rtram oder Kantorowicz (in der Geschichtswissenschaft) vorlagen, welche Publikationsstrategien zum Zuge kamen und welches Echo diese Neuansätze in den etablierten disziplinären Gemeinschaften anregten. Dies erfordert eine doppelte Perspektive: einerseits auf die Geschichte der Germanistik und ihre Nachbardisziplinen, andererseits auf die des George-Kreises und seine Konstitution.

I.

Die zweite Hälfte des 19. Jahrhunderts kann für die Deutsche Philologie als eine Phase der institutionellen Konsolidierung und disziplinären Binnendifferenzierung gelten.[1] Die personelle und kognitive Abhängigkeit von der Klassischen Philologie wird zugunsten eines eigenständigen Profils abgebaut; die Zahl der Professuren steigt, Fachzeitschriften behaupten sich, Seminargründungen verweisen auf eine begrenzte, aber kontinuierliche Nachfrage nach den Absolventen des Fachstudiums. Intern bewirkt der sogenannte »Nibelungenstreit« als Konfrontation konkurrierender ›Schulen‹ zwar kommunikative Verwerfungen, forciert aber Selbstreflexion in zwei Hinsichten.[2] Zum einen formiert sich eine produktive Kritik der Emphatisierung philologischer ›Methode‹, deren Aura sich von den das disziplinäre Selbstverständnis prägenden ›Gründern‹, vor allem von Karl Lachmann und den Brüdern Grimm, herleitet. Zum anderen öffnet sich damit das Feld für die bis heute in Grundzügen geläufige Dreiteilung des Fachs in Neugermanistik, Mediaevistik und Sprachwissenschaftliche Germanistik, wenngleich diese Differenzierung institutionell erst allmählich Konturen gewinnt. Ihr Impetus aber ermöglicht die auch universitär akzeptierte Erforschung neuerer deutscher Literatur, deren Thematisierung zunächst unter philologische, besonders textkritische Dominanz gerät. ›Goethe-Philologie‹ wird zum prominenten Spezialgebiet mit eigenem Publikationsorgan, die Weimarer Ausgabe, 1887–1919 erschienen, zu einem Fokus, der grundsätzliche Problemstellungen neugermanistischer Edition und Biographik zu diskutieren erlaubt und als Karrierestufe des wissenschaftlichen Nachwuchses taugt.[3]

Nicht die ästhetizistischen lyrischen Anfänge Georges in den 1890er Jahren, wohl aber seine kalkulierten Investitionen im literarischen Markt weisen voraus auf jene strikt charismatisch geführte Gruppe, die sich nach 1910 als streitbarer Teilnehmer literarischer, kulturpolitischer und wissenschaftlicher Debatten profilieren wird.[4] Dies mit polemischer Frontstellung gegen geläufige Sozialstrukturen wie den Verein als charakteristische Assoziationsform des 19. Jahrhunderts: Ein »neuer Bildungsgrad (Kultur)«, so versichern die *Blätter für die Kunst* nach der Jahrhundertwende, manifestiere sich, »indem ein oder mehrere urgeister ihren lebensrhythmus offenbaren [...]. Der urgeist wirkt

---

1 Vgl. Klaus Weimar: *Geschichte der deutschen Literaturwissenschaft bis zum Ende des 19. Jahrhunderts*. München 1989; Jürgen Fohrmann/Wilhelm Voßkamp (Hrsg.): *Wissenschaftsgeschichte der Germanistik im 19. Jahrhundert*. Stuttgart/Weimar 1994.

2 Vgl. Rainer Kolk: *Berlin oder Leipzig? Eine Studie zur sozialen Organisation der Germanistik im »Nibelungenstreit«*. (Studien und Texte zur Sozialgeschichte der Literatur 30). Tübingen 1990.

3 Vgl. Karl Robert Mandelkow: *Goethe in Deutschland. Rezeptionsgeschichte eines Klassikers. I: 1773–1918*. München 1980, bes. S. 205ff.; Hans-Martin Kruckis: *»Ein potenziertes Abbild der Menschheit«. Biographischer Diskurs und Etablierung der Neugermanistik in der Goethe-Biographik bis Gundolf*. (Probleme der Dichtung 24). Heidelberg 1995, insbes. S. 228–237.

4 Vgl. grundsätzlich Rainer Kolk: *Literarische Gruppenbildung. Am Beispiel des George-Kreises 1890–1945*. (Communicatio 17). Tübingen 1998.

nicht durch seine lehre sondern durch seinen rhythmus: die lehre machen die jünger.«[5] Denn in der Geistesgeschichte sei noch »jeder befruchtende jeder befreiende gedanke aus geheimkreisen (zenakeln)« hervorgekommen.[6] Allerdings bedarf auch dieses Credo – das läßt sich den Publikationsformen schon der frühen Lyrikbände, der Dichtungsanthologien, der *Blätter* und ihrer Auswahlbände, besonders aber dann dem von Gundolf und Friedrich Wolters herausgegebenen *Jahrbuch für die geistige Bewegung* (1910–1912) ablesen – organisatorischen Rückhalts. Dies gilt zum einen für die Struktur der sich nach Georges Bekanntschaft mit Gundolf 1899 allmählich hierarchisch formierenden Gruppe; sie entwickelt mit der Terminologie von ›Meister‹ und ›Jünger‹ wie mit der Selbstbeschreibung als ›Bund‹ oder ›Staat‹ Sozialmodelle, die ›intern‹ eine Syntax der Interaktion formulieren, ›extern‹ zugleich durch Universalisierbarkeit Möglichkeiten ›neuer Kultur‹ antizipieren sollen. Zum anderen ist die Etablierung im Wissenschaftssystem betroffen, das nicht nur finanzielle Absicherung in Aussicht stellt, sondern ebenso die Möglichkeiten für die Rekrutierung neuer Jünger und ein Forum für den Transfer der eigenen Ambitionen bietet. Georges vielzitiertes Diktum »Von mir aus führt kein Weg zur Wissenschaft«[7] läßt sich deshalb nur partiell verifizieren; zahlreiche Mitglieder des Kreises waren Hochschullehrer – von den Germanisten Gundolf, Kommerell und Fahrner über die Historiker Elze, Blumenthal, Petersen, Wolters, Alexander von Stauffenberg und Kantorowicz bis hin zu den Altphilologen Erich Boehringer und Woldemar von Uxkull-Gyllenband und dem Philosophen Hildebrandt.[8]

II.

Näher an die im Umkreis Georges gepflegte Negation überkommener Wissenschaft führt eine Diagnose, wie sie exemplarisch Rudolf Eucken, Jenaer Ordinarius für Philosophie, 1904 stellt. Seiner »Grundüberzeugung« will er Ausdruck verleihen, der »Überzeugung von der Unsicherheit des Bodens, auf dem unser ganzes Kulturleben und mit ihm auch unsere wissenschaftliche Arbeit steht«. Und dieses »Leben« bedürfe »als Ganzes« einer »gründlichen Erneuerung«, schließlich handele es sich um »nichts geringeres als die Idee eines neuen Menschen und einer neuen Kultur«.[9]

---

5 Zitiert nach: *Einleitungen und Merksprüche der Blätter für die Kunst*. München/Düsseldorf 1964, S. 28 (Uneinheitlichkeit der Orthographie im Original).

6 Ebd., S. 35 (aus der Siebenten Folge 1904).

7 Zitiert nach Edgar Salin: *Um Stefan George. Erinnerung und Zeugnis*. 2., erw. Aufl. München/Düsseldorf, S. 49, vgl. S. 249.

8 Zu Berufungen vgl. Kolk (Anm. 4), zu biographischen Details vgl. Carola Groppe: *Die Macht der Bildung. Das deutsche Bürgertum und der George-Kreis 1890–1933*. (Bochumer Schriften zur Bildungsforschung 3). Köln u. a. 1997. Ich vernachlässige Zugehörigkeitsprobleme, beispielsweise werden gelegentlich Norbert von Hellingrath und Ernst Bertram zum Kreis gerechnet.

9 Rudolf Eucken: *Geistige Strömungen der Gegenwart*. 4. Aufl. Leipzig 1909,S. VIf. (Zitate aus dem dort abgedruckten Vorwort zur 3. Aufl. 1904).

Solche Beschreibungen sind in der »Krisis des Historismus« (Troeltsch) keine Seltenheit. Im breiten Spektrum von Lebensreform, Nietzsche-Kult und neomystischen Einheitskonzeptionen[10] wird die gesamtgesellschaftliche Bedeutung von Wissenschaft als privilegierte Deutungsinstanz zur Fehlentwicklung erklärt, wissenschaftliches Wissen als defizitäre, einseitige und interessengebundene Form von Erkenntnis abgetan, von der jedenfalls ethische, alltagsrelevante Orientierungen nicht länger erwartet werden dürften. Im »kulturkritischen Diskurs«[11] klagen sich als metapolitisch verstehende Modelle neuer sozialer Ordnung Entdifferenzierung (›Lebensnähe‹) ein, mit der eine massive Relativierung der Verbindlichkeit auch wissenschaftlicher Wissensbestände notwendig einhergeht, verdanken sie sich doch angeblich einer unsinnig spezialisierten, nur noch selbstbezüglichen ›Wissenschaft des Nicht-Wissenswerten‹. Solche Kritik trifft auch die Philologie, die sich ihrer Stellung als Leitdisziplin der Philosophischen Fakultät des 19. Jahrhunderts ebenso enthoben sieht wie sie in ihrer Legitimität als Mentor kultureller Selbstreflexion (›Bildung‹) bezweifelt wird. Besonders die an den Universitäten vertretene Neugermanistik gerät in den Verdacht, ihr Selbstverständnis orientiere sich ausschließlich an der Serienproduktion von Stellenkommentaren, unabschließbaren historisch-kritischen Editionen und Miszellen über zu Recht vergessene Autoren.[12]

Die Wissenschaftler des George-Kreises applizieren die kurrente Semantik der »Kulturkrise«[13] zunächst auf die des ›Positivismus‹ verdächtigten geisteswissenschaftlichen Disziplinen, die ihrem Gegenstand, ihrem Selbstverständnis wie ihrer Tradition nach Kompetenz zu grundsätzlicher Orientierung demonstrieren müßten. Ihre intellektualistische Borniertheit und professionelle Deformation aber machten sie hierfür untauglich: »Es ist das wesen heutiger philologie, relationen aufzusuchen, all ihre wege führen sie zu einflüssen oder zu gattungen.«[14] Von den Relationen kommt man zur relativistischen Normlosigkeit: In dieser Kritik der Mikrologie treffen sich George-Kreis und geistesgeschichtliche Literaturwissenschaft, die um 1910 ihre Programmatik vorstellt und zusammen mit der »Deutschen Bildung« die methodologischen Diskussio-

---

10 Vgl. als Übersicht Uwe Spörl: *Gottlose Mystik in der deutschen Literatur um die Jahrhundertwende*. Paderborn u. a. 1997.

11 Vgl. Rüdiger vom Bruch u. a. (Hrsg.): *Kultur und Kulturwissenschaften um 1900. Krise der Moderne und Glaube an die Wissenschaft*. Stuttgart 1989, S. 11 (das Zitat in der Einleitung der Herausgeber); Wolfgang J. Mommsen: *Bürgerliche Kultur und künstlerische Avantgarde. Kultur und Politik im deutschen Kaiserreich 1870 bis 1918*. Frankfurt a. M./Berlin 1994.

12 Vgl. Holger Dainat: »Deutsche Literaturwissenschaft zwischen den Weltkriegen«. In: *Zs. für Germanistik* NF 1 (1991), S. 600–608.

13 Vgl. Klaus Lichtblau: *Kulturkrise und Soziologie um die Jahrhundertwende. Zur Genealogie der Kultursoziologie in Deutschland*. Frankfurt a. M. 1996.

14 Friedrich Gundolf: »Das Bild Georges«. In: *Beiträge zur Literatur- und Geistesgeschichte*. Ausg. und hrsg. von Viktor A. Schmitz und Fritz Martini. (Veröffentlichungen der Deutschen Akademie für Sprache und Dichtung Darmstadt 54). Heidelberg 1980, S. 121–149, hier S. 132.

nen der nächsten beiden Jahrzehnte bestimmt.[15] Hatten schon institutionell einflußreiche Protagonisten der Neugermanistik wie Scherer und Schmidt in den 1880er Jahren vor einer ausufernden biographischen und textkritischen Spezialforschung gewarnt, so wird jetzt diese zunächst noch disziplinintern limitierte Fehlentwicklung als grundsätzliches Defizit der etablierten Philologie bestimmt, die allen »tieferen und schwierigeren Problemen der Literaturwissenschaft gegenüber [...] im Grunde versagt« habe.[16] Zwar sorge die philologische Ausrichtung für Kontinuität, sichere dem Fach seriöse, über seine Grenzen hinaus anerkannte und im Unterricht systematisch reproduzierbare Fundamente; ihre »Unfähigkeit zur Synthese«[17] jedoch erfordere kategoriale Weiterungen und »Mut zur Metaphysik [...], wie ihn alle wahrhaft schöpferischen Führer unserer Geistesgeschichte je und je gehabt haben«.[18] Dieses Postulat stellt die Gelenkstelle dar, in der sich kognitive und soziale Dimensionen von (Literatur-) Wissenschaft verschränken, die »mehr als bisher mit dem Leben in Fühlung treten« soll: »Denn diese Metaphysizierung bedingt eine weltanschauliche Stellungnahme, bedingt auch eine Haltung, die aus dem Ganzen einer Persönlichkeit und einem Lebensgefühle kommt und auf eine solche Haltung zurückwirkt.«[19]

»Haltung« ist ein hochrangiges Thema jeglicher Selbstverständigung des George-Kreises, dem es nach seiner Zentrierung um die charismatische »Mitte« nie allein um hermetische Lyrik, kulturkritische Einwürfe oder akademische ›rewards‹ geht. Vielmehr zeigen Kommentierungen seiner Publikationen, daß im Gegenteil der ostentative Verzicht auf Gratifikationen, die beanspruchte Position außerhalb des existenten Positionengefüges, die Strategie des Strategieverzichts in ihrer Differenzqualität als Indikator zeitgemäßer ›Führer‹-Qualitäten gilt. Diesen wird zugetraut, den insinuierten kulturellen Pathologien steuern, funktionale Differenzierung übergreifen zu können sowie politische, künstlerische und wissenschaftliche Intervention integrativ zu leisten: in der Ausbildung eines ästhetisch-heroischen Lebensstils. Gundolfs Monographie über Shakespeare 1911 (mit der bereits zeitgenössische Beobachter eine fach-

15 Vgl. Rainer Rosenberg: *Zehn Kapitel zur Geschichte der Germanistik. Literaturgeschichtsschreibung*. Berlin 1981, S. 182–253; Christoph König/Eberhard Lämmert (Hrsg.): *Literaturwissenschaft und Geistesgeschichte 1910 bis 1925*. Frankfurt a.M. 1993; Frank Trommler: »Geist oder Gestus? Ursprünge und Praxis der Geistesgeschichte in der Germanistik«. In: Petra Boden/Holger Dainat (Hrsg.): *Atta Troll tanzt noch. Selbstbesichtigungen der literaturwissenschaftlichen Germanistik im 20. Jahrhundert*. Berlin 1997, S. 59–80.

16 Rudolf Unger: »Philosophische Probleme in der neueren Literaturwissenschaft«. In: R. U.: *Gesammelte Studien. Bd. 1: Aufsätze zur Prinzipienlehre der Literaturgeschichte*. (Neue Forschung. Arbeiten zur Geistesgeschichte 1). Berlin 1929, S. 1–31, hier S. 5.

17 Emil Ermatinger: »Die deutsche Literaturwissenschaft in der geistigen Bewegung der Gegenwart«. In: *Zs. für Deutschkunde* 39 (1925), S. 241–261, hier S. 254.

18 Ebd., S. 247.

19 Franz Schultz: *Das Schicksal der deutschen Literaturgeschichte. Ein Gespräch*. Frankfurt a.M. 1929, S. 21.

geschichtliche Zäsur verbinden),[20] besonders dann aber sein *Goethe* (1916) unternehmen den Versuch, »Vorbilder« zu schaffen, sei es doch die »pflicht jeder lebendigen bewegung, in ihre gegenwart hinein die heroen wachzuhalten, sie umzusetzen in eigenes dasein und die strahlung die sie von ihnen empfangen in neues gebild zu verwandeln«.[21] Von kanonisierten wissenschaftlichen Verfahren ist dieses Ergebnis nicht zu erwarten, das strikte literarhistorische Auswahl mit ethischen Maximen koppelt, so daß die Beschäftigung mit dem Genius – und nur er verdient Beachtung – eine Restrukturierung der Persönlichkeitsmerkmale des Betrachters impliziert. Dies forciert eine – in der Disziplin mit der Klassik-Diskussion ohnehin präsente – Option, gegenstandsbezogene Werte für die Evaluation wissenschaftlichen Wissens heranzuziehen. Ehrfurcht, Anerkennung von Rangunterschieden, Unterordnung unter erkannte Überlegenheit bilden Prämissen einer adäquaten Literaturgeschichte, die sich nicht als Kompendium gebildeten Liebhaberinteresses stillstellen lassen will, sondern ›Lebensnähe‹ als Sozialisation durch die transhistorische Gemeinschaft der »heroen« von Caesar über Dante bis Goethe und George meint: »Wissen schafft den weg zur pforte, den einlass gewährt nur die verwandtschaft des geistigen lebens.«[22]

Weder diese mit der ›Gestalt‹-Deutung verbundene rigide Kanonbildung noch die Forderungen nach mentaler Diskontinuierung stellen grundsätzlich eine Disziplin vor Probleme, die schon aus pragmatischen Gründen das Ideal vollständiger Sichtung immer nur approximativ verfolgen konnte, die zugleich ›wahre‹ Philologie immer als Lebensform definierte und von den bloßen ›Brotstudien‹ zu unterscheiden suchte. Selbst die Opposition von lebensphilosophisch inspirierter ›Schau‹ und – der überkommenen Wissenschaft unterstellter – »endgültige[r] Aufklärung«[23] wäre im Hinblick auf das immer auch individueller Disposition verpflichtete ›iudicium‹ des Philologen jedenfalls noch diskutabel, würde sich nicht die ›Rhetorik‹ der Texte Konventionen im Kommunikationsprozeß widersetzen. Die »in einer irgendwie erhöhten Sprache«[24]

---

20 Vgl. die Einschätzung von Werner Mahrholz: *Literargeschichte und Literarwissenschaft.* (Lebendige Wissenschaft. Strömungen und Probleme der Gegenwart 1). Berlin 1923, S. 90.

21 Friedrich Gundolf: *Vorbilder.* In: *Der George-Kreis. Eine Auswahl aus seinen Schriften.* Hrsg. von Georg Peter Landmann. 2. Aufl. Stuttgart 1980, S. 173–186, hier S. 173. – Zu inhaltlichen Fragen vgl. exemplarisch Gerhard Zöfel: *Die Wirkung des Dichters. Mythologie und Hermeneutik in der Literaturwissenschaft um Stefan George.* (Europäische Hochschulschriften, Reihe 1: Deutsche Sprache und Literatur 986). Frankfurt a. M. u. a. 1987; Kontexte diskutiert Edith Weiller: *Max Weber und die literarische Moderne. Ambivalente Begegnungen zweier Kulturen.* Stuttgart/Weimar 1994, S. 61–162.

22 So 1914 der Verfasser der im Kreis als Pionierleistung geschätzten Platon-Deutung, Heinrich Friedemann: *Platon. Seine Gestalt.* Mit einem Nachwort von Kurt Hildebrandt. 2. Aufl. Berlin 1931, S. 139.

23 Friedrich Wolters: *Stefan George und die Blätter für die Kunst. Deutsche Geistesgeschichte seit 1890.* Berlin 1930, S. 487.

24 So die Qualifizierung Georges selbst; zitiert nach Edith Landmann: *Gespräche mit Stefan George.* Düsseldorf/München 1963, S. 23.

formulierten Kreis-Monographien kontrastieren philologischer Darstellung von Forschungsergebnissen, die sich möglichst knapper, ›sachorientierter‹ Präsentation ohne literarische Ambition zu verpflichten sucht. Hingegen operieren Publikationen des Kreises mit einer komplizierten Syntax, teilweise rhythmisch untergliedert, verwenden Alliterationen, Vokalharmonien und – gelegentlich den Bildfeldern der Georgeschen Lyrik entlehnte – Metaphern.[25] Diese Distinktion, die gleichzeitig Annäherung an literarische Darstellung indiziert, wird verschärft durch das Fehlen eines wissenschaftlichen Apparates; die bekanntesten Bücher, so Gundolfs Schriften über Shakespeare, Goethe und Kleist oder Kommerells *Der Dichter als Führer*, erstellen weder ein Verzeichnis der benutzten Editionen, Quellen und Forschungsliteratur, noch dokumentieren sie in Anmerkungen Fremdreferenzen. Bedenkt man, daß in der Wissenschaft durch Zitation kognitive Filiationen nachgewiesen und damit fundamentale Ansprüche an die Einheit disziplinärer Kommunikationszusammenhänge befriedigt werden,[26] dann wird deutlich, daß in dieser Hinsicht defizitäre Publikationen nicht widerspruchslos als genuin wissenschaftliche Beiträge zu identifizieren sind. Die »doppelte Narrative des modernen Historikers« sieht seit dem 19. Jahrhundert die Darlegung der Forschungsresultate im Text vor, während Kommentare und Fußnoten die »Reise« beschreiben, »die nötig war, um dorthin zu gelangen«.[27] Und diese Reise ist keineswegs ein sekundäres Begleitphänomen wissenschaftlicher Arbeit, die sich nur noch pflichtschuldigst einiger Wegmarken erinnert. Vielmehr zeigt der derart intersubjektiv nachvollziehbare Forschungsprozeß die methodische Qualifikation des Autors, belegt Kenntnis und Bewertung zeitlich vorausliegender Veröffentlichungen, differenziert Bekanntes, Kanonisches und Innovatives. Daß die an George geschulte »sprache der gewissheit«[28] zum Monolog tendiert, der wissenschaftlicher Kommunikation diametral entgegengesetzt ist, verrät deshalb nicht nur die Aufkündigung basaler Redekonventionen, sondern verweist generell auf ein Denken, das sich nicht als dynamisch und in seinen Resultaten korrigierbar weiß.

---

25 Vgl. Frank Jolles: »Zur Frage des Stils in den wissenschaftlichen Schriften des George-Kreises«. In: *GLL* 19 (1966), S. 287–291. – Diese Gegenüberstellung gibt das zeitgenössische Verständnis wieder, das den im folgenden erwähnten Reaktionen auf den Kreis zugrundeliegt; nicht erst Hayden Whites Untersuchungen zu den narrativen Strategien historiographischer Repräsentation haben verdeutlicht, welcher Konstruktionsleistung auch die angeblich schlichte Rede über ›die Sache selbst‹ bedarf, vgl. die Überlegungen von Lutz Danneberg: »Darstellungsformen in Geistes- und Naturwissenschaften«. In: Peter Brenner (Hrsg.): *Geist, Geld und Wissenschaft. Arbeits- und Darstellungsformen von Literaturwissenschaft*. Frankfurt a. M. 1993, S. 99–137.

26 Vgl. grundsätzlich Rudolf Stichweh: »Die Autopoiesis der Wissenschaft«. In: R. St.: *Wissenschaft, Universität, Professionen. Soziologische Analysen*. Frankfurt a. M. 1994, S. 52–83, hier S. 65.

27 Anthony Grafton: *Die tragischen Ursprünge der deutschen Fußnote*. München 1998, S. 203.

28 Gundolf (Anm. 14), S. 124.

Die kompromißlose Prägnanz und unbestreitbare intellektuelle Kompetenz etwa Gundolfs verbietet es, die von seinen Publikationen ausgehenden Irritationen zu ignorieren. Nicht nur die Feuilletonpresse reklamiert, beispielsweise anläßlich von Besetzungsverfahren renommierter germanistischer Lehrstühle, daß sich die strenge Textphilologie überlebt habe, jedenfalls eine zeitgemäße Literaturwissenschaft in ihr sich nicht erschöpfen dürfe: »Wo keine metaphysische Zuneigung das treibende Motiv ist«, so ein verbreitetes Argument der Kritik traditioneller Neugermanistik, »keine innere Verwandtschaft mit dem Dichter vorliegt, wird die Gestalt des Dichters immer eine Sphinx bleiben.«[29] Dies entspricht dem Selbstverständnis des Kreises, zu klären bliebe allein noch, wem denn der Ehrentitel eines Dichters zukäme. Shakespeare ist in dieser Hinsicht unstrittig, und die Behandlung seiner deutschen Rezeption durch Gundolf gilt Kommentatoren aus dem Wissenschaftssystem als praktischer Beweis für die Leistungsfähigkeit Georgescher Postulate. Es zeige sich, daß »Methode nicht ein allen Dingen gleichmäßig anstehendes Universalmittel sein könnte, wie die Philologen meinen«, sondern »von innen her gefühlte und geforderte Formung« neue Einsichten evoziere.[30] Diese wiederum verdankten sich dem »Trieb, in ein dunkles Wirrsal Sinn und Beziehung zu bringen«.[31] Dieses Evaluationskriterium ist zentral, weil es das Kernproblem neugermanistischer Forschung um 1900 berührt: ein Überangebot an Daten. Das bekannteste Beispiel einer Überlastung mit potentiell relevanten biographischen Materialien bietet das seit den 1880er Jahren zugängliche Weimarer Goethe-Archiv, Fundament der Sophien-Ausgabe, aber eben auch Anlaß unkoordinierter Miszellistik, der es an Hierarchisierungs- und Auswahlkriterien mangelt. Kann die progressive Unübersehbarkeit der Dokumente zunächst noch kärrnerhafte Daueraktivitäten unter der Leitfiktion mittelfristiger Abschließbarkeit legitimieren,[32] so erweisen sich schließlich kategoriale Ordnungselemente als unverzichtbar. Aber nicht in die Niederungen der aufkommenden ›Methodendiskussionen‹ verstrickt sich Gundolfs Text, die durch ihn geschaffene Innovation wird in der rigorosen Reduktion des Relevanten gesehen, die mit Unkenntnis nicht verwechselt werden darf: »So erscheint diese bekannte Faktenreihe hier wie zum erstenmal gesehen, alles bekommt ein ganz neues Leben.« Dies verdanke sich der Konzentration auf das im engeren Sinne »Dichterische« als Gipfelpunkt jeglicher literarhistorischen Arbeit und »Gundolfs ästhetische[m] Standpunkt«.[33]

---

29 Hans Ruth: »Ein neuer Weg in der Literarhistorik«. In: *Hellweg. Wochenschrift für deutsche Kunst* 3 (1923), S. 728–730, hier S. 730.

30 Ernst Stadler: »Shakespeare und der deutsche Geist«. In: *Das literarische Echo* 14 (1911/12), Sp. 88–90, hier Sp. 89.

31 Ebd.

32 Zum Klassiker dieser Forschungshaltung vgl. Hans-Martin Kruckis: »Mikrologische Wahrheit. Die Neugermanistik des 19. Jahrhunderts und Heinrich Düntzer«. In: *GRM* 72 (1991), S. 270–283.

33 Helene Herrmann: »F. Gundolf, Shakespeare«. In: *Zeitschrift für Ästhetik und allgemeine Kunstwissenschaft* 8 (1913), S. 466–489, hier S. 466f. (im Original teilweise gesperrt).

Überwiegt in den Kommentierungen zu *Shakespeare und der deutsche Geist* der Tenor, durch diese »Kräftegeschichte« werde bei aller Möglichkeit der Korrektur einzelner Wertungen doch insgesamt eine begründete Neuordnung des Materials vorgeführt, so differenzieren sich die Einschätzungen anläßlich der Goethe-Monographie. Ließ sich die ›ästhetische‹ Option Gundolfs zunächst noch als begrüßenswerte Affinität zum dichterischen Genius salvieren, so weitet sich mit zunehmendem institutionellen Erfolg der Geistesgeschichte im allgemeinen und des George-Kreises im besonderen (Gundolf, Wolters und Bertram rücken Anfang der 1920er Jahre zu Professoren auf, die *Deutsche Vierteljahrsschrift* erscheint) die Irritation zur Provokation. Bereits das *Jahrbuch für die geistige Bewegung* hatte mit seinen polemischen Attacken auf Repräsentanten der kulturwissenschaftlichen Disziplinen wie Wilamowitz-Moellendorff unmißverständlich einen strikten Konfrontationskurs demonstriert. Das 1921 erscheinende Sonderheft des *Euphorion* widmet sich der Schadensbegrenzung, indem der Erfolg Gundolfs einer für Laienpublika interessanten ›wissenschaftskünstlerischen‹ Kompetenz zugeschrieben wird, das Lob glänzenden Stils soll wissenschaftliche Folgenlosigkeit nach sich ziehen.[34] Zugleich werden Verstöße gegen ein Verfahren benannt, das »weder äußerlich noch innerlich engeren Anschluß an die literarhistorische Goetheforschung« markiert.[35] Nur ist damit das Ärgernis nicht ›diszipliniert‹, vielmehr indiziert Gundolfs Publikation einen defizitären Status der Disziplin: »Ein Chaos widerstrebender Sehweisen selbst in den unumgänglichsten Grundfragen kennzeichnet den heutigen Stand unserer Wissenschaft.«[36] Und damit avanciert *Goethe*, in dessen Kritik doch die Tugenden des professionellen Philologen ihre Bewährungsprobe zu bestehen hätten, zur unwillkommenen Anregung für unvermeidliche Grundlagenreflexion. Mögen sich »Irrtümer« finden lassen, die »sorgfältigere Benutzung anderer Arbeiten hätte vermeiden lassen«[37] – es wäre die Möglichkeit gegeben, Gundolf massiver handwerklicher Mängel zu überführen und damit zu diskreditieren –, die Rezension des Kollegen hat einige Seiten zuvor schon das Gegenteil konstatiert: »Die reiche Arbeit der Goethe-

34 Vgl. Ernst Osterkamp: »Friedrich Gundolf zwischen Kunst und Wissenschaft. Zur Problematik eines Germanisten aus dem George-Kreis«. In: König/Lämmert (Anm. 15), S. 177–198, bes. S. 188–192. Hier auch ein Beitrag Wolfgang Höppners, der zeigt, daß sich die Philologen aus pädagogischen Gründen gegen Gundolf sperren: Der ›Literat‹ übt keine positive erzieherische Wirkung – W. H.: »Eine Institution wehrt sich. Das Berliner Germanische Seminar und die deutsche Geistesgeschichte«, S. 362–380.

35 Hugo Bieber: »F. Gundolf, Goethe«. In: *Zs. für Ästhetik und allgemeine Kunstwissenschaft* 14 (1920), S. 194–208, hier S. 198.

36 Josef Nadler: »Einzeldarstellung und Gesamtdarstellung. Bei Gelegenheit von Gundolfs ›Goethe‹«. In: *Euphorion. Vierzehntes Ergänzungsheft (Gundolf-Heft)*. Leipzig/Wien 1921, S. 1–10, hier S. 1; vgl. zu dieser Publikation Wolfgang Adam: »Einhundert Jahre *Euphorion*. Wissenschaftsgeschichte im Spiegel einer germanistischen Fachzeitschrift«. In: *Euphorion* 88 (1994), S. 1–72, hier S. 21–24.

37 Paul Kluckhohn: [Rez. F. Gundolf, Goethe]. In: *Euphorion. Ergänzungsheft* (Anm. 36), S. 132–137, hier S. 137.

Philologie wird überall vorausgesetzt, daß Gundolf sie bis in Einzelheiten kennt und verarbeitet hat, ist deutlich spürbar.«[38]

Vermutlich hat keine andere geisteswissenschaftliche Publikation Besprechungen in Fachzeitschriften und Tagespresse in einem vergleichbaren Maß auf sich gezogen; aus dem George-Kreis werden Kommerells *Dichter als Führer* und Kantorowicz' *Friedrich der Zweite* später im Vergleich mit Gundolfs Buch allenfalls Achtungserfolge erzielen. Die zentrale Irritation entsteht, weil das unbestreitbare Niveau Gundolfscher Literaturbetrachtung nicht in Kontinuität mit basalen methodologischen Prämissen erreicht wird, sondern durch ihre Ablehnung. Wenn es »nicht wahrscheinlich« ist, daß nach *Goethe* »in absehbarer Zeit der Versuch gewagt werden wird, ein neues Goethebild aufzustellen«,[39] dann entspricht dies nicht der philologischen Leitvision von der ›Abschließbarkeit‹ durch Kumulation von Einzelkenntnissen, sondern verweist aufs Gegenteil: Das definitive ›Goethe-Bild‹ verdankt sich ihrer Vernachlässigung zugunsten einer Sichtweise, die sich gegen Reversibilität und Dynamik als Axiome des modernen Forschungsprozesses indifferent verhält: »Sie geben überall das Definitive, Sie werden sich nie zu korrigiren haben. [...] Dies einzigartige Wissen verdanken Sie dem Einen grossen Meister.«[40] Solch hohes Lob aber entspringt nicht wissenschaftlichen, sondern eben ›metaphysizierten‹ Kriterien, die im vorliegenden Fall nicht auf empirische Widerlegbarkeit rekurrieren, sondern den ›Seher‹ George als Maßstab für ›Wahrheit‹ inthronisieren; als einen Maßstab zudem, der nicht Modi wissenschaftlicher Konkurrenz unterliegen soll, sondern konkurrenzlos per definitionem gedacht ist. Dieses ›Stillstellen‹ der Erzeugung von Wahrheit steht einerseits quer zu der in der modernen Wissenschaft institutionalisierten Form des Erkenntnisgewinns, der ›Innovation‹ vor ›Tradition‹ prämiert.[41] Andererseits kann nicht akzeptiert werden, daß dieser »Meister« eben keiner der ›Methode‹ ist, wie die Heroengestalten der Philologie des frühen 19. Jahrhunderts gern tituliert werden. Konträr ist ein Bezug für Wissenschaft gewählt, weil er ihr nicht zugehört; Wissen, das dann – zumindest tendenziell – auch in der Wissenschaft nicht folgenlos bleiben soll, wird aus explizit nicht-wissenschaftlichen Voraussetzungen gewonnen. Die kategoriale Trennung von ›wissenschaftlicher Wahrheit‹ und ›Metaphysik‹ ist unterlaufen; intendiert ist nicht Entzauberung, sondern ihr Gegenteil: »Versuch einer Mythologie« lautet der Untertitel von Bertrams Nietzsche-Monographie. Und nicht nur die Sozialität des Kreises um den charismatischen Lyriker selbst verweist

---

38 Leopold Magon: »Die philosophischen Grundlagen von Gundolfs Buch«. In: *Euphorion-Ergänzungsheft* (Anm. 36), S. 45–75, hier S. 48.

39 Bieber (Anm. 35), S. 198.

40 Ernst Robert Curtius an Friedrich Gundolf am 7. 5. 1911. In: Lothar Helbing/Claus Victor Bock (Hrsg.): *Friedrich Gundolf. Briefwechsel mit Herbert Steiner und Ernst Robert Curtius*. Amsterdam 1963, S. 195.

41 Vgl. Beobachtungen Niklas Luhmanns zur Sozialität des 17. Jahrhunderts, die in ihrer zirkulären Struktur ›Ergebnissen‹ (als Entweder/Oder-Entscheidungen) mißtraut – N. L.: »Zur Ausdifferenzierung von Erkenntnisgewinn«. In: Nico Stehr/Volker Meja (Hrsg.): *Wissenssoziologie. (Kölner Zs. für Soziologie und Sozialpsychologie*, Sonderheft 22). Opladen 1981, S. 102–139, hier S. 106.

darauf, daß für wissenschaftliches Wissen dieser Observanz offensichtlich die in der modernen Wissenschaft geläufige Differenzierung gegen Alltagswissen zurückgenommen ist. ›Echtes‹ Wissen im Sinne Georges hat sich alltagspraktisch, zunächst im Kontext der Gruppe, zu bewähren, ein Kriterium seiner Relevanz ist, daß es nicht in Begriffen und Theorien wissenschaftlicher Provenienz reformulierbar ist, sondern eine Kunst aus sich entläßt, die als ihr Höchstes das Arkanum zu bewahren sucht: »Mund nur an mund geht sie als weisung weiter / Von deren fülle keins heut reden darf ...«[42]

Daß solche Kontroversen kein Spezifikum der Germanistik sind, verdeutlicht ein Seitenblick auf die Geschichtswissenschaft, in der Ende der zwanziger Jahre Ernst Kantorowicz' *Friedrich der Zweite* Anlaß prinzipieller Selbstverständigung wird. In einem dann im führenden Fachorgan publizierten Akademie-Vortrag bezieht Albert Brackmann Position, der den Erfolg, den »wir von der älteren Generation [...] rundweg anerkennen«, des 1927 erschienenen ersten Bandes »in der Verbindung gründlicher Gelehrsamkeit mit einer fesselnden Form der Darstellung« begründet sieht.[43] Nicht also um Versuche, durch handwerkliche Mängel den Verfasser in seiner fachlichen Reputation zu schädigen, geht es mehr – auch wenn selbstverständlich über Detailfragen der Quellenkritik gestritten wird. Grundsätzlich werden Bedenken gegen die Dominanz von »Dogmen« gegenüber »Arbeitshypothesen« angemeldet:[44] eine schon aus der philologischen Gundolf-Kritik bekannte Opposition, der die »Gestalt«, als Resultat von ›Schau‹, nicht von gesicherten Einzelerkenntnissen, fragwürdig war. Der neue Akzent liegt jetzt darin, daß die angestoßene Diskussion über eine historiographische Publikation explizit unter der Prämisse erfolgt, man müsse »so bedeutende Bestrebungen innerhalb unserer Wissenschaft« adäquat würdigen.[45] Keine Exkommunikation wird hier versucht, sondern eine Bestimmung von Reichweiten und ›Zuständigkeiten‹, wie sie zeitgleich in der Germanistik fixiert sind, wenn nicht grundsätzlich die Berechtigung der an George orientierten Wissenschaft bestritten wird, wohl aber ihre Kompetenz für alle Gegenstände der Disziplin; es erscheint dann notwendig, einzelne Formen des Umgangs mit

---

42 So George über die »lehre« im *Stern des Bundes* (1913) – St. G.: *Werke in zwei Bänden*. 4. Aufl. Stuttgart 1984, Bd. 1, S. 389.

43 Albert Brackmann: »Kaiser Friedrich II. in ›mythischer Schau‹«. In: *Historische Zeitschrift* 140 (1929), S. 534–549, hier S. 534. – Zu biographischen Daten, besonders zum Briefwechsel um das von George betreute Buch vgl. Eckhart Grünewald: *Ernst Kantorowicz und Stefan George. Beiträge zur Biographie des Historikers bis zum Jahre 1938 und zu seinem Jugendwerk »Kaiser Friedrich der Zweite«*. (Frankfurter Historische Abhandlungen 25). Wiesbaden 1982, insbes. S. 57–101. Ulrich Raulff zieht Parallelen zu Gundolf, vgl. Friedrich Gundolf: *Anfänge deutscher Geschichtsschreibung von Tschudi bis Winckelmann*. Aufgrund nachgelassener Schriften Friedrich Gundolfs bearbeitet und hrsg. von Edgar Wind. Mit einem Nachwort von Ulrich Raulff. Frankfurt a. M. 1992, S. 142.

44 Brackmann (Anm. 43), S. 548. Man könne nämlich, so Brackmann weiter (S. 549), Geschichte »weder als George-Schüler noch als Katholik oder als Protestant oder als Marxist schreiben«, sondern nur »als wahrheitsliebender Mensch«. Ich vernachlässige die hier anklingende Debatte um die ›Voraussetzungslosigkeit‹ von Wissenschaft (›Fall Spahn‹ u. a.).

45 Ebd., S. 549.

Literatur nach für sie besonders produktiven Problemstellungen zu sortieren und zu limitieren.[46] Konsequent verlagert sich deshalb die disziplinäre Debatte in der Geschichtswissenschaft auf ihre interne Verfaßtheit selbst: »Daß es Tiefe und Fruchtbarkeit dieser allgemeinen Problematik gegenüber der geschilderten Situation des Faches wieder einmal eindringlich fühlbar werden läßt, darin möchte ich den besten Wert des hier besprochenen Buches erblicken.«[47]

Die Kommentierungen der Publikationen Gundolfs und Kantorowicz' verweisen darauf, daß von ihnen Reflexion auf regulative Prinzipien disziplinärer Forschung stimuliert wird. Selbstverständlich werden die Monographien auch als Beiträge zu speziellen Forschungsproblemen gelesen; die Biographien berücksichtigen Werkinterpretationen, kulturgeschichtliche Details, Rezeptionszeugnisse, über deren jeweilige Bewertung mit Blick auf vorhandenes quellenkritisches, literarhistorisches, genealogisches oder politikgeschichtliches Wissen gehandelt werden kann. Über diese durchaus konventionell pointierten Kommunikationen, die Evaluation von Forschungsergebnissen in disziplinären Gemeinschaften, hinaus läßt sich den zahlreichen und teilweise umfangreichen Kommentaren jedoch ablesen, daß sich in der selbstreflexiven Thematisierung ›Normalisierung‹ vollzieht. Mit zunehmender Dauer der Diskussionen über die Legitimität der Geistesgeschichte im allgemeinen und der an George orientierten Literatur- und Geschichtsbetrachtung im besonderen kommt es zu einer unspektakulären Koexistenz, die durch einen kontinuierlichen institutionellen Ausbau erleichtert worden sein dürfte. Dieser Differenzierung der organisatorischen Infrastruktur[48] entspricht Akzeptanz für eine »Pluralität von Wahrheiten [...], die nebeneinander bestehen können«.[49]

III.

Solche Resümees bezeichnen Tendenzen, keine in den Disziplinen insgesamt konsensfähigen Einschätzungen, indizieren aber eine Relativierung traditioneller philologischer Orientierung,[50] die ihren Status als auch disziplinenübergrei-

46 Vgl. am Beispiel einer Miszelle von Franz Schultz Kolk (Anm. 4), S. 405f.

47 Friedrich Baethgen: [Rez. E. Kantorowicz, Friedrich der Zweite]. In: *Deutsche Literaturzeitung* 1930, Sp. 75–85, hier Sp. 85. Die »Situation« wird mit »erstarrter Zunftgeist« und einer Distanzierung des Fachs vom »Interesse der Gebildeten« (Sp. 75) umschrieben.

48 Hier ist zu denken an die Schaffung zusätzlicher Professuren wie an die Gründung neuer, teilweise stärker spezialisierter Zeitschriften (*GRM*, *DVjs*, *Zs. für deutsche Bildung* u. a.).

49 Ernst Howald: »Probleme der Literaturwissenschaft«. In: *Neue Jahrbücher für Wissenschaft und Jugendbildung* 4 (1928), S. 652–662, hier S. 660.

50 In seltener Präzision formuliert dies Conrad Erdmann in seiner Anzeige von Kantorowicz' Staufer-Buch: »Denn gerade diese exakteste [quellenkritische] Methode, so aussichtsreich sie in gewisser Richtung ist, hat doch andererseits zu so weitgehenden Irrtümern geführt, wie sie bei etwas weniger Exaktheit und etwas mehr Einfühlung schwerlich hätten aufkommen können. [...] Wahre Exaktheit besteht auf geisteswissenschaftlichem Gebiet doch wohl vor allem darin, daß man über den erreichbaren oder erreichten Grad der Gewißheit Klarheit schafft.« In: *Neues Archiv* 49 (1930–1932), S. 585–587, hier S. 587.

fend relevante Subdisziplin zu konservieren vermag. Die begrenzte Akzeptierbarkeit der »Georgeschule«, von der schon zeitgenössische Beobachter sprechen,[51] wird begünstigt von durchaus konventionellen Elementen der von ihr praktizierten Forschung und Lehre, zumal in Rücksicht auf lokal definierte Verpflichtungen.[52] Genannt werden können hier die – mit Ausnahme von Gundolfs *Shakespeare und der deutsche Geist* – in aller Regel konventionellen Maßstäben vollauf genügenden akademischen Qualifikationsschriften, auf die in Berufungsverfahren immer wieder eingegangen wird;[53] desgleichen die politischen Optionen, deren Wertkonservatismus und ›metapolitisch‹ zugeschnittene Betonung deutschnationaler Präferenzen in der Gelehrtenrepublik allemal konsensfähig sind.[54] Hierher gehört insbesondere der Vorlesungserfolg, im Heidelberg der 1920er Jahre ist der Kathederredner Gundolf geradezu von touristischer Attraktivität nicht nur für Germanistikstudenten; ähnliches wird von anderen Mitgliedern des Kreises berichtet. Dies verweist auf eine disziplinär nützliche Leistung der »Georginen«, so der zeitgenössische Frankfurter Sprachgebrauch: auf die Schaffung einer ›Kontaktfläche‹ zu »breiten Kreisen der Öffentlich-

---

51 Vgl. Mahrholz (Anm. 20), S. 101; Walther Linden: »Der methodische Stand der neueren Literaturgeschichte«. In: *Neue Jahrbücher für Wissenschaft und Jugendbildung* 3 (1927), S. 48–59, hier S. 52. In wissenschaftssoziologischer Perspektive kommt dieser Bezeichnung eher heuristischer Wert zu, denn die geläufigen Kriterien für die Konstitution einer ›wissenschaftlichen Schule‹ (überragende Forscherpersönlichkeit, eigenständiges und systematisch reproduzierbares methodologisches Konzept, starke soziale und kognitive Kohärenz, Rekrutierung von entsprechend sozialisiertem Nachwuchs, Positionierung in organisatorischen Strukturen von Disziplinen) werden allenfalls partiell erfüllt. Vgl. als neuere Sammlung von Fallstudien Ernst Schmutzer (Hrsg.): *Wissenschaft und Schulenbildung.* (Alma Mater Jenensis. Studien zur Hochschul- und Wissenschaftsgeschichte 7). Jena 1991.

52 Vgl. zur dualen Professorenrolle (disziplinäre Zugehörigkeit – lokal definierte Hochschulverpflichtungen) Rudolf Stichweh: *Zur Entstehung des modernen Systems wissenschaftlicher Disziplinen. Physik in Deutschland 1740–1890.* Frankfurt a. M. 1984, S. 90.

53 Auch in der Kontroverse um *Friedrich der Zweite* macht Brackmann darauf aufmerksam, daß Kantorowicz »zugleich ein ›Positivist‹« sei, der »sein Buch durch gründliches Quellenstudium unterbaut hat und der seit geraumer Zeit eine stille Liebe zu dem Arbeitskreis der *Monumenta Germaniae historica* bekundet, so daß noch gar nicht abzusehen ist, ob er am Ende seiner Entwicklung bei Stefan George oder bei Paul Kehr stehen wird« – »Nachwort«. In: *Historische Zeitschrift* 141 (1930), S. 472–478, hier S. 478. Tatsächlich nutzte Kantorowicz für die Arbeit am Anmerkungsband, 1931 erschienen, die Berliner Einrichtung unter ihrem Vorsitzenden Kehr.

54 Vgl. die Argumentationsrichtung Ernst Kantorowicz', der die von der »George-Schule« unternommene Berufung auf den »Genius der Nation« gegen den angeblichen Kosmopolitismus der etablierten historischen Forschung ausspielt – »Grenzen, Möglichkeiten und Aufgaben der Darstellung mittelalterlicher Geschichte«. Mitgeteilt von Eckhart Grünewald: »Sanctus amor patriae dat animum – ein Wahlspruch des George-Kreises? Ernst Kantorowicz auf dem Historikertag zu Halle a. d. Saale im Jahr 1930. (Mit Edition)«. In: *Deutsches Archiv für Erforschung des Mittelalters* 50 (1994), S. 89–125, hier S. 104–125, die Zitate S. 125. Hierzu Otto Gerhard Oexle: »Das Mittelalter als Waffe. Ernst H. Kantorowicz' ›Kaiser Friedrich der Zweite‹ in den politischen Kontroversen der Weimarer Republik«. In: O. G. O.: *Geschichtswissenschaft im Zeichen des Historismus. Studien zu Problemgeschichten der Moderne.* (Kritische Studien zur Geschichtswissenschaft 116). Göttingen 1996, S. 163–215, insbes. S. 200–206.

keit«.[55] Der immer wieder herausgestellte ›Erfolg‹ etwa Gundolfs und Kantorowicz' markiert besonders eine Überbrückung zu nicht fachlich sozialisierten Publikumsgruppen, wobei es sich nicht um Popularisierung fachwissenschaftlichen Wissens im engeren Sinne handelt, sondern um einen eher diffusen Ausfluß charismatischer Faszination. In der Perspektive des George-Kreises bezeichnet dies eine Paradoxie, denn das in seinen Publikationen formulierte Wissen, das sich nie als traditionell wissenschaftliches identifizieren lassen wollte, wird zum Ansatzpunkt für Partizipation am institutionalisierten Lehrbetrieb, den es zu kritisieren galt. Auch dies ein Anzeichen für den ›disziplinierenden‹ Effekt des Wissenschaftssystems, dessen Relevanz zu demontieren der Kreis angetreten war. In den genannten historischen Disziplinen allerdings nur, denn mit dem Mediziner und Philosophen Kurt Hildebrandt stellt der Kreis einen Autor, der nicht nur im Grenzbereich von Klassischer Philologie und Philosophie den aufsehenerregenden Konflikt mit ausgewiesenen Spezialisten sucht, sondern in den 1920er Jahren auch zukunftsträchtige Problemstellungen in Eugenik und Rassenkunde aufgreift.[56] Der George-Kreis dokumentiert damit Kompetenz in sozialtechnologischen Debatten, die sich durch die Deutungskonkurrenz kultur- und naturwissenschaftlicher Disziplinen auszeichnen.[57]

In der Perspektive der Kulturwissenschaften, zumal der Germanistik, gehört die Wissenschaftsprogrammatik des George-Kreises in die Reihe der als ›Krise‹ erfahrenen gesellschaftlichen Umstrukturierungen am Beginn des 20. Jahrhunderts. Ihr disziplinäres Korrelat ist der sogenannte ›Methodenpluralismus‹, der nicht in eine – zunächst noch erhoffte – ›Synthese‹ der konkurrierenden Forschungsrichtungen rückgebunden werden kann; er mündet – nach einer Phase völkisch inspirierter Erneuerungspostulate – schließlich in die Emphatisierung des Werkbegriffs.[58] Die Interventionen von Kreis-Autoren werden bereits Ende der 1920er Jahre als begrenzte Irritationen gewertet. Als provokante Aufforderung zur kontinuierlichen Reflexion auf das disziplinäre Selbstverständnis sind sie den Kulturwissenschaften strukturell erhalten geblieben.

---

55 Baethgen (Anm. 47), Sp. 75. – Peter Uwe Hohendahl regte deshalb in der Diskussion an, die geläufige Sicht zu modifizieren. Mit Rücksicht auf die Geschichte der Literaturkritik und ihre Vermittlungsleistungen wäre dann nicht die an George orientierte Literaturbetrachtung als Zäsur oder ›Störung‹ anzusehen, sondern die explizite Distanz der Deutschen Philologie zu den ›Gebildeten‹.

56 Vgl. die Schriften *Norm und Entartung des Menschen* sowie *Norm und Verfall des Staates.* (beide Dresden 1920, dann mehrere Neuauflagen). Platon fungiert als Gewährsmann für den Transfer philosophiegeschichtlicher Kenntnisse zur Legitimierung rassenhygienischer Ordnungsversuche.

57 Vgl. Wolfgang Eckart: »›Die wachsende Nervosität unserer Zeit‹. Medizin und Kultur um 1900 am Beispiel einer Modekrankheit«. In: Gangolf Hübinger u. a. (Hrsg.): *Kultur und Kulturwissenschaften um 1900. II. Idealismus und Positivismus.* Stuttgart 1997, S. 207–226.

58 Zu diesen »Maximierungsannahmen« vgl. Lutz Danneberg: »Zur Theorie der werkimmanenten Interpretation«. In: Wilfried Barner/Christoph König (Hrsg.): *Zeitenwechsel. Germanistische Literaturwissenschaft vor und nach 1945.* Frankfurt a. M. 1996, S. 313–342, hier S. 316. Zur Aufwertung der Gegenstandsebene vgl. jetzt Holger Dainat: »›Dieser ästhetische Kosmopolitismus ist aus für uns‹. Weimarer Klassik in der Weimarer Republik«. In: Lothar Ehrlich/Jürgen John (Hrsg.): *Weimar 1930. Politik und Kultur im Vorfeld der NS-Diktatur.* Köln u. a. 1998, S. 99–121, hier S. 118f.

Fallstudien als Instrument der interdisziplinären Wissenschaftsforschung. Am Beispiel der disziplinübergreifenden Rezeption des ›Gestalt‹-Konzepts in den 1930er/1940er Jahren

RALF KLAUSNITZER

Fallstudien spielen in der Wissenschaftsforschung eine wichtige, wenn auch nicht unproblematische Rolle: Sie sollen wissenschaftstheoretische Aussagen durch die Rekonstruktion exemplarischer wissenschaftsgeschichtlicher Episoden illustrieren, präzisieren und Theorien wissenschaftlicher Rationalität bestätigen oder aber erschüttern. So auch in der Erforschung interdisziplinärer Wissenschaftsbeziehungen: Mit der Auszeichnung historischer Beispiele für das zwischen den Polen ›Konkurrenz‹ und ›Kooperation‹ angesiedelte Spektrum möglicher Relationen zwischen Fächern und Disziplinen bilden Fallstudien ein Instrument, um wissenschaftstheoretische Konzeptionen von Disziplinendifferenzierung und -integration anhand von Wissenschaftsgeschichte konkretisieren, veranschaulichen und im besten Fall bewerten zu können. Ihre Besonderheit (im Vergleich zu Fallstudien innerhalb der intradisziplinären Wissenschaftsforschung) besteht darin, disziplinübergreifende Wissenschaftskonstellationen in den Blick zu nehmen, um Formen des Theorien- und Methodentransfers zwischen Wissenschaftskulturen, Disziplinen und Fächern anhand einer ausgewählten historischen Episode zu rekonstruieren und diese auf theoretische Überlegungen zu Differenzierung und Integration des Wissenschaftssystems zu beziehen.

Problematische Aspekte der Verwendung von Fallstudien werden deutlich, wenn man sich die mit ihnen verbundenen Hoffnungen vergegenwärtigt: An der Schnittstelle von Wissenschaftstheorie und Wissenschaftsgeschichte angesiedelt, wird ihnen die Kraft zur Entscheidung zwischen wissenschaftstheoretischen Behauptungen zugesprochen – obwohl weder ihr Status noch ihre methodologische Basis hinreichend geklärt sind. Denn während über die Logik und die Grenzen von ›case studies‹ in Bereichen der angewandten Forschung wie der Ökologie, der medizinischen Ethik oder der Psychologie nach einer breiteren Diskussion zumindest partiell Einigkeit besteht, herrscht über ihre Reichweite in der Wissenschaftsforschung noch weitgehend Unklarheit. Hintergrund sind die noch immer problematischen Beziehungen von Wissenschaftstheorie und Wissenschaftsgeschichte: Indem etwa Imre Lakatos seine ›rationale Rekonstruktion‹ wissenschaftlicher Forschungsprogramme als »historische Fallstudien« bezeichnete[1] und in ihnen das Medium der wechselseitigen Ergänzung von (allein ›leerer‹) Wissenschaftsphilosophie und (allein ›blinder‹) Wissenschaftsgeschichte erkannte,[2] machte er einen emphatischen theoretischen Anspruch geltend, den die traditionelle Wissenschaftsgeschichtsschreibung nicht kannte und in dessen Folge – ohne Einlösung des theoretischen Versprechens – das historische Erkenntnisinteresse diskreditiert wurde.[3] Exponiert herausgestellte Fallstudien, die zwischen wissenschaftstheoretischen Konzeptionen entscheiden sollten, suggerierten ein Bild von Wissenschaftsgeschichte, das als eine Sammlung von Episoden, Fakten und ›Fällen‹ unmittelbar auf bereitstehende ›Erklärungen‹ beziehbar wäre – und mündeten in Argumentationen, die sowohl von skeptischen Wissenschaftstheoretikern, die den Wert von Wissenschaftsgeschichte in Frage stellten,[4] als auch von Wissenschaftshistorikern, die Lakatos' historische Demonstrationen kritisierten,[5] moniert wurden.

Um nachfolgend die spezifischen Möglichkeiten und die Reichweite von Fallstudien in der Wissenschaftsforschung klären und an einem Beispiel exemplarisch demonstrieren zu können, werde ich nach terminologischen Präzisierungen im Vorfeld zuerst Aufbau und Logik von Fallstudien diskutieren, um anschließend die Bedeutung wissenschaftsgeschichtlicher Episoden für die Rekonstruktion interdisziplinärer Wissenschaftsbeziehungen zu erörtern.

Unter Fallstudien werden im Anschluß näher zu bestimmende Auszeichnungen beziehungsweise Normierungen wissenschaftshistorischer Episoden (›Fälle‹) verstanden, die in noch zu klärender Weise auf wissenschaftstheoretische Überlegungen bezogen sind. Im Gegensatz zu explorativen Vorstudien oder materialgesättigten Rekonstruktionen wissenschaftshistorischer Zusammenhänge fokussieren Fallstudien ausgewählte Parameter exemplarischer Beispiele in Rekurs auf allgemeinere systematische Fragestellungen: Das sind in

1 Imre Lakatos: »Falsifikation and the Methodology of Scientific Research Programmes«. In: I. L./Alan Musgrave (Eds.): *Criticism and the Growth of Knowledge*. (Proceedings of the International Colloquium in the Philosophy of Science, London 1965, IV). Cambridge 1970, pp. 91–196, hier p. 138; wieder in: I. L: *Philosophical Papers*. Ed. by John Worrall/Gregory Currie. Cambridge et. al. 1978. Vol. 1, p. 52.

2 Vgl. Imre Lakatos: »History of Science and its Rational Reconstructions«. In: Roger C. Buck/Robert S. Cohen (Eds.): *In Memory of Rudolf Carnap*. (Boston Studies in the Philosophy of Science 8). Dordrecht 1971, pp. 91–136, hier p. 91 das Kant entlehnte Diktum: »Philosophy of science without history of science is empty; history of science without philosophy of science is blind«.

3 Vgl. Jürgen Mittelstraß: »Rationale Rekonstruktionen der Wissenschaftsgeschichte«. In: Peter Janich (Hrsg.): *Wissenschaftstheorie und Wissenschaftsforschung*. München 1981, S. 89–111, hier S. 110.

4 So Ronald N. Giere: »History and Philosophy of Science: Intimate Relationship or Marriage of Convenience?« In: *British Journal for the Philosophy of Science* 24 (1973), pp. 282–297.

5 So John Hedley Brooke: »Avogadro's Hypothesis and its Fate: A Case Study in the Failure of Case Studies«. In: *History of Science* 19 (1981), pp. 235–273; hier pp. 249ff.; Neil Thomason: »Could Lakatos, Even with Zahar's Criterion for Novel Fact, Evaluate the Copernican Research Programme?« In: *British Journal for the Philosophy of Science* 43 (1992), pp. 161–200.

der interdisziplinären Wissenschaftsforschung Exempel für das zwischen Konkurrenz und Kooperation definierte Spektrum von Beziehungen ausdifferenzierter wissenschaftlicher Disziplinen und Fächer. Deutlich dürfte sein, daß interdisziplinäre Wissenschaftsforschung hier nicht im Sinne der gegenwärtig diskutierten ›Interdisciplinary Science Studies‹ verstanden wird, die im Gegensatz zur klassischen ›History and Philosophy of Science‹ den kulturellen Kontext der Wissenschaftsentwicklung in den Blick nehmen.[6] Interdisziplinäre Wissenschaftsforschung meint vielmehr die Erforschung der Beziehungen zwischen den Einheiten eines in Disziplinen und Fächer gegliederten Wissenschaftssystems, dessen Entwicklung sich zwischen Differenzierung und Integration vollzieht.

I. Aufbau und Reichweite von Fallstudien in der Wissenschaftsforschung

Während sich im englischen Sprachraum eine rege Diskussion über Status und Logik der ›case study research‹ in anwendungsorientierten Disziplinen beobachten läßt, sind Aufbau und Reichweite von Fallstudien in der Wissenschaftsforschung – trotz ihrer seit den 1970er Jahren intensivierten Verwendung – noch weitgehend ungeklärt. Die Methode der Einzelfallstudie (Kasuistik) – in Aristoteles' Konzept der Phronesis verwurzelt, in ethischen Abhandlungen des Mittelalters und der Renaissance zur Behandlung moralischer Streitfälle verfeinert und seit der frühen Neuzeit als ›relativistisch‹ disqualifiziert[7] – erlebte seit ihrer Wiederentdeckung als ideographische Methode in Psychologie und Psychoanalyse ein erfolgreiches Comeback.[8] Die Nutzung von ›case studies‹ in der Psychologie, der medizinischen Ethik und der Bildungsforschung führte zu einer verstärkten theoretischen Reflexion ihrer Leistungsfähigkeit und ihrer Grenzen.[9] Als durch ein Set von informellen Prozeduren gesteuertes Verfahren

---

6 Vgl. dazu Alison Wiley: »Discourse, Practise, Context: From HPS to Interdisciplinary Science Studies«. In: David Hull et. al. (Eds.): *Proceedings of the 1994 Biennal Meeting of the Philosophy of Science Association*. East Lansing, Michigan 1994, Vol. 2, pp. 393–395; Joseph Rouse: »Engaging Science Through Cultural Studies«. In: ibid., pp. 396–401; Vassiliki Betty Smocovitis: »Contextualizing Science: From Science Studies to Cultural Studies«. In: ibid., pp. 402–412; Brian S. Baigrie: »HPS and the Classic Normative Mission«. In: ibid., pp. 420–427.

7 Vgl. Albert R. Jonson/Stephen Toulmin: *The Abuse of Casuistry: A History of Moral Reasoning*. Los Angeles 1988.

8 Vgl. Hans E. Klein (Ed.): *Case Method Research and Applications: New Vistas*. Needham, Massachusetts 1989.

9 Vgl. u. a. Robert K. Yin: *Case Study Research: Design and Methods*. Beverly Hills 1984; Adolf Grünbaum: *The Foundation of Psychoanalysis: A Philosophical Critique*. Berkeley, Los Angeles 1984; ders.: »The Role of the Case Study Method in the Foundation of Psychoanalysis«. In: *Canadian Journal of Philosophy* 18 (1988), pp. 623–658; Ronald A. Carson: »Case Method«. In: *Journal of Medical Ethics* 12 (1986), pp. 36–37; Roger Higgs: »Commentary: Case Method«. In: *Journal of Medical Ethics* 12 (1986), pp. 38–39;

zur Ermittlung und Interpretation von Daten über einen eingegrenzten Sachverhalt sind die Leistungen von Fallstudien, so der Tenor der Diskussion zu ›case studies‹ in der angewandten Forschung, stark beschränkt: In Folge der (partiellen) Unbestimmtheit der relevanten Variablen, das heißt der zu erschließenden Einheiten und der Unanwendbarkeit einer deduktiven Logik, ließen Fallstudien allein induktive oder retroduktive Folgerungen zu und gestatteten mit der Ausarbeitung von Musterschlüssen (›pattern models of inference‹) vorerst nur, einem partikulären Beispiel oder einer spezifischen Situation Sinn zu verleihen.[10] Fallstudien produzierten keine unkontroversen Nullsätze, die statistisch überprüfbar wären; vielmehr erlaubten sie, eine oder mehrere Erklärungen für die im Rahmen eines begrenzten Forschungszusammenhangs beobachteten Phänomene oder Ereignisse aufzustellen.[11] Aufgrund ihrer problematischen Generalisierbarkeit seien die durch Fallstudien gewonnenen Aussagen in erster Linie klärend (clarifying), wertend (evaluating), korrigierend (amending) und partiell überprüfend (testing).

Trotz der immensen Bedeutung, die Fallstudien in der Wissenschaftsgeschichtsschreibung besitzen,[12] steckt die Diskussion um Begriff und Methodo-

---

Albert R. Jonsen: »Casuistry and Clinical Ethics«. In: *Theoretical Medicine* 7 (1986), pp. 65–74; Marshall Edelson: *Psychoanalysis: A Theory in Crisis*. Chicago 1988, pp. XXXI–XXXII, 237–251; Sharan B. Merriam: *Case Study Research in Education: A Quantitative Approach*. San Francisco 1988; Nicholas Griffin: »Using ›Ethics in Teaching‹ in Teaching in Ethics: Student Views on the Case Studies«. In: *Teaching Philosophy* 11 (1988), pp. 116–127; John D. Arras: »Getting Down to Cases: The Revival of Casuistry in Bioethics«. In: *Journal of Medicine and Philosophy* 1991, pp. 29–51; Douglas N. Walton: »The Normative Structure of Case Study Argumentation«. In: *Metaphilosophy* 24 (1993), pp. 207–226; David C. Malloy/Donald L. Lang: »An Aristotelian Approach to Case Study Analysis«. In: *Journal of Business Ethics* 12 (1993), pp. 511–516.

10 Dazu vor allem Adolf Grünbaum: »The Role of the Case Study Method in the Foundation of Psychoanalysis« (Anm. 9), hier p. 624ff.; Kristin Shrader-Frechette/Earl D. McCoy: »Applied Ecology and the Logic of Case Studies«. In: *Philosophy of Science* 61 (1994), pp. 228–249, hier p. 233.

11 Vgl. Robert K. Yin (Anm. 9), pp. 16ff.

12 Vgl. zu neueren Beispiele aus dem deutschsprachigen Raum u. a. Ute Karich: *Subjektive wissenschaftliche Forschungstätigkeit und objektiver Prozess der Wissenschaftsentwicklung: Zu Tragfähigkeit und Grenzen des Tätigkeitskonzepts der Wissenschaft anhand einer Fallstudie zur Herausbildung der Halbleiterforschung im 19. Jahrhundert.* Diss. TU Dresden 1986; Barbara Plikat: *Wechselbeziehungen zwischen Wissenschaft, Technik und Produktion am Beispiel der Entwicklung der Kunstfaserindustrie und der Herausbildung der makromolekularen Chemie: Wissenschaftshistorische Fallstudie.* Diss. Akademie der Wissenschaften der DDR Berlin 1989; Christoph Meinel: *Karl Friedrich Zöllner und die Wissenschaftskultur der Gründerzeit: Eine Fallstudie zur Genese konservativer Zivilisationskritik.* (Berliner Beiträge zur Geschichte der Naturwissenschaften und der Technik 13). Berlin 1991; Thomas Haussmann: *Erklären und Verstehen: zur Theorie und Pragmatik der Geschichtswissenschaft; mit einer Fallstudie über die Geschichtsbeschreibung zum deutschen Kaiserreich von 1871–1918.* Frankfurt a. M. 1991; Ekkehard Höxtermann: *Berliner Botaniker in der Geschichte der Biochemie: eine Fallstudie über botanische Wurzeln der Biochemie am Beispiel der Allgemeinen Botanik an der Friedrich-Wilhelms-Universität zu Berlin.* Habil.-Schrift Jena 1994; Alfred Reckenfelderbäumer: *Medizin und Wissenschaftstheo-*

logie dieser Darstellungsform noch in den Anfängen. Zwar herrscht Konsens hinsichtlich ihrer Funktion zur »Erhellung eines allgemein dargestellten Sachverhalts oder einer Theorie, deren Gültigkeit über das Einzelbeispiel hinausgeht«[13] – doch gerade angesichts der steigenden Anzahl von ›Fallstudien‹, die im Zuge der argumentativen Verknüpfung von Wissenschaftsphilosophie und Wissenschaftsgeschichte seit den 1970er Jahren entstanden, ist das Defizit an methodologischen Überlegungen unübersehbar.[14]

Hinweise auf die Funktion und die Methodologie von Fallstudien finden sich bislang vor allem in kritischer Auseinandersetzung mit der Praxis, wissenschaftstheoretische Modelle durch exemplarische Episoden aus der historischen Entwicklung der Wissenschaften zu stützen.[15] Schwerpunkte der Polemik gegen das Heranziehen historischer Beispiele als Belegmaterial für bestimmte wissenschaftstheoretische Positionen sind neben dem Vorwurf der Zirkularität (daß nämlich die Interpretation historischer Daten von spezifischen

---

rie: *Die Geschichte der Wismuttherapie als wissenschaftstheoretische Fallstudie.* (Abhandlungen zur Geschichte der Medizin und der Naturwissenschaften 73). Husum 1995; Hans-Georg Schneider: *Paradigmenwechsel und Generationenkonflikt. Eine Fallstudie zur Struktur wissenschaftlicher Revolutionen: Die Revolution der Chemie des späten 18. Jahrhunderts.* (Europäische Hochschulschriften: Reihe 3, Geschichte und ihre Hilfswissenschaften Bd. 347). Frankfurt a. M. u. a. 1992. – Beispiele für Fallstudien, die zwischen wissenschaftstheoretischen Konzepten entscheiden sollen, sind u. a. John Worrall: »Thomas Young and the ›Refutation‹ of Newtonian Optics: Case Study in the Interaction of Philosophy of Science and History of Science.« In: Colin Howson (Ed.): *Method and Appraisal in the Physical Sciences: The Critical Background to Modern Science, 1800–1905.* Cambridge 1976, pp. 107–179; Hannah Gay: »The Asymmetric Carbon Atom: (a) A Case Study of Independent Discovery; (b) An Induktivist Model for Scientific Method«. In: *Studies in History and Philosophy of Science* 9 (1978), pp. 207–238; Bryan Movry: »From Galen's Theory to William Harvey's Theory: A Case Study in Rationality of Scientific Change Theory«. In: *Studies in History and Philosophy of Science* 16 (1985), pp. 49–85. Fallstudien zur Überprüfung von Theorien wissenschaftlichen Wandels enthalten auch die Sammelbände von Arthur Donavan et al. (Eds.): *Scrutinizing Science: Empirical Studies of Scientific Change.* Dordrecht et al. 1988, und Thomas Nickles (Ed.): *Scientific Discovery: Case Studies.* Dordrecht 1980.

13 So die sehr allgemeine Definition bei Volker Bialas: »Grundprobleme der Wissenschaftsgeschichte«. In: Nico Stehr/René König (Hrsg.): *Wissenschaftssoziologie.* (Kölner Zeitschrift für Soziologie und Sozialpsychologie, Sonderheft 18). Opladen 1975, S. 122–134, hier S. 129f.

14 Vgl. Lutz Danneberg/Jörg Schönert: »Belehrt und verführt durch Wissenschaftsgeschichte«. In: Petra Boden/Holger Dainat (Hrsg.): *Atta Troll tanzt noch. Selbstbesichtigungen der literaturwissenschaftlichen Germanistik im 20. Jahrhundert.* Berlin 1997, S. 13–58, hier S. 40.

15 So bei Matthias Kaiser: »Philosophers Adrift? Comments on the Alleged Disunity of Method«. In: *Philosophy of Science* 60 (1993), pp. 500–512; im Hinblick auf die Verwendung eines ihre theoretischen Überlegungen unterstützenden Fallbeispiels bei Rachel Laudan/Larry Laudan: »Dominance and the Disunity of Method: Solving the Problems of Innovation and Consensus«. In: *Philosophy of Science* 56 (1989), pp. 221–237; aufschlußreich auch Timothy Shanahan: »Kitchers Compromise: A Critical Examination of the Compromise Model of Scientific Closure, and its Implications for the Relationship Between History and Philosophy of Science«. In: *Studies in History and Philosophy of Science* 28 (1997), pp. 319–338.

theoretischen Vorannahmen getragen ist, die diese Daten zugleich nutzen, um die eigene Position zu stützen) vor allem der Mangel an kritischem Bewußtsein gegenüber den Grenzen historischer ›(Beleg-)Fälle‹: Aus dem Reservoir der komplexen Entwicklung von Wissenssystemen würden Episoden für unterschiedliche theoretische Geltungsansprüche rekrutiert und in ungesicherter Weise extrapoliert; Wissenschaftsgeschichte reduziere sich so auf ein Arsenal von ›Fällen‹, während ihre diachronen Dimensionen und gegenläufigen Entwicklungen ausgeblendet blieben. Indem Wissenschaftsgeschichte als ein Arsenal von ›Fällen‹ behandelt würde, nähmen wir nicht ihre komplexe Entwicklung wahr, sondern allein vergangene Episoden in ihr.[16]

Hintergrund der hier nur angedeuteten Diskussion zu Funktion und Grenzen von Fallstudien in der Wissenschaftsforschung ist das Verhältnis von Wissenschaftsphilosophie und Wissenschaftsgeschichte. Während sich die (klassische) Wissenschaftsphilosophie um die systematische Rekonstruktion wissenschaftlicher Theoriebildungen bemüht, indem sie Begriffsstrukturen, Methodologien und philosophische Konsequenzen insbesondere der empirischen Wissenschaften beziehungsweise einzelner Disziplinen untersucht und wissenschaftliche Rationalität zu erklären unternimmt, konzentriert sich Wissenschaftsgeschichtsschreibung auf die historische Rekonstruktion der Entwicklung ausdifferenzierter Wissenssysteme, die vor allem unter dem Gesichtspunkt des Wandels untersucht werden. Gegenstand der Wissenschaftshistoriographie sind die sozialen und kognitiven Bezüge, in denen Wissensansprüche produziert, diskutiert und modifiziert werden;[17] die materiale Basis für deren Erschließung (und zugleich Zugang zu Entitäten wie ›Konzepten‹, ›Denkkollektiven‹, ›Paradigmen‹ etc.) bilden Texte, deren Interpretationsprinzipien allerdings noch weitergehend zu klären sind.[18] Fallstudien als Nachzeichnungen exemplarischer wissenschaftshistorischer Episoden sollen die Verknüpfung von Wissenschaftstheorie und Wissenschaftsgeschichte ermöglichen, indem sie: (1) wissenschaftshistorische Fallbeispiele heuristisch fruchtbar machen – etwa durch ihre Aufnahme als Anregung zu Problemformulierungen oder zur Differenzierung systematischer wissenschaftsphilosophischer Untersuchungen; (2) wissenschafts-

---

16 So prononciert Marga Vicedo: »Is the History of Science Relevant to the Philosophy of Science?« In: David Hull et al. (Eds.): *Proceedings of the 1992 Biennal Meeting of the Philosophy of Science Association*. East Lansing, Michigan 1993, Vol. 2, pp. 490–496; Hinweise auf die Grenzen des ›historical case-studies approach‹ auch bei Thomas Nickles: »Remarks on the Use of History as Evidence«. In: *Synthese* 69 (1986), pp. 253–266.

17 Dazu Jürgen Fohrmann: »Organisation, Wissen, Leistung. Konzeptuelle Überlegungen zu einer Wissenschaftsgeschichte der Germanistik«. In: *IASL* 16 (1991) H. 1, S. 110–125; Klaus Weimar: »Über das derzeitige Verhältnis der deutschen Literaturwissenschaft zu ihrer Geschichte«. In: Ebd., S. 149–156; siehe auch Christoph König: »Wissen, Werte, Institutionen«. In: *Jb. der Deutschen Schillerges.* 38 (1994), S. 379–403, hier S. 386–402.

18 Zu den Schwierigkeiten einer hermeneutischen Rekonstruktion apophantischer Texte vgl. J. Mittelstraß (Anm. 3), S. 99ff.; Hinweise auf eine bislang nur postulierte »hermeneutische« Lektüre von wissenschaftlichen Texten auch bei Danneberg/Schönert (Anm. 14), S. 32ff.

theoretische Konzeptionen illustrieren im Hinblick auf (a) die Erläuterung und (b) die Relevanz der unternommenen systematischen Überlegungen; (3) zur Überprüfung wissenschaftstheoretischer Konzeptionen herangezogen werden – so wie es seit Thomas S. Kuhns folgenreichem Beispiel unter anderen Imre Lakatos, Larry Laudan oder Philip Kitcher praktizierten. Solche Überprüfungen können sich auf verschiedene Gegenstandsbereiche der Wissenschaftstheorie beziehen: auf die Strategien der Theoriekonstruktion, den adäquaten Charakter der Explikation innertheoretischer Relationen, die Fundierung intramethodologischer Verknüpfungen oder die Begründung von Zielsetzungen einer Methodologie. Neben ihrer Funktion für die Bestätigung beziehungsweise Zurückweisung wissenschaftsphilosophischer Konzepte können wissenschaftshistorische Episoden auch als Muster ausgezeichnet werden, an denen wissenschaftstheoretische Konzeptionen zu entwickeln sind.[19]

Obwohl die heuristischen wie auch die illustrierenden Funktionen von Fallstudien nicht unproblematisiert geblieben sind, hat vor allem ihr evaluativer Gebrauch kontroverse Stellungnahmen hervorgerufen.[20] Gründe für die kritische Einschätzung validierender ›case studies‹ zeigen sich bei genauerer Betrachtung der von ihnen erwarteten Leistungen und ihrer Aufbauprinzipien. Zur Überprüfung wissenschaftstheoretischer Konzeptionen durch geschichtliche Exempel zeichnen Fallstudien Ausschnitte der Wissenschaftsgeschichte aus, die im Konflikt zwischen theoretischen Annahmen und geschichtlichen Befunden entscheiden können sollen.[21] In einem ersten Schritt sind dazu die Bestandteile einer wissenschaftshistorischen Episode zu fixieren: eine bestimmte, zeitlich fixierte Theoriekonstellation; mindestens ein für die Evaluation relevanter Aspekt dieser Konstellation sowie eine Bewertung der in dieser historischen Konstellation vorliegenden Ausprägung der als relevant erachteten Aspekte – etwa als ›rational‹ oder ›irrational‹, als ›Beispiel‹ oder ›Gegenbeispiel‹. Anschließend sind die als relevant erachteten Parameter der wissenschaftshistorischen Episode auszuwählen und festzulegen. Diese Auswahl kann durch Kennzeichnung anhand eines Auswahlkriteriums, aber auch durch Aufzählung erfolgen.[22] In einem dritten Schritt ist die Geltungspriorität der ausge-

---

19 Vgl. Lutz Danneberg: *Methodologien. Struktur, Aufbau und Evaluation.* (Erfahrung und Denken 71). Berlin 1989, S. 337ff.

20 Dazu ebd., S. 339–351; vgl. auch Jürgen Mittelstraß (Anm. 3), S. 110; ders.: »Historische Analyse und konstruktive Begründung«. In: Kuno Lorenz (Hrsg.): *Konstruktionen versus Positionen.* Bd. 2. Berlin/New York 1979, S. 256–277.

21 Vgl. Danneberg (Anm. 19), S. 342: »Die Pointe ist dabei die *Normierung* eines – im Fall eines wissenschaftshistorischen Meta-Kriteriums – retrospektiven Anwendungsbereichs, so daß ein Konflikt zwischen der Methodologie als Sammlung allgemeiner Normen und normierten Einzelfällen möglich wird.«

22 Um zirkuläre Bestimmungen zu vermeiden, ist eine hinreichende Unabhängigkeit der ausgezeichneten Episoden gegenüber den zu prüfenden Theoriebestandteilen durch eine Adäquatheitsbedingung zu sichern, vgl. Danneberg (Anm. 19), S. 344: »Die im Rahmen eines wissenschaftshistorischen Meta-Kriteriums vorgesehene Auszeichnung wissenschaftshistorischer Episoden soll anhand wissenschaftshistorischer Befunde kritisierbar sein.«

wählten wissenschaftshistorischen Episoden zu begründen, um bei einem Konflikt zwischen geschichtlichem Beispiel und wissenschaftstheoretischer Erklärung entsprechende Konsequenzen ziehen zu können. Die Frage nach dem Rang, den ein wissenschaftshistorisches Kriterium für die Evaluation einer Theorie einnimmt, und nach dem Geltungsbereich, den es einer Wissenschaftstheorie zu bescheinigen vermag, zielt zugleich auf die Frage, ob und wie wir aus Wissenschaftsgeschichte lernen können – geht es doch letztlich auch um die Beurteilung der prospektiven Anwendungsform einer Theorie beziehungsweise Methodologie anhand ihrer retrospektiven Rekonstruktionsleistungen.

Die hier umrissenen Schritte zur Verbindung wissenschaftstheoretischer Erklärungen mit spezifischen wissenschaftsgeschichtlichen Episoden zeigen, daß es zur Bestätigung eines wissenschaftsphilosophischen Modells stets einer Purifizierung des historischen Datenmaterials bedarf, in deren Folge sich das endgültige Produkt wesentlich vom ›Rohmaterial‹ unterscheidet.[23] Die Auswahl einer wissenschaftsgeschichtlichen Episode wird nur durch ihre Abtrennung aus einem größeren Kontext möglich; ihre Modellierung – etwa durch Bewertung als ›rational‹ oder ›irrational‹, durch Einteilung wissenschaftlicher Debatten in ›frühe‹ und ›späte‹ Phasen oder durch die Identifizierung von Schlüsselfiguren und ihrer Positionen als mögliche ›Gewinner‹ und ›Verlierer‹ – ist stets durch das zugrundeliegende wissenschaftstheoretische Modell normiert.[24] Wissenschaftstheoretische Präsuppositionen fundieren die Art und Weise der Rekonstruktion und Wertung: Konträre Argumentationsgänge innerhalb eines Diskurses werden auf kognitive oder soziale Prozesse zurückgeführt und diese an

23 Dabei weist der Prozeß der Überführung des historischen Materials in eine für wissenschaftsphilosophische Modellierungen gebrauchsfähige Gestalt Ähnlichkeiten mit der Umwandlung »natürlicher« Daten in publizierbare wissenschaftliche Ergebnisse auf, die in der neueren Wissenschaftsforschung im Anschluß an Bruno Latour und Steve S. Woolgar (*Laboratory Life. The Construction of Scientific Facts.* Princeton 1986) mehrfach diskutiert wurden, etwa durch Karin Knorr-Cetina: »Das naturwissenschaftliche Labor als Ort der ›Verdichtung‹ von Gesellschaft«. In: *Zs. für Soziologie* 17 (1988), S. 85–101.

24 Der Einfluß, den wissenschaftstheoretische Vorannahmen für die Wahl exemplarischer historischer Episoden haben, zeigt sich nicht zuletzt an der Übereinstimmung der herangezogenen Beispiele: Theorien, die den kognitiven Wandel auf wissenschaftsinterne Beweggründe zurückführen, ziehen zumeist unumstrittene historische Exempel heran, deren konsensuelle Anerkennung etablierte wissenschaftliche Überzeugungen repräsentiert wie etwa die kopernikanische Astronomie, Darwins Evolutionstheorie oder Alfred Wegeners Erklärung der Kontinentalverschiebung, so z. B. Henry Frankel: »The Career of Continental Drift Theory: an Application of Imre Lakatos' Analysis of Scientific Growth to the Rise of Drift Theory«. In: *Studies in History and Philosophy of Science* 10 (1979), pp. 21–66; Ronald N. Giere: *Explaining Science: A Cognitive Approach.* Chicago 1988; Paul Thagard: *Conceptual Revolutions.* Princeton 1992; Philip Kitcher: *The Advancement of Science. Science Without Legend, Objectivity Without Illusions.* Oxford 1993. Dagegen tendieren Darstellungen der ›externen‹ Bedingungen des wissenschaftlichen Produktionsprozesses zur Heranziehung kontroverser Fälle wie etwa der Debatten um Quarks, Gravitationswellen, Neutrinos – etwa Andrew Pickering: *Constructing Quarks: A Sociological History of Particle Physics.* Edingburgh 1984; Trevor Pinch: *Confronting Nature: The Sociology of Solar-Neutrino Detection.* Dordrecht 1986.

hand (problematischer) Parameter des Erkenntnisfortschritts als ›erfolgreich‹ beziehungsweise ›erfolglos‹ qualifiziert. Auf jeder Ebene des methodologischen Aufbaus einer Fallstudie sind eine Anzahl von mehr oder weniger restriktiven Entscheidungen zu treffen, die das endgültige Ergebnis der Analyse beeinflussen. Das reicht von der Wahl der heranzuziehenden wissenschaftshistorischen Episode und deren Ablösung aus wissenschaftlichen und kulturellen Prozessen bis zur Abgrenzung unterschiedlicher Phasen einer Episode und der Positionierung der in ihnen agierenden Diskursteilnehmer. Die faktische Unmöglichkeit, im Rahmen einer Fallstudie die komplexen Zusammenhänge und Motive aller oder auch nur einiger individueller und kollektiver Akteure der wissenschaftlichen Kommunikation zu rekonstruieren, macht eine Eingrenzung der Untersuchung auf bestimmte Teilnehmer und Argumente erforderlich. Ein Blick auf die Selektionskriterien zeigt, daß zumeist die sichtbarsten Disputanten in den Blick genommen und weniger visible Diskursteilnehmer im Hintergrund belassen werden – wobei die Orientierung an der Visibilität der beteiligten Akteure zumindest implizit von den ex ante gewünschten Ergebnissen der Analyse gelenkt ist. Das in der retrospektiven Betrachtung unvermeidlich präsente Wissen um den Ausgang einer wissenschaftshistorischen Episode und deren ›Gewinner‹ und ›Verlierer‹ strukturiert die Aufbereitung des exemplarischen Falles und macht eine ›objektive‹ Identifikation und Bewertung der Schlüsselfiguren und ihrer Argumente zu einer höchst diffizilen Angelegenheit.[25] Erschwerend wirken weitere Versuchungen, die aus dem Gebrauch einer Fallstudie zur Validierung theoretischer Modelle für wissenschaftliche Rationalität erwachsen: Der Neigung, die besten Argumente der möglichen ›Gewinner‹ und die schlechtesten Argumente der potentiellen ›Verlierer‹ bevorzugt darzustellen, ist schwierig zu widerstehen. Die Identifikation der herauspräparierten Argumentationsgänge mit einem als positiv evaluierten Erkenntnisfortschritt erhöht die Risiken, gibt es doch keine gültige und zureichende Maßeinheit zur Bestimmung des kognitiven Fortschritts, mit dem wissenschaftshistorische Vorgänge evaluiert werden könnten – jeder Vergleich ist gezwungen, sich auf Generalisierungen aus der Wissenschaftsgeschichte zu stützen.

Die bislang vorgebrachten Bestimmungen von Fallstudien lassen die Vermutung zu, daß zwischen dem (von wissenschaftsgeschichtlichen Forschungen bereitgestellten) Niveau des historischen Details und dem Potential von Wissenschaftstheorien eine inverse Beziehung besteht: Eleganten wissenschaftstheoretischen Modelle stehen materialgesättigte, historisch kontextuali-

25 Zusätzliche Schwierigkeiten bei der Erstellung einer Fallstudie erwachsen aus der unterschiedlichen Visibilität der wissenschaftlichen Kommunikation für den retrospektiven Beobachter. Die in Artikeln, Büchern, Vorlesungen und persönlichen Diskussionen niedergelegten Argumente dienen der Rekonstruktion von Kommunikationszusammenhängen innerhalb einer ›scientific community‹, obwohl doch nicht zuletzt aufgrund der Viskosität wissenschaftlicher Kommunikation keinesfalls alle Argumente innerhalb der Gemeinschaft in gleicher Weise bekannt sein müssen. Damit werden Bestimmung und Bewertung der allgemein bekannten Argumente zu einer wissenschaftshistorisch herausfordernden Aufgabe.

sierte Studien zur Wissenschaftsgeschichte gegenüber – ohne daß sich per se eine Kombination von beiden ergäbe. Mit zunehmender Komplexität des zweckmäßig normierten und vereinfachten Fallbeispiels droht – nicht zuletzt aufgrund wissenschaftshistorischer Detailarbeit – eine immer geringere Eignung des Exempels für einen Vergleich verschiedener wissenschaftstheoretischer Konzeptionen beziehungsweise für die Darstellung eines Allgemeinen im Besonderen. Zu vermuten ist, daß diese inverse Beziehung ihren Ursprung in unterschiedlichen Motiven der beteiligten Akteure hat: Präferieren Wissenschaftsphilosophen im allgemeinen das ›big picture‹ und vernachlässigen demgegenüber die Details der historischen Episode, so erkennen Wissenschaftshistoriker im Ausbleiben einer breiteren philosophischen Anwendung ihrer Resultate ein Zeichen für die Reife der eigenen Disziplin. Noch ist unklar, ob und wie sich historische und philosophische Zugänge zur Erklärung wissenschaftlicher Kommunikationsprozesse kombinieren lassen. Doch dürfte klargeworden sein, daß auf eine theoretisch informierte Wissenschaftsgeschichtsschreibung nicht verzichtet werden kann, um die Grenzen idealisierter Wissenschaftsmodelle aufzuzeigen und zu erweitern.[26] Der in der Wissenschaftsgeschichte zu entdeckende Reichtum bildet eine fortwährende Herausforderung für wissenschaftstheoretische Konzeptionen, trägt doch eine immer detailliertere Untersuchung exemplifizierender ›Fälle‹ durch die historische Forschung mit dazu bei, Aussagen über den rationalen Status von Theorien und Methodologien an geschichtliche Befunde zu binden.

Möglicherweise liegen in diesen Limitierungen spezifische Stärken, die Fallstudien trotz der Skepsis gegenüber ihren validierenden Funktionen für eine reflektierte Wissenschaftsforschung attraktiv machen. Als exemplarische Beispiele für wissenschaftshistorische Entwicklungen in bestimmten Konstellationen können sie zeigen, wie Wissensansprüche formuliert, rezipiert, aufgenommen oder verworfen wurden. Ihre Bedeutung liegt dann weniger in einer – wohl stets problematisch bleibenden – Generalisierung des Einzelfalles (der eine Theorie wissenschaftlicher Rationalität affirmieren soll) als in der Rekonstruktion von Mustern der wissenschaftshistorischen Entwicklung, die zu weitergehender Forschung anregen und deren Vergleich mit ähnlichen Episoden Urteile über Regularien in der Entwicklung ausdifferenzierter Wissenssysteme gestattet.

Damit ist das Stichwort gefallen, das zur Überleitung zum nächsten thematischen Komplex meiner Überlegungen dienen kann. Einen Schwerpunkt der neueren Wissenschaftsforschung bilden die interdisziplinären Wanderungsbe-

26 Vgl. die Konkretisierung von Lakatos' Programm einer wechselseitigen Ergänzung von Wissenschaftsphilosophie und Wissenschaftsgeschichte bei Shanahan (Anm. 15), p. 337f. (Hervorhebungen im Original): »Philosophy of science without *serious* history of science provides little insight into science as it has been and is being practiced; history of science, without being related to the general problems and concerns about the nature of science that it is the business of philosophy of science to investigate, cannot properly assess the *implications* of its detailled findings about particular historical episodes for our understanding of the scientific enterprise.«

wegungen von Theorien und Methoden, die als ein Resultat der Ausdifferenzierung des modernen Wissenschaftssystems zugleich Phänomen wie auch normatives Programm sind und eine dementsprechende terminologische Differenzierung erfordern.[27] Verbindet sich mit dem normativ gewendeten Begriff von Interdisziplinarität die zumeist emphatisch affirmierte Hoffnung, der zunehmenden Spezialisierung einer fachlich und disziplinär gegliederten Forschung durch problemorientierte Kooperation zwischen Wissenschaftlern unterschiedlicher Disziplinen entgegenwirken zu können, so nimmt der deskriptive Blick Interdisziplinarität als Spektrum von Beziehungen zwischen den Teilbereichen eines ausdifferenzierten Wissenschaftssystems wahr, das von Ignoranz über Abgrenzung bis hin zu wechselseitiger Beeinflussung und Kooperation reichen kann.[28] Diese Beziehungen entstehen als Resultat einer Ausdifferenzierung des Wissenschaftssystems, das sich zunächst als System gegenüber einer nichtwissenschaftlichen Umwelt autonomisiert und dann diese Differenzierung durch die Separierung von Disziplinen, Fächer und Spezialgebieten intern wiederholt.[29] Interdisziplinarität erweist sich somit als derivativ gegenüber den historischen Prozessen der Differenzierung und der Integration wissenschaftlicher Disziplinen.

Der normativ verwendete Begriff von Interdisziplinarität im Sinne eines problemfokussierten Programms kooperativer Forschung ist ein häufig gebrauchter, doch selten klar definierter Terminus. Versteht man darunter einerseits eine spezifische, von besonderen Voraussetzungen abhängige Form wissenschaftlicher Kommunikation, die als »Identifikation vergleichbarer Fragestellungen, Begrifflichkeiten und Forschungsergebnisse im Kontext unterschiedlicher disziplinärer Grundannahmen, Fachsprachen und Methoden« definiert wird,[30] so

27 Bibliographische Hinweise bei A. Grandberg: *The Problem of Interdisciplinarity: A Bibliography.* Lund 1975; Daryl E. Chubin et al.: »Annotated Bibliography«. In: D. E. Ch. et al. (Eds.): *Interdisciplinary Analysis and Research: Theory and Practise of Problem-Focused Research and Development.* Mt. Airy, Maryland 1986, pp. 441–470; Julie Thompson Klein: »Selected Bibliography«. In: J. Th. K.: *Interdisciplinarity: History, Theory, and Practise.* Detroit 1990, pp. 229–325; Margit Thea Brandl: *Interdisziplinarität. Eine ausgewählte Bibliographie zu Interdisziplinarität, Studium Generale, Einheit der Wissenschaften und Allgemeinbildung.* Mainz 1996.

28 Dazu insbesondere Rudolf Stichweh: *Ausdifferenzierung der Wissenschaft – Eine Analyse am deutschen Beispiel.* (Report Wissenschaftsforschung 8). Bielefeld 1977; ders.: »Differenzierung der Wissenschaft«. In: *Zs. für Soziologie 8* (1979), S. 82–101; ders.: *Zur Entstehung des modernen Systems wissenschaftlicher Disziplinen. Physik in Deutschland 1740–1890.* Frankfurt a. M. 1984; ders.: *Wissenschaft, Universität, Professionen. Soziologische Analysen.* Frankfurt a. M. 1994, hier Kapitel 1: Differenzierung der Wissenschaft, S. 15–51.

29 Zu Kriterien der Abgrenzung wissenschaftlicher Disziplinen vgl. auch Lorenz Krüger: »Einheit der Welt – Vielheit der Wissenschaft«. In: Jürgen Kocka (Hrsg.): *Interdisziplinarität. Praxis – Herausforderung – Ideologie.* Frankfurt a. M. 1987, S. 106–125; Heinz Heckhausen: »Interdisziplinäre Forschung zwischen Intra-, Multi- und Chimären-Disziplinarität«. Ebd., S. 129–145; Warren O. Hagstrom: »The Differentation of Disciplines«. In: Daryl E. Chubin et al. (Anm. 27), S. 47–51.

30 So Franz Xaver Kaufmann: »Interdisziplinäre Wissenschaftspraxis. Erfahrungen und Kriterien«. In: Kocka (Anm. 29), S. 63–81, hier S. 70.

verbinden andere wissenschaftstheoretische Überlegungen andererseits Interdisziplinarität mit dem Transfer disziplinärer Konzepte und Methoden in andere Fächer und der daraus erwachsenden Entstehung neuer Forschungsrichtungen.[31] Wieder andere wissenschaftstheoretische Reflexionen bemühen den Begriff der Tansdisziplinarität, um sich gegenüber dem Begriff der Interdisziplinarität (dem unterstellt wird, die überkommenen Fächer- und Disziplingrenzen zu wahren) abzusetzen. Als transdisziplinär gelten hier Formen der Forschung, die in ihrem Bezug auf bestimmte Probleme die historisch generierte Konstitution der fachlich und disziplinär bestimmten Wissenschaft in Frage stellen.[32] Transdisziplinäre Forschung soll die historisch konditionierten Bestimmungen und Grenzen der Fächer und Disziplinen erschüttern und die Idee einer ›Einheit der Wissenschaft‹ bewahren – als Erinnerung an die Einheit der wissenschaftlichen Rationalität jedoch nicht im wissenschaftsphilosophischen, sondern im forschungspraktisch-operationalen Sinne.

Einigkeit innerhalb dieser Bestimmungsversuche von Inter- und Transdisziplinarität besteht zumindest darin, daß eine gelingende Kommunikation zwischen den Disziplinen gewisser Voraussetzungen bedarf. Zum einen müssen sich Forschungssituationen ergeben, in denen traditionelle Zusammenhänge wissenschaftlicher Praxis erschüttert werden und sich Konzepte beziehungsweise Methoden aus anderen Disziplinen für die Lösung eines solchen Kon-

---

31 So etwa Heinrich Parthey/Klaus Schreiber: »Vorwort«. In: H. P. / K. Sch. (Hrsg.): *Interdisziplinarität in der Forschung. Analysen und Fallstudien.* (Wissenschaft und Gesellschaft 22). Berlin 1983, S. 10f.: »Vielmehr soll unter Interdisziplinarität eine qualitative Entwicklungsstufe der Forschung verstanden werden, in der traditionelle disziplinorientierte Denk- und Kommunikationsformen, Problemlösungsansätze und Anwendungen von Methoden, die in einem anderen wissenschaftlichen Spezialgebiet begründet sind als in dem, in welchem das Forschungsproblem formuliert wurde, einen solchen Integrationsprozeß erreichen, daß damit Ansätze der Herausbildung einer neuen Forschungsrichtung erfüllt sind.«

32 So in dem von Jürgen Mittelstraß formulierten Programm, »innerhalb eines historischen Konstitutionszusammenhanges der Fächer und Disziplinen fachliche und disziplinäre Engführungen, wo diese ihre historische Erinnerung verloren und ihre problemlösende Kraft über allzu großer Spezialisierung eingebüßt haben, zugunsten einer Erweiterung wissenschaftlicher Wahrnehmungsfähigkeiten und Problemlösungskompetenzen wieder aufzuheben« – Jürgen Mittelstraß: »Transdisziplinarität«. In: J. M. (Hrsg.): *Enzyklopädie Philosophie und Wissenschaftstheorie.* Stuttgart/Weimar 1996, Bd. 4, S. 329; vgl. auch ders.: »Die Stunde der Interdisziplinarität?« In: Kocka (Anm. 29), S. 152–158; wieder in: ders.: *Leonardo-Welt. Über Wissenschaft, Forschung und Verantwortung.* Frankfurt a. M. 1992, S. 96–102; ders.: »Wohin geht die Wissenschaft? Über Disziplinarität, Transdisziplinarität und das Wissen in einer Leibniz-Welt«. In: *Konstanzer Blätter für Hochschulfragen* 26 (1989), H. 1–2 (Sonderheft »Symposium: Wird die Wissenschaft unüberschaubar? Das disziplinäre System der Wissenschaft und die Aufgabe der Wissenschaftspolitik«), S. 97–115; wieder in: ders.: *Der Flug der Eule. Von der Vernunft der Wissenschaft und der Aufgabe der Philosophie.* Frankfurt a. M. 1989, S. 60–88; ders.: »Interdisziplinarität oder Transdisziplinarität?« In: Lutz Hieber (Hrsg.): *Utopie Wissenschaft. Ein Symposium an der Universität Hannover über die Chancen des Wissenschaftsbetriebs der Zukunft (21./22. November 1991).* München/Wien 1993, S. 17–31.

flikts anzubieten scheinen. Neben der Offenheit gegenüber kognitiven Errungenschaften anderer Disziplinen müssen institutionelle Bedingungen erfüllt sein, die ein erfolgreiches Kooperationsverhalten von Wissenschaftlern gewähren; denn interdisziplinäre Prozesse überschreiten die Grenzen von Instituten, Disziplinen, Fächern und spielen sich in realen sozialen und kognitiven Netzwerken ab. Die Erforschung dieser Interaktionssysteme muß sich auf die Einheiten des Wissenschaftsprozesses richten, die durch eine gemeinsame Arbeit an abgrenzbaren Fragenkomplexen ausgezeichnet sind.[33] Zum anderen gelten die zur Lösung eines gemeinsam definierten Problems initiierten Kommunikationsprozesse als zeitlich limitierte Figurationen, die eine hochgradig instabile Konstruktion interdisziplinärer Beziehungen darstellen. Da Theorien und Methoden, die quer durch mehrere Disziplinen und Subdisziplinen verlaufen, von lokalen Problemdefinitionen vorangetrieben und stets auch lokal begründet werden, bleibt eine so praktizierte kooperative Praxis weitgehend von beschränkten Parametern abhängig – und damit sowohl in Problemsicht als auch in möglichen Lösungsvorschlägen von nur kurzzeitiger und fragiler Typik.

Als relativ stabil gelten dagegen Interaktionen zwischen den Disziplinen und Fächern, die sich im Zuge der Hierarchisierung und der Ausbildung von Prestige-Differenzen zwischen den Teilgliedern des Wissenschaftssystems herausbilden. Innerhalb des egalitär verfaßten Systems wissenschaftlicher Disziplinen, dem vorgegebene Hierarchien fehlen, instruieren Sekundärhierarchien mögliche Interrelationen zwischen einzelnen Elementen.[34] Diese basieren auf Prestige-Differenzen zwischen den an Interaktionen beteiligten Disziplinen und beeinflussen Wirksamkeit und Erfolg der Kommunikation: Die prestigehöhere Disziplin, deren ›kognitive Reife‹ an Indikatoren wie Theoriebildung, Formalisierung, innerdisziplinärem Konsens über Problemwahlen und Gültigkeit von Problemlösungen ablesbar und normativ anwendbar ist, hat im interdisziplinären Austausch eher die Chance der Beeinflussung der anderen. In weniger renommierten Fächern ist die Bereitschaft zur Aufnahme externer Konzepte und Methoden von vornherein größer, während etablierte und angesehene Disziplinen stärker nach innen abgeschlossen sind. Die an die Einteilung von Wirklichkeitsbereichen und differente Entwicklungsniveaus von Disziplinen anschließenden Prestige-Hierarchien bilden nicht allein einen wichtigen Faktor zur Homogenisierung des wissenschaftlichen Feldes. Mit der Etablierung relativ sicherer Austausch- und Orientierungsmuster in den Beziehungen zwischen den Disziplinen regulieren sie den Austausch von Techniken, Modellen und Theorien – zumeist von den ›harten‹ zu den ›weichen‹ Wissenschaften.

Hierarchisierung von Disziplinen als Gewähr für einen Bezug wissenschaftlicher Einheiten aufeinander ist jedoch nur eine Form der Integration des ausdifferenzierten Wissenschaftssystems. Zusätzlich existieren noch weitere,

---

33 Fallstudien hierfür finden sich bei Parthey/Schreiber (Anm. 31) sowie in Karl-Friedrich Wessel/Hans-Dieter Urbig (Hrsg.): *Disziplinarität und Interdisziplinarität in der Geschichte.* (Philosophie und Wissenschaften 26). Berlin 1985.

34 Stichweh: *Zur Entstehung des modernen Systems wissenschaftlicher Disziplinen* (Anm. 28), S. 490; ders.: *Wissenschaft, Universität, Professionen* (Anm. 28), S. 31–37.

supra- und subdisziplinäre Mechanismen zur Institutionalisierung wechselseitigen Lernens innerhalb der Wissenschaften – so auf supradisziplinärer Ebene transdisziplinäre Konzepte, auf subdisziplinärer Ebene die durch temporäre ›Brückenfelder‹ konstituierte Interaktion zwischen Wissenschaftlern unterschiedlicher Spezialgebiete, die zu einer (sich unter Umständen überlappenden) Abdeckung eines Forschungsfeldes sowie auch zur Überschreitung disziplinärer Grenzen führen kann. Transdisziplinäre Konzepte sind, wie Rudolf Stichweh in Anlehnung an Kenneth E. Boulding betont, nicht als Produkte des Transfers eines disziplinspezifischen Konzepts in alternative Kontexte aufzufassen, sondern als disziplinübergreifende Ressourcen, die versprechen, heterogene Probleme mehrerer Fächer zu lösen.[35] Innerhalb dieser disziplinübergreifenden Konzepte lassen sich zwei Typen unterscheiden: Zum einen Modell- und Begriffssysteme, die – wie etwa die Formalisierung wissenschaftlicher Erklärungen mit den Instrumentarien von Mathematik und Logik – einem supradisziplinären Zusammenhang entspringen und für die Integration von Wissenssystemen zentrale Bedeutung besitzen; zum anderen Begriffssysteme, die (wie beispielsweise Strukturalismus und Systemtheorie) in spezifischen disziplinären Kontexten generiert wurden, die Gegenstände ihrer Herkunftsdisziplinen (Sprache, lebende Systeme) als paradigmatische Phänomene verwenden und deren Beschreibungs- und Erklärungsinstrumentarien für weitere Bereiche fruchtbar werden lassen. Während interdisziplinäre Forschung mit der Verknüpfung von unterschiedlichen disziplinspezifischen Perspektiven zur Lösung gesellschaftlich kommunizierter Problemlagen auf externe Anforderungen reagiert und als angewandte Forschung zur Integration von Wissenschaft in Gesellschaft beiträgt, stellen transdisziplinäre Konzepte Strukturbegriffe bereit, die für mehrere Disziplinen fruchtbar werden und so die interne Integration des Wissenschaftssystems befördern können.

In der wissenschaftsgeschichtlichen Konkretisierung dieser theoretischen Überlegungen kommen Fallstudien eine nicht unbedeutende Rolle zu. Sie helfen bei der detaillierten Klärung von Fragen, die wissenschaftstheoretischen Anstrengungen aufgrund problematischer Generalisierbarkeit unzugänglich sind, und stellen diesen das Material für weitergehende Aussagen bereit. Fallstudien thematisieren an exemplarischen Beispielen die unterschiedlichen Aspekte der Abgrenzung, der wechselseitigen Einflußnahme, der Kooperation und der wechselseitigen Ergänzung wissenschaftlicher Disziplinen. Dabei lassen sich zwei Muster beobachten: Zum einen die Rekonstruktion sozialer Interaktionen – etwa der Beziehungen zwischen Wissenschaftlern einer Fakultät oder Universität,[36] der Rekrutierung und Betreuung des wissenschaftlichen

---

35 Stichweh: *Wissenschaft, Universität, Professionen* (Anm. 28), S. 36ff.; Kenneth E. Boulding: »General Systems Theory – The Skeleton of Science.« In: *Management Science* 2 (1956), pp. 197–208; wieder in Walter Buckley (Ed.): *Modern System Research for the Behavorial Scientist. A Sourcebook.* Chicago 1968, pp. 3–10.

36 So etwa die Beziehung Friedrich Wilhelm Bessels zu seinen Königsberger Kollegen Carl Gustav Jacobi und Franz E. Neumann; dazu Kathryn M. Olesko: *The Emergence of Theoretical Physics in Germany: Franz Neumann and the Königsberg School of Physics, 1830–1890.* Diss. Cornell University 1980.

Nachwuchses[37] oder der unmittelbaren Austauschbeziehungen in Gestalt informeller Kommunikation von Forschungsergebnissen.[38] Zum anderen zeichnen Fallstudien kognitive Strukturen der Interaktionen zwischen Wissenschaftskulturen und Disziplinen nach, indem sie etwa Formen des literarischen Einflusses[39] oder die Genese neuer Fächer und Spezialgebiete beleuchten.[40]

II. ›Gestalthafte‹ Forschungs- und Darstellungsverfahren in Natur- und Geisteswissenschaften der 1930er und 1940er Jahre: Exemplarisches Beispiel für Transdisziplinarität?

Mit der Nachzeichnung einer wissenschaftshistorischen Episode sollen die oben ausgeführten theoretischen Überlegungen zu Methodik und Reichweite von Fallstudien in der interdisziplinären Wissenschaftsforschung nun am konkreten Beispiel illustriert und präzisiert werden. Gegenstand dieser (als Fallstudie angelegten) Untersuchung sind die disziplinübergreifenden Bemühungen um die Konstruktion, Verbreitung und Anwendung gestalthaft-ganzheitlicher Wissenschaftskonzepte in der deutschen Wissenschaftslandschaft der 1930er und 1940er Jahre. Im Mittelpunkt stehen die kommunikativen Interaktionen von Wissenschaftlern unterschiedlicher Fächer und Disziplinen, die im Begriff

---

37 Wie im Fall der Zusammenarbeit von Karl Friedrich Gauß und Wilhelm Eduard Weber, vgl. hierzu Karl-Heinz Wiederkehr: »Aus der Geschichte des Göttinger Magnetischen Vereins und seiner Resultate«. In: *Nachrichten der Akademie der Wissenschaften zu Göttingen. Mathematisch-physikalische Klasse* 1964, S. 165–205.

38 Vgl. zur ›trusted assesorship‹ Nicholas C. Mullins: *Theories and Theory Groups in Contemporary American Sociology*. New York 1973.

39 Vgl. zu literarischen Einfluß-Beziehungen zwischen Wissenschaftskulturen (Metaphoriken, Analogien, Homologien und Identitätsbildungen) mit Fallbeispielen Bernard Cohen: *Interactions. Some Contacts between the Natural Sciences and the Social Sciences*. Cambridge/London 1994; auch James J. Bono: »Locating Narratives: Science, Metaphor, Communities, and Epistemic Styles«. In: Peter Weingart (Hrsg.): *Grenzüberschreitungen in der Wissenschaft*. (Interdisziplinäre Studien 1) Baden-Baden 1995, S. 119–151. – Zur Rhetorik in den Wissenschaften, insbesondere in bezug auf die Wissenschaft des 17. Jahrhunderts, vgl. u. a. David Johnston: *The Rhetoric of Leviathan: Thomas Hobbes and the Politics of Cultural Transformations*. Princeton 1986; Alan G. Gross: *The Rhetoric of Science*. Cambridge/London 1990; Peter Dear (Ed.): *The Literary Structure of Scientific Argument*. Philadelphia 1991; Marcello Pera: *Scienza e retorica*. Rom/Bari 1991; Marcello Pera/William R. Shea (Eds.): *Persuading Science: The Art of Scientific Rhetoric*. Canton, Massachusetts 1991.

40 So z. B. in der Kontroverse um die Psycholinguistik als einer Hybriddisziplin mit den Beiträgen von William Bechtel: »Psycholinguistics as a case of cross-disciplinary research«. In: *Synthese* 72 (1987), pp. 293–311; Arthur L. Blumenthal: »The emergence of psycholinguistics«. In: *Synthese* 72 (1987), pp. 313–323; Robert N. McCauley: »The not so happy story of the marriage of linguistics and psychology or why linguistics has discouraged psychology's recent advances«. In: *Synthese* 72 (1987), pp. 341–353; Adele A. Abrahamsen: »Bridging Boundaries versus Breaking Boundaries: Psycholinguistics in Perspective«. In: *Synthese* 72 (1987), pp. 355–388.

›Gestalt‹ einen gemeinsamen Nenner für wissenschaftsprogrammatische Reformbemühungen fanden und durch gemeinsame Zusammenkünfte im Rahmen des Hallenser ›Gestalt-Kolloquiums‹ sowie durch die Publikationsreihe *Die Gestalt* organisatorisch verbunden waren.

Mit der exemplarischen Rekonstruktion einer (detailliert erst in Anfangsgründen erschlossenen) wissenschaftsgeschichtlichen Episode werden die vorangestellten Überlegungen zu Aufbau und Reichweite von Fallstudien in der interdisziplinären Wissenschaftsforschung reflexiv auf sich selbst bezogen. Indem die nachfolgende Fallstudie die vorab erfolgten theoretischen Reflexionen nun am Beispiel für ein Beispiel entfaltet, sind nicht allein Auskünfte über die auf einer ersten Beobachtungsebene angesiedelten Probleme – in diesem Fall die Mechanismen und Abläufe des Theorien- und Methodentransfers zwischen den Disziplinen – zu erwarten, sondern zugleich auch Aufschlüsse über die Beobachtung der Beobachtung: hier über die analytischen und konstruktiven Schrittfolgen, die eine fruchtbare Verknüpfung von wissenschaftstheoretischen Überlegungen und wissenschaftshistorischen Rekonstruktionen erlauben sollen.

Die vorzunehmende Auszeichnung der Bestandteile der wissenschaftshistorischen Episode und die nachfolgende Klärung der Beziehungen zwischen diesem Ausschnitt der Wissenschaftsgeschichte und möglichen wissenschaftstheoretischen Erklärungen trägt wesentlich einschränkenden Charakter. Ohne an dieser Stelle die gesamte Spannbreite gestalttheoretisch-morphologischer Konzepte in natur- und geisteswissenschaftlichen Disziplinen seit dem 19. Jahrhundert auch nur andeuten[41] sowie den Ursprungsdiskurs in der Goethe-Zeit explizieren zu können,[42] sollen Diskussion und Rezeption des ›Gestalt‹-Begriffs im

---

41 Gestalttheoretische Vorstellungen in der Biologie beleuchten u. a. William Coleman: »Morphology between Type Concept and Descent Theory«. In: *Journal of the History of Medicine and Allied Sciences* 31 (1976), pp. 149–175; Lynn Nyhart: »The Disciplinary Breakdown of German Morphology, 1870–1900«. In: *Isis* 78 (1987), pp. 365–389; ders.: *Biology takes Form. Animal Morphology and the German Universities, 1800–1900*. Chicago 1995; Rudie Trienes: »Type Concept Revisited. A Survey of German Idealistic Morphology in the First Half of the 20th century«. In: *History and Philosophy of the Life Sciences* 11 (1989), pp. 23–42; zur Gestaltpsychologie instruktiv Mitchell G. Ash: *The Emergence of Gestalt theory: Experimental Psychology in Germany 1890–1920*. Diss. Harvard University 1982; ders.: »Gestalttheorie«. In: Lutz Danneberg u. a. (Hrsg.): *Hans Reichenbach und die Berliner Gruppe*. Braunschweig/Wiesbaden 1994, S. 87–100; ders.: *Gestalt Psychology in German Culture 1890–1967: Holism and the Quest for Objectivity*. Cambridge/New York 1995.

42 Dazu Dorothea Kuhn: *Empirische und ideelle Wirklichkeit. Studien über Goethes Kritik des französischen Akademiestreites*. (Neue Hefte zur Morphologie). Graz 1967; dies.: »Grundzüge der Goetheschen Morphologie«. In: *Goethe-Jb.* 95 (1978), S. 199–211; Adolf Meyer-Abich: *Die Vollendung der Morphologie Goethes durch Alexander von Humboldt. Ein Beitrag zur Naturwissenschaft der Goethezeit*. (Veröffentlichung der Joachim-Jungius-Gesellschaft der Wissenschaften Hamburg). Göttingen 1970; Robert M. Maniquis: »The Puzzling Mimosa. Sensitivity and Plant Symbols in Romanticism«. In: *Studies in Romanticism* 8 (1969), pp. 129–155; Charles August Culotta: *German Biophysics, Objective Knowledge, and Romanticism*. In: *Historical Stu-*

Rahmen wissenschaftstheoretischer und wissenschaftshistorischer Überlegungen der 1930er und 1940er Jahre nachgezeichnet werden. Der Schwerpunkt liegt dabei auf interdisziplinären Kommunikationsprozessen innerhalb des von Wilhelm Troll und Karl Lothar Wolf zwischen 1941 und 1944/45 an der Universität Halle organisierten ›Gestalt-Kolloquiums‹ und der von ihnen zwischen 1942 und 1959 herausgegebenen Schriftenreihe *Die Gestalt*, in der unter anderen Beiträge des Psychologen Johannes von Allesch, des Mathematikers und Kepler-Herausgebers Max Caspar, des Mineralogen Wolf von Engelhardt, des Philosophen Kurt Hildebrandt, des Juristen Ernst von Hippel, des Literaturwissenschaftlers Günther Müller, des Theologen Friedrich Karl Schumann, des Neurologen Viktor von Weizsäcker und des Chemikers Conrad Weygand erschienen.

Nach Bestimmung des Untersuchungsrahmens sind die Beziehungen zwischen wissenschaftshistorischer Episode und wissenschaftstheoretischen Überlegungen zu klären. Dazu sind die Erwartungen an wissenschaftstheoretische Leistungen zur Erklärung der historischen Episode anzugeben; des weiteren muß bestimmt sein, welche theoretischen Erklärungen die an sie gerichteten Anforderungen (im Vergleich zu alternierenden Angeboten) besser erfüllen und unter welchen Bedingungen wissenschaftstheoretische Konzepte angesichts der geschichtlichen Befunde favorisiert oder verworfen werden. Auf diese Weise soll ausgeschlossen werden, daß die Rekonstruktion der wissenschaftsgeschichtlichen Episode ausschließlich auf die Bestätigung eines vorgängigen theoretischen Modells hin angelegt ist und daß allein wissenschaftstheoretische Annahmen die Struktur und die Tiefe der historischen Recherchen determinieren; denn sonst dienten historische Beispiele im besten Fall der Illustration einer Theorie, die auf der Basis unhistorischer Überlegungen konstruiert wurde.

Die Aspekte der hier gewählten wissenschaftshistorischen Episode eröffnen mehrere Optionen für eine Verknüpfung mit wissenschaftstheoretischen Überlegungen. Unter dem Gesichtspunkt institutioneller Rahmenbedingungen für den Konzept- und Methodentransfer zwischen den Disziplinen – also der Konstellationen, die sich durch wissenschaftliche Sozialisation, kollegialen Umgang, Repertoire an gemeinsamen Symbolen, Arbeit an gleichen oder ähnlichen Problemen, Teilnahme an Tagungen und gemeinsamen Publikationen ergeben – lassen sich Bedingungen wissenschaftlicher Austauschprozesse ermitteln, die über Solidarisierungen, Abgrenzungen und Ausgrenzungen zu Wahrnehmungs-

---

dies in the Physical Sciences 4 (1974), pp. 3–38; Bernd-Olaf Küppers: *Natur als Organismus. Schellings frühe Naturphilosophie und ihre Bedeutung für die moderne Biologie.* (Philosophische Abhandlungen 58). Frankfurt a. M. 1992; Ilse Jahn: »On the Origin of Romantic Biology and Its further Development at the University of Jena between 1790 and 1850«. In: Stefano Poggi/Maurizio Bossi (Eds.): *Romanticism in Science. Science in Europe, 1790–1840.* (Boston Studies in the Philosophy of Science 152). Dordrecht 1994, pp. 75–89; Stefano Poggi: »Neurology and Biology in the Romantic Age in Germany. Carus, Burdach, Gall, von Baer«. In: ibid., pp. 143–160; Onno Dag Oerlemans: »›The Meanest Thing that Feels‹. Anthropomorphizing Animals in Romanticism«. In: *Mosaic* 27 (1994) No. 1, pp. 1–32.

konvergenz, Einstellungsänderung und Urteilsfindung führen. Sie tragen zur Konstitution einer wissenschaftlichen Einheit bei, deren übergreifende Normen in zeitlich und räumlich beschränkten Kontexten handlungsleitend sind und für die der Begriff des »invisible college« verwendet wird.[43] Im hier gewählten Fall könnte die Verbindung von Wissenschaftlern unterschiedlicher Disziplinen innerhalb des ›Gestalt-Kolloquiums‹ aufgrund wissenschaftstheoretischer Übereinstimmungen und der Ausbildung eines sozialen Netzwerkes als »invisible college« bestimmt und zum Gegenstand einer wissenschaftssoziologischen Untersuchung normiert werden.[44] Ein zugrunde zu legendes wissenschaftstheoretisches Modell müßte dann die Genese von Gruppen-Normen erklären und die Zusammenhänge zwischen übergreifender Orientierung der Wissenschaft und individuellem Forschungshandeln explizieren.[45]

Unter dem Aspekt der kognitiven Faktoren interdisziplinärer Wissenschaftsbeziehungen können die disziplinübergreifenden Anstrengungen um eine gestalthafte Begründung wissenschaftlicher Forschungs- und Darstellungsprinzipien aber auch als ein exemplarisches Beispiel für Genese, Transfer und Rezeption eines transdisziplinären Konzepts exploriert und beschrieben werden. Hierbei erweisen sich die erwähnten Überlegungen Rudolf Stichwehs zu Ausdifferenzierung und Integration des modernen Wissenschaftssystems und der Spezifik transdisziplinärer Konzepte als hilfreich; denn gestalthaft-morphologische Wissenschaftskonzepte transferierten weniger disziplinspezifische Überlegungen in alternative Kontexte, sondern griffen vielmehr auf Ressourcen zurück, die unterschiedliche Fächer aus ihren Forschungs- und Darstellungsdilemmata zu befreien versprachen – rekurrierten sie doch auf eine Ebene, die oberhalb der Problemlagen einzelner Disziplinen angesiedelt waren.

Das an dieser Stelle gewählte Vorgehen versucht, beide Ansätze zu verschränken, indem der Blick auf Theorieproduktion und Kommunikationsstruk-

---

43 Dazu Diana Crane: *Invisible Colleges: Diffusion of Knowledge in Scientific Communities*. Chicago 1972; Belver C. Griffith/Nicholas C. Mullins: »Coherent Social Groups in Scientific Change: ›Invisible Colleges‹ May be Consistent throughout Science«. In: *Science* 197 (1972), pp. 959–964; eine Übersicht über die Forschungsliteratur liefert Daryl E. Chubin: *Sociology of sciences: an annotated bibliography on invisible colleges, 1972–1981*. New York 1983

44 Ein solches Vorgehen darf allerdings nicht mit der Erforschung der von der Wissenschaftssoziologie als ›Spezialgebiete‹ bezeichneten Einheiten verwechselt werden, in deren Rahmen Fallstudien ebenfalls zum Einsatz kamen, vgl. u. a. Nicholas C. Mullins: »The Development of Specialties in Social Science: The Case of Ethnomethodology«. In: *Science Studies* 3 (1973), pp. 245–273; ders.: »A Model for the Development of a Scientific Specialty. The Phage Group and the Origins of Molecular Biology«. In: *Minerva* 10 (1972), pp. 51–82; John Law: »The Development of Specialties in Science: the Case of X-ray Protein Crystallography«. In: *Science Studies* 3 (1973), pp. 275–303; Gerald L. Geison: »Scientific Change, Emerging Specialties, and Research Schools«. In: *History of Science* 19 (1981), pp. 20–40; Gerard Lemaine (Ed.): *Perspectives on the Emergence of Scientific Disciplines*. (Publications Maison des Sciences de l'Homme 4). The Hague 1976.

45 Überlegungen dazu bei Husain Sarkar: »A Theory of Group Rationality«. In: *Studies in History and Philosophy of Science* 13 (1982), pp. 55–72.

turen einer Gruppe von Wissenschaftlern gerichtet wird, die durch ein übereinstimmendes kognitives Konzept, institutionalisierte Zusammenkünfte und eine gemeinsame publizistische Plattform verbunden waren. Damit sollen nicht nur Entstehung und Verbreitung einer übergreifenden Gruppen-Norm verfolgt werden, die in der konkreten historischen Situationen das individuelle Vorgehen von Wissenschaftlern unterschiedlicher Disziplinen leitete. Die Verschränkung einer auf die Interaktionen innerhalb eines Wissenschaftler-Kreises gerichteten Perspektive mit der Thematisierung kognitiver Dimensionen stellt auch genauere Auskünfte über die Voraussetzungen und Determinanten von Beziehungen zwischen wissenschaftlichen Disziplinen bereit – insbesondere da es sich bei der disziplinübergreifenden Diskussion zu einem gestalthaften Wissenschaftskonzept um Interaktionen von Vertretern der drei Wissenschaftskulturen handelte.

Unter diesen Voraussetzungen versucht die nachfolgende Fallstudie zu klären: (1) Unter welchen wissenschaftsexternen und -internen Bedingungen gestalthafte Wissenschaftskonzepte als disziplinübergreifende Problemlösungsvorschläge generiert wurden; (2) in welchen (institutionellen) Einheiten die Diskussion und Verbreitung gestalthafter Wissenschaftskonzepte verlief; (3) wie anschlußfähig und erfolgreich sich das transdisziplinäre Konzept einer gestalthaft-anschaulichen Ausrichtung von Wissenschaft innerhalb verschiedener Disziplinen erwies. Abschließend ist zu prüfen, (4) inwieweit wissenschaftstheoretische Überlegungen zur Konstitution inter- beziehungsweise transdisziplinärer Zusammenhänge von der hier nachgezeichneten wissenschaftshistorischen Episode gestützt, präzisiert und gegebenenfalls korrigiert werden können, um auf diese Weise die vorgängigen Reflexionen zur Reichweite von Fallstudien in der interdisziplinären Wissenschaftsforschung zu konkretisieren.

Verständlicherweise sind auch an dieser Stelle Einschränkungen notwendig, die sich sowohl aus der Fokussierung des Erkenntnisinteresses als auch den Begrenzungen und Inhomogenitäten der Datenbasis ergeben.[46] So wird es nur in begrenztem Maße möglich sein, die von gestalthaften Wissenschaftskonzepten entwickelte Heuristik auszuzeichnen; auf Hinweise beschränkt muß auch die Erläuterung von Forschungsprogrammen und Ergebnissen innerhalb der einzelnen Disziplinen bleiben. Mangel an Hintergrundinformationen und die ungleichmäßige Verteilung informativer Gehalte in den vorhandenen Materialien erlauben es bislang noch nicht, die einzelnen Veranstaltungen des ›Gestalt-Kolloqiums‹ detailliert zu dokumentieren. Diese Einschränkungen wirken sich erschwerend auf die Wahl eines Vergleichspunktes zum Nachweis wissenschaftlicher Einflüsse und eines Indikators für die Wirkung von transferierten Konzepten und Methoden aus – ist es doch im Rahmen einer Fallstudie nicht

46 Zu den Problemen einer auf wissenschaftliche Großkollektive konzentrierten Einflußforschung vgl. Klaus Fischer: »Die Emigration deutschsprachiger Physiker nach 1933: Strukturen und Wirkungen«. In: Herbert A. Strauss u. a. (Hrsg.): *Die Emigration der Wissenschaften nach 1933. Disziplingeschichtliche Studien*. München u. a. 1991, S. 25–72, hier S. 46ff.

möglich, die elaborierte Diskussion gestalthafter Wissenschaftskonzepte auf die Entwicklungen innerhalb aller beteiligten Disziplinen zu beziehen.[47] Auch Zitations- und Kozitationsanalyse als szientometrische Indikatoren für Austauschbeziehungen zwischen den Disziplinen, die in quantitativer Auswertung der im spezifizierten Zeitraum erschienenen Literatur und der in ihr enthaltenen gruppenbezogenen Informationen in Gestalt von Verweisen und Zitationen kognitive Rahmungen und soziale Binnennetzwerke rekonstruieren,[48] sind in der hier angestrebten Auszeichnung exemplarischer Züge wissenschaftlicher Interrelationen nur begrenzt einsetzbar.[49] Unter Berücksichtigung der damit verbundenen strengeren Begründungspflichten soll vielmehr versucht werden, die Diskussion und Rezeption des ›Gestalt‹-Begriffs als eines transdisziplinären Konzepts in natur- und geisteswissenschaftlichen Disziplinen nicht allein anhand intertextueller Korrespondenzen festzustellen, sondern wechselseitige Beeinflussung durch Übereinstimmung bei spezifizierten Auffassungen nachzuweisen. Dazu gilt es, in einem ersten Schritt die historischen Konstellationen zu umreißen, in denen ›gestalthafte‹ Wissenschaftsprogramme ventiliert wurden, um anschließend die institutionellen Kristallisationspunkte und kognitiven Szenarien für die in diesem Zeichen operierende Partnerschaft von Natur- und Geisteswissenschaftlern auszuzeichnen. Am Beispiel der von Günther Müller entworfenen »morphologischen Poetik« sollen dann die Muster einer (erfolgreichen) Aufnahme des Gestalt-Konzepts in disziplinäre Kontexte vorgestellt werden.

Den Ausgangspunkt für die disziplinübergreifende Diskussion gestalthaft-ganzheitlicher Wissenschaftskonzepte seit dem ersten Jahrzehnt des 20. Jahrhunderts bildeten forschungsinterne und forschungsexterne Determinanten, als deren gemeinsamer Nenner ein durch funktionale Differenzierung und Komplexitätszuwachs bedingter Verlust von Anschaulichkeit und Integrationsfähigkeit

---

47 Das heißt: Um den Einfluß gestalthafter Wissenschaftskonzepte in der historischen Konstellation der 1930er und 1940er Jahre umfassend zu rekonstruieren, wäre der Blick über das Hallenser ›Gestalt-Kolloquium‹ und seine Diskutanten hinaus auf die Debatten in allen beteiligten Disziplinen zu erweitern.

48 Vgl. u. a. Eugene Garfield: Citation Indexing – Its Theory and Application in Science, Technology, and Humanities. New York u. a. 1979; Steven Cole et al.: »Measuring the Cognitive State of Scientific Disciplines«. In: Yehudi Elkana et al. (Eds.): *Toward a Metric of Science: The Advent of Science Indicators*. New York 1978, pp. 221–229; Peter Weingart/Matthias Winterhager: *Die Vermessung der Forschung*. Frankfurt a. M./New York 1984; Henry G. Small: »A Co-Citation Model of a Scientific Specialty: A Longitudinal Study of Collagen Research«. In: *Social Studies of Science* 7 (1977), pp. 139–166; David Sullivan et al.: »Co-Citation Analysis of Science: A Evaluation«. In: ibid., pp. 223–240; Alan L. Porter: »Citation Analysis: Queries and Caveats«. In: ibid., pp. 257–267.

49 Hinzu treten die bereits mehrfach monierten Mängel einer zitationsspezifischen Auswertung wissenschaftlicher Texte: Die wirklichen Quellen wissenschaftlicher Ideen werden oft nicht angeführt, während Verweise auf Sekundärquellen, auf Arbeiten minderer Qualität, auf gegenwärtig aktuelle Autoren oder auch nur im Interesse der eigenen Karriere durchaus möglich sind. Gerade in den Geistes- und Sozialwissenschaften dokumentieren Zitationen häufig nur die Belesenheit des Autors und weisen keinen Bezug zum Thema auf, vgl. Henry G. Small: »Cited Documents as Concept Symbols«. In: *Social Studies of Science* 8 (1978), pp. 327–340.

des produzierten Wissens bezeichnet werden kann. Die Formalisierung wissenschaftlicher Erklärungs- und Darstellungsverfahren durch Mathematisierung und Logifizierung banden das Verständnis und den Nachvollzug wissenschaftlicher Einsichten an gesteigerte Voraussetzungen, so daß Kommunikationsstörungen auftraten und Anschlußmöglichkeiten gefährdet wurden. In den bislang durch die Physik dominierten Naturwissenschaften hatten die Entdeckungen von Radioaktivität und Relativitätsprinzip eine krisenhafte Erschütterung erkenntnistheoretischer Grundlagen ausgelöst; Relativitäts-, Quanten- und Wellentheorie des Lichts demonstrierten die Ablösung von Modellvorstellungen durch mathematisierte und formalisierte Darstellungsprinzipien.[50] Das führte nicht nur zum dramatischen Verlust von Weltbild-Funktionen der Physik und dem Aufstieg einer sich als ›ganzheitlich‹ und ›organisch‹ gerierenden Biologie zur weltanschaulich attraktiven Leitdisziplin, sondern auch zum Einspruch aus den verschiedenen Wissenschaftskulturen. In naturwissenschaftlichen Disziplinen richteten sich Forderungen auf den Wiedergewinn von Anschaulichkeit und Weltbildkompetenz; in den Kulturwissenschaften, namentlich in der Neueren deutschen Literaturwissenschaft, opponierten Vertreter des nachfolgend als ›Geistesgeschichte‹ bezeichneten Integrationsprogramms gegen philologische Mikrologie und die als ›positivistisch‹ disqualifizierte Einrichtung des Forschungsbetriebs, um mit »synthetischen« Darstellungen Innovationspotentiale freisetzen und »Ethikangebote« (Rainer Kolk) offerieren zu können.[51]

---

50 Auf die insbesondere der Quantenmechanik vorgeworfene ›Unanschaulichkeit‹ der modernen Physik und die sich daran anschließenden Diskussionen hat Paul Forman mit seinen provokanten Arbeiten zur inhaltlichen Ausgestaltung der Quantenphysik in der Weimarer Republik aufmerksam gemacht; vgl. Paul Forman: »Weimar culture, causality, and quantum theory: adaption by German physicists and mathematicians to a hostile intellectual environment«. In: *Historical Studies in the Physical Sciences* 3 (1971), pp. 1–115; ders.: »Kausalität, Anschaulichkeit und Individualität. Oder: Wie Wesen und Thesen, die der Quantenmechanik zugeschrieben, durch kulturelle Werte vorgeschrieben wurden«. In: Nico Stehr/Volker Meja (Hrsg.): *Wissenssoziologie.* (Kölner Zeitschrift für Soziologie und Sozialpsychologie Sonderheft 22). Opladen 1981, S. 393–406; in Englisch als: »Kausalität, Anschaulichkeit and Individualität, or How Cultural Values Prescribed the Charakter and the Lessons Ascribed to Quantum Mechanics«. In: Nico Stehr/Volker Meja (Eds.): *Society and Knowledge: Contemporary Perspectives in the Sociology of Knowledge.* New Brunswick 1984, pp. 333–347. – Zum Verlust der Anschaulichkeit siehe auch Arthur I. Miller: »Visualization Lost and Regained: The Genesis of the Quantum Theory in the Period of 1913–1927«. In: Judith Wechsler (Ed.): *On Asthetics in Science.* Cambridge/London 1978, pp. 73–102; ders.: *Imagery in Scientific Thought: Creating 20th Century Physics.* Boston et al. 1984; Klaus T. Volkert: *Die Krise der Anschauung. Eine Studie zu formalen und heuristischen Verfahren in der Mathematik seit 1850.* (Studien zur Wissenschafts-, Bildungs- und Sozialgeschichte der Mathematik 3). Göttingen 1986; ders.: »Zur Rolle der Anschauung in mathematischen Grundlagenfragen: Die Kontroverse zwischen Hans Reichenbach und Oskar Becker über die Apriorität der euklidischen Geometrie«. In: Danneberg u. a. (Anm. 41), S. 275–293.

51 Vgl dazu vor allem Rainer Rosenberg: *Zehn Kapitel zur Geschichte der Germanistik. Literaturgeschichtsschreibung.* Berlin 1981, S. 182–253; Christoph König/Eberhard Lämmert (Hrsg.): *Literaturwissenschaft und Geistesgeschichte 1915–1925.* Frankfurt a. M. 1993.

Katalysiert wurden diese Bemühungen durch die ästhetisch inspirierte Wiederentdeckung eines projektiven Ideals, dem bereits während seiner Genese in der Goethe-Zeit Ganzheitlichkeit, Kohärenz und gelingende Selbstreproduktion zugeschrieben wurde und das nun als Alternative zu den Fragmentierungserfahrungen der modernen Industriegesellschaft und ihrer dissoziierten Kultur galt: das Konzept der ›Gestalt‹.[52] In einem Aufsatz von Friedrich Wolters, erschienen im publizistischen Organ der um Stefan George gruppierten Künstler und Gelehrten, die überkommene Sozial- und Bildungsformen zu überwinden suchten und als wichtiges Feld dieser Konfrontation die historischen Wissenschaften verstanden,[53] hieß es 1911 programmatisch: »Gestalt lehrt nicht aber bildet doch mehr als jede Lehre, begründet nicht aber richtet schärfer als jedes recht, ist höchste richte und leztes urteil für tat und werk und schau, indem sie unberührt und unbeirrt den strahligen goldreif ihrer blüte trägt, kein ziel bekennt, nur ihr bild im All-Einen spiegelnd selber spiegel des gleichen ist: *denn ihr sein ist auch ihr sinn.*«[54] 1940 fand sich diese emphatische Designation bei den Initiatoren des Hallenser ›Gestalt-Kolloquiums‹ wieder: Wilhelm Trolls und Karl Lothar Wolfs Programmschrift *Goethes morphologischer Auftrag* schloß in Aufnahme der von Friedrich Wolters im *Jahrbuch für die geistige Bewegung* formulierten Bestimmungen: »So scheint die Idee von Gestalt und Urbild heute bestimmt, im Bereich der gesamten Wissenschaft schöpferischer Arbeit diejenige Mitte zu geben, die durch keine andere Arbeit gewonnen werden kann. Denn ›Gestalt lehrt nicht aber bildet noch mehr als jede Lehre, begründet nicht aber richtet schärfer als jedes Recht, ist höchste Richte und letztes Urteil für Tat und Werk und Schau‹.«[55]

Bereits für die im George-Kreis versammelten Wissenschaftler gewann der ›Gestalt‹-Begriff aufgrund seiner maximierenden und integrativen Funktionen zentrale Bedeutung. Indem die ›Gestalt‹ (eines Kunstwerkes, einer Lebensgeschichte, natürlicher Entitäten) zum Inbegriff einer organisch gewachsenen Ganzheit und seiner gleichsam plastischen Erfahrbarkeit erklärt wurde, war ein mehrfach dimensionierter Topos gewonnen: Gegenüber dem (mechanisch) Konstruierten und seiner Kontingenz verwies ›Gestalt‹ auf die gleichsam natür-

52 Zur Aufnahme des ›Gestalt‹-Begriffes um 1900 siehe Annette Simonis: *Literarischer Ästhetizismus: Theorie der arabesken und hermetischen Kommunikation der Moderne.* Habil.-Schrift Köln 1998, insbesondere Kap. 7: Gestaltdiskurse der Jahrhundertwende. Zur Präsenz des literarischen Ästhetizismus in den modernen Kulturwissenschaften, S. 340–426.

53 Dazu jetzt Carola Groppe: *Die Macht der Bildung. Das deutsche Bürgertum und der George-Kreis 1890–1933.* Köln u. a. 1997; Rainer Kolk: *Literarische Gruppenbildung. Am Beispiel des George-Kreises 1890–1945.* (Communicatio 17). Tübingen 1998; instruktiv auch Wolfgang Braungart: *Ästhetischer Katholizismus. Stefan Georges Rituale der Literatur.* (Communicatio 15). Tübingen 1997.

54 Friedrich Wolters: »Gestalt«. In: *Jb. für die geistige Bewegung* 2 (1911), S. 137–158, hier S. 150 (Orthographie und Hervorhebung im Original).

55 Karl Lothar Wolf/Wilhelm Troll: *Goethes morphologischer Auftrag: Versuch einer naturwissenschaftlichen Morphologie.* (Die Gestalt 1). 2., durchges. Aufl. Halle a. d. S. 1942, S. 58f.

liche Notwendigkeit eines Ganzen, das sich und seine Umweltbeziehungen autopoietisch hervor und zur Geltung brachte. Die Zuweisung der Gestalthaftigkeit maximierte Einheitlichkeit und Kohärenz der so bezeichneten Phänomene und verband diese zugleich mit einer spezifischen Zugangsweise: ›Gestalt‹ konnte nicht analytisch zerlegt und kausal erklärt, sondern mußte in ihrer Einheit und Ganzheit ›geschaut‹ und ›gedeutet‹ werden. Beispiel und Garant für eine solche ›gestalthafte‹ Schau und Deutung wurde Goethe – als höchste Verkörperung der Einheit von Leben und Werk etwa in der ›Gestaltbiographie‹ Friedrich Gundolfs (die im Verzicht auf Anmerkungen und bibliographischen Apparat auch in der Darstellungsform den Bruch mit dem abgelehnten ›Positivismus‹ demonstrierte).[56] Als Begründer einer morphologischen Naturforschung galt Goethe als Vorbild und Beglaubigung für die seit Beginn der 1920er Jahre entworfenen ›gestalthaften‹ Wissenschaftskonzepte von Naturwissenschaftlern.

Die in Natur- und Geisteswissenschaften gleichermaßen beobachtbaren Vorstöße gegen ›unanschauliche‹ und ›formelhafte‹ Wissenschaftskonzepte partizipierten an der intensiven Diskussion über eine Umkehr zu ›synthetischen‹, den ›Positivismus‹ überwindenden und weltanschauliche Funktionen wiedergewinnenden Forschungs- und Darstellungsprinzipien, die Ernst Troeltsch in seiner Auseinandersetzung mit wissenschaftlichen Positionen des George-Kreises 1921 als »Revolution in der Wissenschaft« thematisiert hatte.[57] Innerhalb der inhomogenen und zum Teil untereinander rivalisierenden Diskurse, die eine antipositivistisch-ganzheitliche Neuorientierung der Wissenschaft anstrebten, bewegten sich so unterschiedliche Akteure wie der Wissenschaftshistoriker Rudolf Zaunick (der als Verteidiger von Carl Gustav Carus gegenüber den enthistorisierenden Zugriffen des Klages-Kreises bereits in den 1920er Jahren aktiv geworden war und als Leiter der Zeitschrift *Sudhoffs Archiv* bis in die 1940er Jahren in diesem Sinne weiterwirkte), der »Kepler-Bund« (in dessen Auftrag Bernhard Bavink die Zeitschrift *Unsere Welt* herausgab[58]) sowie Ernst

---

56 Programmatisch Friedrich Gundolf: *Goethe*. (Werke der Wissenschaft aus dem Kreis der Blätter für die Kunst). Berlin 1916, S. 1: »Das nachfolgende Buch ist betitelt ›Goethe‹, ohne weiteren Zusatz. Es ist daraus schon zu entnehmen worauf es wesentlich ankommt: auf die Darstellung von Goethes gesamter *Gestalt*, der größten Einheit worin deutscher Geist sich verkörpert hat.« – Zu den Prinzipien von Gundolfs Buch und seiner Wirkung innerhalb und außerhalb der Disziplin jetzt umfassend Kolk (Anm. 53), S. 389–398.

57 Ernst Troeltsch: »Die Revolution in der Wissenschaft. Eine Besprechung von Erich von Kahlers Schrift gegen Max Weber: ›Der Beruf der Wissenschaft‹ und die Gegenschrift von Arthur Salz: ›Für die Wissenschaft gegen die Gebildeten unter ihren Verächtern‹.« In: *Jb. für Gesetzgebung, Verwaltung und Volkswirtschaft im Deutschen Reich (Schmollers Jahrbuch)* 45 (1921), S. 65–94; dazu instruktiv Klaus Lichtblau: *Kulturkrise und Soziologie um die Jahrhundertwende. Zur Genealogie der Kultursoziologie in Deutschland*. Frankfurt a. M. 1996, S. 420–458.

58 Der Bielefelder Gymnasialprofessor Bernhard Bavink war bis 1939 Schriftleiter der Zeitschrift *Unsere Welt*, die als Organ des 1907 als Gegenbewegung zu Ernst Haeckels »Deutschem Monisten-Bund« gegründeten »Kepler-Bundes« fungierte; sein Buch *Ergebnisse und Probleme der Naturwissenschaften. Eine Einführung in die heutige Na-*

Krieck und seine Schüler, die sich nach 1933 in der Zeitschrift *Volk im Werden* sammelten.[59] Für eine ›gestalthafte‹ Naturforschung und die philosophische Deutung ihrer Ergebnisse wirkte neben dem Botaniker Wilhelm Troll, der mit einer illustrierten Edition von Goethes naturwissenschaftlichen Schriften 1926 einen Anstoß für die Renaissance morphologischer Ideen gab[60] und sich als

---

turphilosophie erreichte zwischen 1914 und 1949 neun Auflagen. Siehe dazu Karola Otte: »Bernhard Bavink«. In: *Mathematisch-physikalische Semesterberichte* 1 (1950), S. 13–30; Klaus Hentschel: »Bernhard Bavink (1879–1947): Der Weg eines Naturphilosophen vom deutschnationalen Sympathisanten der NS-Bewegung bis zum unbequemen Non-Konformisten«. In: *Sudhoffs Archiv* 77 (1993), S. 1–32; Hinweise auch bei Lutz Danneberg: »Logischer Empirismus in Deutschland«. In: Rudolf Haller/Friedrich Stadler (Hrsg.): *Wien – Berlin – Prag. Der Aufstieg der wissenschaftlichen Philosophie.* Wien 1993, S. 320–361, hier S. 337f.

59 Kriecks rege, letztlich jedoch erfolglose Bemühungen um eine Reform des Wissenschaftssystems sind dokumentiert in Gerhard Müller: *Ernst Krieck und die nationalsozialistische Wissenschaftsreform. Motive und Tendenzen einer Wissenschaftslehre und Hochschulreform im Dritten Reich.* (Studien und Dokumentationen zur deutschen Bildungsgeschichte 5). Weinheim/Basel 1978; vgl. auch Karl Christoph Lingelbach: *Erziehung und Erziehungstheorien im nationalsozialistischen Deutschland. Ursprünge und Wandlungen der 1933–1945 in Deutschland vorherrschenden erziehungstheoretischen Strömungen, ihre politische Funktion und ihr Verhältnis zur außerschulischen Erziehungspraxis des Dritten Reiches.* Weinheim 1970, S. 180–185; Monika Leske: *Philosophen im ›Dritten Reich‹. Studie zu Hochschul- und Philosophiebetrieb im faschistischen Deutschland.* Berlin 1990, S. 230–233. – Mit der Absicht, Kriecks »Weltanschauungslehre« eines »völkisch-ganzheitlichen Realismus« durch wissenschaftsgeschichtliche Befunde zu stützen, erschienen in der Zeitschrift *Volk im Werden* seit Mitte der 1930er Jahre zahlreiche Beiträge zur Geschichte der Naturwissenschaften, die die Separation von deutscher ›ganzheitlicher‹ Naturschau und ›westeuropäischem Positivismus‹ aufnahmen und naturphilosophische Spekulationen seit dem 15. Jahrhunderts in diese Oppositionskonstruktion integrierten, so u. a. Ernst Krieck: »Deutsche Naturanschauung und Naturphilosophie«. In: *Volk im Werden* 7 (1939), S. 49–57; ders.: »Möglichkeit der Geschichte der Naturwissenschaften«. In: *Volk im Werden* 7 (1939), S. 221–228; ders.: »Lamarckismus«. In: *Volk im Werden* 7 (1939), S. 417–420; ders.: »Nikolaus von Cues, ein germanisches Problem«. In: *Volk im Werden* 8 (1940), S. 75–84; ders.: »Das Naturbild des Technikers und des Arztes«. In: *Volk im Werden* 9 (1941), S. 134–138; ders.: »Vom Sinn der Naturwissenschaft«. In: *Volk im Werden* 10 (1942), S. 69–72; Franz Böhm: »Deutsche Naturanschauung im Mittelalter«. In: *Volk im Werden* 7 (1939), S. 209–221; Herbert Flemming: »Johann Joachim Becher als Naturphilosoph. Verschollenes deutsches Gedankengut«. In: *Volk im Werden* 7 (1939), S. 406–417; Waldtraut Eckhard: »Karl Ernst von Baer über das Problem des Lebens«. In: *Volk im Werden* 8 (1940), S. 85–93; dies.: »Völkisches Arzttum. Dargestellt an Dietrich Georg Kiefer«. In: *Volk im Werden* 9 (1941), S. 201–210; dies.: »Jakob Friedrich Fries und Newton«. In: *Volk im Werden* 9 (1941), S. 269–271; dies.: »Auf den Spuren des Paracelsus«. In: *Volk im Werden* 10 (1942), S. 30–34.

60 *Goethes Morphologische Schriften.* Ausgew. und eingel. von Wilhelm Troll. (Gott-Natur. Schriftenreihe zur Neubegründung der Naturphilosophie. Hrsg. von Wilhelm Rößle, Bd. 1). Jena 1926. – In der Reihe *Gott-Natur*, die laut Verlagsankündigung das bislang herrschende »mechanistische Weltbild« durch ein »organisches« und »biozentrisches« ersetzen sollte, erschienen u. a. auch die Neu-Edition von Carl Gustav Carus' *Psyche*, ausgewählt und eingeleitet von Ludwig Klages (Jena 1926), und eine Kompilation naturphilosophischer Texte der Romantik, ausgewählt und eingeleitet von Christoph Bernoulli und Hans Kern (Jena 1925).

1932 an die Hallenser Universität berufener Ordinarius intensiv für eine »Wiedergeburt der Morphologie aus dem Geiste deutscher Wissenschaft« einsetzte,[61] insbesondere ein von Stefan George und dem Ideal einer ›nuova scienza‹ inspirierter Wissenschaftler-Kreis, der seinen Mittelpunkt um Friedrich Wolters in Kiel hatte und dem später neben Geisteswissenschaftlern wie Carl Petersen und Kurt Hildebrandt auch Naturwissenschaftler wie der Chemiker Karl Lothar Wolf angehören sollten.[62] Einen institutionellen Kristallisationspunkt fanden die Bemühungen um ›gestalthafte‹ Wissenschaft in der 1935 von Karl Lothar Wolf, Kurt Hildebrandt, Karl Beurlen und Alfred Benninghoff begründeten *Zeitschrift für die gesamte Naturwissenschaft.* Zahlreiche Mitarbeiter dieses Periodikums traten in dem von Troll und Wolf zwischen 1941 und 1945 am Hallenser Institut für physikalische Chemie organisierten ›Gestalt-Kolloquium‹ auf, das als Zusammenkunft von Vertretern unterschiedlicher Disziplinen und Wissenschaftskulturen nach 1950 als ›Colloquium Palatinum‹ fortgeführt wurde.

Um die Bedingungen für Aufnahme und Applikation des ›Gestalt‹-Begriffs in wissenschaftstheoretischen Konzeptionen näher bestimmen zu können, sind mit Wilhelm Troll und Karl Lothar Wolf zwei wichtige Akteure dieses Diskurses eingehender in den Blick zu nehmen. Der bei Karl von Goebel (dem Begründer einer morphologischen »Organographie«) in München universitär sozialisierte Wilhelm Troll wurde nach eigenen Angaben durch Vorlesungen des Literaturwissenschaftlers Roman Wörner über Goethes *Faust* im Wintersemester 1921/22 und die davon inspirierte Lektüre der naturwissenschaftlichen Schrif-

---

61 Wilhelm Troll: »Die Wiedergeburt der Morphologie aus dem Geiste deutscher Wissenschaft«. In: *Zs. für die gesamte Naturwissenschaft* 1 (1935/35), S. 349–356 – Zu Troll vgl. Lottlisa Behling: »Der geisteswissenschaftliche Aspekt der Naturwissenschaften. Zum Gedenken an den Botaniker Wilhelm Julius Georg Hubertus Troll«. In: *Berichte der Bayerischen Botanischen Gesellschaft* 50 (1979), S. 119–126; Martin Müllerott: »Wilhelm Troll (1897–1978)«. In: *Hoppea, Denkschrift der Regensburgischen Botanischen Gesellschaft* 50 (1991), S. 571–600; Gisela Nickel: *Wilhelm Troll (1897–1978). Eine Biographie.* (Acta historica Leopoldina 25). Halle a. d. S. 1996.

62 Konkrete Informationen zu den Wirkungen Georges und seines Kreises auf die Naturwissenschaften sind bislang eher selten; auch der aus persönlicher Erfahrung sprechende Hans-Georg Gadamer verweist nur kurz auf das »gestalthafte Sehen« des George-Kreises und dessen Legitimationskraft für morphologische Wissenschaftskonzepte in Chemie, Mineralogie, Geologie und Biologie, vgl. H.-G. G.: »Stefan George (1868–1933)«. In: Hans-Joachim Zimmermann (Hrsg.): *Die Wirkung Stefan Georges auf die Wissenschaft.* (Supplemente zu den Sitzungsberichten der Heidelberger Akademie der Wissenschaften, Philosophisch-historische Klasse 4). Heidelberg 1985, S. 39–50, hier S. 42f. Ausführlichere Hinweise gibt Markus Vonderau: *›Deutsche Chemie‹. Der Versuch einer deutschartigen, ganzheitlich-gestalthaft schauenden Naturwissenschaft während der Zeit des Nationalsozialismus.* Marburg 1994, zu K. L. Wolf und dessen Verbindung mit dem Kieler George-Kreis ebd. S. 83–126; instruktiv dazu auch Kolk (Anm. 53), S. 521–532. – Die Wirkungen Georges und seines Kreises auf Philosophie und Wissenschaftstheorie sind dokumentiert in Gerhard Lauer: Die verspätete Revolution. Erich von Kahler. Wissenschaftsgeschichte zwischen konservativer Revolution und Exil. (Philosophie und Wissenschaft. Transdisziplinäre Studien 6). Berlin/New York 1995; zu den Einflüssen auf die Philologien umfassend Kolk (Anm. 53), S. 184–216, 355–424, 532–539 u. ö.

ten Goethes auf die Möglichkeiten einer gestalthaft-ganzheitlichen Naturdeutung aufmerksam.[63] Der Philosoph Erich Becher, der 1921 eine methodische Grundlegung von Natur- und Geisteswissenschaften projektiert und die Bedeutung der Biologie für die Klärung der Fragen nach der Zweckmäßigkeit organischer Formen herausgestellt hatte,[64] sensibilisierte den Botaniker außerdem für eine erkenntnistheoretische Fundierung der Biologie. In Rekurs auf die typologische Morphologie Goethes formulierte Troll seit Mitte der 1920er Jahre ein Wissenschaftskonzept, das seinen Niederschlag in der Einführung zu den von ihm herausgegebenen naturwissenschaftlichen Schriften Goethes sowie zahlreichen biologietheoretischen und botanischen Abhandlungen fand. Die von ihm projektierte morphologisch-typologische Naturforschung verabschiedete die »restlose kausal-mechanische Auflösung des organischen Geschehens in physikalische Kräfte«[65] zugunsten einer anschauenden, deutenden und vergleichende Erkenntnis organischer Formen. Da deren ›Gestalt‹ nicht als ein materieller Form-Funktions-Zusammenhang zu erklären, sondern als eine übermateriell-ideelle Einheit allein ›urbildlich‹ zu schauen sei,[66] versagten vor ihr kausalanalytisch fragmentierende Zugänge: Morphologie als Lehre von der ›Gestalt‹ frage nicht nach den Ursachen natürlicher Formen,[67] sondern erschließe deren Ganzheit durch »Anschauung«[68] und »typologischen Ver-

63 Wilhelm Troll: »Autobiographische Darstellung«, zitiert in Nickel (Anm. 61), S. 32.

64 Erich Becher: *Geisteswissenschaften und Naturwissenschaften. Untersuchungen zur Theorie und Einteilung der Realwissenschaften*. München/Leipzig 1921; zur Zweckmäßigkeitsforschung in den Naturwissenschaften S. 301ff. – Bei Erich Becher hatte Troll studiert und am 30. Juni 1921 das Philosophie-Examen seines Rigorosums bestanden, vgl. Nickel (Anm. 61), S. 21.

65 Wilhelm Troll: »Gestalt und Gesetz. Versuch einer geistesgeschichtlichen Grundlegung der morphologischen und physiologischen Forschung«. In: *Flora* N. F. 18/19 (1925), S. 536–565, S. 562.

66 Vgl. Wilhelm Troll: *Organisation und Gestalt im Bereich der Blüte*. (Monographien aus dem Gesamtgebiet der wissenschaftlichen Botanik 1). Berlin 1928, S. 7: »[D]ie Gestalt kann [...] nicht als Funktion ihres materiellen Substrates und der sich in ihr abspielenden kausalen Prozesse verstanden werden, sondern nur als eine diesen übergeordnete Einheit, welche [...] den Mechanismus der Natur (die Kausalität) selbst benutzt, um an und durch ihn in Erscheinung zu treten. Gestalt wäre somit eine Totalität oder Ganzheit, die über der Kausalitätsebene liegt und deshalb ursächlich (physiologisch) weder hinreichend kennengelernt noch auch erklärt werden kann.« Ähnlich auch Wolf/Troll (Anm. 55), S. 25: »Gestalt ist stets mehr, als was sich an ihr der bloß sinnlichen Beobachtung darbietet. Sie bringt zugleich ein Urbild zur Darstellung, das in ihr enthalten ist, obgleich es als solches nicht unmittelbar in Erscheinung zu treten braucht und in der von ihm beherrschten Mannigfaltigkeit meist in ›Verkleidung‹ auftritt.«

67 Vgl. Troll (Anm. 65), S. 551.

68 Dabei rekurrierte der von Troll verwendete Begriff der »Anschauung« auf die platonische Vorstellung einer durch die »Augen des Geistes« vollzogenen Kontemplation, die von der äußerlichen Konkretion abstrahiere und ein geistiges Modell der »wesentlichen Gestaltbeziehungen« entstehen ließe, vgl. Troll: »Gestalt und Gesetz« (Anm. 65), S. 558: »Es muß gewissermaßen ein virtuelles Bild des Organismus im Geiste entstehen, das nur mehr seine wesentlichen Gestaltbeziehungen enthält, in dem alles Zufällige, will sagen von außen Bedingte der Einzelerscheinung ausgeschaltet ist, so daß diese nur mehr die allgemeinen Verhältnisse ihrer Gestalt zeigt.«

gleich«.[69] Der ›Typus‹ als ein durch Anschauung aus »virtuellen Formen« gewonnenes »hochgradig abstraktes Schema« bilde den bereits von Goethe entwickelten methodischen Mittelpunkt und »Hauptbegriff« aller vergleichend morphologischen Forschung.[70] Ihm komme Gesetzeskraft zu – wobei unter Gesetz nicht eine wissenschaftliche Aussage, sondern die Regulation natürlich-organischer Vorgänge zu verstehen sei.[71]

Das von Wilhelm Troll vorgelegte Programm einer ›gestalthaften Anschauung‹ von ›Typus‹ und ›Urbild‹ zur Erforschung und Deutung natürlicher Formen war eine Reaktion auf die fortgesetzten Konflikte innerhalb der Biologie, in der seit Ende des 19. Jahrhunderts kontemplativ-beschreibende, zum Teil noch naturphilosophisch-spekulative Forschungs- und Beschreibungsverfahren durch experimentell-kausalanalytische Methoden abgelöst wurden. In der Botanik manifestierte sich der programmatische Wandel im Konflikt zwischen einer idealistisch-typologischen Morphologie (Wilhelm Hofmeister) und einer kausalanalytisch vorgehenden Physiologie (Julius Sachs), auf den bereits Trolls Lehrer Karl von Goebel mit einer von ihm selbst als »Organographie« bezeichneten »kausalen Morphologie« reagiert hatte.[72] Nachhaltig beeinflußt wurden diese Auseinandersetzungen von den fortgesetzten Debatten zwischen »Mechanisten« und »Vitalisten« über das Problem der ›organischen Formen‹ und die wissenschaftstheoretische Basis der Biologie. Seit der Jahrhundertwende agierten »Vitalisten« wie Hans Driesch, der bereits 1909 eine zweibändige *Philosophie des Organischen* vorgelegt hatte, und der Umweltforscher Jakob von Uex-

---

69 Vgl. Troll (Anm. 66), S. 25: »Das morphologische Verfahren besteht darin, die Einzelformen, die allein der unmittelbaren Anschauung zugänglich sind, so zu ordnen, daß der Typus hinter ihnen sichtbar wird und aufleuchtet.«

70 Ebd., S. 18; zur Methode der morphologischen Typologie auch Troll (Anm. 65), S. 558: »Die anschaulich festgehaltenen ›Schemen‹ (Goethe) treten hintereinander, um das ›Zusammenschauen‹ ihrer Vielfalt zu ermöglichen. Dabei erfahren sie abermals eine Vereinheitlichung, wenn sie durch Bau- und Strukturähnlichkeiten verbunden sind. Die virtuellen Bilder decken sich unter dieser Voraussetzung und die Anschauung nimmt daraus ein schon hochgradig abstraktes Schema ab, das aber als Beziehungsgestalt für die Formen, aus denen sie hervorging, die unerläßliche Voraussetzung ist für die Ermittlung der Homologien der Teile, der Einzelformen. Das ist der Goethesche Typus [...] Er ist schlechthin der Hauptbegriff aller vergleichend-morphologischen Forschung, die es mit Ganzheiten oder Gestalten zu tun hat, die im Formenschatz der organischen Natur eine ähnliche Stellung wie die Naturgesetze im Anorganischen, im Ablauf der rein stofflich-energetischen Prozesse einnehmen.«

71 Ebd., S. 558: »Wie das Gesetz, wenn man will, über oder vor dem physikalischen Vorgang ist und ihm die Richtung vorschreibt, so leitet die typische Gestalt das Formwerden der Organismen.«

72 Dazu George Karsten: »Karl Goebel«. In: *Berichte der Deutschen Botanischen Gesellschaft* 50 (1932), S. 132–162; Martin Müllerott: »Karl von Goebel«. In: *Neue deutsche Biographie*. Bd. 6, Berlin 1964, S. 504f.; William Owen James: »Karl Goebel«. In: *Dictionary of Scientific Biography*. Bd. 5. New York 1972, S. 437–439; Klaus Napp-Zinn: »Zwei Lebermoose für eine Maß Hofbräu – Karl von Goebel und seine Schule«. In: Harald Lorenzen (Hrsg.): *Beiträge zur neueren Geschichte der Botanik in Deutschland*. (Berichte der Deutschen Botanischen Gesellschaft 100 [1987], Sonderausgabe). Stuttgart 1988, S. 327–340; Nickel (Anm. 61), S. 28–31.

küll gegen eine physiologisch-funktionelle Erklärung der Lebensvorgänge, die in Wilhelm Roux' »Entwicklungsmechanik« und Julius Schultz' »Maschinentheorie des Lebens« ihre Ausführung gefunden hatte. Innerhalb dieser Diskussionen positionierten sich unterschiedliche Ansätze zur Erklärung der spezifischen Formbildungsprozesse in der belebten Natur: Während die entwicklungsmechanische Morphologie organische Formen als funktionell angepaßte Werkzeuge betrachtete, bestimmte die von Ernst Haeckel begründete phylogenetische Morphologie lebendige Formen als Resultate stammesgeschichtlicher Entwicklungen, das heißt als Abwandlungen und Rudimente paläontologischer Ahnenreihen. In Opposition zu physiologischen Erklärungen, die die Ausbildung organischer Formen auf unterschiedliche Wachstumsgeschwindigkeiten und chemische Wachstumsordnungen zurückführten, erkannte die typologisch-idealistische Morphologie Trolls organische Formen als Realisationen eines ›idealen Bauplans‹ im Sinne Goethes. Der Rückgriff auf einen ›Typus‹-Begriff, der als ontisch antezedente Entität die Entwicklung organischer Formen leiten sollte, wird allein vor dem Hintergrund des damaligen Wissensstandes plausibel: Da gesicherte Kenntnisse der genetischen Codierung von Wachstumsprozessen fehlten und physiologische Untersuchungen nicht klären konnten, an welcher Stelle die Insertion der jeweiligen chemischen Aufbauordnung und die Regulation der Aufbaugeschwindigkeiten einsetzt, schien die Annahme einer inserierenden und regulierenden Gesetzlichkeit diese Leerstelle auszufüllen. Die Erklärung eines ›Typus‹ oder ›idealen Bauplanes‹ zu einem gesetzmäßig wirkenden Regulativ der Entwicklung organischer Formen bildete das Gründungsfundament der morphologischen Typologie als der Wissenschaft, die diese Gesetzlichkeit auf- und nachwies; die Morphologie sollte die wissenschaftliche Systematik der kategorialen Ordnungen des Morphogenetischen darstellen.

Mit verstärkten Anstrengungen um die wissenschaftsgeschichtliche Stützung seines Forschungsprogramms begegnete Troll der Skepsis der ›scientific community‹ gegenüber seiner ›idealistischen Morphologie‹, die sich vor allem in heftigen Angriffen des Paläobotanikers Walter Zimmermann artikulierte.[73] 1932 erschien die Ausgabe von Goethes morphologischen Schriften zum zweiten Male, in deren Einleitung Troll schon 1926 das »tiefere Leben des deutschen Geistes« und dessen Befreiung aus den »quälenden Fesseln, die ihm das flache Denken der Westvölker in einer schwachen Stunde angelegt hatte«, postulierte

73 Vgl. Walter Zimmermann: *Die Phylogenie der Pflanzen.* Jena 1930, hier S. VI und S. 8f. die Angriffe gegen die »irrationalen Geistesströmungen, welche als ›Typologie‹, als ›Idealistische‹ Morphologie, als phänomenologisch orientierte ›Gestaltlehre‹ usw. in zahllosen Abschattierungen ähnliche Stoffgebiete bearbeiten wie die Phylogenetik«; ders.: »Arbeitsweise der botanischen Phylogenetik und anderer Gruppierungswissenschaften«. In: Emil Abderhalden (Hrsg.): *Handbuch der biologischen Arbeitsmethoden.* Abt. IX, T. 3, 2. Hälfte. Berlin/Wien 1937; ders.: *Evolution. Die Geschichte ihrer Probleme und Erkenntnisse.* Freiburg/München 1953, S. 486–491. – Zu Zimmermann und botanischer Phylogenie jetzt Michael J. Donughue/Joachim W. Kadereit: »Walter Zimmermann and the Growth of Phylogenetic Theory«. In: *Systematic Biology* 41 (1992), pp. 74–85.

und Goethes naturphilosophische Ideen für die unmittelbare Gegenwart fruchtbar zu machen suchte: »[H]eute ist die Zeit gekommen, das Erbe von Goethes naturwissenschaftlichem Werke anzutreten und daraus zu schöpfen, was unendlich ist, den Geist gestaltender Synthese, der nach neuen Prägungen verlangt.«[74] In der Frontstellung gegen Formalisierung und Quantifizierung der Forschung wie auch in der Konstruktion einer Opposition von westeuropäischem Rationalismus und »tieferem Leben des deutschen Geistes« traf sich Troll mit einem Forscher, der nach Promotion auf dem Gebiet der theoretischen Chemie bei Arnold Sommerfeld, Assistenz am astrophysikalischen Observatorium des Einsteinturms in Potsdam und Habilitation bei Hans Meerwein in Königsberg bereits im Alter von 29 Jahren einen Ruf als ordentlicher Professor für physikalische Chemie an die Universität Kiel erhalten hatte: Karl Lothar Wolf.[75] Schon im Wintersemester 1928/29, als Wolf eine Lehrstuhlvertretung an der Christian-Albrechts-Universität wahrnahm, und seit Oktober 1930 als Ordinarius unterhielt er über den Freund und Kollegen Carl Petersen Kontakte zu dem um Friedrich Wolters und Julius Landmann versammelten Kreis von George-Jüngern in Kiel, den auch der ›Meister‹ mehrfach besucht hatte.[76] Zwischen 1933 und 1935 Rektor der Kieler Universität, betrieb Wolf unter anderem die Berufung Kurt Hildebrandts als Nachfolger Julius Stenzels auf den nach dessen zwangsweiser Beurlaubung vakanten Lehrstuhl für Philosophie[77] – sah er doch in den philosophischen und wissenschaftstheoretischen Vorstellungen des Wilamowitz-Kontrahenten[78] die Basis

74 Wilhelm Troll: »Geleitwort«. In: *Goethes Morphologische Schriften* (Anm. 60), S. 11; vgl. auch ders.: »Goethes botanische Studien«. In: *Münchener Medizinische Wochenschrift* 79 (1932), S. 461–466; ders.: »Morphologie der Pflanzen«. In: Rudolf Dittler u. a.: *Handwörterbuch der Naturwissenschaften*. 2. Aufl. Jena 1931–35, Bd. 7 (1932), S. 1–3.

75 Vgl. Vonderau (Anm. 62), S. 83f.

76 Friedrich Wolters lehrte von 1923 bis zu seinem Tod 1930 in Kiel; seit 1927 unterrichtete auch der bislang in Basel lehrende Julius Landmann Wirtschaftsgeschichte und Nationalökonomie an der Kieler Universität, vgl. Ludwig Thormaehlen: *Erinnerungen an Stefan George*. Hamburg 1962, S. 226.

77 Zu den Bemühungen Wolfs und Carl Petersens vgl. Kurt Hildebrandt: *Ein Weg zur Philosophie*. Bonn 1962, S. 68; ders.: *Erinnerungen an Stefan George und seinen Kreis*. Bonn 1965, S. 242; zur Berufung Hildebrandts auf das Kieler Ordinariat jetzt materialreich Kolk (Anm. 53), S. 527–529, 621–632.

78 Hildebrandts Angriffe gegen Ulrich von Wilamowitz-Moellendorff (»Hellas und Wilamowitz: Zum Ethos der Tragödie«. In: *Jb. für die geistige Bewegung* 1 (1910), S. 64–117) führten 1927/28 zum Scheitern seines Habilitationsverfahrens an der Philosophischen Fakultät der Berliner Universität; dennoch erhielt er durch den Preußischen Kultusminister Carl Heinrich Becker zum Sommer 1928 einen Lehrauftrag im Rahmen einer Honorarprofessur. Als überaus erfolgreicher Hochschullehrer – seine Nietzsche-Vorlesung im Wintersemester 1928/29 war so gut besucht, daß der Hörsaal gegen das Auditorium Maximum getauscht werden mußte – verkörperte auch Hildebrandt das Wissenschaftsverständnis des George-Kreises, das der Akkumulation immer spezielleren Wissens eine ›ganzheitliche‹, ›gestalthafte‹ Re-Interpretation geistig-kultureller Zusammenhänge gegenüberstellte. Zu Hildebrandts Auseinandersetzung mit Wilamowitz vgl. Ulrich K. Goldsmith: »Wilamowitz and the *Georgekreis*: New Documents«. In: William M. Calder u. a. (Hrsg.): *Wilamowitz nach 50 Jahren*. Darmstadt 1985, S. 583–611; Groppe (Anm. 53), S. 217, 557–560; Kolk (Anm. 53), S. 365–369.

für eine partnerschaftliche Kooperation, die von der kollektiven Herausgeberschaft der *Zeitschrift für die gesamte Naturwissenschaft* bis zu gemeinsamen Lehrveranstaltungen über ›Atomlehre‹ und ›Naturphilosophie‹ reichen sollte.[79]

Wie Hildebrandt, der nach eigenen Worten am Ende seines Medizinstudiums die Unmöglichkeit einer »mechanistischen Metaphysik« erkannt und von dieser Einsicht aus den Weg zu einer »Philosophie vom Ganzen« gefunden zu haben glaubte,[80] sah auch Wolf in einer zweckrational operierenden und formalistisch verengten Naturforschung den Gegenpart des eigenen Wissenschaftsprogramms. Zwar fielen positive Bestimmungen der von Wolf und seinem Schüler Rembert Ramsauer als »schöpferischer Realismus« bezeichneten Denkart nicht sonderlich klar aus, was damit gerechtfertigt wurde, daß »diese geistige Richtung dem Versuch einer Systematisierung widerstrebt«;[81] dennoch lassen sich drei Momente herauspräparieren, die sowohl für die wissenschaftstheoretischen Grundlagen der späteren »gestalthaften Atomlehre« als auch für wissenschaftsgeschichtliche Legitimationsbemühungen verbindlich blieben: (1) Im Gegensatz zu mechanistischen und vitalistischen Konzeptionen sei Natur weder als toter Mechanismus noch als zweckmäßiges System, sondern nur als lebendige, harmonische Einheit zu begreifen; (2) Mensch und Natur ständen in einem unmittelbaren und unlösbaren Verhältnis zueinander; der Mensch sei weder objektiver Beobachter noch Beherrscher, sondern höchstes Glied der natürlichen Ordnung; (3) die Aufgabe der Naturforschung bestehe in der Erkenntnis der Ordnung der Phänomene und der sie bewegenden Kräfte – doch nicht im Sinne von Kausalitätsnachweisen einer »mechanistischen« Wissenschaft, die Qualitäten in quantitativ meßbare Größen aufgelöst und den unendlichen Reichtum der Natur auf abstrakte Formeln verengt habe.[82]

---

79 Vgl. Kurt Hildebrandt: *Goethes Naturerkenntnis*. Hamburg 1947, S. 375; ders.: *Erinnerungen an Stefan George und seinen Kreis* (Anm. 77), S. 243f.

80 Kurt Hildebrandt: *Goethes Naturerkenntnis* (Anm. 79), S. 375: Charakteristisch für diese ganzheitliche Natur- und Wissenschaftsphilosophie sei, so Hildebrandt, daß sie »die exakte, mechanistische Naturforschung unverkürzt, aber mit Verneinung ihres Totalitätsanspruches, nach dem Vorbilde von Leibniz und Platon in ihr Gefüge einbaut«, vom Gedanken eines sinnhaft geordneten Kosmos ausgehe und wissenschaftliche Erkenntnisse nicht zum Zweck einer instrumentellen Beherrschung der Natur gewinne (ebd.). Dazu auch ders.: »Positivismus und Natur«. In: *Zs. für die gesamte Naturwissenschaft* 1 (1935/36), S. 1–22; ders.: »Positivismus und Vitalismus«. In: ebd., S. 242–248; zur Auseinandersetzung mit dem ›Positivismus‹ der modernen Naturwissenschaft unter besonderer Berücksichtigung der Kontroverse Hildebrandt/Pascual Jordan aufschlußreich Danneberg (Anm. 58), S. 330–339.

81 Rembert Ramsauer/Karl Lothar Wolf: »Zur Geschichte der Naturanschauung in Deutschland I«. In: *Zs. für die gesamte Naturwissenschaft* 1 (1935/36), S. 131–149, hier S. 139; ähnlich auch Rembert Ramsauer: *Die Atomistik des Daniel Sennert als Ansatz zu einer deutschartig-schauenden Naturforschung und Theorie der Materie im 17. Jahrhundert*. Kiel 1935, S. 5.

82 Als den wichtigsten Gegner seines »schöpferischen Realismus« erkannte Wolf die Physik, namentlich in ihrer seit Newton existierenden, auf dem Kausalitätsprinzip beruhenden Form, auf die sowohl Chemie als auch Biologie reduziert zu werden drohten. Aus

Zur Verstärkung seiner Bemühungen um eine gestalthafte Fundamentierung des Wissenschaftssystems suchte Wolf nach einer Ausweitung des eigenen Wirkungskreises. Nachdem er 1934 seine ›venia legendi‹ von der physikalischen Chemie auf die Geschichte der Naturwissenschaften hatte erweitern lassen, galt es, ein publizistisches Organ für die wissenschaftsreformatorischen Anstrengungen unterschiedlicher Forscherzirkel zu finden. Im März 1935 disqualifizierte er in einem internen Gutachten für das Reichserziehungsministerium die als Organ der Kaiser-Wilhelm-Gesellschaft und der Gesellschaft der Naturforscher und Ärzte erscheinende Zeitschrift *Die Naturwissenschaften* als »Bannerträger des reinsten internationalen und rasselosen Positivismus«;[83] im selben Jahr gründete er gemeinsam mit Alfred Benninghoff, Karl Beurlen und Kurt Hildebrandt die *Zeitschrift für die gesamte Naturwissenschaft, einschließlich Naturphilosophie und Geschichte der Naturwissenschaft und Medizin*, in deren Redaktionskollegium Ludwig Bieberbach, Adolf Meyer[-Abich], Paul Pfeiffer, Wilhelm Troll, Jakob von Uexküll sowie Martin Heidegger und Hans-Georg Gadamer vertreten waren. In Aufsätzen zu Einzelproblemen naturwissenschaftlicher Disziplinen, vor allem aber in wissenschaftsgeschichtlichen Abhandlungen suchten die Beiträger der *Zeitschrift für die gesamte Naturwissenschaft* die Herrschaft des ›Positivismus‹ durch den historischen Rekurs auf die deutsche Tradition einer zweckfreien, an die Anschauung gebundenen Naturforschung zu untergraben.[84] Eine besondere Rolle spielte die von Karl Lothar Wolf und seinem Kieler Schüler Rembert Ramsauer initiierte Reihe *Zur Geschichte der Naturanschauung in Deutschland*, die eine Umwertung bisheriger Auffassungen der frühneuzeitlichen

---

dieser Ablehnung erklären sich auch die scharfen Angriffe gegen Wilhelm Ostwald, der von Wolf für die Entstehung der »physikalischen Chemie« und die wirtschaftliche Nutzung chemischer Erkenntnisse verantwortlich gemacht wurde, siehe Wolf/Troll (Anm. 55), S. 8 und 61f.

83 Karl Lothar Wolf an das REM. Brief vom 23.3.1935. Universitätsarchiv Halle, PA 17240, hier zitiert nach Vonderau (Anm. 62), S. 85. In den Beiträgen des Jahrgangs 1932 verurteilte Wolf insbesondere die in ihnen zum Ausdruck kommende »Verehrung von Einstein« und Pascual Jordans »Positivismus, der in materialistischer Auffassung alles Seelische als sinnlose Hypothese aus der Wissenschaft ausschaltet«. Über die Jahrgänge nach 1933 hieß es: »Die letzten Hefte des Jahrgangs 1934 und die vorliegenden des Jahres 1935 zeigen, dass in der Gesinnung ein Wandel nicht eingetreten ist. Jordan ist nur noch extremer Positivistisch. [...] Es ist selbstverständlich, dass die exakte Forschung ihren Weg gehen musste und und dass hier nur über die hinter dem Spezialistentum verborgen zur Wirkung kommende Gesinnung zu urteilen ist. Wer aber die Naturwissenschaften liest, der kann nicht übersehen, dass diese Zeitschrift eine unheilvolle zersetzende Wirkung ausüben muss, weil sie mit seelenlosem Intellektualismus bewusst jeder völkischen Kultur entgegenarbeitet.«

84 Konsens zwischen den hier zu Wort kommenden Vertretern von Vitalismus, Holismus und Morphologie bestand in der dichotomischen Trennung »deutschen Geistes« vom »positivistischen Wissenschaftsideal der Westvölker«, so Troll (Anm. 61), S. 350. Wenn man auch den internationalen Charakter von Wissenschaft konzidierte, wurde doch immer wieder die »nationale Gebundenheit der Forschung« hinsichtlich der »höchsten und letzten Fragen um den Ursprung alles organischen und geistigen Daseins« betont (ebd., S. 350). Charakteristisch für »deutsches Denken« und »deutsche Naturschau« sei »nicht so sehr seine Gründlichkeit als seine Tiefe, die Tatsache, daß es, um im faustischen

Wissenschaftsentwicklung liefern wollte und dabei den physikalischen Atomismus Daniel Sennerts und Joachim Jungius' wiederentdeckte.[85] An programmatischer Stelle verklammerten Wolf und Ramsauer die von Friedrich Wolters 1927 vorgebrachte Kritik an der neuzeitlichen Ausdifferenzierung von Wissenssystemen mit der emphatischen Hoffnung Wilhelm Trolls, um in Aufnahme von Goethes Wissenschaftskonzepts zu gestalthafter Anschauung und damit zu einem ganzheitlichen »schöpferischen Realismus« zurückzukehren: In ihrem Versuch zur Wiederbelebung einer »qualitativen Atomlehre« verschränkten Wolf und Ramsauer die von Wolters gelieferte Zustandsbeschreibung eines fragmentierten Wissenschafts- und Kulturbetriebes[86] mit der charakteristisch abgewandelten Aufforderung Trolls aus dem Jahre 1926 und riefen auf, »[h]eute [...] das Erbe deutscher Naturanschauung anzutreten und daraus zu schöpfen, was unendlich ist: den Geist gestaltender Synthese, der nach neuen Prägungen verlangt«.[87]

Auch wenn Termini und Denkfiguren gestalthaft-ganzheitlicher Wissenschaftsentwürfe zumindest verbal Begriffe und Topoi des nationalsozialistischen Ideenkonglomerats aufnahmen und ihre Protagonisten die Hoffnung hegten, von politischen Stellen im Kampf gegen den ›Positivismus‹ unterstützt zu werden,[88] ernteten sie und ihre Berufungsrhetorik von seiten wissenschafts- und ideologieverwalten-

---

Bilde zu reden, zu den ›Müttern‹ herabsteigt.« Neben Goethes Morphologie – für Troll die »bisher höchste Erfüllung deutschen Erkenntniswollens« – wurden Nikolaus von Kues, Paracelsus, Kepler, Johann Joachim Becher, Joachim Jungius und die Naturforscher der Romantik zu einer Traditionslinie kompiliert, die nach der restlosen Überwindung der »mechanistischen Denkweise« durch eine »in platonisch-goethischer und deutscher Naturanschauung wurzelnden Grundauffassung« zur Basis eines neuen Wissenschaftsprogramms werden sollte (ebd., S. 355).

85 Ramsauer/Wolf (Anm. 81); dies.: »Daniel Sennert und seine Atomlehre. Zur Geschichte der Naturanschauung in Deutschland II«. In: *Zs. für die gesamte Naturwissenschaft* 1 (1935/36), S. 357–380; dies.: Johann Joachim Becher, Leben und Gestalt. Zur Geschichte der Naturanschauung in Deutschland III. Ebd., S. 494–511; Rembert Ramsauer: »Johann Joachim Becher, Werk und Wirkung. Zur Geschichte der Naturanschauung in Deutschland IV«. In: *Zs. für die gesamte Naturwissenschaft* 2 (1936/37), S. 132–152; Kurt Hildebrandt: »Die Bedeutung von Leibniz in der deutschen Naturphilosophie. Zur Geschichte der Naturanschauung in Deutschland V«. Ebd., S. 169–185; Rembert Ramsauer: »Joachim Jungius und Robert Boyle. Das Schicksal der deutschen Atomlehre. Zur Geschichte der Naturanschauung in Deutschland VI«. In: Ebd., S. 373–388.

86 Vgl. Ramsauer/Wolf: »Daniel Sennert und seine Atomlehre« (Anm. 85), hier S. 357f. das – über die gekennzeichneten Auslassungen hinweg gekürzte – Zitat aus Friedrich Wolters: *Vier Reden über das Vaterland.* (Werke der Schau und Forschung aus dem Kreise der Blätter für die Kunst). Breslau 1927, S. 155f.

87 Ebd., S. 358. Die charakteristische Modifikation bestand in einer nicht kenntlich gemachten Erweiterung der Berufungsrhetorik: Hieß es in Trolls Einleitung zu Goethes morphologischen Schriften von 1926 noch: »... heute ist die Zeit gekommen, das Erbe von Goethes naturwissenschaftlichem Werke anzutreten«, nahmen Wolf und Ramsauer in Veränderung des Zitats »das Erbe deutscher Naturanschauung« in Anspruch.

88 Karl Lothar Wolf verstand sich selbst als energischer Gegner des »formal-thermodynamischen Positivismus« und hatte seinen Kampf gegen die »Ostwald-Euckenschen Schule« gegenüber dem REM als »Ausdruck nationalsozialistischer Anschauungen« deklariert, vgl. Karl Lothar Wolf an das REM. Brief vom 2. 3. 1937. BDC, PA K. L. Wolf, zitiert nach Vonderau (Anm. 62), S. 84.

der Institutionen wie dem REM und dem ›Amt Rosenberg‹ mehr oder weniger ausgeprägtes Mißtrauen.[89] Auch universitäre Instanzen vermochten sich mit den wissenschaftsreformatorischen Bestrebungen nicht anzufreunden. Als Karl Lothar Wolfs Stellung in Kiel aufgrund des Skandals, den sein Verhältnis mit der Tochter Carl Petersens hervorgerufen hatte, erschüttert wurde, nutzte der Rektor Georg Dahm die Gelegenheit, sich beim Reichserziehungsministerium über den mißliebigen Kollegen und dessen Verkehr im »aristokratischen« George-Kreis zu beschweren.[90] Dahms Angriffe hatten Erfolg: Wolf verließ Kiel und wirkte nach einem Intermezzo in Würzburg von September 1937 bis zum Frühjahr 1945 als Inhaber des Lehrstuhls für physikalische Chemie an der Universität Halle. Politische Interventionen führten ebenfalls zum Herausgeber- und Verlagswechsel der *Zeitschrift für die gesamte Naturwissenschaft*.[91] Seit Heft 2/3 des 3. Jahrgangs (1937/38) erschien das Periodikum als *Organ der Reichsgruppe Naturwissenschaft der Reichsstudentenführung* unter Federführung Fritz Kubachs im Ahnenerbe-Verlag und veröffentlichte entsprechend der neuformulierten Aufgabenstellung[92] nun zahlreiche Artikel zur »rassisch-völkischen Gegebenheit« von Wissenschaft.[93]

89 Vgl. etwa die scharfe Polemik gegen die universalistische Ganzheitstheorie Othmar Spanns und den in Deutschland vor allem durch Adolf Meyer-Abich vertretenen Holismus bei Alfred Rosenberg: »Weltanschauung und Wissenschaft. Rede auf der 3. Reichstagung der Reichsstelle zur Förderung des deutschen Schrifttums«. In: *Nationalsozialistische Monatshefte* 7 (1936), S. 1067–1076, wieder in ders.: *Tradition und Gegenwart. Reden und Aufsätze 1936–1940*. München 1941, S. 41–57, hier S. 53. Schärfer noch Werner Dittrich: »Weltanschauliches Kampfgebiet Biologie«. In: *Politische Erziehung* 6 (1938), S. 20–30, der den »diametralen Gegensatz« von Holismus und der »lebensgesetztlichen Einstellung des Nationalsozialismus« zitatreich belegte. – Zur Auseinandersetzung um den Holismus siehe Adolf Meyer: *Naturphilosophie auf neuen Wegen*. Stuttgart 1948, S. 12 und 25; zur Affinität von Holismus und dem gestalthaft-morphologischen Wissenschaftsprogramm Wilhelm Trolls und Karl Lothar Wolfs, denen sich Meyer[-Abich] nicht zuletzt durch die gemeinsame Nähe zur Naturforschung Goethes verbunden fühlte, siehe *Biologie der Goethezeit. Klassische Abhandlungen über die Grundlagen und Hauptprobleme der Biologie von Goethe und den großen Naturforschern seiner Zeit: Georg Forster, Alexander von Humboldt, Lorenz Oken, Carl Gustav Carus, Karl Ernst von Baer und Johannes Müller*. Hrsg., geistesgeschichtlich eingeleitet und erläutert, sowie mit einer Schlußbetrachtung über Goethes Kompensationsprinzip und seiner Bedeutung für die kommende Biologie versehen von Adolf Meyer. Stuttgart 1949, S. 5.

90 Georg Dahm an das REM. Brief vom 19.2.1936. Universitätsarchiv Halle, Personalakte Karl Lothar Wolf; abgedruckt in Vonderau (Anm. 62), S. 86, sowie bei Kolk (Anm. 53), S. 531.

91 Wolf machte später Johannes Stark und die Reichsstudentenführung für die »keinesfalls freiwillige« Abgabe der Zeitschrift verantwortlich, die nach seinen Worten »nie als politische Zeitschrift, sehr wohl aber als Kampfschrift gegen den zunehmenden Positivismus gedacht war« – Karl Lothar Wolf an den Dekan der naturwissenschaftlichen Fakultät der Universität Mainz. Brief vom 13.11.1950. Universitätsarchiv Mainz, Bestand 14/274, zitiert nach Vonderau (Anm. 62), S. 90.

92 »Mitteilung an die Leser«. In: *Zs. für die gesamte Naturwissenschaft* 3 (1937/38), S. 41.

93 U.a. Friedrich Requard: »Rassisch-völkische Gegebenheit und exakte Naturwissenschaft«. In: ebd., S. 193–201; ders.: »Wissenschaftliche Strenge und Rasse«. In: *Zs. für die gesamte Naturwissenschaft* 4 (1938/39), S. 342–353; Ludwig Glaser: »Juden in der Physik: Jüdische Physik«. In: *Zs. für die gesamte Naturwissenschaft* 5 (1939), S. 272–275; Wilhelm Müller: »Jüdischer Geist in der Physik«. In: ebd., S. 162–175.

Nach dem Ende ihrer *Zeitschrift für die gesamte Naturwissenschaft* suchten die nun in Halle lehrenden und untereinander befreundeten Wissenschaftler Troll und Wolf nach einer neuen Plattform zur Verbreitung und Diskussion ihres morphologischen Wissenschaftsprogramms. Dazu luden sie gemeinsam mit dem ebenfalls an der Hallenser Universität lehrenden Theologen Friedrich Karl Schumann zum sogenannten ›Gestalt-Kolloquium‹ ein – einer mehrmals pro Semester stattfindenden Veranstaltung, zu der Wissenschaftler aus ganz Deutschland anreisten, um in Vorträgen ihre Überlegungen zur Applikation des ›Gestalt‹-Begriffs in ihren Disziplinen vorzustellen.[94] Als fächerübergreifende Veranstaltungsserie angelegt und im Vorlesungsverzeichnis zum Sommersemester 1942 angekündigt, fand die erste Veranstaltung bereits am 1. Februar 1941 statt: Der Mathematiker Max Steck sprach über »Mathematik als Begriff und Gestalt«, Wilhelm Troll über das »Compositenphänomen als Gestaltproblem«.[95] Zur Dokumentation der Zusammenkünfte des Kolloquiums hatten Karl Lothar Wolf und Wilhelm Troll gemeinsam mit dem Kunsthistoriker Wilhelm Pinder die Publikationsreihe *Die Gestalt – Abhandlungen zu einer allgemeinen Morphologie* begründet, die ab Frühjahr 1942 im Hallenser Verlag Max Niemeyer erschien. Programmatischer Auftakt war die von Wolf und Troll verfaßte Schrift *Goethes morphologischer Auftrag*, die bereits 1940 in Band 41 des *Botanischen Archivs* und gesondert in der Akademischen Verlagsgesellschaft Leipzig publiziert worden war und im Mai 1942 als Heft 1 die Reihe eröffnete.[96] Auf das erste Erscheinen von Goethes *Versuch über die Metamorphose der Pflanzen* im Jahre 1790 verweisend, erhob die Programmschrift den Anspruch, die Grundlagen für eine disziplin- und wissenschaftskulturenübergreifende »urbildliche Betrachtung« zu legen und »richtungsweisendes erstes Heft« gestalthafter Überlegungen zu werden.[97]

---

94 Vertreter der Universität Halle waren neben den Initiatoren Troll, Wolf und Schumann der Agrarzoologe Ulrich Gerhardt, der Mathematiker Heinrich Brandt, der Paläontologe Oskar Kuhn sowie interessierte Dotoranden und wissenschaftliche Mitarbeiter, u. a. die spätere Mitarbeiterin an der Leopoldina-Ausgabe von Goethes naturwissenschaftlichen Schriften Dorothea Kuhn.

95 Wilhelm Troll: Tagebucheintrag vom 1.2.1941. Nachlaß W. Troll im Besitz Ulrich Heckers, hier nach Nickel (Anm. 61), S. 98.

96 Karl Lothar Wolf/Wilhelm Troll: »Goethes morphologischer Auftrag. Zum 150. Jahr des Erscheinens von Goethes Versuch über die Metamorphose der Pflanzen«. In: *Botanisches Archiv* 41 (1940), S. 1–71; u. d. T. *Goethes morphologischer Auftrag: Versuch einer naturwissenschaftlichen Morphologie*. Leipzig 1940; 2., durchges. Aufl. Halle a. d. S. 1942; 3., durchges. Aufl. Tübingen 1950 (= Die Gestalt 1).

97 Im Vorwort zur ersten Auflage hieß es: »Der vorliegende – langjährigen, zuletzt gemeinsamen Bemühungen entsprungene – Versuch einer naturwissenschaftlichen Morphologie [...] soll in Verfolgung von Goethes 1790 veröffentlichtem Versuch über die Metamorphosen der Pflanzen die Grundlagen entwickeln für die urbildliche Betrachtung im Gesamtbereich der Naturwissenschaft und berührt so nicht nur die Biologie, sondern alle naturwissenschaftlichen Disziplinen, insbesondere die Chemie und darüberhinaus auch die Geisteswissenschaft.« Das Vorwort zur zweiten Auflage markierte deutlich den programmatischen Charakter der Publikation, indem es nach Hinweis auf den Erstdruck »im 150. Jahr des Erscheinens von Goethes Metamorphose der Pflanze«

Die Autoren der Schriftenreihe deckten sich weitgehend mit den im Rahmen des ›Gestalt-Kolloquiums‹ auftretenden Wissenschaftlern. Unter Leitung der Herausgeber Wilhelm Pinder, Wilhelm Troll, Karl Lothar Wolf wirkten im Redaktionskollegium neben dem Gestaltpsychologen Johannes von Allesch, dem Mathematiker und Kepler-Herausgeber Max Caspar, dem Züricher Botaniker Albert Frey-Wyssling, dem Mineralogen Paul Niggli, dem Biologiehistoriker Erich Ungerer, dem Chemiker Conrad Weygand und dem Biologen Richard Woltereck unter anderen die Philosophen Hans-Georg Gadamer und Kurt Hildebrandt, der Jurist Ernst von Hippel, der Philologe Walter Friedrich Otto, der Thomas-Kantor Günther Ramin, der Theologe Friedrich Karl Schumann und der Kunsthistoriker Hans Sedlmayr.[98] Ab 1950 leiteten Friedrich Karl Schumann, Wilhelm Troll und Karl Lothar Wolf die Reihe, in der bis 1958 insgesamt 29 Titel erschienen.[99] Die Nummern 22 bis 29, zwischen 1952 und 1959 ge-

---

postulierte: »Da er [der Versuch einer naturwissenschaftlichen Morphologie] alle naturwisssenschaftlichen Disziplinen und darüber hinaus auch die Geisteswissenschaften anspricht, wurde er später der Schriftenreihe ›Die Gestalt‹ als richtungsweisendes erstes Heft eingereiht.«

98 Im ›editorial board‹ des ersten Bandes waren weiter genannt: K. Spangenberg (Breslau), A. Speiser (Zürich), H. Staudinger (Freiburg), M. Steck (München), C. Troll (Bonn), F. Wagner (München), F. Waaser (Ulm), (Leipzig), W. Wolf (Leipzig), E. Becksmann (Heidelberg), F. Boehm (Straßburg), F. Büchner (Freiburg i. Br.), M. Clara (Leipzig), J. Evola (Rom), H. Heimpel (Straßburg), K. Heß (Berlin), A. Koegel (München), E. Langlotz (Bonn), H. Naumann (Bonn), G. V. Schulz (Freiburg).

99 Wilhelm Troll/K. Lothar Wolf: *Goethes morphologischer Auftrag: Versuch einer naturwissenschaftlichen Morphologie.* (Die Gestalt 1). Leipzig: 1940, 2., durchges. Aufl. Halle a.d.S. 1942; 3. durchges. Aufl. Tübingen 1950; Wilhelm Troll: *Gestalt und Urbild. Gesammelte Aufsätze zu Grundfragen der organischen Morphologie.* (Die Gestalt 2). Leipzig 1941, 2. durchges. Aufl. Halle a.d.S. 1942; Johannes G. von Allesch: *Die Wahrnehmung des Raumes als psychologischer Vorgang.* – Max Steck: *Wissenschaftliche Grundlagenforschung und die Gestaltkrise der exakten Wissenschaften.* (Die Gestalt 3). Leipzig 1941; Paul Niggli: *Von der Symmetrie und den Baugesetzen der Kristalle.* (Die Gestalt 4). Leipzig 1941; Max Steck: *Über das Wesen des Mathematischen und die mathematische Erkenntnis bei Kepler.* (Die Gestalt 5). Halle a.d.S. 1941; Friedrich Karl Schumann: *Gestalt und Geschichte.* (Die Gestalt 6). Halle a.d.S. 1941; Victor von Weizsäcker: *Gestalt und Zeit.* (Die Gestalt 7). Halle a.d.S. 1942; Friedrich Waaser: *Gestalt und Wirklichkeit im Lichte Goethescher Naturanschauung.* (Die Gestalt 8). Halle a.d.S. 1942; Ernst von Hippel: *Rechtsgesetz und Naturgesetz.* (Die Gestalt 9). Halle a.d.S. 1942, 2., verb. Aufl. Tübingen 1949; Conrad Weygand: *Deutsche Chemie als Lehre vom Stoff.* (Die Gestalt 10). Halle a.d.S. 1942; Hans Weigert: *Das Kapitell in der deutschen Baukunst des Mittelalters.* (Die Gestalt 11). Halle a.d.S. 1943; Max Steck: *Mathematik als Begriff und Gestalt.* (Die Gestalt 12). Halle a.d.S. 1942; Günther Müller: *Die Gestaltfrage in der Literaturwissenschaft und Goethes Morphologie.* (Die Gestalt 13). Halle a.d.S. 1944; Kurt Hildebrandt: *Kopernikus und Kepler in der deutschen Geistesgeschichte.* (Die Gestalt 14). Halle a.d.S. 1944; Robert M. Müller: *Über die Entfaltungsordnung und den Stammbaum der chemischen Grundstoffe.* (Die Gestalt 15). Halle a.d.S. 1944; Lottlisa Behling: *Gestalt und Geschichte des Mass-werks.* (Die Gestalt 16). Halle a.d.S. 1944; Ulrich Gerhardt: *Sexualbiologie und Morphologie.* (Die Gestalt 17). Halle a.d.S. 1944; Friedrich Waaser: *Mensch und Tier. Eine pädagogische Betrachtung auf urbildlicher Grundlage.* (Die Gestalt 18). Halle a.d.S. 1945, 2., durchges. Aufl. Tübingen: 1950; Otto Julius Hartmann: *Die Gestaltstufen der Naturreiche und*

druckt, trugen zusätzlich die Bezeichnung *Colloquium Palatinum* – den Namen eines zweiten, sich nach 1945 konstituierenden interdisziplinären Wissenschaftlerkreises mit morphologisch-ganzheitlicher Ausrichtung. Dieser Zirkel tagte zwischen 1950 und 1959 in Deidesheim in der Pfalz und auf Schloß Guttenberg in Franken und bildete eine locker verbundene Gruppe von Forschern, der neben Vertretern des Hallenser ›Gestalt-Kolloquiums‹ wie Wilhelm Troll, Karl Lothar Wolf und Dorothea Kuhn der Literaturwissenschaftler Friedrich Beißner, der Altphilologe Walter Friedrich Otto, der Physiologe Rupprecht Matthaei, der Mineraloge Wolf von Engelhardt, der Philosoph Friedrich J. von Rintelen und der Sprachwissenschaftler Jost Trier angehörten. Auch dieses Forum wollte explizit dem Austausch zwischen den Wissenschaftskulturen und der grenzüberschreitenden Diskussion morphologischer Forschungsprogramme dienen, nicht zuletzt durch die Einbeziehung ausländischer Wissenschaftler wie des Baseler Zoologen Adolf Portmann, der mit einschlägigen Arbeiten zur Tiergestalt auf sich aufmerksam gemacht hatte.[100] Die Arbeiten der im ›Colloquium Palatinum‹ versammelten Forscher erschienen zwischen 1950 und 1952 in der von Wilhelm Troll und Karl Lothar Wolf herausgegebenen Reihe *Gesetz und Urbild. Abhandlungen zur Pflege realistischen Denkens in der Wissenschaft* im Stuttgarter Metzler-Verlag; nach 1952 in der Reihe *Die Gestalt.* [101] Gitta Nickel hat in ihrer Biographie Wilhelm Trolls darauf aufmerksam gemacht, daß eine exakte Abgrenzung der im Rahmen des ›Gestalt-Kolloquiums‹ gehaltenen Vor-

---

das Problem der Zeit. (Die Gestalt 19). Halle a.d.S. 1945; Herbert Koch: *Winckelmann und Goethe in Rom.* (Die Gestalt 20). Tübingen 1950; Franz Altheim: *Sein und Werden in der Geschichte.* (Die Gestalt 21). Tübingen 1950; Roland Hampe: *Die Gleichnisse Homers und die Bildkunst seiner Zeit.* (Die Gestalt 22). Tübingen 1952; Dorothea Kuhn/Karl Lothar Wolf: *Gestalt und Symmetrie. Eine Systematik der symmetrischen Körper.* (Die Gestalt 23). Tübingen 1952; Bernhard Schweitzer: *Vom Sinn der Perspektive.* (Die Gestalt 24). Tübingen 1953; Bernhard Schweitzer: *Platon und die bildende Kunst der Griechen.* (Die Gestalt 25). Tübingen 1953; Herbert Koch: *Von ionischer Baukunst.* (Die Gestalt 26). Köln/Graz 1956; Friedrich Wagner: *Wissenschaft in unserer Zeit.* (Die Gestalt 27). Köln/Graz 1957; Wolf von Engelhardt: *Der Mensch in der technischen Welt.* (Die Gestalt 28). Köln/Graz 1957; Rupprecht Matthaei: *Zur Morphologie des Goetheschen Farbenkreises.* (Die Gestalt 29). Köln/Graz 1958.

100 Adolf Portmann: »Die Biologie und das Phänomen des Geistigen«. In: *Eranos-Jb.* 14 (1946), S. 521–567; ders.: *Die Tiergestalt. Studien über die Bedeutung der tierischen Erscheinung.* Basel 1948; ders.: *Probleme des Lebens. Eine Einführung in die Biologie.* Basel 1949. – Zur interdisziplinären Ausrichtung des *Colloquium Palatinum* vgl. die bei Nickel (Anm. 61), S. 183, abgedruckte Aussage des bereits am *Gestalt-Kolloquium* beteiligten Wolf von Engelhardt.

101 Ernst von Hippel: *Die Krise des Staatsgedankens und die Grenzen der Staatsgewalt.* (Gesetz und Urbild. Abhandlungen zur Pflege realistischen Denkens in der Wissenschaft). Stuttgart 1950; Joseph Müller-Blattau: *Gestaltung – Umgestaltung. Studien zur Geschichte der musikalischen Variation.* (Gesetz und Urbild). Stuttgart 1950; Karl Lothar Wolf: *Das Urbild des elementaren Atoms.* (Gesetz und Urbild). Stuttgart 1950; Herbert Koch: *Der griechisch-dorische Tempel.* (Gesetz und Urbild). Stuttgart 1951; Walter Friedrich Otto: *Gesetz, Urbild und Mythos.* (Gesetz und Urbild). Stuttgart 1951; Joseph Müller-Blattau: *Das Verhältnis von Wort und Ton in der Geschichte der Musik.* (Gesetz und Urbild). Stuttgart 1952.

träge von den Titeln der bei Niemeyer in Halle erschienenen Schriftenreihe *Die Gestalt* nicht möglich ist. Nach Aussage der von ihr befragten Teilnehmer korrespondierten Autoren und Themen der Schriftenreihe weitgehend mit den Referenten beziehungsweise Vorträgen des Kolloquiums.[102]

Übereinstimmende Grundlage der in Halle vorgestellten und publizierten Beiträge war die Ablehnung einer als ›mechanistisch‹ und ›positivistisch‹ qualifizierte Konzeption von Wissenschaft, die für die – als verhängnisvoll beschriebene – Differenzierung, Formalisierung und Technisierung des Wissenschaftssystems verantwortlich gemacht wurde. Demgegenüber bejahten durchgehend alle Teilnehmer das Prinzip einer gestalthaften, ganzheitlichen Anschauung als Basis eines fächerübergreifenden Wissenschaftsprogramms, das die abgelehnten Signaturen der modernen Wissenschaftsentwicklung durch drei korrespondierende Leistungszuweisungen aufzuheben versprach: Mit der Anerkennung einer ›gestalthaft‹ gegebenen Wirklichkeit und der damit verbundenen Maximierung von Ganzheitlichkeit und Kohärenz sollte die Notwendigkeit ›qualitativer‹ Forschungs- und Darstellungsprinzipien aufgezeigt und die Auflösung qualitativer Entitäten in abstrakte Quantitäten erkenntnistheoretisch abgewiesen werden.[103] Die Anschauung gestalthafter Phänomene setzte der technischen Zurichtung und Nutzung von Wissenschaft das Ideal platonischer Kontemplation entgegen.[104] Schließlich sollte eine »urbildliche« Schau natürlicher und kultureller Erscheinungen die Spezialisierung wissenschaftlicher Disziplinen überwinden und eine Integration der Wissenssysteme vorantreiben.[105]

Zur Legitimation dieses Wissenschaftsprogramms griff man vor allem auf Annahmen von der Existenz national eigenständiger Wissenschaftsstile zurück, die seit der Jahrhundertwende gegen die Internationalität von Wissenschaft ins Feld geführt worden waren.[106] In Rekurs auf Traditionskonstruktionen, die von Angehörigen des George-Kreises, dem mehrfach erwähnten Wilhelm Troll, dem Kepler-Editor Max Caspar oder Karl Lothar Wolfs Schüler Rembert Ramsauer entwickelt worden waren, begriff man die eigene morphologische Per-

---

102 Vgl. Nickel (Anm. 61), S. 99.

103 Prägnant die Kritik am cgs-System bei Wolf/Troll (Anm. 55), S. 4–11; aufgenommen im Hinweis Günther Müllers: *Die Gestaltfrage in der Literaturwissenschaft* (Anm. 99), S. 10f.: Das Entscheidende der »morphologischen Betrachtungsweise« bestehe darin, »daß sie die Gestalten nicht in Formeln verwandelt, die als das Eigentliche hinter oder unter den Erscheinungen ständen, daß sie vielmehr gerade und nur in den gestalthaften Erscheinungen selbst das Walten der ewigen Kräfte, das Erscheinen des Lebendigen sucht und in seiner Gesetzhaftigkeit zu durchdringen trachtet«.

104 So schon Ramsauer/Wolf (Anm. 81), S. 141: »Alle Forschung kann den Menschen nur zur Erkenntnis seiner selbst und zur Erkenntnis seiner Stellung im Kosmos bringen.«

105 Deutlich bei Wolf/Troll (Anm. 55), S. 57f.; Müller (Anm. 99), S. 2f., 8 u. ö.

106 Zu den seit Pierre Duhem gegen die Internationalität von Wissenschaft ins Feld geführten Argumenten instruktiv und mit reichen Literaturangaben Lutz Danneberg/Jörg Schönert: »Zur Transnationalität und Internationalisierung von Wissenschaft«. In: L. D./Friedrich Vollhardt (Hrsg.): *Wie international ist die Literaturwissenschaft? Methoden- und Theoriediskussion in den Literaturwissenschaften: kulturelle Besonderheiten und interkultureller Austausch am Beispiel des Interpretationsproblems (1950–1990)*. Stuttgart/Weimar 1995, S. 7–85, hier S. 15–23.

spektive als Wiedergewinn spezifisch deutscher Forschungsprinzipien, die ihre erste Blüte in der Zeit zwischen Nikolaus von Kues und Daniel Sennert und ihren vorläufig letzten Gipfelpunkt in Goethe und der romantischen Naturphilosophie erlebt hätten.[107] Die Szenarien, in denen die Genese einer spezifisch deutschen ›gestalthaften‹ Naturbetrachtung und deren Zersetzung durch einen von Westeuropa eindringenden ›entwirklichenden Rationalismus‹ nachgestellt wurden, ähnelten sich. Nach Keplers Tod habe sich »der mechanistisch-materialistische Rationalismus Descartesscher Prägung« mit dem »im England Robert Boyles und Isaac Newtons entsprungenen systematisierenden Empirismus« zu einem »stoffgläubigen, mathematisch-formalen Mechanismus« verbunden und eine Natur- und Wissenschaftsauffassung zur Geltung gebracht, »die durch ihre Blindheit für alle sich der Quantifizierung entziehenden Eigenschaften der Welt – und zu diesen gehört auch die Gestalt in allen ihren Formen – gekennzeichnet ist«.[108] Im Widerstreit zwischen »stoffgläubig-mechanistischer« und »schöpferisch-realistischer Naturlehre« wären die »schöpferisch-realistischen« Forscher Deutschlands seit dem 17. Jahrhundert unterlegen; Sinnbild für ihre Niederlage

---

107 Welch disparate Ergebnisse etwa die Erhebung Goethes zum Gewährsmann einer vorgeblich spezifisch deutschen, gestalthaft-schauenden Wissenschaft zeitigte, offenbart ein Blick auf die lange vor 1933 aktiven Interpreten und deren Leistungen. Beiträge kamen von Naturphilosophen und Wissenschaftshistorikern, u. a. Adolf Meyer: »Das Wesen der idealistischen Biologie und ihre Beziehungen zur modernen Biologie«. In: *Archiv für Geschichte der Mathematik, der Naturwissenschaften und der Technik* 11 (1929), S. 149–178; ders.: »Goethes Naturerkenntnis, ihre Voraussetzungen in der Antike, ihre Krönung durch Carus«. In: *Jb. des Freien Deutschen Hochstifts* 1929, S. 196–233; Johannes Walther (Hrsg.): *Goethe als Seher und Erforscher der Natur. Untersuchungen über Goethes Stellung zu den Problemen der Natur.* Leipzig 1930; *Goethes naturwissenschaftliches Denken und Wirken.* Drei Aufsätze hrsg. von der Schriftleitung der Zeitschrift Die Naturwissenschaften. Berlin 1930; Hans André: »Goethes Naturanschauung in ihrer Bedeutung für die moderne Biologie«. In: *Literaturwissenschaftliches Jb. der Görres-Gesellschaft* 7 (1932), S. 65–104; ders.: »Stilgesetze pflanzlicher Formgestaltung im Lichte Goethescher Naturanschauung«. In: *Der Kunstwart* 45 (1931/32), S. 292–299; ders.: »Goethes Metamorphosenlehre, ihr Sinn und ihre Bedeutung für die heutige Biologie«. In: *Medizinische Klinik* 29 (1933), S. 1411–1413; Georg Uschmann: *Der morphologische Vervollkommnungsbegriff bei Goethe und seine problemgeschichtlichen Zusammenhänge.* Jena 1939. Daneben existierten völkisch-rassentheoretische Berufungen, so etwa Erwin Guido Kolbenheyer: »Goethes Denkprinzipien und der biologische Naturalismus«. In: *Der Ackermann aus Böhmen* 6 (1937), S. 157–162, 207–210; ders.: *Der Einzelne und die Gemeinschaft. Goethes Denkprinzipien und der biologische Naturalismus. 2 Reden.* München 1939; Hans H. Weber: »Goethes Totalitätsgesetz«. In: *Forschungen und Fortschritte* 16 (1940), S. 127–128; Walther Linden: »Weltbild, Wissenschaftslehre und Lebensaufbau bei Alexander von Humboldt und Goethe«. In: *Goethe* 7 (1942), S. 82–100; Ferdinand Weinhandl: »Die gestaltanalytische Philosophie in ihrem Verhältnis zur Morphologie Goethes und zur Transzendentalphilosophie Kants«. In: *Kantstudien* 42 (1942/43), S. 106–145. – Zum militanten Einsatz Ferdinand Weinhandls, der Goethes Gestalt-Begriff für eine neu zu schaffende »nationalsozialistische Wirklichkeitsphilosophie« zu retten suchte, vgl. Leske (Anm. 59), S. 188–202; zu dessen Stellungnahmen gegen den Positivismus Danneberg (Anm. 58), S. 338f.

108 Wolf/Troll (Anm. 55), S. 2f.

sei der vergebliche Kampf Goethes gegen Newton. Jetzt jedoch biete sich die Chance, mit der Rückkehr zum Begriff der Gestalt nicht nur die »unselige Scheidung von Mechanismus und Vitalismus«, sondern zugleich auch die »jeder natürlichen Anschauung baren Theorien wie die HEISENBERG-BORNsche Quantenmechanik« zu überwinden.[109]

Trotz der mit nationalistischer Emphase vorgebrachten wissenschaftsgeschichtlichen Konstrukte und der regen Bemühungen, den ›Gestalt‹-Begriff über programmatische Postulate hinaus zu einem tragfähigen Konzept kodifizierten Lehrbuchwissens zu erheben,[110] vermochten die ›Morphologen‹ weder in der ›scientific community‹ noch bei wissenschafts- und ideologieverwaltenden Institutionen zu reüssieren. Im Gegenteil: Gestalthaft-ganzheitliche Ansätze wie auch der Holismus verfielen zunehmender Kritik. Den auf »Darstellung und Entfaltung unserer eigenen völkischen Kräfte in der Naturforschung«[111] konzentrierten Nachwuchswissenschaftlern um Fritz Kubach, die im Mai 1937 die Redaktion der *Zeitschrift für die gesamte Naturwissenschaft* übernommen hatten, galten »nicht nur der Holismus Ad[olf] Meyerscher Prägung, nicht nur die Schriften Trolls oder Dacqués, nicht nur die ohnehin schon von scholastischem Geist erfüllten Werke Andrés, sondern vor allem auch der Neovitalismus mit seinem ganzen Anhang idealistischer Typologien als Schrittmacher für den Einbruch des Dogmas in die Naturwissenschaften«.[112] Von ähnlichem Mißtrauen gegenüber den an seiner Universität veranstalteten Zusammenkünften der Morphologen geprägt war auch der Bericht des Hallenser Universitätsrektors Johannes Weigelt an Paul Ritterbusch, der den »Kriegseinsatz der deutschen Geisteswissenschaften« koordiniert hatte und nun im Auftrag des REM die Wissenschaftslandschaft überwachte. Im März 1942 schrieb Weigelt über das

---

109 Ebd., S. 3 und 62. Im Zusammenhang mit der Polemik gegen die Quantenmechanik findet sich auch einer der eher seltenen rassentheoretisch argumentierenden Ausfälle, vgl. ebd., S. 62: »Von da [der HEISENBERG-BORNschen Quantenmechanik] an ging eine Flut von Theorien vorwiegend jüdischer und amerikanischer Provinienz über die Chemie nieder, welche, indem sie die Unbestimmtheit als Prinzip setzend mit ›exakter Methode‹ Teilfragen in ›Näherungen‹ gelöst zu haben behaupteten, dem Wesen chemischer Betrachtung immer fremd bleiben mußten. Dabei ist zu beachten, daß diese Quantenmechanik meist mit der Einsteinschen Relativitätstheorie vergesellschaftet ist, die – darin mit der Atotheorie der arabischen Mutakallimun verwandt – jeden Zeitbegriff letztlich leugnet. Von daher scheint die Vorliebe für diese Art von Naturwissenschaft bei Amerikanern und Juden verständlich, von denen die einen keine Geschichte, die anderen keinen Sinn für Geschichte haben.«

110 U.a. Wilhelm Troll: *Vergleichende Morphologie der höheren Pflanzen*. T. 1 Berlin 1935–37, T. 2 Berlin 1938/39, T. 3 Berlin 1942/43; ders.: *Allgemeine Botanik. Ein Lehrbuch auf vergleichend-biologischer Grundlage*. Stuttgart 1948; Karl Lothar Wolf: *Theoretische Chemie. Eine Einführung vom Standpunkt einer gestalthaften Atomlehre*. T. 1: Das Atom. Leipzig 1941, T. 2: Das Molekül. Leipzig 1942, T. 3: Das gebundene Molekül. Leipzig 1943.

111 »Mitteilung an die Leser«. In: *Zs. für die gesamte Naturwissenschaft* 3 (1937/38), S. 41.

112 Hermann Weber: »Theoretische Biologie und Scholastik«. In: *Zs. für die gesamte Naturwissenschaft* 3 (1937/38), S. 85–88, hier S. 86.

›Gestalt-Kolloquium‹, in dem er eine Wiederbelebung des Kieler George-Kreises vermutete,[113] nach Berlin:

> Jedenfalls sind irgendwie kirchliche Interessen mit hineinverflochten in diese naturwissenschaftlichen Bestrebungen, und zwar nicht so, daß man jedem einzelnen so etwas nachsagen könnte. Ich bin tief erschrocken über die scholastische Denkweise, die sich auf breiter Basis offenbart, und mir schwebt immer der Faden vor: Plato – christlicher Dogmatismus – Aristoteliker – Scholastiker – Baruch Spinoza – der Goethe-Ausleger Schelling – Troll und Wolf geben die naturwissenschaftlichen Schriften GOETHES heraus – Hallische Gestaltler. Dabei ist besonders gefährlich und zu beachten: platonisch, goethisch, also gut deutsch, also in Ordnung. Galilei u. a. werden mit der gleichen Formel als undeutsch, westlich usw abgelehnt; ein gefährliches Spiel, wie sich jeder das, was ihm liegt, zurecht macht. [...] Soweit die Herren in ihrem Fach bleiben, sind sie meist gute Wissenschaftler. Das hier Gesagte bezieht sich auf das, was sie als Metaphysiker ausserhalb ihres Faches leisten wollen. Sie arbeiten damit – eine Metaphysik haben die anderen Naturwissenschaftler auch, aber eine schlechte, eine mechanistische, materialistische, eine kausalitätsmäßige usw. Wir aber haben eine gute Metaphysik, wir haben die wahre Bildung, wir stehen turmhoch über diesen anderen Leuten. Es wird sich empfehlen, dafür zu sorgen, dass diese Bäume nicht in den Himmel wachsen. Es wäre aber ganz falsch, aus dieser sich selbst ausserordentlich stark überschätzenden Bewegung gar so etwas wie Märtyrer zu machen. Es ist eine Zeitströmung, die nicht fühlt, wie altmodisch sie eigentlich ist.[114]

Der deutliche Argwohn gegenüber den »Hallischen Gestaltlern« führte nicht nur zum Ausschluß Schumanns, Trolls und Wolfs von der Mitarbeit an einer geplanten Paracelsus-Ausgabe der Leopoldina,[115] sondern auch zur Bespitzelung des ›Gestalt-Kolloquiums‹ durch die in Halle besonders aktive Dienststelle Alfred Rosenbergs.[116] Neben politischen Instanzen äußerten sachorientierte Beobachter der Wissenschaftslandschaft wie Bernhard Bavink ebenfalls unver-

---

113 Vgl. Johannes Weigelt an Paul Ritterbusch [REM]. Brief vom 31. 3. 1942. UA Halle, Rep 4, Nr. 198, hier zitiert nach Gitta Nickel: *Wilhelm Troll* (Anm. 61), S. 97f.: »Zu diesem Kolloquium, zu dessen Besuch man gewisse weltanschauliche Verpflichtungen eingehen musste, luden gemeinsam ein: der Theologe Schumann, der Botaniker Troll und der (phys.) Chemiker Lothar Wolf, der frühere Rektor von Kiel. [...] Es ist eine grosse Bewegung geworden, bei der die Triebkräfte im Verborgenen und die Mitläufer stärkste Beachtung finden. [...] Es stellt sich da weiterhin heraus, dass dieser Hallische Kreis offenbar aus dem früheren Kieler Bereiche des Herrn Wolf infiziert war. Es handelt sich besonders auch bei den auswärtigen um dieselben Personen, so daß Halle eigentlich nur ein zweites Aufleben der gleichen Erscheinungen sieht.«

114 Ebd., S. 104.

115 Vgl. Sybille Gerstengarbe u. a.: »Die Leopoldina im Dritten Reich«. In: Christoph J. Scriba (Hrsg.): *Das Verhältnis von Akademien und ihrem wissenschaftlichen Umfeld zum Nationalsozialismus.* (Acta Historica Leopoldina 22). Leipzig u. a. 1995, S. 167–212, hier S. 195ff.

116 Vgl. die Erklärung Dorothea Kuhns vom 29. 6. 1945. Universitätsarchiv Mainz, Bestand 14/274, zitiert nach Vonderau (Anm. 62), S. 89: »Dieser Gefahren für Prof. Wolf wurde ich mir besonders bewusst, [...] als ich ein Kolleg besuchte, das von der Aussenstelle der Hohen Schule Rosenbergs in Halle gehalten wurde und fast ausschließlich in Polemik gegen das von Prof. Wolf und Troll gehaltene ›Gestaltkolloquium‹ gerichtet war. Wozu noch zu sagen ist, dass dieses Kolloquium wie auch das Institut für physikalische Chemie dauernd von Parteiseite bespitzelt wurden.«

hohlene Ablehnung. In seiner Kritik des ersten Jahrgangs der *Zeitschrift für die gesamte Naturwissenschaft* ging Bavink schonungslos mit den wissenschaftsgeschichtlichen Separatisten ins Gericht, die in der rigiden Verfemung aller außerdeutschen Forschungsleistungen vor allem die Errungenschaften der positiven Naturforschung des 19. Jahrhunderts diffamierten:

> Ich kann mich des Eindrucks nicht erwehren, daß wir hier vor einer gefahrdrohenden Restauration eines bloß spekulativen Naturphilosophierens stehen, das den mühsamen Weg der empirischen und kausalen (analytischen) Einzelforschung verachtet, weil dieser ihm nicht ›geistig‹ genug erscheint, darüber aber vergißt, daß nur auf diesem Wege der riesenhafte Aufschwung der heutigen Naturerkenntnis zustande kommen konnte und gekommen ist. [...] Wenn nun noch gar jeder Empirismus in Bausch und Bogen als der deutschen Art fremd, als ›französisch‹ und ›englisch‹ gebrandmarkt werden soll, und eine Naturphilosophie Goetheschen Stils als echt deutsch entgegengestellt werden soll, so muß m. E. davor aufs dringlichste gewarnt werden, denn das hieße, das Unzulängliche als deutsch, das erwiesenermaßen Erfolgreiche und Bewährte als ›fremdartig‹ abstempeln. Abgesehen davon, daß im 19. Jahrhundert sehr bald die Deutschen die Führung in der vielgeschmähten ›mechanistischen‹ Naturforschung gehabt haben, nachdem sie vom Schelling-Hegelschen Irrwege glücklich zurückgekommen waren – abgesehen auch davon, daß eine Abwendung von der bewährten Erkenntnismethode nur zur Folge haben würde, daß wir ins Hintertreffen kämen und den nächsten Krieg verlören – wir Deutschen haben ... tatsächlich uns vor keinem Fehler mehr zu hüten als vor unserer Neigung zu unfruchtbarer metaphysischer Spekulation, zum ›Doktrinarismus‹ und allem dergleichen.[117]

An dieser Einschätzung läßt sich noch einmal ablesen, welche Widerstände der Rückgang auf ein ›gestalthaftes‹ Wissenschaftsprogramm und die metaphysische Deutung wissenschaftlicher Ergebnisse selbst unter den Bedingungen wissenschaftspolitischer Gleichschaltung provozierte. Bavinks Interventionen in den Debatten um Status und Methodik der biologischen Forschung markieren zugleich die weiterhin polyparadigmatische Verfassung der zur ›Grundlagenwissenschaft‹ erklärten Biologie, in der auch zwischen 1933 und 1945 eine Vielzahl differierender Lösungsvorschläge zur Klärung erkenntnistheoretischer Probleme und der zwischen ›Mechanisten‹ und ›Vitalisten‹ umstrittenen Auffassung organischer Formen gemacht wurden.[118] Nur am Rande sei auf die Diskussionen zur Problematik des organismischen Lebens hingewiesen, an denen neben Biologen wie Ludwig von Bertalanffy und Erich Ungerer, Richard Woltereck und Friedrich Alverdes auch der Physiker Pascual Jordan, der Philo-

---

117 Bernhard Bavink: »Rezension Zeitschrift für die gesamte Naturwissenschaft«. In: *Unsere Welt* 28 (1936), S. 346–348, hier S. 347.

118 Vgl. dazu Jakob von Uexküll: »Biologie oder Physiologie«. In: *Nova Acta Leopoldina. Abhandlungen der Kaiserlich Leopoldinisch-Carolinisch Deutschen Akademie der Naturforscher*. Hrsg. im Auftrag der Kaiserlich Leopoldinisch-Carolinisch Deutschen Akademie der Naturforscher von Emil Abderhalden. N. F. Bd. 1. Halle a. d. S. 1934, S. 276–281; Hans Driesch: »Die nicht-mechanistische Biologie und ihre Vertreter«. Ebd., S. 282–287; Max Hartmann: »Wege der biologischen Erkenntnis«. Ebd., S. 294–301; einen Abriß der Diskussion liefert Theodor Ballauff: »Die gegenwärtige Lage der Problematik des organischen Seins«. In: *Blätter für Deutsche Philosophie* 17 (1943), S. 380–398.

soph Nicolai Hartmann und der Umweltforscher Jakob von Uexküll teilnahmen. Den Bemühungen Pascual Jordans, Otto Stöckers und Richard Woltereck, eine Kontinuitätssystematik des Lebendigen aufzustellen und so die Verbindung von Anorganischem, Organischem und Seelischem aufzuweisen,[119] standen Bestrebungen gegenüber, die Spezifik des Organischen durch Klassifikation und Stratifikation zu erfassen und die eigengesetzlichen Züge von Anorganischem und Organismischen durch Schichtung beziehungsweise Stufung zu ermitteln – eine Strategie, wie sie (mit sehr disparaten Ausgangspunkten und Ergebnissen) etwa Ludwig von Bertalanffy und Wilhelm Troll, auf philosophischer Ebene Nicolai Hartmann verfolgten.[120] Vor dem Hintergrund dieser Erklärungsansätze, vor allem im Vergleich zu der zeitgleich von Ludwig von Bertalanffy entwickelten »dynamischen Morphologie«, gewinnen die regressiven Züge des Rückgangs auf Goethes Typus-Idee weiter an Plastizität. Überwand von Bertalanffy in seiner *Theoretischen Biologie* die Gegensätze von ›Mechanismus‹ und ›Vitalismus‹ durch eine mathematisch formalisierte Deutung der als »Fließgleichgewichte« begriffenen offenen Systeme organismischen Lebens (und gab so erste Anstösse für die spätere Systemtheorie),[121] so gingen gestalthafte Wissenschaftsentwürfe nach eigenem Eingeständnis auf eine Position

---

119 Pascual Jordan: »Quantenphysikalische Bemerkungen zu Biologie und Psychologie«. In: *Erkenntnis* 4 (1934), S. 215–252; ders.: »Ergänzende Bemerkungen über Biologie und Quantenmechanik«. In: *Erkenntnis* 5 (1935), S. 348–352; ders.: *Physikalisches Denken in der neuen Zeit.* Hamburg 1935; ders.: *Die anschauliche Quantentheorie: Eine Einführung in die moderne Auffassung der Quantenerscheinung.* Berlin 1936; ders.: »Atomvorgänge im biologischen Geschehen«. In: *Bremer Beitäge zur Naturwissenschaft* 5 (1939) H. 3, S. 61–72; ders.: *Die Physik und das Geheimnis des organischen Lebens.* (Die Wissenschaft 95). Braunschweig 1941; Otto Stöcker: »Das biologische Weltbild. Grundprobleme der Biologie«. In: *Bremer Beiträge zur Naturwissenschaft* 6 (1940) H. 3; Richard Woltereck: *Ontologie des Lebendigen.* (Philosophie der lebendigen Wirklichkeit 2). Stuttgart 1940. – Gegen Wolterecks teleologische Reduktionen äußerten sich bereits zeitgenössische Beobachter, so Friedrich Alverdes: »Philosophie der lebendigen Wirklichkeit«. In: *Zentralblatt für Psychotherapie* 13 (1941), S. 252–253; Ludwig Landgrebe: »Rezension Ontologie des Lebendigen«. In: *Geistige Arbeit* 3 (1941), S. 14–15; Erich Ungerer: »Rezension Ontologie des Lebendigen«. In: *Zs. für die gesamte Naturwissenschaft* 7 (1941), S. 118–121. – Auch Pascual Jordans Ausflüge in die Biologie erfuhren bereits in den 1930er Jahren Widerspruch aus unterschiedlichen Lagern, so u. a. durch Moritz Schlick: »Über den Begriff der Ganzheit«. In: *Erkenntnis* 5 (1935), S. 178f.; Edgar Zilsel: »P. Jordans Versuch, den Vitalismus quantenmechanisch zu retten«. In: *Erkenntnis* 5 (1935), S. 56–64; Otto Neurath: »Jordan, Quantentheorie und Willensfreiheit«. In: *Erkenntnis* 5 (1935), S. 179–181; Kurt Hildebrandt: »Positivismus und Natur« (Anm. 80), S. 8. Instruktiv dazu M. Norton Wise: »Pascual Jordan: quantum mechanics, psychology, and National Socialism«. In: Monika Rennberg/Mark Walkers (Eds.): *Science, Technology and National Socialism.* Cambridge 1994, pp. 224–254.

120 Vgl. Ludwig von Bertalanffy: *Das Gefüge des Lebens.* Leipzig/Berlin 1937; Nicolai Hartmann: *Der Aufbau der realen Welt.* Berlin 1940; ders.: *Möglichkeit und Wirklichkeit.* Berlin 1938.

121 Ludwig von Bertalanffy: *Theoretische Biologie.* 2 Bde. Berlin 1933 und 1942. Vgl. dazu die lobende Rezension von Bernhard Bavink: »Theoretische Biologie«. In: *Blätter für Deutsche Philosophie* 17 (1943), S. 398–404.

zurück, in der »die Kontroverse Mechanismus – Vitalismus gar nicht existiert« hatte.[122]

Nach dem notwendig fragmentarischen Umriß der Entstehungsbedingungen und institutionellen Kristallisationspunkte gestalthafter Wissenschaftskonzepte soll nun am Beispiel der von Günther Müller entworfenen »morphologischen Poetik« die Anschlußfähigkeit dieser Überlegungen bei ihrer Umsetzung in disziplinäre Kontexte beleuchtet werden.[123] Kurze Bemerkungen sollen zeigen, unter welchen Umständen sich die Aufnahme des ›Gestalt‹-Konzepts in der Neueren deutschen Literaturwissenschaft vollzog. Dabei sind zum einen fachinterne Dispositionen zu charakterisieren, zum anderen Müllers Umsetzung der Ideen des von ihm mitgestalteten ›Gestalt-Kolloquiums‹ zu skizzieren.

Günther Müller, seit 1930 Ordinarius in Münster und seiner katholischen Konfession wegen 1943 mit einer Abfindung der ›Notgemeinschaft der deutschen Wissenschaft‹ zur Aufgabe seines Amtes gedrängt,[124] hatte bereits seit Beginn der 1930er Jahre nach Alternativen zur synthetischen Überproduktion der geistesgeschichtlichen Literaturwissenschaft gesucht, um deren »blutlose[r] Gedanklichkeit«[125] ein »lebendiges« Pendant entgegenzusetzen.[126] Nachdem er

---

122 Friedrich Waaser: »Goethes Typus-Idee und die Idee der organischen Form«. In: *Zs. für die gesamte Naturwissenschaft* 6 (1940), S. 6–16, hier S. 7.

123 Fundierte Untersuchungen zur Genese der »morphologischen Poetik« Günther Müllers stehen noch aus; der Beitrag Rainer Baasners – »Günther Müllers morphologische Poetik und ihre Rezeption«. In: Wilfried Barner/ Christoph König (Hrsg.): *Zeitenwechsel. Germanistische Literaturwissenschaft vor und nach 1945*. Frankfurt a. M. 1996, S. 256–267 – kann nur als ergänzungsbedürftiger Anfang gelten. Aufschlußreich, doch ohne Hinweise auf Müllers Engagement innerhalb des ›Gestalt-Kolloquiums‹ ist der Beitrag von Helga Bleckmann: »Morphologische Poetik und Bauformen des Erzählens. Zum Formalismus in der deutschen Literaturwissenschaft«. In: Wolfgang Haubrichs (Hrsg.): Erzählforschung 1. Theorie, Modelle und Methoden der Narrativik. (Zeitschrift für Literaturwissenschaft und Linguistik, Beiheft 4). Göttingen 1976, S. 43–77, hier insbes. S. 44–60; punktuelle Bemerkungen zu Müller liefert auch Klaus R. Scherpe: »Die Renovierung eines alten Gebäudes. Westdeutsche Literaturwissenschaft 1945–1950«. In: Walter H. Pehle/Peter Sillem (Hrsg.): *Wissenschaft im geteilten Deutschland. Restauration oder Neubeginn nach 1945?* Frankfurt a. M. 1992, S. 149–163, hier S. 157; weitgehend identisch mit ders.: »Die Moderne sollte vermieden werden. Westdeutsche Literaturwissenschaft 1945–1950«. In: ders.: *Die rekonstruierte Moderne. Studien zur Literaturwissenschaft nach 1945*. Köln u. a. 1992, S. 1–23.

124 Dazu detailliert Andreas Pilger: »Nationalsozialistische Steuerung und die ›Irritationen‹ der Literaturwissenschaft. Günther Müller und Heinz Kindermann als Kontrahenten am Münsteraner Germanistischen Seminar«. Erscheint in: Holger Dainat u. a. (Hrsg.): *Literaturwissenschaft und Nationalsozialismus*. Tübingen 2000.

125 Günther Müller: »Literaturwissenschaft als Geistesgeschichte«. In: *Universitas. Katholischer Pressedienst für Kultur, Dichtung und Leben*. 40. Folge, 29. 11. 1934. S. 1.

126 Die Geistesgeschichte konfrontierte Müller dabei mit den Vorwürfen, die zwischen 1910 und 1925 dem ›Positivismus‹ der Scherer-Schule gemacht wurden: Sie habe »das Sein in eine endlose Abfolge von Entwicklungen aufgelöst« und sich dabei »mit einer vielfach sehr feinen und verstehenden Beschreibung der Vorgänge begnügt, ohne Ordnungszusammenhänge über das Walten der tatsächlichen Vorgänge hinaus, ohne Richtpunkte und Entscheidungen zu suchen« (ebd., S. 2).

kurzzeitig eine Synthese von Sein und Werden im Zeichen rassenkundlicher Reduktionen erwogen hatte,[127] katalysierten die Rezeption der phänomenologischen Kunstbetrachtung Roman Ingardens,[128] die intensivierte Beschäftigung mit Goethes naturwissenschaftlichen Schriften und nicht zuletzt das Engagement innerhalb des Hallenser ›Gestalt-Kolloquiums‹ die Wendung zu einer »morphologischen Poetik«, die sich seit Anfang der 1940er Jahre in einer Reihe programmatischer Arbeiten niederschlug.[129]

Aus der – leider nur unvollständig erhaltenen – Korrespondenz zwischen Wilhelm Troll und Günther Müller geht hervor, daß letzterer bereits im Sommer 1942 eingeladen worden war, im Rahmen des ›Gestalt-Kolloquiums‹ einen Vortrag zu halten und diesen in erweiterter Form für eine Publikation in der Reihe *Die Gestalt* zur Verfügung zu stellen.[130] Der von Troll und Wolf als Goethe-Kenner geschätzte Germanist hatte nicht nur die Programmschrift *Goethes morphologischer Auftrag*, sondern auf seine Bitte hin auch diverse andere Titel der Schriftenreihe erhalten und am 1. September 1942 »Die Gestaltfrage in der Literaturwissenschaft« als Thema seines Referates vorgeschlagen.[131] Ob der für den 12. Dezember 1942 geplante Vortrag Müllers zu diesem oder einem anderen Zeitpunkt stattfand, läßt sich bislang nicht genau feststellen – wie erwähnt sind die zwischen Müller und Troll gewechselten Briefe nur unvollständig erhalten und andere Dokumente aus dem Nachlaß Müllers noch nicht ausgewertet.[132]

---

127 Günther Müller: »Literaturwissenschaft als Kulturwissenschaft«. In: *Universitas* 38. Folge, 15.11.1934, S. 2. – Noch die 1939 erschienene *Geschichte der deutschen Seele* suchte, nach eigener Aussage, das »große Grundgefüge« im »Geflecht von verschiedenen typischen Gefügen der Rasse, der Seele, des Stils, der Anschauungsweisen, der Erkenntnisart, der Willensabläufe« herauszupräparieren und deutete in organologischer Rhetorik die deutsche Literaturgeschichte von Luther bis Eichendorff als Variation eines »deutsch-gotischen Grundzugs« – Günther Müller: *Geschichte der deutschen Seele. Vom Faustbuch zu Goethes Faust.* Freiburg 1939, S. 1 und 6.

128 Die Lektüre des auf Husserls Phänomenologie beruhenden Buches *Das literarische Kunstwerk* Roman Ingardens fand seinen Niederschlag in Günther Müller: »Über die Seinsweise von Dichtung«. In: *DVjs* 17 (1939), S. 137–153; vgl. dazu Norbert Krenzlin: *Das Werk »rein für sich«. Zur Geschichte des Verhältnisses von Phänomenologie, Ästhetik und Literaturwissenschaft.* Berlin 1979, S. 133ff.

129 Müller (Anm. 99); ders.: »Morphologische Poetik«. In: *Helicon* 5 (1944), S. 1–22; ders.: »Goethes Elegie Metamorphose der Pflanzen. Versuch einer morphologischen Interpretation«. In: *DVjs* 21 (1943), S. 67–98. Alle wieder in Günther Müller: *Morphologische Poetik. Gesammelte Aufsätze.* In Verbindung mit Helga Egner hrsg. von Elena Müller. Tübingen 1968, S. 146–224, 225–246; 356–387.

130 Vgl. Wilhelm Troll an Günther Müller. Brief vom 16.9.1942. DLA Marbach, A: 68. 7804 unnumeriert.

131 Das ergibt sich aus Wilhelm Troll an Günther Müller. Brief vom 7.11.1942. Ebd., unnumeriert.

132 Eine Auswertung der im Nachlaß Günther Müllers im DLA befindlichen Dokumente müßte vor allem die Exzerpte, Notizen und Tagebücher sowie die Manuskripte »Goethes Naturlehre« (42 Bl., Zugang 68. 7338), »Goethes Vermächtnis« (7 Bl., Zugang 68. 7339), »Das Individuum in der naturwissenschaftlichen Entwicklung« (4 Bl., Zugang 68. 7364) und »Goethe-Literatur seit 1945« (22 Bl., Zugang 68. 7337) auf Korrespondenzen und Übereinstimmungen mit Arbeiten aus dem Hallenser ›Gestalt-Kolloquium‹ untersuchen.

Sicher ist, daß Müller vor dem Hallenser ›Gestalt-Kolloquium‹ auftrat und seinen Vortrag wie verabredet für eine Veröffentlichung im Niemeyer-Verlag zur Verfügung stellte: In der 1944 als Heft 13 der Schriftenreihe *Die Gestalt* publizierten Abhandlung *Die Gestaltfrage in der Literaturwissenschaft und Goethes Morphologie* dankte Müller nachdrücklich Wilhelm Troll für die Möglichkeit des Auftritts und den Leitern des Kolloquiums für »fördernde Anregung«.[133] Die Einladung hätte ihm die Möglichkeit geboten, die in seinem Aufsatz »Die Grundformen der deutschen Lyrik« entwickelten »methodischen Voraussetzungen« zur Klärung poetologischer Fragestellungen »nun zu einem Entwurf der Anfangsgründe einer literaturwissenschaftlichen Morphologie zu erweitern«.[134]

Inspiriert von Goethes Typologie und deren Aktualisierung durch Troll und Wolf entwickelte Müller vor dem ›Gestalt-Kolloquium‹ eine Poetik, die in ihrem strukturellen Zugriff auf die »Gestalt« des dichterischen Werkes eine Alternative zu den die »Morphä der Dichtungen« verfehlenden Programmen von Geistesgeschichte, Literaturethnographie, Sozialgeschichte und Formanalyse eröffnen wollte. Mit der direkten Applikation der in Goethes naturwissenschaftlichen Schriften entfalteten Idee des »ewig Einen, das sich vielfach offenbart« auf das dichterische Kunstwerk, das als ein gestaltetes und gestalthaftes Ganzes in Analogie zum »Formtypus« der Pflanze zu begreifen sei,[135] schloß Müller in mehrfacher Hinsicht an die konzeptionellen Vorgaben der morphologischen Reformbemühungen an und versuchte sie mit den Bedürfnissen des eigenen Faches kompatibel zu machen. Zum einen schien das emphatische Organismusdenken – das Kunstwerk existiert nicht nur wie Natur, sondern ist Natur – heuristisch tragfähig zu sein, indem es innovative und anschlußfähige Beschreibungsinstrumentarien bereitstellte. Prinzipien der morphologischen Botanik – in die sich Müller durch W. Trolls Aufsatzsammlung *Gestalt und Urbild* und den Münsteraner Biologen Erich Ries einweihen ließ – unmittelbar auf literarische Texte übertragend, konnten Bauformen der natürlichen Pflanzengestalt (Stamm, Ast, Zweig, Blatt) und ihnen zugeschriebene Kräfte (»Vertikal-« und »Spiraltendenz«, »Führkraft« und »Schwellkraft«[136]) in der ›Gestalt‹ des dichterischen Werkes wiedererkannt und benannt werden.

133 Günther Müller: *Die Gestaltfrage in der Literaturwissenschaft und Goethes Morphologie*, zitiert nach dem Wiederabdruck in Müller: *Morphologische Poetik* (Anm. 129), S. 148: »Dieser Vortrag liegt den folgenden Ausführungen zugrunde, und ich ergreife gern die Gelegenheit, den Leitern des Gestalt-Kolloquiums und Herausgebern der Schriftenreihe ›Die Gestalt‹ für fördernde Anregung meinen Dank auszusprechen.«

134 Ebd. – Der von Müller erwähnte Aufsatz »Die Grundformen der deutschen Lyrik« war erschienen in: *Von deutscher Art in Sprache und Dichtung*. Hrsg. im Namen der germanistischen Fachgruppe von Gerhard Fricke, Franz Koch und Klemens Lugowski. Stuttgart/Berlin 1941. Bd. 5, S. 95–135.

135 Müller (Anm. 133), S. 149; das von Müller nicht gesondert nachgewiesene Goethe-Zitat vom »ewig Eine[n], / Das sich vielfach offenbart« entstammt dem Gedicht »Parabase«, vgl. J. W. G.: *Gedichte 1800–1832*. Hrsg. von Karl Eibl. In: *Sämtliche Werke. Briefe, Tagebücher und Gespräche*. 40 Bde. Hrsg. von Hendrik Birus u. a. Bd. I,2. Frankfurt a. M. 1988, S. 495.

136 Müller (Anm. 133), S. 183f.

Der so praktizierte Anschluß an den »neuen Aufbruch des biologischen Denkens«[137] schlug eine Brücke zur scheinbar erfolgreichen Leitdisziplin des Wissenschaftssystems und offerierte Distinktionsgewinne gegenüber einer zur ›Handbuchwissenschaft‹ erstarrten Geistesgeschichte, die ihre konzeptionellen Vorgaben vor allem der Philosophie entnommen hatte. Zugleich erhoffte auch Günther Müller in Übereinstimung mit zahlreichen Projektanten gestalthafter Wissenschaftsprogramme, durch die »bewußte Ausrichtung an Goethes Morphologie« den neuzeitlichen Differenzierungsprozeß des Wissenschaftssystems umkehren und »hinter die Aufspaltung von Geistes- und Naturwissenschaften und von vielen anderen dogmatischen Fixierungen [...] zu der Einheit des immerfort zeugenden und zerstörenden Lebens zurückfinden« zu können.[138]

Für seine Anwendung des gestalthaften Wissenschaftsprogramms auf dem Gebiet der Neugermanistik erntete Müller zwar den Dank der Organisatoren des Hallenser Kolloquiums;[139] Fachkollegen standen seiner ›morphologischen Literaturwissenschaft‹ anfangs aber eher skeptisch gegenüber.[140] Dennoch sicherten ihm sein typologisches Konzept und politische Unbescholtenheit nach 1945 die Chance, wissenschaftlich weiterarbeiten zu können: Nicht zuletzt weil die morphologische Poetik auf Gesetzgebung und Hierarchisierung des ›Dichtungsganzen‹ hin angelegt war und rassentheoretische Rückführungen auf den personalen Urheber ausgeschlossen hatte, konnte Müller 1946 an der Universität Bonn mit einem Ordinariat betraut werden. In der von ihm dort gepflegten »Askese des genauen Hinsehens, Messens und Vergleichens«[141] wurde mit der Maximierung der ›gestalthaften‹ Züge des Einzelwerkes ›Dichtung als Dichtung‹ bewahrt und ungeachtet der Veränderungen in der politischen Umwelt ›immanent‹ interpretiert.[142] Aus der kleinen Interpreta-

---

137 Ebd., S. 147f.

138 Ebd., S. 149.

139 Wilhelm Troll an Günther Müller. Brief vom 10.3.1944. DLA Marbach, A: Müller, Zugang 68. 7804, unnumeriert: »Ich möchte Ihnen auch im Namen von Herrn Wolf nochmals herzlich danken für diesen besonders wertvollen Beitrag, der programmatisch ein ganz großes Wissenschaftsgebiet aufzuschließen geeignet ist. Ihre engeren Fachgenossen verstehen doch wohl wenigstens teilweise, was ihnen hiermit geboten wird!«

140 So vor allem Emil Staiger, der sich in seinen *Grundbegriffen der Poetik* 1946 ebenfalls auf Goethes »Naturformen der Dichtung« berufen sollte und 1944 den »mechanistischen Zwang« in Müllers Morphologie kritisierte, welche die »Gestalt« nur an der sinnlichen Oberfläche begreife und nicht in der »schöpferischen Tiefe des dichterischen Seins«, vgl. E. S.: »Morphologische Literaturwissenschaft«. In: *Trivium* 2 (1944), S. 223–227.

141 Eberhard Lämmert: »Brief an einen Literarhistoriker«. In: Siegfried Unseld (Hrsg.): *Wie, warum und zu welchem Ende wurde ich Literaturhistoriker?* Frankfurt a. M. 1972, S. 152–163, hier S. 153; wieder in E. L.: *Das überdachte Labyrinth. Ortsbestimmungen der Literaturwissenschaft 1960–1990*. Stuttgart 1991, S. 209–217, hier S. 210.

142 Zur Maximierung gestalthafter, kohärenter, ästhetischer u. a. Dimensionen des ›Werkes‹, die außerliterarischen Bezügen vorgeordnet wurden, vgl. Lutz Danneberg: »Zur Theorie der werkimmanenten Interpretation«. In: Barner/König (Anm. 123), S. 313–342.

tionsgemeinschaft der ins Oberseminar aufgenommenen Bonner Studenten ging eine bedeutende Erzählforschung hervor, die ihre bleibenden Leistungen in Müllers Arbeiten zur »Bedeutung der Zeit in der Erzählkunst« und Eberhard Lämmerts Dissertation *Bauformen des Erzählens* finden sollte.[143]

III. Resümee

Die vorliegende Fallstudie hat im Rahmen ihrer begrenzten Möglichkeiten die Entstehung und die Rezeption eines Wissenschaftsprogramms skizziert, das – als eine Alternative zur modernen Wissenschaftsentwicklung entworfen – in naturwissenschaftlichen wie in geisteswissenschaftlichen Disziplinen rezipiert und aufgenommen wurde. Indem das Projekt einer gestalthaft-ganzheitlichen Ausrichtung wissenschaftlicher Forschungs- und Darstellungsprinzipien auf Bedürfnisse jenseits der Problemlagen einzelner Disziplinen reagierte, läßt es sich mit Recht als transdisziplinäres Konzept bezeichnen. Exemplarisch konnte dargestellt werden, welche Anschlußmöglichkeiten dieses transdisziplinäre Konzept trotz – oder vielleicht gerade aufgrund – seiner regressiven Züge bot: ob für Biologen wie Wilhelm Troll und Friedrich Waaser (die im Rückgriff auf Goethes Morphologie die Kontroverse von ›Mechanismus‹ und ›Vitalismus‹ zu unterlaufen suchten) oder für den Literaturwissenschaftler Günther Müller, der den geistesgeschichtlichen, stammeskundlichen, rassentheoretischen Auflösungen von Literatur die ›Gestalt‹ des dichterischen Werkes entgegensetzte.

Verständlicherweise kann diese auf ausgewählte Aspekte einer exemplarischen Episode beschränkte Studie eine systematische Rekonstruktion der komplexen wissenschaftshistorischen Entwicklung nicht ersetzen – wie auch die anhand des hier fokussierten ›Falles‹ gewonnenen Einsichten nicht in Form wissenschaftstheoretischer Modelle generalisierbar sind. Die Leistung von Fallstudien (und hoffentlich auch der hier vorgelegten) besteht im Gewinn von Komplexität und Anschlußfähigkeit – weniger, um wissenschaftsphilosophische Aussagen verifizieren oder falsifizieren zu können, als vielmehr zur Beförderung von Skepsis gegenüber verfestigten theoretischen und historischen Deutungsmustern. So vermochte der hier vorgelegte Aufriß wissenschaftsreformatorischer Bestrebungen im Kontext disziplinübergreifender Konstellationen der 1920er, 1930er und 1940er Jahre deutlich zu machen, daß die Überlegungen zu einer ›gestalthaften‹ Fundierung des Wissenschaftssystems nicht in direkten Konnex zu den wissenschaftspolitischen Zielen des Nationalsozialismus zu bringen sind. Entgegen der (in der Wissenschaftsgeschichtsschreibung noch

143 Nur anzumerken ist, daß sich auch Müllers einflußreiches Konzept der zeitlichen Entfaltung von Dichtung Überlegungen innerhalb des ›Gestalt-Kolloquiums‹ verdankte: Müller verwies nachdrücklich auf die in der Reihe *Die Gestalt* publizierte Schrift Viktor von Weizsäckers *Gestalt und Zeit* als Anregung zur Integration der Temporalität in sein morphologisches Forschungskonzept, vgl. G. Müller: »Morphologische Poetik«, wieder in ders.: *Morphologische Poetik* (Anm. 129), S. 239.

immer verbreiteten) Annahme, daß holistische und organizistische Wissenschaftskonzepte in Verbindung mit einem positivistischen Relativismus dem vitalistischen Mystizismus des NS-Ideenkonglomerats Tür und Tor geöffnet und den Widerstand kritischer Rationalität gegenüber nationalsozialistischen Positionen unterminiert hätten, belegen die vorliegenden Dokumente, daß es zwar Affinitäten zwischen politischen Entwicklungen und wissenschaftlichen Entscheidungen gab, sich dennoch keine hinreichend zwingende Beziehung zwischen der Apologetik gestalthaft-ganzheitlicher Forschungskonzepte und dem (stets umstrittenen) Wissenschaftsbegriff des Nationalsozialismus behaupten läßt. Vielmehr konnte gezeigt werden, daß der Rekurs auf den mehrfach dimensionierten Topos der Gestalt – ähnlich wie der Rückgriff auf die schillernde Metapher des Organischen – auch unter den Bedingungen nationalsozialistischer Wissenschaftssteuerung unterschiedliche und zum Teil konträre Optionen offen ließ.

Die vorliegende Studie hat die Diskordanzen zwischen unterschiedlichen Protagonisten der disziplinübergreifenden Diskussion zu der gestalthaften Ausrichtung von Wissenschaft nicht näher thematisiert. Konzentriert auf einen institutionell verbundenen Wissenschaftler-Kreis wurden wissenschaftsinterne Bedürfnislagen und Angebote umrissen, aus denen in einer bestimmten Situation ein scheinbar erfolgversprechender Lösungsvorschlag ausgewählt wurde. Damit ergeben sich für weitergehende Forschungen vielfältige Aufnahme- und Anschlußmöglichkeiten. Zum einen ließen sich weitere Aspekte der disziplinübergreifenden Diskussionen über die Konsequenzen eines ausdifferenzierten und spezialisierten Wissenschaftssystems untersuchen, die zu alternativen Entwürfen – etwa in Form der interdisziplinären Umweltforschung an Jakob von Uexkülls Hamburger Institut – führten. Zum anderen könnte eine nähere Analyse der politischen und kulturellen Kontexte im Verbund mit einer detaillierten Aufklärung epistemischer Vorgänge ermitteln, welche Rolle wissenschaftsexterne Faktoren bei der Auswahl konzeptioneller und methodischer Vorgaben für eine Kooperation der Wissenschaftskulturen und Disziplinen spielen.

Was bleibt, sind also vor allem Anregungen und Problemstellungen. Doch was könnte der Darstellung einer wissenschaftshistorischen Episode, die nicht auf die bloße Bestätigung und Illustration einer vorgängigen Theorie hin angelegt ist, Besseres passieren?

Der Primat der Ideologie im Nationalsozialismus. Die Forschungsförderung von Literaturwissenschaft/Germanistik im Dritten Reich durch die DFG

Lothar Mertens

Bei dem vorliegenden Beitrag handelt es sich nicht um eine umfassende literaturwissenschaftliche Untersuchung der Fachdisziplin im Nationalsozialismus. Vielmehr soll eine empirische wissenschaftshistorische Analyse der finanziellen Förderungsbedingungen des Faches im Dritten Reich durch die Deutsche Forschungsgemeinschaft anhand ausgewählter Beispiele vorgelegt werden.

I.

Die »Notgemeinschaft der deutschen Wissenschaft« wurde im Jahre 1920 in der Rechtsform eines eingetragenen Vereins (e. V.) gegründet.[1] Vereinsmitglieder waren fast alle deutschen Universitäten und Technischen Hochschulen, die meisten Akademien der Wissenschaften sowie die Kaiser-Wilhelm-Gesellschaft zur Förderung der Wissenschaften (KWG). Die der Notgemeinschaft zugedachte forschungspolitische Aufgabe und ihr konzeptioneller Einfluß auf die deutsche Wissenschaft machten die im Jahre 1935 auf den bis heute gültigen Namen »Deutsche Forschungsgemeinschaft« (DFG) umbenannte Institution zur wichtigsten wissenschaftlichen Fördereinrichtung der 1920er und frühen 1930er Jahre. Die Notgemeinschaft war eine überparteiliche und unabhängige Körperschaft, deren Finanzierung aus Reichsmitteln und privaten Spenden, vornehmlich der Großindustrie, erfolgte. Rasch übernahm die Notgemeinschaft bei großen, überregionalen Forschungsvorhaben eine Steuerungsfunktion, die einer Richtlinienkompetenz gleichkam. Besonders von ihrem langjährigen Präsidenten Friedrich Schmidt-Ott,[2]

1 Siehe ausführlich Ulrich Marsch: *Notgemeinschaft der Deutschen Wissenschaft. Gründung und frühe Geschichte 1920–1925*. Frankfurt a. M. u. a. 1994.

2 Vgl. Bernhard vom Brocke: »Die Kaiser-Wilhelm-Gesellschaft im Kaiserreich. Vorgeschichte, Gründung und Entwicklung bis zum Ausbruch des Ersten Weltkriegs«. In: *Forschung im Spannungsfeld von Politik und Gesellschaft. Geschichte und Struktur der Kaiser-Wilhelm-/Max-Planck-Gesellschaft.* Aus Anlaß ihres 75jährigen Bestehens hrsg. von Rudolf Vierhaus/Bernhard vom Brocke. Stuttgart 1990, S. 17–162, hier S. 136–138 zur Rolle Schmidt-Otts bei der Gründung der KWG.

der von 1920 bis 1934 an der Spitze der Organisation stand, gingen in mannigfaltiger Hinsicht konzeptionelle Anstöße für die Bearbeitung neuer Arbeitsfelder oder Anregungen zur Kräftebündelung bei der Durchführung insbesondere von geisteswissenschaftlichen Großforschungsvorhaben aus, die in der heutigen Zeit mit dem Begriff ›Forschungsschwerpunkt‹ bezeichnet würden. Stellvertretend seien hier nur zwei genannt, welche durch die finanzielle Unterstützung der Notgemeinschaft in Angriff genommen werden konnten: die *Meister-Eckhard*-Ausgabe sowie der *Thesaurus Linguae Latinae*.[3]

Das Ende der Weimarer Republik durch die Regierungsübernahme Adolf Hitlers im Januar 1933 beendete auch bald die Verwaltungsautonomie und insbesondere die Unabhängigkeit der Wissenschaftsförderung durch die Notgemeinschaft. So mußte die für Juni 1933 angesetzte Mitgliederversammlung auf Weisung des neuen Reichsinnenministers Frick abgesagt und auf unbestimmte Zeit verschoben werden.[4] Symptomatisch für die rasche Selbstgleichschaltung Schmidt-Otts im nationalsozialistischen Sinne sind die von ihm in einem Rundbrief an die Rektoren der Mitgliedshochschulen der Notgemeinschaft im November 1933 als »neue Aufgaben« bezeichneten künftigen Forschungsförderschwerpunkte, die »den Zielsetzungen des nationalen Staates«[5] dienen sollten: »Daneben treten in den Vordergrund die Forschungen, die der Rasse, dem Volkstum und der Gesundheit des deutschen Volkes gewidmet sind.«[6]

Die endgültige personelle Gleichschaltung der Notgemeinschaft[7] erfolgte im Juli 1934, als dem neuen Präsidenten der Physikalisch-Technischen Reichsanstalt (PTR), Prof. Dr. Johannes Stark, von Reichswissenschaftsminister Bernhard Rust außerdem noch die Leitung der Notgemeinschaft übertragen wurde. Die im Einsetzungsschreiben von Rust angeregten Maßnahmen zur »Umgestaltung« bedeuteten für die Notgemeinschaft nichts anderes als das Ende ihrer Freiheit und Selbstbestimmung.[8] Ende Juli 1934 wurde der bereits vor 1933 in die SS eingetretene Hauptmann a. D. Johannes Weniger eingestellt und zum Leiter des neugeschaffenen Personalamtes ernannt. Er gehörte im übrigen zur gleichen SS-Standarte in Göttingen wie der seit November 1936 als Stark-Nachfolger amtierende DFG-Präsident Rudolf Mentzel.[9] Die Aufgabe von We-

---

3 Kurt Zierold: *Forschungsförderung in drei Epochen. Deutsche Forschungsgemeinschaft. Geschichte, Arbeitsweise, Kommentar.* Wiesbaden 1968, S. 85 und 186.

4 Universitätsarchiv der TU Braunschweig, A I/20, Teil 1, Bl. 72–76, hier Bl. 72; Rundbrief von Schmidt-Ott an die Mitglieder der Notgemeinschaft, hier an den Rektor der TH Braunschweig, am 10. 11. 1933, S. 1.

5 Ebd., Bl. 72, S. 1.

6 Ebd., Bl. 73a, S. 3.

7 Ein anderes sichtbares Zeichen der nationalsozialistischen Veränderungen im Geschäftsgang der Notgemeinschaft war ab 1935 die Umstellung der Registratur von einer fortlaufenden Nummerierung aller Anträge (z. B. Fo 1012), auf ein Buchstabenkürzel, welches aus dem Familiennamen gebildet wurde, verbunden mit einer Zahlenkombination, deren letzte Ziffer die Zahl der Anträge summierte (z. B.: Ab 1/2/1).

8 Zierold (Anm. 3), S. 173.

9 Helmut Heiber: *Walter Frank und sein Reichsinstitut für Geschichte des neuen Deutschlands.* Stuttgart 1966, S. 827.

niger war es, persönliche Erkundigungen über die politische Integrität und über die fachliche Leistungsfähigkeit der Antragsteller einzuholen[10] sowie die informelle Verbindungen zu Parteistellen aufzubauen.[11]

Die umfangreiche Korrespondenz dieser politischen Überprüfungsarbeit lagert heute in den kalifornischen Hoover Institution Archives. Überliefert sind insgesamt 1 222 Stellungnahmen des NSD-Dozentenbundes zu den Anfragen der Personalstelle der Notgemeinschaft über die politische Einstellung und wissenschaftliche Qualifikation der Antragsteller in den Jahren 1934–1937. Bei diesen Akten handelt es sich um Unterlagen, die von der amerikanischen »Field Information Agency« in den Jahren 1945/46 aus Universitäten, staatlichen Forschungsanstalten sowie den Firmenlabors der Industrie im Rahmen des als »intellektuelle Reparation«[12] bezeichneten »Documents Program« beschlagnahmt wurden.[13] In den Jahren 1947/48 wurden diese Akten dann von der US-Army teilweise an private Stiftungen, wie etwa der Hoover Institution an der Stanford University, weitergegeben.[14]

Die Stellungnahmen des NSD-Dozentenbunds waren formal an den Leiter des Personalamtes der Notgemeinschaft, Johannes Weniger (beziehungsweise ab Mitte 1935 an Dr. Walter Greite) adressiert, der seinen Auftrag darin sah, die »staatsnotwendige und staatssicherheitsfordernde Neugestaltung«[15] der Forschungsförderung im nationalsozialistischen Sinne durchzuführen. Daß Weniger bei dieser Aufgabe umfassend vorging und häufig an mehreren Stellen Einkünfte einholte, zeugt davon, daß seine Berufung zum Referenten in der Administration der Notgemeinschaft tatsächlich eine »Verstärkung der dort nur sehr schwach vertretenen nationalsozialistischen Gesinnung«[16] darstellte. Insbesondere in Fällen, in denen die Auskünfte des Reichsamtes des NSD-Dozentenbunds nur lückenhaft oder nichtssagend waren, pflegte Johannes Weniger neben den lokalen Polizeibehörden am Wohnort des Antragstellers auch die zuständige Gestapo-Stelle um Auskunft zu bitten. In die Befragung mit einbezogen wurden die Gau- und Kreisleitungen sowie gegebenenfalls die Ortsgruppen der NSDAP. In den als »vertraulich« gekennzeichneten Anfragen begründete Weniger die erbetenen Antworten meist damit, daß die Notgemeinschaft »in ihrer Verantwortung für die Verwaltung staatlicher Mittel gehalten [sei], sich über die Gesuchsteller neben wissenschaftlichen auch politische und persönli-

---

10 Siehe die entsprechenden Beispiele in Lothar Mertens: »Ein ›neuer Geist‹ an den deutschen Hochschulen 1934–36. Gutachten und Stellungnahmen über Stipendiumsanwärter der DFG«. In: *Jahrbuch für Antisemitismusforschung*, 6 (1997), S. 203–217.

11 Heiber (Anm. 9), S. 827f.

12 John Gimbel: *Science, Technology, and Reparations. Exploitation and Plunder in Postwar Germany*. Stanford 1990, S. 60f.

13 Siehe ausführlich Lothar Mertens: »Forschungsförderung im Dritten Reich«. In: *Zs. für Geschichtswissenschaft* 44 (1996), S. 119–126.

14 Josef Henke: »Das Schicksal deutscher zeitgeschichtlicher Quellen in Kriegs- und Nachkriegszeit. Beschlagnahme, Rückführung, Verbleib«. In: *Vierteljahrshefte für Zeitgeschichte* 30 (1982), S. 557–620, hier S. 579 und 607.

15 Johannes Weniger zit. in Heiber (Anm. 9), S. 828.

16 Zit. in ebd., S. 829.

che Informationen einzuholen«,[17] da die Notgemeinschaft »nur persönlich und politisch Würdigen ein Stipendium«[18] bewilligen könne. Immer wieder betont wird dabei die Bedeutung der politischen Einstellung, die auch in den Antwortschreiben eine herausragende Rolle spielt. Die Bedeutung von fachlicher Kompetenz und wissenschaftlicher Objektivität wurde daher bereits am Beginn des Dritten Reiches durch die politische Gesinnung der Forscher und die »völkische Bedeutung« der Forschungsvorhaben für das »neue Deutschland« der braunen Machthaber verdrängt.[19]

Erheblich erleichtert wurde dieses Ansinnen durch die Selbstgleichschaltung vieler Wissenschaftler. Von der Gesamtzahl der untersuchten 1 222 Antragsteller waren 41 bereits vor dem Beginn des Dritten Reiches Mitglied in der NSDAP; vereinzelt schon seit 1926. Nach der von den Nationalsozialisten als ›Machtergreifung‹ titulierten Regierungsübernahme durch Adolf Hitler wurden bis zum Aufnahmestopp im Sommer 1933 weitere 51 Personen rasch Mitglied der Partei.[20] Noch deutlicher war die opportunistische Beitrittswelle in den Parteiorganisationen: Lediglich bei 16 der Stipendienbewerber war der Eintritt in die SA vor dem 30. Januar 1933 erfolgt. Nach dem 30. Januar 1933 jedoch traten weitere 125 Personen in die braunen Bataillone ein,[21] das heißt, 89 Prozent der Aufnahmen erfolgten erst ab dem Frühjahr 1933. Dieses Bild zeigt sich auch bei der SS, der nur ein Stipendiat vor 1933 angehörte, während weitere 19 nach dem Januar 1933 rasch der SS beitraten. Dies ist ein deutliches Zeichen für die starke individuelle ideologische Anpassung eines großen Teils der Wissenschaftler im Frühjahr 1933, die in den politischen Stellungnahmen von NSDAP-Dienststellen polemisch als »Konjunkturritter« deklariert wurden. Auf der anderen Seite belegen die Zahlen jedoch deutlich, daß lediglich ein Viertel der Antragsteller aktiv für den Nationalsozialismus eintrat. Die überwiegende Mehrheit blieb politisch eher desinteressiert und auf Distanz zu den neuen Machthabern, ohne allerdings irgendeine Form von Widerstand zu üben oder sich aktiv gegen die Vertreibung jüdischer Gelehrter einzusetzen.

Darüber hinaus war mit der Verfestigung der NS-Machtstrukturen im Staats- und Hochschulbereich auch eine stärker negierende Haltung gegenüber »indifferenten Personen« zu beobachten. Im Jahre 1934 erhielten – bei entsprechender wissenschaftlicher Qualifikation – durchaus auch solche Antragsteller ein Forschungsstipendium, die nicht Mitglied der NSDAP oder SA waren. Teil-

17 Hoover Institution Archives, Stanford/CA (im weiteren: HIA), Deutsche Forschungsgemeinschaft, Box 1 unpag., Fo 5564, Weniger in der Anfrage an das Württembergische Politische Polizeiamt in Stuttgart am 27. 9. 1934.

18 Ebd., Box 2 unpag., Fo 5856, Weniger im Schreiben an die Ortspolizeibehörde Freiburg i. B. vom 3. 9. 1934.

19 Mertens (Anm. 13), S. 119–126.

20 Diese Zahl wäre sicherlich noch höher gewesen, wenn nicht viele weitere Interessenten durch den im Mai 1933 verhängten Aufnahmestopp an ihrem Beitritt durch die NSDAP gehindert worden wären.

21 Während 114 Personen davon noch im Jahre 1933 eintraten, folgten 11 Bewerber erst im Jahre 1934.

weise wurden Personen berücksichtigt, die vor 1933 Mitglied des Zentrums oder der SPD gewesen waren,[22] in einem Fall wurde beim »Südhessischen Wörterbuch« sogar ein langjähriges KPD-Mitglied eingestellt,[23] das jedoch 1933 seine frühere »Verblendung« vorgeblich erkannt hatte. All dies galt jedoch in den Jahren nach 1935 nicht mehr: Nun wurde negativ vermerkt, wenn ein Antragsteller nicht aktives Mitglied in einer Parteigliederung war, denn die passive Teilnahme wurde vorausgesetzt. Deutlich wird diese unterschiedliche Beurteilung besonders dadurch, daß noch im Jahre 1934 auch politisch abseits Stehende bei hoher fachlicher Qualifikation ein Stipendium erhielten, während damals noch die sog. ›März-Gefallenen‹ (wie NS-Propagandaminister Goebbels spöttisch alle im Frühjahr 1933 nach der braunen ›Machtergreifung‹ rasch eingetretenen Neumitglieder bezeichnete) durchaus kritisch und als ›opportunistisch‹ beziehungsweise ›konjunkturmäßig‹ betrachtet wurden. Überdies wurden anscheinend viele der Partei fernstehende Wissenschaftler als ganz für ihre Arbeit lebend (»reiner Stubengelehrter«) und politisch desinteressiert angesehen, so daß sie auch machtpolitisch keine Gefahr darstellten[24] und mit einem gewissen Überlegenheitsgefühl fast mitleidig bedauert wurden.[25]

II.

Symptomatisch für die veränderten Auswahlkriterien waren auch die Stellungnahmen in den ›Gutachten‹ der lokalen NSD-Dozentenbundführer, in denen die nationalsozialistische Zuverlässigkeit über der fachlichen Kompetenz der Bewerber eingestuft wurde. Ein Leipziger Germanist war beispielsweise laut Gutachten des Dozentenschaftsführers als Blockwart tätig und hatte sich überdies freiwillig zum Militärdienst gemeldet, »um seiner Gesinnung durch Betätigung Ausdruck zu geben«.[26] Ein anderer Stipendienanwärter »gehörte zur Gruppe der bewährtesten Nationalsozialisten an der Universität Rostock«,[27] während ein weiterer, der langjähriges SS-Mitglied war, »unbedingt gefördert werden«[28] sollte; jedoch weniger wegen seiner fachlichen Qualifikation, als vielmehr infolge der bewiesenen politischen Zuverlässigkeit. Ein anderer Antragsteller war zwar »wissenschaftlich recht brauchbar«, da er aber im Oktober 1936 weder der NSDAP angehörte und »es auch nicht der Mühe wert findet, bei

---

22 HIA, Box 2; siehe Fo 5858.

23 Bundesarchiv Koblenz (im weiteren: BAK) Best. Deutsche Forschungsgeminschaft, R 73/13262; siehe die Selbstangabe im Personal-Fragebogen.

24 Siehe z.B. die Stellungnahmen Ko/7/34/1 vom 22.6.1934 und Hu/2/09/1 vom 4.6. 1936 der Reichsamtsleitung oder die Antwort der Junglehrerschaft der Universität Heidelberg vom 16.11.1934 auf eine Nachfrage Wenigers.

25 Siehe HIA, Box 2; Fo 9999 vom 3.10.1936 und Box 1, Bu 7/26/1 vom 6.9.1935.

26 HIA, Box 2; Her 7/33/1 vom 16.12.1935.

27 Ebd.; Wol 8/38/1 vom 28.9.1936.

28 HIA, Box 3; Ja 5/2471 vom 11.10.1936.

irgend einer Gliederung Dienst zu tun«, wurde er vom Reichsamtsleiter des NSD-Dozentenbundes eines Stipendiums für unwürdig erachtet.[29]

Die Analyse der thematisch relevanten DFG-Förderakten im Bundesarchiv Koblenz sowie der persönlichen Beurteilungen der Bewerber in den Stellungnahmen des NSD-Dozentenbundes zeigen deutlich auf, wie die Beurteilungspraxis und die Entscheidungsfindung der Notgemeinschaft der Deutschen Wissenschaft/Deutschen Forschungsgemeinschaft nach 1934 sich rasch veränderte. Fachgutachter wurden nicht mehr zur Begutachtung von Anträgen aufgefordert, und einige Fachausschuß-Vorsitzende traten aus Protest gegen die Nichtbeachtung früherer Gepflogenheiten zurück. Doch war dieses Vorgehen lediglich ein spätes Zeichen ihrer Ohnmacht. Die vormalige Priorität von fachlicher Kompetenz und wissenschaftlicher Objektivität durch unabhängige Gutachter wurde im NS-Staat durch den wachsenden Einfluß von politischer Gesinnung der Forscher und der »völkischen Bedeutung« der Forschungsvorhaben für das »neue Deutschland« der braunen Machthaber abgelöst. Neben der überproportionalen Berücksichtigung naturwissenschaftlich-technischer Themen durch die Präferenz des in Doppelfunktion amtierenden Präsidenten Johannes Stark, die nicht nur der Physikalisch-Technischen Reichsanstalt eine außergewöhnlich große Berücksichtigung bei der Vergabe von Forschungsstipendien und Sachmitteln bescherte, bedingten vor allem die Konzentration der Fördermittel in wenigen Fachgebieten wie der Experimentalphysik, der Medizin oder auch der deutschen Vorgeschichte eine Vernachlässigung der ursprünglichen Förderaufgabe. Dieser radikale Paradigmawechsel wird deutlich an den nach 1933 geförderten Forschungsprojekten im Bereich der Literaturwissenschaft/Germanistik.[30] In geringerem Maße wurden literarische Einzelthemen gefördert, da mit dem *Deutschen Sprachatlas* ab Mitte der 1930er Jahre ein zentrales Forschungsanliegen nahezu alle Mittel für das Fachgebiet Germanistik/Literaturwissenschaft verbrauchte. Das Projekt untergliederte sich in insgesamt 17 Teilprojekte, die zumeist an Universitäten durchgeführt und von Professoren geleitet wurden:

Badisches Wörterbuch (Ltr.: Prof. Prof. Ochs, Freiburg);
Bayerisch-Österreichisches Wörterbuch (Ltr.: Prof. Pfalz, Wien);
Deutsches Volkswörterbuch;
Grenzmärkisches Wörterbuch;
Hessen-Nassauisches Volkswörterbuch (Ltr.: Prof. Berthold, Marburg);
Kaschubisches Wörterbuch (Ltr.: Prof. Vasmer, Berlin);
Mecklenburgisches Wörterbuch (Ltr.: Prof. Teuchert, Rostock);
Niedersächsisches Wörterbuch (Ltr.: Dr. Janssen, Göttingen);
Obersächsiches Wörterbuch (Ltr.: Prof. Schier, Leipzig);
Ostfälisches Wörterbuch (Magdeburg):
Ostfränkisches Wörterbuch (Ltr.: Prof. Maurer/Prof. Stroh, Erlangen);
Pommersches Wörterbuch (Ltr.: Dr. Mischke, Greifswald);

---

29 HIA, Box 2; so der Reichsamtsleiter des NSD-Dozentenbundes am 13. 10. 1936 zur Anfrage Gol/2/10/1.

30 Siehe ausführlich Peter Sturm: *Literaturwissenschaft im Dritten Reich. Germanistische Wissensformationen und politisches System.* Wien 1995, S. 15ff.

Preussisches Wörterbuch (Ltr.: Prof. Ziesemer, Königsberg);
Rheinpfälzisches Wörterbuch (Kaiserslautern);
Schlesisches Wörterbuch (Ltr.: Dr. Jungandreas, Breslau);
Sudetendeutsches Mundartenwörterbuch (Ltr.: Prof. Gierach, Prag);
Südhessisches Wörterbuch (Ltr.: Prof. Stroh, Erlangen).

Dem Marburger Ordinarius Prof. Dr. Walther Mitzka oblag die Gesamtleitung für den *Deutschen Sprachatlas*,[31] dessen Ursprünge schon einige Jahrzehnte zurückreichten und auf Vorarbeiten von Georg Wenker und Ferdinand Wrede beruhten.[32] Doch erst unter Mitzka, der zugleich auch in der »Reichsgemeinschaft der Deutschen Volksforschung« für die »Abteilung Volkssprache« zuständig war (so daß wissenschaftliche Erforschung und ideologische Fundierung des Völkischen in einer Hand gemäß dem ›Führerprinzip‹ gebündelt wurden), expandierte das Unternehmen von der Einzelforschung in diesem gewaltigen Umfang. Außer der Bereitstellung eines Forschungsstipendiums für einen promovierten ›wissenschaftlichen Hilfsarbeiter‹ stellte die Deutsche Forschungsgemeinschaft zumeist auch eine Sachbeihilfe für die Durchführung der Teilprojekte zur Verfügung. Wie Mitzka nach einer Erkundigungsreise im Dezember 1935 mitteilte, sollten in der Regel je Wörterbuch-Projekt eine Mitarbeiterstelle sowie ein Barbetrag für Sachausgaben von der Notgemeinschaft finanziert werden, so daß sich die Aufwendungen auf durchschnittlich 2000 RM summierten.[33] Die durchschnittliche Stipendienhöhe für die als ›Projekt-Assistenten‹ bezeichneten Mitarbeiter sollte 130 RM betragen. Dieser hohe Gesamtaufwand ließ kaum noch Raum für kleinere Einzelprojekte. Interessant ist dabei noch, daß die DFG gerade bei diesem Großprojekt mehrfach gegen ihre eigenen Vergaberichtlinien verstieß. Denn gerade hier wurde die eherne Regel, daß Bewilligungen eines Forschungsstipendiums in der Regel nur an jüngere Nachwuchswissenschaftler nach erfolgreich abgelegter Promotion vergeben werden sollten, mehrfach mißachtet und für diverse Einzelvorhaben auch unpromovierte Personen bei der Stipendienvergabe berücksichtigt.[34]

Doch auch andere Personen wurden auf ihre politische Zuverlässigkeit hin überprüft, wie beispielsweise jene, die sich freiwillig anbiederten, in NS-Organisationen tätig zu werden, wie etwa der Heidelberger Professor Fahrner, der sich selbst angeboten hatte, Vorträge über deutsche Dichtung zu halten.[35] Um erschöpfende Auskünfte zu erlangen, wandte sich das NS-Amt für Kunstpflege auch an die Marburger Ortsgruppe der NSDAP, weil Fahrner ehemals als Privatdozent für deutsche Literatur in Marburg tätig gewesen war.[36]

---

31 BAK, R 73/14187; vgl. Schreiben Horst an Prof. Mitzka, Marburg, am 14. 2. 1939.

32 Siehe Walther Mitzka: *Handbuch zum Deutschen Sprachatlas*. Marburg 1952, S. 7ff.

33 BAK, R 73/15790; Brief Mitzka an DFG vom 31. 12. 1935.

34 BAK, R 73/13262 (Südhessisches Wörterbuch) und R 73/15818 (Mecklenburgisches Wörterbuch).

35 Bundesarchiv Berlin-Lichterfelde, Best. NS 15/127, Bl. 1; Brief des Amts für Kulturpflege an die NSDAP-Ortsgruppe Marburg vom 12. 7. 1935.

36 Ebd.

Die rasche Anpassung an die Sprache der neuen Zeit, welche Victor Klemperer meisterhaft in seiner Monographie *LTI. Lingua Tertii Imperii* beschrieben hat, läßt sich auch in den Anträgen für DFG-Forschungsstipendien deutlich herauslesen. Typisch dafür sind Themenstellungen wie »Der germanische und völkische Gedanke in der neueren dänischen Literatur«.[37] Aber auch die inhaltliche (Rück-)Besinnung auf ›völkische‹ Themen und deutsche Wurzeln sind erkennbar, wie etwa bei der »Bearbeitung der Quellen über die germanischen Volksstämme«[38] oder in »Sprachgeschichtliche und sprachphilosophische Studien zu Notker, dem Deutschen«.[39] Zwar wurden auch weiterhin tradierte Themen wie »Rhythmisch-metrische Studien zur Dichtung Stefan Georges«[40] beantragt, doch die Erfolgschancen einer Bewilligung waren minimiert. Denn die einseitige Konzentration auf geisteswissenschaftliche Großforschungsvorhaben verstärkte sich im Dritten Reich eher noch. Neben den beiden bereits genannten Projekten *Meister-Eckhard*-Ausgabe sowie dem *Thesaurus Linguae Latinae* (die auch sprachwissenschaftliche Bereiche tangierten) war es vor allem das Projekt des Sprachatlas, welches germanistische und literaturwissenschaftliche Ressourcen über viele Jahre band und nur wenig finanziellen Spielraum für Einzelforschungen ließ. Dieser Primat der Großvorhaben gilt auch für die volkskundlichen Projekte, wo Germanisten beispielsweise bei der Erfassung von Ortsnamen, Hausinschriften oder Volksmärchen eine sprachwissenschaftliche Nische fanden.

Die zumeist von Adolf Spamer im Namen der »Abteilung Volkskunde« der »Reichsgemeinschaft der deutschen Volksforschung« vorgelegten Förderanträge umfaßten dabei Themen wie die Erforschung und Sammlung von Hausinschriften in hessischen Kreisen,[41] die »Arbeit an der wissenschaftlichen Ausgabe der deutschen Volkslieder«,[42] die »Sagen- und Märchenaufnahmen in Hessen-Nassau«,[43] die Sammlung pfälzischer und saarländischer Sagen,[44] oder die »Flurnamen- und Familiennamenforschung am Oberrhein«.[45] Dies alles waren keine genuin germanistischen oder speziell literaturwissenschaftlichen Fragestellungen, jedoch boten sie – aufgrund der ideologischen Überhöhung der deutschen Vorgeschichte im Nationalsozialismus – zumindest die Möglichkeit, die fachwissenschaftliche Vorbildung interdisziplinär in benachbarte Disziplinen einzubringen und eine wissenschaftliche Tätigkeit zu erlangen.

Charakteristisch für das Kompetenzgerangel und den Zuständigkeitswirrwarr zwischen einzelnen Dienststellen im Dritten Reich war dabei der Fall des Wis-

---

37 HIA, Box 2; Fo 5886, vom 11. 8. 1934.
38 HIA, Box 5; Ste 1/03/2 vom 1. 10. 1936.
39 HIA, Box 6; Za 1/03/1 vom 11. 11. 1935.
40 HIA, Box 4; Mil 1/03/1 vom 2. 9. 1935.
41 BAK, R 73/14946; Stei 4/20/1 am 2. 3. 1936 (Kreis Marburg) und HIA, Box 6; Thi 4/19/1 vom 2. 3. 1936 (für Kurhessen).
42 HIA, Box 2; Hei 5/22/1 vom 2. 7. 1936.
43 HIA, Box 1; Ben 3/12/1 vom 21. 2. 1936.
44 HIA, Box 4; Fo 5805 vom 18. 7. 1934.
45 Ebd.; Pr 5/17/1 vom 29. 2. 1936.

senschaftlers ›St.‹. Dessen Ernennung zum Dozenten verzögerte sich, weil im Reichswissenschaftsministerium die Frage seines Arbeitsgebietes zwischen dem Referenten für Volkskunde und dem für Germanistik umstritten war.[46] Die früheren Förderungen des Germanisten zur Quellenbearbeitung über die germanischen Volksstämme zur Römer- und Völkerwanderungszeit waren gleichfalls durch die »Reichsgemeinschaft der Deutschen Volksforschung« bei der DFG beantragt worden.[47]

Ein erster Sachmittelantrag für ›St.‹ zur »Schaffung einer Deutschen Schreibmaschinenschrift« war bereits im Dezember 1933 vom Reichsleiter des »Kampfbundes für Deutsche Kultur«, Alfred Rosenberg, gestellt worden.[48] Dessen Schreiben war zwar an die Notgemeinschaft formuliert, jedoch an Professor Vahlen im Preußischen Wissenschaftsministerium adressiert, abgesandt worden. Da das geplante Thema keine wissenschaftliche Forschungsaufgabe war, wurde der Antrag mit Hinweis auf die satzungsmäßigen Förderziele abgelehnt. Denn, wie der DFG-Fachreferent Schwoerer in der Aktennotiz über sein Gespräch mit ›St.‹ festhielt, handelte es bei der Konzeption einer neuen ›arischen‹ Schrift »in erster Linie um eine kulturpolitische Aufgabe von sicherlich grosser Bedeutung«, für deren Förderung Schwoerer pikanterweise das neugeschaffene Reichspropagandaministerium unter dem Rosenberg-Intimfeind Joseph Goebbels vorschlug.[49]

III.

Deutlich werden die inhaltliche Umorientierung und die pekuniäre Lenkung durch die DFG auch im Bereich der fachwissenschaftlichen Zeitschriften, die nahezu alle von Druckzuschüssen abhängig waren. Die sich jährlich wiederholenden Beantragungen von Druckzuschüssen bereiteten den pekuniären Boden für eine Veränderung der Zeitschriftenlandschaft. Die Vergabepraxis, insbesondere jedoch die Mittelverweigerung, waren ein selektives Steuerungselement der nationalsozialistischen Wissenschaftspolitik. Symptomatisch dafür war das Unterstützungsgesuch des *Literaturblattes für germanische und romanische Philologie* im Frühjahr 1936. Dieses seit 57 Jahren erscheinende Fachorgan war nach Ansicht des als Gutachter befragten Göttinger Rektors Friedrich Neumann[50] eine »an sich verdienstvolle« Zeitschrift.[51] Doch für Neumann stellte sich die Frage, ob auch zukünftig eine finanzielle Förderung gerechtfertigt sei,

---

46 BAK, R 73/14902; Schreiben Mentzel an St. am 11.7.1938.
47 Ebd.; siehe Brief der Reichsgemeinschaft der Deutschen Volksforschung, Abt. Vor- und Frühgeschichte an die DFG vom 10.7.1935.
48 Ebd.; siehe Brief Rosenberg an Vahlen vom 7.12.1933.
49 Ebd.; Aktennotiz Schwoerer am 4.1.1934.
50 Zur Person und Wirken siehe ausführlich: *Die Universität Göttingen unter dem Nationalsozialismus. Das verdrängte Kapitel ihrer 250jährigen Geschichte.* Hrsg. von Heinrich Becker u.a. München u.a. 1987, passim.
51 BAK, R 73/12745; Brief Friedrich Neumann an die DFG vom 11.5.1936, S. 1.

da viele Fachzeitschriften »ihre Entstehung bestimmten Lagezuständen der Forschung«[52] verdanken würden. Für Neumann lag darin die Tatsache begründet, »daß immer wieder Zeitschriften und Literaturblätter im Laufe der Zeit von selbst überzählig werden, weil sich die Forschungsrichtung im ganzen ändert«[53] oder durch die politischen Machtverhältnisse verändert werden, wie sich am Beispiel der ideologischen Neugründungen im Dritten Reich deutlich zeigte.

Hier spiegelt sich eine rigide unilaterale Sichtweise wider, die dem modernen Wissenschaftspluralismus konträr gegenüberstand. Zwar mochte Neumann dem *Literaturblatt* nicht gänzlich die Unterstützungswürdigkeit absprechen, zugleich jedoch sah er aber auch »kein gesondertes Bedürfnis«[54] im Fortbestand der Fachzeitschrift in der bisherigen Form. Aufgrund dieser negativen Beurteilung stellte die Deutsche Forschungsgemeinschaft keine weiteren Zuschüsse zur Verfügung, so daß der quantitative Umfang des *Literaturblatt[es]* deutlich absank. Zwar versuchte der Schriftleiter, der Rostocker Professor Walter Gottschalk, im Herbst 1938 erneut einen Druckzuschuß von der DFG zu erhalten; dieser Versuch blieb jedoch erfolglos. Statt dessen riet der zuständige DFG-Fachreferent Griewank, eingedenk der früheren Kritik Neumanns, zu einer Umstrukturierung und Straffung des *Literaturblatt[es]*, das durch den Wegfall des umfangreichen Rezensionsteils und der Zeitschriftenschau zu einer »rein kritischen Zeitschrift«[55] umgestaltet werden sollte.[56]

Die politische Einflußnahme war bereits im Februar 1935 in einer Aktennotiz, die Wentzlaff-Eggebert, der Schriftleiter der *Deutschen Literaturzeitung*, für die Mitglieder der Preußischen Akademie der Wissenschaften erstellt hatte,[57] deutlich geworden. In diesem ›Memo‹ notierte er die Gesprächsergebnisse seiner Verhandlungen mit dem Reichswissenschaftsministerium über die zukünftige Höhe des Druckkostenzuschusses für die Zeitschrift. Wie Wentzlaff-Eggebert vermerkte, hatte das Reichswissenschaftsministerium bereits im November 1934 eine Preissenkung für die *Deutsche Literaturzeitung* »verlangt, um eine Steigerung des Einflusses der Zeitschrift zu erreichen«.[58] Da außerdem bei Verhandlungen des Internationalen Bibliothekskongresses immer wieder eine Senkung der Zeitschriftenpreise in Deutschland gefordert würde, sollte der deutsche Teilnehmer, der Generaldirektor der Preußischen Staatsbibliothek, bei der nächsten Tagung, im Mai 1935 in Madrid, diese Preissenkung offensiv »für die dortige Diskussion verwerten«.[59] Durch den Druckkostenzuschuß und einen Verlegerwechsel gelang es, den Bezugspreis für die *Deutsche Literaturzeitung*

52 Ebd.

53 Ebd.

54 Ebd., S. 2.

55 BAK, R 73/12745; so das Urteil Gottschalks in seiner Antwort an Griewank vom 8.12.1938.

56 Ebd.; Brief Griewank an Gottschalk vom 30.11.1938.

57 BAK, R 73/12746; Aktennotiz Wentzlaff-Eggebert, Preuß. Akademie der Wissenschaften, vom 20.2.1935.

58 Ebd., S. 2.

59 Ebd.

von 48 RM auf 12 RM deutlich abzusenken und »dadurch die Verbreitung und den Einfluß der Zeitschrift im In- und Auslande zu steigern«.[60]

Die von den Professoren Julius Petersen und Hermann Pongs herausgegebene Zeitschrift *Dichtung und Volkstum* war die ›Neue Folge‹ von *Euphorion. Zeitschrift für Literaturgeschichte.* Die Herausgeber waren unter den neuen politischen Verhältnissen bemüht, ihre Zeitschrift »zur Mittlerin der Lebenswerte der Dichtung zu machen« und zugleich »dem Volkstum auf möglichst großzügige Weise genüge zu tun«.[61] Petersen und Pongs waren außerdem bereit, andere Zeitschriften in ihre Publikation aufzunehmen. Durch diese eilfertige Anpassung wurden sie bei den jährlichen Druckkostenzuschüssen mit 2 500 RM relativ üppig bedacht.[62] Daher war für ihre Zeitschrift erst der Ausbruch des Zweiten Weltkrieges eine entscheidende Zäsur,[63] durch welche die Fortexistenz durch den Wegfall des Druckkostenzuschusses und insbesondere das Wegbrechen der Abonnenten gefährdet wurde.[64] So kam es neben den Abbestellungen aus dem Inland (22) und den neutralen Staaten (20) zu einer politischen Nichtbelieferung der Bezieher im feindlichen Ausland (28). Bei lediglich 369 Abonnenten bedeutete dies insgesamt einen Rückgang von fast 20 Prozent.[65] Die vom Mitherausgeber Pongs engagiert betriebene Sicherung der Zeitschrift[66] wurde nicht nur durch die Verlagsforderung nach einem höheren Druckkostenzuschuß gefährdet,[67] sondern auch durch den wiederaufgenommenen NS-Plan, den Zeitschriftenwald insgesamt zu lichten und eine staatliche Förderung auf einige wenige Publikationen zu beschränken. Weit fortgeschritten waren etwa die »Bestrebungen zur Schaffung einer neuen gesamtgermanistischen Zeitschrift«, so daß die DFG-Entscheidung über die Fortführung ihrer Unterstützung von *Dichtung und Volkstum* zurückgestellt wurde.[68] Da der vorgesehene Herausgeber dieser neuen Publikation, Professor Gerhard Fricke aus Kiel, aber mit den Planungen noch nicht ganz fertig war,[69] und Professor Harmjanz vom Reichswissenschaftsministerium entschieden für ein Nebeneinanderbestehen mehrerer germanistischer Fachzeitschriften eintrat,[70] wurde von der DFG schließlich Mitte November 1940 wie-

---

60 Ebd.; Brief der Preußischen Akademie an das Reichswissenschaftsministerium vom 27. 6. 1935, S. 1.

61 BAK, R 73/10701; Brief Petersen/Pongs an DFG vom 21. 12. 1935.

62 Ebd.; der Druckkostenzuschuß für das Jahr 1939 stieg dann sogar noch auf 3 200 RM an.

63 Ebd.; siehe Schreiben Griewank an Pongs am 8. 1. 1940.

64 Ebd.; Brief der Metzlerschen Verlagsbuchhandlung, Stuttgart, an DFG vom 16. 1. 1940.

65 Ebd.; siehe die Übersicht der Metzlerschen Verlagsbuchhandlung, Stuttgart, über die Abonnents von »Dichtung und Volkstum« vom 16. 1. 1940.

66 Ebd.; siehe die Briefe von Pongs an die DFG vom 10. und 14. 2., 14. 5. und 9. 9. 1940.

67 Ebd.; Brief der Metzlerschen Verlagsbuchhandlung, Stuttgart, an DFG vom 16. 1. 1940.

68 Ebd.; Schreiben Griewank an Pongs am 6. 11. 1940.

69 Ebd.; Schreiben Griewank an Fricke am 13. 11. 1940, sowie die Aktennotiz Griewanks vom 15. 11. 1940.

70 Ebd.; siehe die Aktennotiz Griewanks vom 15. 11. 1940, wo auf ein entsprechendes Telefonat mit Harmjanz Bezug genommen wird.

der ein Druckkostenzuschuß in Höhe von 3 200 RM für die nun im Böhlau Verlag fortgeführte Zeitschrift bewilligt.[71] Auch in den Jahren 1941–44 wurde *Dichtung und Volkstum* gefördert.[72]

Die Bestrebungen zur Zusammenlegung wurden auch an anderer Stelle deutlich. Der Erste Vorsitzende der bei der Preußischen Akademie der Wissenschaften angeschlossenen Literaturarchiv-Gesellschaft, Professor Julius Petersen,[73] beantragte im November 1934 einen erneuten Zuschuß für den *Jahresbericht auf dem Gebiete der neueren deutschen Literatur*. Gleichzeitig lag auch für den *Jahresbericht auf dem Gebiete der Germanischen Philologie*[74] ein Druckkostenantrag vor. Um ein Fachurteil über die inhaltliche Bedeutung der Publikation zu erhalten, wurde einen Monat später vom DFG-Fachreferenten Griewank der Göttinger Rektor, Professor Neumann, um sein kundiges Urteil gebeten.[75] Obgleich dieser innerhalb einer Woche antwortete,[76] dauerte es weitere zwei Monate bis von der DFG-Geschäftsstelle die Antwortschreiben versandt wurden. Symptomatisch für die staatlich gewünschte Zentralisierung und Bündelung waren die im Wortlaut identischen Antwortschreiben Starks im Februar 1935. Wie Stark unmißverständlich mitteilte, werde die DFG die Anträge nur bewilligen können, wenn zukünftig sichergestellt sei, »daß die beiden Jahresberichte eine möglichst weitgehende Vereinheitlichung anstreben, indem sie sich nicht nur inhaltlich ergänzen und alle Doppelanführungen ausschließen, sondern auch in der Vorbereitung« zusammenarbeiteten.[77] Für erstrebenswert hielt Stark überdies, »wenn beide Berichte sich unter eine gemeinsame Leitung stellen würden, die eine völlig einheitliche Durchführung sichert«.[78] Da, wie Petersen in seiner Antwort wenige Tage später mitteilte, beide Zeitschriften bereits seit 1923 im selben Verlag und in der gleichen Anlage und Ausstattung erschienen[79]

---

71 Ebd.; Schreiben Mentzel an Pongs am 15. 11. 1940.

72 Ebd.; siehe die Empfangsbestätigung des Böhlau Verlags, Weimar, vom 27. 11. 1944 für den anteiligen Druckkostenzuschuß für das H. 1/1944 der Zeitschrift.

73 BAK, R 73/11920; siehe Brief Petersen an DFG vom 15. 11. 1934.

74 BAK, R 73/11921; siehe den Antrag von PD Kienast, Schriftführer der Gesellschaft für deutsche Philologie, für den Druckkostenzuschuß an die DFG vom 18. 11. 1934, sowie das Schreiben Stark an Kienast am 5. 2. 1935.

75 BAK, R 73/11920; Schreiben Griewank an Neumann am 12. 12. 1934.

76 BAK, R 73/11921; Brief Neumann an die DFG vom 19. 12. 1934. Neumann plädiert gleichfalls für eine mögliche Zusammenführung der beiden Jahresberichte.

77 BAK, R 73/11920; siehe auch die entsprechenden Angaben Petersens zum gerade beendeten Berichtsjahr; Brief Petersen an die DFG vom 13. Jahr 1936.

78 BAK, R 73/11920; Schreiben Stark an Petersen, Literaturarchiv-Gesellschaft, am 5. 2. 1935, S. 1.

79 Da die DFG von allen geförderten Publikationen Freiexemplare erhielt, muß dieser Sachverhalt in der Geschäftsstelle bekannt gewesen sein. Es stellt sich daher die Frage, warum der zuständige Fachreferent Griewank, den DFG-Präsidenten nicht darauf hinwies. Da das Schreiben an Petersen vom 5. 2. 1935 unter dem Diktatzeichen Griewanks erstellt und abschließend nur von Stark unterzeichnet wurde, könnte es sich dabei möglicherweise um eine bewußte Finte des Referenten gehandelt haben. Um das starke Zentralisierungsstreben Starks wissend, war der vorformulierte Text zum einen ein Ausdruck loyaler Umsetzung der präsidialen Vorgaben. Vor dem Hintergrund der Kenntnis

und die Redaktion für beide Publikationen identisch in den Händen von Dr. Otto Neuendorff und einiger Hilfskräfte lag,[80] wurde einen Monat später der gewünschte Druckkostenzuschuß bewilligt.[81] Auch in den folgenden Jahren wurden für Publikationen Mittel in der gleichen Höhe zugesagt. Bemerkenswert ist dabei, daß nun in den Folgeanträgen jeweils auf die Zusammenarbeit und die vermiedene Doppelung hingewiesen wurde.[82] Infolge des gemeinsamen Redakteurs verwundert es nicht, daß die beiden Anträge jeweils am gleichen Tag gestellt wurden.

Symptomatisch für die Binnensicht der Germanistik im Dritten Reich dürfte die Antwort des Göttinger Professors Friedrich Neumann auf eine Anfrage des Reichswissenschaftsministeriums vom Oktober 1938 gewesen sein. Auf die ihm vertraulich mitgeteilten ministeriellen Vorüberlegungen,[83] eventuell einen Internationalen Germanistenkongreß nach Deutschland einzuberufen, entgegnete Neumann, der zugleich in der formativen Phase des nationalsozialistischen Staates von 1933 bis 1938 Rektor der Georg-August-Universität gewesen war und als geistiger Wegbereiter des Nationalsozialismus anzusehen war,[84] mit den folgenden additiven inhaltlichen Einschränkung:

> für wichtiger halte ich, auf die fachmässige Aufspaltung hinzuweisen, die sich innerhalb der Erforschung des Deutschen ergeben hat. Das späte 19. Jahrhundert hatte aus der gesamten deutsch-germanistischen Forschung die neuere deutsche Literaturgeschichte als gesondertes Arbeitsfeld in der Weise herausgelöst, dass diese neuere deutsche Literaturgeschichte weitgehend die Fühlung mit der deutsch-germanistischen Gesamtforschung zu verlieren drohte. Es muss ein wichtiges nationalsozialistisches Anliegen sein, diese vom späten 19. Jahrhundert vollzogene Aufspaltung rückgängig zu machen. Eine Germanistentagung wird daher stets darauf Wert legen müssen, dass nicht allzu abstrakte literarische Erörterungen über die idealistischen Sprachwerke des 18. und frühen 19. Jahrhunderts das Feld beherrschen.[85]

Griewanks um diese bereits längst erfüllte Maßnahme, war zum anderen diese Forderung geradezu eine geschickt eingefädelte Scheinforderung für den gewünschten Druckkostenzuschuß. Denn mit welchem sachlichen Argument konnte der Präsident diese Förderung anschließend ablehnen, wenn seine Forderung nach Bündelung der Kräfte doch schon längst erfüllt war.

80 BAK, R 73/11920; Brief Petersen an Stark vom 9. 2. 1935. Ähnlich argumentierte auch Kienast; BAK, R 73/11921; Brief Kienast an die DFG vom 13. 2. 1935.

81 Ebd.; Bewilligungsschreiben Griewank an Literaturarchiv-Gesellschaft am 23. 3. 1935; BAK, R 73/11921; Bewilligungsschreiben Griewank an Gesellschaft für deutsche Philologie am 23. 3. 1935.

82 BAK, R 73/11921; Antrag der Literaturarchiv-Gesellschaft an DFG vom 13. 1. 1936; BAK, R 73/11921; Antrag der Gesellschaft für deutsche Philologie an DFG vom 13. 1. 1936.

83 Universitätsarchiv Göttingen; Rek. PA Neumann, Friedrich; Brief Reichswissenschaftsministerium an Rektor Neumann vom 11. 10. 1938.

84 Vgl. Hartmut Gaul-Ferenschild: *National-völkisch-konservative Germanistik. Kritische Wissenschaftsgeschichte in personengeschichtlicher Darstellung.* Bonn 1993, S. 30f. und 214.

85 Universitätsarchiv Göttingen; Rek. PA Neumann, Friedrich; Brief Neumann an das Reichswissenschaftsministerium vom 18. 11. 1938, S. 3.

Wie Neumann weiter ausführte, habe sich unter dem Dach des Internationalen Kongresses eine »Commission internationale d'histoire littéraire moderne« gebildet, die Fragen der vergleichenden Literaturwissenschaft nachgehe, sich jedoch auf die neuzeitliche Literatur beschränke und unter dem Vorsitz des Literaturhistorikers Fernand Baldensperger von der amerikanischen Harvard University stehe. Vor der offiziellen Einberufung der geplanten Tagung sollte der Reichswissenschaftsminister daher nach Auffassung Friedrich Neumanns zuerst eine »vorbereitende Besprechung« mit deutschen Universitätsprofessoren einberufen, wie etwa Gerhard Fricke (Kiel), Otto Hoefler (München), Franz Koch (Berlin), Friedrich Maurer (Freiburg) und Hermann Schneider (Tübingen). Denn wie Neumann ausdrücklich betonte, war »die Germanistik in Deutschland fast naturgemäss eine ausgeprägt nationale Wissenschaft«.[86]

Dieser Wertung ist, zumindest für die Phase des Dritten Reiches, nichts mehr hinzuzufügen.

86 Ebd., S. 4.

Diskussionsbericht

Jürgen Brokoff

Vorlage von Klaus Weimar (»Die Begründung der Literaturwissenschaft«)

Zusammenfassung des Korreferats (Rainer Kolk): Das um 1890 virulent werdende Programm eines neuen Fachs ›Literaturwissenschaft‹ wurde als das zentrale Thema der Vorlage Weimar ausgewiesen. Zwei Merkmale seien – darin der Vorlage folgend – bei diesem programmatischen Versuch einer ›Verwissenschaftlichung‹ der bestehenden Literaturgeschichte besonders prägend gewesen: zum einen die Zuweisung einer hilfswissenschaftlichen Funktion an die deutsche Philologie und zum anderen die Entwicklung einer »Prinzipienwissenschaft«, deren Innovation darin bestehe, Literatur von nun an als eigenständigen und ausschließlichen Gegenstand behandeln und zu gesetzesmäßigen Aussagen über diesen Gegenstand kommen zu wollen. Obwohl sich das Programm auf institutioneller und disziplinärer Ebene nicht durchzusetzen vermochte, sei das Konzept einer Literaturwissenschaft als »Prinzipienwissenschaft« bis in die Gegenwart folgenreich geblieben. Der Grund hierfür bestehe darin, daß das Konzept trotz (oder gerade wegen) der gescheiterten nomologischen Gegenstandsbestimmung auf einer Metaebene die Notwendigkeit einer Gegenstandsbestimmung überhaupt immer wieder neu anmahnt und in dieser selbstreflexiven Komponente ein unverkennbares Kennzeichen moderner Wissenschaft(-lichkeit) trägt. Die Frage, wann genau die bis heute als wirksam erachtete Grundlegung der Literaturwissenschaft erfolgt sei – um 1890 oder um 1910 mit der Durchsetzung der ›geistesgeschichtlichen‹ Methode –, könne nicht eindeutig beantwortet werden. Vielmehr müsse man von einer Übergangszeit ausgehen, deren Anfänge bis ins letzte Jahrzehnt des 19. Jahrhunderts reichten. In diese Zeitspanne fielen auch ›Grundlagendebatten‹ in anderen Disziplinen, etwa in der Geschichtswissenschaft.

Replik des Referenten: Auf eine gesonderte Zusammenfassung der Erwiderungen (als Auftakt zur Diskussion) wurde in diesem Diskussionsbericht verzichtet.

An der *Diskussion* beteiligten sich: Hans-Harald Müller, Jörg Schönert, Lutz Danneberg, Tom Kindt, Elena Esposito, Detlev Schöttker, Sandra Pott, Thomas Broman, Christoph König, Walter Erhart.

Thematisiert wurde der Anspruch der Vorlage, eine noch für die gegenwärtige Literaturwissenschaft maßgebliche Grundstruktur herausgearbeitet zu haben. Im Anschluß an die vorangegangene Diskussion wurde der Vorlage die Qualität einer Fallstudie zugesprochen, wenngleich die wissenschaftstheoretischen Konsequenzen, die sich aus der »prinzipienwissenschaftlichen« Grundlegung ergeben, erst am Ende explizit angesprochen würden. Als ergänzungsbedürftig wurde die Vorlage (auch von Klaus Weimar selbst) im Hinblick auf das Verhältnis der behandelten Positionen zur Lachmann-Schule und zur Scherer-

Schule bewertet. So bleibe noch zu klären, ob die auch in der Schererschen Poetik dominierende Entstehungsgeschichte literarischer Werke dort eine andere Funktion einnehme als in der von der Vorlage thematisierten Produktionstheorie.

Das Scheitern des programmatischen Versuchs, zu nomologischen Aussagen über literarische Werke und ihre Entstehung zu kommen, und die mit diesem Scheitern verbundene Vermischung von Prinzipienwissenschaft und Poetik führte die Diskussion zu der Frage, ob die neu begründete Literaturwissenschaft überhaupt nach dem von der Systemtheorie angenommenen Wissenschaftscode ›wahr/falsch‹ funktioniere. In dieselbe Richtung wies die Frage nach der Möglichkeit einer paradigmenlosen (Literatur-)Wissenschaft, wie sie am Ende der Vorlage angedeutet wird. In beiden Fällen wurde mehrfach die Besonderheit und Inkommensurabilität von Literaturwissenschaft im Vergleich mit anderen Wissenschaften betont, die sich nicht zuletzt aus dem (prekären) Abhängigkeitsverhältnis der Literaturwissenschaft zu ihrem Gegenstand herleiten (was etwa in der Übernahme ästhetischer Kriterien deutlich werde).

Die Frage nach der Neuheit der in der Vorlage behandelten Grundlegung der Literaturwissenschaft lenkte die Diskussion bis zur selbstreflexiven Literaturtheorie der Romantik zurück, wie sie etwa von Friedrich Schlegel in den Athenäumsfragmenten entwickelt wurde. Von seiten der Diskussionsteilnehmer wurde deutlich gemacht, daß die um 1890 erfolgte Grundlegung romantische Theoriebausteine nicht einfach adaptiert, sondern den bis heute wirkungsmächtigen Versuch einer funktionalen Neuordnung bisher ubiquitärer Elemente im Rahmen eines sich ausdifferenzierenden Wissenschaftssystems unternommen habe.

Vorlage von Tom Kindt/Hans-Harald Müller (»Konstruierte Ahnen. Forschungsprogramme und ihre ›Vorläufer‹. Dargestellt am Beispiel des Verhältnisses der geistesgeschichtlichen Literaturwissenschaft zu Wilhelm Dilthey«)

Zusammenfassung des Korreferats (Ralf Klausnitzer): Ralf Klausnitzer machte deutlich, daß die (von Tom Kindt und Hans-Harald Müller untersuchte) Konstruktion eines »Vorläufers« Dilthey für das Programm der ›geistesgeschichtlichen‹ Literaturwissenschaft über den historischen Einzelfall hinaus Aufschluß über die grundsätzliche Bedeutung einer (retrospektiven) Inanspruchnahme bestehender Autoritäten für die eigene wissenschaftliche Legitimation geben könnte. Dazu müsse allerdings systematisch zwischen dem Selbstverständnis des agierenden Forschers und dem Verständnis des zurückblickenden Beobachters (etwa des Wissenschaftshistorikers) unterschieden werden. Ziel der Vorlage sei es, die von den direkt beteiligten Akteuren ins Leben gerufene und von der Wissenschaftsgeschichtsschreibung übernommene »Dilthey-Legende« (Trommler) tatsächlich als eine solche Legendenbildung auszuweisen. Die retrospektive Konstruktion eines Vorläufers Dilthey lasse sich, wie die in der Vorlage untersuchten Rezensionen zeigten, nicht nur sachlich schwer begründen, sondern mache auch die Relevanz wissenschaftshistorischer Argumentation für die Absicherung der eigenen wissenschaftlichen Position (hier: der ›geistesgeschichtlichen‹ Methode) deutlich. Darüber hinaus sei die Anknüpfung an Dilthey auch aus wissenschaftsexternen Gründen attraktiv gewesen, wenn man die Bedeutung Diltheys für die ›Lebens‹-Ideologie der Jahrhundertwende berücksichtige.

An der *Diskussion* beteiligten sich: Rainer Kolk, Klaus Weimar, Michel Espagne, Rudolf Stichweh, Christoph König, Lutz Danneberg, Jörg Schönert, Gustav Frank, Ralf Klausnitzer, Sandra Pott, Frank-Rutger Hausmann, Sebastian Neumeister, Lothar Mertens.

In der Diskussion wurden Funktion und Bedeutung der »Vorläufer«-Konstruktion für den wissenschaftlichen Diskurs herausgestellt. Durch die Berufung auf eine anerkannte Autorität entfalle der erste Begründungsschritt für die eigene wissenschaftliche Legitimierung. Allerdings sei dann zu fragen, warum im vorliegenden Fall die Konstruktion eines prominenten Vorläufers erst in der Konsolidierungsphase der ›Geistesgeschichte‹ erfolgt sei und nicht schon in deren Entstehungsphase. Zudem müsse deutlicher unterschieden werden, welche Variante der »Geistesgeschichte« sich im einzelnen auf Dilthey berufe. Trotz bestehender Gemeinsamkeiten etwa zwischen den Positionen Ungers und Gundolfs habe sich letzterer nicht explizit auf Dilthey bezogen. Gegen die Vorlage wurde weiter eingewendet, daß die intendierte Erschütterung der Vorläufer-These durch eine Analyse der Rezensionen zu Diltheys *Erlebnis*-Band kaum zu bewerkstelligen sei. Daß das Buch Diltheys von den zeitgenössischen Rezensenten am Beginn des 20. Jahrhunderts nicht als Startpunkt für eine ›geistesgeschichtliche‹ Wende der Literaturwissenschaft verstanden wurde, sei kein Argument gegen die später von den Vertretern der ›Geistesgeschichte‹ erhobene Vorläufer-These. Die Funktion und die Bedeutung der Vorläufer-Konstruktion für den wissenschaftlichen Diskurs wurde in der Diskussion insgesamt als weiter untersuchungsbedürftig angesehen. Wie die problematische und möglicherweise ›falsche‹ Berufung der ›geistesgeschichtlichen‹ Vertreter auf Dilthey zeige, habe die Vorläufer-Konstruktion nichts mit dem tatsächlich stattfindenden Einfluß zu tun. Beide können vielmehr in Widerspruch zueinander treten. So würden die wirklichen Einflußfaktoren in der Konstruktion oftmals bewußt ausgespart, da sich mit dem Hinweis auf diese nur wenig Autorität gewinnen ließ. Die Tendenz, sich (selbst-)legitimierend in eine bestehende (wissenschaftliche) Tradition einzuschreiben und damit – zumindest auf der Ebene des Selbstverständnisses und der eigenen Erwartungshaltung – keinen radikalen Bruch oder Paradigmenwechsel zu intendieren, sei unübersehbar. Erfolge dieser Bruch oder Paradigmenwechsel dann doch, müsse man von einem »kontraintentionalen« Ereignis sprechen. Dem Anspruch auf Innovation sei deshalb als komplementäres Element das im historischen Material auf breiter Basis festzustellende Bestreben nach Kontinuität und Traditionsbildung an die Seite zu stellen.

Vorlage von Annette Simonis (»Paradigmatische Innovationen und interne Differenzierung. Wandel durch Interdisziplinarität? Am Beispiel von Tendenzen der deutschen Literaturwissenschaft 1910–1930«)

Zusammenfassung des Korreferats (Klaus Weimar): Die Bedingungen von Erfolg und Durchsetzung wissenschaftlicher Innovationen einerseits und die Bedingungen eines diesbezüglichen Mißerfolgs andererseits identifizierte Klaus Weimar als das zentrale Thema der Vorlage Simonis. Dabei müsse zwischen vermeintlicher und tatsächlicher Innovation unterschieden werden: Vermeintlich innovative Forschung schließe sich als Variation und Modifikation im Rahmen des bestehenden Paradigmas an die bisherige Forschung an. Tatsächlich innovative Forschung, die die Grundlagen des bestehenden Paradigmas in Frage stellt, vollziehe dagegen einen Bruch mit der bisherigen Forschung. Das Verhältnis von vermeintlicher und tatsächlicher Innovation lasse sich als das Verhältnis von Normal- und Ausnahmefall beschreiben, womit zugleich eine Aussage über die Wahrscheinlichkeit des Erfolgs verknüpft sei: Der Erfolg von Variation und Modifikation ist (eher) wahrscheinlich, der Erfolg tiefgreifender Innovationen ist (eher) unwahrscheinlich. Die Beurteilung der in der Vorlage thematisierten literaturwissenschaftlichen Positionen der Literatursoziologie und der Stilforschung hänge also von einer diesbezüglichen Zuordnung ab. Entweder seien Literatursoziologie und Stilforschung als Variation und Modifikation im Rahmen des bestehenden Paradigmas der ›Geistesgeschichte‹ erfolgreich, aber nur schwerlich wahrnehmbar (bis hin zur Ununterscheidbarkeit), oder sie seien als tiefgreifende Innovationen zwar wahrnehmbar, aber auf institutioneller und disziplinärer Ebene (zunächst) erfolglos gewesen.

An der *Diskussion* beteiligten sich: Klaus Weimar, Frank-Rutger Hausmann, Lutz Danneberg, Jörg Schönert, Jürgen Fohrmann, Sandra Pott, Tom Kindt, Rudolf Stichweh, Peter Uwe Hohendahl, Thomas Rathmann, Sebastian Neumeister, Gustav Frank, Michel Espagne, Walter Erhart.

In der Diskussion dominierte die Frage nach der Angemessenheit einer wissenschaftstheoretisch orientierten Terminologie (wie Paradigmen, Methoden, Konzepte, Forschungsrichtungen) für die in der Vorlage behandelte Problematik konkurrierender literaturwissenschaftlicher Positionen. Mit einer solchen Terminologie würde eine Grenze zwischen einzelnen Positionen wie der Literatursoziologie, der Stilforschung und der ›Geistesgeschichte‹ suggeriert, die sich in dieser Eindeutigkeit und Schärfe nicht aufrechterhalten lasse. Aus romanistischer Perspektive wurde zudem eingewendet, daß die Abstraktionsebene wissenschaftstheoretischer Annahmen mit der personenorientierten Ebene einer prosopographischen Methode in Einklang gebracht werden müsse. Wie das Beispiel des Stilforschers Leo Spitzer zeige, läßt sich die Ausbildung einer spezifischen wissenschaftlichen Position nicht zuletzt mit dem Blick auf biographische Umstände (zum Beispiel den »Kriegseinsatz« des betreffenden Wissenschaftlers) erklären. Fachgeschichtsschreibung als Personengeschichtsschreibung sei daher mehr als eine Ansammlung interessanter Anekdoten.

In der Frage, ob die angesprochenen wissenschaftstheoretischen Begriffe für die wissenschaftsgeschichtliche Rekonstruktion beibehalten werden sollten, konnte in der Diskussion keine Einigkeit erzielt werden. Zum einen wurde der Vorschlag gemacht, für die von den Vorlagen der Sektion vorrangig untersuchte Zeit von 1890 bis etwa 1930 nicht von konkurrierenden Paradigmen auszugehen, sondern einen ›Pool‹ von Leitkategorien (Seelengeschichte, Kulturgeschichte, Sozialgeschichte, Stammesgeschichte) anzunehmen, der vielfältige Kombinationsmöglichkeiten eröffnet habe. Die von der Geschichtsschreibung um 1900 tatsächlich realisierten Kombinationen (von Lamprecht bis Nadler) müßten ihrerseits zum Gegenstand einer Wissenschaftsgeschichtsschreibung gemacht werden, die selbst keine paradigmatische Isolierung einzelner Leitkategorien vornimmt. Es ginge dann um die Rekonstruktion einer im Wissenschaftssystem um 1900 virulent werdenden ›Suchlogik‹, die – wie die Vorlage Weimar deutlich gemacht habe – ihren Gegenstand selbst generiert. Zum anderen wurde der Vorschlag unterbreitet, die wissenschaftstheoretischen Begriffe ›Paradigma‹ und ›Forschungsprogramm‹ auch für die literaturwissenschaftliche Wissenschaftsforschung zu übernehmen. Zu beachten sei dabei, die genannten Begriffe im Hinblick auf ihre zu erwartende Erklärungskraft nicht zu überfordern. Aus systemtheoretischer Perspektive könnten die in der Vorlage thematisierten Positionen der Literatursoziologie und der Stilforschung durchaus als Paradigmen oder Forschungsprogramme bezeichnet werden.

Vorlage von Rainer Kolk (»Von Gundolf zu Kantorowicz. Eine Fallstudie zum disziplinären Umgang mit Innovation«)

Zusammenfassung des Korreferats (Annette Simonis): Annette Simonis bewertete die Vorlage Kolk als den gelungenen Versuch, mit der im George-Kreis entstandenen Literaturbetrachtung Friedrich Gundolfs ein Wissenschaftskonzept zu skizzieren, das für etablierte Positionen der Germanistik, insbesondere für die ›mikrologisch‹ verfahrende Philologie, ein erhebliches Maß an Provokation und Irritation bereithält. Eine wesentliche Intention dieses mit kulturkritischer Emphase auftretenden Neuansatzes in der Literaturbetrachtung sei der radikale Bruch mit einer dem ›wissenschaftlichen Fortschritt‹ verpflichteten Gesellschaftsauffassung gewesen. Dies impliziere auch den Kampf gegen den modernen Prozeß der Ausdifferenzierung (von Wissenschaft) mit Hilfe einer Entdifferenzierungsstrategie, die beispielsweise das ganzheitliche Konzept der ›Gestalt‹ gegen eine Spezialisierung des Wissens in Stellung bringt. Die dabei bewußt vorgenommene Überschreitung der Grenzen des Wissenschaftssystems zeige sich zum einen in der von Gundolf favorisierten apodiktischen (statt: argumentierenden) Schreibweise, für die unter anderem das Fehlen von Textstellennachweisen und von Referenzen auf Forschungsliteratur kennzeichnend ist, und zum anderen in der Prätention einer ›ästhetisch-heroischen Haltung‹, die der Demuts- und Bescheidenheitstopik der Philologie zwar diametral entgegengesetzt ist, paradoxerweise aber beim Adressaten eine vergleichbare unterwürfige Haltung hervorrufen soll.

An der *Diskussion* beteiligten sich: Klaus Weimar, Jürgen Fohrmann, Nikolaus Wegmann, Hans-Harald Müller, Lothar Mertens, Detlev Schöttker, Annette Simonis, Peter Uwe Hohendahl, Rudolf Stichweh, Erhard Schüttpelz, Jürgen Kaube.

Gefragt wurde zum einen nach der internen Struktur des Gundolfschen Konzepts und zum anderen nach dessen (Aus-)Wirkung und Einfluß im Wissenschaftssystem. Beim Gundolfschen Konzept von Literaturwissenschaft müsse zwischen dem Programm und der konkreten Ausführung dieses Programms unterschieden werden. Wenn auch auf der programmatischen Ebene soziale Asymmetrien (Meister – Jünger, Held – Volk) verhandelt werden, so zeige sich das Gundolfsche Projekt doch am eindringlichsten in der Performanz seiner Texte. Hier, in der konkreten Argumentation und Interpretation, werde eine kommunikative Asymmetrisierung vorgenommen, die die angesprochene unterwürfige Haltung beim Rezipienten zum Ziel habe. Strenggenommen handele es sich dabei nicht um eine zweiseitige Asymmetrie, sondern um ein vertikales Drei-Ebenen-Modell: auf der höchsten Ebene befinden sich die Helden (Dante, Shakespeare, Goethe, George), auf der mittleren die zwischen oberster und unterster Ebene vermittelnden ›Medien‹ (Gundolf etc.) und schließlich auf der untersten Ebene die Leser, die nicht nur die Helden, sondern auch die ›Medien‹ bewundern. Gundolfs Kommunikationsmodell sei aber nicht gänzlich auf diesen (ständig wiederholten) Vorgang einer ›stratifikatorischen‹ Rangzuweisung reduzierbar. Wie insbesondere das *Goethe*-Buch zeige, seien Teile von Gundolfs Arbeit mehr oder weniger problemlos in das Wissenschaftssystem integrierbar gewesen. Es stelle sich allerdings die Frage, ob mit diesem eher ›unspektakulären‹ Teil das wirklich Provozierende der Gundolfschen Arbeit erfaßt sei. Was die generelle Wirkungsmächtigkeit dieses Konzepts im Wissenschaftssystem angeht, müsse von einem begrenzten Erfolg auf institutioneller Ebene gesprochen werden. In einer Zeit relativen Wachstums der Neugermanistik sei offensichtlich genügend Kapazität für die Aufnahme auch ›randständiger‹ und partiell anti-wissenschaftlich ausgerichteter Positionen wie der Gundolfschen vorhanden gewesen. Im übrigen bestehe kein sachlich begründbarer Anlaß, der Selbstbeschreibung der aus dem George-Kreis stammenden Wissenschaftler zu folgen, wonach diese einen erheblichen Machtfaktor in der Wissenschaftskultur dargestellt haben.

Die Frage, inwieweit es sich bei der Gundolfschen Literaturwissenschaft um eine ›Anomalie‹ in der Wissenschaftsentwicklung gehandelt habe, wurde in der Diskussion kontrovers beantwortet. Auf der einen Seite wurde geltend gemacht, daß das Gundolfsche Konzept trotz aller Integrationsmöglichkeiten ein bis in die Rhetorik seiner Texte reichendes strikt ›vormodernes‹ Programm umgesetzt habe, das sich gegenüber den sich differenzierenden und komplexer werdenden Verfahren moderner Wissenschaft wie ein ›erratischer Block‹ ausnehme. Auf der anderen Seite wurde betont, daß ein Konzept wie das Gundolfsche zu den inhärent gegebenen Möglichkeiten des deutschen Wissenschaftssystems zähle. Dies hänge unter anderem mit der in Deutschland besonders ausgeprägten Kombination von Wissenschaftsvorstellung und Bildungsidee zusammen, der die Tendenz zur Überschreitung der Wissenschaftsgrenzen innewohne. Unter diesem Blickwinkel sei Gundolfs anti-wissenschaftliche Literaturbetrachtung ein ›hochgradig wahrscheinliches Ereignis‹ gewesen.

Vorlage von Ralf Klausnitzer (»Fallstudien als Instrument der interdisziplinären Wissenschaftsforschung. Am Beispiel der disziplinübergreifenden Rezeption des ›Gestalt‹-Konzepts in den 1930er/1940er Jahren.«)

Teil 1 der Vorlage (mit den allgemeinen Überlegungen zur Konzeption und Reichweite von Fallstudien) wurde im Symposion der Diskussion der anderen Vorlagen dieser Sektion vorangestellt. Das Korreferat zu diesem ersten Teil übernahm Hans-Harald Müller. Teil 2 der Vorlage (zum Beispiel der disziplinübergreifenden Rezeption des ›Gestalt‹-Konzepts in den 1930er/1940er Jahren) wurde im späteren Verlauf der Diskussion erörtert; das Korreferat übernahm Tom Kindt.

Zusammenfassung des Korreferats 1 (Hans-Harald Müller): Herr Müller trat der von Jürgen Fohrmann in der Einleitung zur zweiten Sektion vorgenommenen Problematisierung des Konzepts ›Fallstudie‹ mit dem Hinweis auf die mögliche beziehungsweise tatsächlich bestehende Leistungs- und Erklärungskraft dieses Konzepts entgegen. Allerdings habe sich eine Fallstudie mehreren Adäquatheitsanforderungen zu stellen. Diese Anforderungen im Rahmen wissenschaftshistorischer und wissenschaftstheoretischer Überlegungen reflektiert zu haben, sei das Verdienst der Vorlage. Zur grundsätzlichen Reflexion des Fallstudienkonzepts gehöre auch die Bestimmung von dessen Grenzen. In der Vorlage werde selbst angeführt, daß eine genaue Korrelierung von wissenschafts-historischen und wissenschaftstheoretischen Aussagen nach wie vor ein Desiderat der Forschung sei. In diesem Zusammenhang müsse auch die Idealisierung und Purifizierung von wissenschaftshistorischen Episoden für das Anlegen einer Fallstudie berücksichtigt werden – im günstigsten Fall in Form von wissenschaftlicher Selbstreflexion.

Zusammenfassung des Korreferats 2 (Tom Kindt): Im Eingangsstatement zum zweiten Teil der Vorlage unterstrich Tom Kindt die Frage nach der Relevanz, die dem von der Vorlage herausgearbeiteten Muster der wissenschaftshistorischen Entwicklung der Gestaltforschung für wissenschaftstheoretische Aussagen im Rahmen inter- und supradisziplinärer Wissenschaftsforschung zukommt.

An der *Diskussion* beteiligten sich: Frank-Rutger Hausmann, Sandra Pott, Rudolf Stichweh, Jörg Schönert, Lutz Danneberg, Jürgen Fohrmann, Lothar Mertens, Tom Kindt, Annette Simonis, Detlev Schöttker, Elena Esposito, Stefan Scherer, Erhard Schüttpelz.

Ralf Klausnitzer knüpfte an die Ausführungen von Hans-Harald Müller über die Grenzen des Fallstudienkonzepts an. Es ergebe sich grundsätzlich das Problem, die auf einer abstrakten Ebene ›elegant‹ erscheinenden Theorie-Entwürfe mit den dazugehörigen, operationalisierenden Detailuntersuchungen zu vermitteln. Die Schwierigkeiten beim Anlegen einer Fallstudie, die sich insbesondere im Hiat von Großtheorie und Detailuntersuchung manifestieren, führten in der Diskussion zum Vorschlag, von einer stärker induktiven Methode auszugehen: Die Detailuntersuchung stehe am Anfang, von dem aus dann über Systematisierungsverfahren ein höheres Abstraktionsniveau der wissenschaftshistorischen Aussagen erreicht werden könne. In umgekehrter Perspektive wurde zu bedenken gegeben, daß auch Theorien ohne (applizierende) Fallstudien nicht hinreichend bestimmt und validiert seien. Die Frage nach der Priorität von wissenschaftstheoretischer Abstraktion oder von wissenschaftshistorischer Konkretion könne also nur in Abhängigkeit von der jeweils gewählten Perspektive beantwortet werden, wobei sich eine Zirkularität dadurch ergebe, daß diese Perspektive selbst wiederum Ausdruck der jeweils zugrundegelegten Priorität ist. Das auf generalisierende oder zumindest generalisierbare Aussagen abzielende Konzept ›Fallstudie‹ warf zugleich die Frage nach der Möglichkeit eines ›allgemeinen Falles‹ auf. Die Diskussionsteilnehmer konzentrierten sich in diesem Punkt auf den Versuch, nicht (vorschnelle) Antworten zu geben, sondern zu allererst Fragen zu stellen: Welche Form hat der bei einer Fallstudie zugrundegelegte Generalisierungstyp? In welchen – theoretischen, disziplinären, institutionellen – Rahmen werden generalisierende beziehungsweise generalisierbare Aussagen getroffen? Das von der Vorlage in Anspruch genommene Konzept der Muster und Regulierungen folge – so jedenfalls Ralf Klausnitzer – nicht dem Generalisierungstyp einer Makrotheorie.

Die damit angesprochene Unterscheidung von Mustern/Regularien auf der einen und von Großtheorie auf der anderen Seite erwies sich als wichtigster Einsatzpunkt für die Diskussion der interdisziplinären Konstellation der Gestaltforschung des 20. Jahrhunderts, die im zweiten Teil der Vorlage Klaus- nitzer behandelt wird. Auf den Untersuchungsgegenstand der Vorlage zurückgewendet, wurde in der Diskussion zu bedenken gegeben, daß die von der Gestaltforschung gerade auch nach 1933 angestrebte Interdisziplinarität mit den Zielen des NS-Wissenschaftssystems nicht gänzlich unvereinbar gewesen sei, wenn man die Intention der NS-Forschung, ›Gegnerforschung‹ zu betreiben, berücksichtige. Für diese sei eine interdisziplinäre Vernetzung der wissenschaftlichen Forschung notwendig gewesen – allerdings unter dem Primat der Politik, das heißt unter den Bedingungen staatlicher Reglementierungen.

Die von der Gestaltforschung angestrebte Interdisziplinarität wurde von den Diskussionsteilnehmern insgesamt unterschiedlich bewertet. Einerseits lasse sich etwa die Poetik des Gestaltforschers Günther Müller auf Goethes morphologische Arbeiten zurückführen, die zu einer Zeit entstanden seien, für die von einer modernen funktionalen Ausdifferenzierung des Wissenschaftssystems in Disziplinen und damit auch von Interdisziplinarität noch keine Rede sein kann. Andererseits handele es sich bei der Gestaltforschung des 20. Jahrhunderts um einen der wichtigsten Versuche, die funktionale Ausdifferenzierung unter Zuhilfenahme organologischer Denkfiguren zumindest auf konzeptueller Ebene zu überwinden. Aus systemtheoretischer Perspektive wurde dieser historische Versuch einer Überwindung als signifikanter Fall für gescheiterte Transdisziplinarität gewertet, da er seinen Beobachtungen keine Heuristik und keine Leitunterscheidung zugrundegelegt habe, was im Rahmen eines modernen Wissenschaftssystems notwendig gewesen wäre.

In der Frage, auf welche Weise Inter- und Transdisziplinarität in historischen Wissenschaftsformationen analysiert werden kann, verständigten sich die Diskussionsteilnehmer darauf, daß das quer zu den Disziplinen stehende gemeinsame Feld inter- und transdisziplinärer Kommunikation noch weiterer, eingehender Untersuchungen bedarf. Die in der Vorlage Klausnitzer am Fallbeispiel der Gestaltforschung gewonnenen Ergebnisse seien ein erster Schritt in diese Richtung.

Vorlage von Lothar Mertens (»Der Primat der Ideologie im Nationalsozialismus. Die Forschungsförderung von Literaturwissenschaft/Germanistik im Dritten Reich durch die DFG«)

Zusammenfassung des Korreferats (Sandra Pott): Sandra Pott verwies darauf, daß die Vorlage Mertens die interferierenden Aktivitäten zweier Institutionen – der »Notgemeinschaft der deutschen Wissenschaft« (seit 1935: DFG) und der Wissenschaftsdisziplin ›Germanistik‹ – unter den Bedingungen rigider Einflußnahmen und Reglementierungen durch die nationalsozialistische (Wissenschafts-)Politik behandele. Dabei müsse stärker als in der Vorlage geschehen zwischen der Zugehörigkeit der beteiligten Akteure zur Partei beziehungsweise zu staatlichen Dienststellen und einer Ideologie der jeweiligen Forschung und Forschungspolitik unterschieden werden. Die ›Zugehörigkeit‹ der Akteure und die ›Ideologie‹ seien als Beschreibungsgrößen auf beide Institutionen anwendbar, womit die im Titel aufgeführte Einheitsformel »Primat der Ideologie« ein schärferes Profil erhalte. Die Abhängigkeit der Institution ›Germanistik‹ von der Institution ›Notgemeinschaft‹ (DFG) manifestiere sich also auf zwei Ebenen. Erforderlich sei deshalb zum einen eine Untersuchung auf Akteursebene, die personen- und institutionen-geschichtliche Fragestellungen in den Vordergrund stelle, und zum anderen eine Analyse auf inhaltlich-›ideologischer‹ Ebene, die die unterschiedlichen Formen der Kommunikation (forschungspolitische Programme, Skizzen von Forschungsvorhaben, Begründungen von Förderung, Begründungen von abgelehnter Förderung usw.) in den Blick nimmt. Insbesondere im Hinblick auf diese inhaltsanalytische Dimension sei die Vorlage ergänzungsbedürftig.

An der *Diskussion* beteiligten sich: Rainer Kolk, Detlev Schöttker, Lutz Danneberg, Klaus Weimar, Mandy Funke, Frank-Rutger Hausmann, Jörg Schönert, Jürgen Fohrmann, Sebastian Neumeister.

In der Diskussion zeichneten sich im wesentlichen zwei thematische Schwerpunkte ab. Der erste betraf die methodische Vorgehensweise der Vorlage, der zweite die von der Vorlage untersuchte Praxis der Forschungsförderung. Die Tendenz der Vorlage, zu generalisierenden Aussagen zu kommen, wurde von den Diskussionsteilnehmern als nicht unproblematisch bewertet. So sei in der Vorlage nicht der gesamten Zeitraum von 1933 bis 1945, sondern lediglich die Zeit von 1933 bis 1937 untersucht worden. Allgemeine Aussagen könnten – wie auch Lothar Mertens selbst betonte – erst dann getroffen werden, wenn zum einen die Zeit von 1937 bis 1945 berücksichtigt werde und zum anderen das Bochumer Projekt zur Forschungsförderung der NS-Zeit, aus dem die Vorlage hervorgegangen ist, weiter vorangeschritten sei, so daß Vergleiche mit anderen Wissenschaftsdisziplinen möglich werden. In eine ähnliche Richtung zielte der Einwand, ob für eine umfassende Analyse der Förderungspraxis in der NS-Zeit nicht auch die vorangegangene Praxis in der Weimarer Republik vergleichend herangezogen werden müßte. Als schwierig zu beantworten erwies sich schließlich die Frage, inwieweit die Vorlage angesichts des von ihr untersuchten Materials Anspruch auf Repräsentativität erheben kann. So sei nur noch etwa ein Viertel der in Frage kommenden Akten vorhanden. Mit dieser schwierigen Quellenlage sei aber nicht allein die Vorlage, sondern prinzipiell jede empirisch ausgerichtete Untersuchung in diesem Bereich konfrontiert.

Die Praxis der Forschungsförderung in der NS-Zeit wurde von den Diskussionsteilnehmern als eine uneinheitliche Praxis bewertet, da diese in hohem Maße von einzelnen Akteuren (beispielsweise Johannes Stark) abhängig gewesen sei. Zudem habe die universitäre Wissenschaftsentwicklung nach der nationalsozialistischen ›Machtübernahme‹ auf die Forschungsförderung dergestalt zurückgewirkt, daß zumindest in der Anfangsphase ›ideologisch gefestigte‹ und in diesem Sinne förderungswürdige Wissenschaftler in ausreichender Anzahl nicht vorhanden gewesen seien. So reichten (neben der Personenüberprüfung) oftmals Umbenennungen von Forschungsvorhaben aus, um die gewünschte Förderung weiter zu erhalten, wie ein Beispiel aus der Biologie anschaulich verdeutliche: aus dem Projekttitel »Biologie und Soziologie der Wespen« (1932) wurde 1933/34 »Die völkische Organisation des Wespen-Staates«. Andererseits sei nach 1937 eine gewisse Abkehr von der Praxis zu beobachten gewesen, ausschließlich ›nationalsozialistische Wissenschaft‹ zu fördern. Als ein Grund hierfür müsse der erhebliche Reputationsverlust angeführt werden, den die deutsche Wissenschaft bei der internationalen ›scientific community‹ erfahren hat.

Die in der Vorlage vertretene These, daß literaturwissenschaftliche Projekte bei der Vergabe von Fördermitteln zugunsten des Großvorhabens *Deutscher Sprachatlas* systematisch vernachlässigt worden seien, erfuhr in der Diskussion eine ausdrückliche Bestätigung. Die Wahl eines sprachwissenschaftlichen Vorhabens, das die deutsche Sprache insgesamt zum Gegenstand habe, sei dabei nicht zufällig erfolgt, sollte doch damit – so zumindest die Hoffnung führender NS-Wissenschaftler – die ›Aufspaltung‹ der ›deutschen Wissenschaft‹ rückgängig gemacht worden. Aus Sicht der heutigen Wissenschaftsgeschichte sei in diesem Vorhaben eine Unitarisierungsbewegung zu erkennen, die das politische Ziel der Schaffung eines ›gemeinsamen Volkskörpers‹ auch auf der Wissenschafts- beziehungsweise forschungspolitischen Ebene zu erreichen versucht habe.

An der *Abschlußdiskussion* zur zweiten Sektion beteiligten sich: Jürgen Fohrmann, Sebastian Neumeister, Klaus Weimar, Nikolaus Wegmann, Thomas Broman, Gustav Frank, Michel Espagne, Rainer Kolk, Hans-Harald Müller, Peter Uwe Hohendahl, Sandra Pott, Jörg Schönert, Rudolf Stichweh, Erhard Schüttpelz.

Im Mittelpunkt der Diskussion stand das Problem, in welchen gemeinsamen wissenschaftshistorischen und wissenschaftstheoretischen Rahmen sich die Vorlagen (beziehungsweise die von ihnen untersuchten Gegenstände) bringen lassen. Daran schloß sich unmittelbar die Frage an, welche Schlußfolgerungen im Hinblick auf das Verhältnis von Literaturwissenschaft und Wissenschaftsforschung zu ziehen seien.

Ein Strukturierungsvorschlag bestand darin, die Vorlagen als komplementäre Studien zu den wichtigsten konzeptuellen Positionen der Literaturwissenschaft von 1890 bis etwa 1930 zu lesen. Die Gemeinsamkeit der Vorlagen ergebe sich nicht durch Ähnlichkeiten in der methodischen Vorgehensweise, sondern durch die in allen untersuchten Positionen auffindbare »transzendentale« Grundlegung der Literaturwissenschaft, wie sie die Vorlage von Klaus Weimar exemplarisch beschrieben habe. In systematischer Hinsicht sei die konkrete Konzeptualisierung der Begriffe ›Gestalt‹, ›Geist‹, ›Stil‹, ›Sozialität‹ und ›Ideologie‹ gegenüber dem seit 1890 zu beobachtenden Vorgang, daß der Gegenstand von Literaturwissenschaft in den literaturwissenschaftlichen Diskurs selbst wieder eintrete, eher zweitrangig. Ob man die aus dieser Neubegründung der Literaturwissenschaft hervorgehende Ordnung von konzeptuellen Varianten als einen (diachronen) Paradigmenwechsel oder als ein (synchrones) diskursives Netzwerk mit entsprechenden vielfältigen Kombinationsmöglichkeiten (in der diachronen Ausfaltung) versteht, sei eine offene Frage. Es dürfe allerdings bei dieser wissenschaftshistorischen Sichtweise, die an die untersuchten Konzepte vergangener Literaturwissenschaft einen ›harten‹ Wissenschaftsbegriff herantrage, nicht der eigentliche Adressat der Konzepte aus dem Blickfeld geraten: das ›Bildungsbürgertum‹, für das die Wissenschaftlichkeit der Literaturbetrachtung keine ausschlaggebende Größe gewesen sei.

Der letztgenannte Einwand führte die Diskussionsteilnehmer zu der Frage nach dem gegenwärtigen (Selbst-)Verständnis von Literaturwissenschaft. Auch wenn die in den Vorlagen skizzierten historischen Wissenschaftskonzepte für die heutige literaturwissenschaftliche Arbeit so gut wie keine direkten Anschlußmöglichkeiten eröffnen, so wäre dennoch zu erwägen, ob nicht beispielsweise die Gundolfsche Literaturbetrachtung weniger ungewöhnlich erscheine, wenn man das angloamerikanische Verständnis von Literaturwissenschaft als ›Literary Criticism‹ zugrundelegt. Die wechselseitige Durchdringung von Poesie und Wissenschaft sei etwa auch bei T. S. Eliot zu beobachten gewesen.

Vor dem Hintergrund der untersuchten historischen Positionen der Literaturwissenschaft war zu bedenken, welchen Beitrag die gegenwärtige Literaturwissenschaft für eine disziplinenübergreifende Wissenschaftsforschung zu leisten hätte. Die ›Alterität‹ vergangener Literaturwissenschaft könne nicht zuletzt das Problembewußtsein dafür schärfen, den gegenwärtigen Formen von Literaturwissenschaft möglicherweise einen zu ›harten‹, szientistischen Wissenschaftsbegriff zugrundezulegen. Aus systemtheoretischer Perspektive wurde die Alternative vorgeschlagen, daß sich die Literaturwissenschaft entweder in die disziplinenübergreifende Wissenschaftsforschung (als ›science studies‹) integriere und folglich die dort gängigen Begriffe (Fallstudie, Paradigma, Forschungsprogramm usw.) übernehme oder aber Wissenschaftsforschung ausschließlich innerhalb der Fachgrenzen betreibe und sich auf die Erzeugung von ›Reflexionswissen‹ konzetriere, das über die genaue Beobachtung vergangener Literaturwissenschaft die Optimierung gegenwärtiger literaturwissenschaftlicher Verfahren anstrebt. Im Rahmen dieser zweiten Option seien vielfältige Untersuchungsmethoden denkbar (bis hin zur Anwendung literaturwissenschaftlicher Verfahren auf literaturwissenschaftliche Texte), ohne damit einen prononcierten und gleichzeitig literaturwissenschaftlich spezifizierten Wissenschaftsbegriff aufgeben zu müssen.

III.
Fallstudien
zur Geschichte der Literaturwissenschaft
1950–1995

Einführung

Frank-Rutger Hausmann

Im Zentrum dieser Sektionsarbeit sollte die Relevanz der Wissenschaftsforschung für die jüngste Geschichte der Literaturwissenschaft, zumal der der Germanistik, stehen, die sich zwar nicht in einer Krise, aber in einer Phase der Umstrukturierung befindet. Die Gründe hierfür sind zum einen in der Ausweitung des Bildungswesens und der sogenannten zweiten Medienrevolution, zum anderen in einer Interessensverlagerung von der Schönen oder Höhenkammliteratur mit ihren kanonisierten Gattungen hin zu einem unspezifischen allgemeinen Textbegriff, der auch triviale und ausschließlich unterhaltsame Werke einschließt, zu suchen. Alle Vorlagen lassen sich deshalb zunächst einmal unter die Leitfrage subsumieren: »Wie verhält sich die (germanistische) Literaturwissenschaft in unterschiedlichen politischen und kulturellen Systemen?« Dabei wird unterstellt, daß Disziplinen bei ihrer Entwicklung und ihrem Funktionieren weniger ein idealistisches Telos kennen, als vielmehr auf bestimmte gesellschaftliche Bedingungen reagieren. Mögliche Antworten auf die eingangs gestellte Leitfrage könnten Aufschlüsse darüber geben, wie einzelne Momente der Fachgeschichte adäquat, das heißt unter Rückbeziehung auf die Methoden und Theorien der Wissenschaftsgeschichte, dargestellt werden können und sollen. Sie könnten zudem klären, wie sich generelle Rückschlüsse auf die Ausdifferenzierung einzelner Fächer ziehen ließen. Es gilt also, retrospektiv-analytische und prognostisch-steuernde Aspekte miteinander zu kombinieren.

Als Vorgehensweise der Bündelung und Strukturierung der sechs Vorlagen im Sinne einer Komplexitätsreduktion empfiehlt es sich, zunächst einem alten scholastischen Merkvers zu folgen: »Quis quid ubi quibus auxiliis cur quomodo quando.« Auf dieses Kolloquium gewendet hieße das zu fragen, welche Personen erforschen welche Gegenstände an welchen Orten und innerhalb welcher Institutionen mit welchen Erkenntnisinteressen und welchen Methoden innerhalb welchen Zeitraums? Wenngleich nach der Vorgabe des Sektionsthemas Konstellationen und Prozesse der Literaturwissenschaft beschrieben werden sollten, womit zugleich ein statisches und ein dynamisches Moment gemeint sind, handelt es sich bei allen Vorlagen um eher herkömmliche Fallstudien, deren verallgemeinerbare Elemente erst noch herauspräpariert werden müssen. Aus diesem Grund soll überblicksartig vorgestellt werden, inwieweit sich die einzelnen Vorlagen an die fünf Leitkategorien (organisatorische Einheiten, typische Interaktionen, disziplinäre Strukturen; leitende Kategorien, Begriffe und Argumentationsstrategien; Postulate der Wissenschaftlichkeit; Kontinuität und Diskontinuität; ›Vergleichende Wissenschaftsforschung‹) halten.

Das hier dokumentierte Symposion fand im Auftrag der Germanistischen Kommission der Deutschen Forschungsgemeinschaft statt, doch sollten die gewonnenen Erkenntnisse nicht ausschließlich auf die Germanistik bezogen werden. Daher empfiehlt es sich, einen Blick auf eine verwandte Disziplin zu werfen, um die Leitkategorien im Lichte von deren besonderen Konstellationen und Prozessen schärfer zu fassen. Deshalb soll abrißhaft und mit gebotener Kürze die Romanistik skizziert werden, die neben der Anglistik, der Geschichtswissenschaft und den Sozialwissenschaften die am stärksten berücksichtigte Nachbardisziplin auf diesem Kolloquium bildete und der der Sektionsleiter angehört. Dabei wird von der Annahme ausgegangen, daß es neben Abweichungen eine beträchtliche Zahl von Übereinstimmungen zwischen Germanistik und Romanistik gibt. Dies erlaubt es, über die evidente, einen Fach-zu-Fach-Transfer ermöglichende begriffliche, hermeneutische und methodische Schnittmenge hinauszugehen und allgemeinverbindliche Aussagen zu machen.

Im Unterschied zur Germanistik kennt die fast gleichzeitig mit ihr zu Beginn des 19. Jahrhunderts entstandene Romanistik nur eine schwach entwickelte Fachgeschichtsschreibung und ist insoweit auch noch nicht Zulieferantin der Wissenschaftsforschung geworden. Die Aufbereitung der Materialien wurde längst noch nicht abgeschlossen, auch wenn die einzelnen Phasen der Fachgeschichte umrißhaft erkennbar sind. Zu diesem Bild paßt, daß die Romanistik bisher fast ausschließlich Einzelfallstudien beigesteuert hat, in deren Zentren im plutarchischen Sinne ›große Männer‹ stehen, heißen sie nun Karl Vossler, Leo Spitzer, Erich Auerbach, Ernst Robert Curtius, Hugo Friedrich, Werner Krauss, Fritz Schalk oder Victor Klemperer. Schulbildungen, die prosopographische, institutionelle, monographische und andere Bestandteile aufweisen, sind kaum untersucht. Auch ist mit der überstarken Konzentration auf Werk und Wirkung von Werner Krauss, Ernst Robert Curtius und Victor Klemperer ein Ungleichgewicht bei der Behandlung einzelner Romanisten zu konstatieren. Es geht offenkundig nicht so sehr um ihre romanistischen Beiträge, die außerhalb der ›scientific community‹ so gut wie gar nicht rezipiert wurden; vielmehr rücken ihr Wirken in der außeruniversitären Öffentlichkeit und ihre Verflechtungen in die politische Geschichte der Weimarer Republik, des NS-Regimes, der unterschiedlichen alliierten Besatzungszonen und der DDR in den Blick. Es interessierte und interessiert demnach nicht so sehr der Romanist, der Schriftsteller, Essayist, Journalist und Kulturkritiker, was die vorgenannten Romanisten zugleich auch waren, sondern der ›homo politicus‹. Obwohl diese Fallstudien deshalb nur schwer zu verallgemeinern sind, so ermöglichen sie indes noch am ehesten die Erstellung kollektiver Biographien nach Habitus und Umfeld.

Als in Deutschland und in der österreichischen k. u. k.-Monarchie ›erfundene‹ Disziplin hat die Romanistik fachspezifische Paradigmen entwickelt, deren Nachteile unmittelbar ins Auge springen. Die Romanistik war ursprünglich im Gefolge Lachmanns und nach der Intention des ersten romanistischen

Lehrstuhlinhabers, des Bonners Friedrich Diez (ab 1830), mediävistische Textphilologie und machte keinen Unterschied zwischen Texten unterschiedlicher romanischer Sprachen. Erst allmählich differenzierten sich aus den den edierten Texten beigegebenen Einleitungen, in denen der sprachliche Zustand, die Gattung, und, wenn zu ermitteln, Werk und Leben des Autors ausgebreitet wurden, eine positivistisch orientierte Sprach- beziehungsweise Literaturgeschichte. Sie wurde in der Zeit von der Gründung des Kaiserreichs bis zum Ende des Ersten Weltkriegs besonders an den Universitäten Berlin, Leipzig und Straßburg gepflegt. Der Kanon der zu untersuchenden Werke wuchs jedoch. Schon bald bildete die Wende vom Mittelalter zur Renaissance keine Erforschungsbarriere mehr, literarische Werke wurden als ästhetische Kunstwerke betrachtet und als Zeugnisse, ja als Abbilder des menschlichen Geistes aufgefaßt. Nach dem Ersten Weltkrieg war es unversehens auch wichtig geworden, in welcher Sprache die wissenschaftlichen Ergebnisse aufbereitet wurden.

Sobald das Deutsche nach 1918 seine führende Rolle als geisteswissenschaftliche Wissenschaftssprache verlor, wurde das romanistische Fachschrifttum in deutscher Sprache außerhalb der deutschsprachigen Länder nicht mehr richtig wahrgenommen. Inzwischen ist es sogar zu einer starken Isolierung der deutschsprachigen Romanistik gekommen, da die Leser aus den Ländern, deren Sprachen und Literaturen er- und beforscht werden, die entsprechenden Publikationen nicht mehr verstehen und daher kaum noch rezipieren. Es gilt »Germana sunt, non leguntur« – und dies um so mehr, als auch die übrigen europäischen und außereuropäischen Wissenschaftssysteme, die eine Zeitlang der deutschen Romanistik zuneigten, längst auf das französische Muster der einzelnen Nationalphilologien umgeschwenkt sind. Außerdem führte der allzu weit gespannte romanistische Gegenstand zu einer Sonderstellung der deutschen Variante des Fachs. Es wird in der romanischen Literaturwissenschaft, wie sie an deutschsprachigen Hochschulen betrieben wird, zwar das Unmögliche gefordert, zwei oder gar drei große romanische Literaturen (Französisch, Spanisch, Italienisch) zu überschauen, zu lehren, detailliert zu erforschen und wissenschaftlich mit der Romania zu konkurrieren. Vergleichbarkeit ist jedoch nicht gegeben, weil in deren Ländern diese Literaturen Gegenstand von Nationalphilologien sind. Im Unterschied zur deutschsprachigen Romanistik wurden dort die Literaturen zur besseren und genaueren Betrachtung in Blöcke aufgespalten, die nur einer Epoche (Mittelalter, Neuzeit), einem Jahrhundert oder gar einem großen Autor gelten. Analogien weisen übrigens die sogenannte Auslandsgermanistiken auf, die sich immer mehr verselbständigen und aus der Not, mit der deutschen Germanistik nicht wirklich rivalisieren zu können, eine Tugend machen, indem sie zu unabhängigen landeskundlich-zivilisationistischen ›German studies‹ mutieren.

Allerdings sind die Vorteile des deutschen Romanistik-Modells unübersehbar und sollen nicht verschwiegen werden. Da es Sprache, Literatur und Kultur im Prinzip aller romanischen Völker in Europa und Übersee erforscht, sind seine komparatistischen und kulturkundlichen Elemente stark ausgeprägt. Gerade weil die zu behandelnden Texte nicht muttersprachlich sind, müssen Sprach- und Literaturwissenschaft zur Überwindung der Sprachbarrieren zusammenarbeiten, weshalb die Ausdifferenzierung der Philologie viel später erfolgte und die romanistische Literaturwissenschaft nie ganz ohne Einbeziehung der romanistischen Literatur- und Sprachgeschichte auskommt. Auch hat sich kein Jahrhundert in der Forschung autonomisiert, so daß die Mediävistik nach wie vor integraler Bestandteil der Textbetrachtung ist und keinen eigenen Textbegriff und auch keine eigene Hermeneutik entwickelt hat.

Zudem war die Romanistik nie eine ausschließlich ›deutsche‹, sondern immer eine ›deutschsprachige‹ Wissenschaft und ist es bis heute geblieben. Der Austausch zwischen Deutschland, Österreich und der deutschsprachigen Schweiz ist personell wie sachlich sehr rege. Zwar gibt es, sieht man von dem kurzlebigen Versuch deutscher Emigranten der 1930er bis 1950er Jahre einmal ab, das deutschsprachige Romanistikkonzept in die USA zu transferieren und dort heimisch zu machen, keine wirkliche ›Auslandsromanistik‹ nach deutschem Muster. Aber ohne Einbeziehung der von österreichischen und deutschschweizer Romanisten erarbeiteten Ergebnisse wäre das Bild der Disziplin in Vergangenheit und Gegenwart höchst unvollständig. Da alle ihre Vertreter der Romania als Fremde gegenübertreten, sind sie auch vor dem Gegenstand gleich – demzufolge entfallen Hierarchien. Alle haben zudem ihre kulturspezifischen Fragestellungen in die Romanistik hineingetragen, die insbesondere in der multikulturellen Welt der alten k. u. k.-Monarchie und der Schweiz auf Anverwandlung fremder Modelle beziehungsweise auf Austausch und friedliches Nebeneinander orientiert waren. Diese transnationale und humanitäre Ausrichtung konnte selbst in der NS-Zeit nicht vollständig ausgelöscht werden. Wenn die kollektive Biographie der meisten deutschen Geisteswissenschaftler bis weit in die 60er Jahre dieses Jahrhunderts hinein als hervorstechende Elemente das Herkommen aus preußisch-protestantischen Beamtenfamilien, die wissenschaftliche Sozialisierung durch das humanistische Gymnasium und ein Studium mehrerer Lehramtsfächer aufweist, wird durch die von Leo Spitzer so bezeichneten ›Randdeutschen‹ (Österreicher, Sudetendeutsche, Elsässer, Luxemburger, Südtiroler, Eupen-Malmédier usw.) ein weltläufiges Moment in die Romanistik eingebracht. Ein in der Schweiz ausgebildeter Gelehrter ungarisch-jüdischer Herkunft wie Peter Szondi wäre in der Romanistik nicht weiter auffällig.

Angesichts der romanistischen Spezifika lassen sich nun auch die germanistischen Besonderheiten genauer erfassen. Zwar würde wohl heute niemand mehr von ›deutscher‹ germanistischer Literaturwissenschaft sprechen, aber die Existenz einer DDR-Germanistik mit etwa dreißig bis vierzig Jahren Eigenleben (Ende/Funke) in Abgrenzung zur Germanistik der BRD, Österreichs und der Schweiz, die Konstituierung von ›German studies‹ als Besonderheit der ›Auslandsgermanistik‹ in den USA (Hohendahl) und ihrer Analoga in Frankreich und anderen Ländern belegt, daß die Germanistik immer stark wesenskundlich betrachtet wurde und noch wird. Es wurde eine Zeitlang angenommen, daß sie auch nationale Besonderheiten abbilde, und damit nicht nur die Deutschen als Angehörige der deutschen Nation besonders anging, sondern recht eigentlich auch nur von ihnen angemessen betrieben und verstanden werden konnte. Dies wurde unter anderem damit begründet, daß die von der Germanistik interpretierten Gegenstände in der gleichen Sprache dargestellt wurden, in der sie verfaßt worden waren. Insofern kann sich ein Interpret durch eine möglichst adäquate sprachliche Darstellung den Gegenstand auch künstlerisch anverwandeln und ihn entsprechend abzubilden versuchen (König). Die Differenz zwischen dem Gegenstand und seiner Deutung verringert sich dabei merklich. Das Oszillieren zwischen nüchtern-sachlicher Wissenschaftssprache und nachschöpferischer Wiedergabe stellt sich in den Fremdsprachenphilologien in dieser Form nicht. Es darf also geschlossen werden, daß sich die Germanistik als Disziplin nicht nur durch ihren Gegenstand, sondern auch durch ihre jeweilige Einbindung in unterschiedliche Kulturräume von anderen Nationalphilologien unterscheidet. Dieses Ergebnis wird durch die russischen Vorlage über Bachtin und ›Bachtinologie‹ noch einmal bestätigt. Der Kritiker wird in der postsowjetischen Gesellschaft national vereinnahmt und von den außerrussischen Akzentuierungen – Karnevalisierung, Dialogizität, Intertextualität – abgekoppelt (Polouboiarinova). Denkt man diesen Befund weiter, läßt sich die Herausbildung unterschiedlicher Fremdsprachenphilologien in einzelnen Kulturräumen erklären. Trotz eines identischen (fremden) Gegenstandes weist beispielsweise die Anglistik in Frankreich, Deutschland oder Rußland Eigentümlichkeiten auf, die auf länderspezifische Partikularitäten reagieren und sie in der Behandlung des einen anglistischen Gegenstandes abbilden. Dies führt im Einzelfall zur Bevorzugung jeweils bestimmter zu interpretierender Texte wie auch zur Entwicklung, Anwendung und Bevorzugung jeweils anderer Deutungsmethoden. Die institutionelle Organisation, die stark mit den jeweiligen Bildungssystemen beziehungsweise der literarisch-kulturellen Öffentlichkeit zusammenhängt, fällt ebenfalls jeweils länderspezifisch aus.

Die eingereichten Vorlagen lehren aber noch ein weiteres. Alle sind insofern zweigeteilt, als sie methodische und fallgeschichtliche Anteile enthalten und zusammenzuführen versuchen. Auffällig ist jedoch einmal eine deskriptiv-affirmative, ein anderes Mal eine systematisch-kritische, dann wieder eine apologetisch-zustimmende Vorgehensweise. Dabei ist zwischen Vorlagen zu unterscheiden, die eigene Interpretationsverfahren vorstellen und damit als Soll-Beispiele prospektiv sind (König, Rathmann), und solchen, die Paradigmenwechsel beschreiben und analysieren, also retrospektiv orientiert sind und bereits vollzogene oder bald abgeschlossene Entwicklungen zu erfassen versuchen (Scherer, Hohendahl, Ende/Funke) oder solchen, die kontrastiv vorgehen (Polouboiarinova). Der Anteil an daraus ableitbaren allgemeinen Strukturelementen ist allerdings noch herauszuarbeiten. Auch müßten die Organisationsformen, Kategorien und Grundbegriffe im Einzelfall semantisch präzisiert, historisch abgegrenzt und korpusmäßig abgesichert werden. Ob ein neutraler fremder Blick auf das eigene Fach überhaupt möglich ist, bleibe dahingestellt, aber er setzt zumindest Selbstreflexion voraus. Denn alle Autoren sind Partei, sind Subjekt und Objekt ihrer Studien, was im Falle eigener Modellbildung (König, Rathmann) auf der Hand liegt, aber auch bei der Zugehörigkeit zu einem noch bestehenden (Hohendahl) oder bereits untergegangenen fremden Kulturkreis (Polouboiarinova, Ende/Funke) evident ist. Doch selbst dann, wenn historische Innenansichten aus dem Fach scheinbar unbeteiligt (Scherer) erfolgen, müßten die Zugehörigkeit zu einer Schule, die Beschäftigung mit bestimmten Texten, Themen und Methoden, die gegenwärtige Stellung im Fach thematisiert werden, um hermeneutische Zirkelschlüsse zu vermeiden oder möglichst gering zu halten. Aufschlußreich ist übrigens die geringe Bedeutung, die in den Darstellungen den jeweils interpretierten Texten gewidmet ist, so als ob sich Fach- und Wissenschaftsgeschichte verselbständigt hätten. Wenn man einmal unterstellt, daß es angesichts eines obwaltenden Methodenpluralismus *die* gültige Interpretationsmethode nicht gibt, sondern je nach Gegenstand mehr oder weniger geeignete Interpretationsverfahren verfügbar sind, und daß außerdem die Wahl des Gegenstandes nicht zufällig ist, sondern der Gegenstand sich seinen Exegeten nicht minder sucht als der Exeget den Gegenstand, dann muß den Texten und ihrer Auswahl für die wissenschaftliche Praxis wieder größere Aufmerksamkeit geschenkt werden.

Wenn von ›Literaturwissenschaft in den 1950er Jahren‹ (Scherer), ›Kritischer Philologie heute‹ (König), Textwissenschaft/›boundary-work‹/Literaturwissenschaft (Rathmann), Auslandsgermanistik (Hohendahl), ›westlicher insbesondere deutscher beziehungsweise postsowjetischer Literaturwissenschaft‹ (Polouboiarinova), Literaturwissenschaft in der DDR (Ende/Funke) die Rede ist, so ist das sehr global. Dabei geht es nicht so sehr darum, ob das ausgewählte Beispiel repräsentativ ist, sondern aufgrund welcher Korpusanalyse argumentiert wird. Nur ein Beitrag (Ende/Funke) legt die zur Analyse angewandte pragmalingustisch-kommunikationstheoretische Vorgehensweise und das Korpus (Kolloquium »Theorie und Methoden der Interpretation literarischer Werke« 1986 in Kühlungsborn) offen. In allen anderen Fällen wird mit Teilkorpora gearbeitet, wobei die den Argumentationen zugrunde liegenden Texte höchst unterschiedlichen Gattungen angehören: Der Bogen reicht von autobiographischen Zeugnissen germanistischer Fachvertreter über literaturwissenschaftliche Interpretationen bis hin zu allgemeinen fach- und wissenschaftsgeschichtlichen Abhandlungen. Die leitenden Kategorien werden im allgemeinen klar umrissen. Sie kreisen vielfach um ästhetische Autonomie und sozialgeschichtliche Erklärung: Immanenz und Geschichtlichkeit (Scherer), Philologie und Kunstwerk (König), Text und Interdisziplinarität (Rathmann), ›German Studies‹ und Ausdifferenzierung (Hohendahl), Intertextualität, Dialogizität, ›Prosaics‹ (Polouboiarinova), Werkbegriff zwischen Produktion und Rezeption (Ende/Funke). Dabei fällt auf, daß vielfach an überkommene Modelle und Autoritäten angeknüpft wird, die reformuliert und revalorisiert werden. Dennoch werden Neuerungen, kognitive Innovationen und Differenzierungsschritte beschrieben, die aufgrund der zeitlichen Vorgabe meist in den letzten dreißig Jahren stattgefunden haben, wobei das Jahr 1968 – eher uneingestanden – einen Einschnitt markiert. Mal wird von ›Strukturwandel im Gefolge des Münchner Germanistentags von 1966‹ gesprochen (Scherer), dann von dem ›Denken der Achtundsechziger‹ und ›ihrer Diskontinuität‹ (König), von ›bislang und heute‹ (Scherer), von ›seit geraumer Zeit‹ beziehungsweise von ›während der 1980er Jahren neu auftretenden Konstellationen‹ (Hohendahl), von ›Problematisierung am Ende der 1970er und 1980er Jahre in Deutschland‹ sowie von ›einem Krisenzustand der postsowjetischen russischen Geisteswissenschaften nach 1989‹

(Polouboiarinova), und zuguterletzt von ›Beharrungen oder Verschiebungen der DDR-Literaturwissenschaft in den 1970er und 1980er Jahren‹ (Funke/Ende). Diese Wandlungsprozesse könnten jedoch genauer mit den in der Wissenschaftsforschung durch Kuhn, Toulmin, Collins und anderen eingeführten Begriffen wie Paradigmenwechsel, Strukturwandel, Bruch, Schwelle, ›turn‹ (›linguistic‹/›rhetoric‹/›interpretative‹) oder Evolution/Revolution erfaßt werden.

Als Fazit ergibt sich, daß Wissenschaftsgeschichte nicht ohne die Vorgaben der Wissenschaftsforschung auskommt. Diese können und müssen die Materialaufbereitung steuern, können sie aber weder vollständig erfassen noch insgesamt konditionieren. Das fachgeschichtliche Material ist nie vollständig erhalten, seine Überlieferung häufig zufällig und redundant, seine Präsentation notgedrungen selektiv und nur im Idealfall exemplarisch.

Philologische Modernisierung in der Restauration. Literaturwissenschaft in den 1950er Jahren: Peter Szondi

Stefan Scherer

Zu den stärksten Homogenitätsannahmen, die die disziplinäre Einheit der germanistischen Literaturwissenschaft in den 1950er Jahren jenseits ihrer institutionellen Überschaubarkeit[1] konstituieren, gehört die unangefochtene Dominanz der sogenannten werkimmanenten Interpretation. Anerkannt ist der Befund, daß ihr die politische Abstinenz und eine enthistorisierende Werte-Rhetorik in der Feier der Humanität, die sich ergriffen in das begriffene Werk einfühlt, zum Erfolg in den 1950er Jahren verholfen hat, obwohl Programmatik und Praxis vor die Zeit des Zweiten Weltkriegs zurückreichen. Die weltanschauliche Neutralität verschränkt sich mit der gesamtgesellschaftlichen Entpolitisierung der 1950er Jahre, die auch die Germanistik nach ihrer Selbstanschließung an den Nationalsozialismus im »Zeichen einer ›humanistischen Restauration‹« mitvollzieht.[2] Die Restaurationsthese, von der linkskatholischen Publizistik Dirks' und Kogons Anfang der 1950er Jahre als Diskurselement implantiert, erweist sich dann Mitte der 1960er Jahre als erfolgreicher Mechanismus, die Adenauerzeit und damit die Nachkriegszeit selbst final zu verabschieden. In der Literaturwissenschaft erfolgt der Strukturwandel, der sich zur gleichen Zeit auch in den anderen Disziplinen der sogenannten Geisteswissenschaften beobachten läßt,[3] durch die diskursive Verschränkung von Methoden- und Funktionenreflexion,

---

1 Vgl. Peter Weingart u. a.: *Die sog. Geisteswissenschaften: Außenansichten. Die Entwicklung der Geisteswissenschaften in der BRD 1954–1987*. Frankfurt a. M. 1991, S. 298.

2 Wilhelm Voßkamp: »Literaturwissenschaft als Geisteswissenschaft. Thesen zur Geschichte der deutschen Literaturwissenschaft nach dem Zweiten Weltkrieg«. In: Wolfgang Prinz/Peter Weingart (Hrsg.): *Die sog. Geisteswissenschaften: Innenansichten*. Frankfurt a. M. 1990, S. 240–247, hier S. 242. Zum neuen Selbstbewußtsein und zur »neuerlich angestrebten institutionellen Macht« der deutschen Literaturwissenschaft im »restaurativen und antimodernen geistigen Klima« um 1950 vgl. Klaus R. Scherpe: »Die Moderne sollte vermieden werden. Westdeutsche Literaturwissenschaft 1945–1950«. In: *Die rekonstruierte Moderne. Studien zur deutschen Literatur nach 1945*. Köln u. a. 1992, S. 1–22, hier S. 8.

3 Vgl. Wolfgang Prinz/Peter Weingart: »Innenansichten geisteswissenschaftlicher Forschung: Einleitende Bemerkungen«. In: Prinz/Weingart (Anm. 2), S. 9–23; dem Strukturwandel durch »innere und äußere *Destabilisierung*« (S. 15) geht die Verschiebung der Aufmerksamkeit vom Besonderen zum Gesellschaftlich-Allgemeinen durch Theoretisierung der Gegenstände und den zunehmenden Einfluß der Sozialwissenschaften einher (vgl. S. 16f.).

Ideologiekritik und Kritik der werkimmanenten Interpretation, die seit dem Münchner Germanistentag von 1966 forschungspolitisch auch im Sinne einer Institutionalisierung der disziplinären Selbstreflexion wirksam wird.[4]

Die epochale Einheit der 1950er Jahre wird so erst eigentlich durch die Abrechnung mit der Werkimmanenz – »Hauptschimpfwort in der ideologiekritischen Wende der 1968er Jahre«[5] – konstruiert. Binnendifferenzierungen in die hermetische, morphologische, formgeschichtliche und ›tragische‹ Ausprägung stellen zwar tatsächlich mehr »Varianten« als Unterschiede dar.[6] Eine für die germanistische Literaturwissenschaft bedeutende Bifurkation Mitte der 1950er Jahre aber, die seitdem die Disziplin kodiert, ist durch die fachgeschichtliche Zäsur in den 1960er Jahren überblendet worden. Das einheitsstiftende Signifikat ›Interpretation‹ als Organisationsform, der sich der philologische Diskurs seit der Werkimmanenz zuordnet, verzweigt sich hier in die Signifikate ›Werk‹ und ›Geschichte‹ – Inzitament der die Literaturwissenschaft nunmehr beherrschenden Doppelung von Text- und Kontextbezug, von Werkinterpretation und Theorieexplikation.[7] Die programmatische Verabschiedung der Werkimmanenz als »Wortkunst ohne Geschichte«[8] und die sich anschließenden (gesellschafts-, wissenschafts- und bildungs-)politischen Legitimationsdiskurse der Literaturwissenschaft haben dazu geführt, daß eine bestimmte Ausdifferenzierung in dieser Entwicklung verdeckt wurde: die auf immanente Weise zu erschließende Historizität der Werke und die mit diesem Projekt verbundene spezifische Verwissenschaftlichung der philologischen Erkenntnis. Einsichten, die die Eigenlogik des literarischen ›Gegenstands‹ und die daraus abzuleitenden Konsequenzen für die literaturwissenschaftliche Selbstreflexion betreffen, wurden weniger fortentwickelt, weil sich die Literaturwissenschaft bevorzugt den bekannten Theorieimporten in ihrer additiven Abfolge anschloß.[9] Die Disziplin

---

4 Vgl. Rainer Kolk: »Fachgeschichtsforschung als historische Selbstreflexion in der Germanistik«. In: Johannes Janota (Hrsg.): *Kultureller Wandel und die Germanistik in der Bundesrepublik. Vorträge des Augsburger Germanistentags 1991*. Tübingen 1993. Bd. 2, S. 217–226; Holger Dainat: »›... die Dinge selbst in Bewegung setzen‹. Fachentwicklung und Selbstreflexion in der bundesrepublikanischen Germanistik seit den sechziger Jahren«. In: Janota, S. 207–216; Hartmut Gaul-Ferenschild: *National-völkisch-konservative Germanistik. Kritische Wissenschaftsgeschichte in personengeschichtlicher Darstellung*. (Literatur und Wirklichkeit 27). Bonn 1993, S. 60f.

5 Wilfried Barner: »Literaturwissenschaft – eine Geschichtswissenschaft?«. In: W. B.: *Pioniere, Schulen, Pluralismus. Studien zu Geschichte und Theorie der Literaturwissenschaft*. Tübingen 1997, S. 365–397, hier S. 372; vgl. auch S. 381f.

6 So Scherpe (Anm. 2), S. 12.

7 Zum sequentiellen Prozessieren von Kommunikationen, die auf einer Ausgangsunterscheidung basieren, vgl. Niklas Luhmann: *Die Wissenschaft der Gesellschaft*. Frankfurt a. M. 1990, S. 236.

8 Klaus L. Berghahn: »Wortkunst ohne Geschichte. Zur werkimmanenten Methode der Germanistik nach 1945«. In: K. L. B./Beate Pinkerneil: *Am Beispiel »Wilhelm Meister«. Einführung in die Wissenschaftsgeschichte der Germanistik*. Königstein i. Ts. 1980. Bd. 1, S. 98–112.

9 »In der Bundesrepublik dagegen hat eine polemisch oder wissenschaftspolitisch gefärbte Kritik eine mögliche Fortentwicklung der werkimmanenten Methode behindert, wenn nicht unmöglich gemacht. Neues, in seinen Erkenntnischancen höher bewertetes Para-

begibt sich damit einer wichtigen Grundlage in der »selbstreflexive[n] Erforschung ihrer eigenen internen und externen Möglichkeitsbedingungen« als einer *Literatur*wissenschaft, die dem Eigensinn ihres Objektbereichs und ihrer Disziplinarität selbst Geltung verschafft.[10]

Ein besonderer Stellenwert kommt dabei dem Staiger-Schüler Peter Szondi zu, der seit den ersten Publikationen, dem Aufsatz »Friedrich Schlegel und die romantische Ironie« (1954)[11] und seiner Dissertation *Theorie des modernen Dramas. 1880–1950* (1956), neuartige Möglichkeiten einer theoretisch fundierten Wissenschaft von der Literatur demonstriert. Sie bilden sich innerhalb der Werkimmanenz selbst zu einem Zeitpunkt heraus, als deren Geltung noch unangefochten war, indem sie aufzeigen, wie deren historisches und wissenschaftliches Defizit bei Wahrung ihres Sinns für den ästhetischen Eigenwert der Werke behoben werden kann.

I.

Die wissenschaftsgeschichtliche Rekonstruktion der werk- und formbezogenen Stilkritik ist zuletzt im Blick auf den ›Zeitenwechsel‹ um 1945 in sowohl theoretischer als auch historisch-politischer Perspektivierung wieder intensiviert worden.[12] Unter den besonderen kulturpolitischen Bedingungen der Schweiz führte die Entpolitisierung der Philologie bereits während des Zweiten Welt-

---

digma wurde die (vor allem historische) Kontextanalyse. Politische Argumente beiseite gelegt, scheint jedoch das Problem einer eigenen Disziplinarität durch die Anlehnung an die Historie weniger gelöst als mit der Erschließung neuer literarhistorischer Arbeitsfelder nur *vertagt* worden zu sein« – Lutz Ellrich/Nikolaus Wegmann: »Theorie als Verteidigung der Literatur? Eine Fallgeschichte: Paul de Man«. In: *DVjs* 64 (1990), S. 467–513, hier S. 476, Anm. 45. Eine Verschärfung der »in den 60er und 70er Jahren zu beobachtende[n] Spannung zwischen einer Literaturwissenschaft, die auf den *Kunstcharakter der Texte* setzt – also Ästhetik favorisiert – und einer *Historisierung der Literatur* (im Zeichen von Sozial- und Funktionsgeschichte)«, konstatiert Wilhelm Voßkamp: »Einheit in der Differenz. Zur Situation der Literaturwissenschaft in wissenschaftshistorischer Perspektive«. In: Ludwig Jäger (Hrsg.): *Germanistik: Disziplinäre Identität und kulturelle Leistung. Vorträge des deutschen Germanistentages 1994*. Weinheim 1995, S. 29–45, hier S. 35.

10 Peter J. Brenner: »Das Verschwinden des Eigensinns. Der Strukturwandel der Geisteswissenschaften in der modernen Gesellschaft«. In: P. J. B.: (Hrsg.): *Geist, Geld und Wissenschaft. Arbeits- und Darstellungsformen von Literaturwissenschaft*. Frankfurt a. M. 1993, S. 21–65, hier S. 27.

11 Zur auffälligen »intellektuelle[n] Qualität dieser Studie« im Kontinuum der zeitgenössischen Philologie vgl. Wolfgang Adam: »Die Zeitschrift *Euphorion* in den Jahren 1950–1970«. In: Petra Boden/Rainer Rosenberg (Hrsg.): *Deutsche Literaturwissenschaft 1945–1965. Fallstudien zu Institutionen, Diskursen, Personen*. (Literaturforschung). Berlin 1997, S. 241–260, hier S. 248.

12 Lutz Danneberg: »Zur Theorie der werkimmanenten Interpretation«. In: Wilfried Barner/Christoph König (Hrsg.): *Zeitenwechsel. Germanistische Literaturwissenschaft vor und nach 1945*. Frankfurt a. M. 1996, S. 313–342; Julian Schütt: *Germanistik und Politik. Schweizer Literaturwissenschaft in der Zeit des Nationalsozialismus*. Zürich 1996.

kriegs nicht dazu, ihren Erfolg zu behindern. Anfang der 1940er Jahre inszenierte sie sich als revolutionäre Innovation gegen das etablierte Spektrum der Literaturwissenschaft, indem Staiger in der programmatischen Einleitung von *Die Zeit als Einbildungskraft des Dichters* (1939) mit Wilhelm Scherers berühmter Triade »Erlebtes, Erlerntes, Ererbtes« abrechnete.[13] Die Fokussierung der Aufmerksamkeit auf das »Wort des Dichters« allein, »das Wort um seiner selbst willen, nichts was irgendwo dahinter, darüber oder darunter liegt«,[14] exkludierte textexterne Voraussetzungen und Erkenntnisinteressen, auf die Literaturwissenschaft bis dahin vornehmlich abzielte. Zwar postuliert auch die später so genannte Werkimmanenz keine kontextfreie Auseinandersetzung, doch wird alles Kontextwissen nur zum (in der Praxis häufig genug einbezogenen) Hilfsmittel der Interpretation erklärt. Die Identifikation der Vollkommenheit des gelungenen Werks erfolgt interpretationsunabhängig, weil es vorab als eigenständiges und harmonisches ›Gehalt-Gestalt-Gefüge‹, das als solches bedeutungstragend ist, angesehen wird. Die dem ästhetischen Charakter des Texts korrespondierende »Autonomie«[15] der literaturwissenschaftlichen Interpretation unter Zugrundelegung eines »Bündel[s] von *Maximierungsannahmen*«[16] zu ihrer Orientierung erlaubt bestenfalls eine philologische Einholung der dem Werk eigenen Kohärenz, so daß nur die Interpretation selbst durch Unstimmigkeit in Frage gestellt werden kann.

Durch die Stilkritik wird das einzelne Werk zum eigentlichen Objekt der literaturwissenschaftlichen Tätigkeit bestimmt, weil es allein »als unmittelbarer Gegenstand gegeben ist«.[17] Das Signifikat ›Werk‹ löst die Signifikate ›Geist‹

13 Emil Staiger: *Die Zeit als Einbildungskraft des Dichters. Untersuchungen zu Gedichten von Brentano, Goethe und Keller.* (1939). 3. Aufl. Zürich 1963, S. 9. Zum ›sensationellen‹ Erfolg des 1943 berufenen neuen Ordinarius in Zürich im Zusammenhang des auf sein Programm zugeschnittenen Publikationsorgans *Trivium* (seit 1942/43) vgl. Schütt (Anm. 12), S. 129–135. Er verdankt sich Staigers politischem Lavieren unter den Bedingungen des Nationalsozialismus, das das Wissenschaftlichkeitspostulat gegen politische Selbstanbindungen in der Balance hält: die Genealogie der Werkimmanenz aus dem Geist politischer Indifferenz; vgl. dazu auch Peter J. Brenner: *Das Problem der Interpretation. Eine Einführung in die Grundlagen der Literaturwissenschaft.* (Konzepte der Sprach- und Literaturwissenschaft 58). Tübingen 1998, S. 93f.

14 Staiger (Anm. 13), S. 11.

15 Bei Nadler und anderen Autoren »verzichtet die Literaturgeschichte auf ihre Autonomie und begibt sich in den Dienst der Psychoanalyse und Ethnologie« – Staiger (Anm. 13), S. 11.

16 Danneberg (Anm. 12), S. 316.

17 Staiger (Anm. 13), S. 15. Anfang der 30er Jahre wurde das Werk auch von Benjamin, Löwenthal und Ziegenfuß in den Blick literatursoziologischer Analysen gerückt; vgl. Wilfried Barner: »Zwischen Gravitation und Opposition. Philologie in der Epoche der Geistesgeschichte«. In: Barner (Anm. 5), S. 177–204, hier S. 195; Wilhelm Voßkamp: »Literatursoziologie: Eine Alternative zur Geistesgeschichte? ›Sozialliterarische Methoden‹ in den ersten Jahrzehnten des 20. Jahrhunderts«. In: Christoph König/Eberhard Lämmert (Hrsg.): *Literaturwissenschaft und Geistesgeschichte 1910 bis 1925*. Frankfurt a. M 1993, S. 291–303, hier S. 298f., mit Hinweisen zu den begrenzten Wirkungsmöglichkeiten der Literatursoziologie in der geistesgeschichtlichen Phase mangels institutioneller Verankerung und zum Fehlen »einer Konzeption der (soziologischen) *Werk*interpretation« (S. 300).

und ›Leben‹ der geistesgeschichtlichen Literaturwissenschaft ab, die wegen des Fluchtpunkts in der philosophisch und weltanschaulich geleiteten Synthesenbildung über biographische, ideelle und psychologische Hintergründe beziehungsweise Intentionen des schöpferischen Dichters den sogenannten Methodenpluralismus der 1920er Jahre zusammenhalten.[18] Die Werkimmanenz schreibt sich damit ein in das von der jüngeren Wissenschaftsgeschichte beobachtete Verfahren der Umstellung von Kontinuität auf Prozessualisierung, Empirisierung und Spezialisierung durch überbietende Reaktion auf den jeweiligen Stand, seitdem sich die Literaturwissenschaft um 1890 disziplinär etabliert hat. Auch wenn in der ›Kunst‹ der Interpretation die Grenzen zur Geistesgeschichte in Folge der Gemeinsamkeiten in der anthropologisch ausgerichteten Humanitäts- und Werte-Rhetorik einer poetisierenden Wissenschaftssprache fließend sind,[19] differenziert sich durch die werkbezogene Betrachtung die *Literaturwissenschaft* gegen andere geisteswissenschaftliche Disziplinen aus.[20] Jetzt hat sie den nur ihr eignenden ›Gegenstand‹ ermittelt: das als selbständig behauptete einzelne Werk, das als solches ›beschrieben‹ wird.[21] Zugleich stellt sich das disziplinäre Problem, welche Art von Erkenntnis diesem ›Gegenstand‹ jenseits textexterner Applikationen, Intentionen und weltanschaulicher Werte im Sinne des geistesgeschichtlichen Ethikangebots angemessen ist: das Problem der *philologischen* Erkenntnis. Es betrifft die Konstitution des zu analysierenden Ob-

---

18 Zur Entstehung der geistesgeschichtlichen Literaturwissenschaft aus dem »Wechsel der Leitdisziplin von Philologie zu Philosophie« vgl. Holger Dainat: »Vom Nutzen und Nachteil, eine Geisteswissenschaft zu sein. Zur Karriere der Unterscheidung von Natur- und Geisteswissenschaften«. In: Brenner (Anm. 10), S. 66–98, hier S. 80. Der Wechsel verstärkt die »Binnendifferenzierung der Germanistik« (S. 81) und erhöht die Komplexität der Anforderungen. Die »Zurücknahme von Exaktheitsansprüchen« führt zur Entgrenzung von Kunst und Wissenschaft (S. 81) und bedient einen Sinn- und Orientierungsbedarf als »Ethikangebot« – Rainer Kolk: »Reflexionsformel und Ethikangebot. Zum Beitrag von Max Wehrli«. In: König/Lämmert (Anm. 17), S. 38–45, hier S. 41. Zu Gundolfs Verwandlung der Kluft zwischen Literatur und Wissenschaft in eine ›poetische Wissenschaft‹ vgl. Heinz Schlaffer: *Poesie und Wissen. Die Entstehung des ästhetischen Bewußtseins und der philologischen Erkenntnis*. Frankfurt a. M. 1990, S. 234f. Allgemein läßt sich für die geistesgeschichtliche Literaturwissenschaft sagen: »Hinter der ›Gestalt‹ aber und hinter dem ›Leben‹ traten die Werke problematisch zurück« – Barner (Anm. 5), S. 369.

19 Sie wird aus diesem Grund auch noch als Fortführung der Geistesgeschichte angesehen; vgl. Voßkamp (Anm. 2), S. 242; Dainat (Anm. 18), S. 82f.; Walter Müller-Seidel: »Zur geistigen Situation der Zeit – um 1945«. In: Barner/König (Anm. 12), S. 418–425, hier S. 424.

20 Zur Auflösung von Zusammenhängen durch die Werkimmanenz, die für die Geistesgeschichte konstitutiv sind, vgl. Holger Dainat: »›wir müssen ja trotzdem weiter arbeiten‹. Die *Deutsche Vierteljahrsschrift für Literaturwissenschaft und Geistesgeschichte* vor und nach 1945«. In: Barner/König (Anm. 12), S. 76–100, hier S. 89. Vom »Gegenstandsbezirk eigener Art als Kernbezirk« der »Wissenschaft von [...] der ›Schönen‹ Literatur«, deren »Erforschung ihre eigenste und innerste Aufgabe ist«, spricht Wolfgang Kayser: *Das sprachliche Kunstwerk. Eine Einführung in die Literaturwissenschaft*. (1948). 18. Aufl. Bern/München 1978, S. 24.

21 »Eine wissenschaftliche Beschreibung« ist »Auslegung« des »einzelne[n] Kunstwerk[s]« – Staiger (Anm. 13), S. 17.

jekts, die angemessene Art und Weise seiner wissenschaftlichen Behandlung und den Status der Wissenschaftlichkeit sowohl des Verfahrens als auch einer Disziplin überhaupt, die es im Gegensatz zu anderen Disziplinen im System der Wissenschaften mit fiktionalen und ästhetisch gebildeten, im Vorgang ihrer Rezeption überhaupt erst entstehenden Einheiten zu tun hat.

Interpretation heißt das Verfahren der Er- und Vermittlung eines in der Realität nicht vorzufindenden Sinns, das sich im Nachvollzug textueller Verhältnisse absolut setzt gegen die historische, psychologische oder lebensgeschichtliche Rückbindung und Einordnung von Werken in den geistes- oder literaturgeschichtlichen Zusammenhang. Trotz seiner berüchtigten Rhetorik des Ergriffenseins im gefühlsgeleiteten Stimmigkeitsnachweis verhandelt Staiger die ›Beschreibung‹ der in sich kohärent verfaßten Werke unter dem Rubrum der »Wissenschaftlichkeit«.[22] Ihre Objektivität begründet sich aus der ›Sache‹ in der konkreten Gegebenheit des vorliegenden Werks. Die Interpretation ordnet sich dem Wissenschaftssystem zu, während sich Literaturwissenschaft in der geistesgeschichtlichen Phase trotz interdisziplinärer Ausrichtung wegen ihrer kunstaffinen Wertsprache davon abkoppelt, weil sie sich eher nur für die Empfindung und Lebensorientierung durch das Werk als Medium hindurch interessiert.[23] Neben der Absage an den von der Geistesgeschichte konstruierten Positivismus Scherers nimmt Staiger damit programmatisch auch die poetisierende Wissenschaftssprache der vorgängigen Literaturwissenschaft zurück.[24]

Die vermeintliche Ausschließlichkeit ihres Werk- und Formbezugs verstärkt die Kritik an der Werkimmanenz bereits Mitte der 1950er Jahre, weil sie dem interpretierten Text den historischen Index entziehe.[25] Die normative Kontroverse ›Werk‹ vs. ›Geschichte‹ bestimmt die Literaturwissenschaft zwischen 1955 und 1965 als »Übergangsphase«[26] vor dem ›scientific turn‹, insofern in diesen Jahren auch die Interferenzen von Interpretation und Geistesgeschichte verhandelt

22 Ebd., S. 16.

23 Zur Werte-Rhetorik der geistesgeschichtlichen Literaturwissenschaft zwischen »Lebensorientierung« und »Erkenntnis« vgl. Renate v. Heydebrand: »Zur Analyse von Wertsprachen in der Zeitschrift *Euphorion/Dichtung und Volkstum* vor und nach 1945. Am Beispiel von Hans Pyritz und Wilhelm Emrich«. In: Barner/König (Anm. 12), S. 205–230. Programmatisch wird das Erkenntnis-Postulat in Reaktion auf die Gefühlsrhetorik Staigers bei Clemens Heselhaus' »Auslegung und Erkenntnis« von 1957 – vgl. Berghahn (Anm. 8), S. 106. Heselhaus bestreitet hier auch die Gemeinsamkeit von Staiger und Kayser, pointiert auf den Gegensatz von ›Erlebnis‹ und ›Technik‹, von ›Gefühl‹ und ›Methode‹ – vgl. Danneberg (Anm. 12), S. 315.

24 Die »wissenschaftliche Beschreibung« eines literarischen Werks soll »kein Dichten sein, sondern sich dadurch auszeichnen, dass sie, was zu sagen ist, auf eine begriffliche Einheit bringt«. »›Weltanschauung‹«, die die vorherige Literaturwissenschaft »aus der Unschärfe der poetischen Sprache herauszuarbeiten« versucht, ist dagegen ›Opferung‹ der »Wissenschaftlichkeit« – Staiger (Anm. 13), S. 16.

25 »Literaturwissenschaft ist Philologie und nicht Geschichte«, lautet der vielzitierte Satz aus Theophil Spoerris Einleitungsbeitrag »Literaturwissenschaft und Stilkritik« zur ersten Nummer der Zeitschrift *Trivium* von 1943 – zit. u. a. bei Scherpe (Anm. 2), S. 15.

26 Reinhold Grimm/Jost Hermand (Hrsg.): *Methodenfragen der deutschen Literaturwissenschaft*. (Wege der Forschung 290). Darmstadt 1973, S. XI.

werden.[27] Organisationsgeschichtlich virulent wird die Kontroverse beim Mannheimer Germanistentag von 1962 zum Verhältnis von »Literaturgeschichte und Interpretation«.

Die Doppelung und das daraus hervorgehende Vermittlungsproblem steigert die disziplinären und interdisziplinären Kompetenzanforderungen in extremer Weise. Zugleich erhöht sie den Druck auf die werkimmanente Interpretation, die sich bei methodischen Schwierigkeiten auf das Gefühl oder eine überzeitliche Gattungspoetik als Modus der Komplexitätsreduktion zurückziehen konnte. Den veränderten Verfahrensweisen avancierter Literatur des 20. Jahrhunderts, die im Gefolge ihrer nachholenden Wahrnehmung während der 1950er Jahre in den Blick geraten, kommt man mit der von ihr zugrundegelegten Kodifikation des Werks zwischen Vollkommenheit und Auflösung des ›Gehalt-Gestalt-Gefüges‹ nicht mehr bei. Die ›Modernisierung‹ der Literaturwissenschaft[28] in den 1960er Jahren bahnt sich in der Latenzphase seit Mitte der 1950er Jahre nicht zuletzt durch den wachsenden Problemdruck aus Erfahrungen mit der Literatur der Moderne und den evolutionären Veränderungen ihrer Formen an.

II.

Bausteine einer philologischen Theorie der Literatur und ihrer praktischen Umsetzung, die diesen Transformationsprozessen gerecht zu werden versuchen, liefert der Staiger-Schüler Peter Szondi durch Verwissenschaftlichung von Geltungsansprüchen der Werkimmanenz. Die *Theorie des modernen Dramas* demonstriert die Möglichkeiten einer theoretisch reflektierten Wissenschaft von der Literatur der Moderne aus dem Geist der Interpretation. An Staigers Umstellung auf eine werkbezogene Literaturwissenschaft anknüpfend, kommt sie bei Würdigung zentraler Elemente ihres Erkenntnismodus zu entgegengesetz-

---

27 Vgl. die Auswahl der Beiträge bei Grimm und Hermand (Anm. 26): Erich Trunz: »Literaturwissenschaft als Auslegung und als Geschichte der Dichtung« (1954); Hans-Egon Hass: »Literatur und Geschichte« (1958); Benno von Wiese: »Geistesgeschichte oder Interpretation?« (1963); Horst Rüdiger: »Zwischen Interpretation und Geistesgeschichte. Zur gegenwärtigen Situation der deutschen Literaturwissenschaft« (1964). (Rüdigers Aufsatz steht dann neben Szondis »Zur Erkenntnisproblematik in der Literaturwissenschaft« in Conradys vielbenutzter *Einführung in die Neuere deutsche Literaturwissenschaft* von 1966 als repräsentativer Beitrag zur zeitgenössischen Selbstreflexion der Disziplin.) »Die Scheitelhöhe dieser methodischen Entwicklung«, schreibt Hans-Egon Hass 1958 zur Werkimmanenz, »scheint heute jedoch überschritten. [...] Der Versuch, sich auf das Verhältnis von Literatur und Geschichte, d. h. auf die wesentliche Geschichtlichkeit der Literatur zu besinnen, darf als eine ›Forderung des Tages‹ angesehen werden« (S. 360). Eine Reihe weiterer Stimmen der Kritik an der Werkinterpretation seit Ende der 50er Jahre bei Martin Doehlemann: *Germanisten in Schule und Hochschule. Geltungsanspruch und soziale Wirklichkeit.* München 1975, S. 145ff.

28 Zum Modernisierungsbegriff als »Rationalisierung, Empirisierung und Mathematisierung der Wissenschaft« nach Max Weber vgl. Brenner (Anm. 10), S. 34f.

ten Ergebnissen, weil sie die Werke nicht als von ihrer Umwelt strukturell abgekoppelte Gebilde modelliert.

Die philologische Innovation der *Theorie des modernen Dramas* besteht darin, (gesellschafts-)theoretische Kategorien im (von der Werkimmanenz konstruierten) Gegenstand der Literaturwissenschaft, dem literarischen Werk, zu entwickeln. »Ich halte die theoretische Betrachtung des konkreten dichterischen Werks keineswegs für unangemessen und glaube an eine immanente Theorie, die immer zugespitzter ist als das Werk selbst.«[29] Aus diesem Projekt geht der die Literaturwissenschaft bis heute bestimmende Widerstreit von Theorie und Praxis hervor.[30] Innerhalb dieses Konflikts und seiner Vermittlung in der philologischen Erkenntnis wird sie bis zu deren Dekonstruktion bei Paul de Man von einem Problem provoziert, das in der Diskrepanz zwischen »Interpretation« und »Formalisierung« besteht.[31]

Die *Theorie des modernen Dramas* markiert hier eine Schnitt- und Schaltstelle, weil ihre spezifische Form der Verwissenschaftlichung sich aus dem Impuls gegen Staigers Kunst der Interpretation ergibt. Selbst wenn sie »auf Jahre hinaus vergleichsweise isoliert« geblieben und »nicht in die Kerne der Literaturwissenschaften« eingedrungen sein mag,[32] steht sie am Ursprung des viru-

---

29 Szondi an Karl Kerényi, 7.8.1958 – Peter Szondi: *Briefe*. Hrsg. von Christoph König/Thomas Sparr. Frankfurt a.M. 1993, S. 76.

30 Das Problem der Verbindung von »begrifflicher Abstraktion und werkgetreuer Lektüre des Kanons« habe die »Selbstreflexion der Philologie« kaum als »eigenes Phänomen« wahrgenommen – Ellrich/Wegmann (Anm. 9), S. 470. »Eine angemessene Reflexion auf die Ordnung des Fachs hätte demnach ›die (theoretischen) Voraussetzungen der Praxis aus der Praxis zu verstehen‹« (S. 472), deshalb auch keine philosophische Hermeneutik zu betreiben, die »an einer Philosophie des Kunstwerks« arbeitet und sich »mit den damit verbundenen Problemen des Wertes, der Normen und des Verstehens der literarischen Werke« beschäftigt (S. 471). Eben darin unterscheidet sich Szondis spätere literarische Hermeneutik von Gadamer – vgl. Jean Bollack: »Zukunft im Vergangenen. Peter Szondis materiale Hermeneutik«. In: *DVjs* 64 (1990), S. 371–390, hier S. 373ff.

31 Zu den »korrelativen Techniken« »Interpretation« und »Formalisierung« als den »beiden großen Formen der Analyse unseres Zeitalters« – glaubt die eine »an den Sinn« in der »Vergangenheit«, hat die andere in der »Gegenwart [...] den Signifikanten« entdeckt – vgl. Michel Foucault: *Die Ordnung der Dinge. Eine Archäologie der Humanwissenschaften*. Frankfurt a.M. 1974, S. 364; vgl. optimistisch zu den Möglichkeiten ihrer Vermittlung Uwe Japp: *Hermeneutik. Der theoretische Diskurs, die Literatur und die Konstruktion ihres Zusammenhanges in den philologischen Wissenschaften*. (Theorie und Geschichte der Literatur und der schönen Künste 47). München 1977, S. 117, 128, 134; mit Akzentuierung der Zwiespältigkeit zwischen »Wissenschaft und Verteidigung der Literatur« – Ellrich/Wegmann (Anm. 9), S. 513. Ein Kooperationsmodell gegenüber der problematischen Synthese, demzufolge die Interpretation auf der Analyse basiert, entwickelt Oliver Jahraus: »Der Diskurs der Literatur im Diskurs der Wissenschaft oder Literaturwissenschaft als Interessenkollision von Leser und Wissenschaftler«. In: *WW* 43 (1993), S. 645–658; ders.: »Analyse und Interpretation. Zu Grenzen und Grenzüberschreitungen im struktural-literaturwissenschaftlichen Theoriekonzept«. In: *IASL* 19 (1994) H. 2, S. 1–51.

32 Wilfried Barner: »Das Besondere des Allgemeinen. Zur Lage der Allgemeinen Literaturwissenschaft aus der Sicht eines ›Neugermanisten‹«. In: Barner (Anm. 5), S. 297–309, hier S. 300. Heute zählt die *Theorie des modernen Dramas* zu den kanonischen Werken der Literaturwissenschaft – vgl. Carsten Zelle: *Kurze Bücherkunde für Literaturwissenschaftler*. Tübingen/Basel 1998, S. 31.

lenten Problems ihrer disziplinären Identität zwischen Text und Kontext, zwischen Verwissenschaftlichungspostulat und Selbstreflexion des Eigensinns von Gegenstand und Disziplin im System der Wissenschaften. In der Wissenschaftsgeschichte wird Szondis Name nur selten erwähnt, wohl vor allem deshalb nicht, weil er nicht unmittelbar schulbildend gewesen ist, obwohl er als Grenzgänger der von ihm mitbegründeten neuen Allgemeinen und Vergleichenden Literaturwissenschaft bis heute außerordentlichen Ruhm genießt.[33] Trotz der großen Verbreitung seiner Schriften und trotz seiner Reputation blieb Szondi Außenseiter, »self displaced person« auch im literaturwissenschaftlichen Betrieb.[34]

Vorbehalte gegen die Kunst der Interpretation artikulieren sich bereits in den frühen Briefen während der Niederschrift der Dissertation. Er habe manches »keck hingeschrieben«, schreibt Szondi am 4. September 1953 an Ivan Nagel, »diese Frechheit« könne »der Literaturwissenschaft, die am Veröden ist, nicht schaden« (*Briefe*, S. 22). Der Kern der Frechheit besteht in der Delegitimierung der geltenden Maximierungsannahmen zur Orientierung der Interpretation, indem Szondi »in scheinbar vollendeten und als Meisterwerk taxierten Dramen die Krise der Gattung selbst nachzuweisen« unternimmt (ebd.). Die »Einwände gegen die Zürcher Art der Interpretation im allgemeinen« richten sich gegen »das Falsche und Demagogische im Rekonstruieren des Erkenntnisganges und im Einbeziehen des Lesers in die Erkenntnis«. Moniert wird die »Vormacherei der ersten Lektüre ohne Denkerstörung«: ein »sachlicher Einwand« besteht in der »Auslassung der Gegenwart« (ebd., S. 18). »Ich bin mit Staigers Art, die ohne Begriffe auskommen möchte, nicht einverstanden«, heißt es am 11. September 1953 an Böschenstein, die »Literaturtheorie wie die Interpretation bewegt sich in der begrifflichen Ebene; dem Kunstwerk gereicht nicht die Interpretation, die sich schon sprachlich von ihm abhebt (herab hebt – müsste man sagen), sondern die sich mit schönen entliehenen Wendungen parasitär an es anschmiegt, zum Schaden« (ebd., S. 31).

Literaturtheoretisch verschreibt sich die *Theorie des modernen Dramas* einer Historisierung der Gattungspoetik,[35] die Szondi aus Referenztexten wie Lukács'

---

33 Dies haben zuletzt die Rezensionen anläßlich der *Briefe* gezeigt; vgl. ausführlich Eberhard Lämmert: »Peter Szondi. Ein Rückblick zu seinem 65. Geburtstag«. In: *Poetica* 26 (1994), S. 1–30. Eine Gesamtwürdigung bei Thomas Sparr: »Peter Szondi«. In: *Bulletin des Leo Baeck Instituts* 78 (1987), S. 59–69. Die Beiträge zu Szondis literaturwissenschaftlicher Position interessieren sich vorwiegend für seine literarische Hermeneutik und Probleme seiner Celan-Deutung – vgl. Mayotte Bollack (Hrsg.): *L'acte critique. Un colloque sur l'oeuvre de Peter Szondi (Paris, 21–23 juin 1979)*. (Cahiers de Philologie 5). Lille 1985; ins Amerikanische übersetzt und herausgegeben von Michael Hays als »The criticism of Peter Szondi«, in: *Boundary* 2 (1983), S. 1–190.

34 Szondi an Gershom Scholem, 3. 5. 1969, S. 267. Die »Sonder- und Außenseiterstellung Szondis: eine eigenartige Mischung aus intellektueller, auch fachlicher Anerkennung, ja Bewunderung, und gleichzeitiger Ortlosigkeit im Fach« betont Sigrid Weigel – S. W.: »Intellektuelles Ethos. Die *Briefe* Peter Szondis«. In: *Merkur* 48 (1994), S. 1118–1123, hier S. 1118.

35 In der Germanistik setzt diese sich wegen der Wirkung von Staigers *Grundbegriffen der Poetik* erst Mitte der 1960er Jahre durch (vgl. Klaus W. Hempfer: *Gattungstheorie. Information und Synthese*. München 1973, S. 74).

Zur Soziologie des modernen Dramas (1909) und dessen *Theorie des Romans*,[36] Benjamins *Ursprung des deutschen Trauerspiels* und Adornos *Philosophie der neuen Musik* herleitet. Erfaßt wird die Dialektik des Werks als autonom und ›fait social‹ zugleich über den produktionsästhetischen Nachvollzug seiner historischen Selbstorganisation, indem genuin philologische Erkenntnisformen vor allem mit Einsichten der Geschichts- und Kunstphilosophie Adornos vermittelt werden.

Als Staiger-Schüler stellt Szondi sich damit in eine Konstellation zwischen literatur- und gesellschaftsbezogenen Betrachtungsweisen, die bis Mitte der 1960er Jahre von der exemplarischen Konstellation Staiger und Adorno repräsentiert werden.[37] Eine entscheidende Transformation der Literaturwissenschaft seit den 1950er Jahren ergibt sich innerhalb dieser Konstellation, insofern sich theoretische Geltungsansprüche und deren Durchsetzung im Rahmen einer sich wandelnden öffentlichen Präsenz als komplementäres Verhältnis von nachlassender Bedeutung der einen und zunehmender Reputation der anderen Seite verschieben, selbst wenn der disziplinäre Vergleich nicht möglich ist, weil sich Adorno nicht als Philologe äußerte.[38] Die Gegenüberstellung von Staigers »Kunst der Interpretation« und Adornos »Rede über Lyrik und Gesellschaft« an einer markanten Zeitstelle Anfang der 1950er

36 Zur Abweichung von der marxistischen Orthodoxie im Rückbezug auf den »junge[n] Lukács«, der seinen Einsichten »bald danach für ein Leben lang untreu werden sollte«, vgl. Peter Szondi: *Das lyrische Drama des Fin de siècle. Studienausgabe der Vorlesungen*. Bd. 4. Hrsg. von Henriette Beese. 2. Aufl. Frankfurt a. M. 1991, S. 25; vgl. dazu auch Szondis Brief an Nagel vom 14. 11. 1954, der seiner Weigerung Ausdruck verleiht, »jeden Satz über die Selbstentfremdung [...] in einen über die Produktionsverhältnisse hinüberzuleiten« (*Briefe*, S. 53). Später wurde Szondi als Formalist und von der konservativen Germanistik als Linker angesehen; er verspreche aber, wie er Herbert Singer am 6. 1. 970 zu einem geplanten Treffen bei ›Alewyns Tafelrunde‹ spöttisch mitteilt, »ohne rote Fahne« zu erscheinen (S. 283). Zur westdeutschen Kritik der 1950er Jahre an Lukács' Marxismus, etwa Oppels Warnung im *Euphorion* 49 (1955), vgl. Adam (Anm. 11), S. 254; im Zusammenhang der Abgrenzung von der DDR-Literaturwissenschaft Petra Boden: »›Es geht ums Ganze!‹ Vergleichende Beobachtungen zur germanistischen Literaturwissenschaft in beiden deutschen Staaten 1945–1989«. In: *Euphorion* 91 (1997), S. 247–275, hier S. 250f.

37 Beiden widmet Szondi Beiträge, den Aufsatz »Tragik des Ödipus« (»Professor Emil Staiger zum fünfzigsten Geburtstag«). In: *Neue Rundschau* 69 (1958), S. 485–489, hier S. 485; die späte Abhandlung »Das Naive ist das Sentimentalische« (»Dem Andenken Theodor W. Adornos«). In: P. S.: *Schriften II. Essays: Satz und Gegensatz. Lektüren und Lektionen. Celan-Studien. Anhang: Frühe Aufsätze*. Redaktion Wolfgang Fietkau. Frankfurt a. M. 1978, S. 59–105, hier S. 59; Hinweise zu Szondis Funktion als Bindeglied zwischen Staiger und Adorno jetzt auch bei Brenner (Anm. 13), S. 96.

38 Die Bedeutung Adornos für die Literaturwissenschaft der 1950er Jahre ist, soweit ich sehe, noch nicht systematisch untersucht; Hinweise vor allem bei Rolf Wiggershaus: *Die Frankfurter Schule. Geschichte. Theoretische Entwicklung. Politische Bedeutung*. München 1986, S. 566–589; vgl. auch: *Konstellationen. Literatur um 1955. Eine Ausstellung des Deutschen Literaturarchivs im Schiller-Nationalmuseum Marbach am Neckar*. Marbach 1995, S. 16.

Jahre,[39] als es nach den Goethefeiern von 1949 und ihrer humanistischen Werte-Rhetorik bei wiedergewonnenem Selbstbewußtsein der Germanistik[40] um die neue Kartographierung des literaturwissenschaftlichen Felds geht, läßt die Differenzen in der Auseinandersetzung mit literarischen Texten deutlich hervortreten. Erkennt Staiger im ästhetischen Gebilde das allgemein Menschliche, das den Rezipienten über das Ergriffensein der Stimmigkeit seiner Regungen versichert, liest Adorno aus dem Gedicht wegen des Doppelcharakters der Sprache die gesellschaftliche Überformung des Subjekts heraus. Auch er sieht das subjektive Moment im Reflex auf Kunst als konstitutiven Bestandteil ihrer angemessenen Wahrnehmung an. Der Interpret dürfe sich darauf aber nicht zurückziehen, weil das Kunstwerk durch Reflexion zu erschließen sei. Die »Allgemeinheit des lyrischen Gehalts« lasse sich nicht unmittelbar ermitteln, weil sie »wesentlich gesellschaftlich« ist,[41] ohne daß eine gesellschaftstheoretische Position in den immanent zu analysierenden Texten direkt identifiziert werden dürfe.[42] Sprache ist Medium der subjektiven Regungen, wegen ihrer Fähigkeit zur Vermittlung durch das in ihr beschlossene Begriffliche aber immer notwendig auf Gesellschaft bezogen. Deshalb schlägt sich »in jedem lyrischen Gedicht das geschichtliche Verhältnis des Subjekts zur Objektivität, des Einzelnen zur Gesellschaft im Medium des subjektiven, auf sich zurückgeworfenen Geistes« nieder (»Lyrik und Gesellschaft«, S. 55). Der Stand der Vergesellschaftung isoliert das Individuum in je historischer Weise. Als einsames sieht es sich zum Ausdruck im ästhetischen Gebilde genötigt, in dessen Widersprüchlichkeit das Allgemeine zur Darstellung gelangt. Bei Mörike erkennt Adorno das Verhältnis des dichterischen Subjekts »zu der ihm antithetischen gesellschaftlichen Realität« (ebd., S. 60) in der vom Gedicht

---

39 Der im Herbst 1950 in Amsterdam sowie in Freiburg gehaltene und 1951 im *Neophilologus* publizierte Vortrag »Die Kunst der Interpretation«, Programmschrift und Selbstreflexion der »immanente[n] Deutung«, die sich als »wissenschaftliche Richtung [...] erst seit zehn bis fünfzehn Jahren durchgesetzt« habe – Emil Staiger: *Die Kunst der Interpretation. Studien zur deutschen Literaturgeschichte*. München 1971, S. 7 –, führt diese Kunst an Mörikes Gedicht »Auf eine Lampe« vor. 1951 sendet der RIAS Berlin Adornos »Rede über Lyrik und Gesellschaft«, die nach mehrmaliger Überarbeitung 1957 in den *Akzenten* erschien und den im Titel formulierten Zusammenhang unter anderem an Mörikes Gedicht »Auf einer Wanderung« konkretisiert. Daß Adorno mit dieser Gedichtwahl auf Staiger abzielt, darf man vermuten, bedenkt man die subkutane Reaktion auf seinen Lieblingsfeind Heidegger, dessen Briefwechsel mit Staiger anläßlich der *Kunst der Interpretation* bereits 1951 im *Trivium* gesondert publiziert wurde.

40 Vgl. Scherpe (Anm. 2), S. 11; zur »Selbstzufriedenheit und Harmonie« der Ansätze »disziplinärer Selbstreflexion« nach 1945 vgl. auch Marcus Gärtner: *Kontinuität und Wandel in der neueren deutschen Literaturwissenschaft nach 1945*. Bielefeld 1997, S. 289.

41 Theodor W. Adorno: »Rede über Lyrik und Gesellschaft«. In: Th. W. A.: *Noten zur Literatur. Gesammelte Schriften*. Hrsg. von Rolf Tiedemann. Frankfurt a. M. 1997. Bd. 11, S. 49–68, hier S. 50.

42 Zur Immanenz des Verfahrens vgl. auch Theodor W. Adorno: *Philosophie der neuen Musik. Gesammelte Schriften*. Hrsg. von Rolf Tiedemann. Frankfurt a. M. 1997. Bd. 12, S. 34.

ausgetragenen Dialektik von »Glücksversprechen« (ebd., S. 61) und Entschwinden des erahnten Glücks innerhalb der formalen Spannung von klassizistisch hohem Stil und »romantische[r] private[r] Miniatur«, an der sich die »Paradoxie von Lyrik im heraufkommenden Industriezeitalter« offenbare (ebd., S. 63).

Die Nähe zu Staiger besteht in der Bezugnahme auf das einzelne Werk, die entscheidende Differenz liegt jedoch darin, daß neben den gesellschaftlichen Implikationen das Interesse an der Aktualität der Texte zur Geltung kommt, das einem älteren Gedicht die Vorstufe dessen abliest, was die eigene Gegenwart prägt. Dieser Gegenwartsbezug, den bereits Benjamin in seiner berühmten Rezension »Literaturgeschichte und Literaturwissenschaft« (1931) akzentuierte, ging aber literaturwissenschaftlichen Publikationen in den 1950er Jahren in aller Regel ab. Bei Adorno bedeutet Aneignung von Tradition, die er nicht gegen die Moderne ausspielte, daß sie sich durch das Gegenwartsbewußtsein und die fremd gewordenen Formen aktueller Kunst hindurch zu vollziehen habe, um in der »geschichtsphilosophische[n] Sonnenuhr« der Werke den je »geschichtlichen Stundenschlag« (ebd., S. 60) zu identifizieren.

Das Telos der *Theorie des modernen Dramas* ist eine stichhaltige literaturwissenschaftliche Analyse, die den Transformationen der Gattung in der Moderne als Reaktion auf gesellschaftliche Erfahrungen Rechnung trägt. Dazu philologisiert Szondi die in der frühen Bundesrepublik neuartig wirkende gesellschaftstheoretisch orientierte Interpretation von Kunstwerken Adornos,[43] ohne freilich das auch für Benjamin charakteristische theologisch-messianische Moment zu übernehmen. Im Gegensatz zu Staigers ahistorischer Gattungspoetik in den *Grundbegriffen der Poetik*, auf die in der Einleitung noch knapp verwiesen wird, zielt die komparatistisch ausgerichtete Studie auf den *philologischen* Nachweis der »Historisierung des Formbegriffs«.[44] Bei Lukács, Benjamin und Adorno sei Hegels Form-Inhalt-Dialektik fruchtbar gemacht worden, die ästhetischen Formen selbst als »›niedergeschlagenen‹ Inhalt« (*Modernes Drama*, S. 11)[45] zu fassen. Den geschichtsphilosophischen Optimismus aber kann die Nachkriegs- und Umbruchsituation der 1950er Jahre nicht mehr teilen.[46] Die *Theorie des modernen Dramas* bildet von daher einen »Grenzwert« in der Entwicklung »der maßgebenden Literaturtheorien des 20. Jahrhunderts und ihres historischen Fluchtpunkts Hegel«.[47] Die Abkehr von philosophischen Großtheorien mit systematischen Totalitäts- und Erlösungsansprüchen markiert

43 Vgl. Wiggershaus (Anm. 38), S. 566.

44 Peter Szondi: *Theorie des modernen Dramas 1880–1950*. Frankfurt a. M. 1963, S. 10.

45 Vgl. Adorno (Anm. 42), S. 47.

46 »Wir sind nicht mehr sicher genug, um ein umfassendes Bild von den Sachen zu haben, wir wagen die Theorie nicht (wie sie Lukács zum Ueberfluss gewagt hat, wie aber auch Adorno sie noch gerade wagt)«, schreibt Nagel an Szondi im Oktober 1954 (*Briefe*, S. 54), worauf Szondi am 14. 11. 1954 antwortet, daß ihm »nicht nur die soziologische und philosophische Grundlage« fehle, sondern »auch das Vertrauen zu den Antworten, die sich anbieten« (ebd., S. 53). Geschichtsphilosophie ist bei Szondi ein »fremdes Bezugssystem« gewesen – Bollack (Anm. 30), S. 379.

47 Sparr (Anm. 33), S. 61.

den Punkt der Hinwendung zur Verwissenschaftlichung der werkbezogenen Literaturwissenschaft.[48]

Um die Historizität der literarischen Form nachzuweisen, konstruiert Szondi das Drama normativ aus Minimalbedingungen, die von der klassizistischen Gattungspoetik hergeleitet sind, so daß über diese Komplexitätsreduktion mit philologischen Mitteln die Abweichungen auf der Folie einer formalen Gattungstheorie beobachtet werden können.[49] Als »Gegenbegriff« (ebd., S. 13) fungiert das Epische, bei dem sich der literarische Text durch eine wie auch immer geartete externe Instanz vermittelt. Ist das traditionelle Drama durch die Absolutheit der zwischenmenschlichen Aktualität begründet, die sich handlungskonstituierend im Dialog objektiviert – »es kennt nichts außer sich« (ebd., S. 15) –, indiziert deren Auflösung in der Moderne das Einwirken epischer Voraussetzungen als Transformation ihres Formaprioris. Erst diese Verschiebung der produktionsästhetischen Bedingungen erlaubt die Beobachtung der Transformationsgeschichte der Gattung im Nachvollzug ihrer »Krise« und »Rettungs«- beziehungsweise »Lösungsversuche«. Das Kohärenzpostulat der werkimmanenten Interpretation ist notwendig negiert, weil sich das Historische in der »innere[n] Antinomie« der Form zwischen szenischer Darbietung und epischer Konstitution niederschlägt. Die Episierung zeigt so die in sich widersprüchliche Produktionslogik des dramatischen Texts in der Moderne an, wenn »die inhaltliche Aussage zur formalen in Widerspruch gerät« (ebd., S. 11). Die Einzelanalysen im Nachweis ihrer Ausprägungen – von der Ich-Dramatik über die politische Revue zum inneren Monolog und zum epischen Ich als Spielleiter usw. – verstehen sich als Versuch, »die verschiedenen Formen neuerer Dramatik aus der Auflösung solcher Widersprüche zu erklären« (ebd.). Wegen ihrer gesellschaftlichen Vermitteltheit sind diese Versuche einem unabschließbar evolutionären Transformationsprozeß unterworfen, der theoretisch seit den frühromantischen Spekulationen Friedrich Schlegels kodifiziert ist.[50] Der dramatische Text reproduziert also das Einwirken von Faktoren, die seinem Gattungsapriori inkompatibel sind, im je historischen Stand seiner literaturinternen

48 Zum unsystematischen, weil prozessual auf die literarischen Veränderungen reagierenden Status von Szondis philologischer Theorie vgl. die Diskussion im Anschluß an Michael Hays: »Drama and Dramatic Theory: Peter Szondi and the Modern Theater«. In: Hays (Anm. 33), S. 69–91, hier S. 89; zum Spannungsverhältnis von »Systematik und Geschichtlichkeit« vgl. Peter Szondi: »Gattungspoetik im 19. und 20. Jahrhundert«. In: P. S.: *Poetik und Geschichtsphilosophie II. Von der normativen zur spekulativen Gattungspoetik. Schellings Gattungspoetik. Studienausgabe der Vorlesungen*. Bd. 3. Hrsg. von Wolfgang Fietkau. Frankfurt a. M. 1974, S. 311–316, hier S. 312.

49 Andere Dramenformen, etwa die Historien Shakespeares, die von der nichtaristotelischen Tradition herkommen, müssen deshalb systematisch ausgeschlossen werden (vgl. *Briefe*, S. 18); siehe dazu Szondis ausführlichen Brief an Peter Suhrkamp vom 30. 11. 1955 (ebd., S. 60–64). Die spätere literaturwissenschaftliche Kritik hat diese klassizistische Fixierung moniert, obwohl sie als Folie den Nachweis der »grundsätzlichen Veränderungen in der Struktur der Werke« (ebd., S. 62) überhaupt erst ermöglicht – vgl. auch Hempfer (Anm. 35), S. 164.

50 Vom frühen Schlegel-Aufsatz bis zur späten Abhandlung über die Begriffsdialektik des Naiven und Sentimentalischen hat Szondi darauf immer wieder hingewiesen.

Selbstorganisation. Erst die philologische Reflexion dieser veränderten Konstitution aus der Auflösung regelpoetischer Gattungsmerkmale erlaubt die wertungsneutrale Rekonstruktion seiner Strukturgeschichte in der literarischen Moderne.[51]

Wie bei Adorno bleibt die Analyse immanent, wenn sie Kontextannahmen der Gesellschaftstheorie im Inneren der Werke entwickelt. Im Gegensatz zur späteren Sozialgeschichte der Literatur, der man wiederholt den Vorwurf gemacht hat, daß sie von der Literatur als Literatur wegführe, geht es nicht um die Bestätigung externer Annahmen durch den Text als Beleg.[52] Von solchen Voraussetzungen kann zwar auch diese Immanenz nicht absehen,[53] die bloße Applikation wird aber vermieden. So ist der Zerfall der zwischenmenschlichen Aktualität (als das »Einmalige des je Gegenwärtigen« Zentrum des absoluten Dramas) eine Konsequenz aus dem Unbedeutendwerden des einzelnen unter den »politisch-ökonomischen Verhältnisse[n]« des 19. Jahrhunderts (ebd., S. 75), die das soziale Drama Hauptmanns darzustellen beansprucht. Der Zerfall des Dialogs läßt den Vorgang selbst transparent werden. Nur in den je spezifischen Ausprägungen des internen Widerspruchs zwischen äußerlicher Form und ihrer inneren Aushöhlung ist »jedes echte Drama Spiegel seiner Zeit« (ebd., S. 84) – unabhängig davon, wie die Dramatiker ihre Gegenwart bewerteten beziehungsweise in welcher Weise sie diese zu erfassen suchten.

Die *Theorie des modernen Dramas* behandelt das Verhältnis von Text und Gesellschaft bis an den Rand der Gegenwartsdramatik (Arthur Miller)[54] als philologieinternes Problem, indem sie den historischen Wandel literarischer

---

51 »Die Widersprüche zwischen der dramatischen Form und den Problemen der Gegenwart sollen nicht in abstracto aufgestellt, sondern im Inneren des konkreten Werks als technische, das heißt als ›Schwierigkeiten‹ erfaßt werden. Dabei läge es nahe, die Verschiebungen in der neueren Dramatik, die vom Problematischwerden der dramatischen Form herrühren, auf Grund eines gattungspoetischen Systems feststellen zu wollen. Aber auf die systematische, also normative Poetik ist zu verzichten, allerdings nicht, um einer zwangsläufig negativen Bewertung der Episierungstendenzen zu entgehen, sondern weil die historisch-dialektische Auffassung von Form und Inhalt die systematische Poetik als solche entgründet« (*Modernes Drama*, S. 12).

52 Bei Szondi und Adorno kommt die üblicherweise als methodengeschichtliche Bifurkation beschriebene Unterscheidung zwischen immanenter Analyse und Erschließung des gesellschaftlichen Gehalts der Literatur zusammen – vgl. Christoph Menke: »Literatur und Gesellschaft. Zu einigen methodischen Aspekten von Adornos Beckettinterpretation«. In: Hendrik Birus (Hrsg.): *Germanistik und Komparatistik. DFG-Symposion 1993*. (Germanistische Symposien. Berichtsbände XVI). Stuttgart/Weimar 1995, 328–343, hier S. 328.

53 »Eine immanente Methode solcher Art setzt freilich allerorten als ihren Gegenpol das dem Gegenstand transzendente philosophische Wissen voraus« – Adorno (Anm. 42), S. 34.

54 Auch Szondi geht es um Gegenwart und Gegenwärtigkeit, die sich im Interesse an aktuellen Entwicklungen niederschlägt; vgl. dazu seinen Brief an Böschenstein vom 11. September 1953, der der Hoffnung auf ein Gespräch über Becketts *Godot* Ausdruck verleiht (*Briefe*, S. 31f.). Entsprechend relativiert dann bereits das Nachwort zur Neuauflage der *Theorie des modernen Dramas* von 1963 die Textauswahl (ebd., S. 163).

Verfahrensweisen in einer »mathematischen Ableitung als Stilideal« der Darstellung vorführt.[55] Auf die Bewahrung der Differenz zwischen Literaturwissenschaft und literarischem Gegenstand reagiert Böschenstein nach der Lektüre ausgearbeiteter Kapitel mit dem Vorwurf einer »zu weit gehende[n] Mathematisierung des Stilwandels« (*Briefe*, S. 34), der auch in Nagels ausführlicher Kritik eines Konvoluts der Typoskript-Fassung wiederkehrt.[56] Es offenbart sich darin das Unbehagen an der Verwissenschaftlichung der Interpretation, die vom pragmatischen Zweck der literaturwissenschaftlichen Tätigkeit als Orientierungs- und Sinnangebot wegführt. Diesem Unbehagen korrespondiert das daraus hervorgehende Problem der philologischen Erkenntnis zwischen ›Interpretation‹ und ›Formalisierung‹. Versucht die Interpretation über die Beobachtung der Teile hinaus das Ganze zu verstehen und den Sinn des Werks über seine Semantik zu konstruieren, zeichnet die Formalisierung die produktionslogische, strukturale, figurale oder rhetorische Organisation des Texts selbst prozedural nach, indem sie das Spiel der Signifikanten durch Lektüre vollzieht, ohne die Bedeutung der Einheit angeben zu können.[57] Die Schwierigkeit der philologischen Erkenntnis, die sich in Nagels und Böschensteins Reaktionen andeutet und die Literaturwissenschaft zwischen Interpretation und Dekonstruktion bis heute umtreibt, wird bei Szondi dann in den späten Celan-Studien zur Aporie, insofern er sich Ende der 1960er Jahre einer Reformulierung seiner literarischen Hermeneutik durch Hinwendung zum Strukturalismus, insbesondere zu Jakobson, verschreibt: Begründet sich Poetizität, wie auch immer man Jakobsons berühmte Definition konkretisiert, durch das sich selbstorganisierende Spiel sprachlicher Zeichen,[58] wird die Referenz auf Auschwitz zum Problem.[59] Trotz der weitreichenden Formalisierung seiner Interpretationen gibt es bei Szondi sowohl in der geschichtsphilosophisch konzipierten Form-Inhalt-Dia-

---

55 Szondi an Ivan Nagel, 4. September 1953, S. 23.

56 Im Brief an Szondi vom Oktober 1954 würdigt Nagel die theoretische Grundlegung, moniert aber die »mathematische« Durchführung, bei der »alles ›aufgeht‹« (*Briefe*, S. 53). »Man wird den Eindruck der Ungerechtigkeit, die dem Stoff widerfuhr, nie ganz los: die Theorie beherrscht den Stoff, statt aus ihm jeweils herauszuwachsen« (ebd., S. 54). Nagel klagt »eine soziologische, eine philosophische Begründung oder sonst etwas ein«, die auf »eine Konkretisierung der ›Veränderungen der existentiellen Grundlagen‹, um die es geht«, hinausläuft (ebd.).

57 Aus formalistischer Perspektive ergibt sich dabei der aporetische Zwiespalt zwischen Determination von oben und Determination von unten – vgl. Stefan Speck: *Von Šklovskij zu de Man. Zur Aktualität formalistischer Literaturtheorie*. München 1997.

58 »Der Text als solcher weigert sich, weiter im Dienst der Wirklichkeit zu stehen. [...] Die Dichtung ist nicht Mimesis, keine Repräsentation mehr: sie wird Realität. Poetische Realität freilich, Text, der keiner Wirklichkeit mehr folgt, sondern sich selbst als Wirklichkeit entwirft und begründet« – Peter Szondi: »Durch die Enge geführt. Versuch über die Verständlichkeit des modernen Gedichts«. In: Szondi (Anm. 37), S. 345–389, hier S. 348f.

59 Vgl. ebd., S. 381; siehe dazu Thomas Sparr: »Poetik nach dem Strukturalismus: Derrida, de Man, Szondi«. In: *Zeitschrift für Semiotik* 15 (1993), S. 253–268, hier S. 264; zu den Aporien aus der Indifferenz der Sprache des Gedichts gegen die reale Erfahrung der Todeslager vgl. auch Lämmert (Anm. 33), S. 28ff.

lektik der frühen Arbeiten als auch in den späten Celan-Studien einen, wenn man so will, repräsentationistischen Kern in der Beschreibung der Werke nach referentiellen Bezügen auf Realität und realgeschichtliche Erfahrungen. Die philologische Rekonstruktion der in der Form des Werks sedimentierten Erfahrung erschließt seinen Sinn (auch in seiner Negativität) trotz ihrer ›Mathematisierung‹ als Interpretation.

Die Schwierigkeiten der philologischen Erkenntnis zwischen den beiden korrelativen Techniken ›Interpretation‹ und ›Formalisierung‹ beginnen bei Szondi auch deshalb zum Problem zu werden, weil er zwar an der Trennung von Wissenschaft und ihrem Objekt festhielt,[60] wegen der unabweisbaren Subjektivität des interpretierenden Philologen den streng formalisierenden Objektbezug aber tatsächlich nicht aufrechterhalten kann. Gegenläufig zur Verwissenschaftlichung der Interpretation steht er deshalb Staigerschen Postulaten – vor allem hinsichtlich der Evidenz-Kategorie – auch wiederum nahe.[61] Evidenz soll aber in einer »möglichst dicht und theoretisch« formulierten Weise reflexiv eingeholt werden.[62] Sie wird nicht als Gefühl insinuiert, das sich in einer poetisierenden Wertsprache ins Pathos der eigenen Humanität einstimmt, sondern entwickelt in einer Sprache der lapidaren Präzision, die demonstrativ ihre Intellektualität und Begrifflichkeit hervorkehrt.[63] Bei Staiger gegen Staiger kommt Szondi zu Ergebnissen, die der veränderten Struktur literarischer Werke in der Moderne gerecht zu werden versuchen, obwohl ein zentrales Verdienst der Werkimmanenz, ihr ästhetischer Sinn auch für Textnuancen, gewahrt bleibt.[64]

Fachgeschichtliche Wirkung entfaltet die *Theorie des modernen Dramas* bereits in der zweiten Hälfte der 1950er Jahre. 1959 legte der Suhrkamp-Verlag, der durch Publikationen Adornos und die von diesem veranstaltete Benjamin-Ausgabe (1955) auf sich aufmerksam machte, die zweite Auflage vor, von der 1963 10000 Exemplare verkauft waren.[65] Szondis Stellungnahme zu ihrer Vor-

60 Die Kritik an der »formalistische[n] Abstraktheit« einer »Klassizität«, mit der Szondi unter Vernachlässigung von Inhalten und politischen Selbstreflexionen der »geschichtliche[n] Bedingtheit der eigenen Position« literarischen Texten »Gültigkeit« zuspricht, formuliert Bernd Witte – B. W.: »Immanente Ästhetik. Zu Peter Szondis *Schriften* und *Vorlesungen*«. In: *Neue Rundschau* 90 (1979), S. 264–268, hier S. 266.

61 »Es sind ja nicht Sachen, die zu beweisen sind, es geht nur darum, ob es gelingt, die Evidenz von etwas, das uns aufgegangen ist, weiterzugeben«, so Szondi an Ivan Nagel, am 4.9.1953 (*Briefe*, S. 22); die Nähe zu Staiger räumt Szondi hier explizit ein (vgl. ebd., S. 24).

62 Vgl. Szondi an Bernhard Böschenstein, am 24.9.1954 (*Briefe*, S. 44).

63 Zu Szondis Wissenschaftssprache vgl. Bollack (Anm. 30), S. 383f.

64 Dies sieht bereits die Besprechung Claude David: »Qu'il est rare de trouver un livre, où, dès la première page, on a le sentiment que l'auteur a ›quelque chose à dire‹! [...] Peter Szondi se réclame de Staiger, de Lukács et d'Adorno. Son livre ne trahit pas ces maîtres prestigieux« – Claude David: [Rez. *Theorie des modernen Dramas*]. In: *Etudes Germaniques* 13 (1958), S. 77f.

65 Vgl. Szondi an Rudolf Hirsch, am 30.3.1964 (*Briefe*, S. 158); weitere Auflagen: 3. Aufl. 1966, 4. Aufl. 1967; 9. Aufl. 1973, 10. Aufl. 1974, 11. Aufl. 1977. 1962 erfolgt die Übersetzung ins Italienische.

bereitung im Brief an Peter Suhrkamp vom 14. 3. 1959 weist darauf hin, daß das Buch »in einem mich überraschenden Ausmass in die wissenschaftliche Bibliographie eingegangen« ist und »an den Universitäten eine gewisse Rolle zu spielen beginnt« (*Briefe*, S. 83).[66]

III.

Theoretisch begründet hat Szondi seine »Neudefinition von Literaturwissenschaft«[67] im mehrfach nachgedruckten Aufsatz »Zur Erkenntnisproblematik in der Literaturwissenschaft«,[68] der einen Begriff von philologischer Erkenntnis aus der Selbständigkeit des literaturwissenschaftlichen Wissens entwickelt. Diese bestimmt sich nicht nur durch den Gegensatz zu den Naturwissenschaften, sondern wegen der »unverminderte[n] Gegenwärtigkeit auch noch der ältesten Texte« (»Erkenntnisproblematik«, S. 148) vor allem zu den historischen Disziplinen, weil philologisches Wissen nicht wie deren positivistisches Quellenwissen instrumentell verfügbar sei.[69] Den positiven Tatsachen (Textüberlieferung, Biographie) dürfe auch philologische Forschung nicht widersprechen. Empirie und Interpretation beziehungsweise »Beweis und Erkenntnis« (ebd., S. 160) verschränken sich zur wechselseitigen Kontrollinstanz des angemessenen Verstehens, das Kunstwerke in »der Rekonstruktion des Entstehungsvorgangs dynamisch nachzuvollziehen« versucht (ebd.). Interpretation sieht im Werk nicht das bloß zu entschlüsselnde Objekt der Analyse, sie ist vielmehr »perpetuierte Erkenntnis«, die ihren ›Gegenstand‹ prozedural konstituiert, weil sie »nur in der fortwährenden Konfrontation mit dem Text bestehen kann, nur

---

66 Szondi erwähnt Wilhelm Emrich, das Brecht-Buch von Reinhold Grimm und Kurt May, der sich polemisch auf ihn beziehe – zum ›Nazi-Germanisten‹ May vgl. Gaul-Ferenschild (Anm. 4), S. 191 –; daneben die erste Erörterung in Seminaren an der Universität 1957 bei Joseph Kunz in Frankfurt und die »geradezu peinliche Anlehnung« von Marianne Kesting in ihrer Dissertation *Das epische Theater* (1959): Die *Theorie des modernen Dramas* werde von Kesting »immer wieder zitiert und referiert, gelegentlich auch ohne Quellenangabe seitenlang paraphrasiert« (*Briefe*, S. 84). Eine Stichprobe hat ergeben, daß sie von Klotz' Standardwerk zum offenen und geschlossenen Drama (1960) und von Joachim Kaisers *Grillparzers dramatischer Stil* (München 1961) erwähnt und benutzt wird, nicht aber von Otto Manns *Geschichte des deutschen Dramas* (Stuttgart 1960). Dem Aktualitätsbewußtsein und Innovationsdruck bei Qualifikationsschriften steht der Traditionalismus der gediegenen Überblicksdarstellung entgegen – zum »greulichen Otto Mann« vgl. Unseld an Szondi, am 5. 9. 1960 (*Briefe*, S. 106).

67 Bollack (Anm. 30), S. 370.

68 Peter Szondi: »Zur Erkenntnisproblematik in der Literaturwissenschaft«. In: *Neue Rundschau* 73 (1962), S. 146–165.

69 Zu Szondis »Dichotomisierung philologischen und historischen Wissens« und der daraus abgeleiteten Abgrenzung der Literaturwissenschaft von der Geschichtswissenschaft als Positivismus (in Verkennung ihrer Textualität) vgl. Norbert Altenhofer: »Geselliges Betragen – Kunst – Auslegung. Anmerkungen zu Peter Szondis Schleiermacher-Interpretation und zur Frage einer materialen Hermeneutik«. In: Ulrich Nassen (Hrsg.): *Studien zur Entwicklung einer materialen Hermeneutik*. (Kritische Information 85). München 1979, S. 165–211, hier S. 201.

in der ununterbrochenen Zurückführung des Wissens auf Erkenntnis, auf das Verstehen des dichterischen Wortes« (ebd., S. 148). Gerade um seines »Gegenstands willen« darf philologisches Wissen deshalb »nicht zum Wissen gerinnen« (ebd., S. 149), denn das Verstehen literarischer Texte vollzieht sich durch das »erkennende Subjekt« (ebd., S. 150). Verfehlt ist es, »wenn in falsch verstandener Wissenschaftlichkeit von der eigenen Erfahrung abstrahiert wird«,[70] ohne daß Szondis Produktionsästhetik sich auf eine Rezeptionstheorie verschiebt, die dem Leser die Verschmelzung mit seinem Erfahrungshorizont überläßt.

Die Interpretation rekonstruiert die Historizität des Werks, die zu seiner »Besonderheit« gehört, »so daß einzig *die* Betrachtungsweise dem Kunstwerk ganz gerecht wird, welche die Geschichte im Kunstwerk, nicht aber die, die das Kunstwerk in der Geschichte zu sehen erlaubt« (ebd., S. 156). Zwar habe auch der zweite Gesichtspunkt seine Berechtigung, der »monarchische Zug«, der jedem Kunstwerk eigne, verlange aber, »daß es nicht verglichen« (ebd.) und in der temporalen Reihe der Literaturgeschichte dem Allgemeinen subsumiert werde. Szondi formuliert seine »Theorie philologischer Erkenntnis vom Extrempunkt hermeneutischer Problematik«, die durch das hermetische Gedicht der Moderne provoziert ist.[71] Die Bestimmung der Autonomie der Literaturwissenschaft führt zur Konsequenz, die Literaturgeschichte zu eskamotieren, deren klassifizierendes Vorgehen dem naturwissenschaftlichen Verfahren zugeschlagen wird. Radikal zieht Szondi sich bei der Verzweigung des Signifikats ›Geschichte‹ auf die immanent zu erschließende Historizität des Werks zurück, um die von Staiger statuierte Eigenständigkeit der Literaturwissenschaft zu bestätigen.

Gewährleistet wird ihre Wissenschaftlichkeit durch »Evidenz«, das »adäquate Kriterium, dem sich die philologische Erkenntnis zu unterwerfen hat«; sie ist Garant für deren »wahre Objektivität«, insofern sie »die Sprache der Tatsachen weder überhört, noch in ihrer Verdinglichung« mißversteht, »sondern als subjektiv bedingte und in der Erkenntnis subjektiv vermittelte« vernimmt (ebd., S. 160). Evidenz ist die kategoriale Ermöglichungsbedingung, die prinzipielle Mehr- beziehungsweise Uneindeutigkeit der literarischen Sprache[72] im Kontext ihres Vollzugs zu plausibilisieren, so daß die Beweiskraft der philologischen Erkenntnis erst aus der Interpretation hervorgeht. Denn die »Ambiguität« von Elementen darf nicht auf einen Sinn reduziert werden, wenn die »Alternative [...] eine der Sache selbst ist« (ebd., S. 162). Die nachgewiesene Evidenz muß, will sie »nicht der Willkür und dem Unkontrollierbaren« anheimfallen, »in jeder Arbeit von neuem« objektiviert werden (ebd., S. 165). Interpretation versteht sich als prozessuale Reflexivität, die die Historizität der Literaturwissen-

70 Peter Szondi: »Hoffnung im Vergangenen. Über Walter Benjamin«. In: Szondi (Anm. 37), S. 275–294, hier S. 290.

71 Altenhofer (Anm. 69), S. 171.

72 Man kann sie u. a. allegorisch, buchstäblich, figural, auf einzelne Wörter, Sätze oder den ganzen Text bezogen lesen. Der Philologe muß also entscheiden, allein danach, »ob eine Stelle metaphorisch gemeint ist oder nicht« (»Erkenntnisproblematik«, S. 152).

schaft selbst begründet. Ihre Erkenntnisproblematik besteht demzufolge darin, daß sie, »statt ihre Wissenschaftlichkeit zu verbürgen, sie gerade in Frage stellen« muß, will sie ihrem Objekt adäquat bleiben. Denn sie ist eine »Kunstwissenschaft« und »sollte ihre Methodik aus einer Analyse des dichterischen Vorgangs gewinnen; sie kann wirkliche Erkenntnis nur von der Versenkung in die Werke, in ›die Logik ihres Produziertseins‹ erhoffen« (ebd., S. 164f.). Szondi konstruiert eine Analytik der Lektüre in der »Einheit von Vollzug und Reflexion«,[73] die literarischen Texten den Sinn prozeßhaft abgewinnt, sich allerdings nicht auf deren Unlesbarkeit entgrenzt, weil sie auf der Trennung von lesendem Subjekt und Lektüre (als Objektkonstitution und als Tätigkeit) und der Verstehbarkeit der analysierten Texte als historischen Konfigurationen beharrt. Er verbleibt damit bei einer objektivistischen Auffassung von Literatur, selbst dort noch, wo er den von der Dekonstruktion aktualisierten »Unterschied zwischen Lektüre und Interpretation« der Celan-Studien hervorhebt, die daran interessiert sind, »die Lektüre nicht durch Interpretation zu verfälschen«.[74]

Auch der später so bezeichnete Traktat »Über philologische Erkenntnis« ist Adorno verpflichtet.[75] Die wechselseitige Hochschätzung und persönliche Annäherung bezeugen die *Briefe*. Die institutionelle Brisanz von Adornos Widmung des *Parataxis*-Aufsatzes (1963) äußert sich am Bedenken möglicher Konsequenzen für Szondis Karriere.[76] Anläßlich des von den Studentenunruhen gestörten Iphigenie-Vortrags am 7. Juli 1967 in Berlin bekennt Szondi sich öffentlich als Adornos »Schüler«.[77] Daß das aufgeworfene Problem des immanenten Nachweises der Geschichtlichkeit literarischer Verfahrensweisen virulent bleibt, zeigt die geradezu leitmotivische Wiederholung des Postulats, am entschiedensten formuliert in der programmatischen Einleitung »Gattungsgeschichte, Sozialgeschichte und Interpretation« zu den Vorlesungen über *Das lyrische Drama des Fin de siècle* vom Wintersemester 1965/66. Hier wendet er sich gegen die sich etablierende Literatursoziologie in Hamanns und Hermands *Impressionismus* (1960):

> Die Geschichtlichkeit des Kunstwerks ist nicht etwa das, was von ihm als eine zeitbedingte Schicht auch abgelöst werden könnte, sie ist weder sein dokumentarischer Wert für die Kulturgeschichte, noch sein Stellenwert in der Geschichte der betreffenden literarischen Gattung. Die Geschichtlichkeit des Kunstwerks konstituiert sich vielmehr aus der Auseinandersetzung, die in jedem Kunstwerk [...] statthat zwischen dem, was der Künstler vorfindet, und dem, was ihm vorschwebt; zwischen der Intention und den Bedingungen ihrer Verwirklichung, zwischen der historisch überlieferten Form und dem historisch aktuellen Stoff, einem Vergangenen also und einem Präsentischen, deren beider Vermittlung im Kunstwerk wohl nie ganz glückt [...]. Darum bedeutet die Versenkung ins einzelne Werk, die Interpretation, nicht den Auszug aus der Historie, und die neuzehnfünf-

---

73 Adorno: »Valérys Abweichungen«. In: Adorno (Anm. 41), S. 158–202, hier S. 159.

74 Szondi (Anm. 58), S. 361.

75 Vgl. Szondi an Adorno, am 17. 1. 1962 (*Briefe*, S. 122).

76 Vgl. Adorno an Szondi, am 28. 11. 1963 (*Briefe*, S. 141), und Szondis Antwort, am 5. 12. 1963 (S. 135f.).

77 Szondi: *Über eine ›Freie (d. h. freie) Universität‹. Stellungnahmen eines Philologen.* Frankfurt a. M. 1973, S. 56.

ziger und -sechziger Jahre werden dem Wissenschaftshistoriker später vielleicht als die Zeit erscheinen, in der Interpretation und Geschichte miteinander vermittelt wurden, in der eine neue Literaturgeschichtsschreibung möglich wurde, eine im Geiste der Interpretation.[78]

Kurz vor dem Münchner Germanistentag weist die praktisch und theoretisch erschlossene Einsicht in die gesellschaftliche und historische Vermitteltheit des durch die Stilkritik konstituierten Gegenstands ›Werk‹ der Literaturwissenschaft der 1950er und 1960er Jahre eine besondere Bedeutung zu – aus der Perspektive vorweggenommener Zukunft auch für ihre Selbstreflexion in wissenschaftsgeschichtlicher Hinsicht.

IV.

Szondis Reaktionen auf die Entwicklungen der Literaturwissenschaft um 1968, seine Reflexionen auf Möglichkeiten ihrer interdisziplinären Kontextualisierung und auf ihr Versagen gegenüber der modernen und zeitgenössischen Literatur sind in den *Briefen* ebenso dokumentiert[79] wie seine philologischen Aktivitäten im politischen Raum der beunruhigten Universität. Von Meinungsbekundungen sehen die ›Stellungnahmen eines Philologen‹ ab, ihr »philologisches Ethos« erweist sich in der literaturwissenschaftlichen Analyse politischer Texte.[80] Für die Einwände gegenüber Staiger ist seine Reaktion auf dessen Preisrede »Literatur und Öffentlichkeit« vom Dezember 1966 signifikant, die den berühmten Zürcher Literaturstreit auslöste: Die »Ansichten über die Aufgabe der Dichter, über die Entwicklung der neueren Literatur und über die Notwendigkeit, eine Art zeitloser Dichtung zu fördern«, seien von 1933 »bis zum heutigen Tag dieselben geblieben« (*Briefe*, S. 220), zu erkennen am »Beifall nur auf der äussersten Rechten, etwa in der neonazistischen ›Hochschullehrerzeitung‹« (ebd., S. 222). Erkennbar tritt jetzt das politische Moment der Vorbehalte zutage, wenn Szondi sich über die Kontinuität von Staigers Aufsatz »Dichtung und Nation. Eine Besinnung auf Schiller« (1933) bis zum Schiller-Buch von 1967 »empört« (ebd., S. 221). Dabei richtet sich seine Kritik, wiederum eher philologisch argumentierend, nicht einmal gegen die Ansichten von 1933 selbst, sondern darauf, daß die spätere »Erkenntnis der wahren Natur des politischen Kontextes, in den diese Ansichten 1933 eingebettet waren« (ebd., S. 220), Staiger nicht zur Revision seiner Position im staatsaffirmativen Aus-

78 Szondi (Anm. 36), S. 16f.

79 Vgl. hier vor allem die Briefe an Unseld im Rahmen eines geplanten Zeitschriftenprojekts mit Überlegungen zur möglichen Umsetzung der methodologischen und interdisziplinären Innovationen, von denen bekanntlich auch bereits der Poststrukturalismus und die Kultursoziologie Bourdieus registriert werden (*Briefe*, S. 254–257, 297–299).

80 Szondi (Anm. 77), S. 151; vgl. auch Karl Grob: »Théorie et pratique de la philologie. Réflexions sur les interventions publiques de Peter Szondi«. In: Bollack (Anm. 33), S. 165–190.

spielen des ›Interessanten‹ und ›Subjektiven‹ Friedrich Schlegels gegen das ›Gültige‹ Schillers veranlaßt hätten:[81]

> Eine Untersuchung über das Verhalten der Dichter und Germanisten um und nach 1933 würde, wenn nicht alles täuscht, zeigen, dass die Verfechter des Gültigen sehr viel mehr als die des Interessanten in Versuchung kamen, sich Hitler zu unterwerfen, und oft genug, wenngleich gelegentlich sicher nur für kurze Zeit, dieser Versuchung auch erlagen (ebd., S. 221).

Staigers Replik, die ›Empörung‹ sei »erklügelt« (ebd., S. 229), reproduziert eine Argumentationsfigur, die die Idiosynkrasie des Juden Szondi gegenüber dem früheren Lehrer, noch immer ›Verfechter des Gültigen‹, bestätigen.[82]

Wissenschaftsforschung in der Literaturwissenschaft beobachtet neben epistemologischen und methodologischen Konzepten zur Begründung intern und extern bedingter Transformationsprozesse der Disziplin auch die Sozialisationshintergründe bei der Produktion, Organisation und Darstellung des philologischen Wissens und psychohistorische Faktoren für die Impulse seiner Verbesserung. Zu den psychostrukturellen Voraussetzungen für Szondis Verdienst, den philologischen Fortschritt[83] befördert zu haben, gehören Erfahrungen, die auf seine jüdische Herkunft zurückgehen.[84] Unter den Bedingungen der vorherrschenden Werkimmanenz erfordert die Erkenntnis der historischen und gesellschaftlichen Vermitteltheit literarischer Texte in den 1950er Jahren die Nichtanerkennung der geltenden literaturwissenschaftlichen Praxis – ein philologisches Differenzbewußtsein gegenüber dem Bestehenden. Der Konnex von Restauration, Werkimmanenz und ihrer (wie auch immer gearteten) Symbiose mit dem Nationalsozialismus begründet dessen Entstehung aus den Erfahrungen des Verfolgten, gerade weil die Rhetorik des Gültigen den Nationalsozialismus anerkannte und zugleich ohne Diskreditierung überstand. Szondi reagiert auf die philologische Problematik, die aus der politischen Indifferenz hervorgeht, und ihre »Kontinuität«[85] in der Nachkriegs-

---

81 Unter Berufung auf Schiller versucht Staiger in »Dichtung und Nation«, die Liste der von den Nazis »verpönten und empfohlenen Bücher« zu ›verstehen‹ – zit. nach dem Kommentar der *Briefe*, S. 223, Anm. 3; vgl. dazu auch Brenner (Anm. 13), S. 93.

82 Vgl. dazu die Präzisierung der Empörung im zweiten Brief an Staiger vom 18. 7. 1967 und ihre Bestimmung als »eine Reaktion des Gefühls, nicht des Verstandes«, weshalb ihre Gründe gar »nicht erklügelt sein« können (*Briefe*, S. 226).

83 Vgl. dazu Ulrich Charpa: »Philologischer Fortschritt«. In: *Zeitschrift für allgemeine Wissenschaftstheorie* 17 (1986), S. 229–255.

84 »Trois modèles, qu'il s'était donnés dès le début et qui, à ses yeux, appartenaient à une même famille d'esprit, l'accompagneront jusqu'à la fin de sa vie et lui serviront de référence constante et implicite: Lukács, Benjamin, Adorno. Trois juifs, trois marginaux dans la nation allemande, le pays de leur formation intellectuelle et de leur première fortune, et les deux derniers sont des réfugiés ou des exilés comme lui« – Jean Bollack: »Ouverture des débats«. In: Bollack (Anm. 33), S. 9–12, hier S. 10; vgl. dazu Szondis Hinweis auf »mein Judentum« im Brief an den Vertrauten Rudolf Hirsch von 1960 nach der Lektüre von Celans »Gespräch im Gebirg« (*Briefe*, S. 97).

85 Vgl. Szondis Kritik an der Aufnahme eines Beitrags von Kurt Wais in die erste Nummer der Zeitschrift *arcadia* durch Horst Rüdiger, in der er die »Kontinuität« der national vergleichenden Komparatistik erkennt (Brief an René Wellek, 10. September 1966, S. 201). Wais vertrat das Fach seit 1933, dann wieder seit 1945 in Tübingen; vgl. auch Szondis Kritik an dessen Proust-Deutung – Szondi (Anm. 70), S. 277f. .

zeit.[86] Der Kern der ›Empörung‹ gegen Staiger, deren Intensität die Ausführlichkeit ihrer nachholenden Reflexion im zweiten Antwortbrief offenbart, besteht im Problem des Versagens gegenüber dem nationalsozialistischen Gewaltregime *durch* die vermeintliche Fahrlässigkeit der Bezugnahme auf Schlegel. Die Empfindlichkeit Szondis reicht so weit, daß er sich als »virtuell mitverantwortlich bezeichnet« vorkommt.[87]

Nicht nur in der spezifischen Reaktion auf Staiger aber manifestiert sich der Hintergrund, der aus der Perspektive des ›internen Anderen‹ (Todorov) dazu befähigt, einen den Textverhältnissen in der Moderne angemesseneren wissenschaftlichen Blick auf die Literatur und ihre Veränderungen bis zur Gegenwart werfen zu können. Dazu gehört grundsätzlich der von Arthur Schnitzler im Tagebuch vom 7.4.1906 formulierte Befund, daß es den Juden wegen des Antisemitismus »versagt« sei, »›sich innerhalb des gegebenen zu beruhigen‹«.[88] Aus der skeptischen Distanz begründet sich die Genauigkeit der Wahrnehmung, ins Philologische gewendet ein die produktionsästhetischen Voraussetzungen des literarischen Werks vernehmendes Gespür, das sich an der Unzulänglichkeit des ›Gültigen‹ geschärft hat. Ein avanciertes Projekt wie das der *Theorie des modernen Dramas* geht Szondi, wie erwähnt, ›keck‹ und ›frech‹ an, auf jeden Fall nicht aus einer Position der Selbstgewißheit, die ›ohne Denkerstörung‹ sich auf das Ergriffensein durch den Text zurückzieht. Mit Adorno kommt er darin überein, daß ein nicht vorab verständigtes Erkenntnisinteresse mit der begrifflichen Reflexion von Kunsterfahrungen zu verbinden ist, und dabei Zeitgenos-

86 Entsprechend genau registriert er die »erschreckend restaurativ[en]« »politischen Entwicklungen in Westdeutschland« – Szondi an Staiger, am 18.7.1967 (*Briefe*, S. 228). Im Jahr 1959 erklärt er neben dem Kalten Krieg den wiederkehrenden »Antisemitismus« zum Grund dafür, nicht nach Berlin gehen zu wollen – Szondi an Böschenstein, am 31.1.1957 (ebd., S. 81). Zur »Kontinuität antijüdischer Verunglimpfungen« in der Literaturwissenschaft der Nachkriegszeit vgl. Konrad Feilchenfeldt: »Die Wiederentdeckung des ›Juden‹ in der Neueren deutschen Literaturwissenschaft nach 1945«. In: Barner/König (Anm. 12), S. 231–244, hier S. 235.

87 »[...] aber als ich meine Empörung beim Lesen der Stelle [...] nach ihrem Grund befragte, erkannte ich darin, dass ich (in den eigenen Augen durchaus zur Schlegel-Nachfolge gehörig – die Faszination der Fragmente hat mich seit dem vor nunmehr 15 Jahren für Ihr Seminar geschriebenen Referat nicht verlassen), von Ihrem Satz – ohne dass Sie das beabsichtigen können – mir als für das Versagen gegenüber dem Nazitotalitarismus wenn auch nicht de facto, so doch virtuell mitverantwortlich bezeichnet vorkam, während ich eine gewisse Sympathie mit dem, was 1933 in Deutschland gegen eine Richtung der Literatur und gegen deren Autoren verfügt wurde, in Ihrem alten Aufsatz ausgedrückt fand – und zwar unter der emphatischen Berufung auf Schiller« – Szondi an Staiger, am 18.7.1967 (*Briefe*, S. 226).

88 Arthur Schnitzler: *Tagebuch 1903–1908*. Hrsg. von Werner Welzig. Wien 1991, S. 195. Vgl. dazu meinen Versuch, die Entstehung der literarischen Moderne aus den Erfahrungen jüdischer Autoren unter den Bedingungen des *politischen* Antisemitismus im Wien der Jahrhundertwende zu begründen: »Judentum, Ästhetizismus und literarische Moderne. Zu einem Zusammenhang beim frühen Beer-Hofmann«. In: Dieter Borchmeyer (Hrsg.): *Richard Beer-Hofmann. ›Zwischen Ästhetizismus und Judentum‹. Sammelband der Beiträge vom ›Öffentlichen Symposion in der Akademie der Wissenschaften Heidelberg am 25. und 26.10.1995‹*. Paderborn 1996, S. 9–31.

senschaft mit Tradition. Der Erkenntnisfortschritt in der philologischen Reflexion entsteht aus dem Sinn dafür, daß die neuartigen Formen der Literatur der Moderne mit ahistorischen Kategorien und der humanistischen Werte-Rhetorik eines »widerphilologischen Geist[s]«[89] nicht zu erfassen sind. Wie Adorno registriert Szondis Einsicht in die gesellschaftliche Vermitteltheit von Kunst die Lüge ihrer Hypostasierung ins immergleich Menschliche. Das Einstimmen ins Werk, das einem zuwinkt, bestätigt den affirmativen Charakter einer Philologie, die sich ihrer politischen Implikationen im besten Fall nicht bewußt ist. Gefordert wird ihre kritische Reflexion im Reflexivwerden der Evidenz als einer unabschließbaren Tätigkeit der ›perpetuierten Erkenntnis‹, der das Reflexivwerden der Idiosynkrasie in der subjektiv vermittelten Erfahrung des in sich widersprüchlichen und je besonderen ästhetischen Gegenstandes korrespondiert. Die philologische Modernisierung in der Restauration begründet sich so auch aus der jüdischen Herkunft des Philologen – vollzogen in einer gegenwärtigen und deshalb selbst historischen Literaturwissenschaft, die reale Erfahrungen, die in die Werke eingesenkt und ihnen durch Interpretation zu entbinden sind, nicht preisgibt.

Die Ausdifferenzierung der Literaturwissenschaft durch die doppelte Verzweigung der Historizität führt in den 1950er Jahren zu einer disziplinären Komplexitätssteigerung,[90] der in den 1960er Jahren, bedingt auch durch forschungspolitische Maßnahmen seit 1960[91] und die von Picht initiierte Bildungsdebatte, der Strukturwandel im Sinne der Veränderung von Organisationsformen komplementär zur quantitativen Expansion des Wissenschaftssystems folgt. Zu synchronisieren ist diese Entwicklung mit Ergebnissen der jüngeren Zeitgeschichtsforschung, die die Restaurationsthese historisiert haben, insofern sich die Modernisierung der bundesrepublikanischen Gesellschaft um 1957 abzuzeichnen beginnt.[92] Der Erfahrungs- und Problemdruck durch diesen

---

89 Walter Benjamin: »Literaturgeschichte und Literaturwissenschaft«. In: W. B.: *Gesammelte Schriften*. Bd. 3. Hrsg. von Hella Tiedemann-Bartels. Frankfurt a. M. 1972. S. 283–290, hier S. 289.

90 In dieser Zeit gilt das Primat der inneren Differenzierung gegenüber äußeren Einwirkungen – vgl. Weingart u. a. (Anm. 1), S. 21f. Vorherrschend ist Individualforschung, die in der Monographie samt ihrer normierenden Kanonisierungsfunktion bei Staiger und Benno von Wiese in den 1950er Jahren ihren letzten Höhepunkt hat – vgl. Heinrich Kaulen: »Die literaturwissenschaftliche Monographie. Begriff, Entwicklung und Funktionswandel einer Darstellungsform«. In: Brenner (Anm. 10), S. 141–174, hier S. 145f. und S. 155. In den 1950er Jahren verschiebt sich aber bereits das Publikationsverhalten hin zum Artikel und zum Sammelband – vgl. Weingart u. a. (Anm. 1), S. 283–300 – bei Adorno und Szondi auch hin zum Essay, der in öffentlichkeitswirksameren Publikumszeitschriften (*Merkur, Akzente, Neue Rundschau* usw.) erscheint.

91 Vgl. Weingart u. a. (Anm. 1), S. 38ff.

92 Vgl. Arnold Sywottek: »Wege in die 50er Jahre«. In: Axel Schildt/A. S. (Hrsg.): *Modernisierung im Wiederaufbau. Die westdeutsche Gesellschaft der 50er Jahre*. (Forschungsinstitut der Friedrich-Ebert-Stiftung. Reihe: Politik und Gesellschaftsgeschichte 33). Bonn 1993, S. 13–39, hier S. 35. Zu einer differenzierten Einschätzung der literarischen Verhältnisse der 1950er Jahre kommt mittlerweile auch die Literaturwissenschaft mit dem aufschlußreichen Befund, daß diese im Vergleich zu anderen Disziplinen noch

Prozeß,[93] kristallisiert in der Semantik der sogenannten ›Westernization‹,[94] und die nachholende Rezeption des Strukturalismus sowie des Russischen Formalismus seit der zweiten Hälfte der 1950er Jahre führten in der Literaturwissenschaft mit einer gewissen Zwangsläufigkeit zur bekannten Entwicklung der text- und kontextbezogenen Operationen im Zeichen der Verwissenschaftlichung: in die linguistisch-strukturalistische Grundlegung auf der Seite des ›Werks‹, in die gesellschaftswissenschaftliche Fundierung auf der Seite der ›Geschichte‹.[95] Seitdem hat die Literaturwissenschaft das disziplinäre Problem, was als ihr Kern- und Kompetenzbereich zwischen ›radikaler Philologie‹ und programmatischer Ausweitung in eine Medienkulturwissenschaft anzusehen ist. Die Debatten über die Entgrenzung des Gegenstandsbereichs und die pluralisierende Unübersichtlichkeit, die keine disziplinäre Ordnung mehr erkennen lasse, reißen nicht mehr ab, obwohl das Fach auch immer wieder ganz selbstverständlich den Text ins Zentrum seiner Modellbildung stellt.[96]

---

am hartnäckigsten an der Restaurationsthese festhalte – vgl. Helmuth Kiesel: »Die Restaurationsthese als Problem für die Literaturgeschichtsschreibung«. In: Walter Erhart/Dirk Niefanger (Hrsg.): *Zwei Wendezeiten. Blicke auf die deutsche Literatur 1945 und 1989*. Tübingen 1997, S. 13–45, hier S. 37; auch Stefan Scherer: »Literarische Modernisierung in der Restauration. Martin Walsers *Ehen in Philippsburg*«. In: Hansgeorg Schmidt-Bergmann (Hrsg.): *Zwischen Kontinuität und Rekonstruktion. Kulturtransfer zwischen Deutschland und Italien nach 1945*. (Reihe der Villa Vigoni 12). Tübingen 1998, S. 115–134.

93 Zum Zeichen der quantitativen Ausweitung Ende der 1950er Jahre wird die Überfüllung der Seminare im ›Modefach‹ Germanistik, die bereits jetzt Forschungsrückstände und die »Misere in Organisation, Wissen und Leistungsanspruch deutlich hervortreten lassen« – Gärtner (Anm. 40), S. 290. Veränderungen machen sich in den Qualifikationsschriften der ersten Generation von Nachkriegsstudenten, geprägt von den Erfahrungen mit avancierter Literatur und dem aufkommenden westlichen Lebensstil, bemerkbar; vgl. beispielsweise zu Enzensbergers Brentano-Dissertation von 1955 ebd., S. 271. Gärtner erklärt den disziplinären Strukturwandel generationentheoretisch: Der zunehmende Einfluß der ›jungen Generation‹ der in den 20er Jahren Geborenen (S. 184–186) verstärke den äußeren Druck zur akademischen Erschließung der Gegenwartsliteratur bei den etablierten Hochschullehren der um 1900 geborenen ›Zwischengeneration‹ (S. 180–184). Bis in die 70er Jahre bleibt die neuere Literatur dennoch unterrepräsentiert; eine »quantité négligeable« (S. 70) stellt sie aber nicht dar, wie Gärtners Auflistung von Universitätsveranstaltungen der 50er Jahre ausweist (S. 311–320).

94 Diese schlägt sich spätestens um 1960 in soziologischen Gegenwartsdiagnosen wie Habermas' *Strukturwandel der Öffentlichkeit* (1962) nieder, vermittelt wiederum durch vorgängige Erfahrungen mit dem westlichen Lebensstil in Amerika, die sich auch in Büchern zurückkehrender Exilanten wie Adornos *Minima Moralia* (1951) artikulieren. Zur Generation der die Nachkriegszeit prägenden Soziologen der 1920er Jahrgänge und zur Empirisierung und ›Amerikanisierung‹ der gegenwartsbezogenen Soziologie in den 1950er Jahren vgl. Heinz Bude: »Die Soziologen der Bundesrepublik«. In: *Merkur* 46 (1992), S. 569–580.

95 Vgl. zu dieser Doppelung Voßkamp (Anm. 9), S. 32.

96 Vgl. das bekannte Schema von Harald Fricke: »Wieviele ›Methoden‹ braucht die Literaturwissenschaft? Zur Konkurrenz wissenschaftlicher Standards in einem unwissenschaftlichen Fach«. In: *Literatur und Literaturwissenschaft. Beiträge zu Grundfragen einer verunsicherten Disziplin*. (Explicatio). Paderborn u. a. 1991, S. 169–187, hier S. 176 – aufgenommen von Zelle (Anm. 32), S. 41. Zwar kreuzen sich bei dieser gra-

Szondis philologische Beiträge präsentieren Grundlagen der disziplinären Selbstreflexion der Literaturwissenschaft über den Eigensinn dieses Gegenstands. Ihre Praxis soll wissenschaftlich, das heißt überprüf- und korrigierbar sein. Sie kann aber Wissenschaftlichkeit in einer den Disziplinen jenseits der Kunstwissenschaften vergleichbaren Weise kaum einlösen, weil dies ihrem Objektbereich, der durch den Leser allererst konstituiert wird, widerspräche. Die Uneindeutigkeit des literarischen Werks und seine daraus resultierende Interpretationsbedürftigkeit läßt es nicht zu, von der Evidenz als Form der wissenschaftlichen Erkenntnis von Literatur abzusehen. Evidenz ist methodologisch aber nur in beschränktem Maß kontrollierbar,[97] weshalb philologische Erkenntnis nicht nach der für Wissenschaft konstitutiven Unterscheidung wahr/nicht-wahr kodiert werden kann, sondern allenfalls nach dem Code ›angemessen/unangemessen‹[98] oder ›plausibel/nicht-plausibel‹.[99] Das intuitionistische Moment, das nicht nur durch die philologische Kompetenz aus selbst kaum geregelten und regulierbaren Lektüre-Erfahrungen bestimmt ist, bleibt gewahrt, ohne daß das Kriterium der Überprüfbarkeit und Korrigierbarkeit preisgegeben wird.

---

phischen Darstellung die verschiedenen Faktoren ›Autor‹, ›Leser‹, ›Sprache‹ und ›Andere Texte‹ im zentral positionierten ›Text‹. Dessen Historizität selbst aber kommt, weil er methodisch auf die Werkimmanenz Staigers zurückbezogen wird, systematisch nicht vor.

97 »Denn es ist keine Methode bekannt, die die Wiedergabe ästhetischer Erfahrungen zu regulieren vermöchte. Ihre Resultate dürfen Evidenz beanspruchen, aber der Weg, der zu ihnen führt, ist noch unerhellt. Vielleicht verläuft er außerhalb der Grenzen philologischer Erkenntnis« – Schlaffer (Anm. 18), S. 195.

98 Vgl. Lutz Danneberg/Hans-Harald Müller: »Verwissenschaftlichung der Literaturwissenschaft. Ansprüche, Strategien, Resultate«. In: *Zeitschrift für allgemeine Wissenschaftstheorie* 10 (1979), S. 162–191, hier S. 190.

99 Vgl. Heinz Schlaffer: »Ursprung, Ende und Fortgang der Interpretation«. In: Georg Stötzel (Hrsg.): *Germanistik – Forschungsstand und Perspektiven. Vorträge des Deutschen Germanistentages 1984*. Berlin/New York 1985. Bd. 2, S. 385–397, hier S. 392.

Kritische Philologie heute

CHRISTOPH KÖNIG

Die Kritische Philologie[1] verbindet einen ethischen mit einem ästhetischen Gedanken: Ihr gilt als schön, was partikular ist, und die Partikularität schafft der Dichter, indem er das Gegebene übernimmt und sich davon befreit. Wie er abweicht, läßt sich mit dem klaren Verstand erkennen, der die Kritik auszeichnen soll. Weder ist das Besondere vom Allgemeinen als Begriff ableitbar, noch als numinos zu denken, wie gern in der Benjamin-Exegese praktiziert, denn es bleibt allen zugänglich. So muß die Rationalität der Kritik zugleich partikular und universal sein. Doch die Leser und Interpreten stehen in Räumen mit ihren Regeln und ihrer Geschichte, über deren Begrenztheit man gern hinwegtäuscht, so daß jeweils als allgemein gilt, was doch nur in diesen Räumen verbindlich ist, sei es in der Kultur, der Wissenschaft, der Politik oder der Literatur selbst. In deren Gravitation kann der Interpret geraten. Die Literaturwissenschaft auf den Spuren Martin Heideggers ist dafür ein Beispiel bis heute. Dann wird nicht nur das Partikulare ins Allgemeine gezogen, sondern das Allgemeine erhebt vergeblich diesen Anspruch.

Damit steht eine auf die Texte bezogene Philologie vor zwei methodischen Problemen des Verstehens. Sie muß, erstens, eine Rationalität begründen, die sowohl dem Interpreten eigen ist als auch dem ästhetischen Gegenstand, der das

---

1 Diese Bezeichnung ist noch nicht geläufig; sie verbindet – gegen eine philosophisch begründete Hermeneutik Hans-Georg Gadamers – die hermeneutisch-philosophisch reflektierte Philologie im weiteren Sinn, die sich von August Boeckh und Friedrich August Wolf herleitet – vgl. Wilfried Barner: »Zwischen Gravitation und Opposition. Philologie in der Epoche der Geistesgeschichte«. In: Christoph König/Eberhard Lämmert (Hrsg.): *Literaturwissenschaft und Geistesgeschichte 1910 bis 1925*. Frankfurt a. M. 1993, S. 201–231 –, mit der Kritischen Theorie Theodor W. Adornos. Den Maßstab setzen die Forschungen von Jean Bollack – vgl. J. B.: *La Grèce de personne. Les mots sous le mythe*. Paris 1997; auf die neuere deutsche Literatur gewendet: ders.: »Celan liest Benjamin« (1968). In: *Mitteilungen*. Marbacher Arbeitskreis für Geschichte der Germanistik. H. 13/14 (1998), S. 1–11; zur theoretischen Begründung vgl. auch Pierre Judet de La Combe: »Sur la relation entre interprétation et histoire des interprétations«. In: *Revue Germanique Internationale*. H. 8: *Théorie de la littérature*. Hrsg. von Christoph König (1997), S. 9–29, und Christoph König: »Wissen, Werte, Institutionen«. In: Wilfried Barner/Ch. K. (Hrsg.): *Zeitenwechsel. Germanistische Literaturwissenschaft vor und nach 1945*. Frankfurt a. M. 1996, S. 361–384.

Irrationale enthält und doch bemeistert, und sie muß die Rationalität aus den Räumen befreien, die den freien deutenden Diskurs[2] jeweils einzugrenzen trachten oder ihn in Räumen schützen, die dafür geeignet sind – als historische Aufklärung über institutionelle Bedingungen. Insofern Universität und Forschung einen solchen Raum konstituieren, verbindet sich die kritisch intervenierende Wissenschaftsgeschichte notwendig mit der Interpretation. Zweitens muß diese Rationalität so beschaffen sein, daß – wie es die literarische Hermeneutik seit Schleiermacher fordert[3] – das Besondere im Allgemeinen, innerhalb dessen das Besondere erst verstanden werden kann, nicht verschwindet. Beide Ansprüche gehören zusammen: Nur wer im Denken die Macht und die Geschichte der Institutionen (und ihrer interpretierenden Vertreter) kennt und damit umgeht – sei es daß er sie überwindet, nutzt oder verbessert – schafft die Möglichkeit, universal zu denken, und kann die literarischen Gebilde begreifen, die feinnervig erst dank ihrer raffinierten Vernunft sind. Wenn sie nicht vernünftig wären, könnten sie gar nicht verstanden werden.

Um die Prinzipien der Einheit, die dem Autor und seinem Interpreten gemeinsam sein müssen, geht eine lange Debatte, in der die Künste stets gehört wurden, und die in der Moderne einen neuen Charakter erhält. Denn nun scheinen viele Traditionen, die dem Dichter vorgegeben sind, gleichgültig verfügbar. Davon ist das Verständnis betroffen: Wie der Mensch seine Welt ordnet, greift er in sie ein und zeigt sich. Nach Maßgabe des Eingriffs mag man ihn verstehen und mit ihm sprechen. Harold Bloom privilegiert daher den »starken« Dichter. Gelingt der Eingriff nicht, bricht auch das Gespräch ab oder findet Zuflucht beim Klischee. Ordnungskrisen sind daher immer auch Verstehenskrisen, gerade in der Moderne. Oft werden nun ungebührliche Auswege konstruiert. Man greift, wenn denn eine Ordnung gesucht werden soll wie in der Krise des Historismus, zu spekulativen Konstruktionen, die genaueren Kenntnissen nicht standhalten, sich ihrer aber geradezu willkürlich bemächtigen.

Die Philologie in der Epoche des Historismus hat ihren Gegenstand, ob Autor, Werk oder Epoche, deren Individualität dem Wissen einen Halt gab, bis ins Unendliche analysieren können, und vertraute – zu Unrecht – darauf, daß die Gestalten innerhalb des ganzen Lebens eines Gelehrten sich fügen würden. Musik, Literatur und Theater, die neosakralen Kräften trauen mochten, versprachen seit 1905 eine Lösung und wurden in der geistesgeschichtlichen Epoche der Philologien zum Maßstab. Die Universität hatte sie nur zum Schein entzaubert, denn all die problem-, ideen-, heroen- und rassegeschichtlichen Darstellungen[4] teilten den Glauben an eine allgemeine Geschichte, die man in der Philosophie bald »Zeit« nannte – sie konnten den besonderen Gegenstand nicht fassen. Von Heidegger her, der in seiner Gegenposition vom Historismus abhängt, nimmt Hans-Georg Gadamer die Geschichtlichkeit selbst der Werke

2 Jürgen Habermas: *Erläuterungen zur Diskursethik*. Frankfurt a. M. 1991.

3 Vgl. Peter Szondi: »Schleiermachers Hermeneutik heute« (1970). In: P. S.: *Schriften*. 2 Bde. Hrsg. von Jean Bollack mit Henriette Beese u. a. Frankfurt a. M. 1978, Bd. 1, S. 106–130.

4 Vgl. König/Lämmert (Anm. 1).

und ihrer Interpretation zum Prinzip der Einheit und gibt der Philologie eine doppelte Funktion.

> Comme lieu privilégié de l'expérience herméneutique du questionnement et du rapport à la tradition, elle [la philologie] est hissée au rang de paradigme de la connaissance historique (›historique‹, non comme connaissance scientifique spécialisée, mais comme connaissance de l'humanité par elle-même). Mais, simultanément, elle devient une science sans vrai contenu, puisque les oeuvres, dans cette optique, ne valent pas par elles-mêmes, comme faits autonomes, et encore moins comme ensembles signifiants substantiels, mais seulement comme des points où la tradition se condense avec plus ou moins d'intensité et plus ou moins de bonheur.[5]

Gadamers Position gehört bis heute zu den stärksten Auffassungen, die der freien Arbeit der Subjektivität (des Autors und des Interpreten) entgegenstehen: die Sprache, der sich Autor und Interpret im geschichtlichen Gespräch unterwerfen müssen, sorge letztlich für das Verstehen.[6] Beiden Ausprägungen des Historismus, dem säkularen und dem (sprach)ontologischen, widersetzt sich – vor allem in der analytischen Klassischen Philologie angelsächsischer Herkunft – die Auffassung einer allgemeinen Vernunft, als ob der Autor und alle seine Interpreten sich um einen Tisch versammeln ließen und – frei von Raum und Geschichte – sich verständigen könnten. Das individuelle Subjekt und seine Arbeit, die sich gegen das Herkömmliche richtet, finden sich sowohl angesichts der Logik historischer Herkunft als auch angesichts der Kategorien einer abstrakten Subjektivität aufgehoben.

Die Kritische Philologie muß auf ›1968‹ reflektieren, denn manche ihrer Prinzipien stammen daher oder scheinen daher zu stammen: Wer sich dem Verwandten und scheinbar Nächsten zuwendet, schärft den Sinn für die Unterschiede und das eigene Konzept. ›Kritik der Institution‹ und ›Literatur als Kritik‹ werden in den Philologien um 1968 zusammengesehen. Die Frage lautet, ob dieser Gedanke berechtigt ist, wenn die Kritik ihre spekulative politische Begründung verliert. Dieser Frage ist der folgende Abschnitt gewidmet.

I. Politische Grundlagen des Verstehens

Die Grundlagen des Verstehens werden im Deutschland der 1960er Jahren neu und härter gefaßt. Als allgemein gilt die marxistische Gesellschaftskritik. Sie dringt in die verschiedenen Räume, verbindet sie untereinander und schleift die Mauern hin zur Öffentlichkeit.[7] Das Auditorium Maximum der Freien Univer-

---

5 Judet de La Combe (Anm. 1), S. 18f.

6 Vgl. Hans-Georg Gadamer: *Wahrheit und Methode. Grundzüge einer philosophischen Hermeneutik.* (Gesammelte Werke 1). 6., durchges. Aufl. Tübingen 1990, S. 270ff. und S. 387ff.; vgl. Gary B. Madison: *The Hermeneutics of Postmodernity.* Bloomington 1990.

7 Vgl. Christoph König: »Berliner Gemeinplätze«. In: *Protest! Literatur um 1968.* (Marbacher Katolog 51). Marbach 1998, S. 87–180; Jürgen Link betont die Proliferation: »Die achtundsechziger Bewegungen waren [...] authentische Kulturrevolutionen, insofern sie

sität Berlin, das ›Audimax‹, wird dafür geradezu ein Symbol. Man nutzt es als Forum, als eine Art öffentlicher Raum, in dem sich Studenten und Dichter, Professoren, Revolutionäre und Politiker treffen. Die neue politische Vernunft scheint universal und – auf die Interpretation bezogen – partikular in einem: Die Dichtung wird danach gedeutet, ob sie Kritik an den Verhältnissen übe oder nicht. Man würdigt Abweichung und Protest, zu denen der kritische Interpret, wenn er sich gegen die Gesellschaft und seine Verflechtung mit ihr wendet, verstehend Zugang finde.

Mögen damit alte Probleme gelöst sein, so stellen sich sofort auch neue. Um zu begründen, daß die Kritik an der eigenen Befangenheit, oder auch der anderer Wissenschaftler, das Verständnis einer Literatur fördert, die zu ganz anderen Zeiten ihre Proteststimme erhoben hat, erweitert man mit Walter Benjamin die Vorstellung von ›Unterdrückung‹. Die Geschichte wird zur ewigen Wiederkehr von Ausbeutung, unabhängig von den jeweiligen historisch-gesellschaftlichen Verhältnissen. Davon hänge die Kritik, ob vom Autor oder vom Interpreten geübt, über die Zeiten hinweg ab – weshalb der Interpret den Autor verstehen könne. Solche Geschichtsspekulation verlangt in der Literaturwissenschaft nach einem bestimmten Stil: dem Essay etwa, der im Choc die heterogenen Phänomene zur Evidenz bringen soll,[8] oder nach profaner Auslegung. Die pro-

überall innerhalb der ›Intelligenz‹ [...] ausgelöst wurden [...] und jeweils in einer ersten Phase (die, abgesehen vor allem von Frankreich und Italien, häufig die einzige blieb) im wesentlichen in der ›Intelligenz‹ proliferierten. Damit meine ich aber nicht bloß ein empirisches soziales Faktum, sondern vor allem auch die Tatsache, daß diese Bewegungen zunächst und fundamental die Struktur der intellektuellen Arbeitsteilung infrage stellten (contester) – bis hin zur Infragestellung der Arbeitsteilung zwischen manueller und intellektueller Arbeit überhaupt« – J. L.: »Was es heißt, sich mit dem Normalismus anzulegen. Zu einem prekären Aspekt von ›68«. Vortrag zur Tagung »1968. Wissenschaftsgeschichte und politische Bewegung«, Berlin, 11.–13. 6. 1998, Vortragsmanuskript, S. 3. Klaus R. Scherpe fragt (auf derselben Tagung unter dem Titel: »Störfall ›68. Authentizität und Antiautorität«), wie aktionistische Störungen möglich wurden, und findet die Antwort im subjektiven Verlangen nach ›Authentizität‹: Mit ihrer Hilfe wurde ein eigener politischer Raum geschaffen, gegen Autorität und ihre ›Legitimation‹, in dem die Aktion entstand. – Chlodwig Poth zeichnete als ›Progressiven Alltag‹ die Versuche, im Privaten politisch authentisch zu leben; ein spätes Zeugnis gibt Sigrid Weigel im Vorwort zu ihrer Hamburger Dissertation von 1977 (*Flugschriften 1848 in Berlin. Versuch zu einer politischen Literaturgeschichte deutscher Flugschriften in der Dialektik von bürgerlicher und nicht-bürgerlicher Öffentlichkeit*), in dem sie manches rechtfertigt, darunter Archivbesuche und private Hilfe: »Tilman Kressel unterstützte mich im Durchhalten, indem er mich in Streßzeiten von allen leidigen Reproduktionsarbeiten befreite im Bewußtsein, daß zwar eine Umkehrung der Rollenaufteilung keine gesellschaftliche Perspektive zu ihrer Überwindung darstellt, wohl aber individuell und kurzfristig notwendig sein kann« (S. V).

8 »Der liberalen und kritischen Gesinnung der Intellektuellen in dem Jahrzehnt vor der Studentenbewegung kam der aufgeklärte, nonkonformistische, offene und experimentelle Charakter des Essays entgegen.« – Heinz Schlaffer: »Essay«. In: Klaus Weimar u. a. (Hrsg.): *Reallexikon der deutschen Literaturwissenschaft*. Berlin/New York 1997, Bd. 1, S. 522–525, hier S. 325. Aus Heinz Schlaffer spricht gerade der Analogiegedanke der Kritik, den ich hier problematisiere: »Eine sozialgeschichtlich orientierte und politisch engagierte Germanistik mußte die subjektive, distanzierte Haltung des Essays als unergiebig und unerheblich für ihre Zwecke einschätzen.« (ebd.).

fane Kritik entgeht dann kaum der Gefahr, ihren Gegenstand innerhalb einer politischen Denkmechanik auszurechnen und zu ›verdinglichen‹: Eine Literatur, die neben den politischen manche andere Formen der Abweichung kennt, und auch die politischen außerhalb der Dogmatik analysiert, wird nicht in ihrer Partikularität sichtbar. Beide Probleme – die nach den gemeinsamen Voraussetzungen des Verstehens und die nach der literarischen partikularen Rationalität – spitzen sich in jenem historischen Moment um 1968 zu, da die Räume ihre Grenzen verlieren sollen und der Universität die Kenntnisse abgesprochen werden sowie der Literatur die vereinzelnde Form. Wie kritisch im Sinne einer Kritischen Philologie ist die neue politische Vernunft?

Walter Benjamin, der diese Probleme stellt, ist die Autorität der Generation.[9] In seinen siebzehn Thesen »Über den Begriff der Geschichte«, seiner letzten Arbeit (1940), die Theodor W. Adorno schon 1942 veröffentlicht, stehen die Sätze:

> Die Geschichte ist Gegenstand einer Konstruktion, deren Ort nicht die homogene und leere Zeit, sondern die von Jetztzeit erfüllte bildet. So war für Robespierre das antike Rom eine mit Jetztzeit geladene Vergangenheit, die er aus dem Kontinuum der Geschichte heraussprengte. Die französische Revolution verstand sich als ein wiedergekehrtes Rom. Sie zitierte das alte Rom genau so wie die Mode eine vergangene Tracht zitiert. Die Mode hat die Witterung für das Aktuelle, wo immer es sich im Dickicht des Einst bewegt. Sie ist der Tigersprung ins Vergangene.[10]

Viele sehen in den 1960er Jahren darin ein Dokument für Benjamins Marxismus, doch ist die Geschichtstheologie nicht zu übersehen[11] – und die Thesen sind hermeneutisch motiviert. Geschichte könne unmittelbar (im »Tigersprung«) er-

9 Vgl. Klaus Garber: *Rezeption und Rettung. Drei Studien zu Walter Benjamin.* (Studien und Texte zur Sozialgeschichte der Literatur 22). Tübingen 1987; König (Anm. 7), S. 127–134.

10 Walter Benjamin: *Gesammelte Schriften.* Bd. 1, T. 2. Hrsg. von Rolf Tiedemann/Hermann Schweppenhäuser. Frankfurt a. M. 1974, S. 701.

11 Den Marxismus sprechen ihm schon Adorno und Gershom Scholem ab; am 19. 5. 1967 schreibt Adorno an Hans Paeschke: »Sie scheinen zu argwöhnen, ich hätte Benjamins marxistische Intentionen, aus welchem Grund auch immer, coupieren wollen. [...] Ich bilde mir ein, ein sehr genauer Kenner von Marx zu sein, wie Sie es mir ja wohl auch implizit zubilligen. Darum konnte ich nicht übersehen, daß Benjamin sich zwar zum Marxismus bekannte, aber den wesentlichen Gehalt der Marxschen Theorie nicht verstanden hatte. Brechts Meriten schlage ich weiß Gott hoch genug an, aber seine Unkenntnis des Marxismus, bis in die allbekanntesten Dinge wie die Mehrwerttheorie hinein, war geradezu unbeschreiblich. Beide hatten Marx nicht im Ernst studiert, sondern, das Wort von Hobbes über die Religion zu variieren, wie eine Pille geschluckt; und eben dies schien mir das Bedenkliche: heteronom und irrational, im Gegensatz zur materialistischen Dialektik als Theorie. Hätte Benjamin diese wirklich erfahren, so wäre es seiner eigenen Konzeption besser bekommen. Daß er aber, bis zum letzten Augenblick, an seiner metaphysischen Konzeption festgehalten hat, bitte ich Sie dem guten Gedächtnis sowohl von Scholem wie von mir zu glauben. Wenn Sie das nicht mögen, so lesen Sie daraufhin bitte die Thesen über den Begriff der Geschichte nach, die in den Schriften stehen, und die übrigens aus dem Passagenkomplex, soweit er überhaupt realisierbar ist, wohl das Wichtigste darstellen, was er noch unter Dach und Fach brachte« – Redaktionsarchiv *Merkur*, Deutsches Literaturarchiv Marbach).

kannt werden, weil sie eine Summe von Ausnahmezuständen sei, die alle von der gegenwärtigen Unterdrückung her verstanden werden können. Der »Tigersprung« finde immer »in einer Arena statt, in der die herrschende Klasse kommandiert«.[12]

Der Ausnahmezustand ist negativ bestimmt, denn ständig werden von der Geschichte Absichten zerstört und Hoffnungen betrogen. Alleine läßt er sich, ein geschwärzter Augenblick, nicht verstehen. Über die Augenblicke in der Vergangenheit, die somit zum Gegenstand des Literarhistorikers werden, hat Peter Szondi in seinem Göttinger Habilitationsvortrag (1961) nachgedacht und im Titel »Hoffnung im Vergangenen«[13] den Grundgedanken formuliert: »Zwar ist der Weg zu dem Ursprung ein Weg zurück, aber zurück in ein Künftiges, das, obwohl inzwischen vergangen und in seiner Idee pervertiert, dennoch mehr vom Versprechen bewahrt, als dem heutigen Bild von der Zukunft gegeben ist.«[14] Der Historiker muß die Vorgeschichte des Augenblicks und dessen Zukunft mitbedenken, um an den positiven Sinn zu erinnern, der jeweils verfolgt wurde und den Benjamin »Ursprung« nennt. Die Zukunft des Vergangenen, aus dem sein Sinn zu gewinnen ist, wird zwar pervertiert, doch erlaubt jeder neue Ausnahmezustand, von dem aus zurückgeblickt wird, ein Wiedererkennen. Die Ausnahmezustände öffnen, in ihrer Konstellation, korrespondierend, den Blick auf jenen Ursprung, der ihr positiver (verstehbarer) Sinn ist.[15]

Die Dichter können um 1968 daraus eine Poetik machen. Wenn sie das Material richtig zueinander stellen, als Montage und wenig reflexiv, zeigt sich vielleicht, so hoffen sie, ihr Sinn. Daß erst aus der klugen Konstellation ihr Gehalt entspringt, ist ein mystischer Vorgang, den Karl Heinz Bohrer »erhaben«

---

12 Benjamin (Anm. 10), S. 701. Daß Benjamin Robespierre und Rom zum Beispiel nimmt, wo es bei Rom doch um Macht geht (und nicht um Unterdrückung), zeigt die Schwierigkeit, daß das Sprengen von historischer Kontinuität nicht unbedingt den Unterdrückten zugute kommen muß. Das hermeneutische Motiv (das Verstehen vom Ausnahmezustand zum Ausnahmezustand) und das (ideologie)kritische Motiv gehen nicht unbedingt gegenseitig auf.

13 In: *Neue Zürcher Zeitung*. Literaturbeilage vom 8. 10. 1961; jetzt in: Szondi (Anm. 3), Bd. 2, S. 275–294.

14 Ebd., S. 289.

15 Ausführlich zitiert Szondi (ebd., S. 292), als gebe er einmal den Blick auf sein sonst verschwiegenes Gedankenzentrum frei, aus Benjamins früher Schrift *Der Ursprung des deutschen Trauerspiels*: »Ursprung, wiewohl durchaus historische Kategorie, hat mit Enstehung dennoch nichts gemein. Im Ursprung wird kein Werden des Entsprungenen, vielmehr dem Werden und Vergehen Entspringendes gemeint. Der Ursprung steht im Fluß des Werdens als Strudel und reißt in seine Rhythmik das Entstehungsmaterial hinein. Im nackten, offenkundigen Bestand des Faktischen gibt das Ursprüngliche sich niemals zu erkennen, und einzig einer Doppeleinsicht steht seine Rhythmik offen. Sie will als Restauration, als Wiederherstellung einerseits, als eben darin Unvollendetes, Unabgeschlossenes andererseits erkannt sein.« Der Ursprung ist eine ideale Form, die nicht mit Nietzsches Werden gleichgesetzt, aber daraus gewonnen wird, und somit einen doppelt spekulativen Charakter behält. Die Nähe Benjamins zu Heideggers Bestimmung der ontologischen Differenz ist groß. Wenn alles Seiende im Strudel ist, kann der Strudel selbst nicht im Seienden sein. Die Frage stellt sich, ob und wie Szondi Benjamins Benutzung dieser philosophischen Tradition interpretiert.

nennt.[16] Doch gibt es Vorsichtsmaßregeln, welche schon die Dichter wie Hans Magnus Enzensberger und erst recht die kritischen Gelehrten befolgen können, und die sie vom ›Erhabenen‹ entfernen sollten. Man plant gewissermaßen die Epiphanie und stellt Materialien zusammen, die kritisch geformt sind. Wenn sie sich später ›offenbaren‹, zeigt sich die Kritik als ihr Prinzip. Auf den mystischen Augenblick, der nichts Neues formulieren würde, verzichtet man. So läßt sich die revolutionäre Energie besser konzentrieren. Hans Magnus Enzensberger übt das bis heute: als Autor wählt er die Anthologie. Er läßt andere sprechen – in Zeitschriften und Buchreihen etwa, denn seine Welt ist die der Sprache und der literarischen Tradition. Darin bewegt er sich wie Rumpelstilzchen, dessen Namen niemand wissen soll. Wenn der Dichter selbst auch stumm bleibt, so soll doch – in einem mehr als nur mystischen Sinn – wahr sein, was er nicht sagt, dafür aber in der Konstellation der Dokumente zeigt. Statt zu dichten, reflektiert er und bereitet vor. Er begleitet das in der Anthologie versammelte Material mit Reflexion (»Gemeinplätze« nennt er sie im *Kursbuch*, »Glossen« in *Der kurze Sommer der Anarchie* von 1972) und gestaltet das Material so, daß der Leser in einem Moment kritischer Evidenz den Sinn erfaßt. Selbst in *Der Untergang der Titanic* sind die Teile gesellschaftskritisch zugeschliffen.[17]

Eine politische, marxistische Wissenschaft trachtet danach, das Erhabene einzufangen – man denke an das Ringen 1968 um einen marxistischen Benjamin.[18] Sie kann das auf verschiedene Art tun: Die meisten Möglichkeiten, namentlich die ›Melancholie‹ und das ›Kalkül‹, hat Enzensberger, Schüler Adornos wie einige Professoren, im Laufe der Jahre vorgemacht. Melancholisch gestimmte Linke gedenken des vergangenen Unrechts und legen sich, während der Erinnerung, vernünftige Fesseln an. Szondi konzentriert sich etwa auf die literarische Form und stellt in seinem »Versuch über das Tragische« (im Jahr des Benjamin-Vortrags erschienen) lauter Werke zusammen, die ein dialektischer Gedanke präge: daß der Held gerade in der Anstrengung, nicht unterzugehen, untergeht.[19]

---

16 Mit dem ›Erhabenen‹ als Merkmal der Moderne hatte Bohrer einen gewissen Erfolg. Er wendet es auch auf den Protest um 1968 an, den er daher (bis heute) für ›ästhetisch‹ halten muß – vgl. K. H. B.: *Die gefährdete Phantasie oder Surrealismus und Terror*. München 1970; ders.: »Die Ästhetik am Ausgang ihrer Unmündigkeit«. In: *Merkur* 44 (1990) H. 500, S. 851–865. Die politischen Motive werden nicht genügend gewürdigt.

17 Hans Magnus Enzensbergers »Berliner Gemeinplätze« erschienen in *Kursbuch* 11 (Januar 1968) und 13 (Juni 1968), die »Gemeinplätze, die Neueste Literatur betreffend« in *Kursbuch* 15 (November 1968), S. 187–197; ders.: *Der kurze Sommer der Anarchie. Buenaventura Durrutis Leben und Tod. Roman*. Frankfurt a. M. 1972; ders.: *Der Untergang der Titanic. Eine Komödie*. Frankfurt a. M. 1978.

18 Vgl. die Benjamin-Hefte von *alternative. Zeitschrift für Literatur und Diskussion* 10, H. 56/57 (1967) und 11, H. 59/60 (1968); auch die Polemik von Peter Hamm und Helmut Heißenbüttel sollte Adorno treffen, weil der in der Edition der *Schriften* (1955) und der *Briefe* (1966) marxistische Benjamin-Texte unterdrückt habe (vgl. auch Anm. 11).

19 Vgl. Szondi: »Versuch über das Tragische«. (1961). In: Szondi (Anm. 3), Bd. 1, S. 149–260. Szondis Geschichtstheorie abnehmender Dialogfähigkeit in der bürgerlichen Gesellschaft (*»Theorie des modernen Dramas«*) und seine Versuche, die Gattungsentwicklung oder auch den Gang eines Gedichtes nach Frage und Antwort, Problem und Lösung sozialgeschichtlich zu ordnen, gehören zu den Fesseln.

Ebenso trägt die nicht zum irrationalen Eklat gebrachte Andacht für das Entrechtete (in dem man sich weiterhin die schöne Zukunft aufbewahrt denkt) viele Studien der Zeit.[20] Mechanisch-operationale Wissenschaftler bringen hingegen das Erhabene in eine geschichtliche Ordnung und richten es auf eine Utopie hin aus. Insofern die revolutionären Kräfte schon vorhanden, nur noch nicht entfesselt sind, werden sie das Ziel jener Revolution im Futur zwei.[21] Zumindest ihre Absicht ist zu würdigen: Wenn sie in der Geschichte die Zukunft aufzeigen können, in der die vergangenen Hoffnungen Benjamins in Erfüllung gehen würden, möchte ihr die Profanisierung gelingen.

Ihnen muß indes schon das rechte gegenwärtige Bewußtsein genügen. Sie wollen Hemmnisse auf dem Weg ins Glück beiseite räumen und schaffen so eine eigene Positivität (wenn etwa Enzensberger gegenüber Herbert Marcuse die Studenten als revolutionäre Kraft bezeichnet), doch beziehen sie ihre Energie aus der Kritik des ›Falschen‹ und wissen das Positive/Zukünftige kaum zu begründen. Jürgen Link erinnert sich daran, daß die Linken in Frankreich den weiteren Weg nicht weisen konnten, als die Bastionen gestürmt waren.[22] Ein linker Denkautomatismus breitete sich aus: Als falsch galt, was ›ideologisch‹ den klaren Blick auf die wahren Verhältnisse der Unterdrückung trübte. Klaus R. Scherpe und Gert Mattenklott ›entlarven‹ 1972 auf dem Stuttgarter Germanistentag etwa die Interessen des Bürgertums, von denen Dichter (Lessing ist ihr Beispiel) wie Interpret gefährdet sind, da das Bürgertum als Klasse dominiert und sich zu erhalten sucht und die hierfür nötigen Vorurteile in den ihm eigenen Institutionen (Gymnasium, Universität, Literaturbetrieb) ausbildet und vermittelt.[23] So wollen die Achtundsechziger kursierende und eigene Geschichtsspekulationen rational auslegen. Später verzichten sie darauf, wie etwa Winfried Menninghaus in seinem Buch über die *Schwellenkunde* Benjamins. Die neue Mythosforschung gestattet es, Benjamins theologische Implikationen zu übernehmen. Oder man wertet – wie Gert Mattenklott an Hofmannsthal – das Politische gegenüber dem Poetisch-Esoterischen ab.[24] Die Abwertung ist indes schon in Enzensbergers Geste revolutionärer Anthologie vorbereitet.

---

20 Vgl. Gert Mattenklott: *Melancholie in der Dramatik des Sturm und Drang*. (Studien zur Allgemeinen und Vergleichenden Literaturwissenschaft 1). Stuttgart 1968.

21 Vgl. Scherpe (Anm. 7), er nennt 1968 daher ein »imaginäres Projekt«.

22 Vgl. Link (Anm. 7).

23 Vgl. Gert Mattenklott/Klaus R. Scherpe: »Aspekte einer sozialgeschichtlich fundierten Literaturgeschichte am Beispiel von Lessings Mitleidstheorie«. In: Walter Müller-Seidel (Hrsg.) *Historizität in Sprach- und Literaturwissenschaft. Vorträge und Berichte der Stuttgarter Germanistentagung 1972*. München 1974, S. 247–258.

24 Winfried Menninghaus: *Schwellenkunde. Walter Benjamins Passage des Mythos*. Frankfurt a. M. 1986; zu »Benjamin als Favorit der akademischen Dissertation« vgl. Garber (Anm. 9), S. 162–182; Mattenklott/Scherpe (Anm. 23) gehen von Gadamers Geschichtsphilosophie aus. Mattenklott deutet später Hofmannsthals politische Ästhetik nach dem Weltkrieg als Verrat an der ihm genuinen Esoterik, zu der er später wieder zurückkehrt – G. M.: »Der Begriff der kulturellen Räume bei Hofmannsthal«. In: Ursula Renner/Gisela Bärbel Schmid (Hrsg.): *Hugo von Hofmannsthal. Freundschaften und Begegnungen mit deutschen Zeitgenossen*. Würzburg 1991, S. 11–25.

Darin strukturiert die Kritik die Teile, die die Anthologie versammelt. So erhebt sich schließlich eine einzige kritische Stimme, hervorgerufen durch das immer gleiche Schema.

Doch hat die Revolution einen Glauben, der über die Schwierigkeit hinweghelfen soll, daß man von der Kritik des Falschen nicht notwendig zum ›Richtigen‹ (zur Utopie, zur wahren Gesellschaft) gelangt. Auf dem ›Richtigen‹ wird beharrt, weil erst dieser Ausblick die Kritik ermögliche. Die Kritik muß also einen positiven unsichtbaren Ursprung haben, der sich im Moment kritischer Konzentration (in der Anthologie etwa) zeige. Darin gründet die Esoterik der Revolution. Dem Absoluten steht die vermittelnde Politik gegenüber, die die Achtundsechziger gern dem Verbrechen gleichsetzen[25] oder verachten, da die Politik nicht zwischen Gegebenem und Revolution wählt, sondern (statt Enzensbergers »tertium non dabitur«[26]) in den gegebenen Verhältnissen eine konkrete Utopie einrichten will. Solch ein Kompromiß muß für die revolutionäre Kritik unzulänglich bleiben. Selbst das politische Denken um 1968 gilt manchem später als Verrat an den esoterischen Grundlagen, auf die er als Revolutionär schon vertrauen mußte.

II. Kritik der Institution versus Autonomie

Die Kritik gilt um 1968 der Universität, weil sie Werte tradiert, deren verheerende Wirkung man an der deutschen Geschichte ablesen kann. Man sucht nach Möglichkeiten, die Macht reaktionärer Forschung auszuschalten. Mit dieser Kritik, die die Methodik ebenso betrifft wie die Kanonbildung, kann sich etwa Peter Szondi identifizieren. Bald wird indes – im Namen einer ›Demokratisierung‹ – die Institution als solche in Frage gestellt. Damit verlieren sich die Grundlagen für die Wertekritik, denn die erforderlichen Kenntnisse und die für die Kritik nötige Reflexionskompetenz können nur im Schutz der Institution ausgebildet werden. Es stehen einander gegenüber das Ziel, die Machtverhältnisse zu verändern, und die Hoffnung auf eine autonome Universität als konkretem Ort der Utopie.[27]

25 1964 werden bei Suhrkamp neun von Enzensbergers politischen Essays gesammelt unter dem Titel *Politik und Verbrechen* herausgegeben. Sein Verständnis von Politik ist ästhetisch, sein Stilwille prägt die politischen Essays. Er vergleicht Hiroshima mit Auschwitz und sieht die Gemeinsamkeit im Verbrechen, das zum Phänotyp der Politik wird, die sich nach innen wie nach außen gleich verhält. Daher sei Auschwitz ein »Ereignis, das die Wurzeln aller bisherigen Politik bloßgelegt hat« (S. 19). Dazu anstelle einer Rezension von Hannah Arendt (die sie ablehnte) der Abdruck zweier Briefe von ihr und einer Antwort Enzensbergers in: *Merkur* 19 (1965) H. 205, S. 380–385; jetzt in: König (Anm. 7), S. 95: ein bislang unbekannter Brief Arendts an Hans Paeschke, in dem Arendt ihre Aversion gegen Adorno auf Enzensberger überträgt.

26 Hans Magnus Enzensberger: »The writer and politics«. In: *Times Literary Supplement*, 28. 9. 1967.

27 Noch in der Besprechung der *Briefe* Peter Szondis (hrsg. von Christoph König und Thomas Sparr, Frankfurt a. M. 1993) bemitleidet Gert Mattenklott diese Hoffnung (unter dem

Die Forderung von Jürgen Habermas, der Diskurs möge vor allem ›herrschaftsfrei‹ sein, gehört zum Denken der Achtundsechziger, denn man ist auf der Hut vor institutioneller Korruption. Innerhalb der Institutionen und über sie hinweg soll eine Öffentlichkeit durchgesetzt werden, in der erst sich – statt der (reaktionären) Interessen, die zur Sprache gebracht entwaffnet wären – das bessere (linke) Argument durchsetzen würde. Neben anderen alten Grenzen will man damals auch die zwischen Universität und der Welt draußen aufheben. Das ist neu in der Wissenschaftsgeschichte.

Die Universität ist seit ihren Anfängen der Politik entgegengesetzt. Gemäß der protestantischen Zweireichelehre (in der von der sicheren Kanzel aus der Fürst gerügt werden darf, der seinen Pastor bezahlt) anerkennen sich Staat und Universität gegenseitig. Die Universität hat im Staat eine eigene Rolle übernommen, weil sie die (christlichen, später: nationalen) Werte des Staates teilt beziehungsweise nach außen hin legitimiert. Innerhalb ihrer Mauern und in bestimmten Momenten freien öffentlichen Sprechens wird sie diese Werte nach ihren wissenschaftlichen Prinzipien läutern und auch suspendieren. Ähnlich wie der Kirche gesteht man der Universität einen Freiraum zu, den sie nur dann gefährdet, wenn die eigenen Mitglieder die wissenschaftlich gebotene Distanz zur Politik und den eigenen Werten aufgeben.

Doch gerade das taten die Professoren fast alle in der NS-Zeit und vermittelten den Eindruck, als ob die Einrichtung selbst gesellschaftlich abhängig sei. Beispiele wie Walther Rehm zeigen, daß den Gelehrten nicht viel geschah, wenn sie ungebärdig blieben.[28] Die meisten Professoren gaben ihre Distanz und damit die Grundlage für die paradoxe gegenseitige Anerkennung der zwei Welten auf. Sie hatten Sympathie für die Werte, die ihre Institution in Frage stellten. 1968 wird die erforderliche Grenze zwischen Wissenschaft und Politik erst recht nicht erkannt und auch nicht gewollt, weil nach 1945, in einer langen restaurativen Phase, die Professoren sich in die Institution zurückziehen, die sie vorher aufgegeben haben.[29] Waren die Väter Nazis, indem sie sich als Gegner der Kommunisten ausgaben (diese Auffassung wird später von Ernst Nolte im Historikerstreit konsolidiert), stellen sich die Söhne, wenn sie die Nazis bekämpfen, auf die Seite der Kommunisten. Sie bekommen es mit einer Generation zu tun, die ihr früheres Verhalten nicht analysiert, weil sie sich während des Kalten Krieges als Gegner des Kommunismus geschützt sah. So werden der Universität von den Achtundsechzigern nur wahrheitsfeindliche, ideologische

Titel »Der seines Lebens Faden hält« in: *Frankfurter Allgemeine Zeitung*, 19.3.1994): »Tatsächlich schnürt es einem die Kehle beim Lesen zu, welches Maß an Lebensenergie hier im Vertrauen auf die Verbesserungsfähigkeit der Wissenschaft als Beruf an Verhältnisse aufgewendet wurde, für die jede persönliche Zeile verschwendet war.«

28 Vgl. Ernst Osterkamp: »Klassik-Konzepte. Kontinuität und Diskontinuität bei Walther Rehm und Hans Pyritz«. In: Barner/König (Anm. 1), S. 150–170; vgl. Hartmut Titze: »Hochschulen«. In: Dieter Langewiesche/Heinz-Elmar Tenorth (Hrsg.): *Handbuch der deutschen Bildungsgeschichte*. Bd. 5: *1918–1945. Die Weimarer Republik und die nationalsozialistische Diktatur*. München 1989, S. 209–240.

29 Vgl. Barner/König (Anm. 1).

Interessen zugetraut: Die NS-Vergangenheit der eigenen und der akademischen Väter deckt man auf, doch weil die Studenten glauben, daß die Universität vom Kapital abhängig sei, scheint ihnen die Universitätsreform nur als Gesellschaftsreform möglich. Anstatt die Autonomie der Universität gegen ihre mögliche kulturelle Abhängigkeit, der sich auch die Studenten kaum zu entziehen wußten, zu stärken und in diesem Sinn den ›NS-Professoren‹ Verrat an ihrer Wissenschaft vorzuwerfen, versprechen sich die meisten Heil allein von der ›Politisierung‹ der Universität. Professoren wie Peter Szondi finden sich in einer schwierigen Lage. Sie kommen auch vom Marxismus her (über Georg Lukács und Theodor W. Adorno etwa) und analysieren wie die Studenten externe gesellschaftliche Abhängigkeiten. Doch im Gegensatz zur negativen Erfahrung, die sie mit ihrer Wissenschaft bislang gemacht haben, verteidigen sie den wissenschaftlichen Betrieb und ihre wissenschaftliche Unabhängigkeit. Beide Positionen sind in Szondis Universitätspolitik enthalten.[30]

Innerhalb der Freien Universität Berlin strebt der AStA (der »Allgemeine Studentenausschuß«) eine »Kritische Universität« (KU) an:

> 1. Permanente Hochschulkritik und praktische Studienreform, 2. Verbreiterung und Intensivierung politischer Praxis, sei es in spontanen Aktionszentren, politischen Hochschulgruppen oder in der Studentenvertretung, mit Hilfe wissenschaftlicher Analyse und Kritik, 3. Vorbereitung der Studenten auf die Praxis der Wissenschafts- und Gesellschaftspolitik in ihren künftigen Berufen und Unterstützung der kritischen Intelligenz in diesen Berufsbereichen.[31]

Weniger achtet man auf die individuellen Mechanismen der Institution und wie sie – im Verhältnis etwa von Macht, Binnendifferenzierung, Werten und wissenschaftlichen Normen – ihre Ansprüche aufgibt, als auf den allgemeinen Gesichtspunkt, daß über die tatsächlichen Verhältnisse der bürgerlichen (faschistischen) Gesellschaft hinweggetäuscht werde. Ideologiekritik betrachtet die Universität als einen Ort möglicher Utopie neben anderen. Doch die politische Utopie einer allgemeinen ›Demokratisierung‹ verkennt das Besondere der Universität und widersetzt sich letztlich dem Anspruch, die eigene Einrichtung zu verbessern: diese Öffentlichkeit ist selbst interessiert.

Daher wollen linksliberale Professoren eine wissenschaftliche Öffentlichkeit schaffen, die der Agon des Arguments prägt. Dieser Raum wird durch fehlende Kenntnisse empfindlicher gestört als durch Interessen, denen man – kenntnislos – nur andere Interessen entgegenhalten kann[32] – oder nach denen nichts

---

30 Peter Szondi: *Über eine »Freie (d. h. freie) Universität«. Stellungnahmen eines Philologen.* Aus dem Nachlaß hrsg. von Jean Bollack. Frankfurt a. M. 1973.

31 AStA der Freien Universität Berlin (Hochschulabteilung): *Kritische Universität.* Freie Studienorganisation der Studenten in den Berliner Hoch- und Fachschulen. Provisorisches Verzeichnis der Studienveranstaltungen im Wintersemester 1967/68, S. 7. Am 1. 11. 1967 wird die Kritische Universität mit Genehmigung des Senats im Audimax gegründet – vgl. die Dokumente in König (Anm. 7), S. 154–158.

32 Bis heute schwächt sich Karl Otto Conrady damit, den Ideen von 1914 die Ideen von 1789 entgegenhalten zu wollen; vgl. K. O. C.: *Völkisch-nationale Germanistik in Köln. Eine unfestliche Erinnerung.* Schernfeld 1990, dazu Christoph König in: *Germanisch-Romanische Monatsschrift.* N. F. 42 (1992), S. 451–453.

kommt, hat man sie einmal entlarvt. Unfreiwillig wird das in einem Seminarbericht der KU deutlich. »Die Gefahr, daß die durch fehlende institutionelle Autorität erzielte Diskussionsoffenheit durch neuetablierte Sachautorität wieder verloren ginge, konnte meist vermieden werden.«[33] Adorno und Szondi sehen in einem Rundfunkgespräch das eigentliche Problem der Universitätsreform darin, daß »ganz einfach das Verhältnis zwischen dem gesellschaftlichen Modell und der Universität zu wenig durchdacht ist«. Man befinde sich daher in einer doppelten Frontstellung: »Auf der einen Seite muß man versuchen, mit einer Reihe von Archaismen der Universitätsform aufzuräumen, und auf der anderen gewisse Archaismen als die Zuflucht des Humanen, des nicht vom Betrieb schon völlig Absorbierten zu verteidigen.«[34] Das ist ein Gedanke seiner ›Dialektik der Aufklärung‹, den er auch in seinem Berliner Vortrag »Zum Klassizismus von Goethes Iphigenie«[35] am 7. Juli 1967 formuliert: Das Subjekt emanzipiere sich dank des Zivilen, aber die zivilen Regeln und Satzungen verfestigen sich und gefährden die Emanzipation, so daß das Subjekt sich nur erhalten kann, wenn es – gegen die Satzungen – seine Individualität schafft. Die Studenten haben sich zwar gegen die »total verwaltete Welt«[36] gewandt, doch nicht als partikulare Einzelne. Kongenial schreibt Szondi einen Aushang an seinem Institut: »*Egoismus*. Professor S., befragt, was er denn von der ›Kritischen Universität‹ halte, antwortete: ›Viel. Drum mache ich sie selber.‹«[37]

Der wissenschaftliche Raum, in dem nur die Argumente zählen sollen, ist gefährdet, wenn er dem Machtkampf der Werte überlassen wird. So versteht Michel Foucault die Humanwissenschaften: Gegen die Macht von Diskursen, die auf Kontinuität und Homogenität pochen (gemeint sind vor allem die Psychoanalyse, der Marxismus und die Semiotik), sucht er – auch als Historiker – Gegen-Diskurse: »Il s'agit, en fait, de faire jouer des savoirs locaux, discontinus, disqualifiés, non légitimés, contre l'instance théorique unitaire qui prétendrait les filtrer, les hiérarchiser, les ordonner au nom d'une connaissance vraie, au nom des droits d'une science qui serait détenue par quelques-uns.«[38] Mit dieser Theorie läßt sich die Macht-, nicht aber die Wahrheitsfrage stellen. Die Wahrheitsfrage ist die Frage danach, ob es intellektuelle, das heißt freie Korrekturen zum Wissen gibt, die außerhalb des Kampfes zwischen Diskurs und Gegendiskurs vorgenommen werden.

---

33 *Kritische Universität. Sommer 68 – Berichte und Programm.* Berlin 1968, S. 107.

34 Szondi (Anm. 30), S. 101.

35 Theodor W. Adorno: »Zum Klassizismus von Goethes Iphigenie«. In: Th. W. A.: *Noten zur Literatur.* Frankfurt a. M. 1981, S. 495–514.

36 Adorno an Herbert Marcuse am 6. 8. 1969: »Die Meriten der Studentenbewegung bin ich der letzte zu unterschätzen: sie hat den glatten Übergang zur total verwalteten Welt unterbrochen. Aber es ist ihr ein Quentchen Wahn beigemischt, dem das Totalitäre teleologisch innewohnt, gar nicht erst – obwohl dies auch – als Reperkussion« – aus dem Marcuse-Archiv, SUB Frankfurt a. M., zit. nach König (Anm 7), S. 127.

37 Szondi (Anm. 30), S. 83.

38 Michel Foucault: *Il faut défendre la société.* Cours au Collège de France. (1976). Paris 1997, S. 10.

Szondi kritisiert innerhalb der Universität die Macht, die das freie Argument behindert, und wählt – wenn nötig – den Leserbrief im *Tagesspiegel*, um von außen den Innenraum zu schützen. Als der Akademische Senat der FU Berlin sich gegen die KU auf ein Gutachten des Klassischen Philologen Georg Nicolaus Knauer und des Erziehungswissenschaftlers Fritz Borinski stützt, deren Argumentation dürftig ist, und Szondi darauf vergeblich hinweist, kann für ihn nur eine von ihm und anderen unterzeichnete Erklärung in der Zeitung ein Gegengewicht schaffen. Er hält daran fest: Sei die demokratische Universität die ›Zivilisation‹, so erhalte das ›Subjekt‹ seine Individualität durch die Suspendierung der Machtfrage. Das geschehe zuerst universitätspolitisch und dann intellektuell. Doch im Intellektuellen spielen für Szondi Macht und Werte keine Rolle mehr: Das ist eine Schwäche.

Meist findet die Wissenschaftsgeschichte, die solche Verhältnisse studiert, keinen Eingang in die Wissenschaft. Auch für Szondi gehört die Werte-/Machtfrage – wie die Staiger-Debatte oder seine Parteinahme für Paul Celan zeigen[39] – nicht in die wissenschaftliche Abhandlung. Zu Recht sagt er, daß Wertekritik nicht genügt, um Machtverhältnisse zu brechen. Naiv seien die Kollegen, die den alten Werten neue entgegenhalten. Doch nicht viel besser ist die Vorstellung, durch Ideologiekritik der Werte einen wertfreien wissenschaftlichen Raum schaffen zu können. Denn zu Unrecht übersieht Szondi, daß Werte Ordnungsfunktionen in den Wissenschaften haben – das vermittelt zwischen dem Seminar in der Universität und ihrer öffentlichen Rolle. Aufzuklären wäre darüber, wie diese Werte kontrolliert und somit auch suspendiert werden können.

Gerade die Interpretation ist auf das freie Gespräch mit anderen Interpreten angewiesen. Wer die Mechanismen von Macht und Werten in den Forschungen nicht mitanalysiert, schwächt die eigene Hermeneutik, da man den Streit der Interpreten, in der Gegenwart und innerhalb der Wissenschaftsgeschichte, nicht richtig inszenieren kann. Schon gar nicht möglich war dies um 1968, als die Schwelle zwischen Universität und ›Öffentlichkeit‹ abgesenkt wird.

III. Literatur als Kritik versus Partikularität

Zu den linken Werten gehört eine kritische Literatur, die, wie hier dargelegt wurde, profan gedeutet oder melancholisch in eine Katastrophengeschichte versenkt sein kann. Beides widerspricht dem hermeneutischen Ziel der Interpretation, die Partikularität eines Werkes zu begreifen. Die ›Literatur‹ Enzensbergers

39 Vgl. den Brief vom 24. 6. 1967 an Emil Staiger: »Die Thesen Ihrer Rede möchte ich dabei weitgehend ausklammern. Was ich zu ihnen zu sagen hätte, verbliebe in den Grenzen der Meinungs- und Urteilsverschiedenheit – die aber haben Sie mir und andern seit je konzediert, auch ich selber möchte es nicht anders halten« – Szondi: *Briefe (*Anm. 27), S. 219; gegen Hans Egon Holthusens Besprechung von Paul Celans *Die Niemandsrose* (*Frankfurter Allgemeine Zeitung* vom 2. 5. 1964) protestiert er mit einem Leserbrief (verkürzt abgedruckt am 25. 6. 1964; vgl. Szondi: *Briefe* (Anm. 27), S. 162–165.

und der Seinen steht dem einzelnen ›Werk‹ entgegen. Die linke Literaturwissenschaft geht von einer schon kritisch gedeuteten Welt/Gesellschaft aus und macht diese Konstruktion zum Prüfstein für eine Literatur, die darin eingepaßt werden soll. An Abweichungen läßt der Interpret nur die Herrschaftskritik zu, und diagnostiziert durch das Werk hindurch seine Konstruktion.[40] In diesem Rahmen können die Werke allenfalls partikular sein, wenn sie von der Weltsicht des Interpreten abweichen. Insofern es in der Deutungsgeschichte die Regel ist, die Werke sich anzueignen, schafft jene Kunst nachdrücklich ihre Eigenart, die auch schon künftige Konstruktionen abzuwehren versteht.[41]

Ein Beispiel: Hugo von Hofmannsthals Trauerspiel *Der Turm*[42] gehört zum Kanon einer linken Literaturwissenschaft. Sie nimmt Anteil am Schicksal des polnischen Prinzen Sigismund, der sich dem politischen Machtkalkül seines Vaters entziehen will und mit den einfachen armen Leuten fühlt. Hofmannsthal übt, in dieser Sicht, Kritik an der Gesellschaft. Das Stück hat mehrere Fassungen: An ihnen scheiden sich die Geister in der Hofmannsthal-Forschung seit ihren Anfängen. Die Interpreten seit Carl J. Burckhardt und Max Rychner, die ihre Kultur gegen einen Verfall nach dem Ersten Weltkrieg retten wollen, ziehen die ›geistige‹ Utopie der ersten Fassung vor, wo Sigismund – im ›Kinderkönig‹ – einen politisch unbefleckten Erben findet, nachdem er seine Macht restauriert hat. Dem stehen die entmutigenden historischen Erfahrungen entgegen, die die Kommunisten (von William H. Rey bis Thomas Langhoff) hinter sich haben. Sie empfinden die politische Ohnmacht Sigismunds in der dritten Fassung und seinen raschen Untergang als wahr. Nur scheinbar entspricht das Benjamins Denken, das in den 1960er Jahren den Diskurs bestimmt, weshalb auch seine Hofmannsthal-Kritiken die linke Lektüre des *Turm* prägen.[43] Benjamin räumt keiner Fassung einen Vorrang ein,

---

40 Klaus Weimar unterscheidet nach der »Produktionsrepräsentanz« (zuvor sagte er »Situationskonstrukte«) die Methoden des Textverstehens nicht danach, ob sie die Abweichungen davon erkennen – K. W.: »Text, Interpretation, Methode. Hermeneutische Klärungen«. In: Lutz Danneberg/Friedrich Vollhardt (Hrsg.): *Wie international ist die Literaturwissenschaft? Methoden- und Theoriediskussion in den Literaturwissenschaften: kulturelle Besonderheiten und interkultureller Austausch am Beispiel des Interpretationsproblems. 1950–1990*. Stuttgart/Weimar 1996, S. 110–122.

41 Vgl. Jean Bollacks Celan-Interpretationen (Gesamtausgabe bei Suhrkamp in Vorbereitung).

42 Hugo von Hofmannsthal: *Sämtliche Werke. Kritische Ausgabe*. Veranstaltet vom Freien Deutschen Hochstift, hrsg. von Rudolf Hirsch u. a., *Dramen* Bd. 14. 1: *Der Turm*. Erste Fassung. Hrsg. von Werner Bellmann. Frankfurt a. M. 1990, gilt als »erste Fassung« (zur Überlieferung vgl. ebd., S. 143 und S. 178–201); im Oktober 1925 erschien im Münchner Verlag der Bremer Presse die (stark gekürzte) Buchausgabe (»zweite Fassung«). Als »dritte Fassung« gilt die Veröffentlichung 1927 bei S. Fischer in Berlin; sie wurde für die Erstaufführungen benutzt (daher die übliche Bezeichung »Bühnenfassung«). Vgl. zum folgenden: Christoph König: *Hofmannsthal unter den Philologen. Zum Verhältnis von Dichtung und Wissenschaft in der Kultur der Moderne*. Habilitationsschrift, Humboldt-Universität zu Berlin 1997 (Publikation in Vorbereitung).

43 Am 11. 6. 1925 gab Benjamin in einem Brief an Hofmannsthal eine Art Privatgutachten, in: W. B.: *Briefe*. 2 Bde. Hrsg. und mit Anmerkungen versehen von Gershom Scholem und Theodor W. Adorno. Frankfurt a. M. 1966, Bd. 1, S. 384–390; 1926 erschien in der *Literarischen Welt* eine Besprechung der Kinderkönigfassung (Verlag der Bremer Presse 1925), 1928 am selben Ort die zweite »anläßlich der Uraufführung in München

denn jedesmal sei es die Kreatur, die der Macht unterliegt. Mit der Klage des Opfers benennt Benjamin den ›Wahrheitsgehalt‹ des Trauerspiels, der gegenüber dem Werk und der Historie (und der politischen kommunistischen Lesart Reys etwa) Vorrang hat: Eine Geschichte von Ausnahmezuständen, die einen Ursprung, einen vorgesellschaftlichen Bereich mit matriarchalischen Zügen (›urmütterlich‹) ahnen läßt, komme im Mythos des Dulders Sigismund zum Vorschein. Das Glück auf Erden bleibe dem freien Charakter, wie dem Märtyrer, unzugänglich. Den Kinderkönig überliest Benjamin glatt. Gerhart Pickerodt[44] deutet den *Turm* vor diesem geschichtstheologischen Problem Benjamins und zieht die erste Fassung vor, weil da die Utopie mit der Machtwelt vermittelt sei:

> In den Schlußakten von Turm I tritt Sigismund Basilius' Erbe an und sublimiert die Herrschaft des Vaters zur geistlichen Führung in der Not. Wird er schließlich zum Opfer seiner Turm-Vergangenheit, da er an der dunklen Macht seines Inneren zugrundegeht, so endet mit ihm die Geschichte, um sich utopisch zu verklären. Sein persönliches Martyrium sühnt die Schuld des Vaters und erlöst das Volk von der Not der Geschichte.[45]

Pickerodt konstruiert gegen die Geschichte als pure Folge von Ausnahmezuständen eine geistige Totalität, die nur durch die Gewalt immer wieder gefährdet sei.[46] Die ›geistige Totalität‹ bemeistert das ›Werden‹ der Geschichte und kann aus ihrer Melancholie herausführen. Mit anderen Worten und im Sinne der Unterscheidung von oben: Die Geschichtsspekulation erhält im *Turm*, gedeutet nach Pickerodt, in der Welt einen profanen Ort.[47] In allen diesen Fällen hat das

---

und Hamburg« (S. Fischer Verlag 1927); beide Rezensionen jetzt in: ders.: *Gesammelte Schriften*. Bd. 3. Hrsg. von Hella Tiedemann-Bartels. Frankfurt a. M. 1972, S. 29–30 und S. 89–101; posthum erschien unter dem Titel »Zur Wiederkehr von Hofmannsthals Todestag« eine Besprechung von *Loris* (1930), in: ebd., S. 250–252; eine Aufzeichung aus dem Nachlaß (»fr 120«), entstanden 1930 oder 1931, in: ders.: *Gesammelte Schriften*. Bd. 6. Hrsg. von Rolf Tiedemann und Hermann Schweppenhäuser. Frankfurt a. M. 1985, S. 145–146; Hofmannsthals Briefe an Benjamin sind verloren.

44 Gerhart Pickerodt: *Hofmannsthals Dramen. Kritik ihres historischen Gehalts.* (Studien zur Allgemeinen und Vergleichenden Literaturwissenschaft 3). Stuttgart 1968; die Dissertation entstand bei Peter Szondi – vgl. Szondi: *Briefe* (Anm. 27), S. 177–179.

45 Pickerodt (Anm. 44), S. 259.

46 Sigismund setze dem Geschichtlichen (qua Werden) seiner Existenz durch seinen Tod ein Ende. Es obsiege die Totalisierung seiner Welt nach Maßgabe des Geistes, wofür der Kinderkönig stehe.

47 Vgl. auch Bernd Peschken: »Zur Entwicklungsgeschichte von Hofmannsthals ›Turm‹, mit ideologiekritischer Absicht«. In: *Germanisch-Romanische Monatsschrift* 19 (1969), S. 152–178. Peschkens Ideologiekritik zielt ähnlich gegen die von Hofmannsthal inszenierte Innerlichkeit, die sich selbst genügt (aufgrund der Fehldeutung des Handschriftenbefunds erkennt er nicht die Bemühungen Hofmannsthals, in der Kinderkönigfassung Subjekt und Welt dramaturgisch zu verbinden). »Die geschlossene Innerlichkeit, die durch die Turmexistenz Sigismunds als verhängnisvoll und quälerisch bezeichnet worden war, wird jetzt [in der Trochäenfassung von 1902/04], wo Sigismund sich selbst abschließt, sich zur Ganzheit erklärt und das mystische Königreich realisiert wähnt, zum höchsten Wert erhoben. Da damit freilich das Problem der Verhältnislosigkeit von Innerlichkeit und Welt nicht gelöst ist, findet Hofmannsthal 1925 den Ausweg, Welt und Gesellschaft schuldig zu sprechen: Sigismund wird zum Märtyrer der Innerlichkeit gestempelt. In der Fassung von 1927 wird dieser Ausweg mit Entschiedenheit weitergegangen« (S. 160).

Trauerspiel seinen Sinn von außen. Wer die Emanzipation/Kritik im Werk nach einem Schema deutet, kann den schöpferischen Akt der Individuation nicht begründen. Oft ist das gar nicht ihr Ziel. Aber eine Wissenschaft, die aus der Kritik Partikularität herleitet, steht vor einer Antinomie, vor der literarhistorische Erkenntnis aus anderen Gründen oft steht: Wie kann man jeweils die Individualität begründen, ohne ein äußeres Prinzip anzunehmen, das die Individuation erzeugt (seien es die heroischen Gestalten im George-Kreis, von denen es eine Reihe gibt, oder die gesellschaftskritische Serialität)? Vor dem Prinzip verliert das Werk seine Partikularität. Man blickte durch das Werk auf eine ihm äußerliche Identität und hätte als angemessene Haltung nur die Andacht, weil dieser Sinn aus dem Werk selbst nicht herleitbar wäre. So ist ›Kritik‹ anders zu fassen. Sie kann individuell nur sein, wenn sie aus einer eigenen Totalität entspringt, einer Totalität, die idiomatisch ist und sich nicht auf Mystik, Weltsinn oder Begriff reduzieren läßt. Der Autor ist ein Demiurg, der seine Welt neu erschafft, statt schematisch-iterativ zu verneinen, was ihm begegnet.

Das Verstehen orientiert sich daher an zwei methodischen Aspekten, die zwei Instanzen im Werk entsprechen: an der Eigenständigkeit des Werkes, die auf die spezifische Totalität schließen läßt, und an den kleinen Akten der Loslösung, die positiv identifizierbar sind. So läßt sich die Antinomie partikularen Verstehens überwinden. Da die Summe der Loslösungsakte nicht organisch zur Totalität führt, wird man nie einen Sinn daraus entwickeln wollen, und auch nicht diagnostisch auf ihn blicken, durch das einzelne Phänomen hindurch. Die Interpretation erhält einen neuen Gegenstand: nicht den Sinn, sondern die Produktion von Sinn. »Si le sujet est défini comme travail, l'objet de l'interprétation n'est pas proprement le sens, qui, comme terme positiv (défini), supposerait déjà un arrêt de cette activité dans une forme d'identité, mais plutôt la signifiance, à savoir la capacité d'une oeuvre à faire sens.«[48]

Hofmannsthals Trauerspiel *Der Turm* forciert die Möglichkeit des Dramas, im Sprechen zu handeln: Die ganze Welt ist Disputation. Wenn die Rede die eigentliche Handlung ist, dann dient, was geschieht, der Illustration und ist abgeleitet. So wollen die Urteile über Sigismund das Geschehen und den Anteil der Urteilenden daran entscheiden. Doch sind sie uneinheitlich. Weil die Urteile uneinheitlich sind, ist es auch das Geschick Sigismunds. Zwei Gedanken werden namentlich mit Sigismund verbunden und im Geschehen entfaltet: Er sei wie Adam, in sich verschlossen und unmittelbar zu Gott, und er sei ein Renaissancemensch, der sich – analog zu den Zeitaltern des Joachim von Fiore, die Hofmannsthal aus Konrad Burdachs Studie »Sinn und Ursprung der Worte Renaissance und Reformation«[49] kennt – mit der Welt, die schlecht und voller Gewalt ist, auseinandersetzen und erneuern kann. Mit der adamitischen Vorstellung kommt Hofmannsthal bis zum dritten Aufzug, die zweite führt ihn bis in

---

48 Judet de La Combe (Anm. 1), S. 21.

49 Konrad Burdach: »Sinn und Ursprung der Worte Renaissance und Reformation«. In: *Sitzungsberichte der Königlich Preussischen Akademie der Wissenschaften*. Gesammtsitzung am 23. 6. 1910. Berlin 1910, S. 594–646.

den fünften. Ob das Stück wie eine Heilsgeschichte enden muß oder apokalyptisch, ist aufgrund der verschiedenen Gedanken nicht zu entscheiden, da die Optionen nicht aufgehen. Versteht man die Produktion des Sinns, versteht man auch die beiden Fassungen, ohne einen bestimmten oder ›höheren‹ Sinn zu wählen.

Folgt die Interpretation der Produktion von Sinn, wird die Komplexität verständlich – wie sie entsteht und als eine ›Tiefe‹ gedeutet werden kann, ohne daß die Deutung beliebig wird. Die Produktion von Sinn vollzieht sich in einer ästhetisch notwendigen Gedankenfolge im Werk.[50] In diesen Gedanken sind intertextuelle Materialien geformt oder bisherige Werkteile oder Fragen der Komposition. Ein Gedanke geht aus dem früheren hervor, um im Werk voranzukommen, und allmählich zeigt sich die Komposition, die so der Vernunft zugänglich wird. Ansätze zu dieser Ästhetik findet man bei Szondi, der von Adorno die Formel von der »Logik des Produziertseins« entlehnt.[51] Doch bleibt Szondi (mehr in seinen früheren Arbeiten als in den späteren) außerhalb des Werkes, denn das Werk wird als Ganzes aufgefaßt, das als Ganzes, in seiner Entscheidung für eine bestimmte Gattung und für eine bestimmte Ausprägung dieser Gattung, eine Antwort auf eine äußere, gesellschaftliche Situation gibt. Ähnlich begründet er – etwa in der Vorlesung über das lyrische Drama – die chronologische Folge von Werken: Das eine beantworte eine Frage, die das vorangegangene aufgeworfen hat. Die »Logik des Produziertseins« ist die von Außen (Frage) und Form (Antwort). Also bleiben diese Interpretationen diagnostisch: sie sind auf ein *allgemeines* Formproblem gerichtet. Erst wenn die Komplexität und Komposition eines Werkes aus den Gedankengängen hergeleitet wird, die das Werk entstehen lassen, gerät das Werk selbst, und zwar in kontrollierter Form, in den Blick. Auf diesem Weg stößt der Interpret weit in einen Bereich vor, den man opak nennt.

IV. Kritik der Literatur und historische Wissenschaftskritik

Wenn Literatur nur als partikulare kritisch sein kann, und nur das scharfe Argument, eingedenk seiner kulturellen Vermittlung und der institutionellen Zwänge, in denen es fällt, der ästhetischen Rationalität gleichkommt, dann wachsen der Kritischen Philologie zwei neue Arten der Kritik zu: die Kritik der Literatur und die historische Wissenschaftskritik.

Jedes Werk hat ein Bild seiner selbst, wie es Landkarten zu Landschaften gibt. Sie müssen nicht stimmen, und stimmen sie nicht, kann man nicht die

50 Diese Logik ist von dem Schaffensprozeß, wie ihn historisch-kritische Ausgaben rekonstruieren lassen, zu unterscheiden. Die Logik setzt sich gegen das Kontingente des Schaffensprozesses durch. Sie ist der Teil der endgültigen Form, die einen inneren gedanklichen Aufbau hat.

51 Szondi nimmt die Wendung in seiner Abhandlung »Über philologische Erkenntnis« von 1962 – Szondi (Anm. 3), Bd. 1, S. 261–286, hier: S. 286 – aus Adornos Essay »Valérys Abweichungen«.

Wege gehen, die angegeben sind. Entsprechend sind die Gedanken und die Komposition, denen man folgt, stets gegen den Vorschuß abzugrenzen, den das Werk sich gibt, als ob es gelungen wäre. Szondis Konzept einer idealen Vorstellung des Werkes von sich selbst, die an Benjamins ›Wahrheitsgehalt‹ anschließt, verführt dazu, im Lesen zu ergänzen oder zu korrigieren, was ungenügend ist.[52] Wer das Selbstbild (das nicht mit den expliziten Selbstdeutungen zu verwechseln ist) der Komposition vorzieht, glaubt an die ästhetische Nichtausschöpfbarkeit der Werke (Gadamer). Die Komposition ist dann nicht mehr als das säkulare Gesicht eines unerschöpflichen ästhetischen Geheimnisses. Wer sich nur an die Komposition hält, muß die Literaturkritik zu Hilfe nehmen, die prüft, ob das Werk mit dem Bild seiner selbst aufgeht.[53] Dorthin wandert nun die Kritik: Sie ist der vom Interpreten gepflegte Zweifel des Werkes an den eigenen Vorurteilen über sich selbst.

Die Bilder, die Hofmannsthal dem *Turm* eingibt, suggerieren ein Resultat. Zuvor schon war ihm die alte Kultur in Stücken begegnet, doch der junge Lyriker konnte sie benutzen, weil er das höhere Prinzip einer (neuen, reinterpretierten) Kultur voraussetzte. In diesem Vertrauen schuf er sein Eigenes: Seine Kunst war frei im Umgang mit den Traditionen. Das kulturelle Ganze war eklektisch und dennoch gesichert durch seine moderne Vorstellung vom Werden, mit dem als Prinzip mühelos eines ans andere sich reihen zu lassen schien. In den zwanziger Jahren geht sein Vertrauen verloren. Weniger aus Überzeugung vielleicht, sondern – wie man aus den Briefen lesen mag – mehr aus Angst schließt er sich Konservativen wie Burckhardt an, die einen ›Kulturzerfall‹ diagnostizieren. Er versucht, für sie die alte Ganzheit, so falsch deren Annahme war, nun künstlich und erzwungen, nicht nach seinem Geschmack, sondern nach neuen Dogmen zu konstruieren. Damit schwindet der freie Raum für die Kunst, die nun eine Aufgabe hat vor allen anderen: Sie muß die Kultur erst schaffen, die ihre Grundlage sein sollte. Im *Turm* bedeutet das: Sigismund soll – wie die Handlung zeigt und wie es Hofmannsthal mit allegorischen und emphatischen Mitteln bekräftigt – als Zentrum der Bedeutung gelten, dessen Identität die in den Gedanken geläuterten Traditionen (wie oben Adam und die Renaissance) bemeistert. Was Hofmannsthal als gelungen ausgibt, ist eine Konstruktion, die in der Interpretationsgeschichte immer aufs neue ausgedeutet und aktualisiert wird. Die kritische Interpretation zeigt, wie wenig berechtigt das ist.

Da auch dem modernen Dichter kein privilegierter privater Zugang zu höheren Mächten (Volk, Sein, Geist, Geschichte, Diskurs, Sprache) eingeräumt wird, den er im Bild des Werkes von sich selbst gerne beansprucht, unterliegt die Logik seines Werkes derselben Vernunft wie die Interpretation. In ihr gelten die allgemeinen Normen der Argumentation, vor allem die, daß man im Agon der Ar-

52 Vgl. Peter Szondi: *Das lyrische Drama des Fin de siècle. Studienausgabe der Vorlesungen.* Hrsg. von Henriette Beese. Frankfurt a. M. 1975, Bd. 4, S. 17.

53 Vgl. Christoph König: »Wissensvorstellungen in Goethes Faust II«. In: *Euphorion* 93 (1999) H. 2, S. 227–249.

gumente die Gedanken am besten schärft. So wird Kritik im Kantschen Sinn (Reflexion auf die Voraussetzungen) zu Kritik im *polemischen* Sinn: Die eigene Auffassung kann nur aufgrund der Konfrontation bestimmt werden, und gleichzeitig depersonalisiert sie sich dadurch.[54] Um den Streit der Deutungen stets von neuem zu beleben, wendet sich die Wissenschaftskritik dem Werte- und Machtmechanismus in seinen historischen Ausprägungen zu, wie ihn eine Zweiweltenlehre von Universität und Öffentlichkeit voraussetzt. Die Gesellschaftskritik, daran erinnert die Wissenschaftsgeschichte, beherrscht den Diskurs um 1968. In die kritische Deutung gezogen, erweisen sich ihre Werte als aktualisierter Teil des Werkes, der im Werk selbst Kritik erfährt.

54 Der habituelle Vorwurf, man könne, wenn man die Rationalität von Texten zu verfolgen beanspruche, der eigenen Subjektivität nicht entgehen, übersieht dieses polemische Verständnis von Kritik. Der Vorwurf hat seine Grundlage im Vorurteil, es gebe keine Subjektivität, weder im Text noch im Interpreten.

Noch einmal: Zum Verhältnis von Disziplinarität und Interdisziplinarität: Das Konstanzer Konzil zwischen den Disziplinen. Neue Orte und neue Konturen eines alten Gegenstandes

Thomas Rathmann

I.

Aufbruchstimmung ist spürbar in den Sozial- und Geisteswissenschaften. Avantgarde ist Pflicht. Epochen und wissenschaftliche Trends, selbst Staatsformen,[1] werden mit dem Poststempel versehen und mit dem ausgehenden Jahrhundert verabschiedet. Doch nicht allein die seit alters zu beobachtende Unruhe vor Jahrhundertwechseln läßt die Sozial- und Geisteswissenschaften die Suche nach ihren jeweiligen disziplinären Identitäten intensivieren. Spezialisierung und Ausdifferenzierung haben dazu geführt, daß die meisten Disziplinen im Verlauf der letzten Jahrzehnte an Kontur verloren haben. Es ist zudem die immer schwieriger zu erzielende Akzeptanz wissenschaftlicher Ergebnisse in der Öffentlichkeit, es sind die schmaler werdenden Etats der Kultus- und Wissenschaftsbehörden, es sind – kaum mag man es noch schreiben – die Wirkungen von Globalisierung und Medialisierung sowie die Innovationserfolge der Naturwissenschaften[2] und der Informationswissenschaften, die den Druck auf die Geisteswissenschaften erhöhen und ihnen für ihre Existenz im Ensemble der Wissenschaften immer neue Legitimationsnöte auferlegen und Selbstbeschreibungen abverlangen. Dies ist um so ungewohnter, als sich die Geisteswissenschaften seit ihrer Etablierung an den von Wilhelm von Humboldt neukonzipierten Universitäten bar aller Nützlichkeitserwägungen haben entwickeln können, ja sollen. Lange Zeit haben sie einen nicht unbeträchtlichen Teil ihres Selbstbewußtseins gerade daraus bezogen, auf die Produktion von pragmati-

---

1 Wenn auch – gottlob – nur im Feuilleton, vgl. beispielsweise Christian Nürnberger: »Der geplatzte Wechsel. Keine Macht dem Volk – an der Schwelle zur Postdemokratie«. In: *Süddeutsche Zeitung* vom 19. 3. 1998.

2 Gleichwohl geht die Wissenschaftsphilosophie mit ihnen auch nicht zimperlich um, vgl. etwa Ian Hacking: *Einführung in die Philosophie der Naturwissenschaften*. (1983). Stuttgart 1996, S. 13, der seinen Aufsatzband nicht eben schmeichelhaft beginnt: »Schon seit langem haben die Philosophen aus der Wissenschaft eine Mumie gemacht. Als sie endlich den Leichnam auswickelten und die Überbleibsel eines historischen Vorgangs des Werdens und Entdeckens erblickten, führten sie zu eigenem Behufe eine Rationalitätskrise herbei. Das geschah um das Jahr 1960.«

schem Wissen niemals verpflichtet worden zu sein – wogegen nicht erst seit heute Einspruch erhoben wird.[3]

Ein Blick in das Internationale Referatenorgan *Germanistik,* um auf das eigene Fach zu kommen, zeigt, daß der Herausforderung begegnet wird. Die Wissenschaftsgeschichte nimmt immer größeren Raum ein, Methoden- und Theoriediskussionen sind mehr und mehr Gegenstand von Lehre und interdisziplinärer Forschung,[4] die Internationalisierung der Literaturwissenschaften hat deutlich zugenommen,[5] und der Grad der Selbstthematisierung nicht nur der Germanistik, sondern aller Geisteswissenschaften hat sich deutlich erhöht. Nun tastet sich die alte Germanistik auch an die Wissenschaftsforschung heran, eine noch junge Wissenschaftswissenschaft, die ihren aus Wissenschaftstheorie, -soziologie und -geschichte gebündelten Blick bislang fast ausschließlich auf Computer und Labors, nicht aber auf Zettelkasten, Bibliothek und Lesewelten gerichtet hat – eine Begegnung mit ungewissem Ausgang. Schon aber werden erste geisteswissenschaftliche Stimmen laut, die das Rad zurückdrehen wollen, weil sie in den vereinten wissenschaftshistorischen Krisenreaktionskräften schon wieder – oder nur noch – Symptome der

3 Vgl. Hermann von Helmholtz: »Über das Verhältniss der Naturwissenschaften zur Gesammtheit der Wissenschaft. Akademische Festrede gehalten zu Heidelberg beim Antritt des Prorectorats. 1862«. In: H. v. H.: *Vorträge und Reden I.* Braunschweig 1896, S. 157–185.

4 Vgl. Walter Erhart: »Internationalisierung – Pluralisierung – Interpretation. Eine wissenschaftsgeschichtliche Fallstudie am Beispiel des Internationalen Referatenorgans Germanistik.« In: Lutz Danneberg/Friedrich Vollhardt (Hrsg.): *Wie international ist die Literaturwissenschaft? Methoden- und Theoriediskussion in den Literaturwissenschaften: kulturelle Besonderheiten und interkultureller Austausch am Beispiel des Interpretationsproblems (1950–1990).* Stuttgart/Weimar 1996, S. 305–328. Aus Erharts Studie wird vor allem das Moment der Verspätung deutlich, denn »der poststrukturalistische Angriff auf die Grundlagen der Bewußtseinsphilosophie und der dekonstruktivistische Widerstand gegen Interpretation gelangen offensichtlich erst dann ins germanistische Bewußtsein, wenn sie international bereits wieder verabschiedet werden« (S. 324). – Aus der Fülle der Bände, die die unterschiedlichsten Beiträge geisteswissenschaftlicher Identitätssuche versammeln, sei angeführt der Band von Hartmut Böhme/Klaus R. Scherpe (Hrsg.): *Literatur und Kulturwissenschaften. Positionen, Theorien, Modelle.* Reinbek 1996.

5 Vgl. dazu Lutz Danneberg/Jörg Schönert: »Zur Transnationalität und Internationalisierung von Wissenschaft.« In: Danneberg/Vollhardt (Anm. 4), S. 7–85. Dannebergs/Schönerts diachrone und synchrone Untersuchung zeigt auf, daß es zwar regen internationalen wissenschaftlichen Austausch gibt, daß er aber auf einer schiefen Ebene stattfindet, daß die germanistische Literaturwissenschaft »zu einem immer größeren Innovationsschuldner in internationaler wie interdisziplinärer Hinsicht wird«, daß sie mithin eine »negative Handelsbilanz« aufweise (S. 57). Vgl. auch Hartmut Böhme: »Die umstrittene Position der Germanistik im System der Wissenschaften«. In: Ludwig Jäger (Hrsg.): *Germanistik. Vorträge des deutschen Germanistentages 1994. Disziplinäre Identität und kulturelle Leistung.* Weinheim 1995, S. 46–53. Eine der Ursachen für die zumeist negativen Befunde der betriebsamen disziplinären Identitätssuche mag die beinahe hermetische Selbstreferentialität vieler an dieser Suche Beteiligter sein. Vor allem aber sollte die unerträgliche Krisendebatte, die kaum zu Ergebnissen, sondern nur zu erhöhtem Papierausstoß führt, aufgegeben werden zugunsten einer Diskussion, bei der der Wille zur Selbstreflexion nicht immer nur beteuert wird.

»Verzweiflung oder des Solipsismus« entdecken, die die eigentliche Arbeit zu kurz kommen lassen.[6] Im Falle der Literaturwissenschaften wird daher vielfach die Rückbesinnung auf das Geschäft der Edition, Interpretation und Literaturgeschichtsschreibung angemahnt. Als wenn das so einfach wäre! Denn vor allem die berüchtigten ›turns‹ (›linguistic‹, ›interpretative‹, ›rhetoric‹), die seit etwa einem Jahrzehnt auch hierzulande ernsthaft zur Kenntnis genommen werden, erweisen sich als hartnäckige, ja, die bislang wohl schwersten Herausforderungen an die Literaturwissenschaften.

Auch die Einflüsse von Psychoanalyse, Philosophie, Marxismus und Strukturalismus zu Beginn des Jahrhunderts und der Zweite Weltkrieg in dessen Mitte haben zu heftigen Kontroversen über Gegenstand und Richtung der Wissenschaften vom Textverstehen geführt, deren Grundfesten aber nicht wirklich erschüttern können. Die Einheit des Faches blieb – zumindest in ihrer institutionellen Verankerung – gewahrt. Erst die Praxis der Textlektüren Lacans, Lévi-Strauss', Barthes', Foucaults, de Mans und Derridas, »alsbald unter dem wenig aussagekräftigen Titel des ›Poststrukturalismus‹«[7] zusammengefaßt, zielt auf die gesamte Werthierarchie literaturwissenschaftlicher Arbeit, besonders auf die Axiome von Autorschaft und literarischem Textbegriff, und damit auf den Kern und das Selbstverständnis der Wissenschaft von der Literatur. Sollte es sie wirklich je gegeben haben, dann ist angesichts dieser Herausforderung die disziplinäre Identität[8] der Literaturwissenschaften, ja aller Textwissenschaften, in Gefahr.[9] Von der Verspätung der Aufnahme der ›Französischen Theorie‹ hier

---

6 Ein Zitat, das Wolfgang Maaz in einem Beitrag von Caroline Bynum in der Zeitschrift *Historische Anthropologie* 4 (1996), S. 30f., aufgespießt hat, vgl. Wolfgang Maaz: »›Der Verzweiflung oder dem Solipsismus nachgeben?‹ Zum Beispiel Wissenschaftsgeschichte«. In: *Mittellateinisches Jahrbuch* 32 (1997), S. 113–119.

7 So Gerhard Neumann in der Einleitung zu dem von ihm herausgegebenen Symposiumsband – G. N. (Hrsg.): *Poststrukturalismus. Herausforderung an die Literaturwissenschaft.* Stuttgart/Weimar 1997, S. 3f.

8 Das heißt genauer deren kognitive Identität, also die Kohärenz von theoretischer und methodologischer Ausrichtung, von gemeinsamen Paradigmen und wissenschaftlichen Instrumentarien und Terminologien innerhalb eines Problemfeldes, die es erlauben, die Grenzen zu den Nachbardisziplinen zu bestimmen – zumindest legen dies die innerdisziplinären wissenschaftsgeschichtlichen Studien nahe, die sich neben dem Nachweis der kognitiven besonders um einen solchen der historischen Identität der Disziplin bemühen. Der historische Aspekt ist enthalten im Titel des 1987 von Jürgen Fohrmann und Wilhelm Voßkamp herausgegebenen Sonderheftes der *DVjs* mit dem Titel: *Von der gelehrten zur disziplinären Gemeinschaft.* – Vgl. vor allem den in seiner Konzeption gegenüber dem Vor-Projekt etwas veränderten Band von Jürgen Fohrmann/Wilhelm Voßkamp (Hrsg.): *Wissenschaftsgeschichte der Germanistik im 19. Jahrhundert.* Stuttgart/Weimar 1994, darin besonders die Einleitung von Jürgen Fohrmann (S. 1–14), in der er die konzeptuellen Vorgaben des Projekts schildert, das gemäß einer »kategorialen Vierteilung in Sozialsystem, Entwicklung der literaturwissenschaftlichen Arbeitsweisen, Selbstreflexion und Leistungsbezug« (S. 14) entwickelt und durchgeführt wurde; vgl. auch Klaus Weimar: *Geschichte der deutschen Literaturwissenschaft bis zum Ende des 19. Jahrhunderts.* München 1989.

9 Freilich nur dann, wenn man die Theoriedebatte ernst nimmt und nicht von vornherein als Narretei abtut. Walter Erhart hat eine Fülle von Zitaten zusammengestellt, die bele-

zulande ist die Rede gewesen, davon, daß sie nur noch als historischer Gegenstand zur Kenntnis genommen werde, wobei es nicht wenige geben mag, die darauf setzen, daß, wenn man nur lange genug still halte, der Spuk schon vorüber ziehen werde, wie so viele ›Moden‹ vorher. Doch spätestens mit dem Erscheinen des Bandes, der hervorgegangen ist aus einem der Vorgängerkolloquien zu diesem Symposion,[10] sind die Diskurswelten der genannten Theoretiker gleichsam als legitimer Gegenstand literaturwissenschaftlicher Arbeit anerkannt; die Theorien können nicht länger marginalisiert werden, doch müssen sie sich auch selbst daraufhin befragen lassen, was sie für die konkrete literaturwissenschaftliche Arbeit zu leisten vermögen und welche Konsequenzen ihre Anwendung beziehungsweise ihre Eingliederung in das literaturwissenschaftliche Paradigmenspektrum für die Literaturwissenschaften hat. Es ist mithin angebracht, den »Fallstudien«[11] zu »Schrift – Gedächtnis – Differenz«, »Rhetorik – Poetik – Dekonstruktion«, »Literatur – Philosophie – Lektüre« sowie »Text – Geschichte – Repräsentation« (dies sind die als exemplarisch verstandenen Sektionstitel des genannten Symposions), Überlegungen zu den Auswirkungen der Theoriedebatte auf den disziplinär organisierten Wissenschaftsbetrieb sowie auf konkrete Forschungsprojekte an die Seite zu stellen.

---

gen, daß allein des, in der Tat ja gewöhnungsbedürftigen, »Jargons« wegen den neueren Theorien mit äußerster Skepsis begegnet wird – vgl. Erhart (Anm. 4), S. 323. In einem Beitrag für den Aachener Germanistentag hat Joachim Heinzle mit einleuchtenden Argumenten für den Erhalt des Faches Germanistik als universitärer Disziplin plädiert – vgl. Joachim Heinzle: »Zur disziplinären Identität der ›Germanistischen Mediävistik‹«. In: Jäger (Anm. 5), S. 194–203, hier S. 201: Einheitsstiftendes und Kontinuität sicherndes Moment einer deutschen Literaturgeschichtsschreibung solle die Neubesinnung auf die Philologie sein, ein Vorschlag, der allerdings nicht neu sei. Für einen Fortbestand des Fachs rechnet er sich jedoch deshalb kaum realistische Chancen aus, weil es zu groß geworden sei. Die verfehlte Universitätsreform habe einen Berg von Professorenstellen hinterlassen, die angesichts von Akzeleration, Spezialisierung und Differenzierung von Wissen gefordert und bewilligt worden seien. Nun könne, so Heinzle, niemand behaupten, daß es jenen Wissenszuwachs nicht gebe, und man könne ihm wohl auch nur mit Spezialisierung begegnen, das Problem bzw. die Fehlentwicklung aber bestehe darin, »daß die Spezialisierung weit über das sachlich erforderliche Maß hinaus betrieben« werde. »Dem entgegenwirken zu wollen, liefe [...] auf das Eingeständnis hinaus, daß durchaus nicht alle germanistischen Professuren gebraucht werden« (ebd.), obwohl es aus standespolitischen Gründen inopportun sei, dies auszusprechen. Immerhin, Heinzles Beitrag ist ehrlich, was selten genug ist. Er kann sich solche Offenheit leisten, doch welche Professur überflüssig ist, um welche ›Sache‹ es eigentlich gehen sollte und welche Art der Spezialisierung zu weit getrieben wird, davon wird beredt geschwiegen. – Zu Funktion und Bedeutung der Philologie im Rahmen der Fachgeschichte vgl. Nikolaus Wegmann: »Was heißt einen ›klassischen Text‹ lesen? Philologische Selbstreflexion zwischen Wissenschaft und Bildung.« In: Fohrmann/Voßkamp (Anm. 8), S. 334–450.

10 Vgl. Neumann (Anm. 7). – Vgl. ferner Lutz Danneberg/Friedrich Vollhardt (Hrsg.): *Vom Umgang mit Literatur und Literaturgeschichte. Positionen und Perspektiven nach der ›Theoriedebatte‹*. Stuttgart 1992.

11 Vgl. zur Problematik und wissenschaftstheoretischen Anwendbarkeit dieses Begriffs in diesem Band den Beitrag von Ralf Klausnitzer.

II.

Angesichts der skizzierten Unübersichtlichkeit ist der Ruf nach Selbstreflexion der betroffenen Disziplinen noch vernehmlicher geworden, und *ein* Beobachtungsfeld stellt das Verhältnis von Disziplinarität und Interdisziplinarität dar. Auf der pragmatischen Ebene lassen sich eine Fülle von erfolgreichen Projekten nachweisen,[12] auf methodologischer und theoretischer Ebene aber sind die Felder interdisziplinärer Zusammenarbeit nur grob schraffiert worden. Lediglich die Wissenschaftssoziologie, namentlich Rudolf Stichweh, hat der Fragestellung aus systemtheoretischer Perspektive aufschlußreiche Ergebnisse abgewinnen können. Jürgen Mittelstraß hat vermutet, daß sich in dem Begriff der Interdisziplinarität »eine Reparaturvorstellung« ausdrücke, »die dem Motor der Wissenschaft aus seinem fachlichen und disziplinären Stottern helfen soll«.[13] Disziplinarität bleibt denn auch weiterhin die Basis akademischer Forschung und wird als Steuerungsinstrument wissenschaftlicher Sozialisation immer noch wirkungsvoll, und nicht selten disziplinierend, eingesetzt. Interdisziplinarität, so Wilhelm Voßkamp, sei ohne disziplinäre Kompetenz nicht möglich, ohne daß er allerdings präzisierte, was er unter solcher Kompetenz versteht.[14]

---

12 Zu denken ist z. B. an das Utopie-Projekt in Bielefeld, an die renommierte Forschungsgruppe »Poetik und Hermeneutik«, deren 17. und letzten Band Gerhart von Graevenitz und Odo Marquard in Zusammenarbeit mit Matthias Christen jüngst herausgegeben haben: *Kontingenz*. München 1998. Es ist weiterhin zu denken an Graduiertenkollegs, wie sie u. a. in Marburg, Konstanz oder neuerdings in Erlangen eingerichtet worden sind. Nicht zu vergessen ist auch das Wissenschaftskolleg in Berlin, wo die transdisziplinäre Debatte von Forscherinnen und Forschern aus unterschiedlichsten Wissenschaftskulturen eine, wie es Wolf Lepenies immer wieder betont, produktive Verunsicherung auslösen soll. (Immer funktioniert dies aber offenbar nicht, oder je nach Perspektive gerade doch, wie man einer Anekdote von Peter Jelavich entnehmen kann: Nach langem Flug in der Berliner Wallotstraße eingetroffen, zwang ihn die Kolleg-Disziplin an den gemeinsamen Frühstückstisch: »Außer mir war dort nur eine weitere Person, nämlich eine Slawistin aus der Bundesrepublik. Nach den üblichen Vorstellungsritualen – Name, Universität – stellte sie mir als dritte Frage: »Was ist Ihre Methodologie?« Meine ersten Gedanken waren: 1) Ich bin wieder in Deutschland! und 2) Wann geht der nächste Flug zurück nach Amerika?« – Peter Jelavich: »Methode? Welche Methode? Bekenntnisse eines gescheiterten Strukturalisten«. In: Christoph Conrad/Martina Kessel (Hrsg.): *Kultur & Geschichte. Neue Einblicke in eine alte Beziehung*. Stuttgart 1998. S. 141–159, hier S. 142. – Vgl. auch Wilhelm Voßkamp: »Jenseits der Nationalphilologie. Interdisziplinarität in der Literaturwissenschaft.« In: Danneberg/Vollhardt (Anm. 4), S. 87–98.

13 Jürgen Mittelstraß: »Wohin geht die Wissenschaft? Über Disziplinarität, Transdisziplinarität und das Wissen in einer Leibniz-Welt«. In: *Konstanzer Blätter für Hochschulfragen* 26 (1989), S. 97–115, hier S. 102.

14 Vgl. Voßkamp (Anm. 12), S. 88. – Im übrigen scheint es, als traute man ihr selbst dort nicht viel zu, wo sie institutionell verankert ist: am Zentrum für interdisziplinäre Forschung (ZiF) in Bielefeld. Oder wie ist die Einleitung Jürgen Kockas zu dem von ihm herausgegebenen Band *Interdisziplinarität: Praxis – Herausforderung – Ideologie* (Frankfurt a. M. 1987) zu verstehen, wenn er schreibt, die Beiträge würden sich mit der Berechtigung und den Grenzen der Forderung nach Interdisziplinarität beschäftigen, »denn diese ist nicht das Normale. Interdisziplinarität wird sich, wenn überhaupt, nur durch den Aufweis von Defiziten rechtfertigen können, die das System disziplinär verfaßter Wissenschaften kennzeichnen« (S. 7f.).

Dies mag seine Ursache darin haben, daß »die interne Differenzierung der Wissenschaft mittlerweile die disziplinäre Ebene unterschritten [hat], so daß die kognitiven Bezugsrahmen, mit deren Hilfe Wissenschaftler Forschungsprobleme identifizieren, nicht mehr unbedingt auf der Ebene der klassischen Disziplinen angesiedelt sind«.[15]

Zwar wird die disziplinäre Ebene noch nicht angetastet, doch impliziert der Satz, daß die Disziplinen offenbar von innen, das heißt aus ihren organisatorischen wie methodologischen Kernen heraus heterogen zu werden beginnen, und daß von daher die disziplinäre Identität fragwürdig wird. Läßt sich heute nur mehr beschreiben, wie Disziplinen entstanden sind, analysieren, welche Rolle sie im universitären Wissenschaftssystem als Sozialisationsinstrumente und Kommunikationsgaranten spielen? Läßt sich lediglich mutmaßen, daß die immer wieder ins Feld geführte Differenzierung sie in Implosionsgefahr bringt? Die Notwendigkeit ihres Fortbestehens wird gleichwohl stets behauptet.

Rudolf Stichweh hat, über die Beschreibung der strukturellen Perspektive des Funktionssystems disziplinär strukturierter Wissenschaft hinaus, Überlegungen zur prozessualen Differenzierung von Disziplinen angestellt. Dabei hat er vor allem das Verhältnis von kognitiven Innovationen und Differenzierungsschritten unter dem Aspekt von Innovationshäufigkeit und wissenschaftlichem Wachstum beobachtet.[16] Sein Ergebnis lautet, daß sich wissenschaftliches Wachstum nach der Erfüllung bestimmter, hier zu vernachlässigender, Voraussetzungen, unter anderem aus der wechselseitigen Anregung verschiedener Spezialgebiete erkläre. Voranschreitende Differenzierung der Wissenschaft ermögliche Innovationen aufgrund zunehmender externer Anregungen.[17] Demnach scheinen Disziplinen als organisatorische Einheiten auch weiterhin insofern unverzichtbar, als sie die Themen und Objekte wissenschaftlicher Untersuchung verwalten und deren – auch rivalisierende – Beziehungen untereinander regeln, indem sie Kriterien für die Art des Wissens sowie die Methodologien für dessen Produktion bereitstellen. Mit den derzeitigen Instrumenten »einer dritten Ordnung«[18] lassen sich für die einzelnen Disziplinen aber offenbar nur schwer kategoriale Begründungen für das Phänomen der Disziplinarität ermitteln.

---

15 Rudolf Stichweh: »Differenzierung der Wissenschaft.« In: R. St.: *Wissenschaft, Universität, Professionen. Soziologische Analysen.* Frankfurt a. M. 1994, S. 15–51, hier S. 19.

16 Vgl. zur Funktion und den Möglichkeiten einer Wissenschaftswissenschaft und zur Bedeutung von ›Beobachtung‹ Niklas Luhmann: *Die Wissenschaft der Gesellschaft.* Frankfurt a. M. 1990, insbes. S. 68–121.

17 Vgl. Stichweh (Anm. 15), S. 45.

18 Die Wissenschaftstheorie ist mehr mit der Lösung erkenntnistheoretischer Probleme wissenschaftlichen Wissens beschäftigt, und die Wissenschaftsgeschichte setzt sich die historische Entwicklung der verschiedenen Wissenschaften unter kultur- und medienwissenschaftlicher Perspektive zum Ziel. Die Wissenschaftsforschung untersucht mittels eines großen methodologischen Spektrums vor allem die »Wechselwirkungen von Wissenschaft, Technologie und Gesellschaft«, die »gesellschaftlichen und kulturellen Bedingtheiten«, die »Spezifika wissenschaftlicher Forschung« sowie die »soziale[n] Konstruktion wissenschaftlicher Erkenntnisse«. Die Geistes- und Sozialwissenschaften

Außer den systemtheoretischen Ansätzen von Stichweh finden sich hierzulande derzeit kaum Überlegungen zur wissensorganisierenden Funktion von Disziplinen.[19] In den USA hingegen stehen Disziplinarität und Interdisziplinarität von ›sciences‹ wie ›humanities‹ schon länger im Blickpunkt wissenschaftstheoretischer Studien. Impulsgebend hat auch hier Clifford Geertz zu Beginn der 1980er Jahre mit seinem programmatischen Aufsatz »Blurred genres« gewirkt.[20] Ihn interessiert die Frage, worin disziplinäres Wissen besteht und wie es sich vom Wissen benachbarter Fächer abgrenzt. Vor allem aber macht er darauf aufmerksam, daß sich in die soziologischen und anthropologischen Untersuchungen immer häufiger Metaphern aus dem Bereich der ›humanities‹ finden – Spiel, Drama, Diskurs, Sprechakt etc. Dieser Befund läßt ihn die These aufstellen, daß die Veränderung der Metaphorologie in diesen Disziplinen, der Wechsel von naturwissenschaftlich inspirierten zu Analogien aus der symbolischen Formsprache, auch eine Veränderung der Methoden und Ziele dieser Disziplinen mit sich gebracht habe. Darauf deutet der Untertitel von Geertz' Beitrag »The refiguration of social thought«. Zu erkennen ist bei Geertz bereits die Tendenz, disziplinäre Grenzen nicht länger als institutionelle und schon gar nicht als intellektuelle Barrieren zu betrachten.

Darin gefolgt sind ihm in den Vereinigten Staaten in jüngerer Zeit Wissenschaftsforscher, die anstelle der disziplinären Kerne die Grenzbereiche von Disziplinen untersuchen. Dabei stehen, ähnlich wie hier, die ›humanities‹ nicht im Zentrum der Beobachtungen. Wo sie aber ins Blickfeld geraten sind, haben sich z. B. die Geschichts- wie die Literaturwissenschaften erwiesen als »the busiest areas of cross-disciplinary combinations«.[21] Disziplinen, die einen so hohen Grad von Durchlässigkeit (›permeation‹) aufweisen, ließen es, so Julie Thompson Klein,

---

hat sie erst seit kurzem zum Forschungsfeld erklärt, d. h. von hier sind noch kaum verläßliche Ergebnisse in Hinblick auf die oben erörterten Fragen zu erwarten, vgl. Ulrike Felt u. a. (Hrsg.): *Wissenschaftsforschung. Eine Einführung*. Frankfurt a. M./ New York 1995, hier S. 20f.

19 Das Konstanzer Symposion »Wird die Wissenschaft unüberschaubar?« mit zahlreichen Beiträgen zum disziplinären System der Wissenschaft und zur Aufgabe der Wissenschaftspolitik liegt bereits zehn Jahre zurück. Die Beiträge sind dokumentiert in: *Konstanzer Blätter für Hochschulfragen* 26 (1989). – Zu dem historischen Zeitpunkt, wo man hätte erwarten können, daß das Wissenschaftssystem auf den Prüfstand gehörte – bevor nämlich die Um- und Neuorganisierung der Universitäten in den neuen Bundesländern betrieben wurden – sind offenbar grundsätzliche Überlegungen zur Strukturierung bzw. Disziplinierung der Wissenschaften nicht, zumindest nicht öffentlich, angestellt worden. Diesen Eindruck jedenfalls vermitteln die von Renate Mayntz im Auftrag des Max-Planck-Instituts für Gesellschaftsforschung herausgegebenen Rechenschaftsberichte, vgl. R. M. (Hrsg.): *Aufbruch und Reform von oben. Ostdeutsche Universitäten im Transformationsprozeß*. Frankfurt a. M./New York 1994. Ferner dies.: *Deutsche Forschung im Einigungsprozeß. Die Transformation der Akademie der Wissenschaften der DDR 1989 bis 1992*. Frankfurt a. M./ New York 1994.

20 Clifford Geertz: »Blurred genres. The refiguration of social thought«. In: *The American Scholar* 49 (1980), S. 165–179, vgl. insbes. S. 168ff.

21 Mattie Dogan/Robert Pahre: *Creative marginality: Innovation at the intersections of social sciences*. Boulder, Colorado 1990, S. 87.

nicht länger sinnvoll erscheinen, in der bisherigen Form das »entire system of gatekeeping mechanisms« aufrechtzuerhalten.[22] Ähnlich argumentieren David Shumway und Ellen Messer-Davidow. Sie verstehen Disziplinen als »knowledge-formations unlike those that have preceded them and [...] unlike the knowledge-formations of the future. Not all studies of disciplinarity need be histories, but they do need to assume that knowledge is historically and socially contingent.«[23] Angesichts der zunehmenden Fragmentarisierung des Wissens, das erarbeitet wird in einem Prozeß der Spezialisierung, und bei sich beschleunigenden Formen von Durchlässigkeit und Anschließbarkeit der Disziplinen, ergeben sich für die Wissenschaftsforscher in den USA Konsequenzen für das Konzept von Disziplinarität. Dessen Konstituenten können nicht mehr einfach unter einer nurmehr wissenschaftshistorisch herzuleitenden Einheitsformel zusammengefaßt werden, wenn die Zahl der Schnittstellen angrenzender Disziplinen steigt und die Menge der Schnittflächen am Ende vielleicht größer ist als die basale Fläche des Problemfeldes zu einem früheren Zeitpunkt der wissenschaftsgeschichtlichen Entwicklung einer Disziplin. Ein solches Verständnis von Disziplinarität bedeutet zugleich eine Zurückweisung des Anspruches der Disziplinen, das produzierte Wissen mit Wahrheiten gleichzusetzen: dies sollte es einzelnen Teilnehmern am Forschungsprozeß leichter machen, mit der Vorstellung zu leben, dialogisch verstandene Interdisziplinarität verwässere die strengen Richtlinien von Wissenschaftlichkeit.

Der Blick auf die wissenschaftstheoretischen und -soziologischen Studien in den Vereinigten Staaten zeigt, daß die Diskussion dort im Rahmen eines Transformationsprozesses der gesamten Universitätslandschaft geführt wird. In den USA haben sich besonders seit dem Ende des Kalten Krieges nachhaltige Veränderungen in den Strukturen der amerikanischen Universitäten ergeben,[24] die

---

22 Vgl. Julie Thompson Klein: »Blurring, cracking, and crossing: permeation and the fracturing of discipline«. In: Ellen Messer-Davidow u. a. (Hrsg.): *Knowledges. Historical and critical studies in disciplinarity.* Charlottesville/London 1993. S. 185–211, hier S. 206.

23 David R. Shumway/Ellen Messer-Davidow: »Disciplinarity: An introduction.« In: *Poetics today* 12 (1991), S. 201–225, hier S. 212.

24 Besonders eindrücklich hat diesen Prozeß kürzlich Bill Readings, allerdings mit eindeutig (wissenschafts-)kulturpessimistischer Note, analysiert, vgl.: B. R.: *The university in ruins.* Cambridge, Massachusetts/London 1996. Readings setzt sich besonders mit dem Aufkommen und der Etablierung der ›cultural studies‹ im Ensemble der ›humanities‹ und der einzelnen disziplinär organisierten ›literary studies‹ in den USA auseinander. Eine seiner Thesen lautet: »Cultural studies must be understood to arise when culture ceases to be the animating principle of the University and, [...], becomes instead an object of study among others, a discipline rather than a metadisciplinary idea« (S. 92). Readings zeichnet insgesamt ein ausgesprochen düsteres Zukunftsbild: er sieht die Universität in einer global vernetzten Wirtschaft ohne staatlichen Auftrag zu einer Anstalt verkommen, die für eine zahlende Kundschaft Wissen produziere; wissenschaftliche Ergebnisse würden in solchen ›universities of excellence‹ nurmehr unter dem Gesichtspunkt merkantiler Verwertbarkeit erwirtschaftet. Dies treffe nicht nur auf die Natur-, sondern auch auf die Sozial- und Geisteswissenschaften zu (S. 174). Und selbstverständlich werde davon auch die Disziplinarität der einzelnen Fächer berührt:

sich auch auf das hier überprüfte Phänomen der Disziplinarität ausgewirkt haben. Die disziplintheoretischen wie die Studien der Wissenschaftsforschung sind von den einzelnen Disziplinen, besonders im Bereich der ›humanities‹ aufgegriffen worden. Zudem haben die politischen und gesellschaftlichen Umwälzungen, die seit den späten 1980er Jahren in Deutschland und Mitteleuropa zu beobachten sind, zu einer verstärkten Diskussion über den Gegenstand gerade der ›German Departments‹ geführt.[25] Dabei steht einmal mehr der Status der ›German Studies‹ als Disziplin auf dem Prüfstand. Eindrucksvoll dokumentiert ist der Diskussionsprozeß in dem umfangreichen Sammelband *A User's Guide to German Cultural Studies*,[26] die von den Herausgebern, einer Komparatistin, einem Germanisten und einem Historiker, keineswegs als eine neue Disziplin verstanden werden. Vielmehr werden sie charakterisiert »as an interdisciplinary field in which certain questions and methods converge, providing us with sometimes conflicting sets of practices beyond the scope of a single discipline«.[27]

Zurück zur Diskussion, die hierzulande über das Konzept der Disziplin geführt wird. So wie noch vor zehn Jahren Hubert Markl, seinerzeit Präsident der Deutschen Forschungsgemeinschaft, auf dem Konstanzer Kolloquium Disziplinen definiert hatte, lassen sie sich heute offenbar nicht mehr beschreiben. Markl hatte vier Positionen abgesteckt, die erforderlich seien, um von abgrenzbaren Disziplinen zu sprechen: (1) »ein Problemfeld, ein ihr spezifisches Gebiet von Fragestellungen und Phänomenen«; (2) »ein Satz von etablierten und allgemein akzeptierten Methoden«; (3) »eine geeignete Kommunikations- und Argumentationsform, eine Terminologie«; (4) eine Übereinkunft über die Grenzen ihres Geltungs- und Erklärungsbereiches unter denen, die eine Disziplin praktizieren.[28] Auf allen vier Feldern haben sich eine Fülle von Veränderungen ergeben: (1) Die Problemfelder der Geisteswissenschaften sind neu vermessen und oftmals neu abgesteckt worden. Man denke etwa an die inhaltlichen und metho-

---

»The disciplinary model of the humanities is on the road to extinction« (S. 176). Bei uns wird dieser Prozeß bislang noch entweder mit Staunen oder mit Indifferenz verfolgt, und die Diskussion darüber findet mehr auf den einschlägigen Wissenschaftsseiten führender Tageszeitungen statt, vgl. z. B. den Bericht über die Einrichtung eines Ablegers der *Krannert Graduate School of Management* aus Illinois in Niedersachsen auf der Hochschulseite der *Süddeutschen Zeitung:* Philip Wolff: »Schröders neue Schmiede. Signal für die Hochschulen. Der neue Kanzler wünscht sich für Hannover eine Karrierefabrik nach amerikanischem Vorbild«. In: *Süddeutsche Zeitung* vom 13. 10. 1998, S. V2/16.

25 Die Diskussion darüber, ob sich die ›German Literature Departments‹ in solche der ›German Studies‹ umwandeln sollen und welche Auswirkungen dies auf Forschung, Lehre, Kanon oder Epistemologie haben wird, ist in den USA die derzeit entscheidende Frage, vgl. dazu in diesem Band den Beitrag von Peter Uwe Hohendahl.

26 Scott Denham u. a. (Hrsg.): *A User's Guide to German Cultural Studies*. Ann Arbor 1997.

27 Ebd., S. XI.

28 Hubert Markl: »Zur disziplinären Struktur der Wissenschaftsförderung durch die Deutsche Forschungsgemeinschaft«. In: *Konstanzer Blätter für Hochschulfragen* 26 (1989). S. 66–76, hier S. 67.

dologischen Schnittflächen von Literatur- und Geschichtswissenschaften, von Literaturwissenschaften und Historischer Anthropologie und wiederum deren Grenzrain mit der Historie etc. (2) Zahlreiche, bereits etablierte aber auch neuere Publikationsorgane interdisziplinären Zuschnitts tragen dem Rechnung: *History and Anthropology, Poetics today, History and Theory, Common Knowledge,* neuerdings *Scientia poetica,* aber auch die schon ehrwürdige *Germanisch-Romanische Monatsschrift*, um ein paar nur zu nennen. (3) und (4) Die Terminologie der Literaturwissenschaften wird – man denke an die Diskussionsbeiträge im *Jahrbuch der Deutschen Schillergesellschaft* der letzten Jahre – ebenso heftig diskutiert wie jene Übereinkunft, die Markl eingefordert hatte.

Die Felder literatur- respektive geisteswissenschaftlicher Arbeit sind also zu überdenken in Hinblick auf ihre Methodik, Theorie, Anschlußfähigkeit und den Erkenntniswert des erzielten Wissens. »Knowledge is growing increasingly convergent and specific at the same time its global scope expands and permeations multiply. This paradoxical development is beginning to have considerable impact on the structures and conduct of research, education, and training.«[29] Der Weg zu einer erweiterten Konzeption von Disziplinarität muß den genannten Veränderungen Rechnung tragen, nicht bilderstürmerisch, sondern auf der Basis bisheriger literaturwissenschaftlicher, literaturgeschichtlicher sowie wissenschaftsgeschichtlicher Arbeit. Als Muster könnte eine Studie des amerikanischen Kunsthistorikers Donald Preziosi dienen, der seine Disziplin einer kritischen Bestandsaufnahme unterzogen hat. Er eröffnet sie mit dem programmatischen Satz, die Vermessung moderner akademischer Disziplinen sei »not unlike trying to read a heavily palimpsested manuscript full of emendations, erasures, and marginalia, with innumerable graffiti added by different hands times over time«.[30]

III.

Die erforderlichen disziplinreflexiven Überlegungen lassen sich auch im Rahmen von Studien anstellen, die nicht a priori wissenschaftstheoretischen Anspruch haben; deshalb möchte ich versuchen, anhand eines konkreten Projektes Risiken und Chancen interdisziplinärer Arbeit aufzuweisen, die nicht als Gemeinschaftswerk entstanden ist – also nicht aus der herkömmlichen Organisationsform interdisziplinärer Arbeit hervorgegangen ist. Allerdings darf ein Problem dabei nicht vernachlässigt werden. Es handelt sich nämlich um mein eigenes Projekt, das unabhängig von den hier diskutierten Fragestellungen entstanden ist. Es taucht mithin die Frage auf, wie und ob es überhaupt möglich, ja, vor allem wissenschaftlich seriös ist, die Beobachtungsebene zu wechseln.

29 Klein (Anm. 22), S. 206.

30 Donald Preziosi: *Rethinking art history. Meditations on a coy science.* New Haven/London 1989. S. VI. Preziosi bezieht neben den wissenschaftsgeschichtlichen und -theoretischen soziale und kulturpolitische Überlegungen in seine Studie mit ein.

Die zitierten amerikanischen Wissenschaftsforscher analysieren die gewählten wissenschaftstheoretischen Problemfelder ebensowenig anhand eigener Objekte wie die Beiträger in dem vorliegenden Band. Ist es also möglich, Reflexionswissen über einen selbst erarbeiteten Gegenstand zu produzieren? Luhmann würde das bezweifeln: »Alles Beobachten (also auch: alles Beobachten von Beobachtungen) ist eine Operation, die eine Grenze zieht zwischen sich selber und dem, was es beobachtet. [...] Keine beobachtende (unterscheidende und bezeichnende) Operation kann sich selber unterscheiden und bezeichnen.«[31]

Es soll hier nicht darum gehen, post festum, gewissermaßen in einem fingierten Selbstversuch, sich die eigenen Ergebnisse noch einmal aus anderer Perspektive zu bestätigen. Was jedoch angestrebt wird, ist ein Kommunikations- beziehungsweise Kooperationsangebot auf einer Ebene jenseits der konkreten, sogenannten sachlichen, Ergebnisse, mithin auf einer Ebene der Beobachtung zweiter Ordnung.

Daß inter- (oder trans- oder multi-?)disziplinäres Arbeiten möglich ist trotz der von Wilhelm Voßkamp benannten grundsätzlichen Probleme,[32] habe ich in einer Arbeit über das Konstanzer Konzil zu zeigen versucht.[33] Eine solche Studie, die nicht aus (kirchen-)historiographischer Feder stammt, trifft auf Vorbehalte, weil sie als ›boundary-work‹[34] gegen ein Bündel höchst resistenter Vorgaben von Verfechtern disziplinärer Autonomie auf beiden Seiten der Demarkationslinie verstößt. Mitunter halsbrecherisch, doch auch lustvoll ist es, der Kompetenzkeule zu entgehen, die stets dann geschwungen wird, wenn die »Diskurspolizisten« (Jürgen Fohrmann) entweder (Miß-)Achtung von Trends oder »disziplinären Imperialismus« (Jürgen Mittelstraß) wittern. Denn erst Überschreitungen lassen Grenzen ins disziplinäre Bewußtsein geraten: sie können dann verteidigt oder auf die Prinzipien ihrer Durchlässigkeit untersucht werden. Dies wiederum fördert den Grenzrain benachbarter Disziplinen zutage, der mit disziplinären Instrumentarien allein nur schwer auszuleuchten ist und leicht übersehen werden kann. »Overlaps may be apparent in several forms of boundary-work: conflicting interpretation of the same phenomena (manifested in boundary disputes), tacit or overt division of intellectual labor (boundary maintenance), or a closer sense of identification with the inhabitants of neighboring disciplinarity territory (boundary blurring).«[35]

---

31 Luhmann (Anm. 16), S. 543.

32 Vgl. Voßkamp (Anm. 12), S. 93. Das von Voßkamp aufgezählte Probleminventar – literarische und nichtliterarische Diskurse, Bedingungen der Produktion und Rezeption, politische und ideologische Machtverhältnisse etc. – bezieht er auf die interdisziplinäre Arbeit verschiedener Literaturwissenschaften.

33 Thomas Rathmann: *Geschehen und Geschichten des Konstanzer Konzils. Chroniken, Briefe, Lieder und Sprüche als Konstituenten eines Ereignisses*. München 2000.

34 Vgl. Thomas F. Gieryn: »Boundary-work and the demarcation of science from non-science: Strains and interests in professional ideologies of scientists.« In: *American Sociological Review* 48 (1983), S. 781–795.

35 Klein (Anm. 22), S. 189.

Das Thema war bislang eine Domäne von Historikern, Kirchenhistorikern und Theologen.[36] Literarwissenschaftlern fiel allenfalls die Aufgabe zu, die repräsentativen Sammelbände zu den Jubiläumsfeiern, 550 Jahre nach der Eröffnung des Konstanzer Konzils, mit, seinerzeit noch unverdächtigem, kulturhistorischen Wissen zu umranken: etwa mit Beiträgen zum Widerschein des Konzils in den »Historischen Volksliedern«,[37] mit Interpretationen der Konstanz-Lieder Oswalds von Wolkenstein oder der unterschiedlichen Darstellungen der Hinrichtungen von Jan Hus und Hieronymus von Prag.[38]

Möglich wurde der literaturwissenschaftliche Zugriff auf das Konzils-Thema durch die skizzierte Umorientierung innerhalb der Textwissenschaften, die einen neuen Blick auf Geschichte und Geschichtsdarstellung zur Folge hat. In diesem Fall basiert die vorgenommene Umakzentuierung des Text-Kontext-Zusammenhangs auf diskursanalytischen Überlegungen. Historiker und Kirchenhistoriker sind bisher bei ihren Studien zum Konzil, und zwar den editionsphilologischen wie den interpretatorischen, davon ausgegangen, daß das Konzil als historisches Ereignis unverrückbar und aus den Quellen eindeutig nachweisbar vom Herbst 1414 bis in den Frühling 1418 in Konstanz seine Arbeit getan hat, daß es somit den Kontext für die Texte abgibt, die aus der Konzilsarbeit hervorgegangen sind. Meine These hingegen lautet, daß diese Texte die Konstanzer Wirklichkeit nicht abbilden oder widerspiegeln, sondern das Konzil für uns

36 In der Geschichtswissenschaft des 19. Jahrhunderts geriet die Erforschung des Konzils in die Auseinandersetzungen des Kulturkampfes. Nach der Reichsgründung wollten die vielfach unterrepräsentierten katholischen Historiker das – protestantische – düstere Bild der vorreformatorischen Zeit nicht länger gelten lassen, vgl. Lutz Raphael: »Historikerkontroversen im Spannungsfeld zwischen Berufshabitus, Fächerkonkurrenz und sozialen Deutungsmustern«. In: *Historische Zeitschrift* 251 (1990), S. 325–363. – Im heutigen Tschechien und in Polen wurden die Geschehnisse um Jan Hus und Johannes Falkenberg zumeist im Kontext von Fragen der nationalen Identität erforscht. In der deutschen Historiographie dieses Jahrhunderts, um zwei Ansätze nur herauszuheben, haben sich Hartmut Boockmann der politischen Bedeutung des Konzils und Jürgen Miethke und Johannes Helmrath der kommunikativen Aspekte des Konzils angenommen, vgl. insgesamt zur Forschungsgeschichte Ansgar Frenken: »Die Erforschung des Konstanzer Konzils (1414–1418) in den letzten 100 Jahren«. In: *Annuarium historiae conciliorum* 25 (1993) H. 1/2: Sonderheft.

37 Die dürfen wir jedoch neuerdings so nicht mehr nennen, vgl. dazu Karina Kellermann: *Abschied vom »Historischen Volkslied«. Studien zu Funktion, Ästhetik und Publizität der Gattung Historisch-Politische-Ereignisdichtung*. Tübingen 2000.

38 Otto Basler: »Das Konzil zu Konstanz im Spiegel deutscher Ereignislieder«. In: August Franzen/Wolfgang Müller (Hrsg.): *Das Konzil von Konstanz. Beiträge zu seiner Geschichte und Theologie*. Freiburg i. B. u. a. 1964, S. 429–446.; Konstanzer Arbeitskreis für mittelalterliche Geschichte (Hrsg.): *Die Welt zur Zeit des Konstanzer Konzils*. Reichenau-Vorträge im Herbst 1964. Konstanz/Stuttgart 1965; Ulrich Richental: *Das Konzil zu Konstanz*. Kommentar und Text. Bearbeitet von Otto Feger. Starnberg/Konstanz 1964; Mathias Feldges: »Lyrik und Politik am Konstanzer Konzil. Eine neue Interpretation von Oswald von Wolkensteins Hussitenlied«. [!] In: Gert Kaiser (Hrsg.): *Literatur – Publikum – historischer Kontext*. Bern u. a. 1977, S. 137–181; Hubert Herkommer: »Leiden und Sterben des Jan Hus als Ereignis und Erzählung«. In: Ludger Grenzmann/Karl Stackmann (Hrsg.): *Literatur und Laienbildung im Spätmittelalter und in der Reformationszeit. Symposion Wolfenbüttel 1981*. Stuttgart 1984, S. 114–151.

überhaupt erst konstituieren. Prononciert formuliert verstehe ich das ›Konzil als Text‹, was keineswegs metaphorisch (etwa im Sinne des Schlagworts ›cultural poetics‹) gemeint oder als modische Anleihe des Derridaschen »il n'y a pas de hors-texte« abzutun, sondern wörtlich zu verstehen ist. Das Konzil hat für uns heute einzig in den Texten Bestand, deren Produktion es auf verschiedenen Diskursebenen veranlaßt hat. Das Konzil ist insofern vor allem ein textuelles Ereignis.[39] Daraus ergeben sich Konsequenzen nicht nur für die Interpretationsarbeit an den einzelnen Texten, sondern auch für die Konzilien- und die Literaturgeschichtsschreibung[40] sowie streng genommen auch, und dies müßte sogar der erste Schritt sein, für die Edition des Textmaterials.[41] Damit ist ein Konflikt programmiert, rührt doch diese These an das Deutungsmonopol wie das Selbstverständnis der bislang federführenden Nachbardisziplinen Geschichtswissenschaft und Theologie und mag in deren Augen sogar anmaßend erscheinen.

Die Kirchengeschichtsschreibung versteht sich als eine Disziplin, die teilhat an den methodischen Vorgaben der Geschichtswissenschaft. Das Verständnis der Kirchengeschichte aber ist in hohem Maße abhängig von dem vorausgesetzten Kirchenbegriff. Jenseits konfessioneller Unterschiede ist nach theologi-

39 Womit selbstverständlich nicht in Abrede gestellt werden soll, daß all die Kardinäle, Bischöfe, Juristen und Theologen, daß Fürsten und Fußvolk, Schreiber und Chronisten sich in Konstanz aufgehalten, daß Papst und König realiter Politik getrieben haben. »Anders als eine Schlacht etwa ist das Konzil ein Ereignis, das schon während es geschieht, textuellen Charakter besitzt. Sein Verlauf ist vorstellbar als eine gigantische Zirkulation von Texten; Texten, die nicht sekundär darstellen, sondern als Teil des Geschehens selbst wieder Ereignischarakter besitzen. Was hat man anderes getan als gepredigt, geredet, Geredetes aufgeschrieben, Aufgeschriebenes in Umlauf und Dekretiertes in Anschlag gebracht, gelesen und erneut wieder darüber geredet und es konserviert?« – vgl. Rathmann. (Anm. 33), S. 50.

40 Läßt man den ersten Punkt einmal beiseite, weil er gleichsam jenseits des Zaunes liegt und in erster Instanz gar nicht in die Zuständigkeit der Literarhistoriker fällt, für den zweiten verbleiben doch Konsequenzen. So ist einer der zur Zeit am intensivsten erforschten Gegenstände in der Mediävistik einmal mehr der Hof und seine spezifischen Bedingungen poetischer Interaktion und Kommunikation. Leider ist es aber nach wie vor sehr schwierig, des historischen Ortes von höfischer Epik und Lyrik habhaft zu werden, ja, mittlerweile wird sogar in Zweifel gezogen, ob wir uns wegen des Mangels an Belegen nicht auch von der Vorstellung des höfischen Festes, das als Anlaß für literarische Inszenierungen und Begegnungsstätte für Autoren und Publikum gedient hat, verabschieden sollten – vgl. Thomas Cramer: *Waz hilfet âne sinne kunst? Lyrik im 13. Jahrhundert. Studien zu ihrer Ästhetik.* Berlin 1998, S. 12f. – Selbst diejenigen, die so weit nicht gehen wollen, werden zugeben, daß die besondere, zeitlich und räumlich begrenzte Vergesellschaftungsform des Hofes, die sich so wenig auskunftsfreudig zeigt, eine Fülle von Problemen für die Analyse seiner interaktiven und kommunikativen Strukturen aufweist, die auf die Interpretation der Texte durchschlagen. Hier bietet sich das Konzil, mit seiner völlig anderen Zielsetzung und Funktion, aber mit vergleichbaren konstitutionellen und kommunikativen Strukturen als zu analysierender Ersatzschauplatz an.

41 D. h. der Diskursivität der verschiedenen konziliaren Textsorten müßte in den Ausgaben ebenso Rechnung getragen werden wie ihrer partiellen Unfestigkeit und ihrer strukturellen Offenheit.

schem Verständnis die Kirche eine Institution, deren ›Wesen‹ mit dem Instrumentarium der Geschichtswissenschaft allein nicht zu erfassen ist.[42] Zwischen Literatur-, Geschichts- und Kirchengeschichtswissenschaft gibt es Anschlußmöglichkeiten dann, wenn die Kirchengeschichte als Geschichte der Schriftauslegung[43] und letztere »als Chiffre für den christlichen Traditionsprozeß«[44] überhaupt verstanden wird, ist doch die Untersuchung von Überlieferungs- und Rezeptionsprozessen philologische Basisarbeit.[45] Das Erkenntnisziel der Kirchengeschichtswissenschaft, die Erfassung des Wesens der Kirche, aber kann nach disziplinärem Verständnis nur dann erreicht werden, wenn »die Rezeption der Überlieferung [...] als Austrag sich verändernder Erfahrung der alles bestimmenden Wirklichkeit, von der die biblischen Schriften reden, begriffen wird«[46] – erst dann nämlich wäre Kirchengeschichte theologische Disziplin im spezifischen Sinne des Wortes. Hier enden die disziplinären Gemeinsamkeiten, denn in literaturwissenschaftlich orientierten, philologischen Analysen von Überlieferungsprozessen muß die Unterscheidung zwischen göttlicher und menschlicher Federführung oder die Infallibilität – an die man nur glauben kann oder eben nicht – ausgespart bleiben, weil eine dogmatische Betrachtung der überlieferten Texte aus nichttheologischer Perspektive unmöglich ist.[47] Beim Großteil des konziliaren Textkorpus, vor allem des *Constantiense*,

---

42 Vgl. dazu die Diskussion verschiedener Konzeptionen von Kirchengeschichte (etwa als theologische Disziplin oder als Geschichte der Schriftauslegung) bei Wolfhart Pannenberg: *Wissenschaftstheorie und Theologie*. Frankfurt a. M. 1973, insbes. S. 393–406. Pannenberg macht vor allem auf die Problematik des doppelten Bemühens »um methodische Strenge auf der einen und um den theologischen Charakter der Kirchengeschichte auf der anderen Seite« (S. 400) aufmerksam. – Anders (nämlich aus der Perspektive des – katholischen – Kirchen- bzw. Konzilshistorikers) Walter Brandmüller: »Geschichtliche Kirche – kirchliche Geschichte«. In: *Theologie und Glaube* 75 (1985), S. 402–420. Aufgabe der Kirchengeschichtswissenschaft sei es, so Brandmüller, die »Paradosis als Lebensvollzug der Kirche« (S. 407) zu erforschen. Die Tradition der Kirche sei »ein eminenter locus theologicus« (S. 409); die hermeneutischen Probleme, die sich bei der Auslegung von z. B. konziliaren Texten ergeben, seien folglich auch nur mit den eigenen Methoden der Kirchengeschichtswissenschaft zu bearbeiten.

43 So Gerhard Ebeling: *Kirchengeschichte als Geschichte der Auslegung der heiligen Schrift*. o. O. 1947.

44 Vgl. Pannenberg (Anm. 42), S. 403.

45 In der germanistischen Mediävistik werden jene – unverzichtbare – philologische Basisarbeit, werden Textkritik und Editionsphilologie seit kurzem geradezu wieder als disziplinärer Königsweg erachtet, und zwar im doppelten Sinne, also nicht nur als wichtigster inhaltlicher Programmpunkt, wobei mitunter selbst Mikrologie und Induktion zur Abwehr von allzu forscher Konstruktion und nutzloser Spekulation wieder hervorlugen, sondern auch, um das fragmentierungsgefährdete Fach zu disziplinieren – und damit zu sozialisieren.

46 Vgl. Pannenberg (Anm. 42), S. 404.

47 Schon Friedrich Schlegel hat in seinen philosophisch-philologischen Fragmenten über das schwierige Verhältnis von Philologie und Theologie nachgedacht. In den späten 1790er Jahren heißt es, noch mehr aus philologischer Perspektive, daß ein Exeget auch Philologe sein müsse: »Die Exegese ist durchaus irreligiösen Charakters« – vgl. Friedrich Schlegel: *Philosophische Lehrjahre (1796–1806) nebst Philosophischen Manuskripten aus den Jahren 1796–1828*. Erster Teil. Hrsg. von Ernst Behler. (Kritische Friedrich-Schlegel-Aus-

spielen aber gerade diese Fragen für die Kirchen- beziehungsweise Konzilsgeschichtsschreibung eine bedeutende Rolle und bestimmen einen großen Teil der Rezeptions- und Forschungsgeschichte des Konzils.[48]

Solche Fragen stehen nicht im Mittelpunkt meiner Arbeit; es geht vielmehr um die Konstituierungsproblematik dieses textuellen Ereignisses Konstanzer Konzil, die exemplarisch an zwei Texten untersucht wird: den *Gesta concilii* des Kardinals Guillaume Fillastre und der Chronik des Konstanzer Bürgers Ulrich Richental. Die *Gesta* sind gegen Ende des 19. Jahrhunderts von dem Historiker Heinrich Finke als ›Tagebuch‹ des französischen Kardinals Fillastre identifiziert und in den von Finke bearbeiteten *Acta concilii Constansiensis* herausgegeben worden. Fillastre war einer der maßgeblichen Konzilspolitiker. Er hat gemeinsam mit seinem französischen Amtsbruder Pierre d'Ailly die Entmachtung des Konzilspapstes betrieben und damit den Weg zur Beendigung des Schismas geebnet, und er war Mitglied des Konklave, das gegen Ende des Konzils den neuen Papst, Martin V., gewählt hat. All diese und noch viel mehr Details der Konzilsarbeit finden sich in den *Gesta*.

Geringerer Wertschätzung erfreut sich die Richental-Chronik, weil sie stets an dem Wesen beziehungsweise dem Wesentlichen des Ereignisses gemessen

---

gabe Bd. 18). München u. a. 1963, S. 260. Später aber, zu Beginn seiner katholisierenden Phase, schreibt Schlegel der Philologie ins disziplinäre Stammbuch, sie solle sich nicht an religiösen Texten versuchen, und konstatiert somit die prinzipielle epistemologische Unvereinbarkeit von Theologie und Philologie: »Die religiöse(heilige) Schrift muß auch religiös gelesen werden. [...] Die kritisch-philologische Exegesis ist ganz zu verwerfen« – zitiert nach Hermann Patsch: »Friedrich Schlegels *Philosophie der Philologie* und Schleiermachers frühe Entwürfe zur Hermeneutik. Zur Frühgeschichte der romantischen Hermeneutik«. In: *Zs. f. Theologie und Kirche* 63 (1966), S. 434–473, hier S. 449.

48 Brandmüller hat auf die Bedeutung der Konzilien für die Kirchengeschichtswissenschaft hingewiesen, seien doch »die bedeutendsten Formulierungen der kirchlichen Lehre« Werke von Konzilien; demzufolge spielen gerade konziliare Texte eine besondere Rolle bei der Bestimmung des spezifischen Wesens der geschichtlichen Kirche, vgl. Walter Brandmüller: »Die Aktualität der Konziliengeschichtsforschung oder Historia ancilla theologiae«. *In: Theologie und Glauben* 65 (1975), S. 203–220, hier S. 214. – Das gewichtigste Problem stellen die berüchtigten konziliaristischen Dekrete ›Haec sancta‹ und ›Frequens‹ dar, in deren Auslegungsgeschichte es um deren dogmatische Gültigkeit und damit um den Superioritätsstreit zwischen Papst und Konzil geht. Es lassen sich in Beantwortung dieser Fragen deutliche Unterschiede feststellen zwischen der Zeit des II. Vaticanums und den Jahren nach der Amtsübernahme Johannes Pauls II., in denen dem Konziliarismus weniger Aufgeschlossenheit entgegengebracht wird als während des Episkopats Johannes' XXIII. – Selbstverständlich habe ich mich hier ausschließlich mit der Kirchengeschichtswissenschaft und in diesem speziellen Fall mit der Konziliengeschichtsschreibung am Beispiel des Konstanzer Konzils auseinandergesetzt. Daß ich damit lediglich einen kleinen Ausschnitt aus dem weiten Feld der theologisch-historischen Fächer streifen kann, ist mir bewußt. In das interdisziplinäre Gespräch eintreten ließe sich aber bestimmt mit Arnold Angenendt (darauf wies mich Wolfgang Rohe während der Tagung hin), vgl. A. A.: *Geschichte der Religiosität im Mittelalter.* Darmstadt 1997. Angenendt hat z. B. jüngst in einem Düsseldorfer Akademievortrag über »Historik und Liturgik« eine Brücke von der Methodologie der Historie zur Lehre vom Gottesdienst geschlagen, vgl. die Besprechung von Patrick Bahners: »Himmelsbrot«. In: *Frankfurter Allgemeine Zeitung* vom 21. 10. 1998, S. N5.

wird, das man zu kennen glaubt. Richental war ein begüterter Bürger, der im Vorfeld des Konzils die Rolle eines Quartiermeisters gespielt hat und in seinem Verlauf als eine Art akkreditierter Journalist, das heißt als jemand, von dem man wußte, daß er die Geschehnisse aufzeichnen würde, das Konzil beobachtet und begleitet hat. Für seine Informationen hat er auch Geld bezahlt. Er hatte Kontakte zu ranghohen weltlichen Konzilsprotagonisten bis hin zu König Sigmund, während ihm die geistlichen Entscheidungsträger kaum Einblicke in ihre Arbeit gewährten. Gelten die *Gesta* Fillastres als ›Innensicht‹, so ist die Richental-Chronik als ›Außensicht‹ gelesen worden – immer gut für eine Information über die Höhe der Fischpreise während des Konzils.

Beide Texte haben bislang in festen Text-Kontext-Relationen sowie unter sicherer fachlicher Obhut existiert – samt der disziplinären Deutungsmonopole, die jedoch umgangen werden können, wenn man ›Innensicht‹ und ›Außensicht‹ zwar den Perspektiven, nicht aber der Substanz nach unterscheidet. Der Vorteil einer diskursanalytischen Betrachtung von Texten, die gemeinhin von unterschiedlichen Disziplinen befragt werden, liegt darin, daß zunächst einmal jenen Texten die disziplinäre Perspektive und damit auch das disziplinspezifische Apriori der Auffassung von Wahr und Falsch samt der Überzeugung um das Wissen, auf welchem Wege dorthin zu gelangen ist, entzogen wird.

Fillastres *Gesta concilii* sind aus literaturwissenschaftlicher Perspektive noch gar nicht betrachtet worden. Dabei sind sie gerade für die augenblicklich geführte mediävistische Diskussion ein äußerst interessanter Fall, lassen sich doch besonders Fragen nach dem Autor, Probleme der Variabilität des Textes sowie die Gattungsfrage beispielhaft daran studieren. Fragmente dessen, was Heinrich Finke in seinen Konzilsakten zu *einem* Text, als »Tagebuch des Kardinals Fillastre«, vereinigt hat, kursierten anonym über Jahrhunderte in den verschiedensten Codices. Sie wurden erst im 17. Jahrhundert von Hermann v. d. Hardt dessen Konzilssammlung einverleibt und immer wieder auf die Verfasserschaft hin befragt. Als Finke in einer Escorial-Handschrift von der Hand des Kardinals die Schlußbemerkung »Incipiunt tituli super contentis in libro de gestis concilii Constantiensis ordinato per cardinalem sancti Marci« fand, war er sich sicher, der Konzilsforschung endlich den ›Autor‹ zum ›Werk‹ präsentieren zu können, das zuvor gar keines war: Guillaume Fillastre, ein Franzose in italienischem Kardinalspurpur.[49] Finke stülpte den Autornamen über die verschiedenen Fassungen und machte ein Werk daraus, dem er in Verbindung mit dem Gattungsbegriff des Tagebuchs eine Reihe von Interpretationsvorgaben mit auf den Weg gab, die in die Irre führen.[50]

---

49 Vgl. das Vorwort Finkes in: Heinrich Finke in Verbindung mit Johannes Hollnsteiner (Hrsg.): *Acta Concilii Constanciensis.* Zweiter Band: Konzilstagebücher, Sermones, Reform- und Verfassungsakten. Münster 1923. (Nachdruck 1981), S. 2.

50 Wenn auch die zeitliche Nähe zur Renaissance gegeben ist, wo der Ursprung des neuzeitlichen Tagebuchs vermutet wird, so lassen sich noch kaum die Gattung ›Tagebuch‹ konstituierende Merkmale in den *Gesta* finden, sieht man von der prinzipiellen Chronologie der einzelnen Notate ab, die den Text aber, will man ihn denn gattungsmäßig unbedingt klassifizieren, eher in die Nähe der Chronik rücken.

Unter Berücksichtigung der mutmaßlichen Entstehungsumstände der Notate und bei einem Vergleich mit ihrer textuellen Umgebung, den Akten aus der Konzilskanzlei, über deren Arbeitsweise man jedoch kaum etwas weiß, kann man von einer Einheit der *Gesta* nicht sprechen. Da ist zum einen die passagenweise wörtliche Übereinstimmung mit den offiziellen Notaten der Kanzlei; da ist zum zweiten eine teilweise bewußte Uneindeutigkeit hinsichtlich des Sprechers, das heißt, es wechseln immer wieder die Perspektiven, aus denen heraus das Geschehen dargestellt wird: aus der Sicht des Kardinals, dann wieder aus der Sicht des Kardinalskollegiums oder des gesamten Konzils; da ist ferner die beinahe völlige Absenz von Formulierungen in der ersten Person. Dieser Befund, ebenso wie die Tatsache, daß die *Gesta* mehrere Bearbeitungsschichten aufweisen, wirft Fragen nach einer eventuellen Zusammenarbeit Fillastres mit dem Konzilssekretariat auf. Er deutet vor allem aber darauf hin, daß die *Gesta* während des Konzils nicht nur entstanden, sondern auch schon rezipiert worden sind, daß sie also auf das Konzilsgeschehen eingewirkt haben. Die verschiedenen Textschichten und die wechselnden Sprecherrollen des Textes tragen offenbar der besonderen diskursiven kommunikativen Situation während des Konzils Rechnung, die man sich vorzustellen hat als eine »Kommunikation unter Anwesenden«.[51] Werden alle diese (hier nur thesenhaft vorgestellten) Aspekte berücksichtigt, so ist als (Zwischen-)Ergebnis festzuhalten, daß die *Gesta* weder in Hinblick auf die Autorrolle oder die Textsorte noch auf ihre Funktion eindeutig festzulegen sind. Sie sind persönliche ›memoria‹ und Rechenschaftsbericht zugleich, doch auch Geschichtsschreibung, die die Handlungen der konziliaren Protagonisten interpretieren und kommentieren, stellen aber insgesamt viel eher einen integralen Bestandteil des Konzils dar, als daß sie dessen Geschehen nur widerspiegeln.

Für den zweiten Text, die Richental-Chronik, haben die Untersuchungen ein vergleichbares Ergebnis erbracht. Zwar ist die Chronik ›post eventum‹ zusammengestellt und bebildert worden, doch gründet sie auf, wahrscheinlich lateinischen, Aufzeichnungen aus der Zeit des Konzils, die Richental gemacht hat als jemand, der nicht an den Entscheidungen der Gremien, aber an deren Darstellungsmodi beteiligt und auf diese Weise in das Geschehen involviert war. Insofern greifen hier die aus der Gattungszuordnung resultierenden interpretativen Vorannahmen nicht, denen zufolge diese Chronik nur abbilde, was sich zuvor ereignet habe. Noch weniger haltbar sind die historiographischen Versuche, aus Richental den törichten Zuschauer und unzuverlässigen Chronisten zu machen.

In beiden Fällen, bei Fillastre wie bei Richental, zielt mein Interesse erst einmal nicht auf die Text-Aussagen, auch nicht auf die Wahrheit der Aussagen, sondern auf die Bedingungen, unter denen sie getroffen worden sind, auf die diskursiven Formationen, in die sie eingebettet sind, auf die Formen ihrer Medialität

51 Vgl. die Diskussion dieses Begriffs bei Peter Strohschneider: »Situationen des Textes. Okkasionelle Bemerkungen zur ›New Philology‹«. In: Helmut Tervooren/Horst Wenzel (Hrsg.): *Philologie als Textwissenschaft. Alte und Neue Horizonte. ZfdPh* 116: Sonderheft (1997), S. 62–86, hier S. 75–78. Strohschneider versucht, den Ort und Rahmen poetischer Kommunikation im Mittelalter, für den im allgemeinen der ›Hof‹ herhalten muß, aus kommunikationstheoretischer Perspektive genauer zu erforschen.

sowie auf ihren Platz im jeweiligen disziplinären Fragehorizont. Wenn ich oben prononciert vom ›Konzil als Text‹ gesprochen habe, dann geht es gerade nicht darum, die einzelnen ekklesiologischen, kanonistischen, homiletischen, chronikalischen oder diaristischen Dokumente und Quellen, die Dekrete, Sprüche, Briefe und Lieder in einen undefinierbaren Text ohne jegliche Hierarchisierung oder gar ohne jede identifizierbare Referentialität zusammenzuschmelzen. Die diskursanalytischen Untersuchungen, exemplifiziert an den *Gesta* und der Richental-Chronik,[52] sollen die Texte ihren angestammten disziplinären Orten im Rahmen der bisherigen Konzilsforschung entziehen und sie auf diese Weise für neue Befragungen jenseits dogmatisch oder epistemologisch vorformulierter Verstehensmodelle sowie festgefügter Text-Kontext-Beziehungen bereitstellen.

In den letzten Jahren ist von der traditionellen Geschichtswissenschaft, vielleicht aus Sorge um eine Erosion der disziplinären Kategorien und um den Alleinvertretungsanspruch für die Geschichte, Einspruch erhoben worden gegen Versuche, die gebräuchlichen Konzepte der Historiker – Kausalität, Wandel, die Intention des Autors, der feststehende Sinn von Texten, individuelles Handeln und soziale Determinierung – theoretisch auszuhebeln. Als Wortführerin hat sich in einem Beitrag, der für Furore gesorgt hat, die amerikanische Historikerin Gabrielle M. Spiegel hervorgetan.[53] Die postmodernen Bemühungen, Geschichte

52 Weniger prominent behandelt, aber einbezogen in die Untersuchungen werden die Konstanz-Lieder Oswalds von Wolkenstein, Sprüche und Gedichte Muskatbluts und Michel Beheims sowie der Brief Poggio Bracciolinis über die Hinrichtung des Hussiten Hieronymus von Prag.

53 Gabrielle M. Spiegel: »History, historicism and the social logic of the text in the middle ages«. In: *Speculum* 65 (1990), S. 59–86, hier S. 60. – Selten erfolgt die Reaktion auf einen Beitrag so schnell und heftig wie in diesem Fall. Bereits ein Jahr nach dem Erscheinen von Spiegels Aufsatz in dem mittlerweile berühmt gewordenen 65. Heft des *Speculum* ließ sich Lawrence Stone vernehmen – vgl. L. St.:«History and Post-Modernism«. In: *Past and Present* 131 (1991), S. 217–218. In den folgenden Heften desselben Jahrgangs wurde die Diskussion unter dem demselben Titel »History and Post-Modernism I–IV« von Patrick Joyce, Catriona Kelly, Lawrence Stone und Gabrielle M. Spiegel fortgeführt – vgl. *Past and Present* Nr. 133, 1991, S. 204–209, 209–213, ferner in *Past and Present* Nr. 135, 1992, S. 189–194 und 194–208. Im übrigen beschränkt sich die Debatte nicht allein auf den Aufsatz von Gabrielle M. Spiegel. Beinahe das gesamte *Speculum*-Heft, insbesondere aber die Beiträge von Nichols, Bloch und Fleischman haben viel Widerspruch erweckt, weil sie in ihrer polemischen Art den Eindruck erwecken, die Philologie neu erfunden zu haben. Davon aber kann nicht die Rede sein, wie aus deutscher Sicht zu recht vor allem Karl Stackmann betont hat – vgl. Karl Stackmann: »Neue Philologie?« In: Joachim Heinzle (Hrsg.): *Modernes Mittelalter. Neue Bilder einer populären Epoche*. Frankfurt a. M./Leipzig 1994, S. 398–427. – Zu der unnötigen, ja vielfach unberechtigten Polemik der wilden Philologen hat mit überzeugenden Argumenten Stellung bezogen Peter F. Dembowski: »Is there a new textual philology in Old French? Perennial problems, provisional solutions«. In: William D. Paden (Hrsg.): *The future of the middle ages. Medieval literature in the 1990s*. Gainesville, Florida. 1994, S. 87–112. Herausgefordert sah sich wohl auch Joachim Bumke, der im ersten Teil seines neuesten Buches die ganze Diskussion zusammengefaßt hat und einen, beinahe möchte man sagen, philologischen Schlußstein gesetzt hat, vgl. Joachim Bumke: *Die vier Fassungen der ›Nibelungenklage‹. Untersuchungen zur Überlieferungsgeschichte und Textkritik der höfischen Epik im 13. Jahrhundert*. Berlin/New York 1996.

neu zu denken, hätten zu einem, wie sie es nennt, »collapsing of text and context within a single, aestheticized understanding of culture« geführt.[54] Beim Versuch, den Erfolg der Semiotik, der mit der Virtuosität ihrer Wortführer und der Kohärenz der Theorie zu erklären sei, aufzuhalten, hätte Spiegel die Literaturwissenschaften gerne an ihrer Seite gesehen. Diese aber hätten sich im ausweglosen Labyrinth der Textualität verloren und es sei ihnen nicht gelungen, eigene Theoriekonzepte zu entwickeln, mittels derer der zunehmenden Enthistorisierung von Geschichte und Literaturgeschichte hätte gewehrt werden können. Die Zurückweisung durch die Nachbarwissenschaft läßt sie dann zum Angriff auf diese übergehen. Denn deren »focus of structuralist and poststructuralist theory on discursive ›codes‹, ironically, implies the existence of the same messages ›in clear‹ and history has been cast in the role of repository for such ›clear‹ communications from the past, offering a vast master narrative under whose aegis the occult meanings of texts can be solicited and allegorically rewritten«.[55]

Mit der den Historikern ihrer Meinung nach auf diese Weise zugewiesenen Rolle von Hilfswissenschaftlern, die den Literaturwissenschaftlern lediglich einen Kontext zur Verfügung stellen, der von jenen dann auf die Rätsel seiner Textualität befragt werden könne, will sich Spiegel nicht abfinden. »Literary critics«, so treibt sie die Invektive fort, »have been accustomed to get their history secondhand and prepackaged and have tended, in practice if not in theory, to treat it as unproblematic, something to be invoked rather than investigated.«[56] Schließlich dekretiert sie die prinzipielle Inkommensurabilität von literarischem Text und historischem Kontext, die nun einmal nicht das gleiche und damit auch keine identischen Forschungsgegenstände seien. Ein literarischer Text sei etwas objektiv Gegebenes, wohingegen die Gegenstände der Historiker erst einmal konstituiert werden müßten, bevor man sich an das schwierige Geschäft der Erforschung ihrer Bedeutung machen könne.[57] Zwischenzeitlich zeigt sich Gabrielle Spiegel überraschenderweise kooperationswillig: »we need to rethink the issue of text and context in terms of a critical posture that does justice equally to textual, historicist, and historical principles of analysis and explanation.«[58] Doch es handelt sich nur um ein Scheinangebot auf dem Weg zurück hinter die disziplinäre Barriere zu einem Verständnis von Geschichte, das diese unbeeinflußt sieht von jeglichen

---

54 Spiegel (Anm. 53), S. 74.

55 Ebd.

56 Ebd.

57 Vgl. ebd., S. 75. Diese Position erscheint um so überraschender angesichts der Umgebung, in der sie ihren Beitrag untergebracht hat. Zwar ist die Themenstreuung z. T. recht groß und viele der Aufsätze des *Speculum*-Heftes sind, wie gesagt, kaum minder polemisch als der Artikel Spiegels, doch daß der mittelalterliche Text nichts weniger als etwas festes und objektiv Gegebenes ist, daß die Philologen, gleich welchen Fiebergrades nach der Infizierung mit oder der Abwehr gegen Dekonstruktion und Diskursanalyse, um ihren Text ringen und sich an ihm abarbeiten, läßt sich dem Band deutlich ablesen.

58 Ebd., S. 77.

semiotischen Zumutungen. Geschichte ist für sie ein »active agent in the social construction of meaning«.[59]

Der Beitrag[60] zeigt sehr deutlich, wie vermint das Terrain gerade der Schnittstellen geschichts- und literaturwissenschaftlicher Arbeit ist. Besonders die Problematisierung, wenn nicht gar die Auflösung kausaler Erklärungsmuster und der dahinterstehenden Wissenschaftstheorien[61] lassen Spiegel das Beschreiten interdisziplinärer Arbeitsfelder wenig reizvoll erscheinen, weil sie die disziplinäre Perspektive historischer Forschung und letztlich die Disziplinarität der Geschichtswissenschaft im Zuge interdisziplinärer Fragestellungen sich verflüchtigen sieht.[62] Insofern mag ein Projekt, wie es die hier praktizierte

---

59 Ebd., S. 64. Wie sie dorthin gelangt, erläutert sie am Beispiel ihrer jüngsten Arbeit über die Entstehung volkssprachlicher Geschichtsschreibung im Frankreich des 13. Jahrhunderts zur Klärung der Frage nach den Beziehungen zwischen dem Text und seinem geschichtlichen, keineswegs aber semiotischen Kontext. Als Schlüssel zur Lösung dieser Frage sieht sie die Erforschung der Situierung eines Werks im kulturellen Feld seiner Zeit an; herausgearbeitet werden müßte, was sie bereits im Titel indiziert: »the social logic of the text«. Die Probleme, die aus dem Faktum resultieren, daß Spiegel sich zum einen den Ergebnissen der von ihr kritisierten strukturalistischen und poststrukturalistischen Forschung nicht völlig verschließen mag, oder kann, zum anderen aber an ihrem traditionellen Geschichtsbegriff festhält und zum dritten all die kommunikationstheoretischen Implikate ihrer eigenen Kategorie der Situativität nicht beachtet, hat jüngst Peter Strohschneider zusammengefaßt; sie müssen deshalb hier nicht wiederholt werden vgl. Strohschneider (Anm. 51).

60 Die Auseinandersetzung hätte auch mit anderen Autoren geführt werden können; ich habe mich für den Spiegelschen Beitrag entschieden, weil darin pointiert und polemisch um eine Sache, die eigene Sache nämlich, gerungen wird – und zwar mit fairen Mitteln: denn sie hat sich die Arbeit mit den aus ihrer Sicht rivalisierenden Methodologien nicht leicht gemacht. Aus Nikolaus Wegmanns Aufsatz in diesem Band, lernt man, mit welchen Mitteln dieser mühsame Weg nur allzu oft umgangen wird. Klar aber ist auch, daß Spiegel den Weg der Gegner für überflüssig, für einen Irrweg hält, weil er an der Sache, um die es geht, vorbei führt und den Blick dafür versperrt, wie es eigentlich gewesen ist. – Die Diskussion der Historiker hierzulande hat jüngst zusammengefaßt Ute Daniel: »Clio unter Kulturschock. Zu den aktuellen Debatten der Geschichtswissenschaft«. In: *Geschichte in Wissenschaft und Unterricht* 48 (1997), S. 195–219 und S. 259–278. – Position bezogen hat ebenfalls Lothar Gall: »Das Argument der Geschichte. Überlegungen zum gegenwärtigen Stand der Geschichtswissenschaft«. In: *Historische Zeitschrift* 264 (1997), S. 1–20.

61 Zu denken ist an Carl Gustav Hempel: »The function of general laws in history«. In: *The Journal of Philosophy* 39 (1942), S. 35–48. – Vgl. auch die Darstellung der Theorie Hempels bei Wolfgang Stegmüller: *Probleme und Resultate der Wissenschaftstheorie und Analytischen Philosophie.* Bd. 1.: *Wissenschaftliche Erklärung und Begründung.* Berlin u. a. 1969, S. 335–352.

62 In ihrer Argumentation werden wissenschaftsgeschichtliche Aspekte völlig ausgeblendet. Es wird so getan, als sei das, was sie die »Eigentümlichkeit des Historischen« nennt, und die Methode seiner habhaft zu werden, innerhalb der eigenen Disziplin völlig unumstritten, wovon allerdings seit Anbeginn der Historie als akademischer Disziplin nicht die Rede sein kann. Sie steht nicht allein. In jüngerer Zeit gibt es, vor allem in den USA, eine ganze Reihe von Historikerinnen und Historikern, die angesichts des ›linguistic turn‹ ähnliche Befürchtungen hegen. Genannt seien aus der Fülle lediglich:

Erforschung des Konstanzer Konzils darstellt, zur Überwindung von Kontaminationsängsten dienlich sein. Auf die perhorreszierte Vorstellung einer Textualisierung von Geschichte, die der traditionellen Geschichtswissenschaft angeblich Dokumente und Quellen zunichte macht, Texte und Kontexte zu einer gemeinsamen Spezies zu ästhetisieren sucht, läßt sich mit einem diskursanalytischen Verfahren antworten. Einem Verfahren, das nicht Gleichmacherei, Zerstörung oder die Leugnung jeglicher Referentialität der Texte zum Ziel hat, sondern das erst einmal einzelne Texte eines vermeintlich stabilen historischen Kontexts und epistemologischen Deutungsrahmens auf ihre materiale, kommunikative, inszenatorische, fiktionale und soziale Form der Textualität überprüft, bevor es sie der literarischen Erzählforschung, der analytischen Ereignisforschung, der Historiographie oder der Konzilsforschung wieder übereignet.

Im Verlauf dieses Prüfverfahrens, das sich literatur- wie geschichtswissenschaftlicher Instrumentarien bedient und dabei deren erkenntnistheoretische Prämissen mitreflektiert, verschieben sich die »Gewichte im Wissenshaushalt«[63] der beteiligten Disziplinen. Zu Tage gefördert werden bislang unbeachtete Konstituenten eines Ereignistypus, dessen Konturen aus der monodisziplinären Perspektive verborgen bleiben. Solche Konstituenten des Konzils-Ereignisses sind einerseits Texte, die als literarische und somit als vermeintlich untaugliche Medien historischer Erkenntnis von der Geschichtswissenschaft bislang ausgesondert wurden, während andererseits Texte, deren Quellen-Charakter sie der Literaturwissenschaft uninteressant hat erscheinen lassen, sich plötzlich als hochgeeignete Gegenstände für die zur Zeit unter Mediävisten so intensiv beforschten poetischen Kommunikationssituationen erwiesen haben. Darüber hinaus aber haben die multiperspektivischen Annäherungen an ein historisches Ereignis neue Antworten auf die aktuelle wie historiographische Konstitutionsfrage von Ereignissen hervorbringen können, die über den konkreten historischen Gegenstand hinaus von sozialwissenschaftlicher wie zeitgeschichtlicher Bedeutung sein können. Voraussetzung dafür aber ist, wenn nicht die Umkehrung, so doch zumindest die Neuakzentuierung des Verhältnisses von Disziplinarität und Interdisziplinarität.

Gertrude Himmelfarb: *The new history and the old.* Cambridge, Massachusetts 1987. Robert F. Berkhofer, Jr.: *Beyond the great story. History as text and discourse.* Cambridge, Massachusetts/London 1995.

63 Vgl. Danneberg/Schönert (Anm. 5), S. 55.

Nationale Ausdifferenzierungen der Germanistik: Das Beispiel der USA

Peter Uwe Hohendahl

I.

Seit geraumer Zeit haben die Beziehungen zwischen der amerikanischen und der deutschen Germanistik ihren Charakter verändert.[1] An die Stelle einer harmonischen, von extensivem Fakultätsaustausch begleiteten Zusammenarbeit ist eine zum Teil prononcierte Distanz getreten, ein Desinteresse an der anderen Seite, das sich inzwischen auch in Dissertationen niederzuschlagen beginnt. Verweise auf die Forschungsarbeit auf der anderen Seite des Atlantiks werden seltener. Das gilt besonders für den amerikanischen Nachwuchs, der sich zunehmend an dem literatur- und kulturwissenschaftlichen Diskurs in den Vereinigten Staaten orientiert. Während die deutsche Germanistik die Forschung der Auslandsgermanistik traditionell nur sporadisch zur Kenntnis genommen hat, da sie sich als das Zentrum der Disziplin verstanden hat, das es nicht nötig hat, auf Anstöße von der ›Peripherie‹ einzugehen, wurde von amerikanischen Germanisten erwartet, daß sie sich mit der deutschen Forschung vertraut machten, um an der Entwicklung der Disziplin teilnehmen zu können. Zu den Voraussetzungen dieser Teilnahme zählte demgemäß auch die aktive Beherrschung der deutschen Sprache, welche die Disziplin als das angemessene und natürliche Kommunikationsmedium ansah. Wenn wir den Gebrauch der deutschen Sprache als ein Indiz für das Selbstverständnis der Disziplin verstehen dürfen, ist die Trennung zwischen deutscher und amerikanischer Germanistik sogar weiter fortgeschritten, als aus den noch bestehenden Kontakten zu entnehmen ist. Ein kurzer Blick auf die Tagungsprogramme der MLA und der GSA verdeutlicht, daß eine signifikante Veränderung der Einstellung stattgefunden hat. Auch ›native speakers of German‹ bevorzugen mittlerweile auf Kongressen die engli-

1 Unter der amerikanischen Germanistik wird im folgenden vor allem die US-Germanistik verstanden, im Unterschied zur kanadischen oder mittel- und südamerikanischen, auf die wahrscheinlich manches, was in diesem Beitrag entwickelt wird, nicht ohne weiteres zutrifft. Daß sich z. B. die kanadische Germanistik von der US-Germanistik in mancher Hinsicht unterscheidet, wurde mir erneut anläßlich eines von mir 1997 abgehaltenen DAAD-Sommerseminars über die Geschichte und Funktion der amerikanischen Germanistik deutlich.

sche Sprache. Namentlich auf der jährlichen MLA-Tagung wird die deutsche Sprache fast nur noch von ausländischen Gästen gebraucht. Die Gründe für diese Umstellung sind komplex. Unter anderem hat wahrscheinlich der Wunsch eine Rolle gespielt, die germanistischen Veranstaltungen auch Vertretern anderer Disziplinen zugänglich zu machen, die des Deutschen nicht mächtig sind. Daneben aber spielt bei dieser Entscheidung der Wille eine Rolle, sich durch die Benutzung der Landessprache als eine ›amerikanische‹ Disziplin innerhalb der amerikanischen Universität kenntlich zu machen und sich dadurch auch von den Vertretern der deutschen Germanistik abzugrenzen.

In einem rezenten Aufsatz, der als Teil eines Sonderheftes in der *Zeitschrift für Germanistik* erschienen ist, hat Arlene Teraoka diesen Standpunkt mit polemischer Absicht hervorgehoben.[2] Dabei gehen in ihren Ausführungen bezeichnenderweise die Entwicklung einer amerikanischen Theorie und Methodologie mit dem Gebrauch der englischen Sprache Hand in Hand. Mit gleicher Deutlichkeit hat Sara Lennox in ihrem Beitrag zu dem Sonderheft den Standpunkt vertreten, daß die feministische Forschung im Rahmen der amerikanischen Germanistik nicht nur eine entschieden stärkere Position einnähme als die deutsche, sondern überdies ihren Standort innerhalb des amerikanischen Diskurses gesucht und gefunden habe.[3] Daß dieser Gestus der Distanzierung jedoch nicht nur auf Spezialgebiete beschränkt ist, läßt sich unschwer an Äußerungen prominenter amerikanischer Germanisten ablesen, die einen Führungsanspruch der deutschen Germanistik explizit in Frage gestellt haben. Unter ihnen finden wir Jeffrey Sammons und Sander Gilman, die sich wiederholt für eine Amerikanisierung der amerikanischen Germanistik ausgesprochen haben.[4] Die polemische Spitze solcher Äußerungen richtet sich freilich eher gegen die im Lande lehrenden Deutschen, Schweizer und Österreicher als gegen die in der Bundesrepublik lebenden Germanisten.

Angesichts dieser Abwehrhaltung liegt es nun nahe, von einer jüngst eingetretenen Ausdifferenzierung der amerikanischen Germanistik zu sprechen, die sich seit etwa 1970, aber verstärkt seit den späten 1980er Jahren von dem deutschen Modell getrennt und ein eigenes professionelles Selbstverständnis entwickelt habe. Geht man auf diese Fragestellung ein, wäre zu untersuchen, in welchem Maße und in welcher Form sich das neue amerikanische Modell von dem deutschen unterscheidet. Unter welchen Bedingungen hat sich die amerikanische Germanistik von der deutschen getrennt, welche methodologischen wie wissenschaftstheoretischen Abgrenzungen haben sich in dem neuen Modell durchgesetzt und welche organisatorischen sowie professionellen Konsequen-

2 Arlene A. Teraoka: »Deutsche Kultur, Multikultur: Für eine Germanistik im multikulturellen Sinn«. In: *Zs. für Germanistik* 6 (1996) H. 3, S. 545–560.

3 Dazu Sara Lennox: »Feminismus und German Studies in den USA«. In: *Zs. für Germanistik* 6 (1996) H. 3, S. 561–574.

4 Sander Gilman: »Why and How I Study the German«. In: *German Quarterly* 62 (1989) No. 2, S. 192–204; Jeffrey L. Sammons: »Germanistik in the Academy: or, The Invisible Lodge«. In: *German Studies in the USA: A Critique of »Germanistik«?* DAAD Proceedings. New York 1989, S. 13–18.

zen haben sich aus der Ausdifferenzierung ergeben? Bevor ich mich auf diese Fragestellung einlasse, möchte ich auf ihre Voraussetzungen verweisen, die in der gegenwärtigen Debatte nicht expliziert werden. Stillschweigend wird nämlich angenommen, daß die internationale Germanistik, so wie sie uns im 20. Jahrhundert entgegentritt, einen gemeinsamen Ursprung habe, der in letzter Instanz auf die Germanistik, wie sie sich seit dem frühen 19. Jahrhundert in Deutschland entwickelt hatte, zurückzuverfolgen sei. Die Genealogie der amerikanischen Germanistik verweise entsprechend auf die Übernahme eines in den 1880er und 1890er Jahren in Deutschland ausgebildeten Wissenschaftsbegriffs. Damals, so würde das Argument lauten, sei die Dominanz der deutschen Germanistik festgeschrieben worden.

Mir scheint, daß zwei Gruppen von diesem Modell ausgehen beziehungsweise an ihm festhalten, nämlich auf der einen Seite die deutsche Wissenschaftsgeschichte, die bei ihrer Aufarbeitung der Geschichte der Germanistik ohne weiteres unterstellt hat, daß zum einen die Germanistik eine wesentlich deutsche Disziplin sei und zum anderen die Einrichtungen des Faches in anderen Ländern und Kulturen als Ableger zu betrachten seien.[5] In diesem Sinne hat sich zum Beispiel der in Texas lehrende Wulf Köpke geäußert, der die neuere amerikanische Germanistik noch im Jahr 1989 als wesentlich durch die deutsche geprägt beschreibt.[6] Die organisatorisch geläufige Trennung zwischen Inlands- und Auslandsgermanistik kommt solchen Denkweisen insofern entgegen, als sie meist mit der Vorstellung verbunden ist, das deutsche Zentrum habe auf die ausländische Peripherie eingewirkt. Doch auch innerhalb der amerikanischen Germanistik gehört diese Genealogie zu den Topoi der gegenwärtigen Debatte, allerdings mit entgegengesetzter Funktion. Hier verweist man auf den ›deutschen‹ Ursprung, um einen Zustand kenntlich zu machen, der nach Ablauf einer hundertjährigen Geschichte zu verändern sei. In der amerikanischen Version erscheint der ›deutsche‹ Ursprung der amerikanischen Germanistik als das Ergebnis einer verhängnisvollen Kolonialisierung, die nunmehr zu beseitigen ist. Entsprechend versteht sich die jüngere Generation der amerikanischen Germanistik gelegentlich als eine Unabhängigkeitsbewegung.

Ich hege beträchtliche Zweifel an der Angemessenheit dieser Darstellung, und zwar nicht so sehr an den beschriebenen Phänomenen, sondern an der zugrundeliegenden Konzeption einer Ausdifferenzierung auf der Grundlage eines gemeinsamen Ursprungs. Dem möchte ich eine alternative Konzeption entgegenstellen, in der die amerikanische Germanistik institutionell wie professionell von Anfang an anders situiert war als die deutsche. Diese Konzeption schließt,

---

5 Bezeichnenderweise wird in dem Artikel »Germanistik« von *Metzlers Literatur Lexikon* (hrsg. von Günther und Irmgard Schweikle, Stuttgart 1984, S. 168–170) eine außerhalb der deutschen Grenzen existierende Germanistik nicht einmal erwähnt. In Jost Hermands *Geschichte der Germanistik* (Reinbek 1994) werden amerikanische Germanisten berücksichtigt, aber wesentlich im Rahmen einer erweiterten deutschen Germanistik.

6 Wulf Köpke: »Germanistik als eine deutsch-amerikanische Wissenschaft«. In: Frank Trommler (Hrsg.): *Germanistik in den USA. Neue Entwicklungen und Methoden.* Opladen 1989, S. 46–65.

wie noch zu zeigen ist, Einflüsse und enge Beziehungen nicht aus, aber ohne daß daraus zu folgern ist, die amerikanische Germanistik sei eine Kopie der deutschen. Meine Argumentation wird sich im wesentlichen auf die institutionelle Entwicklung der Disziplin in den Vereinigten Staaten stützen, an der von Anfang an sowohl geborene Amerikaner als auch europäische Einwanderer mitgewirkt haben. Die Berücksichtigung der institutionellen Unterschiede ist deshalb wichtig, weil sie verdeutlicht, daß intellektuelle wie auch personelle Momente in der Geschichte einer Disziplin, wenn sie isoliert betrachtet werden, zu falschen Schlüssen führen können. So ist die Tatsache, daß die amerikanische Germanistik sich im Rahmen der amerikanischen Universität entwickelt hat, von nicht zu überschätzender Bedeutung. Sie hat meines Erachtens die Funktion wie auch das Selbstverständnis der Disziplin stärker geprägt als spezifische Momente der Forschung, der Lehrprogramme und des Lehrkörpers. Anders gesagt, die deutschen Einflüsse, die besonders im ausgehenden 19. Jahrhundert massiv waren, blieben immer bezogen auf ihren Stellenwert innerhalb einer amerikanischen Institution.

II.

Institutionsgeschichtlich betrachtet, ist die gegenwärtige Spaltung der amerikanischen und der deutschen Germanistik kein absolutes Novum. In der Tat haben Phasen der engen Zusammenarbeit (wie zum Beispiel nach dem Zweiten Weltkrieg) Phasen abgelöst, in denen – nicht selten aus politischen Gründen – die Distanz überwog. Es sei nur an die Jahre zwischen 1933 und 1945 erinnert, in denen sich die amerikanische Germanistik gegenüber der faschistisch geprägten deutschen Germanistik zunächst zurückhielt und nach dem Kriegseintritt der Vereinigten Staaten eine uneingeschränkt nationale, das heißt amerikanische Position gegenüber Deutschland und der deutschen Germanistik einnahm.[7] Was die gegenwärtige Entfremdung oder Spaltung von früheren unterscheidet, ist die Tatsache, daß sie nicht vornehmlich durch politische Ursachen, sondern eher durch inneramerikanische Entwicklungen ausgelöst wurde, die spezifisch durch strukturelle Veränderungen der amerikanischen Universität bestimmt waren. Es ist zu unterscheiden zwischen den strukturellen Veränderungen auf der einen Seite und dem Diskurs der beteiligten Germanisten, die eine anti-

---

7 In ideologischer und methodischer Hinsicht lassen sich Einflüsse der nationalsozialistischen Germanistik im einzelnen durchaus nachweisen. Als professionelle Institution dagegen verhielt sich die amerikanische Germanistik – gerade nach den negativen Erfahrungen während des Ersten Weltkriegs – bis zum Kriegsausbruch neutral, um sich dann mit der Position der Alliierten zu identifizieren. Aus der umfangreichen Literatur sei hier nur angeführt: Susan Lee Pentlin: *The Effect of the Third Reich on the Teaching of German in the United States. A Historical Study.* Diss. University of Kansas 1977; Erika Salloch: »Traces of Fascist Ideology in American Professional Journals, 1933–1945«. In: David P. Benseler u. a. (Hrsg.): *Teaching German in America. Prolegomena to a History.* Madison 1988, S 253–270.

deutsche Position ausformulierten, auf der anderen Seite, denn in der Regel werden die strukturellen Veränderungen auf der diskursiven Ebene nicht angesprochen.

Innerhalb des bereits erwähnten Prozesses der Distanzierung nach 1970 möchte ich zwei Phasen unterscheiden, in denen jeweils die Forderung nach ›Amerikanisierung‹ der US-Germanistik eine eigene und unterschiedliche Bedeutung hat. Während in den Forderungen der 1970er Jahre der Wunsch nach einer eigenen Geschichte nicht zuletzt von ideologischen Gesichtspunkten bestimmt war, standen in der Diskussion der 1980er und 1990er Jahre epistemologische und methodologische Gesichtspunkte im Mittelpunkt, die freilich auch ideologisch aufgeladen werden konnten. Der Ruf nach Unabhängigkeit, den wir zum Beispiel in den Schriften von Jeffrey Sammons und Theodore Ziolkowski finden, steht in den 1970er Jahren in engem Zusammenhang mit dem Wunsch, eine bestimmte Art von Germanistik gegenüber methodischen Neuerungen zu verteidigen, die nicht zuletzt von aus Deutschland zugewanderten Germanisten eingebracht wurden. Die Auseinandersetzung um die Legitimität der marxistischen Theorie in ihren verschiedenen Spielarten wurde unter anderem als nationaler Gegensatz stilisiert: als Einbruch bedenklicher und unerwünschter methodischer Fragestellungen innerhalb der Literaturwissenschaft. Der Wunsch nach einer spezifisch amerikanischen Profilierung der amerikanischen Germanistik ist also einzubetten in die Geschichte der amerikanischen Universität in der Epoche des Kalten Krieges. In dem Maße, wie sich die amerikanische Germanistik nach 1942 der antifaschistischen Front anschloß und dann nach 1947 diese Energien in den Kalten Krieg einbrachte, erschienen ideologiekritische Modelle als subversive Elemente, die es auszuschalten galt. Indem man sie den deutschen Einwanderern zuschrieb, verband sich mit dem Ruf nach nationaler Unabhängigkeit von der westdeutschen Germanistik zugleich die Hoffnung auf die Verdrängung der ideologischen Gegenposition. Durch den erklärten Anschluß an die amerikanische Literaturwissenschaft, wie sie von der Anglistik praktiziert wurde,[8] suchte man eine epistemologische wie auch politische Legitimation der eigenen Position innerhalb der amerikanischen Universität.

Dieser Gegensatz zwischen liberalem Humanismus und marxistischer Ideologiekritik verlor während der 1980er Jahre zunehmend an Bedeutung, da sich innerhalb der amerikanischen Literaturwissenschaft neue Konstellationen abzeichneten, die pauschal gesprochen mit der Rezeption der französischen poststrukturalistischen Theorie zusammengebracht werden können.[9] Angesichts der theoretischen Radikalisierung im Namen von ›Deconstruction‹ wurde der anti-

---

8 Zur Entwicklung der amerikanischen Literaturwissenschaft nach dem Zweiten Weltkrieg siehe Frank Lentricchia: *After the New Criticism.* Chicago 1980; Gerald Graff: *Professing Literature. An Institutional History.* Chicago/London 1987, insbes. S. 183–262.

9 Aus der Fülle der kritischen Literatur sei verwiesen auf Jonathan Culler: *Structuralist Poetics. Structuralism, Linguistics, and the Study of Literature.* Ithaca/New York 1977; Vincent B. Leitch: *Deconstructive Criticism. An Advanced Introduction.* New York 1983; Charles C. Lemert/Garth Gillan: *Michel Foucault. Social Theory and Transgression.* New York 1982.

marxistische wie antideutsche Impetus der 1970er Jahre funktional überflüssig. Nunmehr konnte der Marxismus in die Verteidigung einer humanistischen Position sogar einbezogen werden. Entsprechend entspannten sich die Beziehungen zwischen der als ›deutsch‹ gekennzeichneten Linken und dem amerikanischen Humanismus.

Die zweite Phase der Entfremdung ist im Zusammenhang mit dem Ende des Kalten Krieges von 1989 zu sehen, einem Ereignis, das sich auf die Struktur der amerikanischen Universität nachhaltig auswirken sollte. Allerdings waren diese Auswirkungen in den späten 1980er und frühen 1990er Jahren noch nicht erkennbar. Daher finden sich in der einsetzenden Debatte über die Aufgabe der amerikanischen Germanistik kaum Hinweise auf den in Gang gesetzten Umbau der amerikanischen Universität. Die erneut vorgetragene Forderung nach ›Amerikanisierung‹ der amerikanischen Germanistik begründete diesen Anspruch in der Hauptsache mit dem Hinweis auf die zunehmend als gefährlich angesehene Isolierung der amerikanischen Germanistik innerhalb der literatur- und kulturwissenschaftliche Diskussion in den Vereinigten Staaten. Dieses Argument war insofern nicht unberechtigt, als das Festhalten an der traditionellen Form einer literatur-orientierten Germanistik, die den klassischen Kanon in den Mittelpunkt stellt,[10] im Rahmen der neuen, kapitalistisch verwalteten Universität, die Erfolg und Mißerfolg am Interesse der Konsumenten bemißt, zur Eliminierung der Germanistik führen konnte. Die seit den 1970er Jahren schwelende Krise der amerikanischen Germanistik war in ein neues Stadium getreten: Das Fach konnte, wie in der internen Diskussion deutlich wurde, nur durch Anpassung überleben.[11] Daher wurde in der neueren Debatte die deutsche Germanistik zunehmend zum Inbegriff einer unbeweglichen, theoretisch unreflektierten und überholten Disziplin, von der man sich abzusetzen hatte, und auf der anderen Seite die amerikanische Diskussion – namentlich die über einen kulturwissenschaftlichen Ansatz – zum Ausgangspunkt für eine Erneuerung der amerikanischen Germanistik im Zeichen von ›German Studies‹.

Ohne ein gewisses Maß an ›thick description‹ ist die Entwicklung der amerikanischen Germanistik seit den späten 1980er Jahren nicht zu bestimmen, da es sich um einen komplexen und nuancenreichen Prozeß handelt, der nicht auf ein singuläres Prinzip zurückzuführen ist. Ich möchte drei Aspekte unterscheiden, nämlich (1) den Einfluß der amerikanischen Theoriediskussion, die in den 1970er Jahren begann und ihren Höhepunkt vermutlich um die Mitte der 1980er Jahre erreicht hatte; (2) die Konstituierung von neuen Forschungsfeldern, nicht zuletzt unter dem Einfluß innovativer theoretischer Modelle, welche die vertraute Struktur der amerikanischen Germanistik aufbrachen; (3) die organisa-

---

10 Zur Kritik des deutschen Kanons von amerikanischer Seite siehe John Van Cleve/A. Leslie Willson: *Remarks on the Needed Reform of German Studies in the United States*. Columbia 1993. Die Autoren fordern einen eigenen, spezifisch amerikanischen Kanon für den Unterricht an amerikanischen Universitäten.

11 Die Diskussion der 1970er Jahre ist gut zu verfolgen bei: Walter F. W. Lohnes/Valters Nollendorfs (Hrsg.): *German Studies in the United States. Assessment and Outlook*. Madison 1976.

torische wie ideologische Umgestaltung der amerikanischen Universität, die sich im Zusammenhang mit dem Neoliberalismus der ›neuen Ära‹ abzeichnet. So verlockend es sein mag, den dritten Gesichtspunkt als den schließlich entscheidenden zu behandeln, so müssen wir uns vergegenwärtigen, daß diese Prozesse sich zum guten Teil unabhängig voneinander vollzogen haben.

In der amerikanischen Theoriediskussion der 1970er Jahre spielte die amerikanische Germanistik eine eher untergeordnete Rolle. Die Anstöße innerhalb der Literaturwissenschaft gingen vielmehr von den Englischen Abteilungen und der Romanistik aus, wobei die Romanistik zum guten Teil die Vermittlung der französischen Theorie vorantrieb.[12] Es handelte sich vor allem um dekonstruktive Modelle, wie sie von Jacques Derrida und dann auf amerikanischer Seite von Paul de Man entwickelt worden waren. Daneben ist jedoch das Projekt von Michel Foucault zu erwähnen, dessen diskursanalytisches Modell nicht nur die amerikanischen Sozialwissenschaften, sondern auch die Literatur- und Kulturwissenschaften nachhaltig beeinflußte und umgestaltete.[13] Diese neuen Ansätze verdrängten innerhalb der Anglistik und Romanistik weitgehend den ›New Criticism‹, der noch in den 1960er Jahren als das dominante Paradigma gegolten hatte. An dieser ›französischen Kehre‹ nahm die Germanistik nur sehr partiell teil. Aufgrund personeller Kontakte und infolge ihrer Beziehungen zur deutschen Germanistik vollzog sich die Abkehr vom ›New Criticism‹ innerhalb der amerikanischen Germanistik eher durch die Rezeption marxistischer, sozialgeschichtlicher und rezeptionsgeschichtlicher Theoreme. Man kann meines Erachtens somit während der 1970er und frühen 1980er Jahre von einem Sonderweg der amerikanischen Germanistik sprechen; denn ihr Projekt zeigt wenig Ähnlichkeiten mit den neuen Zielsetzungen der Anglistik. Gleichwohl hat die amerikanische Germanistik zur amerikanischen Theoriediskussion einen wichtigen Beitrag geleistet. Sie hat entscheidend dazu beigetragen, daß die Kritische Theorie in den Vereinigten Staaten heimisch wurde.[14] An der 1974 gegründeten Zeitschrift *New German Critique* ist diese Vermittlung abzulesen. Durch Übersetzungen und von der Kritischen Theorie beeinflußten Textauslegungen präsentierte die Zeitschrift in den 1970er Jahren ein intellektuelles Profil, das sich von der traditionellen amerikanischen Germanistik weit entfernte. Die Herausgeber der Zeitschrift wie auch ihre Mitarbeiter waren damit eindeutig als Außenseiter gekennzeichnet. Nicht umsonst sprach ein Vertreter der Orthodoxie anläßlich einer MLA-Tagung von der »strident voice of *New German Cri-*

---

12 Symptomatisch für diese enge Verbindung zwischen Romanistik und Theorie, besonders in den 1970er Jahren, ist die zunächst von Romanisten herausgegebene Zeitschrift *Diacritics* an der Cornell University.

13 Zur Bedeutung Foucaults siehe Biddy Martin: »Feminism, Criticism and Foucault«. In: B. M.: *Femininity Played Straight. The Significance of Being Lesbian.* New York/London 1996, S. 185–213.

14 Bei der Rezeption der Frankfurter Schule haben natürlich andere Disziplinen eine gleichwichtige Rolle gespielt, unter anderem die Geschichtswissenschaft (Martin Jay, Susan Buck-Morrs, Anson Rabinbach), die Musikwissenschaft und die Philosophie (John A. McCarthy, Richard J. Bernstein).

tique«, mit der man sich nicht identifizieren sollte. Die marxistische Tradition wurde innerhalb der Germanistik auch im folgenden Jahrzehnt nur von einer Minorität vertreten, die indes ihre Resonanz innerhalb des Faches durch die Verbindung mit Minoritäten in anderen Disziplinen verstärken konnte. Zu diesen Stimmen gehörte nicht zuletzt Paul Piccone als positionsbestimmender Herausgeber der Zeitschrift *Telos* und Fredrick Jameson, dessen theoretisches Projekt der Kritischen Theorie entscheidend verbunden war. Als Romanist und später in der allgemeinen Literaturwissenschaft angesiedelter Theoretiker stellte er die Verbindung mit dem amerikanischen Zentrum her.

Die Entwicklung marxistischer Modelle innerhalb der amerikanischen Germanistik sollte die Beziehung zur deutschen Germanistik zunächst eher verstärken. Es war das gemeinsame Projekt der jüngeren Generation (grob gesprochen der Achtundsechziger), die sich auf beiden Seiten des Atlantiks von der werkimmanenten Interpretation absetzten. Auf amerikanischer Seite spielte dabei die Erfahrung des Vietnamkriegs, wie Michael Jones 1988 noch einmal in Erinnerung brachte,[15] eine wichtige Rolle. Die Konstituierung einer kritischen Germanistik war nicht nur eine professionelle, sondern gleichzeitig eine gesellschaftspolitische Entscheidung, und zwar eine Entscheidung, die sich gleichermaßen gegen die sozio-politischen Strukturen in den Vereinigten Staaten wie in der Bundesrepublik wandte. Die Konzeption der Neuen Linken war mit anderen Worten internationalistisch ausgerichtet, wenngleich sie von konservativen amerikanischen Germanisten gelegentlich als eine ›deutsche‹, das heißt als fremde Erscheinung behandelt wurde.

Die ›amerikanische‹ Konnotierung der Theoriedebatte innerhalb der amerikanischen Germanistik begann, wenn ich recht sehe, erst in den 1980er Jahren eine wichtigere Rolle zu spielen, und zwar auf zwei Feldern, für die es entweder in Westdeutschland keine Entsprechung beziehungsweise so bedeutende Differenzen gab, daß ein gemeinsamer Nenner nicht mehr gefunden werden konnte. Der erste Gesichtspunkt gilt für den ›New Historicism‹, der in den 1980er Jahren als neues Paradigma auftaucht; der zweite Aspekt betrifft die theoretische Entwicklung des amerikanischen Feminismus und seine Anwendung in der amerikanischen Germanistik. Bezeichnend scheint mir, daß es sich in beiden Fällen nicht um strikt theoretische Modelle handelt, sondern vielmehr um Forschungsmuster, die auf verschiedene und zum Teil heterogene philosophische Traditionen zurückgegriffen haben. In der amerikanischen Variante des ›New Historicism‹, wie er von der Gruppe um die Zeitschrift *Representation* vertreten wurde, flossen diskurstheoretische Ansätze, marxistische Elemente und hermeneutische Ideen zusammen in einem ausgesprochen hybriden Modell, dessen Wert von seinen Vertretern vor allem an seiner Fruchtbarkeit in der wissenschaftlichen Praxis bemessen wurde. Wo amerikanische Germanisten und Germanistinnen sich auf diese neuen Paradigmen beriefen, geschah dies zunehmend mit dem Hinweis, in den Vereinigten Staaten entwickelte Theoreme

---

15 Michael T. Jones: »Identity, Critique, Affirmation: A Response«. In: *German Quarterly* 62 (1989) No. 2, S. 155–157.

und Methoden anzuwenden, obgleich es sich bei genauerer Betrachtung philosophisch um Ansätze handelte, die aus Europa kamen.[16]

Für die Beschreibung der Transformation der amerikanischen Germanistik und ihrer zunehmenden Distanzierung von der deutschen ist die neue theoretische Konstellation nicht allein ausschlaggebend, denn seit den späten 1970er Jahren kann man auch im Hinblick auf Westdeutschland von einem – international gesehen allerdings verspäteten – Einbruch der französischen Theorie sprechen, der sukzessiv diskurstheoretische Modelle und Formen dekonstruktiver Lektüre in die germanistische Praxis einbrachte.[17] Prägnanter ist der wachsende Unterschied abzulesen an Forschungsfeldern, in denen zuvor nicht als legitim anerkannte Materialien in den Vordergrund traten. Dazu gehörten nicht nur von Frauen geschriebene literarische Texte, sondern auch Literatur von Minoritäten im deutschsprachigen Raum sowie die Darstellung kolonialen Denkens und Imaginierens innerhalb der deutschen Literatur und Geschichte.[18] Sowohl die Erforschung der Minoritätsliteratur als auch die koloniale Problematik sind nur vor dem Hintergrund der amerikanischen Diskussion zu verstehen. In den Vereinigten Staaten lehrende Germanisten wie Susanne Zantop und Russell Berman haben sich in ihren Arbeiten das theoretische und methodische Instrumentarium angeeignet, um es auf deutsche Texte anzuwenden.[19]

Das entscheidende Stichwort jedoch, das die Distanz zwischen deutscher und amerikanischer Germanistik festschreibt, ist der Begriff ›Cultural Studies‹, den man nicht ohne weiteres mit ›Kulturwissenschaft‹ übersetzen kann, da die deutsche Wortprägung andere semantische Konnotationen evoziert als die amerikanische. Ob die amerikanische Germanistik sich unter der Bezeichnung ›German Studies‹ – anstelle von ›German Literature‹ – kulturwissenschaftlich neu konstituieren soll, ist gegenwärtig die wissenschaftspolitisch entscheidende Frage.[20] Wird diese Frage bejaht, optiert man in der Tat für eine ›Amerikanisierung‹ der Germanistik insofern, als in Deutschland eine vergleichbare Theorie oder Methodologie gegenwärtig nicht zur Verfügung steht, denn kulturwissenschaftliche Ansätze in Deutschland, an denen es nicht fehlt,

16 Zum New Historicism siehe: Peter Uwe Hohendahl: »A Return to History? The New Historicism and its Agenda«. In: *New German Critique* 55 (1992), S. 87–104.

17 Dazu Jürgen Fohrmann/Harro Müller (Hrsg.): *Diskurstheorien und Literaturwissenschaft*. Frankfurt a. M. 1988; Klaus-Michael Bogdal (Hrsg.): *Neue Literaturtheorien. Eine Einführung*. Opladen 1990.

18 Vgl. Sander L. Gilman: *Inscribing the Other*. Lincoln/London 1991; Leslie A. Adelson: *Making Bodies, Making History. Feminism and German Identity*. Lincoln/London 1993.

19 Susanne Zantop: *Colonial Fantasie. Conquest, Family, and Nation in Precolonial Germany, 1780–1870*. Durham, North Carolina. 1997. Russell Bermans Untersuchung über den kolonialen Diskurs im 19. Jahrhundert erschien als *Enlightenment or Empire: Colonial Discourse in German Culture*. Lincoln, Nebraska 1998.

20 Symptomatisch sind die Einleitungen, die Mark Weiner als Herausgeber der Zeitschrift *German Quarterly* schrieb, nämlich 1995 in Bd. 68/1, S. VI–VIII, und 1996 in Bd. 69/2, S. V–IX. 1996 betont Weiner den prinzipiellen Charakter der kulturwissenschaftlichen Neuorientierung, warnt aber gleichzeitig vor einer dogmatischen ideologiekritischen Form von ›Cultural Studies‹. Gegen eine bloß mechanistische Anwendung kulturwissenschaftlicher Methoden stellt er die Forderung nach kritischer Selbstreflexion.

verfolgen andere Methoden und Ziele.[21] Wird sie verneint, besagt dies nicht, daß man sich für eine ›deutsche‹ Germanistik entscheidet (obschon dies gelegentlich suggeriert wird), weil die gegenwärtige amerikanische Konstellation keineswegs auf ›Cultural Studies‹ beschränkt ist.

Im Unterschied zu der deutschen Situation hat die Methodendiskussion in den Vereinigten Staaten seit den 1980er Jahren eine breite öffentliche Resonanz gefunden, da sie in den Augen der öffentlichen Kommentatoren grundlegende Fragen des amerikanischen Bildungswesen berührt.[22] Namentlich die Kanondebatte, in der die Legitimität der abendländischen literarischen und philosophischen Tradition in Frage gestellt wurde, erregte heftige Reaktionen, da in der breiten Öffentlichkeit der Verdacht entstand, die Aufweichung oder gar Abschaffung des Kanons käme einer Auflösung der humanistischen Werte gleich, auf der das moderne amerikanische Bildungswesen ruht. In diesem Kontext erscheint ›Cultural Studies‹ nun als Gegenspieler zu einer kanon-orientierten Literaturwissenschaft und gilt daher als ausgesprochen subversiv und ›unamerikanisch‹. Man muß sich folglich vor Augen halten, daß der Terminus ›amerikanisch‹ in verschiedenen Diskussionen sehr unterschiedliche Inhalte haben kann. Mit Recht hat nun John Guillory darauf aufmerksam gemacht, daß die Teilnehmer der amerikanische Kanondebatte – die sich vor allem in der Anglistik abgespielt hat – in der Regel die ökonomischen wie gesellschaftlichen Voraussetzungen ihrer Positionen nicht verstanden, weil sie die Literatur als eine abstrakte und autonome Größe behandelten.[23]

Von einem anderen Gesichtspunkt her, aber mit ähnlicher Intention hat Bill Readings diesen Einwand konkretisiert, indem er ›Cultural Studies‹ nicht als ein theoretisches Modell, sondern als eine wissenschafts-politische Äußerung behandelte, die spezifisch auf die neue ›University of Excellence‹ (Readings) zugeschnitten ist.[24] Die Umgestaltung der Universität zu einer Institution, in der Wissen als Ware behandelt wird und Studenten als Verbraucher angesehen werden, führt Readings zufolge zu einer Entleerung der Disziplinen (›lack of reference‹), denn ihr Wert wird vornehmlich daran gemessen, ob ihre Gegenstände auf dem akademischen Markt Abnehmer finden. ›Cultural Studies‹, so argumentiert Readings, erfüllt in idealer Weise die Voraussetzungen für eine solche Entleerung, da kulturelle Erscheinungen nicht mehr als Träger von Werten, sondern lediglich als Erscheinungen behandelt werden.[25] Obgleich die Tragfähigkeit dieser Argumentation zweifelhaft ist, so verweist sie doch nachdrücklich auf die Beziehung zwischen institutioneller Transformation und intellektueller

---

21 Dazu Hartmut Böhme und Klaus R. Scherpe (Hrsg.): *Literatur und Kulturwissenschaften. Positionen. Theorien. Modelle.* Reinbek 1996.

22 Vgl Herbert Lindenberger: »On the Sacrality of Reading Lists: The Western Culture Debate at Stanford University«. In: H. L.: *The History in Literature. On Value, Genre, Institutions.* New York und Oxford 1990, S. 148–162.

23 John Guillory: *Cultural Capital. The Problem of Literary Canon Formation.* Chicago/London 1993, insbes. S. 3–82.

24 Bill Readings: *The University in Ruins.* Cambridge/London 1996.

25 Ebd., S. 89–118.

Selbstdarstellung durch Theoreme und methodische Modelle. Die neue marktorientierte Universität verhält sich gegenüber disziplinären Innovationen eher neutral. Sie fördert sie sogar, falls sie marktgerecht zu sein scheinen, während sie auf der anderen Seite kulturelle Traditionen rücksichtslos abbauen kann, wenn sie nicht mehr kosteneffektiv zu verwalten sind. Angesichts dieser Einstellung bleibt der amerikanischen Germanistik möglicherweise keine andere Wahl als die der Anpassung an ein kosteneffektives Modell.

III.

Die wachsende Distanz zwischen deutscher und amerikanischer Germanistik reflektiert also zur Zeit bestehende institutionelle Differenzen. Anders gesagt: deutsche und amerikanische Germanisten operieren in unterschiedlichen professionellen Kontexten, die nachhaltig und weitgehend unbewußt ihr Selbstverständnis wie auch ihre Praxis bestimmen. Daß diese Unterschiede gegenwärtig besonders stark ausgeprägt erscheinen, mag uns zu dem Schluß verleiten, daß wir es mit einer endgültigen Abspaltung zu tun haben. Hingegen erweist sich im Blick auf die Entstehung der amerikanischen Germanistik meines Erachtens dieser Schluß als voreilig. Institutionell trug die Germanistik in den Vereinigten Staaten von Anfang an Züge, die sie als ein Produkt des amerikanischen Bildungswesens auswies. Sie war und blieb ein hybrides Gebilde, in das ›deutsche‹ Elemente eingefügt werden konnten, ohne daß daraus eine der deutschen Germanistik vergleichbare Struktur entstand.

In der konventionellen Auffassung dieser Genealogie spielen die ›deutschen‹ Elemente eine herausragende Rolle.[26] Ihnen wird bestimmende Kraft zugesprochen. Diese Einschätzung beruft sich vor allem auf den Einfluß der deutschen Philologie auf die amerikanische, der nicht nur in der Germanistik, sondern gleichermaßen in der Anglistik und in anderen sich herausbildenden Nationalphilologien zu erkennen ist. So hat Gerald Graff in *Professing Literature. An Institutional History* darauf hingewiesen, daß der Begriff einer strengen philologischen Forschung auf amerikanischen Boden eine aus Europa, und namentlich aus Deutschland eingeführte Neuerung darstellte, mit der sich nicht nur ein neues Wissenschaftsmodell, sondern auch ein neues Wissenschaftsethos verband.[27] Von diesem neuen Paradigma war in erster Linie die historische Linguistik betroffen, daneben aber auch der Umgang mit literarischen Texten, die nun nicht mehr zum Zwecke einer moralischen und ästhetischen Erbauung behandelt wurden, sondern als Material wissenschaftlicher Analyse. Für die Professionalisierung des Literaturunterrichts in den Vereinigten Staaten im späten

26 Zur traditionellen Darstellung der Geschichte der amerikanischen Germanistik siehe Victor Lange: »The History of German Studies in America: Ends and Means«. In: Benseler u. a. (Anm. 7), S. 3–14. Lange hebt den Unterschied zwischen deutscher und amerikanischer Germanistik hervor.

27 Graff (Anm. 8), S. 65–80.

19. Jahrhundert war, wie Graff hervorhebt, das Bild des deutschen Professors als eines spezialisierten Wissenschaftlers wirkungsmächtig, wenn auch keineswegs unumstritten. Der Begriff wissenschaftlicher Forschung konnte innerhalb der Nationalphilologien so einflußreich werden, weil er in enger Verbindung mit der Umbildung des amerikanischen College zur wissenschaftsorientierten Universität stand, wie sie sich zwischen 1875 und 1900 vollzog.[28] Der Anstoß ging bekanntlich von zwei Neugründungen aus, nämlich der Johns Hopkins University (1876) und der University of Chicago (1892), für die nicht mehr die Erziehung von Undergraduates, sondern – im Rahmen einer ›Graduate School‹ – die Ausbildung von Doktoranden im Vordergrund stand. Die Philologien, unter ihnen die Germanistik, fügten sich in diese Struktur ein, aber, wie zu zeigen ist, nicht ohne Vorbehalte.

Was in der Konstruktion einer deutschen Genealogie der amerikanischen Germanistik eher unterschlagen wird, ist der Widerstand der Humanisten gegen die positivistische Verwissenschaftlichung des Literaturunterrichts. Diese Opposition ging vor allem von Professoren der englischen Literatur aus, die der wissenschaftlichen Spezialisierung entgegenhielten, daß ihre Ergebnisse für die Erziehung von ›undergraduates‹ wenig brauchbar seien, weil sie die Literatur zum bloßen Material herabwürdigten. Mit den Worten von Graff: »The generalists were spokesmen for the missionary view of literature they inherited from Arnold, Ruskin, and other victorian apostles of culture. Their idea of culture played an important role in legitimating the claims of literary studies in the university.«[29] In dieser Formulierung deutet sich ein Konflikt an, der sich in der amerikanischen Debatte dann als der Gegensatz zwischen ›deutscher‹ Wissenschaftlichkeit und anglo-amerikanischem Humanismus zuspitzen konnte. Auf der einen Seite stand dann die Forderung strenger wissenschaftlicher Methodik als Index eines neuen wissenschaftlichen Zeitalters, auf der anderen der ethische und ästhetische Gehalt der Dichtung als Ausdruck unverzichtbarer, aber bedrohter kultureller Werte.

In der Geschichte der amerikanischen Germanistik hat man den Einfluß dieser anglo-amerikanischen Kulturbewegung bisher kaum in Betracht gezogen. Sie kompliziert nämlich das Verständnis der Genealogie beträchtlich. Während die Professionalisierung der Germanistik an den amerikanischen Universitäten sich gleichzeitig mit der Umstrukturierung der amerikanischen Colleges und Universitäten vollzog, also in den letzten Jahrzehnten des 19. Jahrhunderts, gab es vorher bereits eine bis in das 18. Jahrhundert zurückreichende Tradition der Beschäftigung mit deutscher Literatur und Philosophie.[30] Sie war nicht auf die Universität beschränkt, fand jedoch ebenfalls Eingang in den Lehrbetrieb des

---

28 Zur Geschichte der amerikanischen Universität siehe Richard Hofstadter/Wilson Smith (Hrsg.): *American Higher Education. A Documentary History.* Chicago 1961.

29 Graff (Anm. 8), S. 81.

30 Zur amerikanischen Rezeption der deutschen Sprache und Literatur im 18. und 19. Jahrhundert unter pädagogischem Gesichtspunkt siehe Edwin H. Zeydel: »The Teaching of German in the United States from Colonial Times through World War I«. In: Benseler u. a. (Anm. 7), S. 15–54.

amerikanischen Colleges. Dieses kulturell bestimmte Interesse an deutscher Literatur setzte sich meines Erachtens im Lehrbetrieb der neuen Germanistikabteilungen fort. Die Aneignung deutscher Literatur, obschon in der ›Graduate School‹ Teil der neuen wissenschaftlichen Ausbildung, geschah unter dem Vorzeichen eines individuellen oder kollektiven Bildungsprozesses. Schon aus diesem Grunde war die Auswahl der zu lesenden Werke von großer Bedeutung: Es mußte ein Kanon gebildet werden, welcher den genannten Bildungsprozeß fördern würde. Im Zentrum dieses Kanons stand die deutsche Klassik.[31]

Genauer zu untersuchen wäre die Beziehung zwischen dieser Klassikrezeption und der positivistischen Philologie oder, anders gesagt, die Beziehung zwischen dem humanistischen Kulturbegriff und dem strengen Wissenschaftsbegriff. Während der letztere in den zeitgenössischen Debatten als ›deutsch‹ konnotiert war, erschien der Begriff der Kultur (im Sinne von ›culture‹) als ein Teil der englischen Tradition. In jedem Fall müssen wir festhalten, daß die Vorstellung einer aus Deutschland importierten Germanistik entschieden zu einfach ist. Zwei weitere Momente sind zu erwähnen, die dieses Bild weiter differenzieren. Zum einen ist sicher der Einfluß der deutschen Immigration, genauer gesprochen der Einfluß der Deutsch-Amerikaner auf das Selbstverständnis der amerikanischen Germanistik zu beachten, zum anderen die Rolle des Sprachunterrichts innerhalb der germanistischen Abteilungen zu untersuchen, für den es in Deutschland keine Entsprechung gab. Die Tatsache, daß die Germanistik im Rahmen der amerikanischen Universität sich als eine Fremdsprachenphilologie konstitutierte, setzte sie von vornherein von der deutschen Germanistik ab – und zwar vor allem durch ihre Praxis, insofern als Sprach- und Literaturunterricht durch die gleiche Institution und das gleiche Lehrpersonal wahrgenommen wurde und bis heute wird. Was die deutsche Sprache anbetrifft, fiel dem Germanistischen Institut die Rolle eines ›service department‹ zu, das die Ausbildung von Studenten übernimmt, die – aus welchen Gründen auch immer – Kenntnisse der deutschen Sprache benötigen.

Die Pflege der deutschen Sprache hatte jedoch im 19. Jahrhundert eine zweite, nicht minder wichtige Funktion; sie diente der Bewahrung der kulturellen Identität der aus Deutschland eingewanderten Amerikaner.[32] Als eine zahlreiche und einflußreiche ethnische Minorität hielten sie die literarischen Kontakte zu Deutschland aufrecht und fühlten sich zum guten Teil einem deutschen Kulturbegriff verpflichtet, so wie auf der anderen Seite des Atlantiks Zeitschriften wie

31 Zur Klassik-Rezeption siehe Richard Spuler: *»Germanistik« in America. The Reception of German Classicism, 1870–1905*. Stuttgart 1982.

32 Zur Frage der deutschen Sprache in den Vereinigten Staaten siehe Frank Trommler/Joseph McVeigh (Hrsg.): *Americans and the Germans. An Assessment of a Three-Hundred-Year History*. 2 Bde. Philadelphia 1985, insbes. Bd. 1, S. 223–281, mit Beiträgen von Jürgen Eichhoff, Marion L. Huffines, Joshua A. Fishman und John A. McCarthy. – Zur Stärke der deutschen Immigration siehe *Historical Statistics of the United States. Colonial Times to 1970*. 2 Bde. Washington, District of Columbia. Bd. 1, S. 105. Zwischen 1851 und 1900 wanderten gut 4,5 Millionen Deutsche nach den Vereinigten Staaten aus.

Die Gartenlaube deutsche Auswanderer weiterhin als der deutschen Kultur Zugehörige betrachteten. Aus diesem Zusammenhang entwickelte sich in der amerikanischen Germanistik vor dem Ersten Weltkrieg eine Form von kulturellem Nationalismus, den Henry Schmidt zum ersten Mal kritisch analysiert hat.[33]

Schmidt brachte die Probleme der amerikanischen Germanistik während und nach dem Ersten Weltkrieg damit in Verbindung, daß sich ihre Vertreter kulturell wie auch politisch an Deutschland orientierten und aus diesem Grund einem deutschen Kulturnationalismus das Wort redeten, der sie von amerikanischen Bildungsvorstellungen entfernte – mit dem Ergebnis, daß die amerikanische Germanistik 1917 beim Kriegseintritt der Vereinigten Staaten institutionell auf der Seite des Feindes zu stehen schien. Die von Schmidt angeführten Schriften lassen in der Tat keinen Zweifel an der widersprüchlichen Einstellung führender amerikanischer Germanisten. Doch scheint mir Schmidt die dafür verantwortlichen Gründe voreilig auf den einen zu reduzieren, nämlich auf eine falsch gelaufene politische Identitätsbildung. Demgegenüber möchte ich die Vermutung aussprechen, daß die Frage der Identitätsbildung innerhalb der Deutsch-Amerikaner weitaus komplexer gewesen ist und entsprechend auch die Äußerungen der amerikanischen Germanisten differenzierter einzuschätzen sind. Ich möchte schematisch vier mögliche Positionen unterscheiden: (1) den Entschluß zur vollkommenen Anpassung an die Kultur des Einwanderungslandes mit der Aufgabe einer separaten kulturellen Identität; (2) den Wunsch, eine deutsche kulturelle Identität zu bewahren, aber innerhalb der politischen Strukturen der Vereinigten Staaten; (3) die Absicht, die deutsche Identität nicht nur kulturell, sondern auch politisch für eine Umformung der Vereinigten Staaten zu mobilisieren; (4) den religiös motivierten Wunsch, innerhalb Amerikas mit der aus Deutschland mitgebrachten Kultur und Sprache unabhängig zu leben, ohne in die amerikanischen Verhältnisse hineingezogen zu werden – eine Form von kulturellem Separatismus. Um die Jahrhundertwende stellte sich für die amerikanische Germanistik die Entscheidung als eine Wahl zwischen der zweiten und der dritten Position dar. Da Henry Schmidt zwischen diesen Positionen nicht genau unterscheidet, ergibt sich bei ihm ein Bild eines extremen Nationalismus, der die amerikanische Germanistik in die falsche Richtung gedrängt habe. Im Falle eines Julius Goebel besteht der Vorwurf zweifellos zu Recht, da dessen Projekt sich eng mit der expansiven wilhelminischen Kulturpolitik berührte. Im Falle von M. D. Learned oder selbst Kuno Francke dagegen ist die Identifikation mit deutscher Literatur und Kultur begründet in der Hoffnung, durch die Rezeption der deutschen Klassik in Amerika eine neue, aber durchaus amerikanische Kultur zu schaffen.[34] Mit Recht hat John A. McCarthy daher darauf bestanden, daß die Lehre und Forschung von Learned an der University of Penn-

33 Henry J. Schmidt: »The Rhetoric of Survival. The Germanist in America, 1900–1925«. In: Benseler u. a. (Anm. 7), S. 165–175.

34 M. D. Learned: *Germanistik und Schöne Litteratur in Amerika. Vortrag, gehalten im Deutschen Verein der Columbia University, New York.* Philadelphia o. J. 13 Seiten; Kuno Francke: *Deutsche Arbeit in Amerika. Erinnerungen.* Leipzig 1930.

sylvania als Beitrag zu einem amerikanischen Kulturprojekt zu verstehen ist.[35] Dies Projekt zeigt die gleichen Merkmale wie die Schriften der in den englischen Abteilungen wirkenden Humanisten. Wissenschaftlich liegt das Hauptgewicht bei Learned folglich in der Erforschung der deutsch-amerikanischen Kulturbeziehungen. Insbesondere hoffte er, die moderne amerikanische Kultur durch die deutsche klassische Literatur zu befruchten.

Learneds Projekt wurde durch die politische Konstellation des Ersten Weltkriegs zur Makulatur. Angesichts der offiziell geförderten Deutschfeindlichkeit während und nach dem Kriege – sichtbar unter anderem im Verbot des Deutschunterrichts an den Schulen – war die Vorstellung einer durch die deutsche Klassik veredelten amerikanischen Kultur undenkbar geworden. Die amerikanische Germanistik stand vor der Aufgabe, sich anders, das heißt amerikanisch zu legitimieren, eine Aufgabe, auf die sie trotz ihrer institutionellen Verankerung in der amerikanischen Universität und ihrer amerikanischen Praxis nicht gut vorbereitet war. Deutsch-Amerikaner wie der in Wisconsin lehrende Alexander Hohlfeld konnten sich von dem alten Projekt nicht leicht trennen und wählten daher nicht selten den Weg einer vorsichtigen Angleichung.[36] Die neue Legitimation forderte die Anerkennung einer amerikanischen Identität, die sich sowohl auf den kulturellen als auch auf den politischen Bereich erstreckte. Diese nationale Identität schloß die Möglichkeit einer Doppelidentität, wie sie vor dem Weltkrieg noch akzeptabel war, mehr und mehr aus.

IV.

So unabgeschlossen gegenwärtig die Erforschung der Geschichte der amerikanischen Germanistik ist, so läßt sich doch mit großer Wahrscheinlichkeit sagen, daß die Vorstellung eines deutschen Ursprungs, der sich erst später in eine amerikanische Form verwandelt habe, mißverständlich ist. Diese These übersieht, wie sehr die amerikanische Germanistik von Anfang an in spezifisch amerikanische Zusammenhänge eingebunden gewesen ist, die ihren Charakter geprägt haben. Die ›deutschen‹ Elemente, also der in der Idee einer strengen Philologie enthaltene Wissenschaftsbegriff und das Primat der Forschung gegenüber der bloßen Ausbildung, amerikanisierten sich sozusagen durch die Tatsache, daß die wissenschaftsorientierte Universität nach dem Vorbild von Johns Hopkins sich als der neue Standard in den Vereinigten Staaten durchsetzte. Ältere reli-

35 Vortrag gehalten an der Cornell University im Juni 1997 vor dem DAAD-Sommerseminar »The Place and Role of German Studies in North America«.

36 Alexander R. Hohlfeld: »Address to the Graduating Class of the National Teachers Seminary at Milwaukee on Thursday, 20 June 1918«. In: Benseler u. a. (Anm. 7), S. 197–205; zum Kontext siehe auch Cora Lee Nollendorfs: »The First World War and the Survival of German Studies«. In: Benseler u. a. (Anm. 7), S. 176–195; Wallace Henry Moore: *The Conflict Concerning the German Language and German Propaganda in the Public Secondary Schools of the United States, 1917–1919*. Diss. Stanford 1937.

giöse und humanistische Vorstellungen hingegen wurden zunehmend an den Begriff des ›Undergraduate-Colleges‹ gebunden.

Gleichwohl hält sich im Selbstverständnis der amerikanischen, namentlich der in Amerika geborenen und ausgebildeten Germanisten, die Vorstellung, daß institutionell die deutsche Germanistik einen geradezu übermächtigen Einfluß auf die amerikanischen Deutschabteilungen ausgeübt habe.[37] Wie konnte es zu einer solchen Einschätzung kommen? Da die Geschichte der amerikanischen Germanistik nach dem Zweiten Weltkrieg bisher weithin unbearbeitet ist, kann man gegenwärtig nur Hypothesen aufstellen, die durch empirisch-historische Untersuchungen zu überprüfen wären. Auszugehen ist von der Situation der Germanistik am Ende des Weltkriegs, als sich die germanistischen Abteilungen auf die Rückkehr zu einem normalen Lehrbetrieb einstellen mußten. Im Unterschied zur Situation während des Ersten Weltkriegs hatte die Germanistik institutionell den Krieg erfolgreich überstanden, obgleich ihr Arbeitsfeld erneut die Literatur und Kultur des Feindes war. So sehr das nationalsozialistische Deutschland in den Jahren zwischen 1942 und 1945 das Objekt kritischer Analysen war, so blieb diesmal die amerikanische Germanistik davon weitgehend unbetroffen, da sie sich uneingeschränkt auf die Seite der alliierten ›war efforts‹ gestellt hatte – vor allem durch die Entwicklung von speziellen Sprachkursen für amerikanische Offiziere und Soldaten, die in Europa mit Deutschen in Berührung kommen würden.[38] An dieser Arbeit waren nicht nur die gebürtigen Amerikaner beteiligt, sondern auch die deutschen Emigranten, die aus politischen Gründen nach 1933 Deutschland hatten verlassen müssen und nach anfänglichen Schwierigkeiten in der amerikanischen Germanistik Fuß gefaßt hatten. Auch sie verstanden ihre Arbeit als einen amerikanischen Beitrag zur Niederwerfung des deutschen Faschismus. Dadurch, daß sich beide Gruppen auf einen gemeinsamen Feind konzentrierten, wuchsen sie allmählich zusammen und bildeten ein gemeinsames Verständnis der Aufgaben und Ziele heraus, die sich der amerikanischen Germanistik nach dem Zweiten Weltkrieg stellten.

An der intensiven Diskussion über den Wert der neuen Methoden des Sprachunterrichts in den Jahren 1944 und 1945 ist abzulesen, daß sich das Verhältnis zwischen Literatur- und Sprachunterricht verschoben hatte.[39] Ob man nun

---

37 Symptomatisch für diese Einstellung: John A. McCarthy: »Double Optics. The Americanization of American Germanistik – The Germanization of Americans«. In: J. A. McC./Katrin Schneider (Hrsg.): *The Future of Germanistik in the USA. Changing Our Prospects.* Nashville 1996, S. 1–13.

38 Zur Diskussion über dieWirksamkeit der sogenannten ›Army Method‹, in der es vor allem darauf ankam, die Lernenden schnell zum Verstehen und Sprechen zu bringen, entwickelte sich zwischen 1943 und 1945 eine umfangreiche pädagogische Literatur. Das Verstehen von literarischen Texten blieb hier unberücksichtigt, siehe *A Survey of Language Classes in the Army Specialized Training Program. Prepared for the Commision on Trends in Education of the Modern Language Association of America.* New York 1944.

39 Dazu Ernst Rose: »The Future of Modern Language Teaching«. In: *German Quarterly* 20 (1947) No. 1, S. 19–25. Der Autor erörtert die Anwendbarkeit der ›Army Method‹ auf den zivilen Bereich, besonders im Bereich der Universität.

die neue, für die Armee entwickelte Methode des Sprachunterrichts (›Army Method‹) als auf das College übertragbar ansah oder nicht, so zeichnete sich doch allgemein ein verstärktes professionelles Interesse an der breiten Vermittlung der deutschen Sprache ab. Die Nachkriegsgermanistik sollte sich ihren Platz innerhalb der amerikanischen Colleges und Universitäten nicht ausschließlich durch die Vermittlung von Literatur und Kultur sichern, sondern auch durch breit angelegte Sprachprogramme, die sich an Studenten außerhalb der Deutschen Abteilungen richteten. In diesem Sinne sprach sich der einflußreiche Germanist B.Q. Morgan in einem ›Blue Print‹ 1944 dafür aus, den militärischen Sieg der Vereinigten Staaten und die daraus abgeleitete globale Machtstellung für die eigenen professionelle Entwicklung zu nutzen.[40] Er schlug vor, die Germanistik in den Dienst der globalen politischen und gesellschaftlichen Aufgaben zu stellen, die nach 1945 auf Amerika zukommen würden. Mit anderen Worten, die amerikanische Germanistik sollte ihren Anteil – und mochte er auch bescheiden sein – an der zu erwartenden Neugestaltung des amerikanischen Bildungssystems erhalten, indem sie einen allgemeinen, nicht auf die professionellen Forschungsinteressen der Universitätslehrer eingegrenzten Auftrag übernahm.[41] Sie sollte bei der kommunikativen Vermittlung zwischen der neuen Weltmacht Amerika und dem fremdsprachlichen Ausland mitwirken, also die traditionelle Isolation der Vereinigten Staaten überwinden helfen.

Dieser neue Auftrag verband sich institutionell mit einem literaturgeschichtlichen Programm, das vor allem die Emigranten während des Krieges gefördert hatten, das aber auch an ältere deutsch-amerikanische Ideen anschließen konnte. Wie Henry Schmidt am Beispiel von Oskar Seidlin gezeigt hat,[42] erhielt im Unterricht die deutsche Klassik eine hervorragende Stelle, da sie für die Emigranten zum Inbegriff einer unbeschädigten, nicht durch den Faschismus korrumpierten deutschen Kultur wurde. Im Namen eines bewußt unpolitischen Humanismus protestierten die Emigranten gegen das nationalsozialistische Deutschland. Mit Grund hat Henry Schmidt dieser Einstellung vorgehalten, daß sie im Kontext des Kalten Krieges ihre oppositionelle Kraft verlor und vielmehr eine affirmative und stabilisierende Funktion übernahm. Aus der Sicht der Protestgeneration, der Schmidt angehörte, war diese apolitische, aus Deutschland ›importierte‹ Germanistik daher mitverantwortlich für die falsch gelaufene politische Entwicklung der Vereinigten Staaten in den 1960er Jahren. Das heißt, in den Augen der jüngeren amerikanischen Generation, soweit sie sich der

---

40 Bayard Quincy Morgan: »After the War. A Blueprint for Action«. In: *Monatshefte* 36 (1944) No. 1, S. 107–109. Morgan hebt die folgenden Punkte hervor: »a) Modern Foreign Languages will hold an increased amount of public attention. b) Foreign Relations (military, political, commercial, scientific) will be stressed and cultivated. c) Speaking knowledge of foreign languages will be generally recognized as important« (S. 107). Das Programm richtet sich an Schulen.

41 Ein solcher Anspruch findet sich in Andeutungen in der Rede »Nationalism and Scholarship« von Robert Herndon Fife, dem Präsidenten der Modern Language Association; sie ist abgedruckt in: *PMLA* 59 (1944), S. 1282–1294.

42 Henry J Schmidt: »What is Oppositional Criticism? Politics and German Literary Criticism from Fascism to the Cold War«. In: *Monatshefte* 79 (1987) No. 3, S. 292–307.

Neuen Linken zurechnete, war nunmehr der Beitrag der deutsch-jüdischen Emigranten, sofern diese an der politischen und ideologischen Konstellation der 1940er und 1950er Jahre festhielten, eine ›deutsche‹ und damit von der amerikanischen Germanistik zu unterscheidende Tradition.[43]

Der Schlüssel für diese auf den ersten Blick überraschende Einschätzung liegt in der Entwicklung der amerikanischen Germanistik in den Jahren des Kalten Krieges. Pauschal gesprochen setzte sie ihr antifaschistisches Programm fort, aber nunmehr mit einer anti-totalitären Spitze, die im östlichen Kommunismus ihren Gegner entdeckte. Dies geschah freilich mehr indirekt als direkt, nämlich vermittelt durch den Begriff des Humanismus, der bereits bei der Ausformulierung der antifaschistischen Opposition eine entscheidende Rolle gespielt hatte. In dieser Einstellung unterschied sich die amerikanische Germanistik nicht wesentlich von der Position, die in der Anglistik oder Romanistik vertreten wurden, nicht zu reden von dem dezidiert anti-kommunistischen Gedankengut der amerikanischen Slavistik. Sie war Teil einer die Geisteswissenschaften an den amerikanischen Universitäten bestimmenden Haltung und konnte sich somit als eine amerikanisch definierte Institution verstehen. Diese Selbstbestimmung, so scheint mir, schloß die Emigranten ein, die sich in den Nachkriegsjahren überwiegend als Vertreter der amerikanischen Germanistik verstanden und dieses Selbstverständnis bei Besuchen auch in Deutschland zum Ausdruck brachten.[44] Nicht zuletzt äußerte sich diese Haltung professionell in dem Bekenntnis zum ›New Criticism‹ als der für die literarische Interpretation angemessensten Methode. Man hatte sich, wie Karl Viëtor in einem wichtigen Aufsatz von 1944 verdeutlichte,[45] von der deutschen Geistesgeschichte als einer letztlich epistemologisch unverbindlichen und ethisch bedenklichen Methode verabschiedet und legte den Nachdruck statt dessen auf das Verfahren des ›close reading‹.

Eben diese methodische Kehre jedoch bereitete den Boden für die enge Zusammenarbeit zwischen amerikanischer und deutscher Germanistik in den 1950er und 1960er Jahren. Die nach dem Zweiten Weltkrieg in der Bundesrepublik und der Schweiz – vor allem durch Emil Staiger – in den Mittelpunkt tretende ›werkimmanente Interpretation‹, überschnitt sich nicht nur mit den Postulaten des ›New Criticism‹, sondern teilte auch ästhetische und ethische Grundpositionen. Die Interpretation des individuellen Kunstwerks wurde zum gemeinsamen Anspruch, in dessen Namen dann Kontakte zwischen amerikanischen und deutschen Germanisten wiederhergestellt werden konnten. Hier wäre im einzelnen zu untersuchen, in welchem Maße die beiden Gruppen innerhalb der amerikanischen Germanistik – zum einen die in Amerika geborenen und

43 In der logischen Weiterentwicklung dieses Arguments erscheint Oskar Seidlin bei Arlene Teraoka nur noch als typischer Vertreter der alten deutschen Germanistik, ohne daß sein Status als jüdischer Flüchtling noch erwähnt wird – Teraoka (Anm. 2), S. 545.

44 Dazu Walter Schmitz (Hrsg.): *Modernisierung oder Überfremdung? Zur Wirkung deutscher Exilanten in der Germanistik der Aufnahmeländer.* Stuttgart/Weimar 1994.

45 Karl Viëtor: »Deutsche Literaturgeschichte als Geistesgeschichte. Ein Rückblick«. In: *PMLA* 60 (1945), S. 899–916.

dort ausgebildeten Germanisten wie auch später Eingewanderte, die bereits eine amerikanische Ausbildung erhielten (wie Egon Schwarz oder Ruth Angress Klüger), und zum anderen die Emigranten der ersten Generation – an diesen Kontakten beteiligt waren. Gleichwohl stand die Eigenständigkeit des amerikanischen Projekts meines Erachtens nicht in Frage.

Die Destabilisierung der Nachkriegsgermanistik machte sich erst in den 1970er Jahren bemerkbar, und es ist nicht zufällig, daß zu diesem Zeitpunkt auch die Stimmen lauter wurden, die vor einer Überfremdung der amerikanischen Germanistik warnten. Ein Faktor war die veränderte Zusammensetzung des Lehrkörpers. Vor allem während der 1960er Jahre nahm die Zahl der deutschsprachigen Einwanderer zu, die zunächst von der amerikanischen Germanistik leicht absorbiert wurden, da die amerikanischen Universitäten sich in einer Phase der schnellen Expansion befanden – in einer Erweiterung, die sich auch auf die Literaturwissenschaft erstreckte.[46] So wenig nun die Vertreter dieser neuen Generation – unter anderen Klaus Berghahn, Reinhold Grimm, Jost Hermand, Walter Hinderer, Andreas Huyssen, Klaus Peter, Jochen Schulte-Sasse, Frank Trommler – methodisch und ideologisch mit den Emigranten übereinstimmten, so bildeten sie doch einen deutschsprachigen Block, der sich intern bemerkbar machte. Sobald in den frühen 1970er Jahren die Expansion aufhörte und gleichzeitig die Fremdsprachenabteilungen aufgrund der Aufhebung der sogenannten ›language requirements‹ Studenten verloren, stellte sich die Frage der Identität neu. Ethnische, methodologische und politisch-ideologische Differenzen artikulierten sich in veränderten Konstellationen, in denen die Ausdrücke ›deutsch‹ und ›amerikanisch‹ jeweils unterschiedlich semantisch gefüllt wurden. In der konservativen Variante erschienen die jüngeren, aus Deutschland gekommenen Literaturwissenschaftler als die Vertreter einer politisch radikalisierten ›deutschen‹ Germanistik; in der linken Variante dagegen erschienen nunmehr Werkimmanenz und ›close reading‹ als Merkmale einer spezifisch unpolitischen ›deutschen‹ Tradition.

V.

Diese Auseinandersetzungen sind indes von institutionellen und praktischen Veränderungen der amerikanischen Germanistik der 1970er Jahre zu unterscheiden. Denn die Krise der amerikanischen Germanistik ergab sich ursächlich nicht aus der genannten Spannung, die eher als ein Begleitphänomen anzusehen ist, sondern aus der strukturellen Veränderung der amerikanischen Universität, die sich im ganzen nachteilig auf die Geisteswissenschaften aus-

---

46 Siehe *Digest of Education Statistics 1996.* (U. S. Department of Education). Washington, District of Columbia. 1996, S. 305. Die Zahl der Doktorate in Germanistik erreicht in den frühen siebziger Jahren (1972/73) ihren Höhenpunkt, um dann (1984/85) wieder zurückzugehen.

wirkte. Sinkende Einschreibungen zwangen die Germanistischen Institute, über ihre Zielsetzungen und Lehrpläne nachzudenken.[47] In diesem Versuch, die eigene Position an der Universität zu verteidigen, indem man neue Programme entwickelte (Film, Landeskunde etc.), entfernte sich die amerikanische Germanistik zunächst unmerklich, dann aber mit steigendem Selbstbewußtsein von dem amerikanisch-deutschen Konsens der 1950er Jahre. Weder der Sprachunterricht noch der Literaturunterricht allein konnten die Existenz der Deutsch-Abteilungen sichern, da der Bedarf für die Anwendung der deutschen Sprache geringer wurde und das Studium der deutschen Literatur wie das Studium der Literatur überhaupt in den Augen der Studenten an Relevanz verlor. Während in den 1970er Jahren amerikanische und deutsche Linke in der Kritik der traditionellen Literaturwissenschaft zunächst noch übereinstimmten, trennten sich die Konzeptionen im Lauf der 1980er Jahre.

Während in der Bundesrepublik die theoretische Diskussion, die unter dem Zeichen der Kritischen Theorie und des Marxismus gestanden hatte, langsam an Kraft und Einfluß verlor, setzte sich die gleiche Debatte in den Vereinigten Staaten fort, freilich im Zusammenhang und in ständiger Auseinandersetzung mit anderen theoretischen Modellen, namentlich dem Poststrukturalismus, den verschiedenen Varianten des Feminismus und dem ›New Historicism‹. Mit anderen Worten, der theoretische Wettbewerb ließ nicht nach, sondern verstärkte sich in den 1980er Jahren. Eben aus dem Mit- und Gegeneinander der auf dem akademischen Markt vorhandenen Modelle ging in den späten 1980er Jahren das hybride Paradigma hervor, das für die jüngste Entwicklung der amerikanischen Germanistik wichtig werden sollte, nämlich ›Cultural Studies‹. Während in Westdeutschland das Versickern der Theoriedebatte innerhalb der Germanistik zur Folge hatte, daß die Disziplin sich wieder auf die traditionelle Bestimmung ihrer Aufgaben zurückzog – dieser Rückzug läßt sich unter anderem an dem sinkenden Interesse an nicht-kanonisierter Literatur ablesen –, war genau diese Lösung für die amerikanische Germanistik aus institutionellen Gründen nicht möglich, denn sie setzte voraus, daß die Stellung des Faches innerhalb der Universität unangefochten war. Da die amerikanischen Deutsch-Abteilungen in den 1980er Jahren jedoch nicht mehr mit der uneingeschränkten finanziellen Unterstützung der Universitätsverwaltungen rechnen durften, waren sie darauf angewiesen, ihre Programme zu verändern, um sie für Studenten attraktiver zu machen. Es bestand also ein wachsender Innovationsdruck, der sich zunächst auf die Gestalt der Programme auswirkte, dann aber auch auf die Ausbildung des Nachwuchses und die Struktur der Abteilungen. Aus Sprach- und Literaturabteilungen wurden tendenziell Kulturabteilungen. Dieser Prozeß vollzog sich allerdings nicht gleichmäßig und nicht ohne Widerstand von einzelnen Instituten, die an einer literarisch-ästhetischen Ausrichtung ihres Programms festhal-

---

47 Symptomatisch ist Peter Heller: »Beyond Immediate Proficiency. A Look at Our Basic Problems«. In: Lohnes/Nollendorfs (Anm. 11), S. 88–96; ferner A. Peter Foulkes: »Some Speculations on the Future of German Departments in the United States«. In: *German Quarterly* 47 (1974) No. 4, S. 525–543.

ten wollten, beziehungsweise die kulturwissenschaftliche Profilierung des Programms nicht als die beste Lösung der Krise ansahen. Es kennzeichnet daher die Situation der 1990er Jahre, daß die amerikanische Germanistik eine Reihe von Optionen gleichzeitig verfolgt hat, von denen die meisten allerdings ihren Schwerpunkt nicht mehr in der Vermittlung und ästhetischen Bewertung von Literatur finden.

Im ganzen erwies sich die amerikanische Germanistik seit den 1980er Jahren unter dem Druck der ökonomischen Verhältnisse als experimentierfreudig und bewegungsfähig. Die deutsche Germanistik hingegen zog sich unter dem ideologischen Gewicht der konservativen politischen Wende eher auf ihre traditionelle Sendung als Hüterin der literarischen Tradition zurück – eine Einstellung, die zum Teil radikale theoretische Innovation am Randes des Faches keineswegs ausschloß. In den letzten fünfzehn Jahren wurde erneut deutlich, was man in der Nachkriegsperiode vergessen wollte: daß institutionell gesehen deutsche und amerikanische Germanistik eine unterschiedliche Funktion erfüllen und folglich sich auch unterschiedliche Ziele setzen. Es ist bezeichnend, daß die große öffentliche Kontroverse über die Bedeutung und den Wert der westlichen kulturellen Tradition, wie sie etwa durch Allan Blooms *The Closing of the American Mind* (1987) mit ausgelöst wurde,[48] an der amerikanischen Germanistik nahezu spurlos vorbeigegangen ist. Das Ziel von Blooms Polemik, so sehr er den verhängnisvollen Einfluß der deutschen Geistesgeschichte – unter anderem Nietzsche und Max Weber – hervorhob, waren die Vertreter der neuen, sprich poststrukturalistischen theoretischen Modelle, die in den Englischen Abteilungen und in den kulturwissenschaftlichen Instituten angesiedelt sind. Die Frage der kulturellen Identität Amerikas, die in den ›culture wars‹ der späten 1980er Jahre von konservativen Ideologen mit Nachdruck gestellt wurde, richtete sich nicht an die amerikanische Germanistik, sondern an die Anglistik und Amerikanistik.[49] Ihre Vertreter wurden zur Verantwortung gezogen, da ihre Forschung und Lehre Grundwerte der amerikanischen Kultur in Frage zu stellen schienen.

VI.

Als eine Disziplin, die sich mit einer fremden Kultur beschäftigt, hat die amerikanische Germanistik zwei Möglichkeiten, innerhalb der amerikanischen Diskussion zu intervenieren: Sie kann ihren Beitrag zur kulturellen Identität der Vereinigten Staaten leisten, indem sie Autoren und Werke behandelt, die historisch gesehen Teil dieser Identität gewesen sind; oder sie kann das Schwergewicht gerade auf die Andersheit (›otherness‹) der deutschen Kultur legen und

48 Allan Bloom: *The Closing of the American Mind. How Higher Education has Failed Democracy and Impoverished the Souls of Today's Students*. New York 1987.

49 Symptomatisch sind Dinesh D'Souza: *Illiberal Education. The Politics of Race and Sex on Campus*. New York 1991; Roger Kimball: *Tenured Radicals. How Politics Has Corrupted Our Higher Education*. New York 1990.

damit die amerikanischen Studenten zum Nachdenken über die Bedeutung dieser Differenz auffordern. Das Partizipationsmodell ist keineswegs auf die Rezeption der klassischen und romantischen Literatur sowie der idealistischen Philosophie beschränkt, sondern kann inzwischen die moderne Klassik – Thomas Mann, Kafka, Musil, Brecht – ebenso einschließen wie moderne Theorie, Musik und Kunst. Das Ziel der pädagogischen Arbeit ist in jedem Fall die Integration des Materials in den Zusammenhang der amerikanischen Tradition.

Das Differenzmodell dagegen selektiert das Material unter dem Gesichtspunkt des Kontrasts, der Unvereinbarkeit und Distanz. In einem solchen Kontext werden auch kulturelle Objekte eingebracht, die sich der Integration entziehen und daher vom ersten Modell normalerweise ausgegrenzt werden, zum Beispiel nicht-kanonisierte Literatur und Gegenstände der Massenkultur wie Film und Fernsehen. Tendenziell scheint mir, daß die amerikanische Germanistik beginnend in den 1970er Jahren, aber verstärkt seit den 1980er Jahren zunehmend auf ein Differenzmodell gesetzt hat, in dem der Standort des Betrachters außerhalb der deutschen Kultur und Literatur liegt. Der Anspruch, die Germanistik in den Vereinigten Staaten zu ›amerikanisieren‹, scheint aus diesem Differenzmodell hervorzugehen; denn die Position des Forschers und Lehrers ist nicht mehr mit dem Gegenstand identisch, sondern beginnt mit der Reflexion auf die eigene, das heißt amerikanische kulturelle Situation. Doch während in der inner-amerikanischen Diskussion über amerikanische kulturelle Identität der Begriff der Differenz gebraucht worden ist, um fremde, nicht-westliche Kulturen in das Lehrprogramm einzubeziehen, funktioniert derselbe Begriff in der Auseinandersetzung um die Zukunft der amerikanischen Germanistik gelegentlich eher als Mittel der nationalen Abgrenzung, wenn nicht gar der Distanzierung von der deutschen Literatur und Kultur.[50]

Aus der Perspektive des Differenzmodells ist der Übergang von einem Literaturprogramm zu einem ›Cultural Studies‹-Programm logisch konsequent, denn das neue kulturwissenschaftliche Paradigma, das in den späten 1980er Jahren aus der intensiven und kontroversen theoretischen Diskussion zwischen Marxismus, ›New Historicism‹, Feminismus, ›Film Studies‹, ›Gay and Lesbian Studies‹ und ›Colonial Studies‹ hervorgegangen ist, lenkt die Aufmerksamkeit vor allem auf die im Integrationsmodell vernachlässigten Aspekte deutscher Kultur – nicht zuletzt, weil sie oppositionelle oder subversive Elemente enthalten. Theoretische und methodische Innovation sowie institutionelle Bedürfnisse kommen hier zur Deckung, da der auf der amerikanischen Germanistik liegende Druck, sich innerhalb der amerikanischen Universität behaupten zu müssen, und das kulturwissenschaftliche Paradigma das gleiche Ziel verfolgen, nämlich die Öffnung des Lehrprogramms und die Umgestaltung der Germanistischen Institute.

50 So z. B. explizit bei Sander Gilman (Anm. 4), dessen hermeneutisches Modell auf einer scharfen Trennung zwischen amerikanischem Beobachter und der beobachteten deutschen Kultur besteht, deren Wert im wesentlich als symptomatisch behandelt wird. Wichtig dazu die kritischen Einwände von Leslie Adelson: »Der, die oder das Holocaust? A Response to Sander L. Gilman's Paper«. In: *German Quarterly* 69 (1989) No. 2, S. 205–209.

Es würde den Rahmen dieses Beitrags sprengen, den Verlauf der kulturwissenschaftlichen Debatte im einzelnen zu verfolgen. Ich kann hier nur auf den gegenwärtigen Stand verweisen, der in dem Band *A User's Guide to German Cultural Studies* (1997) dokumentiert ist.[51] Die Veröffentlichung faßt die Ergebnisse einer 1995 abgehaltenen Konferenz zusammen, die sich mit den zukünftigen Aufgaben der amerikanischen Germanistik beschäftigte. Die Beiträge vertreten ein breites Spektrum der gegenwärtigen Praxis, ohne daß ein bestimmtes theoretisches Modell dogmatisch festgeschrieben wird. Diese eher pragmatische Einstellung drückt sich nicht nur darin aus, daß eine Fülle von verschiedenen Fragestellungen zugelassen werden, sondern auch durch den umfangreichen didaktischen Teil, der eine spezifisch kulturwissenschaftliche Annäherung an bestimmte kulturelle Texte (Literatur, Film etc.) vorführt. Dem entspricht die Tendenz der Einleitung, in der Irene Kacandes den interdisziplinären Charakter von ›Cultural Studies‹ hervorhebt und gegen ältere Formen kulturwissenschaftlicher Arbeit abgrenzt. Sie unterstreicht, daß die Herausgeber den kulturwissenschaftlichen Ansatz als die entscheidende Erneuerung der amerikanischen Germanistik ansehen, die sich nunmehr als ›German Studies‹ versteht und schon durch den neuen Namen auch den Unterschied zur Germanistik der Bundesrepublik zum Ausdruck bringen will.

Bezeichnend für diese Umorientierung sind die von Kacandes angeführten Autoritäten, unter denen sich kaum deutsche Namen befinden. Man schließt sich vielmehr auf der einen Seite an englische Theoretiker wie Raymond Williams und Stuart Hall an, und folgt auf der anderen amerikanischen Kulturwissenschaftlern wie James Clifford, Patrick Brantlinger und Mary Louis Pratt. Der Anspruch des kulturwissenschaftlichen Ansatzes ist unverkennbar: Er will nicht nur die traditionellen Gegenstände erweitern, sondern ältere Programme und Strukturen ersetzen. Für Kacandes ist der springende Punkt – und hier folgt sie Pratt – die Voraussetzung, daß die Germanistik der Zukunft multikulturell ausgerichtet sein muß, um der gegenwärtigen Situation gerecht zu werden. Der kulturwissenschaftliche Ansatz enthält mit den Worten von Pratt »an especially hospitable space for the cultivation of multilingualism, polyglossia, the arts of cultural mediation, deep intercultural understanding, and genuinely global consciousness«.[52]

VII.

Ob die multikulturelle Orientierung von allen amerikanischen Germanisten geteilt wird, darf füglich bezweifelt werden. Jedoch hat sich der kulturwissenschaftliche Ansatz in den letzten zehn Jahren institutionell so weit etabliert, daß

51 Scott Denham u.a. (Hrsg.): *A User's Guide to German Cultural Studies.* Ann Arbor 1997 (mit ausführlicher, annotierter Bibliographie, die den Einstieg in die amerikanische Diskussion sehr erleichtert).

52 Ebd., S. 21.

er mittlerweile zu einer wichtigen Kraft innerhalb des Faches geworden ist. Allerdings vermag er nicht alle Probleme der amerikanischen Germanistik zu lösen, denn die Deutschen Abteilungen haben seit ihrer Konstitution im späten 19. Jahrhundert den Unterricht in der deutschen Sprache betreut und damit eine legitimierende Dienstleistung erbracht. Während die Diskussion über den Vorteil eines kulturwissenschaftlichen Ansatzes die Bedeutung der deutschen Sprache entweder gar nicht oder nur am Rande behandelte, haben neuerdings die Sprachpädagogen die Signifikanz der deutschen Sprache für das germanistische Programm erneut hervorgehoben. Der Anlaß ist die jüngste administrative Tendenz, den Sprachunterricht an den Colleges und Universitäten von den fremdsprachlichen Literaturabteilungen abzutrennen und eigenen Instituten zu übertragen oder gar an außenstehende Firmen zu übergeben (›outsourcing‹). Damit würde die traditionelle Einheit von Literatur-, Kultur- und Sprachunterricht gesprengt mit der möglichen Folge, daß die einzelnen Elemente administrativ gegeneinander ausgespielt werden können. Angesichts dieser Bedrohung, die eng mit der Umstellung der Universitätsverwaltungen in Richtung auf ein marktorientiertes Modell zusammenhängt, hat Dorothy James 1997 von einer Führungskrise innerhalb der amerikanischen Germanistik gesprochen.[53] Aus der Sicht der traditionellen Germanistik, der sich James zugehörig fühlt, zweifellos zu Recht, da zum einen seit 1970 die Literatur nicht mehr das selbstverständliche Zentrum des germanistischen Programms darstellt und zum anderen die verschiedenen Elemente dieses Programms in divergierende Richtungen drängen. James befürchtet, daß die Vernachlässigung des Sprachunterrichts sich auf die Vermittlung von Literatur nachteilig auswirken wird.

Es ist bezeichnend für diese konservative Polemik, daß sie den kulturwissenschaftlichen Ansatz nicht einmal in Betracht zieht, sondern ausschließlich die ›Wissenschaftler‹, die sich angeblich von der Grundausbildung zu weit entfernt hätten, für die gegenwärtige Krise verantwortlich macht. Dieser Vorwurf übersieht den strukturellen Zusammenhang, das heißt die programmatische und organisatorische Umverteilung der amerikanischen Universität, bei der traditionelle humanistische Legitimationen, die James voraussetzt, nicht mehr ohne weiteres gelten. Dies jedoch ist eben der Punkt, an dem die neue Sprachbewegung ansetzt. Ihre Vertreter blicken nicht auf das Modell des ›New Criticism‹ als das verlorene Ideal zurück, sondern konzentrieren sich auf die gegenwärtigen Bedingungen und diskutieren daher die Frage, ob und wie weit ein kulturwissenschaftliches Modell mit der sprachlichen Ausbildung zu verbinden ist.[54] So hat Heidi Byrnes in ihrem Aufsatz »Governing Language Departments: Is Form Function?« mit großer Deutlichkeit die Ausgangsbedingungen definiert:

---

53 Dorothy James: »Bypassing the Traditional Leadership. Who's Minding the Store?« In: *ADFL Bulletin* 28 (1997) No. 3, S. 5–11. Dazu 1998 die ausführliche Debatte in Bd. 29, No. 2, S. 39–76. Die zahlreichen Stellungnahmen zeigen deutlich, daß James ein zentrales und kontroverses Thema angeschnitten hatte.

54 Siehe zu den gegenwärtigen Bedingungen die wichtige empirische Untersuchung von Sheila Slaughter/Larry L. Leslie: *Academic Capitalism. Politics, Policies, and the Entrepreneurial University.* Baltimore/London 1997.

»First we felt the strangeness of the concepts imported from the corporate world, such as mission and outcomes statements, accountability, fiscal strictures, resource reallocation, cost-benefit analyses and opportunity costs. Gradually we experienced the effects of these administrative concepts on academic programs, on intellectual emphases, on pedagogical approaches, and on faculty life.«[55] Byrnes kommt bei ihrer Analyse der gegenwärtigen Deutsch-Abteilungen in den Vereinigten Staaten zu dem Ergebnis, daß sich Sprach- und Literaturunterricht immer weiter voneinander entfernt haben, so daß mittlerweile die Kohäsion und Identität dieser Abteilungen gefährdet ist. Auf der Seite des Sprachunterrichts verweist sie auf die Probleme eines kommunikativen Ansatzes, der an literarischen Texten nicht interessiert ist; auf der Seite des Literatur- und Kulturunterrichts verweist sie auf die problematische Tendenz, die deutsche Sprache als Unterrichtssprache wie auch als Gegenstand aufzugeben. Mit anderen Worten, die vorgeschlagene ›Amerikanisierung‹ der Germanistik hat unerwartete und auch unerwünschte Nebeneffekte hervorgebracht.

An der Kontroverse über den Stellenwert des Sprachunterrichts ist deutlich abzulesen, wie sehr sich die amerikanische Germanistik von der deutschen institutionell unterscheidet, denn die letztere setzt stillschweigend voraus, daß die deutsche Sprache, insofern sie sich in literarischen Texten artikuliert, sowohl ihr Medium als auch ihr Gegenstand ist. Doch dieser Unterschied hat von Anfang an bestanden. Nur die Form, in der er sich in den gegenwärtigen Debatten artikuliert, entspricht den besonderen Bedingungen der 1990er Jahre. Die Germanistik der Vereinigten Staaten besitzt ihre eigene institutionelle Geschichte, die sich aus der Struktur und Funktion der amerikanischen Universität ableitet.

---

55 *ADFL Bulletin* 29 (1997) No. 1, S. 7–12, Zitat S. 7.

›Bachtinologie‹ in der westlichen (insbesondere deutschen) Literaturwissenschaft und in Postsowjetrußland

LARISSA POLOUBOIARINOVA

Nun sag mal, wo ist hier der Autor? Wer ist es? Meinst du, es wäre selbstredend Bachtin – wer könnte es sonst sein? Glaubst du es? Bachtin hat ja freilich – ist ja klar – selber gesagt: »Ich bin ein Literaturwissenschaftler, bloß ein Literaturwissenschaftler.« Und das ist wahr. Was ist er schon für ein Autor [...]. Du wirst sofort denken, Fjodor Michailovič wäre der Autor. Weit gefehlt, Liebster! Du sagst: weiß der Teufel! Der wird der Autor sein, der das alles verfaßte. Oh nein, nein! Ich beileibe nicht! Das heißt, ich bin's, natürlich. Aber wer bin nun bitte schön ich? Na ja, kann sein, kann sein, weiß nicht, weiß nicht ...[1]

Einer der intellektuell raffiniertesten Texte der russischen Postmoderne endet mit einer ›totalen‹ Problematisierung traditioneller narrativer Instanzen: der des Autors, des Erzählers, des Helden, des Lesers. Er bekennt sich somit explizit zu Theorien und Lesepraktiken des euro-amerikanischen Poststrukturalismus. Das oben zitierte Schlußfragment, wie die ganze ›Schrift‹, bei deren ›Lektüre‹ man sich in ein differenziertes Spiel mit ›Spuren‹ fremder ›Diskurse‹ verwickelt fühlt, präsentiert sich offensichtlich bewußt als eine gewollte und folgerichtige, sei es denn auch etwas ›schülerhafte‹ Verkörperung dessen, was Julia Kristeva 1967, an der Schwelle der ›Poststrukturalismusära‹ einen ›subversiven Roman‹ genannt hat: »Der Roman wird also zu einem Bündel von Fragen über den Schreibenden. Er zeigt auch die Bewußtwerdung der dialogischen Struktur des Buches durch den Schriftsteller. Gleichzeitig macht sich der Text zur Lektüre (Zitat und Kommentar) eines äußeren literarischen Korpus.«[2]

Der Name Bachtins, in den Überschriften beider oben zitierten Texte präsent, wäre ein zweiter Berührungspunkt des russischen postmodernen Autors mit der französischen Poststrukturalistin. Bei genauerem Hinsehen wird man jedoch feststellen sollen, daß der von Beylis Anfang der 1990er Jahre ›gelesene‹ Bachtin nicht der Bachtin ist, den Kristeva Ende der 1960er Jahre gemeint hat. Für Kristeva war Bachtin bekanntlich ein in seinem Heimatland zu Unrecht verkannter, unter Stalin aus dem wissenschaftlichen Betrieb verdrängter Literaturtheoretiker,

1 Viktor Beylis: »Bachtin und andere«. In: *Reabilitacija Frejda. Bachtin i drugije. Zavtrak na plenere. Akteon.* Moskwa 1992, S. 42–79, hier S. 79.

2 Julia Kristeva: »Bachtin, das Wort, der Dialog und der Roman«. In: Jens Ihwe (Hrsg.): *Literaturwissenschaft und Linguistik. Ergebnisse und Perspektiven.* München 1978, Bd. 3, S. 345–375, hier S. 372.

dessen Bücher über Rabelais und Dostojevski für die junge Generation der französischen Strukturalisten zu einer wahren ›Offenbarung‹[3] wurden. Seine faszinierenden Ideen des ›Dialogs‹, des ›Karnevals‹ und der ›Ambivalenz‹ mit der ihnen innewohnenden Hypostasierung des Antistatischen trugen zu einer globalen ›Dynamisierung des Strukturalismus‹[4] bei und schlugen sich bei der Semiotikerin selbst in den nun weltbekannten Theorien der ›Intertextualität‹ und ›sémiologie des paragrammes‹ nieder.

Für den russischen Kulturwissenschaftler und Schriftsteller Viktor Beylis ist Bachtin jedoch weder eine Faszination noch eine Provokation. Bachtins Dostojevski-Buch wird in der zitierten Erzählung verfremdet und mit einer ironischen Distanz ›gelesen‹. Diese ›Lektüre‹ zieht Bachtin und ›andere‹ in ihr Spielfeld lediglich nur als ein ›zu-dezentrierendes‹ Resultat fremder sprachlicher Aktivitäten hinein. Unter ›anderen‹ sind übrigens auch Fjodor Michailovič [Dostojevski] und Lev Nikolajevič [Tolstoj], ›Hauptfiguren‹ des Dostojevski-Buches Bachtins. Der ›andere‹ Bachtin Viktor Beylis (im Buch ist der Protagonist tatsächlich ein ›anderer‹ Theoretiker und Literaturwissenschaftler M. M. Bachtin, angeblich ein Namensvetter des Entdeckers der Dialogizität) ist für uns ein klares Beispiel für die begrenzte Wirksamkeit eines jeden wissenschaftlichen Paradigmas. Was vor 25 Jahren über nationale, sprachliche und ideologische Grenzen hinweg eine große Faszination ausübte und anscheinend stabile Größen umzustürzen half, vermag nun nicht einmal mehr in seinem Heimatland zu reizen. »Ein anderer Bachtin? ... Oder sind wir anders? ...«[5] – wurde 1995 nachdenklich sogar in der Überschrift eines ›bachtinologischen‹ Aufsatzes gefragt.

Im folgenden wird versucht, am Beispiel der russischen Auseinandersetzung mit Bachtin (›Bachtinologie‹, ›Bachtinistik‹) der Erarbeitung eines neuen literaturwissenschaftlichen Kanons im Russland der 1990er Jahre nachzuspüren. Einige Probleme der russischen ›Bachtinwissenschaft‹ wurden bereits in westlicher beziehungsweise in deutscher Bachtin-Rezeption vorweggenommen. Eine kurze Skizze der Konstellationen westlicher ›Bachtinistik‹ erscheint daher geboten.

I.

Die westliche (das heißt die europäische wie nordamerikanische) Auseinandersetzung mit Bachtin setzte bald nach dem Erscheinen der überarbeiteten Fassung der *Probleme der Poetik Dostojevskis* (1963) und des Rabelais-Buches Bachtins (1965) in der Sowjetunion ein.[6]

3 So Julia Kristeva in einem Interview vom März 1995. In: *Dialog. Karneval. Chronotop* 4 (1995) No. 2, S. 5–11, hier S. 6.

4 Kristeva (Anm. 2), S. 346.

5 Vgl. V. V. Zdolnikov: »Drugoj Bachtin? ... Ili drugije my? ...«. In: *Dialog. Karnaval. Chronotop* 4 (1995) No. 2, S. 182–190.

6 Das Dostojevski-Buch liegt 1968 in Italienisch, 1970 in Französisch, 1971 in Deutsch, 1973 in Englisch vor, die Rabelais-Studie wird 1968 ins Englische, 1970 ins Französi-

In Frankreich initiierten Julia Kristeva sowie Tzvetan Todorov[7] durch ihre, vom aktuellen Innovationsdrang motivierte Auseinandersetzung mit Bachtin den Auftakt zur Entwicklung der internationalen Bachtinistik. Die Mitte der 1980er Jahre in England erschienene von K. Clark und M. Holquist verfaßte Bachtin-Biographie[8] stimulierte zusehends das Interesse für das Erbe des russischen Gelehrten und rief besonders in den USA und Kanada neue ›Bachtinisten‹ auf den Plan, darunter Caryl Emerson und Gary S. Morson. Ihre 1990 formulierte Theorie der ›prosaics‹,[9] die auf dem Bachtinschen Romanbegriff aufbaut, macht bis heute einen der Brennpunkte der angelsächsischen Theoriediskussion aus. Im deutschsprachigen Raum wurde Bachtin in der ersten Hälfte der 1980er Jahre ein akutes Thema, als seine wichtigsten theoretischen Werke nun auch einem breiteren literaturwissenschaftlichem Publikum (und nicht allein Slawisten, wie vorher) zugänglich wurden.[10] Die Diskussion um eine der umstrittensten Kategorien des Bachtinschen theoretischen Vermächtnisses – die der Dialogizität –, vermochte selbst prominente Literaturtheoretiker der Bundesrepublik, so beispielsweise Hans Robert Jauß und Wolfgang Preisendanz,[11] in ihren Bann zu ziehen. Unter anderen Vorzeichen entwickelte sich um dieselbe Zeit eine Bachtin-Debatte in der DDR. Dort wurde allerdings nicht – wie im westlichen Deutschland – der kommunikativ-linguistische, sondern der Gattungsaspekt des Bachtinschen Ansatzes diskutiert – und zwar besonders in Hinblick auf die Produktivität seines Romankonzeptes für die ›marxistisch-leninistische Literaturwissenschaft‹.[12]

---

sche übersetzt; Auszüge aus beiden Büchern werden in Deutschland bereits 1969 publiziert. Die ästhetischen Schriften Bachtins (*Die Ästhetik des Wortes*) werden in einem ziemlich breiten Umfang 1978 dem französischen, 1979 dem deutschen, 1981 dem englischen Publikum zugänglich gemacht. Die Bachtin-Enthusiasten im Westen, wie Kristeva, Todorov, Emerson, Lachmann u. a. lesen seine Schriften allerdings meistens in der russischen Version.

7 Vgl. Kristeva (Anm. 2); Julia Kristeva: »Une poétique ruinée«. In: Mikhail Baktine: *La poétique de Dostoievski*. Paris 1970; Tzvetan Todorov: »Bakhtine et l'altérité«. In: *Poétique* 40 (1979), S. 502–523. Später verfaßt Todorov auch einen Kommentar zu Bachtins Werken: T. T.: *Mikhail Bakhtin: le principe dialogique*. Paris 1981.

8 Katerina Clark/Michael Holquist: *Michail Bakhtin*. Cambridge, Massachusetts/London 1984.

9 Gary Saul Morson/Caryl Emerson: *Mikhail Bakhtin. Creation of a Prosaics*. Stanford, California 1990.

10 Folgende mit einem gründlichen Kommentar und einer umfangreichen Bibliographie versehene Ausgabe war in dieser Hinsicht bahnbrechend: Michail M. Bachtin: *Die Ästhetik des Wortes*. Hrsg. und eingel. von Rainer Grübel. Frankfurt a. M. 1979.

11 Vgl. ihre Beiträge im Sammelband: Renate Lachmann (Hrsg.): *Dialogizität*. (Theorie und Geschichte der Literatur und der schönen Künste. Texte und Abhandlungen. Reihe A. Hermeneutik. Semiotik. Rhetorik. Bd. 1.). München 1983, S. 11–24, 25–28.

12 Vgl. z. B.: Michael Wegner: »Disput über den Roman: Georg Lukács und M. M. Bachtin. Die 30er Jahre«. In: *Zs. für Slawistik* 33 (1988) H. 1, S. 20–26; *Roman und Gesellschaft. Internationales Michail Bachtin Colloquium*. Jena 1984. Neben marxistisch-leninistischen Vereinnahmungsversuchen von ›sozialistischer‹ Seite aus bieten die Materialien des Jenaer Kolloquiums auch interessante theoretische Ansätze, z. B. die Ausführungen des österreichischen Komparatisten Zoran Konstantinovič zur Präzisierung des Bachtinschen ›Chronotopos‹-Begriffs.

Klaus Städtke ging 1996 auf das Phänomen einer breiten internationalen Wirkung ein, die Bachtin, neben anderen russischen Literaturtheoretikern, wie zum Beispiel den Formalisten und Jurij Lotman, zuteil wurde. Die Ursache dieses regen Interesses für russische Theorien im Westen sieht Städtke in einer Krise der westlichen Literaturwissenschaft, in ›Tendenzverschiebungen‹, von denen unterschiedliche national-sprachliche wissenschaftliche Konstellationen (der Strukturalismus in Frankreich, der ›New Criticism‹ in England und den USA, die ›werkimmanente Analyse‹ in Deutschland) in den 1960er bis 1980er Jahren bestimmend wurden. Es waren nach Städtke »Tendenzen, die wegführten von den bis dahin literarhistorisch als gesichert geltenden Zusammenhängen zwischen Autor und Werk, Form und Inhalt, Interpretation und Wertung. Man denke an die nun einsetzende Entwicklung der Rezeptionsästhetik, der Struktur- und Diskursanalyse oder an die nachfolgenden Untersuchungen zur Intertextualität, Mnemotechnik und Neurosemiotik.«[13]

Wie Klaus Städtke ausführt, fand man in den russischen Ansätzen offenbar »jene Fragen besonders griffig formuliert«, »die sich gleichermaßen in der europäischen Literaturwissenschaft stellten«.[14] Da man von den russischen Theorien einen produktiven Impuls zum eigenen ›Weiterdenken‹ beziehungsweise ›Andersdenken‹[15] erwartete, ließ man also russische Ansätze »eine Vorläuferfunktion für eigene Theorie« erfüllen.[16] Sobald aber ein Durchbruch zu neuen literaturwissenschaftlichen Konstellationen im Westen erfolgt war, reduzierte sich die Empfänglichkeit für östliche Theorien: »Die Diskussion hat entweder akademischen Charakter angenommen oder ist gänzlich auf neue Gegenstände übergegangen.«[17]

Die Bachtin-Rezeption im Westen wird man allerdings mit Blick auf die von Städtke ausgearbeiteten Prämissen und Bedingungen der westlichen Auseinandersetzung mit russischen Theorien durch folgende Bemerkung präzisieren müssen. Bei der Aneignung Bachtinscher Ideen, wollte man sie für eigene Zwecke fruchtbar machen, kam es fast immer zu einer mitunter wissentlich vollzogenen Fehldeutung, so daß sich beinahe schon von einer ›Nicht-Rezeption‹ Bachtins im Westen reden läßt. Eine retrospektive Betrachtung der Wissenschaftsgeschichte bestätigt, daß man im gesamten Bestand der immer anwachsenden Bachtin-Literatur vergeblich nach Arbeiten sucht, in denen Ideen des russischen Gelehrten ›als solche‹, das heißt in ihrem genuinen Sinn produktiv gewirkt hätten. Breit anerkannte Theorien und Methoden wie Kristevas ›Intertextualität‹ und Emersons ›prosaics‹, deren Autorinnen sich übrigens explizit zu Bachtin bekannten, scheinen nur auf den ersten Blick glückliche Ausnahmen zu sein. Bei genauerem Hinsehen stößt man beide Male auf gravie-

---

13 Klaus Städtke: »Russische Interpretationstheorien: Konstellationen ihrer internationalen Rezeption«. In: Lutz Danneberg/Friedrich Vollhardt (Hrsg.): *Wie international ist die Literaturwissenschaft?* Stuttgart/Weimar 1996, S. 362–373, hier S. 363.

14 Ebd., S. 365.

15 Ebd.

16 Ebd.

17 Ebd., S. 373.

rende Abweichungen von ›echt‹ Bachtinschen Ansätzen. Julia Kristeva lag es zum Beispiel nicht daran, das ›streng‹ wissenschaftlich Positive, Logisierbare der Bachtinschen Ideen zu rekonstruieren, um daran anzuknüpfen. Sie war, zum einen, durch die Freizügigkeit des Bachtinschen Duktus fasziniert (»Bachtin war für mich vor allen Dingen ein leidenschaftlicher Kreator«[18]). Zum anderen war sie von einer gewissen Liberalität und möglichen Ausdehnbarkeit seines Ansatzes angezogen. In dieser Hinsicht erschien ihr insbesondere im Vergleich zu vorliegenden komplizierten und verfeinerten Modellen der strukturalistischen Sprachanalyse »das naive, auf das Wort und unbegrenzte Möglichkeiten des Dialogs konzentrierte Verfahren Bachtins«[19] als ›handlicher‹. Dabei war sich die Semiotikerin ganz bewußt, daß der ›eigentliche‹ Bachtin bei solcher Rezeption verschwand oder einer umfassenden Transformation unterzogen wurde. So unterstrich Kristeva in »Une poétique ruinée« (1970), sie gehe absichtlich ein Risiko ein, von dem abzuweichen, »was der Autor tatsächlich gemeint hatte«, wenn es ihr nur gelänge, seine Ansätze im gegenwärtigen wissenschaftlichen Kontext zu aktualisieren.[20] Daher blieb sie auch nicht bei Bachtinscher ›Dialogizität‹, sondern schlug einen neuen Terminus vor: ›Intertextualität‹.

Auf eine ähnliche Weise verfuhr die amerikanische Bachtinistin Caryl Emerson, wenn sie, die Romantheorie Bachtins ausbauend, ihren eigenen Terminus einführte: ›die Prosaik‹ (›prosaics‹), verstanden als ein neuzeitliches literaturtheoretisches Pendant zu ›Poetik‹.[21] Die Aufgabe dieser neuen theoretischen Disziplin war nach Emerson die Beschreibung ›nicht-poetischer‹ Gattungssorten, vor allem des Romans. Die Theoretikerin ließ sich in ihrer, in der letzten Zeit immer schärferen Auseinandersetzung mit dem ›genuinen‹ Bachtin nicht dadurch stören, daß der russische Wissenschaftler jedoch gerade in der Romanforschung am Terminus ›Poetik‹ festhielt, was ja auch seinen eher traditionellen, phänomenologisch orientierten Vorstellungen vom Kunstwerk (als ›ästhetischem Objekt‹) entsprach.

Wollte man aber von einer buchstabengetreuen Übernahme Bachtinscher Theorien nicht abweichen, so wurde man in ihrer literarhistorischen Anwendung meistens gehemmt. Dies soll am Beispiel von Renate Lachmanns Auseinandersetzung mit der Dialogizitätstheorie Bachtins kurz erläutert werden. Unter ›Dialogizität‹ faßte Bachtin bekanntlich folgende Eigenschaft: Jedes im sozialen Kontext gesprochene Wort enthält neben der eigenen Intention des Sprechenden schon eine vorweggenommene Antwort des Gesprächpartners. Es kann also als ein auf fremde Aussagen orientiertes ›zweistimmiges‹ Wort fungieren. Nach Bachtins Auffassung war der Diskurs des neuzeitlichen Romans in einem hohen Masse ›dialogisch‹. Als theoretische Vorlage war der Dialogi-

18 Kristeva (Anm. 3), S. 9.

19 Kristeva (Anm. 2), S. 374.

20 Kristeva (Anm. 7). Zitiert wird nach der russischen Übersetzung: Julija Kristeva: »Razrušenije poetiki«. In: *Vestnik Moskovskogo universiteta*. Ser. 9. Filologija. (1994) Nr. 5, S. 44–62, hier S. 48.

21 Vgl. Morson/Emerson (Anm. 9); Caryl Emerson: »Prosaics and the problem of form«. In: *Slavic and East European Journal* 41 (1997) No. 1, S. 16–39.

zitätsgedanke Bachtins für die deutsche Slawistin anscheinend sehr attraktiv, zumal sie auf ihrem eigentlichen Forschungsfeld, der Lyrik der russischen Moderne, viele Belege für eine ›Zweistimmigkeit‹ des Wortes fand. Dieser Befund ist insoweit verblüffend, als Bachtin ausgerechnet der Lyrik jegliche Dialogizität rigoros absprach. Nach einigen Versuchen, die auf den prosaischen Gattungsarten aufbauende Dialogizitätstheorie für die Dimension der ›poetischen Sprache‹ fruchtbar zu machen, beispielsweise durch einen Begriff wie ›dialogisierte Lyrik‹,[22] ließ Lachmann in ihren späteren Arbeiten jedoch den Bachtinschen, nun ›gegen‹ ihr Material ›arbeitenden‹ Begriff fast völlig fallen und landete gleichfalls bei dem international geltenden Terminus ›Intertextualität‹.[23]

Aus den angeführten Beispielen wird ersichtlich, daß die Aneignung des ›echten‹ Bachtin eine höchst problematische Sache war. Entweder widersetzten sich seine Theorien einer Generalisierbarkeit, oder sie provozierten zu einer bewußten Neben- beziehungsweise Fehlinterpretation.

Viele der Bachtinschen Konzepte und Gedankengänge, die in ihrem Grundbestand aus den späten 1920er Jahren stammten, waren zur Zeit ihrer Rezeption im Westen hoffnungslos veraltet.[24] Eine Ursache dafür ist in der weitgehenden Inkongruenz der russischen und der westlichen Wissenschaftskulturen zu sehen. Was aber in erster Linie als ein störender Faktor bei der Rezeption wirkte und zu Mißdeutungen verleitete, war wahrscheinlich die stilistische Beschaffenheit von Bachtins Texten. Jedem Bachtin-Leser ist diese Eigenschaft des sprachlichen, aber auch gedanklichen Duktus des Autors wohlbekannt. Bei der Lektüre also, wenigstens beim ersten Lesen, fühlt man sich von der Folgerichtigkeit und der wissenschaftlichen Relevanz des Ausgeführten überzeugt, die dargelegten Theorien widersetzen sich jedoch hartnäckig jeglicher logischen Durchdringung und Operationalisierung.

Dem Erschließen dieser ›rätselhaften‹ Redeweise Bachtins scheinen deutsche Wissenschaftler am nächsten gekommen zu sein. Die Problematisierung der sprachlichen Seite ließ dann auch auf wissenschaftlich fragliche Momente im Inhaltlichen schließen. In Deutschland wurde Bachtin besonders Ende der 1970er und in den 1980er Jahren ebenso breit wie heftig diskutiert. Doch hat die deutsche Bachtinistik anscheinend nur wenige Ansätze zur produktiven Aneignung aufzuweisen. Der Grund dafür ist meines Erachtens in der Beschaffenheit der nationalen Wissenschaftskultur zu suchen. Man ließ sich von Bachtinschen Ideen mitunter faszinieren. Bevor man sich aber durch sie inspirieren ließ, wollte man der Sache auf den Grund gehen: »Man rekonstruierte den theoretischen Ansatz, indem man das Konzept von seiner historischen Entwicklung weit abhob und gleichsam kritisch und systematisierend zu Ende dachte.«[25]

---

22 Vgl. Renate Lachmann: »Bachtins Dialogizität und die akmeistische Mythopoetik als Paradigma dialogisierter Lyrik«. In: Karlheinz Stierle/Rainer Warning (Hrsg.): *Das Gespräch*. (Poetik und Hermeneutik 11). München 1979, S. 85–118.

23 Vgl. Renate Lachmann: *Gedächtnis und Literatur. Intertextualität in der russischen Moderne*. Frankfurt a. M. 1990.

24 Vgl. Kristeva (Anm. 20), S. 48.

25 Städtke (Anm. 13), S. 365.

Die Ansätze Jürgen Lehmanns und Rainer Grübels aus den späten 1970er Jahren sind wohl die solidesten Beispiele einer solchen ›Rekonstruktion‹,[26] deren Gründlichkeit in der Bachtinliteratur nachher kaum und nicht einmal in der russischen, nun auch ausgedehnteren Bachtinistik überboten wurden. Das Ergebnis einer solchen wortlautgetreuen Analyse war normalerweise die Erkenntnis, daß es eine deutliche Differenz zwischen den deutschen traditionellen Vorstellungen von einer ›Ästhetik‹ und dem, was Bachtin unter der ›Ästhetik des Wortes‹ verstand, gab. Wie Klaus Städtke generalisierend betonte, »fehlten aus deutscher Sicht offenbar die (von der Kunstphilosophie und Ästhetik des Idealismus bis zur literaturwissenschaftlichen Hermeneutik) notwendigen Prämissen: etwa eine Explikation von Begriffen wie ›Geschichte‹ oder ›Natur‹, sowie eine Methodologie der Werkinterpretation«.[27]

Selbst wo bei Bachtin Einflüsse der westlichen ästhetischen Tradition (so zum Beispiel Spuren der Phänomenologie Edmund Husserls) festzustellen waren, standen sie offenbar quer zur »abendländischen Theoriegeschichte«.[28] Wollte man sich aber der ›innovativen‹ Seite Bachtins zuwenden, ergaben sich gerade bei grundlegenden Kategorien seines literaturwissenschaftlichen Œuvres (›Dialog‹, ›Karneval‹, ›Polyphonie‹, ›Chronotopos‹) »mangelnde Präzisierung«[29] und das Fehlen von »klarer Begrifflichkeit«.[30] »Zunehmende Metaphorisierung«[31] sieht Wolf Schmid, einer der heftigsten Bachtin-Kritiker in Deutschland, als Ursache für eine weitgehende Undifferenziertheit von Bachtins kategorialem Apparat: »Bachtins Metasprache oszilliert ständig zwischen eigentlichen und uneigentlichen Benennungen«, demzufolge käme es bei Bachtin »immer wieder zu paradoxen Formulierungen und einander widersprechenden Thesen«.[32] So begegnet man einer nicht aufzulösenden Aporie des Bachtinschen Werks. Im ganzen unsystematisch aufgebaut, präsentieren sich seine Theorien jedoch als eine Einheit, so daß auch ein begrenzter Gebrauch einzelner Ideen und Gedankengänge erschwert ist. Denn sie lassen sich aus größeren Zusammenhängen, sei es ›logischen‹ oder suggeriert-symbolischer Natur, nicht herauslösen: »Sperren sich seine Theorien dergestalt gegen die systematische Methode des Nachweises

26 Vgl. Jürgen Lehmann: »Ambivalenz und Dialogizität. Zur Theorie der Rede bei Michail Bachtin«. In: Friedrich A. Kittler/Horst Turk (Hrsg.): *Urszenen. Literaturwissenschaft als Diskursanalyse und Diskurskritik*. Frankfurt a. M. 1977; Rainer Grübel: »Zur Ästhetik des Wortes bei Michail M. Bachtin«. In: Bachtin (Anm. 10), S. 21–78. Die Studie von Matthias Freise: *Michail Bachtins philosophische Ästhetik der Literatur*. Frankfurt a. M. 1993 konnte leider nicht eingesehen werden.

27 Städtke (Anm. 13), S. 365.

28 Städtke (Anm. 13), S. 365.

29 Lehmann (Anm. 21), S. 363.

30 Lehmann (Anm. 21), S. 369.

31 Wolf Schmid: »Bachtins Dialogizität – eine Metapher«. In: *Roman und Gesellschaft* (Anm. 12), S. 70. »So wird ›slowo‹ einmal als ›Wort‹ gebraucht, ein anderes Mal – ohne Signal – als Synekdoche für ›Aussage‹, ›Rede‹, ›Sprache‹, ›Sprechweise‹, ›Sprechintention‹ u. ä.« – Wolf Schmid: *Der Textaufbau in den Erzählungen Dostojevskijs*. München 1973, S. 12.

32 Schmid: *Der Textaufbau* (Anm. 31), S. 12.

logischer Kontiguitäten, so sträuben sie sich doch ebenso gegen den Versuch der Herauslösung zitierfähiger Aphorismen.«[33]

Was bei der systematischen Auseinandersetzung mit Bachtin in Deutschland außerdem noch deutlich zutage trat, war folgendes: Als Ursache dafür, daß seine auf »synkretistischen und mitunter auch eklektischen Konzept[en]«[34] beruhenden Schriften, wenigstens beim ersten, unreflektierten Lesen, ›einheitlich‹ und stark suggestiv wirken, wurde ihr ideologiekritischer und utopischer Charakter erkannt. Daß in den für Bachtins Werk typischen Dichotomien ›Roman versus Epos‹, ›Monologizität versus Dialogizität‹, ›Karneval versus offizielle Kultur‹ eine Hälfte immer deutlich favorisiert wird, hat bereits Alexander Kämpe im Nachwort zur ersten deutschen Einzelausgabe Bachtins hervorgehoben. Bachtins Bevorzugung ›demokratischer‹ Werte (des Karnevals, der Polyphonie) wurde als eine ›Ideologiekritik am Stalinismus‹ und ein utopisches »Gegenmodell des sowjetischen Lebens und Bewußtseins«[35] interpretiert. Nach einem ›rein wissenschaftlichen‹ Sinn Bachtinscher Arbeiten wurde nicht gefragt: Bachtin war für Kämpe einzig und allein ›Ideologiekritiker‹.

Dagegen steht im Laufe der nachfolgenden Bachtin-Debatte in erster Linie der ›wissenschaftliche‹ Ertrag Bachtinscher Theorien zur Diskussion. Das weltanschauliche Element bei Bachtin (»ein ideologiekritischer Impetus«[36]) wird inzwischen von Renate Lachmann aber auch weiterhin hervorgehoben, insofern die Wissenschaftlerin »eine Konkurrenz zwischen weltanschaulicher und kulturdeskriptiver Einstellung«[37] bei ihm zu erkennen glaubt. Dadurch, daß Lachmann diese beiden Seiten Bachtins durch Metaphorisierung auszubalancieren sucht, wirkt ihre Erklärung nicht ganz überzeugend. Die benannte ›Doppelbödigkeit‹ ist nach Lachmann für Bachtin »keine methodische Schwierigkeit«, denn »das Utopische bricht sich am Historischen, aber bricht auch immer wieder durch es hindurch«.[38]

Als ein vorläufiges Fazit läßt sich eine Äußerung von Grübel verstehen, der die Bachtinsche ›Doppelsinnigkeit‹ letztendlich zugunsten des Ideologie- beziehungsweise Kulturkritischen entscheidet, indem er die Schlußfolgerung zieht: »Bachtins philosophische Arbeit habe einen eminent axiologischen und eventologischen Charakter.«[39] Mit dem Befund, Bachtins Literaturtheorie sei zwar nicht frei von Widersprüchen und auf die ›reale‹ literaturwissenschaftliche Praxis kaum applizierbar, doch sei er ein vehementer Regimekritiker, scheint

---

33 Rainer Grübel: »Ästhetischer Wert zwischen Kontinuität und Diskontinuität – Bachtins Beitrag zu einer dialogischen Ästhetik«. In: *Zs. für Slawistik* 33 (1988) H. 4, S. 540–558, hier S. 542.

34 Städtke (Anm. 13), S. 373.

35 Alexander Kämpe: »Nachwort«. In: Michail M. Bachtin: *Literatur und Karneval. Zur Romantheorie und Lachkultur*. München 1969, S. 133–148, hier S. 139 und 147.

36 Renate Lachmann: »Intertextualität als Sinnkonstitution. Andrej Belyjs ›Petersburg‹ und die ›fremden‹ Texte«. In: *Poetica* 15 (1984), S. 66–107, hier S. 70.

37 Renate Lachmann: »Bachtins Konzept der Karnevalskultur als Gegenkultur«. In: *Weimarer Beiträge* 33 (1987), S. 1717–1728, hier S. 1719.

38 Lachmann (Anm. 37), S. 1719.

39 Grübel (Anm. 33), S. 54.

die deutsche Bachtin-Debatte gegen Ende der 1980er Jahre ihre Schärfe und Aktualität eingebüßt zu haben. Neben die Formulierung »Karnevalskultur als Gegenkultur« von Kämpe/Lachmann tritt nun eine ähnliche These Hans Günthers »Michail Bachtins Konzeption als Alternative zum sozialistischen Realismus«.[40] Einen bemerkenswerten Ausläufer der Diskussion bildete jedoch eine Zeitungspolemik zwischen Boris Groys und Renate Lachmann um den eigentlichen ›Sinn‹ der karnevalesken Werte bei Bachtin. Groys fragte in seinem Aufsatz, ob der bei Bachtin glorifizierte Karneval nicht auch totalitäre, das heißt stalinistische Implikationen habe.[41] Diese Umdeutung oder – besser gesagt – Umdeutbarkeit oder semantische Umkehrbarkeit des Karnevals, die bereits Kämpe mit »Nicht nur die Unterdrückten lachen – auch die Unterdrücker«[42] vorweggenommen hatte, stieß bei Lachmann auf strikte Ablehnung. Ein ›demokratischer‹ Bachtin sollte nicht aufgegeben werden.[43]

Die heutige Konstellation der euro-amerikanischen Literaturwissenschaft läßt Bachtin in der übersehbaren Zukunft kaum eine Chance, erneut zu einer Breitenwirkung zu kommen. Der traditionelle Strukturalismus würde an seinen Ansätzen unumwunden die (allzu deutlichen) weltanschaulichen Implikationen und das Rudimentäre der begrifflich-kategorialen Seite bemängeln. (Hier sei übrigens daran erinnert, daß sich Bachtin kurz vor seinem Tode dezidiert von modernen Strukturalismusströmungen distanziert hat.[44]) Mit dem Poststrukturalismus, dem der russische Gelehrte unwissentlich Pate gestanden hatte, sind seine ›altmodischen‹ Vorstellungen von einer ›künstlerischen Gestaltungsabsicht‹ des Autors kaum kompatibel. Auch scheint Bachtins ›Dialogik‹ dem hermeneutischen beziehungsweise dem rezeptionsästhetischen Paradigma nur auf den ersten Blick ziemlich nahe zu stehen. Bekanntlich ist Bachtin am Prozessualen des Dialogs interessiert, und es liegt ihm vor allem an einer Aktualisierung der Individualitäten der Gesprächspartner. Dabei bleibt das eigentliche Objekt der Aussagen eher irrelevant. Eine Überwindung der Differenz beider Positionen ist nicht erwünscht; denn ein richtiger Dialog wäre nach Bachtin endlos. Zudem ist ganz im Gegenteil der hermeneutische Dialog ausgesprochen objektbezogen und auf das Finden einer Wahrheit eben infolge einer Überwindung der Differenz angelegt.[45]

---

40 Vgl. Hans Günther: »Michail Bachtins Konzeption als Alternative zum sozialistischen Realismus«. In: Peter V. Zima (Hrsg.): *Semiotics and Dialectics. Ideology and the Text.* (Linguistik and Literary Studies in Eastern Europe 5). Amsterdam 1981, S. 137–177.

41 Boris Groys: »Grausamer Karneval. Michail Bachtins ›Ästhetische Rechtfertigung‹ des Stalinismus«. In: *Frankfurter Allgemeine Zeitung* vom 21. 6. 1989.

42 Kämpe (Anm. 35), S. 146.

43 Renate Lachmann: »Versöhnung vom Leben und Tod im Lachen: Der russische Theoretiker Michail Bachtin läßt die Stimmen der Texte laut werden«. In: *Frankfurter Rundschau* vom 10. 4. 1990.

44 Vgl. seine »Notizen« aus den Jahren 1970–71. In: Michail M. Bachtin: *Literaturno-kriticeskije statji.* Moskwa 1986, S. 509–532, hier S. 530

45 Vgl. zur Differenz Bachtinscher und hermeneutischer Ansätze Hans-Robert Jauß: »Zum Problem des dialogischen Verstehens«. In: Lachmann (Anm. 11), S. 11–24, hier S. 20–23.

II.

Im Lichte der Erfahrungen der westlichen Bachtinistik, die hinsichtlich der ›Operationalisierbarkeit‹ der Bachtinschen Theorie mehr Fragen als Antworten hervorgebracht hat,[46] erscheint das Phänomen der russischen Bachtinwissenschaft, die sich seit den frühen 1990er Jahren selbstbewußt als ›Bachtinologie‹[47] präsentiert, schon von Anfang an problematisch. Wenn man sich aber an die Spezifik der literaturwissenschaftlichen Konstellation in Rußland der Nachperestroika-Zeit erinnert, die einerseits durch einen undifferenzierten Trend zur Internationalisierung, andererseits aber durch den allen ehemaligen Ostblockländern eigenen Vorsatz, »die nationalen Traditionen der Wissenschaftskultur auszumachen und zu stärken«,[48] gekennzeichnet war, wird man in der Beschwörung Bachtins und in der ›Rückbesinnung‹ auf sein wissenschaftliches Erbe ein ›natürliches‹ Aufscheinen des Entwicklungsgesetzes, eine ›Signatur der Zeit‹ sehen. Wie es am Anfang schien, vermochte Bachtin den beiden aktuellen Trends der Literaturwissenschaft, nämlich dem zur Internationalisierung und zur Aufarbeitung des nationalen geisteswissenschaftlichen Erbes[49] aufs beste zu genügen. Die Tatsache, daß Bachtin als Theoretiker einen internationalen Ruf hatte und sein Werk, in welchem Maße auch immer, Spuren der europäischen wissenschaftlichen Tradition aufwies (so hatte beispielsweise der frühe Bachtin unter starkem Einfluß des Neukantianismus der Marburger philosophischen Schule gestanden), ließ ihn als eine ›Brücke zum Westen‹ betrachten.

Andererseits wirkte schon allein das Faktum, daß Bachtins Einfluß zu den Sowjetzeiten – also unter uneingeschränkter Herrschaft der ideologisch geprägten Geisteswissenschaft – institutionell wie editorisch künstlich eingeengt wurde. Man wollte nun Bachtin im Zuge einer allgemeinen Rückbesinnung auf ›nationale Werte‹ der Wissenschaftskultur und aus einem natürlichen Nachholbedarf ›wiederentdecken‹. Was zudem der ›neuen‹ russischen Literaturwissenschaft der Nachperestroika-Zeit im Zuge einer durchaus verständlichen Aversion gegen den totalen ›Inhaltismus‹ der vorher betriebenen ›sowjetischen Hermeneutik‹ (W. Schmid) an Bachtin als außerordentlich wichtig erschien, war die quasi strenge ›Wissenschaftlichkeit‹ und Formorientiertheit seiner

---

46 In kurzer und prägnanter Form sind diese Fragen beispielsweise formuliert worden von Matias Martinez: »Probleme der Dialogizitätstheorie«. In: Ludwig Arnold/Heinrich Detering (Hrsg.): *Grundzüge der Literaturwissenschaft.* München 1996, S. 440–444.

47 Die Erfindung des Begriffs wird dem Haupt der Tartuer semiotischen Schule Jurij Lotman zugeschrieben. Er soll 1969 bei einer wissenschaftlichen Tagung gesagt haben: »Wir sehen dem Entstehen einer neuen Wissenschaft entgegen – der Bachtinologie.« – Vgl. *M. M. Bachtin i filosofskaja kultura XX veka. (Problemy bachtinologii).* Sankt Petersburg 1991, S. 5.

48 Jörg Schönert: »Nationale Konstellationen der Theorie-Rezeption in Osteuropa«. In: Danneberg/Vollhardt (Anm. 13), S. 357–361, hier S. 358.

49 Da die Philologie in Rußland im 20. Jahrhundert »nahezu allein die privilegierte Ausdrucksweise öffentlicher [...] Diskussion in den *humania*« ist – Städtke (Anm. 13), S. 365 –, sei mir diese Ausweitung erlaubt.

Theorien. Was Bachtin darüber hinaus für die sich neu aufbauenden russischen Geisteswissenschaften sehr attraktiv machte und was ansonsten keiner der früher ebenfalls unterdrückten, nun aber ebenfalls zu hoher Konjunktur gelangenden Literaturtheoretiker (wie beispielsweise V. Šklovskij, J. Tynjanov oder J. Lotman) hatte, war folgendes: Praktisch jede seiner Ideen – auch und insbesondere die aufgrund quasi konkreter literaturhistorischer (slawistischer, romanistischer) Untersuchungen ausgearbeiteten Konzepte des ›Dialogs‹ und des ›Karnevals‹ – bargen in sich Potenzen einer Ausdehnbarkeit und Generalisierbarkeit. Diese scheinbare methodologische Universalität der Bachtinschen Theorien konnte aber auch sehr suspekt werden. So betonte z. B. Alexander Michailow: »Der theoretische Raum, den Bachtins Theorie eröffnet, ist [...] auf eine außergewöhnliche Weise eingerichtet: Er nimmt fast alle auf, will niemand abweisen, in dieser Hinsicht wäre er etwas Hochliberales, woran jeder anknüpfen darf; am Ende freilich kann es Übersättigung bringen und Unbehagen hinterlassen.«[50] Zur Entstehungszeit der ›Bachtinologie‹ in Rußland freute man sich vor allem über diese ›Liberalität‹ der Bachtinschen Ansätze. Denn – wie es schien – ermöglichte sie nun, eine ›Bachtinwissenschaft‹ »als einen besonderen Typ des geisteswissenschaftlichen Denkens«[51] und einer universalen »Methodologie der modernen Geisteswissenschaften«[52] auszubauen.

Die aufkeimende Bachtinologie denkt also an eine breite methodologische Fundierung aller Geisteswissenschaften, die – auf Arbeiten Bachtins und seiner ›Nachfolger‹ beruhend – Philosophie, Linguistik, Semiotik usw. zusammenrücken« sollte.[53] Inwieweit dieser Ansatz die alten, auf der totalen Herrschaft einer einzigen ›methodologischen Grundlage‹ basierenden Denkstrukturen reproduzierte und an die Stelle des nun abgeschafften Marxismus-Leninismus einen ›Bachtinismus‹ setzte, sei dahingestellt.[54] Mit der Aufarbeitung der ›Grundlagen‹ Bachtinscher Methodologie – beispielsweise mittels einer Art ›immanenter Analyse‹ seines Werks, mit der ›Quellenforschung‹, mit der Erforschung von Bachtins Ideen im Kontext der geistigen Strömungen des 20. Jahrhunderts – und mit den »unter Anwendung der methodologischen Prinzipien Bachtins« zu betreibenden literaturwissenschaftlichen Fallstudien wurden erste Aufgaben und Richtlinien der Bachtinologie entwor-

---

50 Alexander Michailow: »Interpretieren und Verstehen vor dem Erfahrungshintergrund der russischen Literaturwissenschaft«. In: Danneberg/Vollhardt (Anm. 13), S. 374–395, hier S. 375.

51 S. B. Norenkov: »Bachtinovedenije kak osobyj tip gumanitarnogo myšlenija«. In: *M. M. Bachtin: estetičeskoje nasledije i sovremennost.* Saransk 1992. Bd. 1, S. 133–145, hier S. 133.

52 Aus dem Vorwort zu A. I. Sucharev (Hrsg.): *M. M. Bachtin i metodologija sovremennogo gumanitarnogo znanija.* Saransk 1991, S. 1–5, hier S. 5.

53 Norenkov (Anm. 51), S. 133.

54 Vgl. z. B. folgendes Statement, in dem zu beweisen versucht wird, Bachtinologie müsse nun an die Stelle der abgeschafften marxistisch-leninistischen Methodologie treten: D. E. Frolov: »Rol M. M. Bachtina v razrabotke osnov novoj metodologii gumanitarnigo poznanija: In: N. J. Voronina (Hrsg.): *M. M. Bachtin i gumanitarnoje myšlenije na poroge XXI veka.* Saransk 1995, Bd. 1, S. 131–133, hier S. 131.

fen.[55] Angesichts des nahenden Jubiläums – Bachtins 100. Geburtstag – wuchs die russische ›Bachtin-Industrie‹ rasch an. Die Textgrundlage von Bachtins Œuvre verbesserte sich zusehends.[56] Seit 1992 hat die Bachtinologie auch ihr eigenes Periodikum: In Vitebsk begann die Vierteljahresschrift *Dialog. Karneval. Chronotop* zu erscheinen, die sich als Ziel die »wissenschaftliche Erforschung der Biographie, des theoretischen Vermächtnisses und der Epoche M. M. Bachtins« gesetzt hat. ›Bachtinologische‹ Untersuchungen überfluteten auch sonstige geisteswissenschaftliche Periodika. Materialien mehrerer Bachtin-Symposien schlugen sich in ›bachtinistischen‹ Sammelbänden nieder. Für den Zeitraum von 1990 bis 1997 habe ich insgesamt 16 in Rußland erschienene Sammelbände zu Bachtin ermittelt.

Die Bachtinologie war zweifellos die Reaktion auf einen Krisenzustand der postsowjetischen russischen Geisteswissenschaften. Im Unterschied zur westlichen Auseinandersetzung mit Bachtin, die – wie bekannt – ebenfalls Ausdruck eines Ende der 1960er Jahre als defizitär empfundenen Zustandes der Geisteswissenschaften war, war man in Rußland mit folgenreicheren Defiziten konfrontiert. Da der Versuch, die aktuellen Probleme mit Bachtin allein lösen zu wollen, die Erwartungen anscheinend allzu hoch trieb, kam die Ernüchterung um so rascher. Die Bachtinologie verstieg sich zu einer Bachtinomanie, die mitunter zu recht kuriosen Formen von ›Bachtintollheit‹[57] ausartete. Dieser Trend ließ einen der ersten Bachtin-Jünger Sergej Bočarov, der einst die Erstveröffentlichung ästhetischer Schriften Bachtins in Gang brachte, bereits 1994 bedenklich konstatieren: »Bachtin hat in der Literaturwissenschaft keine Schule hinterlassen, aber, leider, eine Bachtinologie.«[58]

So wird beispielsweise in zahlreichen Arbeiten des ›Chefs‹ der russischen Bachtinologen, Vitalij Machlin, ein eigen- und einzigartiges wissenschaftlich-philosophisches Programm Bachtins beschworen. Nach Machlin berge dieses Programm in sich eine »Kultur des Sehens, Hörens, Denkens, Redens und Handelns«, es wird als eine »soziale Ontologie der Anteilnahme« (russ. ›pričastnost‹) präsentiert.[59] Was wissenschaftliches Profil, konkrete Grundlagen, Ziele und Anwendbarkeitshorizonte eines solchen ›Programms‹ sein sollten, bleibt jedoch äußerst unklar. Der Autor sucht sich ausschließlich ›bachtinistisch‹ auszudrücken, das heißt mit spezifischen Bachtinschen, metaphorisch stark befrachteten Redewen-

55 Vgl. T. G. Jurčenko (Hrsg.): *M. M. Bachtin v zerkale kritiki.* Moskwa 1995, S. 5–9.

56 In Moskau erscheint derzeit eine siebenbändige Bachtinausgabe; die sog. ›deuterokanonischen‹ Texte Bachtins (d. h. die unter den Namen der Teilnehmer des ›Bachtin-Kreises‹ – V. N. Vološinovs, P. Medvedevs u. a. – Ende der 1920er Jahre erschienenen, unter persönlicher Teilnahme Bachtins geschriebenen Werke) wurden in der Reihe *Bachtin unter der Maske* einem breiteren Publikum zugänglich gemacht.

57 Vgl. russ. ›Bachtinobesije‹. Der Ausdruck wurde gebraucht von Vitalij L. Machlin: »Bachtin i karnavalizacija gumanitarnych nauk«. In: V. L. M. (Hrsg.): *Bachtin i perspektivy gumanitarnych nauk.* Vitebsk 1994, S. 7–15, hier S. 8.

58 Sergej Bočarov: »Otvety na voprosy ankety«. In: *Dialog. Karnaval. Chronotop* 3 (1994) No. 3, S. 10.

59 Vitalij L. Machlin: »Iz revoljucii vychodjaščij: programma«. In: V. L. M. (Hrsg.): *Bachtinskij sbornik III.* Moskwa 1997, S. 198–248, hier S. 198.

dungen, wie etwa ›der Körper des Sinns‹ (›telo smysla‹), ›äußeres Sein/inneres Sein‹ (›vnešneje bytie/vnutrenneje bytije‹), ›das Aus-Sich-Ergehen‹ (›ischoždenije iz sebja‹), ›Kein-Alibi-Im-Sein‹ (›ne-alibi-v-bytii‹). Ein weiteres Beispiel für Extreme jüngster Bachtinistik ist das Moskauer Projekt eines Bachtin-Lexikons (*Bachtinskij tesaurus*), dessen Urheber davon ausgehen, Bachtin habe mit seinem »zutiefst originellen wissenschaftlichen Wort« »eine einzigartige Einsteinsche Revolution in der Methodologie der Wissenschaften und in der wissenschaftlichen Sprache« zustandegebracht. Es sei daher angesagt, »Besonderheiten seiner Terminologie« zu beschreiben und »eine systematische Bestandsaufnahme seiner Begriffe«[60] vorzunehmen. Ein eher apologetischer als kritischer Vorsatz dieses Projekts läßt uns dem ganzen Unternehmen jedoch mit Skepsis entgegensehen. Denn abgesehen von den wenigen bei Bachtin wirklich häufig vorkommenden Termini (wie ›Dialog‹, ›Groteske‹, ›Ambivalenz‹) enthält das Projekt viele Fälle des okkasionellen Wortgebrauchs (wie ›lustige Lüge‹, ›lebendig-praktisches Wort‹, ›historisch-heroischer Roman‹) und mehrere anscheinend ebenfalls allgemein gebräuchliche, aber freilich in einem ›spezifisch-Bachtinschen‹ Sinne zu literatur- und kulturwissenschaftlichen Begriffen umgesetzte Wörter (wie ›Autobiographie‹, ›Gattungsart‹, ›Idee‹, ›Spiel‹). Als drittes Beispiel aus derselben Reihe kann auf Vadim Kožinovs Einstellung verwiesen werden. In seinen ›bachtinistischen‹ Aussagen machen sich nationalpatriotische Töne geltend, wenn er ziemlich pauschal den ›dialogischen‹, ›russischen Denker‹ Bachtin als einen positiven Wert dem rein ›monologischen Westen‹ gegenüberstellt: »[Mit Bachtin] bekommt der sich jahrhundertelang entwickelnde russische Gedanke eine Art Unwiderlegbarkeit, Unbestreitbarkeit, eine unerschütterliche Verkörperung.«[61]

Wenn Bachtin schon zum Quell der ›unwiderlegbaren‹ und ›unwiderstreitbaren‹ Wahrheiten hypostasiert wird, erliegt die Bachtinologie ebenso bald wie sicher der Gefahr, zu einer Hagiographie auszuarten. Von einem wissenschaftlichen Anspruch kann dann aber kaum mehr die Rede sein. Vor einer solchen Gefahr warnte übrigens der (sowjet)russische Altphilologe und Verstheoretiker Michail Gasparov bereits 1977, als nach dem Erscheinen der *Ästhetik des Wortes* (1975) die Ideen Bachtins, nicht zuletzt als ein kaschierter Widerstand gegen offiziell dominante marxistische Methoden, von einigen Literaturwissenschaftlern angebetet wurden. Eine ›Bachtinistik‹ konnte damals allerdings nur sporadisch und beinahe kryptisch betrieben werden. Gasparov situiert Bachtin kulturhistorisch in den 1920er Jahren, die für Rußland eine Zeit der globalen ›Umwälzung‹ aller kulturellen Werte im Rahmen der Avantgarde waren. Das Grundpathos des Bachtinschen Ansatzes sieht Gasparov in einer »Revolte des von sich selbst überzeugten Lesers gegen eine aufgezwungene Pietät«.[62] Dar-

60 Siehe »Ot redakcii«. In: Natan D. Tamarčenko u. a. (Hrsg.): *Bachtinskij tesaurus*. Moskwa 1997, S. 5f.

61 Vadim V. Kožinov: »Bachtin i jego čitateli«. In: *Moskva* (1993), No. 7, S. 143–151, hier S. 149.

62 Michail L. Gasparov: »M. M. Bachtin v russkoj kulture XX veka«. In: *Vtoričnyje modelirujuščije sistemy*. Tartu 1979, S. 111–114. Zitiert wird nach der deutschen Übersetzung: Michail Gasparov: »Michail Bachtins Stellung in der russischen Kultur des 20. Jahrhunderts«. In: Lachmann (Anm. 11), S. 256–259, hier S. 258.

aus resultieren »Bachtins nihilistischer Umgang mit den Werten«, »seine Indifferenz gegenüber den Fakten«, seine »übertriebenen Einschätzungen«, »seine provozierend ungenaue Sprache«.[63] Aus diesem Grund erscheinen die – damals allerdings nur zaghaften – Versuche Gasparovs, Bachtin zum »Erbvater der fundamentalen geistigen Werte« zu hypostasieren und sein eventologisch-avantgardistisches Verfahren zu einer ›Forschungsmethode und Theorie‹ umzukehren, als höchst fraglich.[64] Ähnliche Einschätzungen haben sich anscheinend erst wieder gegen Mitte der 1990er Jahre als Folge der Erfahrungen mit der ›Bachtinologie‹ ergeben. Ungefähr seit 1994, also noch vor dem Bachtin-Jubiläum, lassen sich in der Bachtinologie skeptische und kritische Stimmen immer lauter vernehmen, was bereits in den Titeln folgender Publikationen deutlich wird: »Die Macht der Zeit, oder Laßt Bachtin in Ruhe«, *›Anti-Bachtin‹, das beste Buch über Vladimir Nabokov*, »Ein Karneval für sich allein«, »Was Bachtin bei Dostojevskij nicht lesen konnte«, »Bachtinologie, ein besonderer Typ des menschlichen Wissens?«[65]

Es waren vor allem drei Momente, die diese Krise – von einem Krisenzustand sprechen übrigens auch schon ›puristische‹ Bachtinisten – der eben erst entstandenen ›Bachtinologie‹ verursachten. Zum ersten war diese Krise eine Folge der bachtinologischen Selbstreflexion. Zum zweiten gingen Problematisierungsansätze von der westlichen Bachtinistik aus. Zum dritten, und das scheint wohl das wichtigste zu sein, wirkte besonders bei den jüngeren Wissenschaftlern die wachsende Öffnung für westliche Theorien, insbesondere für die des Poststrukturalismus und der Hermeneutik.

(1) ›Interne‹ Problematisierungsansätze der Bachtinologie haben ihren Ursprung in einer textologischen Auseinandersetzung mit Bachtin. Vor allem Natalja Bonjetzkajas Arbeit an einem textkritischen Kommentar der *Ästhetik des Wortes* scheint in dieser Hinsicht erwähnenswert zu sein. Die am Anfang eher apologetisch-›bachtinistisch‹ eingestellte Forscherin mußte letzten Endes zugeben, daß der Bachtinsche Diskurs mit seiner recht willkürlichen Art und Weise, mit Opponenten umzugehen und mit einer sehr unpräzisen Terminologie nicht strikt wissenschaftlich, sondern eher apodiktisch, rhetorisch und didaktisch beschaffen ist, also auf eine suggestive Wirkung abgestellt ist.[66] Dem stimmen auch V. V. Fjodorov/S. M. Gorjeckaja und N. N. Fridman zu.[67] Auf der anderen

---

63 Ebd., S. 257 und 259.

64 Ebd., S. 256.

65 Vgl. A. Bosenko:«Vlast vremeni, ili Ostavte Bachtina v pokoje«. In: Machlin (Anm. 58), S. 83–85; Vadim Linjeckij: *›Anti-Bachtin‹, lucsaja kniga o Vladimire Nabokove*. Sankt Petersburg 1994; I. N. Fridman: »Karnaval v odinocku«. In: *Voposy filosofii* (1994) No. 2, S. 79–89; V. Vachrušev: »Bachtinovedenije – osobyj tip gumanitarnogo myšlenija?«. In: *Voprosy literatury* (1997) No. 1, S. 293–301.

66 Vgl. Natalija N. Bonjeckaja: »O stile filosofstvovanija M. M. Bachtina«. In: *Dialog. Karnaval. Chronotop* 5 (1996) No. 1, S. 5–48, hier S. 40–42; vgl. auch ihren neuesten Aufsatz »Bachtin glazami metafizika«. In: *Dialog. Karnaval. Chronotop* 7 (1998) No. 1, S. 103–155.

67 Vgl. V. V. Fjodorov/S. M. Gorjeckaja: »M. M. Bachtin i problema jazyka«. In: *Dialog. Karnaval. Chronotop* 3 (1994) No. 3, S. 35; Fridman (Anm. 65), S. 80.

Seite versucht man die Ideen des ›polyphonen Romans‹, des ›Karnevals‹ und der ›Dialogizität‹ auf konkretes literarhistorisches Material zu applizieren. Werden diese Konzepte aus dem Kontext der Bachtinschen Beweisführung herausgelöst, sind sie in ihrem ›puren‹ Sinne kaum generalisierbar: »Die Romanversion Bachtins trägt nichts zur Erkenntnis des Romans als Gattungssorte bei;«[68] die Idee der ›Karnevalisierung‹ wie auch die Überlegungen zum ›Verfall des Lachens‹ in der Neuzeit sind auf eine konkrete nationale Literatur (zum Beispiel die russische) nicht bedingungslos applizierbar.[69] Die Idee des ›dialogischen‹ Romanaufbaus vermag nicht mehr zu überzeugen, selbst für den Fall Dostojevski sind Gegenbeweise zu finden. Bekanntlich waren doch die slawophilen Ideen dieses Schriftstellers und Denkers, den Bachtin in seiner Studie als einen puren ›Dialogisten‹ apostrophierte, von Grund auf ›monologisch‹.[70]

(2) An einigen ins Russische übersetzten Vertretern der westlichen Bachtinistik zeigte sich inzwischen, daß auch ›im Westen‹ etliche »problems with Bakhtin's poetics«[71] bestehen. Man lernte insbesondere von amerikanischen Bachtinisten einen freizügigeren Umgang mit dem Bachtinschen Erbe, was den emanzipatorischen Drang in den Reihen der russischen Bachtinisten allerdings nur verstärkte.[72]

(3) In Folge der wachsenden Internationalisierung der Wissenschaft und des (dadurch nun auch nach Rußland gelangten) ›poststrukturalistischen‹ Ideenkomplexes scheint der Bachtinismus immer mehr in Frage gestellt zu werden. Denn zeitgleich mit der Bachtinologie zeichnet sich in Rußland etwa seit den frühen 1990er Jahren auch eine Auseinandersetzung mit den Paradigmen ›Postmoderne‹, ›Dekonstruktivismus‹, ›Poststrukturalismus‹ ab. Diese Paradigmen scheinen nun die Denkstrukturen und Verfahrensweisen der Literatur, der bildenden Kunst und der Geisteswissenschaften – und somit auch das gesellschaftliche Bewußtsein – immer stärker zu bestimmen. Insoweit trifft Wolf Schmids Bemerkung, Poststrukturalismus sei für die russische Literaturwissenschaft keine Provokation,[73] nicht mehr zu.

Die Hauptlinie des ›Theorietransfers‹ aus dem Westen war und bleibt seit 1993 die Moskauer Zeitschrift *Neue Literaturschau* (*Novoje literaturnoje obozrenije*).

---

68 Vgl. G. K. Kosikov: »K teorii romana (roman srednevekovyj i roman novogo vremeni)«. In: *Dialog. Karnaval. Chronotop* 2 (1993) No. 2, S. 21–51, hier S. 26.

69 Jurij V. Mann: »Karnaval i jego okrestnosti«. In: *Voprosy literatury* (1995,) No. 1, S. 154–182, hier S. 157.

70 R. Muchamediev: »Dialog Dostojevskogo i dialogizm Bachtina«. In: *Vestnik Moskovskogo universiteta*. Ser. 7, filosofija. (1996) No. 4, S. 28–40, hier S. 32–34.

71 Vgl. Caryl Emerson: »Problems with Bakhtin's poetics«. In: *Slavic and East European journal*. 32 (1998) No. 4, S. 503–525.

72 Vgl. dazu z. B. eine kritische Auseinandersetzung mit dem Bachtinschen ›Chronotopos‹ in dem in russischer Sprache erschienenen Aufsatz der amerikanischen Wissenschaftler Ann Nesbeth/Eric Naimann: »Formy vremeni v formach vremeni«. In: *Novoje literaturnoje obozrenije* (1993), No. 2, S . 90–106, sowie mehrere ins Russische übersetzte Arbeiten C. Emersons und J. Kristevas.

73 Wolf Schmid: »Zur Theorie-Rezeption in der russischen und tschechischen Literaturwissenschaft«. In: Danneberg/Vollhardt (Anm. 13), S. 396–402, hier S. 399.

Sie bringt unter anderem Auszüge aus Klassikern der westlichen neuen und neueren Literaturtheorie sowie Aufsätze von einigen bedeutenden im Westen lebenden russischen Kultur- und Literaturwissenschaftlern wie Igor Smirnow, Boris Groys oder Alexander Etkind. Zudem sind Hauptwerke von Michel Foucault, Jacques Derrida, Paul de Man, Roland Barthes und Jacques Lacan seit kurzer Zeit auch in Russisch erhältlich und scheinen in gebildeten Kreisen großes Aufsehen zu erregen. Die Erarbeitung eines neuen Literaturkanons in Rußland intensiviert zudem die Prozesse der Aneignung westlicher Theorien. Der Mythos von der ›heiligen russischen Literatur‹ ist offensichtlich hinfällig geworden. Dagegen hat Vladimir Nabokov bei jüngeren Lesern und Literaturwissenschaftlern ungeheure Konjunktur, da er zugleich als Russe und ›Westler‹, als der (fast) einzige ›nicht-logozentrisch‹ denkende Dichter russischer Tradition gilt. Die neueste russische Literatur – von Viktor Jerofeev, Vladimir Sorokin, Igor Jarkievič bis Viktor Beylis – bekennt sich offen zur Postmoderne und fordert die Literaturwissenschaft zu entsprechenden Beschreibungsverfahren heraus.

Ob die ›Bachtinologie‹, die bereits in ihrer Wortwurzel ›Logozentrismus‹ birgt, in dem ziemlich chaotisch ablaufenden Prozeß der Herausbildung des neuen literaturwissenschaftlichen Paradigmas eine Chance hat, wird sich erst zukünftig herausstellen. Vadim Linjeckij, ein russischer Derrida-Jünger, spricht der Bachtinologie allerdings eine solche Chance rigoros ab. In seiner provokativen Schrift *›Anti-Bachtin‹, das beste Buch über Vladimir Nabokov* zieht er gegen Bachtin und die Bachtinologie heftig zu Felde. Mit Verweis auf Nabokov (als einen nicht-logozentrischen Gegenpol zum ›monologistischen‹ Bachtin) und mit Berufung auf Freud, Derrida und de Man wird dort eine ›Dekonstruktion‹ Bachtinscher Theorien versucht. Trotz aller Übertreibungen scheint Linjeckijs Buch ein Meilenstein in der jüngsten russischen Auseinandersetzung mit Bachtin zu sein. Zum einen werden – nun vom ›dekonstruktivistischen‹ Standpunkt aus – alle kritischen Ansätze der jüngsten Zeit zusammengefaßt beziehungsweise antizipiert. Darunter finden sich die totalitären Implikationen der Karnevalstheorie, die Betrachtung des Dialogs als einer ›Gewaltsausübung‹, des ›A(na)chronismus des Chronotopos‹, der ›Polyphonie‹ als eines ›Phantasmas des monologischen Bewußtseins‹[74] und andere. Ein konkreter Ertrag einer solchen Kritik, die mitunter fast schon zu einer Rüge wird, ist – wie in einer Besprechung des Buches Linjeckijs betont wurde – ein endgültiger Beweis dafür, daß »der konzeptuelle Apparat Bachtins, sobald man ihn auf einen wissenschaftlichen Boden versetzt, in Staub zerfällt«.[75] Was zum anderen an der anti-Bachtinschen Haltung Linjeckijs als aktuell und wichtig erscheint (und damit stimmt der junge Wissenschaftler mit Viktor Beylis überein), wäre die Behandlung des Problems des ›Autors‹ und der ›Autorschaft‹. Bekanntlich war der ›Autor‹ als ›letzte Sinninstanz‹ jedes Werks eine der zentralen Kategorien

74 Linjeckij (Anm. 65), S. 74.

75 I. V. Peskov: »... Mozart, ili Postupok kak ritorika otvetstvennosti«. In: *Ritorika* (1995), No. 1, S. 74–85, hier S. 77.

Bachtins. Im Dostojevski-Buch ging es um zwei Typen der ›Autorschaft‹: einen ›monologischen‹ (L. Tolstoj) und einen ›dialogischen‹ (F. Dostojevskij). Für Linjeckij und Beylis, die anscheinend an den von Michel Foucault und Roland Barthes proklamierten ›Tod des Autors‹ glauben, sind diese Bachtinschen Auffassungen irrelevant; sie lehnen seine Idee der ›Autorschaft‹ ab. Dazu äußern sich beide, wenn auch in unterschiedlicher Weise: Linjeckij offen und revoltierend, Beylis eher ironisch und kühl ablehnend.

Bachtin wird noch eine andere ›Autorschaft‹ abgesprochen. Dies betrifft nicht mehr das ›Was‹, sondern das ›Wie‹ seiner Werke. Man versucht zu zeigen, daß sein anscheinend überzeugender und selbstbewußter Diskurs unterbewußt von ›logozentrischen‹ Phantasmen gesteuert und gelenkt wird. Letztlich wird Bachtins ›Autorschaft‹ (im Sinne von ›Autorität‹) im Lichte jüngster Bachtinologie gesehen und entschieden abgelehnt: als eine Gefahr der Verabsolutierung einer einzigen Wahrheit beziehungsweise eines einzigen Denkparadigmas (Bachtin hat als Person damit allerdings nichts zu tun). Von daher klingt's verständlich: »Bachtin [...]. Was ist er schon für ein Autor [...].«

Zum Verhältnis von Kontinuität und Diskontinuität in der Literaturwissenschaft der DDR in den 1980er Jahren. Das Beispiel des Kolloquiums »Theorie und Methoden der Interpretation literarischer Werke« (1986)

DAGMAR ENDE / MANDY FUNKE

I.

In den bislang vorliegenden Arbeiten zur Geschichte der DDR-Literaturwissenschaft in den 1970er und 1980er Jahren werden einhellig ein Wandel der Leitbegriffe, Gegenstände und Diskursmerkmale sowie eine Pluralisierung der theoretischen und methodischen Ansätze konstatiert. Dissens besteht dagegen hinsichtlich Ausmaß und Wirkung der Differenzierungen, des Verhältnisses von Kontinuität und Diskontinuität und der sich darin manifestierenden Beziehungen zwischen Herrschafts- und Fachdiskurs.

Wird für die heutige Beobachtung der Geisteswissenschaften in der DDR der »Bezug [...] zu dem inzwischen [...] in die Geschichte gerückten Innenstandpunkt der Text-Produzenten« und zur »internen Funktion« des damaligen »Sprach- und Symbolsystems« gefordert,[1] so indiziert das eine Perspektive, die genauere Befunde erwarten läßt.[2] Sie ist auch die Perspektive unseres Beitrags:

1 Klaus Städkte: »Beispiele der Deformation wissenschaftlichen Denkens in den Geisteswissenschaften der früheren DDR«. In: *Leviathan.* 19 (1991) H. 1, S. 32–43, hier S. 33.

2 Angezeigt wird diese Perspektive z. B. auch, wenn Petra Boden eine »gewisse rhetorische Konsistenz in der DDR-Literaturwissenschaft« konstatiert, die »die Analyse aufwendig und schwierig« mache – Petra Boden: »›Es geht ums Ganze!‹ Vergleichende Beobachtungen zur germanistischen Literaturwissenschaft in beiden deutschen Staaten 1945–1989«. In: *Euphorion* 91 (1997), S. 247–275, hier S. 272. – In der Beobachtung der DDR-Literaturwissenschaft ist bislang selten detailliert den Besonderheiten ihrer Kommunikationsweisen, ihrer Texte nachgegangen worden. Zu nennen sind Untersuchungen zu rhetorischen und argumentativen Mustern eines bestimmten Diskussionsfeldes bzw. zu Merkmalen des literaturwissenschaftlichen Diskurses: Lutz Danneberg u. a.: »Die Rezeption der Rezeptionsästhetik in der DDR: Wissenschaftswandel unter den Bedingungen des sozialistischen Systems«. In: *Amsterdamer Beiträge zur neueren Germanistik* Nr. 38/39, 1995, S. 643–702; Rainer Rosenberg: »Der ritualisierte Diskurs. Das Modell der offiziellen sowjetischen Literaturtheorie der 50er Jahre«. In: *Zs. für Germanistik* N. F. 2 (1993), S. 99–109; ders.: »Zur Geschichte der Literaturwissenschaft in der DDR«. In: *Zs. für Germanistik* N. F. 1 (1991), S. 247–256; ders.: »Zur Begründung der marxistischen Literaturwissenschaft in der DDR«. In: Petra Boden/R. R. (Hrsg.): *Deutsche Literaturwissenschaft 1945–1965. Fallstudien zu Institutionen, Diskursen, Personen.* (Literaturforschung). Berlin 1997, S. 204–240.

Wir wollen nicht aus den verschiedensten Texten herausgezogene Theorie- und Methodenansätze des damaligen Fachdiskurses beschreiben. Vielmehr fokussieren wir das ›Wie‹ ihrer Artikulation *in* Texten und treffen uns darin mit einem wesentlichen Aspekt der aktuellen Methodendiskussion nicht nur der Fachgeschichtsschreibung in der Germanistik.[3] Dem hohen Interesse an den »Formen der Darbietung des Wissens« steht allerdings nach wie vor ein »wenig entwickelter Forschungsstand« gegenüber.[4] Das betrifft in besonderem Maße den Umgang mit Texten der DDR-Literaturwissenschaft, zumal mit Texten der 1980er Jahre.[5] Unser Beitrag stellt einen stärker linguistisch akzentuierten methodischen Ansatz als die erwähnten Arbeiten zur DDR-Literaturwissenschaft vor. Damit suchen wir sowohl dem in der Fachgeschichtsschreibung zur DDR-Germanistik immer naheliegenden ideologiekritisch-wertenden Muster zu entgehen als auch jener drohenden »Beliebigkeit« der »wissenschaftshistorischen Textlektüren«, von der Lutz Danneberg und Jörg Schönert gesprochen haben.[6]

Zu unserem empirischen Material. Einen zentralen Punkt der Diskussion der DDR-Literaturwissenschaft in den 1980er Jahren stellen der Sinnbegriff und ihm zugeordnete Leitbegriffe wie ›Literatur‹, ›Werk‹ und ›Text‹, ›Produktion‹

---

3 Erinnert sei hier etwa an die Auseinandersetzung mit Hayden Whites Betrachtung historiographischer Genres, an die handlungs- und kommunikationstheoretischen Textbeobachtungen in der Soziologie und an entsprechende Untersuchungen der (sprach-)analytischen Philosophie, vgl. Jürgen Fohrmann: »Die Allegorese der Wirklichkeit. Zu Hayden Whites rhetoriktheoretischem Ansatz am Beispiel der Schriften *Metahistory* und *The Content of the Form*«. In: *IASL* 18 (1993) H. 2, S. 161–168; Daniel Fulda: *Wissenschaft aus Kunst. Die Entstehung der modernen deutschen Geschichtsschreibung 1760–1860.* (European cultures, Vol. 7). Berlin/New York 1996; Wolfgang Ludwig Schneider: *Die Beobachtung von Kommunikation. Zur kommunikativen Konstruktion sozialen Handelns.* Opladen 1994; Tilmann Sutter (Hrsg.): *Beobachtung verstehen, Verstehen beobachten. Perspektiven einer konstruktivistischen Hermeneutik.* Opladen 1997; Axel Spree: *Kritik der Interpretation. Analytische Untersuchungen zu interpretationskritischen Literaturtheorien.* (Explicatio). Paderborn u. a. 1995; Werner Strube: *Analytische Philosophie der Literaturwissenschaft. Definition, Klassifikation, Interpretation, Bewertung.* (Explicatio). Paderborn u. a. 1993.

4 Lutz Danneberg: »Darstellungsformen in Geistes- und Naturwissenschaften«. In: Peter J. Brenner (Hrsg.): *Geist, Geld und Wissenschaft. Arbeits- und Darstellungsformen von Literaturwissenschaft.* Frankfurt a. M. 1993, S. 99–137, hier S. 99f.

5 Neben den Arbeiten von Lutz Danneberg, Wilhelm Schernus, Jörg Schönert und Rainer Rosenberg (vgl. Anm. 2), die aber den Zeitraum der 1980er Jahre nur am Rande berücksichtigen, stehen Überblicksdarstellungen wie die von Petra Boden (Anm. 2) und dies.: »Fachentwicklung und Selbstreflexion in der literaturwissenschaftlichen Germanistik der DDR in den 80er Jahren«. In: Johannes Janota (Hrsg.): *Kultureller Wandel und die Germanistik der Bundesrepublik. Vorträge des Augsburger Germanistentags 1991.* Bd. 2: *Germanistik und Deutschunterricht im historischen Wandel.* Tübingen 1993, S. 198–206. Detailliertere Forschungen widmen sich vornehmlich der Institutionen-, Personen- und Zeitschriftengeschichte oder bestimmten Inhalten des literaturwissenschaftlichen Diskurses; sie konzentrieren sich auf den Zeitraum von 1945 bis Mitte der 1970er Jahre.

6 Lutz Danneberg/Jörg Schönert: »Belehrt und verführt durch Wissenschaftsgeschichte«. In: Petra Boden/Holger Dainat (Hrsg.): *Atta Troll tanzt noch. Selbstbesichtigungen der literaturwissenschaftlichen Germanistik im 20. Jahrhundert.* (Literaturforschung). Berlin 1997, S. 13–57, hier S. 33.

und ›Rezeption‹ dar. Intensiv beschäftigte sich die Theorie- und Methodendiskussion in jener Zeit mit Fragen der Analyse und Interpretation literarischer Werke. Gerade auf diesem Feld hatten die theoretischen Neuansätze seit den 1970er Jahren zur Differenzierung der Positionen und Konzepte geführt. Das wurde im Fach zunehmend reflektiert, entweder mit Mißbehagen angesichts der »Vervielfältigung« der Herangehensweisen und drohender »Beliebigkeit«[7] oder unter Begrüßung des neuen »Pluralismus« als notwendig und fruchtbringend.[8]

All dies prägte die Organisation und den Verlauf eines Kolloquiums zum Thema »Theorie und Methoden der Interpretation literarischer Werke«, das im März 1986 von der Sektion Sprach- und Literaturwissenschaft der Universität Rostock und der Redaktion der *Zeitschrift für Germanistik* in Kühlungsborn veranstaltet wurde und dessen Beiträge in den *Rostocker Forschungen zur Sprach- und Literaturwissenschaft* dokumentiert sind.[9] Als Diskussionsgrundlage diente ein Thesenmaterial, das vorab in der *Zeitschrift für Germanistik* abgedruckt worden war.[10] Wir haben die Texte dieses Kolloquiums zum Analysegegenstand gewählt, weil sie aufgrund ihrer Situierung im Fachdiskurs sowie ihres institutionellen beziehungsweise personellen Kontextes und ihrer Inhalte signifikant für die damalige Diskussion sind (vgl. unter II). Zudem spiegeln sie Konsens und Dissens in den Auffassungen zu den genannten Leitbegriffen auf andere Weise wider als bisher vornehmlich von der Fachgeschichtsschreibung und in anderen textinterpretierenden Disziplinen untersuchte Textsorten wie programmatische Aufsätze, literaturgeschichtliche Darstellungen und Interpretationen.

---

7 Ursula Heukenkamp: »Theorie der Interpretation statt ›Kunst der Interpretation‹«. In: *Weimarer Beiträge* 28 (1982) H. 4, S. 150–157, hier S. 150f.

8 Wolfgang Thierse/Dieter Kliche: »DDR-Literaturwissenschaft in den siebziger Jahren. Bemerkungen zur Entwicklung ihrer Positionen und Methoden«. In: *Weimarer Beiträge* 31 (1985) H. 2, S. 267–308, hier S. 297f. Noch hier macht sich allerdings der Wunsch nach einer erneuten Homogenisierung bemerkbar, wenn etwa die »Begründung einer materialistischen Hermeneutik/Interpretationstheorie« als eines der »besonders dringliche[n] Desiderata literaturtheoretischer, systematischer Forschung« bezeichnet wird. (S. 278f.)

9 »Literaturwissenschaftlicher Werkbegriff und Interpretationspraxis. Beiträge des Kolloquiums ›Theorie und Methoden der Interpretation literarischer Werke‹ Kühlungsborn, 4.–7. März 1986«. In: *Rostocker Forschungen zur Sprach- und Literaturwissenschaft* (1987) H. 3 (im Haupttext nachgewiesen als: *RF* 3); »Theorie und Methodologie der Interpretation literarischer Werke. Beiträge des Kolloquiums ›Theorie und Methoden der Interpretation literarischer Werke‹ Kühlungsborn, 4.–7. März 1986«. In: *Rostocker Forschungen zur Sprach- und Literaturwissenschaft* (1987) H. 4 (im Haupttext nachgewiesen als: *RF* 4).

10 »Diskussion: Theorie und Methoden der Interpretation literarischer Werke«. In: *Zs. für Germanistik* 6 (1985), S. 415–457. Darin: Ursula Heukenkamp: »Gibt es richtige und falsche Interpretationen? Thesen«, S. 415–422; Dieter Posdzech: »Die Ermittlung der Sinn-Komponenten als integrative Aufgabe literaturwissenschaftlicher Interpretationsmethoden«, S. 422–432; Heinz-Jürgen Staszak: »Thesen zur Methodologie der literaturwissenschaftlichen Interpretation. Voraussetzungen – Probleme – Hypothesen«, S. 432–441; Wolfgang Thierse: »Thesen zur Problemgeschichte des Werk-Begriffs«, S. 441–449; Gotthard Lerchner: »Zeichenbeziehungen und Formalstrukturen in der Poetik«, S. 449–457.

Befunde hinsichtlich des Verhältnisses von Kontinuität und Diskontinuität in den artikulierten Auffassungen wurden aus deren Betrachtung als ein »Spektrum« im von Christoph König erläuterten Sinne, nämlich als ein »Angebot von Möglichkeiten« innerhalb eines relativ konstanten Rahmens, erhoben.[11] In diachronischer Perspektive war zu fragen, wo und wie sich im Vergleich zu vorgängigen Wissenschaftszuständen und Formulierungen solcher Wissensansprüche Beharrungen oder Verschiebungen zeigen. Dazu wurde auf thematisch gleichgelagerte Texte der 1970er und 1980er Jahre zurückgegriffen. Grundlage für den Vergleich waren die Inhalte der genannten Leitbegriffe.

Wenn wir von den ›Texten‹ jenes Kolloquiums sprechen, so *bezeichnen* wir unseren Gegenstand lediglich mit dem Begriff in seiner alltagssprachlichen Bedeutung: Hier ist ›Text‹ das, in diesem Falle schriftlich fixierte, »*Dokument* einer Sprachkommunikation [...], *soweit* es zeitlich versetzt und reaktualisiert werden kann«.[12] Der unserer Untersuchung zugrundeliegende *Textbegriff* dagegen folgt dem der kommunikationstheoretisch orientierten Textlinguistik. Er faßt ›Text‹ als ›kommunikatives Ereignis‹ und die einzelne sprachliche Äußerung als ›kommunikativen Akt‹.[13] Daß Texte Konstrukte darstellen, wird hier vorausgesetzt.

Zu unserer Methode. Unser Ziel bestand nicht in einer systematischen, sondern in einer anwendungsorientierten Textanalyse.[14] Dafür benutzten wir die (in der interdisziplinären Diskussion immer wieder zentralen) Aspekte der Pragmatik und Semantik, die für unser Anliegen ertragreich zu sein versprachen:

---

11 Christoph König: »Wissen, Werte, Institutionen«. In: Wilfried Barner/Christoph König (Hrsg.): *Zeitenwechsel. Germanistische Literaturwissenschaft vor und nach 1945*. Frankfurt a. M. 1996, S. 361–384, hier S. 366.

12 Clemens Knobloch: »Zum Status und zur Geschichte des Textbegriffs. Eine Skizze«. In: *LiLi* 20 (1990) H. 77, S. 66–87, hier S. 79, Anm. 32 (Hervorhebungen im Original).

13 Dem Axiom ›Text als kommunikatives Ereignis‹ sind z. B. alle Beiträge des folgenden Bandes verpflichtet: Wolfgang Motsch (Hrsg.): *Ebenen der Textstruktur. Sprachliche und kommunikative Prinzipien*. Tübingen 1996. Der Begriff ›kommunikativer Akt‹ wird gegen den herkömmlichen intentionalistischen Sprachhandlungsbegriff gesetzt bei Dietrich Busse: *Textinterpretation. Sprachtheoretische Grundlagen einer explikativen Semantik*. Opladen 1992, vgl. S. 13–24 und S. 164f.

14 Auch in den zahlreichen einschlägigen Arbeiten allein der Linguistik wird meist anwendungsorientiert vorgegangen. Zunächst werden für eine systematische Analyse prinzipiell notwendige Aspekte benannt, danach erfolgt eine pragmatische Selektion. Vgl. z. B. Armin Burkhardt: »Sprache in der Politik. Linguistische Begriffe und Methoden«. In: *Englisch-amerikanische Studien* 3 (1988) H. 4, S. 333–358, hier S. 336f. und S. 356f.; Hermann Oldenburg: *Angewandte Fachtextlinguistik. ›Conclusions‹ und Zusammenfassungen*. (Forum für Fachsprachen-Forschung 17). Tübingen 1992, S. 60–70 und S. 86–116; Hartmut Schröder: *Aspekte sozialwissenschaftlicher Fachtexte. Ein Beitrag zur Fachtextlinguistik*. (Papiere zur Textlinguistik 60). Hamburg 1987, S. 125–260 und S. 264f. – Für Anregungen und kritische Hinweise zum linguistischen Ansatz haben wir Armin Burkhardt zu danken. Vgl. auch Armin Burkhardt: *Soziale Akte, Sprechakte und Textillokutionen. A. Reinachs Rechtsphilosophie und die moderne Linguistik*. (Reihe Germanistische Linguistik 69). Tübingen 1986; ders.: *Zwischen Monolog und Dialog. Das Parlament, seine Sprache und die Welt des Zwischenrufens*. Habil.-Schrift Braunschweig 1993.

Textfunktion und Argumentationsstrukturen; Illokutionen (direkte/indirekte Sprechakte); Präsuppositionen; lexikalisch-semantische Mittel/Begriffsgeschichte.[15] Hinauszugehen war aus kommunikationstheoretischer Sicht über die – beispielsweise in der sprachanalytischen Philosophie, aber auch in der Textlinguistik – tradierte intentionalistische Anwendung dieser Analyseaspekte.[16] Faßt man die pragmatische Intention einer sprachlichen Äußerung als deren kommunikative Funktion, so kommt die Situationsbedingtheit jeglicher ›Bedeutung‹ von Textelementen, das heißt jeglicher referenzialisierter Wissensausschnitte, in den Blick. Daher wird – und das ist für unsere Auseinandersetzung mit einem ›in die Geschichte gerückten‹ kommunikativen Ereignis von Interesse – in der Historischen Semantik vorgeschlagen, die Unterscheidung von Semantik und Pragmatik aufzugeben.[17] Argumentations- und Präsuppositionsanalyse gehören dann zu den Mitteln, mit deren Hilfe »Begriffsanalyse« zur »Aussagenanalyse« erweitert werden kann und die »Tiefensemantik«, das »nicht offen Ausgesprochene, nicht in den lexikalischen Bedeutungen explizit artikulierte Element von Satz- und Textbedeutungen zu analysieren und offenzulegen versucht wird«.[18]

---

15 Neben in Anm. 3 und 13 genannten Arbeiten sind Beispiele der aktuellen interdisziplinären Diskussion bzw. Anwendung dieser Aspekte: Birgit-Nicole Krebs: *Sprachhandlung und Sprachwirkung. Untersuchungen zur Rhetorik, Sprachkritik und zum Fall Jenninger.* Berlin 1993; Frank Liedtke: *Grammatik der Illokution. Über Sprechhandlungen und ihre Realisierungsformen im Deutschen.* (Tübinger Beiträge zur Linguistik 436). Tübingen 1998. Vgl. auch die Beobachtung von sprachlichen Wertungen als Sprechhandlungen in: Renate von Heydebrand: »Zur Analyse von Wertsprachen in der Zeitschrift *Euphorion/Dichtung und Volkstum* vor und nach 1945. Am Beispiel von Hans Pyritz und Wilhelm Emrich«. In: Barner/König (Anm. 11), S. 205–230, und Renate v. Heydebrand/Simone Winko: *Einführung in die Wertung von Literatur. Systematik – Geschichte – Legitimation.* Paderborn u. a. 1996.

16 ›Intentionalistisch‹ erfolgt z. B. die Untersuchung von Illokutionen und Argumentationen bei Werner Strube, der damit die »Struktur der Sprechtätigkeiten« aufdecken will, die »die Sprache des traditionellen Literaturwissenschaftlers« kennzeichnet; seine »Modell-Beispiele« konstruiert er zu großen Teilen aus »repräsentativen«, »typischen« Äußerungen – Strube (Anm. 3), S. 9. Eine kritische Überprüfung der Analyse-Aspekte der sog. ›klassischen Sprechakttheorie‹ erfolgt z. B. in Alexander Schwarz: »Text als Handlung«. In: Alexander Schwarz u. a.: *Alte Texte lesen. Textlinguistische Zugänge zur älteren deutschen Literatur.* Bern/Stuttgart 1988, S. 125–166; Schneider (Anm. 3), S. 17–148; Busse (Anm. 13), S. 13–24 u. ö.; Henk de Berg: *Kontext und Kontingenz. Kommunikationstheoretische Überlegungen zur Literaturhistoriographie. Mit einer Fallstudie zur Goethe-Rezeption des Jungen Deutschland.* Opladen 1995, S. 15–22; Henk de Berg/Matthias Prangel: »Noch einmal: Systemtheoretisches Textverstehen. Eine Antwort auf Lutz Kramaschkis Kritik am ›Leidener Modell‹«. In: H. de B./M. P. (Hrsg.): *Systemtheorie und Hermeneutik.* Tübingen/Basel 1997, S. 117–141, bes. S. 126–129; vgl. auch die einschlägigen Beiträge in: Gerhard Preyer u. a. (Hrsg.): *Intention – Bedeutung – Kommunikation. Kognitive und handlungstheoretische Grundlagen der Sprachtheorie.* Opladen 1997.

17 Busse (Anm. 13), S. 165.

18 Dietrich Busse/Wolfgang Teubert: »Ist Diskurs ein sprachwissenschaftliches Objekt? Zur Methodenfrage der historischen Semantik«. In: D. B. u. a.: (Hrsg.): *Begriffsgeschichte und Diskursgeschichte. Methodenfragen und Forschungsergebnisse der historischen Semantik.* Opladen 1994, S. 10–28, hier S. 23.

Im Rahmen dieser Vorlage ist lediglich eine kursorische beziehungsweise exemplarische Ergebnisdarstellung des praktizierten Ansatzes möglich. Die Textbeispiele werden vornehmlich dem Teil des Korpus entnommen, der die Diskussion zum Werkbegriff beinhaltet. Damit soll exemplarisch ein möglichst plastisches Bild wenigstens einer der Gesprächsrunden vermittelt werden. Zudem bildete diese Diskussion nicht nur den Ausgangspunkt der anderen Kolloquiumsteile, sondern in ihr werden auch alle genannten Leitbegriffe thematisiert. Die hier festgestellten Erscheinungen werden synchronisch, bezüglich des Kolloquiums und seines Umfeldes, und diachronisch, bezüglich der Diskussion der 1970er und 1980er Jahre, kontextualisiert.[19] Aspekte der Personen- und Institutionengeschichte werden wiederholt angesprochen, weil der kommunikationstheoretische Ansatz – das ist einer seiner Vorteile – diese beiden Felder der Fachgeschichte einschließt.

II.

Pragmatisch orientierte linguistische Textanalysen beginnen in der Regel mit der Bestimmung der Textsorte, mit Aussagen zu Texteinbettung, Textfunktion und Textstruktur sowie zum Verhältnis von Autor/Sprecher und Adressat. Auch wir setzen mit einigen Bemerkungen zu diesen Aspekten ein, um die Rahmenbedingungen und Strukturen des Diskursereignisses zu umreißen und eine Reflexionsbasis für die nachfolgende Darstellung zu schaffen.

Vorausgegangen sind dem Kolloquium die Diskussionen um Rezeptions- und Wirkungsästhetik, um literatursoziologische Zugriffe und allgemein um den »kommunikativ-funktionalen« Ansatz, der entschieden über die bis Ende der 1960er Jahre dominierende genetische, produktionsästhetische Betrachtungsweise und gnoseologische Fixierung hinausführte. Die diesbezüglich wichtigen Aufsätze und Bücher sind bereits erschienen.[20] Auch die aus jenen Entwicklungen resultierenden Verunsicherungen und Differenzen sind schon reflektiert worden, und so gehen dem Kolloquium andere Bemühungen um Verständigung gerade in Sachen »Interpretationstheorie und -methode« voraus, wie ihm wei-

19 Für einen Vergleich der Formulierung von Wissensansprüchen wären auch die Texte des ›Umfeldes‹, insbesondere die der vorangegangenen Jahre, detailliert mittels des erläuterten linguistischen Ansatzes zu betrachten. Das bleibt einer weiteren Untersuchung vorbehalten. Im Rahmen dieser Vorlage wird auch hierin exemplarisch verfahren. In die Erörterung von Befunden konnten Ergebnisse der erwähnten Arbeiten zur DDR-Literaturwissenschaft einbezogen werden.

20 Wir nennen hier nur einige der wichtigsten Buchpublikationen in chronologischer Folge: Manfred Naumann u. a.: *Gesellschaft – Literatur – Lesen. Literaturrezeption in theoretischer Sicht.* Berlin/Weimar 1973; Dieter Schlenstedt u. a. (Hrsg.): *Funktion der Literatur. Aspekte – Probleme – Aufgaben.* (Literatur und Gesellschaft). Berlin 1975; Dietrich Sommer u. a. (Hrsg.): *Funktion und Wirkung. Soziologische Untersuchungen zur Literatur und Kunst.* Berlin/Weimar 1978; Dieter Schlenstedt: *Wirkungsästhetische Analysen. Poetologie und Prosa in der neueren DDR-Literatur.* (Literatur und Gesellschaft). Berlin 1979; Dieter Schlenstedt u. a.: *Literarische Widerspiegelung. Geschicht-*

tere solcher Bemühungen folgen werden.[21] Der Stand der Diskussion Mitte der 1980er Jahre ist umrissen in dem vorab publizierten Thesenmaterial (vgl. in diesem Beitrag Anm. 10).

Der Anstoß zur Veranstaltung des Kolloquiums kam laut Aussage seines Leiters, Heinz-Jürgen Staszak, nicht von seiten übergeordneter inner- oder außerdisziplinärer Institutionen, sondern aus dem Fachbereich Literaturwissenschaft des Wissenschaftsbereichs Germanistik der Universität Rostock, also von Staszak und seinen Kollegen selbst.[22] Gemeinsam mit Klaus-Dieter Hähnel, einem der Herausgeber der *Zeitschrift für Germanistik*, und dessen Fachkollegen an der Sektion Germanistik der Humboldt-Universität wurde die Veranstaltung organisiert. Die Konzeption der Tagung stammt vom Oktober 1984. Intendiert war ein Dialog »zwischen den verschiedenen und teilweise divergierenden Positionen und Konzepten«;[23] an den Kolloquiumsbeiträgen läßt sich auch des öfteren eine ›Sehnsucht‹ nach Synthetisierung und Homogenisierung ablesen.

Dem Bedürfnis nach Selbstreflexion und Verständigung entsprachen weiterhin die große Zahl der Teilnehmer (nämlich 76) und deren Provenienz: Zu Vertretern der germanistischen Literaturwissenschaft kamen Literaturwissenschaftler aus anderen Philologien, Linguisten und Methodiker des Deutschunterrichts, dazu Philosophen und Mitarbeiter von Zeitschriften und Verlagen. Der engere Kreis der Disputanten wies ein breites Spektrum von der Promi-

---

liche und theoretische Dimensionen eines Problems. Berlin/Weimar 1981; Rita Schober: *Abbild – Sinnbild – Wertung. Aufsätze zur Theorie und Praxis literarischer Kommunikation*. Berlin/Weimar 1982; Dietrich Sommer u. a. (Hrsg.): *Leseerfahrung – Lebenserfahrung. Literatursoziologische Untersuchungen*. Berlin/Weimar 1983; Gotthard Lerchner: *Sprachform von Dichtung. Linguistische Untersuchungen zu Funktion und Wirkung literarischer Texte*. Berlin/Weimar 1984; Manfred Naumann: *Blickpunkt Leser. Literaturtheoretische* Aufsätze. Leipzig 1984; Hans-Georg Werner: *Text und Dichtung – Analyse und Interpretation. Zur Methodologie literaturwissenschaftlicher Untersuchungen*. Berlin/Weimar 1984.

21 Vgl. Wilfried Bütow u. a.: »Literaturunterricht und Interpretation. Ein Rundtischgespräch«. In: *Weimarer Beiträge* 27 (1981) H. 8, S. 6–30. Im selben Heft beginnt die Reihe »Interpretation« in den *Weimarer Beiträgen*, eingeleitet durch eine programmatische Redaktionsmitteilung über die Notwendigkeit der Bekanntmachung und Diskussion »neue[r] Erkenntnisse der literaturwissenschaftlichen Forschung« (ebd., S. 5). Eine solche Reihe wird ab 1982 auch in der *Zeitschrift für Germanistik* eingerichtet »mit dem Ziel, den Dialog der verschiedenen Ansätze der marxistischen Forschung zu befördern – und gleichsam durch ihn beizutragen, die Einheit des Gegenstandes herauszuarbeiten«. – [Die Redaktion:] »Interpretationen und Interpretationsmethoden«. In: *Zs. für Germanistik* 3 (1982), S. 172f., hier S. 172. Ein Beispiel für die nachfolgenden Bemühungen ist das im November 1988 an der Universität Halle organisierte, interdisziplinäre und internationale Kolloquium zum Thema »Strukturuntersuchung und Interpretation künstlerischer Texte«.

22 Für die Vermittlung von Zusatzinformationen danken wir an dieser Stelle Heinz-Jürgen Staszak, der am 7. 8. 1997 ein Arbeitsgespräch mit Mandy Funke führte und uns einige Materialien – den Entwurf der Veranstaltungskonzeption, das Veranstaltungsprogramm, Protokollnotizen, Mitschriften der Veranstalter – zur Verfügung stellte.

23 Heinz-Jürgen Staszak: »Vorbemerkung«. In: *RF* 3, S. 4f., hier S. 4.

nenz[24] bis zum Assistenten auf und kam aus Einrichtungen, in denen in den vorangegangenen Jahren auch verstärkt zum Thema der Veranstaltung gearbeitet worden war. In erster Linie sind zu nennen: das Zentralinstitut für Literaturgeschichte an der Akademie der Wissenschaften der DDR, die Humboldt-Universität, die Universität Rostock, die Universität Halle und die Pädagogische Hochschule Potsdam. Die Vertreter dieser Einrichtungen dominierten bei der Erstellung der vorab publizierten Thesen, als Diskussionsleiter, Referenten und Disputanten. Von den Universitäten mit literaturwissenschaftlichem Ausbildungsangebot war nur die Universität Greifswald nicht präsent. Sechs der damals bestehenden acht Pädagogischen Hochschulen waren durch Teilnehmer vertreten. Allerdings stammten die vier der 21 angemeldeten Vorträge, die aus Zeitgründen nicht gehalten werden konnten, genau aus diesem Kreis. Auffällig ist des weiteren, daß sich kein Vertreter des Instituts für marxistisch-leninistische Kultur- und Kunstwissenschaften der Akademie für Gesellschaftswissenschaften beim ZK der SED unter den Teilnehmern befand, also etwa Klaus Jarmatz oder Horst Haase. Von jenem Autorenkollektiv der Akademie für Gesellschaftswissenschaften und der Akademie für Pädagogische Wissenschaften, das unter Leitung von Hans Koch den 1986 erschienenen Band *Literatur und Persönlichkeit* mit einer noch einmal ganz dezidiert gnoseologisch-didaktischen ›Zurichtung‹ von Literatur erarbeitet hatte, waren allein Wilfried Bütow von der letztgenannten Akademie und Horst Hartmann von der Pädagogischen Hochschule Potsdam unter den Teilnehmern des Kolloquiums. Trotz eines mit der Verständigungsintention und mit dem grundsätzlichen Topos der Gemeinsamkeit wie der gemeinsamen Bemühung um den gesellschaftlichen Auftrag der Literaturwissenschaft zusammenhängenden Gestus der Einigkeit[25] fällt die Härte der Auseinandersetzung auf – und zwar nicht nur zwischen den ›Theoretikern‹ und den ›Praktikern‹ oder zwischen den Vertretern verschiedener Disziplinen und Institutionen.

Auf der Veranstaltung wurden drei Problemkomplexe diskutiert: (1) der Begriff des literarischen Werkes; (2) theoretisch-methodologische Aspekte der In-

---

24 Zur ›Prominenz‹ im jeweiligen Fach gehörten vor allem Erwin Arndt (Humboldt-Universität), Karlheinz Barck (AdW, ZI für Literaturgeschichte), Wilfried Bütow (Akademie der Pädagogischen Wissenschaften), Inge Diersen (Humboldt-Universität), Hartmut Jonas (PH Güstrow), Dieter Posdzech (Universität Rostock), Dieter Schlenstedt (AdW, ZI für Literaturgeschichte), Klaus Städtke (AdW, ZI für Literaturgeschichte), Hans-Georg Werner (Universität Halle). Ursula Heukenkamp (Humboldt-Universität) war aufgrund einer Erkrankung verhindert.

25 Auffällig sind die zahlreichen perlokutiven Signale der gemeinsamen Absicht und der Gruppenzugehörigkeit: »Unsere Bemühungen um die Klärung der Spezifik unseres Gegenstandes und unserer Wissenschaft sind in gewisser Weise dadurch problematisiert worden, daß sie eine scheinbare oder auch reale Einheit der germanistischen Literaturwissenschaft unseres Landes in Frage gestellt haben« – Werner, *RF* 3, S. 22. Und: »[...] ich teile die Auffassung von Staszak, daß die Literaturwissenschaft eine ›weltanschauungsbildende Funktion‹ hat [...], und ich begrüße es, daß diese Position für das Kolloquium hier ausdrücklich artikuliert worden ist, weil damit allen Beteiligten die Verantwortung, die wir zu tragen haben, noch einmal bewußt gemacht wird« -Hartmann, *RF* 4, S. 27.

terpretation und »der Versuch einer kritisch-konstruktiven Annäherung an das Problem der Hermeneutik«; (3) Applikationen.[26]

Unter kommunikativ-funktionalem Aspekt handelt es sich bei dem gesamten Textkorpus um wissenschaftliche Informationstexte, mit denen eine Verständigung über ein fixiertes Thema intendiert ist und in denen daher eine argumentative Themenentfaltung vorherrscht. Allerdings unterscheiden sich die einzelnen Textgruppen des Korpus nach Kommunikationssituation und -medium, Textfunktion und Themenentfaltung.[27] Für die Entstehung der als Diskussionsgrundlagen vorbereiteten Vorträge sind das Medium ›Schrift‹ und eine monologische Kommunikationsrichtung, das heißt ein zeitliches und räumliches Getrenntsein der Kommunikationspartner, charakteristisch. Ihren Verfassern stand bei der Ausformulierung genügend Zeit zur Verfügung für genaue Überlegungen zur Argumentation – wie zur Problemdarstellung, zur Entwicklung von Lösungsvorschlägen und Legitimationen. Ihre Themenentfaltung weist daher sowohl argumentative als auch deskriptive und explikative Züge auf. Gleichwohl sind die Vorträge als Diskussionsgrundlagen konzipiert für eine face-to-face-Kommunikation, für einen in zeitlicher und räumlicher Hinsicht unmittelbaren Kontakt zwischen den Wissenschaftlern. Deshalb rückt in ihnen nicht nur die Form der argumentativen Themenentfaltung stärker in den Vordergrund, sondern auch ihre illokutionäre Gestaltung ist eine andere als in Texten, die für die monologische Kommunikation bestimmt waren (wie etwa den vorab publizierten Thesen): Die Diskussionsvorlagen schließen weniger Feststellungen und Behauptungen ein als Annahmen, Fragen, Vorschläge, wie sie dann auch in den einzelnen Äußerungen der Diskussionsrunden dominieren. Die Kommunikationspartner müssen in der Diskussion ohne zeitlichen Verzug auf divergierende Wissensansprüche bezüglich des Themas eingehen; es verbleibt nicht viel Raum für Legitimationsüberlegungen oder ähnliches. Auch wenn diese verschiedenen Texte letztlich alle in (für das Schriftmedium) bearbeiteter Form vorlagen und vorliegen, so sind die erwähnten Unterschiede und die aus ihnen resultierenden Besonderheiten der pragmatischen Anlage und der lexikalisch-semantischen Struktur in einer Analyse zu berücksichtigen.[28]

---

26 Staszak (Anm. 23), S. 4.

27 Es gibt in der textlinguistischen Forschung nach wie vor sehr verschiedene Textsortenklassifikationen. Sie sind nicht zuletzt vom Textbegriff des jeweiligen Forschungsansatzes abhängig. Die hier genannten Unterscheidungskriterien, wie auch die Kriterien ›Textfunktion‹ und ›situative Einbettung‹, ergeben sich aus unserem pragmatisch orientierten Textverständnis.

28 Zur Bearbeitung der Kolloquiumsbeiträge für die Publikation gab Heinz-Jürgen Staszak im Gespräch bzw. in *RF* 3 folgende Auskunft: Die Vorträge wurden von ihren Autoren überarbeitet und zur Drucklegung eingereicht. Die Bearbeitung der »spontanen Diskussion« folgte einem – leider nicht mehr existierenden – Tonbandmitschnitt, »zumeist unter strikter Verwendung originaler Formulierungen« und im Bemühen, »die Frische spontaner Argumentationsstrukturen, die Anschaulichkeit mündlicher Rede und die polemische [...] Unmittelbarkeit der Gedankenführung« zu erhalten – Staszak (Anm. 23), S. 5. – Auch wenn es sich bei einem Teil des Textkorpus um Diskussionen, um ›Gespräche‹ handelt, kamen die bisher vorrangig praktizierten Untersuchungsraster der Ge-

In der Betrachtung der Textstruktur konzentrieren wir uns auf zwei – allerdings zentrale – Aspekte: die inhaltlichen Informationsschritte und die thematische Entfaltung.[29] Wir gehen zunächst exemplarisch auf die Diskussion zum Werkbegriff ein: zuerst auf das gesamte Textkorpus dieses Teiles des Kolloquiums, danach auf Einzeltexte.

Das Thema der Diskussionsrunde lautet: »Zum Begriff des literarischen Werkes.« Dazu werden vier Referate gehalten, an die sich jeweils eine Diskussion anschließt.[30] Diskussionsleiter ist Hans-Georg Werner. Zunächst umreißt Dieter Schlenstedt das Begriffsfeld und setzt sich mit verschiedenen Konzeptionen auseinander, die sich auf diesem verorten lassen. In der anschließenden Diskussion geht es um einen emphatischen und einen historisierenden Werkbegriff, um das Verhältnis von ›Text‹ und ›Werk‹ sowie von literarischer Produktion und Rezeption und ein erstes Mal um ›Normensysteme‹ versus ›Relativismus‹. Gerd Krieger erörtert aus der Perspektive der praktischen Literaturvermittlung die Frage, wie in den Methoden von literaturwissenschaftlicher Interpretation die Polarität von ›historisch-relativistischer‹ und ›ahistorisch-normativistischer‹ Betrachtungsweise aufgehoben werden könnte, und schlägt die Nutzung der Theorien der ›Unbestimmtheits-‹ beziehungsweise ›Leerstellen‹ Ingardens beziehungsweise Isers vor. Die nachfolgende Diskussion thematisiert diese Theorien sowie ›historischen Relativismus‹ und ›ahistorischen Normativismus‹. Erwin Arndt und Jörg Pätzold plädieren in ihren Vorträgen für eine Verbindung linguistischer und literaturwissenschaftlicher Methoden.[31] Arndt will

---

sprächs- bzw. Konversationsanalyse, die sich eher an organisatorischen und strukturellen Aspekten des Miteinander-Sprechens orientieren, für unsere Zwecke nicht in Betracht. Was wir allerdings in die Analyse einzelner Äußerungen einbezogen haben, sind die ›Konversationsmaximen und -implikaturen‹ nach H. Paul Grice, vgl. hierzu Eckard Rolf: *Sagen und Meinen. Paul Grices Theorie der Konversations-Implikaturen.* Opladen 1994.

29 Sowohl in der Textlinguistik allgemein als auch beispielsweise in der Angewandten Fachtextlinguistik umfaßt dieser Teil der Analysemodelle, die Untersuchung der thematischen und grammatischen Textstruktur, noch verschiedene andere Aspekte. Zum Teil müssen wir diese aus Raumgründen ausklammern, etwa die »Textbaupläne«, »Gliederungssignale«, »Binnenstrukturen von Textteilsegmenten« des »Integrativen Modells« – dazu Oldenburg (Anm. 14), S. 42–70, hier S. 61. Auf solche Aspekte gehen wir zum Teil im weiteren Verlauf unserer Ausführungen ein, z. B. auf die »Modalitäten der Themenbehandlung« und die »Beschreibung der die Thematik ausdrückenden sprachlichen Mittel« des Modells – so Klaus Brinker: *Linguistische Textanalyse. Eine Einführung in Grundbegriffe und Methoden.* 3., durchges. und erw. Aufl. Berlin 1992, S. 144–148, hier S. 147.

30 Dieter Schlenstedt: »Literarisches Werk? – Zu Rahmenbedingungen eines Begriffsfeldes«. In: *RF* 3, S. 6–21; Gerd Krieger: »Literaturwissenschaftliche Grundkonzeption und Interpretation«. In: *RF* 3, S. 29–32; Erwin Arndt: »Was macht einen Text zu einem Gedicht? – Signale für die poetische Kommunikation«. In: *RF* 3, S. 36–41; Jörg Pätzold: »Sprachliche Indikatoren zur Interpretation literarischer Texte«. In: *RF* 3, S. 45–52.

31 Jörg Pätzold gehört zu den Linguisten unter den Teilnehmern, während Erwin Arndt (*Deutsche Verslehre. Ein Abriß.* Berlin 1959 u. ö.) zwar Literaturwissenschaftler ist, jedoch wiederholt linguistische Aspekte literarischer Texte untersuchte, vgl. E. A.: »Zu einigen Aspekten der sprachkünstlerischen Gestaltung«. In: E. A. u. a.: *Probleme der Literaturinterpretation. Zur Dialektik der Inhalt-Form-Beziehungen bei der Analyse und Interpretation literarischer Werke.* Leipzig 1978, S. 94–114.

in der vergleichenden Analyse einer Pressemeldung und eines Gedichts eine Anwendung der ›kommunikativ-funktionalen‹ Sichtweise demonstrieren. Darin eingebettet thematisiert er das Verhältnis von ›Text‹ und ›Werk‹. Anschließend werden insbesondere Fragen der ›Fiktionalität‹ und ›Authentizität‹, der ›Subjektivität‹ in literarischer Produktion und Rezeption sowie des ›Sinnpotentials‹ diskutiert. Jörg Pätzold sucht die Potenzen handlungsorientierter linguistischer Analyseaspekte für die Ermittlung von bewußten Normabweichungen in poetischen Texten herauszustellen und thematisiert immanent das Problem ›Interpretation‹ sowie das Verhältnis von ›Text‹ und ›Werk‹. Hierbei schlägt er die Begriffe ›implizite‹ und ›explizite Textbasis‹ vor. Neben diesen Begriffen werden ›Durchbrechungen von Mustern‹ in literarischen Texten und nochmals das Verhältnis von ›Text‹ und ›Werk‹ diskutiert, außerdem Kooperationsmöglichkeiten zwischen Linguistik und Literaturwissenschaft.

Im ersten Durchgang durch den inhaltlichen Aufbau und die thematische Entfaltung des Textkorpus werden die Begriffe und »Begriffsnetze«, Aussagen und »Aussagennetze« erkennbar, die im Zentrum dieses Diskurses stehen, ihn strukturieren sowie vorantreiben und in denen Konsens und Dissens der Wissensansprüche artikuliert sind.[32] Sie kehren im Verlauf des Kolloquiums immer wieder, wie sie bereits in den vorab publizierten Thesen präsent waren. Es handelt sich um Begriffe und Aussagen zu den – einander durchdringenden – Komplexen ›Text und Werk‹, ›literarische Produktion und Rezeption‹, ›Bedeutung und Sinn‹, ›Interpretation und Analyse‹ sowie, implizit beziehungsweise als permanenter Hintergrund, ›Selbstverständnis und Selbstreflexion‹ des Faches.

III.

Um Befunde hinsichtlich der Artikulation von Wissensansprüchen zu diesen Komplexen, in deren Zentrum die genannten Leitbegriffe stehen, zu erheben, war auf die Ebene der Einzeltexte zu rekurrieren. Wir gehen im folgenden exemplarisch von Dieter Schlenstedts Diskussionsgrundlage aus, weil darin jene Komplexe ein erstes Mal angesprochen werden, und ergänzen die Beschreibung mit Hinweisen auf Gleiches und Verschiedenes im Gesamt der Diskussion. Zunächst ist wiederum nach der inhaltlichen Gliederung sowie nach der thematischen Entfaltung zu fragen.

Schlenstedt thematisiert am Beginn das Problem der ›Langlebigkeit‹ von Gegenstandsbegriffen innerhalb wissenschaftlicher Methoden und begründet von daher sein Interesse am »Begriffsfeld Werk« sowie an dem Rahmen, in dem sich die verschiedenen Konzepte bewegen. Seine zentrale These hierbei lautet,

32 Bezüglich »Begriffsnetzen« und »Aussagennetzen« als »Zugriffsobjekte[n]« der Analyse vgl. Busse/Teubert (Anm. 18), S. 23.

produktiv für Interpretationen sei nur ein Werkbegriff als ein »Verhältnisbegriff« »von widersprüchlichen Zusammenhängen« (*RF* 3, S. 8). Anschließend diskutiert er einzelne »Segmente« des »Rahmens«, sichtet vorhandene Auffassungen und artikuliert jeweils Aspekte seines »offenen Konzepts« (*RF* 3, S. 9 und ff.): Es geht zunächst um die Vorstellung vom »Produktcharakter« des literarischen Werkes, von seiner »Unikalität«, »Singularität« und »Individualität«. Schlenstedt ist der Auffassung, Interpretation habe mit dem Widerspruch zwischen »Werkhaftigkeit« und »Effekthaftigkeit« zu rechnen, durch welchen die in »kommunikative Prozesse« eingelassenen »Hervorbringungen« gekennzeichnet seien; die »bestimmte Auflösung des Widerspruchs« erst sei das Werk (*RF* 3, S. 10). Das »Einzelne« der Werke sei nur ein Bereich von Literatur, die als eine »vielgliedrige Sphäre gesellschaftlicher Kommunikation« zu denken sei (*RF* 3, S. 12). Bezüglich der nächsten Frage, der nach dem Verhältnis von ›Eigentümlichem und Gemeinsamem‹, heißt es, Interpretation habe zu berücksichtigen, daß Werke »relationale Gebilde« seien, die »ihren besonderen Charakter aus synchronischen und diachronischen Zusammenhängen erhalten« und in einem historisch und sozial determinierten »Spannungsverhältnis zwischen Einzelheit und Allgemeinheit« stehen (*RF* 3, S. 12). Die »Bedeutung« eines Werkes stelle sich erst in solchen Zusammenhängen und Prozessen her; in den Werkbegriff gehörten so auch seine »Ideologiehaftigkeit« und »Literaturhaftigkeit«. »Was es ›ist‹, ist es nicht aus eigener Kraft allein, ergibt sich vielmehr aus seiner bestimmten Stelle in den gesellschaftlichen Kämpfen und aus seiner bestimmten Stelle im Prozeß der Paradigmen der Strukturen und Funktionen von Literatur« (*RF* 3, S. 13). Im folgenden wird die dem Werkbegriff traditionell inhärente Vorstellung vom Werk als dem ein für allemal fixierten Ergebnis des ›Schaffensprozesses‹ angesprochen. Schlenstedt plädiert hier für einen Begriff, der »als Grund der Werke das Verhältnis sieht, in dem sie entstehen und wirken« (*RF* 3, S. 13). Beispielsweise müßten bezüglich der ›literarischen Produktion‹ ein – womöglich für den Autor nicht beendeter – »Werkprozeß« (*RF* 3, S. 15) beziehungsweise eine »gesellschaftliche Werkbildungsform als die Entwicklungslogik in kommunikativen Verhältnissen« (*RF* 3, S. 13) angenommen werden. Aus kommunikativer Sicht sei der Werkbegriff zudem über den Blick auf die Erzeugung hinaus auszudehnen auf das »Werk« als »Gegenstand für das tätige Subjekt«[33] und auf seine funktional »wechselnden Bestimmungen« in den Zusammenhängen von ›Produktion‹ und ›Konsumtion‹ (*RF* 3, S. 16–18). In einem letzten Schritt geht es Schlenstedt um das Verhältnis zwischen »Potentialität« und »Wirklichkeit« (*RF* 3, S. 18) des literarischen Werkes, zwischen Text, Darstellung und Werk in der Rezeption. Erst in der Rezeption entstünden die »wirklichen Werke«, die »verschieden« sein könnten (*RF* 3, S. 20). Dennoch sei der Leser »nicht frei für alles und jedes« (ebd.). Bestimmt würden Text und Darstellung wie deren Rezeption gleichermaßen durch ein gesellschaftlich vermitteltes Wissens- und Wertsystem sowie ein ästhetisches Normensystem –

33 Karl Marx: *Einleitung zur Kritik der Politischen Ökonomie*. In: K. M./Friedrich Engels: *Werke*. Berlin 1962, Bd. 13, S. 620–626, hier S. 623.

für beides bietet Schlenstedt als Synonym auch Kants »Gemeinsinn« an[34] –, so daß sich immer wieder »Gleiches« durchsetze (ebd.). Zudem beginne der Vorgang »ganz unten«, die materiellen Strukturen und die »Darstellung als die Drehscheibe des ganzen literarischen Werks« (*RF* 3, S. 18f.) bestimmten die Rezeption.

Wie in den anderen Texten des Kolloquiums auch, herrscht in Dieter Schlenstedts Diskussionsgrundlage eine argumentative Themenentfaltung vor. In der Untersuchung der Argumentationsweise kann es uns hier weder um eine Diskussion der von der Formalen Logik und der Argumentationstheorie bereitgestellten Beschreibungsmodelle von logischen Schlußfolgerungsverfahren gehen[35] noch um eine Systematik der in unseren Texten angewandten Verfahren ›entlang‹ solcher Modelle. Wir fragten auf der Ebene der Einzeltexte und der Ebene ihrer Teilabschnitte danach, welche Thesen mittels welcher Argumente begründet und/oder gestützt werden, sowie nach deren Herkunft und Funktion, nach sich von daher wiederholenden argumentativen Mustern und den so artikulierten Wissensansprüchen. Auffällig ist, daß – vor allem in den vorbereiteten Diskussionsgrundlagen – sowohl in der Benennung von Problemfeldern als auch in ihrer Erörterung intensiv mit direkter oder indirekter Zitierung Dritter gearbeitet wird, und zwar in konfirmativer wie auch negationaler Weise.[36] Darauf soll nun genauer eingegangen werden.

Zunächst findet sich durchaus das bekannte Muster der Stützung mittels ›kanonisierter Texte‹.[37] Bei Dieter Schlenstedt steht in dieser Hinsicht zentral die Argumentation ›mit Marx‹. Nicht anders als bereits in *Gesellschaft – Literatur – Lesen* und anderen einschlägigen Publikationen[38] wird die Notwendigkeit der ›kommunikativ-funktionalen‹ Betrachtungsweise und die daraus resultierende Sicht auf das Werk in seinen »wechselnden Bestimmungen« gestützt mit den Marxschen Ausführungen zur Bewährung, zum Werden des Produkts in der Konsumtion, die

---

34 Immanuel Kant: *Kritik der Urteilskraft*. Hrsg. von Karl Vorländer. 7. Aufl. Hamburg 1990, S. 144 u. ö. – Wie Dieter Schlenstedt hier keinen Quellennachweis anbringt, so reflektiert er auch nicht, daß Kant die Frage, ob es diese »unbestimmte Norm eines Gemeinsinns [...] in der Tat [...] gebe«, offen läßt (ebd., S. 82).

35 Neben dem klassischen Vernunftschluß und der aristotelischen Syllogistik wird bekanntlich bis heute immer wieder das Argumentationsmodell von Stephen Toulmin diskutiert, modifiziert und angewandt.

36 Die beiden Adjektive werden für die Bezeichnung der Funktionen von Zitaten gebraucht in: Schröder (Anm. 14), S. 265. Meist wird in der Linguistik an dieser Stelle eine ›affirmative‹ oder eine ›dissentive‹ Funktion festgestellt. Jedoch bezeichnet ›konfirmativ‹ wesentlich genauer als ›affirmativ‹ die von uns konstatierte, spezifische Form der ›zustimmenden‹ Zitierung.

37 Vgl. Danneberg u.a. (Anm. 2), S. 653 u.ö., sowie Rosenberg: »Zur Begründung der marxistischen Literaturwissenschaft in der DDR« (Anm. 2), S. 205 u. ö.

38 Vgl. Manfred Naumann: »Einführung in die theoretischen und methodischen Hauptprobleme«. In: Naumann u. a. (Anm. 20), S. 17–97, insbes. S. 84; Dieter Schlenstedt: »Das Werk als Rezeptionsvorgabe und Probleme seiner Aneignung«. In: Ebd., S. 301–436, insbes. 306f.; ders.: »Funktion der Literatur – Relationen ihrer Bestimmung«. In: Schlenstedt u. a.: *Funktion der Literatur* (Anm. 20), S. 40–61, insbes. S. 54f.; ders. (Anm. 20), S. 11f. und S. 335.

ihm erst seinen »finishing stroke« gebe.[39] Auffällig ist jedoch, daß Schlenstedt in diesem Zusammenhang die Rolle der Produktion stark betont: »[S]ie verleiht den Produkten Eigensinn« (*RF* 3, S. 17, noch einmal S. 34). Fürs erste fährt er fort, daß die Produktion den Vorgang der Konsumtion zwar vorregele, aber nicht völlig determiniere, weil »jedes Ding vielerlei Eigenschaften besitzt und daher verschied[e]ner Nutzanwendungen fähig ist«[40] (*RF* 3, S. 17); deshalb reklamiert er die funktionale Sicht auf jene »wechselnden Bestimmungen« des Werks. Hier bricht Schlenstedt diese Argumentation jedoch ab. Er kehrt – wie bereits festgestellt – zur bestimmenden Rolle des Produkts, des Textes, der Darstellung zurück, betont, daß er »nicht zufällig« wiederholt die »Produktmetapher« »Gespinst«[41] gesetzt habe (*RF* 3, S. 19), und kommt zu der Behauptung, »nicht daß wir es sind, die da bauen, sondern der Text, die Darstellung es ist, die uns begegnet, die von uns etwas will« (*RF* 3, S. 20). Es wurde deshalb ausführlich auf diesen Marx-Bezug eingegangen, weil er so intensiv wie bei Schlenstedt in den Texten ansonsten nicht erfolgt.[42] Wo er hergestellt wird, geschieht dies zur Stützung anderer Auffassungen. Hans-Georg Werner nutzt in seinem Vortrag »Zur Bestimmung der Historizität von dramatischen Handlungen« im Kolloquiumsteil »Applikationen« auch die Marxsche Metapher vom »Gespinst«, allerdings um für dessen systematische, genau analysierende »Abwicklung« oder »Dekonstruktion« zu plädieren, mit dem Ziel, sich in der literaturwissenschaftlichen Arbeit nicht »der von den dichterischen Texten bewirkten ästhetischen Täuschung« zu unterwerfen, sondern den »subjektiven Eindruck durch die Bestimmung der strukturell-technischen Wirkungsbedingungen der Dichtung zu objektivieren« (*RF* 3, S. 57f.). Erst so ließen sich »unterschiedliche Werkreproduktionen beziehungsweise -interpretationen ästhetisch-historisch« erörtern und »in den literarischen Diskurs« integrieren (*RF* 3, S. 58).[43]

---

39 Schlenstedt, *RF* 3, S. 13f. und 16f.; vgl. Karl Marx: *Das Kapital. Kritik der politischen Ökonomie*. Erster Band. In: K. M./Friedrich Engels: *Werke*. Berlin 1962, Bd. 23, S. 197f.; das Zitat aus: Marx (Anm. 33), S. 623.

40 Marx (Anm. 39), S. 197.

41 Ebd., S. 195.

42 Schlenstedt nutzt Marx auch in der späteren Diskussion um ›historischen Relativismus‹ und ›ahistorischen Normativismus‹ in konfirmativer Weise. Das hier erscheinende rhetorisch-argumentative Muster des indirekten Autoritätszitats ist aus ›DDR-Diskursen‹ vertraut, zumal nun, im einzelnen, kurzen Diskussionsbeitrag, keine Quellen angegeben werden: »Zum Ahistorischen: Marx stellt fest – gerade in einem Zusammenhang, da er die Veränderlichkeit der Werte und des Bewußtseins überhaupt aus der Geschichte begründet – daß die Menschen im Verlauf ihrer gesellschaftlichen Entwicklung nicht nur ganz unterschiedliche, sondern auch strukturell ähnliche Beziehungen eingegangen sind, so daß das gesellschaftliche Bewußtsein, aller Mannigfaltigkeit zum Trotz, sich doch in gewissen gemeinsamen Formen bewegt. Es gibt also auch ein historisch-materialistisches Verfahren für die Erklärung von zivilisatorischen Konstanten, die Feststellung von gemeinsamen Wahrheiten ist nicht schon von vornherein unhistorisch« – *RF* 3, S. 33f.

43 Eine weitere Stützung einer Argumentation mit Marx' »Kapital« und den »Grundrissen der Kritik der politischen Ökonomie« findet sich im Vortrag von Klaus Blaudzun zum Problem ›literaturwissenschaftliche Interpretation‹. Er kritisiert ›mit Marx‹ an Dieter Posdzechs Methodentypologie die »definitorische Festschreibung der produktionsästhetischen Gegenstandsreduktion historisch-genetischer Werkerkenntnis« – *RF* 4, S. 12.

Offenbar führten die unterschiedlichen theoretischen Auffassungen und methodischen Ansätze auch zu Differenzen in der Auslegung marxistischer Grundlagentexte.

Konfirmativ werden aber vor allen Dingen andere, ›marxistische‹ und ›bürgerliche‹ Autoren und Theorien genutzt. Bei Schlenstedt sind dies unter anderen Lukács (*Die Eigenart des Ästhetischen*), Adorno (*Ästhetische Theorie*), Mukařovský (*Kapitel aus der Ästhetik*) und Sève (*Marxismus und Theorie der Persönlichkeit*). Der Vergleich solcher Instrumentalisierungen mit von Schlenstedt und anderen Autoren in früheren Publikationen vorgenommenen zeigt eine bekannte Entwicklung: Wird beispielsweise in *Gesellschaft – Literatur – Lesen* noch Adornos angebliches »›Identischsetzen‹ von Produktion und Rezeption« kritisiert, so lehnt Schlenstedt in *Literarische Widerspiegelung* zwar die Adornos Ideen zugrundeliegende Philosophie harsch ab, sieht jedoch die »Bestimmung« des »Doppelcharakters der Kunst« hinsichtlich ihrer Bezüge zur Realität und zu ›gesellschaftlichen Wirkungszusammenhängen‹ als wichtigste Leistung der einschlägigen Reflexionen Adornos an. Nunmehr, in seinem Vortrag, ›nutzt‹ er Adorno als Autorität – besipielsweise zur Kritik an Wolfgang Kayser und der werkimmanenten Sicht.[44] Eine ähnliche ›Entwicklung‹ nimmt die Bezugnahme auf Mukařovský: Hatte Schlenstedt sich 1973 noch mit dessen Theorie kritisch auseinandergesetzt, so zitiert er ihn jetzt konfirmativ.[45]

Interessant sind die Argumentationen ›mit‹ Aleksej Alekseevič Leont'ev im Zusammenhang des Komplexes ›Sinn – Sinnpotential – Sinn-Produktion beziehungsweise -Herstellung‹. Die motivationspsychologische und tätigkeitsorientierte Bestimmung des Sinnbegriffs durch A. A. Leont'ev und A. N. Leont'ev war schon in den vorangegangenen Jahren aufgenommen, allerdings verschieden interpretiert worden.[46] Im vorab publizierten Thesenmaterial und im Verlaufe des Kolloquiums wird sich mehrfach – und in verschiedenen Zusammenhängen – auf A. A. Leont'ev als Autorität berufen. Dieter Posdzech nutzt nun

44 Vgl.: Manfred Naumann/Dieter Kliche: »Literaturrezeption in der Geschichte«. In: Naumann u. a. (Anm. 20), S. 181–233, hier S. 230; Dieter Schlenstedt: »Problemfeld Widerspiegelung«. In: Schlenstedt u. a.: *Literarische Widerspiegelung* (Anm. 20), S. 15–188, hier S. 100. – »Adorno merkt zu recht an, daß den Ausdruck ›Sprachkunstwerk‹ [...] ein Literaturhistoriker nicht ohne Folgerichtigkeit wählte, daß er so aber den Produktionen auch Gewalt antue, ›die Kunstwerke sind und, ihres relativ selbständigen diskursiven Elementes wegen, doch nicht nur Kunstwerke und nicht durchaus‹« – Schlenstedt, *RF* 3, S. 9 (mit Zitat von Theodor W. Adorno: *Ästhetische Theorie*. Frankfurt a. M. 1970, S. 272).

45 Vgl. Schlenstedt: »Das Werk als Rezeptionsvorgabe« (Anm. 38), S. 346–348. – »Und erst im Verlauf dieses Prozesses [der Rezeption] entsteht aus dem, was Mukařovský das ›materielle Artefakt‹ am Kunstwerk genannt hat, aus der ›Sache‹ in der ›Sinnenwelt‹ das, worauf wir uns wertend beziehen können, das ›ästhetische Objekt‹« – Schlenstedt, *RF* 3, S. 18 (mit Zitat von Jan Mukařovský: *Kapitel aus der Ästhetik*. Frankfurt a. M. 1970, S. 106, 139). – Als Beispiel für diese ›Hineinnahme‹ Mukařovskýs in die ›marxistische Reflexion‹ vgl. auch Rita Schober: »Zur Frage der Bewertung von Literatur«. In: *Weimarer Beiträge* 26 (1980) H. 10, S. 23–43, hier S. 32.

genau das schon von Gotthard Lerchner gebrauchte Zitat Leont'evs (vgl. Anm. 46 in diesem Beitrag) zu folgender Argumentation:

> Wenn Sinn in der konkreten geistigen Tätigkeit des Individuums erzeugt wird, bedeutet das auch, daß die Sinn-Produktion nicht ausschließlich an künstlerische bzw. literarische Tätigkeiten und Aneignungsprozesse gebunden ist, sondern auch Ergebnis anderer Formen ideeller Wirklichkeitsverarbeitung sein kann. Das erfordert, die besonderen *Möglichkeiten* zu erkunden, die Literatur hat, Sinnpotentiale zu erzeugen, zu übermitteln und Sinnfindung im Rezeptionsprozeß zu steuern.[47]

Im Anschluß folgt er der »materialistischen Prämisse«, daß auch »für die Prozesse der Sinngebung [...] der literarischen Produktion (und damit dem literarischen Text) das Primat zukommt«. Damit werde ja nicht geleugnet, »daß im Rezeptionsprozeß das *Sinnpotential* des literarischen Textes unterschiedliche Sinnrealisierungen erfahren kann«. Der »Sinn eines literarischen Werkes« existiere »zwar nur in dieser geschichtlich, sozial und individuell konkreten Form als Rezeptionsresultat, aber die entscheidende konstante Bedingung dieser Existenz ist das Sinnpotential des literarischen Textes«.[48] Auch hinsichtlich der Berufung auf Leont'ev macht sich ein signifikanter Unterschied bemerkbar, wenn Hans-Georg Werner in der Diskussion um den Werkbegriff als ein Argument für eine stärkere Historisierung desselben anführt, daß ›Werk‹ für ihn »mit dem Sinngehalt der einzelnen Dichtung verbunden ist und die Sinngebung – nach Leontjew – ein Akt ist, der erst im Prozeß der Aneignung des Ganzen erfolgt« (*RF* 3, S. 23). Später, in der Diskussion zu ›Interpretation‹, formuliert er noch dezidierter:

> Meine Furcht ist, daß mit dem Begriff ›Sinnpotential‹, vor allem dann, wenn wir Sinn wie Leontjew definieren, dem Werk eine irrationale Eigenschaft zugeschrieben wird, die man

46 A. A. Leont'ev bestimmt den ›Sinn‹ einer Äußerung in Anlehnung an Aleksej Nikolaevič Leont'ev als »das Verhältnis des Motivs zum Ziel, ein besonders geartetes Äquivalent der Bedeutung in der konkreten Tätigkeit des konkreten Individuums, die Existenzform der Bedeutung in der individuellen Psyche, die stets durch das System der Beziehungen des Individuums zur Wirklichkeit vermittelt ist« – A. A. L.: »Zur Psychologie der sprachlich-kommunikativen Einflußnahme«. In: *Probleme der Psycholinguistik.* Aus dem Russ. übersetzt von W. Hartung u.a. (Sprache und Gesellschaft 7). Berlin 1975, S. 57–67, hier S. 59. – Vorgestellt und diskutiert hatte A. N. Leont'evs Auffassung schon Michael Franz: »Literarische Widerspiegelung und historische Sinnstruktur. Dieter Schlenstedts ›Problemfeld Widerspiegelung‹ – Ein Angebot zum Weiterdenken«. In: *Weimarer Beiträge* 29 (1983) H. 6, S. 1119–1139. Hier war jedoch die ›Sinnherstellung‹ mit dem Vorschlag des Begriffs »historische Sinnstrukturen« in ideologische Deutungsmuster und sozialökonomische Zusammenhänge eingebunden worden – ebd., S. 1130f. Gotthard Lerchner hingegen zählte, ausgehend von der oben zitierten Leont'evschen Bestimmung, den »Handlungs- bzw. Tätigkeitscharakter der Äußerung« und die »Sinnerzeugung beim Rezipienten als Ziel bzw. Ergebnis des Äußerungsaustausches« zu den »für das Textverständnis entscheidenden« Gesichtspunkten – Lerchner (Anm. 20), S. 17f., vgl. auch S. 259.

47 Posdzech (Anm. 10), S. 427 (Hervorhebung im Original). – Eine Stützung erfolgt hier durch den Verweis u.a. auf Schlenstedts »Problemfeld Widerspiegelung« (Anm. 44) und Wilhelm Girnus: *Wozu Literatur?* Leipzig 1976.

48 Posdzech (Anm. 10), S. 427f. (Hervorhebung im Original).

> dann auf irgendeine Weise finden muß, anstatt daß man sagt, daß ein Werk seinen ursprünglichen kommunikativen Funktionen entwächst und ihm im Laufe der Geschichte neue Bedeutungen zuwachsen, die man auch nicht wieder aufheben kann (*RF* 4, S. 25).

Dies denunziert Posdzech dann als »metaphysisch« (ebd.); wir kommen darauf zurück.

Auf die Herkunft des Begriffes »Sinnpotential« aus Roman Ingardens »Vier-Schichten-Modell« wird weder in den Thesen noch in den Kolloquiumstexten explizit eingegangen. Die Berücksichtigung seiner Theorie im Zusammenhang ›literarischer Produktion und Konsumtion‹ ist von einigen Wissenschaftlern in der DDR schon sehr früh gefordert worden.[49] Rita Schober stellte 1980 unter Verweis auf *Gesellschaft – Literatur – Lesen* fest, die »marxistische Auseinandersetzung« mit Ingarden, mit Mukařovský und mit deren Aufnahme in der Rezeptionsästhetik durch Jauß und Iser habe »sich gelohnt, die idealistischen Prämissen kritisch aufgedeckt und die ganze Theorie vom Kopf auf die Füße gestellt«.[50] Was Rita Schober damals verlangte, nämlich Ingardens Auffassungen »für marxistische Literaturwissenschaft [...] nutzbar«, »verfügbar« zu machen, hat nicht nur sie selbst versucht.[51] Einer gleichen Intention folgt auf dem Kolloquium – wie bereits erwähnt – auch Gerd Krieger mit dem Vorschlag, die Theorien der ›Unbestimmtheitsstellen‹ Ingardens beziehungsweise der ›Leerstellen‹ Isers nutzbar zu machen. Offensichtlich ist die ›Nutzbarmachung‹ von Ingardens Theorie doch noch nicht erfolgt, so daß sich in den Texten sowohl konfirmative als auch negationale Bezugnahmen finden lassen. Beispielsweise bemüht Dieter Schlenstedt Ingarden zunächst konfirmativ im Zusammenhang der »seit langem allgemein geworden[en]« Idee der Unterscheidung zwischen der »Potentialität des Werkes und seiner Wirklichkeit«: »Ingarden bewegte sich als erster im Umkreis des Problems mit seiner Theorie von den parathaltenden Schemata, den Unbestimmtheitsstellen und der Konkretisation« (*RF* 3, S. 18). Später jedoch wird sowohl von Krieger als auch von Schlenstedt das »phänomenologische Grundkonzept« Ingardens moniert, wie dies schon bei Rita Schober geschehen war, und Isers Theorie wird als eine ›Weiterentwicklung‹ in Richtung auf den mitschaffenden Leser herausgestellt.[52] Dieter Schlenstedt skizziert in der Diskussion zu Kriegers Vortrag noch einmal den »Weg von Ingarden zu Iser und noch ein Stück darüber hinaus«, zum »heutigen Poststrukturalismus«, worin sich die Idee durchsetze, »daß die Kritik bei Literatur um eine unerfüllbare Lücke herumsprechen müsse, daß sie von einem Eigensinn der Werke nichts, von der eigensinnigen Subjektivität des Lesers alles halten könne«, und er resümiert:

---

49 Vgl. Leonore Krenzlin/Norbert Krenzlin: »Bitterfeld, einige Fragen der Literaturtheorie und *Ole Bienkopp*«. In: *Weimarer Beiträge* 16 (1964) H. 6, S. 872–888, hier S. 873, Anm. 1. Darauf haben schon verwiesen Danneberg u. a. (Anm. 2), S. 687.

50 Schober (Anm. 45), S. 32f.

51 Ebd., S. 35; vgl. auch dies.: »Rezeption und Realismus«. In: *Weimarer Beiträge* 28 (1982) H. 1, S. 5–48, insbes. S. 8f.

52 Krieger, *RF* 3, S. 31; vgl. Schlenstedt, *RF* 3, S. 34, und Schober: »Rezeption und Realismus« (Anm. 51), S. 8.

> Sollten wir nicht doch über die Gefahren des Relativismus nachdenken – angesichts des überaus grob skizzierten Prozesses? Können wir ihm peu à peu folgen? Die Anregungen der Phänomenologie und der Rezeptionstheorie sind wichtig – sie lassen sich historisch-materialistisch umformen. Ich denke aber, den dritten der angedeuteten Schritte können wir nicht gehen. Wir haben gegen die Idee der Deconstruction – damit aber überhaupt – an einem Eigensinn der Werke wohl festzuhalten (*RF* 3, S. 34).

Hier sind nicht nur die bekannten, auch die Konfrontationen auf dem Kolloquium mit begründenden Vorbehalte gegenüber einer ›konsequenten‹ Umsetzung der Rezeptionstheorie erkennbar, sondern bezüglich der Argumentation in der Auseinandersetzung mit ›bürgerlichen‹ Theorien finden sich einmal mehr zumindest in Ansätzen zwei Muster, die ebenfalls schon festgestellt worden sind[53]: das der Abgrenzung unter Heranziehung weltanschaulich-philosophischer und/oder literaturtheoretischer Prämissen und das des kritischen Einbau-Versuchs. Allerdings erwecken die Auseinandersetzungen auf dem Kolloquium, der allgemeine Gestus der Suche nach Lösungsmöglichkeiten und nicht zuletzt die Widersprüche in den Argumentationen – auch einzelner Teilnehmer, wie etwa Schlenstedts – den Eindruck, daß hier eben kein einheitliches ›Paradigma‹ mehr funktioniert. Folglich gibt es nur noch selten ›Überlegenheitsgesten‹ und die Unterstellung der Lösbarkeit von Problemen »durch die (überlegene) eigene Konzeption«.[54] Gerd Krieger beispielsweise, der am Beginn seines Vortrags eine kritische ›Überschau‹ über die Entwicklung »der bürgerlichen Literaturwissenschaft« hin zum »Dilemma der heute kaum noch zu überblickenden Vielfalt von Interpretationsverfahren« unternimmt und eine Bewegung derselben »zwischen« den »zwei kontrapunktischen Polen« des »historischen Relativismus« und »ahistorischen Normativismus« konstatiert, folgt so zunächst dem diesbezüglich tradierten Muster (*RF* 3, S. 29f.). Er stellt jedoch fest, daß sich Interpretation tatsächlich zwischen jenen Polen bewege und formuliert die Aufhebung der »Polarität von entweder historisch-relativistischer oder ahistorisch-normativistischer Betrachtungsweise« als »Aufgabe« der »auf der Methodologie des dialektischen und historischen Materialismus beruhenden Methoden literaturwissenschaftlicher Interpretation« (*RF* 3, S. 30). Sein Vorschlag der diesbezüglichen Nutzung der Theorien Ingardens und Isers wird in der Diskussion problematisiert,

---

53 Vgl. Danneberg u. a. (Anm. 2), S. 656ff.

54 Ebd., S. 662. – Der ›Paradigma‹-Begriff soll hier nicht diskutiert werden. Folgt man der Terminologie von Lutz Danneberg, Wilhelm Schernus und Jörg Schönert, zeichnet sich die ›Auflösung‹ wesentlicher Bestandteile des »*Operations*-Paradigmas« ab: des Rückgriffs auf ›kanonisierte‹ Texte, der Muster der »interparadigmatischen« Auseinandersetzung mit der ›bürgerlichen‹ Wissenschaft und – wie noch genauer zu zeigen sein wird – der vom ›Paradigma‹ zur Verfügung gestellten Terminologie –. Ebd., S. 652ff. Die Texte des Kolloquiums sind so auch signifikant für jene ›Auflösung‹ des traditionellen »rhetorischen Schemas« mit dem Gestus des politisch-ideologischen Leitdiskurses, die Rainer Rosenberg – ohne detaillierte Belege – für »die Mehrzahl der in den achtziger Jahren publizierten Texte« konstatiert – Rosenberg: »Zur Begründung der marxistischen Literaturwissenschaft in der DDR« (Anm. 2), S. 208 und S. 211.

und die in seinem abschließenden Fazit anklingende Hilflosigkeit ist signifikant für die Lage der Dinge.[55]

Wird auf Theorien der ›bürgerlichen‹ Wissenschaft Bezug genommen, überwiegen ansonsten sachliches Interesse und eine wissenschaftliche Form der Auseinandersetzung. Ein Beispiel hierfür ist Karlheinz Barcks Vortrag »Hermeneutik – eine Herausforderung?« (*RF* 4, S. 47–57), der – ausgehend von der Betrachtung der problematischen Geschichte des Verhältnisses zwischen Marxismus und Hermeneutik – für eine zwar kritische, aber jedenfalls gründlichere Beschäftigung mit der ›Neuen Hermeneutik‹ seit Gadamer plädiert. Er diskutiert in dieser Hinsicht mögliche Fragerichtungen, ohne einen ›Einbau‹ oder ein ›Überholen‹ von seiten der ›marxistischen‹ Theorie zu intendieren.[56]

IV.

Schließlich fällt an den Themenentfaltungen und Argumentationsweisen der Einzelbeiträge die Intensität der direkten und indirekten Bezugnahmen auf Positionen der inner- und interdisziplinären Diskussion in der DDR auf. Das ist zwar bei Texten eines Kolloquiums selbstverständlich, und die Veranstaltung korrespondiert in dieser Hinsicht mit einer schon seit dem Ausgang der 1960er Jahre generell zunehmenden Tendenz zum Gespräch, zum Meinungsaustausch.[57] Im Vergleich zu dem in solchen ›Gesprächen‹ lange Zeit gepflegten

---

55 »Für die Aufhebung der Polarität von historischem Relativismus und ahistorischem Normativismus fehlt m. E. eine theoretische Endkonzeption für die Hauptfragen; die kann ich natürlich nicht bieten. Ebenso wenig konnte ich eine eigenständige geschlossene Theorie der Unbestimmtheitsstellen aus marxistischer Position entwerfen. Ich sehe in der Vielfalt der literaturtheoretischen Positionen, die sich bei uns entwickelt hat, und in vielem, was hier kontrovers diskutiert wurde, eigentlich verschiedene Möglichkeiten der Interpretation« – Krieger, *RF* 3, S. 35.

56 Die Gadamer-Kritik bei Karlheinz Barck erfolgt u. a. ›mit‹ Jürgen Habermas und Peter Bürger – vgl. *RF* 4, S. 50. – Ein anderes Beispiel für eine solche Form der wissenschaftlichen Auseinandersetzung ist Waltraud Beyers Vortrag »Zwei *Iphigenie*-Interpreten: Adorno und Jauß« (*RF* 3, S. 68–75), den sie bezeichnenderweise beginnt mit den Worten: »Nach zwanzig Jahren Rezeptionsästhetik kann es nicht um Erklärungen gehen, die in den Fundus der Selbstverständlichkeiten gehören. Dazu rechnet die Forderung, ein literarisches Werk nicht länger im Kurzschluß mit dem Text, sondern in Vermittlung mit seiner Rezeption zu interpretieren. Daß der bisherige Umgang der Leser mit einem in der Vergangenheit geschriebenen Werk diesem nicht äußerlich ist und daß ein erneuter Zugang zu ihm der Reflexion auf seine Rezeptionsgeschichte nicht entraten kann, gehört ebenfalls dazu.« Sowohl Karlheinz Barck als auch Waltraud Beyer kamen von der Akademie der Wissenschaften der DDR, Zentralinstitut für Literaturgeschichte.

57 Zu dieser Tendenz vgl. z. B. die in Anm. 21 genannten Publikationen. Sie ist auch zu erkennen, wenn beispielsweise in den *Weimarer Beiträgen* ab dem Ausgang der 1960er Jahre »Rundtischgespräche«, Antworten auf »Umfragen« u. ä. erscheinen, wenn dort ab 1980 die Rubrik »Für und Wider« eingerichtet wird oder die ab 1983 publizierten Beiträge zu »Aspekten jüngster DDR-Literatur« ausdrücklich »Versuche« genannt werden.

konsensuellen Bezug aufeinander – den es in unseren Kolloquiumstexten selbstredend auch gibt –, fallen nunmehr doch der Streit der Meinungen, die deutliche Signalisierung von Dissens auf. In der Beobachtung dieses Phänomens gehen wir nun auf die ›Mikroebene‹ der Texte und beziehen, wiederum nur exemplarisch, Ergebnisse der Analyse von Präsuppositionen, direkten und indirekten Sprechakten sowie lexikalisch-semantischen Mitteln ein. Die folgende Textprobe ist wieder Schlenstedts Diskussionsgrundlage entnommen:

> Staszak betont, daß die Leistungskraft einer Interpretationsmethode von der Fassungskraft des ihr vorausgesetzten Gegenstandsbegriffs bedingt ist. Ist das richtig, so hat man – entgegen anderer Meinung eines Methodenidealismus (8) – über Werkcharakteristiken auch *vor* einer Methodenanwendung zu sprechen und über die Adäquatheit zwischen Gegenstand und Methode nachzudenken. Zwar haben alle Methoden recht, die etwas an den Realitäten ihres Objektbereichs erkennen, doch haben nicht alle gleich recht. So kann z. B. eine Interpretationsmethode unbeweglich – dogmatisch – werden, wenn sie sich starr an ein spezielles festgedachtes Konzept klammert – so vielleicht immer schon die Auswahl der Realitäten begrenzt, die sie zum Gegenstand macht (statt mit der Fülle der Gegenstände an der Bildung des Begriffs mitzuwirken), so vielleicht an den zum Gegenstand gemachten Realitäten immer nur sucht und darstellt, was der Begriff schon weiß (statt auf die Überraschungen aus zu sein, die die Wirklichkeit dem Begriff bereiten kann). Eine dialektische Methode hätte mit Begriffen zu arbeiten, die die zum Objekt erhobenen Realitäten nicht der Widersprüche in ihnen und ihrer Beziehung zu anderem berauben, die sie nicht außerhalb der Verhältnisse denken, in denen sie auftreten. Der für Interpretationen produktive Werkbegriff hätte ein Verhältnisbegriff und ein Begriff von widersprüchlichen Zusammenhängen zu sein (*RF* 3, S. 7f., Hervorhebung im Original).

Zunächst ist hier ein bekanntes argumentatives Muster zu konstatieren. In Übereinstimmung mit Staszak – das heißt unter Signalisierung der Gruppenidentität – wird eine andere, ›bürgerliche‹ Auffassung abgelehnt: Anmerkung 8 verweist auf eine westdeutsche Arbeit. Die eigentliche Argumentation hin zu einem »produktiven Werkbegriff« erfolgt dann in kritischer Auseinandersetzung mit Auffassungen/Verfahrensweisen der eigenen ›Gruppe‹. Es ist ein indirektes Sprechen auf illokutionärer und propositionaler Ebene. Die beiden Sätze »So kann beispielsweise eine Interpretationsmethode …« und »Eine dialektische Methode hätte …« sind nach den Griceschen Konversationsmaximen der ›Quantität‹ und der ›Relation‹ nur dann sinnvoll, wenn sie als Explikation aktueller Erscheinungen im eigenen Fach verstanden werden. Einander gegenübergestellt werden zwei Interpretationsmethoden, die nicht »gleich recht« haben. Syntaktisch und textuell wird präsupponiert, daß die erstere, ihrem Gegenstand nicht entsprechende, wirksam ist, während die zweite noch gar nicht existiert.[58] Indirekt sind demnach ein Vorwurf und eine Forde-

58 Zur Unterscheidung und Bestimmung der verschiedenen Präsuppositionstypen – lexikalische, syntaktische, pragmatische, textuelle sowie vollständige und partielle syllogistische – vgl. Armin Burkhardt: »Integration und Distanzierung. Zu einigen typischen Sprachphänomenen im modernen Parlamentarismus«. In: Ruth Reiher/Undine Kramer (Hrsg.): *Sprache als Mittel von Identifikation und Distanzierung*. (Leipziger Arbeiten zur Sprach- und Kommunikationsgeschichte 5). Frankfurt a. M. u. a. 1998, S. 195–236, hier S. 209–216.

rung formuliert, und zwar in recht harscher Form. Die Adjektive »unbeweglich«, »dogmatisch«, »starr« stigmatisieren die erste Methode geradezu.[59] »Dialektisch« dagegen ist ein ›Fahnenwort‹, sogar ein ›Schibboleth‹ des politischen und wissenschaftlichen Diskurses der Zeit, und eine ›dialektische Methode‹ wurde als Voraussetzung jeglicher marxistischen Wissenschaft angesehen.[60] Damit ist pragmatisch präsupponiert, daß die DDR-Literaturwissenschaft doch eine ›dialektische Methode‹ anwenden wolle beziehungsweise ihre Methode als ›dialektisch‹ versteht. Syntaktisch jedoch präsupponiert jene Konjunktivkonstruktion, daß es die ›wirklich‹ dialektische Methode noch gar nicht gebe, die ihrem Gegenstand gerecht würde und einen »produktiven Werkbegriff« praktizierte. Interessant ist auch der modale Typ der ›propositionalen‹ oder Sprechereinstellung: Sowohl das Modalverb »können« und das Hilfsverb »haben« beziehungsweise der konjunktivische Gebrauch des letztgenannten als auch das Modalwort »vielleicht« implizieren in diesem Kontext nicht Unsicherheit oder fragendes Suchen, sondern den Vorwurf und eine Distanzierung. Zwar mit einer ganz ähnlichen Intention, aber mit deutlicher Signalisierung der ›Gemeinschaftlichkeit‹, formuliert Schlenstedt an anderer Stelle, in der Auseinandersetzung mit einer Sicht, die beim Einzelnen der Werke verharrt und Literatur nicht als eine »besondere vielgliedrige Sphäre gesellschaftlicher Kommunikation denkt«: »In der erneuten Zuwendung zur Interpretation sollten wir nicht zu schnell wieder vergessen, was inzwischen gelernt worden ist« (*RF* 3, S. 12). Der Satz beinhaltet eine vollständige syllogistische Präsupposition im Sinne von: (1) Alles, was man gelernt hat, soll man nicht vergessen. (2) Gelernt worden ist der ›kommunikativ-funktionale‹ Ansatz. (3) Dieser soll nicht vergessen werden, wie es in dem erläuterten Denken jedoch geschieht. Direkt ergeht eine Aufforderung, indirekt eine Kritik und Warnung.

Die Feststellung des Weiterwirkens ›herkömmlicher‹ Auffassungen und Herangehensweisen ›trotz‹ der in den vorangegangenen Jahren gewonnenen ›neuen

---

59 Unter ›Dogmatismus‹ wurde im damaligen offiziellen Sprachgebrauch eine »unkritische, unhistorische, metaphysische Denkweise« verstanden, »die von überlieferten ›Dogmen‹, d. h. Meinungen, Lehr- oder Glaubenssätzen ausgeht, an ihnen als gleichsam ewig und überall gültigen Wahrheiten festhält, ohne sie an der konkret gegebenen historischen Situation, an neuen Erkenntnissen und praktischen Erfahrungen auf ihren Wahrheitsgehalt und Erkenntniswert hin zu überprüfen«. Als ›dogmatisch‹ wurden nicht nur »jede Religion«, sondern auch »eine spezifische Form der Abweichung vom Marxismus-Leninismus« gekennzeichnet. In: Georg Klaus/Manfred Buhr (Hrsg.): *Philosophisches Wörterbuch.* 2 Bde. 12., durchges. Aufl. Leipzig 1976, Bd. 1, S. 286. Diese Auflage des *Philosophischen Wörterbuches* erschien 1985 lediglich noch einmal in einem fotomechanischen Nachdruck.

60 Zu ›Dialektik‹ vgl. Klaus/Buhr (Anm. 59), S. 269–276, zur »dialektischen Methode« bes. S. 275f. – Zu den positiven bzw. negativen Schlagwörtern, den ›Fahnen‹- bzw. ›Stigma‹-Wörtern, vgl. Burkhardt (Anm. 58), S. 202f. Zu »Schibboleths«, den sprachlichen Erkennungszeichen, Signalisierungen von Gruppenzugehörigkeiten, vgl. ders.: »Sprache in der Politik« (Anm. 14), S. 339.

Erkenntnisse‹ findet sich im Textkorpus immer wieder.[61] Sie transportiert zum einen jene bekannte Vorstellung von der Entwicklung der Wissenschaft ›vom Niederen zum Höheren‹ und mit ›wachsendem Erkenntnisgewinn‹, die es so sehr erschwert, eine synchrone Existenz unterschiedlicher Theorien und Methoden zu akzeptieren. Die – jeweils vertretene – ›neue‹ Sicht soll zum allgemeinen ›Paradigma‹ werden. Zum anderen wird so die zeitgenössische Situation der DDR-Literaturwissenschaft, wie sie sich auch in der Diskussion auf dem Kolloquium zeigt, reflektiert. Darin stehen einander aber nicht nur die ›herkömmliche‹, produktionsästhetisch orientierte Auffassung und die ›neuere‹, ›kommunikativ-funktionale‹ Sicht gegenüber, sondern innerhalb der letzteren gibt es mittlerweile gravierende Divergenzen. Diese kulminieren mehrfach in der direkten Auseinandersetzung zwischen Dieter Schlenstedt und Hans-Georg Werner und gründen auf deren bekannten, differierenden ›Folgerungen‹ aus den Anregungen der Rezeptionsästhetik, unter anderem bezüglich des Werkbegriffs und des Verhältnisses von Autor, Text und Leser in der Rezeption[62]:

> Am Ende gehe ich wohl wesentlich weiter als Schlenstedt, nämlich indem ich meine, daß die Aneignung eines Textes nun zwar nicht ein Produktionsakt, aber ein *Reproduktionsakt* ist. Texte müssen im Verlauf ihrer historischen Existenz immer wieder neu zum Leben erweckt werden – und das, was dabei herauskommt, ist verschiedenartiger als wir Literaturwissenschaftler bisher wahrhaben wollen. [...] Ich glaube, fast alle Fragen, die Schlenstedt als Probleme an den Werkbegriff gerichtet hat, würden sich dann lösen, wenn man die Werkvorstellung in der von Lerchner und mir praktizierten Weise noch weitergehend historisiert (Werner, *RF* 3, S. 23, Hervorhebung im Original).

Unter linguistischem Blickwinkel fallen die Illokutionsindikatoren und die epistemische Sprechereinstellung auf: »Am Ende gehe ich wohl ...«, »Ich glaube«

---

61 Beispielsweise: »Wenn wir uns zur kommunikativen Literaturbetrachtung bekennen, dann sollten wir dies auch bei jedem einzelnen Beispiel konsequent tun« – Hans-Georg Werner in seiner Kritik an Erwin Arndts Gedicht-Analyse, *RF* 3, S. 44. – »Mit dieser Debatte bewegen wir uns auf dem Felde der Fundamentalvoraussetzungen der sogenannten Rezeptionsästhetik, und sie hat für unsere Probleme eine Reihe von theoretisch-methodologischen Begriffen und inhaltlichen Klärungen bereitgestellt, von denen wir auch ausgehen sollten« – Karlheinz Barck in der Diskussion über das Verhältnis von Interpretation und Rezeption, *RF* 4, S. 39. Vgl. hierzu auch die in Anm. 56 zitierte Äußerung von Waltraud Beyer. Schließlich finden sich solche Bemerkungen auch in den vorab publizierten Thesen, vgl.: »Literaturinterpretationen können nicht mehr betrieben werden, als sei das Werk zu fassen, ohne daß die Rezeptionssphäre einbezogen würde. [...] Die Aneignung der kommunikativ-funktionalen Literaturauffassung für die Interpretation kann daher keinesfalls abgebrochen oder rückgängig gemacht werden« – Heukenkamp (Anm. 10), S. 418f.; und: »Es gibt Einsichten aus der Problemgeschichte des Werk-Begriffs und aus neueren literaturtheoretischen Forschungen, hinter die nicht zurückgegangen werden kann und die ins methodologische Gedächtnis gerufen werden sollten« – Thierse (Anm. 10), S. 448.

62 Diese Divergenzen hatte Ursula Heukenkamp bereits 1982 in einem ›Durchgang‹ durch die Entwicklung von Hans-Georg Werners und Gotthard Lerchners wirkungsorientierten Erprobungen ihres Ansatzes konstatiert und ›prophezeit‹, daß der »Drehpunkt des Ganzen, die mitschöpferische Rolle des Lesers und das Primat der subjektiven Aneignung gegenüber vermittelten Konkretisationen«, nicht unwidersprochen bleiben wird – Heukenkamp (Anm. 7), S. 155.

sowie der Konjunktiv im dritten Satz indizieren direkt zunächst Vermutungen und eine gewisse Unsicherheit gegenüber dem propositionalen Gehalt der Äußerungen. Pragmatisch ist jedoch präsupponiert, daß die Teilnehmer der Diskussionsrunde sehr wohl um die von Lerchner und Werner vorgelegten Arbeiten wissen, also auch um die Differenzen zwischen den Ansichten Werners und Schlenstedts.[63] Dafür, daß hier nicht vermutet, sondern festgestellt und sich abgegrenzt wird, sprechen auch die Konstruktion »nämlich indem ich meine«, das Modalverb »müssen« sowie die Formulierung der Kritik im selben Satz. Auffällig ist auch die Stützung der vorgetragenen Auffassung mit den eigenen Forschungsergebnissen, was wohl nicht allein mit der ›Spontaneität‹ der Äußerung zu begründen ist. Warum der Grad der Sicherheit hinsichtlich des Festgestellten rhetorisch eingeschränkt wird, erhellt möglicherweise der Nebensatz in Satz eins: »nun zwar nicht ein Produktionsakt, aber ...« Indem er aussagt, daß Werner ja nicht behaupte, Rezeption sei Produktion – weil das, beim erreichten Stand der innerdisziplinären Diskussion, nicht angeht –, markiert er den zentralen strittigen Punkt des Disputs: die Frage der ›Freiheit‹ des Rezipienten im Umgang mit dem Text, die Frage der Realisierung von ›Werk‹ und ›Sinn‹. Die ›vorsichtige‹ Ausdrucksweise ließe sich mit dem Wissen des Sprechers um die Brisanz dieses Punktes erklären. Hieran entzündet sich dann auch die Diskussion. Zunächst fragt Werner noch einmal nach jenen erwähnten ›Normensystemen‹, die Schlenstedt als bestimmend für Text, Darstellung und Rezeption angesehen hatte, und Schlenstedt behauptet einmal mehr, »daß kommunikative Hervorbringungen [...] von vornherein auf Normensysteme hin konstruiert sind«. Er schränkt dann ein: »Das bedeutet nicht, daß dadurch alles festgelegt sein kann, oder daß nur ein einziges solches System in der Lage ist, eine Interpretation herzustellen« (*RF* 3, S. 24). Lexikalisch und textuell wird hier präsupponiert, daß die Vorstellung, ›alles sei festgelegt‹, falsch sei. Zugleich impliziert die Formulierung die ›Fixiertheit‹ zumindest eines Teiles der Textstrukturen und -bedeutungen wie Rezeptionsweisen. Darauf antwortet Werner:

> Noch ein Satz dazu: Es ist oftmals der Vorwurf zu hören, daß die Rolle des Lesers für die Konstituierung des Werkes überschätzt und daß damit einem Relativismus das Wort geredet werde. Diese Gefahr gibt es; aber ich glaube, sie wird nur auf unserer theoretischen Grundlage besonders deutlich – gegeben hat es das eigentlich immer. Deshalb bin ich sehr dafür, alle Möglichkeiten der Analyse von historischen Kommunikationsverhältnissen bis hin zur Ideologiekritik zu nutzen, weil Textgegebenheiten immer nur in bestimmten historischen Situationen mit Bedeutung und Sinn aufzuladen sind. Damit schaffen wir eine Basis für unsere kulturelle Aufgabe, ein verständnisvolles, was nicht immer heißen muß: ein übereinstimmendes, Lesen von historisch bedeutungsvollen Texten zu befördern (*RF* 3, S. 24).

Auch hier fallen zunächst die indizierten modalen Sprechereinstellungen auf, außerdem der Gemeinschaftsgestus und das Verständnis eines ›gesellschaftli-

63 Die Ansicht, daß jede Lesart eines Textes eine „Form seiner Reproduktion" ist und daß aufgrund der Eigenart poetischer Kommunikation die „Reproduktion eines poetischen Textes [...] in jedem Falle eine Form seiner Aktualisierung" darstellt, ist schon expliziert in: Gotthard Lerchner/Hans-Georg Werner: „Probleme der semantischen Analyse eines poetischen Textes". In: *Weimarer Beiträge* 21 (1975) H. 10, S. 100-136, hier S. 107f.

chen Auftrags‹. Zugleich dienen diese Formulierungen wieder gewissermaßen als Rahmen für die Anzeige von Dissens. Bereits die ›Technik der fremden Stimme‹ (»Es ist oftmals ...«) stellt eine Abgrenzung dar, und nach der Griceschen Konversationsmaxime der ›Relation‹ ist sie im Zusammenhang dieser Diskussion nur sinnvoll, wenn sie sich auf ›gruppenintern‹ vorhandene Auffassungen bezieht.[64] Ausgesagt wird zudem, daß »nur« die gegenwärtig verbreitete »theoretische Grundlage« einen »Relativismus« als derart große Gefahr erscheinen lasse, pragmatisch präsupponiert ist: eine andere, etwa Werners, demnach nicht.

Es ist bereits von anderer Seite festgestellt worden, daß die Frage des ›Relativismus‹ in der Rezeption beziehungsweise Interpretation literarischer Texte zu jenen schwer lösbaren Problemen zählte, die man sich in der Literaturwissenschaft der DDR mit der Aufnahme der Rezeptionsästhetik ›eingehandelt‹ hatte.[65] Das zeigt sich auch auf dem Kolloquium, wenn zunächst Schlenstedt noch einmal »warnt« vor »einem Relativismus«, »der ganz allgemein, bezogen auf jede Strukturebene des Werkes, sagt, jeder könne aus einem Text machen, was er will« (*RF* 3, S. 27), es zeigt sich in dem Beitrag von Gerd Krieger und im weiteren Fortgang der Diskussion. Mit dem Stigmawort ›Relativismus‹ wurden im damaligen offiziellen Verständnis die »Leugnung« der »objektiven Wahrheit« und der Möglichkeit einer sich ihr nähernden Erkenntnis sowie eine Verabsolutierung des »Subjektivismus« verbunden. ›Relativismus‹ galt als Merkmal von »Niedergangsepochen« und als »ein Moment geschichtlich überlebter Ideologien«.[66] Nur so ist es wohl zu verstehen, daß Hans-Georg Werner im Verlaufe dieser Diskussion folgende ›spontane Grundsatzerklärung‹ abgibt:

> Warum die Polemik gegen den Relativismus? Einzig zum heuristischen Zweck fasse ich diese Polemik 'mal als Angriff gegen mich auf. Dann frage ich mich, an welchen Stellen ich welche Grundsätze aufgegeben habe. Ich gehe davon aus – und das empfinde ich als ein Bestehen auf marxistischen Prinzipien – daß alle Dinge, mit denen wir Menschen leben, historisch sind, also auch die Kunstprodukte und ebenso das, was wir über Kunst denken, und das, was wir mit der Kunst machen, und nicht zuletzt das, was die Kunst mit uns macht. Damit versuche ich, die Kunst aus der sie tötenden Verbindlichkeit zu erlösen, daß sie nur für irgendetwas Vergangenes steht (*RF* 3, S. 28).

Er erläutert noch einmal seine Auffassung vom notwendigen Zusammengehen einer genauen Textanalyse und einer »Historizität des Textverständnisses« und schließt: »Da ist die Wirklichkeit vielleicht stärker als unsere wissenschaftlichen Traditionen« (ebd.). Die Textprobe enthält wieder eine syllogistische Präsupposition: (1) Unsere Wissenschaft basiert auf »Grundsätzen«, auf »marxi-

64 Dieter Schlenstedt sprach in seinem Vortrag zwar nicht von »Relativismus«, wies aber nachdrücklich auf die ›Gefahr‹ einer Überschätzung der Rolle des Lesers hin. Schon 1973 hatte er direkt davor gewarnt, wegen der historischen »Vermitteltheit der in den Werken gegebenen Abbildungen« diese nun »relativistisch in die Unendlichkeit verschiedener Rezeptionen« aufzulösen – Schlenstedt: »Das Werk als Rezeptionsvorgabe und Probleme seiner Aneignung« (Anm. 38), S. 314.

65 Vgl. Danneberg u. a. (Anm. 2), S. 670.

66 Klaus/Buhr (Anm. 59), Bd. 2, S. 1043f.

stischen Prinzipien«. (2) »Relativismus« widerspricht »marxistischen Prinzipien«. (3) »Relativismus« ist mit unserer Wissenschaft nicht zu vereinbaren. Der Vorwurf des »Relativismus« impliziert den Vorwurf der Aufgabe »marxistischer Prinzipien«. Interessanterweise begegnet Werner dem Vorwurf mit einer Darstellung der ›historischen Relativität‹ jeglicher Kunstkommunikation. Die stehende Redensart des politisch-ideologischen Leitdiskurses von den nicht aufgegebenen »Grundsätzen« deutet – wie die erwähnte »Technik der fremden Stimme«, die scheinbar verbirgt, gegen wen konkret polemisiert wird, und wie der gerade in Werners Äußerungen auffällige ›Gemeinschaftsgestus‹ – zudem darauf hin, daß Werner und die anderen Diskussionsteilnehmer sich dessen bewußt waren, mit einer derart konsequenten Umsetzung ›kommunikativ-funktionaler‹ beziehungsweise rezeptionsästhetischer Ansätze nicht nur die »wissenschaftlichen Traditionen« des eigenen Faches, sondern auch Axiome des politisch-ideologischen Leitdiskurses beziehungsweise Rahmens in Frage zu stellen. Wie sehr aber diese Axiome selbst mittlerweile fragwürdig beziehungsweise unscharf geworden sind, belegt beispielsweise der heterogene Gebrauch des Stigmaworts ›Metaphysik‹. Dies ist unter anderem ablesbar an dem bereits zitierten Vorwurf Dieter Posdzechs gegenüber Hans-Georg Werner, dessen Sicht auf die historisch sich wandelnden ›Bedeutungen‹ literarischer Texte sei »metaphysisch«, und der Entgegnung Helmut Johns: »Das ist nicht metaphysisch« (*RF* 4, S. 25).[67]

Gegen das andere Stigmawort dieser Diskussion, den ›ahistorischen Normativismus‹, glaubt wiederum Dieter Schlenstedt sich verteidigen zu müssen, und er tut es, wie erwähnt, ›mit Marx‹ (vgl. Anm. 42). Zwar erhebt niemand expressis verbis diesen Vorwurf, jedoch ist allen Teilnehmern mit Sicherheit fortwährend Schlenstedts Konstruktion vom »Eigensinn« der Werke, vom die Produktion und Rezeption regelnden »Gemeinsinn« – den »Normensystemen« – einschließlich der Folgerung, daß der Leser »nicht frei für alles und jedes« sei, bewußt, zumal er selbst mehrfach auf diese Formulierungen zurückgreift.

67 Vgl. zunächst folgende ›offizielle‹ Bestimmung: »Die dialektische Methode steht mit ihren Forderungen in direktem Gegensatz zur metaphysischen Methode, die die Dinge isoliert voneinander betrachtet, sie aus ihrem gegenseitigen Zusammenhang herausreißt, sie nicht historisch, als in Bewegung und Veränderung begriffen betrachtet, nicht ihre innere Widersprüchlichkeit beachtet. Mit der Forderung der allseitigen Analyse ist die materialistische Dialektik ein Feind der metaphysischen Sophistik, die willkürlich bestimmte Seiten der Dinge herausgreift, sie als ihr Wesen ausgibt und dadurch die Wahrheit entstellt, die stets die Gesamtheit der Zusammenhänge, Seiten usw. verlangt« – Klaus/Buhr (Anm. 59), Bd. 1, S. 275. – Wie Helmut John folgt auch Ursula Heukenkamp offensichtlich einer solchen Begriffsdefinition (vgl. Anm. 70). Dieter Posdzech dagegen aktualisiert eine andere semantische ›Füllung‹, wie sie z. B. 1973 bei Manfred Naumann präsent war: Dort ist – unter Bezugnahme auf Marx und Engels – vom »Metaphysiker« die Rede, der fälschlicherweise nicht in der literarischen Produktion das »übergreifende Moment« im Verhältnis von Produktion und Rezeption sieht und folgert, daß es die Leser seien, die die Literaturgeschichte »hervorbrächten« – Naumann (Anm. 38), S. 37. Dieter Schlenstedt appliziert den Begriff auf dem Kolloquium auch auf das ›phänomenologische Grundkonzept‹ Ingardens – *RF* 3, S. 34.

Der Disput um diesen Problemkreis bringt notwendig nicht die erhoffte ›Klärung‹, ›Verständigung‹, sondern markiert deutliche Differenzen. Die Teilnehmer ›gruppieren‹ sich gewissermaßen auf der einen oder anderen Seite des Feldes, und bei einigen der ›Praktiker‹ machen sich eine Verunsicherung und ein Wunsch nach Systematisierung, ›objektiven Erkenntnissen‹ und klaren Handlungsmustern bemerkbar.[68] Lediglich Klaus Blaudzun plädiert in der Diskussion zur Interpretation für eine Kopplung der Perspektiven Schlenstedts und Werners in der methodischen Verbindung von »Struktur-Funktions-Analyse« und »historisch-funktionaler Analyse« (*RF* 4, S, 24f.).

Es gibt im Textkorpus noch eine Vielzahl solcher Schlagwörter und anderer auffälliger Lexeme, auf die wir hier nicht weiter eingehen können. Auf der lexikalisch-semantischen Ebene war allerdings auch den erwähnten Leitbegriffen des Diskurses nachzugehen. Wir beschränken uns hier wiederum auf den Werkbegriff. In einer Herangehensweise, die den Beschreibungsverfahren der strukturalistischen Merkmalssemantik nachempfunden ist, wurden die einzelnen Aussagen der Wissenschaftler zum Werkbegriff analysiert und deren Bestimmungskriterien in dem folgenden Schaubild zusammengefaßt:

	Werkbegriff 1	**Werkbegriff 2**
I. Allgemeine semantische Bestimmung	– durch künstlerische Arbeit hervorgebrachtes (Sprach-)Gebilde,	
II. Begriffliche Kriterien		
II. 1. Konsensbereich	– welches in den allgemeinen Aneignungsprozeß eingebettet ist, – als relationales Gebilde in synchronischen und diachronischen Zusammenhängen erscheint, – keinen endgültigen Sinn hat, – im Spannungsfeld von Produktion und Rezeption steht;	
II. 2. Dissensbereich	– das in Beziehung zu Konkret-Realem steht,	– das in Beziehung zu Konkret-Möglichem/-Denkbarem steht,
	– das Produktcharakter besitzt,	– das Ergebnis der Rezeption ist,
	– das als geschlossenes, strukturiertes Gebilde erscheint,	– das als offenes, montiertes Gebilde erscheint,
	– das substantialistisch, dinghaft aufzufassen ist,	– das nicht als organische Einheit aufzufassen ist,
	– in dem der Text einen Bestandteil, eine Schicht darstellt,	– in dem der Text das Mittel seiner Hervorbringung darstellt,
	– das gekennzeichnet ist durch seinen sprachlichen Aufbau.	– das gekennzeichnet ist durch seine Wirkungsweise.

68 Vgl. z. B. Erwin Arndt: »Schlenstedt hat gesagt, das Werk ist norm- und systemgebunden; auch Lerchner geht von der Beziehung des Textes auf ein poetisches Normensystem aus. Aber was ist dieses poetische Normensystem? Kann es überhaupt abstrakt be-

Konsens besteht darin, daß das ›Werk‹ nur über die vielfältigen Relationen zu bestimmen ist, in denen es existiert. Die abbildtheoretische Auffassung, welche im Kunstwerk einen für immer feststehenden Sinn vermittelt sieht, der vom Rezipienten zu ergründen sei, ist auf dem Kolloquium nicht mehr präsent. Die Differenzpunkte innerhalb dieses gemeinsamen Rahmens lassen sich – abstrahierend – zu zwei konträren Positionen zusammenfassen: Auf der einen Seite wird der Produktcharakter des Werks als entscheidendes Kriterium für seine Bestimmung hervorgehoben. So wird der »Text als eine Schicht des Werks«, also in seiner prägenden Rolle für die Werkkonstitution bestimmt. Als Rezeptionsvorgabe – mit einem ›Sinnpotential‹ – gibt somit die konkrete Beschaffenheit des Werks der Rezeption gegenständliche Bestimmtheit. Auf der anderen Seite wird festgestellt, daß das Werk durch seinen Zeichencharakter zum Bestandteil einer doppelten Kommunikationssituation werde, der des Autors und der des Lesers, die zudem unter Umständen historisch getrennt sind. Demzufolge wird der historische Charakter der jeweils unterschiedlichen Rezeptionsergebnisse konkreter Leser hervorgehoben. Nicht das materielle Artefakt ist das Werk, sondern erst die Umwandlung der sinnlichen Zeichengestalt im Bewußtsein des Lesers, erst der gelesene, interpretierte, das heißt der etwas bedeutende und bewertete Text stellt das Werk im eigentlichen Sinn dar.

Das Ziel, die Differenzen im Werk- und Textbegriff zu beseitigen, wird auf dem Kolloquium nicht erreicht. Wenn Ursula Heukenkamp in ihren Thesen unter Rekurs auf Manfred Naumann konstatierte, unter dem Einfluß der »funktional-kommunikative[n] Auffassung« werde der Text »weitgehend übereinstimmend als der Teil des Werkes beschrieben, der als verhältnismäßig konstante Größe in die Kommunikation eingeht, in der aber erst die ›textliche Struktur vom Leser als Bedeutung des Werkes realisiert wird‹«,[69] so trifft für das Kolloquium nur der erste Teil dieser behaupteten ›Übereinstimmung‹ zu. Zudem, das sei noch einmal ausdrücklich erwähnt, gibt es bezüglich dieser Bestimmungsstücke auf dem Kolloquium Widersprüche auch innerhalb der Äußerungen einzelner Wissenschaftler.

Für das ›Begriffsnetz‹ Sinn – Sinnpotential – Sinnherstellung ließen sich aus den Äußerungen der Wissenschaftler nicht so deutliche Bestimmungskriterien ermitteln wie für den Werkbegriff. Der ›Sinnbegriff‹ wurde nicht explizit diskutiert. Zudem thematisierte man das Problemfeld oft nur immanent und in ver-

---

schrieben werden? Muß man hier nicht spezifizieren nach Gattungen, Gegenständen, Darbietungsformen; das Normensystem z. B. für das Drama ist etwas ganz anderes als das für die Epik« – *RF* 3, S. 25, und folgenden Diskussionsausschnitt: »Das muß auch an den Texten liegen, daß sich einiges bewährt und anderes nicht. Das kann doch nicht nur an den Verhältnissen liegen [...].« – »Selbstverständlich liegt das auch an den Texten. Aber zugleich müssen wir davon ausgehen, daß diese Sinnzuweisungen sich ergeben aus historisch gewachsenen, veränderlichen und veränderten Kommunikationsbeziehungen.« – »Die subjektiven Seiten müssen sich ergeben aus irgendwelchen objektiven Bedingungen« – Staszak, Werner, Posdzech, *RF* 4, S. 25.

69 Heukenkamp (Anm. 10), S. 415f. (mit Zitat von Manfred Naumann: »Werk und Literaturgeschichte«. In: M. N.: *Blickpunkt Leser* [Anm. 20], S. 205–220, hier S. 209).

schiedensten Zusammenhängen. Das hat sich in der Betrachtung der Diskussion zum Werkbegriff gezeigt, und so wurden von uns bereits verschiedene Positionen zu jenem ›Begriffsnetz‹ angesprochen. Wir gehen abschließend noch einmal auf diese Diskussion ein.

Nicht nur von Hans-Georg Werner wird der Begriff ›Sinnpotential‹ mittlerweile als ungeeignet empfunden, weil er intendiere, einen im Text verborgenen Sinn herausfinden zu wollen. Auch Helmut John spricht für eine kritische Reflexion des Begriffs:

> Vor allem[,] wenn er im Zusammenhang mit ›ausschöpfen‹ und ›erschließen‹ erscheint, wird u U. die Vorstellung begünstigt, daß der Sinn letztlich doch allein aus dem Text heraus entwickelt werden kann. Der Verdacht, man könnte bei der Betonung der Aktivität der Leser bzw. Interpreten bei der Sinnzuordnung zu Texten dem Relativismus und Subjektivismus Vorschub leisten, müßte jedem halbwegs gebildeten Marxisten abwegig erscheinen, der sich den Leser/Interpreten nie als ein von Willkür dirigiertes isoliertes Einzelwesen vorstellen kann (*RF* 4, S. 32).

Die ›Bedeutung‹ eines literarischen Textes birgt nach dieser Auffassung potentiell unbeschränkt viele Sinnbezüge in sich. Diese liegen nicht explizit vor, sondern sind nur implizit, als Möglichkeit angelegt. Jede Aktualisierung von Bedeutungen in konkreten Situationen ist eine Explikation *eines möglichen* Sinnbezugs unter konkreten historischen Bedingungen. Hans-Georg Werner verweist in diesem Zusammenhang darauf, daß der »möglichen Welt« eines literarischen Textes doch kein Sinn innewohne und ihr deshalb auch nicht »zugeordnet« werden könne, »auch nicht als Potential oder als geheimnisvolle Sinnentelechie im Text« (*RF* 4, S. 25).[70]

Dagegen wird der Begriff ›Sinnpotential‹ von einigen Teilnehmern weiter befürwortet (vgl. das Zitat von Posdzech S. 414) beziehungsweise modifiziert; so sieht Erwin Arndt die Aufgabe der »wissenschaftlichen Interpretation« in der »genaueren Erfassung des Sinngehalts eines konkreten literarischen Textes im Rahmen der in diesem Text gesetzten Deutungsmöglichkeiten« (*RF* 3, S. 38), und auch für Dieter Schlenstedt existiert im Text ein »Potential, das offensichtlich die Zuordnungsmöglichkeiten oder den Zuwachs an Bedeutungen restringiert« (*RF* 4, S. 26). Hier wird eine Linie weiter verfolgt, die aus *Gesellschaft – Literatur – Lesen* und beispielsweise aus den Arbeiten Rita Schobers vertraut war: die Sicht auf den literarischen Text als »Rezeptionsvorgabe« beziehungsweise »-vorlage« und als Generierung des »Sinnpotentials« sowie – daraus

70 So ist auch Ursula Heukenkamp in ihren Thesen der tätigkeitsorientierten ›Sinn‹-Bestimmung gefolgt und mahnt: »Die marxistisch-leninistische Literaturwissenschaft ist nicht darauf angewiesen, den Sinn als insgeheim gegeben anzunehmen.« Interpretationen, die »bei der Auswahl der Verfahren Abweichungen zwischen dem vom Autor intendierten Sinn und späteren Sinnsetzungen [...] gar nicht erst vorsehen«, also »einen unwandelbaren Sinn« unterstellen, verfahren in ihren Augen »metaphysisch statt historisch« – Heukenkamp (Anm. 10), S. 419 und S. 420f. – Auf die zur pragmatisch-semantischen Analyse herausfordernden, gruppenintern kritisch-ironischen Formulierungen von dem »halbwegs gebildeten Marxisten« bei John und der »geheimnisvollen Sinnentelechie« bei Werner kann an dieser Stelle nur aufmerksam gemacht werden.

resultierend – die Frage nach der »Adäquatheit der Lektüreleistung«.[71] Zugleich erfolgt auch bei einigen dieser Wissenschaftler eine Differenzierung zwischen ›Bedeutung‹ und ›Sinn‹, die Verschiebungen in der Auffassung von ›Sinn‹ in die Richtung der oben genannten Sicht annehmen läßt: So wie Dieter Schlenstedt von der Restriktion des Zuwachses an *Bedeutungen* spricht, versteht Ursula Heukenkamp die Interpretation als »eine Aktualisierung des Bedeutungspotentials des Werkes, die vom Text abhängig ist und gesteuert wird, aber zugleich von der Subjektivität des Interpreten mit bestimmt wird«.[72]

Solche Veränderungen lassen sich im Kontext philosophischer und gesellschaftstheoretischer Umorientierungen verorten. Auf dem Kolloquium – wie auch späterhin – wird hier allerdings durchaus in verschiedener Richtung weitergegangen, wenn beispielweise Karlheinz Barck die »Verständigung über Grundfragen einer Hermeneutik jenseits der abgetakelten ›Kunst der Interpretation‹« als Möglichkeit ansieht, »vom Röntgenbild der Skelettstrukturen von Werken zu deren sinnlicher Gestalt« zu gelangen (*RF* 4, S. 47), oder wenn Dieter Posdzech auf dem bereits erwähnten Hallenser Kolloquium 1988 den mittlerweile offenbar endgültig denunzierten Begriff ›Sinnpotential‹ unter Berufung auf Michael Franz zu den »potentiellen Sinnkonstituenten« des literarischen Textes modifiziert.[73] In der Diskussion der nachfolgenden Jahre sind ebenfalls verschiedene Auffassungen zu verzeichnen, wobei die ›Sinnfrage‹ zunehmend problematisiert wird.[74] Schließlich bestimmt Norbert Krenzlin ›Sinn‹ dezidiert als »ein Moment *individueller* Selbstbestimmung« und stellt fest, daß das »Sinnkonzept [...] wenig zur Erklärung von Kunst« beitrage.[75] Hier zeichneten sich auf dem Kolloquium demnach Ansätze einer Entwicklung ab, die letztlich von der Suche nach einem ›Sinnpotential‹ oder nach Vorgaben für eine ›adäquate Lektüreleistung‹ wegführte.

V.

In den zwei abstrahierend dargestellten Positionen zum Werkbegriff und den beschriebenen Divergenzen zum Begriffsfeld ›Sinn – Sinnpotential – Sinnherstellung‹ für den Zeitpunkt dieses Diskursereignisses ›Kontinuität‹ und ›Dis-

71 Rita Schober: »Rezeption und Realismus« (Anm. 51), S. 26; Schober (Anm. 45), S. 39.

72 Heukenkamp (Anm. 10), S. 415.

73 Eberhard Müske/Heidi Ritter: »Strukturuntersuchung und Interpretation künstlerischer Texte. Interdisziplinäres Kolloquium an der Sektion Germanistik und Kunstwissenschaften der Martin-Luther-Universität Halle-Wittenberg«. In: *Weimarer Beiträge* 35 (1989) H. 11, S. 1898–1902, hier S. 1898f.

74 Vgl. Michael Franz/Detlef Rößler: »Formstrukturen und Sinnstrukturen. Künstlerischer Gehalt und soziale Funktion im Methodenbewußtsein und in der Forschungspraxis der Kunstwissenschaften. Interdisziplinäres Kolloquium vom 6. bis 8. Februar 1989 an der Humboldt-Universität zu Berlin«. In: *Weimarer Beiträge* 35 (1989) H. 8, S. 1388–1393.

75 Norbert Krenzlin: »Über Sinn und Unsinn der Sinnfrage. Ein Diskussionsbeitrag«. In: *Weimarer Beiträge* 35 (1989) H. 12, S. 2064–2074, hier S. 2064 und S. 2068 (Hervorhebung im Original).

kontinuität‹ zu sehen, wäre nur möglich, wenn man den diachronischen Blickwinkel auf vorgängige Entwicklungen ausweitete und sozusagen ›hinter‹ die Diskussionen der 1970er Jahre zurückschaute. Denn de facto hat es – wie hier wiederholt angemerkt wurde – die beschriebenen Auffassungen und Divergenzen seit den 1970er Jahren gegeben. ›Diskontinuität‹ liegt vor allem in der Inszenierung dieses Disputs selbst und der Veröffentlichung seiner Texte. Das Kolloquium ist, mit den Schwerpunkten, der Härte und auch den inhaltlichen Widersprüchen der Auseinandersetzung, signifikant für eine Situation, die Anfang der 1980er Jahre als Konsequenz aus den Innovationen des vorangegangenen Jahrzehnts gewissermaßen ›vorausgesehen‹ worden war:

> Die Weiterarbeit hat uns inzwischen in der Überzeugung bestärkt, daß die konkrete Einführung der Zusammenhänge von Funktion, Kommunikation, Rezeption und Wirkung in die marxistische Literaturtheorie keine ›Komplettierung‹ früher ausgearbeiteter Gesichtspunkte bedeuten kann, bei der das zu ›Komplettierende‹ unberührt bleibt. Neue Gesichtspunkte verlangen und erlauben, das Ganze neu zu begreifen.[76]

Die Untersuchung zeigt, daß tatsächlich nichts »unberührt« geblieben ist, nicht die produktionsästhetische Sicht und nicht die anfänglichen Positionen der ›kommunikativ-funktionalen‹ Herangehensweise. Scheinbar besteht mittlerweile Konsens darin, daß hinter die ›neuen‹ Auffassungen nicht mehr zurückgegangen werden kann, aber realiter vereinen sich in diesem Konsens verschiedene Konzepte. Nach Kontinuität und Diskontinuität in solchem Rahmen zu fragen bedeutet, vor allem Verschiebungen oder Beharrungen *in* den Konzepten beziehungsweise in ihrem Verhältnis zueinander zu fokussieren. Solche Erscheinungen wurden im Vorangegangenen markiert: zum einen die Bezugnahme auf den ›kommunikativ-funktionalen‹ beziehungsweise rezeptionsästhetischen Ansatz und der Versuch seines ›Einbaus‹ in herkömmliche Herangehensweisen, die dadurch allerdings meist nur wenig modifiziert werden – so bei Erwin Arndt, Dieter Posdzech, Horst Hartmann und anderen –, zum anderen die Divergenzen in den Auffassungen der ›Initiatoren‹ jener Wandlungen der 1970er Jahre.

Unsere Analyse ergibt ein sehr vielschichtiges Bild jenes Diskursereignisses, sowohl bezüglich der genannten Leitbegriffe als auch im Hinblick auf die Argumentationsweisen, den Umgang mit ›kanonisierten‹ Texten und der ›bürgerlichen‹ Wissenschaft, die Bezüge zum Vokabular des philosophischen und politisch-ideologischen Leitdiskurses, das Sprechen zwischen Gemeinschaftstopos, ›Sehnsucht‹ nach erneuter Einigung und gesellschaftlichem Auftrag auf der einen und selbstverständlicher Akzeptanz verschiedener möglicher Ansätze auf der anderen Seite. Anläßlich der Veröffentlichung der Materialien zog denn auch Heinz-Jürgen Staszak folgendes Fazit:

> Die gegenwärtige Problemlage in Interpretationstheorie und -praxis der DDR bestimmte den spezifischen Charakter des wissenschaftlichen Ertrages dieses Kolloquiums. Er ist in Form einer zusammenfassenden positiven Synthese, die zur Zeit gar nicht möglich er-

---

76 Dieter Schlenstedt: »Einleitung«. In: Schlenstedt u. a.: *Literarische Widerspiegelung* (Anm. 20), S. 5–14, hier S. 9f.

> scheint, oder einiger ausgewählter Beiträge nicht abzuheben, sondern er ist offensichtlich nur zu fassen als diskutierende Zwischenbilanz eines mannigfaltigen, von unterschiedlichen Erkenntnisinteressen bestimmten Forschungsfeldes, das gegenwärtig in seinen wesentlichen Aspekten nur in der Form eines Diskurses konvergierender und divergierender Meinungen zu dokumentieren ist.[77]

Wir wählten einen linguistisch akzentuierten Ansatz der Betrachtung in der Absicht, die Vielschichtigkeit dieses Diskurses, seine Hintergründe und seine Entfaltung, die Intentionen und Kommunikationsweisen der an ihm Beteiligten und die Differenzpunkte ihrer Wissensansprüche auf methodische Weise zu erkunden. Die Untersuchung zeigt, daß eine solche Herangehensweise Möglichkeiten des Zugriffs gerade auf derart diffizile ›Zeugnisse‹ wissenschaftlicher Auseinandersetzung bietet, die über eine bloße Deskription der Oberflächenstruktur hinausgehen und zu den impliziten Voraussetzungen sowie zum ›Wie‹ und ›Warum‹ des Sprechens vordringen. Zweifellos teilt diese Herangehensweise mit anderen möglichen – etwa der rhetorischen Analyse – den interpretativen Charakter ihrer Ergebnisse. Dennoch kann der methodische Einsatz von in der Linguistik ›etablierten‹ und erprobten Analyseaspekten der Pragmatik und Semantik innerhalb des Spektrums der Wissensansprüche und ihrer Artikulation in sprachlich-kommunikativen Verhaltensweisen differenzieren helfen. Zudem bringt die vorgeführte Verschränkung pragmatischer und semantischer Aspekte das zusammen, was gelegentlich heute noch als ›textexterne‹ und ›textinterne‹ Faktoren voneinander getrennt aufgeführt und beschrieben wird. Die kommunikationstheoretisch orientierte Betrachtung der Konstruktion von Wissensansprüchen in Texten bezieht notwendig die Geschichte von Institutionen, Personen, Theorien ein. Schließlich bieten sich unsere Analyseaspekte für eine vergleichende Untersuchung von Texten verschiedener Wissenschaftszustände oder auch -konstellationen an.

---

77 Staszak (Anm. 23), S. 4f.

Diskussionsbericht

Martina Neumeyer

Vorlage von Stefan Scherer (»Philologische Modernisierung in der Restauration. Literaturwissenschaft in den 1950er Jahren: Peter Szondi«)

Zusammenfassung des Korreferats (Thomas Rathmann): Stefan Scherers Vorlage liefere eine Korrektur zu der noch heute vorherrschenden Auffassung, daß die Germanistik der 1950er Jahre sich aufgrund ihres werkimmanenten Vorgehens als eine ›Wortkunst ohne Geschichte‹ nahtlos in die restaurativen Tendenzen der Nachkriegszeit eingefügt habe. Denn Scherer zeige, wie Peter Szondi aus einem spezifischen Selbstverständnis und aus einer pessimistischen Bestandsaufnahme der damaligen Germanistik eine eigenständige theoretische Position entwickelt und in seiner ›Theorie des modernen Dramas‹ exemplifiziert habe. Die von ihm erreichte Verwissenschaftlichung der philologischen Erkenntnis sei verdientermaßen als eine Modernisierung in der Restauration zu qualifizieren. Erfolgreich habe sich Szondi nämlich eines Problems angenommen, das sich aus dem weitgehend ahistorischen und entpolitisierten Zugriff seines Lehrers Staiger ergeben habe. Dieser habe der Literaturwissenschaft ja bekanntlich nur das ›Werk‹ als das ihr genuine Sujet gelassen. Für die von einer Philologie Staigerscher Prägung aufgeworfene und unbeantwortete Frage nach einer diesem Gegenstand adäquaten Behandlung habe Szondi eine von Lukács-, Benjamin-, und Adorno-Lektüren angeregte Lösung ausgearbeitet, die bei der Interpretation das Spannungsverhältnis von Inhalt und überkommener Form reflektiere. Szondis Verfahren, beim Umgang mit Literatur das Problem der immanenten Geschichtlichkeit zu berücksichtigen und zu akzentuieren, habe daher die Germanistik schon in den 1950er Jahren um neue (auf institutionell-disziplinärer Ebene allerdings erst nach 1968 dominant werdende) Kriterien bereichert.

Replik des Referenten: Stefan Scherer betonte, daß seine Beschäftigung mit dem Thema nicht auf die kürzlich erfolgte Publikation von Szondis Briefen zurückgehe. Vielmehr sei seine Fragestellung von der Zeitgeschichtsschreibung angeregt, die zwar die 1950er Jahre als Restauration historisiere, jedoch am Ende eben jenes Jahrzehnts bereits eine allgemeine Modernisierung konstatiere. Dieser Befund der Zeitgeschichtler, der sich mit entsprechenden Entwicklungen im literarischen Bereich synchronisieren lasse, habe ihn zu seiner Untersuchung motiviert. Ihm sei es darum gegangen zu prüfen, ob und wie die Germanistik auf Modernisierungstendenzen, das heißt auf externen, aber auch methodologisch bedingten Innovationsdruck reagiert habe.

An der *Diskussion* beteiligten sich: Jürgen Brokoff, Jürgen Fohrmann, Walter Erhart, Detlev Schöttker, Klaus Weimar, Rudolf Stichweh, Jörg Schönert, Christoph König, Frank-Rutger Hausmann.

Zunächst konzentrierte sich die Aussprache auf die wissenschaftsgeschichtliche Bewertung der von Szondi intendierten Erneuerung und Korrektur der Literaturwissenschaft. Spezifiziert wurde dabei, daß Szondi trotz partieller Negation den Autonomie-Begriff der werkimmanenten Literaturwissenschaft bewahrt habe. Da er allerdings die Dominanz der von Staiger geprägten Theorie und Praxis in Frage gestellt habe, sei seine Modernisierung – so eine Vermutung – aus wissenschaftspolitischen Gründen in den frühen 1960er Jahren zunächst ausgeblendet worden. Betrachte man heute, nachdem sich die Literaturwissenschaft nach 1968 vom Werk weg und auf die Sozialgeschichte der Literatur hin bewegt habe, Szondis emphatischen Werk-Begriff neu, so seien zwei damit zusammenhängende Aspekte zu thematisieren. Zum einen müsse der (eigene) wissenschaftspolitische Standpunkt – beispielsweise die Forderung, die spezifische Eigenlogik der philologischen Erkenntnis zu reflektieren – expliziert werden. Zum anderen seien die Rückwirkungen auf den Gegenstandsbereich der Literaturwissenschaft zu problematisieren.

Kontrovers diskutiert wurde dann die Frage, wie modern Szondis theoretischer Ansatz gewesen sei und ob mit ihm schon eine Ausdifferenzierung des Faches im Sinne einer Verbreiterung des Methodenspektrums eingesetzt habe. Zu bedenken sei – so eine erste Überlegung –, daß die Einschätzung Szondis von der Charakterisierung seines Lehrers und dessen Vorgehensweise abhänge. Da das noch heute in der Forschung transportierte Staiger-Bild aber vielfach aus einer Sammlung von Klischees bestehe, sei es problematisch, Szondi als dessen ›Kontrapost‹ zu betrachten. Auch müßten Szondis Ansichten mit anderen zeitgenössischen Auffassungen verglichen werden, die der Form des Werks ebenfalls einen genuinen – wenn auch unterschiedlich aufgelösten – Erkenntnisanspruch zugewiesen hätten. In diesem Zusammenhang wurde jedoch angemerkt, daß beispielsweise die Bedeutung Adornos auf gattungsgeschichtlichem Feld, die sich schon in den 1950er Jahren in maßgeblichen Kulturzeitschriften wie *Merkur* abzuzeichnen begann, erst noch genauer rekonstruiert werden müsse. Dennoch wurde Szondis Verdienst betont, das Historizitätsdefizit der Werkimmanenz behoben zu haben. Beeinflußt von Adornos geschichtsphilosophischen Annahmen habe er nämlich den Gattungsbegriff historisiert, die Form als Sedimentierung literaturexterner Einflüsse erkannt und dann mit philologischem Instrumentarium erschlossen.

Betrachte man Szondis Entwicklungsweg, so werde deutlich, daß seine Offenheit und seine Aufnahmebereitschaft gegenüber neuen Tendenzen die Entwicklung der Literaturwissenschaft der 1950/60er Jahre spiegele. Denn über die sozialgeschichtliche Fundierung der Form-Kategorie hinaus hätten sich bei Szondi weitere Neuerungen abgezeichnet. Wie in seiner Korrespondenz und in seinen politischen Schriften dokumentiert, habe er schon die Überführung in eine sozialgeschichtlich fundierte, ideologiekritische Literaturbetrachtung, also eine – erst für die sogenannten ›68er‹ spezifische – Politisierung der Literaturwissenschaft, vorbereitet. Dieser Auffassung wurde, unter anderem mit Hinweis auf die damals selbsterlebte wissenschaftliche Rezeption, heftig widersprochen. Szondi habe, so wurde die damalige Einschätzung referiert, im Rahmen der verfügbaren Optionen lediglich Umbesetzungen vorgenommen. Es stelle sich also die Frage, ob Szondi, der Neues in Altbekanntes integriert habe, im Netzwerk der ablaufenden Verschiebungen nicht besser als das Modell eines gelungenen Syntheseversuchs, als das Optimum einer kontinuitätsfreundlichen Innovation zu werten sei. Wenn sein Ansatz nur die seinerzeit im Fach angelegten Möglichkeiten bestmöglich ausgeschöpft habe, sei es problematisch, Szondi mit einer Ausdifferenzierung der Germanistik in Verbindung zu bringen. Da diese nach einhelliger Auffassung der im Plenum anwesenden Zeitzeugen in der Germanistik erst zu einem späteren Zeitpunkt erfolgt sei, könne nur eine breit angelegte Rezeptionsforschung Szondis Rolle in diesem Prozeß präzise klären. Ferner gelte es prinzipiell zu überlegen, ob Szondi, der sich mehr und mehr mit allgemeinen literaturwissenschaftlichen Fragestellungen beschäftigt habe, überhaupt noch in die Theorie- und Fachgeschichte der Germanistik integriert werden könne.

Vorlage von Christoph König (»Kritische Philologie heute«)

Zusammenfassung des Korreferats (Peter Uwe Hohendahl): Die Vorlage sei als Beitrag zur Wissenschaftsgeschichte und zur Wissenschaftsforschung konzipiert und als ›Intervention‹ intendiert, denn sie gehe der Frage nach, wie und unter welchen Bedingungen »Kritische Philologie« im spezifischen Raum der Universität zu realisieren sei. Kontrastiv beziehe Christoph König deshalb die Entwicklung der mit einem singulären Konzept von Geschichte arbeitenden Hermeneutik und den unhistorisch argumentierenden Kritikbegriff der hermeneutischen Philosophie in die Betrachtung ein. Da der von ihm als fehlgeschlagen betrachtete Versuch ›der 68er‹ den Freiraum der Kritik beschnitten habe, plädiere er für eine Wiederherstellung der universitären Autonomie. Diese solle eine Differenz zum politischen Bereich respektieren, damit sie einen Schutzraum für den Wissenschaftler bilden und auf diese Weise die ihr gemäßen Aufgaben für eine kritische Wissenschaft erfüllen könne. Seiner Fragestellung entsprechend interessiere sich König dann für das Wertproblem und damit zusammenhängend für die Interdependenzen zwischen Interpretation und Werten, die seiner Ansicht nach als Schaltstelle zwischen inneruniversitärer Kritik und Öffentlichkeit fungierten. Am Beispiel eines Dramas von Hofmannsthal führe er daher vor, wie eine Interpretation, die durch Werte jedweder Provenienz beeinflußt wird, vorkritisch bleibe. Seine Absicht, bei der Lektüre literarischer Werke nicht nur deren Sinn, sondern auch die Funktion von deren Sinn zu erhellen, lasse König schließlich einen neuen Umgang mit Literatur entwerfen. Sein Verfahren solle als Kritik der Literatur die mehr oder weniger gegebene Rationalität der Werke rekonstruieren. Zugleich solle es als Wissenschaftskritik Bedingung und Entstehung dieser »Kritischen Philologie« (mit)reflektieren.

Replik des Referenten: Christoph König unterstrich, daß er in seinem hermeneutischen Modell die existierende Praxis der Literaturwissenschaft mit der Wissenschaftsgeschichte und mit allgemeinen Fragen der Wissenschaftsforschung verbinden wolle. Zudem sei ihm daran gelegen, über die kritische Beurteilung der Produkte der universitären Literaturwissenschaft dieser Institution Aufklärung im Sinne einer anderen Gestaltungsmöglichkeit zu liefern. Deshalb wolle er auch das analytische Verfahren der wissenschaftlichen Auseinandersetzung durch einen eher polemischen Aspekt ergänzen.

An der *Diskussion* beteiligten sich: Sandra Pott, Detlev Schöttker, Nikolaus Wegmann, Lutz Danneberg, Jörg Schönert, Jürgen Fohrmann, Klaus Weimar, Sebastian Neumeister, Thomas Broman, Gustav Frank, Peter Uwe Hohendahl, Elena Esposito, Frank-Rutger Hausmann.

Die Aussprache ging von der Beobachtung aus, daß in Königs Vorlage die Fundierung von Literaturwissenschaft nach dem Muster einer produktiven Anknüpfung an Wissenschaftstraditionen erfolge. Diese Feststellung wurde dahingehend erweitert, daß ein derartiges Vorgehen auch als Möglichkeit zu begreifen sei, durch reflektierte Auseinandersetzung mit früheren Positionen zu einem eigenständigen Ansatz zu kommen. Die Frage, ob die vorgetragene (bundesrepublikanisch verengte) Sicht der »Kritischen Philologie« durch Einbeziehung ihrer Entwicklungen in der ehemaligen DDR nicht mit Gewinn erweitert werden könne, wurde verneint. Denn der marxistische Kritik-Begriff der DDR-Literaturwissenschaft füge sich nur schwerlich in die in der Vorlage entworfene Hermeneutik ein, da diese insbesondere auf die Rekonstruktion der Vernunft literarischer Werke ziele.

Die Diskussion konzentrierte sich dann auf Königs Rationalitäts-Begriff. Gegen den Einwand, er lasse Objekt und Metaebene kongruieren, wurde geltend gemacht, daß Verständnis nur dann möglich sei, wenn Verstehender und Verstandenes sich auf dieselbe Vernunft beriefen. Bekanntlich habe der Wahrheitsanspruch der Deutungen ja keine absoluten Grundlagen, sondern sei, wie Jürgen Habermas argumentiere, diskursiv zu erhärten. Da die Universität die Rationalität in der Geschichte immer neu zu bestimmen suche, sei zu überlegen, ob man nicht über eine Kritik der historischen Ausprägungen der Vernunft zu einem allgemeinen Verständnis gelangen könne, das auch diejenigen, die man kritisiert, ›ex post‹ anerkennen könnten.

Daran anschließend wurde die Frage der Beschreibungssprache erörtert. »Kritische Philologie« suche die Distanz zum Gegenstand nicht durch den Begriff, der äußerlich und diagnostisch wirke. Vielmehr wolle sie die ästhetische Partikularität der Werke bestimmen. Dafür rekonstruiere sie den ästhetisch-spekulativen Gedankengang des Textes. Die kritische Betrachtung der Werke selbst, etwa in welchem Maß die Traditionen gemeistert sind, erlaube zu entscheiden, wie weit man dabei gehen dürfe. Die Alternative dazu sei aber nicht ›Liebhaberei‹. Denn die Kritik der Wissenschaftsgeschichte schärfe die Interpretation. Damit könne verhindert werden, daß eine Beschreibungssprache, die sich vom Sujet distanziere, nur gegenwärtige Konstellationen reproduziere und somit den historischen Gegenstand tilge.

Diskutiert wurden dann Modus und Bedingungen einer erfolgreichen, von Erfahrungen der Wissenschaftsgeschichte und der Wissenschaftsforschung ausgelösten Intervention in die disziplinäre Praxis. Lese man die Vorlage als Wissenschaftsforscher, so sei erkennbar, daß ihr Autor Kontinuitäten aufnehme und sie mit avancierten, ja poststrukturalistischen Positionen verbinde. »Kritische Philologie« hieße dann, Kritikpotentiale der Literatur stark zu machen und sie als normative Elemente für wissenschaftsgeschichtliche Rekonstruktionen und methodisch-logische Innovationen zu mobilisieren. Daraus resultierte die Frage nach den Erfolgsaussichten der zur Verfügung stehenden Verfahren. Debattiert wurde, welcher Weg – der Rekurs auf geschichtlich fundierte »Kritische Philologie« oder der Rekurs auf abstrakt-theoretische, durch Kenntnis der Gegenwart gesättigte Reflexion – eher zum Gelingen einer Intervention beitrage. Präzisiert wurde im Austausch der Argumente, daß eine die Detailkenntnisse fördernde Fachgeschichte, obgleich sie sich nur auf bestimmte begrenzte Traditionen und Zeitabschnitte beziehe, genuin über einen interventionistischen Impuls verfüge. Deshalb seien in die Prüfung unterschiedliche Darstellungsformen einzubeziehen, in denen sich wissenschaftshistorisch begründete Intervention ausdrücke. Zu fordern sei allerdings, daß die Frage der Durchsetzung eines Programms aus der Gegenstandsbestimmung der Literaturwissenschaft herauszuhalten sei, da zwischen Institution und konzeptueller Entwicklung der Kritik eine Kluft bestehen müsse.

Bevor die Möglichkeiten einer erfolgreichen Intervention, die von der Universität vermittelt werden solle, jedoch zu beurteilen seien, gelte es, das Verhältnis von Universität und Öffentlichkeit genauer zu fassen. Da dieses sich seit den 1960er Jahren ständig wandele und die beiden Bereiche seither in vielfältiger Weise verschränkt seien, reiche es in der gegenwärtigen Lage nicht mehr aus, allein die vermeintlich zerstörte Verbindung zwischen Universität und Öffentlichkeit wiederherzustellen.

Vorlage von Thomas Rathmann (»Noch einmal: Zum Verhältnis von Disziplinarität und Interdisziplinarität: Das Konstanzer Konzil zwischen den Disziplinen. Neue Orte und neue Konturen eines alten Gegenstandes«)

Zusammenfassung des Korreferats (Stefan Scherer): Thomas Rathmann zeichne in seinen Ausführungen – konzentriert auf die Frage Disziplinarität und Interdisziplinarität – die Auswirkungen der Theoriedebatte auf den disziplinär organisierten Wissenschaftsbetrieb und einzelne Forschungsprojekte nach. Er verdeutliche die wissenslenkende und wissensorganisierende Funktion der Disziplinen sowie die damit verbundenen Begrenzungen von Gegenstandsbereich und methodischem Vorgehen. Auch zeige er, wie übergreifende Fragestellungen die Fächer inhaltlich wie methodologisch heterogen werden ließen. Sein aus der Mediävistik kommender Beitrag lenke darüber hinaus die Aufmerksamkeit auf die Ungleichzeitigkeit der Binnendifferenzierung der Germanistik. Bleibe Rathmann auch methodisch auf literaturwissenschaftlichem Terrain, so überschreite er mit der Wahl seines Korpus traditionelle Fachgrenzen. Denn er wende sich einem Sujet zu, das zuvor fast nur von theologischer und geschichtswissenschaftlicher Seite erforscht wurde. An chronikalischen Quellen zum Konstanzer Konzil exemplifiziere er seine These, daß Texte ein historisches Ereignis nicht nur abbildeten, sondern erst konstituierten und dadurch für das Geschehen selbst performativ geltend machten. Seine Studie führe vor, wie die Anwendung eines neuen Untersuchungsmodus auf einen bekannten Gegenstand, Einsichten gewähre, die ein von Fächergrenzen eingeengter Zugriff noch nicht geleistet habe. Seine Diskursanalyse, die die Überlieferung auf ihre Textualität untersucht habe, erlaube, Text-Kontext-Relationen ebenso wie das Verhältnis von Disziplinarität und Interdisziplinarität umzuakzentuieren. Sie breche das Deutungsmonopol der bislang für das Konstanzer Konzil zuständigen Fächer wie Theologie, Kirchengeschichte und Geschichtswissenschaft auf. Zugleich bestätige sein Verfahren der Philologie eine neue, möglicherweise auch in andere Disziplinen zu ›exportierende‹ (Schrift-)Kompetenz.

Replik des Referenten: Wie Thomas Rathmann erläuterte, habe ihn sein Ansatz, das Konstanzer Konzil als gigantische Zirkulation unterschiedlicher Texte zu betrachten, im Lauf der Arbeit vor Fragen gestellt, die ihn allmählich immer weiter über die Fachgrenzen der germanistischen Mediävistik hinausgeführt hätten. In dem vorliegenden Beitrag habe er diese Grenzüberschreitungen zunächst aus disziplinentheoretischer Perspektive reflektiert, um dann die eigene Arbeit sowie die Disziplinaritäts- und Interdisziplinaritätsbeziehungen von dieser Warte aus, trotz der damit verbundenen methodischen Probleme, quasi im Selbstversuch auf die Probe zu stellen.

An der *Diskussion* beteiligten sich: Lutz Danneberg, Frank-Rutger Hausmann, Sandra Pott, Hans-Harald Müller, Detlev Schöttker, Jörg Schönert, Walter Erhart, Jürgen Fohrmann, Jürgen Kaube, Nikolaus Wegmann, Elena Esposito, Gustav Frank.

Zunächst setzten sich die Diskutanten mit der These von der Textualität des historischen Ereignisses sowie den damit zusammenhängenden Verschiebungen im Text-Kontext-›Haushalt‹ auseinander. Durch sie werde es möglich, aber auch erforderlich, so lautete ihr vorläufiges Fazit, die Teile des Textkorpus dem jeweiligen primären Erkenntnisinteresse gemäß neu zu klassifizieren und die daraus resultierende Neuhierarchisierung zu begründen.

Weitere Fragen galten den derzeitigen theoretischen Aktivitäten der germanistischen Mediävistik. Die Vermutung, daß bei heutigen Vertretern des Faches – anders als etwa bei Erich Köhler oder Hans Robert Jauß – das Interesse an Theoriebildung mäßig sei, wurde zurückgewiesen. Die geäußerte Einschätzung, die Mittelalter-Fraktion der Germanistik kopple sich, was theoretische Fragestellungen angehe, von der modernen Literaturwissenschaft ab, wurde mit Hinweis auf neuere Arbeiten, die ein Theorie-Defizit der Mediävistik überzeugend widerlegt hätten, rektifiziert. Allerdings sei zu konstatieren, daß die Theorie-Diskussionen der Neueren deutschen Literaturwissenschaft zu einer bemerkenswerten Differenzierung innerhalb der Germanistik geführt hätten. Denn in Reaktion auf Theorie-Importe aus der Neueren Abteilung habe sich die Mediävistik, im Sinne einer ›New Philology‹, zwar wieder verstärkt, aber eher unreflektiert zu ihren philologischen Wurzeln zurückbewegt.

Die Existenz der an den Schnittlinien der Disziplinen arbeitenden Wissenschaftler, deren Interessen auch durch die während ihrer Ausbildung studierten Beifächer beeinflußt seien, öffnete anschließend die Diskussion auf wissenschaftspolitische Aspekte. Bei der Suche nach der Motivation dieser Grenzgänger, die nicht nur als Externalisierung einer Konfliktlage zu beschreiben seien, wurden deren Möglichkeiten, ein neues wissenschaftliches Instrumentarium zu schaffen, erörtert. Auf zwei diametral entgegengesetzte Fakten wurde dabei vor allem aufmerksam gemacht: Stellenbeschreibungen favorisierten bekanntlich immer noch den Wissenschaftler, der den Kernbereich einer Disziplin im umfassenden Sinn ausschöpfe. Demgegenüber aber richte die – nota bene disziplinär organisierte – Deutsche Forschungsgemeinschaft fächerübergreifende Sonderforschungsbereiche ein, in denen eine beträchtliche Zahl von Berufspositionen geschaffen werde, die nicht unbedingt den beteiligten Disziplinen zugeordnet sein müßten. Dieser Befund ließ im Plenum die Frage aufkommen, ob und inwiefern diese Positionen der Ex- und Inklusion stabilisierende oder destabilisierende Wirkung auf die einzelnen Fächer hätten. Diskutiert wurde dabei, wie diese paradoxe Verschmelzung von Disziplinarität und Interdisziplinarität Umstrukturierungs-Prozesse in Gang setzen könne, die die strikten, im Lauf der Wissenschaftsgeschichte errichteten, heute oft als hinderlich empfundenen Fachgrenzen aufheben und neue Forschungstraditionen begründen könnten.

Inwieweit das konkrete Angebot einer Literaturwissenschaft, die Welt als Text beziehungsweise als Form zu analysieren und zu beschreiben, auf andere Fächer attraktiv wirke und somit eine Möglichkeit darstelle, gelingende Interdisziplinarität zu initiieren, sei – so die Auffassung der Diskutanten – freilich schwer zu prognostizieren. Ein in der Geschichtswissenschaft zu beobachtender ›literary turn‹ ließe aber beispielsweise Konstellationen folgender Art denkbar erscheinen: Fragestellungen der Philologie und der Historie könnten miteinander verknüpft werden und für eine Wissenschaftsgeschichtsschreibung der Texte, die auch eine Verbindung zur Wissenschaftsforschung herstelle, fruchtbar gemacht werden.

Vorlage von Peter Uwe Hohendahl (»Nationale Ausdifferenzierungen der Germanistik: Das Beispiel der USA«)

Zusammenfassung des Korreferats (Christoph König): Via Hohendahls Beitrag zur amerikanischen Germanistik rücke die Situation der sogenannten Auslandsgermanistiken in den Blick. Seine Darstellung modifiziere die in der deutschen Wissenschaftsgeschichte gängige Auffassung, die die Ausdifferenzierung der Germanistik in nicht-deutschsprachigen Ländern als Diversifizierung auf der Basis eines gemeinsamen Ursprungs charakterisiere. Denn sein Überblick über die Entwicklung der Disziplin in den Vereinigten Staaten hebe die Spezifika hervor, die sich für dieses Fach von Anfang an aus seiner Verortung im dortigen Universitätsbetrieb ergeben hätten. Er arbeite zugleich heraus, wie durch unterschiedliche wissenschaftliche, kulturelle, politische, vor allem aber jedoch professionelle Anforderungen eine spezifisch amerikanische Profilierung der Disziplin erreicht worden sei, an der ihre eingewanderten und ihre einheimischen Vertreter gleichermaßen mitgewirkt hätten. Aus unterschiedlichen Gründen sei es nämlich zu einem allmählichen Abrücken der amerikanischen von der deutschen Germanistik gekommen. Sei früher die Entfernung vom deutschen Modell durch pragmatische Erfordernisse und ideologische Motive bedingt gewesen, so resultiere die gegenwärtig feststellbare Distanzierung aus methodisch-epistemologischen Gründen sowie aus neoliberal-marktorientierten Umgestaltungen der amerikanischen Universitäten. Wachsender Druck auf das Fach, zugleich wissenschaftlicher Innovation und institutionellen Bedürfnissen zu genügen, habe dem gewandelten Selbstverständnis der USA entsprechend eine Suche nach neuen, multi-kulturell ausgerichteten Programmen initiiert. Seine Skizze der aktuellen Debatte zu einer Neudefinition des Faches mache ein mit dieser Option verbundenes, für das Fach und die Wissenschaftspolitik gleichermaßen Konsequenzen zeitigendes Problem evident: die schwierige Harmonisierung kulturwissenschaftlicher Modernisierungsansätze mit traditionsgesättigten Funktionen wie Literaturvermittlung und Sprachausbildung.

Replik des Referenten: Zwei Gründe hätten ihn, wie Peter Uwe Hohendahl präzisierte, dazu bewogen, sich der wenig erforschten Geschichte dieser Disziplin zuzuwenden. Zum einen sei für ihn von Interesse, warum sich die US-Germanistik von den deutschen Verhältnissen unterscheide. Zum anderen interessiere er sich für die Folgen, die aus der speziellen wissenschaftsbetrieblichen Einbindung, aber auch aus der emphatischen Selbstdefinition des Faches für Disziplin und Gegenstand resultierten.

An der *Diskussion* nahmen teil: Jürgen Fohrmann, Walter Erhart, Detlev Schöttker, Michel Espagne, Annette Simonis, Thomas Broman, Jörg Schönert, Christoph König, Hans-Harald Müller, Frank-Rutger Hausmann.

Zuerst wurde klargestellt, daß die sogenannten Auslandsgermanistiken nicht als monolithischer Block zu betrachten seien. Denn eine nicht im Mutterland stattfindende Beschäftigung mit deutscher Sprache, Literatur und Kultur unterliege anderen Bedingungen. Sie müsse Differenzierungen vollziehen, die vom historischen, politischen, gesellschaftlichen, kulturellen und institutionellen Kontext des jeweiligen Landes, in dem Germanistik praktiziert werde, diktiert würden. Diese Tatsache, daß das Fach im Ausland auf ein jeweils unterschiedliches Umfeld reagiere, habe zwei allenthalben feststellbare Folgen. Sie führe zu einer entfremdenden Pluralisierung der Auslandsgermanistiken untereinander, aber auch zu ihrer Entfernung von der deutschen Tradition und der aktuellen Praxis in Deutschland.

Dieser Befund ließ dann die seit den 1970er Jahren erkennbare einseitige Abkoppelung der US-Germanistik von Deutschland zum Thema der Diskussion werden. Von Interesse war, ob es zur Wiederaufnahme eines für beide Seiten ertragreichen Dialogs zwischen amerikanischer und deutscher Ausprägung des Fachs komme. Diese Frage sei jedoch angesichts des emphatischen Selbstverständnisses, ja der Selbstüberschätzung der zwischen Pazifik und Atlantik arbeitenden Germanisten schwer und wohl eher pessimistisch zu beantworten. Diese Trennung ergebe sich nicht nur aus unterschiedlichen fachinternen Interessensverschiebungen. Vielmehr zeichne dafür auch die Rekrutierung des Personals für die amerikanische Germanistik, die sich heute beinahe ausschließlich in den USA vollziehe, verantwortlich. Bekanntlich hätten früher vorwiegend deutsche, an Entwicklungen der heimatlichen wie auch der internationalen Wissenschaft gleichermaßen interessierte Einwanderer das Fach vertreten. Heute werde die US-Germanistik hingegen vornehmlich von Amerikanern betrieben, die sich zunehmend exklusiv an den eigenen Wissenschaftstraditionen orientierten.

Im weiteren Verlauf der Debatte wurde ferner geprüft, ob und wie die Wandlungen der Disziplin, die sowohl diesseits als auch jenseits des Atlantiks im Gange seien, zu vergleichen wären. Folgender grundsätzlicher Unterschied wurde noch einmal hervorgehoben: Lasse sich der Wandel in Deutschland eher auf wissenschaftsinterne und/oder individuelle Motivationen zurückführen, so sei er in den USA extern bedingt. Zu berücksichtigen wäre zudem, daß der amerikanischen, anders als der deutschen Germanistik, die ihr Selbstverständnis nach wie vor aus philologischen Konzepten und aus der Vermittlung eines wertgesättigten Kanons gewinnen könne, diese Identifikationsmittel fehlten. Daher stehe die amerikanische Variante, die noch dazu Teil eines abnehmerorientierten Universitätsbetriebs sei, unter besonderem Druck. Zwar handle es sich dabei um keine neue Erfahrung, da das Fach seit seinen Anfängen im 19. Jahrhundert immer – wenn auch in unterschiedlicher Weise – auf von außen herangetragene Interessen, die mit der Identitätsfindung der USA zusammenhingen, habe reagieren müssen. Jedoch habe sich das Selbstverständnis der Vereinigten Staaten seit den 1970er Jahren grundlegend neu orientiert. Habe sich Amerika bis dahin als ein Nationalstaat europäischer Prägung definiert, verstehe es sich heute als multikulturelles Gemeinwesen. Auf diese der bisherigen diametral entgegengesetzte Selbstdefinition habe die amerikanische Germanistik auf zwei Arten geantwortet. Erstens habe sie neue Forschungsfelder erschlossen und sich zudem für internationale Theorieansätze geöffnet, diese produktiv rezipiert und ihre Ergebnisse als amerikanisches, das heißt im Sinne eines in Amerika produzierten ›Exportguts‹ angeboten. Zweitens hätten anders gelagerte Interessen einer multikulturellen Abnehmerschaft einen irreversiblen Wandel des Faches ausgelöst. Da in den USA Gegenstandsbestimmung und Ausrichtung des Fachs nicht allein von den Lehrenden, sondern auch von der es tragenden Institution abhingen, lasse sich die studentische Bedürfnisse und Nachfrage berücksichtigende Veränderung folgendermaßen beschreiben: Sie laufe auf die Abschaffung der Philologie hinaus und führe zur Einrichtung von innovativen ›Cultural Studies‹, die aber bislang (noch) nicht genauer umrissen seien.

Vorlage von Larissa Polouboiarinova (»›Bachtinologie‹ in der westlichen (insbesondere deutschen) Literaturwissenschaft und in Postsowjetrußland«)

Zusammenfassung des Korreferats (Dagmar Ende/Mandy Funke): Larissa Polouboiarinovas Interesse richte sich auf Fragen des nationalen wie internationalen Theorie-Transfers. Ihr Beitrag gehe den damit verbundenen Theorie-Diskussionen in unterschiedlichen Wissenschaftskulturen nach. Entsprechend ihrer These, die euro-amerikanische und vor allem die deutsche Bachtin-Rezeption der vergangenen 30 Jahre habe Probleme der postsowjetischen Auseinandersetzung mit diesem Theoretiker vorweggenommen, vergleiche Polouboiarinova Konstellationen der westlichen mit der russischen Bachtinistik. Unterschiede bei der Aufnahme Bachtins in der Bundesrepublik der 1960er Jahre und im Rußland der 1990er Jahre gründeten ihrer Ansicht nach in der differierenden Theorie-Situation sowie in den verschiedenen wissenschaftspolitischen Rahmenbedingungen der aufnehmenden Wissenschaftskultur zum Zeitpunkt der Rezeption. Der Prozeß gleiche sich aber insoweit, als der russische Theoretiker für westliche und postsowjetische Literatur- und Geisteswissenschaftler deshalb faszinierend gewesen sei, da er ihnen Wege eröffnet habe, die jeweiligen Probleme ihrer in die Krise geratenen Disziplinen zu überwinden. Spätestens der ›Import‹ des Poststrukturalismus habe aber in Deutschland ebenso wie in Rußland die jeweilige Bachtin-Konjunktur beendet. Wie in der anschließenden Übersicht über die augenblickliche Situation in Rußland ausgeführt, sei in der dortigen Literaturwissenschaft derzeit eine intensive Rezeption moderner westlicher Theorien zu beobachten, die auch von der zeitgleich ablaufenden Erarbeitung eines neuen, postmoderne Autoren favorisierenden Kanons profitiere. Insofern diese unübersichtlich verlaufenden Prozesse noch im Gange seien, lasse es sich kaum prognostizieren, welchen Platz die Bachtinologie im sich neu herausbildenden literaturwissenschaftlichen Paradigma Rußlands haben werde. Charakteristisch für die gegenwärtige poststrukturalistische Auseinandersetzung mit Bachtin seien jedoch Arbeiten, die ihn dekonstruierten.

Replik der Referentin: Zunächst erläuterte Larissa Polouboiarinova die für westliche Literaturwissenschaftler leicht mißverständlichen Begriffe ›Bachtinistik‹ und ›Bachtinologie‹. Ersterer bezeichne wertneutral die wissenschaftliche Auseinandersetzung mit Bachtin und die Versuche, seine Theorien und Schriften nicht nur für literaturwissenschaftliche, sondern auch für andere Disziplinen fruchtbar zu machen. Letzterer werde hingegen für jedwede aufgeschlossene Haltung gegenüber Bachtinschen Theorien verwendet. Zum besseren Verständnis der Bachtin-Rezeption im postsowjetischen Rußland skizzierte sie kurz noch einmal deren Entwicklung in den Geisteswissenschaften. Die einzelnen Fächer wie Literaturwissenschaft, Linguistik oder Philosophie bezögen sich einerseits, ausgehend von ihren jeweils differierenden Interessen, auf unterschiedliche Arbeiten des Theoretikers. Andererseits fänden sich zugleich Versuche, dessen theoretische Ansätze als universale Methode für alle Wissensbereiche zu empfehlen. Ob diese unterschiedlichen Bemühungen allerdings auf einen gemeinsamen Nenner zu bringen seien, müsse angesichts der starken Divergenzen innerhalb der Geisteswissenschaften noch offenbleiben.

An der *Diskussion* beteiligten sich: Thomas Broman, Frank-Rutger Hausmann, Michel Espagne, Detlev Schöttker, Jürgen Fohrmann, Jörg Schönert, Annette Simonis.

Erste Fragen galten der derzeitigen Wissenschaftssituation in Rußland und deren Vergleichbarkeit mit Verhältnissen in anderen ehemaligen Ostblockländern. In diesem Zusammenhang interessierte zunächst, mit welchen Kategorien der Wissenschaftsgeschichte und der Wissenschaftsforschung die gegenwärtige Lage adäquat zu beschreiben sei. Ob die Situation vornehmlich durch Versuche, an Traditionelles anzuknüpfen, oder eher durch Bestrebungen, an internationale Diskussionen anzukoppeln, gekennzeichnet sei, war zunächst zu klären. Wie eine eingehende Betrachtung der in den Literatur- und Geisteswissenschaften ablaufenden Prozesse ergab, erlaube sowohl deren Dynamik als auch deren oft erstaunliche Verschränkung keine eindeutige Charakterisierung. Denn eine Aufarbeitung des nationalen Erbes, zu dem auch Bachtin gehöre, finde ebenso statt wie eine produktive Auseinandersetzung mit westlichen Theorien. Auch die Frage, ob und wie ein ›wissenschaftlicher Generationenkonflikt‹, in dem die ›Älteren‹ auf Bewahrung der nationalen Tradition und die ›Jüngeren‹ auf Internationalisierung setzten, die Entwicklung bestimme, ließ sich nur partiell bejahen. Zwar seien nach diesem Prinzip organisierte Gruppierungen in den Debatten auszumachen. Doch gebe es auch aus politisch motivierter Abrechnung mit der Vergangenheit entstehende Konstellationen, die gerade nicht diesem naheliegenden – organologischen – Modell folgten.

Ein Vergleich der Bachtin-Rezeption in der Bundesrepublik und in Rußland ließ dann ihren hinsichtlich der Chronologie und der Präferenzen der Rezipienten spiegelverkehrten Verlauf zu Tage treten. Der Westen habe nämlich zunächst und vor allem das Konzept der Karnevalisierung, anschließend seine Theorien über Intertextualität sowie über Dialogizität und zuletzt – vielfach erst auf dem Umweg über den Poststrukturalismus – seine Ästhetik kennengelernt. Im Osten hingegen genieße der Romantheoretiker Bachtin höchstes Ansehen. Bei der anschließenden Betrachtung der Rezeptionswege traten die unterschiedlich – von kultursemiotischen, linguistischen und politischen Interessen – motivierten ›Agenturen‹ des Theorie-Transfers in den Blick. Reflektiert wurde dabei auch, da im Falle Bachtins ja die besondere – biographisch zu erklärende – Sprachkompetenz einer Kristeva oder eines Todorov die ›Entdeckung‹ des russischen Theoretikers ermöglicht habe, ob und auf welche Weise Zufälle die Aufnahme oder Ablehnung theoretischer Ansätze beeinflußten.

Darüber hinaus suchten die Diskutanten nach Erklärungen für die Langlebigkeit des ›Phänomens Bachtin‹. Akzentuiert wurde, daß bei der Rezeption in den 1960er, aber offenkundig auch in den 1990er Jahren Bachtins veralteter Kenntnisstand, der den der 1920er Jahre repräsentiere, ohne Belang gewesen sei. Gleichermaßen spiele offensichtlich keine Rolle, daß der russische Theoretiker literarische Texte fehlinterpretiert oder falsch ausgelegt habe. Daraus ergab sich die Frage, ob die Bachtin-Konjunktur letztlich als Resultat einer Kette fruchtbarer Mißverständnisse beschrieben werden könne. Übereinstimmend wurde sie dahingehend beantwortet, daß seine Attraktivität weniger auf den von ihm erzielten Ergebnissen, als vielmehr auf der Brauchbarkeit seiner offenen Terminologie beruhe. Sein lang anhaltender Erfolg resultiere insbesondere aus dem ›Wie‹ seiner Interpretationen, die zur Kreativität des Denkens anregten, und aus der Suggestivkraft seiner Theorien. Nicht gering zu veranschlagen sei darüber hinaus, daß das Bachtinsche Schrifttum einer traditionellen Poetik und/oder Ästhetik ähnele. Diese ihm eignende, einem Primärtext vergleichbare Qualität erleichtere es den Rezipienten, auf Bachtins Werken eigene Poetiken aufzubauen und aus seinen theoretischen Ansätzen eigenständige hermeneutische Modelle abzuleiten.

Vorlage von Dagmar Ende/Mandy Funke (»Zum Verhältnis von Kontinuität und Diskontinuität in der Literaturwissenschaft der DDR in den 1980er Jahren. Das Beispiel des Kolloquiums ›Theorie und Methoden der Interpretation literarischer Werke‹, 1986«)

Zusammenfassung des Korreferats (Larissa Polouboiarinova): Die Vorlage, die sich mit einem 1986 in Kühlungsborn veranstalteten Kolloquium zu »Theorie und Methoden der Interpretation literarischer Werke« beschäftige, erlaube neue Erkenntnisse über die Situation der Literaturwissenschaft in der damaligen DDR. Fokussiere die Studie auch eine Krisenphase des Fachs, so beschränke sie sich nicht auf die herkömmliche Darstellung von germanistischer Fachgeschichte. Das besondere Interesse der Autorinnen gelte nämlich dem fachspezifischen Diskurs, vor allem seinen möglichen polyfunktionalen Instrumentalisierungen. Die von ihnen vorgenommene textlinguistische Analyse, die pragmatische, kommunikationstheoretische und lexikalisch-semantische Untersuchungsverfahren verknüpfe, konzentriere sich auf diskursive Strategien der Beteiligten an dieser für die damaligen Verhältnisse repräsentativen Versammlung. Auf exemplarische, den Werk-Begriff diskutierende Tagungsbeiträge angewandt, lasse diese Methode den abgrenzenden oder kritisch integrierenden Umgang von Wissenschaftlern mit neuen Theorien deutlich werden. Zum einen arbeite sie typische konfirmative und negationale Argumentationsmuster heraus. Zum anderen lege die mikrologische Untersuchung der illokutionären und propositionalen Qualität der Texte offen, wie Kommunikativ-Pragmatisches den direkten lexikalisch und textuell präsupponierten Sinn der Aussage an Mehrschichtigkeit und Vieldeutigkeit gewinnen lasse. Mittels ihres Nuancierungen erfassenden Zugriffs gelinge es Ende und Funke auf überzeugende Weise, in den Diskurs-Strukturen Konsens- und Dissensbereiche aufzudecken. Darüber hinaus ermögliche ihre Vorgehensweise auch eine Quantifizierung, die das Ausmaß sowie die Reichweite der Methodenpluralisierung in der DDR-Literaturwissenschaft sichtbar mache.

Replik der Referentinnen: Wie Dagmar Ende und Mandy Funke ausführten, war es der derzeitige Forschungsstand, der sie zu ihrem Beitrag motiviert habe. Insbesondere die Tatsache, daß nur wenige Arbeiten zu ihrem Untersuchungszeitraum vorlägen, und daß diese noch dazu wenig differenziert auf Methodenvielfalt und Dissens sowie auf ein kryptisches Sprechen der DDR-Germanistik verwiesen, habe sie veranlaßt, mit Hilfe eines linguistischen Prüfverfahrens den bislang nur benannten Phänomenen am konkreten Beispiel nachzugehen. Sie seien sich – so unterstrichen sie – der Grenzen ihrer Methode bewußt, die durch eine Konzentration auf Mikrologie Unschärfen in der Makrologie zur Folge habe. Zwar könne ihre Aspekte der Pragmatik und der Semantik kombinierende Analyse das Problem der Interpretation nicht lösen. Allerdings könne sie dazu beitragen, die Beliebigkeit historischer Textlektüren zu begrenzen.

An der *Diskussion* beteiligten sich: Lothar Mertens, Michael Schlott, Sandra Pott, Jörg Schönert, Erhard Schüttpelz, Jürgen Fohrmann, Rainer Kolk, Detlev Schöttker, Nikolaus Wegmann, Hans-Harald Müller, Klaus Weimar.

Da die Adäquatheit der im Titel genannten Begriffe ›Kontinuität‹ bzw. ›Diskontinuität‹ kontrovers beurteilt wurde, galt es zunächst, deren Verwendung zu rechtfertigen. In diesem Kontext erfolgte der Hinweis, daß die große Welle der Ausdifferenzierungen der marxistischen Methode durch die Aufnahme der Rezeptionsästhetik, der Literatursoziologie und der Literaturpsychologie schon in den 1970er Jahren stattgefunden habe. Die Literaturwissenschaft der DDR habe sich also schon in den 1980er Jahren als ein Spektrum unterschiedlicher traditioneller und innovativer methodischer bzw. theoretischer Ansätze präsentiert. Insofern seien die langfristige Perspektiven konnotierenden Termini ›Kontinuität‹ und ›Diskontinuität‹ durchaus angemessene Bezeichnungen für Beharrung bzw. Verschiebung in diesem facettenreichen Geflecht.

Anschließend betrachteten die Diskutanten das Kühlungsborner Kolloquium als Darstellungsform von Wissenschaft. Bemerkenswert und charakteristisch sei nach ihrer Auffassung an der Veranstaltung gewesen, daß und wie eine begrenzte, schon um die Abwendung von einer monoparadigmatischen Literaturwissenschaft wissende Teilnehmerschaft, die Vielstimmigkeit des literaturwissenschaftlichen Diskurses inszeniert habe. Von Interesse war vor allem, ob nicht auch wissenschaftsinterne Machtfragen die Veranstaltung bestimmt hätten. Erörtert wurde daher, inwieweit die Veranstaltungs-Regie auch ein ›Schaukolloquium‹ intendiert haben könnte, das die Kontinuitätsfraktion erschüttern und der Diskontinuitätsfraktion den Überlegenheitsgestus erlauben sollte. Mit Hinweis darauf, daß Vertreter wichtiger Institutionen wie beispielsweise der maßgeblichen Akademie für Gesellschaftswissenschaft gefehlt hätten, wurde diese Einschätzung gerade im Hinblick auf Veranstalter und Teilnehmer zurückgewiesen. Denn die Tagung in Kühlungsborn sei keine ›Insel der Glückseligen‹ gewesen. Dort seien nämlich zwei durch die Wissenschaftsentwicklung verunsicherte Gruppen zusammengekommen: Theoretiker, die sich zwischen ihrem gesellschaftlichen Auftrag und ihrem Wunsch, produktive innovative Wissenschaft zu betreiben, zerrissen gefühlt hätten, und Praktiker, die auf die Methodenvielfalt hilflos reagiert hätten. Aus den Diskussionen dieser Konferenz, die auf die Bedürfnisse literaturwissenschaftlicher Praxis in Schule und Universität ausgerichtet gewesen sei, lasse sich erkennen, daß sich die Teilnehmer ernsthaft um eine Minimierung der aus dem Pluralismus resultierenden Probleme bemüht hätten.

Richtig sei die Bezeichnung ›Schaukolloquium‹ allerdings insofern, als das Treffen einem allgemeinen Trend entsprochen habe, der sich in der DDR in und seit den 1970er Jahren verstärkt habe. Diese Tendenz, wissenschaftliche Auseinandersetzung und Dissens sichtbar zu machen, lasse sich insbesondere an Zeitschriften ablesen, die damals vielfach neue Diskussions-Rubriken eingerichtet hätten. Im Unterschied zu den mehr und mehr von Differenzen geprägten Tagungen zeichneten sich diese allerdings durch einen – vermutlich auch von den Redaktionen zu verantwortenden – Konsens aus. Als ›Schauveranstaltung‹ könne das Kolloquium in Kühlungsborn aber auch deshalb gelten, weil es mit seinen Widersprüchen die damalige Wissenschaftsentwicklung gespiegelt habe. Dazu wurde angemerkt, daß Darstellungen zu Literatur- und Geisteswissenschaften die 1970er Jahre gewöhnlich als eine Zeit ›fröhlicher marxistischer Literaturwissenschaft‹ etikettierten, weil damals eine Interdisziplinarisierung, eine Ausdifferenzierung der Fächer sowie eine Diversifizierung der Methoden erfolgt sei. Habe also der Wissenschaftsbetrieb in diesem Jahrzehnt eine auch in anderen modernen Gesellschaften zu beobachtende Pluralisierung erlebt, so sei in den 1980er Jahren hingegen eine von (wissenschafts-)politischer Seite gewollte graduelle Entdifferenzierung eingeleitet worden.

Daran anschließende Überlegungen, wie Autonomie der Literaturwissenschaft in einem autoritär-totalitären Regime zu realisieren sei, oder ob die Machtfrage nicht auch als Emanzipationsfrage zu stellen sei, ließen auf seiten der Beteiligten eine mögliche (wissenschafts-)politische Absicht des von der Universität Rostock initiierten Treffens aufscheinen. Da ein allseits diagnostizierter Pluralismus legitimen Anlaß zur Tagung gegeben habe, sei diese, so die von den Diskutanten entwickelte Sicht, von der dort versammelten »Partei des gemäßigten Fortschritts« in besonderer Weise genutzt worden. Diese Fraktion habe die gebotene Gelegenheit ergriffen, den von der politisch verordneten Entdifferenzierung bedrohten Raum auszuloten und dessen Grenzen sowie dessen Freiräume unter den sich verändernden externen Bedingungen aktiv auszutesten. Unter dieser Perspektive sei das Kolloquium auch als Versuch der wissenschaftlichen Selbstbestimmung zu werten.

An der *Abschlußdiskussion* beteiligten sich: Erhard Schüttpelz, Frank-Rutger Hausmann, Lutz Danneberg, Klaus Weimar, Jörg Schönert, Sandra Pott, Walter Erhart, Jürgen Kaube, Rudolf Stichweh, Christoph König, Sebastian Neumeister, Lothar Mertens, Jörg Schönert, Jürgen Fohrmann, Gustav Frank, Detlev Schöttker, Peter Uwe Hohendahl, Thomas Broman, Hans-Harald Müller, Elena Esposito, Manfred Briegel.

Die Beiträge zur Sektion, die mit gegenwartsnahen Entwicklungen befaßt waren, veranlaßten die Teilnehmer zu fragen, welche Verfahren es Wissenschaftsgeschichte und Wissenschaftsforschung erlaubten, zu einer vergleichsweise objektiven Betrachtung der (jüngsten) Vergangenheit zu kommen. Denn gerade bei fehlender Distanz zum Gegenstand bestehe nach allgemeiner Meinung des Plenums die Gefahr, daß ein beim Beobachter vorhandenes vermeintliches Verständnis der Handelnden und ihrer Absichten die Analyse begrenze oder verfälsche. Aufgrund dieser Erfahrung wurde ein Vorgehen postuliert, das die Ebene der Intentionalität der Akteure unterlaufe.

Bevor aber dafür geeignete Verfahren erörtert werden könnten, sei zunächst der zu erforschende Gegenstand zu präzisieren. Bewußt gemacht und bewußt gehalten werden müsse eine immer implizierte, aber selten thematisierte Tatsache: Wissenschaft begegne lediglich in von Wissenschaftlern verfaßten Texten, also in einer Vielfalt und Vielzahl von Einzelbeispielen. Um jedoch Wissenschaft als System und die Konditionen ihres Funktionierens erkennbar werden zu lassen, seien – noch zu klärende beziehungsweise zu definierende – Abstraktionen und Objektivierungen nötig.

Als ein gangbarer Weg, den Gegenstand der Forschung zu objektivieren, wurde vorgeschlagen, exakt die Korpora offenzulegen, aus denen Wissenschaftsgeschichte und Wissenschaftsforschung ihre jeweiligen Befunde gewännen und ihre eigenen Schlüsse zögen. Eine andere Lösung bestehe darin, die Kommunikationszusammenhänge aufzudecken und diese in immer weitere konzentrische Kreise, das heißt also in ihre institutionell-organisatorischen, historischen, politischen und sozialen Kontexte, einzubetten. Die Betrachtung solle sich, so die Empfehlung, von der Mikrologie zur Makrologie ausweiten und nach deren theoretischer Fundierung streben.

Diese Überlegungen führten abschließend zu einer präziseren Klärung der Zuständigkeiten von Fachgeschichte und Wissenschaftsforschung. Beide, so wurde klargestellt, bedienen sich des gleichen empirischen Materials, werten es jedoch in unterschiedlicher Weise aus. Erstere konzentriere sich vorwiegend auf den Einzelfall und seine Details. Letztere dagegen entindividualisiere das individuelle historische Geschehen, extrahiere aus der Empirie Entwicklungsmuster sowie Verlaufsmodelle und suche nach Vergleichsperspektiven. Allerdings ergäben sich, wenn beispielsweise die Vergleichsabsicht nicht expliziert werde oder Vergleiche mangels Material nicht auf allen Ebenen stringent durchzuführen seien, uneindeutige und daher problematische Übergangszonen zwischen beiden Zugängen. Unbestritten sei der Eigenwert der Fachgeschichte, die sich durch breite Materialerschließung ebenso wie durch die Fülle und die Komplexität ihrer Ergebnisse legitimiere. Freilich fungiere sie aufgrund ihres Detailwissens häufig als frustrierende Korrektorin einer Wissenschaftsforschung, die ihre Theorie-Bildung ebenfalls aus fachgeschichtlichen Fallstudien ableite. Deshalb sei zu reflektieren, welchen Beitrag die Wissenschaftsforschung für die Historiographie und die Entwicklung des Faches leisten könne. Außer Zweifel stehe als Spezifikum der Wissenschaftsforschung ihre Fähigkeit, aus historisch verorteten Fällen zu abstrahieren. Jedoch sei zu bedenken, welcher Grad der Abstraktion einem disziplinären Erkenntnisinteresse noch dienlich sei.

Dem jeweiligen ›cui bono‹ der beiden Disziplinen wäre vermutlich näherzukommen, betrachte man Wissenschaftsforschung und Fachgeschichte als Diskurs-Reglements, die sich unter anderem durch bestimmte Strategien der Selbst- und Fremdcharakterisierung auszeichneten. Werde Wissenschaftsforschung betrieben, so fühlten sich die Fachvertreter Vergleichbarkeiten ausgesetzt, die ihnen – wenn auch uneingestanden – als nomologische Anforderungen erschienen. Angesichts dieser von den Betroffenen als bedrohlich bewerteten Fremdbestimmung durch eine allgemeine Wissenschaftsforschung erscheine eine von der eigenen Zunft betriebene Erforschung des Faches erträglicher. Denn solange man Fachgeschichte betreibe, die bei einer allgemeineren Fragestellung immer schon über bloße Faktenerhellung hinausgehe und daher partiell zur Wissenschaftsforschung mutiere, verfüge man – so wohl die unbewußte Überzeugung – über Residuen der Selbstreflexion und der Selbstintervention. Problematisch sei allerdings, daß Fachhistoriker ihre aus der Fachgeschichte gezogene Lehre, die sich als implizite Wissenschaftsforschung erweise, häufig nicht im interventionistischen Sinne artikulierten.

Dieser Hinweis leitete zur Frage über nach den von Fachgeschichte beziehungsweise Wissenschaftsforschung zu erwartenden und für wissenschaftspolitisches Planen und Handeln verwertbaren Erkenntnissen. Entsprechend der realen Institutionalisierungsformen seien die zwei Disziplinen getrennt zu betrachten. Da beide aus dem gleichen empirischen Material aufgrund allerdings differierender Erkenntnisinteressen – auf das eigene Fach bezogene Fragestellungen bzw. allgemeine Vergleichsperspektiven – unterschiedliche Aufschlüsse ermöglichten, lieferten sie jeweils andere Orientierungen. Der Fachhistoriker, der Entscheidungen zwischen unterschiedlichen Alternativen beschreibe oder der Erfahrungen mit bestimmten Problemen rekonstruiere, stelle eine Art Reflexionswissen zur Verfügung. Der heutige Wissenschaftsforscher biete hingegen die Chance, den Umgang mit Theorien oder disziplinären Möglichkeiten zu lernen. In diesem Zusammenhang wurde an den gravierenden Strukturbruch in der Geschichte des Wissenschaftssystems erinnert. Bekanntlich sei mit Popper die Zeit zu Ende gegangen, in der eine in Wissenschaftstheorie kulminierende Wissenschaftsforschung sich als präskriptiv begriffen und fast exklusiv darauf abgezielt habe, durch ihre Erkenntnisse eine Einheitswissenschaft zu begründen. Mit Quine dagegen habe eine neue Wissenschaftsforschung begonnen, in der die Wissenschaftstheorie ihren Primat an Wissenschaftssoziologie und Wissenschaftshistorie abgegeben habe. Diese induktiv arbeitende und nicht mehr normative, sondern naturalisierte Variante, die mehr Erlaubnisse als Verbote vermittle, habe deshalb liberalisierende Wirkung. Da die jeweiligen Disziplinen aber nach wie vor ungebrochen Vorstellungen der alten Wissenschaftsforschung transportierten und noch nicht mit der neuen Epistemologie umzugehen verstünden, zeigten sie sich, wie zu beobachten sei, vielfach verunsichert, gehemmt und in ihrem Handeln blockiert. Zwar werde die wissenschaftliche Entwicklung fraglos auch von wissenschaftsexternen Faktoren und Anforderungen beeinflußt oder gelenkt, jedoch stelle eine naturalisierte Wissenschaftsforschung ein spezifisches Angebot dar. Indem sie den Disziplinen methodische und theoretische Alternativen sowie noch nicht gedachte, geschweige denn realisierte Möglichkeiten aufzuzeigen gewillt sei, biete diese neue Wissenschaftsforschung ein attraktives, von den einzelnen Fächern allerdings noch zu nützendes Potential.

IV.
Normative Aspekte in der Wissenschaftsforschung zur Literaturwissenschaft

Einführende Überlegungen zu normativen Aspekten in der Wissenschaftsforschung zur Literaturwissenschaft

LUTZ DANNEBERG

A scientist is an extremely complex organism,
and his behavior still resists a successful empirical analysis.
B. F. Skinner

In der Form wissenschaftlicher Handlungen, epistemischer oder textueller Artefakte wird Wissenschaft in verschiedener Hinsicht Gegenstand von Untersuchungen, die selbst Anspruch auf Wissen erheben. Der Gegenstand ›Wissenschaft‹ erscheint dabei nicht allein in unterschiedlicher Perspektivierung, seine Eigenschaften unterliegen zudem historischen Veränderungen. Zunächst sind es zwei Disziplinen, die in der einen oder anderen Weise Wissenschaft zum Gegenstand erkoren haben und die dabei das methodische Rüstzeug bestimmt und die Untersuchungsfragen geprägt haben: die Geschichtswissenschaft und die Soziologie. Allerdings ist der historische Griff auf Wissensansprüche älter.[1]

I. Der Zugang über die Wissenschaftsgeschichte

Schon Bartholomaeus Keckermann hat die Forderung nach einer Geschichte der verschiedenen Disziplinen in *De Natura et Proprietatibus Historiae* von 1610 als Ausweitung der ›historia ecclesiastica‹ über die ›historia politica‹ beziehungsweise ›civilis‹ bis hin zur ›historia scholastica‹ erhoben, mithin zur

1 Zu den ersten Anfängen Lucien Braun: *Geschichte der Philosophiegeschichte.* (Frz. 1973). Darmstadt 1990, auch Waldemar Voisé: »Die erste Vorlesung über Wissenschaftsgeschichte oder Die Einleitung zur aristotelischen ›Metaphysik‹«. In: *Sudhoffs Archiv* 61 (1977), S. 38–44, ferner Dirk J. Struik: »The Historiography of Mathematics from Proclus to Cantor«. In: *NTM* 17 (1980), S. 1–22. – Die von Rachel Laudan angekündigte *An Annotated Bibliography of Histories of Science to 1913* sowie die Untersuchung *Arguing the Case for Science: Histories of Scientific Progress 1750–1960* konnte ich nicht ermitteln, vgl. R. L.: »Histories of the Sciences and Their Uses: A Review to 1913«. In: *History of Science* 31 (1993), S. 1–34, hier S. 22, Anm. 2, und S. 23, Anm. 5.

Geschichte der Wissenschaften, wobei jede einzelne Disziplin (»historiis, dramaticis, logicis, rhetoricis, medicis, mechanicis et aliis«) ihre Geschichte besitze.[2] Diese Forderung entspricht der Francis Bacons in *Of the Proficience and Advancement of Learning* von 1605[3] mit dem sinnfälligen Vergleich der Geschichte ohne die ›historia artium et literarum‹ mit Polyphem. Die Geburtsstunde der Wissenschaftsgeschichtsschreibung selber läßt sich mit Johannes Keplers *Apologia pro Tychone contra Ursum* vom Beginn des 17. Jahrhunderts ansetzen.[4] Erst zweihundert Jahre später findet dieses Werk seine Veröffentlichung – sinnbildlicher Ausdruck dafür, daß die historische Beschäftigung mit wissenschaftlichen Wissensansprüchen im großen Rahmen erst im 19. Jahrhundert einsetzt.[5] Auch wenn die historische wie soziologische Erklärung ihrer Präsenz umstritten ist,[6] so bedeutet das noch lange nicht ihre Institutionalisierung

---

2 Vgl. Bartholomaeus Keckermann: »De natura et proprietatibus historiae commentarius«. (1610). In: B. K.: *Opervm Omnivm* [...]. Vol. II. Geneva 1614, S. 1309–1388, hier insbes. S. 1344. Er selber hat dann eine ausführliche und in dieser Hinsicht erste Darstellung der Logikgeschichte gegeben, vgl. ders.: *Praecognitorum logicorvm tractatvs III.* (1599). Nunc tertiâ editione recogniti atque emendati. Hanoviae 1606, tract. III, S. 174–239. Erstaunlicherweise läßt das die so informative Darstellung in Francesco Bottin u. a.: *Models of the History of Philosophy: From Its Origins in the Renaissance to the ›Historia Philosophica‹.* (Storia delle storie generale della filosofia, 1981). Dordrecht u. a. 1993, unberücksichtigt.

3 Vgl. Francis Bacon: »Of the Proficience and Advancement of Learning«. (1605). In: F. B.: *The Works* [...]. Coll. and ed. by James Spedding u. a., Vol. III. London 1887, S. 253–491, hier S. 330: »[...] a just story of learning, containing the antiquities and originals of knowledge and their sects; their inventions, their traditions; their diverse administrations and managings; their flourishings, causes und occasions of them, and all other events concerning learning throughout the ages of the world.« Zu Bacon in diesem Zusammenhang auch James C. Morrison: »Philosophy and History in Bacon«. In: *Journal of the History of Ideas* 38 (1977), S. 585–607.

4 Hierzu Nicholas Jardine: *The Birth of History and Philosophy of Science: Kepler's »A Defence of Tycho Against Ursus« with Essays on Its Provenance and Significance.* Cambridge 1984.

5 Dem literaturwissenschaftlichen Hintergrund des Symposiums liegt es nahe, auf Goethes in vielfacher Hinsicht beachtlichen *Materialien zur Geschichte der Farbenlehre* hinzuweisen, die den größten Teil seiner Arbeiten zur Farbenlehre umfassen – zumal da der Ausdruck *Materialien* ein ›understatement‹ ist, hierzu Dorothea Kuhn: »Goethes Geschichte der Farbenlehre als Werk und Form«. In: *DVjs* 34 (1960), S. 356–377. Goethe ist allerdings nicht der erste gewesen, vgl. mit weiteren Hinweisen Noel M. Swerdlow: »Montucla's Legacy: The History of the Exact Sciences«. In: *Journal of the History of Ideas* 54 (1993), S. 299–328.

6 Einflußreich ist Pietro Redondis These, daß dies mit der Krise des Positivismus à la Auguste Comtes in der Wissenschaftstheorie, dies wiederum mit der Ausweitung der Mathematisierung in den Naturwissenschaften zusammenhänge, vgl. P. R.: *Epistemologia e storia della scienza. Le svolte teoriche da Duhem a Bachelard.* Milano 1978. Allerdings kann man für Whewell und Duhem (indes weniger für Mach) auch theologische Problemstellungen ausfindig machen – zu Duhem die in Anm. 9 angegebenen Untersuchungen von Martin sowie Gabriel Motzkin: »The Catholic Response to Secularization and the Rise of the History of Science as a Discipline«. In: *Science in Context* 3 (1989), S. 203–239, sowie Stanley J. Jaki: *Scientist and Catholic: An Essays on Pierre Duhem.* Front Royal 1991; Whewell war anglikanischer Geistlicher.

als Fachdisziplin. Schon bei diesem Anfang sind die mit Wissenschaftsgeschichte verfolgten Fragestellungen heterogen. Das zeigt sich an den drei großen, in ihren jeweiligen fachwissenschaftlichen Disziplinen, nicht aber im historischen Fach ausgewiesenen Forschern: William Whewell, der in der Wissenschaftsgeschichte die Wirksamkeit übergreifender Leitideen bei den Induktionen aufzeigt,[7] Ernst Mach, der sie mit der Kritik der Metaphysik verbindet,[8] Pierre Duhem, der mit ihr die Kontinuität von mittelalterlicher und moderner Wissenschaft begründet.[9] Das, was lange die Wissenschaftsgeschichtsschrei-

7 Gemeint ist neben Whewells zahlreichen weiteren, zum Teil buchlangen historischen Werken seine *History of the Inductive Sciences From the Earliest to the Present Time* von 1837 und die Ergänzung der orthodoxen Auffassung baconscher Deutung der Induktion durch ›a superinduction of ideas‹; so zuerst in W. W.: *The Mechanical Euclid, Containing the Elements of Mechanics and Hydrostatics*. Cambridge 1837, S. 178: »In each inductive process, there is some general idea introduced, which is given, not by the phenomena, but by the mind.« Den wissenschaftstheoretischen Hintergrund bilden seine Überlegungen zur ›consilience of induction‹ als Kriterium für die Vorstellung der wissenschaftlichen Entwicklung, die einem Strom gleiche, der durch Zuflüsse gespeist werde, die aufgenommen und zugleich reinterpretiert würden; geradezu zwangsläufig erscheint das dann als progredierend und führt zu einem Anti-Kuhnianismus ›avant la lettre‹, vgl. ders.: *Philosophy of the Inductive Sciences*. 2. Aufl. London 1847, S. 8: »The principles which constituted the triumph of the preceeding stages of the science, may appear to be subverted and ejected by the later discoveries, but in fact they are [...] taken up into the subsequent doctrines and included in them. They continue to be an essential part of the science. The earlier truth are noct expelled but absorbed, not contradicted but extended; and the history of each science, which may thus appear like a succession of revolutions, is, in reality, a series of developments.« Whewell hat seine geplante Trilogie nur in zwei Teilen fertiggestellt; es fehlt seine Darstellung der Ausweitung der induktiven Methode auf »philology, art, politics and morals« – vgl. Isaac Todhunter: *William Whewell: An Account of His Writings With Selections From His Literary and Scientific Correspondence*. London 1876, Vol. I, S. 90.

8 Gemeint sind neben anderen Werken *Die Mechanik in ihrer Entwicklung historisch-kritisch dargestellt* von 1882, in deren Vorwort zur ersten Auflage es den Ausdruck »kritisch« im Untertitel erläuternd heißt: »Vorliegende Schrift ist kein Lehrbuch zur Einübung der Sätze der Mechanik. Ihre Tendenz ist vielmehr eine aufklärende, um es deutlicher zu sagen, eine antimetaphysische.« Diese Kritik war indes zweischneidig; sie ließ Mach eine sehr kritische Haltung gegenüber dem Atomismus einnehmen, zugleich aber hat seine Kritik an Newtons ›absoluten Begriffen‹ wie Raum, Zeit und Bewegung Einstein beeinflußt (auch wenn dieser Einfluß im Detail umstritten ist). Hinter seiner Kritik am »metaphysischen Ballast« (so im Vorwort zu seiner *Optik* aus dem Jahre 1913), welche die Theorien noch mit sich schleppten, steht Machs wissenschaftstheoretisches bzw. evolutionsbiologisches Konzept von der »Ökonomie des Denkens«. Mach erwähnt Duhem sehr positiv in dem Vorwort zur 5. Auflage seiner *Mechanik* von 1904, ferner in der weitgehend übereinstimmenden Einführung zur deutschen Übersetzung von 1907 des wissenschaftstheoretischen Hauptwerks Duhems *La théorie physique, son objet et sa structure*, in dem Mach selbst mehrfach positiv erwähnt wird. In der Metaphysik-Kritik treffen sich beide, nicht hingegen beim späteren Kontinuismus Duhems sowie seinem aristotelisch-thomistischen ›telos‹ wissenschaftlicher Entwicklung, der ›natürlichen Klassifikation‹ in der ›longue durée‹.

9 Neben seinem Monumentalwerk *Systéme du Monde* seien der zweite Band von *Les origines de la statique* und *Études sur Léonard de Vinci* erwähnt, beide erscheinen allerdings erst 1906. Sie markieren jedoch einen Bruch mit Duhems bisheriger traditioneller Sicht

bung motivierte und einen Bezug zum Thema bilden könnte, spricht Whewell konzise an: »We may best hope to understand the nature and conditions of the real knowledge, by studying the nature and conditions of the most certain and stable positions of knowledge which we already possess: and we are most likely to learn the best methods of discovering truth by examining how truths, how universally recognized, have really been discovered.«[10] Zugleich jedoch macht er klar, daß dieses Wissen um »nature and conditions« keine Hoffnung auf eine Entdeckungslogik macht, welche die Güte von Wissensansprüchen garantiere: »[...] an art of discovery ist not possible. At each step the progress of science, are needed invention, sagacity, genius; – elements which no art can give.«[11] Wissenschaftshistorische Betrachtungen können sich auf einzelne Wissenschaftsepisoden in ihrem zeitgenössischen Kontext konzentrieren, aber auch einen Zusammenhang zwischen ihnen konzipieren. Zumeist beschränkt sich das nicht auf eine Strukturierung durch die Situierung der Ereignisse in der Zeit, sondern es greift auf ergänzende ordnungsstiftende Beziehungen aus, die von der zeitlichen Abfolge unabhängig sind. Die Gleichsinnigkeit dieser Beziehungen mit der zeitlichen Ordnung vermag dann ebenso Konzepte von Fortschritt und Rationalität in der Geschichte von Wissenschaft zu konstituieren wie sie Phasen des Rückschritts, der Beharrung oder der Beschleunigung entdecken läßt. Oftmals richtete sich die über die chronologische Ordnung hinausgehende Strukturierung der Ereignisse nicht selten am jeweils erreichten Zustand der Wissenschaft – als »most certain and stable positions of knowledge« in der Sprache Whewells. Unter der Bezeichnung ›Whiggism‹ ist das in die historiographische Reflexion eingegangen; als Präsentismus umgreift das jede Art des Maßnehmens an einem gegenwärtigen Wissen, mithin auch die zeitweilig beliebten ideologiekritischen Untersuchungen.[12]

---

wissenschaftshistorischer Diskontinuität; zu einem Versuch der Erklärung dieses Wandels R. N. D. Martin: »The Genesis of a Medieaval Historian, Pierre Duhem and the Origins of Statics«. In: *Annals of Science* 33 (1976), S. 119–129, sowie ders.: »Duhem and the Origins of Statics: Ramifications of the Crisis 1903–04«. In: *Synthese* 83 (1990), S. 337–355. Es ist bemerkt worden, daß Duhems Bild der Geschichte der Flugbahn eines Balles entspricht, vgl. Roger Ariew/Peter Barker: »Duhem and Maxwell: A Case-Study in the Interrelations of History of Science and Philosophy of Science«. In: Arthur Fine und Peter Machamer (Hrsg.): *PSA 1986*. Vol. I. East Lansing 1986, S. 145–158.

10 Whewell: *Philosophy* (Anm. 7), S. 1f.

11 Ebd.: *Preface*, S. VIIf. Zu der nachfolgenden Ertörterung der Rationalisierung des Entdeckungszusammenhangs vgl. Lutz Danneberg: *Methodologien: Struktur, Aufbau und Evaluation*. Berlin 1989.

12 Wenn Martin Rudwick: *The Great Devonian Controversy: The Shaping of Scientific Among Gentlemanly Specialists*. Chicago 1985, S. 14, fordert: »A non-retrospective narrative of any episode in the history of science should be couched in terms that the historical actors themselves could have recognised an appreciated with only minor cultural translation«, so entspricht das der gegen Ende des 18. Jahrhunderts sich ausbildenden hermeneutischen Forderung, sich an den ›sensus auctoris et primorum lectorum‹ bei der Interpretation zu binden – vgl. Lutz Danneberg: »Schleiermachers Hermeneutik im historischen Kontext – mit einem Blick auf ihre Rezeption«. In: Dieter Burdorf/Reinold Schmücker (Hrsg.): *Dialogische Wissenschaft. Perspektiven der Philosophie Schleiermachers*. Paderborn 1998, S. 81–105.

Zunächst jedoch stellt das eine ebenso legitime Konstruktion von Zusammenhang dar wie jede andere Art der Annahme ordnungsstiftender Beziehungen, und entgegen landläufiger Ansicht entscheidet der triviale Hinweis darauf, daß man (gezwungenermaßen) immer aus der Gegenwart Geschichte schreibt[13] oder immer von Interessen bestimmt,[14] noch längst nicht das Problem von ›antiquaranism‹ versus ›anachronism‹ beziehungsweise ›modernism‹.[15] Gleichgültig, wie man sich zum Präsentismus stellen mag, bleibt festzuhalten, daß er als Ausrichtung am jeweils gegenwärtigen Verständnis von Wissenschaft nicht zu-

---

13 Wir sind sogar in einem so strengen Sinne präsentistisch, daß für uns die Hypothese, die Welt sei erst vor fünf Minuten so entstanden, wie sie jetzt ist, logisch unanfechtbar, aber auch – wie Bertrand Russell hinzufügte – vollkommen uninteressant ist; hierzu auch Arthur Danto: *Analytische Philosophie der Geschichte*. (Engl.: Analytical Philosophy of History. 1965). Frankfurt a. M. 1974, S. 57f.; allerdings übersieht Danto ein wenig, daß es nicht an der Zahl hängt; sie kann ›infinitesimal‹ klein sein. Bereits Descartes hält in seinen *Meditationes* fest: Von der Tatsache, daß die Welt jetzt zu existieren scheint, folgt nicht logisch, daß sie zu irgendeinem Zeitpunkt in der Vergangenheit existiert hat – das indes ist nicht der Grund, weshalb Descartes Geschichte samt Philologie nicht sonderlich geschätzt hat.

14 So z. B. Joseph V. Femia: »An Historicist Critique of ›Revisionist‹ Methods for Studying the History of Ideas«. In: *History and Theory* 20 (1981), S. 113–134, hier S. 115: »all history is ›contemporrary history‹, dictated [sic] by the interests of the historian; study of the past is valuable only insofar as it throws light on present problems or needs.« Femias Schlüsse aus der ersten Behauptung stehen durchweg unter einem ›non sequitur‹; hinsichtlich der Problematik seiner zweiten Behauptung, wenn man sie nicht aufgrund ihrer Vagheit als Trivialität sieht, dominiert weitgehend Ahnungslosigkeit.

15 Nur ein Beispiel: Nach Aristides Baltas sei dieser »Anti-Whiggism« wegen seiner »Unerreichbarkeit« einzuschränken. Als Beispiel nimmt Baltas das Werk des Paracelsus – siehe A. B.: »On the Harmful Effects of Excessive Anti-Whiggism«. In: Kostas Gavroglu u. a. (Hrsg.): *Trends in the Historiography of Science*. Dordrecht u. a. 1994, S. 107–119, hier S. 111: »This object can be precisely assessed as a *curiosity* only in respect to *present-day* ideas and values, and only by the explicit or implicit employment of *present-day* criteria.« Einwenden ließe sich zunächst, daß ein solches Urteil über Paracelsus bereits in der Zeit seine Begründung fände, wenn man den Kritiken eines Thomas Erastus in *Disputationum de Medincina nova Paracelsi quarta* von 1573 oder eines Andreas Libavius in *Examen Philosophiae Novae* von 1615 folgen wollte. Wichtiger aber ist, daß Baltas überhaupt nicht auf den Gedanken kommt, daß ein Historiker Wissenschaftsgeschichte betreiben kann, ohne zu derartigen Urteilen zu greifen. Daß man sich von solchen Dünkeln frei halten kann, zeigen die herausragenden Forschungen zu Paracelsus (etwa Charles Webster: *From Paracelsus to Newton: Magic and the Making of Modern Science*. Cambridge 1982). Noel M. Swerdlows Worten bleibt wenig hinzuzufügen: »I have tried to examine Copernicus's work in two ways. The first is that of an historian, inquiring into what Copernicus's work is about, how he arrived at his planetary theory, and what sources and principles guided his investigantions. The second is that of an astronomer, not a modern astronomer, but a contemporary of Copernicus's, or better, one like Brahe or Vietè or Kepler, who was critically interested in knowing whether Copernicus's contributions are of value, whether he properly understood the Ptolemaic theory he was adapting, whether he properly understood his own theory, and whether the theory in fact does what he claims for it« – N. M. S.: »The Derivation and First Draft of Copernicus's Planetary Theory. A Translation of the *Commentariolus* with Commentary«. In: *Proceedings of the American Philosophical Society* 117 (1973), S. 423–512, hier S. 433.

letzt Plausibilität aufgrund einer Konstellation der Selbstbeobachtung gefunden hat: Wissenschaftshistoriker der Naturwissenschaften, aber etwa auch der Psychologie, rekrutierten sich lange Zeit direkt aus den jeweiligen Fachwissenschaften.

Hier trägt Alan G. Debus' Unterscheidung von ›science-history‹ und ›history of science‹.[16] Die letztere ziele auf ›independence‹, solle dem Gegenstand gegenüber ein neutraler oder sogar skeptischer Beobachter sein, nicht indes ein Parteigänger einer bestimmten Gestalt von Wissenschaft.[17] Die in Autonomie zu den jeweiligen Fachdisziplinen erfolgte Institutionalisierung der Wissenschaftsgeschichte hat zweifellos ihre historische Orientierung gestärkt, zugleich hat sie sich jedoch auch weiter entfernt von der Perspektive auf die Geschichte, die aus der jeweiligen Disziplin heraus entwickelt werden kann.[18] Aus dieser Perspektive geht die Betonung von Kontinuität, wie sie sich oftmals in den Naturwissenschaften findet, einher mit einer expliziten Ignoranz gegenüber den wissenschaftshistorischen Vorfahren: Kaum jemand, der für Kontinuität spricht, würde es für nötig befinden, die entsprechenden Texte in der Originalsprache zu lesen; meistens erschöpfen sich die Kenntnisse über das in den Lehrbüchern kodifizierte und damit entproblematisierte Wissen über ältere Wissensansprüche: eine (wie Kuhn es genannt hat) ›textbook-derived tradition‹. Die Situierung von Wissensansprüchen in einen historischen Kontext erscheint als überflüssig oder zumindest sekundär. Die Frage nach dem Mißverstehen der Vorläufer bemißt sich allein an der Produktivität, mithin des Erfolges eines Wissensanspruchs, der zum mißverstandenen in einem kausalen Zusammenhang steht. Newtons Gesetze sind nicht etwas, was man in Newtons *Principia* findet. Es ist der Name für ein Objekt, das längst von seiner ursprünglichen textuellen und kontextuellen Umgebung befreit worden ist, sich in den erneuerten Umgebungen selber verändert hat, bis es in einer kanonischen Form Aufnahme als Lehrbuchwissen gefunden hat und nur minimale Ähnlichkeiten mit der Gesamtheit der Wissensansprüche in Newtons *Principia* besitzt. Der gewählte Eigen-Name ist hier allein die Kennzeichnung eines Ursprungs, und die Kette des Bezugs zu diesem Ursprung läßt sich wohl nur als Abfolge intentionaler Akte beschreiben.

Allerdings ist die Beziehung der Disziplinen zu ihrer eigenen Geschichte unterschiedlich und wohl auch nicht beständig. Den Naturwissenschaften wohl am extremsten gegenüber bewegt sich mit dem vielleicht noch intimsten Kontakt zur eigenen Geschichte die Philosophie; aber auch bei ihr zeichnen sich nicht zuletzt in diesem Jahrhundert Entwicklungen ab, die größere Distanz geschaffen haben. Der mitunter offen normativ geführte Diskurs zeigt dabei auch,

16 Vgl. Alan G. Debus: »The Relationship of Science-History and the History of Science«. In: *Journal of Chemical Education* 48 (1971), S. 804f.

17 Vgl. Paul Forman: »Independence, Not Transcendence, for the History of Science«. In: *Isis* 82 (1991), S. 71–86.

18 Das beinhaltet keine Aussage über die professionellen Rollen, die man im Zuge der Ausbildung einnimmt; Kuhn z. B. hat seinen Ph. D. in Physik gemacht und kann zumindest auf zwei physikalische Forschungspublikationen verweisen.

wie stark die Bestimmung der Beziehung zur eigenen Geschichte das Selbstverständnis betreffen kann.[19] Opfer hier nicht vollzogener institutioneller Territorialabgrenzung ist dann oftmals die antiquarische Exaktheit und Kontextsensitivität zum Nutzen einer Idee der ›philosophia perennis‹ oder von Versuchen, philosophischen Gedanken neues Leben zu verleihen – mithin Philosophiegeschichte weder als Geschichte noch als Philosophie.[20] Gleichwohl ist es nach wie vor eine unentschiedene, vielleicht auch nicht generell zu entscheidende Frage, inwieweit der wissenschaftshistorische oder wissenschaftssoziologische Betrachter von Wissenschaft in dem beobachteten Fach selbst Kompetenz besitzen sollte. Im Zuge einiger wissenschaftssoziologischer Untersuchungen würde das die Beobachtung des Verhaltens von Wissenschaftlern eher stören, bei anderen – im Falle etwa bestimmter soziometrischer Untersuchungen – scheint demgegenüber eine minimale Kompetenz (oder die des ›Experten‹) für die Validität der Konzepte erforderlich zu sein. Selbst dann, wenn der Wissenschaftshistoriker von der Symmetrie der Beschreibung und Erklärung wahrer wie falscher Wissensansprüche aufgrund der Annahme ausgeht, die Wahrheit eines Wissensanspruch erkläre nicht (hinreichend) seine Akzeptanz, die Falschheit nicht seine Nichtakzeptanz,[21] ist die Frage nach der erforderlichen Kompetenz noch nicht entschieden. Denn sie hängt mit der Vorstellung der Güte der Beschreibung historischer Episoden zusammen, und das letztlich mit dem Wissensanspruch, der mit einer historischen Beschreibung oder Erklärung verbun-

---

19 Ein kleine Auswahl von Beitägen muß genügen, die zugleich die Vielfalt der Auffassungen unterstreicht, vgl. – neben den Beiträgen in *The Monist* 53 (1969), *Studia Philosophica* 36 (1976) – Michael Ayers/Jonathan Ree (Hrsg.): *Philosophy and Its Past*. Brighton 1978, Richard Rorty u. a. (Hrsg.): *Philosophy in History*. Cambridge 1984, Alan J. Holland: *Philosophy: Its History and Historiography*. Dordrecht 1985, Gordon Graham: »Can There Be History of Philosophy?« In: *History and Theory* 21 (1982), S. 37–52, Hans Krämer: »Funktions- und Reflexionsmöglichkeiten der Philosophiehistorie«. In: *Zs. für allgmeine Wissenschaftstheorie* 16 (1985), S. 67–95, Roy Marsh: »How Important for Philosophers is the History of Philosophy?« In: *History and Theory* 26 (1987), S. 287–299, Jürgen Mittelstraß: »Die Philosophie und ihre Geschichte«. In: Hans Jörg Sandkühler (Hrsg.): *Geschichtlichkeit der Philosophie*. Frankfurt a. M. 1991, S. 11–30, Lorenz B. Puntel: »Zur Situation der deutschen Philosophie der Gegenwart. Eine kritische Betrachtung«. In: *Information Philosophie* 22 (1994) H. 1, S. 20–30, Wolfgang Wieland: »Über den Grund des Interesses der Philosophie an ihrer Geschichte«. In: Rolf W. Puster (Hrsg.): *Veritas filia temporis*? Berlin/New York 1995, S. 9–30.

20 Vgl. Hans-Peter Schütt: *Die Adoption des »Vaters der modernen Philosophie«. Studien zu einem Gemeinplatz der Ideengeschichte*. Frankfurt a. M. 1998 – am Titel des letzten Kapitels orientiert sich meine Formulierung.

21 Die Symmetriethese ist nicht erst die Erfindung des ›strong programm‹ der Wissenschaftssoziologie. ›Logischen Empiristen‹ war das geläufig – so heißt es etwa bei Rudolf Carnap: »Logic«. In: Edgar D. Adrian u. a. (Hrsg.): *Factors Determining Human Behavior*. Cambridge 1937, S. 107–118, hier S. 118: »[...] psychology and the social sciences [...] must locate the irrational sources of both rational and illogical thought.« Das schließt nicht aus, daß sich in einem populären Buch wie in Hans Reichenbachs *The Rise of Scientific Philosophy* von 1951 davon so gut wie nichts findet; dieser Aufstieg zur ›Wahrheit‹ versteht sich von selbst und allein die vermeintlichen Irrtümer werden ein ums andere Mal mit psychologisierenden Ausdrücken gekennzeichnet.

den wird. In jedem Fall jedoch läßt sich der Geltungsstatus ignorieren, den wir vergangenen wissenschaftlichen Wissensansprüchen zuzusprechen oder abzusprechen geneigt sind.

II. Der Zugang über die Wissenschaftssoziologie

Die wissenschaftssoziologische Beobachtung von Wissenschaft läßt sich nicht immer klar vom Spektrum historischer Zugriffe abgrenzen. Zumindest tendenziell unterscheiden beide Zugänge sich sowohl in ihren Fragestellungen als auch in ihrer Perspektivierung des Gegenstandes, also der Wissenschaft. Beides macht denn auch erst den Rückgriff auf die jeweils spezifischen Instrumente der Untersuchung sinnvoll. Das wissenschaftssoziologische Interesse ist weder auf die historische Singularität wissenschaftlicher Ereignisse, noch auf die Besonderheit ihres jeweiligen kognitiven Gehalts gerichtet, sondern auf ein Phänomen, das wissenschaftlichen Episoden gewisser Ähnlichkeit zugesprochen wird. Soziologische Analysen der Wissenschaftskommunikation, in der bestimmte Wissensansprüche akzeptiert, ignoriert oder zurückgewiesen werden, stellen hierzu ebensowenig Ausnahmen dar wie Versuche, solche Handlungssequenzen anhand spezifischer Wissenschaftsnormen oder sozio-kultureller Faktoren zu erklären. Auch hier liegen die Anfänge systematischerer Untersuchungen im 19. Jahrhundert – im Anschluß beispielsweise an die beobachteten Differenzen bei den nationalen Wissenschaftsentwicklungen etwa Englands und Frankreichs[22] oder Frankreichs und Deutschlands,[23] der Hypostasierung bei Pierre Duhem zu national bestimmten Wissenschaftsstilen, aber auch in vorausweisender Perspektive mit der Untersuchung des Biologen Alphonse de Candolle.[24] Das in der Zeit ebenfalls wahrgenommene Phänomen der Mehr-

---

22 Hierzu Nathan Reingold: »Babbage and Moll on the State of Science in Great Britain. A Note on A Document«. In: *British Journal for the History of Science* 4 (1968), S. 58–64, Maurice P. Crosland/Crosbie Smith: »The Transmission of Physics From France to Britain, 1800–1840«. In: *Historical Studies in the Physical Sciences* 9 (1978), S. 1–61, sowie Annie Petit: »L'esprit de la science anglaise et les Français au XIXème siècle«. In: *British Journal for the History of Science* 17 (1984), S. 273–293, auch Joseph Ben-David: *Centers of Learning: Britain, France, Germany, United States*. New York 1977.

23 Vgl. z. B. Harry W. Paul: *The Socerer's Apprentice: the French Scientists' Image of German Science 1840–1919*. Gainesville 1972, sowie ders.: »The Role of German Idols in the Rise of French Science Empire«. In: Gert Schubrig (Hrsg.): *›Einsamkeit und Freiheit‹ neu besichtigt. Universitätsreformen und Disziplinbildung in Preußen als Modell für Wissenschaftspolitik im 19. Jahrhundert*. Stuttgart 1991, S. 184–187. Mittlerweile gibt es eine Reihe vergleichender Untersuchungen zur Rezeption theoretischer Wissensansprüche in unterschiedlichen nationalen Kulturen – Hinweise bei Lutz Danneberg/Jörg Schönert: »Zur Transnationalität und Internationalisierung von Wissenschaft«. In: L. D./Friedrich Vollhardt (Hrsg.): *Wie international ist die Literaturwissenschaft?* Stuttgart/Weimar 1996, S. 7–85, hier S. 15ff.

24 Vgl. Alphonse de Candolle: *Histoire des sciences et des savants depuis deux siècles suivie d'autre études sur des sujets scientifiques en particulier sur la sélection dans*

fachentdeckungen[25] bot eine andere, den wissenschaftssoziologischen Zugriff prädestinierende Beobachtung. Zum einen ließ sich aus ihr auf den nicht-singulären Charakter der Wissensproduktion schließen, so daß jenseits ihres Ursprungs in individuellen kreativen Leistungen ein Argument für die Vergleichbarkeit als Voraussetzung für eine soziologische Untersuchung gegeben war; zum anderen stellten sich hieran verstärkt Fragen nach der sozialen Anerkennung und Gratifikation als Ergebnis spezifisch ausgeprägter Normen wissenschaftlichen Handelns.[26] Da Prioritätsstreitigkeiten eine lange Geschichte haben und keineswegs allein charakteristisch für das 19. Jahrhundert sind, bietet sich ihre Wahrnehmung selbst als erklärungsbedürftiges Problem dem soziologischen Zugriff an. Auch wenn es in den genannten Beispielen noch umstritten war, welche Rolle die sozio-kulturellen Bedingungen spielen, welche Reichweite der Erklärung ihnen abverlangt werden konnte, so treten sie vehement in den Vordergrund, wenn es um die Erklärung von Diskontinuitäten, von Revolutionen in der Wissenschaftsgeschichte geht – wie etwa bei der Entstehung der modernen Wissenschaft aus einem kulturellen Milieu: in diesem Fall einem Konglomerat von religiösen Einstellungen und Lebensformen (›religious ethos‹, asketischer Protestantismus).[27] Diese These, von Max Weber in gewisser Hinsicht vorweggenommen und gelegentlich mit der ›Kapitalismus‹-These verschmolzen, ist aber nicht nur Beispiel für das Entstehen wissenschaftssoziologischen Erklärungsbedarfs, sondern auch dafür, daß solche Blicke mit der Erhöhung von Komplexität Autosteoreotype zerstören können, die nicht selten selbstlegitimatorisch wirken.

L'espèce humaine. (1873). (ND der 2. Aufl. 1885) Paris 1987, S. 329–331; hierzu auch Semen R. Mikulinsky: »Alphonse de Candolle's *Histoire des sciences et des savants depuis deux siècles* and Its Historic Significance«. In: *Organon* 10 (1974), S. 223–243, sowie Elisabeth Crawford: *Nationalism and Internationalism in Science, 1880–1939. Four Studies of the Nobel Population.* London 1992, Kap. 1. – Candolle hat vielleicht als erster statistische Auswertungen in diesem Zusammenhang unternommen (vgl. seine *Histoire des sciences*, S. 329–331), welche die Überrepräsentation von Protestanten in den Wissenschaften zeigen sollten – allerdings sind diese statistischen Argumente (wie später auch) auf fragwürdigen Grundlagen errichtet und erlauben keine einigermaßen sicheren Schlüsse.

25 Hierzu und zum Hintergrund die Hinweise bei Danneberg (Anm. 11), S. 123ff; auch David Lamb/Susan M. Easton: *Multiple Discovery: The Pattern of Scientific Progress.* Trowbridge 1984.

26 Beides, Prioritätsstreitigkeiten wie Mehrfachentdeckungen, sind dann so entschieden von Robert Merton als Normalzustand von Wissenschaft exponiert und als Hinweise auf die Geltung bestimmter sozialer Normen im Wissenschaftsbetrieb gesehen worden – gesammelt in Norman W. Storer (Hrsg.): *R. K. Merton, The Sociology of Science.* Chicago 1973, S. 342–383; das soziologische Interesse am Mehrfachentdeckungen findet sich aufgenommen bei Dean K. Simonton: *Scientific Genius: A Psychology of Science.* Cambridge 1988, oder Augustine Brannigan: *The Social Bassis of Scientific Discoveries.* Cambridge 1981.

27 Zum Diskussionsstand u. a. die Beiträge in Charles Webster (Hrsg.): *The Intellectual Revolution in the Seventeenth Century.* London/Boston 1974, I. Bernard Cohen (Hrsg.): *Puritanism and the Rise of Modern Science: the Merton Thesis.* New Brunswick 1990.

Am intellektuellen Hintergrund der spezifischen Ausformung dieser These läßt sich das ablesen: Er besteht in der im 19. Jahrhundert vorherrschenden Auffassung, die Wissenschaft habe sich seit dem 17. Jahrhundert im fortwährenden Krieg mit der Theologie sowie in Absetzung von ihr entwickelt. Stellen- oder phasenweise mochte das ein angemessenes Bild für das 19. Jahrhundert zeichnen, in keinem Fall aber für die vorausgehenden Jahrhunderte. Einer solchen Auffassung gegenüber führt die sogenannte Merton-These (auch bei ihr handelt sich im übrigen um eine Mehrfachentdeckung) weg von einem Legitimationsdiskurs, der die Wissenschaftsgeschichte in dem christlichen Modell einer ›Geschichte von Märtyrern‹ karikiert und torquiert. Und es ist zugleich damit vereinbar, daß diese These selbst in modifizierter Form angesichts der nicht zuletzt durch sie angeregten wie unabhängig von ihr zunehmenden historischen (Detail-)Forschung so gut wie jeden Kredit verloren hat,[28] insbesondere gilt das für ihre interessanteren Teilthesen, die Aussagen über die Wirksamkeit konfessioneller Unterschiede implizieren. Ähnliches dürfte sich bei einem zweiten bekannten Beispiel, der sogenannten Forman-These, einstellen. Es handelt sich um den Versuch, die Akzeptanz einer anderen ›Revolution‹ nachzuvollziehen beziehungsweise zu erklären, nämlich die der modernen Physik mit ihrem Indeterminismus im Zuge der Quantenmechanik in Deutschland nach dem Ersten Weltkrieg gedeutet als Anpassung an eine, in bestimmter Weise wissenschaftsfeindliche kulturelle Konstellation.[29] Auch läßt sich das gerichtet gegen die Sichtweise der Beteiligten sehen: Diese tendieren dazu, Wissenschaftsentscheidungen eine retrospektive Geschlossenheit zu verleihen, in ihnen einen gleichsam notwendigen, alternativlosen Verlaufscharakter zu sehen, wohingegen in den Situationen selbst prospektive Offenheit besteht und (echte) Alternativen vorliegen.[30]

Neben solchen Makroperspektiven eines weiteren sozialen oder kulturellen Milieus hat die Wissenschaftssoziologie in jüngerer Zeit stärker noch einen mikroperspektivischen Blick auf die Wissenschaft geworfen – verstanden als ein Unternehmen, das sich als ein soziales System von Interaktionen zwischen Mitgliedern der ›scientific community‹ samt ihrer Umwelten auffassen und untersuchen läßt. Wichtig ist dabei, daß übergreifende Einrichtungen wie Institutionen, aber auch Einzelhandlungen zu nichtintendierten Folgen oder Konsequenzen führen (können). Bei der Frage nun, womit sich die Struktur des ›fremden‹ Systems Wissenschaft analogisieren läßt, öffnet sich dann eine bunte Vielfalt von Parallelisierungen angefangen von Herrschafts-, Markt- oder Austauschtheorien, von der Ökonomie bis zum Maklertum. Aber unabhängig davon gibt es zahlreiche Untersuchungen, in denen die in den Sozialwissenschaften

---

28 Genannt sei allein die Studie von John Morgan: *Godly Learning: Puritan Attitudes Towards Reason, Learning and Education, 1560–1640*. Cambridge 1986.

29 Eine Sammlung wesentlicher Beiträge findet sich Karl von Meyenn (Hrsg.): *Quantenmechanik und Weimarer Republik*. Braunschweig/Wiesbaden 1994.

30 Hierzu Lutz Danneberg/Wilhelm Schernus: »Der Streit um den Wissenschaftsbegriff während des Nationalsozialismus«. In: Holger Dainat/L. D. (Hrsg.): *Wissenschaft im Nationalsozialismus*. Erscheint 2000.

arrivierten Beschreibungs-, Analyse- und Erklärungskonzepte zur Anwendung kommen, nicht zuletzt im Rahmen quantitativer Beschreibungen, die mit der Szientometrie eine eigene Disziplin darstellen. Mit der Mikroperspektive geht oftmals die Ausrichtung auf aktuelle oder jüngst vergangene Wissenschaftskonstellationen einher. Das bietet einen nicht zu unterschätzenden Vorteil für die aus solchen Untersuchungen gewonnenen Folgerungen hinsichtlich der Möglichkeiten, die erzielten Ergebnisse in wissenschaftspolitische Reflexionen und zur Befriedigung eines entsprechenden Handlungsbedarfs einzuführen: Ein Lernen aus aktuellen Wissenschaftskonstellationen erscheint unproblematischer als ein Lernen aus der Wissenschaftsgeschichte.[31] Eine *angewandte* ›history of science‹ erscheint eher als ein Oxymoron, obwohl wissenschaftshistorisches Wissen vielfältigen Nutzen haben mag, wenn es etwa für Bereiche wie ›science education‹ und ›science policy‹ in Aussicht gestellt wird.[32]

Steht bei wissenschaftshistorischen Untersuchungen von Wissensansprüchen oftmals ihr kognitiver Gehalt im Zentrum des Forschungsinteresses (ohne dabei ihn allerdings immer nur mit anderen kognitiven Gehalten zu kontextualisieren), geht es bei der Wissenschaftssoziologie – wenn überhaupt – nur um verallgemeinerte Züge verschiedener kognitiver Gehalte, und die Kontextualisierung greift immer auf soziale Aspekte der Interaktion von Wissenschaftlern im Blick auf die Gewohnheiten und Normen innerhalb einer Institution ›Wissenschaft‹ oder auf sozio-kulturelle Faktoren ihrer Umwelt zurück.[33] Dabei kann der kognitive Gehalt überhaupt keine Rolle spielen, wenn er allein als Referenzpunkt von Handlungen erscheint, die innerhalb oder außerhalb der Wissenschaft als Präferenzverhalten mit sozialen Eigenschaften in Verbindung gebracht werden. Gemeinsam ist beiden (wissenschaftshistorischen wie wissenschaftssoziologischen) Studien, daß sich ihre Fragestellungen in der Zeit wandeln und dabei nicht zuletzt auf aktuelle Probleme in den Wissenschaften reagieren. Bei der Wissenschaftsgeschichte reicht das von Vorstellungen, daß sich mit ihr eine Schatzkammer ignorierten oder vergessenen Wissens – gedeutet als Alternativen – auftut, über die pädagogische Instrumentalisierung für den Unterricht in der jeweiligen Fachdisziplin[34] bis zu den Erwartungen eines Beitrages zur sozialen und politischen Ein-

31 Hierzu sowie zum weiteren Hintergrund der Ausführungen Lutz Danneberg/Jörg Schönert: »Belehrt und verführt durch Wissenschaftsgeschichte«. In: Petra Boden/Holger Dainat (Hrsg.): *Atta Troll tanzt noch.* Berlin 1997, S. 13–57.

32 Vgl. John L. Heilbron: »Applied History of Science«. In: *Isis* 78 (1987), S. 552–563.

33 Mit Absicht ist das so vage ausgedrückt, denn kaum eine wissenschaftssoziologische Untersuchung, die auf sich hält, vergißt zumindest das Lippenbekenntnis, daß die ›technischen‹, ›ökomomischen‹, ›sozialen‹ usw. Faktoren letztlich ein unentwirrbares und nahtloses Gewebe seien; Bruno Latour ist es vergönnt gewesen, dieses Geflecht durch die Hinzunahme einer weiteren (letzten?) Provinz (durch Aufgabe der Trennung von belebten und unbelebten Akteuren oder Objekten, vom Sozialen und Nichtsozialen) noch verwobener erscheinen zu lassen – vgl. B. L.: *Wir sind nie modern gewesen. Versuch einer symmetrischen Anthropologie.* (Frz.: Nous n'avons jamais été modernes. 1991). (1995). 2. Aufl. Frankfurt a. M. 1998.

34 So bereits Pierre Duhem: *Ziel und Struktur der physikalischen Theorien.* (Frz.: La théorie physique, son objet et sa structure. 1906). Leipzig 1908, wo das abschließende Ka-

wirkungen auf die Gesellschaft etwa zu ihrer Demokratisierung in den Vereinigten Staaten nach dem Zweiten Weltkrieg.[35] Bei wissenschaftssoziologischen Untersuchungen spannt sich der Bogen von der Evaluation von Forschung mittels Wissenschaftsindikatoren bis zur Wissenschaftskritik. Gelegentlich wird zudem eine philosophische Absicht wirksam: die *Vielfalt* unterschiedlicher Wissensansprüche als Antidot zum bornierten Dogmatismus, der *Erfolg* einzelner Wissensansprüche als Antidot zum übergreifenden Skeptizismus[36] – und nur in Ausnahmefällen können solche Selbstbeschreibungen selbst einen Beitrag zur *Akzeptanz* der untersuchten Wissensansprüche leisten. Im Falle wissenschaftshistorischer Untersuchungen scheint das allein unter der Voraussetzung gegeben zu sein, daß sich die Geltung von Wissensansprüchen an ihre Anciennität und die Autorität ihres Ursprungs bindet – so wie das noch weitgehend im 17. Jahrhundert der Fall ist. Zu den nicht-intendierten Folgen gehört, daß dies das historische Interesse ebenso beförderte wie den Rückgriff auf Forschungsverfahren, die von den historisch ermittelten Wissensansprüchen unabhängig und in diesem Sinne voraussetzungslos sind. Das Pendant beim wissenschaftssoziologischen Part wären Auffassungen, nach denen die Geltung von Wissensansprüchen in Verbindung mit bestimmten sozialen oder ökonomischen Gegebenheiten gesehen wird.

---

pitel der »Wichtigkeit der historischen Methode in der Physik« (im Gegensatz etwa zur Mathematik) gewidmet ist. Vor dem Hintergrund der Parallelisierung der naturwissenschaftlichen Entwicklung der Menscheit mit der des einzelnen Menschen ist für ihn die »richtige, sichere und fruchtbare Methode, um einen Geist zur Aufnahme einer physikalischen Hypothese vorzubereiten«, die »historische«. Doch bedarf es hierbei einer »Abkürzung« der wirklichen Geschichte zu einer »idealen Entwicklungslinie«; dies sei leicht, wenn man »alles Zufällige einfach beiseite läßt – den Namen des Autors, das Datum der Erfindung, Episoden und Anekdoten – und sich allein an die historischen Tatsachen hält, die in den Augen des Physikers wichtig erscheinen« (S. 365).

35 Das im übrigen auch der Anlaß für Kuhns Beschäftigung mit Wissenschaftsgeschichte, vgl. z.B. sein Interview in Giovanna Borradori: *The American Philosopher*. Chicago/London 1994, S. 153–167, hier S. 156: »It happened by chance while I was working on my Ph. D. thesis in physics. I was asked by James Conant, then president of Harvard, whether I would like to be one of his two assistants in an experimental course in science for nonscientists. This was a course in which he utilized case histories, historical examples of scientific advance. This was my first exposure to the history of science.« Vgl. auch die Erinnerung an das Problemszenario in Kuhns »What are Scientific Revolutions?« In: Lorenz Krüger u. a. (Hrsg.): *The Probabilistic Revolution*. Bd. 1. Cambridge/London 1987, S. 7–22; aufschlußreich hierzu die Darlegungen in James B. Conant: *Moderne Naturwissenschaft und der Mensch*. (Engl.: Modern Science and Modern Men. 1952). Frankfurt a. M. 1953.

36 Schon bei Duhem heißt es: »Überdies kann einzig die Geschichte der Wissenschaft den Physiker vor den törichten Ehrgeiz des Dogmatismus wie vor der Verzweifelung des Pyrrhonismus bewahren« – vgl. Duhem (Anm. 34), S. 367. Mach schreibt in der zweiten Ausgabe zu *Die Geschichte und die Wurzeln des Satzes von der Erhaltung der Energie* von 1909, daß die Wissenschaftsgeschichte selbst dann unschätzbar wäre, wenn man von ihr nicht mehr lernen könne als die Veränderlichkeit der Ansichten. Die Fixierung eines Zustandes in der Form des Lehrbuches sei im wesentlichen gescheitert, so daß Mach empfiehlt, die Wissenschaft zukunftsoffen zu sehen.

III. Der Zugang über die Wissenschaftstheorie

Wissenschaft in der Perspektive der Abfolge historischer Ereignisse zu sehen oder sie in soziale Zusammenhänge zu stellen, erschöpft nicht die Möglichkeiten, sich selbstbeschreibend mit ihr zu beschäftigen. Als drittes gesellt sich die Wissenschaftstheorie hinzu. Auch sie tritt erst mit dem 19. Jahrhundert besonders hervor, indem sie zugleich ihre Eigenständigkeit gegenüber der Philosophie, nicht zuletzt im Zuge der Selbstbeobachtung von Naturwissenschaftlern, zu erringen versucht. Mehr noch als die Wissenschaftshistoriographie verdankt sie sich Konstellationen der Konkurrenz von Wissensansprüchen.[37] Obwohl schon das 17. Jahrhundert eminente Wissenskonkurrenzen kennt (die astronomischen Alternativen sind das hervorstechendste Beispiel), haben doch erst die Theorie-Entwicklungen des 20. Jahrhunderts den Anstoß gegeben. Die Wissenschaftstheorie erhält eine unerwartete Stellung in den großen Theoriekonkurrenzen, die von der Relativitätstheorie und der Quantenmechanik ausgehen und die sie in Deutschland bis an den Rand der Institutionalisierung führt, die wohl allein die nach 1933 veränderten politischen Verhältnisse verhinderten.[38] Im Rahmen der allgemeinen Problemsituation der Wissenskonkurrenz naturwissenschaftlicher Theorien verdankt sich die Wissenschaftstheorie einer bestimmten Sicht dieser Problemsituation, auf die sie sich allerdings schon bald nicht beschränkt hat: Es ist das Problem, wie bei der Konkurrenz zwischen Wissensansprüchen rational entschieden werden kann, mithin die Frage nach den genuinen Normen, Kriterien und Standards, mit denen sich ein gegebener Wissensanspruch *wissenschaftlich* evaluieren läßt. Zunächst hat das nichts mit der wissenschaftshistorischen oder wissenssoziologischen Frage zu tun, wie Wissenschaftsakteure in bestimmten Situationen ihre Präferenzhandlung vollziehen. Es geht zuvörderst darum zu untersuchen, welche Normierungen Wissenschaftsakteure ihren Urteilen über Wissensansprüche zugrundelegen sollten, wenn sie bestimmte Ziele verfolgen. Diese Ziele selber werden als epistemisch aufgefaßt (wobei sich hierbei wiederum Alternativen konzipieren lassen).[39]

Wenn sich Wissenschaft als Zusammenhang mittel- und zielorientierten Handelns wissenschaftlicher Akteure zur Aufstellung und Begutachtung von Wis-

37 Vgl. auch im weiteren Zusammenhang Lutz Danneberg: »Erfahrung und Theorie als Problem moderner Wissenschaftsphilosophie in historischer Perspektive«. In: Jürg Freudiger u. a. (Hrsg.): *Der Begriff der Erfahrung in der Philosophie des 20. Jahrhunderts.* München 1996, S. 12–41.

38 Vgl. Lutz Danneberg: »Logischer Empirismus in Deutschland«. In: Rudolf Haller/Friedrich Stadler (Hrsg.): *Wien – Berlin – Prag. Der Aufstieg der wissenschaftlichen Philosophie. Zentenarien Rudolf Carnap – Hans Reichenbach – Edgar Zilsel.* Wien 1993, S. 320–361, ders.: »Die philosophische Analyse im Logischen Empirismus: Explikation und Rekonstruktion«. In: L. D. u. a. (Hrsg.): *Hans Reichenbach und die Berliner Gruppe.* Braunschweig/Wiesbaden 1994, S. 229–249, sowie Danneberg/Schernus (Anm. 30), dort wird auch gezeigt, daß die Vorstellung einer ›arischen‹ oder ›deutschen‹ Physik vor dem Hintergrund derselben Problemstellung zu sehen ist, die zum Versuch der Institutionalisierung der Wissenschaftstheorie geführt hat.

39 Vgl. Danneberg (Anm. 11).

sensansprüchen darstellt, dann gilt: Welche Regulierungen für den Handlungszusammenhang von Wissenschaft auch immer vorgegeben sein mögen, sie erscheinen hinsichtlich des wissenschaftlichen Handelns in zweifacher Weise als unterbestimmt. In einigen wissenschaftlichen Situationen fehlt die Angabe passender Handlungen, und nicht in jeder Situation erlauben die bereitgestellten Identifikatoren, zwischen Handlungsmöglichkeiten eindeutig zu wählen. Bei der zuletzt genannten Unterbestimmtheit sind zwei besondere Konstellationen seit Ende des 19. Jahrhunderts gegenwärtig: Eine gegebene Menge empirischer Daten vermag nicht nur eine mögliche Theorie als hierzu passend auszuzeichnen, und die zu einer gegebenen Theorie gegenteiligen empirischen Befunde lassen verschiedene Möglichkeiten der Revision des an dieser Prüfsituation beteiligten Wissens zu – sondern auch die, eine zur Debatte stehende Theorie fortwährend zu immunisieren. Trotz dieser Unterbestimmtheit erscheinen die wissenschaftlichen Handlungsprozesse aus der Sicht der durch sie erreichten Resultate retrospektiv als geschlossen: In der einen oder anderen Weise werden die Handlungslücken aufgrund der prospektiven Offenheit jeder wissenschaftlichen Situation etwa im Hinblick auf die Nichtprognostizierbarkeit des (konkreten) Gehaltes von Wissensansprüchen überbrückt.[40] Welche Deutungen man diesen Lücken, dieser jeweiligen prospektiven Offenheit auch zuteil werden läßt[41] (so problematische Konzepte wie das des Paradigmenwechsel à la Kuhn oder das des epistemischen Bruchs à la Foucault[42] mit den Annahmen von Diskontinuität, von Inkommensurabilität und Unverstehbarkeit sind nur einige Kandidaten aus einer Vielzahl): Sie können Anknüpfungspunkt für die Auffassung sein, den Wissenschaftsakteuren selbst oder den Situationen, in denen sie ihre Entscheidungen fällen, sei etwas eigen, das über das von der Wissenschaftstheorie entworfene Zweck-Mittel-System von Wissenschaft hinausweist. Hierin etwas zu sehen, das für Wissenschaft unabdingbar sei, ist die erste Steigerung. Die zweite besteht darin, die Normierungen sowie die sie ausrichtenden Zielsetzungen selber nicht nur als historisch wandelbar zu sehen, sondern als Oberflächenphänomene, die auf tiefere Faktoren, etwa auf soziale (kausale)

---

40 Vgl. ebd., S. 119ff.

41 Spätestens mit der sog. *quantum revolution* sind Versuche angeregt worden, in der Wissenschaft nicht mehr nur eine erste, sondern viele Revolutionen zu suchen und dann auch zu finden. Vgl. zum Hintergrund des Aufkommens des Begriffs der wissenschaftlichen Revolution als eines ›Deutungskonzeptes‹ neben David C. Lindberg: »Conceptions of the Scientific Revolution from Bacon to Butterfield: A Preliminary Sketch«. In: D. C. L./Robert S. Westman (Hrsg.): *Reappraisals of the Scientific Revolution*. Cambridge 1990, S. 1–26, die umfassende und kritische Prüfung bei I. Bernhard Cohen: *Revolutionen in der Naturwissenschaft*. (Engl.: Revolution in Science. 1985). Frankfurt a. M. 1994; auch H. Floris Cohen: *The Scientific Revolution: A Historiographical Inquiry*. Chicago 1994.

42 Es gibt dabei sehr unterschiedliche Motive für die Präferenz eines diskontinuierlichen Blickes auf die Abfolge von Wissensansprüchen; sie sind bei Kuhn anders als bei Foucaults Opposition gegenüber einer kontinuitätsstiftenden teleologischen Vernunft vermeintlich à la Hegel. Brüche oder Inkommensurabilitäten als ›data bruta‹ zu behandeln und nicht als theoretische Konstrukte ist nun wirklich ein, wenn man so will, positivistisches Relikt aus dem 19. Jahrhundert.

Ursachen zurückgehen.[43] Die dritte schließlich sieht in den Begründungsnormen nur mehr Camouflage, welche die eigentlichen Gruppen-Interessen verschleierten[44] – in ein Schlagwort gefaßt: Wissensansprüche sind danach nichts anderes als interessengeleitete soziale Konstruktionen.[45] Für die Texte, mit denen Wissensansprüche kommuniziert und in denen ihre Geltung verhandelt werden, bedeutet diese Unterbestimmtheit vorgängig zu den genannten Steigerungen, daß Normen der Begründung von solchen der Darstellung zu trennen sind. Das Schließen solcher Unterbestimmtheiten erfolgt nicht zuletzt durch die Form ihrer textuellen Darbietung.[46]

Wird die Wissenschaftstheorie verstanden als ein Wissen über die verschiedenen Arten von Wissensansprüchen und den Kriterien oder Regeln ihrer Eva-

---

43 Das ist selbstverständlich nicht die einzige Alternative; neben der älteren wissenschaftspsychologischen erwächst der wissenschaftssoziologischen Perspektive in jüngerer Zeit eine wissenschaftsbiologische Alternative etwa in der Allianz von Neurobiologie und Systemtheorie; ebenso präsent ist eine naturalisierte Erkenntnistheorie etwa à la Quine, die programmatisch zeitweilig nur Linguistik und Physik kennt. Auf den Enthusiasmus aufgrund von Entwicklung in den ›cognitive sciences‹ für eine ›naturalisierte Wissenschaftsforschung‹ kann ich hier nicht eingehen, ebenso wenig zu den Versuchen, die ›black-boxed‹ individuellen Wisenschaftler (erneut) zur Geltung zu bringen – vgl. als ein Beispiel David Kaiser: »›Bringing the Human Actors Back on Stage‹: The Personal Context of the Einstein-Bohr Debate«. In: *British Journal for the History of Science* 27 (1994), S. 129–152, und zum ›cognitive individualism‹ Paul Thagard: »Mind, Society, and the Growth of Knowledge« In: *Philosophy of Science* 61 (1994), S. 629–645.

44 Zu einer wahllos herausgegriffenen Formulierung David Bloor: »The Strengths of the Strong Programme«. In: John Robert Brown (Hrsg.): *Scientific Rationality: The Sociological Turn*. Dordrecht 1984, S. 75–94, hier S. 80: »Much that goes on in science can be plausibly seen as a result of the desire to maintain or increase the importance, status and scope of the methods and techniques which are the special property of a group.« Die Selbstbekundungen von Wissenschaftsakteuren werden zumeist nur dann gelten gelassen, wenn sie sich direkt mit den *eigentlichen* Interessenlagen in Verbindung bringen lassen; es ist die subtilere Nachfolgerin älterer Konstrukte eines ›falschen Bewußtseins‹. Die Möglichkeit von ›ex-post‹-Rationalisierungen der Akteure muß man keineswegs ausschließen; doch bedarf es hierfür unabhängiger Gründe oder Anzeichen.

45 Zu einer Einführung jüngst Jan Golinsky: *Making Natural Knowledge: Constructivism and the History of Science*. Cambridge 1998; vgl zu einer nicht immer überzeugenden Kritik an den Blasen, die das in einer schlagwortbestimmten Wissenschafts- wie Feuilletonlandschaft zu schlagen pflegt, etwa den zunächst mitverantwortlichen Ian Hacking: *Was heißt ›soziale Konstruktion‹? Zur Konjunktur einer Kampfvokabel in den Wissenschaften*. (Teilübers. zu *The Social Construction of What?* 1999). Frankfurt a. M. 1999, prägnant dazu Alan Nelson: »How *Could* Scientific Facts be Socially Constructed?« In: *Studies in History and Philosophy of Science* 25 (1994), S. 535–547.

46 Vgl. hierzu Lutz Danneberg: »Darstellungsformen in Natur- und Geisteswissenschaft«. In: Peter J. Brenner (Hrsg.): *Geist – Geld – Wissenschaft. Zu Arbeits- und Darstellungsformen in der Literaturwissenschaft*. Frankfurt a. M. 1993, S. 99–139, sowie ders./Jürg Niederhauser: »›... daß die Papierersparnis gänzlich zurücktrete gegenüber der schönen Form‹. Darstellungsformen der Wissenschaften im Wandel der Zeit und im Zugriff verschiedener Disziplinen«. In: L. D./J. N. (Hrsg.): *Darstellungsformen der Wissenschaften im Kontrast: Aspekte der Methodik, Theorie und Empirie*. Tübingen 1998, S. 23–102.

luation, so betrifft das auch diejenigen, die in wissenschaftshistorischen wie wissenschaftssoziologischen Untersuchungen aufgestellt werden; diesen wäre sie gleichsam vorgeschaltet. Die Situation ist indes komplizierter, nimmt man den Status der in der Wissenschaftstheorie dargebotenen Wissensansprüche selbst in den Blick.[47] Gleichgültig, wie man den Gegenstand der Wissenschaftstheorie näher bestimmt (als Texte, Instrumente, Theorien, Empirien, Handlungen oder irgendeine Verbindung hiervon), und unabhängig davon, wie man ihre Perspektivierung deutet (etwa als Theorie wissenschaftlicher Rationalität): Die Wissenschaftstheorie will zunächst nicht allein Aussagen über eine mögliche Wissenschaft machen. Ihr ist damit ein zwiespältiger, deskriptiver wie präskriptiver, explikativer wie (normativ) rekonstruktiver Charakter eigen, der aktuelle Wertungen impliziert, mitunter wissenschaftshistorisch mit ahistorischen Instrumenten der Analyse operiert – orientiert immer am Gehalt von Wissensansprüchen. Doch in den Ergebnissen von Wissenschaftsgeschichte oder Wissenschaftssoziologie historische Fallbeispiele oder in ihnen eine Prüfbasis wissenschaftstheoretischer Einsichten zu sehen, bereitet nicht wenige intrikate Probleme. Das trifft auch – trotz der Verdienste für die Wissenschaftstheorie – auf Paul Feyerabend ebenso wie Thomas Kuhn zu, dessen janusköpfige Konzeption, Mitinitiatorin sowohl des ›historical‹ als auch ›sociological turn‹, mittlerweile ob der Vielfalt der Scylla der Wissenschaftsgeschichte (als zu wenig historisch) und ob des Tiefensogs der Charybdis der Wissenschaftssoziologie (als zu wenig soziologisch) zu kentern droht.[48]

IV. Normative Aspekte in der Wissenschaftsforschung zur Literaturwissenschaft

Wie nehmen sich nun diese drei unterschiedenen, in sich allerdings keineswegs einheitlichen Richtungen der Selbstbeschreibung von Wissenschaft wahr, insbesondere im Blick auf normative Aspekte einer Wissenschaftsforschung zur Literaturwissenschaft? Man ist geneigt zu antworten, wie in anderen Bereichen von Wissenschaft auch: nur peripher – und wenn man sich auf demselben Terrain begegnet, dann nicht selten mit dem gängigen Kompetenzgebaren, das die

47 Vgl. Danneberg (Anm. 11), Kap. IV, S. 330–416.

48 Wohl nur wissenschaftssoziologisch erklärbar ist das erstaunliche Faktum, daß von Kuhns alles andere als akademisch anspruchslosem Kult-Buch *Structure of Scientific Revolutions* in zwanzig Jahren mehr als eine halbe Million Exemplare verkauft worden sind. Man könnte dazu neigen, darin ein überdimensionales ›Mißverstehen‹ zu sehen; der Autor, Kuhn, ist in seinen zahlreichen ›lamenti‹, ›dementi‹ und ›retractiones‹ hiervon nicht frei, vgl z. B. Th. K.: »Possible Worlds in History of Science«. In: Sture Allén (Hrsg.): *Possible Worlds in Humanities, Arts and Sciences.* Berlin/New York 1989, S. 9–32 und insbes. S. 49–51, sowie ders.: »Afterwords«. In: Paul Horwich (Hrsg.): *World Changes: Thomas Kuhn and the Nature of Science.* Cambridge/London 1993, S. 311–341.

andere Fragerichtung in eine bewertende Hierarchie zu bringen versucht.[49] Ernster wird das mitunter dann in Begleitung von sogenannten Grundsatzreflexionen, die zeigen sollen, daß bestimmte Zugriffe als nicht möglich zu eliminieren seien, oder zumindest, daß bestimmte Aspekte oder Fragestellungen von vornherein uninteressant oder irrelevant seien. In solchen Fällen mag man sich dann mit einer Variante der Pascalschen Wette trösten: Selbst wenn sich solche Grundsatzreflexionen als richtig erweisen sollten, so hat man noch nichts verloren; folgt man ihnen hingegen, so kann man viel an Erkenntniszugewinn verlieren. Vielleicht ist der kognitive Gehalt von Wissenschaft ihr wichtigster Aspekt – selbst dann, wenn man ihn (lediglich) als soziales Konstrukt begreift: Ohne die grundsätzliche Akzeptanz der Bewertung solcher Konstrukte, das heißt ohne die Aussicht ihrer Ungleichbehandlung nach irgendwelchen Kriterien, gibt es kein ›soziales System‹ von Wissenschaft – und das gilt auch für die interpretierenden Disziplinen. Wohl noch nie wurde in der wissenschaftlichen Selbstbeschreibung die Ansicht konsequent vertreten, daß diese Konstrukte wie die von ihnen erbrachten Leistungen ebenso beliebig seien wie die Kompetenz der daran beteiligten Akteure, so daß dann auch der minimale Grund für die Institutionalisierung von Wissenschaft, aber auch für die gesellschaftliche Gratifikation ihrer Akteure entfiele – schon Cicero mokierte sich über die Philosophen beziehungsweise Wissenschaftler, die ihre Namen sogar auf Bücher setzten, die sie über die Verächtlichung des Ruhmes schreiben. Gleichwohl, trotz der Toleranz, die aufgrund der Unbegründbarkeit von Ausschlüssen geboten ist, kann es zu Konflikten kommen. Ein herausgegriffenes Beispiel ist die immer wieder auftretende Konfrontation der wissenschaftssoziologischen oder wissenschaftstheoretischen Abstraktionen mit der Fülle und Dichte des wissenschaftshistorischen Materials oder auch von Mikrostudien im Blick auf Makrohistorien[50] – in der Regel flankiert durch den Vorwurf, auf die Wissenschaftsereignisse richte sich ein a-historischer Blick.[51] Selbst ein ›big picture‹ wie das

49 Das schließt Versuche nicht aus, die sich mit Wissenschaft beschäftigenden Disziplinen in einem integralen Zusammenhang zu sehen; ein Beispiel ist Thomas Nickles: »Integrating the Science Studies Disciplines«. In: Steve Fuller u. a. (Hrsg.): *The Cognitive Turn: Sociological and Psychological Perspectives on Science.* Dordrecht u. a. 1989, S. 225–256, oder unter dem Label ›Cognitive Science‹ Nancy J. Nersessian: »Opening the Black Box: Cognitive Science and the History of Science«. In: *Osiris* 19 (1995), S. 194–211.

50 Ein Beispiel ist die Annahme der Abhängigkeit bestimmter metaphysischer Präferenzen bei der Kausalitätsauffassung mit der sich ausbildenen Relevanz des Individuums in den zeitgenössischen sozialen Entwicklungen – so Gideon Freudenthal: *Atom und Individuum im Zeitalter Newtons.* Frankfurt a. M. 1982, dazu Keith Hutchison: »Individualism, Causal Location, and the Eclipse of Scholastic Philosophy«. In: *Social Studies of Science* 21 (1991), S. 321–350.

51 Vor die Wahl gestellt, entscheidet sich Kuhn für die Wissenschaftsgeschichte, zumindest so, wie er sie versteht, vgl. die Bemerkung in seiner großen Darstellung zur frühen Entwicklung der Quantenmechanik in Th. K.: *Black-Boody Theory and the Quantum Discontinuity, 1894–1912.* Chicago 1987, S. 363: »I do my best, for urgend reasons, not to think in these terms [scil. paradigms, revolutions, gestalt switches, incommensurability] when I do history, and I avoid the corresponding vocabulary when presenting my

der ersten großen wissenschaftlichen Revolution, das wie kaum ein zweites das Selbstverständnis der Wissenschaftshistoriker geprägt hat, beginnt anhand eines ›historical‹ und ›social particularism‹, also der zahlreichen ebenso ›spannenden‹ wie ›kleinkarierten‹ Detailuntersuchungen pulverisiert zu werden. [52] Diese Konflikte indes können, ja sie müssen ausgetragen werden. Das setzt freilich voraus, daß man auf die Frage, worüber man spricht, nicht die Antwort schuldig bleibt und damit zugleich Bedingungen des Scheiterns gewinnt und akzeptiert.

Genau in diesem Sinne erhalten ›Fallstudien‹ ihr Gewicht: nicht so sehr zur Illustration oder Bestätigung, sondern – im Rahmen liberaler Konkurrenz – als Kritik von übergreifenden Konzeptionalisierungen (zum Beispiel des Testens von ›theories of scientific change‹)[53]. An der geringen theoretischen Aufmerksamkeit, welche der ›Methodologie‹ der Verwendung solcher Beispiele bislang zuteil wurde,[54] mag man erkennen, wie gering noch die Selbstkritik ausgeprägt und wieviel an Selbstbeobachtung der Wissenschaftsforschung zu wünschen bleibt, bevor sie in der einen oder anderen Weise den Handlungsbedarf, der aus

---

results. It is too easy to constrain historical evidence within a predetermined mold.« Von den zahlreichen weiteren Beispielen (nun im Hinblick auf das ›Prinzip des Zwecks‹) heißt es bei Nicolai Hartmann: *Teleologisches Denken.* (1951). 2. Aufl. Berlin 1966, S. 22: »Es ist verführerisch leicht, mit einer bequemen Einheitskategorie das Unbewätigte und vielleicht auch Undurchdringliche zu ›meistern‹, statt den mühevollen Weg langsamer Forschung zu beschreiten, auf der der Einzelne in seiner Zeit nicht zu Ende kommt.«

52 Wenige Hinweise müssen genügen, die den Stand der Diskussion bieten, so etwa Roy Porter: »The Scientific Revolution: A Spoke in the Wheel«. In: R. P./Miklás Teich (Hrsg.): *Revolution in History.* Cambridge 1986, S. 290–316; John A. Schuster: »The Scientific Revolution«. In: Robert C. Olby u. a. (Hrsg.): *Companion to the History of Science.* London 1990, S. 217–242, und I. Bernard Cohen (Anm. 41), sowie – vor allem wegen des »Bibliographischen Essays« – Steven Shapin: *Die wissenschaftliche Revolution.* (Engl.: The Scientific Revolution. 1996). Frankfurt a. M. 1998; Shapins Darstellung erscheint einigen noch als zu wenig konsequent, so Margaret J. Osler: »Revolution or Resurrection?« In: *Configurations: A Journal of Literatur, Science, and Technology* 7 (1999), S. 91–108.

53 Es gibt noch eine weitere Verwendung, nämlich die Forderung nach einem ausgeführten Fallbeispiel, mit dem sich zeigen läßt, daß sich sowohl Anspruch als auch Leistungsfähigkeit bestimmter programmtischer Äußerungen zumindest grundsätzlich erfüllen lassen – vgl. etwa Stephen Cole: *Making Science: Between Nature and Society.* Cambridge 1992, für die Nachfrage nach einem – den sozalwissenschaftlichen Standards entspechend ausgeführten – Beispiel, das den kausalen Einfluß sozialer Faktoren auf den kognitiven Gehalt von Wissenschaft zeige (S. 81). In seiner Besprechung dieses Werkes hat Steven Shapin: »Mertonian Concessions«. In: *Science* 259 (1993), S. 839–841, dann diese Nachfrage auch nicht zu beantworten gewußt.

54 Und das, obwohl die aristotelische Rhetorik neben dem Enthymem als eine rhetorische Art der Deduktion, das Beispiel (›paradeigma‹) als eine rhetorische Art der Induktion kennt; zumal wenn die gängige Deutung des Beispiels (bei Aristoteles) als eine Art des Räsonierens von einen Teil zu einem anderen Teil ein dazwischen geschaltetes Allgemeines annimmt, so wie bei William L. Benoit: »On Aristotle's Example«. In: *Philosophy and Rhetoric* 20 (1987), S. 261–267.

normativen Erwägungen resultiert, befriedigender bedienen kann.[55] In Zusammenhang mit der summierten Kritik an der Merton-These hat Robert K. Merton in seinen Nachgedanken zum Thema drei Stufen der theoretischen Abstraktion sozialgeschichtlicher Wissensansprüche unterschieden:[56] Auf der untersten, der Mikro-Ebene, findet sich die sozio-historische Hypothese, die weder eine notwendige noch hinreichende Erklärung für bestimmte historische Ereignisse wie die Entstehung der modernen Wissenschaft, sondern lediglich eines von möglichen funktionalen Äquivalenten bietet. Die mittlere, die Meso-Ebene, formuliert die dynamischen Interdependenz zwischen den sozialen Institutionen der Religion und der Wissenschaft. Die allgemeinste, die Makro-Ebene, bezieht sich auf die dynamische Interdependenz von sozialen Institutionen überhaupt – und auf dieser Ebene lassen sich dann auch Fragen wie die der ›Kulturbedeutung von Wissenschaft‹ erörtern. Fallstudien verhalten sich zu den drei Ebenen asymmetrisch. In einer solchen Hierarchie können sie bestenfalls mit der untersten Ebene konfligieren;[57] für die anderen stellen sie nurmehr mehr oder weniger gelungene Illustrationen dar.

---

55 Hierzu auch der Beitrag von Ralf Klausnitzer in diesem Band; zu einigen Problemen ferner Danneberg (Anm. 11), S. 331ff., sowie Walther Ch. Zimmerli: »Methodologische Probleme im Zusammenhang des Plausibilitätstransfers wissenschaftsgeschichtlicher Fallstudien«. In: Clemens Burrichter (Hrsg.): *Grundlegung der historischen Wissenschaftsforschung*. Basel/Stuttgart 1979, S. 189–212, ferner Arthur Donovan u. a. (Hrsg.): *Scrutinizing Science: Empirical Studies of Scientific Change*. Dordrecht u. a. 1988.

56 Vgl. neben der neuen Einleitung zu Robert K. Merton: *Science, Technology and Society in Seventeenth Century England* (1938). New York 1970, ders.: »The Fallacy of the Latest Word: The Case of ›Pietism and Science‹«. In: *American Journal of Sociology* 89 (1984), S. 1091–1120, insbes. S. 1095ff.

57 Diese Hypothese der Verbindung des asketischen Protestantismus mit der Entstehung moderner Wissenschaft läßt sich prinzipiell, wenn auch nicht aufgrund einfacher Befunde falsifizieren; die stärkste Widerlegung liegt dabei nicht im Bereich des Protestantismus, etwa im Blick auf den deutschen Pietismus, vgl. hierzu George Becker: »Pietism and Science: A Critique of Robert K. Merton's Hypothesis«. In: *American Journal of Sociology* 89 (1984), S. 1065–90, der Merton auch vorwirft, sich weitgehend sekundärer Darstellungen zu bedienen. Doch gilt das aus historischer Sicht ebenso für den Ankläger – zu einer abwägenden Prüfung der Argumente mit stärker kritischer Gewichtung Olaf Pedersen: »Science and Reformation«. In: Leif Grane (Hrsg.): *University and Reformation*. Leiden 1981, S. 35–62. Sie liegt vielmehr im Bereich der katholischen, insbesondere jesuitischen Wissenschaft des 17. Jhs.; hierzu sind in den letzten Jahren eine Reihe von Untersuchungen (nicht nur zum Einfluß des jesuitischen *Collegio Romano* auf Galilei) erschienen, die bereits die Plausibilität der Merton-These grundlegend schwächen und wesentliche Einsichten in die mikrologischen Abhängigkeiten gebracht haben; vgl. u. a. William Ashworth: »Catholicism and Early Modern Science«. In: David C. Lindberg/Robert L. Numbers (Hrsg.): *God and Nature: Historical Essays on the Encounter between Christianity and Science*. Berkeley 1986, S. 136–166, Peter Dear: *Mersenne and the Learning of the Schools*. Itaca 1987, ferner Beiträge in *Science in Context* 6 (1989), sowie Luce Giard (Hrsg.): *Les jésuits a la Renaissnace: système éducatif et production du savoir*. Paris 1995; einen Überblick bietet Maria-Christina Pitassi: »Le monde catholique face aux sciences aux XVIIe et XVIIIe siècles. Entre refus et recupération«. In: Olivier Fatio (Hrsg.): *Les églises face aux sciences du moyen âge auu XXe siècle*. Genève 1991, S. 91–107.

Wirft man vor diesem Hintergrund einen Blick auf die Literaturwissenschaft, so sind zwei Momente festzuhalten: Das eine betrifft sie in ihrer Kompetenz für einen Beitrag zur Wissenschaftsforschung, das andere als Gegenstand dieser Forschung. Zumindest beim ersten erscheint der Befund als überraschend. Doch die Aufweichung der Trennung zwischen Begründungs- und Darstellungsnormen bietet den textanalysierenden Disziplinen die Chance, zu einer der grundlegenden Disziplinen für die Wissenschaftsforschung zu avancieren, sofern Wissenschaft auf die Texte reduziert wird, in denen sie ihre Wissensansprüche kommunizieren. Die ›Geltung‹ dieser Ansprüche hat dann ganz wesentlich etwas mit dem Machen von Texten und ihrem Aufbau zu tun, so daß der Unterschied zwischen ›Literatur‹ und ›Wissenschaft‹ tendenziell zusammenschmilzt bis zu monistischen Varianten von Panfiktionalismus und Pantextualismus. Zumindest im angloamerikanischen Sprachraum ist diese Entwicklung als ›rhetorical turn‹ oder gar ›literary turn‹ allenthalben etwa in der ›Writing Culture Debate‹ zu beobachten. Allerdings läßt sich auch beobachten, daß mit dem Import von Konzepten der Textanalyse in die Wissenschaftsforschung nicht automatisch die Kompetenz der Anwendung dieser Konzepte erworben wird (bekanntlich ist das bei den Importgeschäften der Literaturwissenschaft oftmals nicht anders).[58] Komplizierter, nicht aber unbedingt weniger überraschend stellt sich das zweite Moment dar. Wenig tadelig erscheint im Blick auf ihre philologischen Schwestern die Germanistik hinsichtlich der Bearbeitung ihrer Fachgeschichte.[59] Dabei haben immer wohl auch Aspekte ein Rolle gespielt, welche die Umwelt der germanistischen Leistungen in ihren verschiedenen historischen Phasen zu berücksichtigen erlauben. Mitunter setzt sich dabei eine Art Präsentismus durch, der vom aktuellen Verständnis der Wissensansprüche in der Disziplin ausgeht. Anders jedoch als in den Naturwissenschaften bildet den Ausgangspunkt hier ein theoretisches Konstrukt einer weitreichenden ›Beliebigkeit‹ ihrer (insbesondere interpretatorischen) Leistungen, so daß die gleichwohl faktisch immer gegebene ›Nichtbeliebigkeit‹ der Präferenzen von Literaturwissenschaftlern allein auf sozio-kulturelle oder ideologische Faktoren zurückzuweisen scheint.

Weniger gut sieht das Bild aus, wenn die Wissenschaftsforschung für die Literaturwissenschaften mehr sein soll als die historiographische Erschließung ihrer Theorie und Praxis.[60] So erfolgen wissenschaftstheoretische Analysen (nicht Normierungen) der Wissensansprüche in den interpretierenden Disziplinen im spezifischen Verständnis von Geltung bestenfalls zögerlich. Ersetzt wird diese (eigentlich notwendige) Selbstbeobachtung mehrheitlich durch den Import theoretischer Substitute und durch die Imitation beispielhafter Fremdleistungen, von ›Meisterwerken‹ – in *diesem* kuhnschen Sinne der Imitation erscheint die Literaturwissenschaft in der Tat als eine ›paradigmatische‹ Wissenschaft. Oder aber die Probleme werden nicht als diszplinspezifische wahr-

---

58 Vgl. hierzu Danneberg/Niederhauser: »›... daß die Papierersparnis‹« (Anm. 46).

59 Vgl. auch den Beitrag von Frank-Rutger Hausmann in diesem Band.

60 Vgl. auch die Einleitung zu diesem Band von Jörg Schönert.

genommen, sondern bestenfalls als Derivative (so verfahren nicht zuletzt Wissenschaftstheoretiker). Noch mehr gilt dies für die wissenschaftssoziologische Wissenschaftsforschung, die sich mit dem aktuellen Wissenschaftsgeschehen beschäftigt. Über die Gründe läßt sich hier nur spekulieren. Sie hängen vermutlich mit der Einschätzung des Status der textinterpretierenden Disziplinen als ›weiche Wissenschaften‹ zusammen. Zudem genießen diese Disziplinen nicht die gesellschaftliche Autorität wie die naturwissenschaftlichen Disziplinen – das ist das Gemeinsame. Die Wissenschaftstheorie hat seit den 1970er Jahren ihren normativen und damit wissenschaftskritischen Impetus gegenüber den Naturwissenschaften aufgegeben im Sinne von Imre Laktos' Wort, »daß die Wissenschaftstheorie eher imstande ist, den Historiker zu leiten als den Wissenschaftler selbst«.[61] Zwar spricht Lakatos einer »Theorie der Rationalität« nicht prinzipiell ab, »Gesetze des wissenschaftlichen Handelns« zu erlassen, doch bleibt für ihn der »methodologische Fortschritt« hinter den »instinktiv gefällten wissenschaftlichen Urteilen« zurück, so daß das »Hauptproblem darin besteht, möglichst eine Theorie der Rationalität zu finden, die eher gestattet, die Rationalität der Wissenschaftspraxis zu erklären als durch die Wissenschaftstheorie legislative Eingriffe in die fortgeschrittensten Wissenschaften vorzunehmen«.[62] Ganz anders hingegen Teile der Wissenschaftssoziologie, etwa des ›strong programme of scientific knowledge‹, sofern sie darauf zielen, die besondere Geltung naturwissenschaftlicher Wissensansprüche jenseits ihrer sozialen zu destruieren. Es ist eine Radikalisierung der erwähnten philosophi-

61 Imre Lakatos: »Popper zum Abgrenzungs- und Induktionsproblem«. (Engl.: Popper on Demarcation and Induction). In: Hans Lenk (Hrsg.): *Neue Aspekte der Wissenschaftstheorie*. Braunschweig 1971, S. 75–110, hier S. 93. – Wie ein schwacher Abklatsch hierzu wirkt der Beitrag von Klaus Fischer: »Braucht die Wissenschaft eine Theorie?« In: *Journal for General Philosophy of Science* 26 (1995), S. 227–257; dieser Beitrag ist zudem ärgerlich, weil er nahezu alle Untugenden vereint, die man im Rahmen wissenschaftstheoretischer Bekundungen machen kann: Das fängt damit an, daß man sich Autorität durch entproblematisierte wissenschaftshistorische Beispiele erschleicht, geht weiter über unsinnige Verallgemeinerungen durch das unspezifizierte Reden über ›die Wissenschaft‹ und fundamentale Unklarheiten, worüber überhaupt gesprochen wird, bis hin zum Ignorieren der Masse der zum Thema im angloamerikanischen Bereich erschienenen Erörterungen.

62 Lakatos (Anm. 61), S. 92; zum Hintergrund Danneberg (Anm. 11), S. 370ff. Vgl. bereits Karl R. Popper in der Urfassung seiner *Logik der Forschung*, nämlich in *Die beiden Grundprobleme der Erkenntnistheorie*. Aufgrund von Manuskripten aus den Jahren 1930–1933. Hrsg. von T.E. Hansen. Tübingen 1979, S. 364f.: »[D]ie Methodologie [ist] keineswegs ohne praktischen Nutzen. zwar ist es nicht sehr wahrscheinlich, daß es ihr gelingen wird, eine so hoch entwickelte Wissenschaft wie etwa die moderne *Physik* zu beeinflussen; im Gegenteil, sie wird von der Physik wohl immer nur lernen können.« Popper denkt hier mit Physik insbesondere die Relativitätstheorie, hierzu die Ausführungen im Text zur Problemsituation, die zur Entstehung der moderenen Wissenschaftstheorie geführt hat. Diese Stelle kommentiert Popper bei der Edition mit der Bemerkung: »(Anm. +2) Das war sicherlich ernst gemeint, hat sich aber als etwas zu pessimistisch herausgestellt«, und er fährt fort: »Aber auf die weniger hoch entwickelten Wissenschaften (Biologie, Psychologie, Soziologie) könnte sie wohl Einfluß nehmen« (S. 365).

schen Absicht, ein Antidot zum bornierten Dogmatismus bereitzustellen – allerdings unter weitgehender Vernachlässigung des anderen Moments, nämliche der sozialen und nicht-zirkulären Erklärung des Erfolgs einzelner Wissensansprüche gegenüber andern als Antidot zum übergreifenden Skeptizismus. Vereinfach gesagt, ist von beiden – von Wissenschaftstheorie und Wissenschaftssoziologie – für die Aufklärung der Verfassung interpretierender Disziplinen gegenwärtig wenig zu erwarten, allerdings aus unterschiedlichen Gründen: Die Wissenschaftstheoretiker haben die Naturwissenschaften als Hintergrund-Autorität ihrer Rede verloren, die Wissenschaftssoziologen arbeiten an der Zerstörung dieser Autorität und ermangeln der konstruktiven Autorität.

Mit einem weinenden, aber auch mit einem lachenden Auge ist das aus der Sicht interpretierender Disziplinen zu sehen. Das weinende betrifft die erhoffte Aufklärung über das Fach in seinen institutionellen und sozialen Bezügen – und wenn es hier einen Handlungsbedarf gibt, dann erscheint jeder wissenschaftstheoretisch und wissenschaftssoziologisch unaufgeklärte Aktionismus als verfehlt. Das lachende Auge gilt dem Bewußtsein, noch einmal ›davongekommen‹ zu sein. Denn die Situation in der Literaturwissenschaft ist anders als die im Labor.[63] Sehr pointiert gesagt: Hier, im Labor, gibt es etwas aufzuklären (mitunter auch zu entlarven), dort nichts. Der Grund beruht – vereinfacht[64] – auf der Authentizitätsannahme, unter die das ›Labor‹ gestellt wird oder steht; denn die Güte und Geltung der dort erzielten Ergebnisse hängt mit der Geschlossenheit der kausalen Strukturierung der Abläufe innerhalb des Labors zusammen (und damit der Rückverfolgung eines Kontaktes mit ›Natur‹).[65] Daß hier die Kausalitäten ›in actu‹ vielfältig als gebrochen erscheinen und ›ex post‹ geschlossen werden über die textuelle Darstellung, ist ein wichtiges Ergebnis, allerdings kaum abendfüllend hinsichtlich seiner (vermeintlichen) Konsequenzen.[66] Eine solche Authentizitätsrelation bei den Herkunftsgeschichten gibt es bei literaturwissenschaftlichen Interpretationstexten letztlich nicht (Ausnahmen sind vielleicht diejenigen, die ihr literaturwissenschaftliches Geschäft als Dienst an

---

63 Vgl. den Beitrag von Rudolf Stichweh in diesem Band.

64 Vgl. hierzu Danneberg/Niederhauser: »›... daß die Papierersparnis‹« (Anm. 46); dort auch ein Vergleich der Laborkonstellationen mit dem Anfertigen von Interpretationstexten.

65 Vgl. zur Wissenschaft als ›a form of live‹ unter Anspielung auf Wittgenstein beispielsweise Harry Collins, wenn es bei ihm heißt, daß »the natural world has a small or nonexistent role in the construction of scientific knowledge« – H. C.: »Stages in the Empirical Programme of Relativism«. In: *Social Studies of Science* 11 (1981), S. 3–10; ausführlicher ist dann ders.: *Changing Order: replication and Induction in Scientific Practice.* Beverly Hills/New Delhi 1985. Hierzu lassen sich Parallelen bei einigen Vertretern einer sog. empirischen Literaturwissenschaft hinsichtlich des (literarischen) Textes bzw. seiner Bedeutung bezeichnen. Natur und Textbedeutung mögen zwar als okkulte Entitäten erscheinen (allerdings vermag das keine philosophische Argumentationen schlüssig zu zeigen); doch alles das, was an die Stelle von Natur oder Textbedeutung tritt (Konventionen, soziale Tatsachen o. dgl.), ist in dieser Hinsicht *zunächst* nicht weniger okkult.

66 Das gehört zu dem allgemeineren Problem der Verbindung von Entdeckungs- und Begründungszusammenhang – vgl. hierzu Danneberg (Anm. 11).

Dichtung begreifen oder gleichsam als einen leibgebundenen Ausdruck). Eine Konsequenz ist indes so überraschend wie erhellend: Im Labor kann die Beobachtung ohne fachliche Kompetenz hinsichtlich des zu Beobachtenden ein methodologischer Vorteil sein; beim literaturwissenschaftlichen Geschäft nur ein Nachteil. Das lachende Auge sieht sich selber, wenn man das liest, was als vermeintliches Problem der auf dieser Tagung anwesenden Literaturwissenschaftler in einem Feuilleton-Beitrag von einem der Teilnehmer am Symposium diagnostiziert wird.[67] Das muß nicht heißen, daß jedem Literaturwissenschaftler nur seine fachliche Kompetenz zu wünschen sei – unter Absehung jeglicher Überschußkompetenz wissenschaftswissenschaftlicher Art.[68]

Ob man für die Germanistik einen Handlungsbedarf, das Erfordernis von ›Interventionen‹, bei der Gestaltung des eigenen Fachs oder der Hochschulplanung sieht oder auch nicht:[69] Die Innovationsbereitschaft in den literaturwissenschaftlichen oder kulturwissenschaftlichen Fächern ist atemberaubend. Schien es einmal so, als ob die Förderung von Innovationen den Disziplinen den Anschluß an andere etwa im Werben um gesellschaftliche Autorität verschaffen würde, so hat sie diese hierbei längst überholt. Doch am Auto- und Heterostereotyp dieser Disziplinen hat sich – um es euphemistisch zu sagen – nichts geändert. Auch wenn es für bestimmte Fächer (oder auch für alle) keine Identität gibt (beziehungsweise eine solche Konstruktion scheitert – aber woran?), so schließt das nicht aus, ihr mehr Kontinuität zu wünschen. Innovation wird in den Geistes- und Kulturwissenschaften zunehmend zum Selbstzweck und erscheint immer mehr als das bei Kindern beliebte, doch für Erwachsene so überaus unkreative Spiel des ›Ich-sehe-was-was-du-nicht-siehst‹. Wenn eine Disziplin Handlungsbedarf besitzt, so sollten diese Erfahrungen lehren, diesen Bedarf nicht an einem leeren Begriff des ›neuen Wissens‹ oder der Innovation auszurichten.[70]

Mit einem wissenschaftstheoretischen Bild möchte ich enden, das vielleicht nicht generell auf die vergangene Wissenschaftsgeschichte paßt, aber vielleicht für die zukünftige gelten könnte. Besondere Aufmerksamkeit hat in der Wissenschaftstheorie eine Beobachtung gefunden (mitunter ist hierin sogar ein Argument gesehen worden, um die klassische zweiwertige Logik zu korrigieren), die letztlich trivial und schon von Henri Poincaré, dem vielleicht bedeutendsten Mathematiker des 19. Jahrhunderts, gemacht worden ist: Für gemessene Gewichte gilt keine Transitivität. Also: ein Gewicht A sei dem gemessenen Gewicht von B, B wiederum dem gemessenen von C gleich. Würde Transitivität gelten, so könnte man auf die Gleichheit der gemessenen Gewichte von A und

---

67 Vgl. »Die Heroen wachhalten. Bewunderung und Methode: Puppe, Goethe, Germanistik«. In: *Frankfurter Allgemeine Zeitung* vom 7. 10. 1998.

68 Vgl. die Einleitung zu diesem Band von Jörg Schönert.

69 Vgl. den Beitrag von Jürgen Fohrmann in diesem Band.

70 Hierzu auch Lutz Danneberg und Friedrich Vollhardt: »Sinn und Unsinn literaturwissenschaftlicher Innovationen. Mit Beispielen aus der konstruktivistischen Literaturtheorie sowie der neueren Forschung zu Lessing und zur ›Empfindsamkeit‹«. In: *Aufklärung* 14 (erscheint 2000).

C schließen.[71] Doch das muß offenkundig nicht sein. Übertragen auf die Wissenschaftsgeschichte besagt das: Auch wenn die unterschiedenen, zeitlich benachbarten wissenschaftshistorischen Segmente sehr hohe Ähnlichkeit aufweisen, so kann im direkten Vergleich eines gesetzten Anfangs mit einem gewählten Ende sich diese Kontinuität als Diskontinuität erweisen, mithin als Innovation. Innovation ist dabei nicht nur ein relationaler Ausdruck; er ist nicht einfach das Neue oder Andere. Die Stärke einer Innovation liegt auch in der Bewahrung von Kontinuität (oder – wenn man so will – von Tradition). Das Bild illustriert, in welchem Sinne Innovationen nicht intendiert zu sein brauchen, und es vermeidet Richtungsvorgaben. Indes vermag es nicht die gleichzeitige und fortwährende Vielfalt von Wissensansprüchen auszudrücken (da das Bild eher einen stetigen unilinearen Ablauf nahelegen könnte). Gleichwohl läßt es deutlich werden, daß solche Kontinuität nicht Kumulation bedeutet: Der gesetzte Anfangspunkt kann dem gesetzten Endpunkt so unähnlich sein, wie es nur zwei Dinge in dieser Welt sein können. Mit den Worten Werner Heisenbergs gesagt: »Nur wer sich bemüht, so *wenig* wie möglich zu ändern, kann Erfolg haben; weil er dadurch den ›Sachzwang‹ sichtbar macht; und die kleinen Änderungen, die er schließlich als absolut notwenig erweist, erzwingen dann vielleicht im Laufe der Jahre oder Jahrzehnte eine Änderung in der Struktur des Denkens, also eine Verschiebung in den Fundamenten.«[72] Das würde letztlich heißen, in den Literatur- oder Kulturwissenschaften stärker die Kontinuität zu prämieren – und es ist sehr viel schwieriger, in ihnen Kontinuitiät zu wahren, als innovativ zu sein.[73]

---

71 Ebenso einschneidend sind die Konsequenzen, wenn man bei der Bestimmung von Ordnungsstrukturen des Präferenzverhaltens nicht (durchgängige) Transitivität unterstellt.

72 Werner Heisenberg: »Änderung der Denkstruktur im Fortschritt der Wissenschaft«. In: *Studium generale* 23 (1970), S. 808–816, hier S. 816. Heisenberg verwendet den Ausdruck »Änderungen der Denkstruktur« synonym mit »wissenschaftlichen Revolutionen«, auf den er zur Vermeidung von Mißverständnissen verzichtet hat. Durch seinen Beitrag, der sich mit der Entstehung der Quantentheorie und Relativitätstheorie beschäftigt, zieht sich leitmotivisch (von S. 811 an faktisch auf jeder Seite wiederholt), daß keiner der daran Beteiligten, die Absicht gehabt habe, einen »Umsturz« in der Physik zu initiieren. Erklären will er (S. 810), »wie es eine scheinbar kleine Gruppe von Physikern vermocht hat, den anderen diese Änderungen in der Struktur der Wissenschaft und des Denkens aufzuzwingen«. – Vgl. auch eine Beschreibung wie die folgende bei Jürgen Renn: »Einstein as a Disciple of Galileo: A Comparative Study of Concept Development in Physics«. In: *Science in Context* 6 (1993), S. 311–341, hier S. 322: »By exploring these alternatives [scil. the ›internal‹ alternatives of classical physics], Einstein contributed the last capstone that revealed the untenability of the conceptual framework of classical physics and that represented, at the same time, the cornerstones of a new conceptual basis.«

73 Vgl. Lutz Danneberg: »›Ich habe nichts neues zu sagen ...‹«. In: *Jb. der deutschen Schillergesellschaft* 39 (1995), S. 434–438. Da liegt vermutlich auch eher eine Erklärung für das mitunter geringe Innovationsalter in den Literaturwissenschaften; denn der behauptete *allgemeine* Zusammenhang zwischen Lebensalter und Innovationsbereitsschaft besitzt eine lange Tradition, ist aber oft nicht zu stützen, vgl. hierzu Harriet Zuckerman/Robert K. Merton: »Age, Aging, and Age Stratification in Science«. (1972). In: Storer (Anm. 26), sowie dies.: *Scientific Elite: Nobel Laureates in the United States.*

Der Wissenschaftsforschung – sei sie nun wissenschaftshistorisch, wissenschaftssoziologische oder wissenschaftstheoretisch orientiert – stellen die interpretierenden Disziplinen eine Aufgabe, die sie vielleicht im Konzert ihrer Schwesterdisziplinen zumindest gegenwärtig vielleicht singulär erscheinen läßt: Zum einen zu erhellen, welche Bedingungen zu einem so enormen Innovationsdruck geführt haben und wie das mit dem disziplinären Selbstverständnis zusammenhängt, zum anderen die Bedingungen zu erkunden, unter denen (in der Sprache Kuhns) ›normal science‹ funktioniert[74] und in welchen institutionellen Rahmungen sie sich stabilisieren läßt. Ziel ist dabei nicht der Ausschluß von Scharlatanerie oder Dilettantismus; Ziel ist, solche Normen und Konditionen zu ermitteln, die sich in jeweils spezifische und lehrbare Kompetenzen umsetzen lassen. Denn das Problem besteht – zumindest nach dieser Diagnose – darin, daß die jüngere wissenschaftshistorische Vergangenheit der literaturwissenschaftlichen Disziplinen zu oft zeigt, wie starke Innovationen in äußerst schwacher Normalwissenschaft enden – mithin keine Kompetenzen zu bilden vermochten.

New York 1977, S. 164–169, zusammenfassend dies.: »The Sociology of Science«. In: Neil S. Smelser (Hrsg.): *Handbook of Sociology*. Newbury Park 1988, S. 526–541, hier S. 534, ferner Mark Oromaner: »Professional Age and the Reception of Sociological Publications: A Test of the Zuckerman-Merton Hypothesis«. In: *Social Studies of Science* 7 (1977), S. 381–388, insbes. David L. Hull: *Science as a Process: An Evolutionary Account of the Social and Conceptual Development of Science*. Chicago 1988, S. 379–383. Mit Kuhn hat diese Annahme unter Rückgriff auf ein berühmtes Diktum Max Plancks Eingang in den ›common sense‹ gefunden. Wenn man sich einmal die Mühe macht, die zahlreichen Äußerungen von namhaften Wissenschaftlern – die spätestens mit Antoine Lavoisier beginnen (für eine noch frühere Formulierung in Bacons *Essay Of Youth and Age* gilt das nicht unbedingt) – zu analysieren, dann stellt sich durchgängig heraus, das dieses Diktum nicht auf gesättigter Empirie beruht, sondern zumeist mehr oder weniger beleidigter Ausdruck der erlebten Nichtakzeptanz eigener Wissensansprüche ist – einer Nichtakzeptanz, die für den jeweiligen Wissenschaftler aufgrund seiner festen Überzeugungen rational unerklärlich bleibt, so daß dann diese ›Irrationalität‹ dann eine biologische Erklärung erfährt.

74 Vgl. Steven Weinberg: »Wissensrevolutionen. Paradigmenwechsel: Zur Wissenschaftsgeschichte Thomas Kuhns«. In: *Lettre international* No. 49 (Winter 1998), S. 64–67, hier S. 66: »Bei meiner ersten Lektüre von *Die Struktur* im Jahre 1972 beeindruckte mich weniger Kuhns Beschreibung der wissenschaftlichen Revolutionen als vielmehr seine Behandlung der Normalwissenschaft. Er zeigte, daß eine normalwissenschaftliche Periode kein Stillstand, sondern eine wesentliche Phase des wissenschaftlichen Fortschritts ist.«

Ruhm und Rezeption. Unsterblichkeit als Voraussetzung der Literaturwissenschaft

DETLEV SCHÖTTKER

Tichtern aber kanns gelingen/
Uber jhren Tod zu springen.
Friedrich von Logau (1654).

Obwohl die These vom »Tod des Autors« zu einem Topos der Literaturwissenschaft geworden ist, die inzwischen ihren Weg in die Lexika gefunden hat,[1] kann vom Verschwinden des Autors keine Rede sein. Das zeigt nicht nur die anhaltende Produktion und Beliebtheit von Schriftsteller-Biographien, sondern auch die Präsenz des Autorsubjekts in solchen Arbeiten, die sich im Zeichen des Poststrukturalismus ausschließlich der Analyse von Texten widmen wollen. Paul de Mans Bücher und Aufsätze sind prominente Beispiele dafür. Zwar hat der Autor seine Autorität als kompetenter Interpret seiner Werke eingebüßt, doch ist sein Name offenbar ein unhintergehbarer Faktor der Rezeption geblieben. So »gleichgültig«, wie Michel Foucault in seiner Rede »Was ist ein Autor?« 1969 im Anschluß an Roland Barthes meinte, kann es also nicht sein, »wer spricht«.[2]

Taucht der Name eines Autors in Texten oder Äußerungen auf, tritt er als sinnbildendes Subjekt in Erscheinung. Mit dem realen Individuum hat diese Subjektivität allerdings kaum etwas zu tun, auch wenn es durch Selbstdarstellungen in Form von Briefen, Autobiographien oder Porträts individuelle Besonderheiten über den Tod hinaus retten will. Es handelt sich vielmehr um ein

1 Vgl. das entsprechende Lemma in Ansgar Nünning (Hrsg.): *Metzler Lexikon Literatur- und Kulturtheorie.* Stuttgart/Weimar 1998, S. 534f.

2 Michel Foucault: »Was ist ein Autor?« (1969). In: M. F.: *Schriften zur Literatur.* Frankfurt a. M. 1988, S. 7–31. – Vgl. dazu die einschlägigen Beiträge in Jürgen Fohrmann/Harro Müller (Hrsg.): *Diskurstheorien und Literaturwissenschaft.* Frankfurt a. M. 1988; Gerhard Neumann (Hrsg.): *Poststrukturalismus. Herausforderung an die Literaturwissenschaft.* (Germanistische Symposien, Berichtsbände 18). Stuttgart/Weimar 1997; darüber hinaus Manfred Frank u. a. (Hrsg.): *Die Frage nach dem Subjekt.* Frankfurt a. M. 1988, und Peter Bürger: *Das Verschwinden des Subjekts. Eine Geschichte der Subjektivität von Montaigne bis Barthes.* Frankfurt a. M. 1998.

imaginäres Subjekt, das durch Schrift, Stimme oder Porträt in die Vorstellungswelt von Lesern, Zuhörern oder Interpreten eindringt und sich hier erst konstituiert. Die Literaturwissenschaft hat sich mit dieser Präsenz des imaginären Autorssubjekts jedoch nicht beschäftigt, wie die Fragestellungen in den rezeptionsgeschichtlich orientierten Teildisziplinen des Faches zeigen, so daß sich die These vom »Tod des Autors« durchsetzen konnte, ohne auf nennenswerten Widerstand zu stoßen: Die Literatursoziologie untersuchte die gesellschaftliche Stellung des Schriftstellers und seiner Werke in verschiedenen Epochen.[3] Die Rezeptionsforschung analysierte den Wandel von Werkdeutungen, Leserinteressen und Dichterpräferenzen in der Literaturgeschichte.[4] In den Beiträgen zur Kanonforschung steht die Frage nach der gesellschaftlichen Durchsetzung von Autoren und Werken im Vordergrund.[5] Und die wissenschaftsgeschichtlichen Arbeiten fragen nach den internen und externen Einflüssen auf den Wandel von Methoden und Theorien der Literaturwissenschaft.[6] Die postume Präsenz des Autorsubjekts wird vorausgesetzt, bleibt aber unreflektiert.

Symptom für dieses Defizit ist die Abwesenheit eines Begriffs aus der literaturwissenschaftlichen Diskussion, der die Selbstreflexion des gelehrten Schriftstellers bis zum Ende des 19. Jahrhunderts begleitet hat, nämlich der des Ruhms. Während Kleist die Idee in einem oft zitierten Brief an seine Schwester Ulrike vom 26. Oktober 1803 als »das größte der Güter der Erde« bezeichnete,[7] findet man den Begriff in den neueren Lexika der Humanwissenschaften nicht mehr, wie ein Blick in das *Historische Wörterbuch der Philosophie*, die *Geschichtlichen Grundbegriffe* oder das *Reallexikon der deutschen Literaturwissenschaft* zeigt. Dennoch gibt es keinen Ersatz für den Begriff, wenn man nach den Gründen für die dauerhafte Ausstrahlung von Autoren und Werken fragt. Soziologische Termini wie ›Reputation‹, ›Renommee‹ oder ›Prestige‹ bezeichnen zwar ebenfalls Formen des Ansehens, beziehen sich aber auf die Gegenwart. Das Phänomen des Ruhms setzt dagegen einen großen zeitlichen Abstand zwischen individueller Leistung und kollektiver Anerkennung voraus. Der Tod wird dabei zur eigentlichen Bewährungsprobe für das Weiterleben des Individuums.

3 Vgl. Richard Albrecht: »Aspekte der gegenwärtigen Literatursoziologie in der Bundesrepublik Deutschland. Ein Literaturbericht«. In: *Diskussion Deutsch* 11 (1980), S. 434–443; Andreas Dörner/Ludgera Vogt: *Literatursoziologie. Literatur, Gesellschaft, Politische Kultur*. Opladen 1994.

4 Vgl. Detlev Schöttker: »Theorien der literarischen Rezeption. Rezeptionsästhetik, Rezeptionsforschung, Empirische Literaturwissenschaft«. In: Heinz Ludwig Arnold/Heinrich Detering (Hrsg.): *Grundzüge der Literaturwissenschaft*. München 1996, S. 537–554.

5 Vgl. Renate v. Heydebrand (Hrsg.): *Kanon Macht Kultur. Theoretische, historische und soziale Aspekte ästhetischer Kanonbildung*. (Germanistische Symposien, Berichtsbände 19). Stuttgart/Weimar 1998.

6 Vgl. Wilhelm Voßkamp: »Zur Wissenschaftsgeschichte der deutschen Literaturwissenschaft in der Bundesrepublik«. In: Jürgen Fohrmann/W. V.: *Wissenschaft und Nation. Zur Entstehungsgeschichte der deutschen Literaturwissenschaft*. München 1991, S. 17–28.

7 Heinrich v. Kleist: *Sämtliche Werke und Briefe*. Hrsg von Helmut Sembdner. 2 Bde. 7., erg. und rev. Aufl. München 1984, Bd. 2, S. 737.

Obwohl der Ruhm ein historisches Phänomen ist, das in allen Bereichen öffentlicher Aktivitäten auftreten kann, ist die Literaturwissenschaft in besonderer Weise mit ihm verbunden. Man kann drei Ebenen unterscheiden: Erstens ist die Literatur wegen ihrer Langlebigkeit ein bevorzugtes Medium der Ruhmbildung. Zweitens gehören zum Untersuchungsbereich der Literaturwissenschaft Formen, die Ausdruck von Ruhm sind oder einen Beitrag zur Ruhmbildung leisten, wie Legenden, Anekdoten, Briefe, Autobiographien, historische Romane, Grabeslyrik etc. Und drittens trägt die Literaturwissenschaft zur dauerhaften Präsenz von Autoren und Werken durch eigene Darstellungsformen wie Editionen, Interpretationen, Kommentare oder biographisch orientierte Monographien bei, durch die die Vertreter des Faches wiederum am Ruhm ihrer Gegenstände partizipieren.

Eine Theorie des Ruhms hätte die Aufgabe, diesen Zusammenhang von literarischer Produktion und dauerhafter Ausstrahlung zu klären, also zu erhellen, warum bestimmte Autoren und Werke auch postum das Interesse des Publikums wecken und Gegenstand literaturwissenschaftlicher Aneignung werden. Eine solche Theorie könnte einen Beitrag zur Selbstverständigung der Disziplin leisten, die ein zentrales Anliegen der Wissenschaftsforschung ist. Ich möchte hier einen entsprechenden Versuch unternehmen. Dabei gehe ich zunächst in einem historischen Teil auf die Entwicklung des Ruhmgedankens und seiner Reflexion in der Literatur ein, um Bedeutung und Wandel des Phänomens zu verdeutlichen, und versuche dann in einem systematischen Teil, Elemente einer Theorie des Ruhms für die Literaturwissenschaft zu skizzieren.

I.

Individuelles Ruhmbewußtsein und historische Ruhmreflexion gehen in Europa seit dem 14. Jahrhundert eine Verbindung ein und verleihen der Idee damit einen hohen gesellschaftlichen Stellenwert. In seinem 1860 erschienenen Buch *Die Kultur der Renaissance in Italien* hat Jacob Burckhardt nachdrücklich auf die Bedeutung des Ruhms für das Selbstverständnis des kreativen Subjekts in der frühen Neuzeit hingewiesen. Die Künstler der Renaissance wollten nach Burckhardts Auffassung bei den Nachgeborenen weiterleben, so daß die christliche Idee der Unsterblichkeit der Seele zu einem weltlichen Prinzip wurde. Der wichtigste Repräsentant des neuen Unsterblichkeitsgedankens war der gelehrte Schriftsteller, für den Dante als Prototyp gilt. »Rasch«, so schreibt Burckhardt, »bemächtigt sich nun das neu aufkommende Geschlecht, welches auf Dante folgt, des Ruhms im doppelten Sinne: indem sie selber die anerkanntesten Berühmtheiten Italiens werden und zugleich als Dichter und Geschichtsschreiber mit Bewußtsein über den Ruhm anderer verfügen.«[8]

---

8 Jacob Burckhardt: *Die Kultur der Renaissance in Italien. Ein Versuch.* Hrsg. von Walther Rehm. Stuttgart 1987, S. 174.

In der antiken Philosophie ist diese Idee des Ruhms als Nachruhm vorweggenommen. So läßt Platon im *Symposion* (um 380 v. Chr.) seine Diotima-Figur in einem Gespräch mit Sokrates betonen, »wie gewaltig« das »Streben der Menschen« sei, »sich einen großen und unsterblichen Namen für ewige Zeiten zu begründen, und wie hierfür alle noch mehr als für ihre Kinder bereit« seien, »Gefahren zu bestehen und ihr Vermögen zu opfern und jegliche Mühsale zu tragen, ja sogar dafür in den Tod zu gehen«. Für Platon ist die Dichtung das wichtigste Medium der Unsterblichkeit, wie er Diotima betonen läßt: »Und ein jeder möchte wohl lieber solche Kinder hinterlassen wollen als die leiblichen, wenn er auf Homer hinblickt oder Hesiod und die übrigen vortrefflichen Dichter glücklich preist, daß sie solche Sprößlinge hinterließen, welche, von gleicher Beschaffenheit wie ihre Väter, ihnen unsterblichen Ruhm und ein ewig dauerndes Andenken erhalten.«[9]

Im Gegensatz zu Jacob Burckhardt hat Heinrich Klotz darauf hingewiesen, daß auch das Mittelalter keineswegs nur das Zeitalter des anonymen Kunstwerks gewesen sei, da viele Künstler und Autoren durch Devotionsformeln in Inschriften oder Textergänzungen den eigenen Namen zum Element ihrer Werke gemacht hätten, um die Verurteilung der Geltungssucht zu umgehen. So heißt es beispielsweise in einem der Werke Lamprechts von Regensburg, der im 13. Jahrhundert geistliche Dichtungen verfaßt hat: »Lamprecht ist genannt sîn name / den nenne ich mêr durch sîne schame dann durch werltlîchen roum.«[10] Im Unterschied zum Mittelalter nennt der Autor der Renaissance seinen Namen jedoch selbstbewußt und verbindet damit die Hoffnung auf Unsterblichkeit als Individuum. »Vielleicht«, so schreibt Petrarca an einen seiner potentiellen Bewunderer im *Brief an die Nachwelt* Mitte des 14. Jahrhunderts, »hörst du einmal etwas über mich, und dann wünschest du vielleicht zu wissen, was für ein Mensch ich war und wie es meinen Werken ergangen.«[11] Doch führt das Bedürfnis nach Ruhm in zunehmendem Maße zur Relativierung der Idee, da nun auch vor der Vergänglichkeit des Phänomens gewarnt wird, was später zum Topos wurde.[12] »Der Ruhm der Welt«, so heißt es in Dantes *Göttlicher Komödie*, die zwischen 1306 und 1321 entstand und 1472 erstmals gedruckt wurde, »streift wie ein Hauch die Ohren, / Ein Hauch, der hierher bald, bald dorther wallt, / Und mit der Richtung geht der Nam verloren.«[13]

---

9 Platon: *Das Gastmahl.* Übers. von Franz Susemihl. In: Platon: *Sämtliche Werke.* 3 Bde. Berlin o. J., Bd. 1, S. 659–727, hier S. 707f. (208A-210A).

10 Heinrich Klotz: »Formen der Anonymität und des Individualismus in der Kunst des Mittelalters und der Renaissance«. (1976). In: H. K.: *Architektur. Texte zur Geschichte, Theorie und Kritik des Bauens.* Ostfildern-Ruit 1996, S. 82–95, hier S. 86 das Zitat Lamprechts.

11 Francesco Petrarca: *Brief an die Nachwelt.* In: F. P.: *Dichtungen, Briefe, Schriften.* Hrsg. von Hanns W. Eppelsheimer. Frankfurt a. M. 1980, S. 27–38, hier S. 27.

12 Vgl. Walter Muschg: *Tragische Literaturgeschichte.* (1948). 5. Aufl. Bern 1983, S. 577ff.; Karl Markus Michel: »Heldendämmerung. Die Schicksale der Grandiosität«. In: *Kursbuch* 108 (Juni 1992), S. 63–86; Walter Hinck: *Magie und Tagtraum. Das Selbstbildnis des Dichters in der deutschen Lyrik.* Frankfurt a. M. 1994, S. 14ff.

13 Dante Alighieri: *Die Göttliche Komödie.* Übertragen von Wilhelm G. Hertz, München 1978, S. 206.

Burckhardts Darstellung spiegelt jenen Wandel der Unsterblichkeitsidee wider, der in Deutschland in der Mitte des 18. Jahrhunderts einsetzte. Er führte zur Überwindung der barocken Auffassung von der Vergänglichkeit der Welt, die sich auf die christliche Idee des Weiterlebens der Seele im Jenseits stützte. So macht Klopstock in seiner *Ode von der Fahrt auf der Zürcher See*, die 1750 gedruckt wurde und in der Ausgabe der *Oden* von 1771 den bekannteren Titel *Der Zürchersee* bekam, die Dichtung erstmals zum Medium der weltlichen Unsterblichkeit des Schriftstellers. In der dreizehnten und vierzehnten Strophe des Gedichts heißt es: »Reizend klinget des Ruhms lockender Silberthon, / In das schlagende Herz, und die Unsterblichkeit, / Ist ein großer Gedanke, / Ist des Schweißes der Edlen werth.// Durch der Lieder Gewalt bey der Urenkelinn / Sohn und Tochter noch seyn; mit der Entzückung Thon, / Oft beym Namen genennet, / Oft gerufen vom Grabe her.« Mit dem Hinweis auf das »Elysium« als Ort der großen Geister im diesseitigen Jenseits endet das Gedicht: »O! so wollten wir hier Hütten der Freundschaft baun, / Ewig wohnten wir hier, ewig! wir nennten dann / Jenen Schatten-Wald, Tempe, / Diese Thäler, Elysium.«[14]

Die Hoffnung auf die Nachwelt ist in der zweiten Hälfte des 18. Jahrhunderts zum Bestandteil des Geniegedankens geworden, da eine zunehmende Zahl von Schriftstellern wegen ihres Anspruchs auf Originalität keinen Erfolg beim Publikum hatte, so daß die Nachwelt zum Adressaten ihres Werkes wurde.[15] So schreibt Johann Christian Günther, der die Genieauffassung wie kaum ein anderer vorweggenommen hat, in einer 1714 verfaßten Versepistel in Anspielung auf den Lorbeerkranz der antiken Dichterkrönung: »Der Hunger mag mich tödten / Das Schwerd erwürge mich, dem Feuer mag der Leib / An statt der Nahrung seyn, wenn nur mein Zeitvertreib, / Das edle Harfenspiel, die Seele meines Lebens, / Nicht in dem Tode stirbt, so hab ich nicht vergebens, / So hab ich nicht umsonst mich um den Cranz erhizt.«[16] Noch deutlicher heißt es in einem jener Briefe, die Diderot 1766 mit dem Bildhauer Étienne-Maurice Falconet über die Rolle der Nachwelt gewechselt hat: »Das Lob unserer Zeitgenossen ist

---

14 In der Fassung von 1750 zitiert nach dem Abdruck in der Anthologie *Gedichte 1700–1770. Nach den Erstdrucken in zeitlicher Folge*. Hrsg. von Jürgen Stenzel. 2. Aufl. München 1977, S. 243–245. Vgl. zum Zusammenhang Bernhard Blume: »Orpheus und Messias: Zur Mythologie der Unsterblichkeit in Klopstocks Dichtung«. In: *Jb. der Deutschen Schillergesellschaft* 6 (1966), S. 21–34.

15 Die literaturhistorischen Arbeiten zum Genieproblem haben sich in erster Linie mit ästhetischen und philosophischen Fragen beschäftigt, die Nachwelt-Orientierung aber vernachlässigt. Vgl. Jochen Schmidt: *Die Geschichte des Genie-Gedankens in der deutschen Literatur, Philosophie und Politik 1750–1945*. (1985). 2., durchges. Aufl. 2 Bde. Darmstadt 1988.

16 Johann Christian Günther: *Sämtliche Werke. Hist.-krit. Gesamtausgabe*. Hrsg. von Wilhelm Krämer. 6 Bde. Leipzig 1930–1937, Bd. 3 (1934), S. 16–19, hier S. 18f. Günther sollte mit dieser Hoffnung auf die Nachwelt recht behalten, da die Anerkennung seines Werkes bereits ein Jahr nach seinem Tod mit der ersten Ausgabe der Gedichte (1724) einsetzte; vgl. Wolfgang von Ungern-Sternberg: »Die Armut des Poeten. Zur Berufsproblematik des Dichters im frühen 18. Jahrhundert am Beispiel von Johann Christian Günther«. In: *Text + Kritik*, H. 74/75: Johann Christian Günther. München 1982, S. 85–109.

niemals rein und unvermischt. Nur das der Nachwelt spricht in der Gegenwart zu mir.«[17]

Juristisch wirksam wurde die Idee des Nachruhms mit der Durchsetzung des Urheberrechts in der ersten Hälfte des 19. Jahrhunderts, die dem Autor die Verfügung über den eigenen Text über seinen Tod hinaus garantierte und zur Nennung des Autornamens auf den Titelblättern von Büchern führte.[18] Öffentlich wirksam wurde die Idee mit der Errichtung von Dichter-Denkmälern, die die antike Tradition der Dichterkrönung am Ende des 18. Jahrhunderts ablöste, nachdem diese bereits im 17. Jahrhundert in eine Krise geraten war.[19] Anders als beim Dichter-Porträt, das die deutsche Aufklärung zum Medium der Präsenz von Schriftstellern gemacht hatte,[20] ist beim Denkmal nicht die Anerkennung zu Lebzeiten, sondern die Bewährung bei den Nachgeborenen Voraussetzung, wie die zeitgenössischen Diskussionen zeigen.[21]

Nachdem seit dem letzten Drittel des 18. Jahrhunderts zunächst Säulen mit Medaillon-Porträts und später auch Büsten von Dichtern in privaten Parks aufgestellt worden sind, die Ausdruck der individuellen Verehrung des Stifters waren, wurde 1836 das erste Dichter-Denkmal als repräsentatives Standbild eingeweiht (für Justus Möser in Osnabrück). Vorausgegangen waren seit 1821 Standbilder für Luther, Melanchthon und Gutenberg. Sie verweisen auf die nationale Orientierung der Denkmal-Kultur, die ab Mitte des 19. Jahrhunderts mit der Ausbreitung des Nationalgedankens zu einer Flut von Dichter-Denkmälern in den Städten führte. Die Denkmäler sollten den neuen literarischen Kanon durch die figurale Präsenz der Autoren festigen und haben damit die nationale Orientierung von Literaturwissenschaft und Literaturgeschichtsschreibung ergänzt.[22]

---

17 Denis Diderot: *Briefe 1742–1781.* Hrsg. von Hans Hinterhäuser. Frankfurt a. M. 1984, S. 217.

18 Vgl. Heinrich Bosse: *Autorschaft ist Werkherrschaft. Über die Entstehung des Urheberrechts aus dem Geist der Goethezeit.* Paderborn u. a. 1981.

19 Vgl. Paul Raabe: »Lorbeerkranz und Denkmal. Wandlungen der Dichterhuldigung in Deutschland«. In: Eckhard Catholy/Winfried Hellmann (Hrsg.): *Festschrift für Klaus Ziegler.* Tübingen 1968, S. 411–426.

20 Vgl. Gotthardt Frühsorge: »Freundschaftliche Bilder. Zur historischen Bedeutung der Bildnissammlung im Gleimhaus in Halberstadt«. In: Richard Brinkmann u. a (Hrsg.): *Theatrum Europaeum. Festschrift für Elida Maria Szarota.* München 1982, S. 429–452; Roland Kanz: *Dichter und Denker im Porträt. Spaziergänge zur deutschen Porträtkultur des 18. Jahrhunderts.* München 1993.

21 Vgl. Rolf Selbmann: *Dichterdenkmäler in Deutschland. Literaturgeschichte in Erz und Stein.* Stuttgart 1988. – Auf die Beziehungen zwischen Grab, Denkmal und Schrift hat Jan Assmann hingewiesen; vgl. J. A.: »Schrift, Tod und Identität. Das Grab als Vorschule der Literatur im alten Ägypten«. In: Aleida Assmann u. a.: *Schrift und Gedächtnis.* München 1983, S. 64–93; ders.: »Stein und Zeit. Das ›monumentale‹ Gedächtnis der altägyptischen Kultur«. In: J. A./Tonio Hölscher (Hrsg.): *Kultur und Gedächtnis.* Frankfurt a. M. 1988, S. 87–114.

22 Vgl. Jürgen Fohrmann: *Das Projekt der deutschen Literaturgeschichte.* Stuttgart 1989; Klaus Weimar: *Geschichte der deutschen Literaturwissenschaft bis zum Ende des 19. Jahrhunderts.* München 1989, S. 254ff.; Jürgen Fohrmann/Wilhelm Voßkamp (Hrsg.): *Wissenschaftsgeschichte der Germanistik im 19. Jahrhundert.* Stuttgart/Weimar 1994 (hier vor allem die Beiträge zu Goethe und Schiller von Hans-Martin Kruckis, Maximilian Nutz und Christian Grawe).

Mit der ›Walhalla‹, die Leo von Klenze seit 1814 im Auftrag Ludwigs I. von Bayern entwarf und zwischen 1830 und 1842 in der Nähe von Regensburg auf einem Hügel über der Donau bauen ließ (in Form eines griechischen Tempels mit altägyptischen Fundamenten und germanisierenden architektonischen Details), hat die Nationalisierung des Ruhmgedankens in Deutschland ihren monumentalen und musealen Ausdruck gefunden.[23] Der Name ›Walhalla‹ verweist auf den germanischen Himmel und damit auf ein nordisches Elysium als Ort der Unsterblichkeit. Hier sollten nicht nur Dichter und Denker, sondern alle »rühmlich ausgezeichneten Deutschen«, also auch Wissenschaftler, Militärs und Politiker berücksichtigt und in Form von Büsten unter einem Dach vereint werden, wie Ludwig I. in seiner Schrift *Walhalla's Genossen* von 1842 betont.[24]

Die Begründung für die Heroisierung des bedeutenden Individuums hatte der Historiker, Schriftsteller und Goethe-Übersetzer Thomas Carlyle bereits ein Jahr vor Einweihung der ›Walhalla‹ in seinem Buch *On Heros, Hero-Workship, and the Heroic in History* (1841) geliefert. Es erschien 1853 auch auf deutsch und prägte die Geschichtsschreibung des 19. Jahrhunderts. Doch würdigte Carlyle weniger die nationale als vielmehr die menschheitsgeschichtliche Rolle der Dichter, Philosophen, Religionsstifter und Politiker. »Denn nach unserer Auffassung«, so schreibt er, »ist die Universalgeschichte im Grunde die Geschichte der großen Männer, welche darin gearbeitet haben. Sie waren die Führer der Menschheit, diese Großen; sie waren die Bildner, die Vorbilder und im vollsten Sinne die Schöpfer alles dessen, was die große Masse der Menschen vollbrachte oder erreichte.«[25]

Relativiert wurde die Heroisierung des bedeutenden Individuums durch Cesare Lombrosos Buch *Genio e Follia*. Das Buch erschien 1864 in Mailand und lag 1877 auch in deutscher Übersetzung vor. Lombroso wollte zeigen, daß die Leistungen des herausragenden Individuums in der Regel von körperlichen und seelischen Krankheiten begleitet sind. »Das Genie«, so Lombroso, »jene einzige reinmenschliche Macht, vor welcher man ohne Beschämung sein Haupt beugen darf, wurde von nicht wenigen Gelehrten, zugleich mit dem Hang zum Verbrechen, zu den theratologischen Formen des menschlichen Geistes gezählt und für eine der vielen Formen des Irrsinns erklärt.«[26] Nicht die nationale und universalhistorische Bedeutung des herausragenden Individuums, sondern die psychopathologischen Voraussetzungen seiner Leistungen standen seither im Mittelpunkt des publizistischen und wissenschaftlichen Interesses, wie Wilhelm

---

23 Vgl. Jörg Träger: *Der Weg nach Walhalla. Denkmallandschaft und Bildungsreise im 19. Jahrhundert.* Regensburg 1987.

24 Vgl. Wolfgang Frühwald: »Ästhetische Erziehung. Idee und Realisation der Kunstpolitik König Ludwig I. von Bayern am Beispiel der ›Walhalla‹«. In: *Hölderlin-Jb.* 22 (1980/81), S. 295–310.

25 Thomas Carlyle: *Über Helden, Heldenverehrung und das Heldentümliche in der Geschichte.* Übers. von Carl Pfannkuche. Leipzig o. J., S. 23.

26 Cesare Lombroso: *Genie und Irrsinn in ihren Beziehungen zum Gesetz, zur Kritik und zur Geschichte.* Leipzig 1877, S. 3.

Lange-Eichbaum in seinem 1927 erschienenen und seither stetig erweiterten Werk *Genie, Irrsinn und Ruhm* dokumentiert hat.[27]

Doch führte vor allem die Praxis des Anpreisens in Reklame und Massenpresse am Ende des 19. Jahrhunderts zum Geltungsverlust des Ruhmgedankens, so daß dieser nur noch als ideologische Hülle im Militärwesen weiterlebte.[28] »Der Ruhm!« so schreibt Mallarmé 1886 nach einer Bahnfahrt, »erst seit gestern kenne ich ihn, unwiderleglich, und nichts mehr wird mich interessieren, das irgendeiner rühmt. Hunderte von Plakaten, Schmarotzer am mißachteten Gold der Tage und Entweihung der Schriftkunst, flogen wie in allen Vororten der Großstadt an meinen Blicken vorüber.«[29] Zur selben Zeit hat auch Nietzsche die Praxis des Rühmens verurteilt und ihr die alte Idee des Nachlebens entgegengestellt. So heißt es unter der Überschrift »Ruhm und Ewigkeit« in einer der 1891 erschienenen *Dionysos-Dithyramben*, die Nietzsche noch 1888, kurz vor seinem psychischen Zusammenbruch, für eine Publikation zusammenstellte: »Diese Münze, mit der / alle Welt bezahlt, *Ruhm* –, mit Handschuhen fasse ich diese Münze an, / mit Ekel trete ich sie *unter* mich./ [...] *denn ich liebe Dich, oh Ewigkeit!* – –«[30]

Diesem Bekenntnis zur Ewigkeit entspricht die Idee des »Geistergesprächs«, das Nietzsche in Anlehnung an die literarische Form des Totengesprächs zum Modell der Geschichte machen wollte. In seiner 1874 erschienenen Schrift *Vom Nutzen und Nachtheil der Historie für das Leben* heißt es dazu:

> Ein Riese ruft dem andern durch die öden Zwischenräume der Zeiten zu, und ungestört durch muthwilliges lärmendes Gezwerge, welches unter ihnen wegkriecht, setzt sich das hohe Geistergespräch fort. Die Aufgabe der Geschichte ist es, zwischen ihnen die Mittlerin zu sein und so immer wieder zur Erzeugung des Grossen Anlass zu geben und Kräfte zu erzeugen. Nein, das Ziel der Menschheit kann nicht an ihrem Ende liegen, sondern nur in ihren höchsten Exemplaren.[31]

Im Kreis um Stefan George ist dieses heroische Geschichtsmodell aktiviert und auf die Geschichtsschreibung angewandt worden. Der Begriff des Ruhms fungiert dabei als zentrale Kategorie. Er repräsentiert den Heldenkult des Kreises

---

27 Wilhelm Lange-Eichbaum: *Genie, Irrsinn und Ruhm*. 7., neubearb. Aufl. von Wolfgang Ritter. 12 Bde. Basel 1985. Der Ruhmbegriff wird zwar im ersten Band (S. 132ff.) behandelt, aber nicht analytisch auf das Material angewandt.

28 Vgl. Sabine Behrenbeck: *Der Kult um den toten Helden. Nationalsozialistische Mythen, Riten und Symbole*. Vierow/Greifswald 1996.

29 Stéphane Mallarmé: »La Gloire/Ruhmesstrahlen«. In: St. M.: *Sämtliche Dichtungen. Französisch und deutsch. Mit einer Auswahl poetologischer Schriften*. Übersetzung der Dichtungen von Carl Fischer. München/Wien 1992, S. 173–177, hier S. 173.

30 Friedrich Nietzsche: *Sämtliche Werke. Kritische Studienausgabe*. Hrsg. von Giorgio Colli/Mazzino Montinari. 15 Bde. 2., durchges. Aufl. München 1988, Bd. 6, S. 402–405, hier S. 403 (Hervorh. im Original). Im Bewußtsein der eigenen Unsterblichkeit hatte sich Nietzsche in seiner Autobiographie *Ecce homo* (die 1889 abgeschlossen wurde, aber erst 1908 erschien) zur selben Zeit zum Gegenstand einer auf die Nachwelt bezogenen Selbstheroisierung gemacht. »Ich selber«, so heißt es hier unter anderem, »bin noch nicht an der Zeit. Einige werden posthum geboren« – ebd., Bd. 6, S. 255–374, hier S. 298).

31 Nietzsche (Anm. 30), Bd. 1, S. 243–334, hier S. 317.

und ist die Grundlage für die Konzeption einer rezeptionsgeschichtlich orientierten Hagiographie, die die traditionelle Form der Biographie ablösen sollte.[32] Zum Gegenstand der Darstellung wurden deshalb in den Büchern der George-Anhänger nur Individuen von universalgeschichtlicher Bedeutung wie Homer, Platon, Caesar, Friedrich II., Shakespeare, Goethe, Hölderlin, Nietzsche und wenige andere, zu denen auch George selbst gehört. Nicht ihre Lebens- und Wirkungsgeschichte, sondern ihr imaginäres Weiterleben stand dabei im Zentrum. So schreibt Friedrich Gundolf im Vorwort seines 1924 erschienenen *Caesar*-Buches, das den Untertitel *Die Geschichte seines Ruhms* trägt: »Wir wollen nicht seine Taten oder Eigenschaften zum tausendstenmal betrachten, sondern seinen Gang durch das Gedächtnis der Völker.«[33]

Gundolf hat den Zusammenhang zwischen Ruhm und Gedächtnis allerdings nicht entfaltet, da es ihm nicht um eine Analyse des kulturellen Erinnerns, sondern um die normative Fundierung der Geschichtsschreibung ging. Daß diese stark von militärischen Auffassungen geprägt war, verbindet seine Konzeption mit anderen programmatischen Arbeiten des George-Kreises, wie schon die Titel zeigen: Gundolfs *Gefolgschaft und Jüngertum* (1909), Friedrich Wolters' *Herrschaft und Dienst* (1909) oder Max Kommerells *Der Dichter als Führer in der deutschen Klassik* (1928).[34] In seinem Aufsatz »Vorbilder«, der 1912 im *Jahrbuch für die geistige Bewegung* erschien und 1921 noch einmal unter der Überschrift »Dichter und Helden« (in einem Buch gleichen Titels) veröffentlicht wurde, hat Gundolf darüber hinaus die mythische Komponente des Phänomens hervorgehoben. In Abgrenzung zur Massenpresse heißt es hier:

> Der ruhm, nicht als fliegendes vielgenanntsein (bei den geschwätzigen kommunikationen heut schwerer zu meiden als zu erreichen) sondern als mythische bildwerdung, ist, über alles meinen und reden hinaus wesenhaft, eine wirkung die sich an immer andern massen erprobt, in neuen seelen neue bilder, durch neue bilder neue kräfte zeugend. Er ist die gewähr dass die fülle eines menschen ausreicht die bedürfnisse zahlloser geschlechter zu erregen und zu stillen: das zeichen seiner göttlichkeit, d. h. seiner raumlosen unsterblichen schöpferkraft.[35]

---

32 Vgl. Helmut Scheuer: *Biographie. Studien zur Funktion und zum Wandel einer literarischen Gattung vom 18. Jahrhundert bis zur Gegenwart.* Stuttgart 1979, S. 112ff.

33 Friedrich Gundolf: *Caesar. Geschichte seines Ruhms.* 2., unveränd. Aufl. Berlin 1925, S. 8. Zusammen mit den nachfolgenden ›Caesar‹-Arbeiten wieder in Friedrich Gundolf: *Caesar.* Darmstadt 1968; vgl. dazu Viktor Pöschl: »Gundolfs Caesar«. In: *Euphorion* 75 (1981), S. 204–216.

34 Die Beiträge sind in wichtigen Ausschnitten nachgedruckt in Georg Peter Landmann (Hrsg.): *Der George-Kreis. Eine Auswahl aus seinen Schriften.* Köln/Berlin 1965; vgl. dazu Stefan Breuer: *Ästhetischer Fundamentalismus. Stefan George und der deutsche Antimodernismus.* Darmstadt 1995; Rainer Kolk: *Literarische Gruppenbildung. Am Beispiel des George-Kreises 1890–1945.* Tübingen 1998, insbes. S. 176ff.

35 Friedrich Gundolf: *Vorbilder.* In: Landmann (Anm. 34), S. 173–186, hier S. 176; vgl. dazu Ulrich Raulff: »Der Bildungshistoriker Friedrich Gundolf«. In: Friedrich Gundolf: *Anfänge deutscher Geschichtsschreibung von Tschudi bis Winckelmann.* Hrsg. von Edgar Wind. Neuausg. Frankfurt a. M. 1992, S. 115–154.

II.

Gundolfs Begriffsbestimmung orientiert sich zwar ideologisch am Heroismus des 19. Jahrhunderts, verweist mit der Aufwertung des Mythos als Erkenntnismodell aber auf die Humanwissenschaften des 20. Jahrhunderts. In einem 1914 erschienenen Buch mit dem Titel *Die Genesis des Ruhms* hat Julian Hirsch die Idee der bildhaften Präsenz der Vergangenheit ausgearbeitet. Auch er versucht, den Begriff des Ruhms für die Geschichtsschreibung fruchtbar zu machen, doch geschieht das nun unter dem Einfluß der Sozialwissenschaften in methodisch reflektierter Weise (der Untertitel des Buches lautet: *Ein Beitrag zur Methodenlehre der Geschichte*). Hirsch definiert Ruhm im interaktionistischen Sinne als »kollektivpsychische Erscheinung«, die eine Beziehung zwischen dem für »eminent« gehaltenen »Individuum« und der »Masse« stiftet, fragt also nach der mentalen Bedeutung des Phänomens und arbeitet dazu verschiedene Ebenen »ruhmzeugender und ruhmerweiternder Faktoren« heraus wie Beruf und Lebensweise (auf Seiten des herausragenden Individuums) sowie Sensationsbedürfnis und Pressewesen (auf Seiten des Publikums).[36]

Hirsch hat damit bereits den Einfluß der Massenmedien auf die Ruhmbildung berücksichtigt, konnte aber den medialen Wandel von der Schrift zum Bild nicht klar erkennen. Die Denkmal-Kultur des 19. Jahrhunderts hat den Wandel durch die Produktion von Büsten und Standbildern vorbereitet.[37] Wirksam aber wurde er erst mit der Fotografie. Das zeigt sich vor allem am Starkult, der am Ende des 19. Jahrhunderts in Erscheinung trat und neben dem Pressefoto auch ein Phänomen wie die Starpostkarte hervorbrachte.[38] Der Künstler bekam nun Konkurrenz durch den Medienstar, der den Erfolg mit der öffentlichen Präsentation seines Gesichts oder Körpers verband, nachdem das Dandytum des 19. Jahrhunderts das Prinzip der Selbstdarstellung bereits vorweggenommen hatte,

---

36 Julian Hirsch: *Die Genesis des Ruhms. Ein Beitrag zur Methodenlehre der Geschichte.* Leipzig 1914. – Nachfolger fand Hirschs Buch nicht. Wiederentdeckt wurde es von Walter Benjamin und später auch von Karl Robert Mandelkow und Hans Robert Jauß für die Rezeptionsgeschichtsschreibung. Doch blieb es hier jeweils bei vorläufigen Hinweisen; vgl. Walter Benjamin: »Eduard Fuchs, der Sammler und der Historiker«. (1937). In: W. B.: *Gesammelte Schriften.* Hrsg. von Rolf Tiedemann und Gershom Scholem. 7 Bde. Frankfurt a. M. 1972–1989, Bd. 2 (1977), S. 465–505, hier S. 469; Karl Robert Mandelkow: »Rezeptionsgeschichte als Erfahrungsgeschichte. Vorüberlegungen zu dem Versuch einer Wirkungsgeschichte Goethes in Deutschland«. In: Hans-Joachim Mähl/Eberhard Mannack (Hrsg.): *Studien zur Goethezeit. Erich Trunz zum 75. Geburtstag.* Heidelberg 1981, S. 153–176; Hans Robert Jauß: *Die Theorie der Rezeption. Rückschau auf ihre unerkannte Vorgeschichte.* (Konstanzer Universitätsreden 166). Konstanz 1987, S. 24.

37 Vgl. Aleida Assmann: »Texte, Spuren, Abfall: die wechselnden Medien des kulturellen Gedächtnisses«. In: Hartmut Böhme/Klaus R. Scherpe (Hrsg.): *Literatur und Kulturwissenschaften. Positionen, Theorien, Modelle.* Reinbek 1996, S. 96–111.

38 Vgl. Knut Hickethier: »Vom Theaterstar zum Filmstar. Merkmale des Starwesens um die Wende vom 19. zum 20. Jahrhundert«. In: Werner Faulstich/Helmut Korte (Hrsg.): *Der Star. Geschichte, Rezeption, Bedeutung.* München 1997, S. 29–47.

um den Kanon zu beeinflussen.[39] Die audiovisuellen Massenmedien des 20. Jahrhunderts haben diese Entwicklung vorangetrieben. Doch ist das Phänomen der dauerhaften Ausstrahlung des Individuums damit keineswegs verlorengegangen, wie die Wirkungsgeschichte von Persönlichkeiten wie Evita Perron, Che Guevara, Elvis Presley oder Lady Diana zeigen, deren postume Präsenz in erster Linie auf fotografischen und filmischen Bildern beruht.

Die modernen Humanwissenschaften haben dem Phänomen jedoch kaum Aufmerksamkeit geschenkt, weil der Geltungsverlust der Ruhmidee seit Ende des 19. Jahrhunderts mit dem Verschwinden des Phänomens gleichgesetzt wurde. So ist es kein Zufall, daß der einzige neuere Versuch zur Idee des Ruhms eine doppelte Distanzierung benötigt, um der Gültigkeit der Idee Ausdruck zu geben, nämlich die der Satire und des fingierten Briefes. Auf beide Formen greift Robert Gernhardt in seinem Buch *Wege zum Ruhm* zurück, um seinem ambitionierten Patensohn – so die Konzeption des Buches – die Schwierigkeiten des Künstlerberufs zu erläutern.[40] Dabei geht er auf viele Topoi aus der Geschichte des Ruhmgedankens wie dem Bedürfnis nach Selbstdarstellung, der Disposition zum Leiden, dem Kampf um Anerkennung, der Möglichkeit des Scheiterns und der Notwendigkeit der Erzeugung von Aufmerksamkeit ein, vernachlässigt aber die Bedeutung des außerordentlichen Werkes für die postume Ruhmbildung und orientiert sich statt dessen am Kriterium des Erfolgs zu Lebzeiten, so daß sein Buch nicht den Weg von der persönlichen Betroffenheit zur historischen Theoriebildung findet.

In der Tat ist der Erfolg zu Lebzeiten keine Voraussetzung dauerhafter Bewunderung, wie die Wirkungsgeschichte Hölderlins, Kleists, Kafkas und anderer Schriftsteller, Musiker und bildender Künstler seit dem 18. Jahrhundert zeigt.[41] Das liegt vor allem am Publikum, das nicht nur an den Leistungen des Künstlers, sondern auch an seinem Kampf um Anerkennung interessiert ist, weil es in der Verbindung von Erfolg und Mißerfolg einen Spiegel der eigenen Lebensgeschichte sieht. Wie kaum ein anderes Individuum hat deshalb der zu Lebzeiten gescheiterte Künstler die Phantasien der Nachgeborenen beflügelt und eine Anhängerschaft rekrutiert, die ihr Vorbild zum Anlaß verschiedener Formen der Ehrung und Verehrung macht, so daß der Topos vom verkannten Genie entstehen konnte.[42]

---

39 Vgl. Konrad Paul Liessmann: »Kanon und Exzentrik. Zur Ästhetik der Abweichung«. In: *Kursbuch* Nr. 118 (Dezember 1994), S. 13–38. Vgl. weiterhin zu diesem Zusammenhang Wolfgang Ruppert: *Der moderne Künstler. Zur Sozial- und Kulturgeschichte der kreativen Individualität in der kulturellen Moderne im 19. und frühen 20. Jahrhundert.* Frankfurt a. M. 1998.

40 Robert Gernhardt: *Wege zum Ruhm. 13 Hilfestellungen für junge Künstler und 1 Warnung.* Zürich 1995.

41 Vgl. Franz Roh: *Der verkannte Künstler. Studien zur Geschichte und Theorie des kulturellen Mißverstehens.* (1948). Köln 1993. Dasselbe gilt für Wissenschaftler und Philosophen; vgl. Klaus Fischer: »Evaluation und Finanzierung der Hochschulen«. In: *Forschung und Lehre* 8 (August 1998), S. 399–402.

42 Vgl. dazu die Arbeiten von Edgar Zilsel: *Die Geniereligion. Ein kritischer Versuch über das moderne Persönlichkeitsideal, mit einer historischen Begründung.* Hrsg. und eingel. von Johan Dvořak. (1918). Frankfurt a. M. 1990; Axel Gehring: *Genie und Vereh-*

Die Argumentationsfigur des Kampfes um Anerkennung, die Axel Honneth 1992 auf der Basis von Hegels Schriften rekonstruiert hat, ist deshalb eine zentrale Kategorie für die Erklärung von Ruhmbildungsprozessen, wenn man sie in diachroner Hinsicht vom bedeutenden Individuum auf dessen Anhänger überträgt.[43] Der Kampf um Anerkennung wird dabei in der Kunst vor allem als Kampf um öffentliche Aufmerksamkeit ausgetragen. Georg Franck hat den Stellenwert des gesellschaftlichen Ansehens in einem 1998 erschienenen Buch erstmals dargestellt.

> Die Aufmerksamkeit anderer Menschen [so schreibt er] ist die unwiderstehlichste aller Drogen. Ihr Bezug sticht jedes andere Einkommen aus. Darum steht der Ruhm über der Macht, darum verblaßt der Reichtum neben der Prominenz. Prominente sind die Einkommensmillionäre in Sachen Aufmerksamkeit. Der Ruhm ist die schönste der irdischen Belohnungen, weil er den Status des Großverdieners an Aufmerksamkeit noch über den Tod hinaus sichert.[44]

Wie Reputation, Prestige und Prominenz im Sinne Pierre Bourdieus nicht nur ein symbolisches, sondern auch ein potentiell ökonomisches Kapital bilden, so kann der Ruhm, auf den Franck nicht weiter eingeht, von den Nachgeborenen als kulturelles Kapital genutzt werden. Gedenkfeiern aus Anlaß von Geburts- oder Todestagen, die Vergabe von Preisen im Namen von Dichtern, Denkern oder Wissenschaftlern, die Veranstaltung von Symposien und nicht zuletzt die Publikation von Editionen, Bibliographien oder Monographien sind Ausdruck dieser Ruhm-Verwertung.[45] Daß es dabei oft weniger um den Geehrten als um dessen Anhänger selbst geht, hat schon Hirsch betont: »Der Glanz, der auf der Persönlichkeit ruht, bestrahlt auch die, die sich in ihrer Nähe befinden.«[46]

Bereits Gottfried Benn hat in seinem 1930 erschienenen Essay »Das Genieproblem«, der für eine Theorie des Ruhms von großer Bedeutung ist, nicht vom Genie als einem biologischen oder psychologischen Phänomen, sondern von »Geniewerdung« als einem rezeptionsgeschichtlichen Vorgang gesprochen. Das Genie ist für ihn ein »kollektivistisches Umformungsphänomen«. Er schreibt: »Am Anfang steht die historische Figur und am Ende steht das Genie.«[47] Als Voraussetzung dieser »Geniewerdung« betont Benn neben der außerordentlichen Leistung in Anlehnung an Cesare Lombroso vor allem die

---

rergemeinde. Eine soziologische Analyse des Genieproblems. Bonn 1968; Ludgera Vogt: *Zur Logik der Ehre in der Gegenwartsgesellschaft. Differenzierung, Macht, Integration.* Frankfurt a. M. 1997, S. 225ff.

43 Vgl. Axel Honneth: *Kampf um Anerkennung. Zur moralischen Grammatik sozialer Konflikte.* (1992). Frankfurt a. M. 1994.

44 Georg Franck: *Ökonomie der Aufmerksamkeit. Ein Entwurf.* München/Wien 1998, S. 10.

45 Vgl. Rainer Noltenius: *Dichterfeiern in Deutschland.* München 1984; Peter J. Brenner (Hrsg.): *Geist, Geld und Wissenschaft. Arbeits- und Darstellungsformen von Literaturwissenschaft.* Frankfurt a. M. 1993.

46 Hirsch (Anm. 36), S. 123.

47 Gottfried Benn: »Das Genieproblem« (1930). In: G. B.: *Essays und Reden in der Fassung der Erstdrucke.* Hrsg. von Bruno Hillebrand. Frankfurt a. M. 1989, S. 131–143, hier S. 138.

geistigen und körperlichen Defekte des Individuums, also »Krankheit, Selbstmord, früher Tod, Rauschsucht, Kriminelles, Abnormität«, insbesondere aber »die Psychose«. So heißt es beispielsweise über Nietzsche: »Ohne Wahnsinn wäre er vielleicht unbekannt geblieben, längst vergessen.«[48]

Hirsch hat darüber hinaus auf die Bedeutung der ungewöhnlichen Todesart und des ungewöhnlichen Todesortes als ruhmbildende Faktoren hingewiesen.[49] Die Auffassung läßt sich an der Wirkungsgeschichte Kleists demonstrieren. Denn Kleist hat seinen Selbstmord nicht nur in Briefen angekündigt, um Aufmerksamkeit bei den Nachgeborenen zu finden.[50] Er hat mit der gleichzeitigen Erschießung seiner Freundin Henriette Vogel am 21. 11. 1811 auch eine so spektakuläre Kombination von Mord und Selbstmord gewählt, daß nicht nur sein Leben, sondern auch sein zu Lebzeiten kaum beachtetes Werk bei den Nachgeborenen schlagartig bekannt wurde. Die Inschrift des Grabsteins, der Kleist am Ort seines Todes, dem Ufer des Kleinen Wannsees in Berlin, errichtet wurde, hat den Erfolg der intendierten Ruhmbildung durch die besondere Todesart bestätigt: »Er suchte hier den Tod und fand Unsterblichkeit.«[51]

Daß unkonventionelle Lebensformen, psychische Krankheiten und Selbsttötungen großen Einfluß auf die Ruhmbildung haben, liegt an ihrer gedächtnisprägenden Funktion. Das kulturelle Gedächtnis, dessen Bedeutung seit den 1980er Jahren in den Humanwissenschaften umfassend herausgearbeitet wird,[52] ist deshalb eine zentrale Kategorie für eine Theorie des Ruhms. Anhaltende Ruhmbildung setzt ein historisches Gedächtnis voraus, in dem sich Erinnerungen und Phantasien vermischen.[53] Keine Büste in Marmor, kein Standbild in Erz und kein Stern auf dem »Walk of Fame« können so großen Einfluß auf die Nachwelt haben wie die Präsenz des Individuums in den Vorstellungen sei-

---

48 Ebd., S. 140f. und S. 143. Benn bezieht sich hier auf die Dokumentation von Lange-Eichbaum (Anm. 27).

49 Vgl. Hirsch (Anm. 36), S. 42ff.

50 Karl Heinz Bohrer spricht hier sogar von einem »teleologischen Projekt« – K. H. B.: *Der romantische Brief. Die Entstehung ästhetischer Subjektivität.* Frankfurt a. M. 1989, S. 135–164.

51 Vgl. Helmut Sembdner (Hrsg.): *Heinrich von Kleists Nachruhm. Eine Wirkungsgeschichte in Dokumenten.* München 1977. – Auch die neue Inschrift auf dem 1936 neu gesetzten Grabstein bestätigt den Erfolg des Projekts. Denn hier heißt es mit einem Vers aus dem *Prinzen von Homburg* (V. Akt, 10. Auftritt): »Nun, o Unsterblichkeit, bist Du ganz mein!« – vgl. ders. (Hrsg.): *Heinrich von Kleists Lebensspuren. Dokumente und Berichte der Zeitgenossen.* Neuausg. 7. Aufl. München 1996, S. 504. Vgl. zur dauerhaften Wirkung von Kleists Tod Günter Blamberger: »›Nur was nicht aufhört, weh zu tun, bleibt im Gedächtnis‹. Zur Typologie des Kleist-Bildes in der deutschen Literatur der Moderne«. In: *Kleist-Jb* (1995), S. 25–43.

52 Vgl. mit Bezug auf die Forschungsliteratur Jan Assmann: *Das kulturelle Gedächtnis. Schrift, Erinnerung und politische Identität in frühen Hochkulturen.* (1992). 2., durchges. Aufl. München 1997; Otto Günther Oexle: »Memoria als Kultur«. In: O. G. Oe. (Hrsg.): *Memoria als Kultur.* Göttingen 1995, S. 9–78.

53 Vgl. Heidrun Friese: »Bilder der Geschichte«. In: Klaus E. Müller/Jörn Rüsen (Hrsg.): *Historische Sinnbildung. Problemstellungen, Zeitkonzepte, Wahrnehmungshorizonte, Darstellungsstrategien.* Reinbek 1997, S. 328–352.

ner Anhänger oder Gegner. Nietzsche hat auf diese fundamentale Rolle der Erinnerung für die Überlieferung hingewiesen und dabei vor allem die Bedeutung des Leidens betont. So bezeichnet er in der *Genealogie der Moral* von 1887 den »Schmerz als das mächtigste Hülfsmittel der Mnemotechnik« und schreibt dazu:

> »Man brennt Etwas ein, damit es im Gedächtniss bleibt: nur was nicht aufhört, *weh zu thun* bleibt im Gedächtniss« – das ist ein Hauptsatz aus der aller-ältesten (leider auch allerlängsten) Psychologie auf Erden. [...] Es gieng niemals ohne Blut, Martern, Opfer ab, wenn der Mensch es nöthig hielt, sich ein Gedächtniss zu machen.[54]

Nicht nur die Religionsgeschichte, die Nietzsche hier im Blick hat, sondern auch die Literaturgeschichte ist von Bildern des Leidens geprägt: Hölderlin lebt als Wahnsinniger über 30 Jahre im Tübinger Turm; Heine siecht als Todkranker auf seiner »Matratzengruft« in Paris dahin; Nietzsche umarmt bei Ausbruch seines Wahnsinns in Turin einen geschlagenen Droschkengaul; Kafka ruiniert seine Gesundheit durch literarische Nachtarbeit; Benjamin tötet sich mit einer Überdosis Morphium in einem Hotelzimmer in Port Bou auf der Flucht vor den Nazis; Ingeborg Bachmann stirbt im Bett in Rom den Feuertod. Daß der Autor bewußt an der Produktion dieser Leidensbilder beteiligt ist, hat Rainald Goetz noch einmal deutlich werden lassen, als er sich 1983 beim Ingeborg Bachmann-Wettbewerb vor laufenden Fernsehkameras mit einer Rasierklinge in die Stirn schnitt und dadurch erreichte, daß die Schilderung seines blutüberströmten Gesichts nicht nur die publizistische Rezeption des vorgetragenen Erstlingswerks *Irre* begleitete, sondern auch die Auseinandersetzung mit seinen weiteren Büchern prägte, wie die Rezensionen zeigen.

Die Suggestivkraft des imaginären Bildes und seine integrative Funktion für die Rezeption eines Werkes haben auch jene Schriftsteller nicht neutralisieren können, die in der Nachfolge Nietzsches die Dezentrierung des Subjekts und den Tod des Autors am nachhaltigsten postuliert haben, nämlich Roland Barthes und Michel Foucault. In der Nachwelt sind sie deshalb als Personen präsenter als zu ihren Lebzeiten, wie Heinrich Detering betont hat. »Als Schreibender«, so Detering über Barthes' Porträtfoto in der 1994 erschienenen Ausgabe seiner gesammelten Werke, »wacht der tote Barthes über die Lesbarkeit der Schriften, die unter seinem Bild stehen.« Ähnlich heißt es über Foucault: »Undenkbar, daß ein belesener Zeitgenosse nicht sein Bild vor Augen hätte.«[55] Doch ist es nicht das fotografische oder gemalte Porträt, das die Rezeption des Autors beeinflußt, sondern das im Bild repräsentierte Leben. Je außergewöhnlicher und dramatischer dieses Leben ist, desto größer wird die Wirkung auf das Publikum sein. Julian Hirsch hat diesen Einfluß der Biogra-

---

54 Friedrich Nietzsche: »Zur Genealogie der Moral«. In: Nietzsche (Anm. 30), Bd. 5, S. 245–412, hier S. 295 (Hervorhebung im Original).

55 Heinrich Detering: »Die Tode Nietzsches. Zur antitheologischen Theologie der Postmoderne«. In: *Merkur* 52 (1998), S. 876–889, hier S. 878; vgl. dazu auch die Überlegungen von Ulrich Raulff: »Wenn ich Schriftsteller wäre und tot ... Vorläufige Gedanken über Biographik und Existenz.« In: Böhme/Scherpe (Anm. 37), S. 187–204.

phie auf die Rezeption des Werkes zu einer Formel verdichtet, die bis heute nicht an Gültigkeit verloren hat: »Erst macht das Werk die Persönlichkeit berühmt, dann die Persönlichkeit das Werk.«[56]

Die Begriffe ›Charisma‹ oder ›charismatische Herrschaft‹, die Max Weber in *Wirtschaft und Gesellschaft* (1922) verwendete, um den Einfluß von Individuen auf ihre Anhänger zu erklären,[57] reichen allerdings für eine Erklärung der dauerhaften Ausstrahlung und Bewunderung nicht aus. Denn im gemalten, fotografischen oder imaginären Bild des Künstlers ist das Publikum nicht mit seiner Macht, sondern eher mit seiner Ohnmacht konfrontiert, da die Lebensgeschichte des Künstlers meist eine Verbindung von Leistungen und Niederlagen ist, wie Autobiographien und Briefe zu berichten wissen. Man kann hier deshalb eher vom Mythos des Künstlers sprechen, der durch Erinnerungen und Deutungen am Leben gehalten wird.[58] Denn der Mythos ist eine wiederkehrende Erzählung über bedeutsame Ereignisse der Vergangenheit, die zugleich außerhalb von Raum und Zeit liegen und Zentren der menschlichen Existenz berühren, worin alle modernen Mythos-Theorien trotz unterschiedlicher Ausgangspunkte und Begründungen übereinstimmen.[59] »Der Mythos«, so Mircea Eliade, »reaktualisiert fortwährend die Große Zeit und entrückt dabei die Zuhörenden auf eine übermenschliche, übergeschichtliche Ebene, die es ihnen unter anderem erlaubt, sich einer Wirklichkeit zu nähern, zu der sie auf der Ebene des individuellen, profanen Daseins keinen Zugang finden können.«[60] Der Editor, der Biograph und der Interpret: sie alle sind der profanen Welt entrückt, indem sie Zwiesprache mit dem Autor über sein Werk halten, das sie zugleich der Nachwelt überliefern wollen. Der ›New Historicism‹ hat sich zu diesem Geistergespräch im Sinne Nietzsches bekannt, wenn Stephen Greenblatt am Beginn seiner *Verhandlungen mit Shakespeare* schreibt: »Es begann mit dem Wunsch, mit den Toten zu sprechen.«[61]

In der Einleitung seines 1918 erschienenen und später mehrfach nachgedruckten Buches über *Nietzsche* hat Ernst Bertram auf die Bedeutung des Mythos für die Wirkungsgeschichte bedeutender Individuen hingewiesen und damit eine Konzeption der Biographie als Mythographie gegründet, die zwar ihre Herkunft aus dem George-Kreis nicht verleugnen kann, aber dennoch

---

56 Hirsch (Anm. 36), S. 35.

57 Max Weber: *Wirtschaft und Gesellschaft. Grundriß einer verstehenden Soziologie.* Hrsg. von Johannes Winckelmann. 4. Aufl. Tübingen 1956, S. 140–158 und 662–695; vgl. dazu Stephen Turner, »Charisma und Gehorsam. Ein Risikoerkenntnis-Ansatz«. In: *Berliner Journal für Soziologie* 5 (1995), S. 67–87.

58 Vgl. Eckhardt Neumann: *Künstlermythen. Eine psycho-historische Studie über Kreativität.* Frankfurt a. M. 1986.

59 Vgl. Gerhart von Graevenitz: *Mythos. Zur Geschichte einer Denkgewohnheit.* Stuttgart 1987; Christoph Jamme: *»Gott an hat ein Gewand«. Grenzen und Perspektiven philosophischer Mythos-Theorien der Gegenwart.* Frankfurt a. M. 1991.

60 Mircea Eliade: *Ewige Bilder und Sinnbilder. Über magisch-religiöse Symbolik.* (1952). Frankfurt a. M./Leipzig 1998, S. 68.

61 Stephen Greenblatt: *Verhandlungen mit Shakespeare. Innenansichten der englischen Renaissance.* (Engl. 1988). Frankfurt a. M. 1993, S. 9.

eigenständigen Charakter hat. Bertram verbindet dabei den Begriff des Mythos mit dem der Legende. »Geschichte«, so schreibt er, »ist tätige Bildschaffung, nicht Bericht, Abbildung, Bewahrung des Gewesenen. [...] Alles Geschehene will zum Bild, alles Lebendige zur Legende, alle Wirklichkeit zum Mythos.«[62] Bertram hat den Begriff der Legende nicht erläutert, doch charakterisiert er eine Voraussetzung dauerhafter Ausstrahlung. Denn die heldenhafte Biographie, die die Legende erzählt, indem sie den Weg des Märtyrers von den irdischen Leiden bis zur Heiligsprechung verfolgt, um für Erbauung und Nachahmung zu sorgen,[63] entspricht der im Künstlermythos symbolisierte Weg des Genies vom Mißerfolg zu Lebzeiten bis zur Anerkennung durch die Nachgeborenen. Legendenbildung und Ruhmbildung ergänzen sich. Wie Ernst Kris und Otto Kurz in ihrem 1934 erschienenen Buch *Die Legende vom Künstler* gezeigt haben, tauchen bereits in den Künstler-Biographien und -Anekdoten der frühen Neuzeit jene Elemente auf, die im 18. Jahrhundert zur Grundlage der Ruhmbildung geworden sind, wie Armut und Originalität, Ablehnung und Kampf um Anerkennung.[64] Im Bild des genialen, aber gescheiterten Künstlers ist seine Lebensgeschichte in prägnanter Weise gegenwärtig, und dieser Mythos vermittelt sein Werk über die Zeiten hinweg.

Die Literaturwissenschaft, die sich zunächst im Zeichen des Russischen Formalismus, des Prager Strukturalismus und des ›New Criticism‹, dann der Rezeptionsästhetik und schließlich auch der Diskursanalyse und der Dekonstruktion von der Autorität des Autors zu befreien versuchte, muß allerdings dann nicht verzweifeln, wenn sie der Tatsache Rechnung trägt, daß gerade die herausragenden Werke von ihren Autoren nicht nur verfaßt werden, um Anerkennung bei den Zeitgenossen zu finden, sondern auch um bei den Nachgeborenen präsent zu sein. Die Akzeptanz des Ruhmphänomens würde zwar das Selbstverständnis der Literaturwissenschaft als Textwissenschaft erschüttern, hätte jedoch den Vorteil, daß die mythischen Elemente editorischer, kommentierender und interpretativer Handlungen nicht durch Verdrängung, sondern durch rationale Kontrolle bewältigt werden.

---

62 Ernst Bertram: *Nietzsche. Versuch einer Mythologie*. 5. Aufl., Berlin 1921, S. 6. Die Einleitung ist nachgedruckt in Landmann (Anm. 34), S. 264–273, hier S. 266. – Da Nietzsche nach seinem Tod zwar ein vielgelesener Autor wurde, aber keine längere Wirkungsgeschichte hatte, konnte sich Bertrams Konzeption nicht am Material bewähren. Darüber hinaus ist die Rezeption des Buches vermutlich durch Bertrams Hinwendung zum Nationalsozialismus behindert worden. In den Debatten zur Rezeptionsästhetik hat Gunter Grimm darauf hingewiesen – vgl. G. G.: »Einführung in die Rezeptionsforschung«. In: G. G. (Hrsg.): *Literatur und Leser. Theorien und Modelle zur Rezeption literarischer Werke*. Stuttgart 1975, S. 11–84, hier S. 16f.

63 Vgl. Hans Ulrich Gumbrecht: »Faszinationstyp Hagiographie. Ein historisches Experiment zur Gattungstheorie«. In: Christoph Cormeau (Hrsg.): *Deutsche Literatur im Mittelalter. Kontakte und Perspektiven*. Stuttgart 1979, S. 37–84; Hans-Peter Ecker: *Die Legende. Kulturanthropologische Annäherung an eine literarische Gattung*. Stuttgart 1993.

64 Ernst Kris/Otto Kurz: *Die Legende vom Künstler. Ein geschichtlicher Versuch*. Neuausg. Frankfurt a. M. 1980, S. 78.

Gralshüter und ihre Kritiker. Beobachtungen zum literaturwissenschaftlichen Dialog und ein Selbstversuch

SEBASTIAN NEUMEISTER

I.

Das Echo der beiden Geschichten, die im folgenden erzählt werden sollen, dürfte, auch wenn der Protagonist der ersten von ihnen mit einem weit ausgreifenden kulturkritischen Anspruch auftritt, kaum über die Grenzen einer hochspezialisierten Fachdiskussion hinausgelangt sein. Dennoch können die hier geschilderten Argumentationsabläufe für die Wissenschaftsforschung vielleicht als Fallstudien von Interesse sein. Fallstudien dienen im allgemeinen dazu, wissenschaftstheoretische Konzeptionen zu überprüfen oder Paradigmenwechsel innerhalb einer Disziplin zu illustrieren.[1] Dies geschieht meist im Rückblick, als ein Beitrag zur Wissenschaftsgeschichte. Häufig führen dabei unterschiedliche Zielsetzungen – wissenschaftsgeschichtlich dokumentierende zum einen, wissenschaftstheoretisch verallgemeinernde zum anderen – auch zu einer unterschiedlichen Objekt- und Methodenwahl. Im folgenden soll es jedoch nicht so sehr um historische Entwicklungen innerhalb der Literaturwissenschaft gehen wie um Beobachtungen zu deren Argumentationsstil – im Interesse argumentativer und methodologischer Ehrlichkeit ebenso wie im Dienste eines möglichen Erkenntnisfortschritts: ›historia magistra vitae‹.

Teilnehmer an wissenschaftlichen Diskussionen treten durchweg mit dem Anspruch auf, objektive und am jeweiligen Objekt überprüfbare Aussagen zu machen. Überprüfbarkeit impliziert Kenntnisnahme von Kritik und Korrektur von Irrtümern. Insofern muß die pragmatische Intention einer wissenschaftlichen Aussage immer die Teilnahme an einer sachbezogenen Diskussion sein, geprägt von prinzipieller Offenheit für Argumente und Kritik. Diese Intention nun aber scheint häufig unzureichend ausgeprägt, ja zuweilen von vornherein nicht gegeben, sei es, daß ein Diskussionsteilnehmer sich in methodologischer oder ideologischer Hinsicht dogmatisch verhält, sei es, daß er es aus persönlicher Betroffenheit oder subjektiver Befangenheit an Objektivität fehlen läßt. Gerade das aber sollte bei Teilnehmern eines wissenschaftlichen Dialogs ausgeschlossen sein, zumal dann, wenn sie mit nachweisbaren Fehlern in der eige-

1 Vgl. dazu den Beitrag von Ralf Klausnitzer in diesem Band.

nen Argumentation konfrontiert werden. Renate Mayntz hat zu Recht bedauert, daß die von Karl R. Popper geforderte ständige Bereitschaft zur Falsifizierung jeder wissenschaftlichen Annahme meist nur bei den Gegnern dieser Annahme besteht, fast nie aber bei ihrem Urheber selbst. Das läuft im Extremfall auf nichts weniger hinaus als auf die Demontage eines Mythos, des Mythos von der Nützlichkeit wissenschaftlicher Diskussionen für den wissenschaftlichen Fortschritt (was auch immer das in den Geisteswissenschaften sein mag). Die beiden hier vorgestellten Streitfälle lassen – und das rechtfertigt vielleicht ihre Darstellung – die Fähigkeit zur Selbstkorrektur als Ergebnis einer kritischen Überprüfung der eigenen Argumentation eklatant vermissen und dies sowohl da, wo eine grundsätzliche Übereinstimmung hinsichtlich des methodologischen Ansatzes besteht (Fall 1) wie auch da, wo ein methodologischer Dissens den Konflikt ausgelöst hat (Fall 2).[2] Insofern geht es nicht nur um die wissenschaftsethische Relevanz der Zugehörigkeit zu einer bestimmten Schule (obwohl offenbar in beiden Fällen Schulzugehörigkeit eine große Rolle gespielt hat), sondern auch um die Wahrnehmung einer davon unabhängigen Einzelverantwortung. Die Tatsache, daß in den zweiten Fall auch der Verfasser des vorliegenden Beitrages involviert ist, ja daß er ihn provoziert hat, läßt im übrigen die Forderung nach selbstkritischer Objektivität als Maßstab wissenschaftlichen Arbeitens nur noch profilierter hervortreten – inwieweit sie erreicht wurde und überhaupt möglich ist, muß dem Urteil des Lesers überlassen bleiben.

II.

Zwei Geschichten also, in denen nicht ganz unbedeutende Themen behandelt werden. Denn immerhin geht es in der ersten der beiden Geschichten um einen der großen Autoren des europäischen Mittelalters, um Chrétien de Troyes, den Urvater des höfischen Romans,[3] und in der zweiten um Gedichte, die in der Mitte des 13. Jahrhunderts am Hofe Friedrichs II. von Hohenstaufen auf Sizilien entstanden sind und den Beginn der italienischen Literaturgeschichte markieren.[4]

---

2 Ein naiver Beobachter könnte der Meinung sein, daß ein solcher Streit über den Wortlaut der in Frage stehenden Werke zu entscheiden sei. Daß dies nicht grundsätzlich so ist und der Text als untrügliche Kontrollinstanz häufig versagt, ist für den, der um die hermeneutischen Probleme jeder Lektüre weiß, nicht verwunderlich. Dennoch, und dies ist die Utopie der folgenden Ausführungen, sollte es möglich sein, gewisse Mindeststandards für eine korrekte Textlektüre zu etablieren und zu respektieren; vgl. dazu grundsätzlich Umberto Eco: *I limiti dell'interpretazione.* (Dt.: *Die Grenzen der Interpretation.* 1992). Milano 1990.

3 Vgl. dazu einführend die immer noch lesenswerte Darstellung von Reto R. Bezzola: *Liebe und Abenteuer im höfischen Roman.* Reinbek 1961 (gekürzt; zuerst frz.: *Le sens de l'aventure et de l'amour [Chrétien de Troyes].* Paris 1947).

4 Vgl. dazu einführend Ulrich Mölk: »Die sizilianische Lyrik«. In: Henning Krauß (Hrsg.): *Europäisches Hochmittelalter.* (Neues Handbuch der Literaturwissenschaft 7). Wiesbaden 1981, S. 49–60.

Beginnen wir mit Chrétien de Troyes. Hier ist allerdings nicht von einem seiner großen Romane zu handeln – *Erec et Enide, Cligès, Lancelot, Yvain* –, sondern von einem Werk zweifelhafter Zuschreibung und, folgt man dem Urteil mancher Kritiker, auch zweifelhafter Qualität: *Guillaume d'Angleterre*.[5] Das Werk, ein am Modell einer Heiligenlegende orientierter »roman d'aventure moralisé« (Maurice Wilmotte), existiert seit genau hundert Jahren in einer kritischen Ausgabe, zu der in der Folge noch drei weitere hinzugekommen sind, und hat eine umfangreiche kritische Literatur ausgelöst. Auf die Einzelheiten dieser Diskussion, bei der es, wie gesagt, vor allem um Autorschaft und Qualität geht, soll hier nicht eingegangen werden, zumal der *Guillaume d'Angleterre* von der Chrétien-Literatur immer nur im Schatten der großen Romane diskutiert worden ist. Wichtiger ist im vorliegenden Zusammenhang, daß 1987 ein Forscher mit der Behauptung aufgetreten ist, daß die Mediävistik seit nunmehr 120 Jahren nichts mit dem *Guillaume d'Angleterre* anzufangen wisse und »katastrophal« versagt habe (*N II*, 13).[6] Ein starkes Wort, fürwahr. Michael Nerlich, von dem dieses Urteil stammt, macht sich in einem Artikel über »die Sünden der Chrestien-Forschung« anheischig, gegen ebendiese in ihrer Gesamtheit anzutreten, ihre Fehldeutungen offenzulegen und ihnen eine gänzlich andere, nämlich die ›richtige‹ entgegenzusetzen. Denn:

---

5 In zweisprachiger Ausgabe ediert von Werner Klüppelholz (Klassische Texte des Romanischen Mittelalters 24). München 1987.

6 Die im folgenden erörterten Beiträge von Michael Nerlich, Henning Krauß, Heinz Thoma, Sebastian Neumeister und Friedrich Wolfzettel werden im Text mit den folgenden Kürzeln zitiert: *N I*: Michael Nerlich: *Kritik der Abenteuer-Ideologie. Beitrag zur Erforschung der bürgerlichen Bewußtseinsbildung 1100–1750*. 2 Bde. Berlin 1977; *N II*: Michael Nerlich: »Der Kaufmann von Galvaide oder die Sünden der Chrestien-Forschung. Ein Essay über die Ursprünge der Moderne-Mentalität in der literarischen Gestaltung«. In: *lendemains* 12 (1987) H. 45, S. 12–39; *N III*: Michael Nerlich: »Ein Hauch von Posthistoire? Antwort auf zwei Kenner des *Guillaume d'Angleterre*«. In: *lendemains* 12 (1987) H. 48, S. 109–129; *N IV*: Michael Nerlich: *Abenteuer oder das verlorene Selbstverständnis der Moderne*. München 1997; *K I*: Henning Krauß: »Gattungssystem und Sitz im Leben. Zur Rezeption der altprovenzalischen Lyrik in der sizilianischen Dichterschule«. In: *LiLi. Zeitschrift für Literaturwissenschaft und Linguistik* 2 (1973), S. 37–70; *K II*: Henning Krauß: »Der überschätzte Bürger und der unterschätzte König – Zu Michael Nerlichs Versuch, den *Guillaume d'Angleterre* postmodern zu deuten«. In: *lendemains* 12 (1987) H. 48, S. 77–96; *K III*: »Wider den Narziß in der Sackgasse. Zu einer Interpretation der Sizilianischen Dichterschule und einer Kritik an der Literatursoziologie«. In: *Cahiers d'Histoire des Littératures Romanes/Romanistische Zeitschrift für Literaturgeschichte* 18 (1994), S. 1–24; *Th*: Heinz Thoma: »Der König von England – Überlegungen zur Interpretation des *Guillaume d'Angleterre*«. In: *lendemains* 12 (1987) H. 48, S. 97–108; *SN*: Sebastian Neumeister: »Die ›Literarisierung‹ der höfischen Liebe in der sizilianischen Dichterschule des 13. Jahrhunderts«. In: Joachim Heinzle (Hrsg.): *Literarische Interessenbildung im Mittelalter. DFG-Symposion 1991*. (Germanistische Symposien, Berichtsbände XIV). Stuttgart/Weimar 1993, S. 385–400; *W*: Friedrich Wolfzettel: »›Funktion der Funktionslosigkeit‹: Zur Sizilianischen Dichterschule«. In: *Cahiers d'Histoire des Littératures Romanes/Romanistische Zeitschrift für Literaturgeschichte* 20 (1996), S. 461–479.

Was der Verfasser des *Guillaume d'Angleterre* darstellt ist die Geburt der modernen Welt, die Überwindung der Prähistorie. Jetzt kann und muß auch über die soziale Funktion der Form neu nachgedacht werden. Ich jedenfalls zögere nicht, den *Guillaume d'Angleterre* gleichrangig neben den *Don Quijote*, die *Chartreuse de Parme*, *Madame Bovary*, die *Recherche du temps perdu* und den *Ulysses* und natürlich auch neben die anderen Romane von Chrestien de Troyes zu stellen. Ob dies der Chrestien-Forschung nun paßt oder nicht (*N II*, 33).

Ohne hier auf die Argumente für diese kühne Behauptung im einzelnen einzugehen, denn um sie geht es hier nur in zweiter Linie, soll ein Aspekt des in Rede stehenden Artikels herausgegriffen werden: die Kritik an dem Romanisten und Mediävisten Erich Köhler. Michael Nerlich steht Erich Köhler, der bis zu seinem Tode 1981 ein, wenn nicht der führende Vertreter einer literatursoziologischen Textinterpretation in Deutschland war,[7] wie er mehrfach betont, durchaus verehrungsvoll gegenüber. Im Falle des *Guillaume d'Angleterre* verweigert er ihm allerdings komplett die Gefolgschaft und dies vor allem wegen eines Punktes, der in der Tat zentral für die Deutung des Romans ist. Der Roman *Guillaume d'Angleterre* ist nach Köhler bemerkenswert wegen seiner durchgehenden Abwertung der nichtritterlichen Welt: »Die Verachtung des Vilain, mit dem unterschiedslos alle nicht dem ritterlichen oder dem geistlichen Stand Zugehörigen bezeichnet werden, ist am deutlichsten im *Wilhelm von England*« (zitiert in *N II*, 14). Was Nerlich zu der Bewertung veranlaßt:

Die Aussage von Köhler ist falsch, auch oder weil sie die *opinio communis* der Chrestien-Forschung wiedergibt, und wann immer er sich zum Guillaume geäußert hat, ist er in die Irre gegangen. Am deutlichsten wird dies in den posthumen Vorlesungsmanuskripten, deren bisweilen kolloquialer Charakter schon allein deshalb nicht als Entschuldigung für die Sachirrtümer, Verballhornungen, Fehldeutungen gelten kann, die sich in Bezug auf den *Guillaume* in ihnen finden, weil es die Irrtümer, Verballhornungen und Fehldeutungen der Chrestien-Forschung ganz allgemein sind, von denen Erich Köhler seinen Studenten gewissermaßen die Summe vorlegte. Wenn ich seinen Text exemplarisch heranziehe, dann gerade, weil Erich Köhler wie kaum ein anderer in Sachen Chrestien kompetent ist. Um so bemerkenswerter, daß auch ein so subtiler, auf soziologischer Analyse aufbauender Kenner des Chrestienschen Werkes dem *Guillaume* völlig blind gegenüber gestanden hat (*N II*, 14).

Nicht nur Erich Köhler sei also »völlig blind« gewesen, nein, die gesamte Chrétien-Forschung habe den Rang und die Bedeutung des *Guillaume d'Angleterre* nicht erkannt – ein Fazit, das, wenn man Nerlich Glauben schenken will, katastrophaler nicht ausfallen könnte:

Wenn eines deutlich geworden sein dürfte, so doch wohl, daß nicht nur Erich Köhler, sondern die gesamte Chrestien-Forschung mit dem *Guillaume* nicht nur nichts hat anfangen können, sondern einen Haufen Narreteien über diesen Text verbreitet hat. Für ein derartiges kollektives Versagen hochqualifizierter Interpreten gibt es eigentlich nur eine plau-

7 Vgl. den Artikel »Köhler, Erich«. In: Ansgar Nünning (Hrsg.): *Metzler Lexikon Literatur- und Kulturtheorie. Ansätze – Personen – Grundbegriffe*. Stuttgart/Weimar 1998, S. 264f., ferner die Rezension von Ulrich Schulz-Buschhaus: »Erich Köhler – Literatursoziologische Perspektiven. Gesammelte Aufsätze. Vorlesungen zur Geschichte der französischen Literatur«. In: *Romanistisches Jahrbuch* 35 (1984), S. 150–156.

> sible Erklärung: die Interpreten konnten die Textwirklichkeit des *Guillaume* nicht erkennen, weil sie zum einen ausgingen von einem bestimmten Bild, das sie sich von Chrestien und seinen Ritterromanen, der Gattung »höfischer Roman« gemacht hatten, nach diesem Bild, dieser Gattung im *Guillaume* suchten und – da sie nicht fündig wurden – *Guillaume* nicht etwa nur für anders, sondern auch noch für schlecht hielten, zum anderen aber, weil sie nicht über ausreichende geschichtliche Kenntnisse verfügten, um den *Guillaume* im Kontext der ökonomischen, politischen, sozialen und mentalen Koordinaten adäquater, unvoreingenommener, zumindest: weniger falsch zu lesen (*N II*, 32).

Das Urteil, das hier gefällt wird, muß schon deshalb über den engeren Kreis der Fachwissenschaft hinaus von Interesse sein, weil Nerlich nichts Geringeres behauptet, als daß wir in Chrétiens *Guillaume d'Angleterre* den Beginn der Moderne erleben, die Entstehung des modernen Handelsbürgertums, mehr noch, die »irreversible Revolution in der Geschichte des menschlichen Empfindens und Denkens [...], die den welthistorischen Moment anzeigt, in dem der Umbruch von Prähistorie in Moderne (vom unbewußten, unfreiwilligen und nicht systematisierten Experimentalverhalten gegenüber der Welt in bewußtes, reflektiertes, systematisiertes, freiwilliges Experimentalverhalten) erfolgt« (*N II*, 19), verkörpert in der Figur des Kaufmanns von Galvaïde. Mit der »Apotheose des Aventüre-Kaufmanns« (*N II*, 24) ziehe die Moderne in den höfischen Roman und damit in die Welt des 12. Jahrhunderts ein.[8]

Es konnte nicht ausbleiben, daß eine derart ›revolutionäre‹ Deutung des *Guillaume d'Angleterre* auf regen Widerspruch stoßen würde. Er kam außer in zahlreichen Rezensionen[9] noch im selben Jahr von zwei Schülern Erich Köhlers, die Nerlich ihren Standpunkt offenbar zunächst brieflich andeuteten und – das ehrt den so Kritisierten – sodann Gelegenheit erhielten, ihn in der von diesem herausgegebenen Zeitschrift *lendemains* zu erläutern. Es ist kaum verwunderlich, daß ihre Kritik nicht weniger deutlich ausfällt als der Anlaß dazu. Henning Krauß bezieht sich in seinem Aufsatz wiederholt und im Detail auf den Wortlaut des *Guillaume d'Angleterre*, insbesondere bei der Zurückweisung der These von Nerlich, der Roman singe das Lob des aufsteigenden Bürgertums, zu Lasten des dekadenten Rittertums und seiner »Praedestinations- und Providenzhörigkeit«. Krauß zeigt zunächst im Einklang mit der Forschung auf, daß sich die Handlungsstruktur schlüssig aus der im 12. Jahrhundert in Frankreich populären Placida/Eustachius-Legende erklären läßt (*K II*, 78 f.). Die Prüfungen und Gefahren, denen das Königspaar im *Guillaume d'Angleterre* ausgesetzt ist, stehen deshalb nach Krauß nicht, wie Nerlich will, für eine »Zerrüttung gesellschaftlicher Ordnung« und »sittliche Verwilderung« (*N II*, 19), sondern dienen gerade der Bestätigung der Auserwähltheit des Königspaares und seiner Kinder, die sich im Roman gegen alle Anfechtungen ihrer seigneuralen Natur

8 Nerlich verweist hier auf sein Buch *Kritik der Abenteuer-Ideologie*, das schon 1977 im (Ost-)Berliner Akademie-Verlag erschienen war und dessen (den damaligen Denkmoden entsprechende) marxistische Grundhaltung er nun, zehn Jahre später, einer »(philosophischen) Negation« (N II, 33) zu unterziehen verspricht.

9 Otto Klapp verzeichnet in den Bänden XVII (1979) bis XX (1982) seiner *Bibliographie der französischen Literaturwissenschaft* elf Rezensionen.

würdig erweisen. Nicht mit einer Apotheose des aufsteigenden Handelsbürgertums haben wir es demnach hier zu tun, sondern, wie Krauß immer wieder am Text aufweisen kann, mit der Bestätigung einer ritterlich-aristokratischen Weltordnung in einer historisch unübersichtlichen Situation. Das gilt auch für die soziale Rolle des Kaufmannsstandes, dessen Gesetzen sich der König vorübergehend unterwerfen muß:

> Nicht etwa, weil er aufsteigen, reich, Kapitalist werden wollte, erfüllt der König alle ihm gestellten Aufgaben, sondern weil alle Stadien seines Aufstieges für ihn letztendlich indifferent sind, lediglich Durchgangsstufen auf seinem Kursus in den status quo ante des Königseins darstellen. Das konservative Credo »Bon sang ne ment pas« wird eindrucksvoll bestätigt. Ein König ist in allen Sätteln gerecht, ist ein *uomo universale* – nicht im dilettierenden Sinn wie der *cortegiano* Castigliones und seiner Nachfolger –, im vollen Sinn des Begriffes: einer, der alles kann – und alles besser kann als alle anderen. So darf es nicht verwundern, daß er auch der beste Kaufmann ist: »K'aventureus et bien cheans/ Fu sor tous autres marcheans« (vv. 1997s.). (Denn er hatte mehr Glück als alle anderen Kaufleute.) Das im Mittelalter durchaus umstrittene Idoneitätsprinzip – nur der beste soll König sein – wird hier extensiv ausgelegt und auf alle Lebensbereiche bezogen (*K II*, 85).

Auch der zweite Kritiker, Heinz Thoma, kennzeichnet im selben Heft von *lendemains* Nerlichs These von der Verbürgerlichung des höfischen Romans und einem im *Guillaume d'Angleterre* sichtbar werdenden Beginn der Moderne als haltlos. Nerlichs Beitrag zeige,

> wohin es führen kann, wenn man das Mittelalter zur Moderne umzudeuten sich anschickt, dabei historische und literaturhistorische Periodisierung sorglos handhabt und zugleich die Negation historisch-soziologischer Denkformen – sei es der eigenen wie der kritisierten – nicht konsequent genug vollzieht. Daraus resultiert das Paradox einer affektgesteigerten Enthistorisierung historischer und literaturgeschichtlicher Prozesse im Namen einer scheinbar geschichtlichen, aber nur noch abstrakt beschworenen Formationsabfolge (sterbender Ritter vs. *merchant adventurer*) (*Th*, 105).

Thoma weist wie auch Krauß darauf hin, daß der vage Verweis auf eine »intellektuelle Lust und Freude an den artistischen Möglichkeiten« (*N II*, 33) durchaus unhistorisch sei und jedenfalls nicht ausreiche, um eine so revolutionäre Theorie zu rechtfertigen, ganz abgesehen vom ungelösten Autorproblem:

> Soll Chrétien de Troyes der Autor sein, müßte zunächst plausibel gemacht werden – hier genügen ein paar Floskeln nicht –, wieso und an welcher Stelle der Romanfolge diese Wirklichkeit derart massiv und in derart positiver Setzung mit dem Fluchtpunkt einer königlich-bürgerlichen Allianz in die Fiktion eindringt. Die von Nerlich gesetzte schiere Lust an der Dekonstruktion ist kein Argument sondern eine Verlegenheitslösung. Haben wir es mit »gesellschaftlich bedeutender Kunst« und »bedeutenden gesellschaftlichen Problemen« zu tun, dann will die Chrétien unterstellte reine »Freude« nicht einleuchten. Nerlichs Syllogismen erzwingen eigentlich, einen anderen Verfasser zu denken. Indes nicht einmal die Spur einer Hypothesenbildung über das Publikum bzw. einen ex- oder impliziten Auftraggeber des Textes, kein Blick auf das literarische Umfeld, kein altmodisches Handwerk (*Th*, 98).

Wir können es bei diesen Zitaten bewenden lassen. Wie man sieht, könnte der Protest der beiden Literaturwissenschaftler nicht deutlicher sein und dies, darauf ist zu insistieren, in ständigem Kontakt mit dem Text des *Guillaume d'Angleterre* und dessen die Bürgerlichkeitsthese widerlegenden Details. Nerlichs revolutionäre These erweist sich in der Analyse seiner Kritiker als eine schillernde Seifenblase, die schon bei der ersten Berührung zerplatzt. Wie nun nimmt Nerlich diese Kritik auf? Da ihm als dem Herausgeber der Zeitschrift *lendemains* die vorgetragenen Einwände schon vor ihrer Drucklegung bekannt waren, verteidigt er sich schon im selben Heft mit einem zwanzigseitigen Aufsatz, und das in einer äußerst polemischen Weise. Die Köhlersche Interpretation des *Guillaume d'Angleterre*, die den Disput in gewisser Weise ausgelöst hatte, sei, Nerlich bleibt dabei, »die Karikatur eines wissenschaftlichen Textes« (*N III*, 113). Ähnliches gilt offenbar auch für seine Verteidiger: »Was aber bringt Krauß zur Rechtfertigung oder Rettung des Köhlerschen Textes vor? Man möge es sorgfältig prüfen: nicht eine Silbe« (*N III*, 110). Und, was die von Krauß als »grotesk« bezeichnete Aufwertung des bürgerlichen Kaufmanns betrifft: »Nichts, aber auch rein gar nichts in den Aufsätzen von Krauß oder Thoma kann mich veranlassen, diese Feststellung zurückzunehmen« (*N III*, 125). Und dies mit dem Hinweis, daß nicht er, sondern Krauß und Thoma die Textbasis mißachteten:

> Worum Krauß sich »kümmert«, weiß ich nicht, aber um den Text schert er sich einen Teufel, und das genau unterscheidet in der Tat Krauß' und Thomas Umgang mit Texten von dem meinen: während sie aus Texten das machen, was der Interpret nach Cervantes nicht machen darf, *pepitoria*, Hühnerklein (oder Frikassee), um mit den Einzelteilen zu »beweisen«, was immer sie wollen, versuche ich als minimale hermeneutische Pflicht, die Gesamtheit der Textwirklichkeit zu verstehen und Verfasser und Text ernstzunehmen. Mit der Methode von Krauß und Thoma mache ich aus jedem Thomas Mann eine Hedwig Courths-Mahler (*N III*, 123).

Man könnte all das, was hier referiert wurde, als Schnee von gestern abtun, als Zeugnisse einer Kontroverse, über die alle Beteiligten längst hinausgewachsen sind. Doch da eine solche Kontroverse nur Sinn hat, wenn sie zum Lernprozeß wird, muß schon deshalb an sie erinnert werden, weil sie noch 1997, also genau zwanzig Jahre nach dem Buch von 1977 und genau zehn Jahre nach dem Schlagabtausch von 1987, eine Fortsetzung gefunden hat. In einem opulent ausgestatteten Buch macht Nerlich seine dem ersten Artikel von 1987 vorangestellte Ankündigung einer »(philosophischen) Negation« des Buches von 1977 endlich wahr, nun allerdings nicht mehr als »Entwurf für eine andere Ästhetik« (*N II*, 33), sondern im Rahmen einer Untersuchung, die nichts weniger sein will als ein Traktat »über das verlorene Selbstverständnis der Moderne« (*N IV*, Titel). Das zwingt den kritischen Beobachter zu erneuter Befassung mit dem Fall.[10]

Im zweiten der beiden Aufsätze von 1987 hatte Nerlich sein Konzept der Negation, »eine Zentralkategorie sowohl der Hegelschen als auch der materialistischen Dialektik« (*N III*, 116), unter Hinweis auf das Philosophische Wörterbuch von Georg Klaus und Manfred Buhr (Leipzig [10]1974) erläutert und dabei

10 Vgl. dazu auch die Rezension von Jürgen Kaube: »Als die Zinsfüße noch Sporen trugen«. In: *Frankfurter Allgemeine Zeitung* vom 11.3.1998, S. 46.

auf Lenins (!) Definition einer »dialektischen Negation« verwiesen: »nicht die bloße Negation [...], sondern die Negation als Moment des Zusammenhangs, als Moment der Entwicklung, bei Erhaltung des Positiven« sei entscheidend. Eine »bloße Negation« früherer Thesen dürfen wir also nicht erwarten. Aber leider ist auch von dem von Lenin geforderten »Moment der Entwicklung« im Buch von 1997 so gut wie nichts zu spüren. Nerlich geht, abgesehen von der nunmehr fast vollständigen Tilgung marxistischer Begriffe,[11] auch weiterhin von der Blindheit der Forschung – insbesondere Erich Köhlers – bei der Deutung des *Guillaume d'Angleterre* aus, der noch immer für die von Nerlich vorgetragene Modernitätsthese zentral ist. Mehr noch, er weitet das kulturgeschichtliche Panorama gegenüber dem ersten noch ganz marxistisch geprägten Entwurf von 1977 nunmehr ins Maßlose aus, bis hin zur Diagnose einer Krise der westlichen Kultur einschließlich Globalisierung, Euro und Transrapid.[12] Die zehn Jahre zurückliegende Auseinandersetzung um den *Guillaume d'Angleterre* dagegen ist nur noch in der Behauptung präsent, Nerlich habe »im wundervollen Streit um *Guillaume d'Angleterre* viel gelernt« (*N IV*, 25f.).

Spuren dieses Lernprozesses lassen sich, sieht man von einer Fußnote ab, in der Nerlich die Titel der *lendemains*-Diskussion verzeichnet, nicht nachweisen. Leitvorstellung der Beschäftigung mit dem *Guillaume d'Angleterre*, um den es hier allein geht, ist vielmehr – wie für das ganze Buch – noch immer das Abenteuer, das »terreno aventuroso«, das nach Nerlich das Kennzeichen der Moderne schlechthin ist.[13] »Im borjois von Galvaïde, dem seßhaften Handelskapitalisten, der Guillaumes Wiederaufstieg nach tiefem Fall fördert, konstituiert sich das moderne Individuum in der Praxis« (*N IV*, 277). Chrétiens Roman ist deshalb für Nerlich ungeachtet aller Einwände auch weiterhin die Apotheose des »borjois« (*N IV*, 287), ein »Schlüsseltext der europäischen Moderne« (*N IV*, 291), da

> Chrétien selbst, der blitzartig zu einer geistigen Autorität in ganz Europa geworden war, im *Guillaume d'Angleterre* resolut die bürgerliche Handelsaventure als die eigentlich königlich-wertvolle auswies. Wie ein magisches Sesam-öffne-dich eroberte die Verherrlichung der Experimental-Existenz des Menschen im Begriff aventure Europa von Lübeck bis Barcelona und von dort die gesamte Welt und tut dies noch heute: eine Geschichte ›der Moderne‹, die diesen Prozeß nicht kennt, muß an ihrem wichtigsten geistigen Bewegungsgesetz vorbeigehen (*N IV*, 336).

Zwanzig Jahre kritischer Auseinandersetzung sind, so muß man resümieren, ihrerseits spurlos an einer These vorübergegangen, die – wäre sie zutreffend – unser gesamtes Geschichtskonzept verändern müßte.

11 Die Leichtigkeit, mit der diese Begriffe trotz beibehaltener These fallengelassen werden konnten, erstaunt; sie wäre wohl als ein klassischer Fall von methodologischem Opportunismus zu bewerten.

12 Nerlich verfolgt diese Linie, wie sich zeigt, auch weiterhin – vgl. M. N.: »Von der Moderne oder Zukunftsplanung als historische Aufgabe«. In: *Merkur* 52 (1998) H. 594/595, S. 961–968, hier S. 966.

13 Wie ein Blick in jede Petrarca-Ausgabe bzw. in die zahlreich vorhandenen deutschen Übersetzungen des *Canzoniere* zeigen kann, hat der einem Aufsatz der Sekundärliteratur entnommene Begriff »aventuroso terreno« (*N IV* 239) allerdings nichts mit Nerlichs Abenteuer-Begriff zu tun, sondern bedeutet »glücklich, günstig«.

III.

Szenenwechsel. Um die geschilderte Auseinandersetzung als verallgemeinerungsfähige Fallstudie ausweisen zu können, soll noch ein zweiter Fall dargestellt werden, auch er ausgelöst durch die Kritik an der literatursoziologischen Methode Erich Köhlers, zwar moderater formuliert, doch mit ganz ähnlichen Folgen. Es sind offenbar, das scheint auch dieser zweite Fall nahezulegen, vor allem Schulenbildungen und die damit verbundenen Treueverhältnisse, die extreme Reaktionen auslösen können. Daß Schulen erkenntnisfördernd sein können, ist nicht zu bestreiten, sofern die Binnendiskussion zu einer nachvollziehbaren Konsolidierung der Prämissen führt. Auch daß es sich dabei häufig um ein Generationsproblem handelt, kann nicht von vornherein als bedenklich angesehen werden, sondern liegt in der Natur der Sache. Erst wenn sich – wie in den hier geschilderten Fallbeispielen – eine argumentativ nicht akzeptable Kritikresistenz einstellt, erscheint es allerdings an der Zeit, das Paradigma und dessen Anwendung zu überprüfen.[14]

Die Kritik an Erich Köhler findet sich diesmal im Berichtsband eines DFG-Symposions zur literarischen Interessenbildung im Mittelalter und stammt aus der Feder des Verfassers dieses Beitrages. Das macht die Berichterstattung nicht leicht, liegt doch hier eindeutig Befangenheit vor – als nicht zu entkräftender Vorwurf, aber auch als Ansporn, sich um Objektivität zu bemühen und den eingangs angedeuteten Idealen zu entsprechen. Es geht um die sogenannte sizilianische Dichterschule, eine Gruppierung von Autoren, die am Hofe Kaiser Friedrichs II. von Hohenstaufen die höfische Liebesdichtung der provenzalischen Troubadoure in einem eigenständigen Stil erneuern. Um dieses literaturgeschichtliche Phänomen zu verstehen, bedarf es, um nicht in die Falle einer bloß soziologischen Herleitung zu geraten, präziser Beschreibungskategorien. Dies machte sich ›Verfasser‹ in seinem 1993 gedruckten Beitrag von 1991 mit den folgenden Worten zum Anliegen:

> Rudolf Bultmann hat im Blick auf die Exegese biblischer Texte davor gewarnt, den ›Sitz im Leben‹ eines Textes ohne Beachtung der diesen zugrundegelegten Gattungskonventionen bestimmen zu wollen – ein Wort, das folgenreich Eingang in die literaturwissenschaftliche und speziell die mediävistische Hermeneutik gefunden hat. Im Bereich der höfischen Lyrik bis hin zur sizilianischen Dichterschule und Friedrich II. scheint es ganz besonders geboten, diese Mahnung ernstzunehmen und historische Situation, Gattungskonvention und lyrisches Ich immer miteinander in Beziehung zu setzen. Dies nicht nur deshalb, weil gerade die höfische Lyrik sich schon in der Wahl der Gattung und ihrer Formgesetze ausspricht, sondern auch, weil mit dem Begriff ›Sitz im Leben‹ viel Unfug getrieben worden ist bis hin zur Allegorisierung genuin lyrischer Aussagen als Ausdruck sozialer Spannungen und Ansprüche (*SN*, 387).

14 Dies wäre angesichts der Risiken einer jeden Schul- oder Generationsgemeinschaft auch einer elfbändigen Reihe von Interpretationen zur französischen Literaturgeschichte zu wünschen, an der mit Ausnahme des Verfassers alle hier genannten Kontrahenten als Herausgeber von Einzelbänden beteiligt sind – vgl. Henning Krauß (Hrsg.): *Französische Literatur*. Tübingen 1999ff.

Hier nun kommt ein Methodenstreit ins Spiel, der die Mediävistik lange Zeit beschäftigt hat:

> Erich Köhler, der am Ursprung dieser nicht ungefährlichen Tendenz steht, ist mit seiner soziologischen Literaturinterpretation schnell in Sackgassen geraten, die, wie etwa seine Lektüre altprovenzalischer Streitgedichte und die daraus abgeleitete gesellschaftliche Diagnose zeigen können, die interpretatorische Bewegung und Beweglichkeit nach dem Gesetz von literarischem Rätsel und (falscher) historischer Auflösung vorschnell zum Stillstand bringen. Die germanistische Kritik ist sich, vor allem über zwei Arbeiten von Ursula Peters und Ursula Liebertz-Grün, beizeiten der Einseitigkeit, ja – historisch gesehen – Unhaltbarkeit der These vom Aufstieg des niederen Rittertums mit Hilfe der *amour-courtois*-Ideologie bewußt geworden. Die romanistische Kritik wirkt demgegenüber verhaltener, obwohl auch hier die skeptischen Äußerungen sich mehren, wenn auch konterkariert durch Zeugnisse fortgesetzter Köhler-Nachfolge (*SN*, 387).

Und, auf die Sizilianer bezogen:

> Für das Verständnis der *scuola siciliana* ist das insofern von Bedeutung, als eine der wenigen grundsätzlichen Darstellungen zum Thema in deutscher Sprache, Henning Krauß' Aufsatz »Gattungssystem und Sitz im Leben« von 1973, gerade aus dieser Sicht geschrieben worden ist, sozusagen durchaus im Einklang mit dem der Darstellung vorangestellten Thomas-Motto »Quidquid recipitur/recipitur ad modum recipientis«. Bedenklich ist dabei nicht so sehr die Erinnerung an die mit dem Begriff des *joven* verbundene Aufstiegstheorie Erich Köhlers, da diese, wie auch Krauß konstatiert, am Hofe Friedrichs II. ohnehin nicht mehr greift. Bedenklich ist vielmehr die Beibehaltung der »Analogie zwischen Frauendienst und Herrendienst« mit der geradezu ins Phantastische tendierenden Steigerung zur »Identifikation der Dame mit dem Kaiser« als Folge, illustriert eher als belegt durch drei Bildparallelen (der Alte vom Berge; Schiff in stürmischer See; zürnender Löwe). Literatur und Wirklichkeit werden hier in einer Weise aneinander gebunden, die an die allegorische Didaktik des Mittelalters erinnert und die Dichtung zur Magd sozialer Ansprüche macht (*SN*, 387).

Krauß geht bei seiner Identifikation der höfischen Dame mit dem Kaiser von der Überhöhung der Dame zu einem engelhaften Wesen aus, wie sie nach einhelliger Meinung der Forschung für die sizilianische Dichterschule im Vergleich zur Frauendarstellung in der altprovenzalischen Lyrik kennzeichnend ist. Entscheidend ist jedoch der Schritt von dieser Engelhaftigkeit der Dame zum Kaiser als dem angeblich damit bezeichneten eigentlichen Inhalt und Sinn der Gedichte der sizilianischen Schule. Krauß führt dafür einerseits mehrere nichtliterarische Texte in Latein an, in denen dem Kaiser Engelsqualitäten zugemessen werden – einen Brief des Papstes (desselben Gregor IX. übrigens, der Friedrich II. zwei Monate nach Abfassung dieses Briefes mit dem Bann belegt), einen Krönungsgesang, politische und rhetorische Dokumente –, und zum anderen weist er auf mehrere Lieder der Sizilianer hin: »Die wesensmäßig verschiedene Seinsweise des Kaisers, die die Vorrede zu den Konstitutionen von Melfi umständlich begründet, wird von den Sizilianern als Engelhaftigkeit der Dame metaphorisiert: ›Iesù Cristo creolla in paradiso/e, poi la fece angelo incarnata‹« (*K I*, 57). Und, nach einem weiteren Beispiel: »Diese Erhöhung der Dame ins Außerirdische geht jedoch keineswegs einher mit ihrer Abstraktion aus den realen Herrschaftsbezügen: ihre innerweltliche

Machtposition wird durch die neue Qualität im Gegenteil nur noch deutlicher. Gerade jene Gedichte, die den Engelscharakter der Herrin betonen, sind reich an Dienst- und Abhängigkeitsformeln« (*K I*, 58).[15]

Eine unübersehbare »Identität der Dame/Engel mit dem Kaiser« sieht Krauß schließlich in dem Sonett »[A]ngelica figura e comprobata« von Giacomo da Lentini, das mit den Versen schließt: »Come lo nome, av[e]te la potenza/di dar sentenza, chi contra voi veni,/sì com'aveni a la Cità Romana« (*K I*, 58f.).

Die Nähe der Liebeslyrik der Sizilianer zum politischen Tagesgeschehen scheint hier auf der Hand zu liegen, auch wenn es merkwürdig erscheinen muß, daß sich der Kaiser ausgerechnet mit der krisengeschüttelten Stadt Rom vergleichen lassen soll. ›Verfasser‹ setzt denn auch einer so direkten Anbindung der Literatur an die zeitgenössische politische Realität ein wesentlich vorsichtiger agierendes Interpretationsmodell entgegen, das von Niklas Luhmann entwickelte Konzept einer ›Ausdifferenzierung eines autopoetischen Teilsystems Kunst innerhalb des gesellschaftlichen Gesamtsystems‹:

> Um die Existenzform der sizilianischen Dichterschule und die Eigenart der von ihr produzierten Lyrik zu beschreiben, müssen, daran kann kein Zweifel bestehen, auch die außerliterarischen Bedingungen angemessen berücksichtigt werden. Zur Bewältigung dieser genuin literatursoziologischen Aufgabe bietet sich eher als die, wie Erich Köhler ungewollt selbst vorgeführt hat, problematische Klammer von Basis und Überbau, von (gesellschaftlichem) Mangel und (literarischer) Kompensation (Ulrich Schulz-Buschhaus) ein soziologisches Modell an, das kulturelle Phänomene nicht gegen die Gesellschaft definiert, sondern in ihrer Mitte (*SN*, 389).

›Verfasser‹ führt seine Interpretation an mehreren Beispielen aus dem Liederschatz der Sizilianer vor, an einem Lied Friedrichs II. selbst, an einem spielerischen Sonettwechsel, am Sonett eines Abtes, der sich als vom Pfeil Amors getroffen bezeichnet – »eine, wollte man sie biographisch nehmen, durchaus bemerkenswerte Aussage« (*SN*, 398). Schwerlich läßt sich daher, so die These, in den Liedern der Sizilianer der Kaiser als Person oder als Adressat ausmachen. Es ist dies im übrigen eine Erkenntnis, die der Forschung schon seit Jahrzehnten geläufig ist:

> Certo, invano si cercherebbe nei versi di Federico II una pur lieve traccia di quella potente personalità ch'egli seppe così originalmente affermare, sia nell'azione, sia nel pensiero. La concezione ch'egli ebbe della poesia ci è ormai chiara: poesia come gioco,

15 Krauß knüpft mit dem Hinweis auf solche Dienst- und Abhängigkeitsformeln an eine Grundsatzdebatte der Altgermanistik an, die nach der literarischen Produktivität der sog. Ministerialen fragt und in die Erich Köhler 1964 maßgebend mit seiner These eingriff, die »psychologische Struktur des ›amour courtois‹ [sei] bedingt durch die soziale, wirtschaftliche und politische Lage des Kleinadels« – E. K.: »Die Rolle des niederen Rittertums bei der Entstehung der Trobadorlyrik.« In: E. K.: *Esprit und arkadische Freiheit. Aufsätze aus der Welt der Romania.* 2. Aufl. München 1984, S. 9–27, hier S. 25. Vgl. dazu Joachim Heinzle: »Literatur und historische Wirklichkeit. Zur fachgeschichtlichen Situierung sozialhistorischer Forschungsprogramme in der Altgermanistik«. In: Eckart Conrad Lutz (Hrsg.): *Das Mittelalter und die Germanisten. Zur neueren Methodengeschichte der Germanischen Philologie. Freiburger Colloquium 1997.* Freiburg (Schweiz) 1998, S. 93–114, hier S. 108 ff.

poesia come oblio della realtà. Ed è la concezione che ebbero, con lui, tutti i poeti della scuola siciliana, ma che egli forse più di ogni altro e prima d'ogni altro contribuì a fissare.[16]

Henning Krauß, der diese Stelle kennt und aus ihr zitiert (*K I*, 52), fühlt sich gleichwohl als Schüler Erich Köhlers erneut aufgerufen, dessen literatursoziologische Methode in einer Replik zu verteidigen. Diesmal allerdings geht es anders als im Falle des *Guillaume d'Angleterre* um den eigenen, methodologisch an Köhler anschließenden Beitrag. Krauß besteht auch 1994 darauf, seine immerhin schon zwanzig Jahre alte »zentrale und einzig inkriminierte These zu wiederholen, zu präzisieren und die mit ihrer Hilfe gewonnenen Ergebnisse mit jenen Neumeisters unter dem Aspekt zu vergleichen, wer die *lectio difficilior* vorlege. Nicht verschwiegen sei, daß es Freude macht, mit den schwarzen Steinen zu spielen, Fehlzüge des Kontrahenten zu *konterkarieren*« (*K III*, 3).

Krauß befaßt sich im Verlauf dieses Konterkarierens erneut mit der Angelisierung des Kaisers, wozu mehrere historische Dokumente angeführt werden, und mit der absoluten Abhängigkeit der dichtenden Hofbeamten von ihrem Herrn, wie sie an den in ihren Gedichten anzutreffenden Dienst- und Abhängigkeitsformeln abzulesen sein soll. Wissenschaftspragmatisch kaum zu verantworten ist dabei allerdings, daß er dafür exakt dieselben Zitate verwendet wie schon in seinem ersten Aufsatz zwanzig Jahre zuvor, eine angesichts der Größe des Gesamtkorpus der sizilianischen Dichterschule und der Fülle der Beispiele, die möglich sein sollten, zumindest ungewöhnliche Selbstbeschränkung. Auch das Sonett »Angelica figura e comprobata« von Giacomo da Lentini, das schon im ersten Aufsatz die Serie der Beispiele im Sinne der Argumentation bekrönte, findet sich überraschenderweise vollständig im zweiten Aufsatz wieder, gefolgt von demselben Zitat aus der Sekundärliteratur und begleitet noch immer von demselben Irrtum, der Gleichsetzung der »Cità romana« mit dem päpstlichen Hof (*K I*, 58f. = *K III*, 15).[17] Das Sonett wie auch die Zitate aus zwei anderen Gedichten, die Krauß unmittelbar vorher anführt und in denen der Natur beziehungsweise Gott selbst fast blasphemisch die Fähigkeit abgesprochen wird, eine schönere beziehungsweise gleich schöne Dame zu schaffen, sind offenbar unverzichtbar, um den zentralen Syllogismus – die »zentrale und einzig inkriminierte These« (siehe oben) – zu rechtfertigen und zu wiederholen, der da lautet: »Der Kaiser wird angelisiert – Die Dame wird angelisiert – Also ist die Dame der Kaiser«:

Ist solch kühne Metaphorik ernsthaft deutbar ohne den Bezug auf das (hypertrophe) Selbstbild des Kaisers, der sich als *imago Dei*, Kosmokrator, Salvator, *alter soter*, Gebieter der Elemente verherrlichen ließ? Wäre die Forschung nicht gar zu selbstgenügsam auf die These vom ausschließlichen Spielcharakter der realitätsvergessenen sizilianischen

---

16 Angelo Monteverdi: *Studi e saggi sulla letteratura italiana dei primi secoli*. Milano/Napoli 1954, S. 56 f.

17 Überhaupt ist anzumerken, daß Krauß in beiden Aufsätzen den neueren Forschungsstand zu Friedrich II. nur sehr begrenzt zur Kenntnis nimmt und sich statt dessen auf weiten Strecken auf die inzwischen überholte Darstellung von Ernst Kantorowicz stützt (*Kaiser Friedrich der Zweite*. Berlin 1927. ND Düsseldorf/München 1963).

> Lyrik fixiert gewesen, hätte sie die Quellen und die Untersuchungen der Historiker ernsthaft zur Kenntnis genommen, wären ihr die eindeutig politischen Implikationen des Engelsbildes, das Giacomo da Lentini im gleich nachfolgenden, formal höchst kompliziert gestalteten Gedicht entwirft, nicht verborgen geblieben (*K III*,15).

Und noch dezidierter: »Nur aus der These der Gleich- oder Ein-ebnigkeit von Gott und Kaiser leitet sich auch eine der wesentlichen Neuerungen der sizilianischen Lyrik ab: die Erhöhung der angebeteten Dame zum Engel« (*K III*, 11).

Krauß befindet sich offensichtlich – das Wort sei aufgegriffen – in einer Sackgasse, er hält wie Nerlich bedingungslos an einer These fest, von der zu lassen ihm ebenso unmöglich erscheint wie dem einst so scharf kritisierten Kollegen. Wiederum wird im Dienste einer bestimmten Deutung mittelalterlicher Literatur, die inzwischen von der Forschung übereinstimmend als überholt und erledigt eingestuft wird,[18] der gesamten bisherigen Forschung der Prozeß gemacht und mehrfach moniert, daß ›Verfasser‹ in Aufnahme älterer, aber immer noch gültiger Erkenntnisse die Dichtung der Sizilianer nicht als Hofpanegyrik im Dienste Friedrichs II. ansieht, sondern als »eine Übung für Könner und Kenner, die sich inmitten der *Magna curia* als sprachlich hochgezüchtete Sonderwelt verselbständigt hat« (SN 393). Dieselbe Textnähe, die Krauß an Nerlich vermißt, wird nun, da gegen ihn selbst gewendet, dem Kontrahenten zum Vorwurf gemacht. Gelten also wissenschaftliche Standards nur so lange, wie sie für die eigene These von Nutzen sind, und keinen Tag länger? Krauß wie Nerlich sitzen, so will es scheinen, in selbstgestellten Fallen – sei dies nun eine »Unverbindlichkeitsfalle« oder eine »Luftschloßfalle«. In der ersten sitzt eher Michael Nerlich, denn in sie tappt nach Auskunft des Mediävisten Joachim Heinzle, »wer der Versuchung erliegt, ›mehr oder weniger wahrscheinliche, aber unbestimmte und in der geschichtlichen Welt nicht aufweisbare Beweggründe‹ für die Hervorbringung von Texten zu erfinden«. In der zweiten dagegen befindet sich Henning Krauß, denn sie »lauert, wenn man zwar hinlänglich konkrete historische Faktoren namhaft machen kann, deren Verknüpfung mit Befunden der Textexegese aber nur auf der Ebene abstrakter Spekulation möglich ist«.[19] Als Beispiel für solche Spekulationen führt Heinzle genau jene Art von Literatursoziologie an, die mit dem Namen Erich Köhler verbunden ist.[20]

Die »geradezu ins Phantastische tendierende Steigerung« (*SN*, 388) der Analogie zwischen Frauendienst und Herrendienst zur Identifikation der dem

18 Vgl. dazu grundsätzlich und resümierend Joachim Heinzle (Anm. 15) und die dort angegebene Literatur, außerdem ders.: »Literarische Interessenbildung im Mittelalter. Kleiner Kommentar zu einer Forschungsperspektive«. In: Eckart Conrad Lutz (Hrsg.): *Mittelalterliche Literatur im Lebenszusammenhang. Ergebnisse des Troisième Cycle Romand 1994*. Freiburg (Schweiz) 1997, S. 79–93.

19 Ebd., S. 83f.

20 »Es ist noch immer bestürzend zu sehen, wie leicht die Arbeiten dieser Forschungsrichtung durch eine schlichte historische Kritik widerlegt werden konnten, die nach den quellenmäßig faßbaren Entstehungs- und Wirkungszusammenhängen der Texte fragte: da lösten sich etwa die mit viel Aplomb vorgetragenen und schon zu Handbuchwissen gerinnenden Thesen von der Entstehung des Minnesangs und des höfischen Romans aus dem Geist der Ministerialität buchstäblich in Luft auf« – ebd., S. 84.

Kaiser durch Henning Krauß (*K II*, 60) ist – auch wenn Krauß selbst sie schon 1973 »nicht als für alle Gedichte der Sizilianer explizit greifbar ansetzen« will (*K II*, 60) – nicht zu halten, historisch wie philologisch. Historisch ist die Annahme einer solchen Instrumentalisierung der höfischen Lyrik der Sizilianer schon deshalb unhaltbar, weil der Kaiser selbst an ihr teilnimmt, mit dem überraschenden Umkehreffekt, daß Krauß zum Beleg der Geschichtshaltigkeit dieser Lyrik unter anderem ein Gedicht heranzieht, in dem das Schulhaupt Giacomo da Lentini den abweisenden Stolz der Dame mit der Haltung der kaiserfeindlichen Städte Florenz und Mailand vergleicht, also nach seiner eigenen Interpretationsformel den Kaiser mit seinen Widersachern gleichsetzt (*K III*, 17). Als Handbuchwissen gilt auch, daß Friedrich II. von Hohenstaufen Kritik ebensowenig ertrug wie Panegyrik.[21] Mehr noch, die Anrufung des Kaisers stand bei Mißbrauch unter Strafe. »Der Herrscher war«, so heißt es im *Lexikon des Mittelalters*, »für die schmeichlerische Hofdichtung nicht zugänglich, die einige provenzalische Troubadoure (oder auch ein mittellateinischer Dichter wie Heinrich von Avranches) zu seinen Ehren verfaßten und sich dadurch – vergeblich – eine Stellung bei Hofe erhofften«.[22] Schon deshalb muß auch die Ironie ins Leere laufen, mit der Krauß dem Verfasser die Frage stellt, wie sich denn die deutliche Reduktion der altprovenzalischen Gattungsvielfalt in der sizilianischen Dichterschule erkläre, insbesondere der Untergang der historisch-zeitgeschichtlich motivierten

> Genera *sirventes, planh, chanson de croisade*? Hatte jede einzelne zu lange in die Quelle des Narziß geblickt, handelte es sich um natürliche Gattungsermüdung, mangelte es an Todesfällen als Anlässen für Klagelieder und an aktuellen politischen Themen – zu Lebzeiten Friedrichs II. ging es lediglich um die Zerschlagung des Feudalsystems, die gewaltsame Errichtung eines Zentralstaats, den Streit zwischen Papsttum und Kaisertum, den Krieg mit den lombardischen Städten, die mehrfache Exkommunikation des cäsarischen Antichristen und einen Kreuzzug –, oder war es kollektive Unlust der autopoietisch fixierten Poeten am garstigen politischen Lied? (*K III*, 5).

Ja, so wäre wohl darauf zu antworten, genau dies:

> l'assoluta assenza di interventi che tocchino la politica del tempo, sia spicciola che di lungo respiro (e da ciò discendono, marginalmente, serie difficoltà per la datazione). I Siciliani, oltre a non immergersi mai nella polemica quotidiana, si astengono perfino da grandi temi come la Crociata, sempre molto presente ai trovatori ed ai Minnesänger. Qui non si va al di là dei lamenti per la partenza dell'amato, che della Crociata implicano l'aspetto più privato. Che i Siciliani non assumano in poesia atteggiamenti antiimperiali è del tutto ovvio: è però singolare che non sfruttino la poesia per difendere le tesi di Federico, come invece accade tra i poeti di lingua greca di Terra d'Otranto, che l'imperatore poneva evidentemente su di un altro piano.[23]

---

21 »Sizilianische Dichterschule«. In: *Lexikon des Mittelalters*. München 1995, Bd. 7, 9. Lieferung, S. 1948.

22 Ebd., S. 1947.

23 Alberto Varvaro: »La cultura di Federico II«. In: *Federico II e l'Italia. Percorsi, Luoghi, Segni e Strumenti*. (Ausstellungskatalog). Roma 1995, S. 134.

Geht es doch hier – das ist die Ausgangsbasis der These von Krauß – gerade nicht um kritische Spielleute (›ioculatores‹), denen, wie Krauß in einem Zitat belegt, Friedrich II. ebenso wie Blasphemikern und Juden den kaiserlichen Frieden verweigert (*K III*, 5), sondern um seine eigenen Beamten, deren Kunstübungen er sich gern anschließt. Zwar vermerkt das *Lexikon des Mittelalters* an derselben Stelle: »Die Forschung hat daher die sizilianische Dichterschule als Werk von Funktionsträgern bezeichnet, die von Friedrich II. abhängen. Ihr literarisches Wirken ist gleichsam die Fortsetzung ihres Berufes.« Doch ebenda findet sich auch der Hinweis, daß dies in der Volkssprache als einer »Art Sondersprache für die Lyrik« geschieht, im scharfen sprachlichen Kontrast zur Berufssprache Latein, derer sich die vor allem juristisch gebildeten Hofbeamten in Ausübung ihrer hoheitlichen Funktionen bedienten.[24] Eine direkte »berufliche« Nutzung ihres Dichtens würde daher in mehr als einer Hinsicht störend gewirkt haben.

Zudem sind die philologischen Schwächen der Krauß'schen These zu markieren. Nicht nur ist anzunehmen, daß die Vertreter der sizilianischen Dichterschule sich schon aufgrund des Musik, Rhetorik und Dichtung umfassenden Bildungsprogramms, das sie vorwiegend an der Universität Bologna durchlaufen haben, nicht mit einer so simplen Gleichsetzung von Metaphorik und Realität, von Engel und Kaiser zufriedengegeben haben. Eine solche Wortgleichung hätte durch ihre Allgegenwart praktisch die gesamte Lyrik dieser Schule in ihrer Substanz getroffen und lahmgelegt, ist es doch nach übereinstimmender Ansicht der Forschung gerade die Angelisierung und Spiritualisierung der Dame, die die Liebeslyrik der Sizilianer von der der ihnen vorausgehenden Troubadoure unterscheidet. Vor allem aber ist Krauß die Zerstückelung der Texte zum Zwecke der eigenen Argumentation vorzuhalten – eine Verfahrensweise, die er doch einst selbst so eindrucksvoll Nerlich nachgewiesen hatte. Denn wo immer man von den bei Krauß zitierten Versen auf das jeweilige ganze Lied zurückgeht, fällt sofort die Chimäre einer gegen die Texte aufrechterhaltenen (un-)historischen Hypothese in sich zusammen und tritt die dichterische Bilderwelt in ihrer Eigengesetzlichkeit und Traditionsbezogenheit wieder in ihre Rechte ein. Dazu abschließend nur zwei Beispiele, die Krauß wiederum sowohl im Artikel von 1973 wie in dem von 1994 verwendet und dies ohne jeden Abstrich bei der Wiederholung.

Im ersten Fall wird der Leser nur der Kenntnis zweier Verse aus einer fünf Strophen umfassenden Kanzone für würdig erachtet, in denen die Dame nach bekanntem Schema angelisiert wird: »Iesù cristo [creolla] in paradiso / e, poi la fece angelo incarnata« (siehe oben). Daß der Akzent, den der Dichter hier setzt, nicht der zentrale sein kann, erhellt jedoch sofort, wenn man das Gedicht als Ganzes in Augenschein nimmt. Dann wird sichtbar, daß eine ganz andere Bild-

24 »Sizilianische Dichterschule« (Anm. 21), S. 1948. Krauß dagegen hält es für »wahrscheinlich, daß diese dichtenden Beamten kaum säuberlich zu trennen vermochten zwischen ihrer beruflichen Tätigkeit und ihrer Poesie« (*K I*, 52)! Vgl. zur Beamtenschaft am Hofe Friedrichs II. die einschlägigen Darstellungen von Wilhelm E. Heupel, Hans Martin Schaller und Theodor Kölzer.

lichkeit das Interesse des Dichters besitzt, eine Serie von Vergleichen nämlich, mit denen das lyrische Ich seine Liebe zu beschreiben versucht, aufgereiht wie auf einer Perlenschnur am Ende jeder Strophe: »e vivo in foco come salamandra« (I) / »ch'eo rinovello com‹ fenice face« (II) / »come la tigra lo speglio isguardano« (III) / »mi trage a lena come pantera le bestie salvage« (IV). Der Kaiser aber, selbst dichtend und nach dem Zeugnis der Zeitgenossen von großem Kunstverstand, soll nun nach Krauß in diesem Lied ausgerechnet den vierten und fünften Vers der zweiten Strophe zur Kenntnis genommen haben, und dies, obwohl die Widmung, mit der die Kanzone zu einem guten Ende gebracht wird, nicht einmal der Dame, das heißt nach Krauß dem Kaiser gilt, sondern dem Liebesgott Amor: »Luntanamente m'à tirato Amore, / per cui omaggio [è lo] ditto presente.«

Ohne Überzeugungskraft ist auch, was Henning Krauß einer Kanzone von Puciandone da Pisa zumutet. Er wiederholt dazu lediglich das, was er schon in seinem Artikel von 1973 formuliert hatte, 1994 nochmals im Wortlaut (!), offenbar auch hier unfähig zur Korrektur, gegen alle Kritik immun und von der Richtigkeit seiner Deutung überzeugt: »So preist etwa Pucciandone Martelli »La vostra [gaia] angelica sembranza« (XXXVII 2,15), die der *noiosi* und *mal parlieri* (16s) nicht achtet, und formuliert danach kaum verklausuliert seinen Wunsch nach einer einflußreichen (Beamten-)Stellung: ›Quando mi donerete più podire / meglio servire – vi poro sovente‹« (*K III*, 19 = *K I*, 58).

Krauß nimmt an, daß der Kaiser den Blick ausgerechnet auf die fünfte Zeile der zweiten Strophe und – sozusagen mit dem Stellenplan in der Hand – auf die siebte und achte Zeile der dritten Strophe richtet, in Absehung von der Schlußstrophe, in der das lyrische Ich auch hier das Lob Amors anstimmt, der ihn durch die Liebe zu dieser Dame schon so hoch plaziert habe, daß er darin fortfahren möge, auf daß des Sprechers Liebesdienst ihr Wohlgefallen finde: »Poi che sì altamente m'à locato, / faccia che piaccia lo meo servimento / a quella che in sua balìa mi tene [...].«

Was treibt Krauß zu einer so abwegigen These, ja gegen das eigene Wissen über die altprovenzalische Lyrik zu der Vermutung, bei den ›noiosi‹ und ›mal parlieri‹ handle es sich um die mißgünstige sizilianische Hofmafia und nicht – wie der mit der Dichtung der Provenzalen und der Minnesänger vertraute Kaiser sofort erkennen konnte – um die als Motiv auch Krauß wohlbekannten ›maldezedor‹ der Troubadoure? Der Interpret scheint hier sowohl in die Unverbindlichkeitsfalle wie in die Luftschloßfalle geraten zu sein, an einen düsteren Doppelort also, an dem wie bei Nerlich der Literaturgeschichte, und schlimmer noch, dem poetischen Text selbst und seinem Bedeutungsgefüge der Garaus gemacht wird.

IV.

Auf den vorausliegenden Seiten ist der Versuch unternommen worden, zwei literaturwissenschaftliche Kontroversen sachlich und möglichst unvoreingenommen darzustellen. Dieser Versuch muß im Falle der zweiten, vom ›Verfasser‹

selbst ausgelösten, an fast unüberwindliche Grenzen stoßen. Es ist deshalb für das hier verfolgte Vorhaben höchst vorteilhaft, daß sich für diesen Fall bereits ein kritischer Zuschauer gefunden hat, der weitgehend Objektivität garantieren kann. Friedrich Wolfzettel begrüßt in einem Aufsatz von 1996, daß der »zwischen einem systemtheoretisch formalistischen Ansatz und der Verlängerung der literatursoziologischen Methode Erich Köhlers [...] seit langem schwelende, selten offen ausgesprochene Konflikt so endlich mit der wünschenswerten Klarheit benannt worden« sei (*W*, 461). Wolfzettel will die an den Darlegungen von Henning Krauß und des ›Verfassers‹ exemplarisch sichtbar werdenden Positionen gerecht darstellen, bei leichter Präferenz für die Literatursoziologie, doch auch in Würdigung der Vorteile eines »systemtheoretisch formalistischen« Ansatzes. So gesteht er ›Verfasser‹ gegen Krauß das Recht zu, die Dichtungen der Sizilianer unter dem Gesichtspunkt einer möglichen selbstbezogenen »Autopoetizität« (*W*, 464) zu betrachten. Andererseits sieht er aber auch den »möglicherweise latent tragischen Charakter eines Spielen-Müssens«, der die »Funktion der Funktionslosigkeit« (*W*, 466) dieses bei aller Artistik lebensweltlich, nämlich höfisch-repräsentativ eingebundenen Dichtens freilege – eine attraktive, Gesellschaft und Kultur existenziell vermittelnde Formel. Wolfzettel blickt hier zwar eher mit den Augen des Literatursoziologen auf die »Autopoetizität«, doch auch der Systemtheoretiker ist ja nicht an der Kunst, sondern allein an ihrem Ort in der Gesellschaft interessiert. Wenn ›Verfasser‹ demgegenüber allzu einseitig auf der selbstgenügsamen Artistik der Sizilianer bestanden haben sollte, so kann er sich das Recht dazu nur unter dieser soziologischen Voraussetzung nehmen, eine Einschränkung, die sich im übrigen auch in den Ausführungen des ›Verfassers‹ findet (*SN*, 389), von Krauß wie von Wolfzettel zitiert, aber als unzureichend beziehungsweise nicht erfüllt angesehen wird (*K III*, 4 u. *W*, 465): »Definiert man mit Niklas Luhmann als ›Funktion der Kunst‹ ›Welt in der Welt erscheinen zu lassen‹ beziehungsweise fragt man mit Henning Krauß nach den lebensweltlichen Bedingungen, die diese Dichtung ermöglicht haben, dann wird man sich nicht damit zufrieden geben können, diese Funktion in gemeisterter Artistik zu sehen« (*W*, 475).

Dem ist aus der Sicht des ›Verfassers‹ wenig hinzuzufügen. Entscheidend ist nun allerdings, wie man sich dieses »Welt in der Welt erscheinen lassen« vorzustellen hat (und damit sind wir wieder mitten in der Methodendiskussion), als Widerspiegelung der Wirklichkeit nach klassischem Modell oder als Wiederkonstituierung der Welt in »einer esoterischen Kunstübung« (*SN*, 399). Prüfstein zur Entscheidung dieser Frage kann allein der interpretierte Text sein. Der Text aber – und darauf geht Wolfzettel nicht ein – darf nicht zur Spielwiese für Theorien oder zum Plünderungsobjekt für die Suche nach Belegen degradiert werden, sondern muß nach dem »principle of charity« in jedem Fall als formal autonome kompositorische Ordnung respektiert werden.

> Das »principle of charity«, das »consistency« und »true belief« unterstellt, fungiert in der Interpretation ästhetischerWerke prinzipiell als eine methodologische Regel der Werkrelativität: Konsistenz und Funktionalität des Interpretandums bemessen sich an der technischen Integralität des Werks. Interpretation ästhetischer Werke hat es mit

Konsistenzbildung des Wissens unter werkrelativen Restriktionen zu tun, nicht mit Korrespondenzbeziehungen zwischen ästhetischem Wissen und werkexternen sogenannten (historischen, sozialen, psychologischen) Fakten.[25]

Erst unter dieser Voraussetzung lassen sich Außenbezüge überprüfen, ja ihre mögliche Existenz zeigt sich in der Unverletztheit wie in der Eignung des in Frage stehenden Textes für solche Bezüge ganz von selbst. Wolfzettel sieht in der Lyrik der sizilianischen Dichterschule mit Krauß den wie auch immer vermittelten »Widerschein des vollkommenen Herrschers«, »in Analogie und lebensweltlicher ›Assoziation‹ mit der Gestalt des Kaisers [...], dem diese ›abgeleitete‹ Panegyrik ja letztlich gelten mußte« (*W*, 467). Die Gedichte widersprechen dem, wie gezeigt, als integrale Gebilde und als Gesamtkorpus in jeder Hinsicht. Auch Wolfzettel argumentiert im übrigen unhistorisch, wenn er unter Hinweis auf gnomisch-moralistische Elemente in den Texten der sizilianischen Hofpoeten eine »spezifisch bürgerliche Lebenshaltung« sieht, vergleichbar derjenigen der ihm besonders vertrauten »bürgerlich-städtische[n] Lyrik des 13. Jahrhunderts in Nordfrankreich« (!), mit dem überraschenden Fazit:

Die von Henning Krauß geltend gemachte »Assoziation der Dame mit dem Kaiser« würde in dieser gnomischen Perspektive eine neue Relevanz erhalten, rückt doch der hierarchisch-herrschaftliche Begriffsbereich oder Duktus dieser Form der höfischen Liebe auf solche Weise in den Rang eines »natürlichen« Verhältnisses auf, während umgekehrt wohl auch eine »natürliche«, nicht panegyrische Lesart ermöglicht wird (*W*, 475).

Nein, wir sollten dem Text sein Recht auf Eigenexistenz nicht nehmen: »Nicht die Liebe oder die Gefühle als solche zählen, sondern das aus ihnen heraus und mit ihnen gemachte, fertige Gedicht« (*W*, 471). Und, wenn das nicht genügt, weil der Ort dieses Dichtens hinter dem Gedicht selbst zu verschwinden droht:

[...] das Dichten am Hofe Friedrichs II. erscheint als Teil eines kulturellen Programms, das die ständige Selbsterneuerung der dichtenden Elite durch die Praxis des Dichtens impliziert. Wir hätten es somit mit einer Autoreferentialität eigener Art zu tun, insofern die Selbstthematisierung des Dichtens immer zugleich auch auf die transindividuelle Funktion einer solchen Praxis verwiese (*W*, 472).

Könnte das der Stil für ein Schlußwort sein?

V.

Es ist Zeit für eine Bilanz dessen, was hier berichtet wurde. Zwei durch zahlreiche Publikationen ausgewiesene Professoren und Herausgeber renommierter Fachzeitschriften stellen unter Verzicht auf eine literaturhistorisch kontrollierte

25 Gerhard Pasternack: »Zur Rationalität der Interpretation«. In: Lutz Danneberg/Friedrich Vollhardt (Hrsg.): *Vom Umgang mit Literatur und Literaturgeschichte. Positionen und Perspektiven nach der »Theoriedebatte«.* Stuttgart 1992, S. 149–168, hier S. 160.

Textlektüre und gegen die gesamte darauf aufbauende Forschung Thesen auf, die unhaltbar erscheinen, der eine überdies mit einem umfassenden geschichtsphilosophischen Konzept, der andere – nicht minder anspruchsvoll – in der Absicht, einen »*literarischen Strukturwandel historisch in zwei epochemachenden Momenten* (provenzalische und sizilianische Lyrik) *zu artikulieren*« (*K I*, 39).[26] Beide Autoren treten mit dem Anspruch vor die Öffentlichkeit, vorurteilsfrei die Wahrheit ergründen zu wollen. Gerade darin aber versagen sie. Denn wie anders soll man die Haltung bewerten, in der sie die ihnen entgegengebrachte Kritik ignorieren und ihre ursprünglichen Thesen praktisch unverändert wiederholen, ohne das damit verbundene »verhängnisvolle Ausmaß des [eigenen] Erkenntnisverzichts« wahrzunehmen (*K II*, 93). Ideologischer Anspruch und methodologische Disziplin treten vielmehr in beiden Fällen in einem Maße auseinander, das die Möglichkeit einer sachlichen Erörterung nachhaltig erschwert, ja unmöglich gemacht hat – mit der ironischen Coda, daß der Ankläger im ersten Fall im zweiten zum Beklagten in der gleichen Angelegenheit wird.

Die beiden Kontroversen sind – und deshalb wurden sie hier vorgeführt – geeignet, paradigmatisch, das heißt als Fallstudie, einige Gefahren vorzuführen, denen der Anspruch auf wissenschaftliche Objektivität offenbar immer ausgesetzt ist: (1) Sendungsbewußtsein, das heißt die Gewißheit, im alleinigen Besitz der Wahrheit zu sein; (2) Schulenzugehörigkeit, das heißt Geborgenheit in einer gleichgesinnten Gemeinschaft, in der man sich in trügerischer Weise sicher wähnt; (3) Dominanz des gewählten Interpretationsansatzes über das Objekt und dessen kontrollierbare Wahrnehmung; (4) auswählende Instrumentalisierung der Forschungsliteratur (sofern sie sich dafür eignet) bei schroffer oder überlegen ironischer Ablehnung gegenteilig Argumentierender; (5) Verhärtung statt Lockerung infolge der entgegengebrachten Kritik; (6) Pathos statt Nüchternheit. Ein weiterer oft unverschuldeter, aber für die Effektivität wissenschaftlichen Arbeitens schädlicher Aspekt kommt hinzu: die langen Reaktionszeiten, die zwischen den einzelnen Stellungnahmen liegen und in manchen Fällen Lebenszeitdimensionen annehmen. Auch unter diesem Gesichtspunkt ist eine wissenschaftliche Argumentation nur mit Mühe in Gang zu halten.

VI.

Ein Blick in die neuere Geschichte mag abschließend die Tragweite der hier angesprochenen Probleme verdeutlichen. Pierre Bayle, der große Vorläufer der europäischen Aufklärung, faßte 1692 einen Plan zur Sammlung der Irrtümer in den Nachschlagewerken seiner Zeit und nicht nur dort, das *Projet d'un Dic-*

---

26 Bei den von Krauß kursivierten Worten handelt es sich bis auf die Emphatisierung des neutralen Epithetons »epochebildenden« zu »epochemachenden« um Zitate aus einer in den 1970er Jahren vielzitierten Streitschrift von Hans Robert Jauß: »Literaturgeschichte als Provokation der Literaturwissenschaft«. In: H. R. J.: *Literaturgeschichte als Provokation*. Frankfurt a. M. 1970, S. 144–207, hier S. 195.

tionnaire critique, »le plus gros recueil qu'il me sera possible des fautes qui se rencontrent dans les dictionnaires«.[27] Bayle bezeichnet sein Vorhaben schon im vorhinein mit den Worten eines »homme un peu précieux« einerseits als die Versicherungsanstalt der Gelehrtenrepublik (»la chambre des assurances de la Republique des Lettres«),[28] andererseits aber auch als ihren Abfallhaufen (»un ramas des ordures de la Republique des Lettres«).[29] Was ihm dabei vorschwebt, wäre allerdings, wenn es gelänge, ein Unternehmen von nicht geringer methodologischer Bedeutung. Bayle geht es nämlich um nichts weniger als um die vollständige Dokumentation gelehrter Dispute:

> [...] il n'y a point de procés où il soit plus necessaire les deux parties, que dans ceux qui s'élevent entre les gens doctes; fou qui se fie aux remarques de l'aggresseur: la prudence veut que l'on attende ce qui luy fera repondu, & ce qu'il repliquera. Je n'en demande pas davantage; je say que la patience des lecteurs ne va pas ordinairement si loin: mais pour un dessein comme celuy-cy ce n'est pas trop à l'égard de bien des choses, que de comparer ensemble quatre Ecrits publiez successivement, deux par la personne attaquée, & deux par la personne attaquante, & j'ose même dire que sur certains faits cela n'est pas suffisant. On m'accordera qu'il y a bien des Censeurs, qui font plus de fautes qu'ils n'en corrigent; on m'avoüera pour le moins, que les plus savans donnent lieu à être censurez à leur tour. [...] après avoir lu la Critique d'un Ouvrage, il faut suspendre son jugement jusques à ce que l'on ait vû ce que l'Auteur critiqué ou ses amis auront à dire. Ceux qui prennent pour faute tout ce qui est censuré par l'aggresseur, & pour vray tout ce qu'il ne combat pas, voyent souvent par la suitte qu'ils ont été la dupe de cet Ecrivain; car on leur montre qu'il a condamné de bonnes choses, & qu'il n'a point condamné ce qui étoit condamnable, & que de son côté il a commis beaucoup de bevûës. Un Auteur très-sensible d'ailleurs à la censure, prendra le party de ce critiquer luy-même, lors qu'il croira faire depit à ses Censeurs, en leur montrant qu'ils ont ignoré que telles & telles choses devoient être censurées. Je vous en allegueròis des exemples, si je ne savois qu'ils vous sont assez conus, avec la reflexion qui en resulte naturellement; c'est que l'homme aime mieux se faire du mal pourveu qu'il en fasse à son ennemi, que se procurer un bien qui tourneroit au profit de son ennemi. Or comme ce qui est arrivé au Censeur, est aussi quelquefois le sort de l'Apologiste, c'est-à dire qu'ils ne voyent l'un & l'autre qu'une partie des manquemens de leur Adversaire, & qu'ils font des fautes chacun à son tour, on voit la necessité qu'il y a de les suivre dans tout le progrez de leur dispute, lors qu'on veut faire le Recueil que j'entreprens.[30]

Wie man sieht, ein äußerst ehrenhaftes Verfahren, ein Verfahren auch, das – durchaus in Kenntnis der psychologischen Verfaßtheit der Gelehrtenwelt – denen, die sich darauf einlassen, reiche Ernte verspricht:

> Ce seront des courses d'où ils reviendront toûjours chargez de butin, & il n'y a point de Prince, quelque soin qu'il prenne de faire tendre des toiles, & d'ordonner tout ce qu'il faut pour une fameuse partie de chasse, qui puisse être plus certain de la prise d'un tres-grand nombre de bêtes, qu'un Savant Critique qui va à la chasse des erreurs, doit être assûré qu'il en decouvrira beaucoup. Ce seroit quelque chose de curieux, s'il arrivoit à cet Ouvrage ce qui est arrivé à celuy qu'un docte suisse intitula le Theatre de la vie humaine, &

27 Widmungsbrief an M. du Rondel. Zitate im folgenden nach der unpaginierten Ausgabe von 1692 (Reprint Genf 1970).

28 Ebd., Abschnitt IV.

29 Ebd., Abschnitt V.

30 Ebd., Abschnitt III.

> qu'on a tant de fois augmenté, qu'enfin il comprend huit gros volumes in folio. Ne doutez point que les fautes des Auteurs ne puissent former un entassement aussi massif que celuy-là; & à vôtre avis, Monsieur, un Theatre de ces fautes en autant de gros volumes, seroit-il moins divertissant & moins instructif que celuy de la vie humaine?[31]

Bayle muß allerdings bald erleben, daß ein so ausgreifendes Vorhaben auf mehr Kritik stößt, als er geahnt hatte. Sie kommt von den Fachkollegen, aber auch von einem so renommierten Mitglied der Gelehrtenrepublik wie Leibniz. Im Vorwort zum *Dictionnaire historique et critique*, das als Frucht jahrelanger Vorarbeiten 1697 erscheint, revidiert Bayle deshalb sein Konzept in einigen Punkten und steckt deutlich zurück. Dennoch, Bayle praktiziert in seinem großen *Dictionnaire* die Kritik konsequent in dem von ihm angestrebten Sinne, ja, er wendet sie auch gegen sich selbst und dies, wie sich gezeigt hat, durchaus zum eigenen Vorteil: Das *Dictionnaire historique et critique* steht noch heute in jeder besseren Universitätsbibliothek, als beredtes Zeugnis und schönste Frucht des unbedingten Willens zur Wahrheit. Der Literaturwissenschaft wäre zu wünschen, daß sie sich öfter als bisher zwar nicht die komplette Dokumentation jeder Debatte im Sinne Pierre Bayles, wohl aber seine kritische Methode als Richtschnur zum Vorbild nähme und auch seinen Mut in der Anwendung auf die eigene Position. Vielleicht könnte sich so einstellen, was Ziel jeder wissenschaftlichen Auseinandersetzung sein sollte: Erkenntniszuwachs.

31 Ebd., Abschnitt II.

›Wer von der Sache nichts versteht, macht Theorie‹: Ein Topos der philologischen ›Curiositas‹

Nikolaus Wegmann

Es fragt sich aber doch, was Grimm an der Arbeit gehalten hat.
Ulrich Wyss: Die wilde Philologie (1979)

Im übrigen liest man sich nie direkt. Ich weiß wohl,
daß man immer von Schemata und Vermittlungen aus liest.
Jacques Derrida im Interview mit Florian Rötzer (1986)

Die Literaturwissenschaft gilt als schlecht konsolidierte Disziplin. Es fällt ihr schwer zu sagen, was sie ist oder was sie nicht ist, was sie wissen will und was nicht. Inzwischen erscheint zweifelhaft, ob sich das Fach überhaupt noch solchen Fragen stellen kann. Die Zeit ist vorbei, in der die Philosophie als erste Autorität anerkannt war und das Fach sich von der Ästhetik als Verbindung von Literatur (als Kunst), Erkenntnistheorie und Ethik hat souffliieren lassen.[1] Das wuchernde Ineinander von Unter-, Neben- und Bindestrich-Wissenschaften belegt offensichtlich, daß es der Literaturwissenschaft an Profil und Richtungssinn fehlt. Jedenfalls sind nicht nur Außenstehende verunsichert: Hat das Fach eine ›reiche Vielfalt‹ oder versinkt es in ›bloßer Beliebigkeit‹?

Die ungeklärte Lage läßt sich als Krise darstellen,[2] die dann ihrerseits Bemühungen um eine *andere* Literaturwissenschaft zu legitimieren hat. So zielt die Bürokratie mit ihren Mittelzuweisungen auf eine Umwidmung der Lehrstühle, die dem Fach zu jenen Innovationen verhelfen soll, zu denen es aus

1 Im Zusammenhang mit dem Positionsverlust der Ästhetik ist nicht so sehr die Frage, ob z. B. die Wissenschaftsforschung den frei gewordenen Platz übernimmt. Entscheidend ist, ob der Fortgang von Themendiskussionen auch ohne den Antrieb von eigenem Nachfragen organisiert werden wird.

2 Die Diagnose von der »Konfusion« in den Geisteswissenschaften findet sich bereits als *Spiegel*-Artikel, vgl. Johannes Saltzwedel: »Karneval der Ideen. In den Geisteswissenschaften machen sich Konfusion und Krisenstimmung breit [...]«. In: *Der Spiegel* Nr. 11, 1998, S. 210–213: ›Curiositas‹-Probleme in der Wissenschaft werden Thema in einem Medium, für das Neuigkeiten normal sind.

eigener Kraft nicht fähig scheint.[3] Parallel dazu wurde eine Findungs-Kommission aus Wissenschaftsforschern, Vertretern der Wissenschaftsstiftungen und des Bundesforschungsministeriums eingerichtet, die ebenso grundsätzlich wie ergebnisorientiert klären soll, wie man herausfindet, was man wissen will: »Suchprozesse für innovative Forschungsfelder« heißt der offizielle Auftrag, und das Ergebnis wird Grundlage für die künftige Schwerpunktbildung der Wissenschaftsorganisationen sein. So aufgeklärt, wollen sie dann eine Literaturwissenschaft, die nicht in der Lage scheint, ihre ›Curiositas‹ selbst zu modellieren, auf Kurs bringen.[4]

I.

Verschiedenheit oder Pluralität sind nicht per se ein Problem. Vielfältigkeit kann auch anregen, kann Variation und Innovation anstoßen. Erst wenn das Volumen des möglichen Wissens überhandnimmt, ändern sich die Vorzeichen. Die Fülle dessen, was man auch noch wissen kann, wird kontraproduktiv, das Fach stagniert oder – schließlich geht es hier um die Philologie – es verzettelt sich. Folgt man diesem unbestreitbaren Für und Wider, wäre dem Fach eine mittlere Bandbreite, eine große, aber eben nicht zu große Auffächerung zu empfehlen. Doch dieser Mittelweg wird den Verhältnissen nicht gerecht. Er unterstellt Planbarkeit und Regelung, wo das Fach gegen Limitierungen angeht, und dies als wissenschaftliche Disziplin auch tun muß: Für den wissenschaftlichen Drang nach Wissen darf es keine festen Grenzen geben. »Die Neugierde«, so Johann Georg Schlosser, »will nur erwerben, was sie noch nicht hat, ohne sich zu bekümmern [...], wie es sich mit dem verträgt, was sie vorhin schon hatte.«[5] Folglich ist die Unübersichtlichkeit des Fachs auch nicht schon der Beweis für ein Organisations-Defizit. Zunächst handelt es sich um die Folge einer für die Wissenschaft signifikanten Wissensdynamik: Der Forschungsimperativ, die wachsende Internationalisierung oder eine immer neue Kombinationen suchende Interdisziplinarität setzen als strukturelle Eigenschaften der Wissenschaft eine Produktion wissenschaftlichen Wissens frei, die jede Rückversicherung in festen Ordnungen fraglich macht: Das moderne Wissenschaftssystem »radikalisiert [...] den Produktionsgesichtspunkt in einem solchen Maße, daß es in der Folge eigentlich keine Garantie mehr gibt, daß die Wissenschaft gleichzeitig auch noch hinreichend stabile

---

3 Haushaltstitel und Förderpläne wie ›Standortpflege‹ oder ›Frauenförderung‹ sollen unter den Leitterminologien von ›Medien‹ und ›Women Studies‹ als wissenschaftliche Problemstellungen anerkannt und zu Programmen für die Forschung werden.

4 Von der ersten Konferenz unter diesem Titel im September 1997 berichtet Michael Jeismann: »Im Suchbild«. In: *Frankfurter Allgemeine Zeitung* vom 1.10.1997, S. N 5.

5 Johann Georg Schlosser: Ueber Pedanterie und Pedanten. In: J. G. Sch.: *Kleine Schriften.* 5. Theil. Basel 1787. S. 261f., hier S. 261, zitiert nach: Rudolf Stichweh: *Der frühmoderne Staat und die europäische Universität. Zur Interaktion von Politik und Erziehungssystem im Prozeß ihrer Ausdifferenzierung (16.–18. Jahrhundert).* Frankfurt a. M. 1991, S. 154.

Strukturen zu bilden imstande ist, die die unablässige Produktion von Forschungsneuheit auffangen, kontrollieren und sie zuverlässig instruieren könnten«.[6]

Mit Blick auf die Ausgangsfrage kann dies nur heißen, daß es aussichtslos ist, das ›amorph‹ gewordene Fach durch eine Ordnung ersetzen zu wollen, die vorgibt, welches Wissen noch nicht vorhanden und wo Gefundenes dann einzupassen ist. Die ›Curiositas‹ wird sich als ›Wißbegierde‹ nicht daran halten – und das gilt auch für ein Fach, das lange von sich behauptete, daß es sich vornehmlich für tote Sprachen respektive nur für abgeklärte Phänomene interessierte: »Der Impuls zur Philologie«, so Heiner Müller dazu, »ist eigentlich Gier. Es gibt ja nicht nur Neugier, es gibt auch eine Altgier. Das ist fast dasselbe. Einfach alles haben wollen, alles greifen, alles wissen wollen.«[7]

›Alles‹ ist jedoch ein Grenzwert. Er läßt jede Unterscheidung, jede Diskriminierung zusammenkippen und unterläuft so jeden Ordnungsversuch. Oder als Aufgabe und darin auch als Perspektive für das Folgende formuliert: Das Fach, obwohl es zum ›Alles‹ hin tendiert, kann sich selbst nur immer gegen das ›Alles‹ realisieren.[8] Als wissenschaftliche Disziplin muß das Fach es mit seiner eigenen ›Curiositas‹ aufnehmen. Klar ist, daß die Lösung nicht in ihrer Abschaffung liegen kann.[9] Andererseits – und dies ist das Motiv für das Folgende – könnte die Auseinandersetzung mit der ›Curiositas‹ Aufschluß über die Frage einer facheigenen Epistemologie geben. Ob das Fach tatsächlich eine genuine, ›naturalisierte‹ Form von Wissenschaftlichkeit besitzt, ist nicht ausgemacht. Sicher ist jedoch, daß die Arbeit an dieser Frage sich nicht auf das Reflexionswissen einer nur retrospektiven Wissenschaftsgeschichte beschränken kann.

III.

Wenn das Problem einer »selbstbewußten ›Curiositas‹« (Blumenberg) – statt der Legitimität ist es die schiere Fülle des neuen Wissens, die beunruhigt – bekannt ist, wird es bereits Erfahrungen im Umgang mit ihm geben.[10] So ist es

---

6 Stichweh (Anm. 5), S. 154.

7 Alexander Kluge/Heiner Müller: *»Ich schulde der Welt einen Toten«. Gespräche*. Hamburg 1995, S. 13f.

8 Im 19. Jahrhundert wurde die entgrenzende Dynamik der ›Curiositas‹ mit der Zielvorgabe der ›Vollständigkeit‹ im Sinne eines Komplett-Bestandes des Wissens abzumildern versucht. Eine aktuelle Parallele dazu ist der ›Forschungsantrag‹. Auch hier kann das Versprechen auf Vollständigkeit Schwächen bei der Frage, was man wissen will, überdecken.

9 Man kann den Eindruck haben, daß die ›Curiositas‹ zur Zeit erneut zum Vorwurfs-Begriff wird – jetzt unter umgekehrten Vorzeichen. Daß es für sie keine Grenzen gibt, hält man für so selbstverständlich, daß sich jede Diskriminierung von etwas, das man *nicht* wissen will, rechtfertigen muß.

10 Blumenberg hat in einem Nachtrag zu seiner Geschichte der ›Curiositas‹ diese aktuelle Form als »reflektierte« ›Curiositas‹ beschrieben. Erstes Problem sei nicht länger die Legitimität des Wissens, sondern seine im Ansturm des Neuen sich immer weiter verkürzende Verfallszeit – Hans Blumenberg: »Neugierde und Wissenstrieb. Supplemente zu Curiositas«. In: *Archiv für Begriffsgeschichte* 14 (1970), S. 7–40.

vielleicht auch eine Reaktion auf die Schwierigkeiten mit der ›Curiositas‹, wenn man den Fortgang des Fachs den persönlichen Neigungen der Wissenschaftler überläßt.[11] Dies ist ein Vorgehen, das die Praxis des Fachs bestätigen wird, aber es kann nur so lange als Lösung mißverstanden werden, wie ein fortdauerndes Größenwachstum der Disziplin Richtungsentscheidungen aufschiebt. Setzt die institutionelle Expansion aus, entstehen sofort ›Orientierungskrisen‹, weil jetzt entschieden werden muß, was weitergeführt und was besser ab- oder aufgegeben wird.[12] In dieser Situation fehlen dann Kriterien und Maßstäbe, um Wichtiges von weniger Wichtigem unterscheiden zu können. Doch woher nehmen? Naheliegend ist, sich einen Überblick über den Bestand als sichere Basis für alles weitere zu verschaffen. Aber die Herstellung von Übersichtlichkeit ist kein leichtes Unterfangen. Kein Wissenschaftler kann sich den Bestand selbst anschauen und gleichsam einen Ansatz nach dem anderen, eine Fachrichtung nach der anderen ausprobieren, um dann seine Empfehlung abzugeben. Praktikabel ist nur, sehr viel parallel zu lesen, zu bestimmten Themenbereichen, Positionsdebatten, großen Namen oder großen Werken.[13] Daraus entwickelt sich eine Sensibilität für schon Bekanntes, man sieht einen ›Stand der Forschung‹ – und scheint damit auch zu wissen, was das Fach wissen will und was nicht. Doch dieses Überblickswissen hat nur begrenzte Reichweite. Zwar gibt es im Fach zu jedem gegeben Zeitpunkt ein weites Feld von Themen, Methoden und Theorien – und zu all dem auch wieder einen ›Forschungsüberblick‹, von dem sich dann Neues abhebt. Doch ein Neues, das sich nur in Kurzzeitkonjunkturen – einer schnellen Karriere, einem Boom bestimmter Themen und Namen – unterscheidet, kann sich als etwas herausstellen, das auch wieder rasch überholt ist und eher zu verlernen ist.[14]

Es fehlen demnach Bezugspunkte für die Unterscheidung von Wesentlichem und Unwesentlichem. In diese Lücke hinein empfiehlt sich die Wissenschaftsforschung. Als eine ›Wissenschaftsgeschichte im Präsenz‹ verspricht sie eine

---

11 Die rücksichtslose Produktivität der ›Curiositas‹ scheint nur dort kein Problem, wo man darauf vertraut, daß sich hinter dem Rücken der Wissenschaftler eine ›List der disziplinären Vernunft‹ verwirklicht und das zusammengetragene Wissen sich von selbst in eine Ordnung findet.

12 Das Problem wird auch dort verfehlt, wo man die eigenen Ansprüche an das Fach so weit zurücknimmt, bis man es auch selber als ›Hilfswissenschaft‹ klassifiziert, als (einzelner) Wissenschaftler sich jedoch davon ausnimmt und sich mit etwas anderem – in der Regel mit einer besser angesehenen Disziplin – identifiziert. Statt »nur die alten Schwächen einer grundwissenschaftlich dilettierenden Disziplin zu erneuern«, so ein Prospekt über die (alte) »künftige Germanistik«, soll(te) das Fach »seine Neubestimmung im Umkreis der Sozialwissenschaften finden« – Eberhard Lämmert: »Das Ende der Germanistik und ihre Zukunft«. In: Jürgen Kolbe (Hrsg.): *Ansichten einer künftigen Germanistik.* München 1969, S. 79–104, hier S. 94. Statt ›Sozialwissenschaften‹ kann man jetzt z. B. auch sagen: ›Systemtheorie‹.

13 Auch für das Folgende: Niklas Luhmann: *Lesen lernen.* Ms. Bielefeld o. J., S. 1–4, hier S. 2.

14 Luhmann (Anm. 13), S. 2. Anschauungsmaterial gibt die Debatte: »Über das Neue in der Literaturwissenschaft«. In: *Jb. der Deutschen Schillergesellschaft* 38 (1994), S. 407–461.

grundlegendere Sicht der Dinge, und für viele heißt das: Sie soll die Forschung verbessern können. Die politische Variante der Wissenschaftsforschung wollte dies mittels expliziter Zielvorgaben bewerkstelligen, die aus der Gesellschaftstheorie auf die als bekannt vorausgesetzten Strukturen von Wissenschaft hin vorformuliert wurden. Sie sollten der Forschung Halt und Richtung geben. Inzwischen ist man hier weiter. Wissenschaftsforschung wird nicht länger definiert als Intervention von außen, sondern als Forschung zur Forschung.[15] Man zielt auf eine interne Überprüfung, aus deren Ergebnissen sich erkennen läßt, welche Vorgehensweisen für bestimmte Vorhaben besser geeignet sind als andere. Unternehmungen, die ›nichts bringen‹, können dann gleich unterbleiben, ohne daß knappe Ressourcen erst noch in einen Feldversuch gesteckt werden müssen.

Der Gedanke ist attraktiv. Das Fach könnte sich so eine Steuerungsinstanz aufbauen, die endlich auch die ›Curiositas‹ zu dirigieren wüßte.[16] Ob dies Wissenschaftsutopie ist oder doch Chancen auf Verwirklichung hat, wird sich vermutlich an der dafür notwendigen Selbstbeschreibung entscheiden. Sie ist auch dann kein leichtes Unterfangen, wenn unterstellt wird, daß das Fach in Fragen, die es selbst betreffen, das reichste Wissen und die größte Kompetenz hat. Anders als im Fall der bürokratischen ›Evaluation‹ kann die reflexive Beobachtung nämlich nicht als simpler Rückgriff auf externe Kriterien erfolgen: Stützt sich auch das Fach auf Gesellschaftstheorien, Modernisierungsziele oder Effizienzvorgaben, überläßt es die Klärung der facheigenen Neugierde außer-wissenschaftlichen Instanzen – und setzt die eigene Souveränität aufs Spiel. Statt in Externalisierung auszuweichen, muß eine vom Fach zu erstellende Selbstbeschreibung den Schritt zu selbstreferentiellen Argumentationen wagen. Dafür ist es notwendig, daß ein Unterschied eingeführt wird zwischen dem, was das Fach in seiner wissenschaftlichen Arbeit mit der Literatur macht, und dem, was es als wissenschaftliche Disziplin unter anderen tut. Das Fach muß sich selber als Wissenschaft zum Gegenstand nehmen und zugleich, wenn es dies tut, *auch* Wissenschaft sein.[17] Das läuft auf eine Selbstanwendung hinaus, und das heißt dann auch: Es kommen Paradoxien ins Spiel.

Daß diesen Verkomplizierungen mit Meta-Theorien abzuhelfen wäre, ist nicht wahrscheinlich. Auch eine Theorie, die die Beobachtung von Selbstbeobachtung von Systemen organisieren will, kann keinen archimedischen Punkt herbeizaubern. Vielleicht ist die Frage nach epistemologischen Grenzen auch nur ein Nebenschauplatz. Entscheidend ist: Meta-Theorien kommen nicht an. Es zählt zu den Dauer-Erfahrungen im Fach, daß formale Modell-Beschreibungen von Wissenschaft(-lichkeit) zu ›ideal‹ ausfallen und wissenschaftstheoreti-

15 So Niklas Luhmann: *Die Wissenschaft der Gesellschaft*. Frankfurt a.M. 1990, S. 334.

16 »Die Einsicht in die Erfordernis einer solchen Metadisziplin, der Consensus hinsichtlich ihrer akuten Dringlichkeit, impliziert nicht das Geringste über ihre Möglichkeit« – Hans Blumenberg: *Der Prozeß der theoretischen Neugierde* (1966). Frankfurt a.M. 1973, S. 9.

17 Zu dieser epistemologischen Grundfigur der (nicht nur systemtheoretischen) Forschung über Forschung vgl. Luhmann (Anm. 15), S. 532f.

sche Vorgaben ›abgehoben‹ daherkommen. Sie werden nicht als im Fach anschlußfähige Beschreibungen anerkannt.[18] Man kann die fehlende Resonanz wegerklären, indem man hier nur eine Frage der Zeit sieht: Da die Wissenschaftsforschung auch für die Literaturwissenschaft das Richtige weiß, wird das Fach früher oder später dieses Wissen als zutreffende Konstruktion in seine Selbstbeschreibung aufnehmen. Ob das zutrifft, sei dahingestellt.[19] Sicher ist, daß diese Lösung für das ›Curiositas‹-Problem auf eine Forschung vertraut, die allein schon wegen des notwendigen Aufwands nur etwas für Spezialisten sein kann. Am ehesten wird sich hier noch der wissenschaftshistorisch arbeitende Germanist engagieren. Aber auch er muß gewärtig sein, daß er sich dann (noch weiter) an den Rand des Fachs schreibt.

III.

In diesem Befund steckt auch Skepsis, aber es handelt sich nicht um die Kritik an einer Überfremdung des Fachs. Es geht vielmehr um die Problemstellungskontrolle. Die Wissenschaftsforschung lokalisiert diese Kontrolle in der Regel in den sogenannten ›Ansätzen‹ oder ›Positionen‹ als einer Mixtur aus ›Methode‹, ›Konzept‹, ›Theorie‹ und ›Ideologie‹. Wie weit das Fach derart ›kopflastig‹ bei der Organisation seiner Neugierde vorgeht, ist eine kaum gestellte Frage – wohl auch deshalb, weil man (sich) die eigene Gegenwart der Disziplin als eine theoretisch aufgeklärte darstellt. Zwar weiß man auch, daß stets nur ein kleiner Teil des Fachs an diesen Arbeiten zur Positionsfindung partizipiert und es sich daher keineswegs von selbst versteht, daß ein konzeptioneller Ansatz den ihm unterstellten Einfluß auch realisieren kann. Als Erklärungslücke fällt das so lange nicht auf, wie das Denken dem Modus der Theorie zugewiesen wird und der Theoretiker als der klügere Kopf gilt. Ist das Fach überall dort, wo man nicht über Vor- und Nachteil alternativer Methoden diskutiert und sich nicht um den Anschluß an den aktuellen Stand des Wissenschaftssystems bemüht, rückständig und borniert?

Dazu müßte auch die ›schweigende Fraktion‹ im Fach selbst gehört werden. Sie wird jedoch nicht in der expliziten Sprache der Theorien und Konzepte sprechen. In welcher dann? Gibt es überhaupt ein disziplinäres Richtungswissen, das sich weder im Kontext des allgemeinen Wissenschaftssystems expliziert noch sich auf ein Bekenntnis stützt, das »moraltheologisch« (Luhmann) nach modern versus alt, links versus rechts etc. unterscheidet? Oder ist das eine suggestive Alternative, die bereits weitere Erkundungen verbaut? Wo eine generelle Antwort unsicher ausfallen muß, versucht es das Folgende mit einer Fallgeschichte.

---

18 Jüngster Vorschlag dazu ist die Einrichtung von ›Super-Lehrstühlen‹: Die Idee ist, daß von einem solchen Lehrstuhl aus eine Art Leitforschung betrieben wird, der das Fach dann folgen soll.

19 Stärke und Schwäche sind hier keineswegs so eindeutig verteilt. Schließlich ist es nicht »unbedenklich« (Luhmann), wenn eine Disziplin andere beobachtet, dabei deren Begriffe und Aussagen versteht und sie wie Wissen (und nicht: als Irritation) weiterbehandelt.

Ausgangspunkt ist zunächst eine Vermutung, wo diese andere Form der Selbstreflexion zu finden ist: nicht in wissenschaftlichen Veröffentlichungen, vielleicht nicht einmal in Seminaren und Hörsälen, sondern ›auf den Fluren‹ – und dort, gleichsam hinter der Bühne der Konzeptdebatten, spricht man nicht ›abgehoben‹. Man tut auch nicht so, als hätte man alle Zeit der Welt. Hier bringt man das Problem auf den Punkt – und faßt den Unterschied zwischen Wesentlichem und Unwesentlichem in einen Satz wie diesen: ›Wer von der Sache nichts versteht, spricht von Theorie‹.

Selbst wenn dieser Spruch offiziell zitiert wird, dann nur als mündliches Statement. Man kennt ihn vom Hörensagen. Hermann G. Koechly berichtet – und das ist eine der raren direkten Fundstellen – in seiner Lobschrift (von 1874) auf Karl Lachmann, daß er diesen Satz »selbst einmal aus seinem Mund« gehört habe.[20] Daß der Spruch auch von Lachmann her autorisiert wird, ist kaum Zufall, aber entscheidend ist, daß es sich um eine Formulierung handelt, deren Herkunft und deren Geltung nicht an einzelne Fach-Größen oder an spezielle Ereignisse gebunden sind. Es ist ein Topos, für den es kein Erstdatum gibt, und der – wie man weiß – noch in der Gegenwart wirkt.[21] Und wie immer bei einem in die Form des Topos gegossenen Wissens kann die Wertung kippen: »Wer über die Sache reden will, muß über die Methode reden, weil die ›Sache‹ des Philologen erst durch seine Methode als solche konstituiert wird.«[22] Doch diese andere Seite des Topos ist die schwächere. Ihr Gegensinn ist weniger offensive Replik als das Eingeständnis, daß sich die erwünschte Umwertung zugunsten der Theorie noch immer nicht (im Fach, in der eigenen Fakultät, am eigenen Institut) hat durchsetzen lassen. Man bleibt beim originalen Wortlaut und signalisiert den gegenläufigen Sinn – ›Wer von Theorie nichts versteht, der bleibt hinter dem Stand der Wissenschaft zurück‹[23] – typischerweise mit einem Seufzer: In ihm konstatiert man das Unabänderliche als Widerstand gegen die wissenschaftstheoretische Aufklärung, und beklagt zugleich, daß dies so ist.

---

20 Das Zitat kommt ohne weitere Erläuterung aus und wird in einer Parallel-Formulierung wiedergegeben: »Wer von der Sache nichts versteht, der spricht von der Methode« – Hermann G. Koechly: *Zu seinem Hundertjährigen Geburtstage*. Heidelberg 1874, S. 85.

21 Eine Vorgeschichte läßt sich möglicherweise im Kontext der Gelehrten-Schule finden. Schulbildung beruhte hier »von altersher auf dem Auswendiglernen und damit ständigen Parathaben des Stoffes« – Wolfgang Brückner: »Loci Communes als Denkform. Literarische Bildung und Volkstradition zwischen Humanismus und Historismus«. In: *Daphnis* 4 (1975), S. 1–12, hier S. 6. Vermutlich hat sich diese Korrelation von Sache (als Stoff) und situatives Zugreifen-Können dort durchgehalten, wo in der – vor allem mündlichen – wissenschaftlichen Kommunikation die Präsenz eines detail- und faktengetränkten Sachwissens gegen ein im Vergleich dazu schwerfälliges Theoriewissen ausgespielt wird.

22 Heribert Hilgers in einer Replik auf Karl Stackmann. In: *Euphorion* 65 (1971), S. 46.

23 Diese Wendung zum Gegensinn ist nicht erst im gegenwärtigen ›Zeitalter der Theorie‹ vollzogen worden. Ein erster Kontext war die Theologie und der Disput zwischen philosophisch-theologischer Spekulation und einem Offenbarungspositivismus: »Sich immer wider alle Theorien und Hypothesen sträuben, und von Thatsachen reden, nichts als von Thatsachen hören wollen, und sich gerade da am wenigsten nach Thatsachen

IV.

Ein erster Verdacht wird in diesem Topos gerade nicht eine Modellierung der facheigenen ›Curiositas‹ vermuten, sondern eine Denunziation, eine banale Reprise auf eine längst irreversibel theoretisierte Disziplin erkennen wollen. Der Topos wäre dann ein bloßes Schlagwort, das nicht mehr über das Fach sagt, als daß es noch immer unterkomplexe Reaktionen auf inzwischen avancierte Verhältnisse gibt.

Schon die Hartnäckigkeit, mit der sich der Topos in der wissenschaftlichen Kommunikation hält, deutet an, daß es hier um mehr gehen könnte. Hinzu kommt die aktuelle Situation: Die Eindeutigkeit, mit der in den vergangenen Jahrzehnten Fortgang und Fortschritt des Fachs mit einer immer nur weiter zunehmenden Theorieproduktion gleichgesetzt worden sind, löst sich auf. Die Karriere der Theorie ist inzwischen selbst zum Thema geworden.[24] Sie wird jetzt (auch) von denen kritisiert, die diese Karriere mitgetragen haben. Tenor dieser Kritik ist, daß ›die Theorie‹ – der Kollektivsingular deutet an, daß nicht namentlich identifizierte Einzel-Theorien, sondern Umfang und Status der Theorieproduktion gemeint sind[25] – nicht länger in die Rationalität der Disziplin integriert sei. Aus der Arbeit mit der Theorie, so heißt es, ist eine Arbeit nur an der Theorie geworden, die, statt sich und ihre Ziele an einem primären Gegenstand zu kontrollieren, in einen Überbietungsdiskurs umgeschlagen sei, in dem nur noch Theorie auf sich selber reagiert.[26] Wo immer das neue Interesse

---

umsehen, wo es am meisten ankommt.« Moses Mendelssohn verteidigt so die spekulative Interpretation – ohne die rhetorische Kraft von »Tatsache« der Gegenpartei überlassen zu wollen – M. M.: *Jerusalem oder Über religiöse Macht und Judentum* (1783), hier zitiert nach: Reinhart Staats: »Der theologiegeschichtliche Hintergrund des Begriffs ›Tatsache‹«. In: *Zs. für Theologie und Kirche* 70 (1973), S. 316–345, hier S. 342.

24 Die ›Enden der Theorie‹ sind bereits selber ein etabliertes Thema in der Theorie. Eine der ersten Monographien zu diesem Thema: David Carroll: *Paraesthetics. Foucault. Lyotard. Derrida.* New York/London 1987. Inzwischen zeichnet sich ein neues, auch theoretisch aufgeklärtes Interesses am ›Stoff‹ ab: Der Einsatz steht schon im Titel: Rembert Hüser: »Stoff geben«. In: *VERSTÄRKER* 1 (1996) (www. culture. hu-berlin. de/verstaerker/vs004). In Köln hat im Sommer 1998 ein Kongreß stattgefunden zum Thema: »STOFF. Diskussionsforum zu Material- und Themenwahl in Wissenschaft, Politik und Kunst.« Organisiert wurde er von Gerald Echterhoff und Michael Eggers außerhalb bzw. am Rande der Universität. Der Kongreß und alle Beiträge können jetzt online eingesehen werden in: *VERSTÄRKER* 4 (1999) (www. culture. hu-berlin. de/verstaerker/vss004). Die akademische Themenkonvention scheint für diesen anvisierten Bruch zu träge.

25 Man kann z. B. mit Peter von Matt »Theoriemolche« entdecken und wird dabei auch ohne nähere Erläuterungen verstanden. Nachzulesen in der Kanondebatte in der *ZEIT* vom Mai 1997.

26 So die Linie der (Selbst-)Kritik, wie sie am prominentesten von Murray Krieger formuliert wird. Äußerer Beleg ist die institutionelle Anerkennung einer selbständig gewordenen Theorie: Aus ›Literary Criticism‹ (oder ›Comparative Literature‹) ist an einigen Departments ›Critical Theory‹ geworden, vgl. Murray Krieger: *The Institution of Theory.* Baltimore/London 1994.

an den Grenzen der Theorie auch hinführen wird:[27] Der vertraute Mechanismus, wonach jede Unzulänglichkeit der Theorie mit noch mehr Theorie beantwortet wird, läuft nicht mehr störungsfrei[28] – und der alte Topos könnte von neuem an Aufmerksamkeit gewinnen.

Dann müßte man erst recht mehr über ihn wissen. Doch konträr zu seinem Bekanntheitsgrad ist der Topos nicht ohne weiteres zugänglich. So ist der Kontext, wie immer bei Formen des ungenauen Wissens, unterbestimmt. Es werden keine Autoren genannt, und es gibt keine Titel für ›Ansätze‹ und ›Positionen‹ wie etwa Dekonstruktion, Textkritik oder Medientheorie, nach denen in der wissenschaftlichen Kommunikation üblicherweise Wissen organisiert wird. Aus der Sicht der Philosophie könnte das erkenntnistheoretische Problem von Realismus versus Nominalismus einspringen und den Satz im Kontext der philosophischen Erkenntnistheorie lesbar machen.[29] Die Sozialwissenschaften wiederum könnten den Topos zum Anlaß nehmen, noch einmal den »Positivismusstreit in der deutschen Soziologie«[30] nachzustellen. Doch der Topos soll hier nicht als Schwundstufe oder Quintessenz eines genaueren Wissens in eine besser dokumentierte Theorie oder Epistemologie rückübersetzt werden – auf daß die Übersetzung zum Untersuchungsgegenstand wird. Es reicht, daß beide Termini ›so‹ in der Fachkommunikation zirkulieren. Hier interessiert nicht die Frage, ob der Satz richtig oder falsch ist oder wie er durch etwas anderes zu ersetzen wäre. Thema sind seine typischen Verwendungsweisen, seine Evidenzen und Funktionen in der facheigenen Ökonomie der Aufmerksamkeit.

Gefragt ist der Topos zunächst überall dort, wo vertraute Vorgehensweisen durch die Ankunft neuer Methoden und Ansätze unter Druck geraten. Man ist mit dem Gewohnten zufrieden, soll sich aber dennoch auf Neues einlassen. Auf diese Zumutung wird mit der im Hintergrund bereitstehenden Polemik reagiert. Als solche fehlt ihr zwar das präzise Argument, aber sie schafft es andererseits, in

27 *Eine* Richtung, in die es gehen könnte, wäre: ›Critical Theory‹ wird zu einem politischen Issue in den sog. ›PC Wars‹. Die Theorie-Kritik kritisiert wiederum Michael Sprinker: »The War against Theory«. In: Jeffrey Williams (Hrsg.): *PC Wars. Politics and Theory in the Academy.* London 1995, S. 149–171.

28 Allein die Dekonstruktion scheint als Literaturtheorie auf interne Grenzen der Theoretisierung eingestellt. Der »Widerstand der Theorie« wird zur Begründung für den Vorrang der Lektüre: Das Lesen ist die epistemologisch überlegene Operation, weil es zwischen theoretischer Abstraktion und Nachvollzug sprachlicher Strukturen (›Rhetorizität‹ oder ›Schrift‹) oszillieren kann; vgl. insbes. Paul de Man: »The Resistance to Theory« (1982). In: P. de M.: *The Resistance to Theory.* (Theory and History of Literature 33). Minneapolis 1986, S. 3–20. Eine Prüfung der im Fach kursierenden Theorien, die bereit ist, diesen auch ›etwas anzutun‹ – so J. Hillis Miller zum Theorie-Verständnis der Dekonstruktion –, ist hierzulande rar.

29 In seiner neuesten Auflage bewegt sich dieser alte Streit auf die hier verfolgte Themenstellung zu: In den USA steht der epistemologische Status (natur-)wissenschaftlicher Erkenntnis unter dem Druck einer Politisierung, die angeblich jede ›Tatsache‹ in die Diskursregeln einer Interpretationsgemeinschaft zurückverlegen will. Zum Stand der Debatte vgl. Paul Gross u. a. (Hrsg.): *The Flight from Science and Reason.* New York 1997.

30 Dokumentiert in: Theodor W. Adorno u. a.: *Der Positivismusstreit in der deutschen Soziologie.* Neuwied 1969.

ihrer kontroversen Form das Fach in eine problematische Unverträglichkeit zu verdichten. Daß dies weder selbstverständlich noch belanglos ist, zeigt der Vergleich mit anderen, offiziell anerkannteren Modellen, in denen das Fach sein Wissen, seine Fragen und seine Probleme organisiert hat. Üblich waren (und sind?) insbesondere additive oder komplementäre Schemata, und mit ihnen optierte man für Zuordnungen, die nicht als grundsätzlich problematisch galten. ›Res‹ *und* ›verba‹ sowie insbesondere die Unterscheidung von formalem Organon *und* Realien-Kunde[31] markierten mit irgendwie komplementären Seiten den Rahmen für die philologische Erkenntnis.[32] Das war für die philologische Fachenzyklopädie nicht nur des 19. Jahrhunderts eine stilbildende Ordnung.[33] Selbst die neueste Auflage des *Reallexikons der deutschen Literaturwissenschaft* steht noch in dieser Tradition und weicht dem Problem, zwischen Fachgegenstand und den im Fach vorhandenen Methoden und Theoriewissen zu unterscheiden, aus: »*Realien*«, so heißt es im Vorwort, »steht hier [...] nicht für ›Sachen‹, sondern für ›Sachbegriffe‹«.[34] Solche problemlosen Zuordnungen werden durch das, was der Topos sagt, nicht ersetzt. In ihre ›Harmonie‹ wird vielmehr eine Unruhe hineinformuliert: Das bloße »Aggregat«[35] von Begriffen und Realien wird in eine Reibungsfront verwandelt, die das philologische Erkennen als Problem benennt.

Das stellt klar, daß sich im Gebrauch des Topos mehr äußert als nur ein kultivierter Konservatismus, der seine Aversionen gegen alles Neue pflegt: ›Polemik‹ ist nicht nur bloße Polemik. Als ausschließlich defizitär gilt ihre Rede nur dort, wo man glaubt, daß das richtige Wissen einzig von der Kraft des besseren

---

31 Der Ausdruck bezeichnete (mit schwankender Festlegung bei Umfang und Inhalt) die Gruppe der Sachfächer des nach-mittelalterlichen Lehrplans. Anfang des 17. Jahrhunderts grenzt man sich mit der Bezeichnung ›Realien‹ von den Sprachstudien als den ›Verbales‹ ab.

32 Die fehlenden Argumente für diese Art der Zuordnung von »formaler Theorie der philologischen Wissenschaft« und »Materiale Disciplinen der Alterthumslehre« (so die Klassifikation in Boeckhs Fach-Enzyklopädie) werden durch das Layout bzw. eine durchlaufende Inhaltsnummerierung ersetzt. Das formale Organon bildet den »Ersten Haupttheil«, die Realien den »Zweiten«, und beide trennt und verbindet – eine weiße Seite – August Boeckh: *Encyclopädie und Methodologie der philologischen Wissenschaften.* Hrsg. von Ernst Bratuscheck. 2. Aufl. Leipzig 1886, S. 262.

33 Daß diese Aufgliederung bereits im 17. Jahrhundert praktiziert worden ist, belegt Volker Hoffmann: *Johann G. Hamanns Philologie. Hamanns Philologie zwischen enzyklopädischer Mikrologie und Hermeneutik.* Stuttgart 1972.

34 Entsprechend gibt es jetzt nicht nur den Artikel ›Aphorismus‹, sondern auch einen zur ›Dekonstruktion‹. Die alte Unterscheidung zwischen ›Sache‹ und ›Begriff‹ wird durch die unverfänglichere Distinktion von »Sachbegriff« und »Eigennamen als *Personalien*« ersetzt – so das *Reallexikon der deutschen Literaturwissenschschaft.* Bd. 1 hrsg. von Klaus Weimar. Berlin/New York 1997: »Über das neue Reallexikon«, S. VIIf., hier S. VII. Dagegen das Diktum Adornos, der hier ungleiche Erkenntnismodi sieht: Zwischen Methodologie und »materialen Arbeiten« besteht »Diskontinuität« – Theodor W. Adorno: *Negative Dialektik.* Frankfurt a. M. 1970, S. 7.

35 Für Hegel war die unterkomplexe Organisation Grund zur Abwertung. Als bloßes »Aggregat von Kenntnissen« konnte die Philologie keine eigenständige Disziplin sein – Georg W. F. Hegel: *Einleitung zur 1. Aufl. der Enzyklopädie der philosophischen Wissenschaften.* (Hegel-Jubiläumsausgabe Bd. 6). Stuttgart 1968, § 10, S. 27.

Arguments getragen sein soll. Doch es gibt auch die polemische Argumentation, Begriff und Reflexion müssen nicht fehlen. In der Polemik, und das macht sie als Form wissenschaftlicher Kommunikation interessant, darf etwas gesagt werden, was nüchtern nicht behauptet würde. Man muß sich nicht alles klar machen, um dann vielleicht nur so weit zu kommen, daß man es läßt. In der Polemik kann man etwas, das *auch* seine Richtigkeit hat, einklammern. Man spricht dann wider besseres Wissen – und kommt so zu einem Wissen, von dem keineswegs entschieden ist, ob es tatsächlich das schlechtere ist. Zurückgeblendet auf die Aussage des Topos: Obwohl das Fach ebensowenig ohne Theorie wie ohne Sachbezug auskommen kann, wird an dieser Stelle eine Gegenbegrifflichkeit installiert, die nicht als genaueres Wissen, sondern als polarisierende Asymmetrie überzeugen will. Man ist entweder auf der einzig richtigen Seite der ›Sache(n)‹ oder Partei der ›Theorie‹. Ein Drittes gibt es nicht. Folglich bleibt nur, daß man sich zu dieser einmal in die Welt gesetzten Alternative verhalten muß – und ein Vorhaben, das den Topos unbefangen als eine epistemologische Leitformel der Philologie lesen will, riskant ist.

V.

Der Appell – in dem immer auch ein moralischer Ton mitschwingt – erklärt allein nicht die Karriere des Topos. Hinzu kommt seine Wahrheit. Es ist eine Wahrheit, die nichts expliziert und auch nicht sagt, was etwas ist, sondern einen Unterschied behauptet in der Relevanz zweier Formen des literaturwissenschaftlichen Wissens: Sachwissen vor Theoriewissen. Vorgetragen wird demnach nicht eine bestimmte Position, etwa in Gestalt einer speziellen Methode, einer Philosophie oder eines für all das und mehr einstehenden Klassikers. Der Topos formuliert nichts, das nicht schon bekannt gewesen wäre. Er ist ein Ort des Selbstverständlichen[36] – und funktioniert darin als Selbstvergewisserung über den richtigen Kurs. In seinem Erfolg mag auch die »übliche Gegenstellung von Theorie versus dem faktisch Empirischen«[37] oder der »Gemeinspruch: Das taugt für die Theorie, aber nicht für die Praxis« mitschwingen.[38]

---

36 »Topoi ermöglichen es, ›Sinn‹ nicht qua Referenz, sondern qua Reverenz herzustellen« – Markus Schäfer-Willenborg: »Form und Rhetorik«. In: Jürgen Fohrmann/Harro Müller (Hrsg.): *Literaturwissenschaft*. München 1995, S. 217–248, hier S. 239.

37 Max Horkheimer: *Traditionale und Kritische Theorie*. Frankfurt a. M. 1970, S. 48.

38 Immanuel Kant: »Über den Gemeinspruch: Das mag in der Theorie richtig sein, taugt aber nicht für die Praxis«. In: I. K.: *Werke in 10 Bänden*. Hrsg. von Wilhelm Weischedel. Darmstadt 1975. Bd. 9, S. 127–172. Kant kommentiert als Philosoph in grundbegrifflicher Absicht. Gleichwohl registriert auch er die kommunikative Form seines Themas, wenn er davon spricht, daß dies ein Feld sei für »polemische Behandlung« (S. 134). Auch Kant selbst gerät in diesen Sog einer ›nur‹ polemischen Auseinandersetzung. So wird er von Mendelssohn kritisiert, weil er behauptet habe, den Gang der Menschheit als »Theorie« und »Hypothesen« erkannt zu haben. Mendelssohn setzt dagegen, daß alles ist, was es zu sein scheint: »schauet nur umher auf das, was wirklich geschieht«. Mendelssohn weiter: »Dieses ist Tatsache« (ebd., S. 166).

Doch die Gegenbegrifflichkeit von Sache und Theorie hat eine eigene Aura der Evidenz.

Woher kommt diese erstaunliche Wirkung? Läßt sich herausfinden, warum wir uns von diesem polemischen Satz sogar im ›Zeitalter der Theorie‹ beeindrucken lassen? Daß wir bei diesem Topos irgendwie immer schon wissen, worum es geht, verweist auf einen Wechsel der Zeithorizonte: Während der ›Forschungsstand‹ nur dann in der Unübersichtlichkeit der laufenden Forschung orientieren kann, wenn er aktuell ist, aktiviert der Topos zum Zusammenhang von Sach- und Theoriewissen das Langzeitgedächtnis des Fachs. Der allgemeinen Form nach handelt es sich dabei um Rückgriffe auf schon Bekanntes, zu dem die einmal vorhandenen Gegenvorstellungen nicht mehr (oder nur in Form einer archivierenden Wissenschaftsgeschichte) miterinnert werden. Der Rückgriff selbst – und das bestätigt sich in der Schwierigkeit, das Wissen des Topos zu präzisieren – hat nur eine sehr geringe Kapazität für Details. Die momentane Bereitschaft des erinnerten Wissens hat Vorrang vor Genauigkeit oder Explizitheit. Es geht um das richtige Wissen in der richtigen Situation – und so ist die Gegenvorstellung zu diesem Topos auch keine diskussionswürdige Alternative, sondern ein Irrtum.

Auch wenn der Topos demnach immer nur ein ungenaues Wissen artikuliert, macht er gleichwohl eine – man ist versucht zu sagen – Aussage zur Sache. Worum geht es dabei? Zunächst ist der Vorstellungskomplex, den der Topos evoziert, ein Stück weit fachunspezifisch, gilt doch allgemein, daß alles Wissen einen Zugriff auf externe Quellen – Fakten, Material, Stoff oder Realien – braucht.[39] Im Topos scheint der Bezug auf externe Quellen weniger ein erkenntnistheoretisches Problem denn eine offensichtliche Wahrheit: Der Satz: ›Wer von der Sache nichts versteht, macht Theorie‹ ist ein Plädoyer für das Realitätsverständnis des ›sensus communis‹. Wo immer der Topos gebraucht wird, spricht er zugunsten von Wahrnehmungs- und Erfahrungsrealitäten, die der ›common sense‹ schon immer als die wirklich relevanten propagiert hat, in den Theorien aber absorbiert worden sind.[40]

VI.

Das ist eine These, die – vielleicht – unmittelbar einleuchtet. Ohne eine Nachbearbeitung wird sie jedoch nicht überzeugen, heißt es doch, daß ›common sense‹-Argumente keine sind. Doch der ›sensus communis‹ läßt sich nicht vom sicheren Ufer wissenschaftlicher Rationalität aus als minderwertiges und irrele-

39 Dazu: Niklas Luhmann: »Soziologie des Wissens: Probleme ihrer theoretischen Konstruktion«. In: N. L.: *Gesellschaftsstruktur und Semantik*. Bd. 4. Frankfurt a.M. 1995, S. 151–180, hier S. 151.

40 Vgl. Reinhard Brandt: »Kant und das Schnabeltier. Der weltbekannte Sonderling watschelt auf dem Boden der Tatsachen«. (Rezension zu Umberto Eco). In: *Frankfurter Allgemeine Zeitung* vom 24.3.1998, S. L28.

vantes Wissen klassifizieren. Auch wenn seine Herkunft undifferenziert und die Valenz seiner Einzel-Elemente unklar ist, hat er ein eigenes Gewicht: Als »Wirrwarr überkommener Praktiken, einmütiger Glaubensvorstellungen, gewohnheitsmäßiger Urteile und selbstverständlicher Emotionen« – so Clifford Geertz[41] – ist er keineswegs nur das, was jedermann mit einem einigermaßen klaren Kopf weiß. Als ein – auf seine Weise – »relativ geordneter Gesamtkomplex«[42] ist der ›common sense‹ bewußtes Denken. Was er sagt, ist jedoch genau die Umkehrung davon: Sein Wissen soll sich »unmittelbar aus der Erfahrung« ergeben und sich gerade nicht einer gedanklichen oder theoretischen Verarbeitung verdanken. Die Begründung, die dafür gegeben wird, besagt, daß es sich bei dem, was das gemeine Wissen sagt, gar nicht um etwas Begründungsbedürftiges handelt, sondern um die Welt, und das meint hier: um die Sache selbst. Was immer die ›Sache‹ im einzelnen ist, ihr epistemologischer Status ist der von Gegebenem im Sinne von Unleugbarem. In ihrer »zwingend selbstverständlichen Realität«[43] drängt sie sich jedem ›vernünftigen‹ Literaturwissenschaftler auf. Ihr – vor allem anderen – gebührt seine Aufmerksamkeit.

Diese Wahrheit beruht auf der unausgesprochenen Prämisse, wonach wahres Wissen nur ein von seinem Gegenstand affiziertes Wissen ist. Die Sinne nehmen auf, was es gegenständlich-konkret als Vorlage gibt, und das Wissen ergibt sich dann aus der Überprüfung des Sinneseindrucks am Objekt. Das kann man als epistemologisches Modell mit guten Gründen bezweifeln. Doch es geht hier nicht um Bestätigung oder Kritik des gemeinen Wissens, sondern um seine Machart: Entgegen seiner Selbstdarstellung ist der ›common sense‹ kein Wissen, das nur das »Offensichtliche des Offensichtlichen« anerkennt. Aus der analytischen Sicht der Hermeneutik stellt sich dieses vermeintlich alternativenlose Vorgehen nur als die »Interpretation einer unmittelbaren Wahrnehmung« dar.[44] Als Interpretation ist der ›common sense‹ wie jede andere Interpretation auch ›historisch konstruiert‹. Die Frage ist dann: Woher kommt diese Konstruktion, und was läßt sich mit ihr erreichen?

Der entscheidende Hinweis findet sich dort, wo der ›common sense‹ nicht nur sagt, was die wirklich relevanten Dinge sind, sondern auch bestimmt, worum es sich dabei handelt. Im allgemeinen Wissen fallen Gegenstand und Erkenntnis im Topos von der ›Natur der Sache‹ zusammen.[45] Was immer der ›common sense‹ sagt, es klingt, als läge das, was ›Sache ist‹, nun mal in seiner Natur. Wer etwas anderes behauptet, riskiert mehr als nur den Disput über eine

41 Clifford Geertz: »›common sense‹ als kulturelles System«. In: C. G.: *Dichte Beschreibung. Beiträge zum Verstehen kultureller Systeme*. Frankfurt a. M. 1987, S. 261–288, hier S. 262.

42 Ebd., S. 263. Als Ethnologe kann Geertz bestätigen, daß es ›common sense‹ nicht nur beim ›gemeinen Mann‹ gibt, sondern sich nach sozialen Schichten und – so wäre zu ergänzen – auch nach Professionen und wissenschaftlichen Disziplinen differenziert.

43 Ebd.

44 Ebd., S. 265.

45 Diesem Topos (im Kontext des Rechts) ist nachgegangen Wolfgang Neusüß: *Gesunde Vernunft und Natur der Sache. Studien zur juristischen Argumentation im 18. Jahrhundert*. Berlin 1970, vgl. insbes. S. 24 (zu dem Topos »Zu den Sachen«).

Methode oder über eine Theorie: Über die allgemeine oder ›gesunde Vernunft‹ ist nicht zu disputieren, ihre Autorität ist verbindlich, jedenfalls für die Aufklärung des 18. Jahrhunderts: ›Natur der Sache‹ und ›Gesunde Vernunft‹ sind zwei Argumentations-Topoi historischer Autoritätskritik. Ob es eine »allgemein einsehbare Sache« (Neusüß) tatsächlich gibt, ist zweitrangig gegenüber dem, was sich mit einer solchen Realitätsbehauptung erreichen läßt. Man kann beispielsweise einen Gegensatz erfinden zwischen einem zutreffenden Wissen – falsche Auffassungen werden durch die sinnlich-konkrete Gegenständlichkeit korrigiert – und einem dagegen nur spekulativen Wissen, das ohne Halt am Gegenstand fehlgeht. Im ideenpolitischen Kontext der Aufklärung ist ›common sense‹ nur insoweit selbstverständlich, als sein Anspruch auf das ›Unstreitig-Wahre‹ in Gestalt einer ›Natur der Sache‹ oder ›Tatsache‹ Kritik an der Autorität eines anderen Wissens ist. Die ›Natur der Sache‹ ist das Gegenprinzip zur zweifelhaften Wahrheit eines sich in widersprechenden Exegesen verstrickenden Wissens der Alten.

Wieviel ›common sense‹ in der Philologie steckt, wird sich nicht messen lassen. Sicher ist, daß das Verhältnis über nur punktuelle oder durch besseres Wissen auflösbare Verbindungen hinausreicht. So sieht zum Beispiel auch die Editions-Philologie in der Genauigkeit eine natürliche Reaktion auf die mit der ›Sache selbst‹ gegebenen Anforderungen. Die akribische Beobachtung des gegenständlich-konkret gegebenen Gegenstands produziert ein Wissen, das objektiv und verifizierbar ist – und entsprechend gilt die ›Curiositas‹ (der Textkritik) dem »Streben nach objectiver Wahrheit, nach dem rein und unzweifelhaft Thatsächlichen, Positiven, also auf unserem Gebiete nach exacter Quellenmäßigkeit«.[46] Ob solche Statements für ein ungebrochenes Pathos der Korrektheit stehen oder ob sie auch um ihrer polemischen Wirkung willen bemüht werden, ist nicht zu entscheiden. Sicher ist, daß diese Erfindung der Aufklärung – der Gegensatz zwischen ›Tatsachenwissen‹ und ›von den Sachen wegführender Spekulation‹ – über das 18. Jahrhundert hinaus wiederaufgeführt werden kann. So steht auch Lachmanns Rückgriff auf den Topos dort in einem polemischen Gegensatz, wo der Vorrang der Textkritik gegen eine Philologie aus dem spekulativen ›Geist des Neuhumanismus‹ behauptet werden soll.

Auch wenn der ›common sense‹ nur eine inoffizielle Epistemologie ist,[47] so können ihm doch Leistungen zugeschrieben werden, die auch im Kontext wissenschaftlichen Wissens zählen. Wenn eine ›Tatsache‹ allein schon mittels eines genauen, unbestechlichen Blicks sowie dank eines guten Urteilsvermögens wahrgenommen werden soll, dann ist das epistemologisch naiv. Gleichwohl ist

46 Wilhelm Siegmund Teuffel: »Ueber die Hauptrichtungen in der heutigen classischen Alterthumswissenschaft«. (1858). In: W. S. T.: *Studien und Charakteristiken zur griechischen und römischen sowie zur deutschen Literaturgeschichte*. Leipzig 1871.

47 Vgl. Barbara Herrnstein-Smith: »Belief and Resistance. A Symmetrical Account«. In: *Critical Inquiry* 18 (1991), S. 125–139. ›Informell‹ ist ein Wissen, das nicht nur die Existenz von »autonomously resistant objects« behauptet, sondern zugleich davon ausgeht, daß sich an diesen Objekten auch wissenschaftliche Wissensansprüche korrigieren lassen (müssen).

der den Sachen angemessene Faktenrealismus ein wirksames Korrektiv gegenüber einem ›ungegenständlichen‹ Tiefsinn.[48] Des weiteren hat das Fach mit diesem Verständnis von ›subject-matter‹ riesige Materialmassen akquirieren können.[49] Das bleibt eine Leistung selbst dann, wenn – und zwar auch im Fach[50] – beklagt wird, daß kruder Stoff kein wirkliches Wissen sei, und jeder, der Material aufhäuft ohne einen damit einhergehenden operativen Zugriff, ›Faktenhuberei‹ betreibe.

Vielleicht noch wichtiger ist, daß mit all dem eine zutreffende Erkenntnis darauf insistiert, daß die Gegenstände, nachdem sie einmal ihren Entstehungs- oder Gebrauchskontext verlassen haben, nicht nur Gegenstände der Abstraktion sind. Sie sollen auch für den erreichbar sein, der nicht über die Mittel verfügt, um mit diesem aufwendigen Gedankengut umgehen zu können. Gesteigerte Zugänglichkeit – und nicht ein militanter Faktenfetischismus – ist das strategische Ziel, dem die Präferenz für ›die Sache‹ folgt. Wie dieses Ziel befördert wird, ist dagegen erst eine zweite Frage (die die Wissenschaftsgeschichte als Geschichte der Ideen und Entscheidungen bearbeiten könnte). In der philologischen Tradition gibt es keine starre Referenzbeziehung zum Gegenstand. Konstant bleibt nur die Grundvorstellung, daß der Gegenstand (auch) als Sache existiert und als solche – wenn man sich anstrengt und intensiv bemüht – aus der Wahrnehmung heraus erkannt werden kann.[51]

---

48 Klassische Stelle ist Nietzsches Kritik an der ausdeutungswütigen Lektüre der Theologen als »Kunst des Schlecht-Lesens« – Friedrich Nietzsche: »Die Philologie des Christenthums«. In: F. N.: *Morgenröthe. Gedanken über die moralischen Vorurtheile.* (= F. N.: *Sämtliche Werke.* Kritische Studienausgabe in 15 Bänden, Bd. 3). München 1980, S. 79f.

49 Zugleich ist das eine der Einlaßstellen für das Material als Stoff. Material-Sammeln als bloße ›Sammel-Gelehrsamkeit‹ ist das Konzept, das in der auf explizite Theorie und Methode ausgerichteten Wissenschaftsgeschichte zur Philologie des 19. Jahrhunderts nicht auf seinen epistemologischen Wert befragt wird. Volle Aufmerksamkeit erhält nur eine begriffene Hermeneutik. Vielleicht gibt es im Umfeld der ›Medien-Philologie‹ eine Parallele zum begeisterten Sammler: Das »wilde« Interesse an einem ingenieurmäßigen Wissen (vgl. insbes. die Kittler-Schule) macht die Archive der Medientechnik zu einem riesigen Fundfeld.

50 Die Kritik an einem unterkomplexen Materialbegriff ist als Spott gegenüber einer pedantischen Gelehrsamkeit oder in der Ablehnung eines ›geistlosen‹ Positivismus weitgehend konstant. Dennoch hat selbst Nietzsche, der als Philosoph um die Notwendigkeit höher abstrahierender Erkenntnisioperationen wußte, Exaktheit und Unbestechlichkeit des Tatsachen-Urteils zu den unabdingbaren Tugenden des Philologen gerechnet. Das Lob des ›Faktischen‹ wird als Korrektiv zu einer verfälschenden Hermeneutik formuliert: »Unter Philologie soll hier, in einem sehr allgemeinen Sinne, die Kunst zu lesen, verstanden zu werden, – Thatsachen ablesen zu können, *ohne* sie durch Interpretation zu fälschen [...]« – F. N.: »Der Antichrist. Fluch auf das Christentum. Nr. 52«. In: Nietzsche (Anm. 48). München 1980, Bd. 6, S. 233.

51 Beispielsweise bei Paul de Man heißt es daher, daß über das bloße Zur-Kenntnis-Nehmen eine Rigorosität (»rigor«) hinzukommen muß. Generell gilt, daß einfaches Hinsehen keine Evidenz ergibt: »Instead of being self-explanatory, ostension is something that first of all has to be learned« – so Zdravko Radman: »On the Limits of Literalness«. In: *Zs. für philosophische Forschung* 46 (1992), S. 76–88, hier S. 78.

Dieser ›Habitus‹ der referentiellen Zuwendung bestimmt selbst dort, wo man anerkennt, daß die Sache selbst sich nicht immer auf den ersten Blick sehen läßt. Auch dann kann der Zugang über das Material erfolgen, und auch dann wird das Mehr an Erkenntnis nicht einer Theorie oder einer Semiose, sondern wiederum der Wahrnehmung und der Erfahrung der gegenständlichen Realität gutgeschrieben. Allerdings wird hier der Wahrnehmung sehr viel mehr zugestanden als im Umfeld des Faktenrealismus. Hat sie dort die ankommenden Sinnes-Daten nur korrekt aufzunehmen beziehungsweise vom gegenständlich-konkreten Material abzulesen, so hat sie hier ›übersinnliche‹ Leistung zu erbringen. Sie steht dem Gegenstand nicht mehr gegenüber, sondern sie überläßt sich seinem Sog, gibt (s)einer Faszination nach – und soll auf diese Weise vom bloßen Material zum spekulativen Gedanken gelangen können. Im Fach selbst wird diese intensivierte Wahrnehmung beispielsweise im Wort von der »Andacht zum Unbedeutenden« greifbar:[52] In der Selbst-Verpflichtung auf das Material wird die obligatorische Hinwendung ›zu den Sachen‹ zu einem Sachvertrauen gesteigert, das als »Liebe zur Sache«[53] zum Kriterium wird für eine wahre – nicht wissenschaftliche! – Philologie.[54]

VII.

Die Spannbreite von einer ›Natur der Sache‹, der ›Andacht zum Unbedeutenden‹ bis zu einer ›Liebe zur Sache‹ soll hier nicht geleugnet werden. Doch es ist auch nicht die Absicht, die Präferenz der Philologie für einen Zugang zu ihren Gegenständen von ›der Sache her‹ auf Kohärenz zu prüfen und zum Bei-

---

52 Walter Benjamin: »Strenge Kunstwissenschaft«. [Rez.] »Kunstwissenchaftliche Forschungen« (1931). In: W. B.: *Gesammelte Schriften.* Hrsg. von Rolf Tiedemann/ Hermann Schweppenhäuser. Frankfurt a. M. 1972 und 1980. Bd. 3, S. 363–369, hier S. 366. Zum Entstehungskontext dieses von Benjamin irrtümlicherweise den Grimms als Selbstcharakterisierung zugeschriebene Statements: August W. Schlegel hatte die Grimmschen *Altdeutschen Wälder* rezensiert. Mit Bezug auf diese Rezension formuliert Sulpiz Boisserée: »Schlegel lobt an ihnen, was zu loben ist, aber nicht das nichtige, kleinliche sinnbildeln und wortdeuteln, ihre ganze Andacht zum Unbedeutenden, verspottet er« – für Benjamin zeigt sich in dieser Haltung der »Geist wahrer Philologie« (ebd.). Ausführlich dazu: Roland Kany: *Mnemosyne als Programm. Geschichte, Erinnerung und die Andacht zum Unbedeutenden im Werk von Usener, Warburg und Benjamin.* Diss. Tübingen 1987, bes. S. 189–191.

53 In dieser Tradition zitiert Benjamin den Topos: »Liebe zur Sache« in der Gegenstellung zu »der geile Drang aufs ›Große Ganze‹« – W. B. [Rez.] »Oskar Walzel: Das Wortkunstwerk«. In: W. B. (Anm. 52), S. 50f., hier S. 51.

54 In der modernen Wissenschaft sind auch ›Vertrauen‹ und ›Treue‹ keine sinnvollen Größen für den Umgang mit dem Gegenstand. Ontologische Erkenntnisbedingungen sind schon lange passé, und im übrigen kann man sich nicht vorstellen, daß auch eine Verpflichtung, von der man selber weiß, daß man sie nie vollkommen wird einhalten können, und sie dennoch eingeht, einen Unterschied macht. Anders Barbara Johnson: »Die Treue, philosophisch gesehen«. In: Wilhelm Gössmann/Christoph Hollender (Hrsg.): *Schreiben und Übersetzen. ›Theorie allenfalls als Versuch einer Rechenschaft‹* Tübingen 1994, S. 197–202.

spiel die Gemengelage solcher Grade und Varianten des Sachvertrauens als unbillig zu verwerfen. Worauf der Topos sich bezieht – und womit er uns zu irritieren vermag – ist ja gerade nicht ein ausformuliertes Wissen, etwa die ›Lachmannsche Methode‹ oder der ›mikrologische Blick‹ Benjamins. Das Langzeitgedächtnis ist weder ein Vorrat expliziter Wissensinhalte, noch funktioniert es als ein Herbeizitieren von Auswendiggelerntem. Es arbeitet auch ohne genaue Datierungen, ohne daß die Inhalte explizit aufgerufen und durch Reflexion geklärt werden. Dies gilt um so mehr, wenn es sich wie in diesem Fall um Negativformulierungen handelt.

Daß diese Anbindung klappt und sich der Richtungssinn aus dem Langzeitgedächtnis in der jeweiligen Gegenwart entfaltet, dafür gibt es selbstredend keine Garantie. Immerhin – und das ist ein weiterer Punkt dieser Lobrede auf das inoffizielle Wissen im Fach – macht die Art und Weise, wie der Topos sein Wissen formuliert, eine produktive Aufnahme leichter. Kritiker des Topos verweisen auf die sentenzenartige Form und nehmen dies als Beweis, daß es sich nur um eine Stereotype handele. Doch eine Formbestimmung, die hier aufhört, unterschätzt die Leistungskraft von schematisierenden Formulierungen. Auch dieser Topos funktioniert in der wissenschaftlichen Kommunikation als ein Schema, aber genau das macht einen Gutteil seines kognitiven Potentials aus: Ein Schema kann als Extraktion aus dem Gedächtnis gerade nicht schematisch angewandt werden. Soll es zur sinnvollen Aussage werden, muß es erst auf die je aktuelle Situation hin konkretisiert werden. Der Topos ist also nicht einfach das Zitat einer vergangenen Wahrheit: Was er sagt, kann – muß! – immer wieder als neu erfahren werden. Kürzer: die Anwendnung des schematischen Präferenzcodes – ›Wer von der Sache nichts versteht, macht Theorie‹ – ist ein Lernvorgang.[55]

VIII.

Daß dieser Satz den Philologen zusagt, wird nicht überraschen. Seine eigentliche Bewährungsprobe wird er daher erst auf der Seite der Theorie beziehungsweise der Theoretiker bestehen müssen. Deutlich geworden ist, daß das Wissen des Topos weder die Komplexität noch die Explizitheit hat, die der Theoretiker verlangt. Wer sich darauf beruft, verkennt jedoch den Topos als Element der Rhetorik. Im Kern ist er nicht ein neues Wissen, sondern der Versuch, für das, was er sagt, Zustimmung zu organisieren. In der Terminologie der Rhetorik: die Funktion des Topos liegt vor allem im Bereich der ›Amplificatio‹.[56] Damit ist

55 »Bei der Verwendung von Schemata setzt die Kommunikation voraus, daß jedes beteiligte Bewußtsein versteht, was gemeint ist, daß aber andererseits dadurch nicht festgelegt ist, wie die Bewußtseinssysteme mit dem Schema umgehen, und erst recht nicht: welche Anschlußkommunikationen sich aus der Verwendung von Schemata ergeben. Die Schemata können konkretisiert und jedem Bedarf angepaßt werden« – Niklas Luhmann: *Die Gesellschaft der Gesellschaft*. Frankfurt a. M. 1997, S. 111.

56 Ebd., S. 322f.

klargestellt, wo der Topos in die wissenschaftliche Kommunikation eintritt: nicht auf der Seite des Wissenschaftlers, der sich in seiner Neugierde auf nichts – auch nicht auf die Qualität seines Gegenstands – festlegt, sondern auf der Seite des Rhetors, der seine ›materia‹ möglichst überzeugungsstark beim Publikum zur Geltung bringen will. Aus diesem Motiv heraus ist er bereit, sich bei dem, was er selber tut, einzuschränken und ein Stück weit auch wider besseres Wissen vorzugehen. Er nimmt sich und seine epistemologische Rolle in der Redesituation zurück, weil er so seiner »Parteisache«[57] ein Mehr an Glaubwürdigkeit verleihen kann: Indem die ›Sache‹ scheinbar ohne fremde Hilfe selber überzeugt, erreicht der Rhetor sein Ziel.

Im Fach ist dieser rhetorische Habitus insbesondere dort vertraut, wo man nicht nur forscht, sondern auch den Gegenstand vermittelt. ›Literarische Bildung‹ oder das ›Wissen der Literatur‹ lassen unklar,[58] ob das, wofür sie stehen, Erfundenes ist oder nicht doch, wie der Rhetor im Interesse am Erfolg ›seiner Sache‹ es stets nahelegen wird, ein in der Realität des Gegenstands Vor-Gefundenes meint. Ein Vorgehen, das den Unterschied, wie der Gegenstand ist und wie er beobachtet wird, verschwimmen läßt, ist aus der Sicht des Wissenschaftlers nicht legitim. Schließlich geht der Rhetoriker hier so weit, daß er seinem Erfolgsdruck die eigentlich unbegrenzte ›Curiositas‹ unterordnet. Doch der Rhetor will nicht ›alles‹ wissen. Er modelliert seine ›Curiositas‹ nach dem, was es vor allem zu wissen gilt. Vorrang hat die Aufgabe, nicht die anarchisch-freie Forschung. Entsprechend steht das Wissen des Rhetors, seine Geschichten, seine Lehrbeispiele wie seine spezielleren Kenntnisse, in einer Ordnung, die sich an der Vermittlung – und nicht der Erforschung – des Gegenstands als dem eigentlichen Ziel ausrichtet. Selbst der Faktenrealismus könnte hiernach noch eine Erfindung sein, ein rhetorisches Mittel, das auf Überredung hin kalkuliert ist.

Für den Wissenschaftler ist die rhetorische Überformung der ›Curiositas‹ schlichtweg unwissenschaftlich. Doch dieses Urteil übersieht, daß auch das Fach als Wissenschaft vom rhetorischen ›Einsatz für die Sache‹ profitiert. Der Wissenschaftler wird es abstreiten und auf der selbstverständlichen Überlegenheit einer Neugierde bestehen, die sich nicht vom Gegenstand einfangen läßt, sondern auf der sicheren Distanz als Bedingung für die richtige Erkenntnis beharrt. Doch je mehr die Wissenschaft diesem Weg folgt, je mehr Distanzwissen die Theorie aufbaut, desto größer wird umgekehrt die Unsicherheit, ob dies überhaupt noch Wissen ist, oder ob es sich nicht längst um etwas Beliebiges handelt. In dieser Situation hilft noch mehr Theorie schwerlich weiter. Im Gegenteil. Denn sie wird an den Gegenständen nur noch mehr Komplexität auf-

---

57 Heinrich Lausberg: *Elemente der Literarischen Rhetorik.* 3. Aufl. München 1963, §§ 435–440 (»Hinwendung zur Redesituation«), insbes. S. 144.

58 Beide Anspruchs-Begriffe sind nicht nur Abwehrformeln gegenüber Interventionen aus Theologie, Politik oder Ökonomie. Sie sind auch ein Versuch, die Souveränität des Fachs gegenüber einer Verwissenschaftlichung zu behaupten, die keine Rücksicht nimmt auf jene einheimische Tradition der Selbstbeschreibung, die das Fach vor allem anderen als ›Sachwalter‹ eines primären Gegenstands sieht.

zeigen und sie so vollends als bloß schwierig (und für alle Nicht-Theoretiker unzugänglich) darstellen können.[59] Was es braucht, ist ein Widerstand, auf den die Theorie stößt und der ihr darin bestätigt, daß sie bei dem, was sie tut, keine ›Luftschlösser baut‹, keine ›leerlaufenden Abstraktionen‹ pflegt und nicht den ›Boden der Tatsachen‹ verläßt.

Das Fach braucht einen Limes gegen einen theoretischen Zugriff, der nicht mehr glaubwürdig belegen kann, daß sein Wissen noch ausreichend Bodenhaftung hat. Ist nämlich der Gegenstand erst einmal auf den Begriff gebracht, kann im Begriff die ›Sache‹ aufgesogen werden: Das ›fundamentum in re‹ wird sich in dem Maße verflüchtigen, wie das begriffliche Datenformat des Gegenstands in immer neue Architekturen abstrakten Wissens verbaut wird. Das ist – in Kriterien wie Komplexität und Explizitheit (vielleicht auch: Kühnheit) gerechnet – ein Zugewinn. Doch es gibt dazu die Gegenrechnung. Sie basiert nicht auf einem ontologischen Fundamentalismus. Das ›Fundament in der Sache‹ ist keine tiefere Seinsschicht des Gegenstands; es ist vielmehr die Plattform für eine epistemologische Operation, die Erkenntnis an die Sache bindet. Das gilt insbesondere dort, wo neues Wissen zu etwas bis dahin bereits Bekanntem gesucht wird – und zwar so, daß das Bekannte trotz des neuen Wissens wiedererkennbar bleibt. Anders gesagt: Ohne das ›Fundament in der Sache‹ gibt es keinen Raum für neue Lektüren des Alten.[60] Fehlt dieses epistemologische Potential, bleiben allein Botschaften und Interpretationen, ohne Möglichkeit, sie von der Evidenz der konkreten Sache wieder und immer wieder von neuem korrigieren beziehungsweise irritieren lassen zu können.[61] Faszination wie philologische Erkenntnis werden so fraglich: Dem gemeinen Leser fehlt die Schnittstelle, die ihm einen unmittelbar erlebten Zugang zum Gegenstand erlaubt. Und dem Wissenschaftler ist die Möglichkeit abhanden gekommen, Theorie- und Interpretationswissen als Abschweifung, als unzulässige Entfernung vom Gegenstand zu annullieren und eine neuerliche Erkenntnisbemühung zu starten – diesmal mit der Maßgabe, die interpretatorische Willkür mit Blick auf das zu begrenzen, was ›von der Sache her‹ nur behauptet werden kann.

---

59 Daß ›Schwierigkeit‹ keineswegs Resultat schwieriger Phänomene ist, macht Russel Jacoby seinen sozial-wissenschaftlichen Kollegen zum Vorwurf, wenn sie ›Einfachheit‹ abwerten, indem sie diese Form der Darstellung mit Banalität und Dilettantismus bzw. Kapitalismus und Konservatismus assoziierten, vgl. R. J.: »Journalists, Cynics and Cheerleaders«. In: *Telos* 97 (1994), hier zitiert nach dem Abdruck in: *Harper's* Nr. 9, 1994, S. 22–28.

60 Wenn die Präferenz für Neues gleichzeitig und unvermeidlich das entwertet, was durch diese Neuheit als alt deklariert wird, dann braucht es Vorkehrungen, die dem Entweder-Oder von dauernder Neuheit und bloßer Wiederholung des Bekannten entgehen: Es braucht eine Operation, die eine Form des Altseins ausweisen kann, zu der dann immer wieder neue Informationen und Interpretationen hinzu-erzeugt werden können – vgl. Niklas Luhmann: *Die Realität der Massenmedien*. 2. erw. Aufl. Opladen 1996, S. 45f.

61 »The radical potential of material culture, of concrete objects, of real things, of primary sources, is the endless possibility of rereading« – Eilean Hooper-Greenhill: *Museums and the Shaping of Knowledge*. London/New York 1992, S. 215.

IX.

Die Konkurrenz zwischen Wissenschaftler und Rhetoriker *im Fach* ist demnach nicht zu entscheiden oder als bloße Unvereinbarkeit zu konstatieren. Es kommt vielmehr darauf an, beide Kompetenzen zugleich zu nutzen, und das kann jetzt nur heißen, sie in arbeitsfähige Kalküle umzuwandeln. Das wäre dann ein Zugriff auf das gesamte Feld der im Fach angesammelten epistemologischen Ressourcen, auf literaturwissenschaftliche wie philologische. Dieser Zugriff wird sich in seiner Kombination aus dem Vorhandenen nicht zu einem festen Verbund, zu einem Hybrid und damit zu einem Dritten verdichten. Es handelt sich vielmehr um eine bewegliche Operation, die fallweise präzisiert wird.

Diese Operation muß nicht erst neu erfunden werden, ist sie doch im Fach als ›Kommentar‹ schon lange vertraut. In ihrer Suche nach Wissen ist diese kommentierende Operation von ihrem Gegenstand voreingenommen. Voreingenommenheit ist zu unterscheiden von einer zweifelhaften Identifikation, die vom Gegenstand hingerissen ist oder an ihn glauben will und so die Probleme nur überspringt. Adäquater ist eine Referenz auf die ›Sache‹, die Motivation und Kognition zu verbinden weiß. Sichere Regeln wird man dafür nicht erwarten können, doch immerhin gibt es unter dem Arbeitstitel einer ›starken Lektüre‹ ein Profil für diese wissenschaftliche Aufgabe: Lektüren sind ›stark‹, wenn sie in dem, was und wie sie etwas behaupten, möglichst schwer zu widerlegen sind. Überzeugen können sie vor allem dort, wo sie ihr Wissen in der Form der Sachkenntnis demonstrieren – und dies kann nur gelingen, wenn auch auf das wissenschaftliche Wissen zugegriffen wird. ›Stark‹ ist diese Lektüre aber auch deshalb, weil sie sich für das, was sie so sachkundig liest, stark macht: Im erkenntnistheoretischen Motiv einer Verteidigung der Literatur kommen Wissenschaftler und Rhetoriker, unbegrenzte ›Curiositas‹ der Forschung und Selbstverpflichtung auf eine Aufgabe zusammen – jedenfalls dann, wenn man lesen kann, was geschrieben steht.

Evaluation in der Wissenschaft am Beispiel der ›American Studies‹. Ein differenztheoretisch geleiteter Beitrag zur Selbstreflexion der ›American Studies‹

Sonka Meier

I. »American Studies« als Beispiel disziplinärer Entwicklungen in den Kulturwissenschaften

Die Verwissenschaftlichung der Gesellschaft hat im 20. Jahrhundert zu einer stetigen Bedeutungssteigerung der Wissenschaft in Verbindung mit einem enormen Wachstum des Hochschulwesens geführt. In diesem Zusammenhang wird der erheblich erweiterte Umfang des zur Verfügung gestellten Wissens als ›Informationsexplosion‹ wahrgenommen; durch diese quantitative Entwicklung wurde zugleich ein Verschleiß der externen Autorität dieses Wissens ausgelöst. So hat der Erfolg der Wissenschaft paradoxerweise dazu beigetragen, daß es in den letzten Jahrzehnten einerseits zur intern bedingten Überlastung und zum fortschreitenden Orientierungsverlust in der Entwicklung der Disziplinen gekommen ist und andererseits die öffentliche Wahrnehmung der Wissenschaften zunehmend negativ geprägt wird.[1]

Während sich die externe Kritik an den Naturwissenschaften dergestalt äußert, daß die öffentliche Diskussion immer mehr von den potentiellen und realen Gefahren beherrscht wird, die von den ›Errungenschaften‹ dieser Wissenschaften ausgehen, wirkt die Kritik an den geisteswissenschaftlichen Fächern amerikanischer Universitäten, den sogenannten ›Humanities‹ (die unter den günstigen Bedingungen vergangener Jahrzehnte quantitativ ebenfalls erheblich gewachsen sind), eher als schleichender Verfall des allgemeinen Ansehens der (Geistes-) Wissenschaften, der sich in dramatisch sinkender studentischer Nachfrage nach dem ›Produkt‹ Bildung äußert. Zwischen interner und externer Bewertung von Wissenschaft hat sich ein Spannungsverhältnis aufgebaut. Was nach internen Qualitätsmaßstäben als hochwertige Forschung honoriert wird, gerät extern zunehmend unter Druck.

Da die Bereitstellung finanzieller Mittel nicht mit dem Wachstum der Hochschulen Schritt halten kann, folgt aus der stetigen Expansion des Hochschulwesens, daß vorhandene Ressourcen differenziert und selektiv verteilt werden

---

1 Vgl. Peter Weingart: »Der Forschungsindex. Welche Forschung ist gut?« In: *Bild der Wissenschaft* Nr. 5, 1993, S. 34f.

müssen. So kommt es zum Wettstreit um die knappen Ressourcen, der sich in den ›Humanities‹ mit einem Selbstbild verbindet, das sich zunehmend negativ gestaltet. Trotz vieler nachweisbarer wissenschaftlicher Einzelleistungen in diesem Bereich fehlt es an überzeugenden Argumenten, um die finanziellen Zuwendungen für diese Disziplinen unter der gegebenen Finanznot zu rechtfertigen.

Solche Tendenzen in den ›Humanities‹ lassen sich in den ›American Studies‹ exemplarisch nachvollziehen. Die gegenwärtige Situation der ›American Studies‹ kann mit den Schlagworten vom Verlust an Orientierungsgewißheit und von zunehmender Pluralität der Lesarten und der Gegenstandsbereiche gekennzeichnet werden. Damit einhergehend wächst der Dissens zur Kanonbildung; er zeigt sich in kontroversen Kanon-Revisionen,[2] die den Kern des Selbstverständnisses der ›American Studies‹ berühren. Im Zentrum der Debatten steht hierbei immer wieder das Konzept der Nation, das – in Folge der als Postmoderne reflektierten Globalisierung[3] und der (Wieder-)Entdeckung von Partikularität[4] – zunehmend als unangemessener »monolingual and monocultural myth of America«[5] problematisiert wird. Entwicklungen dieser Art führen zu erheblichen Identitätsproblemen für ein Fach, das sich als ›*American* Studies‹ ausdifferenziert hatte.

Die Prozesse der Binnendifferenzierung der ›American Studies‹, die sich innerfachlich als wachsende Desintegration beschreiben lassen, schienen zunächst primär ein Problem der internen Orientierung zu sein. Doch ist unter dem wachsenden Druck des Wettbewerbs um finanzielle Ressourcen, der auch in den ›American Studies‹ Grenzen für einen weiteren Ausbau der Disziplin setzt, die hochschul- und wissenschaftspolitische Brisanz dieser Entwicklungen in den Blick geraten. So wird der Suche nach einer identitätsstiftenden Selbstbeschreibung des Faches, aus der sich Autonomie- und Allokationsansprüche herleiten lassen, eine neue Dimension – die der Existenzsicherung – hinzugefügt. Die gegenwärtig notwendige Erarbeitung eines legitimatorischen Leistungsprofils der ›American Studies‹ spitzt das zentrale Problem ihres Selbstverständnisses mit neuer Vehemenz zu. Dabei geht es um übergreifende Fragen – wie die nach der Relevanz der ›Humanities‹ unter den Bedingungen der Moderne oder um das Verständnis der ›American Studies‹ als Kulturwissenschaft und damit um eine überzeugende Formulierung ihres Kulturbegriffs. Die Konkur-

---

2 Vgl. hierzu Paul Lauter: *Canons and Contexts*. New York 1991.

3 Durch den Gebrauch des Begriffs ›Postmoderne‹ soll hier also nicht etwa von einem tatsächlichen Ende der Moderne ausgegangen werden. Vielmehr sind die Phänomene, die als Indizien einer ›Postmoderne‹ reflektiert werden, auf den Prozeß der zunehmenden Globalisierung zu beziehen, also als Folge der Moderne im Luhmannschen Sinne anzusehen; vgl. hierzu Robert Weimann: »Das Ende der Moderne? Versuch über das Autoritätsproblem in unserer Zeit«. In: R. W./Hans Ulrich Gumbrecht (Hrsg.): *Postmoderne – globale Differenz*. Frankfurt a. M. 1992, S. 9–53.

4 Vgl. Mike Featherstone: *Undoing Culture. Globalization, Postmodernity and Identity*. London 1995, hier S. 114.

5 John Carlos Rowe: »A Future for American Studies: The Comparative U. S. Cultures Model«. In: Günter Lenz/Klaus Milich (Hrsg.): *American Studies in Germany*. Frankfurt a. M. 1995, S. 262–278, hier S. 262.

renz der Wissenschaften um Ressourcen ist insgesamt gesehen – so scheint es – weniger die Ursache als vielmehr ein verstärkendes, zusätzliches Moment für die Identitätssuche der ›American Studies‹, durch das Selbstreflexion als essentieller Aspekt von Wissenschaft in den ›American Studies‹ erheblich an Bedeutung gewonnen hat.[6]

Zur selbstreflexiven Rekonstruktion der ›American Studies‹ will auch die vorliegende Untersuchung beitragen und zudem handlungsorientiert vorgehen, indem eine theoretisch gesicherte Grundlage für Entscheidungen bei den anstehenden Reformen der ›American Studies‹ geschaffen werden soll. Die hier aufgeworfenen Fragen und die darauf bezogenen Antworten können Elemente für ein zukünftiges Profil der ›American Studies‹ bilden. Im Mittelpunkt steht dabei der Problemkomplex der Evaluation von Wissenschaft in der Wissenschaft. Zunächst soll Transparenz für den internen Evaluationsprozeß von wissenschaftlichen Leistungen in den ›American Studies‹ geschaffen werden. Dann ist im Rückgriff auf Luhmanns Theorie der Selbstreferentialität gesellschaftlicher Systeme am Beispiel der ›American Studies‹ zu zeigen, daß es sich bei der Bewertung wissenschaftlicher Leistung (auch) in der Praxis der Kulturwissenschaften um ein ›re-entry‹[7] handelt. Die ermittelten Qualitätsindikatoren, die im Diskurs der ›American Studies‹ zu einer positiven Einschätzung wissenschaftlicher Leistung geführt haben, müssen also kritisch daraufhin überprüft werden, ob sie mit ihrer Relevanz dazu genutzt werden können, die derzeitigen Probleme der ›American Studies‹ zu lösen.

In dieser Untersuchung wird mithin der Versuch unternommen, die Erfahrungsbereiche der ›American Studies‹ als Kulturwissenschaft und der systemtheoretisch orientierten Wissenschaftsforschung im Sinne eines gegenseitigen Innovationstransfers aufeinander zu beziehen.[8] Die dabei anzulegende Beobachterperspektive für die ›American Studies‹ ist nicht ausschließlich als eine Fremdbeschreibung zu charakterisieren, obwohl der Bezug auf die Luhmannsche Theorie den Vorteil der Distanz zur disziplinären Kommunikation bietet.[9] Präzisierend könnte man von einer Position der ›inneren Distanz‹ sprechen und so auf die Unterscheidung der Beobachtung erster und zweiter Ordnung abheben.[10] Somit

---

6 Vgl. hierzu Paul Giles: »Reconstructing American Studies: Transnational Paradoxes, Comparative Perspectives«. In: *Journal of American Studies* 28 (1994), S. 335–358.

7 Vgl. Niklas Luhmann: Die Gesellschaft der Gesellschaft. Frankfurt a. M. 1997, hier S. 45ff.

8 Der Beitrag reagiert auf diese Weise auch auf die soziologische Diskussion der letzten Jahre, in der festgestellt wird, daß in den Sozialwissenschaften ein steigender Bedarf besteht, über den Kulturbegriff »theoretische Momente in die Soziologie einzuführen, die ihr bislang eher fremd sind« – vgl. Dirk Baecker: »Der Einwand der Kultur«. In: *Berliner Journal für Soziologie* 1 (1996), S. 5–14, hier S. 5.

9 Vgl. hierzu auch Winfried Fluck: »Literature, Liberalism, and the Current Cultural Radicalism«. In: Rüdiger Ahrens/Laurenz Volkmann (Hrsg.): *Why Literature Matters. Theories and Functions of Literature*. Heidelberg 1996, S. 211–234, hier S. 212.

10 Vgl. allgemein zum Begriff ›Beobachtung zweiter Ordnung‹ Niklas Luhmann: *Die Kunst der Gesellschaft*. Frankfurt a. M. 1997, insbes. S. 92–164, in bezug auf Wissenschaft insbes. S. 105f.

steht die systemtheoretisch geleitete Untersuchung der ›American Studies‹ in einem fruchtbaren Spannungsverhältnis von Außen- und Innenperspektive. Indem die Beobachtung zweiter Ebene thematisiert wird, ist es möglich, die im Kommunikationsgeschehen der ›American Studies‹ produzierten Differenzen als kontingent zu erfahren. Die vorliegende Analyse ist also die »kontingenzerweiternde Fortsetzung eines Diskurses,«[11] die eine neue Beweglichkeit im Handhaben von Formen – also von Unterscheidungen – erzeugt; sie kann – so ist schließlich zu hoffen – »durch die Möglichkeit, anders zu sein, Aktivitäten [stimulieren], aus denen dann der Erfolg systematisierbare Gehalte auswählt«.[12]

Fragen zur Existenzberechtigung der ›American Studies‹ oder anderer benachbarter Disziplinen sollen hier nicht erörtert werden. Vielmehr wird die These verfolgt, daß sich die zunächst bestehende Diskrepanz zwischen der internen und der externen Wahrnehmung von wissenschaftlichen Leistungen in den letzten Jahren Schritt für Schritt aufgelöst hat und die negative externe Evaluation der ›Humanities‹ auch innerhalb der ›American Studies‹ als Bedeutungsverlust wahrgenommen wird. Angenommen wird, daß sich das Verhältnis von gesellschaftlicher Steuerung auf der einen und Anspruch auf Forschungsautonomie an der Universität auf der anderen Seite tiefgreifend geändert hat. Daraus erwachsen zunehmend auch Folgen für die Evaluationspraxis der ›American Studies‹; Hintergrund und Bedeutung dieser Bewertungen sind jedoch in der fachinternen Reflexion bisher weithin nicht beachtet worden.

Eine solche Bilanz hat weitreichende Konsequenzen in Hinsicht auf die durchzuführenden Reformen für die ›American Studies‹. Wenn davon ausgegangen werden kann, daß Orientierungsprobleme wissenschaftsextern und wissenschaftsintern auf die beschriebene Weise korrelieren, sind die Ansprüche von Qualitätsindikatoren, die zur Zeit mehrheitlich vehement als externe Eingriffe abgelehnt werden, neu zu bewerten.

II. Evaluationspraxis in den ›American Studies‹

Durch den hochschulpolitischen Entschluß, in Zukunft verstärkt auf eine leistungsgesteuerte Ressourcenverteilung zu setzen, hat sich im letzten Jahrzehnt ein wachsender Bedarf an leistungsfähigen Evaluationsmethoden für die universitär organisierte Forschung gezeigt, so daß die Entwicklung von geeigneten Verfahren zur Bewertung von wissenschaftlicher Leistung in der gegenwärtigen Situation Konjunktur hat. In der Wissenschaft herrscht unterdessen weiterhin Konsens darüber, daß es für eine verläßliche Evaluation, aus der sich dann Allokationsansprüche für die Fächer herleiten lassen, zunächst geklärt sein

11 Niklas Luhmann: »Takt und Zensur im Erziehungssystem«. In: N. L./Karl-Eberhard Schorr (Hrsg.): *Zwischen System und Umwelt: Fragen an die Pädagogik*. Frankfurt a. M. 1996, S. 280.

12 Vgl. das »Vorwort« zu Niklas Luhmann: *Gesellschaftsstruktur und Semantik. Studien zur Wissenssoziologie der modernen Gesellschaft*. Bd. 1. Frankfurt a. M. 1993.

muß, auf welche Weise Urteile über wissenschaftliche Leistungen innerhalb der Disziplinen gefällt werden.

Eine Möglichkeit für tragfähige Einschätzungen von Qualität in der Forschung wird im ›peer review‹ gesehen.[13] Dabei steht die Publikation als Kernelement wissenschaftlicher Kommunikation im Vordergrund – der Argumentation folgend, daß »Forschung, die nicht öffentlich und damit der weiteren Fachgemeinde nicht zugänglich ist, nicht als brauchbare Forschung entsprechend den akademischen Normen angesehen werden kann«.[14] Die Publikation wird als Weg zur Anerkennung durch andere, am Forschungsprozeß teilnehmende Forscher angesehen. Indem Wissenschaftler aus der verfügbaren Literatur auswählen und zitieren, bewerten sie wissenschaftliche Leistungen im Rahmen ihrer eigenen Forschung.

In Übereinstimmung mit dieser Annahme, die sich mit den theoretischen Vorentscheidungen zur zentralen Bedeutung der Publikation für das wissenschaftliche Kommunikationsgeschehen in der Luhmannschen Theorie deckt,[15] wird im Folgenden zunächst eine Analyse von Texten konzipert, die in den ›American Studies‹ von besonderer Prägnanz und kommunikativer Wirkung waren und sind. Bei der Auswahl solcher ›zentralen‹ Texte muß nicht auf das gesamte vorliegende Archiv der ›American Studies‹ zurückgegriffen werden; die Entscheidung wird sich an den vorhandenen disziplininternen Evaluationen orientieren – an den Bewertungen also, die im Kommunikationszusammenhang der ›American Studies‹ selbst sichtbar geworden sind. Es kann und soll hier keine ausführliche Analyse und Diskussion aller derjenigen Publikationen erfolgen, die prägend für die Entwicklung der ›American Studies‹ und deshalb kanonisiert wurden. Nur ein exemplarisches Vorgehen ist möglich. Auch können nicht alle Entwicklungsstufen der ›American Studies‹ im einzelnen dargestellt werden. Gleichwohl soll die generelle Entwicklung der ›American Studies‹ deutlich werden, um auf diese Weise Aufschlüsse über die disziplinären Verfahrensweisen in der fachinternen Evaluation zu gewinnen.

Die textanalytischen Überlegungen konzentrieren sich auf den 1957 erschienenen Aufsatz von Henry Nash Smith »Can American Studies develop a Method?«[16] Diese exemplarische Veröffentlichung gilt bis heute als einer der »programmatischen Urtexte«[17] und als allgemein akzeptierter Gründungsakt der

---

13 Vgl. hierzu und zu anderen praktizierten Evaluationsmethoden Stefan Hornbostel: *Wissenschaftsindikatoren. Bewertungen in der Wissenschaft*. Opladen 1997.

14 Daniel Fallon: »Kein Geheimnis und nicht mühsam. Evaluation von Forschung, Lehre und Service in den USA«. In: *Forschung und Lehre* 8 (1998), S. 403–405, hier S. 403.

15 Vgl. hierzu Rudolf Stichweh: »Die Autopoiesis der Wissenschaft«. In: R. St. u. a. (Hrsg.): *Theorie als Passion*. Frankfurt a. M. 1987, S. 447–481; Niklas Luhmann: *Die Wissenschaft der Gesellschaft*. Frankfurt a. M. 1990.

16 Henry Nash Smith: »Can American Studies Develop a Method?« In: *American Quarterly* 9 (1957), S. 197–208.

17 Zu den bis heute anhaltenden Debatten um diesen und andere Gründungstexte der ›American Studies‹ siehe auch Thomas Claviez: *Grenzfälle. Zum Verhältnis von Mythos und Ideologie in den American Studies*. Phil. Diss. (FB Neuere Fremdsprachliche Philologien) Freie Universität Berlin 1996, S. 177.

›American Studies‹; sie ist in vielerlei Hinsicht nicht nur repräsentativ für die erste Phase der Ausdifferenzierung der ›American Studies‹, sondern auch für den Prozeß ihrer Binnendifferenzierung, der sich an diese ›take-off‹-Phase anschließt.

Der Aufsatz von Smith trägt entscheidend dazu bei, die Konstituierung der ›American Studies‹ in den späten 1950er Jahren zu vollziehen. Dies geschieht in Abgrenzung zur amerikanischen Sozialwissenschaft, die vornehmlich empirisch verfährt und Literatur als Dokument benutzt, ohne die innere Bedeutung der Texte zu erfassen. Im Zentrum der sich entwickelnden Unterscheidung steht dabei der Begriff der Repräsentativität des Untersuchungsgegenstandes. Während in den amerikanischen Sozialwissenschaften ›Repräsentativität‹ mit ›samples‹ und ›content analysis‹ quantifiziert und somit empirisch begründet wird, definiert Smith ›Repräsentativität‹ für die ›American Studies‹ als Kulturwissenschaft anders. Auch in den ›American Studies‹ geht es um Urteile über einen definierten Gegenstandsbereich, die entweder wahr oder falsch sind. Es liegt also eine spezifische Ausformung der Leitdifferenz der Wissenschaft vor, die sich jedoch von der Konzeption der Leitdifferenz der Sozialwissenschaften unterscheidet. Die Ausdifferenzierung der ›American Studies‹ folgt einem erkenntniskritischen Impuls gegenüber den vorherrschenden Erkenntniskonzepten im Prozeß der Binnendifferenzierung des Wissenschaftssystems.[18] Entgegen sozialwissenschaftlicher Praxis wird bei Smith in Übereinstimmung mit der geistesgeschichtlichen Tradition davon ausgegangen, daß Realität in literarischen Texten in spezifisch gestalteter Form erscheint und so ›verdichtet‹ wird, daß Literaturwissenschaft als privilegierte Form von Erkenntnissuche ausgewiesen werden kann.[19]

In diesem Sinne stehen im Mittelpunkt der Analysen in den ›American Studies‹ die Texte amerikanischer Autoren, die als repräsentative Elemente der amerikanischen Kultur gelten, weil sie wichtige nationale Mythen konstruieren und verarbeiten. Es sind Mythen, die als ›collective representations‹ und ›collective desires‹ die Ganzheit dieser Kultur bündeln, also eine Synthesis des Mannigfaltigen herstellen und auf wirkungsvolle Weise zum Ausdruck bringen. Damit verbleibt Smith in der Tradition des zentralen gesellschaftlichen Deutungsmusters von ›Bildung und Kultur‹,[20] durch dessen begriffliche Elemente die einheitlich-nationale kulturelle Identität geschaffen und bewahrt wird. Literatur erhält dabei einen besonderen Stellenwert, indem sie (im Zusammenhang

18 Ausführlich zum modernen Wissenschaftssystem vgl. Luhmann (Anm. 15); Rudolf Stichweh: *Zur Entstehung des modernen Systems wissenschaftlicher Disziplinen: Physik in Deutschland 1740–1890.* Frankfurt a. M. 1984.

19 Vgl. hierzu auch eine andere prominente Publikation der Gründungsphase der ›American Studies‹: Robert Spiller: »Value and Method in American Studies: The Literary Versus the Social Approach«. In: *Jb. für Amerikastudien* 4 (1959), S. 11–24.

20 Vgl. dazu Georg Bollenbeck: *Bildung und Kultur. Glanz und Elend eines deutschen Deutungsmusters.* Frankfurt a. M. 1996. Bollenbeck stellt in überzeugender Weise heraus, daß er ein spezifisch deutsches (gesellschaftliches) Deutungsmuster beschreibe, jedoch finden sich in der kulturellen Entwicklung der amerikanischen Identität deutliche Parallelen.

des Deutungsmusters) als Zeichen für den ›Geist‹ einer Kultur und das Kunstwerk als Schlüssel zum Verstehen dieser Kultur angesehen wird. Smith knüpft auf diese Weise an den in den USA vorherrschenden Formalismus (den sogenannten ›New Criticism‹) an, der auf der Grundlage einer organizistischen Ästhetik operiert, die das Ideal eines autonomen und einheitlichen Kunstwerks einschließt und vom Künstler als Genie ausgeht. Smith übernimmt sowohl das Geniekonzept als auch den normativen Begriff der »serious art« als Gegensatz zur »popular art«;[21] er verweist die Versuche der sozialwissenschaftlichen Analyse von Kunst – und damit von Kultur – auf den Bereich der minderwertigen »popular art« und schreibt sich mit seinem Ausruf »Contemporary American Culture is no doubt frightening enough, but it is made unnecessarily appalling by studies of popular art which by implication define the culture without reference to any subtleties beyond the horizon of the mass media. There is more to us than that!«[22] in die Wertetradition des Deutungsmusters ein, das durch den ›New Criticism‹ vermittelt wurde.

Doch wird dieses Muster durch die Verwendungsweise bei Smith semantisch verändert, denn Smith macht deutlich, daß Mark Twain »of the people«,[23] »popular« und »the darling of the mass audience«[24] ist, ohne deswegen populäre Kunst zu produzieren. Twains Texte sind also ›high art‹ und damit repräsentativ, gleichzeitig sind sie ›of the people‹ und dadurch populär, ohne jedoch Massenkultur zu sein. Nach Smith handelt es sich bei Twains Werken also um authentische Repräsentationen der amerikanischen Realität, die sich der Fähigkeit eines besonderen Subjekts, des Genies, verdanken. Gleichzeitig ist es aber die Popularität seiner Texte, die zum entscheidenden Kriterium von Repräsentativität wird. Damit ist bereits ein Weg eingeschlagen, der schließlich zu einer prinzipiellen Gleichberechtigung aller Weltentwürfe und somit zur Hinfälligkeit des Geniekonzepts[25] sowie der Unterscheidung von Kultur und Nicht-Kultur führt. Darüber hinaus kommt es – als Charakteristikum der Moderne – zur Krise der Legitimation von Interpretation und künstlerischer Repräsentation von Welt.[26]

Auch auf andere Weise grenzt sich Smith durch seine spezifische Definition von der Repräsentativität ›wahrer‹ Literatur vom ›New Criticism‹ ab. Wenn er über den Autor Mark Twain sagt, »He had a remarkable ability to objectify the memories and dreams of his public. It would be peculiarly artificial to try to deal with his books as if they were self-contained autonomous universes«,[27] argumentiert er nicht nur für eine spezifische kulturwissenschaftliche Defini-

---

21 Smith (Anm. 16), S. 204.

22 Ebd.

23 Ebd., S. 197.

24 Ebd., S. 201.

25 Zum Verfall des traditionellen Geniekonzepts siehe Brigitte Scheer: *Einführung in die Philosophische Ästhetik*. Darmstadt 1997, insbes. S. 102ff.

26 Vgl. hierzu Heiner Müller/Robert Weimann: »Gleichzeitigkeit und Repräsentation. Ein Gespräch«. In: Weimann/Gumbrecht (Anm. 3), S. 182–207.

27 Smith (Anm. 16), S. 197.

tion von Repräsentativität, sondern unterstreicht damit zugleich den vom ›New Criticism‹ strikt negierten Außenbezug der literarischen Kunst. Mit seinen Ausführungen entwirft Smith den definitorischen Rahmen der ›American Studies‹ als spannungsreiche Wechselbeziehung zwischen Textimmanenz und Außenbezug. Er eröffnet im Zuge der ›Americain Studies‹ den fortdauernden Prozeß einer Wechselbewegung von der Konzeption der künstlerischen Nachahmung einer gegebenen Realität durch Literatur – und dem Prüfen des Gelingens dieser Repräsentation durch Bezugnahme auf ›die Sache selbst‹, auf die amerikanische Realität – und der Konzeption von Literatur als einem spezifischen Vollzug von Welt. Mit seiner Bemerkung, »Indeed, it may turn out that one of the distinctive fields of ›American Studies‹ is precisely this ambiguous relation between works of art and the culture in which they occur«,[28] entwirft er die Umrisse einer gänzlich neuen disziplinären Kennzeichnung[29] zugunsten der kulturwissenschaftlich orientierten ›American Studies‹ – als Synthese des ›New Criticism‹ und der amerikanischen Sozialwissenschaften (und zugleich in deutlicher Abgrenzung zu beiden Unternehmungen).

Hervorzuheben ist, daß und auf welche Weise hier Kontinuität zugleich in Frage gestellt und gewahrt wird. ›American Studies‹ entstehen zunächst als Teilaspekte bereits legitimierter Kommunikationszusammenhänge im Wissenschaftssystem, die sich aber zusehends als inhaltliche Differenz entwickeln. Für die Bewertungen des ›peer-review‹-Verfahrens folgt daraus, daß mit der innerwissenschaftlichen Evaluation – entgegen der üblichen Annahme – nicht in jedem Fall Konsens innerhalb der ›scientific community‹ gemessen und honoriert wird.[30] In dem sich neu konstituierenden Diskurs der ›American Studies‹ werden jene Publikationen honoriert, die sich auf der Grundlage des wissenschaftlichen Primats im beschriebenen Spannungsverhältnis von Nähe und Distanz bewegen. So kommt es schrittweise zur Distanzierung und zur Abgrenzung von bestehenden Diskursen, bis schließlich der neue disziplinäre Kommunikationszusammenhang institutionalisiert wird. Das ist ein Schritt, der letztlich nur auf der Basis von Ungleichheit, also von Dissens, erfolgen kann. In dieser Phase erhält in den ›American Studies‹ Reputation nur derjenige Text, der neue diskursive Turbulenzen aufwirft. Positiv bewertet werden zunächst solche Veröffentlichungen, die durch anschlußfähigen (das heißt im vorgegebenen Rahmen verbleibenden) Dissens die Autopoiesis der ›American Studies‹ als eigenständiges Kommunikationsgeschehen in Gang bringen und in Bewegung halten.

Die für die Publikation von Smith zentrale Argumentationsfigur von Einheit und Einzigartigkeit bezieht sich ebenso auf die Nation (Amerika) wie auf die

---

28 Ebd., S. 199.

29 Smith betont die Einzigartigkeit des Unternehmens ›American Studies‹ ausdrücklich: »the investigation of American culture as a whole does not coincide with the customary field of operations of any established academic discipline« – ebd., S. 197.

30 Siehe aber Klaus Fischer: »Leistung, nicht Konsens messen! Evaluation und Finanzierung aus der Sicht eines Wissenschaftshistorikers«. In: *Forschung und Lehre* 8 (1998), S. 399–402.

›American Studies‹. Diese beiden Aspekte sind bei der Kennzeichnung eines national definierten geisteswissenschaftlichen Faches von entscheidender Bedeutung, da es sich um Elemente der Argumentation handelt, die für Autarkie in diesem Wissenschaftsbereich unabdingbar sind. Erfolgreich war die Argumentationsfigur sowohl für die Konstitution der ›American Studies‹ als auch für die Publikation von Smith. Bei der Aneignung des zitierten Textes von Smith in den ›American Studies‹ und bei der Konstruktion nationaler Identität zeigt sich ein und dieselbe kulturelle Praxis. Ebenso prägt das Deutungsmuster, das die Beurteilung von Literatur steuert, auch die spezifische inhaltliche Ausdifferenzierung der ›American Studies‹.[31] Es leistet die internen Bewertungen der ›American Studies‹, indem es Wahrnehmungen leitet, Interpretationen von Erfahrungen bestimmt und Verhalten motiviert. Die zentrale Bedeutung von Einheit und Einzigartigkeit in unterschiedlichen Kommunikationszusammenhängen und auf verschiedenen systemischen Emergenzebenen verweist darauf, daß dasselbe gesellschaftliche Deutungsmuster auf mehreren Ebenen gleichzeitig wirksam ist.[32] So wie zunächst Einheit und Einzigartigkeit in bezug auf ein literarisches Werk als Voraussetzung einer positiven Bewertung als ›art‹ unerläßlich ist, so gilt dies auch für die Kultur, für die Nation und schließlich für die Fachdisziplin – bis hin zu der Bewertung der Kommunikationsakte, die sich auf die Konstruktion der disziplinären Einheit beziehen.

Zudem impliziert der (mit dem zentralen Deutungsmuster tradierte) Gebrauch des Begriffs ›Kultur‹, daß tendenziell alles, was ihm zugeordnet wird, per se sinnvoll erscheint. Sichergestellt ist somit, daß das Unternehmen ›American Studies‹ zunächst ausreichend legitimiert ist. Ohne weiteres Bedenken wird behauptet, daß ›American Studies‹ wissenschaftlich eigenständig sei als »the study of American culture, past and present, as a whole«.[33] Dabei folgt man einem Muster, das sich beispielsweise auch in bezug auf die (in ihrer Entwicklungsdynamik parallel verlaufende) Konstituierung der deutschen Nation und der Germanistik in Deutschland bewährt hatte.[34] Indem Kultur auf die beschriebene Weise zu einem spezifischen, wissenschaftlich analysierbaren Zurechnungsphänomen für die nationale amerikanische Identität wird, enthält die Publikation von Smith also die Kombination der wesentlichen Elemente, die für eine erfolgversprechende Binnendifferenzierung im Wissenschaftssystem bei der Neuformation von Disziplinen notwendig sind; sie wird dementsprechend anerkannt. Unter günstigen finanziellen Rahmenbedingungen vollziehen sich nach dem programmatischen Muster, das Smith vorgegeben hatte, die internen

31 Vgl. hierzu auch Winfried Fluck: »Das ästhetische Vorverständnis der American Studies«. In: *Jb. für Amerikastudien* 18 (1973), S. 110–129.

32 Vgl. Fluck (Anm. 9), S. 211, der hierzu ausführt: »New positions and approaches in the ›Humanities‹ do not just represent a progress in methodology. Inevitably, they also function as cultural acts of self-definition and self-empowerment. They represent new research, but also, and even more importantly so, its cultural interpretation.«

33 Smith (Anm. 16), S. 197.

34 Vgl. hierzu Bärbel Rompeltien: *Germanistik als Wissenschaft: Zur Ausdifferenzierung und Integration einer Fachdisziplin*. Opladen 1994.

Differenzierungen der ›American Studies‹, die zugleich ihre Entwicklungsphasen markieren. Als weitere Funktion der Publikation von Smith läßt sich somit die Definition eines wissenschaftlichen Programms verstehen, das als fachspezifisches Muster und gewissermaßen als Folie für die Entwicklung der ›American Studies‹ gelten kann.

Betrachtet man die (sich an die skizzierte ›take-off‹-Phase anschließende) Dynamik der internen Evaluation wissenschaftlicher Leistung in den ›American Studies‹, so zeichnet sich ein Evaluationsmuster ab. Es ist dadurch bestimmt, daß einem Kommunikationsakt mit systembildender Wirkung – der entsprechend honoriert wird – zunächst Publikationen mit geringfügigen Variationen folgen,[35] bis es schließlich nach einer transitorischen Phase der Kritik wieder zu einem markanten Kommunikationsakt kommt, der die alte Differenz (den zuvor geprägten Kultur- und Repräsentationsbegriff) durch eine neue ablöst. An diese Differenz knüpft wiederum eine Sequenz ähnlich gelagerter Publikationen an.[36] Hierbei ergibt sich eine stetige Steigerung von Kontingenz: In einem kulminierenden Prozeß wächst nicht nur Wissen an, sondern auch die Menge der Problemstellungen. Entwicklungsphasen der ›American Studies‹ – wie die ›Myth-and-Symbol-School‹-Phase,[37] die sozialgeschichtliche Phase,[38] die Phase der Ideologiekritik[39] und die ›Race-and-Gender‹-Phase[40] – repräsentieren Schritte der zunehmenden Binnendifferenzierung, die einem Muster der Spezialisierung und Partikularisierung folgen. Im Verlauf dieser Binnendifferenzierung zählen die Fragen nach der Wissenschaftlichkeit, der Repräsentativität des Materials und der ›richtigen‹ Methode der ›American Studies‹ zu den beständigsten Kriterien interner Differenzbildungen. Die Publikationen, die zu diesem Prozeß beitragen und positiv bewertet werden, stehen unter einem explizit wissenschaftlichen Primat: in der Konzentration auf die Beobachtung von (amerikanischer) Realität – unter den Bedingungen des spezifischen kulturwis-

35 Der Begriff ›Kommunikationsakt‹ kann mehrere Publikationen umfassen, die sowohl argumentativ als auch zeitlich eng aufeinander bezogen sein können, d. h. die Phasenbildung der ›American Studies‹ wird nicht einer einzelnen Publikation zugerechnet. Insofern sind die hier behandelten Publikationen also exemplarisch für bestimmte Phasen der Entwicklung der ›American Studies‹

36 Siehe als Beispiel dieser Dynamik die Entwicklung von der ›Myth-and-Symbol-School‹-Phase, die sich an die ›take-off‹-Phase der ›American Studies‹ unmittelbar anschließt. Zur folgenden Kritik dieser Tradition vgl u. a. Robert Sklar: »American Studies and the Realities of America«. In: *American Quarterly* 22 (1970), S. 597–605. Eine neue Phase beginnt mit Lawrence W. Levine: *Black Culture and Black Consciousness. Afro-American Folk Thought from Slavery to Freedom.* New York 1977.

37 Als prominente Texte, die sich entlang der in der ›take-off‹-Phase der ›American Studies‹ entwickelten Leitlinien um das Herausarbeiten zentraler amerikanischer Mythen und Symbole bemühen, sollen an dieser Stelle genannt werden: Leo Marx: *The Machine in the Garden.* Oxford 1964; R. W. B. Lewis: *The American Adam.* Chicago 1965.

38 Siehe z. B. Levine (Anm. 36).

39 Siehe z. B. Sacvan Bercovitch: »The Problem of Ideology in American Literary History«. In: *Critical Inquiry* 12 (1986), S. 631–653.

40 Siehe etwa Nina Baym: »Melodramas of Beset Manhood: How Theories of American Fiction Exclude Women Authors«. In: *American Quarterly* 33 (1981), S. 123–139.

senschaftlichen Programms, das für die ›American Studies‹ in der ›take-off‹-Phase definiert wurde – und unter der Fragestellung von wahr/falsch, wobei der hierfür zentrale Begriff der Repräsentativität deutlich variiert.

In diesem Zusammenhang ist festzuhalten, daß nun der literarische Kanon, der in der Ausdifferenzierungsphase der ›American Studies‹ als Gegenstandsbereich etabliert wurde und der die Einheitlichkeit der amerikanischen Kultur durch als für Amerika zentral erkannte Mythen sowohl repräsentiert als auch gewährleistet hatte, zunehmend als ›ideologisch‹ und somit als nicht-repräsentativ kritisiert wird. Durch einen verstärkt sozialgeschichtlich geprägten Rückbezug der Fragestellungen der ›American Studies‹ auf die Pluralität der amerikanischen Realität und durch die intensivierte Selbstreflexivität der eigenen interpretatorischen Praxis, die diesen Realitäten nicht gerecht wurde, werden nach und nach Texte anderer, bis dahin vernachlässigter Autoren in den Gegenstandsbereich der ›American Studies‹ einbezogen.[41] Die von Smith eingeleitete Umformung des tradierten Geniekonzepts wird fortgeführt. Es handelt sich gewissermaßen um einen weiteren Schritt in dem Prozeß der ›Demokratisierung des Genialen‹, das seinen Anspruch auf Exklusivität weitreichend einbüßt. Repräsentativität von literarischen Texten wird nicht mehr durch die Genalität ihrer Autoren begründet, sondern im Laufe der Entwicklung der ›American Studies‹ mehr und mehr durch eine umfassende Wirkungsmächtigkeit der literarischen Werke, wodurch Popularität zum wichtigsten Kriterium in der Beurteilung von Kultur wird. Aus diesem Demokratisierungsprozeß entsteht schließlich der Ansatz der ›Popular Culture‹ in den ›American Studies‹.[42]

Auch ohne weitere detaillierende Ausführungen dazu kann behauptet werden, daß sich in enger Verbindung zu dem Begriff von Repräsentativität, der jeweils durch Reformulierung eine neue Entwicklungsphase einleitet, auch der Begriff der Kultur verändert. Insgesamt gesehen ist eine deutliche semantische Ausweitung zu bemerken; sie wirkt in Richtung einer Trivialisierung und Enthierarchisierung des Kulturbegriffs. Es sind diese erfolgreichen Versuche, den Umfang und den Inhalt der Elemente des geltenden gesellschaftlichen Deutungsmusters in Anpassung an die neuen spezifisch amerikanischen Gegebenheiten zu reformulieren, die eine stetig zunehmende begriffliche Binnendifferenzierung bewirken und so paradoxerweise die Verfallsgeschwindigkeit desselben Deutungsmusters beschleunigen, das den Prozeß der Ausdifferenzierung der ›American Studies‹ begünstigt hatte. Die Begriffserweiterung führt schließlich zur Begriffsauflösung im Sinne eines Funktionsverlusts des Deutungsmusters: Das Ergebnis des Prozesses besteht im Verfall des prozeßspezifischen Orientierungspotentials, im Verlust seiner Fähigkeit zur Integration und Repräsentation. Dies läßt sich am Beispiel der Entwicklungen der ›American

41 Siehe als ein Beispiel dieser sozialgeschichtlichen Phase der ›American Studies‹ Levine (Anm. 36).

42 Vgl. zum Begriff ›Demokratisierung der Kultur‹ Winfried Fluck: »›Amerikanisierung‹ der Kultur. Zur Geschichte der amerikanischen Populärkultur«. In: Harald Wenzel (Hrsg.): *Die Amerikanisierung des Medienalltags.* (Nordamerikastudien Bd. 4). Frankfurt a. M./New York 1998, S. 13–52.

Studies‹ deutlich nachvollziehen. Genau besehen ergibt sich daraus eine paradoxe Situation, denn der Erfolg der wissenschaftlichen Arbeiten der ›American Studies‹ ist janusköpfig. Zum einen geht mit der zunehmenden horizontalen und vertikalen Ausweitung, der Trivialisierung und der Demokratisierung des Kulturbegriffs, dem sich zentrale wissenschaftliche Arbeiten der ›American Studies‹ widmen, eine wachsende Binnendifferenzierung der ›American Studies‹ einher. Zum anderen löst sie Schritt für Schritt eben die Einheit auf, die das Deutungsmuster für die Disziplin und die ›American Studies‹ für die Nation eigentlich gewährleisten sollen.

Zunächst werden jene wissenschaftlichen Publikationen mit positiven Bewertungen belohnt, die zu einem Ausweiten des Bedeutungsumfangs des Kulturbegriffs führen, indem sie die mangelnde Repräsentativität des jeweils vorherrschenden Kulturbegriffs aufzeigen und diesen als hegemoniale Praxis einer privilegierten Elite kennzeichnen. Auf diese Weise kommt es zum Anwachsen von Kontingenz, die sich als zunehmende Pluralität der Stimmen ausmachen läßt. Diese Vielstimmigkeit führt zu einem Hierarchiewechsel durch einen markanten Kompetenzverlust derjenigen, die traditionell Definitionsgewalt über den Kulturbegriff hatten. Gleichzeitig jedoch ergibt sich durch die neue Vielstimmigkeit der Eindruck der Beliebigkeit, was schließlich auch für diejenigen, die zunächst von der Pluralisierung profitiert hatten, zum Problem wird. Es entsteht eine Legitimationskrise kulturwissenschaftlicher Interpretationen, in deren Zusammenhang die Steigerung von Kontingenz als nachteilig empfunden und als Traditionsverlust und Zersplitterungsprozeß eingeschätzt wird. Auf diese Weise ist zu erklären, daß die Geltung des Urteils ›Heterogenität‹ für die amerikanische Kultur schließlich nicht nur den externen, sondern auch den internen Bedeutungsverfall der ›American Studies‹ einläutet. Die ›Krise der Kultur‹ hat so zu einer Schwächung der Bildungsfunktion von Kultur und zu einer Abnahme externer Relevanz der kulturwissenschaftlichen Fächer geführt.

Als Konsequenz der gegenwärtigen Veränderungen auf der organisatorischen Ebene des Wissenschaftsgeschehens, die zum verstärkten Wettbewerb zwischen den Fächern führen, und angesichts der hierdurch anstehenden externen Evaluationsverfahren hat nun der Aspekt der außerwissenschaftlichen Leistungsfähigkeit (unter dem Schlagwort der gesellschaftlichen Relevanz) im innerdisziplinären Identitätskonzept der ›American Studies‹ an Bedeutung gewonnen. Erste Auswirkungen davon zeigen sich auch in der Evaluationspraxis der Disziplin. Sie führen jedoch nicht zu konkreten Handlungsanweisungen, sondern zunächst zu einer eher diffusen Wahrnehmung des Verlusts an interner Orientierung, die durch die abnehmende externe Relevanz ausgelöst wird. Wie ratlos selbst prominente Vertreter der ›American Studies‹, die nach internen Kriterien in die Zukunft weisende Konzepte für ihre Disziplin entwickelt haben, angesichts dieser Probleme sein können, hat John Carlos Rowe mit seinem Vortrag »A Future for ›American Studies‹« gezeigt, den er im Wintersemester 1998/99 am John F. Kennedy-Institut für Nordamerikastudien der Freien Universität Berlin hielt. Er gab resignativ zu verstehen, daß ›American Studies‹ heute wohl nicht mehr wichtig seien – besonders dann, wenn sie beispielsweise mit ›Women Studies‹ verglichen werden. Diese pessimistische Haltung kann als repräsentativ für die gegenwärtige Situation der ›American Studies‹ gelten. Kennzeichnend ist zudem, daß neben eher konservativ ausgerichteten Publikationen auch Rowes innovatorische Arbeiten zu jenen gehören, die innerhalb der ›American Studies‹ überaus positiv bewertet werden. Rowe plädiert für die Erneuerung der ›American Studies‹ – als »new American Studies«[43] – und setzt auf die Vermittlung von Medienkompetenz sowie auf eine konsequente Globalisierung der Fachdisziplin; er fordert Internationalisierung im Sinne einer postnationalen Phase[44] und verabschiedet sich damit von dem bisher zentralen Konzept der Nation.

Ein solches Programm erscheint zunächst als paradox, eröffnet der Ansatz doch eine neue Dimension zur Erweiterung von Kontingenz und könnte somit einen weiteren Profilverlust der ›American Studies‹ herbeiführen. Doch läßt sich dieser Tendenz auch Positives abgewinnen, weil sie zu neuen Zusammenhängen zwischen weitgehend unabhängig verlaufenden Kommunikationen führt: zu einer interdisziplinär anknüpfungsfähigen ›globalen Kulturwissenschaft‹.[45] Auf supra-nationaler Ebene soll nunmehr konsequent das fortgesetzt werden, was ›American Studies‹ als Projekt zur Pluralisierung des Kollektivsingulars der Nationalkultur im Kern charakterisiert: eine weitreichende horizontale und vertikale Enthierarchisierung des Kulturbegriffs – nun im Sinne einer räumlichen und zeitlichen Entgrenzung,[46] die den Weg zu einer neuen supra-nationalen, globalen symbolischen Inklusion weist.[47]

Obwohl sich dieser Ansatz indirekt zugunsten der bisher häufig kritisierten Kommerzialisierung der kulturwissenschaftlichen Fachdisziplinen – also hin zu einer Öffnung gegenüber externen Anforderungen – auswirkt, wird er unter den neuen organisatorischen Rahmenbedingungen voraussichtlich Erfolg haben. Für die Evaluationspraxis der ›American Studies‹ würde das bedeuten, daß in Zukunft die Publikationen honoriert werden, die – nach der Phase der Enthierarchisierung von Kulturkonzepten – sowohl eine weitgehende räumliche Entgrenzung des Kulturbegriffs begünstigen als auch die Verstärkung von Medienkompetenz fördern (die ja solche Entgrenzungen unterstützt). Auf diese Weise wird eine supra-nationale Entwicklungsphase der ›American Studies‹ in Gang gesetzt. Die Frage, wie und ob sich ein Fach, das sich als ›*American* Studies‹ (also im Bezug auf einen Kulturbegriff, der auf eine spezifische nationale Identität verweist) ausdifferenziert hatte, innerhalb dieser Entwicklung einer neuen post-nationalen disziplinären Gemeinschaft in Zukunft als eigenständiges Fach

---

43 Vgl. Rowe (Anm. 5), S. 263.

44 Ebd., S. 263.

45 Vgl. ebd., S. 269: »To be sure, different cultures develop different hermeneutical and philosophical paradigms, but it may be possible to develop some common terms of understanding the intersection of such paradigms – terms not thoroughly saturated with the ideological purposes of psychic or rhetorical colonization of the Other.«

46 Vgl. zur Auflösung der räumlichen und zeitlichen Ordnungen Wolfgang Schäfer: »Ungleichzeitigkeit als Ideologie«. In: W. Sch.: *Ungleichzeitigkeit als Ideologie. Beiträge zur historischen Aufklärung*. Frankfurt a. M. 1994, S. 132–150, hier S. 142f.

47 Vgl. Rowe (Anm. 5), S. 275.

profilieren kann, muß jedoch – so scheint es zumindest – zu diesem Zeitpunkt weitgehend unbeantwortet bleiben. Aufschlußreich erscheint in diesem Zusammenhang eine Bemerkung von Richard E. Sykes aus der ›take-off‹-Phase der ›American Studies‹:

> The skeptic will now ask: If ›American Studies‹ is merely a culture study, then how does it differ from other culture studies? Has it any special defining characteristics? Of course the obvious unique characteristic is that it is American. It is concerned with culture which can be defined according to certain spatio-temporal dimensions. In the long run this will be its only distinguishing characteristic, for if ›American Studies‹ fulfills its promise, it is highly likely that similar investigations will be undertaken of other national cultures. It will be but a branch of culture studies of modern literate societies.[48]

Außer Frage hingegen steht wohl, daß sich auch in dieser supra-national ausgerichteten (inter)disziplinären Konstellation unter dem Druck sinkender Ressourcen die Tendenz fortsetzen dürfte, zunehmend wissenschaftsinterne Evaluationskriterien zugunsten externer Anforderungen zurückzunehmen beziehungsweise letzteren einen höheren Stellenwert beizumessen. Der Erfolg der neuen ›American Studies‹ wird vermutlich abhängig sein von der wissenschaftsexternen Relevanz des Programms, die in den USA besonders durch die Beobachtung der Entwicklung von studentischer Nachfrage gemessen wird. Auf welche Weise und ob überhaupt die ›American Studies‹ ihre Legitimationskrise als Kulturwissenschaft, die sich in der schwindenden Anerkennung der Bildungsfunktion von Kultur niederschlägt, überwinden können, bleibt derzeit ungewiß.

III. ›American Studies‹ zwischen Nation und Weltgesellschaft

Bereits beschrieben wurde, daß ›American Studies‹ eine spezifische Ausformung der Leitdifferenz von Wissenschaft darstellt und so die Herausbildung der Disziplin im Rückgriff auf die Theorie sozialer Differenzierung Luhmanns als Prozeß der Binnendifferenzierung im modernen Wissenschaftssystem erklärt werden kann. Während die strukturelle Form der Genese der ›American Studies‹ durch die Teilhabe am Wissenschaftssystem geprägt wird, ist ihre partikulare inhaltliche Abgrenzung (als auf Amerika ausgerichtete Kulturwissenschaft) nur aus weiteren gesellschaftlichen Kontexten zu erklären, in denen die Ausdifferenzierung der ›American Studies‹ als sinnvoll erscheint – als kompatibel zu den Problemlösungen, die in solchen Kontexten gelten. Bei der folgenden Darstellung und Erklärung der widersprüchlichen Reaktionen auf die Entwicklungen in den ›American Studies‹ wird dieser Aspekt näher beleuchtet werden: Es soll um eben diese Kontexte gehen, die ihrerseits in langfristige gesellschaftliche Prozesse eingebunden sind und mit der evolutionären Veränderung der primären Differenzierungsform von Gesellschaft zusammenhängen.

---

48 Richard E. Sykes: »American Studies and the Concept of Culture: A Theory and a Method«. In: *American Quarterly* 15 (1963), S. 253–270, hier S. 254.

Die moderne Gesellschaft zeichnet sich nach Luhmann bekanntlich dadurch aus, daß sie den segmentären und stratifikatorischen Differenzierungstyp früherer Gesellschaftsformen ablöst durch den Primat funktionaler Differenzierung. Sie kann als primär funktional gegliedertes Kommunikationssystem begriffen werden. Da die jeweilige Form der Differenzierung die Art der gesellschaftlichen Integration bestimmt, hat die Umstellung auf den Primat der funktionalen Differenzierung weitreichende gesamtgesellschaftliche Folgen. Zentral ist in diesem Zusammenhang das Problem der Inklusion von freiwerdenden (zuvor durch Stratifikation gebundenen) gesellschaftlichen Gruppen.[49]

Die Subsysteme der modernen Gesellschaft sind auf die Bearbeitung bestimmter gesamtgesellschaftlich relevanter Funktionen ausgerichtet. Der eigentliche Prozeß der Neubildung der System/Umwelt-Differenzen richtet sich jedoch nicht an der Funktion aus (die gewissermaßen die Voraussetzung zu einer systemischen Ausdifferenzierung darstellt), sondern vielmehr an Codes. Codes sind binäre Leitdifferenzen die – und das ist in unserem Zusammenhang entscheidend – Sinngrenzen darstellen, wobei Sinn ein Produkt der Operation des Systems ist und weder vor noch nach der Operation existiert – also eine begrenzte Systemqualität, jedoch keine Weltqualität ist. Die Konzentration gesellschaftlicher Funktionen auf einzelne Teilsysteme korrespondiert mit der verlorenen Fähigkeit, das Ganze (die Gesellschaft insgesamt) zu repräsentieren. Das gesellschaftliche Deutungsmuster, das in der Übergangsphase zur modernen Gesellschaft in bezug auf seine Integrationskraft noch überaus erfolgreich war, verliert unter diesen Bedingungen seine Fähigkeit zur gesamtgesellschaftlichen symbolischen Inklusion.

Wie gezeigt werden sollte, lassen sich die einzelnen Binnendifferenzierungen der ›American Studies‹ als Versuche deuten, den Umfang und den Inhalt der Elemente des disziplinspezifischen Deutungsmusters entsprechend den Rahmenbedingungen, wie sie in den USA gegeben sind, zu variieren und das Muster auf diese Weise an die neuen gesellschaftlichen Gegebenheiten anzupassen. Die Richtung der in den ›American Studies‹ durchgesetzten Binnendifferenzierungen deutet auf Versuche hin, die weitreichende kulturelle Integration zu ermöglichen, die für die USA (als einen auf dem Prinzip der Partizipation ruhenden, demokratisch organisierten Staat) von entscheidender Bedeutung ist, da die für das Funktionieren der Demokratie überaus bedeutsame politische Mobilisierung »eine kulturelle Integration der zunächst zusammengewürfelten Bevölkerung« voraussetzt.[50] Die Versuche, eine neuartige, umfassende imaginäre

---

49 Ausführlich hierzu Niklas Luhmann: »Inklusion und Exklusion«. In: Helmut Berding (Hrsg.): *Nationales Bewußtsein und kollektive Identität: Studien zur Entwicklung des kollektiven Bewußtseins in der Neuzeit.* Bd. 2. Frankfurt a. M. 1994, S. 15–46.

50 Jürgen Habermas: »Die postnationale Konstellation und die Zukunft der Demokratie«. In: J. H.: *Die postnationale Konstellation. Politische Essays.* Frankfurt a. M. 1998, S. 91–169, hier S. 99. – Vgl. zum Prozeß der kulturellen Konstruktion der USA Volker Bischoff/Marino Mania: »›Melting Pot‹-Mythen als Szenarien amerikanischer Identität zur Zeit der ›New Immigration‹«. In: Bernhard Giesen (Hrsg.): *Nationale und kulturelle Identität: Studien zur Entwicklung des kollektiven Bewußtseins in der Neuzeit.* Bd. 1. Frankfurt a. M. 1991, S. 513–536, sowie Bernhard Giesen:«Einleitung«. In: ebd., S. 9–18.

Einheit zu konstruieren,[51] haben aber nicht nur in Richtung einer zunehmenden Binnendifferenzierung der ›American Studies‹ gewirkt, sondern indirekt die Verfallsgeschwindigkeit des hier wirksamen Deutungsmusters (das besonders im Ideal des Ganzen und Einzigartigen sichtbar wird) beschleunigt. Es muß also von einer Ko-Evolution des zentralen gesellschaftlichen Deutungsmusters und der ›American Studies‹ als wissenschaftlicher Disziplin ausgegangen werden. In diesem Zusammenhang ist eine besonders folgenreiche Wechselbeziehung zwischen der Geschichte der amerikanischen Gesellschaft und theoretischen Entwürfen in den ›American Studies‹ zu erkennen. Die Folgen des Übergangs von der primären Differenzierungsform der Stratifikation zu einer primär funktionalen gesellschaftlichen Differenzierung können als entscheidend für die weitere Entwicklung der Identität der USA angesehen werden; sie beeinflussen somit auch noch die derzeitige Problemlage der ›American Studies‹.

Daß der Verlust an Integrationsfähigkeit nicht zu einer endgültigen Entwertung des gesellschaftlichen Deutungsmusters in seiner ursprünglichen Konstellation geführt hat, wird in dem Unbehagen über die Folgen der Moderne sichtbar. Die Klage über »die neue Unübersichtlichkeit«,[52] über die sich beschleunigende gesellschaftliche Binnendifferenzierung, die als Sinnverlust empfunden wird, beschränkt sich nicht auf den Bereich der Kultur und der Kulturwissenschaft. Sie ist ein Phänomen der durch Funktionssysteme gekennzeichneten Moderne und als fester Bestandteil gesamtgesellschaftlicher Selbstreflexion zu verstehen. Da die Einsicht in die Eigendynamik der systemischen Prozesse – besonders in bezug auf die Wirtschaft – in einer postwissenschaftlichen (ins Allgemeinbewußtsein abgesunkenen) Version zum ›klassischen‹ Wissen der Moderne geworden ist, richtet sich die Aufmerksamkeit jedoch verstärkt auf vermeintlich kulturell bedingte Probleme. Behauptet wird ein gestörtes Verhältnis von Demokratie und Kultur. Am Ende dieser Entwicklung stehen eine affirmative Haltung zur gesellschaftlichen Moderne – besonders in bezug auf die Ökonomie – und die gleichzeitige Abwertung von Auswirkungen der kulturellen Moderne.[53] In dieser Hinsicht bleibt man dem ›Humanismus-Diskurs‹ treu und bemängelt das Wegbrechen des Wertekonsenses. Die Unsicherheiten der Gegenwart, die als Folge von tendenziell unabgeschlossenen gesellschaftlichen Transformationen entstehen, werden so zum Ausgangspunkt für eine Projektion in eine idealisierte Vergangenheit und zur Grundlage für eine rückwärtsgewandte, normativ aufgeladene nationalistische Utopie. Therapievorschläge, wie sie sich in der in den USA geführten Multikulturalismus-Debatte zeigen,[54] zielen dann – ausgehend von der konservativen Position – auf

51 Vgl. hierzu auch Rudolf Stichweh: »Nation und Weltgesellschaft«. In: Bernd Estel/ Tilman Mayer (Hrsg.): *Das Prinzip Nation in modernen Gesellschaften*. Opladen 1994, S. 83–96, hier S. 87.

52 Jürgen Habermas: *Die Neue Unübersichtlichkeit*. Frankfurt a. M. 1984.

53 Vgl. hierzu Jürgen Habermas: »Die Kulturkritik der Neokonservativen in den USA und in der Bundesrepublik«. In: ebd., S. 30–56, hier S. 35f.

54 Vgl. hierzu Werner Sollors: »Konstruktionsversuche nationaler und ethnischer Identität in der amerikanischen Literatur«. In: Giesen (Anm. 50), S. 537–570.

die Rückgewinnung des Kulturbegriffs.[55] Die Einsicht, daß sich die gesellschaftlichen Prozesse einer direkten Einflußnahme (im Sinne einer gezielten Steuerung) entziehen, schafft ein Gefühl der Ohnmacht, das schließlich ein günstiges Klima für ein traditionalistisches, dem Ideal des Neuhumanismus verpflichtetes Kulturverständnis bereitet. Die Forderungen, die in dieser Situation gegenüber den Kulturwissenschaften erhoben werde, weisen in eine Richtung, die der bislang beschriebenen supra-nationalen Orientierung entgegengesetzt ist.

Parallel hierzu findet sich auf seiten der alten und der neuen kulturellen Elite eine umfassende Ablehnung der Moderne. Während sich die Einstellungen beider Eliten gegenüber der technisch-ökonomischen Entwicklung deutlich unterscheiden, scheint sich das Kulturverständnis mit dem der neo-konservativen Bewegung zu decken.[56] Hier entsteht nun abermals eine Paradoxie. Es läßt sich die Tendenz zu einer erneuten Behauptung einer umfassenden Zuständigkeit von Kultur ausmachen: Die Kultur erhält abermals die Funktion zugewiesen, das Bewußtsein nationaler Tradition auszubilden und zu pflegen, um so Kontinuität in eine Welt der sich ständig steigernden Kontingenz zu bringen. Im Angesicht gesellschaftlicher Bedingungen, die durch zunehmende Globalisierung gekennzeichnet sind, werden überkommene Kunst- und Kulturbegriffe favorisiert. Parallel zu dieser Tendenz wird auch die Forderung erhoben, die Binnendifferenzierung der Kulturwissenschaften auf den ursprünglichen nationalen Fokus zurückzuführen. Dies ist verständlich, steht doch die Nation (und mit ihr der auf die Nation ausgerichtete Kulturbegriff) »zwischen der Einbindung in traditionsgesicherte lokale Zusammenhänge und der Unübersichtlichkeit der Weltgesellschaft als jenem emergenten Sozialsystem, das weltweit alle denkbaren Kommunikationen zur Einheit eines und nur eines Systems zusammenführt«.[57] Das Konzept der Nation befriedigt das menschliche Kontinuitäts- und Sicherheitsbedürfnis. Soll jedoch diese (aus einer transitorischen gesellschaftlichen Konstellation heraus entwickelte) kulturelle Leistung für alle Zeit fixiert werden, so ist abzusehen, daß sich die Spannungen zwischen den vermeintlich identitäts- und existenzsichernden Traditionen auf der einen Seite und den zunehmend post-nationalen Wirklichkeiten der Moderne auf der anderen Seite mittel- und langfristig verstärken und die Absicherungsstrategie somit kontraproduktiv wird.

Die geforderte Rückkehr zur nationalen Kulturtradition kann also nicht bedeuten, das ehemals wirksame Deutungsmuster in seiner alten Form zu reaktivieren. Seine integrative Kraft mag zwar beschworen werden; sie kann sich aber unter den Bedingungen der Moderne nicht erneut entfalten, weil sich die national inkludierende Funktion der Kultur erübrigt hat und sich das politische

---

55 Zu den konservativen Attacken auf einen veränderten Kulturbegriff und den korrespondierenden Kanon in den USA vgl. Rowe (Anm. 5), hier S. 265ff.

56 Vgl. hierzu auch »New York und seine Intellektuellen. Thomas Bender und Richard Sennet im Gespräch mit Frank Herterich«. In: Walter Prigge (Hrsg.): *Städtische Intellektuelle. Urbane Milieus im 20. Jahrhundert*. Frankfurt a. M. 1992, S. 182–195.

57 Stichweh (Anm. 51), hier S. 86.

System so weit entwickelt hat, daß die »öffentliche, diskursiv strukturierte Meinungs- und Willensbildung eine vernünftige politische Verständigung auch unter Fremden möglich macht«.[58] Zudem wird diese Tendenz der grundsätzlichen Autonomie des Politischen[59] – wie bereits beschrieben – zunehmend auf einer über-nationalen beziehungsweise globalen Ebene wirksam. Hierdurch verändert sich die integrative Funktion der Kultur insofern, als das Kriterium der durch territoriale Grenzen bestimmten kulturellen Ausschließung des Anderen (das die national definierte Inklusion unweigerlich mit sich bringen mußte) mehr und mehr ausgeblendet wird, da die »Identität jedes einzelnen Bürgers mit kollektiven Identitäten verwoben und auf Stabilisierung in einem Netz gegenseitiger Anerkennung angewiesen ist«.[60] Am Ende aller Diskussionsbeiträge ist jedoch nicht die globale Harmonie zu erwarten: das hieße, daß die andere Seite der Form, das Kriterium der Exklusion, verlorenginge. Auch Inklusion kann jedoch nur als Zwei-Seiten-Unterscheidung existieren. Es werden sich vielmehr andere Konstellationen von neuen kulturellen Zugehörigkeiten konstituieren, die bisherige Grenzen zunehmend verwischen und neue Identitäten bilden – mit Grenzen, die wiederum durch Kontingenz gekennzeichnet sind. Die Aufgabe für eine Kulturwissenschaft liegt – so scheint es – in Zukunft nicht in ihrer weiteren Politisierung. Sie kann nicht ausschließlich zum Ziel haben, politische Standpunkte zu beziehen und so Polarisierungen zu verstärken. Es liegt vielmehr näher, daß die forschungsorientierte Thematisierung der Polarisierungen zum Aufgabengebiet der Kulturwissenschaft gehört.

Gegenwärtige kulturelle Verhältnisse, die von traditionalistischen Positionen außerhalb der USA als ›Amerikanisierung‹, innerhalb der USA als ›konsumistische Massenkultur‹ abgewertet und von der anderen Seite als demokratisierte und enthierarchisierte Kultur gefeiert werden, deuten also auf einen fortdauernden Prozeß der Konstruktion neuer imaginärer Identitäten hin, von denen die Wahrnehmung der Realität zunehmend bestimmt ist. Das bedeutet auch, daß der (dem konservativen Neu-Humanismus verpflichtete und auf den Nationen-Begriff eingeschworene) Diskurs des normativ aufgeladenen Deutungsmusters ›Kultur‹, der lediglich im institutionellen Schutz einzelner Lehrstühle überlebt hat, es in Zukunft schwer haben wird, sich zu behaupten. Der institutionelle Schutzwall schwindet – wie bereits erörtert – unter den Bedingungen abnehmender studentischer Nachfrage in Folge des Verlusts der Bildungsfunktion von Kultur und der wachsenden finanziellen Knappheit. Die weniger kulturpessimistischen Stimmen, die unter dem Eindruck externer Entwicklungen auf post-nationale Gemeinsamkeiten als Grundlage neuer fachdisziplinärer Konstellationen setzen, die Tendenzen der kulturellen Globalisierung[61] aufgreifen, sich auf das variable Spiel komplexer Zusammenhänge zwischen Partikularität

58 Habermas (Anm. 50), S. 113.
59 Vgl. hierzu auch Niklas Luhmann: *Legitimation durch Verfahren*. Frankfurt a. M. 1998.
60 Habermas (Anm. 50), S. 113.
61 Vgl. zur kulturellen Bedingtheit der zunehmenden Globalisierung auch Roland Robertson: *Globalization. Social Theory and Global Culture*. London 1992.

und Globalisierung[62] einlassen und solche Konstellationen kulturwissenschaftlich untersuchen, erhalten auf diese Weise eine zunehmend bedeutsame Stimme in der Debatte.

Insgesamt gesehen ist davon auszugehen, daß die derzeit wahrzunehmenden Strömungen eines pessimistischen Protektionismus für Tradition die Entwicklungen in den Kulturwissenschaften in Richtung ihrer wachsenden Ent-Nationalisierung nur vorübergehend hemmen werden.[63] Die Konsequenzen für die gegenwärtige – und vor allem für die zukünftige – Evaluationspraxis der ›American Studies‹ könnten heißen: Zu honorieren sind solche Publikationen, die weder für eine Rückbindung an die traditionelle nationale Konstellation plädieren noch eine immer weiter fortschreitende Binnendifferenzierung durch das Aufzeigen bisher marginalisierter kultureller Gruppen (im Sinne einer weitreichenden Politisierung des Kulturbegriffs) vorantreiben, sondern auf neue übergreifende Identitäten – und nicht ausschließlich auf Differenz – setzen und so die Bündelung bislang getrennt verlaufender Kommunikationen ermöglichen. Die positive Bewertung der bereits beschriebenen Position von Rowe, die diese Tendenzen aufweist, lassen erkennen, daß dieser in die Zukunft weisende Weg eingeschlagen wird.[64]

IV. Wissenschaftsevaluation in den ›American Studies‹: Zwischen Gesellschaft und Organisation

In der theoretischen Perspektive, die dieser Analyse zugrunde liegt, wird davon ausgegangen, daß es sich bei Gesellschaft um einen spezifischen Systemtyp handelt, dessen Operation und Letztelement in Kommunikationen besteht. Des weiteren wird vorausgesetzt, daß Wissenschaft in der modernen Gesellschaft zu einem funktionalen Kommunikationssystem mit der Leitdifferenz ›wahr‹/›nicht-wahr‹ ausdifferenziert ist. Die Funktion, die das ›System Wissenschaft‹ für die Gesellschaft insgesamt ausübt, besteht demnach in der Beobachtung von Umwelt unter der Leitdifferenz von Wahrheit/Unwahrheit.[65] Dabei ist das Wissenschaftssystem – wie alle sozialen Systeme – gekennzeichnet durch Rekursivität der Kommunikation und Autopoiesis. Für die Definition von Wissenschaft ergibt sich hieraus die folgenreiche Konsequenz, daß – was immer Wissenschaft (und damit Wahrheit) sonst noch ist – sie in erster Linie eine innergesellschaftliche und systemabhängige Beobachtung von Umwelt darstellt.[66]

---

62 Vgl. hierzu Stichweh (Anm. 51); Featherstone (Anm. 4).

63 Siehe zu einer ähnlichen Bewertung bezüglich des bereits angesprochenen Unbehagens der Auswirkungen naturwissenschaftlicher Forschung Jürgen Habermas: »Aus Katastrophen lernen? Ein zeitdiagnostischer Rückblick auf das kurze 20. Jahrhundert«. In: Habermas (Anm. 50), S. 65–71.

64 Vgl. hierzu auch Klaus H. Schmidt/David Sawyer: »Introduction«. In: K. H. Sch./D. S. (Hrsg.): *Blurred Boundaries: Critical Essays on American Literature, Language, and Culture*. Frankfurt a. M. 1996, S. 7–25.

65 Siehe z. B. Stichweh (Anm. 15); Stichweh (Anm. 18).

66 Ausführlich hierzu Luhmann (Anm. 15), hier S. 33ff.

Stimmt man mit Luhmann darin überein, daß wissenschaftliche Disziplinen wie alle Systeme durch die Merkmale der Rekursivität der Kommunikation und der Autopoiesis gekennzeichnet sind, es sich also um Systeme handelt, deren Kommunikationsakte sich immer auf eigene, systemspezifische Kommunikation beziehen und die sich durch das Erfüllen ihrer Funktion fortwährend selbst aus ihrer systemabhängigen, je differenten Perspektive (re)produzieren, und ruft man sich zudem ins Gedächtnis, daß diese Selbstproduktion die Konstruktion des eigenen Bildes als System mit der/den dazugehörigen relevanten Umwelt(en) – einer Umwelt, die bestimmte Leistungen erbringt und erwartet – einschließt, so wird deutlich, daß es sich bei der internen Evaluation von Wissenschaft um selbstreferentielle Schleifen handelt, die langfristig zu einem unergiebigen Überbietungsdiskurs geführt haben.[67]

Zudem wäre davon auszugehen, daß durch die Programmstruktur (durch etablierte Theorien und Methoden) und durch die formalen Organisationen des Wissenschaftssystems sowie durch das symbolisch generalisierte Medium der Wahrheit (operationalisiert als Publikation) die spezialisierten Kommunikationen in sozialer, sachlicher und zeitlicher Hinsicht stabilisiert und spezifiziert sind. Daß diese Spezialisierung sich im Wissenschaftssystem in der Ausdifferenzierung von Disziplinen niederschlägt, die ihrerseits eine Tendenz zur Binnendifferenzierung aufweisen, läßt sich am Beispiel der ›American Studies‹ nachvollziehen. Auch die Annahme, daß die Entstehung wissenschaftlicher Disziplinen ein Prozeß der Systembildung im Wissenschaftssystem ist, der systemintern noch einmal System/Umwelt-Differenzen schafft,[68] konnte am Beispiel der ›American Studies‹ gestützt werden.

Aufschlußreich ist nun, daß bei einer systemtheoretisch geleiteten Analyse der Fachdisziplinen nicht nur die systemische Emergenzebene der Gesellschaft, sondern auch die der Organisation – und zwar hier vornehmlich als Universität – in den Blick rückt. Wird die Universität als Knotenpunkt komplexer Leistungszusammenhänge verstanden und vergegenwärtigt man sich, daß sich die Ausdifferenzierung bestimmter Kommunikationszusammenhänge im Fall der ›American Studies‹ im Rahmen eines tradierten Deutungsmusters über das Postulieren von Selbstwerthaftigkeit vollzogen hat,[69] so wird deutlich, daß die veränderten finanziellen Rahmenbedingungen – und mit ihnen das Bewußtwerden von Ressourcen-Abhängigkeiten – in Verbindung mit dem intern ausgelösten Funktionsverlust der Kulturwissenschaften unter den Bedingungen der Moderne eine reflektierte Umstellung auf spezifische externe Leistungsbezüge notwendig machen. Daraus ergeben sich – wie gezeigt wurde – erhebliche Pro-

---

67 Vgl. hierzu auch Winfried Fluck: »The ›Americanization‹ of History in New Historicism«. In: *Monatshefte* 84 (1992) H. 2, S. 220–228.

68 Vgl. Rudolf Stichweh: *Wissenschaft, Universität, Professionen: soziologische Analysen*. Frankfurt a. M. 1994.

69 Vgl. bezogen auf Wissenschaft im allgemeinen Renate Mayntz: »Funktionelle Teilsysteme in der Theorie sozialer Differenzierung«. In: R. M. (Hrsg.): *Differenzierung und Verselbständigung. Zur Entwicklung gesellschaftlicher Teilsysteme*. Frankfurt a. M./New York, S. 11–44, hier S. 39f.

bleme. Die Entwicklungen der ›American Studies‹ und ihrer Evaluationspraxis sind nicht nur aus der Eigendynamik des Wissenschaftssystems, sondern auch in engem Zusammenhang mit den Transformationen der amerikanischen Universität zu verstehen. Sie können mit den Schlagworten der Ökonomisierung und Kommerzialisierung[70] sowie mit der wachsenden Bedeutung wissenschaftsexterner Leistungsindikatoren charakterisiert werden, wobei die sinkende studentische Nachfrage dabei wiederum mit gesamtgesellschaftlichen Prozessen und den damit korrespondierenden Veränderungen des kulturellen Deutungsmusters in engem Zusammenhang steht. Bei den Entwicklungen innerhalb der ›American Studies‹ und den Bewertungen der Leistungen der Disziplin liegt also ein komplexes Netz von Rückkopplungsprozessen und wechselseitigen Kausalitäten vor. Nicht zuletzt das organisatorische Nebeneinander von Forschung und Lehre, das auch die gesellschaftlichen Aufgaben einer universitär organisierten kulturwissenschaftlichen Disziplin bestimmt, hat auf diese Weise mit dazu beigetragen, daß sich unter den Bedingungen stagnierender finanzieller Ressourcen die Probleme einer ausschließlich an wissenschaftsinternen Kriterien ausgerichteten kulturwissenschaftlichen Forschungs- und Evaluationspraxis potenzieren.[71]

V. Zukünftige Entwicklungen

Im Rückgriff auf Luhmanns Theorie der Selbstreferentialität gesellschaftlicher Systeme wurde am Beispiel der ›American Studies‹ dargestellt, daß die Bewertung wissenschaftlicher Leistung in den ›American Studies‹ eine kulturelle Praxis ist, die ebenso wie die Disziplin, in der sie durchgeführt wird, durch langfristig erworbene beziehungsweise tradierte kulturelle Deutungsmuster (die unter den Bedingungen der Moderne semantische Varianz zeigen) beeinflußt wird. Es sollte deutlich geworden sein, daß die Qualitätsindikatoren, die in den ›American Studies‹ zunächst zu einer tragfähigen Bewertung wissenschaftlicher Leistung geführt haben, für die derzeitigen Probleme der ›American Studies‹ an den amerikanischen Hochschulen keine Lösung erwarten lassen, da es sich bei der internen Evaluation wissenschaftlicher Leistungen um ein ›re-entry‹ im Luhmannschen Sinne handelt. Des weiteren wurde beschrieben, wie die interne Evaluationspraxis zunehmend auf externe Leistungsindikatoren umstellt.

Als vorläufige These kann gelten, daß das Spannungsverhältnis zwischen dem Bedürfnis nach nationaler Repräsentation einerseits und dem wachsenden

---

70 Vgl. Randy Martin: »Academic Labor: An Introduction«. In: *Social Text* 15 (1997) H. 51, S. 1–9.

71 Vgl. Dietmar Braun/Uwe Schimank: »Organisatorische Koexistenzen des Forschungssystems mit anderen gesellschaftlichen Teilsystemen: Die prekäre Autonomie wissenschaftlicher Forschung«. In: *Journal für Sozialforschung* 32 (1992) H. 3, S. 319–334; Uwe Schimank: *Hochschulforschung im Schatten der Lehre*. Frankfurt a. M./New York 1995.

Anspruch auf Demokratie in der kulturellen Wertbildung im Zuge der Erfahrungen zunehmender Globalisierung andererseits die Grundlage der derzeitigen Debatten in den ›American Studies‹ darstellt, die im Zusammenwirken mit den Veränderungen der amerikanischen Universität innerdisziplinär als Krise erfahren wird. Dabei ist die Evaluationspraxis der ›American Studies‹ an die zentrale Wechselbeziehung der Entstehung von nationaler Identität und kultureller Wertbildung mit der Konstitution disziplinärer Identität gebunden; diese Wechselbeziehung wird unter den Bedingungen der Moderne ›um 2000‹ zunehmend zum Problem.

Da es sich bei der beschriebenen Entwicklung der ›American Studies‹ um eine spezifische amerikanische Problemlage handelt, kann nicht ohne weiteres angenommen werden, daß es sich hier um Erkenntnisse handelt, die für andere kulturwissenschaftliche Bereiche zu verallgemeinern wären. Es kann jedoch davon ausgegangen werden, daß in Zukunft eine nach dem reinen ›Curiositas‹-Prinzip[72] ausgerichtete Kulturwissenschaft keine Chance hat. Externe Indikatoren zur Bewertung von Wissenschaft – wie sie beispielsweise aus der Zahl von Studierenden zu gewinnen sind – werden zunehmend als Eingriff in die Autonomie universitär organisierter Lehre und Forschung wirken. Dies gilt weder ausschließlich für die ›American Studies‹, noch ist diese Tendenz auf die Hochschulen der USA begrenzt. Die Kulturwissenschaften sollten diese Tatsache akzeptieren, um sie als Chance einer Neuorientierung und Neugestaltung ihrer Praxis zu nutzen.

72 Vgl. in diesem Band den Beitrag von Nikolaus Wegmann.

Leitbegriffe für die Wissenschaftsförderung. Zum Zusammenhang von Wissenschaftspolitik und disziplinärer Entwicklung in der germanistischen Literaturwissenschaft seit 1983[1]

Sandra Pott

Die Entwicklung der Geistes- oder Kulturwissenschaften – und damit auch die Entwicklung der germanistischen Literaturwissenschaft – ist entweder hinsichtlich ihrer »Innenansichten« oder ihrer »Außenansichten« nachgezeichnet worden.[2] »Innenansichten« stellen wissenschaftsgeschichtliche und wissenschaftssystematische Überlegungen zur Verfügung: Gefragt wird nach Wissenschaftler-Persönlichkeiten, nach ›Methoden‹ und nach Institutionen. »Außenansichten« rekonstruieren demgegenüber wissenschaftssoziologische oder wissenschaftspolitische Konstellationen:[3] Die gesellschaftlichen Rahmenbedingen für die Wissenschaft geraten in den Blick. Nur selten aber wird untersucht, wie ›Innen‹ und ›Außen‹ zusammenhängen.[4] Schon heuristisch ist die Beschreibung möglicher Korrelationen problematisch, weil es noch an konzeptuellen und konzeptionellen Vorgaben für eine solche Darstellung fehlt. Eine analytische Wissenschaftsforschung mit normativen Zielen und einem pragmatischen Ansatz[5] – es gibt sie für die germanistische Literaturwissenschaft so gut wie nicht – bietet zunächst kaum mehr als eine Chance für die Erschließung sol-

---

1 Für Kritik, Anregungen und Materialien danke ich Udo Bermbach, Michael Th. Greven und Jörg Schönert (Universität Hamburg).

2 Vgl. musterbildend für die Geisteswissenschaften Wolfgang Prinz/Peter Weingart: *Die sog. Geisteswissenschaften: Innenansichten.* Frankfurt a. M. 1990; Peter Weingart u. a.: *Die sog. Geisteswissenschaften: Außenansichten. Die Entwicklung der Geisteswissenschaften in der BRD 1954–1987.* Frankfurt a. M. 1991.

3 Vgl. zum Begriff der Wissenschaftspolitik für einen eigenständigen Politikbereich am historischen Beispiel Bernhard vom Brocke: »Friedrich Althoff. A Great Figure in Higher Education Policy in Germany«. In: *Minerva* 30 (1992), S. 269–293, hier S. 274; auch Rudolf Stichweh: *Wissenschaft, Universität, Professionen. Soziologische Analysen.* Frankfurt a. M. 1994, S. 156. Für die Wissenschaftspolitik ist aber auch eine Einflußnahme der Massenmedien nicht zu unterschätzen, die Wissenschaftlern eine Reputation für die Öffentlichkeit vermitteln.

4 Die von Niklas Luhmanns inspirierte und vornehmlich in den Sozialwissenschaften geführte Debatte zur Relationierung von ›Innen‹ und ›Außen‹ wurde bislang kaum aufgenommen, wie später gezeigt werden soll.

5 Vgl. zur Relevanz und Entwicklung eines solchen Ansatzes Stefan Hornbostel: *Wissenschaftsindikatoren. Bewertungen in der Wissenschaft.* Opladen 1997.

cher Vorgaben.[6] Am Beispiel von Wissenschaftler-Biographien und von wissenschaftlichen wie wissenschaftspolitischen Institutionen gelingt die bislang vornehmlich wissenschaftsgeschichtliche Darstellung von Interferenzen hinsichtlich des ›Innen‹ und des ›Außen‹ der Literaturwissenschaft. Eine wesentliche Interferenz läßt sich für Leitbegriffe der Wissenschaftspolitik bestimmen, die bisher kaum untersucht worden sind. Verknappt werde ich im Folgenden von der Untersuchung des wissenschaftspolitischen Begriffsgebrauchs sprechen.[7]

Im Blick auf die Geisteswissenschaften läßt sich argumentieren, daß eine Korrelation zwischen ›Innen‹ und ›Außen‹ seit 1983 in höherem Maße als zuvor festgestellt werden kann – zumindest, was die Wahrnehmung der Geisteswissenschaften durch diejenige gesellschaftliche Ebene anbelangt, die steuernd auf die Wissenschaft Einfluß nehmen kann: die Wissenschaftspolitik, insofern sie sich als Wissenschaftsförderung versteht. Im Mai 1983 hat die Westdeutsche Rektorenkonferenz ihre Jahresversammlung dem Thema des technologischen Wandels gewidmet und erstmals über die sich aus diesem Wandel ergebenden Herausforderungen für die Humanwissenschaften diskutiert: Das »eindrucksvolle [...] Referat [...] über die Verteidigung der Einheit des menschlichen Denkens« von dem Politologen Karl W. Deutsch gab den Ausschlag zur wissenschaftspolitischen Beschäftigung mit den Geisteswissenschaften.[8] Für die Jahresversammlung 1985 wählte die Rektorenkonferenz das Motto »Anspruch und Herausforderung der Geisteswissenschaft«; Odo Marquard entfaltete seine vielbeachtete These von der Kompensationsfunktion der

---

6 Auch für die nicht-germanistische Wissenschaft besteht kein Konsens darüber, was Wissenschaftsforschung sein soll – denkbar ist sie als eine Zusammenschau aus Wissenschaftstheorie, Wissenschaftssoziologie und Wissenschaftsgeschichtsschreibung. Jürgen Mittelstraß etwa bestimmt die Wissenschaftsforschung oder die »*Soziologie der Forschung*« als Beschäftigung mit wissenschaftlichen Institutionen; vgl. J. M.: *Der Flug der Eule. Von der Vernunft der Wissenschaft und der Aufgabe der Philosophie*. Frankfurt a. M. 1989, S. 170. Die Mitarbeiter des Instituts für Wissenschaftstheorie und Wissenschaftsforschung der Universität Wien beschreiben die Wissenschaftsforschung als junges und integratives Gebiet, dessen Fragestellungen sich auf drei Aspekte beziehen, nämlich erstens auf die »*Wechselwirkungen von Wissenschaft, Technologie und Gesellschaft*«, zweitens auf die »*gesellschaftlichen und kulturellen Bedingtheiten*« sowie die »*Spezifika wissenschaftlicher Forschung*« und drittens auf die »*soziale [...] Konstruktion wissenschaftlicher Erkenntnisse*« – Ulrike Felt u. a.: *Wissenschaftsforschung. Eine Einführung*. (Reihe Campus 1086: Studium). Frankfurt a. M./New York 1995, S. 20f. (Alle Hervorhebungen der zitierten Schlagworte so im Original). Vgl. im Überblick über das weitläufige Angebot der Wissenschaftsforschung http://staff-www. uni-marburg. de/~rillingr/wpl/wpwiss. html.

7 Die gerade erst beginnende Wissenschaftsforschung für die germanistische Literaturwissenschaft hätte Aspekte zu berücksichtigen, die über das Untersuchungsspektrum der Fachgeschichte hinausreichen; vgl. die Sammelbesprechung über die jüngsten Arbeiten zur Wissenschaftsgeschichte von Jörg Schönert und Sandra Pott. In: *Zs. für Germanistik* 9 (1999) H. 1, S. 250–253.

8 Vgl. Westdeutsche Rektorenkonferenz: *Arbeitsbericht*. Bonn 1985, S. 23.

Geisteswissenschaften.[9] Erst in der Folge der Diskussion über die Kompensationsfunktion berücksichtigten andere wissenschaftspolitische Institutionen die Geisteswissenschaften in ihren Entscheidungen. Von dieser »Außenansicht« ausgehend, will ich auf die »Innenansichten« der Literaturwissenschaft blicken.

In bezug auf die Literaturwissenschaft läßt sich die Kommunikation von Wissenschaft und Politik als Austausch von Begriffen beschreiben, wie er zuvor (I) im Blick auf die Konzepte und Konzeptionen der Wissenschaftsforschung für die Sozialwissenschaften skizziert werden soll. Spezifische Begriffe erfüllen in der wissenschaftspolitischen Kommunikation vor allem zwei Aufgaben: Sie dienen zum einen als Abbreviaturen und als Leitbegriffe für hypothetische, noch deutungsoffene und unter normativem Aspekt wünschbare wissenschaftliche Programme. Es handelt sich um offen formulierte Vorgaben, die als Empfehlungen von der Politik an die Wissenschaft abgegeben werden, und zwar mit der Erwartung, die Wissenschaft solle diese Vorgaben in einer Weise konkretisieren, daß sie für die Politik wiederum anschlußfähig sind. Zum anderen sollen sie als Referenz für die Wissenschaftsförderung fungieren können. (II) Am Beispiel der aktuellen Begriffe ›Kultur‹ und ›Medien‹ läßt sich diese Konstellation aus verschiedenen Perspektiven betrachten: Mit beiden Begriffen sind wissenschaftspolitische Vorgänge und Strategien angedeutet, von denen die beschriebene Konstellation genutzt wird. Zugleich kann exemplarisch auf Möglichkeiten für ein Lernen aus der Wissenschaftsforschung hingewiesen werden: (III) Wissenschaften bestimmen ihre Systematik nicht ausschließlich selbst, sondern reagieren – unter den Aspekten von »Innovation und Kontinuität« (Hans Trümpy) – auf wissenschaftspolitische Vorgaben, die wiederum aber – so schließt sich der Zirkel für ein komplexes Steuerungsmodell – (IV) von den Wissenschaften angeleitet werden können.

I.

Eine Reihe jüngerer Arbeiten aus dem Bereich der sozialwissenschaftlichen Wissenschaftsforschung hebt im Hinblick auf die Frage nach der Steuerung des Wissenschaftssystems die Bedeutung der intermediären Ebene der ›Forschungsförderung‹ hervor.[10] Dietmar Braun etwa schlägt vor, Fördersysteme

9 Die Vorgeschichte der Diskussion über die Kompensationsfunktion, nämlich das anstoßgebende Referat von Karl W. Deutsch, wird in den vorliegenden Nachzeichnungen nicht beachtet; zur Diskussion im Anschluß an Marquard vgl. Weingart u. a. (Anm. 2), S. 31–37. Entsprechend war es auch nicht primär die »rhetorische Figur« der Kompensationsfunktion (ebd., S. 53), mit Hilfe derer die Geisteswissenschaften zum Thema für die wissenschaftspolitische Agenda wurden.

10 Vgl. zu jener Ebene, die zwischen den sozialen Systemen der Politik und der Wissenschaft vermittelt, die im Umfeld des Max-Planck-Instituts für Gesellschaftsforschung aus der Perspektive eines akteurstheoretischen Institutionalismus entstandenen Arbeiten – etwa für die Frage nach der Durchsetzung von Eigeninteressen wissenschaftspoliti-

nicht als funktionale Teilsysteme, sondern als »*Kopplungssysteme*« zu konzipieren, die ihre Funktionen »*zwischen Teilsystemen*« ausüben.[11] Weil diese Kopplungssysteme an den Handlungssinn zweier funktionaler Teilsysteme angeschlossen seien, seien sie durch eine »*Ambiguität der Handlungsprogrammatik*« gekennzeichnet.[12]

Zwar ist der von Braun für die Fördersysteme vorgeschlagene Code ›zahlen‹/›nicht-zahlen‹ plausibel, doch umgreift er nicht die gesamte Kommunikation des Kopplungssystems. Die gewählte Leitdifferenz umfaßt allein die wirtschaftliche Ebene. Für das Kopplungssystem ›Forschungsförderung‹, das ich umfassender ›Wissenschaftsförderung‹ – im Sinne einer Förderung der grundgesetzlich beschriebenen Einheit von Forschung und Lehre – nennen will,[13] ist aber der Einsatz von unterschiedlichen Medien charakteristisch: Das Kopplungssystem ›Wissenschaftsförderung‹ zeichnet sich dadurch aus, daß es die Medien ›Geld‹, ›politische Macht‹ und ›Reputation‹ in bezug auf den Code ›fördern‹/›nicht-fördern‹ einsetzen kann – in dieser Weise läßt sich die Kommunikation im Kopplungssystem beschreiben, will man die systemtheoretische Terminologie nutzen. Ist dieser Code auch durch die Alternative ›zahlen‹/›nicht-

---

scher Akteure – Hans-Willy Hohn/Uwe Schimank: *Konflikte und Gleichgewichte im Forschungssystem. Akteurskonstellationen und Entwicklungspfade in der staatlich finanzierten außeruniversitären Forschung.* (Schriften des Max-Planck-Instituts für Gesellschaftsforschung 7). Frankfurt a.M./New York 1990. Zur Beschreibung vom »Rand« zwischen Politik und Wissenschaft, wie sie Wolfgang Krohn und Günter Küppers entfalten, vgl. W. K./G. K.: *Die Selbstorganisation der Wissenschaft.* Frankfurt a.M. 1989, S. 42–46. Um die wechselseitige »Irritation« von Systemen zu beschreiben, gebraucht Niklas Luhmann den Begriff der »strukturellen Kopplung« – N. L.: *Die Wissenschaft der Gesellschaft.* Frankfurt a.M. 1992, S. 163–166. Helmut Willke konzipiert die Relationen von Systemen mit Hilfe des Begriffes der »Kontextsteuerung« im Blick auf dezentrale Steuerung, die ein Mindestmaß an gemeinsamer »Weltsicht« von zwei Systemen voraussetzt – vgl. H. W.: *Die Ironie des Staates. Grundlinien einer Staatstheorie polyzentrischer Gesellschaft.* Frankfurt a.M. 1996, S. 341. Martina Krause kommt für die Wissenschafts- und Forschungspreise zu dem differenzierten Ergebnis, daß »Wissenschaftspreise nicht allgemein einer bestimmten Steuerungsform – Planung oder Kontextsteuerung – zugeordnet werden können, sondern sich eher auf einem Kontinuum mit steigendem bzw. sinkendem Steuerungsgehalt und -Anspruch darstellen lassen« – M. K.: *Wissenschafts- und Forschungspreise als Instrument der Wissenschaftspolitik. Zur Funktion und Wirkung von Wissenschaftspreisen unter besonderer Berücksichtigung des G. W. Leibniz-Förderpreises der DFG.* (report). Bielefeld 1988, S. 123.

11 Dietmar Braun: *Die politische Steuerung der Wissenschaft. Ein Beitrag zum ›kooperativen Staat‹.* (Schriften des Max-Planck-Instituts für Gesellschaftsforschung Köln 28). Frankfurt a.M./New York 1997, S. 82 (Hervorhebungen im Original).

12 Braun (Anm. 11).

13 Vgl. zur engeren Bestimmung des Forschungsbegriffes (als Grundlagenforschung und als anwendungsorientierte Grundlagenforschung) Jürgen Mittelstraß: »Wissenschaftstheoretische Bemerkungen zum Forschungsbegriff und zur Forschungsorganisation«. In: *Von der Hypothese zum Produkt. Verbesserung der Innovationsfähigkeit durch Neuorganisation der öffentlich finanzierten Forschung?* (Stifterverband für die Deutsche Wissenschaft, Villa-Hügel-Gespräch 1994). Essen 1994, S. 18–24.

zahlen‹ dominiert, so ist mit der Entscheidung für eine der beiden Alternativen immer auch die Vergabe von Reputation bestimmt.

Eine solche (Selbst-)Steuerung von Wissenschaft vollzieht sich in der Bundesrepublik im Zeichen einer weitgehenden Autonomie, die als Wissenschaftsfreiheit schon in Art. 5 III GG festgelegt ist. Auch unter wirtschaftlichem Aspekt wurde der germanistischen Literaturwissenschaft über einen langen Zeitraum eine gewisse Autonomie ermöglicht: Von den Universitäten und von den »Verteilungsinstitutionen«, vornehmlich von der Deutschen Forschungsgemeinschaft,[14] wird die literaturwissenschaftliche Forschung alimentiert; die Lehre konnte sich aufgrund der vorgewiesenen Ausbildung von Deutsch-Lehrern der Finanzierung durch die Länder gewiß sein.[15] Die Senkung des Bedarfs an Lehrern hat zur Frage nach dem Nutzen beigetragen, den die Literaturwissenschaft erbringt. Auch die Konkurrenzbedingungen im europäischen Hochschul- und Arbeitsmarkt,[16] die zunehmende Finanzmittelknappheit und der damit verbundene Wandel der Wissenschaftsförderung von distributiver zu redistributiver Politik (sensu Theodor Lowi) haben die Kosten-Nutzen-Erwägungen bestärkt.[17] In den 1980er Jahren ist in Folge dieser Entwicklung eine umfassende Debatte über die Relevanz der Geisteswissenschaften entbrannt.

Die Konstellation im Kopplungssystem der Wissenschaftsförderung ist im Rekurs auf Webers Auffassung eines Kooperationsverhältnisses als »glückliche Allianz von Interessen« beschrieben worden.[18] Für die wissenschaftspolitische Interaktion sind weitere Modelle vorgelegt worden: das pragmatische Modell einer kommunikativen Beziehung zwischen ›Politik‹ und ›Wissenschaft‹ (Jürgen Habermas) etwa.[19] Ein funktionalistisches Modell wird von seiten des Max-Planck-Instituts für Gesellschaftsforschung vorgeschlagen: Interaktion vollziehe sich im »Forschungssektor« mit einer funktionsbezogenen Leistungs-

---

14 Vgl. das Schaubild bei Frank R. Pfetsch: *Entwicklung und Evaluation. Empirische Dimensionen des Politischen.* Darmstadt 1995, S. 49.

15 Die Geisteswissenschaften werden im Sinne einer allgemeinen Hochschulpolitik gefördert; vgl. Weingart u. a. (Anm. 2), S. 53. Vgl. allgemein zur politisch-administrativen Finanzierung der Wissenschaft Pfetsch (Anm. 14), S. 12f.; zu den neuesten Daten BMBF: *Grund- und Strukturdaten 1996/97.* Bonn 1997, S. 282–286.

16 Vgl. die Beiträge in *Hochschulstandort Deutschland. Sind die deutschen Hochschulen international wettbewerbsfähig?* (Stifterverband für die Deutsche Wissenschaft, Villa-Hügel-Gespräch 1996). Essen 1997; vgl. auf der Ebene wissenschaftspolitischer Gremien zuletzt den Beschluß der Kultusministerkonferenz vom 24. 10. 1997: *Stärkung der internationalen Wettbewerbsfähigkeit des Studienstandortes Deutschland – Bericht der Kultusministerkonferenz an die Ministerpräsidentenkonferenz zu den Umsetzungsmaßnahmen.*

17 Unter diesem Aspekt Klaus Fischer: »Die politische Konstruktion der Universitätskrise. Siebzehn Thesen zu einer merkwürdigen Diskussion«. In: *Merkur* 51 (1997), S. 1004–1011.

18 Vgl. Pfetsch (Anm. 14), S. 52.

19 Vgl. ebd., S. 31f. Für ein umfassendes Kommunikationsmodell plädiert Hans-Peter Krüger: *Kritik der kommunikativen Vernunft. Kommunikationsorientierte Wissenschaftsforschung im Streit mit Sohn-Rethel, Toulmin und Habermas.* (Wissenschaft und Gesellschaft 27). Berlin 1990, S. 471.

und Regelungsstruktur.[20] Hinsichtlich der Entwicklung von Politik und Wissenschaft hat schließlich Rudolf Stichweh eine zunehmende Differenzierung beider Bereiche nachgezeichnet; zwei Thesen leiten die Darstellung zur Wissenschaftspolitik im 20. Jahrhundert. Erstens greife die Wissenschaftspolitik des 20. Jahrhunderts in die organisatorische Infrastruktur der Wissenschaft ein – etwa, indem sie neue Organisationen für die Verwirklichung ihrer Ziele gründe.[21] Zweitens werde Wissenschaft nurmehr auch mit Hilfe von Programmen und Werten steuerbar, während zuvor fast ausschließlich von einer Steuerung auf den Ebenen der Personen und der Rollen ausgegangen worden ist.[22]

Voraussetzung für die Möglichkeit einer wissenschaftspolitischen Steuerung ist die schon angeführte finanzielle Alimentierung der Forschung;[23] Ansatz der Steuerung ist die Förderung von wissenschaftlichen Projekten, für die wissenschaftspolitische Programme »Rahmen festschreiben«.[24] Was aber ein solches Programm sein soll, und inwiefern es von der Wissenschaftspolitik vorgegeben wird, wird von Stichweh mit Niklas Luhmann beschrieben: Nach Luhmann stellen Programme Kriterien für die korrekte Zuschreibung von Codes auf.[25] Gerade für die Wissenschaftsförderung erweist sich diese Bestimmung des Programmbegriffes aber als zu unspezifisch, bedenkt man die elaborierte wissenschaftstheoretische Diskussion über einen besonderen Programmtyp, nämlich den für die Wissenschaftsförderung relevanten Typus des Forschungsprogrammes. Im Blick auf die Explikation des Begriffes des Forschungsprogrammes, wie ihn die *Enzyklopädie Philosophie und Wissenschaftstheorie* in der ›klassischen‹ Version von Imre Lakatos vorgelegt hat, ist fraglich, ob sich die These von Stichweh als tragfähig erweist. Unter dem Begriff des »Forschungsprogrammes« wird nach der *Enzyklopädie* ein »Komplex von Hypothesen und methodischen Regeln [verstanden], auf deren Befolgung sich eine mehr oder weniger kontinuierliche Entwicklung wissenschaftlicher Theorien ergibt [...]«.[26]

Danach läßt sich sagen, daß die Wissenschaftspolitik auch für die Literaturwissenschaft keine Programme entwickelt; sie entscheidet über die Durchführung von Programmen und kann die Wissenschaft in einem rudimentären Sinne steuern, indem sie die Alternative ›fördern‹ oder die Alternative ›nichtfördern‹ auswählt. Programme werden von der Wissenschaft entwickelt, und

---

20 Vgl. Renate Mayntz/Fritz W. Scharpf: »Steuerung und Selbstorganisation in staatsnahen Sektoren«. In: *Gesellschaftliche Selbstregelung und politische Steuerung*. (Schriften des Max-Planck-Instituts für Gesellschaftsforschung Köln 23). Frankfurt a. M./New York 1995, S. 9–38, hier S. 16f.

21 Vgl. Stichweh (Anm. 3), S. 159.

22 Ebd., S. 160 passim.

23 Ebd., S. 161.

24 Ebd., S. 164.

25 Niklas Luhmann: *Soziale Systeme*. Frankfurt a. M. 1984, S. 432f.

26 C[arl] F. G[ethmann]: »Forschungsprogramm«. In: *Enzyklopädie Philosophie und Wissenschaftstheorie*. Hrsg. von Jürgen Mittelstraß. Mannheim u. a. 1980, Bd. 1, S. 664. Vgl. zu der Relevanz von Forschungsprogrammen auch Rudolf Kötter: *Forschung nach Programm? Zur Entstehung, Struktur und Wirkung wissenschaftlicher Forschungsprogramme*. (Erlanger Beiträge zur Wissenschaftsforschung). München 1994.

zwar zum einen zur internen Verständigung, zum anderen für die Rechtfertigung ihres Geltungsanspruches ›nach außen‹ – im Blick auf die Institutionen und Organisationen der Wissenschaftsförderung sowie im Blick auf die wissenschaftsinterne Verständigung außerhalb des Projektbereiches. Für die Verständigung werden zu diesem Zweck spezifische Begriffe in bestimmter Weise gebraucht, die – und damit wird der Wissenschaftspolitik eine programmatische Ebene zugestanden – im Kopplungssystem der Wissenschaftsförderung entstanden sind und von diesem zur Beurteilung von Projekten genutzt werden.[27]

II.

Die Literaturwissenschaft ist eine ›billige‹ Wissenschaft, weil sie nicht instrumenten- und damit nicht kosten-intensiv ist. Wissenschaftspolitische Entscheidungen werden somit – anders als für die Naturwissenschaften – weniger mit Hilfe des Mediums ›Geld‹ getroffen, sondern sind auf langfristig anzulegende Durchsetzungsprozesse angewiesen, die wissenschaftsinterne ebenso wie -externe Momente umfassen. Diese Durchsetzungsprozesse lassen sich wie folgt skizzieren: Sind wissenschaftspolitische Leitbegriffe vorgegeben, so gilt es, den Nachweis einer wissenschaftlichen Kompetenz im Umgang mit diesen Begriffen durch die Entwicklung eines Forschungsprogrammes zu erbringen, um Reputation zu erhalten, die auf eine Leistung für die Wissenschaft schließen läßt – und die finanzielle Unterstützung rechtfertigt. Dieser Vorgang trifft vornehmlich auf die Institutionalisierung der Kulturwissenschaften zu. Wie sich demgegenüber am Beispiel des Vorhabens, in Köln ein Kulturwissenschaftliches Forschungskolleg »Medien und kulturelle Kommunikation« einzurichten, zeigen läßt, kann aber auch an Begriffe angeknüpft werden, die zwar politisch relevant, aber nicht im Kopplungssystem der Wissenschaftsförderung für die Wissenschaft entwickelt worden sind. Gegenstandsbezogene Überlegungen haben die wissenschaftlichen Akteure in diesem Fall veranlaßt, ein Programm vorzulegen und finanzielle Unterstützung zu beantragen – in der Hoffnung, die Thematik und die Ausarbeitung erweise sich als förderungswürdig. Das Programm wurde geprüft – und zunächst zur Überarbeitung zurückgegeben.

Die aktuellen Schriften des Bundesministeriums für Bildung, Wissenschaft, Forschung und Technik (BMBF) sowie die Schriften der Bund-Länder-Kommission für Bildungsplanung und Forschungsförderung (BLK) bedienen sich an zentraler Stelle des Begriffes der »Informationsgesellschaft« – als Syno-

27 Vgl. zu den Praktiken der Gutachter – die hier nicht berücksichtigt werden können – Friedhelm Neidhardt: *Selbststeuerung in der Forschungsförderung. Das Gutachterwesen der DFG.* Opladen 1988; zum Vergleich dazu die Anfänge der Wissenschaftsbewertung im 19. Jahrhundert bei Rainer Kolk: »›Wissenschaftspolizei‹? Gutachten und Bewertungssystem in der Germanistik«. In: Peter J. Brenner (Hrsg.): *Geist, Geld und Wissenschaft. Arbeits- und Darstellungsformen von Literaturwissenschaft.* Frankfurt a. M. 1993, S. 357–383.

nyme werden die Begriffe der Kommunikations- und der Wissensgesellschaft gebraucht.[28] Mit Hilfe des Begriffes der Informationsgesellschaft werden zum einen bestimmte Diagnosen zitiert, zum anderen wird ihm ein Begründungs- und Forderungsanspruch entnommen, der von Wissenschaftspolitikern als »Provokation« direkt auf die Philologie angewendet wird.[29]

In der politischen Diskussion wird der Begriff der Informationsgesellschaft als auf die Zukunft bezogene Tendenzaussage verwendet. Bezeichnet wird eine Gesellschaft, »in der die durch die Informations- und Kommunikationstechnologien ermöglichten Dienste die Tätigkeiten des Menschen erleichtern helfen«.[30] Unter wirtschaftlichem Aspekt wird die sukzessive Einführung und Beförderung dieser Gesellschaft angestrebt: Von Bedeutung sei nurmehr der Zugang zu Informationen; über den Bedarf und die Notwendigkeit eines Innovationsprozesses für das Entstehen eines Informationsraumes wird spekuliert – bis hin zum in die Zukunft gerichteten Vergleich des Informationszeitalters mit der industriellen Revolution.[31] Entsprechend gehört es zum Programm des »Zukunftsministeriums«, Wissen als Standortvorteil für ein Hochlohnland auszuweisen und die Einführung von »Multimedia« zu versprechen.[32]

Texte für die Wissenschaftspolitik – so läßt sich auch vorgreifend zusammenfassen – weisen hinsichtlich ihrer Begriffsverwendung folgende Kennzeichen auf: Sie verzichten erstens auf Begriffsexplikationen und zweitens auf

---

28 Vgl. BMBF: *Informationsgesellschaft – Chancen, Innovationen und Herausforderungen*, 1995; BMBF: *Das lebenslange Lernen. Leitlinien einer modernen Bildungspolitik*, 1996; BLK: *Medienerziehung in der Schule – Orientierungsrahmen; Materialien zur Bildungsplanung und Forschungsförderung* Heft 44, 1995; BLK: *Gespräch der Kommission zu europarelevanten bildungspolitischen Fragen. Materialien zur Bildungsplanung und zur Forschungsförderung* Heft 47, 1995. – Der Begriff der »Informations- und Wissensgesellschaft« ist älter, wird aber erst seit 1994 (zu diesem Zeitpunkt erschien das ausschlaggebende Weißbuch der Europäischen Kommission) in der Politik zentral; vgl. die Nachzeichnung von Wolfgang G. Stock: »Europas Weg in die Informationsgesellschaft«. In: *IFO Schnelldienst* 5 (1995), S. 15–28.

29 Peter Glotz: »Medienpolitik als Wissenschafts- und Bildungspolitik. Vortrag auf der Tagung Medientheorie – Medienerziehung des Deutschen Germanistenverbandes am 9. Januar 1997 im Zentrum für Interdisziplinäre Forschung der Universität Bielefeld«. In: *Mitteilungen des Deutschen Germanistenverbandes* 44 (1997) H. 1, S. 10–23, hier S. 21.

30 Vgl. Europäische Kommission: *Wachstum, Wettbewerbsfähigkeit, Beschäftigung. Herausforderungen der Gegenwart und Wege ins 21. Jahrhundert. (Weißbuch).* Luxemburg 1994, S. 115f. Die Diskussion ist auf globaler Ebene durch die »Progress & Freedom Foundation« (*A Magna Charta for the Knowledge Age.* Washington 1994) sowie auf europäischer Ebene durch die »High-Level Group on the Information Society« (*Europe and the global information society.* European Council 1994) fortgeführt worden.

31 Vgl. Europäische Kommission (Anm. 30), S. 118; besonders aber die neue Auflage des Readers *Die Informationsgesellschaft* durch das Bundesministerium für Wirtschaft, Bonn 1997/98.

32 Vgl. BMBF: *Zukunft möglich machen. Zwischenbilanz.* Bonn 1996, S. 6–8; vgl. ferner die Auflistung durch das Sekretariat der Ständigen Konferenz der Kultusminister der Länder in der Bundesrepublik Deutschland: *Bericht und Empfehlungen zu »Neue Medien und Telekommunikation im Bildungswesen/Hochschulbereich«.* (Beschluß der KMK vom 25.10.1996), S. 4f.

eine extensionale Bestimmung des Gegenstandsbereichs; eine Verbindung heterogener Phänomene wird von den metaphorisch gebrauchten Begriffen nurmehr suggeriert.[33] Drittens sind sie von strategisch-persuasiven Erwägungen geprägt, die mit Hilfe von Signalbegriffen angemerkt werden. Viertens beinhalten die wissenschaftspolitischen Begriffe zeitdiagnostische Komponenten, die zu Argumenten für den Nutzen, die Relevanz, die Aktualität und die Tragfähigkeit eines Ansatzes werden. Fünftens werden an die zeitdiagnostischen Komponenten der Begriffe Hypothesen über das Wirkungspotential des Ansatzes auf den Gegenstandsbereich geknüpft; gegebenenfalls wird der eigene Ansatz mit Hilfe von Hypothesen über den ›Bedarf‹ des Gegenstandes legitimiert. Sechstens werden wissenschaftspolitische Begriffe pragmatisch gebraucht – mit einem Bezug auf die mit dem Gegenstand verbundenen Praktiken.[34] Siebtens werden die als Abbreviaturen fungierenden Begriffe – wie die Namen bedeutender Wissenschaftler – als Autoritätsargumente genutzt, mit denen eine Verständigung über normativ Wünschbares immer schon vorausgesetzt ist. Achtens werden sie als Versprechen – zumindest aber als Postulate – verstanden.

Noch in potenziertem Maße gilt dies für den Begriff der Kultur, für den die Medien- und Informationsbegrifflichkeit als Bezug dient. Auf Anregung des Wissenschaftsrates und der Westdeutschen Rektorenkonferenz hat die interdisziplinäre Forschergruppe an der Universität Konstanz in ihrer *Denkschrift* (1991) eine Studie über die Geisteswissenschaften verfaßt und dabei einen Kulturbegriff erarbeitet, der als »leistungsfähiger Zentralbegriff« für die Wissenschaftssystematik dienen soll.[35] Er ist – als Handlungs- und Reflexionsbegriff, als Ergebnis von Tätigkeiten, als Bezeichnung für die gesamte »Symbol- und Zeichenwelt« etc. – umfassend angelegt; seine Extension ist unbegrenzt, zumal auch die Naturwissenschaften unter den Begriff fallen sollen.[36] »High tech« korrespondiert, um den Slogan der Wissenschaftspolitik Baden-Württembergs aufzunehmen, »high culture«.[37] Für eine »veränderte Kommunikationsumwelt« ist der Begriff in einer Variante auf eine »Medienkultur« hin entwickelt, »also dem Handlungskorrelat, auf das sich geisteswissenschaftliche Reflexion zu beziehen hat«.[38] Damit werde nicht nur ein Beitrag zur Technikfolgenabschätzung geleistet – so die normative und auf die Risiken der Informationsgesellschaft bezogene Komponente, für die Peter Glotz auch den Begriff der »Kommunika-

---

33 Vgl. zur Begriffsverwendung hinsichtlich dieser Aspekte die Rezension von Simone Winko. In: *Zs. für Computerphilologie* 1998, uni-muenchen. de/jg98/hyperkultur. html.

34 Vgl. ebd. zu diesem Aspekt.

35 Mit der *Denkschrift* gewannen die Geisteswissenschaften auch für das BMFT an Bedeutung; vgl. BMFT: *Journal* 4 (August 1990), S. 1.

36 Vgl. Wolfgang Frühwald u. a.: *Geisteswissenschaften heute. Eine Denkschrift.* Frankfurt a. M. 1991, S. 40 und 138f.

37 Vgl. zum Fall Baden-Württemberg unter dem Aspekt der föderalen »Politikverflechtung« Klaus H. Götz: *Intergovernmental relations and state government discretion. The case of science and technology policy in Germany.* (Nomos Universitätsschriften: Politik 27). Baden-Baden 1992.

38 Frühwald u. a. (Anm. 36), S. 156.

tionskultur« verwendet –,[39] sondern auch ein Leitbegriff für die »kulturwissenschaftlich orientierte Medienwissenschaft« vorgelegt.[40]

Als Weiterführung der wissenschaftspolitischen Leitbegriffe hat die Philologie ein Argument hervorgebracht, das ähnliche Diagnosen andeutet und der internen wie externen wissenschaftspolitischen Verständigung dient:[41] Die Philologie sei die Grundlagenwissenschaft im Medienzeitalter, auf deren Basis spezifische Wissenschaftszweige entstehen könnten, weil diese Disziplin über das entsprechende analytische ›know how‹ verfüge.[42] Entsprechend sei gerade sie in der Lage, die gewünschte Medienkompetenz einzuüben und die notwendigen Schlüsselqualifikationen zu vermitteln. Hans-Dieter Kübler hat diese Entwicklung schon 1987 thesenartig zusammengefaßt: Medienwissenschaftliche Vorhaben werden »von den objektiven, gleichsam disziplin-externen Entwicklungen« motiviert; philologische Implikationen der Medienwissenschaft seien »unverkennbar«.[43]

Das Erwerben von Schlüsselqualifikationen war bereits von der Enquête-Kommission »Zukünftige Bildungspolitik – Bildung 2000« gefordert worden: »Flexible Generalisierer« sollen ein Grundwissen erhalten, das auf eine Nähe zur Praxis sowie auf Interdisziplinarität und das Erlernen von Fremdsprachen hin angelegt ist.[44] Für die Umsetzung in der Germanistik hat etwa die Heinrich-

---

39 Zu den Risiken zählen die kulturelle Ausgrenzung, die Isolierung des Einzelnen sowie weitere moralische und ethische Probleme; vgl. Europäische Kommission (Anm. 30), S. 117f.; vgl. ferner Glotz (Anm. 29), S. 14 zu der These »[...], daß Kommunikationskultur auch in der telematischen Gesellschaft möglich ist«. Vgl. auch die Verwendung in: BLK (Anm. 28), S. 9.

40 Frühwald u. a. (Anm. 36), S. 159.

41 So wurde beispielsweise der Begriff der »Informationsgesellschaft« schon 1991 von Ludwig Jäger genutzt – allerdings ohne ihn näher zu bestimmen. Jäger stellte sogleich einen fordernden Bezug zu den Desideraten germanistischer Forschung her – L. J.: »Germanistik in der Informationsgesellschaft. Anmerkungen zum kulturpolitischen Stellenwert der philologischen Wissenschaft«. In: Johannes Janota (Hrsg): *Kultureller Wandel und Germanistik in der Bundesrepublik, Bd. 4: Germanistik, Deutschunterricht und Kulturpolitik.* Tübingen 1993, S. 43–53.

42 Vgl. beispielsweise Jörg Schönert: »Germanistik als Medienwissenschaft oder als radikale Philologie?« In: Harro Segeberg/Gerd Eversberg (Hrsg.): *Theodor Storm und die Medien.* Zur Mediengeschichte eines poetischen *Realisten.* Berlin 1999, S. 15–24; Eberhard Schütz: »Am Ende sich schneidende Parallelen? Germanistik und Kulturjournalismus in der Marketing-Kultur. Ein Pastiche«. In: *Mitteilungen des Deutschen Germanistenverbandes* 43 (1996) H. 4, S. 8–17, hier S. 11.

43 Hans-Dieter Kübler: »Medienwissenschaft auf dem Prüfstand. Einige wissenschaftsgeschichtliche, terminologische und methodologische Anmerkungen«. In: *TheaterZeitschrift* 22 (1987), S. 114–124, hier S. 122.

44 Vgl. Zwischenbericht der Enquête-Kommission »Zukünftige Bildungspolitik – Bildung 2000« gemäß der Beschlußfassung des Deutschen Bundestages vom 9. Dezember 1987 – Drucksache 11/1448. Vgl. auch: *Mit Kant und Kafka in die Wirtschaft. Studierende der Geistes- und Sozialwissenschaften: Arbeitskräfte für morgen – Arbeitskräfte mit Schlüsselqualifikationen.* Hrsg. von »Student und Arbeitsmarkt e. V.« München 1990; Thomas Vielhauer: »Das Studium der Sprach- und Literaturwissenschaften aus arbeitsmarktpolitischer Sicht«. In: *Mitteilungen des Deutschen Germanistenverbandes* 40 (1993) H. 1, S. 37–43.

Heine-Universität in Düsseldorf eine Unterteilung in »fachübergreifende Schlüsselqualifikationen« und »germanistisch fundierte Schlüsselqualifikationen« vorgenommen;[45] zu den »germanistisch fundierten Schlüsselqualifikationen« werden die Vermittlung einer »Schreib- und Lesekompetenz«, eine »Rede- und Gesprächskompetenz« sowie eine »Literarisch-kulturelle Kompetenz« gezählt.[46] Damit ist eine Übersetzung der wissenschaftspolitischen Terminologie in ein Lehrprogramm für die Germanistik angeführt.[47]

Ein ähnlicher Versuch wird mit Hilfe des Begriffes der »Medienkompetenz« unternommen: Das prognostizierte Entstehen einer »Galaxie der Bildschirmmedien« (Wolfgang Frühwald) bringt Prognosen über den Wandel von Mentalitäten und Praktiken mit sich. Für Glotz lassen sich die neuen Medien nicht in das »Korsett eines Faches pressen«, um den »Medienwandel« und den damit verbundenen Wandel der »Kommunikationskultur« zu erfassen: »Medienkompetenz« könne nur fächerübergreifend erworben werden, konstatiert Glotz.[48] Gleichwohl fragt Helmut Schanze, um den Begriff für die Germanistik zu konkretisieren, ob von einer »spezifisch ›germanistischen‹ Medienkompetenz« gesprochen werden könne.[49] Der Begriff der Kompetenz wird dabei in zweierlei Hinsicht verstanden: als »(wissenschaftliche) Zuständigkeit« für den Bereich der Medien einerseits und als Kompetenz im praktischen Umgang mit ihnen andererseits.[50] Schanze nimmt vor allem die wissenschaftliche Zuständigkeit in den Blick – vor dem Hintergrund der Vagheit des Medienbegriffes.[51] Eine eigenständige Medienwissenschaft ist von Helmut Kreuzer schon 1977 abgelehnt worden: Der »heuristische Wert« des »Sammelbegriffes Medienwissenschaft« liege vielmehr in seiner »*inter*disziplinären Wirkung« – »*intra*disziplinäre Beiträge« werden als Ergebnis angestrebt.[52] Aus diesem Grund wird ein fünffacher Beitrag der Germanistik zur Entfaltung einer »künftigen Medien-, Aus-, Fort- und –Weiterbildung« skizziert: eine Zuständigkeit für die »Kommunikationsform ›Text‹«, für eine »basale Mediengeschichte«, für die Weiterentwicklung »der Medientheorie, der Mediensemiotik und der Medienästhe-

45 Ulrich Welbers: »Germanistisch-fundierte Schlüsselqualifikationen. Ein neues Lehrkonzept will Forschung, Lehre und gesellschaftliches Handeln verbinden«. In: *Das Hochschulwesen* 1 (1997), S. 5–10, hier S. 5.

46 Ebd.

47 Vgl. das Themenheft: »Kompetenzen und Schlüsselqualifikationen«. *Mitteilungen des Deutschen Germanistenverbandes* 44 (1997) H. 4.

48 Glotz (Anm. 29), S. 21.

49 Helmut Schanze: »Medienkompetenz der Germanistik?« In: *Mitteilungen des Deutschen Germanistenverbandes* 44 (1997) H. 1, S. 24–35, hier S. 24. – In Anlehnung an die Semiologie Julia Kristevas hat Régis Debray eine ›mediologische‹ Fundierung für eine eigenständige Wissenschaft versucht – R. D.: *Cours de Médiologie générale*. Paris 1991, S. 13.

50 Schanze (Anm. 49).

51 Ebd., S. 26 und 28.

52 Vgl. Helmut Kreuzer: »›Literaturwissenschaft – Medienwissenschaft‹. Bemerkungen zu einer Tagung, einem Band und einem Titel«. In: H. K. . (Hrsg.): *Literaturwissenschaft – Medienwissenschaft*. Heidelberg 1977, S. X-XVI, hier S. XVf. (Hervorhebungen im Original).

tik«, für die Entwicklung von »Analyse- und Interpretationsfähigkeiten im Blick auf mediale Produkte« und für didaktische Zwecke in Beruf und Schule.[53] Demnach kann eine Mediator-Funktion wissenschaftspolitischer Begriffe beschrieben werden, deren Aufgabe die Verbindung von »Systemrationalität und Partialinteresse« (Hans-Ulrich Derlien u. a.), von Politik und Wissenschaft, ist. Außerdem läßt sich – zumindest gilt dies für die genannten Beispiele – ein Prozeß der zunehmenden Präzisierung der Begriffe beschreiben, der mit einer Übertragung auf die Germanistik im allgemeinen und auf die germanistische Literaturwissenschaft im besonderen verbunden ist. Der Versuch, eine Verbindung von Wissenschaft und gesellschaftlicher Entwicklung zu plausibilisieren, zu präzisieren und zu konkretisieren, erfolgt derzeit vor dem Hintergrund der eingangs genannten wirtschafts- und wissenschaftspolitischen Anforderungen.

In Anbetracht dieser Anforderungen wird nicht länger auf das Zweckfreiheitsideal des Bildungsbegriffes rekurriert, sondern primär ein Nutzen-Anspruch für die Wissenschaft vertreten.[54] Gefragt sind ›handwerkliche‹ Fähigkeiten, die eine Wissenschaft (wie die Philologie) zur Verfügung stellt; hervorgehoben wird ein Kernangebot, das zugleich als zentraler Geltungsanspruch der Disziplin fungiert – und das für die disziplinäre Eigenständigkeit, für ihre Immunität gegen wissenschafts-externe Eingriffe bürgt. Damit wird nicht eine ›Zweckfreiheit‹, gleichwohl aber die Autonomie dieser Wissenschaft gewahrt. Zugleich bringen die von der Wissenschaftspolitik als Bezug verwendeten Begriffe Probleme mit sich: Weil diese Begriffsverwendungen für die Semantik von Politik anschlußfähig sein müssen, neigen sie eo ipso zur Überforderung der wissenschaftlichen Semantiken. Sie überfordern und gefährden die Konsistenz und Kohärenz der wissenschaftlichen Semantik.

III.

Die wissenschaftspolitische Begriffsverwendung war seit jeher auch in wissenschaftlichen Arbeiten üblich: Von den »Krisen der Germanistik« etwa ist seit den 1960er Jahren die Rede.[55] »Ansichten einer künftigen Germanistik« wer-

---

53 Ebd., S. 34.

54 Anachronistisch wirkt daher das Plädoyer für ›Humboldt‹ durch die jüngste Jahresversammlung der Hochschulrektorenkonferenz, vgl. Kurt Reumann: »Humboldt lebt«. In: *Frankfurter Allgemeine Zeitung* vom 29.4.1997, S. 16. Prominent ist der Bildungsbegriff durch Roman Herzog in die Diskussion zurückgebracht worden, vgl. im Überblick zu den unterschiedlichen Positionen der jüngsten Bildungsdebatte Michael Rutz (Hrsg.): *Aufbruch in der Bildungspolitik. Roman Herzogs Rede und 25 Antworten.* München 1997. Vgl. zur »Formel Bildung durch Wissenschaft« als immer wieder erneuerter Streit der Fakultäten Peter Glotz: *Im Kern verrottet? Fünf vor zwölf an Deutschlands Universitäten.* Stuttgart 1996, S. 69.

55 Zu Beginn der 1960er Jahre hatten sich die germanistischen Literaturwissenschaften der beiden deutschen Republiken noch als »disziplinäre ›Ganzheiten‹« mit einem Kanon und einem relativ eindeutigen Literaturbegriff etabliert, so Petra Boden: »›Es geht ums Ganze!‹ Vergleichende Beobachtungen zur germanistischen Literaturwissenschaft in beiden deutschen Staaten 1945–1989«. In: *Euphorion* 91 (1997) H. 2, S. 247–275, hier S. 256.

den entworfen – zur Zeit werden sie als »Perspektiven der Germanistik« formuliert.[56] Immer wieder war die Germanistik bemüht, ihren Geltungsanspruch – zumeist mit Hilfe von für die Wissenschaftspolitik nutzbaren Begriffen – ›nach außen‹ und ›nach innen‹ in der Konkurrenz der Disziplinen zu stabilisieren und zu erweitern; sie war als größte Geisteswissenschaft immer auch eine expandierende Disziplin. Die wissenschaftspolitische Begriffsverwendung ist aber durch die Frage nach dem Nutzen der Wissenschaft in höherem Maße herausgefordert. Teils reagiert das Fach – und zunehmend auch das Feuilleton – auf diese Herausforderung: Erst umfassende quantitative und qualitative Studien könnten die Zunahme oder Abnahme der wissenschaftspolitischen Begriffsverwendung belegen. Im Rahmen dieses Beitrags können solche Studien nicht geleistet werden; es sollen daher – wie zuvor für die Wissenschaftspolitik allgemein – nur Muster für die Verwendung solcher Begriffe untersucht werden.

Wissenschaftspolitische Begriffsverwendungen finden in zweierlei Hinsicht Eingang in die Literaturwissenschaft: Erstens dienen sie zur Begründung von Institutionen – von Forschungsprogrammen für Projekte oder für Wissenschaftsbereiche; diese Hinsicht soll für die Beantragung von Projekten für das interdisziplinäre Forschungskolleg »Sprache, Literatur, Kultur im Wandel ihrer medialen Bedingungen« sowie für das schon genannte Beispiel des Kulturwissenschaftlichen Forschungskollegs »Medien und kulturelle Kommunikation« nachgezeichnet werden. Zweitens kommen sie auf dem Wege der programmatischen Grundlegung in die Literaturwissenschaft; diese Hinsicht soll für die Begriffsverwendung in den Kultur- und Medienwissenschaften nachgezeichnet werden.

*

Auf Anregung des Vorstands der Hochschullehrer- und Hochschulehrerinnen-Gruppe hat der Deutsche Germanistenverband eine Initiativgruppe »Zur Gründung eines interdisziplinären Forschungskollegs ›Sprache, Literatur, Kultur im Wandel ihrer medialen Bedingungen‹« gegründet. Im Jahr 1993 hat die Gruppe einen Antrag auf Förderung dreier exemplarischer Projekte zu dem genannten Oberthema an das Land Nordrhein-Westfalen gestellt; geplant waren ein linguistisch fundiertes, ein literaturwissenschaftlich fundiertes und ein mediengeschichtliches Projekt. Alle drei Projekte sind noch nicht zur Förderung durch das Land Nordrhein-Westfalen aufgenommen worden, haben aber die Überlegung bestärkt, das schon erwähnte Kulturwissenschaftliche Forschungskolleg zum Thema »Medien und kulturelle Kommunikation« mit Hilfe der DFG in Köln einzurichten.[57] – Eine positive Entscheidung über das Kolleg ist im Zuge der Begehung vom 17. und 18.9.1998 erfolgt.

---

56 Etwa in den Sammelbänden Jürgen Kolbe (Hrsg.): *Ansichten einer künftigen Germanistik.* (Reihe Hanser 29). München 1969; ders. (Hrsg.): *Neue Ansichten einer künftigen Germanistik.* (Reihe Hanser 122). München 1973; Anne Bentfeld/Walter Delabar (Hrsg.): *Perspektiven der Germanistik.* Opladen 1997.

57 Von 209 von der DFG geförderten Sonderforschungsbereichen entfallen, so der Stand im Jahr 1998, immerhin elf auf die Geisteswissenschaften.

Dem von der Initiativgruppe beantragten Projekt liegt eine Programmatik zugrunde, die für die Verbandspolitik in bezug auf die Konzeption einer Germanistik nicht als »radikale Philologie« (Bernd Witte),[58] sondern als »Medienkulturwissenschaft« auch jetzt noch maßgeblich ist.[59] Jörg Schönert hat dargelegt, wie eine solche Konzeption für die Germanistik aussehen könnte: Die tradierte Trias »Sprache – Geist – Bildung« wäre umzubesetzen in »Medien – Kultur – Kompetenz«.[60] Die germanistische Literaturwissenschaft hätte die »prinzipielle Medialität, Materialität und Historizität von Kommunikationsangeboten« zu reflektieren,[61] indem sie vom Schema der Literaturrezeption ausgehend ein Schema der Film-Rezeption (und der Rezeption anderer Medien) entwickelte. Ziel sei ein transnationales medienkulturelles Kernstudium mit nationalkulturellen Ergänzungen,[62] das – wie Schanze beschrieben hat – germanistische oder »philologische Kompetenzen«, nämlich das Edieren, Kommentieren, Analysieren beziehungsweise Interpretieren von Texten, die literaturgeschichtliche Rekonstruktion, die literaturtheoretische Reflexion, die methodologische Diskussion sowie die Beschäftigung mit der Geschichte des eigenen Faches, im Kernbereich lehrt und eine »Medienkompetenz« einschließt.[63]

Mit dem literaturwissenschaftlich fundierten Projekt aus dem Antrag auf Förderung dreier Projekte, wie er an das Land Nordrhein-Westfalen gestellt wurde, sollen die angeführten »drängende[n] bildungspolitische[n] Fragen« als Grundlagenforschung für eine »transphilologische Medienwissenschaft« behandelt werden.[64] Die Kompetenz des Faches soll an einem neuen Gegenstand erprobt und schließlich erwiesen werden, der noch nicht in die disziplinäre Ordnung eingefügt ist. Als ein wichtiger Untersuchungsbereich wird die »Konzeption von ›Wirklichkeit‹ im Wandel von (dominierend) literaler zu multimedialer Bil-

---

58 Vgl. Bernd Witte: »Radikale Philologie. Germanistische Literaturwissenschaft im kulturpolitischen Kontext«. In: Janota (Anm. 41), S. 54–62.

59 Vgl. Schönert (Anm. 42). Vgl. zum Begriff der Medienkultur auch – allerdings vornehmlich aus empirischer Perspektive – Siegfried J. Schmidt: »Medien – Kultur – Medienkultur«. In: S. J. S. (Hrsg.): *Der Kopf, die Welt, die Kunst.* Wien 1992, S. 67–90.

60 Schönert (Anm. 42), S. 17.

61 Ebd., S. 19.

62 Vgl. Jörg Schönert: »›Medienkulturkompetenz‹ als Ausbildungsleistung der Germanistik?« In: *Der Deutschunterricht* 50 (1998) H. 6, S. 62–69, hier S. 67f.

63 Vgl. Georg Jäger/Jörg Schönert: »Perspektiven zur Selbstreform der Universitäten. Am Beispiel der Germanistik«. In: Bentfeld/Delabar (Anm. 56), S. 208–224, hier S. 218f. Schönert hat das Schema für die Fächergruppe »Medienkulturwissenschaft« wiederholt und auf eine mögliche Studienabfolge bezogen; vgl. J. S.: »Transdisziplinäre und interdisziplinäre Entwicklungen in den Sprach-, Literatur-, Kultur- und Medienwissenschaften«. In: Georg Jäger/J. S.: *Wissenschaft und Berufspraxis: angewandtes Wissen und praxisorientierte Studiengänge in den Sprach-, Literatur-, Kultur- und Medienwissenschaften.* Paderborn u. a. 1997, S. 17–30, hier S. 27f.

64 Vgl. Siegfried J. Schmidt/Jörg Schönert: »Literaturwissenschaftlich fundiertes Forschungsprojekt: Mediensozialisation und Medienwirklichkeiten: Untersuchungen zur Konzeption von ›Wirklichkeit‹ im Wandel von (dominierend) literaler zu multimedialer Bildung«. In: *Antrag auf Förderung dreier exemplarischer Projekte zur Vorbereitung der Gründung eines interdisziplinären Forschungskollegs ›Sprache, Literatur, Kultur im Wandel ihrer medialen Bedingungen‹* (Sprecher: Bernd Switalla). Ms. Bielefeld 1993, S. 2f.

dung« bestimmt. Daß sich »ein tiefgreifender (medien-)kultureller Wandel [abzeichnet], in dem sich neue soziale und kognitive Modi der Wirklichkeitskonstruktion, der Konzeption von Wirklichkeit (und ›Nicht-Wirklichkeit‹) und ihrer Bewertung erkennen lassen«, gilt als leitende Hypothese für die Untersuchung.[65]

Damit wird in Frage gestellt, was von politischen Akteuren schon für wahr gehalten wird. Für die Wissenschaftspolitik, wie sie als Präzisierung und Konkretisierung – zumindest in einigen Fällen – von seiten wissenschaftlicher Akteure betrieben wird, wird die wissenschaftpolitische Begriffsverwendung modifiziert: Die zeitdiagnostischen Komponenten der verwendeten Begriffe werden weitgehend eliminiert. Auf Explikationen der Begriffe wird zwar fast gänzlich verzichtet, aber der pragmatische und der metaphorische Gebrauch erweisen sich als in einer Weise strategisch eingebunden, daß eine Präzisierung der Begriffe im Blick auf ein Programm denkbar wird. Was zunächst als Grundlagenforschung gefördert werden will, blickt darüber hinaus auf den Geltungsanspruch für das gesamte Fach. Auf ein wissenschafts-externes Bedürfnis wird mit der Prüfung des Geltungsanspruches für eine gesamte Disziplin reagiert.

Aber auch andere Versuche der Aufnahme wissenschaftspolitischer Begriffsverwendungen liegen vor. Sie lassen sich in aller Regel einer feuilletonistisch geführten Diskussion über die ›neuen Medien‹ zuordnen und zeichnen sich durch eine wissenschaftspolitische Begriffsverwendung aus, die derjenigen von politischen Akteuren nahe kommt: Ein auch medial bedingter Wandel von Einstellungen etwa wird nicht untersucht, sondern mit Hilfe fingierter Beispiele beschrieben; die Beschreibung ist durch Sinnstiftungsangebote und ›Lebenshilfen‹ angeleitet.[66] An anderer Stelle nimmt man einen »fundamentalen Sachverhalt der postmodernen Welt« in Augenschein: »Was man von ihr [der ›postmodernen Welt‹] weiß, weiß man zumeist durch technische Bilder [...].«[67] In interdisziplinären Schriften, an denen sich auch Nicht-Wissenschaftler beteiligen, wird teils mit visionärem Anspruch eine *Ästhetik der elektronischen Medien* entworfen;[68] mit Hilfe des Begriffs der »Hyperkultur« gibt man sich darüber hinaus subversiv – so, als solle der ›politische Diskurs‹ unterminiert werden, dem der eigene Beitrag gerade deshalb angehört.[69]

*

---

65 Ebd., S. 8.

66 Vgl. Johannes Goebel/Christoph Clermont: *Die Tugend der Orientierungslosigkeit.* Berlin 1997, S. 12f.: »[...] orientierungslos sind mitnichten die jungen Milden, deren Heimat die Dienstleistungsgesellschaft ist und die souverän durch den Datenmüll der Informationsgesellschaft waten. [...] die inhärenten Mechanismen und Motivationen widersprüchlich erscheinender Lebensmodelle aufzuzeigen, konkrete Wege zur Interpretation ihrer Zeichen und Strategien für den Umgang mit dem Phänomen des Lebensästheten zu liefern, ist Ziel und Inhalt dieses Buches.«

67 Vgl. Norbert Bolz u. a.: »Riskante Bilder«. In: N. B. u. a. (Hrsg.): *Riskante Bilder. Kunst, Literatur, Medien.* München 1996, S. 7–10, hier S. 7.

68 Vgl. die Beiträge in Florian Rötzer (Hrsg.): *Digitaler Schein. Ästhetik der elektronischen Medien.* Frankfurt a. M. 1991.

69 Vgl. Martin Klepper u. a. (Hrsg.): *Hyperkultur. Zur Fiktion des Computerzeitalters.* Berlin/New York 1996, S. 4; vgl. zur Kritik an dem Sammelband die Rezension von Winko (Anm. 33).

Wie angemerkt wird die wissenschaftspolitische Aufgabe für die Kulturwissenschaft vornehmlich in der ›Sinnstiftung‹ für eine »Informationsgesellschaft« erblickt, während die Medienwissenschaft die ›handwerklichen‹ Fähigkeiten im Umgang mit Text und Bild auszubilden hat. Kulturwissenschaftlich arbeitende Literaturwissenschaftler können sich etwa durch die Forderungen des Kulturpolitikers Eckart Kuhlwein bestärkt sehen: Kuhlwein geht von einer Germanistik aus, die in »›Reservaten‹« stattfand, ohne öffentliche Beachtung zu suchen.[70] Nurmehr soll sie sich aber »am öffentlichen Diskurs über die Folgen technischer, gesellschaftlicher oder politischer Entwicklungen (auch im Sinne eines Frühwarnsystems, vielleicht als Technikfolgenabschätzung)« beteiligen und »Vorschläge zur humanen Bewältigung« der »modernen Informations- und Kommunikationstechnologien« unterbreiten sowie die beginnende Völkerwanderung für eine multikulturelle Gesellschaft aufarbeiten.[71]

Aus etwa dieser Perspektive ist die Wissenschaftspolitik der DFG in pauschaler Weise kritisiert worden:[72] Gefragt wird, ob der Begriff der Kulturwissenschaft im Verständnis der DFG nicht als »Kulturindustriewissenschaft« aufzufassen sei;[73] eine solche wäre etwa als Studium des »Kulturmanagements« institutionalisiert.[74] Demgegenüber befördert die germanistische Literaturwissenschaft, insofern sie sich des Kultur-Begriffes bedient, vielmehr eine ›kritische‹ Selbst-Positionierung, wie sie schon für die Autoren des Bandes *Hyperkultur* angemerkt worden ist.

Die unterschiedlichen Ausrichtungen der aus der germanistischen Literaturwissenschaft entwickelten Kulturwissenschaft lassen sich am plausibelsten nach bereichsspezifischen Interessen ordnen:[75] Kulturwissenschaft wird vordringlich im Blick auf das Theater (Erika Fischer-Lichte), im Blick auf diverse Kulturthemen (etwa Alois Hahn, Gerhard Neumann), unter dem Aspekt der Anthropologie (Doris Bachmann-Medick), und als Reaktion auf »den technischen und ökologischen Wandel« (Hartmut Böhme) betrieben.[76] Alle Ansätze teilen das

---

70 Eckart Kuhlwein: »Thesen zum Podiumsgespräch ›Hochschulgermanistik und aktuelle Kulturpolitik‹ beim Deutschen Germanistentag 1991 am 8. Oktober 1991 in Augsburg«. In: Janota (Anm. 41), S. 40–42, hier S. 41

71 Ebd.

72 In einem offenen Brief an Frühwald hat Wolf-Dieter Narr an »de[n] aufklärerische[n] Eigensinn der Kulturwissenschaft« appelliert – Wolf-Dieter Narr: »Lieber Wolfgang Frühwald, Offener Brief an den Germanisten und gegenwärtigen Präsidenten der Deutschen Forschungsmeinschaft«. In: *Leviathan* 3 (1996), S. 314–322, hier S. 317. Narrs Plädoyer für eine aufklärerische Kulturwissenschaft blieb ohne Resonanz.

73 So Sabine Etzold und Joachim Fritz-Vannahme in einem Gespräch mit Wolfgang Frühwald über die Zukunft der Geisteswissenschaften – S. E./J. F.-V.: »Altlasten des Geistes. Ein Gespräch mit Wolfgang Frühwald, Germanist und Präsident der Deutschen Forschungsgemeinschaft«. In: *Die Zeit* vom 3.5.1996, S. 33f, hier S. 34.

74 Vgl. die Beiträge von Klaus P. Hansen, Peter Bendixen und Klaus Siebenhaar in: Jäger/Schönert (Anm. 63).

75 Auch auf diese Interessen hat die DFG mit der Gründung der »Senatskommission Kulturwissenschaften« reagiert. Für diesen Hinweis danke ich Manfred Briegel (DFG).

76 Die »Heterogenität und Zusammenhanglosigkeit« der Beiträge für die Diskussion über die Kulturwissenschaft hat auch Carsten Winter beschrieben, vgl. seine »Einleitung« in: C. W. (Hrsg.): *Kulturwissenschaft: Perspektiven, Erfahrungen, Beobachtungen.* (Kultur & Wissenschaft 17; Studieren für morgen 2). Bonn 1996, S. 9–14, hier S. 9.

Problem eines weitgehend unbestimmten Leitbegriffes. Für die Soziologie hat Wolfgang Lipp die ubiquitäre Verwendung des Kultur-Begriffes beschrieben.[77] Daß die Vieldeutigkeit des Begriffes einen Teil seiner »Erfolgsgeschichte« darstellt, hat Renate Schlesier hervorgehoben.[78] Am Beispiel der von Hartmut Böhme und Klaus Scherpe verfaßten Einleitung zu dem 1996 erschienenen Reader *Literatur und Kulturwissenschaften* hat Hans-Harald Müller gezeigt, daß eine der wesentlichen »Anomalien« der Kulturwissenschaft »die Extension des Begriffs [betrifft], der mal im Singular, mal im Plural auftritt, mal als modernisierte Bezeichnung für die Volkskunde, mal als integrative Zukunftswissenschaft«.[79] Schon aufgrund des unbestimmten Leitbegriffes – und nicht zuletzt aufgrund der »Unklarheit des kognitiven und epistemologischen Gehalts der Kulturwissenschaft(en)«[80] – erscheint das von Böhme und Scherpe formulierte Anliegen einer ›Wiederherstellung der Einheit des Faches‹ als unangemessen; außerdem zeigt die Geschichte des Faches, daß eine ›Einheit‹ desselben allenfalls als Vorstellung existierte.[81]

Das Problem des vage belassenen und nicht in ein literaturwissenschaftliches Programm umgesetzten wissenschaftspolitischen Leitbegriffes zieht Schwierigkeiten hinsichtlich der methodischen Plausibilität der germanistischen Kulturwissenschaft nach sich. Auf alle angeführten kulturwissenschaftlichen Ansätze könnte die jüngst von Alan Sokal und Jean Bricmont für die französische Philosophie entwickelte ›Methodenkritik‹ angewendet werden. Philosophien wie diejenigen von Jacques Derrida werden als *Impostures intellectuelles* denunziert, weil ihre Verfasser eine »licence poétique« beanspruchen, Begriffe metaphorisch verwenden und mit Hilfe des Verfahrens der Analogie-Bildung Zusammenhänge zwischen heterogenen Phänomenen herstellen.[82] Im Effekt wird Ingeniosität gefördert, nicht Wissenschaftlichkeit.[83]

Für die germanistische Literaturwissenschaft läßt sich aber ein weiteres Problem ausweisen, nämlich die Rechtfertigung des Geltungsanspruchs mit (wissenschafts-)politisch und moralisch gemeinten Begriffen, die den wissenschaftspolitischen Leitbegriff der Kultur näher bestimmen sollen. Die Konkretisierung der Begriffe für germanistische Programme wird zu diesem Zweck weitgehend vermieden. Hartmut Böhme beispielsweise hat sich auf den Schluß-

77 Vgl. Wolfgang Lipp: »Kulturgesellschaft – was, und wohin?« In: *Kultursoziologie* 4 (1995) H. 2, S. 7–23, hier S. 7.

78 Vgl. Renate Schlesier: »Zauber der Unschärfe«. In: *Die Zeit* vom 22.11.1996, S. 35.

79 Vgl. Hans-Harald Müller: »›Aus den fremdartigsten Säften zusammengebraut‹. Die verlorene Einheit der Philologie und ihre Restitution im Medium der Kulturwissenschaft – Zwei Legenden«. In: *Frankfurter Rundschau* vom 2.9.1997, S. 12.

80 Ebd.

81 Ebd., vgl. auch Boden (Anm. 55), S. 274.

82 Vgl. Alan Sokal/Jean Bricmont: *Impostures intellectuelles*. Paris 1997, S. 16–21.

83 Vgl. das Projekt der Arbeitsstelle für Sozialgeschichte der Literatur am Literaturwissenschaftlichen Seminar der Universität Hamburg: *Kontextualisierung in Textwissenschaften. Methodologische Situation, Praxisformen und Perspektiven zur systematischen Entwicklung*. (Antrag an die Volkswagen-Stiftung auf Einrichtung einer »Nachwuchsgruppe an Universitäten«). Ms. Hamburg 1997.

bericht der Enquête-Kommission »Zukünftige Bildungspolitik – Bildung 2000« bezogen, um im zustimmenden Anschluß an den Bericht einen neuen »Legitimationsdruck« für die Germanistik zu beschreiben, der allgemein von einem »Übergang zum High-Tech-Zeitalter« ausgeht.[84] Vor dem Hintergrund des Schlußberichtes werden »Schwerpunkte [gesucht], die dem Fach ein Profil geben.«[85] Böhme nennt fünf Schwerpunkte: erstens den »durch die Medientechnologien induzierte[n] soziale[n] und kulturelle[n] Wandel« bis hin zum Ziel der Auflösung der Grundannahme von den »zwei Kulturen«.[86] Zweitens sollen die »Anzeichen, daß wir uns im Übergang zu einem ›postbiologischen Zeitalter‹ befänden« mit dem Ziel der Frage »nach dem historischen Substrat [des] Humanums« betrachtet werden.[87] Drittens – und damit erst ist ein Schwerpunkt für die Literaturwissenschaft benannt – wird die »›literarische Anthropologie‹« als Forschungsgebiet für die Germanistik ausgewiesen.[88] Viertens solle sich die Literaturwissenschaft »nach der langen Epoche des Anthropozentrismus« in eine »historische [...] Kulturwissenschaft« transformieren – vor dem Hintergrund der Aussage, »daß der europäischen Zivilisation ein empfindendes, anerkennendes Verhältnis zum Anderen einzunehmen mißlungen ist, [...] das sich nicht nur hinsichtlich der Gefühle, aber ebenso bezüglich der Frauen, der außereuropäischen Kulturen, der Lebewesen, Pflanzen und Dinge« zeigen sollte.[89] Fünftens soll die Germanistik die sich aus den »schmerzenden Ungleichzeitigkeiten und Widersprüche[n] der heutigen Welt« ergebende »doppelte Verpflichtung« zur »Modernisierung und Historisierung« erfüllen.[90]

In ähnlich moralisierend-politisierender Perspektivik plädiert Doris Bachmann-Medick im Rekurs auf die seit Mitte der 1990er Jahre gebrauchten Begriffe von der ›kulturellen Globalisierung‹ für die Anerkennung von der »Verschiedenheit und Besonderheit von Kulturen« im Sinne eines »Differenzprogramm[es]« für die germanistische Literaturwissenschaft.[91] Daß solche Vorgaben für eine kulturwissenschaftlich refomulierte Literaturwissenschaft alles andere als »pragmatisch und wissenschaftsrational« sind,[92] könnte schon für die zeitdiagnostisch über-

---

84 Vgl. Hartmut Böhme: »Germanistik in der Herausforderung durch den technischen und ökologischen Wandel«. In: Janota (Anm. 41), S. 28–39, hier S. 28f. In fast unverändertem Neuabdruck – nach dem ich hier zitiere – ders.: »Literaturwissenschaft in der Herausforderung der technischen und ökologischen Welt«. In: Ludwig Jäger/Bernd Switalla (Hrsg.): *Germanistik in der Mediengesellschaft*. München 1994, S. 63–78, hier S. 63–65.

85 Ebd., S. 72.

86 Ebd., S. 72f.

87 Ebd., S. 73.

88 Ebd., S. 74f.

89 Ebd., S. 75f.

90 Ebd., S. 76f.

91 Doris Bachmann-Medick: »Einleitung. Literaturwissenschaft in kulturwissenschaftlicher Absicht«. In: D. B.-M. (Hrsg.): *Kultur als Text. Die anthropologische Wende in der Literaturwissenschaft*. Frankfurt a. M. 1996, S. 7–64, hier S. 13 passim.

92 Dietrich Harth hat demgegenüber versucht, die Entscheidung für den »formellen Arbeitsbegriff« der Kultur als »pragmatisch und wissenschaftsrational« auszuweisen; vgl. D. H.: »Vom Fetisch bis zum Drama? Anmerkungen zur Renaissance der Kulturwissenschaften«. In: *Anglia* 114 (1996) H. 3, S. 340–375, hier S. 342.

lasteten Rechtfertigungsversuche gezeigt werden. Für sein Preisausschreiben aus dem Jahr 1996 hat der Metzler-Verlag die Frage nach einer moralischen Funktion der Kulturwissenschaften gestellt. Uwe C. Steiner hat die Funktion der Kulturwissenschaften in für die besprochenen kulturwissenschaftlichen Ansätze ernüchternder Art und Weise als »*Verlustprävention durch Kontingenzerzeugung*« bestimmt;[93] vor Moral könnten die Kulturwissenschaften »angesichts gegenwärtiger Konflikte« nur warnen.[94]

IV.

Die Literaturwissenschaft, so läßt sich bilanzieren, setzt sich mit der Verwendung wissenschaftspolitischer Leitbegriffe einem Innovationsdruck aus, den sie, um stabil zu bleiben – immer wieder in eine kontinuierliche Wissenschaftsentwicklung für das Fach überführen müßte.[95] Die Folge des Innovationsdrucks ist aber eine seit etwa 30 Jahren anhaltende Welle neuer und heterogener Ansätze, die grundlagentheoretische und institutionelle Veränderungen prägen.[96] Was für die Philologie gilt, läßt sich in der Regel auch auf die anderen Kultur- oder Geisteswissenschaften beziehen: Ihre Produkte sind Beschreibungen oder Interpretationen – Semantiken also, die dem aktuellen wissenschaftspolitischen Sprachgebrauch angepaßt werden können. Der Gegenstand derselben Wissenschaft wird auf unterschiedliche Art und Weise bestimmt; Gegenstand und Umfeld verschwimmen. Von einer auf den Begriffen des Textes und des Kontextes beruhenden Gegenstandsbestimmung kann kaum mehr die Rede sein. Zwar können mit Hilfe der zunächst vagen wissenschaftspolitischen Begriffsverwendung neue Gegenstände erfaßt werden. Auch ermöglichen die unspezifisch gebrauchten Begriffe interdisziplinäre Zusammenarbeit;[97] zugleich führen sie aber zu einer Instabilität erzeugenden Öffnung der germanistischen Literaturwissenschaft in Richtung auf andere Wissenschaften – und auch dazu, daß solche Entwicklungen zunächst einmal im Feuilleton erörtert werden.

Daß dabei das Feuilleton versucht, die Wissenschaft auf ihre ›Eigentlichkeit‹ zu verweisen, erscheint als Ironie der Umstände. Zwei symptomatische Stel-

---

93 Uwe C. Steiner: »›Können die Kulturwissenschaften eine neue moralische Funktion beanspruchen?‹ Eine Bestandsaufnahme«. In: *DVjs* 71 (1997), S. 5–38, hier S. 37 (Hervorhebungen im Original).

94 Ebd., S. 5.

95 Vgl. zu den Aspekten von Innovation und Kontinuität in der Wissenschaftsentwicklung: Arbeitsstelle für Sozialgeschichte der Literatur (Anm. 83), S. 5 passim; vgl. für die systematische Darlegung dieser Unterscheidung schon die Beiträge in Hans Trümpy (Hrsg.): *Kontinuität und Diskontinuität in den Geisteswissenschaften*. Darmstadt 1973.

96 Vgl. zu institutionellen Veränderungen durch medienwissenschaftliche Überlegungen Oliver Jahraus/Michael Schaudig: »Medienkultur als Provokation der Literaturwissenschaft?« In: *Mitteilungen des Deutschen Germanistenverbandes* 43 (1996) H. 2, S. 42–52, hier S. 43.

97 Vgl. zu Fragen der Interdisziplinarität Hartwig Isernhagen: *Interdisziplinarität und die gesellschaftliche Rolle der Geistes- und Kulturwissenschaften heute*. (Baseler Schriften zur europäischen Integration). Basel 1997.

lungnahmen aus den letzten Monaten seien herausgegriffen: Als Verlustgeschichte hat Thomas Steinfeld im *Merkur* das »Ende der Philologie« beschrieben. Beklagt wird die Entwicklung hin zu einer Kommunikationswissenschaft, die von der Aufgabe des Kanons und von einem Verlust des handwerklichen Wissens begleitet ist.[98] Für das Magazin *Der Spiegel* hat Johannes Saltzwedel Fragen gestellt, mit denen sich der vorliegende Beitrag in erklärender Perspektive befaßt: »Woran glauben Geisteswissenschaftler zu arbeiten, wenn sie Maßstäbe und Leitworte nicht mehr selbst entwickeln, ja nicht einmal mehr beurteilen können? Was sind Fachleute noch wert, wenn ihre Tätigkeit zum spielerisch-unverbindlichen Karneval geworden ist?«[99]

Gemeint sind mit dieser Beschreibung sowohl die Kultur- als auch die Medienwissenschaften, obwohl sich die Etablierung beider Bereiche – wie nachgezeichnet – durch unterschiedliche Merkmale auszeichnet: Während sich die Medienwissenschaften vornehmlich auf eine umfassende Erschließung ihres Gegenstandes konzentrieren und zu diesem Zweck unterschiedliche Wege wählen, grenzen sich die Kulturwissenschaften durch methodische Besonderheiten – diese werden mit Hilfe normativer Annahmen legitimiert – gegen ›die traditionelle‹ Wissenschaft ab.

Wer – wie etwa Wilfried Barner – in Anbetracht dieser Konstellationen versucht, den von Harold Laski für politische Konstellationen geprägten Begriff »Pluralismus« für ein Plädoyer zugunsten einer Methodenvielfalt in der germanistischen Literaturwissenschaft einzusetzen, der muß sich dem Problem einer wissenschaftlichen (und nicht dem einer politischen oder politiktheoretischen) Beschränkung dieses Pluralismus widmen.[100] In bezug auf die germanistische Literaturwissenschaft ließe sich zunächst eine Heterogenität von Ansätzen konstatieren, denen spezifische und auch in der Wissenschaftspolitik gebrauchte Begriffe zugrundegelegt sind. Mehr noch: Diese Heterogenität ist durch Empfehlungen von seiten der Wissenschaftspolitik mitverursacht.

Wilhelm Voßkamp hat die auch von Barner angeführten Konstellationen innerhalb der germanistischen Literaturwissenschaft vor dem Hintergrund wissenschaftsgeschichtlicher Überlegungen als »Einheit [...] in ihrer *Differenz*« beschrieben.[101] Gleichwohl erübrigt sich auch nach Voßkamp die Frage nach

---

98 Vgl. Thomas Steinfeld: »Am Ende der Philologie«. In: *Merkur* 51 (1997), S. 204–214. Jüngst – vor dem Hintergrund aktueller Publikationen – ders.: »Fremdes Licht. Neues von der Germanistik«. In: *Frankfurter Allgemeine Zeitung* vom 9. 9. 1998.

99 Johannes Saltzwedel: »Karneval der Ideen«. In: *Der Spiegel* vom 9. 3. 1998, S. 210–213, hier S. 210.

100 Wilfried Barner: »Pluralismus! Welcher? Vorüberlegungen zu einer Diskussion«. In: W. B. (Hrsg.): *Pioniere, Schulen, Pluralismus. Studien zu Geschichte und Theorie der Literaturwissenschaft.* Tübingen 1997, S. 399–405 – Erstpublikation in: *Jb. der Deutschen Schillerges.* 34 (1990), S. 1–7. Vgl. die Rezension der Verfasserin über den Band von Barner. In: *Zs. für Germanistik* 8 (1998) H. 3, S. 743f.

101 Wilhelm Voßkamp: »Einheit in Differenz. Zur Situation der Literaturwissenschaft in wissenschaftshistorischer Perspektive«. In: Ludwig Jäger (Hrsg.): *Germanistik: Disziplinäre Identität und kulturelle Leistung. Vorträge des deutschen Germanistentages 1994.* Frankfurt a. M. 1995, S. 29–45, hier S. 39.

den generalisierbaren Bildungs- und Ausbildungsgehalten des Faches nicht. Eine Fülle von generalisierenden Antworten ist angeboten worden.[102] In bezug auf die Verwendung wissenschaftspolitischer Leitbegriffe ließe sich ein ›normatives‹ Programm erstellen, das zunächst eine »zweckbestimmte Selbstbindung«[103] für den Gebrauch solcher Begriffe festlegen müßte. Gefragt wäre ebenso nach einer Terminologie für den Kernbereich der germanistischen Literaturwissenschaft wie nach einer ›Ethik‹ im Umgang mit wissenschafts-externen Begriffen, die sinnvoll zur externen aber auch zur internen Verständigung genutzt werden können.

Wissenschaftspolitische Begriffsverwendungen prägen die Systematik für die germanistische Literaturwissenschaft in einem so hohen Maße, daß diese vornehmlich über die in dieser Weise verwendeten Begriffe strukturiert ist[104] – es sei denn, sie versucht, die Begriffe in durchführbare Programme umzusetzen. Um weiterhin die Interessen der am Kopplungssystem der Wissenschaftsförderung beteiligten germanistischen Akteure zu sichern, empfiehlt sich ein deutliches Ausweisen von Aufgaben für die germanistische Literaturwissenschaft – im Sinne einer Konkretisierung und Präzisierung der in der Wissenschaftspolitik gebrauchten Begriffe. Demnach kann die Germanistik wissenschaftspolitisch verwendete Begriffe als Öffnungsklauseln für interdisziplinäre Verständigung nutzen, muß aber, um sich weiterhin als Disziplin behaupten zu können, einen Bereich für ihre Zuständigkeit angeben können und eine ›Ethik‹ im Umgang mit wissenschaftspolitischen Begriffen in Gang setzen.[105] Anpassung an jeweils aktuelle Begriffe fände demnach nur in Randbereichen statt, die eine temporäre Erweiterung der Zuständigkeit erlauben. In entsprechender Weise müßte das Kopplungssystem der Wissenschaftsförde-

---

102 Voßkamp nennt »die Funktion eines Mediums der individuellen und kollektiven Erinnerung und eines Gedächtnisspeichers [...] im Sinne eines kritischen Diskurses« – ebd., S. 41.

103 Vgl. Lutz Danneberg/Friedrich Vollhardt: »Grenzen des Pluralismus, Wissenschaft, Selbstbindung«. In: *Jb. der Deutschen Schillerges.* 36 (1992), S. 386–390.

104 Dieser Aspekt ließe sich dem Beitrag von Lutz Danneberg und Jörg Schönert zur Relation von Wissenschaftsgeschichte und Wissenschaftssystematik anfügen – L. D./J. S.: »Belehrt und verführt durch Wissenschaftsgeschichte«. In: Petra Boden/Holger Dainat (Hrsg.): *Atta Troll tanzt noch. Selbstbesichtigungen der literaturwissenschaftlichen Germanistik im 20. Jahrhundert.* (Literaturforschung). Berlin 1997, S. 13–57, hier S. 57. – Wissenschaftsgeschichtsschreibung und Wissenschaftssystematik hätten die oben beschriebene Wirkung von Begriffsverwendungen entsprechend als strukturierendes Moment zu berücksichtigen.

105 Fraglos beschreibt diese Anforderung nicht alle notwendigen Bedingungen, um die Stabilität der Germanistik zu gewährleisten; eine – nicht erschöpfende – Liste von Stabilitätsbedingungen ist von Rudolf Stichweh vorgelegt worden; vgl. R. S.: »Wissenschaftliche Disziplinen. Bedingungen ihrer Stabilität im 19. und 20. Jahrhundert«. In: Jürgen Schriewer u. a. (Hrsg.): *Sozialer Raum und akademische Kulturen/A la recherche de l'espace universitaire européen. Studien zur europäischen Hochschul- und Wissenschaftsgeschichte im 19. und 20. Jahrhundert/Etudes sur l'enseignement supérieur aux XIXe et XXe siècles.* (Komparatistische Bibliothek 3). Frankfurt a. M. u. a. 1993, S. 235–250.

rung den Codewert ›fördern‹ spezifizieren: Es dürften nur solche Projekte gefördert werden, die dem Kopplungssystem der Wissenschaftsförderung zwar die notwendigen Referenz-Begriffe zur Verfügung stellen, den verkürzenden Charakter derselben aber im Blick auf Programme für die germanistische Literaturwissenschaft konkretisieren und bestimmen.

We Are Family – Remix 98.
Herausgegeben und eingeleitet von

REMBERT HÜSER

So war das nicht geplant.

> Die Themen sind vorerst als Arbeitstitel zu verstehen. In einzelnen Fällen habe ich bereits eine behutsame Veränderung gegenüber der eingereichten Formulierung vorgenommen, um den Bezug zur jeweiligen Sektion zu verdeutlichen. Ich bitte Sie darum, bei der Ausarbeitung der Vorlage und der endgültigen Formulierung des Themas zu beachten, daß es uns in dem Heidelberger Symposion nicht allein darum gehen sollte, neue Bausteine zur Wissenschaftsgeschichte der Literaturwissenschaft zurechtzuklopfen, sondern daß bei allen Beiträgen – mehr oder weniger intensiv – Fragen zum Verfahren im Zusammenhang von Wissenschaftsforschung und Literaturwissenschaft angesprochen werden sollten. Der Titel des Symposions heißt nicht ›Studien in einer Wissenschaftsgeschichte der Literaturwissenschaft‹. [...] *Vorläufiges Programm* [...] *Sektion 4* [...], Rembert Hüser: Selbstkanonisierung der Literaturwissenschaft: Konstellationen am Ende des 20. Jahrhunderts.[1]

Der Titel des Beitrags heißt nicht so. Am Ende des Jahrhunderts habe ich nie schreiben wollen. Warum konnte die Überschrift (siehe oben) nicht stehen bleiben?

> Man könnte glauben, die Aufgabe [die Einheit des Werkes] sei schon durch die Überschrift gelöst. Aber dies ist Täuschung. Denn die Überschrift ist nichts wesentliches für die Hermeneutik und hat im Altertum fast immer gefehlt. In den Werken des Altertums ist sie meist späteren Ursprungs; sie ist auch oft ganz zufällig für die Einheit des Werkes, z. B. die Überschrift *Ilias*.[2]

Sind die Konstellationen am Ende präziser? Was ist so unmöglich an ›We Are Family‹? Darf man hier nicht mehr von Familie reden? Der Eingriff ist einer Wissenschaftsauffassung geschuldet, die ich nicht teile. Präferiert wird eine bestimmte Form von Beobachtung. Andere Formen gehen da eher nicht. Nicht in diesem Rahmen. Wie soll man sich die Relation von Thema, Arbeitstitel und Baustein vorstellen? »Art ratlos«[3], »We Are Family – Remix 98«:

---

1 Jörg Schönert: »An die Teilnehmerinnen und Teilnehmer«. Brief vom 8. 10. 1997.

2 Friedrich Daniel Ernst Schleiermacher: *Hermeneutik und Kritik*. Hrsg. von Manfred Frank. Frankfurt a. M. 1977, S. 185.

3 Rembert Hüser: »Art ratlos. Wie schreibt man eigentlich einen Kanon?« In: Renate v. Heydebrand (Hrsg.): *Kanon Macht Kultur. Theoretische, historische und soziale Aspekte ästhetischer Kanonbildungen*. (Germanistische Symposien. Berichtsbände 19). Stuttgart/Weimar 1998, S. 416–430. Der Untertitel war der erste Satz des Beitrags im Manuskript; bei der Drucklegung wurde aus Zeitersparnis auf Fahnenkorrekturen verzichtet.

So oder ähnlich lauten die Titel literaturwissenschaftlicher Aufsätze und Bücher, die – wie erst der Untertitel, manchmal erst die Lektüre verrät – Kafka, Heine, Benjamin, Goethe, Doderer und Celan zum Thema haben. [...] Nur noch selten liest man so klare Angaben wie *Untersuchungen zur Geschichtsdeutung C. F. Meyers*, *Die Entwicklung der deutschen Romanpoetik von Hegel bis Fontane* oder *Goethe-Stilisierung bei Sigmund Freud*. Sie machte den Bibliothekaren, den Bibliographen, aber auch jedem, der schnell herausfinden möchte, welche Publikationen zu seinem eigenen Gebiet gehören, das Leben leicht. Die neue Art der Titelgebung dagegen erfordert einen zweiten Blick, der hinter der blumigen Formulierung erst den eigentlichen Gegenstand entdeckt. [...] Allerdings reicht die preziöse und prätentiöse Poesie der Metaphern meist nicht weiter als bis zur Erfindung eines verwirrenden Titels. Vermutlich verdankt er seine zunehmende Beliebtheit dem Ehrgeiz, die Sprache der Werbung nachzuahmen[,][4]

schreibt ein Professor aus der Zeit (datieren Sie es selbst!), als das Leben in der Germanistik noch leicht war, als es keine Reklame, aber die ›Dichtung‹ gab und als das Nennen von ein paar Namen bereits über den Wert eines Textes entschied. Wo das Sozialsystem »schnell herausfinden« konnte, wer dazu gehört. Wer sich ›Richtiger-Germanist‹ nennen darf. Mit Familiennamen. Und wo die eigenen Überschriften so rein sind, daß sie ganz ohne Reklame auskommen. Niemals versuchen, andere für den eigenen Text einzunehmen.

›Ende 20‹ ist das jetzt alles gar nicht mehr so leicht. Man muß in einem Text nicht mehr »so klar« mit einem Namen angeben, als erstes Wort Goethe, Hegel oder Fontane sagen. Auch eine eindeutige Differenz von Meta- und Objektsprache wird heute nicht mehr ohne weiteres behauptet werden.[5] Und manchmal muß man erst ein bißchen lesen.

Was dem Plädoyer für die Uniformität von Beobachtungen zugrundeliegt, die Wissenschaft ausmachen soll, ist die Vorstellung von oder Sehnsucht nach einer grundlegenden Einheit des Fachs. Und sei es die Einheit des Layouts in den Publikationen. (Wie im Feuilleton, das ebenfalls auf dem Schema ›Überschrift/Untertitel‹ besteht). Vielleicht ließe sich dagegen aber gerade zeigen, daß Interdisziplinarität das eigentliche Prinzip der Disziplin ist.

In der Germanistik gibt es verschiedene Formen von Beobachtung (die für einander mehr oder weniger rätselhaft sein mögen) und damit auch verschiedene Möglichkeiten, Überschriften zu schreiben. Eine gute germanistische Überschrift sieht so aus: *»Angenehmes Grauen«. Literaturhistorische Beiträge zur Ästhetik des Schrecklichen im achtzehnten Jahrhundert*. Germanistische Überschriften sind in der Regel zweigeteilt. Erst kommt der Appetizer, ›weich‹: die Gegenstände (›Sprache‹), ein Zitat, eine Metapher; dann die ›harte‹ Wissenschaft: das Programm, die Gattung, die Epoche, die These, die Begriffe. Die

4 Heinz Schlaffer: [›Zwischenruf‹:] »Wolkige Stellen«. In: *Frankfurter Rundschau* vom 7.3.1995, S. 17.

5 Vgl. u.a.: Jonathan Culler: »Issues in American Critical Debate«. In: Ira Konigsberg (Hrsg.): *American criticism in the poststructuralist age*. Ann Arbor 1981, S. 1–18, hier S. 6–10; Manfred Frank: »Unterwegs zu einer Philosophie des Stils«. In: M. F.: *Stil in der Philosophie*. Stuttgart 1992, S. 7–48; Erhard Schüttpelz: »Objekt- und Metasprache«. In: Jürgen Fohrmann/Harro Müller (Hrsg.): *Literaturwissenschaft*. München 1995, S. 179–216.

Überschrift heißt: Ich kenne mich im Material aus, der Untertitel: Ich bin Wissenschaftler. Oben wird formuliert. Unten wird argumentiert. Man ist elegant, dann substantiell. Die Performativität dieses Modells, das mit Oben und Unten die alte Kanon-Gipfel-Topographie abbildet, liegt in der Demonstration eines Verfahrens, das zu allererst ein Übersetzungsverhältnis denkt. Metaphern gilt es unverzüglich an der Hand zu nehmen (als ob das so einfach wäre). Nimmt man die Meta-/Objektsprachen-Diskussion ernst, muß man aber gar nicht immer automatisch von unten nach oben kucken.

In der Germanistik geht es zur Zeit um das Schreiben neuer Überschriften: ›Kulturwissenschaften‹ etwa. Oder ›Medienwissenschaften‹. Oder ›Medienkulturwissenschaften‹. Könnten diese neuen Überschriften neue Arbeitsweisen mit sich bringen? Oder müssen wir immer schon genau wissen, wie es gehen wird? Wie sinnvoll sind in einer Phase der Neuorientierung die normativen Vorgaben? Alte Krücken? Sollten wir nicht Spielräume ausloten? Ausprobieren? Schneller Fehler machen?[6]

Überschriften sind nie beliebig, sie werden immer in einem bestimmten Kontext plaziert. »We Are Family – Remix 98« ist der Titel eines Beitrags zu einem Kolloquium 1998, in dem es um »Erfahrungen aus der Wissenschaftsforschung«, »mögliche Untersuchungen für kulturwissenschaftliche Disziplinen«, »Gegenstände[n] aus der Geschichte der Literaturwissenschaft seit dem Ausgang des 19. Jahrhunderts [...] und [...] jüngste disziplinäre Entwicklungen« und »normative[n] und anwendungsbezogene[n] Konsequenzen«[7] gehen soll. Innerhalb dieser Viererkette thematisiert »We Are Family – Remix 98« das ›We‹ der Disziplin, die von ›ihr‹ geforderten und mißbilligten Kontexte, den ein oder anderen Standard-Einwand.

> [E]inen [...] Einwand hat man vorgebracht: Sie gründen ungeheuerliche Familien, Sie bringen so offensichtlich gegensätzliche Namen wie Buffon und Linné zusammen, Sie stellen Cuvier neben Darwin, und das entgegen aller sichtbaren Familienbande und natürlicher Ähnlichkeiten. Auch hier würde ich sagen, scheint der Einwand nicht ganz zutreffend, denn ich habe niemals versucht, einen Stammbaum geistiger Individualitäten zu schaffen, ich habe kein intellektuelles Daguerrotyp des Gelehrten oder Naturforschers im 17. und 18. Jahrhundert machen wollen; ich habe keine Familie gründen wollen, keine heilige und auch keine perverse, sondern ich habe einfach – und viel bescheidener – nach den Funktionsbedingungen bestimmter diskursiver Praktiken gesucht.[8]

Familienbildung hat offensichtlich mit Kontextkonstruktion zu tun. Aber was sind das für Kontexte, an denen sich eine Disziplin ›im Übergang‹ orientiert? Kontext ›eigener Saft‹? Wie sehr ist das Phantasma der einen Disziplin überhaupt imstande, etablierte diskursive Praktiken zur Disposition zu stellen?

---

6 »Macht mehr Fehler und macht sie schneller, sagt Tom Peters. Denn woraus sonst wollt ihr etwas lernen?« – Dirk Baecker: *Postheroisches Management. Ein Vademecum.* Berlin 1994, S. 150.

7 »Ankündigung eines Symposions Literaturwissenschaft und Wissenschaftsforschung«, 10. 5. 1996.

8 Michel Foucault: »Was ist ein Autor?«. In: M. F.: *Schriften zur Literatur.* München 1974, S. 7–31, hier S. 9.

In wenigen Monaten wird ein Buch zur ›exemplarisch-detektivischen Literaturforschung‹ erscheinen, das sich zum Ziel gesetzt hat, »eine Anthologie der wichtigsten oder sozusagen ›bleibenden‹ Beiträge aus der Geschichte der Literaturwissenschaft zusammenzustellen, die auch mit Blick auf die derzeit vielberedete Neuorientierung der Geistes- hin zu den Kulturwissenschaften Bestand haben«.[9] Für die Auswahl der Texte bekommen die Beiträger zwei Kriterien an die Hand: die Beiträge müssen »exemplarisch« sein »(mit Prioritätsvermerk)« und »aus dem Fundus der älteren Literatur-/Kulturwissenschaft« kommen. »Lediglich die Schriftstücke noch praktizierender ForscherInnen sollen ausgeschlossen bleiben (schon allein weil andernfalls die eine oder andere Selbstnominierung nicht nur nicht zu umgehen, sondern gar wünschenswert wäre).« Daß ein Klassiker tot sein muß, ist aus der Literaturgeschichtsschreibung geläufig;[10] die tot/lebendig-Unterscheidung selbst gespenstisch.[11] Man sollte dagegen sofort ganze Familien von Gespenstern aufbieten. Und sie in den Texten nach ihrem Gutdünken herumspuken lassen.

Zur Mitarbeit an der innerliteraturwissenschaftlichen Kanonproduktion wird eine Reihe bekannter Professoren eingeladen (ein aktueller Kanon erstellt), welche die Texte, die ›bleiben‹, mit einem ›kurzen kommentierend-einleitenden Statement (1–2 Seiten)‹ zu versehen haben. Das Auswahlkriterium ist kein problembezogenes, sondern ein soziales: Es heißt ›Stelle‹. Experten für Bleibendes hin zu den Kulturwissenschaften erkennt man daran, daß sie eine Stelle an den Universitäten haben. Dabei meint ›Stelle‹ nicht einfach ›Stelle‹, sondern ›C4‹. C5, wenn man die Reputation der eingeladenen Professoren in Rechnung stellt.[12] (Hinzu kommt ein lokaler Akzent: Uni Köln.) Offenbar hat das Projekt zwei Kriterien: C4 und tot. Stimmt das? Die *FAZ* soll auch noch in der Reihe der Lehrstühle ihren Beitrag leisten. Auch sind zwei Feuilleton-Ereignisse der letzten Zeit eingeladen: Reemtsma und Klüger.

---

9 Bernhard Dotzler: »Exemplarisch-detektivische Literaturforschung: Kulturhistorische Erträge. Call for Participation«. (Ms. Juni 1996). Erschienen als B. D. (Hrsg.): *Grundlagen der Literaturwissenschaft. Exemplarische Texte*. Köln u. a. 1999.

10 Eva D. Becker: »Klassiker in der deutschen Literaturgeschichtsschreibung zwischen 1780 und 1860«. In: Jost Hermand/Manfred Windfuhr (Hrsg.): *Zur Literatur der Restaurationsepoche 1815–1848. Forschungsreferate und Aufsätze*. Stuttgart 1970, S. 349–370.

11 »Wenn wir von Anfang an soviel Nachdruck auf die Logik des Gespensts gelegt haben, dann deswegen, weil sie auf ein Denken des Ereignisses hindeutet, das die binäre oder dialektische Logik notwendig überschreitet, jene Logik, die *Wirklichkeit* (präsent, aktuell, empirisch, lebendig – oder nicht) und *Idealität* (regulative oder absolute Nicht-Präsenz) unterscheidet oder einander gegenüberstellt« – Jacques Derrida: *Marx' Gespenster. Der verschuldete Staat, die Trauerarbeit und die neue Internationale*. Frankfurt a. M. 1995, S. 107.

12 »*Verteiler*: Assmann, Assmann, Barck, Barner, Blamberger, Costa-Lima, Fohrmann, Gumbrecht, Kablitz, Kittler, Klüger, Krull, Lachmann, Lämmert, Mattenklott, Moser, Müller, Neumann, Reemtsma, Henning Ritter, Schlaffer, Schlaffer, Schneider, Schöne, Schönert, Schulz-Buschhaus, Seeba, Stanitzek, Voßkamp, Warning, Wellbery« – Bernhard Dotzler: »Betrifft: ›Exemplarisch-detektivische Literaturforschung‹«, 12. 7. 1996.

Die Fragestellung der empirischen Detektei ist drollig. Hat die Germanistik uns etwas ›gebracht‹? Nein, natürlich nicht. Was denn auch? Was soll uns die Germanistik schon bringen? Was man in der Sammlung aus ihrer Geschichte statt dessen sehen wird, ist pro Beitrag eine Verschränkung zweier Namen. Die Herstellung von Filiationen. Die Einschreibung in auratische Figuren, personal popstars. Zugleich die Anlage eines ›klassischen‹ Projekts. Die toten Beiträger von '98 sind potentiell die bleibenden Gegenstände von 2050. Ansichten, neue Ansichten, Ansichten am Ende, an sich, für sich …

Weil die Germanistik kein Ergebnis hat, genausowenig wie die Soziologie ein Ergebnis hat oder die Geschichtswissenschaft, ja, kein Ergebnis haben kann (es gibt Forschungsstände zu bestimmten Fragen, dementsprechend einen, keinen, hunderttausend mögliche Bände, die genauso richtig, falsch und nichtssagend wären, wie der, der im Herbst erscheinen wird), stellt die Anthologie, die repräsentativ denkt, etwas anderes aus.

Ich muß gestehen, daß ich die ›Exemplarisch-detektivische Literaturforschung‹ von Anfang an nicht begriffen habe. Ich habe mich die ganze Zeit gefragt: So viele berühmte Professoren, die da mitarbeiten; wen soll das ernsthaft interessieren, im Rahmen dieser Gartenshow zum x-ten Male Benjamin zu lesen oder Auerbach oder Szondi oder Hugo Friedrich – egal. Was ich nicht begriffen hatte, ist, daß der Adressatenkreis dieses Projekts gar nicht das Fach ist, sondern das Feuilleton. Was dort zählt, ist in erster Linie das Professorenbild. Charakteristik.

In dieser Perspektive sind die *Kulturhistorischen Erträge*, wie es in dem (natürlich entscheidenden) Untertitel heißt, ein raffiniertes Projekt. Ein Habitus-Projekt. Ausgestellt werden die Bildungsgesten der Eliten des Sozialsystems. Ihre Projektionen. Vielleicht zeigt diese Anthologie ja, ungeachtet der Qualität der Beiträge, auf bittere Art und Weise, wie die Germanistik funktioniert.

Die Germanistik besteht zu einem großen Teil aus Partytalk (wie die anderen Disziplinen auch). Die Wissenschaftsforschung umschreibt diesen Punkt mit der Kategorie des ›Sozialsystems‹.[13] In diese Kategorie wird alles hineingepackt, was entscheidend ist, aber nicht schriftlich vorliegt, auf keinen Fall veröffentlicht werden darf: Wer geht, wer nicht geht, eingeladen wird, nicht eingeladen wird, wo die Gelder herkommen, wer die Stellen kriegt, was angesagt ist, was das Ministerium (am Telefon) sagt usw. Viel individuelle Energie wird darauf verwandt, sich Auswirkungen seines Agierens im Sozialsystem vorzustellen. (Welches immer monolithischer sein soll, als es de facto sein kann. Es gibt immer mehrere Parties.) Das Fach ist in dieser Perspektive vor allem Mündlichkeit. Dazu gehören aber auch Anschreiben, e-mails, das ganze Drumherum. Entscheidend ist eben immer, was nach dem Spiel ist.

---

13 »Im Sozialsystem einer Wissenschaft geht es nicht oder nur sekundär um wissenschaftliche Kommunikationen, sondern um Verteilungskämpfe, Einflußnahmen, kurz: um Macht, und diese ›kleine Politik‹ ist zunächst das eigentliche Politikum des Fachs« – Jürgen Fohrmann: »Einleitung: Von den deutschen Studien zur Literaturwissenschaft«. In: J. F./Wilhelm Voßkamp (Hrsg.): *Wissenschaftsgeschichte der Germanistik im 19. Jahrhundert*. Stuttgart/Weimar 1994, S. 1–14, hier S. 12.

Welche Musik läuft auf diesen Parties? Wie verlängert sich deren Rhythmus nonstop? ›Disco‹ entsteht in den USA zu einer Zeit, als die Germanistik beginnt, theoriegeleitet zu arbeiten. ›Disco‹ ist ein Kürzel und heißt zunächst einmal nicht mehr als ›Bibliothek‹, Archiv. Eine Plattensammlung. (›Discotheque‹). Dann auch der Ort der Archivbenutzung. Da, wo man tanzen kann. Und Platten auflegt. Mit Disco, einer Studiomusik, beginnen in den Clubs die Schallplatten die ›live acts‹ abzulösen. Der ›Song‹ und die ›Stimme‹ verlieren an Bedeutung.

Der Höhepunkt von Disco fällt zusammen mit der beginnenden Rezeption von Diskursanalyse und Dekonstruktion innerhalb der Germanistik, die ohne Ausnahme alle bis dahin für selbstverständlich erachteten Kategorien des Fachs einzeln zur Diskussion stellen.[14] Ungewohnte Überschriften tauchen auf. Am 27. 12. 1978 – am Ende der 1970er Jahre – erscheint *We Are Family* von Sister Sledge. Die Single erreicht Platz 2 der regulären Charts. In den folgenden Jahren wird der Song zum Erkennungslied verschiedener Emanzipationsbewegungen und lokaler Identitäten, er wird unter anderem zur Hymne der amerikanischen Feministinnen, des Gay-Pride-Movements und der Pittsburgh Pirates.

> ›We Are Family.‹ Undoubtedly recognized as something of a queer national anthem, Sister Sledge's affirmation of the sisterhood has served and continues to serve as an important site for the performance of gay and lesbian/queer community identity. [...] [It] argues that communities should not be distinguished by their falsity/genuineness, but rather by the style in which they are imagined. More importantly, however, ›we are family‹ says that the style in which ›we‹ imagine ›our‹ community is oh-so-much-more-fabulously stylish than imaginings made possible through the uncritical repetition of stodgy-national anthems.[15]

We Are Family – was soll das überhaupt heißen? Es kann ja nicht um eine Familie gehen. (Es heißt ja auch nicht ›We Are A Family‹.) Auch nicht um die Mafia (›We Are The Family‹). Vielleicht ist *We Are Family* am besten übersetzt mit: Wir gehören zusammen, wir sind wir, wir sind mehrere, machen unser Ding, DFG-Kolloquium 1998, haben also auch wieder nichts miteinander zu tun.

> Important [...] are the contradictions inherent in this simple opening line [...]. In the former [the queernational sentiment], the interest of the song lies precisely in its imprecision (who are ›we‹, and what is family?) while the latter assimilationist version performs (lip-synchs) a yes, ›we are family, too‹, where both we and family reflexively enforce a stability within each category.[16]

---

14 Die programmatische Germanistik-Disco-Dissertation 15 Jahre später zählt dann wieder nur auf, wer Berühmtes wo getanzt hat, bleibt also traditionell im Fach: »Im Juli 1877 brüllte Thomas Alva Edison sein erstes ›Hulloo‹ ins Telefonmundstück [...]. Unter den Gästen des Clubs waren die Herzogin und der Herzog von Windsor und Ava Gardner. Diese und andere VIPs popularisierten die Idee der Diskothek« – Ulf Poschardt: *DJ-Culture*. Hamburg 1995, S. 15 und 102.

15 Brian Currid: »›We Are Family‹. House Music and Queer Performativity«. In: Sue-Ellen Case/Philip Brett/Susan Leigh Foster (Hrsg.): *Cruising The Performative. Interventions into the Representation of Ethnicity, Nationality, and Sexuality*. Bloomington/Indianapolis 1995, S. 165–196, hier S. 165f.

16 Ebd., S. 165.

Es ist die Disco-Musik, in der der Remix entwickelt wird, der bereits vorhandenes Material rearrangiert, bereitstellt. Zu weiteren Aneignungen einlädt. Dazu wird ein neues Format geschaffen, die Twelve-Inch, die Maxi-Single. Ein Mittelding zwischen Single und Langspielplatte. Die Sampling-Technik kann sich ausdifferenzieren. Die Literaturwissenschaften haben andere Formatprobleme: Die ersten großen Germanistik-Fachverlage haben jüngst mitgeteilt, Partytalk, keine Sammelbände mehr in ihr Programm aufnehmen zu wollen. (Unser Tagungsband könnte zum Beispiel der letzte bei Metzler sein.) Die Verlage haben diese Aversion aus den Feuilletons. Die Differenz Monographie/ Sammelband, die eigentlich nur mögliche Formate angibt, mit je spezifischen Vor- und Nachteilen, ist dort innerhalb der Gebildeten-Folklore wertbesetzt. ›Monographie‹ als Haltung steht in einer Reihe mit ›freier Vortrag‹ und ›kein Fernsehen‹. Für den Sammelband bleibt da nur ›Schnellschuß‹ und ›Stimmverlust‹.[17] Höchste Zeit, einmal den Maxi-Aufsatz auszuprobieren. Einen Remix.

Für einen Übergang zu einer Kulturwissenschaft interessiert mich weniger das, was ›bleibt‹, als das, was ›kommt‹. Wo etwas passiert, auf das man sich freut. Von dem man nicht gleich wissen muß, ob es wichtig ist oder nicht. Worauf man wetten möchte. Wovon man etwas lernen kann. Ich habe deshalb Autorinnen und Autoren, deren Arbeiten für meine Arbeit wichtig sind, gebeten, auf einer Seite zu sagen, welche Arbeiten für ihre Arbeit wichtig sind.

Mich interessieren Autorinnen und Autoren, die im Stande sind, sich in ihren Arbeiten mit der eigenen Kommentarpraxis auseinanderzusetzen. Die irgendwelche Grenzziehungen nicht einfach unterschreiben. Für »We Are Family – Remix 98« möchte ich zum einen das ›Betriebs‹-Kriterium der Detektive übernehmen, den Akzent aber auf jüngere Wissenschaftler legen, die von ihren Arbei-

---

17 Etwa: »Wo ist die Germanistik geblieben? Man blättert durch die Herbstkataloge [...]. [...] [V]ier Lexika, aber nicht eine Monographie [...]. Erst wenn man sich in die Welt der Druckkostenzuschüsse und der Sammelbände begibt, taucht die Germanistik wieder auf. [...] Noch vor zwanzig Jahren gab es Bücher, die jeder Student [...] in den ersten Semestern erwarb [...]. Unter den Publikationen, die in den letzten Jahren innerhalb des Fachs einige Bekanntheit erreichten, gehören viele zur Geschichtsschreibung der Germanistik [...] als letzte Vergewisserung eines in seine Bestandteile zerfallenen Faches, das als einziges Indiz seines inneren Zusammenhalts und als hilflosen Anspruch auf öffentliche Berücksichtigung die eigene Geschichte vor sich her trägt. [...] [D]as alles ist weder gut noch schlecht, noch wahr oder falsch, sondern einfach dagewesen. Wenn es gegenwärtig eine germanistische Forschung gibt, die sich in der Öffentlichkeit sehen läßt, so erscheint sie in einem Genre, das noch vor zehn, fünfzehn Jahren mit dem Vorwurf der Unwissenschaftlichkeit rechnen mußte [...] [: d]ie Biographie [...]. Das bedeutendste Werk auf diesem Feld ist allerdings die Goethe-Biographie von Nicholas Boyle, und es ist kein Zufall, daß sie von einem englischen Germanisten geschrieben wurde. Weder zu Bert Brechts hundertstem Geburtstag noch zu Theodor Fontanes hundertstem Todestag hat die Germanistik mit einer großen Monographie beigetragen. [...] Die Überraschung ist gelungen, wenn man auf einem scheinbar exakt vermessenen Gelände einen weißen Fleck findet: ein Geheimnis im Leben des Dichters. [...] Auch hier zielen die Motive auf einen Zusammenschluß zwischen Kunst und Leben« – Thomas Steinfeld: »Fremdes Licht«. In: *Frankfurter Allgemeine Zeitung* vom 9.9.1998, S. N5. Aber so ein Zusammenschluß – Überraschung! – gelingt nur in der Literaturredaktion der *FAZ*.

ten her identifizierbar, deren Karrieren im Kontext der Literaturwissenschaften aber keineswegs ausgemacht sind, auf die erste Generation einer möglichen Kulturwissenschaft. Also Wissenschaftler auf der Kippe zum Fach. Mein zweites Kriterium für eine ›Alternativfamilie‹ ist betriebsextern (den Empirikern abgeschaut). Ein Teil meiner Umfrage richtet sich an Informanten über ›Kultur‹, die seit Jahrzehnten in unterschiedlichen Praxisfeldern intellektuelle Standards in puncto ›Lektüre‹ setzen. Die immer schon gemacht haben, was auf einmal interessant zu werden verspricht. Sind sie nicht auch Teil des Fachs? (Was ihnen egal sein kann.) Sind diskursive Praktiken nicht ausschlaggebender als disziplinäre Zugehörigkeit? Wie viele Fächer sind in einem Fach? Gehört zu den kulturwissenschaftlichen Fächern nicht alles, was innerhalb dieser Fächer jeweils diskutiert wird? Oder muß ein Fach immer auf der Stelle bleiben?

Das Ende des 20. Jahrhunderts ist eine vollendete Tatsache. »Ich habe die Veränderung bereits vorgenommen«. Ich mache das, »um den Bezug zur jeweiligen Sektion zu verdeutlichen«. 27.7.1998, die meisten Beiträge sind verschickt: »Mit entschlossener Zuversicht rechne ich damit, daß Ihre Vorlage zum Heidelberger Symposion bald auf den Postweg gebracht wird. Da ich derzeit das Programm zusammenstelle, wäre ich für eine rasche Mitteilung zum *endgültigen Titel* Ihres Beitrages sehr dankbar.«[18] Wie gehabt. *We Are Family* ist mein voller Ernst. Das neue Thema war nur ein Vorschlag. Das Ende des 20. Jahrhunderts war nicht das letzte Wort. Hätten wir am Ende unsere Plätze nicht gefunden?

Welche Arbeiten sind für meine Arbeit wichtig? Was gehört zum Fach? Was kommt? Antworten auf eine Umfrage von 1998.

Foto-Zauber.
Kleine und vorläufige Anmerkung zu Roland Barthes' *Punctum*

HEIKE BEHREND

Jedes Mal, wenn ich Roland Barthes' Texte über Fotografie lese, insbesondere »Die helle Kammer«, trifft mich sein Versuch, in Einsichten über das »zutiefst Wahnhafte« der Fotografie, ihre »Beseelung«, ihre asymbolische Todesverfallenheit etc. gerade die Aspekte der Technik zu benennen und stark zu machen, die im »realistischen Diskurs« weitgehend ausgeschlossen wurden. Es ist diese »Nachtseite der Fotografie«[1], die mir aber bei meiner derzeitigen ethnografischen Arbeit über Fotografie und Zauberei in Kenia immer wieder begegnete. Neben der Wiederkehr des Doppelgängers erfaßte Barthes im *Punctum* ein zentrales Moment des afrikanischen Zaubereidiskurses: Das fotografische Bild als Wunde, als Verletzung, als ein Element, das aus seinem Zusammenhang wie ein Pfeil hervorschießt, um den Betrachter zu durchbohren. Im *Punctum* verkehrt sich die Subjekt-Objekt-Relation. Das *Punctum*, ein Element der betrachteten Fotografie, wird aktiv, wird Subjekt, wird zum Pfeil, der durchbohrt, während der Betrachter passiv, zum Objekt der Handlung wird.

---

18 Jörg Schönert: »Liebe Frau Boden, liebe Kollegen«. Brief zu noch ausstehenden Beiträgen vom 27.7.1998.

1 Renate Lachmann: »Phantomlust und Stereoskopie«. In: *Arbeitspapier* 2. Universität Konstanz 1996.

Mrs. Loise Andeso und Mr. Nelson Omwakwe, Westkenia, um 1950

Im Oktober 1996 schenkte mir der Fotograf Maina Hutchinson in Kenia eine Fotografie, die die zum christlichen Glauben konvertierten Eltern seiner Schwiegermutter in den 1950er Jahren an ihrem Hochzeitstag zeigt.[2] Ich bilde die Fotografie hier ab, denn ihre Existenz wurde zur Bedingung der Möglichkeit, gerade das auf ihr nicht Sichtbare, – vielleicht ihr *Punctum* –, in der Erzählung Mr. Hutchinsons erscheinen zu lassen.

Auf der Fotografie hält der sitzende Mann Omwakwe eine aufgeschlagene Bibel auf seinem Schoß. Sie schützte, so erzählte Mr. Hutchinson, das abgebildete Paar vor Foto-Zauber. Denn mit der Verbreitung der Fotografie auch auf dem Land in Kenia entstand eine neue Form der Zauberei, die sich die ursprünglich westliche Technik aneignete und in lokale Praktiken integrierte. Wollte man einer Person schaden, dann brachte man ihr Foto zu einem *witchdoctor*, der das Bild vor einen Spiegel hielt und Worte der Verfluchung sprach. Darauf starrte das Bild zurück und wurde lebendig. Mit einer Nadel oder einem Messer verletzte der *witchdoctor* dann die abgebildete Person, bis Blut aus dem Foto tropfte. Das Blut lieferte den Beweis für ihre erfolgreiche Verwundung. Diese Art des Foto-Zaubers galt als äußerst wirksam, und viele Leute fürchteten, sich fotografieren zu lassen. Doch Christen verfügten über einen Gegenzauber: Ließen sie sich mit einer Bibel ablichten, dann war ein Schutz mit ins Bild hineingenommen, der Zauber konnte nicht gelingen.

In der Handlungsmacht des Objekts treffen sich das *Punctum* Barthes' und der kenianische Fotozauber. Letzterer differenziert und hierarchisiert außerdem noch die Ermächtigung der Dinge: Während das Foto zurückblickt, lebendig wird und blutet, also Macht gewinnt, aber trotzdem leidet (es wird verletzt und blutet), wirkt das Buch der Bücher so machtvoll, daß es gegen das Zaubern zaubern, Verwundung und Tod verhindern kann. Die beiden Medien Fotografie und Literatur rivalisieren hier als Foto-Zauber und Buch-Magie um die Macht. Es ist der christliche Buch-Zauber, der – allerdings in einer Fotografie – den Sieg davonträgt.

Doch wird beim kenianischen Fotozauber nicht – wie in Barthes' *Punctum* – der Betrachter verletzt, sondern der Abgebildete. Denn in Afrika ist das Foto Teil der fotografierten

2 Ich möchte Helen Muwla danken, der Enkelin des fotografierten Paares, die mir freundlicherweise erlaubte, das Foto zu veröffentlichen.

Person – wie im frühen europäischen juristischen Werkbegriff; erst später erscheint das »Lichtbildwerk« als Entäußerung der Person seines Urhebers, also des Fotografen.[3]

Der Fotografie gelingt es also, nachhaltig semiotische Verhältnisse zu stören. Nicht nur in Europa, sondern auch in Afrika – hier allerdings auf komplexere Weise – erkennt sie dem Referenten volle Gültigkeit zu, ja läßt ihn wirkungsmächtig auferstehen.[4] Dabei nimmt seine Wiederkehr die Form eines Spuks an.[5]

›One of the ancient drugs?‹ Alexander Kluges viele Medien

ROBERT BRAMKAMP

Der Begriff »Unterscheidungsvermögen« ist ein Kluge-Klassiker, den eine seiner jüngeren Sendungen mir wieder nahegelegt hat. Vermutlich war es die »10 vor 11«-Ausgabe (1997), in der ein Diskursforscher vom Tulpenknollen-Boom im 17. Jahrhundert in Holland erzählte. Ohne Videoaufzeichnung muß ich mich auf mein Erinnerungsvermögen verlassen. Damit rechnen Kluge-Sendungen. Sie bringen sich untereinander in Erinnerung, aber auch urplötzlich irgendwo; also in einem Moment, den sie passend machen. Die Bilder (1998) der Tulpensendung ermöglichten innerhalb der deutschen Film- und TV-Branche zu beobachten, wie eine mögliche Vielfalt von Formen vertauscht wird mit der von Tulpen in allen Farben.[1] Ob ich auf dem Fernsehschirm tatsächlich einen Flickenteppich leuchtender, viereckig angelegter Tulpenfelder expandieren sah, oder dieses Bild anders wachgerufen wurde, weiß ich gar nicht. Es blieb haften, ebenso wie die fiebrige Freude der Tulpenspekulanten, die auch ein lustvoller Ausbruch von Unterscheidungsvermögen war, entstanden aus einer Verengung des Interesses auf Tulpensorten. Die Sendung[2] skizzierte eine Monokultur als Paradox. Wenn Kluge sagt, er arbeitet mit Leuten, »die etwas fertig haben«, das er »eigentlich nur spiegeln kann«, ist damit ein Regiestil benannt. Seine Art zu fragen dialogisiert nicht nur ein Arbeitsergebnis (hier: ein Buch), sie prägt auch einer mündlichen Situation gezielt Rhythmen und Brüche in der Tonlage ein, die sich für die Kamera niederschlagen in der Mimik, Gestik, Stimmung seiner GesprächspartnerInnen. Das ist Film-Montage in Echtzeit. Der »Diskursforscher«[3] steigerte sich zu einer Bildschirmpräsenz, die für die Faszinationskraft des Tulpenbooms Bilder zur Übersetzung anbot, unmittelbar eine ansteckende Gegenintensität ausstrahlte. Sein Bericht vom Crash der Tulpenbörse machte mich etwas traurig. In diesem emotional ambivalenten Moment lief eine kurze Zusammenfassung des Themas der Sendung als Textzeile unter dem Bild durch, das mit einem Hinweis in elektronischer Schrift abschloß: »... und die *Poesie* der Giftpflanze«. Eine Unterscheidung mehr, die möglich ist, und die vergeß' ich nicht. Alexander Kluge hat mit Multimedia eine Mnemotechnik entwickelt, die Dichtung ist.

---

3 Gerhard Plumpe: *Der tote Blick. Zum Diskurs der Photographie in der Zeit des Realismus*. München 1990, S. 56.

4 Lachmann (Anm. 1), S. 13.

5 Jacques Derrida: *Die Tode von Roland Barthes*. Berlin 1987, S. 35.

1 Immer mehr Tulpen? In einer Sendung zur Fernsehgeschichte nannte Kluge ein Gesetz dieser aktuellen Gleichschaltung: »Es muß *alles* funkig sein.«

2 Das TV Magazin »10 vor 11« wird seit Jahren montags um 23.00 Uhr auf RTL plus gesendet, seit März 1998 plötzlich um 0.30 Uhr. Es fehlt nun eine Wendung, die diesen Vorgang von der »ehernen« Tendenz unterscheidet.

3 »Diskursforscher Dr. Bernhard Siegert über den poetischen Kern, der Rationalismus, Tulpenfelder und mittelalterliche Gift- und Drogenpflanzen verknüpft« – aus: dctp, Pressetext zur Sendung vom 11. 8. 1997: »30 000 Gulden für eine Tulpenzwiebel«.

»Letzte Note der Oboe cis nicht c. Druckfehler« (Offener Brief an Rembert Hüser)

BERNHARD DOTZLER

Lieber Rembert,
I would prefer not to – wäre oder ist eigentlich die beste Antwort auf Deine Anfrage. In der Tat möchte ich wetten, daß Melvilles *Bartleby* als (noch heute) ›kommender‹ Text über Texte – ›bleibt‹. Nimm, insofern, meine Antwort durchaus als positive Reaktion auf Dein Vorhaben und seine/Deine Ambition, der »Logik des Gespensts« ein Stück weit(er) auf den Grund zu gehen (bloß »family« und »remix«: beschwört das nicht eher Zombies als Gespenster?). Dabei adressiert mich Deine Umfrage aber gleichzeitig in der Funktion des »Herausgebers der ›Exemplarisch-detektivischen Literaturforschung‹«, und das in einer Weise, die ihrerseits genug von einem Gespenst oder vielmehr Zombie an sich hat, als wäre der Band im Voraus schon eine Totgeburt. Von daher ist es noch nicht einmal eine ›Freiheit‹, die ich mir nehme, wenn ich für mein eigenes Projekt Partei ergreife. Grundsätzlich: Risiken und Nebenwirkungen wie Kanonbildung sind bei jeder Textauswahl unvermeidlich. Deine Diagnose zu meinem Projekt ist daher nicht falsch, zeugt aber doch zugleich von reichlich gestriger Hermeneutikanhänglichkeit, indem sie, statt einen Effekt zu analysieren, eine Intention unterschiebt. Und nicht nur in diesem Punkt wäre manches an Deinem Textumgang mit meinem Text zu monieren. Daß du ihn nicht verstanden hast (aber trotzdem das Schellengeklingel Deiner Narrenkappe dem Buch vorausschicken mußtest), wen kümmert das? Die von Dir vorgegebene Seitenzahl – eine – beschränkt die Erwiderungsmöglichkeiten arg. Aus Platznot allein noch zweierlei: Erstens die pedantische Anmerkung, daß Dein erstes Zitat falsch belegt ist; es stammt nicht aus meinem »Call«, sondern dem Begleitschreiben. Und zweitens der Hinweis, daß der Band tatsächlich im Herbst, aber unter anderem Titel erscheinen wird. Unter welchem, wird *dann* (bei Böhlau) zu erfahren sein.

Beste Grüße
B. D.

Ein Beitrag zu der Sartrefrage: was kann man von einem Menschen wissen?

HARUN FAROCKI

Familien Duell, Aufenthaltsraum für Gäste, ca. 11.00
Gästebetreuerin Nickel und Michael, Sprecher der Familie S.
Nickel: Sag' mir mal, was es in Hohenlimburg gibt, irgendwelche Wahrzeichen?
Michael: Das Schloß!
Nickel: Ein Schloß.
Michael: »Thront über der Stadt«.
Nickel: Ja, wie heißt das Schloß?
Michael: Schloß Hohenlimburg.
Nickel: Und noch irgendetwas, das euch einfällt, wofür Leute kommen, um Hohenlimburg zu besuchen.
Michael: Eine Kanustrecke.

Familien Duell, Arbeitsraum der Gästebetreuer, ca. 12.30
Gästebetreuerin Nickel und Redakteur Martin, der stumm mitschreibt.
Nickel: In Hohenlimburg gibt es das Schloß Hohenlimburg, als Wahrzeichen, und dann die Kanustrecke von ca. 500 Metern, auf der werden World Cups und Deutsche Meister-

schaften (ausgetragen). Das Ruhrgebiet hatte sich mal um die Olympiade beworben, und im Zuge dessen gab es diesen Bau der Kanustrecke. Und da ist also Stahlindustrie, also Kaltwalzen. Federn haben die hergestellt, aber im Zuge dieser Stahlkrise hat sich das ein bißchen relativiert.

Familien Duell, Im Studio, ca. 13.00, kalte Probe mit den Gästen
Auf der Bühne: Familie S. und Redakteur Martin, der hier den Moderator spielt.
Martin: Und unsere alten Champs, die Familie S., immer noch aus Hohenlimburg?
Michael: Ja.
Martin: Ist das in der Nähe von Hohensyburg, oder?
Michael: Es liegt so zwischen Ruhrgebiet und Sauerland, möcht' ich mal sagen, das Tor zum Sauerland, sagt man auch.
Martin: Tor zum Sauerland!
Michael: Exakt!
Martin: Ihr seid nun das vierte Mal dabei!
Michael: Ja!
Martin: Habt schon vierzig-
Michael: Dreißigtausend Mark gewonnen.
Martin: Nochmal zehntausend heute gewinnen?
Michael: Genau!

Familien Duell, Garderobe des Moderators, ca. 15.30
Redakteur Martin, Moderator, Maskenbildnerin, Producer.
Moderator: Da sind wir schon bei der Familie S.
Martin: Pyrenäen!
Moderator: War der auch in Andorra da? Kann ich ein bißchen mitreden.
Martin: Ist auch immer zwei Jahre lang hin- und hergependelt.
Moderator: Er ist Journalist, also freier Journalist?
Martin: Der ist freier Mitarbeiter und macht auch oft Urlaubsvertretungen bei der Westfälischen Rundschau, Thema so Sport und Lokal – und hat dann eben so dieses Buch geschrieben, das in '96 als Erstauflage rausgekommen ist und wird alle 2 1/2 Jahre aktualisiert. Hat auch die Fotos selber gemacht, also. Und das schenkt er Dir.
[...]
Moderator: Ist ne schöne Gegend, Hohenlimburg. Da ist auch das Kasino. Vorort von Dortmund, sag' ich immer, da fahren sie immer alle hin.
Martin: Sie haben selber gesagt: Tor zum Sauerland.
[...]
Producer: Hört mal ihr alten Zocker, das Kasino ist in Hohensyburg, nicht Hohenlimburg.
Moderator: Das hast Du auch wieder recht!

Familien Duell, im Studio, ca. 16.00, erste von 5 Aufzeichnungen
Moderator: Hohenlimburg, Tor zum Sauerland!
Michael: Exakt!
Moderator: Und da ist es sehr schön, da gibt es ein paar kleine Berge.
Michael: Schloß!
Moderator: Aber es reicht Dir nicht, Du willst lieber noch weiter weg.
Michael: Exakt!
Moderator: Denn, wir können es ja mal ausnahmsweise zeigen, ich bin ja stolz, wenn wir solche Leute haben, er hat ein Buch geschrieben, und zwar das Pyrenäen-Handbuch.
Michael: Genau!
Moderator: Um so ein Buch zu schreiben, wie oft warst Du da in den Pyrenäen?

Michael: Ach, ich war schon einige Wochen, Monate da, bin dann immer wieder runtergefahren, bin zurückgekommen, hab' also recherchiert, zu Hause geschrieben undsoweiter, auch die Fotos gemacht und so.
Moderator: Tolles Buch!
Michael: Ne Menge Arbeit!
Moderator: Nicht schlecht! Ich war einmal dort, und zwar in Andorra.
Michael: Ja.
Moderator: Warst Du auch da?
Michael: Ja, natürlich war ich in Andorra. Ist auch drin beschrieben.
Moderator: Oh, das muß ich unbedingt nachlesen.
Michael: Ja, deshalb hab' ich es Dir ja mitgebracht.
Moderator: Herr S., ich danke Dir.

Was ist eine Autorin?

URSULA GEITNER

Proba, so Boccaccios »De claris mulieribus«, ist tüchtig (*facto et nomine*); an Proba, die Schriftstellerin, muß erinnert werden (*memoratu dignissima*). Wer kennt Proba? Boccaccio läßt ihr Leben, von dem ohnehin wenig überliefert ist, links liegen und steuert statt dessen auf die Charakteristik des *opus* zu. Jenseits monumentalisierender Erinnerung an eine Frau versteht sich seine Charakteristik als Text, der Probas »Cento« liest und ihm wiederholte Lektüren wünscht.

Im »Cento« verfugt (montiert) Proba die biblische Geschichte, AT und NT, mit Versen und Versteilen Vergils. Der Titel bezeichnet das Ergebnis dieses Montageverfahrens (*compages*): *cento* (griech.: kéntron) ist ein besonderer *textus*, eine aus (bunten) Flicken zusammengesetzte Decke (auch: Lumpenrock), *patchwork*. Was interessiert, was stört an dieser Metaphorik später? Nicht allein, daß sie in den Bereich weiblicher (unproduktiver, unkreativer, unsichtbarer) Haus- und Nadelarbeit gehört, sondern darüber hinaus, daß sie ein nicht-monologisches, nicht-hierarchisierendes Textmodell nahelegt, dem Eklektizismus nachgesagt werden wird. Spätestens seit der Diskursivierung genialer Emanations- und organizistischer Kunstvorstellungen erscheint als geist- und leblos, »Mosaik«, »Zusammenfügung toter Partikelchen« (A. W. Schlegel), als zusammengestoppelt, geflickt, gestohlen, bloßes Hand- und Machwerk, was sich entsprechenden Geist-Urheber-Visionen nicht fügt.

Der »Cento« läßt nicht umstandslos zu, was moderne Autorschaftskonstruktionen automatisieren: dem Text Einheit zuzuschreiben, ihm Gesicht, Stimme und Gestalt zu geben. Sichtbar, evident ist dann, was ›da‹, veranschaulicht, vergegenwärtigt ist, der Effekt, das Resultat rhetorischer Operation (*evidentia, imago*), nicht diese selbst (*prosopopoie, personificatio*, Anthropomorphisierung). Im Fall weiblicher Autorschaft scheint der so organisierte, der privilegierte *natürliche* Kontext unerläßlich: Physiognomie, Stimme, Ausdruck, Auktorialität; Klage, Leid, ›Schrei‹; Leben, Erlebnis, Erfahrung; das Modell der großen Liebend-Leidenden, verkörpert in Sappho, der Portugiesischen Nonne (männliche Autorschaft abgezogen), *der* Bachmann; Frauendichtung, Frauenliteratur, weibliche Ästhetik – Renaturalisierung, ›Exkommunikation‹ (Elfriede Czurda). Statt dessen steht Proba(s Name) für eine ›ordentliche‹ literarische Kompetenz, weder unterhalb symbolischer Ordnung noch oberhalb (mystisch/nichtig, unverfälscht/fehlerhaft). Probas »Cento« (*memoratu perpetuo dignum*): eine andere Assoziation, ein anderes Modell.

[München, den 26. IV. 1998]

FRIEDA GRAFE

Lieber Herr Dr. Hüser,
meine Absage kommt ungebührlich spät, aber, bitte, lassen Sie es mich erklären.

Nachdem ich zunächst empört war über Ihr Ansinnen, weil es mir die übliche Verachtung für kurze Formen zu zeigen schien – kurz schreiben heißt für mich nicht, daß ich es schnell machen könnte – habe ich, nachdem ich mich wieder eingekriegt hatte, mir gesagt, daß, um der guten Sache willen, ich Ihnen doch etwas schreiben sollte.

Ich habe auch einen Text,[1] einen unglaublich reichen, den man multikulturell gut auseinanderfalten könnte. Aber mir fehlt die Zeit zum Schreiben. Wie es, meiner Vorstellung nach sein müßte. Das war übrigens auch der zweite Anlaß zu meinem Ärger: daß nun auch die Akademiker das Hophop der Zeitungsleute sich zur Regel machen.

Falls Ihre Termine sich noch verschieben sollten, lassen Sie es mich bitte wissen. Grundsätzlich wäre ich nämlich bereit, etwas zu schreiben.

Mit freundlichen Grüßen
Ihre
Frieda Grafe

»Anfänge«

ALBRECHT KOSCHORKE

In die entstehende Großformation der Kulturwissenschaften können die ehemaligen Nationalphilologien eine Schlüsselkompetenz einbringen: das Lesen. Lesen heißt Entzifferung textueller Strukturen. Die jüngeren theoretischen Debatten haben gezeigt, daß komplexe Textsachverhalte nicht nur in den Werken von Dichtern begegnen. In dem Maß, in dem der Textbegriff entgrenzt wurde, hat sich auch die Reichweite der Tätigkeit des Lesens erweitert. Sie ist allgemein auf kulturelle Texturen anwendbar – auch solche nichtsprachlicher Art.

Kulturen beziehen sich auf sich selbst, indem sie ein Bild von der Art und Weise ihres Angefangenhabens entwerfen. Das können Anfänge sein, die weit zurückliegen, oder solche, die sich immer wieder erneuern. Sie können die Welt, das Recht, den Staat, den Menschen, das Bewußtsein, das Leid und das Böse betreffen. Meist spielen sich der artige Anfänge in Gestalt einer erdachten Urszene ab. Der tiefste Grund jeder Kultur ist fiktiv.

Wo immer das Problem der *Konstituierung* von kulturellem Wissen auftritt, kommen Formen der Erzählung, der Quasi-Literatur, des Als-Ob zur Geltung. Es ist auffällig, daß sich deren Inventar auf eine kleine Anzahl narrativer Figuren beschränkt. Am wichtigsten ist die Figur der Paradoxie. Stets setzen Ursprungsgeschichten Elemente dessen voraus, was sie zu begründen vorgeben. Das führt dazu, daß sie in zwei gegeneinander versetzten Zeitordnungen erzählt werden müssen. Daraus resultieren Überblendungen und verdeckte Zirkelstrukturen, die sich in unterschiedlichen Erzählstrategien ausprägen.

---

1 Frieda Grafe wollte über einen Brief von Carl Einstein an Daniel-Henry Kahnweiler vom Juni 1923 schreiben – abgedruckt in: Carl Einstein/Daniel-Henry Kahnweiler: *Correspondance 1921–1939*. Traduite, présentée et annotée par Liliane Meffre. Marseille 1993, S. 138ff. –, ist dann aber leider erkrankt (R. H.).

Die Narratologie stößt hier auf Probleme der Logik, aber einer Logik der dritten Art. Denn der Verfall der traditionellen Gründungsautoritäten legt die Tatsache frei, daß in den Ursprungs- szenarien der kulturstiftende Grund immer Effekt seiner *nachträglichen* Begründung ist, die Ursache Wirkung ihrer eigenen Wirkung. Überhaupt scheint sich am Ende des 20. Jahrhunderts nach der Ära der theonomen Zeitordnung und ihrer Tochter, der linearen historischen Zeit, eine dritte, selbstinvolutive Zeitform zu bilden. Wie immer man das zu denken hat: die Texte erzählen davon. Auch darin sind sie Gegenstand einer im neuen Sinn literarischen Analyse.

Kafkas Jiddisch

CORNELIA MARTYN / DAVID MARTYN

Im Vorwort einer Aufsatzsammlung über »Jüdische Intelligenz in Deutschland« liest man folgendes: »Jiddisch schreibende Autoren, bei denen – trotz aller Nähe zur deutschen Sprache – dieser Bezug zum deutschen Geistesleben fehlt, werden deshalb nicht berücksichtigt.«[1]

Trotz aller Nähe – fehlt der Bezug? Wie nah eigentlich ist diese Nähe, wie ernst meint man es mit ihr, wenn mit ihr zugleich eine unüberbrückbare Kluft geöffnet wird, die das Jiddische vom Deutschen trennt? Wir möchten vielmehr mit Kafka sowohl von den »Verbindungen« zwischen dem Jiddischen und dem Deutschen als auch vor allem von der »Ferne der deutschen Sprache«,[2] der Unverständlichkeit und Unübersetzbarkeit des Jiddischen (»Jargon«) ins Deutsche ausgehen. »Denn von einer allerdings großen Ferne aus gesehn, wird die äußere Verständlichkeit des Jargon von der deutschen Sprache aus gebildet; das ist ein Vorzug vor allen Sprachen der Erde. Sie hat gerechterweise einen Nachteil vor allen. Man kann nämlich Jargon nicht in die deutsche Sprache übersetzen. [...] ›Toit‹ z. B. ist eben nicht ›tot‹«.[3]

Die Differenz zwischen Gleicherscheinendem – »›Toit‹ z. B. ist eben nicht ›tot‹« – erzählt vielleicht die Geschichte dessen, was kein Verhältnis sein kann. Sie begegnet etwa in Fichtes Satz vom Ich, welcher sowohl von einer Gleich- als auch von einer Entgegensetzung handelt. »Es wird [dem Ich] ein Nicht-Ich gleichgesetzt, zugleich, indem es ihm entgegengesetzt wird.«[4] »Mithin ist Ich nicht = Ich«.[5] Sie begegnet etwa auch in der jiddischen Literatur, die die Gleich- und Entgegensetzung von Jiddisch und Deutsch als literarisches Verfahren anwendet, um ihren Bezug zur deutschen Sprache und Kultur sowohl herauszustellen als auch zu ironisieren. Nach dem Holocaust dient das Verfahren dazu, diesen Bezug zu verwinden:

1 Jost Hermand/Gert Mattenklott: »Vorwort«. In: J. H./G. M. (Hrsg.): *Jüdische Intelligenz in Deutschland*. Hamburg 1988, S. 4–6, hier S. 4f.

2 Franz Kafka: *Nachgelassene Schriften und Fragmente*. Bd. 1. Hrsg. v. Malcolm Pasley. Frankfurt a. M. 1993, S. 192.

3 Ebd.

4 Johann Gottlieb Fichte: *Grundlage der gesamten Wissenschaftslehre als Handschrift für seine Zuhörer*. (1794). (Philosophische Bibliothek 246). Hamburg 1988, S. 39.

5 Ebd., S. 27.

נאָר דו אַליין אויף דײַן בלוטוווּרשט שפּראַכע,
קענסט אויסרעווען ווי דו האָסט גענומען
דײַטשע, משוגענע ראַכע,
פֿון דערשראָקענע, אומבאַשיצטע, שוואַכע.

[nor du aleyn oyf dayn blutvursht shprakhe,
kenst oysreven vi du host genumen
daytshe, meshugene rakhe,
fun dershrokene, umbashitste, shvakhe.][6]

Die Wörter ›shprakhe‹ und ›rakhe‹ (Sprache, Rache) gibt es im Jiddischen nicht; sie sind dennoch dem Jiddischsprechenden verständlich. Und ›shvakhe‹ ist eben nicht ›Schwache‹. Es ist ein jiddisches Wort, welches hier, um an eine gemeinsame Herkunft zu erinnern, durch Reim mit der deutschen ›shprakhe‹ und ›rakhe‹ verbunden oder gleichgesetzt, zugleich aber diesen entgegengesetzt wird. Das Wort ›oysreven‹ drückt aus, was »nur« die deutsche Sprache vermag, und ist doch ein jiddisches Wort, eines, welches bis auf die Vorsilbe für deutsche Ohren völlig unverständlich oder weit davon entfernt ist: ›oysreven‹ (herausbrüllen, brüllen). Will man sich dem Jiddischen nähern, so hält die Ferne, anders als die Nähe, die Einladung zu einer Annäherung bereit: »Sie, verehrte Damen und Herren, [...] Sie dürfen einen Schritt näher. [...] Ganz nahe kommen Sie schon«.[7]

[Lorbeer][1]

THOMAS MEINECKE

Seit 1979 durchgehend lieferbar, stellt der Literaturwissenschaftlerin Silvia Bovenschens *Die imaginierte Weiblichkeit* ein Pionierwerk des aktuellen Diskurses über das Verhältnis der Geschlechter dar, das ungemein aufschlußreiche Einsichten in das Mißverhältnis zwischen schreibenden und beschriebenen Frauen bietet und auch für die Fans heutiger amerikanischer dekonstruktiver Feministinnen eine Offenbarung ist. Für die (im dissidenten Umkehrschluß zur staatlich verordneten ›Entlassung in die Eigenverantwortung‹) unbedingt zu leistende (Re-)Politisierung des Privaten unverzichtbar!

Silvia Bovenschen: *Die imaginierte Weiblichkeit. Exemplarische Untersuchungen zu kulturgeschichtlichen und literarischen Präsentationsformen des Weiblichen.* (edition suhrkamp 921). Frankfurt a. M. 1980.

---

6 Jacob Glatstein: »Undzer tsikhtik loshn«, zit. nach Janet Hadda: »German and Yiddish in the Poetry of Jacob Glatstein«. In: *Prooftexts* 1 (1981), S. 192–200, hier S. 198. Transkription nach YIVO.

7 Kafka (Anm. 2), S. 192f.

1 *Die Woche* vom 16. 1. 1998, S. 35.

Zur Frage der Gespenster …

BETTINE MENKE

Das Echo – das Walter Benjamin als Modell der Übersetzung vorschlägt[1] – ist Spiel mit – und Ausspielen der Diskrepanz von Laut und Bedeutung. »Das Widerspiel von Laut und Bedeutung – so Benjamin fürs Echo-Spiel im Barock – bleibt dem Trauerspiel ein Geisterhaftes, Fürchterliches«.[2] In deren »bedachtsam aufgerissener Antithetik« tritt das Echo auf als ein Fall gespenstigen Schreckens der Bedeutung, wenn diese, Bedeutung »das Echo, die eigentliche Domäne eines freien Lautspiels« – im intriganten (paronomastischen) Spiel mit seinen Möglichkeiten – »sozusagen befalle«: Echoverse wiederholen Worte »oft durch Weglassung eines Buchstabens so, daß es wie Antwort, Warnung oder Prophezeiung klingt«. Die wiederholten Worte machen eine Differenz – zu sich selbst – in der anderen Bedeutung, die im wiederholten Laut, im wiederholt anderen Laut (fehl-)gehört wird. Der Abstand, die Entfernung, aus der der Wi(e)derhall kommt, manifestiert sich im Andern der Wiederholung und als die Stelle, an der akustische Täuschung (und Betrug) einsetzen. ›Maschinen‹ der Schallübertragung und des Widerhallens hat das Barock Täuschungen gewidmet, die sich in (falschen) Zuschreibungen des Schalls an seine ›Quelle‹, an einen ›Mund‹ realisierten: im Hören der eigenen Stimme als fremde, der fremden als (übersetzte) eigene. Als ein »Geisterhaftes, Fürchterliches« begegnet die Bedeutung aus dem Abstand, aus einer toten Mechanik der unbeseelten Lettern und Laute und ihren Zwischenräumen – der Andersheit (eines Nicht-Gesichtigen). Sie tritt im *double* auf, das die (eigene) Stimme unheimlich von sich selbst entfernt, als Gespenst der ›eigenen‹ Stimme (es verkörpert/körperlos das Oxymoron von lebendig/tot, beseelt/unbeseelt, eigen/enteignet).

Der Ruf aus einem Abstand (der nicht der »rechte«[3] ist und uneinholbar bleibt) gibt ein topographisches Modell der Übersetzung, der Kritik und des Lesens: sie spricht, da sie nicht ›etwas‹ meint, aus einer Abwendung als ›fremde‹ Stimme, nicht um dies zu bleiben, sondern um – im Widerhall – disjunktive Operation an der Sprache zu werden, – so daß ihr, der Stimme (und der Intention) in den Widerhällen der Bergwälder der Sprache und des (vergessenen) Vergangenen (in den Tigersprüngen des Jetzt der Lesbarkeit gehen) eine Dissoziation widerfahren wird. Ein Lesemodell nach der Topographie des Übersetzens konzipierte ein nicht kontrollierbares, diskontinuierliches Ereignis uneinholbarer Nachträglichkeit ihres Gegenstandes.[4] Diese kann »zu spät« oder am »nie betretenen Ufer«[5] heißen und bestimmt eine Lesbarkeit, deren Stelle ein Sprung (und Riß) ist – nicht aber ein Ort, den Lesende als den ihren (ihrer gegebenen Gegenwart und sog. eigenen Sprache) einnehmen könnten. Lesende »jag[en] die Geister, deren Spur [sie] in den Dingen witter[n]; zwischen Geistern und Dingen verstreichen ih[nen] Jahre, in denen [ihr] Gesichtsfeld frei von Menschen bleibt; alles geschieht ih[nen], mein[en sie], begegnet ih[nen], stößt

1 Walter Benjamin: »Die Aufgabe des Übersetzers«. In: W. B.: *Gesammelte Schriften.* Hrsg. von Rolf Tiedemann und Hermann Schweppenhäuser. Frankfurt a. M. 1972–1986, Bd. 4, S. 9–21, hier S. 16.

2 Walter Benjamin: »Bedeutung der Sprache in Trauerspiel und Tragödie«. In: Benjamin (Anm. 1), Bd. 2, S. 137–140, hier S. 140.

3 Walter Benjamin: »Diese Flächen sind zu vermieten«. In: Benjamin (Anm. 1), Bd. 4, S. 131f., hier S. 131.

4 Walter Benjamin: »Madame Ariane zweiter Hof links«. In: ebd., S. 141f., hier S. 141; »Ein Gespenst«. In: ebd., S. 278–80.

5 Walter Benjamin: »Zwei Rätselbilder«. In: ebd., S. 254f., hier S. 254; »Frühstücksstube«. In: ebd., S. 85f., hier S. 86; »Passagenwerk, H 2,3«. In: Benjamin (Anm. 1), Bd. 5. 1, S. 273; »Passagenwerk, I°,2«. In: Benjamin (Anm. 1), Bd. 5. 2, S. 1014f.

ih[nen] zu.«[6] Es sind andere ›Lesbarkeiten‹ nicht nach dem Modell einer Stimme des Gewesenen, sondern im ›Zwielichtigen‹ und im Widerhallen sich überlagernder Schälle (jenseits von Intentionen und Signifikaten) – eines »Resonanz«-Raums.[7]

Glückliche Hochzeiten

EVA MEYER

Es ist oft gesagt worden: Die Sprache arbeitet gegen die Wahrnehmung von Wahrheit. Arbeiten Sie also mit ihr. Nehmen Sie die Sprache selbst – und gewinnen Sie die Wahrheit ihrer Idiosynkrasien zurück. Beginnen Sie jeden Satz, als ob er eine Gelegenheit wäre, über einen Anfang nachzudenken und nehmen Sie dazu eine Sprache, mit der Sie wie nie zuvor Gelegenheit haben, zu denken anzufangen.

Es ist der bedachte Gebrauch der Sprache, der die Unterscheidung von kritischem und kreativem Denken erübrigt und eine glückliche Hochzeit ausmacht. Nach Henry James ist es das Glück dieser Hochzeit, daß man ihren Vollzug nicht nachvollziehen kann: »Versuchen Sie etwas herauszulösen, wenn Sie können. Analysieren Sie, wie Sie wollen, beziehen, berichten, erklären Sie. Sie können meine Verbindung nicht auseinandernehmen; Sie können die Teile meines Gesamten nicht in verschiedene verantwortliche Geschäftsträger auflösen oder überhaupt einen Weg (für Ihre eigennützigen Absichten) finden.« Denn in dem für einen zu großen Gemisch, das sich da in Sätzen gebunden hat, vollziehen diese sich selbst und nicht etwa eine Vorstellung, die man sich davon machen kann.

Analysieren Sie zum Beispiel: »Sind Sie einverstanden, *dasjenige*, von dem ich Ihnen erzähle und an das auch Sie denken, *von ihm* zu sagen, vorausgesetzt man weiß, *woran* man sich halten kann, *über sie*, und vorausgesetzt, man ist einer Meinung auch darüber, wer *er* ist und wer *sie*?« Wir bewegen uns hier im Bereich der allgemeinen Dienstleistung von gegenseitiger Abstimmung und Lebhaftigkeit. Doch wenn wir dem Anspielungsreichtum in seinen Variationen folgen, um sie zu erzählen und ihr Gewicht für den Verlauf der Handlung abzuwägen, kommen wir darauf, daß sie nur *füreinander* zählen und deshalb *miteinander* verantwortlich sind. Das ist eine sublime Überschreitung der Erfahrung, die keineswegs transzendent, sondern praktisch und nützlich ist. Man rechnet nicht mit Bedürfnissen und spricht doch ihre Sprache, um über die Bedingungen des Tauschs hinauszukommen und aus Unterschieden, die sowohl absolut in sich selbst als auch untrennbar voneinander sind, die »sublime Ökonomie« der Sprache zu machen.

Melville. Impediments

UWE NETTELBECK

Wolfheinrich von der Mülbe, 1957:

> Nachts dann lag ich in meiner Hängematte und hörte über mir den langsam-müden Schleppschritt der drei gewichtigen Fremdlinge auf dem beladenen Deck. Ihre Dummheit oder ihr Eigensinn bewirkte, daß sie niemals einem Hindernis auswichen. Eine hörte ich kurz vor Mitternacht ihren Marsch jählings abbrechen. Als die Sonne aufging, fand ich sie wie einen Sturmbock am Fuß des Fockmasts festgerammt, immer noch im Begriff, sich mit Zähnen und Nägeln den unmöglichen Durchgang zu erzwingen.

---

6 Walter Benjamin: »Vergrösserungen«. In: Benjamin (Anm. 1), Bd. 4, S. 113–116, hier S. 115; »Passagenwerk, H 1a,5«. In: Benjamin (Anm. 1), Bd. 5. 1, S. 272.

7 Walter Benjamin: »Die Mummerehlen«. In: Benjamin (Anm. 1), Bd. 4, S. 260–263, hier S. 261, »Passagenwerk, M 1,2«. In: Benjamin (Anm. 1), Bd. 5. 1, S. 524.

Richard Mummendey, 1967:

> Als ich in der Nacht in meiner Hängematte lag, hörte ich auf dem beladenen Deck über meinem Kopf das leise träge Schleifen der drei gewichtigen Fremdlinge. Ihre Sturheit oder ihre Entschlossenheit war so groß, daß sie keinem Hindernis aus dem Wege gingen. Die eine der Schildkröten machte mit ihrem Marsch gerade vor Beginn der Mitternachtswache endgültig Schluß. Bei Sonnenaufgang fand ich sie wie einen Sturmbock an dem unbeweglichen Fuß des Fockmastes festgerammt und immer noch damit beschäftigt, sich mit Zähnen und Krallen den unmöglichen Durchgang zu erzwingen.

Zufrieden, daß mir die »Passage« nicht entgangen war, habe ich es aber kaum besser gemacht, 1988:

> Als ich in dieser Nacht in meiner Hängematte lag, hörte ich über mir das behäbige, müde Scharren der drei gewichtigen Fremdlinge auf dem beengten Deck. Ihr Stumpfsinn oder ihre Entschlossenheit war so groß, daß sie, gleichgültig auf welches Hindernis sie trafen, niemals zurückwichen. Eine stellte ihre Bewegungen ganz ein, kurz vor der Mitternachtswache. Bei Sonnenaufgang fand ich sie wie einen Sturmbock gegen den unbeweglichen Fuß des Fockmastes gerammt, und noch immer bemüht, mit Zähnen und Krallen, sich die unmögliche Passage zu erzwingen.

Nicht gemerkt, daß draggings einen Hinweis darauf bietet, was die Gefahr des Schleifens ist, es unbedingt »überladen« und besser »zur Seite wichen«, und »unbewegten«, aber niemals »Stumpfsinn« hätte heißen sollen, der Begriff impediment in der Terminologie der Medizin eine Funktions-, und speziell eine organische Sprachstörung bezeichnet, ponderous einen spöttischen Beiklang hat, movements in der Musiksprache Sätze sind, und endlich butted ja auch noch sagen könnte, daß das seltsame Geschöpf es womöglich gar auch einmal im Rückwärtsgang versucht hat. Neun Schnitzer in zehn Zeilen, und wer weiß.

> As I lay in my hammock that night, overhead I heard the slow weary draggings of the three ponderous strangers along the encumbered deck. Their stupidity or their resolution was so great, that they never went aside for impediment. One ceased his movement altogether just before the mid-watch. At sunrise I found him butted like a batting-ram against the immovable foot of the foremast, and still striving, tooth and nail, to force the impossible passage.

Something further may follow of this Masquerade.

Wanted: Orte der Aufhebung von Kretin-Alternativen oder: join the family!

Rolf Parr

GRENZEN: Inszenierungen von Fächergrenzen, jene aufwendigen Ein- und Ausschließungsprozeduren der machtbesetzten Bestimmung dessen, was dazugehört und was nicht, basieren häufig auf Alternativen der Art: ›entweder: Literaturwissenschaft um der je konkreten Individualität des literarischen Textes willen, oder: Diskursanalyse als eindimensionales Einpassen literarischer Befunde in überindividuelle Redeweisen‹ (vgl. die prägnante Darstellung von Wilfried Barner im *Jahrbuch der Deutschen Schillergesellschaft* 1997). Die Reihe ließe sich fortsetzen mit ›entweder Sozialgeschichte oder Diskursanalyse‹, ›entweder Strukturalismus oder Diskurstheorie‹, ›entweder hohe oder elementare Literatur‹, und schließlich: ›entweder germanistische Literaturwissenschaft oder globale Kulturwissenschaft‹ (letztere in der Existenzangst-Variante häufig identisch mit ›entweder Beibehaltung des eigentlichen Gegenstandes oder völlige Entgrenzung‹ und damit Auslöschung der eigenen disziplinären Verfaßtheit).

WO ETWAS GESCHIEHT: Interessant, weiterführend (und auch ›family‹-bildend) sind demgegenüber für mich alle wirklich operativen (und nicht nur symbolischen) Versuche der Aufhebung solcher Scheinalternativen, etwa die verschiedenen Unternehmungen, literarische Texte als Bestandteile übergreifender historischer Diskursformationen bzw. übergreifend-kultureller (interdiskursiver) Kategorien zu verstehen. Stellvertretend sei Jürgen Links *Versuch über den Normalismus. Wie Normalität produziert wird* (Opladen 1997) genannt. Die kulturhistorischen, sozio-kulturellen und politischen Analysen zur Querschnitts-Kategorie ›Normalität‹ alternieren mit literaturwissenschaftlichen Einschüben, wobei sich beide wechselseitig erschließen: Literaturwissenschaft ist hier in jedem konkreten Analyseschritt immer auch übergreifende Kulturwissenschaft und umgekehrt. Die gemeinsame (nicht nur rein semantische) ›Währung‹ bildet das gesamte Ensemble der diskursübergreifenden, interdiskursiven Elemente, z. B. Symboliken der »nicht-normalen Fahrt«.

WAS (VIELLEICHT) KOMMT!? So weit und genau die interdiskurstheoretische Modellierung für den Gegenstand ›Literatur‹ bereits ausgearbeitet ist, so weitgehend offen ist sie noch für andere Medien wie Film und Fernsehen. Die Gleitschienen für Übergänge und Anbindungen können auch hier Elemente mit interdiskursivem Charakter bilden, wie sie quer durch die Ordnungsbegriffe ›Programm‹, ›Format‹, ›Genre‹ oder ›Senderprofil‹ zu finden sind. Fernsehwissenschaftliche Kategorien wie ›flow‹ oder ›viewing strip‹ ließen sich interdiskurstheoretisch präzisieren, gerade auch entlang solcher übergreifender Kategorien wie »Normalität«.

LAURENCE A. RICKELS

What's in a name, like Frankenstein, that by any other name spells at once the mad scientist's moniker and the name calling which the artificial creation, by no default of its own, must bear. What happens is that the nameless creature barrels the heir waves as supernatural embodiment of the name, no longer a name that's given to future generations, giving us the line about living on by proxy, but the name as technobody, running on automatic, somewhere between the programs of auto-destruction and auto-replication.

The old superego, the highest court of identification, recognizes your own imprint in others. But at the same time it blocks sight of the other in oneself. On a good day, the superego is the internal and eternal loudspeaker of parental guidance. On one hell of a day – – say, on the mourning after – – it's what Dr. Frankenstein recognizes »in the light of« his »own vampire« as his projected bond with the demon agent of his own death wishes. But the melancholic »fangs of remorse« that have a hold over mad scientist Frankenstein no longer spark or spook us with a working image of the future. Frankenstein's identification with his dead mother projected acts of losing, death-wishing away, killing off, and mourning onto a monstrous body-building context where relations with long distance and with the long distant, the dead or undead, could be kept on a short control release. All that belongs in the movies. We are by now way more about live or life's transmission and the death drive. Today we're all already at the front of the reassembly line of organs and part-objects. *Frankenstein* has been uncanny-proofed as the fairy tale from prehistory about our interchangeable body parts and new leases of lives. What's going into or coming out of the future has left the body and the melancholic chip on the shoulder behind for the techno chip from the workshop of replication. The other's reply or »replication« (*Hamlet*) is right in our face, in our interface.

Sigmund Freud. Die Traumdeutung

MICHAEL RUTSCHKY

Ich, das ist ein anderer. Der junge Dichter, der ich einst war, hielt das für eine Anweisung: dieser andere müsse er sein, um ein junger Dichter zu sein. Bloß war er's ja nicht, offensichtlich.

Der andere könnte *schreiben* (was dem jungen Dichter, der ich einst war, extrem schwer fiel), überhaupt wäre der andere in einem anderen, irgendwie gesteigerten Zustand – umgekehrt neigte der junge Dichter dazu, Geschriebenes, Literatur als Zeugnis, Abdruck, Widerspiegelung dieses anderen Zustands zu nehmen, in den die anderen (Dichter) einzutreten vermöchten, er aber nicht. So blieb ihm auch als Leser, wie er beobachtete, die Literatur im wesentlichen verschlossen.

Ich kann nun nicht behaupten, »an einem Sommerabend, den Tag hatte er in den Niddawiesen in tiefster Verzweiflung verbracht, schlug er zum ersten Mal Freuds ›Traumdeutung‹ auf und, siehe da, ...« Genau besehen ist mir inzwischen ganz undurchsichtig geworden, wie ich aus jenem Grübeln herausgelangt bin und welche Rolle dabei Prof. Freud und sein großes Buch, überhaupt die Psychoanalyse präzise gespielt haben.

Jedenfalls ist das Ich, das Freud beobachtet und beschreibt, unzweifelhaft ein anderer, und das in Permanenz. Es bedarf gar keines Hinüberwechselns in einen »anderen Zustand«, man braucht sich bloß von dem Ich, das man ist, tüchtig befremden zu lassen. Dabei ist der Träumer, der von dem Wachenden rätselnd beobachtet und beschrieben wird, bloß besonders prägnant als Ich, der ein anderer ist: »Ich reite auf einem grauen Pferd, zuerst zaghaft und ungeschickt, als ob ich nur angelehnt wäre. Da begegne ich einem Kollegen P., der im Lodenanzug hoch zu Roß sitzt und mich an etwas mahnt (wahrscheinlich, daß ich schlecht sitze) ...«

Wie ersichtlich, verfährt dies Beobachten und Beschreiben des anderen, der ich ist, völlig undramatisch. In dieser Weise kann man auch beliebige andere als Ich beschreiben, man kann Interviews machen, fotografieren.

So fließt das Schreiben, stets gibt es viel mehr, als Verwendung findet. Schon gar, wenn man in die Beobachtung und Beschreibung der anderen, die Ich sind, die als Literatur überlieferte Literatur wieder aufnimmt.

Die Augen zum Rücken im Blick aufzutrennen

THOMAS SCHESTAG

Als ich dieses Bild vor Jahren zum erstenmal sah, als mir das Bild vor Jahren zum erstenmal in die Augen fiel. War das Bild *mir* aufgefallen, hatte ich es im Blick, und Überblick, und ohne zu zögern entschieden, aus welchem Grund aber genau, das Bild im Auge, im einen im andern, zu behalten. Oder war es mir, ohne daß ichs sah, sehn und voraussehn konnte, in die Augen gefallen, in einem Augenblick, ausgesetzt zwischen Augen und Blick, wo von Blick und Überblick keine Rede war, und blieb aus dem Grund, aus welchem genau aber, hängen. Zwischen den Lidern. In meine Lider verhakt, auch wenn ich die Augen schloß. Die Hände vors Gesicht schlug. Ich sah, oder sahs mich, auch wenn ich die Augen schloß, und die Hände vors Gesicht schlug, einen Mann am Tisch sitzen, oder stehend gegen eine Kommode gelehnt, das Bild war über der Hüfte abgeschnitten, es war nicht zu entscheiden, aber ich meine ihn am Tisch sitzen zu sehn, auf dem ein Bild, bei genauerm Hinsehn sind es zwei Photographien, im Wechselrahmen stehn, Porträt einer Frau, eines Mädchens vielleicht, das eine, das andre wegen des Lichts nicht zu sehn, beide Bilder über der Hüfte abgeschnitten. Die Ellbogen aufgestützt, das Gesicht, was für ein Wort, in die Hände gelegt. Als habe das Bild, das eine das andre, oder keines, das er sah, das ihm in die Augen gefallen war, Tränen in die Augen getrieben, oder keine. Daß niemand sah, daß er weinte, daß er nicht weinte. Ich sah, im Augenblick, als ich die Seite aufschlug, daß das Valentin war, das Buch war ihm gewidmet, und sah, kaum, daß mir Tränen in die Augen kamen, über der Hüfte abgeschnitten, ich konnte sie nicht sehn, weil das Bild verschwommen war. Und sah kaum, und wußte, daß das ein Gesicht ohne Maske war, daß nur das, und daß er das zeigte, die Hände vors Gesicht geschlagen, dort, sein Gesicht ohne Maske war. Das Tasten und Warten der Hände an Stelle der Augen. In der Stille. Die Scham zu sehn, die Scham gesehn zu werden. Dies Bild war ein Gesicht und eine Lehre.

In seine Lehre zu gehn, lesen zu lernen. In das die Erschütterung über den in die Augen verwachsenen Zwang verziffert war, jeden Augenblick ein Bild, in ihm das Abgebildete zur Eigentlichkeit seiner Erscheinung, und sei die verdeckt, enthüllt zu sehn, den Vorwurf hinter Glas oder Gitter, zum Sprechen gebracht, unters schlagende Wort – im Satz – geduckt, gestellt, gerichtet, vernichtet zu haben. Valentin wußte, was wenige zu wissen wagten, und ist durch dies Wagnis hindurchgegangen, daß die Wort- und Zeichensprache die unberechenbarste, unbeherrschbarste aller Waffen war, geblieben war, und alle Kriege Wortkriege. Er hat das Leben, im Leib, der unters Dach der Sprache aufgezogen schien, wie keiner, aufs Spiel gesetzt, die Sprache, die waffenstarrende, zur Verzweiflung zu treiben, zu dem zu bringen, was andre Lachen nannten, sie dort, von dort her, zu entwaffnen. Jede Losung im syntaktischen Aufzug zur Entwahrlosung, die sie war, geblieben war, aufzutrennen. Jedes Wort jeden Augenblick aus den Angeln seiner Fassung zum Wort zu drehn, seine Unbrauchbarkeit in Erinnerung zu rufen, und in ihr, in dieser Unbrauchbarkeit zu wohnen. Das Bild zeigt, sagen die Legenden, Valentin Ludwig Fey, der auch Karl Valentin hieß, am Weihnachtsabend 1946 in seiner Wohnung. Eines jener -bilder, Schrift-, in meinen Augen, die Augen zum Rücken im Blick, der zu sehn sucht, aufzutrennen.

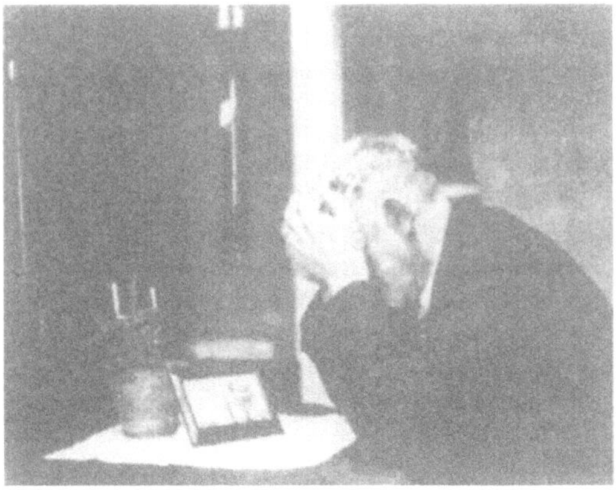

Morgen Freibier

ERHARD SCHÜTTPELZ

»[...] aucune explication satisfaisante n'en a été donée.«[1] Marcel Mauss der Germanist dachte sich für die Homonymie von engl.-ndl.-dt. *gift* eine Urszene aus. Die Gabe war Freibier, Bier das Medium des Gabentauschs:

> la prestation type, chez les anciens Germains et Scandinaves, c'est le don de boisson, de bière; en allemand, le présent par excellence, c'est ce que l'on verse (*Geschenk, Gegengeschenk*). Inutile d'évoquer ici un nombre très grand de thèmes de droit et de mythologie germaniques. Mais on le voit: nulle part l'incertitude sur la nature bonne ou mauvaise des cadeaux n'a pu être plus grande que dans des usages de ce genre où les dons consistaient essentiellement en boissons bues en commun, en libations offertes ou à rendre. La boisson-cadeau peut être un poison; en principe, sauf sombre drame, elle ne l'est pas; mais elle peut toujours le devenir. Elle est toujours en tout cas un charme (le mot *gift* a gardé ce sens en anglais) qui lie à jamais les communiants et qui peut toujours se retourner contre l'un d'eux s'il manquait au droit.[2]

Der Zauber dieser Szene, ihre imaginäre Ethnographie hat die Etymologen nicht überzeugt; sie führen *gift, gift* trotz Mauss' Konjektur auf einen Euphemismus oder ein ›Sprachtabu‹,

1 Marcel Mauss: »Gift, gift«. In: M. M.: *Mélanges offerts à Charles Andler*. Paris 1924, S. 243–247, hier S. 243. – Vgl. allgemein Christian Rätsch: *Urbock. Bier jenseits von Hopfen und Malz*. Luzern 1996.

2 Mauss (Anm. 1), S. 246.

»gewiß unter Einfluß des Ersatzes von lat. *venenum* durch gr.-lat. *dosis*«,[3] zurück. Das dt. und ndl. *gift*: eine Verabreichung der gr.-lat. Dosis. Und ›Gift, gift‹: Tacituspastiche und eine Überdosis Germanistik. Seit dieser Enttäuschung erwarte ich beim Lesen der Indogermanistik alle jene Indizien, die Marcel Mauss vom möglichen Gift im unaufhörlich fließenden Freibier überzeugt sein ließen. Ich hätte gerne das Buch (geschenkt), das er in seiner Miszelle voraussetzte; ich hätte gerne das Kapitel über Mauss, das in Ulrich Wyss' ›Wilder Philologie‹[4] angedeutet ist, das von jener Indogermanistik und historischen Rechtsschule handelt, die in die Ethnologie der *Gabe* eingegangen sind.

Die ›wilde Philologie‹ des Marcel Mauss, auf engstem Raum verzapft, im Ausschank: die Gabe schlechthin, Freibier, könnte Gift sein, malt das Zeichen des Totenkopfs in Bierschaum. Doch unterderhand gabelt sich hier die Spur des doppelten *gift*, führt (Jacob Grimm verbunden) noch in eine andere Etymologie, die Mauss' Deutung des Nehmens entgegenkommt, in dem die Gabe – als ihr anderes, tödliches *Gegengeschenk*: als *Gift* – zurückkehrt. Das Geschenk – »qui peut toujours se retourner contre l'un d'eux s'il manquait au droit« – kann für den, der es verwirkt, zum Gift werden, durch sein Pfand oder doppeltes Band (*gift, gift*), das auch ein Abtrünnigwerden je und je erwidert. Und so den französischen Reim dt.-ndl.-engl. widerhallen läßt, der das Gift im Bier für Mauss – so meine Konjektur – hörbar unwiderstehlich werden ließ, die Wurzel seiner Konjektur, das Bilsenkraut seines Verdachts: »La boisson-cadeau peut être un poison«, vielleicht.

Über die Unverständlichkeit. Nach einer Vorlage aus dem Frühjahr 1800 gekürzt für den Herbst 1998

Eckhard Schumacher

Einige Gegenstände des menschlichen Nachdenkens ... aus deren gegenseitiger Mitteilung sich ... Verhältnisse und Verhältnisbegriffe erzeugen ... verwickeln ... die Mitteilung ... selbst ... als Leser ... konstruieren ... die ... Versuche ... beweisen ... die Worte ... verstehen ... die ... Geister ... verwirren ... die reinste und gediegenste Unverständlichkeit ... aus der Wissenschaft und aus der Kunst ... zu einem handgreiflichen Zirkel ... wenigstens gewiß verständlich ... hindeuten ... aufhören ... den wandelbaren ewig verwandelten Gegner fesseln ... nicht so naiv und nackt darstellen ... auf ein populäres Medium denken ... mit innigem Vergnügen ... lesen lernen ... aus einem andern Gesichtspunkte ... Schrift ... so vielseitig ... hat ... mit fortlaufendem Kommentar ... manches kleine Buch ... fast ohne alle Ironie ... unaussprechlich überrascht ... niemand scheint es bemerkt zu haben ... ob ich nun der Meinung sei ... alle diese Tendenzen würden durch mich selbst in Richtigkeit und zum Beschluß gebracht werden ... oder vielleicht durch meinen Bruder oder durch sonst einen von unsrer Faktion ... oder erst durch einen Sohn von uns ... durch einen Enkel ... einen Urenkel ... einen Enkel im siebenundzwanzigsten Gliede ... oder erst am jüngsten Tage ... oder niemals ... das bleibt der Weisheit des Lesers ... für welche diese Frage recht eigentlich gehört ... anheim gestellt ... das Beste dürfte wohl auch hier sein ... es immer ärger zu machen ... wenn das Ärgernis die größte Höhe erreicht ... reißt es und verschwindet ... Namen werden noch mehr als einmal ... genannt werden müssen ... die Nachwelt ... versteinert ... begraben ... ein ... großer Teil ... der Unverständlichkeit ... liegt unstreitig ... mehr oder minder überall ... offen ... und tief versteckt ... wenn ... die Unverständlich-

3 Friedrich Kluge: *Etymologisches Wörterbuch der deutschen Sprache*. 21. Aufl. Berlin 1975, S. 258.

4 Ulrich Wyss: *Die wilde Philologie. Jacob Grimm und der Historismus*. München 1979, insbes. S. 248ff.

keit ... wider Willen ... wild wird ... und sich gar nicht mehr regieren läßt ... verschlucken ... verschlingen ... deuten ... durchaus ... noch Jahrhunderte nach ihrem Tode ... verfängliche Schlingen ... immer allgemeiner ... heftiger und klarer ... die großen Grundsätze ... worauf es dabei ankommt ... das Wesentliche ... sehr bescheiden ... im Ernste ... vergessen ... nie begreifen ... schweifen ... spielen ... gut ... zielen ...

Trivialmythen (I)

GEORG STANITZEK

In den 60ern, nach *Adorno 1958*, interessiert sich die Akademie für den Essay. *Just 1960, Exner, Hilsbecher 1962, Berger, Heinrich 1964, Hamburger 1965, Allemann, Haas, Rehder, Rohner 1966, Schumacher 1967, Fischer, Rohner 1968, Bachmann, Haas, Küntzel 1969.* Im selben Jahr schreibt Renate Matthaei an den März-Verlag: »Ich weiß nicht, ob Brinkmann Ihnen schon von dem Plan, den wir gemeinsam ausgebrütet haben, erzählt hat. Ich möchte gern bei Ihnen ein Buch machen, das den bisher üblichen akademisch diskursiven Essay zu einer [...] mehr vom zitierten Text- und Bildmaterial her arrangierten Kollage erweitert. Thema: Trivialmythen (wenn man das so nennen will).«[1] Sie schlägt eine alternative Liste vor: *Widmer, Ror Wolf, Jelinek, Brinkmann, Brandner, Jägersberg, Chotjewitz, Wondratschek, Mayröcker, Karsunke, Nettelbeck, Piwitt, Sebastian Wolff, Wellershoff 1970* (zunächst standen noch *Brock, Handke, Kiwus, Uve Schmidt, Kriwet* und *Altenhoff* mit drauf). Jelinek entwirft ihr bis heute laufendes Projekt, Ror Wolf steuert *Punkt ist Punkt* bei, Nettelbeck schließt an *Die Verbesserung von Mitteleuropa, Roman* (mit Literaturliste: *Wiener 1969*) an mit der Liste seiner Platten: »*[...] Blue Cheer, Vincebus Eruptum, Philips 852116 BY. Blue Cheer, New! Improved! Philips 852136 BY. Elephants Memory, Buddah Records 203022. Wolfgang Amadeus Mozart, Le Nozze di Figaro, Fischer-Dieskau, Stader, Seefried, Capecchi, Fricsay, RIAS-Kammerchor, Radio-Symphonie-Orchester Berlin, Deutsche Grammophon Gesellschaft, 138697/99. [...].*«[2] Usw.

Wahrscheinlich hat *Bohrer 1979*, als ihm von einem »Essay ohne Ideen« träumte, noch einmal an diese Texte gedacht. Dann verschwinden sie, wovon man sich in aktuellen »Essay«-Artikeln – *Bolz 1992, Schlaffer 1997* – überzeugen kann. Ein Klassiker, der weg ist. Seine Wiedereinführung, sagt Matthaei, wäre am besten mit einer neuen Liste, für *Trivialmythen* (II), zu verbinden. Ich arbeite dran. Wie sich die Transitivität/Intransitivität solcher Listen regelt, ist die Frage.

Goethe-Darsteller[1]

KLAUS THEWELEIT

Der junge Jünger war ein Artist. Niemand hat den Lüsten und Krämpfen des Körpers des soldatischen Mannes genauer (und schrecklicher) Ausdruck verliehen als er. Der mittlere Jünger war ein Heuchler, der seine richtige Ahnung von der unvermeidlichen Niederlage der Nazis rechtzeitig in einen frankophilen Edel-Anti-Faschismus ummünzte. Der alte Jünger

1 Renate Matthaei an Jörg Schröder, 14. 5. 1969 (Deutsches Literaturarchiv, Marbach a. N.: März-Archiv, Nr. 84 AO TO I: Matthaei, Trivialmythen).

2 Uwe Nettelbeck: »Generalthema ›Trivialmythen‹ (um es einmal so zu nennen)«. In: Renate Matthaei (Hrsg.): *Trivialmythen*. Frankfurt a. M. 1970, S. 151–179, hier S. 161.

1 *Süddeutsche Zeitung* vom 18. 2. 1998, S. 19.

gefiel sich (der FAZ und vielen anderen) als letzter Goethe-Darsteller des zweiten christlichen Jahrtausends; für Leute, die so etwas nicht brauchen, nicht sehr interessant. Der ganz alte Jünger glänzte erneut als Artist, Konservierungskünstler. Sein Tod ist jetzt ein unerwartet menschlicher Zug. Ich habe ihm mindestens die 107 zugetraut und gegönnt. Vielleicht haben ihn die Brecht-Feiern vorzeitig geschafft, vielleicht auch wollte er Helmut Kohl nicht überleben. Überrascht wünsche ich gute Ruhe.

Flauberts Mme Bovary

Barbara Vinken

Irgendwo hat Roland Barthes geschrieben, daß man denselben Text immer wieder lesen muß, um nicht immer wieder dasselbe zu lesen. Nach dem verschlingenden, fieberhaften, tränenreichen Lesen kommt die Phase, die eher einer Jagd gleicht: man stößt auf die Materialität des Buchstabens, über die man vorher gebannt geflogen war. Mme Bovary lese ich seit fünfundzwanzig Jahren. Nicht alle Jahre wieder, aber doch alle paar Jahre.

»Nous sommes dans la tradition« schrieb Flaubert zur Zeit seiner Arbeit an der Bovary an Louise Colet, um sich von der tabula-rasa Avantgardestimmung, mit der neue Schulen sich triumphierend von der Vergangenheit abzusetzen pflegen, zu distanzieren. Wie sehr Mme Bovary in der Tradition steht, ist mir erst vor kurzem aufgefallen. Die Ironie der Geschichte will es, daß das, was als Inbegriff des realistischen Romans gilt, ein Spicilegium, eine Ährenlese ist, von der der blinde Bettler am Ende des Romans singt. Ährenlesen versammeln die Kommentare der Kirchenväter und Kirchenlehrer zur richtigen Auslegung der Heiligen Schrift; sie geben Anweisungen, wie die geistige Süße aus Texten zu ziehen ist, diese nicht im bitteren Buchstabensinn, der tötet, sondern dem süßen Geist, der belebt nach allegorisch zu lesen sind. Die Matrix des Romans ist der Topos der geistlichen Speise, auf der die Semantik der Darstellung aufruht, ohne als der primäre Gegenstand der Erzählung aufzutreten: ohne deshalb für einen am Fortgang der Ereignisse interessierten Blick erkennbar zu sein.

Mme Bovary ist nicht nur als Antiroman ein Roman über die verheerende Rezeption von Literatur, sondern eine Allegorie des Lesens im genauen Sinn, in dem der Roman sich in die historischen Topoi dieser Tradition einschreibt, um sie zu durchkreuzen. So ist das eigentliche Thema des Romans in der Tat das Essen, jedoch nicht, weil Essen aufgrund seiner schier unerschöpflichen Detailfülle und Lebensnähe Indikator von Realismus wäre, sondern umgekehrt, weil das Essen als geistliche Speise Deckmetapher für Lesenlernen, für das Unterscheiden von geistigen und buchstäblichen Sinn der allegorischen Lektüre ist. Flauberts Ährenlese endet nicht mit geistiger Süße, sondern mit dem Gift, das Emma ißt. Es führt zum posthumen Erbrechen jener schwarzen Flüssigkeit, die wie Tinte schmeckt und Emmas weißes, zum Leichenhemd gewordenes Brautkleid aus Atlasseide befleckt.

Das ›kommt‹: ein Lesen, das nicht am Plot kleben bleibt, aber deswegen auch nicht das viel geschmähte, irgendwie leere, meint man, Spiel des Signifikanten wäre. Ein Lesen, das in den blind mitgeführten clichés der Textoberfläche die Ablagerungen einer Tradition erkennt, deren eigentliche occupatio immer das Lesen war und die, obwohl sie zersetzt wird – vielleicht immer schon zersetzt worden ist – unentrinnbar prägend bleibt. Ein Lesen, das nicht ›cerebral‹ sein muß, sondern sehr somatisch sein kann. Man muß nicht gleich an Augustins drastische Metapher der fornicatio für die leidenschaftliche Lektüre leidenschaftlicher Liebe denken, sondern sich nur an den bitteren Tintengeschmack des Arsens erinnern, den man noch Tage später auf der Zunge schmeckt.

Ludwik Fleck: Entstehung und Entwicklung einer wissenschaftlichen Tatsache. Einführung in die Lehre vom Denken und Denkkollektiv. Hrsg. von L. Schäfer und T. Schnelle. Frankfurt a. M. 1980

JOSEPH VOGL

Man kann das erneute Auftauchen einer kulturwissenschaftlichen Frage auf den Zerfall eines alten Währungssystems datieren, dessen Kurse über lange Zeit hinweg je unterschiedlich durch die Standards von ›Sinn‹ oder ›Bewußtsein‹, von ›Erfahrung‹, ›Text‹ oder ›Struktur‹ gedeckt waren. An deren Stelle ist nun die schwer konvertible Figur eines Wissens getreten, dessen Geschichte sich über Brüche und Heterogenitäten hinweg organisiert und etwa in einer historischen Epistemologie (Bachelard) oder Archäologie (Foucault) eine provisorische Einfassung fand. Oder in der eher vergessenen ›Lehre vom Denkstil‹ des polnischen Bakteriologen Ludwik Fleck. Dieser hatte 1935 – am Beispiel der Wassermann-Reaktion zum Nachweis von Syphilis – die Genealogie einer wissenschaftlichen Tatsache versucht, die sich von formal-logischen, phänomenologischen oder ideengeschichtlichen Zugriffen gleich weit entfernt und eine konsequente Verwandlung von Wissenschaftsgeschichte in ›Wissensgeschichte‹ betreibt. Das bedeutet erstens, daß die Rationalitätsform der Wissenschaften nicht das Maß ihrer Geschichte darstellen kann, sondern selbst aus einer kontingenten Begegnung von verstreuten Mythologien, von zirkulierenden Werten und Kenntnissen hervorgeht. Selbst elementare Akte wie experimentelle Beobachtung sind durchwegs heterogen und lassen sich nur als eine dichte Verschränkung von Techniken, Diskursen und disziplinären Praktiken erfassen. Darum gibt es zweitens auch keine Einheit des Gegenstands. Jedes wissenschaftliche Objekt ist vielmehr ein diskursives Produkt, das in diverse Geschichten unterschiedlicher Dauer und Reichweite auseinanderläuft. Eine Geschichte des Wissens akkreditiert demnach nicht Wahrheit und Irrtümer, sondern beschreibt die fortlaufende Erzeugung und Transformation diskursiver Ereignisse. Deren wissenschaftsförmige Beglaubigung ist drittens das Resultat einer polemischen Praxis. Sie geht nicht aus Erkenntnisrelationen, sondern aus Kräftefeldern hervor, die überdies kollektiver Natur sind, sich hinter dem Rücken der Agenten durchsetzen und die auktoriale Zuschreibung von Entdeckungen, Begriffen und Werken unterlaufen. Insgesamt bezeichnet der Begriff des ›Denkstils‹ bei Fleck daher – viertens – kein stabiles wissenschaftliches Paradigma. Er verweist vielmehr auf lokale Ordnungen aus ungleichartigen Elementen, bei denen es weniger um den manifesten Inhalt von Wissensformen als um den Prozeß ihrer poiesis geht. Von hier aus würde schließlich der Text- und Literaturwissenschaft eine mehrfache Überschreitung hin zu einer Wissensgeschichte souffliert: zu einer Geschichte, die die Bildung von Wissensobjekten aus dem Zusammenspiel disparater Textordnungen verfolgt und damit die Poetologie ihrer Formen umschließt.

Erzählmaschinen

SUSANNE WEIRICH

Um Erzählmaschinen zu erfinden, muß man sich Mühe geben.
Glück gehabt. »Man kann den Baustein eines Puzzles drei
Tage lang ansehen und glauben, alles über seine Konfiguration
und Farbe zu wissen, ohne auch nur im entferntesten
weitergekommen zu sein: was zählt ist allein die Möglichkeit,

diesen Baustein mit anderen zu verbinden.«[1] »Mir kam die
höllische Versuchung, alle Geschichten hervorzulocken«[2]:
– »Als ich Sie vorhin so eifrig trainieren sah, wollte ich Sie
näher kennenlernen. Ich hab' mich gefragt, ob Sie allein zum
Training gehen.«[3] »Das Innere eines Menschen, der sich Mühe
gibt, ist mit einer Werkstatt, einer Fabrik oder einer
Hexenküche vergleichbar.«[4]
– Wir sind sieben, wir geben uns Mühe. Seit dem 27. November
1960[5] trainieren wir zusammen. Wir nennen uns ›Oulipo‹,
für ›Ouvroir de littérature potentielle‹. »Was haben Sie sich noch
gefragt?
– Wollen Sie das wirklich wissen?
– Ja.«[6]
– Stimmt es, was Turing mal gesagt hat: »Nur eine Maschine mag
ein für eine andere Maschine geschriebenes Sonett zu
würdigen.«?[7]
– »Das könnte man feiner sagen.
– Was ich gesagt hab', meinen Sie.
– Wie Sie's gesagt haben, meine ich.«[8]
– »Du hältst einen Augenblick inne, um über diese Worte
nachzudenken. Dann, blitzschnell, entscheidest Du dich:
Du willst Ludmilla heiraten.«[9]

---

1 George Perec: *Das Leben. Gebrauchsanweisung.* (La Vie mode d'emploi. 1978). Übers. von Eugen Helmlé. Hamburg 1991, S. 11.

2 Italo Calvino: *Das Schloß, in dem sich Schicksale kreuzen.* (Il castello dei destini incrociati. 1973). Übers. von Heinz Riedt, München 1984, S. 137, zit. nach: Susanne Weirich: *Die Glücksprophezeiungsmaschine.* Hrsg. von Goldrausch Frauennetzwerk Berlin e. V. Berlin 1995, S. 15.

3 Clint Eastwood als Detective Wes Block und und Geneviève Bujold als Sittenpolizistin Beryl Thibodeaux in: *Tightrope* (Der Wolf hetzt die Meute), Regie: Richard Tuggle, USA 1984, zit. nach: Susanne Weirich: *Troststpender.* 7 Papierhandtuchspender mit digitalem Sprachmodul. 1997.

4 Alexander Kluge: *Die Patriotin.* Frankfurt a. M. 1979, S. 131, zit. nach: Susanne Weirich: *Sechzig Sonette. Ein bewegliches Bauwerk.* Permanente Installation von 20 Prismenwendern an der Fritz-Reuter-Oberschule. Berlin Hohenschönhausen (Architekt: Max Dudler), ›Sonett Nr. 19‹.

5 Gründungsdatum der Gruppe ›Oulipo‹ im Pariser Restaurant »Au vrai Gascon«, s. Heiner Boehnke/Bernd Kuhne: *Anstiftung zur Posie. Oulipo – Theorie und Praxis der Werkstatt für potentielle Literatur.* Bremen 1993, S. 30.

6 Clint Eastwood u. Geneviève Bujold (Anm. 3).

7 Alan M. Turing in: Raymond Queneau: *Hunderttausend Milliarden Gedichte.* (Cent mille milliards de poèmes. 1961). Übers. von Ludwig Harig. Nachwort von François Le Lionnais. Frankfurt a. M. 1988, S. 11.

8 Clint Eastwood u. Geneviève Bujold (Anm. 3).

9 Italo Calvino: *Wenn ein Reisender in einer Winternacht.* (Se una notte d'inverno un viaggiatore. 1979). Übers. von Burkhart Kroeber. München 1986, S. 312.

Diskussionsbericht

Michael Schlott

Vorlage von Detlev Schöttker (»Ruhm und Rezeption. Unsterblichkeit als Voraussetzung der Literaturwissenschaft«)

Zusammenfassung des Korreferats (Sebastian Neumeister): Die Gliederung sehe eine Erarbeitung des Themas in drei Arbeitsschritten vor: Der Präsentation umfangreichen historischen Materials (I) folgen Hinweise zur kategorialen Erschließung (II) und der Versuch, Elemente einer Theorie des Ruhmes im Blick auf eine Verknüpfung zwischen Rezeptionsgeschichte und Rezeptionsästhetik zu skizzieren (III). Wenngleich Teil I die zeitliche Spanne zwischen Antike und Gegenwart ausmesse, seien für die Materialerhebung zusätzliche Autoritäten zu berücksichtigen; für den literarischen Bereich etwa Sallust, der in *Catilina* und *Iugurtha* erkläre, es sei die Aufgabe des Historikers, die Taten der Helden zu verewigen. Problematisch erscheine in bezug auf Vitruvs *Zehn Bücher über die Architektur* die einseitige Akzentuierung der Funktion des Textes gegenüber der Bedeutung der Baudenkmäler. Für Teil II seien insbesondere die »negativen Aspekte« des Ruhmes hervorzuheben. Was schließlich die in Teil III anvisierte Theorie des Ruhmes betreffe, sei ein erhöhter Strukturierungsbedarf anzumelden. Ein denkbarer alternativer Zugriff ließe sich als ›Dreischritt‹ formulieren: Ausgehend von der Analyse dauerhafter Rezeptionen literarischer Werke, die sich als Ruhm konkretisieren, wäre über den Gegenstand ›Ruhmesgestalten‹ in der Literaturwissenschaft nachzudenken, um diesen Aspekt schließlich für die wissenschaftsgeschichtliche Perspektive operationalisierbar zu machen.

Replik des Referenten: Detlev Schöttker erläuterte zunächst die ›Entstehungsgeschichte‹ und einige ›Rahmenbedingungen‹ seines Beitrages: Als Ergebnis eher zufälliger Lektüre habe die anschließende systematische bibliographische Arbeit den Befund ergeben, daß der Begriff des Ruhmes weder in den Geistes- noch in den Naturwissenschaften kodifiziert sei. Das gelte auch für die Kategorie ›Erfolg‹, die allerdings nur als ›Referenzqualität‹ für ›Ruhm‹ Bedeutung habe. Indes gebe es in der geisteswissenschaftlichen Wissenschaftsgeschichte zahllose verstreute Hinweise, die zunächst einmal im ›Zettelkasten‹ zum Thema zusammengetragen worden seien. Von besonderer Bedeutung sei eine nachträgliche Beobachtung: Auch die Geschichtsschreibung der Naturwissenschaften bearbeite das Phänomen des Ruhmes. So könne man einigen Arbeiten des Trierer Wissenschaftsforschers Klaus Fischer entnehmen, daß die ›fallweise‹ Stabilisierung von Ruhm in der Geschichte der Naturwissenschaften auf derselben Grundfigur beruhe wie in der Geschichte der Geisteswissenschaften.

An der *Diskussion* beteiligten sich: Jürgen Fohrmann, Jörg Schönert, Rudolf Stichweh, Rainer Kolk, Nikolaus Wegmann, Klaus Weimar, Lutz Danneberg, Sandra Pott, Lothar Mertens, Christoph König, Thomas Broman, Michel Espagne, Walter Erhard, Elena Esposito.

Der Diskussionsverlauf zeigte, daß die Thematik offenbar dazu verleitet, die Bedeutung des Ruhm-Phänomenes für die Wissenschaftsforschung zur Literaturwissenschaft in den Hintergrund treten zu lassen und die Konzentration statt dessen auf Belege und Beispiele zum Themenkreis ›Ruhm in der Literatur‹ zu lenken. Für die literaturwissenschaftlich orientierte Wissenschaftsforschung wären Differenzierungen erforderlich, die sich zunächst auf die Frage nach der Leistungsfähigkeit und Reichweite der Ruhm-Kategorie zu beziehen hätten: Auf der Ebene der historischen Semantik betrachtet, stelle ›Ruhm‹ in der ›schönen Literatur‹ eine vormoderne Kategorie dar und sei in besonderer Weise an den Begriff des Individuums gebunden. Daher wäre zu fragen, ob und wie die Kategorie des Ruhmes für die Wissenschaftsforschung – etwa in der Reflexion auf Beschreibungsmöglichkeiten von disziplinärer Entwicklung – eine Rolle spielen könne. Mögliche Alternativen wären Begriffe wie ›Erfolg‹ oder ›Reputation‹, die in der Wissenschaftssoziologie genauer eingeführt, schärfer bestimmt und überdies stärker vereinbar seien mit dem begrifflichen Inventar der Karriere-Forschung. Erscheine ›Ruhm‹ als vormoderne Kategorie besonders eng an Konnotationen von ›Individualität‹ beziehungsweise ›Individuum‹ gebunden, so bleibe festzuhalten, daß die Begriffe ›Ruhm‹ und ›Subjektivität‹ inkompatibel seien. Es ließe sich die These formulieren, daß ›Ruhm‹, im Begriffsfeld von ›Subjektivität‹ betrachtet, keine vormoderne, sondern eine unmoderne Kategorie bilde. Denn die Vormodernität von ›Ruhm‹ sei darin begründet, daß ein (primär durch seinen Ruhm gekennzeichnetes) Individuum völlig in seiner öffentlichen Rolle aufgehe. Genau das aber stimme mit modernen Subjekt-Vorstellungen nicht überein: Ein Subjekt verharre demgegenüber im reflektierenden Selbstbezug, in der unablässigen Selbstbeobachtung. Zwar erscheine es nicht von vornherein abwegig, mit einer Kategorie der Vormoderne auf die Moderne zu blicken: Doch käme es dann sehr darauf an, den Ruhm-Begriff systematisch einzuführen und Referenzen zu bestimmen. So wäre etwa genauer zu untersuchen, ob das Ruhm-Phänomen für das Literatur- und Kunstsystem oder für das Wissenschaftssystem untersucht werden solle.

Für die Untersuchungsperspektive des Wissenschaftssystems ›Literaturwissenschaft‹ müßten mindestens drei Ebenen sortiert werden: ›Ruhm‹ auf der Gegenstandsebene der Literaturwissenschaft, ›Ruhm‹ als Ergebnis literaturwissenschaftlicher Aktivität und schließlich literaturwissenschaftliche Aktivität, die an dem ›Ruhm‹ auf der Gegenstandsebene partizipiere. Sodann wäre grundsätzlich darauf zu reflektieren, warum es für wissenschaftliche Disziplinen offenbar sinnvoll sei, mit Ruhm beladene Figuren im ›Gedächtnis‹ zu behalten. Eine solche ›kollektive‹ disziplinäre Erinnerung diene der Konstitution historischer Identität, etwa in der Beschreibung von Habitus-Formen. In der Regel würden ›berühmte‹ Fachvertreter nicht nur aufgrund ihrer kognitiven Leistungen verehrt, sondern mindestens ebensosehr wegen ihrer vorbildlichen Arbeitshaltung. In der Rede über ›berühmte‹ Repräsentanten der Disziplin würden auf diese Weise Bedingungen der Möglichkeit ›wahrer‹ und vorbildlicher Wissenschaft eingefordert. Von dieser eher wissenschaftsgeschichtlich orientierten Perspektive wäre – vornehmlich im Blick auf die Kategorie ›Reputation‹ – die wissenschaftssoziologisch gerichtete Sicht auf Gegenwartsprobleme der

Disziplin zu unterscheiden. ›Reputation‹ sei ein in der Wissenschaftssoziologie verhältnismäßig gut erforschtes Phänomen, das systemtheoretisch als Selbststeuerungsmechanismus beschrieben werden könne. Gerade in Zeiten hoher Komplexität von Entscheidungsvorgängen – etwa für die Mittelzuweisung und für den Zugang zu knappen Ressourcen – werde häufig auf das Kriterium der wissenschaftlichen Reputation zurückgegriffen, wenn unter den Bedingungen hoher Konkurrenz keine direkten Entscheidungen über ausschließlich kognitive Aspekte zu begründen seien. Verfolge man solche Überlegungen zur Bildung von Reputationspotential in wissenschaftlichen Disziplinen, so lasse sich für die Literaturwissenschaft ein singuläres Spezifikum erkennen: Im Vergleich zu vielen anderen Wissenschaften bestehe in der Literaturwissenschaft die Möglichkeit, daß diejenigen Akteure, die über bestimmte Gegenstände arbeiteten, an bereits bestehenden Prestigezuweisungen solcher Gegenstände partizipierten und dadurch ihr eigenes Ansehen steigern könnten. Durch intensive Arbeit in bestimmten Kanones könne beispielsweise auf den eigenen wissenschaftlichen Erfolg Einfluß genommen werden; es werde also nicht nur ›Ruhm‹ produziert oder an einer langen Produktionsreihe von ›Ruhm‹ in bestimmten Gegenstandsbereichen partizipiert, sondern durch Innovationen in diesen prestigebeladenen Gegenstandsbereichen wissenschaftliche Reputation erhöht. Es sei daher von besonderem Interesse zu untersuchen, aus welchen unterschiedlichen Anerkennungsleistungen für bestimmte Aktivitätsbereiche sich wissenschaftliche Reputation rekrutiere.

Darüber hinaus verdeutliche die übergeordnete Unterscheidung zwischen den Sozialsystemen Wissenschaft und Kunst, daß die moderne Wissenschaft ›Ruhm‹ systematisch ›de-thematisiere‹ und auf Bescheidenheitsformeln herabstimme. Auch das Wort ›Ruhm‹ werde vermieden und durch ›Reputation‹ ersetzt. Im Vergleich von Habitus-Formen wäre zu erkennen, wie extrem die Differenzen zwischen dem Wissenschafts- und dem Kunstsystem seien. Auf die Frage: ›Warum verhält sich Wissenschaft so?‹ gebe es eine ›berühmte‹ Antwort: Robert K. Mertons Buch *On the Shoulders of Giants*. Dort werde die lange Tradition der Bescheidenheitsformeln, die das Sozialsystem ›Wissenschaft‹ kennzeichneten, annähernd vollständig rekonstruiert. In der ›Tiefstaffelung‹ innerhalb des Wissenschaftssystems lasse sich ein weiteres Kriterium für ›Ruhm‹ formulieren: Innerhalb der literaturwissenschaftlichen Fachgrenzen könne man nicht eigentlich berühmt sein, und es spiele dabei keine Rolle, ob ›Ruhm‹ eine vor- oder nachmoderne Kategorie sei: ›Berühmte‹ Literaturwissenschaftler gebe es eigentlich nicht; es gebe allenfalls ›renommierte‹ Akteure innerhalb des Faches. Zu prüfen wäre diese These an der semantischen Organisation von ›Ruhm‹ über Eigennamen: So seien zu den ›sprechenden‹ Eigennamen der Naturwissenschaften – etwa Ampère, Watt, Volta, Ohm – nur wenige Analogien denkbar – wie etwa Goedeke und Duden. Überdies könne die Unterscheidung zwischen Ruhm einerseits und Reputation/Erfolg als Hinweis darauf interpretiert werden, daß Ruhm ein zeitlich begrenztes Phänomen sei. Als konzeptionelle Hilfe könnte in dieser Perspektive die anglo-amerikanische Semantik fungieren: ›Ruhm‹ werde dort unter anderem übersetzt mit ›renown‹, was auf eine ›Bewegung‹ im Substantiv verweise, auf eine iterative rekursive Struktur.

Vorlage Sebastian Neumeister (»Gralshüter und ihre Kritiker. Beobachtungen zum literaturwissenschaftlichen Dialog und ein Selbstversuch«)

Zusammenfassung des Korreferats (Detlev Schöttker): Die Vorlage behandele das Phänomen des Philologenstreits. Die Bedeutung des dargestellten Streits scheine darin zu liegen, daß es sich – zumindest im ersten Teil des Beitrags – um eine zentrale Debatte in den Geistes- und Sozialwissenschaften handele: »Wann beginnt die Moderne und wie läßt sie sich – vor allem in älteren Texten der Frühen Neuzeit und des Späten Mittelalters – nachweisen?« Im Begriff der Moderne liege – wie nicht nur die vorangegangene Diskussion zur Vorlage von Detlev Schöttker gezeigt habe – ein starkes Konflikt- und Bedeutungspotential. Es müsse berücksichtigt werden, wie stark sich der Begriff ›in Bewegung‹ befinde und wie genau er zu reflektieren sei, um ihn operationalisierbar zu machen. Der zweite Teil scheine in der Argumentation eher eine ergänzende Funktion zu haben. Darauf und auf die von den Kontrahenten bezogenen Positionen zur ›Frage der Modernität‹ wolle der Korreferent nicht eingehen. Statt dessen seien einige grundsätzliche Fragen anzusprechen, die man auf »drei Ebenen« formulieren, erweitern und differenzieren könne. (1) »Gibt es ein Ethos des kollegialen Streits in der Philologie?« – Der Referent verneine dies; daher müßten die Gründe für das Fehlen eines solchen Ethos erforscht werden. (2) »Gibt es überhaupt Objektivität in der philologischen Erkenntnis?« Dies sei eine grundsätzliche Frage, über die in der Literaturwissenschaft – im Gegensatz zur Soziologie – selten nachgedacht werde. (3) »Wie lange darf ein philologischer Streit dauern beziehungsweise wie präsent muß er in den Zeitschriften sein, damit Fehlurteile von Außenstehenden korrigiert werden können?« Darüber hinaus liefere die Vorlage einen Beitrag zur ›Psychologie und Soziologie des Gelehrten‹.

Replik des Referenten: Es wurde auf den kognitiven Gewinn verwiesen, den die Vorlage von Ralf Klausnitzer über ›Fallstudien als Instrument der interdisziplinären Wissenschaftsforschung‹ erbracht habe. Der vorliegende Beitrag könne von Klausnitzers Fragen und Ergebnissen in mehrfacher Hinsicht profitieren: zunächst bezüglich einer genaueren theoretischen Bestimmung des Verhältnisses zwischen Fallstudie und Einzelfall. In dieser Hinsicht beanspruche der vorliegende Beitrag, nicht nur einen ›skurrilen‹ Einzelfall zu präsentieren, sondern das, was Klausnitzer eine exemplarische wissenschaftliche Episode nenne. Erhellend seien darüber hinaus Klausnitzers Überlegungen zu den Selektionskriterien für Fallstudien (insbesondere die Orientierung an der Visibilität der beteiligten Akteure) und zu den Problemen, eine Fallstudie im Wissen um den Ausgang der gewählten Episode ›objektiv‹ aufzubereiten. In der vorliegenden Präsentation eines Streit-›Falles‹ werde die Position desjenigen, der diesen Fall – als beteiligter Akteur – präsentiere, im Sinne der Luhmannschen ›Selbstbeobachtung‹ integriert. Das vorläufige Fazit sei zuzuspitzen einerseits auf die Frage nach der Problematik wissenschaftlicher Objektivität, andererseits nach den Möglichkeiten der Entwicklung eines wissenschaftlichen Ethos sowie eines Regelinventars für wissenschaftliche Dispute.

An der *Diskussion* beteiligten sich: Lutz Danneberg, Hans-Harald Müller, Michael Schlott, Jörg Schönert Manfred Briegel, Rudolf Stichweh, Sandra Pott, Annette Simonis, Jürgen Fohrmann, Gustav Frank, Rainer Kolk, Erhard Schüttpelz.

In der Diskussion dominierten zwei Aspekte. (1) Wenn für die Ausgangsüberlegung des Referenten konzediert werde, daß es sich um eine Fallstudie handele, so ergebe sich die Notwendigkeit, geeignete Strategien für eine möglichst neutrale Präsentation des Untersuchungsgegenstandes zu entwickeln. Die Beachtung dieser Neutralitätsregel sei um so wichtiger, wenn Fall-›Beschreibungen‹ von beteiligten Akteuren vorgenommen würden. Dabei gehe es nicht um die eingangs gestellte Frage, ob in der philologischen Erkenntnis überhaupt Objektivität zu erreichen sei. Gerade weil die ›objektive‹ Vertextung von ›Fakten‹

offenbar ein aussichtsloses Unternehmen darstelle, sei an eine selbstaufzuerlegende Verpflichtung auf möglichste Präzision und Neutralität zu erinnern. So müsse etwa der Eindruck vermieden werden, als verlängere die Schilderung des ›Sachstandes‹ Argumente und Positionen, die den Opponenten gegenüber als ›wahr‹ oder ›richtig‹ angesehen würden. Wissenschaftsgeschichtliche Untersuchungen zum Typus des Gelehrtenstreits hätten gezeigt, daß es häufig gar nicht möglich sei, den rationalen Kern oder die kognitive Dimension innerdisziplinärer Kontroversen zuverlässig zu rekonstruieren oder gar sachlich begründete Entscheidungen über die argumentative ›Wahrheit‹ bestimmter Positionen zu fällen. Solche Erkenntnisse würden es naheliegend erscheinen lassen, Fallstudien der vorliegenden Art zu entpersonalisieren und auf die Analyse von Argumentationstypen oder rhetorischer Figuren zu fokussieren. Auf diese Weise wäre auch der Gefahr zu begegnen, das für Fallstudien unabdingbare Kriterium der Abgeschlossenheit zu mißachten: Fallstudien – darüber herrschte in der Diskussion Konsens – dürften nicht ihrerseits als ›Streit-Vehikel‹ im Rahmen weiterhin ›offener‹ Kontroversen instrumentalisiert werden. (2): Zu prüfen sei der Anspruch des vorliegenden Beitrages, eine Fallstudie zu präsentieren. Zwei Positionen standen zur Debatte: Der Option für eine Fallstudie über Devianz (von allgemein akzeptierten Verhaltensnormen beim Austragen wissenschaftlicher Kontroversen) wurde entgegengehalten, es liege ein unspektakuläres Beispiel für ›normal science‹ vor, das entsprechend unaufwendig zu rekonstruieren wäre. Der Ausbau der Vorlage zu einer Fallstudie über Devianz hätte zu berücksichtigen, daß das Phänomen abweichenden Verhaltens historisch konditioniert sei. Devianz lasse sich demgemäß bestimmen als Verstoß gegen historisch ›gewordene‹ Regeln und Normen, die im Sozialsystem ›Wissenschaft‹ offenbar fest verankert seien. So besehen käme es in einer Fallstudie über Devianz allerdings darauf an, einerseits die Evolution des Normen- und Regelsystems zu beschreiben, um andererseits explizieren zu können, welche Verhaltensweisen in der Wissenschaft als deviant erscheinen. Dies würde weiterführen zur Analyse von Ausschlußmechanismen, mit denen die ›scientific community‹ Devianz zu sanktionieren pflege.

Vorlage Nikolaus Wegmann (»›Wer von der Sache nichts versteht, macht Theorie‹: Ein Topos der philologischen ›Curiositas‹«)

Zusammenfassung des Korreferats (Jörg Schönert): Der Beitrag werfe bereits eingangs die normative Frage auf, ob von einer ›Gleichgewichtsgröße‹ auszugehen sei, die eine Vielzahl von Innovationen und Binnendifferenzierungen der Disziplin ermögliche, aber gleichzeitig die Gefahr vermeide, daß die Disziplin sich in eine unübersichtliche Anzahl von Sektoren auffächere. Als Impuls für diese Innovation werde zurückgegriffen auf einen Topos der philologischen beziehungsweise literaturwissenschaftlichen ›Curiositas‹. Der Topos mache eine Aussage zur Unterscheidung von Gegenstands- und Theoriewissen und ermögliche es zum einen, entgegen aktuellen Standards der Wissenschaftstheorie auf der Unterscheidbarkeit beider zu bestehen. Zum anderen helfe der Rekurs auf den Topos, den Sachbezug gegenüber dem Theoriewissen zu akzentuieren, also Gegenstandswissen in Opposition zur Theorie zu stellen, was durch das Lachmann zugeschriebene Zitat signalisiert werde. Damit werde indes die entscheidende Frage mobilisiert, ob ›Curiositas‹ Wißbegierde, die in der Regel als eine anthropologische Konstante angesehen werde, die in der Vorlage thematisierte aktuelle wissenschaftstheoretische Problemstellungen adäquat umreiße. Drei Fragen seien zunächst an die Vorlage zu stellen: (1) »Wie kann der skizzierten Gefahr einer Überproduktion von Theoriewissen ein korrigierender Habitus, der als ›common sense‹ eines wissenschaftsethischen Verhaltenstypus beschrieben wird, entgegengesetzt werden?« – (2) »Wie ist die Rolle des Rhetorikers zu bestimmen, der – wie es die Vorlage nahelegt – die Epistemologie der Rhetorik nutzt, um sein Theoriewissen so zu ›verstecken‹, daß es für den Leser scheint, als würde die Sache selbst überzeugen? Die normativen Setzungen solcher Äußerungsformen wären schwer zu kontrollieren.« – (3) »Sollen Gegenstandsadäquatheit und Theoriewissen, Sache und Theorie vorzugsweise über die Installation von Vorbildern vermittelt werden, die den intendierten ›gepflegteren‹ Umgang mit Literatur demonstrieren?«

Replik des Referenten: Die Konzeption des Beitrages orientiere sich an dem Befund, daß die Disziplin keine klare Sortierung im Hinblick auf Philologie, Literaturkritik, Rhetorik oder Theorie präsentiere. Die entscheidende Frage für einen Literaturwissenschaftler, der sich über Wissenschaftsforschung Orientierungen verschaffen möchte, laute daher: »Wie kann ich mit dieser Vielfalt und mit dem Wissen, das sich im Fach angesammelt hat, auch in epistemologischer Hinsicht konstruktiv umgehen?« Was die ›Curiositas‹ (im Titel) betreffe, so wäre als legitimer Einwand denkbar, daß der ›Curiositas‹-Begriff einem vormodernen Diskussionszusammenhang angehöre und daher nicht als Signum heutiger Wissenschaft und ihrer Theorie anzusehen beziehungsweise als Terminus der Wissenschaftsforschung einzusetzen sei. Dem wäre (mit Blumenberg) entgegenzuhalten, daß die freigesetzte ›Curiositas‹ Wissen in einem Tempo produziere, das wissenschaftliches Wissen veralten lasse, bevor es überhaupt extern verwertbar sei. Die Verwendung des Topos beanspruche keine historische Genauigkeit. Wenn die Situation des Faches also durch die beschriebene Vielfalt zu charakterisieren wäre, dann fungiere ›Curiositas‹ als zentraler Begriff, weil er die Frage impliziere, wie mit dem Wissen, das ›Curiositas‹ freigesetzt habe, sinnvoll umzugehen sei.

An der *Diskussion* beteiligten sich: Klaus Weimar, Hans-Harald Müller, Jörg Schönert, Rudolf Stichweh, Gustav Frank, Manfred Briegel, Dagmar Ende, Erhard Schüttpelz, Sandra Pott, Christoph König, Detlev Schöttker.

In der Diskussion ging es zunächst um Ergänzungen und Verständnisfragen, die sich in erster Linie auf den begrifflichen Einsatz des Topos und auf seine argumentative Funktion bezogen. So wurde darauf hingewiesen, daß ›Curiositas‹ im theologiegeschichtlichen Kontext als eine der Ursünden aufgefaßt werde und daß das Titel-Zitat nicht Karl Lachmann, sondern Gottfried Hermann zuzuschreiben sei. Besondere Verständnisschwierigkeiten bereitete die argumentative Verkoppelung des ›Curiositas‹-Problems mit dem Topos, der – so wurde zunächst vermutet – auf den Gegensatz von Empirie und Theorie verweise. Mehrfach mußte der Referent die Interpretation korrigieren, er wolle sich mit seinem Beitrag gegen literaturwissenschaftliches Theoriewissen aussprechen. Es gehe nicht um einen vermeintlichen Gegensatz von Empirie und Theorie, sondern um die Unterscheidung zwischen Sachkenntnis und Theorie. Man könne das verdeutlichen an der Präferenz für eine »starke Lektüre« (Nikolaus Wegmann). Starke Lektüre beabsichtige nicht, die Theorie als solche ›kleinzuhalten‹, sondern dem Theoriebildungs-Imperativ ein wirksames Korrektiv entgegenzusetzen. Durch starke Lektüre könnten Kognition und Motivation gewissermaßen in einem gemeinsamen operativen Kalkül miteinander ›verrechnet‹ werden. Theoriewissen werde auch nicht qualifiziert, weder im positiven noch im negativen Sinne. Der Topos fungiere als ein kommunikatives

Vehikel, als Schema, das je nach historischer Situation zu konkretisieren wäre. Erst im Anschluß an diese Explikationen zeichnete sich ein Konsens über die argumentativen Intentionen des Beitrages ab.

Dennoch blieben zwei weitere Aspekte erläuterungsbedürftig: Handele es sich wirklich, wie Wegmann erklärt, um eine »Fallgeschichte«, und auf welche Weise sei dann der intendierte korrigierende Habitus – der ›common sense‹ – argumentativ aufzubauen? Der Schwierigkeit, den ›common sense‹ zu identifizieren, könne man Wegmann zufolge mit Anleihen aus der Aristotelischen Topik begegnen. »Was alle glauben, das, behaupten wir, trifft zu«, erkläre Aristoteles, um die Bewegung aus der ›doxa‹ in die ›episteme‹ zu plausibilisieren. Wissenstypologisch gehe es beim Topos stets um das, was alle (als doxa) wüßten, und so werde man auf den Spuren des Topos geradezu unvermeidlich in die Richtung des ›common sense‹ geführt (während umgekehrt die sozialwissenschaftliche Fassung des ›Allgemeinen Wissens‹ ohne jeden Verweis auf die Topik bleibe). Die aktuell zu beobachtende ›doxa‹ sei aber die Überzeugung, daß in der literaturwissenschaftlichen Aktivität der Gegenstand in besonderer Weise die Aufmerksamkeit lohne. Damit werde indes keine Präferenz von entweder Theorie- oder Gegenstandswissen gefordert. Dieser Aspekt könne verdeutlicht werden im Blick auf die erste Frage. Der Gegenstand der vorliegenden »Fallgeschichte«, so Wegmann, sei nicht der Topos schlechthin, sondern in diesem Topos gehe es um ein »Formular für die kritische Intervention«, das sich auf unterschiedliche Weise konkretisieren könne, etwa über Textkritik oder andere traditionell erprobte Verfahren. Jeder könne sich in dieses Formular ›einschreiben‹. Dieser Explikation folgend, wurde in der Diskussion die These vertreten, die Argumentation des Beitrags sei auf spezifische Kontexte der Disziplin ausgerichtet und könne daher den Status einer Fallstudie ›naturalisierter Epistemologie‹ beanspruchen. Denn der Topos, von dem der Text ausgehe, formuliere nicht nur ein Ressentiment, sondern darüber hinaus eine Unterscheidung zweier Seiten mit einer starken Präferenz für eine dieser beiden Seiten. Verschiedene Optionen seien für den Interpreten in einer solchen Situation denkbar und hochgradig wahrscheinlich: etwa die Umkehrung der Präferenzwertung oder die Leugnung der im Topos formulierten Differenz. Statt dessen aber werde versucht, die beiden Seiten der Unterscheidung zu symmetrisieren; genau dies sei die überraschende Strategie des vorliegenden Beitrages.

Die in der Konsequenz liegende Frage, auf welche Weise diese Strategie realisiert werde, verdeutliche eine weitere auffällige Entscheidung in der Argumentation: die bewußte Vermeidung einer Konfrontation mit den großen Epistemologien, vor allem mit dem ›Schlachtschiff‹ des Konstruktivismus, der die per Topos proponierte Unterscheidung hinfällig machen würde. Statt dessen werde auf kleinere Argumentationseinheiten – etwa aus der philologischen Tradition – zurückgegriffen, die für sich betrachtet schwer legitimierbar seien. Sie wären indes dem gewohnten und unangezweifelten Regelinventar der Disziplin zuzurechnen. Durch die Mobilisierung von semantischen Ressourcen werde Legitimität für die eigene Position erarbeitet, und der in diesem Zusammenhang weitestreichende Begriff laute ›inoffizielle Epistemologie‹: ›Informell‹ sei ein

Wissen, das nicht nur die Existenz von ›autonomously resistant objects‹ behauptet, sondern zugleich davon ausgehe, daß sich an diesen Objekten auch wissenschaftliche Wissensansprüche korrigieren lassen (müssen). Eben darum handele es sich auch bei naturalisierten Epistemologien, einzelne, schwer zu legitimierende epistemologische Argumente zu einem kohärenten Bild zusammenzufügen. Eine solche (gelungene) Operation werde im vorliegenden Beitrag vorgeführt.

Vorlage Sonka Meier (»Evaluation in der Wissenschaft am Beispiel der ›American Studies‹. Ein differenztheoretisch geleiteter Beitrag zur Selbstreflexion der ›American Studies‹«)

Zusammenfassung des Korreferats (Rembert Hüser): Im Zentrum des vorliegenden Beitrages stehe der Interventionsgedanke: In den ›American Studies‹, die unter starken Legitimationsdruck geraten seien, bestehe die Notwendigkeit der Erarbeitung einer ›übergreifenden, identitätsstiftenden Selbstbeschreibung‹. Es böten sich verschiedene Konzepte an, auf die man setzen könne und auch bereits gesetzt habe: Nation (Amerika), Bildung, Kultur – die Struktur, die sich einstelle, sei allerdings immer: ›Amerika‹. Die Begriffe, die Einheit verbürgen sollten, würden durch ihre fortwährende Bearbeitung und Binnendifferenzierung wieder aufgelöst werden; der Nations- beziehungsweise Kultur-Begriff etwa werde sukzessive enthierarchisiert. Was aber trete in den ›American Studies‹ an die Stelle von ›Amerika‹? Die Evaluation wissenschaftlicher Leistung werde im vorliegenden Beitrag als ›kulturelle Praxis‹ begriffen. Dabei wäre eine Relation von Disziplinenentwicklung und gesellschaftlicher Entwicklung in Rechnung zu stellen; es lasse sich im präsentierten Beispiel etwa eine gleichzeitige Affirmation von gesellschaftlicher Moderne und Ablehnung von kultureller Moderne beobachten. Eine rein interne Evaluation von Wissenschaft sei zum Scheitern verurteilt. Es gelte daher, ›ein legitimatorisches Leistungsprinzip‹ der Disziplin zu erarbeiten, das der Unumgänglichkeit gesellschaftlicher Steuerung stärker Rechnung trage. Optiert werde implizit für eine organisatorische Trennung von Forschung und Lehre. Der Korreferent knüpfte an seine Ausführungen folgende Fragen: (1) »Wie präzise lassen sich externe Leistungsanforderungen an eine Disziplin überhaupt bestimmen? Leistungsanforderungen finden ihren Niederschlag in jeweils unterschiedlichen Programmen. Diese Programme sind jedoch kontingent.« – (2) »Welchen Status hat das Beispiel im vorliegenden Beitrag?« – (3) »Was hat man sich unter einer ›Position der inneren Distanz‹ vorzustellen? Was ist im Rahmen dieser Selbstbeschreibung das Versprechen, das von der systemtheoretischen Terminologie, die nicht immer sauber gehandhabt wird, ausgeht? (›Der Übergang von Stratifikation zu funktionaler Differenzierung kann also auch als zentral für Entwicklung der Identität und somit der derzeitigen Problemlage der ›American Studies‹ bezeichnet werden.‹)« – (4) »Wie hilfreich ist der Rückgriff auf den Moderne-Begriff?«

Replik (in Vertretung: Peter Uwe Hohendahl): Die Fragen zur Funktion der systemtheoretischen Terminologie seien vorläufig in den Hintergrund zu stellen, denn nicht die Theorie, sondern die Anwendung sei der für diesen Beitrag entscheidende Aspekt. Die Verfasserin spreche aus dem in Europa kaum vertrauten Kontext der Amerikanistik. Insofern gelte es, einige institutionelle Hintergründe zu erläutern. ›American Studies‹ seien im amerikanischen Wissenschaftsbetrieb kleinere institutionelle Einheiten mit vergleichsweise geringem Prestige. So erreiche ein Amerikanist in der Regel nicht den Status oder die Reputation eines Anglisten oder Germanisten, die sich mit den ›großen‹ Texten beschäftigen würden, während Amerikanisten eher mit den ›lokalen‹ oder regionalspezifischen Texten befaßt seien. Das wiederum verweise auf eine Besonderheit aus den Vorstellungen etwa der Germanistik oder auch der Romanistik: auf die Anomalie, daß die kulturelle Identität in den Vereinigten Staaten weitgehend über eine Literatur definiert worden sei, die nicht die ›eigene‹ genannt werden könne, nämlich die englische Literatur. Dieses Phänomen sei ungewöhnlich und in seinen spezifischen Auswirkungen für die Ausbildung einer kulturellen Identität zu berücksichtigen. Vergleichbar sei diese Situation vielleicht mit der Vorstellung, daß die deutsche literarische und kulturelle Identität von der Germanistik im Rekurs auf Racine begründet werden würde. Das sei eine kaum nachvollziehbare Vorstellung, die es aber für die amerikanischen Verhältnisse immer im Kalkül zu behalten gelte. Die vermutlich wichtigste Frage in diesem Zusammenhang laute: »Wer definierte in Amerika kulturelle Identität und warum kommen separate und alternative Versuche, kulturelle amerikanische Identität zu definieren, erst verhältnismäßig spät?« Eine vorläufige These könnte dahingehend formuliert werden, daß in Amerika für nationale Identität zunächst einmal die Historiker verantwortlich gewesen wären. Im 19. und 20. Jahrhundert sei die Soziologie hinzugekommen; so könne man etwa Talcott Parsons als einen Soziologen lesen, der auf hohem theoretischen Niveau auch zur amerikanischen Identität und zum Problem der ›American Mission‹ Stellung bezogen habe. Die ›Verspätung‹ des Projekts einer Neubestimmung kultureller Identität hänge vermutlich auch zusammen mit der Veränderung der Selbstauffassung Amerikas nach dem Zweiten Weltkrieg.

An der *Diskussion* beteiligten sich: Jörg Schönert, Thomas Broman, Manfred Briegel, Peter Uwe Hohendahl, Jürgen Kaube, Lothar Mertens, Sebastian Neumeister.

Die Diskussionsbeiträge bezogen sich nur zum geringeren Teil auf den für die Wissenschaftsforschung möglicherweise relevanten methodischen Ansatz der Vorlage. Größeren Raum beanspruchten inhaltliche Stellungnahmen zu den Ausführungen des Korreferenten. In bezug auf die methodischen Aspekte wurde darauf hingewiesen, daß die Vorlage mit der Differenz zwischen interner und externer Evaluation operiere; es sei daher die Frage, wer diese externe Evaluation formuliere und wie sich aus der Wissenschaft heraus wiederum steuernd in diesen Evaluationsprozeß eingreifen lasse, welche Instrumente der Evaluation also jeweils leitend seien? Der Korreferent verwies in der Beantwortung der Frage zum einen auf die bekannten quantitativen Methoden der Evaluation. Zum anderen wären für die amerikanischen Verhältnisse spezielle Eigenarten im Umgang mit der Frage nach Erfolgen oder Mißerfolgen wissenschaftlicher Disziplinen zu berücksichtigen, insbesondere eine im Vergleich zu Europa größere Neigung, organisatorische Konsequenzen zu ziehen. Denkbar wäre es auch, daß auf die nachlassende Konjunktur der ›American Studies‹ mit einem erhöhten Theorie-Import aus den ›Cultural Studies‹ oder ›Colonial Studies‹ reagiert werde. Es dürfe bei alledem jedoch nicht übersehen werden, daß für die amerikanischen Verhältnisse immer auch eine vergleichsweise starke ›pragmatisch‹ beziehungsweise ›atmosphärisch‹ orientierte Komponente leitend sei. Diese Überlegungen wurden im weiteren Verlauf der Diskussion bestätigt: So sei diese ›pragmatische‹ Komponente – nicht nur in bezug auf die ›American Studies‹ – folgenreich, da sich die Gestaltung und Profilierung disziplinärer Identitäten in der Universitätsstruktur der Vereinigten Staaten sehr viel stärker als etwa in Deutschland auch an der Motivlage der ›undergraduates‹ – die einen wichtigen Faktor im finanziellen Kalkül der einzelnen Disziplinen darstellen würden – orientiere: Wenn es also überdurchschnittlich viele Studierende gebe, denen es nicht mehr ohne weiteres einleuchte, sich für ›American Studies‹ zu immatrikulieren, so werde einer solchen Veränderung der ›Bedürfnislage der Konsumenten‹ finanziell und organisatorisch unmittelbar Rechnung getragen.

So besehen könne man die ›American Studies‹ als ein ›auslaufendes Modell‹ charakterisieren, das keine ›interessanten‹ Fragen mehr generiere, gemessen an der Gesellschaft, an die diese Fragen zu stellen wären.

Vorlage Sandra Pott (»Leitbegriffe für die Wissenschaftsförderung. Zum Zusammenhang von Wissenschaftspolitik und disziplinärer Entwicklung in der germanistischen Literaturwissenschaft seit 1983«)

Zusammenfassung des Korreferats (Lothar Mertens): Dem Korreferenten zufolge plädiere der Beitrag für eine »reine Lehre der Literaturwissenschaft«, deren mangelnde Berücksichtigung und unzureichende finanzielle Förderung die Referentin anhand von Beispielen erläutere und kritisiere. Zwar würden innovative Ansätze begrüßt, allerdings sollten der Vorlage gemäß Innovationen innerhalb der Disziplin erfolgen und sich nicht von extern formulierten Ansprüchen leiten lassen. Dieser Standpunkt scheine dem Korreferenten von einem traditionell definierten »back to the roots« gekennzeichnet zu sein. Der Beitrag lehne – so akzentuierte Lothar Mertens – ein interdisziplinäres Öffnen der Disziplin für aktuelle Tendenzen und Trends nicht nur weitgehend ab, sondern fordere abschließend, eine Begrenzung der germanistischen Literaturwissenschaft auf die »reine Lehre« auch im Bereich der Forschungsförderung festzuschreiben und künftig nur noch solche Vorhaben zu fördern, die dem in der Vorlage aufgestellten Kriterienkatalog entsprechen würden. Diese Position erscheine sehr bedenklich, weil sie weite Bereiche der disziplinären Aktivitäten von vornherein ausklammere.

Replik der Referentin: Sandra Pott stellte richtig, sie habe sich nicht mit jüngeren Rationalitäts-Modellen kritisch auseinandersetzen wollen, sondern sich an dem Ansatz von Stephan Hornbostel (*Wissenschaftsindikatoren*, 1997) orientiert, der eine »pragmatische Wende« postuliere: Hornbostel rekapituliere exemplarisch vorliegende Rationalitäts-Modelle zur Wissenschaft. In der aktuellen Situation seien jedoch eher pragmatische Zugangsweisen erforderlich. So verstehe sich der vorliegende Beitrag als konkrete Intervention im Zeichen defizitärer Reflexionen auf Prozesse der Begriffs- beziehungsweise Kategorienbildung. Die Verbindung zwischen Wissenschaftsforschung und Literaturwissenschaft werde dabei über den Ausdruck ›Leitbegriff‹ hergestellt: Denn mit Hilfe dieses Begriffes könne die These vertreten werden, die ›Geisteswissenschaften‹ seien in einem sehr prekären Bereich durchaus steuerbar, nämlich in ihren Leitbegriffen, die sowohl Methoden als auch Gegenstände eines Faches betreffen könnten. Zwei weitere Aspekte des Korreferates seien korrekturbedürftig. Der Beitrag plädiere nicht für eine strikte Separation der Wissenschaft gegenüber externen Anforderungen und Impulsen. Es solle gerade gezeigt werden, wie man externe Einflüsse reflektierbar machen könnte. Auch intendiere die Vorlage keine ›reine Lehre‹, sondern plädiere für ein bestimmtes Ethos im Umgang mit Leitbegriffen.

An der *Diskussion* beteiligten sich: Jörg Schönert, Rudolf Stichweh, Manfred Briegel, Michael Schlott, Lothar Mertens, Wolfgang Rohe, Thomas Broman, Jürgen Kaube, Klaus Weimar, Hans-Harald Müller, Detlev Schöttker.

Die Diskussion bot zunächst Gelegenheit, auf den für die Wissenschaftsforschung relevanten Problemstatus des Beitrages einzugehen: Auf der Ebene der Semantik oder des ›Handelns mit Begriffen‹ werde versucht, entsprechende Strukturen der Wissenschaftssteuerung wissenschaftspolitisch nachzuzeichnen. Am Beispiel der medien- und kulturwissenschaftlich orientierten Erweiterung des Gegenstandsbereiches der Literaturwissenschaft werde exemplarisch gezeigt, wie bestimmte Begrifflichkeiten installiert würden, wie man mit ihnen operiere und wie begriffliche Beziehungen oder Korrelationen in Gang gesetzt würden, ohne daß die fraglichen Leitbegriffe im wissenschaftlichen Programm diskursiv und analytisch auf ihre Aussagekraft und Anwendungsfähigkeit hin überprüft worden wären.

In diesem Zusammenhang wurden unterschiedliche Verwendungsweisen des Programm-Begriffes reflektiert. Drei Varianten gelte es wenigstens zu unterscheiden: In der wissenschaftspolitischen Perspektive gehe es bei der Erstellung von Programmen zunächst nur (1) um die Fixierung verhältnismäßig abstrakter Prämissen, die es ermöglichen sollen, über Förderungsanträge im Rekurs auf die in diesen Programmen definierten Aspekte zu entscheiden. Für die Wissenschaftsforschung sei insbesondere die Form der Kopplung zwischen solchen Programmen einerseits und der wissenschaftlichen Praxis andererseits von Interesse. Dieses Verhältnis lasse sich etwa exemplifizieren an dem wissenschaftspolitischen Leitbegriff ›Krebsforschung‹ für die wissenschaftsinternen Forschungsaktivitäten zur Molekularbiologie. Im Untersuchungsbereich ›Wissenschaftspolitik‹ könne der Programm-Begriff nur in dieser ersten Bedeutung sinnvoll angewendet werden. (2) Des weiteren seien die Implikationen des Luhmannschen Programm-Begriffes genauer zu bestimmen: Die Steuerung des Wissenschaftssystems über den ›Wahrheits-Code‹ sei nicht weitreichend genug, um wissenschaftspolitische Entscheidungen plausibel zu legitimieren. Aus dem ›Wahrheits-Code‹ folge beispielsweise nicht die Notwendigkeit einer starken Präferenz für bestimmte meteorologische Forschungsaktivitäten. Zur Entscheidung solcher Fragen benötige die Wissenschaft Programme. Diese ›Programm‹-Ebene bezeichne wiederum Interaktionsspielräume zwischen Wissenschaft und Wissenschaftspolitik; der zugrundeliegende Programm-Begriff sei indes anderen Voraussetzungen verpflichtet als die erste Variante, insofern Luhmann konstatiere, die Wissenschaft sei eher auf der ›Programm‹-Ebene und weniger auf der Ebene des ›Wahrheits-Codes‹ extern anregbar. (3) Schließlich arbeite die Vorlage mit dem eminent wissenschaftstheoretisch orientierten und begriffslogisch besonders anforderungsreichen Programm-Begriff von Lakatos. Die von Luhmann intendierten ›Programme‹ würden indes nur in Ausnahmefällen den von Lakatos formulierten Anforderungen an Forschungsprogramme genügen.

Klärungsbedarf erzeugte die Vorlage vor allem in bezug auf das Verhältnis von wissenschaftsexternen (etwa Berufs- und Parteipolitik) und wissenschaftsinternen Bereichen der Wissenschaftspolitik (Selbstverwaltungsorganisationen wie etwa Hochschulrektorenkonferenz, DAAD, DFG, Max-Planck-Gesellschaft, Humboldt-Stiftung etc.). Die in der Vorlage als »Austausch von Begriffen« beschriebene »Kommunikation von Wissenschaft und Politik« sei im Hinblick darauf, »wer etwas propagiert oder wer wem etwas abschaut und nachspricht«, zu spezifizieren. So wäre etwa für den Leitbegriff ›Kultur‹ sehr genau zu prüfen, wer diesen Begriff wann programmatisch eingesetzt habe. Im vorliegenden Beitrag werde der Eindruck erweckt, als würden den Wissenschaftlern von den Berufspolitikern Leitbegriffe vorgegeben werden; jedoch verhalte es sich – wenn überhaupt von einem derart ›linear-abbildenden‹ Verhältnis die Rede sein könne – eher umgekehrt. So wären Begriffe wie ›Kultur‹ oder ›Anthropologie‹ nicht von der professionellen Politik, sondern von der

Wissenschaft ins Gespräch gebracht worden. So besehen sei schließlich auch die Systematik der Literaturwissenschaft nicht in dem Maße von unexplizierten Leitbegriffen geprägt, wie es der Vorlage zufolge der Fall zu sein scheine. Uneingeschränkt sei den Ausführungen der Referentin jedoch darin zuzustimmen, daß Leitbegriffe für den wissenschaftlichen Gebrauch zu konkretisieren wären – unabhängig davon, daß sie (eben in ihrer Eigenschaft als Leitbegriffe) notwendigerweise Unschärfen aufweisen würden. Insbesondere, was den sogenannten kulturwissenschaftlichen Ansatz angehe, bliebe eine effiziente ›Umsetzungsarbeit‹ und ›Präzisierungstätigkeit‹ sehr wünschenswert.

Sei das in der Vorlage akzentuierte Verhältnis des Begriffsaustausches zwischen Politik und Wissenschaft zu spezifizieren, so müsse darüber hinaus von der pauschalisierenden Ansicht abgesehen werden, die Literaturwissenschaft gelte als eine ›billige‹, da wenig instrumentenintensive Wissenschaft. ›Vitale‹ Instrumente der Literaturwissenschaft seien die vergleichsweise teuer ausgestatteten Bibliotheken; hinzu kämen die ausgesprochen personenintensiven Editionsprojekte. Zur Präzisierung des zugrundeliegenden Steuerungsmodells verwies die Referentin auf den von ihr gewählten Ansatz, Wissenschaftsförderung nicht als funktionale Teilsysteme zu beschreiben, sondern als Kopplungssysteme, die ihre Funktionen zwischen Teilsystemen ausüben würden. Entscheidend sei die Beschreibung der Kommunikation und der mögliche Einsatz unterschiedlicher Medien in diesem Kopplungssystem. Dieser Aspekt wäre zu verlängern im Hinblick darauf, daß die zur Debatte stehenden »Leitbegriffe für die Wissenschaftsförderung« im Kopplungssystem der Wissenschaftsförderung geprägt würden. Es sei also kein einseitig akzentuiertes Steuerungsmodell gemeint, das externe politische Anregungen und Forderungen auf das interne Wissenschaftssystem projiziere. Eine solche Auffassung solle gerade durch die institutionenspezifisch orientierte Argumentation vermieden werden: Stünde das Problem des semantischen Vorlaufes im Prozeß der Genese von Programmen im Vordergrund, so ergebe sich der Befund einer sehr komplexen institutionellen Verzahnung, die zu einem konzeptionell und konzeptuell problematischen Transport von Semantiken führe. Leitbegriffe wie ›Kultur‹ und ›Medien‹ würden programmatisch eingesetzt, obwohl erst die semantische ›Verdichtung‹ im wissenschaftlichen Programm die Aussagekraft, Tragfähigkeit und Reichweite dieser Begriffe erweisen könnte. Dennoch würden die Begriffe – als (vermeintliche) Programme – im Kopplungssystem der Wissenschaftsförderung auf Dauer gestellt. Diesen Durchsetzungsprozeß gelte es einschließlich seiner problematischen Implikationen für die Disziplin nachzuzeichnen: Vereinfacht gesprochen gehe es um ein Rekonstruktionsverfahren, das den Prozeß der Angleichung wissenschaftlicher und wissenschaftspolitischer Begriffseinsätze plausibilisieren könnte. Im Vordergrund stehe nicht die ohne weiteres zu konzedierende Einsicht, daß Leitbegriffe unscharf seien, sondern eher die Frage, wie solche Begriffe im institutionellen Kreislauf wirksam werden würden. So besehen wären die Befunde des vorliegenden Beitrages beispielsweise zu korrelieren mit empirischen Studien über das Gutachterwesen.

Die weitere Diskussion konzentrierte sich zunächst auf kritische Variablen im Gutachterwesen. ›Kunstfehler‹, die – bezogen etwa auf Konstellationen im Gutachterwesen der DFG – auf spezifischen Ressentiments von Gutachtenden oder Fachreferenten beruhen würden, seien Ausnahmeerscheinungen, die auf der Entscheidungsebene korrigiert werden könnten. Indes sei gerade die Funktionsweise des Gutachterwesens ein von der Wissenschaftsforschung besonders gut erforschter Sektor. Die kritische Variable beziehe sich dabei weniger auf die Gefahr von ›bias‹ aufgrund individueller Ressentiments. Ausschlaggebend sei in dieser Hinsicht vielmehr das Problem des Dissens-Niveaus – die Frage also, wie und warum dieselbe Sache von verschiedenen Gutachtern sehr unterschiedlich beurteilt werde könne. Bei einem hohen Dissens-Niveau wäre auch mit hoher Wahrscheinlichkeit anzunehmen, daß gutachterliche Entscheidungen vom Zufall der Zusammenstellung der Gutachtergruppe abhängen würden. Eine Lösung dieses Problems bestehe darin, mit möglichst großen Gutachtergruppen zu operieren; dies wiederum erhöhe indes die Kosten des Verfahrens.

Vorlage Rembert Hüser (»We Are Family – Remix 98. Herausgegeben und eingeleitet von R. H.«)

Zusammenfassung des Korreferats (Nikolaus Wegmann): Im Kontext der Disziplin sei es nicht untypisch, daß der vorliegende Text am Ende des Tagungsprogramms stehe: Nicht weil er das ›letzte Wort‹ habe, sondern weil er »irgendwie« nicht passe. Weil das so sei, stehe der Korreferent vor einem Dilemma. Das übliche Verfahren fordere ihn auf, diesen Text zusammenzufassen und auf Thesen zu bringen. Damit könnte suggeriert werden, dieser Text stehe nur zufällig – einer müsse eben der letzte sein – an dieser Position; als hätte er auch woanders stehen können. Mit dem üblichen Verfahren der Zusammenfassung würde aber über den Text ›hinweg‹ gesprochen werden; man hätte ihn ›passend‹ gemacht, ihn übersetzt, vielleicht normalisiert. Das bleibe auch dann ein Dilemma, wenn man sich als Korreferent auf die ›andere Seite‹ schlage und daran erinnere: Daß beispielsweise besser nicht über ›jetzt und hier‹ stattfindende Disziplinierungen zu sprechen wäre und selbstreferentielle Argumentationen zu vermeiden seien. Der Korreferent könne daher nur konstatieren, daß ihn der Text auf seine eigene Weise in sein Thema – den Zusammenhang von diskursiven Praktiken und disziplinärer Zugehörigkeit – verwickelt habe. Angesichts dieser Lektüre-Erfahrung sei es sehr zu bezweifeln, daß dieser Text einen Vermittler brauche, der das, was die Vorlage exemplarisch demonstriere, noch einmal explizieren müsse durch Feststellungen wie: »Es geht um das ›Sozialsystem‹ Wissenschaft, in dem Macht und Einfluß, Normierung und Sanktion reale Größen sind.« Statt dessen seien Fragen zur Praktik des vorliegenden Textes und zu seinem Schreibverfahren zu stellen: (1) »Wie schützt der Text sich gegen (s)einen Erfolg angesichts der Tatsache etwa, daß es inzwischen längst eigene Symposien zu den ›Rändern‹ (margins) gibt, daß also der ›Rand‹ in manchen Fachkontexten das ›eigentliche‹ Zentrum geworden ist?« – (2) »Was und wie muß in dieser Situation geschrieben werden?« – (3) »Ist das ein Problem oder nur eine weitere Gelegenheit, um neue oder andere Gegnerschaften zu finden?« Der vorliegende Text schreibe sich ›sehenden Auges‹ an den Rand und werfe die Frage auf, welche Probleme und Schwierigkeiten entstehen könnten, wenn man sich eingestehen würde, daß der ›Rand‹ auch immer zur ›Familie‹ gehöre.

Der Referent verzichtete zunächst auf eine *Replik*; an der anschließenden *Diskussion* beteiligten sich: Michael Schlott, Jörg Schönert, Sandra Pott, Jürgen Fohrmann, Jürgen Brokoff, Rudolf Stichweh, Klaus Weimar, Hans-Harald Müller.

Im Anschluß an die Ausführungen des Korreferenten waren zunächst sowohl von der Seite der Initiatoren und Veranstalter des Symposions als auch seitens des Referenten jegliche ›Marginalisierungsintentionen‹ auszuschließen. Prüfe man den vorliegenden Beitrag nach dem Kriterium der Intentionalität, so könne die Vermutung entstehen, der Referent bezwecke geradezu seine eigene Marginalisierung, um auf diese Weise die These zu legitimieren, die Tatsache seiner Ausgrenzung zeige, daß er ›recht habe‹. Der Referent erklärte, derartige Strategien würden den Impetus seines Beitrages unzutreffend charakterisieren. Die Vorlage sei nicht mißzuverstehen als ein symbolischer Verweis auf angebliche Exklusionen, die, wie vollkommen einsichtig sei, bei einer beschränkten Anzahl von Tagungsbeiträgen vorgenommen werden müßten. Daher sei auch die – in der Diskussion ebenfalls geäußerte – ›Lesart‹ unzutreffend, den Beitrag als einen »Test auf die Toleranzgrenze des disziplinären Apparates« zu verstehen. Dies sei beispielsweise daran erkennbar, daß der Beitrag diejenigen Punkte der Tagungsausschreibung, an die er sachlich anschließe, genau benannt habe.

Abgesehen davon, daß die Marginalisierungsintention eine hochgradig wahrscheinliche Rezeptionsvariante darstelle, herrschte schließlich Konsens über die Abwegigkeit, den Beitrag im Sinne einer ›Marginalisierungsopfer-Legende‹ zu stilisieren. Die weitere Diskussion profitierte vor allem von der Frage, welche Textsorte beziehungsweise welches ›Genre‹ die Vorlage eigentlich repräsentiere. Naheliegend sei die These, es handele sich um ›Wissenschaftssatire‹: Der Autor wolle offensichtlich gar nicht als Autor angesprochen werden, sondern inszeniere sich als Herausgeber, der eine kurze Einleitung schreibe und einige Briefe veröffentliche. So besehen sei also zu fragen, ob es sich im vorliegenden Fall um (›schöne‹) Literatur oder um Wissenschaft handele. Rubriziere man den Beitrag unter ›Wissenschaft‹, so scheine ein Widerspruch vorzuliegen zwischen Aspekten der Personalisierung einerseits, die ja an dem Unternehmen der Dotzlerschen ›Anthologie‹ kritisiert werde, und der in der Vorlage erkennbar starken Präferenz für subjektiv begründete Interessen (die ein alternatives Wissenschaftsprogramm legitimieren sollen) andererseits. Der Referent konnte diese Bedenken entkräften, indem er darauf hinwies, er inszeniere sich nicht als Herausgeber: Er sei der Herausgeber.

Der Referent sehe in der Vorlage einen konstruktiven wissenschaftlichen Beitrag. Er gehe davon aus, daß es keine ›Einheit des Faches‹ gebe. Darauf könne mit unterschiedlichen Optionen reagiert werden: Die Dotzlersche Option sei ›repräsentativ‹ orientiert, das heißt sie funktioniere nicht über einen stringent entwickelten Problembezug, sondern über ein beliebiges Sozialkriterium, über Namen und Positionen, die eine ›familiäre‹ Einheit suggerieren würden. Die Zusammensetzung der ›Familie‹ – die Bildung von Kontexten über Namen – sei indes variabel und richte sich nicht nach dem Sozialkriterium, sondern nach dem Problembezug, der unterschiedlich definiert werden könne. Der vom Referenten favorisierte Problembezug gelte, vereinfacht gesprochen, der Form von Kommunikation. Es gebe unterschiedliche Formen der Selbstbeobachtung, und – im Gegensatz zum Dotzlerschen Projekt – verfolge der Referent nicht die Frage, wie Unterscheidungen im einzelnen ›erschrieben‹ werden könnten beziehungsweise wie Lektüreverfahren anzulegen seien, die bestimmte Selbstreferenztechniken praktizieren würden. Auch könne man nicht ohne weiteres behaupten, der Beitrag werde von vornehmlich subjektiven Interessen dominiert. So gehe es nicht um die Gründung einer alternativen Familie, sondern um eine

Neugruppierung unter dem genannten Problembezug. Der Blick richte sich dabei auf Personen, die einerseits – institutionell betrachtet – nicht zur Disziplin gezählt würden, andererseits jedoch Selbstbeobachtungsverfahren praktizierten, die für die Disziplin von Interesse sein könnten. Im Sinne der Kontext-Metapher ›Familie‹ stelle sich Familienbildung auf diese Weise (als Effekt) ein.

Der Referent beanspruche für diese alternative Gruppierung jedoch keine Repräsentativität, wenngleich im gewählten Verfahren die Tendenz zur Kanonisierung offensichtlich unvermeidbar sei. Der entscheidende Richtpunkt des Verfahrens wäre nicht in der Kanonisierung zu sehen, sondern in bestimmten Schreibweisen und Verfahren der Selbstbeobachtung, die eine Einheit des Faches behaupten würden. Zu erinnern sei beispielsweise an Überlegungen, die Georg Jäger in einem Interview mit Herausgebern des *Reallexikons* angestellt habe: Angesichts des heterogenen disziplinären Profils könne es sich als sinnvoll erweisen, Artikel über literaturwissenschaftliche Basiskategorien (wie etwa ›Autor‹) an unterschiedliche Beiträger zu vergeben, gerade weil die Situation des Faches mittlerweile alternative Schreibverfahren und Anschlußmöglichkeiten in unterschiedlichen Kommunikationszusammenhängen zur Verfügung stelle. Daran knüpfte sich die Frage, ob zur Identifikation dieser unterschiedlichen diskursiven Praktiken das Modell einer alternativen Gemeinschaft beziehungsweise Familie benötigt werde. Es sei möglicherweise sehr viel effizienter, diese Praktiken direkt ins Visier zu nehmen.

In der Diskussion wurde dieser Vorschlag aufgegriffen und auf das Schreibverfahren der eingereichten Vorlage bezogen. Man könne das ›Mix der Texte‹ als eine Polemik mit zwei Objekten verstehen: ›Hierarchie‹ und ›Restriktion auf Individualität‹. Der erste Aspekt sei gerade an der Dotzlerschen ›Anthologie‹ zu illustrieren und insofern als Objekt der Polemik zu begrüßen, als ein solches Unterfangen (›Anthologie‹) offensichtlich etwas darstelle, das strenggenommen nicht in die Wissenschaft gehöre. Weniger auffällig, dafür jedoch um so wichtiger, sei der zweite Aspekt. Die Vorlage verweise insbesondere in den Anfangspassagen auf einen ›Subtext‹, der die Argumentation kontinuierlich begleite. Auf dieser Ebene (der Polemik gegen Restriktion auf Individualität) vernetze sich der Beitrag schließlich auch mit anderen Tagungsbeiträgen – etwa mit der Frage, warum in der Wissenschaft nicht ›Ruhm‹, sondern Reputation anzustreben sei und welche Sanktionen und Ausschlußmechanismen die ›scientific community‹ bereithalte, wenn Abweichungen von der Regel auftreten würden. Restriktionen auf Individualität gehörten zur Basisstruktur des Sozialsystems moderner Wissenschaft: Die Polemik des vorliegenden Beitrages lege diese Struktur frei und transportiere somit in der Polemik einen Erkenntniseffekt. Daß angesichts der heterogenen disziplinären Struktur kein ›monolithisches‹ Gegenüber erkennbar sei, das die genannten Restriktionen auferlege, sei kein Einwand gegen die vorgeschlagene Lesart. Die Disziplin ›spreche‹ nie abstrakt ›als Fach‹; Restriktionen würden sich immer über Einzelfälle konkretisieren.

An der *Abschlußdiskussion* beteiligten sich: Lutz Danneberg, Jörg Schönert, Michael Schlott, Manfred Briegel, Rudolf Stichweh, Jürgen Fohrmann, Rainer Kolk, Erhard Schüttpelz, Klaus Weimar, Nikolaus Wegmann, Christoph König, Lothar Mertens, Sebastian Neumeister.

Die Schlußdiskussion orientierte sich an der vermutlich weitestreichenden Leitfrage nach dem Nutzen der Wissenschaftsforschung für die Literaturwissenschaft. Die Beiträge zu den einzelnen Sektionen hätten verdeutlicht, daß Antworten auf diese Frage höchst unterschiedlich ausfallen könnten, denn die Bestandteile des möglichen Spektrums seien ihrerseits durch bestimmte singuläre Ausgangsüberlegungen und entsprechende Problemstellungen definiert. Wenn es also um den Nutzen der Wissenschaftsforschung für die Literaturwissenschaft gehe, so konkretisiere sich diese Frage beispielsweise im Rekurs auf die Vorlagen von Nikolaus Wegmann, Sonka Meier und Sandra Pott: Wissenschaftsforschung liefere Instrumentarien für verbessernde Eingriffe in die Disziplin. Damit werde die weitere Frage verbunden, welche intradisziplinären Problemsituationen die Forderung nach einer Verbesserung der Disziplin veranlassen würden. Als Konsequenz daraus ergebe sich die Aufgabe, den Zusammenhang von Wissenschaftsforschung und Literaturwissenschaft theoretisch und methodisch zu profilieren und institutionell zu organisieren, um effiziente Eingriffe gewährleisten zu können: Zu erinnern sei dabei etwa an die Frage nach der adäquaten Aufbereitung sowie nach der Funktion von Fallstudien (Sebastian Neumeister). Schließlich – auch dies hätten die Vorlagen gezeigt – müsse sehr genau auf die Zielrichtung der einzelnen Beiträge reflektiert werden: Während etwa die Überlegungen von Detlev Schöttker als ein Beitrag zur ›Grundlagenforschung‹ (Ruhm als Gegenstand der literaturwissenschaftlichen Wissenschaftsforschung) charakterisiert werden könne, weise Rembert Hüsers Vorlage in eine speziellere – methodische – Richtung (zu selbstreferentiellen Beobachtungs- und Schreibverfahren als Instrumenten der literaturwissenschaftlichen Wissenschaftsforschung). Die Ausrichtung der Grundfrage auf den Nutzen der Wissenschaftsforschung für die Literaturwissenschaft sei nicht so zu interpretieren, daß der Status und die Funktion von Wissenschaftsforschung ausschließlich über engführende ›disziplinäre‹ Perspektiven bestimmt werden könnten. Der Nutzen der Wissenschaftsforschung für einzelne wissenschaftliche Disziplinen bemesse sich vielmehr auch an dem übergreifenden Erkenntnisziel, ›Wissenschaft‹ (besser) zu verstehen. Projiziere man diesen Anspruch in den engeren disziplinären Kontext der Literaturwissenschaft, wäre die Frage nach dem Nutzen der Wissenschaftsforschung zunächst sehr verallgemeinert zu beantworten: Die Literaturwissenschaft benötige Wissenschaftsforschung, um als Disziplin sinnvoll betrachtet und beurteilt zu werden; Wissenschaftsforschung stelle Kategorien und Wissensbestände zur Verfügung, die adäquat auf das wissenschaftliche Handeln der Disziplin anzuwenden wären.

Dieser Aspekt wurde in der Diskussion exemplifiziert anhand der von Sandra Pott thematisierten Einteilung der Disziplin in Kern- und Randbereich(e). Ein solcher Ansatz erscheine nur dann sinnvoll, wenn aus der Perspektive der Wissenschaftsforschung die unterschiedlichen Applikationen der Kern-/Rand-Terminologie genauer benannt werden könnten. Wenn beispielsweise im wissenschaftspolitischen ›Diskurs‹ das Argument mobilisiert werde, die eigentlich ›interessanten‹ Entwicklungen seien an den ›Rändern‹ der Fächer zu beobachten (etwa die Molekularbiologie als Disziplin zwischen den Rändern von Biologie und Chemie), so könne die Wissenschaftsforschung fragen, ob analoge

Entwicklungen auch für die Literaturwissenschaft festzustellen seien. Dabei würde sich allerdings herausstellen, daß diese Frage disziplinspezifisch zu präzisieren wäre: So sei die Entstehung von ›Bindestrich-Literaturwissenschaften‹ ein Phänomen, das sich häufig schwer nachvollziehbaren ›konjunkturellen‹ Schwankungen – etwa im Bereich der programmatisch eingesetzten Leitbegriffe – verdanke. Wenige dieser disziplinären ›Innovationen‹ könnten als stringente Anschlußforschung rekonstruiert werden und nur wenige unter ihnen seien von hoher Lebensdauer. Während es für die naturwissenschaftlichen Disziplinen weiterhin Beobachtungsstandpunkte in verhältnismäßig genau zu bestimmenden Zentren der einzelnen Disziplinen gebe, könne das Kern-/Rand-Modell auf die Literaturwissenschaft sinnvoll nur in der (minimalen) Differenzierung nach Ausbildungsprogrammen, Gegenstandserweiterungen und nach dem Wandel von Konzepten, Modellen und Theorien angewendet werden.

Angesichts solcher Entwicklungen stelle sich die Frage nach dem intradisziplinären Nutzen der Wissenschaftsforschung um so dringlicher. Zwei Bereiche wären zu markieren, in denen die Literaturwissenschaft von der Wissenschaftsforschung profitieren könnte. Zum einen werde ›Reflexionswissen‹ disponibel, das – insbesondere über die fachhistoriographische Vermittlung – Möglichkeiten der Distanznahme zur eigenen wissenschaftlichen Tätigkeit oder eine Bewußtseinssteigerung im Erfassen denkbarer Alternativen schaffe (Sebastian Neumeister). Zum anderen sei Wissenschaftsforschung der Literaturwissenschaft zu fassen als Arbeit an der Epistemologie des Faches (Nikolaus Wegmann). Dieser ›Leistungsbereich‹ beziehe sich auch auf andere Disziplinen, so daß zwischen Reflexionswissen erzeugender Fachgeschichte im engeren Sinne und epistemologisch orientierter Wissenschaftsforschung zu trennen wäre. Reflexionswissen – darauf wurde in diesem Zusammenhang wiederholt hingewiesen – sei nicht zu verwechseln mit ›lebensweltlichem‹ Orientierungswissen. Reflexionswissen als historisch angeleitete Selbstreflexion habe nichts mit der bereits von Max Weber perhorreszierten Frage nach einem ›sinnvollen Leben‹ zu tun, sondern behandele etwa das Problem, wie im Rahmen überkommener institutioneller Strukturen Forschungsgegenstände konstruiert würden und warum Interdisziplinarität häufig als ›Verletzung‹ etablierter Disziplingrenzen begriffen werde. Die Unterschiede zwischen Reflexionswissen und epistemologischem Wissen – damit wurde die eingangs skizzierte Frage nach der methodologischen Profilierung und nach den institutionellen und organisatorischen Erfordernissen einer ›ausdifferenzierten‹ literaturwissenschaftlichen Wissenschaftsforschung aufgenommen – würden allerdings nicht zwangsläufig eine Trennung von (disziplinärer) Wissenschaftsgeschichte und (disziplinübergreifender) Wissenschaftsforschung nach sich ziehen: Eine disziplinübergreifende Professionalisierung von Wissenschaftsforschung steuere ein zu hohes Abstraktionsniveau an, das nicht mehr auf die kontrollierende Instanz des disziplinären Basiswissens zurückgreifen könne.

Die Implikationen dieses Problems wurden auf zwei Ebenen diskutiert. Was die Frage nach der Abstraktheit der Wissenschaftsforschung angehe, so erschienen diese Schwierigkeiten durchaus relativ in bezug auf die Möglichkeiten der Konkretisierung. Es gehe vorrangig darum, die Fragestellungen und Ergebnisse der Wissenschaftsforschung so allgemein zu halten, daß der disziplinenübergreifende Gewinn im Sinne der traditionellen Vorstellung von ›philosophy of science‹ oder Wissenschaftstheorie gewährleistet werden könne. Das Problem der Vermittlung zwischen hoher Abstraktion und basalem disziplinären Wissen betreffe im übrigen nicht nur die Literaturwissenschaft, sondern alle wissenschaftlichen Disziplinen. Zudem hätten die Sektionsbeiträge gezeigt, daß die Wissenschaftsforschung zur Disziplinarität fortlaufend selbst wieder instruktive Resultate erbringe, die möglicherweise nicht mehr über disziplinäre Besonderheiten, sondern nur noch über den Abstraktionsgrad ›Wissenschaft‹ zu fassen seien. Davon abzuheben wäre die Frage nach der Professionalisierung. Zum Vergleich wurde auf die erheblichen Diskrepanzen in den bestehenden Institutionalisierungsformen der Rechtsgeschichte hingewiesen: So seien etwa Spezialisten für das Versicherungswesen in der mittelalterlichen Seefahrt eigentlich weder professionelle Historiker noch professionelle Juristen. So besehen wäre eher für eine ›literaturwissenschaftliche Wissenschaftsforschung‹ im Sinne einer ausdifferenzierten Disziplin zu plädieren. Das Kompetenzniveau einer solchen literaturwissenschaftlichen und disziplingeschichtlichen Wissenschaftsforschung würde sich – wie die vorliegenden Beiträge verdeutlicht hätten – nicht zuletzt daran bemessen, inwieweit ihre Akteure eine ›präsentistische‹, das heißt ausschließlich an der Lösung ›aktueller‹ *literatur*wissenschaftlicher Probleme orientierte Aufbereitung ihrer Gegenstände methodisch zu vermeiden wüßten.

Biographische Notizen zu den Beiträgern

BROKOFF, JÜRGEN, geb. 1968. Studium der Germanistik und Geschichte in Münster und Bonn. Promotion 1999. Wissenschaftlicher Mitarbeiter am SFB »Judentum – Christentum« der Universität Bonn.

BROMAN, THOMAS, geb. 1954. Studium der Biologie und Chemie am Ripon College (Wisconsin), der Pflanzenphysiologie an der University of Illinois und der Geschichte an der Princeton Universität. 1987 Promotion. Seit 1988 Associate Professor für Geschichte der Naturwissenschaften an der University of Wisconsin.

DANNEBERG, LUTZ, geb. 1951. Studium der Germanistik und Philosophie in Hamburg. 1985 Promotion, 1992 Habilitation. Seit 1993 Professor für Neuere deutsche Literatur (Schwerpunkt ›Methodologie/Wissenschaftsgeschichte‹) an der Humboldt-Universität zu Berlin.

ENDE, DAGMAR, geb. 1956. Diplomlehrer-Studium Deutsch/Geschichte und Promotionsstudium in Magdeburg. 1983 Promotion, 1992 Habilitation. Wissenschaftliche Mitarbeiterin am Lehrstuhl für Neuere deutsche Literatur und Allgemeine Literaturwissenschaft an der Universität Magdeburg.

ERHART, WALTER, geb. 1959. Studium der Germanistik, Philosophie und Geschichte in Tübingen und St. Louis/USA. 1990 Promotion in Tübingen, 1996 Habilitation in Göttingen. Seit 1997 Professor für Deutsche Literaturwissenschaft und Literaturtheorie an der Universität Greifswald.

ESPAGNE, MICHEL, geb. 1952. Studium der Germanistik. 1987 Habilitation. Directeur de recherche am Centre national de la recherche scientifique Paris.

ESPOSITO, ELENA, geb. 1960. 1983 Diplom in Soziologie und 1987 Diplom in Philosophie in Bologna. 1990 Promotion in Bielefeld. Seit 1993 ›ricercatrice‹ an der Fakultät für Soziologie der Universität Urbino.

FOHRMANN, JÜRGEN, geb. 1953. Studium der Germanistik in Münster und Bielefeld. 1977 Promotion, 1987 Habilitation in Bielefeld. Seit 1991 Professor für Allgemeine Literaturwissenschaft und Neuere deutsche Literaturgeschichte an der Universität Bonn.

FRANK, GUSTAV, geb. 1964. Studium der Germanistik, Geschichte und Philosophie in Passau und Wien. 1996 Promotion.

FUNKE, MANDY, geb. 1974. Studium der Germanistik, Philosophie und Betriebswirtschaftslehre in Göttingen und Magdeburg. 1998 Magisterabschluß. Seit Juli 1998 Promotionsstudium am Lehrstuhl für Neuere deutsche Literatur und Allgemeine Literaturwissenschaft an der Universität Magdeburg.

HAUSMANN, FRANK-RUTGER, geb. 1943. Studium der Rechtswissenschaft, der Romanistik, der Geschichte und der mittellateinischen Philologie in Göttingen und Freiburg. Promotion 1968, Habilitation 1974. Seit 1992 Professor für Romanische Literaturwissenschaft an der Universität Freiburg.

HOHENDAHL, PETER UWE, geb. 1936. Studium der Germanistik, Geschichte und Philosophie in Bern, Göttingen und Hamburg. 1964 Promotion. Derzeit Schurman Professor of German and Comparative Literature an der Cornell University (USA) sowie Direktor des dortigen Institute for German Cultural Studies.

HÜSER, REMBERT, geb. 1961. Studium der Germanistik und Geschichte in Münster, Bielefeld und Cornell. 1992 Promotion. Wissenschaftlicher Assistent an der Universität Bonn von 1992 bis 1998. Seit 1999 Wissenschaftlicher Mitarbeiter im Kulturwissenschaftlichen Forschungskolleg »Medien und kulturelle Kommunikation« Köln-Bonn-Aachen.

KAUBE, JÜRGEN, geb. 1962. Studium der Volkswirtschaftslehre, Philosophie, Literaturwissenschaften und Kunstgeschichte an der Freien Universität Berlin. Wissenschaftlicher Assistent am Lehrstuhl für soziologische Theorie der Universität Bielefeld. Seit 1999 Redakteur im Feuilleton der »Frankfurter Allgemeinen Zeitung«.

KINDT, TOM, geb. 1970. Studium der Germanistik und Philosophie in Hamburg. 1997 Magisterabschluß, derzeit Doktorand am Institut für Germanistik II der Universität Hamburg.

KLAUSNITZER, RALF, geb. 1967. Studium der Philosophie und der Neueren deutschen Literaturwissenschaft in Rostow/Don und Berlin. 1998 Promotion. Seit 1999 Wissenschaftlicher Assistent an der Humboldt-Universität zu Berlin.

KOLK, RAINER, geb. 1955. Studium der Germanistik, Philosophie und Pädagogik in Bielefeld. 1984 Promotion, 1996 Habilitation. 1996/97 Gastprofessor in Dresden. Derzeit Privatdozent am Institut für deutsche Sprache und Literatur der Universität Köln.

KÖNIG, CHRISTOPH, geb. 1956. Studium der Germanistik, Philosophie, Amerikanistik und Psychologie in Innsbruck. 1983 Promotion, 1997 Habilitation. Leiter der Arbeitsstelle für die Erforschung der Geschichte der Germanistik im Deutschen Literaturarchiv Marbach, Privatdozent an der Humboldt-Universität zu Berlin.

MAYNTZ, RENATE, geb. 1929. Studium in den USA (B. A. 1950) und an der Freien Universität Berlin. 1953 Promotion, 1957 Habilitation. 1985 Gründungsdirektorin des Max-Planck-Instituts für Gesellschaftsforschung (MPIfG) in Köln. Direktorin am MPIfG bis zur Emeritierung 1997.

MEIER, SONKA, geb. 1965. Studium der Anglistik, Germanistik und der Sportwissenschaften an der Universität Bielefeld. 1997 Magisterabschluß. Seit Oktober 1997 als Doktorandin Mitglied des interdisziplinären Graduiertenkollegs »Demokratie in den USA« am John F. Kennedy-Institut für Nordamerikastudien an der Freien Universität Berlin.

MERTENS, LOTHAR, geb. 1959. Studium der Geschichte, katholischen Theologie und Soziologie in Bochum und Köln. 1990 Promotion in Sozialwissenschaften in Bochum, 1996 Promotion in Geschichte in Potsdam, 1996 Habilitation. Seit 1996 Privatdozent für Zeitgeschichte an der Ruhr-Universität Bochum.

MÜLLER, HANS-HARALD, geb. 1943. Studium der Germanistik, Anglistik und Klassischen Philologie in Hamburg. 1971 Promotion, 1985 Habilitation. Seit 1978 Professor für Neuere deutsche Literatur an der Universität Hamburg.

NEUMEISTER, SEBASTIAN, geb. 1938. Studium der Romanistik und Germanistik in Heidelberg, Münster, Gießen und Konstanz. 1966 Promotion, 1974 Habilitation. 1976 Professor für Romanistik an der Universität GHS Siegen, seit 1980 an der Freien Universität Berlin.

NEUMEYER, MARTINA, geb. 1960. Studium der Romanistik und Geschichte in Eichstätt und Paris. 1995 Promotion. Seit 1996 wissenschaftliche Assistentin am Romanischen Seminar der Universität Freiburg im Breisgau.

POLOUBOIARINOVA, LARISSA, geb. 1964. Studium der Germanistik in Kemerovo, St. Petersburg und Koblenz-Landau. 1990 Promotion. Seit 1997 Dozentin für Neuere deutsche Literatur an der Universität St. Petersburg.

POTT, SANDRA, geb. 1973. Studium der Germanistik und Politologie in Hamburg. 1997 Diplom in Politologie, 1998 Promotion in Germanistik. Seit 1998 Wissenschaftliche Mitarbeiterin in dem DFG-Projekt »Verweltlichung der Wissenschaft(en). Bedingungen, Muster der Argumentation und typisierte Phasen wissenschaftlicher Säkularisierung«.

RATHMANN, THOMAS, geb. 1955. Studium der Germanistik und Anglistik in Aachen und St. Louis/USA. 1989 Promotion, 1997 Habilitation an der Technischen Universität Berlin. Derzeit Privatdozent für Ältere Deutsche Literaturgeschichte in Berlin.

SCHERER, STEFAN, geb. 1961. Lehramtsstudium in Deutsch und Sport in Würzburg. 1987 Erstes Staatsexamen, 1992 Promotion. Seit 1994 Hochschulassistent am Institut für Literaturwissenschaft der Universität Karlsruhe.

SCHLOTT, MICHAEL, geb. 1957. Studium der Germanistik und Philosophie in Hamburg. 1983 Erstes Staatsexamen, 1990 Zweites Staatsexamen und Promotion. Wissenschaftlicher Assistent an den Universitäten Magdeburg und Gießen. Seit April 2000 Wissenschaftlicher Mitarbeiter an der Sächsischen Akademie der Wissenschaften zu Leipzig.

SCHÖNERT, JÖRG, geb. 1941. Studium der Germanistik und Anglistik in München, Zürich und Reading. 1968 Promotion, 1977 Habilitation. Von 1980 bis 1983 Professor für Neuere deutsche Literatur an der RWTH Aachen, seit 1983 an der Universität Hamburg.

SCHÖTTKER, DETLEV, geb. 1954. Studium der Germanistik und Politikwissenschaft in Braunschweig und Kiel. 1987 Promotion, 1996 Habilitation. Derzeit Gastprofessor für Literatur- und Medienwissenschaft an der TU Dresden.

SCHÜTTPELZ, ERHARD, geb. 1961. Studium der Germanistik, Anglistik und Ethnologie in Hannover, Exeter, Bonn, Oxford und Köln. 1994 Promotion in Bonn, 1994/95 Feodor-Lynen-Stipendiat an der Columbia University, New York. Von 1996 bis 1998 Postdoktorand am Graduiertenkolleg »Theorie der Literatur und Kommunikation« in Konstanz. Seit 1998 Wissenschaftlicher Mitarbeiter an der Universität zu Köln, seit 1999 im Kulturwissenschaftlichen Forschungskolleg »Medien und kulturelle Kommunikation«, Köln-Bonn-Aachen.

SIMONIS, ANNETTE, geb. 1965. Studium der Germanistik, Anglistik, Pädagogik und Philosophie in Köln und Manchester. 1992 Promotion, 1999 Habilitation. Derzeit Privatdozentin für Neuere deutsche Literatur an der Universität zu Köln.

STICHWEH, RUDOLF, geb. 1951. Studium der Soziologie und Philosophie in Berlin und Bielefeld. 1983 Promotion, 1990 Habilitation in Bielefeld. Von 1985 bis 1989 am Max-Planck-Institut für Gesellschaftsforschung, Köln; 1987 an der Maison des Sciences de l'Homme, Paris; von 1989 bis 1994 am Max-Planck-Institut für europäische Rechtsgeschichte, Frankfurt (Main). 1993/94 Lehrstuhl für vergleichende Kultursoziologie an der Europa-Universität Viadrina Frankfurt (Oder); seit 1994 Professor für Allgemeine Soziologie und Soziologische Theorie an der Universität Bielefeld.

WEGMANN NIKOLAUS, geb. 1954. Studium der Literaturwissenschaft, Germanistik und Philosophie in Bielefeld und an der Cornell University, USA. 1984 Promotion in Bielefeld; 1998 Habilitation in Köln. Von 1985 bis 1988 Mitarbeit am DFG-Projekt zur Wissenschaftsgeschichte der Literaturwissenschaft an der Universität Bielefeld, danach Wissenschaftlicher Assistent am Institut für deutsche Sprache und Literatur der Universität zu Köln. 1993 Visiting Professor an der University of Iowa, USA. Seit 1999 Lehrstuhlvertretung im Fach Neuere deutsche Literatur an der Universität zu Köln.

WEIMAR, KLAUS, geb. 1941. Studium der Germanistik, Theologie und Philosophie in Göttingen, Hamburg und Zürich. 1967 Promotion, 1974 Habilitation. Seit 1982 Titularprofessor für deutsche Literaturwissenschaft an der Universität Zürich, seit 1999 Visiting Professor an der Johns Hopkins University, Baltimore.

Personenregister

Das Personenregister verzeichnet alle im Text erwähnten Namen. Nicht einbezogen wurden die Literaturnachweise in den Anmerkungen.

GPSR Compliance

The European Union's (EU) General Product Safety Regulation (GPSR) is a set of rules that requires consumer products to be safe and our obligations to ensure this.

If you have any concerns about our products, you can contact us on ProductSafety@springernature.com

In case Publisher is established outside the EU, the EU authorized representative is:

Springer Nature Customer Service Center GmbH
Europaplatz 3
69115 Heidelberg, Germany

Batch number: 10808646

Printed by Printforce, the Netherlands